WEIXIANPIN FANGHUO

危险品防火

郑端文 郑 斌 编著

（第2版）

化学工业出版社

·北京·

本书重点讲述了危险品的分类及量化的分类、分项标准和危险品编号；各类危险品的危险特性；危险品包装、储存、运输、销售、使用及废弃处置和销毁等消防安全知识；危险品泄漏和着火事故的紧急处置；以及危险品管理的消防安全法律责任等。

本书内容特别适用于爆炸品仓库、化工医药企业危险品仓库，危险品道路运输、铁路站台、港口码头，液化石油气、天然气、石油的管道运输、加油加气站等单位的安全技术人员、操作人员、消防监督人员阅读学习，也可供高校安全工程、消防工程等专业师生参考。

图书在版编目（CIP）数据

危险品防火/郑端文，郑斌编著．—2版．—北京：化学工业出版社，2015.1
ISBN 978-7-122-22482-8

Ⅰ.①危…　Ⅱ.①郑…②郑…　Ⅲ.①危险物品管理-防火　Ⅳ.①X932

中国版本图书馆CIP数据核字（2014）第287535号

责任编辑：杜进祥　高　震　　　　装帧设计：韩　飞
责任校对：宋　玮

出版发行：化学工业出版社（北京市东城区青年湖南街13号　邮政编码100011）
印　　刷：北京永鑫印刷有限责任公司
装　　订：三河市宇新装订厂
787mm×1092mm　1/16　印张32½　字数851千字　2015年6月北京第2版第1次印刷

购书咨询：010-64518888（传真：010-64519686）　售后服务：010-64518899
网　　址：http://www.cip.com.cn
凡购买本书，如有缺损质量问题，本社销售中心负责调换。

定　　价：129.00元

版权所有　违者必究

前言

第1版《危险品防火》问世以来，为人们研究、学习和普及危险品防火安全知识，加强对危险品的消防安全管理提供了很好的条件。但随着经济建设和科学技术的飞速发展，危险品生产量、使用量和流通量的大量增加，又给危险品的消防安全管理提出了新的要求，且加入世界贸易组织后，又出现了很多新情况和新问题。笔者适应形式的发展，针对我国危险品管理的实际，按照国际海安会2006年5月18日第81次会议正式通过，于2008年1月1日开始执行的《危险货物国际海运规则》第33套修正案以及联合国《关于危险货物运输的建议书 规章范本第2部分：分类》(第16修订版)、《中华人民共和国消防法》《中华人民共和国安全生产法》《危险货物分类和品名编号》(GB 6944—2012)等法律、法规、相关技术标准的有关规定，结合实际工作中的新情况、新问题，从危险品监督管理和危险品消防安全教育、教学的内容及体系出发，对第1版《危险品防火》进行了研究修订。

为了提高书的质量，笔者曾特邀北京交通大学吴育俭教授，交通部科学院水运科学研究所韩萍萍高级工程师,原商业部五金交化司高级经济师吴石明同志,兵器工业部安全生产局原副局长、高级工程师张国顺,民爆器材办公室主任、高级经济师徐铁清等专家、学者进行了严密地审核。本书能够出版还得到了公安部消防局规范标准处副处长沈纹高级工程师、武警学院傅智敏教授、辽宁海关薛福德高级工程师、辽宁省公安消防总队高级工程师薛纯山等专家的大力支持和帮助。对各位专家、学者及首长和同志们的大力支持和帮助，在此一并表示衷心的感谢和崇高的敬意。

由于笔者水平有限，本书的缺点和不足在所难免，在此，恳请读者提出宝贵的意见。

郑端文

2014年10月15日

前言(第1版)

由火灾的成灾机理可知，任何一起火灾的发生，无论其起因如何，都是由于可燃物的燃烧所致。所以，要防止火灾的发生，首要的措施就是对可燃物质进行有效控制和管理。然而，在所有可以燃烧的物质当中，火灾危险性和危害性最大的物质就是各类具有易燃性、强氧化性和易爆性的危险品。且随着科学技术的进步，现代工业的发展，使得世间的化学物质突飞猛进地增多，在这众多的化学品当中，85%以上的都是具有易燃性、强氧化性和易爆性的危险品。从全国的火灾统计分析看，危险品火灾占有相当大的比例，如2000年全国共发生危险品火灾39497起，烧死1023人，烧伤2640人，受灾户达18283户，直接经济损失达42343.1万元，分别占当年火灾总数的20.9%、33.86%、27.82%和59.95%。由此可见，危险品防火安全工作是非常重要和亟需加强的，其防火技术措施和管理方法也是亟需研究、探讨和落实的。但从我国危险品防火管理和对危险品防火安全教育的角度看，还未形成更加完整、系统、全面、科学的学科。笔者在多年从事消防监督和消防教学工作中深感学习这门知识的重要，故在武警专科学校从事消防教学时的1984年，首先在全国编写了《危险品储运防火技术》一书，并作为正式学科列入了该校的课程。后又经过十年的反复修改，使该学科日趋成熟，并于1995年由我国消防科学技术的权威杂志《消防科技》(增刊)全文刊发了《危险品防火》。随着我国加入世界贸易组织带来的危险品贸易量的增加，又给危险品的管理工作提出了新的要求。笔者适应形式的发展，根据我国加入世界贸易组织后可能出现的新情况，针对我国危险品管理的实际，按照国际海事组织颁发的最新版本《危险货物国际海运规则》和国务院第344号令公布的《危险化学品安全管理条例》，对原书又做了进一步的修改和完善，并根据实际工作中的新情况、新问题，从危险品监督管理和危险品消防安全教育、教学的内容及体系出发，进行了有益的研究和探索。

为了提高质量，本人曾特邀请有关专家、学者对本书进行了认真审核。本书第二章、第三章和第五章曾分别由北方交通大学吴育俭教授、交通部科学院水运科学研究所原高级工程师车锡华主任和韩萍萍同志审核；第四章曾由商业部五金交化司高级经济师吴石明同志审核；第七章曾由原兵器工业部民爆器材办公室主任徐玉清高级经济师审核。本书能够出版，还得到了公安部消防局防火处处长许兆亭和河北省公安厅消防局各位领导同志的大力支持和帮助。对各位专家、学者及首长和同志们的大力支持和帮助，在此一并表示衷心的感谢和崇高的敬意。

由于本人水平有限，时间仓促，本书的缺点和错误在所难免，在此，恳请读者提出宝贵意见。

郑端文

2002年12月1日

目录

第一章 绪论 1

第一节 物品的火灾危险性分类 …… 1
一、决定物品火灾危险性的因素 …… 1
二、物品火灾危险性分类的方法 …… 3
三、可燃气体、液化烃和可燃液体、可燃固体的火灾危险性分类举例 …… 5
四、物品火灾危险性分类应当注意的问题 …… 6
第二节 危险品的定义、分类和分项标准 …… 7
一、危险品的定义 …… 7
二、危险品的分类 …… 7
三、各类危险品的定义和分项标准 …… 8
四、各类、项危险品危险性比较 …… 21
第三节 危险品的编号、安全标签和安全技术说明书 …… 22
一、危险品编号 …… 22
二、危险品安全标签 …… 23
三、危险品安全技术说明书 …… 24

第二章 各类危险品的危险特性和常见的危险品 28

第一节 爆炸品 …… 28
一、爆炸品的危险特性 …… 28
二、常见的爆炸品 …… 43
第二节 易燃气体和氧化性气体 …… 48
一、易燃气体和氧化性气体的危险特性 …… 48
二、常见的易燃气体 …… 52
三、常见的氧化性气体 …… 57
第三节 易燃液体 …… 60
一、易燃液体的危险特性 …… 60
二、常见的易燃液体 …… 68
第四节 易燃固体 …… 74
一、易燃固体的危险特性及其影响因素 …… 74
二、常见的易燃固体 …… 77

第五节　自燃物品 …… 81
一、自燃物品的危险特性及影响因素 …… 81
二、常见的自燃物品 …… 83
第六节　遇水易燃物品 …… 85
一、遇水易燃物品危险特性及影响因素 …… 85
二、常见的遇水易燃物品 …… 87
第七节　氧化性物品和有机过氧化物 …… 90
一、氧化性物品的危险特性和影响因素 …… 90
二、有机过氧化物的危险特性 …… 94
三、常见的氧化性物品 …… 96
四、常见有机过氧化物 …… 99
第八节　毒性物品 …… 100
一、毒性物品的危险特性 …… 100
二、常见的易燃毒性物品 …… 102
第九节　放射性物品 …… 105
一、放射性物品的危险特性 …… 105
二、常见放射性易燃物品 …… 107
第十节　腐蚀性物品 …… 108
一、腐蚀性物品的危险特性 …… 108
二、常见的易燃腐蚀品 …… 110
三、常见的氧化性腐蚀品 …… 111

第三章　危险品包装防火 112

第一节　危险品包装的作用和分类 …… 112
一、危险品包装的作用 …… 112
二、危险品包装的分类 …… 112
第二节　危险品包装的标记代号和包装标志 …… 114
一、危险品包装的标记代号 …… 114
二、危险品包装的标志 …… 116
第三节　影响危险品包装安全的因素和基本安全要求 …… 117
一、影响危险品包装安全的主要因素 …… 117
二、制作危险品包装的基本安全要求 …… 118
第四节　不同类型危险品包装的制作要求 …… 122
一、桶类 …… 122
二、箱类 …… 123
三、袋类 …… 124
四、易碎容器 …… 124
五、复合容器 …… 124
第五节　危险品包装的性能试验 …… 125
一、危险品包装试验的基本要求 …… 126

二、危险品包装的试验项目…… 126
三、危险品包装的性能试验…… 127
第六节　几种重要的包装…… 128
一、气瓶…… 128
二、爆炸品包装…… 132
三、放射性物品的包装…… 137

第四章　危险品储存防火　142

第一节　危险品储存发生火灾的主要原因…… 142
一、着火源管控不严带来火种…… 142
二、性质相互抵触的物品混存自燃起火…… 143
三、养护管理不善自燃起火…… 143
四、包装损坏或不符合要求导致火灾…… 144
五、违反安全操作规程导致火灾…… 144
六、建筑不符合存放要求导致自燃起火…… 145
七、雷击…… 145
八、电气设备不良、静电接地不好产生电火花…… 145
九、着火扑救不当酿成大火…… 145
第二节　危险品仓库平面布置防火…… 146
一、爆炸品仓库的平面布置…… 146
二、甲、乙类危险品仓库平面布置防火…… 156
三、可燃性和氧化性气体储罐平面布置防火…… 157
四、易燃液体储罐平面布置防火…… 168
五、丙类易燃固体露天堆场平面布置防火…… 173
六、危险品仓库消防道路的设置要求…… 174
第三节　危险品库房建筑防火…… 175
一、危险品库房的防火性能、建筑面积和层数的要求…… 176
二、危险品库房结构防火…… 178
三、危险品库房相关建（构）筑物设置的防火要求…… 180
四、危险品专门库房建造的防火要求…… 182
第四节　危险品储存分类存放的原则…… 188
一、危险品分类存放的基本原则…… 188
二、不同类危险品之间分类存放的原则…… 189
第五节　危险品储存入库验收防火…… 194
一、危险品入库验收的基本防火要求…… 194
二、不同类危险品入库验收的防火要求…… 195
第六节　危险品储存的堆垛与苫垫防火…… 199
一、危险品堆垛与苫垫的基本防火要求…… 199
二、不同类危险品堆垛与苫垫的防火要求…… 200
第七节　危险品储存养护管理防火…… 204

一、危险品养护管理的基本防火要求……204
二、不同类危险品储存养护管理的防火要求……207
第八节 危险品仓库的消防安全管理……212
一、危险品仓库的消防行政管理……212
二、危险品仓库火源管理……214
三、危险品仓库电源管理……215
四、危险品仓库货物防火管理……222
五、危险品仓库消防设施和器材管理……225

第五章 危险品运输防火 232

第一节 危险品运输火灾的主要原因……232
一、装卸违反操作规程……232
二、包装不合格……232
三、车辆技术条件不佳……233
四、混装混运，违章积载……233
五、调车作业违章溜放……233
六、行驶违章……233
七、疲劳驾驶……234
八、静电放电……234
九、技术故障导致泄漏……234
十、灭火方法错误……234
第二节 危险品道路运输防火……235
一、危险品道路运输工具的消防安全技术条件……236
二、危险品道路运输车辆标志……247
三、危险品道路运输装卸防火……253
四、危险品道路运输车辆行驶防火……259
第三节 危险品铁路运输防火……264
一、危险品铁路运输工具的消防安全技术条件……264
二、危险品铁路运输装卸防火……268
三、危险品铁路运输列车编组与运行防火……280
第四节 危险品水路运输防火……285
一、危险品水路运输工具的消防安全技术条件……285
二、危险品水路运输装卸防火……292
三、危险品水路运输船舶航行防火……300
第五节 管道运输防火……301
一、燃气的管道运输防火……301
二、石油管道运输防火……310

第六章 危险品销售与购买防火 323

第一节 危险品整装销售防火……323

一、危险品试剂的销售与存放保管防火…… 323
二、烟花爆竹销售防火…… 324
三、危险品购买携带消防安全…… 326
第二节　燃气零售（汽车加气站）防火…… 327
一、加气站储存设施的允许储存量和分级…… 328
二、汽车加气站的站址选择…… 330
三、汽车加气站的总平面布置防火…… 333
四、液化石油气加气工艺及设施的消防安全要求…… 335
五、压缩天然气加气工艺及设施的消防安全要求…… 340
六、液化天然气加气工艺及设施的消防安全要求…… 345
七、加气站爆炸危险区域范围的划分…… 347
八、加气站电气、防雷、防静电及检测与报警的消防安全要求…… 353
九、加气站采暖通风、建筑物、绿化的防火要求…… 356
十、加气站消防设施及给排水要求…… 359
第三节　石油零售（汽车加油站）防火…… 360
一、加油站储存设施的允许储量和分级…… 361
二、加油站的站址选择及总平面布置防火…… 362
三、油罐及其附件安装防火…… 366
四、加油设施设置的防火要求…… 369
五、加油工艺管道设置的防火要求…… 372
六、加油站防雷、防静电及采暖与通风的防火要求…… 377
七、加油站站内爆炸危险区域的划分与电气防火要求…… 379
八、加油操作的消防安全要求…… 381
九、加油站的消防安全管理…… 383
第四节　居民燃气供应防火…… 387
一、钢瓶供气防火…… 387
二、管输供气防火…… 392

第七章　危险品的使用与废弃销毁防火　404

第一节　家用易燃易爆危险品使用防火…… 404
一、日用危险品使用防火…… 404
二、燃气使用防火…… 405
三、烟花爆竹燃放安全…… 420
第二节　焰火晚会燃放防火…… 422
一、焰火晚会的规模等级与应当具备的资格条件…… 422
二、焰火晚会燃放方案的设计与安全评估…… 423
三、焰火晚会燃放的消防安全管理…… 424
第三节　废弃危险品销毁防火…… 426
一、废弃危险品销毁的方法…… 426
二、废弃危险品销毁应具备的消防安全条件和要求…… 427
三、废弃危险品销毁场地的消防安全措施…… 428

第八章 危险品火灾及泄漏事故的紧急处置 430

第一节 危险品火灾事故的紧急处置…… 430

一、危险品火灾扑救的基本方法…… 430

二、不同类危险品火灾的应急处置方法…… 431

第二节 易燃、毒性气体泄漏的紧急处置方法…… 437

一、关阀断气法…… 437

二、化学中和法和水溶解法…… 437

三、夹具堵漏法…… 438

四、点燃烧尽法…… 438

五、木楔封堵法…… 439

六、封冻堵漏法…… 439

七、注水升浮法…… 440

第三节 危险品事故紧急救援的组织指挥…… 440

一、公安机关消防机构的紧急处置措施…… 440

二、政府其他有关部门紧急救援的职责要求…… 442

三、危险品单位紧急救援的基本要求…… 443

四、危险品存储仓库第一、二灭火力量灭火应急基准预案…… 443

附录 某石化公司泄漏和火灾事故应急预案…… 448

第九章 危险品消防安全管理 454

第一节 危险品安全管理的职责范围…… 454

一、危险品安全管理的职责范围和权限…… 454

二、危险品单位的安全责任…… 456

第二节 危险品安全管理的行政措施…… 456

一、危险品生产和储存的安全管理…… 456

二、危险品重大危险源的安全管理…… 459

三、危险品使用的安全管理…… 466

四、危险品经销的安全管理…… 469

五、危险品运输的安全管理…… 471

六、危险品登记与废弃处置管理…… 474

第三节 危险品安全管理的法律责任…… 475

一、触犯《刑法》应当承担的刑事法律责任…… 475

二、违反《消防法》应当承担的行政法律责任…… 477

三、违反《治安管理处罚法》应承担的行政法律责任…… 478

四、违反《危险化学品安全管理条例》应当承担的行政法律责任…… 479

五、违反《烟花爆竹安全管理条例》应承担的行政法律责任…… 484

六、违反《民用爆炸物品安全管理条例》应承担的行政法律责任…… 486

附录 489

附录1 化学危险品灭火剂表…… 489

附录 2　相互接触能发生燃爆的物质一览表 …… 490
附录 3　几种毒物中毒时的急救和治疗方法 …… 493
附录 4　危险货物包装标志 …… 495
附录 5　常用危险品包装表 …… 503
参考文献 506

第一章

绪论

宇宙间物质的组成和变化是极其复杂的。随着科学的发展和社会的进步，人们不断探求和发现科学奥秘，生产出愈来愈多的新产品，使得世间的化学物质迅速增多。据国际化学品安全规划署多年对化学品的统计分析，新发现的化学品以飞快的速度递增。且这些物品85%以上都具有易燃性、易爆性、强氧化性、毒害性、放射性和腐蚀性等危险性质。这些危险品从最初生产者流通到最终使用者手中的整个过程中，受摩擦、撞击、挤压、振动、高温、冰冻、潮湿等诸因素的影响，往往形成着火、爆炸和伤亡等事故的隐患。因此，加强对危险品防火的学习和研究，对保障危险品生产、储存、运输、销售和使用的安全，防止火灾事故的发生，防止犯罪分子利用其危险性进行破坏活动，维护社会治安秩序和社会的安定，都具有十分重要的意义。危险品防火就是根据各类危险品的危险特性，研究危险品在生产、包装、储存、运输、销售、使用和销毁中的防火安全技术和管理问题的一门学科。

第一节　物品的火灾危险性分类

在人们的社会生活中，物品是由化学元素组成的有使用价值的物质。它在生产领域为产品，在运输中称为货物，在流通领域称为商品，在消费者的使用中称为物品。但无论其在何领域为何名称，它都是由化学元素组成的，因而它必然有物质的各种自然属性；也必然有反映其属性和包括火灾危险性在内的各种特性。然而，要对这众多的各种物品实施正确的消防安全管理，就必须对其进行科学的分类。所以说，对物品进行科学的火灾危险性分类，是正确实施消防安全管理的基础；且随着科学技术的发展，新产品、新工艺、新技术的不断增加和拓展，新的消防技术的广泛应用，也会给消防安全管理提出更高的要求。因此，人们掌握各种物品的火灾危险性分类，并对其实施科学的消防安全管理是非常重要和必要的。

一、决定物品火灾危险性的因素

世间的物质是复杂多变的，其火灾危险性也是由多种因素决定的。所以，在给物品确定火灾危险性类别时，就不能只考虑其本身是否可以燃烧及燃烧的难易程度一种因素，而应当综合考虑其各种危险特性给人们带来的危害和后果，以及决定其火灾危险性的各种相关因素，才能保证火灾危险性分类的科学性。通过归纳分析，一般认为决定物品火灾危险性的因素主要有以下几点。

（一）物品本身的易燃性和氧化性

物品本身能否燃烧或燃烧的难易程度如何以及氧化能力的强弱，是决定物品火灾危险性大小的最基本的条件。一堆沙土或石籽是很难说它具有火灾危险性的。我们说一个仓库有火灾危险，那么它所储存的必须是可燃的或氧化性很强的物品。倘若只储存有钢材、水泥、石料等不燃物，就本身而言，量再多也构不成火灾危险。所以说，物质本身所具有的可燃性和氧化性是确定其火

灾危险性类别的基础。一般来讲，物质越易燃，或其氧化性越强，其火灾危险性就越大。如汽油比柴油易燃，那么，汽油就比柴油的火灾危险性大；氯酸钙比漂白粉的氧化性强，所以氯酸钙就比漂白粉的火灾危险性大。衡量物质可燃性的方法和参数与物质所处的状态有关。因为物质所处的状态不同，其燃烧难易程度的表现形式也不同。所以，处于不同状态的物质，会有不同的反映该物质可燃性的测定方法和参数。通常情况下，液体主要用闪点的高低来衡量；气体、蒸气、粉尘主要是用爆炸浓度极限来衡量；固体主要是用引燃温度（自燃点）或氧指数的大小来衡量。另外，物质的最小点火能量也可用来衡量物质的可燃性。如防爆电器的防爆性能和等级，都是依据物质引燃温度的高低和最小点火能量的大小来确定的。

（二）物品的可燃性和氧化性之外所兼有的毒害性、放射性、腐蚀性

任何一种物质都不会是只有一种特性的，对危险品而言，往往还会有多重的危险性。如磷化锌既有遇水易燃性，又有相当的毒害性；硝酸既有强烈的腐蚀性，又有很强的氧化性；硝酸铀既有很强的放射性又有很强的易燃性等。实践观察可知，当一种物质在具有可燃性或氧化性的同时，如若还具有毒害性、放射性或腐蚀性等危险性，那么其火灾危险性和危害性会更大。如同是氧化性气体的氧气和氯气，按《建筑设计防火规范》（GB 50016，简称《建规》，以下同）的火灾危险性分类方法分类应为乙类，而实际上氯气的危险性和危害性比氧气要大得多。如氢气与氯气的爆炸浓度极限为3%～97%，比氢气与氧气（空气）混合的爆炸极限（4.1%～74%）的范围宽24.1%。同时，氯气还是一种窒息性的烈性毒物，能强烈刺激眼睛黏膜和上、下呼吸道及肺部；人吸入高浓度氯气时几分钟即可死亡，而这些危险性对氧气来讲是不存在的。如天津硬质合金厂充装的氧气瓶，因氧气中混入了氢气，在两天内有11具氧气瓶外接管点火时发生了爆炸，并有一具爆炸时使在场的两名操作工人被炸死。而温州电化厂一氯气瓶，因瓶内存有原来错灌的113.3kg氯化石蜡，在充装时发生了爆炸，并引爆击穿了液氯计量储槽和邻近的4只液氯钢瓶。这起爆炸事故使59人死亡，770人中毒或负伤住院治疗，1955人门诊治疗；其中有邻近一小学的400名师生中毒，波及范围达7.35km，下风向9km处还可嗅到强烈的刺激气味，氯气扩散区内的农作物、树木全部变焦枯萎，在爆炸中心处20cm厚的混凝土地面上炸出了一个直径6.5m、深1.82m的漏斗状大坑，使距爆点28m处的办公楼和厂房的玻璃、门窗全部炸碎。从这两起爆炸实例可以清楚地看到，氯气的火灾危险性要比氧气大得多。这是因为氯气的氧化性比氧气要大得多。所以，在对物品进行火灾危险性分类时，除应考虑物品本身的可燃性和氧化性外，还应充分考虑它所兼有的毒害性、腐蚀性、放射性等危险性。

（三）物品的盛装条件

物品的盛装条件是制约其火灾危险性的一个重要因素。因为同一种物品在不同的状态、温度、压力、浓度下，其火灾危险性的大小是不同的。例如，苯在0.1MPa下的自燃点为587℃，而在2.5MPa下的自燃点为490℃；在空气中的自燃点为587℃，在氧气中的自燃点为566℃，在铁管中的自燃点为753℃，在玻璃管中的自燃点为580℃。又如，甲烷在2%的浓度时自燃点为710℃，在5.85%的浓度时自燃点为695℃，在14.5%的浓度时自燃点为742℃。实践观察还可以发现，氧气在高压气瓶内充装要比在胶皮囊中充装火灾危险性大，氢气在高压气瓶中充装要比在气球中充装火灾危险性大。所以，物品所处的条件不同，其火灾危险性也不同。

（四）物品包装的可燃程度及量的多少

实践观察可知，物品火灾危险性的大小，不仅与物品本身的特性有关，而且还与其包装是否可燃和可燃包装的多少有关。如一台较精密的仪器，其本身并不是可燃物，但其包装大多是可燃物，且有的还比较易燃。若一旦被火种引燃，不仅包装物会被火烧毁，而且其仪器

也会因包装物品的燃烧而被火烧坏或报废，从而带来更大的火灾损失。例如，某拖拉机厂将200台内燃机堆放在露天货场。内燃机本身为不燃物，但其包装为木板条、油毡、稻草等易燃物，并在其货堆旁堆置了几十吨煤粉，在5月的一天傍晚，因煤粉自燃而引燃了这些易燃的包装，进而燃起了熊熊大火，200台内燃机全部被大火烧毁，其中一些铝制件都被烧熔，造成了几百万元的经济损失。所以，对难燃和不燃物资，若其包装为可燃物，且包装质量超过被保护物品质量的1/4时，那么，该物品的火灾危险性应按丙类考虑。

（五）与灭火剂的抵触程度及遇湿生热能力

一种物品，如果一旦失火与灭火剂有抵触，那么其火灾危险性要比不抵触的物品大，尤其是与水相抵触的物品。因为水是一种最常用、最普通的灭火剂，如果该物品着火后不能用水或含水的灭火剂扑救，那么，就增加了扑救的难度和损失，也就加大了火灾扩大和蔓延的危险。所以，此类物品的火灾危险性要比同类的其他物品大。

另外，有些物品其本身并不可燃，但当遇水或受潮时能发生剧烈的化学反应，并能释放出大量的热和（或）可燃的气体，可使附近的可燃物着火，所以，此类物品的火灾危险性是不可忽视的。如生石灰，当有1/3质量的水与之反应时，能使温度升高到150～300℃，偶尔也有可能使温度升高到800～900℃。该温度已超过了很多可燃物的自燃点，故一旦有可燃物（尤其是易燃原材料）与之相遇，就有可能引起火灾。例如湖南省某工厂，为除湿防潮，将300kg生石灰放入爆炸品库内，并将400kg硝酸铵炸药、730个雷管、700m导火索依次放在生石灰上边。恰遇一夜晚，天下大雨，雨水流进库房，由于生石灰遇水发生高热，引起包装材料着火，继而引起炸药爆炸，使六间瓦房全部炸毁，邻近的4栋社员住房受到严重破坏，半径600m范围内的31户社员住房的玻璃被震坏，直接经济损失60000余元。由此可见，遇水生热不燃物品的火灾危险性也是不容忽视的。

二、物品火灾危险性分类的方法

由以上分析可知，物品火灾危险性的大小是由多种因素决定的，只有充分考虑了这些因素，才能保证物品火灾危险性分类的科学性和严密性，从而保证系统、规范的消防管理。《建筑设计防火规范》（GB 50016—2014）根据物品本身火灾危险性的大小，将各种物品按天干顺序分为甲、乙、丙、丁、戊五个类别。各类的特征如下所述。

（一）甲类

（1）闪点＜28℃的液体　如己烷、戊烷、石脑油、环戊烷、二硫化碳、苯、甲苯、甲醇、乙醇、乙醚、蚁酸甲酯、醋酸甲酯、硝酸乙酯、汽油、丙酮、丙醛及38度及以上的白酒等。

（2）爆炸下限＜10％的气体，以及受到水或空气中水蒸气的作用，能产生爆炸下限＜10％的气体的固体物质　如乙炔、氢气、甲烷、乙烯、丙烯、丁二烯、环氧乙烷、水煤气、硫化氢、氯乙烯、液化石油气、电石、碳化铝等。

（3）常温下能自行分解或在空气中氧化即能迅速自燃或爆炸的物质　如硝化棉、硝化纤维胶片、喷漆棉、火胶棉、赛璐珞棉、黄磷等。

（4）常温下受到水或空气中水蒸气的作用能产生可燃气体，并引起着火或爆炸的物质　如金属钾、钠、锂等碱金屑元素和钙、铝等碱土金属元素，以及氢化钾、氢化钠、氢化锂、四氢化锂铝等金属的氢化物和磷化钠、磷化钾、硅化镁、硅化钙等金属的磷化物、硅化物等。

（5）遇酸、受热、撞击、摩擦以及遇有机物或硫磺等易燃的无机物，极易引起着火或爆炸的强氧化剂　如液氟、液氯（笔者建议），氯酸钾、氯酸钠、硝酸钾、硝酸钠、硝酸铵、过氧化钾、过氧化钠、高锰酸钾、高锰酸钠等无机氧化剂，硝酸胍、硝酸脲等有机氧化剂，以及过氧化二苯甲酰等有机过氧化物等。

(6) 受撞击、摩擦或与氧化性物质、有机物接触时能引起着火或爆炸的物质　如赤磷、五硫化磷、三硫化磷、二硝基萘、重氮氨基苯，任何地方都可以擦燃的火柴以及硝化沥青，偶氮二甲酰胺等。

（二）乙类

(1) 闪点≥28℃且<60℃的液体　如煤油、松节油、丁烯醇、异戊醇、丁醚、醋酸丁酯、硝酸戊酯、乙酰丙酮、环己胺、溶剂油、冰醋酸、樟脑油、蚁酸等。

(2) 爆炸下限≥10%的气体　如氨气（液氨）、一氧化碳、发生炉煤气等。

(3) 不属于甲类的氧化剂　如硝酸铜、铬酸、亚硝酸钾、亚硝酸钠、重铬酸钾、重铬酸钠、硝酸、硝酸汞、硝酸钴、发烟硫酸、漂白粉等。

(4) 不属于甲类的易燃固体　如硫黄、镁粉、铝粉、赛璐珞板（片）、樟脑、萘、生松香、安全火柴、硝化纤维胶片等。

(5) 氧化性气体　如氧气、压缩空气等。

(6) 常温下与空气接触能缓慢氧化，积热不散引起自燃的物品　如漆布、油纸、油布、油绸及其制品等。

（三）丙类

(1) 闪点≥60℃的液体　如动物油、植物油、沥青、蜡、润滑油、机油、重油，闪点大于等于60℃的柴油，糠醛，白兰地成品酒等。

根据《车用柴油》GB/T 19147—2013质量指标（GB/T 261标准试验方法）和轻柴油产品质量标准《轻柴油》（GB 252—2000）的规定，10号、5号、0号和−10号柴油的闪点是（闭口）55℃；−20号柴油的闪点是（闭口）50℃；−35号和−50号的闪点是（闭口）45℃。所以，此类柴油的火灾危险性类别当属乙B类。但根据近几年我国石油、石化和公安消防部门合作开展的研究，闪点小于60℃并且大于或等于55℃的轻柴油，如果储运设施的操作温度不超过40℃，正常条件挥发的烃蒸气浓度在爆炸下限的50%以下，火灾危险性相对较小，火灾危害性（例如，热辐射强度）亦较低。所以，如果储运设施的操作温度不超过40℃，其火灾危险性分类可视为丙类［根据《石油天然气工程设计防火规范》（GB 50183—2004）条文说明］。

(2) 不属于甲、乙类的可燃固体　如化学纤维、再生纤维及其织物，纸张，棉、毛、丝、麻及其织物，谷物、面粉，天然橡胶及其制品，竹、木及其制品，电视机、收录机等电子产品，计算机房已录数据的磁盘，中药材、冷库中的鱼肉等。

（四）丁类

丁类火灾危险性的物品，主要是指难燃物品。难燃物品是指在空气中受到火烧或高温作用时，难起火、难微燃、难炭化，当火源移走后着火或微燃立即停止的物品。如果用氧指数法测试，当物质材料的氧指数为27%～50%时，一般认为该物质材料为难燃物品。如自熄性塑料及其制品，酚醛泡沫塑料及其制品，经过防火处理的木材、水泥刨花板等均系难燃物品。

（五）戊类

戊类火灾危险性的物品系指不燃物品。不燃物品是指在空气中受到火烧或高温作用时不起火、不微燃、不炭化的物品。如果用氧指数法测试评定，对氧指数大于50%的物质材料一般可以认为是不燃物品。如钢材、铝材，玻璃及其制品，搪瓷、陶瓷及其制品，不燃气体，玻璃棉、岩

棉、陶瓷棉、矿棉、硅酸铝纤维、石膏，水泥、石材、膨胀珍珠岩等均系不燃物品。

三、可燃气体、液化烃和可燃液体、可燃固体的火灾危险性分类举例

1. 可燃气体（表 1-1）

表 1-1 可燃气体

类别		名称
甲	爆炸下限＜10%	乙炔、环氧乙烷、氢气、合成气、硫化氢、乙烯、氰化氢、丙烯、丙二烯、丁烯、丁二烯、顺丁烯、反丁烯、甲烷、乙烷、丙烷、环丙烷、丁烷、异丁烷、异丁烯、甲胺、环丁烷、甲醛、甲醚(二甲醚)、氯甲烷、氯乙烯
乙	爆炸下限≥10%	一氧化碳，氨，溴甲烷

2. 液化烃、可燃液体（表 1-2）

表 1-2 液化烃、可燃液体

类别			举例
甲	A	15℃时蒸气压力＞0.1MPa的烃类液体及其他类似液体	液化氯甲烷、液化顺式-2 丁烯、液化乙烯、液化乙烷、液化反式-2 丁烯、液化环丙烷、液化丙烯、液化丙烷、液化环丁烷、液化新戊烷、液化丁烯、液化丁烷、液化氯乙烯、液化环氧乙烷、液化丁二烯、液化异丁烷、液化异丁烯、液化石油气、液化二甲胺、液化三甲胺、液化二甲基亚硫、液化甲醚(二甲醚)
	B	甲 A 类以外，闪点＜28℃的液体	异戊二烯、异戊烷、汽油、戊烷、二硫化碳、异己烷、己烷、石油醚、异庚烷、环戊烷、环己烷、辛烷、异辛烷、苯、庚烷、石脑油、原油、甲苯、乙苯、邻二甲苯、(间、对)二甲苯、异丁醇、乙醚、乙醛、环氧丙烷、甲酸甲酯、乙胺、二乙胺、丙酮、丁醛、三乙胺、醋酸乙烯、甲乙酮、丙烯腈、醋酸乙酯、醋酸丙酯、醋酸异丙酯、醋酸异丁酯、甲酸丁酯、醋酸丁酯、醋酸异戊酯、甲酸戊酯、丙烯酸甲酯、二氯乙烯、甲醇、异丙醇、乙醇、丙醇、吡啶、二氯乙烷、甲基叔丁基醚、液态有机过氧化物
乙	A	闪点≥28℃且≤45℃的液体	丙苯，环氧氯丙烷，苯乙烯，喷气燃料，煤油，丁醇，氯苯，乙二胺，戊醇，环己酮，冰醋酸，异戊醇，异丙苯，液氨
	B	闪点＞45℃且＜60℃的液体	轻柴油，硅酸乙酯，氯乙醇，氯丙醇，二甲基甲酰胺
丙	A	闪点≥60℃且≤120℃的液体	重柴油、苯胺、锭子油、酚、甲酚、糠醛、20 号重油、苯甲醛、环己醇、甲基丙烯酸、甲酸、乙二醇丁醚、甲醛、糠醇、辛醇、单乙醇胺、丙二醇、乙二醇、二甲基乙酰胺
	B	闪点＞120℃的液体	蜡油、100 号重油、渣油、变压器油、润滑油、二乙二醇醚、三乙二醇醚、邻苯二甲酸二丁酯、甘油、联苯-联苯醚混合物、二氯甲烷、二乙醇胺、三乙醇胺、二乙二醇、三乙二醇、液体沥青、液硫

3. 可燃固体（表 1-3）

表 1-3 可燃固体

类别	名称
甲	黄磷、硝化棉、硝化纤维胶片、喷漆棉、火胶棉、赛璐珞棉、锂、钠、钾、钙、锶、铷、铯、氢化锂、氢化钾、氢化钠、磷化钙、碳化钙、四氢化锂铝、钠汞齐、碳化铝、过氧化钾、过氧化钠、过氧化钡、过氧化锶、过氧化钙、高氯酸钾、高氯酸钠、高氯酸钡、高氯酸铵、高氯酸镁、高锰酸钾、高锰酸钠、硝酸钾、硝酸钠、硝酸铵、硝酸钡、氯酸钾、氯酸钠、氯酸铵、次亚氯酸钙、过氧化二乙酰、过氧化二苯甲酰、过氧化二异丙苯、过氧化氢苯甲酰、(邻、间、对)二硝基苯、2-二硝基苯酚、二硝基甲苯、二硝基萘、三硫化四磷、五硫化二磷、赤磷、氨基化钠
乙	硝酸镁、硝酸钙、亚硝酸钾、过硫酸钾、过硫酸钠、过硫酸铵、过硼酸钠、重铬酸钾、重铬酸钠、高锰酸钙、高氯酸银、高碘酸钾、溴酸钠、碘酸钠、亚氯酸钠、五氧化二碘、三氧化铬、五氧化二磷、萘、蒽、菲、樟脑、铁粉、铝粉、锰粉、钛粉、咔唑、三聚甲醛、松香、均四甲苯、聚合甲醛、偶氮二异丁腈、赛璐珞片、联苯胺、噻吩、苯磺酸钠、环氧树脂、酚醛树脂、聚丙烯腈、季戊四醇、己二酸、炭黑、聚氨酯、硫磺(颗粒度小于 2mm)
丙	石蜡、沥青、苯二甲酸、聚酯、有机玻璃、橡胶及其制品、玻璃钢、聚乙烯醇、ABS 塑料、SAN 塑料、乙烯树脂、聚碳酸酯、聚丙烯酰胺、己内酰胺、尼龙 6、尼龙 66、丙纶纤维、蒽醌、(邻、间、对)苯二酚、聚苯乙烯、聚乙烯、聚丙烯、聚氯乙烯、精对苯二甲酸、双酚 A、硫磺(工业成型颗粒度大于等于 2mm)、过氯乙烯、偏氯乙烯、三聚氰胺、聚醚、聚苯硫醚、硬脂酸钙、苯酐、顺酐

（摘自《石油化工企业设计防火规范》（GB 50160—2008）条文说明）

四、物品火灾危险性分类应当注意的问题

(1) 对不燃物品和难燃物品，如包装是可燃物质，且包装的重量超过物品本身重量四分之一或体积超过二分之一时，其火灾危险性应定为丙类。

(2) 对遇水生热不燃物品，如生石灰等，因此类物品具有引火的危险，故应按丁类火灾危险性确定。

(3) 一种物品，如果除了火灾危险性之外还具有其他危险特性和危害性时，那么，其火灾危险性和危害性类别应当再升高一个危险等级（如氯气、氟气应为甲类）。

物品的火灾危险性和危害性分类方法见表 1-4 所示。

表 1-4 物品的火灾危险性和危害性分类

火灾危险性危害性类别		火灾危险性和危害性特征	物品举例
甲类	甲 A	具有毒害性、放射性或腐蚀性的一级易燃物品	二硼烷、氰化氢、硫化氢、溴化氢、溴甲烷、硝酸铀醚溶液、二硫化碳、煤气、氯乙烯、氯甲烷、黄磷、磷化锌、磷化铝、磷化氢、二乙胺
	甲 B	1. 无其他危险性的一级易燃物品； 2. 具有毒害性、放射性或腐蚀性的二级易燃物品；	1. 乙烯基乙醚、乙醚、乙醛、二乙氧基乙烷，二甲基丁烷、正己烷，四氢哌喃，正丙硫醇，金属纳，金属钾，烷基铝，氯酸钾，硝酸钾，含水至少 10%的苦味酸铵、二硝基苯酚盐，硝化淀粉； 2. 二氟苯、二氟丙酮、甲醇、乙腈、溴乙酰、异丁基腈、二甲胺溶液
	甲 C	1. 无其他危险性的二级易燃物品； 2. 具有毒害性、放射性或腐蚀性的三级易燃物品或具有毒害性的氧化气体； 3. 操作温度超过其自燃点的乙类气体	1. 乙醇、乙酰氯、石油迷、石油原油、正锌烷及锌烷异构体、庚烷、锌烯、苯甲苯、38 度以上的白酒； 2. 3-丁烯腈、2-乙基吡啶、丁腈、戊腈、对氟甲苯、无水肼、醋酸、丙烯酸、氯气、氟气、氨气等
乙类	乙 A	1. 无其他危险性的一级易燃物品； 2. 与空气混合爆炸下限≥13%或不论爆炸下限如何燃烧范围＜12%的气体 3. 无毒氧化性气体或具有较强氧化性的其他物品； 4. 操作温度超过其自燃点的丙类液体	1. 煤油、磺化煤油、环锌烷、正癸烷，藓药水、影印油墨、金属锆、含油的金属屑，油纸、油布、油稠、漆布及其制品，镁粉、铝粉、锌灰、磷钙、氢化钙、过氧化钙、漂白粉、磺酸铵、硝酸镁、氧化银、白兰地酒； 2. 氧硫化碳、碳化羰； 3. 氧气、压缩空气、硝酸、发烟硫酸、次氯酸钙（有效氯含量 10～39%）
	乙 B	1. 棉、麻、麦秸、稻草等植物秸杆类固体； 2. 具有毒害性、放射性或腐蚀性的闪点＞60℃至＜120℃的液体	1. 棉花、木棉、亚麻、黄麻、剑麻、麦秸、稻草、黄草、玉米秸、中草药； 2. 己酰氯、丙酸酐、水合肼、二环己胺、甲醛、松焦油、苯酚、甲酸
丙类	丙 A	1. 无其他危险的闪点＞60℃至＜120℃的液体； 2. 具有毒害性、放射性或腐蚀性的闪点≥120℃的液体	1. 2-乙基己醇、2.3-丁二醇、乙酸庚酯、正丁苯、正丁酸、1-十二烯； 2. 三乙四胺、四乙五胺、二氯苯、二氯硅烷
	丙 B	1. 一般可燃固体或无其他危险的闪点＞120℃的液体； 2. 可燃包装重量超过物品本身重量 1/4 或体积超过 1/2 的不燃或难燃物品；	动物油、植物油、蜡、沥青、机油、润滑油，棉、毛、麻、丝的织物，谷物、面粉，天然橡胶及其制品，竹、木及其制品，收录机、电视机、计算机磁盘等电子产品，冷库中的鱼肉等
丁类		难燃物品或遇水生热不燃物品	自熄性塑料及其制品、水泥刨花板、酚醛塑料及其制品、生石灰等
戊类		不燃物品	钢材、铝材、水泥、石头、矿棉、玻璃及其制品、不燃气体、水、陶瓷、搪瓷

注：根据公共安全行业标准《易燃易爆危险品火灾危险性分级》GA/T 536.1—2013 的规定：一级易燃物品是指一级级易燃液体、一级级易燃气体、一级易燃固体、一级自燃物品、一级遇水易燃物品、一级氧化剂和有机过氧化物；二级易燃物品是指二级易燃液体、二级易燃气体、二级易燃固体、二级自燃物品、二级遇水易燃品、二级氧化性物质或有机过氧化物；三级易燃物品是指三级易燃液体、三级易燃固体、三级自燃物品、三级遇水易燃物品、三级氧化性氧化性物质或有机过氧化物。

第二节　危险品的定义、分类和分项标准

一、危险品的定义

根据联合国《关于危险货物运输的建议书　规章范本》（第16修订本）的界定，危险品是危险物品的简称，在运输中称为危险货物，是指具有爆炸、易燃、毒害、感染、腐蚀和放射性等危险特性，在生产、运输、储存、销售、使用和处置中，容易造成人身伤亡、财产损毁或环境污染而需要特别防护的物质和物品。

二、危险品的分类

由于危险品的品种繁多，性质各异，危险性大小不一，而且一种危险品并不是只有单一的一种危险性，常常具有多重危险性。如二硝基苯酚，既有爆炸性、易燃性，又有毒害性；一氧化碳既有易燃性又有毒害性；氯气既有氧化性又有毒害性；三乙基铝既有自燃性又有遇水易燃性；三氟化硼乙醚络合物，既有很强的腐蚀性，又有毒害性、易燃性，还有遇水易燃性等。如果不掌握危险品的这种多重危险性，就很容易在生产、储存、运输、销售和使用过程中顾此失彼而造成事故。但是，每一种危险品，在其存在的多重危险性中，必有一种是主要危险性，即对人类危害最大的危险性。所以，应当根据其主要危险特性进行科学的分类和分项，以便于科学而严密的管理和采取必要的安全对策。

（一）根据《危险货物国际海运规则》分类

《危险货物国际海运规则》（2006年版）和《危险货物分类与品名编号》（GB 6944—2012）。按照物质的主要危险特性，将危险品分为九大类，分别为爆炸品、包装气体、易燃液体、易燃固体、自燃物品和遇水易燃物品、氧化性物品和有机过氧化物、毒性物品和感染性物质、放射性物品、腐蚀品、杂类。

（二）根据《安全生产法》和《消防法》分类

根据国家《安全生产法》（第110条）和《消防法》的有关规定，危险物品还分为爆炸危险品、易燃易爆危险品、危险化学品和放射性危险品4类。

1. 易燃易爆危险品

易燃易爆危险品是指在空气中或与空气混合，遇激发能源作用极易发生着火或爆炸的物品，以及具有强氧化性，与可燃物作用后，遇激发能源或蓄热，极易在空气中发生着火或爆炸的物品。主要包括易燃气体、氧化性气体、易燃固体、自燃物品、遇水易燃物品、氧化性固体或液体、有机过氧化物，以及由于存在其他危险性已列入其他类、项管理，但仍具有易燃易爆性的危险物品。如汽油、酒精、氢气、液化石油气、胶片、黄磷等（依据人大常委会经济法室的《安全生产法》第110条条文解释）。

2. 爆炸危险品

爆炸危险品简称爆炸品，是指可燃物与氧化性物质按一定比例混合的混合物或为含有爆炸性原子团的化合物，遇激发能源的作用能够立即发生爆炸的物品。其特征是，具有爆发力和破坏性，可瞬间造成人员伤亡和财产损毁。如各种炸药、起爆器材、烟花爆竹等（依据人大常委会经济法室的《安全生产法》第110条条文解释）。

3. 危险化学品

危险化学品是指具有毒害、腐蚀、爆炸、燃烧、助燃等性质，对人体、设施、环境具有危害的剧毒化学品和其他化学品。如毒性物品和腐蚀性物品（《危险化学品安全管理条例》

第三条之规定和《安全生产法》第110条文解释）。

4. 放射性危险品

指具有放射危险性的危险品。主要指第七类放射性物品。

三、各类危险品的定义和分项标准

为使危险品的管理更加严密、科学，对各类危险品还应根据物质的主要危险特性、危险程度以及化学结构和使用情况分为若干项，以便对不同危险级别和程度的危险品进行更加严密的管理。

（一）爆炸品

1. 定义

爆炸品是指可燃物与氧化性物质按一定比例混合的混合物或为含有爆炸性原子团的化合物，遇激发能源的作用能够立即发生爆炸的物品。也包括无整体爆炸危险，但具有着火、迸射及较小爆炸危险，或仅产生热、光、音响或烟雾等一种或几种作用的烟火物品。不包括与空气混合才能形成爆炸性气体、蒸气和粉尘的物质，本身性质太危险以致不能运输或其主要危险性符合其他类别的物质。

爆炸品的特点是：在外界作用下（如受热、撞击等），能发生剧烈的化学反应，瞬时产生大量的气体和热量，使周围压力急骤上升，发生爆炸，对周围环境造成破坏。

爆炸品实际是炸药、爆炸性药品及其制品的总称。炸药又包括起爆药、猛炸药、火药、烟火药四种。因为“爆炸”是爆炸品的首要危险性，所以区别是否是爆炸品，只能依据能够描述其爆炸性的指标为标准。衡量爆炸品爆炸危险性的指标主要有爆速、每千克炸药爆炸后产生的气体量和敏感度等。从储存、运输和使用的角度看，敏感度极为重要；而敏感度又和爆炸基因、温度、杂质、结晶、松密度以及包装的好坏有关。故定量标准通常以热感度、撞击感度和爆速的大小作为衡量是否属于爆炸品的标准。即热感度试验爆发点在350℃以下，撞击感度试验爆炸率在2%以上，爆速在3000m/s以上的物质和物品为爆炸品。

2. 包括范围

根据《危险货物分类和品名编号》GB 6944—2012，爆炸品主要包括爆炸性物质、爆炸性物品和前两者均未提及的物质和物品三类。

（1）爆炸性物质　是指固体或液体物质或两者的混合物，自身能够通过化学反应产生气体，其温度、压力和反应速度能够对周围造成破坏的物质。不包括：本身不是爆炸品，但能够形成燃烧浓度范围的环境，遇引火源才可发生爆炸的气体、蒸气或粉尘（如天然气、汽油或煤粉等）；也不包括其性质极其危险，以致不能够运输的物质（如过氧化乙酸，纯品在−20℃时也会爆炸，故为40%的过氧乙酸溶液时才可作为商品销售；过氧化环己酮，纯品受到撞击时分解爆炸，故商品通常制成以增塑剂为溶剂的50%～80%的浆状物销售）；或其主要危险性属于其他类别的物质（如二硝基萘，主要危险特性属于易燃固体）。

（2）爆炸性物品　是指含有一种或几种爆炸性物质的物品。不包括：所含爆炸性物质的数量或特性不会使其在运输或储存过程中偶然或意外被点燃，或引发后因迸射、发火、冒烟、发热或巨响而在装置外部产生任何影响的装置。

（3）为产生爆炸或烟火实际效果而制造的爆炸性物质和爆炸性物品。

3. 分项

爆炸品按其爆炸危险性的大小分为以下六项。

（1）具有整体爆炸危险的物质和物品　整体爆炸，是指在瞬间即能够影响到几乎全部载荷的爆炸。如二硝基重氮酚、叠氮铅、斯蒂芬酸铅、重氮二硝基酚、四氮烯、雷汞、雷银等

起爆药，TNT、黑索今、奥克托金、太安、苦味酸、硝化甘油、三硝基间苯二酚、硝铵炸药等猛炸药，浆状火药、无烟火药、硝化棉、硝化淀粉、闪光弹药等火药，黑火药及其制品，爆破用的电雷管、非电雷管、弹药用雷管等火工品均属此项。

（2）具有迸射危险，但无整体爆炸危险的物质和物品 如带有炸药或迸射药的火箭、火箭弹头，装有炸药的炸弹、弹丸、穿甲弹，非水活化的带有或不带有爆炸管、迸射药或发射药的照明弹、燃烧弹、烟幕弹、催泪弹、毒气弹，以及摄影闪光弹、闪光粉、地面或空中照明弹、不带雷管的民用炸药装药、民用火箭等，均属此项。

（3）具有着火危险，并有局部爆炸或局部迸射危险，或两种危险都有，但无整体爆炸危险的物质和物品 本项主要包括可产生大量热辐射的物质和物品；或相继着火时，可产生局部爆炸或迸射效应或两种效应兼而有之的物质和物品。如速燃导火索、点火管、点火引信，二硝基苯、苦氨酸、苦氨酸锆、含乙醇＞25％或增塑剂＞18％的硝化纤维素、油井药包、礼花弹等均属此项。

（4）具有着火危险或局部迸射危险，或两种危险都有，但无整体爆炸危险的物质和物品 本项包括万一被点燃或引发时，其危险作用主要局限于包装件本身，并迸射出的碎片不大，射程不远，外部火烧不会引起包件绝大部分内装物瞬间爆炸，而对包装件外部无重大危险的物质和物品。如导火索、手持信号器、电缆爆炸切割器、爆炸性铁路轨道信号器、爆炸铆钉、火炬信号、烟花爆竹等均属此项。

（5）有整体爆炸危险，但非常不敏感的物质 本项包括虽有整体爆炸危险性，但非常不敏感，以致在正常条件下引发由着火转为爆炸的可能性极小，但在局部密闭舱室或房间内大量盛装或存放时可由着火转为爆炸危险的物质。如B型爆破用炸药、E型爆破用炸药（乳胶炸药、浆状炸药和水凝胶炸药）、铵油炸药、铵沥蜡炸药等。

（6）无整体爆炸危险的极端不敏感的物品 本项包括仅含有极不敏感爆炸物质，且其意外引发爆炸或传播的概率可忽略不计的物品；或其爆炸危险性仅限于单个物品爆炸的物品。

4. 按使用性质分两类

根据《民用爆炸物品安全管理条例》（2006年4月26日国务院第134次常务会议通过）的规定，爆炸品按使用性质，还分为军用爆炸品和民用爆炸品两类。民用爆炸品是指用于非军事目的、列入民用爆炸物品品名表的各类火药、炸药及其制品和雷管、导火索、点火器材、起爆器材及烟花爆竹等。

国家对民用爆炸物品的生产、销售、购买、运输和爆破作业实行许可证制度。未经许可，任何单位或者个人不得生产、销售、购买、运输民用爆炸物品，不得从事爆破作业。严禁转让、出借、转借、抵押、赠送、私藏或者非法持有民用爆炸物品。

（二）包装气体

1. 定义

包装气体是指在温度50℃时，包装容器内蒸气压力＞300kPa；或20℃时在101.3kPa标准压力下，在容器内完全处于气态的物质。

此类气体在《危险货物分类与品名编号》（GB 6944—2012）中称为“气体”。根据《现代汉语词典》解释，气体是指“没有一定形状，没有一定体积，可以流动的物体”。如空气、氧气、氮气、二氧化碳、二氧化硫等都是气体，都或多或少存在于大气当中，但并无多大危险，所谓危险只是当这些气体集中充装于容器包装之内时，由于其物理和化学特性，才会对人类带来危险，故对此类气体本书称为包装气体。

2. 包括范围

根据气体在包装容器内的物理状态，此类气体主要包括：压缩气体、液化气体、溶解气体、冷冻液化气体、一种或多种气体与一种或多种其他类别物质的蒸气混合物、充有气体的物品和气雾剂。

(1) 压缩气体　指温度在－50℃下，在包装容器内完全呈气态的气体，或临界温度≤－50℃的所有气体。如常温下储存的氢气、氧气等。

(2) 液化气体　指温度>－50℃下，在包装容器内部分是液态的气体。液化气体还按临界温度的高低，分为高压液化气体和低压液化气体两类。其中临界温度在≥－50℃且≤65℃的气体为高压液化气体；临界温度大于65℃的气体为低压液化气体（临界温度是指物质处于临界状态的温度。在这个温度之上物质则只能处于气体状态，如氧气的临界温度是－118.8℃）。

(3) 溶解气体　在包装容器内溶解于液相溶剂中的气体。如乙炔气等。

(4) 冷冻液化气体　由于采取冷冻降温措施使其温度降低，在包装容器内部分呈液态的气体。如低温常压下储存的液化石油气或氨气等。

(5) 一种或多种气体与一种或多种其他类别物质的蒸气的混合物、充有气体的物品和气雾剂　气雾剂是指将液态、糊状或粉末状的药剂、附加剂等装在具有特质阀门系统的耐压密封容器中，内充压缩、液化或溶解的气体，使用时借助该气体压力使内装物以细雾状、泡沫状、糊状或粉末状等形态喷出的气雾。

3. 气体的分项

根据在运输中的主要危险性，气体分为以下三个项别：

(1) 易燃气体　指在20℃和101.3kPa标准压力下，与空气混合物的爆炸下限（体积百分比）≤13%；或不论爆炸下限如何，与空气混合的燃烧浓度范围（爆炸极限的上下限之差）≥12%的气体。

如压缩或液化的氢气、乙炔、一氧化碳，甲烷等，碳五以下的烷烃、烯烃、炔烃，无水的一甲胺、二甲胺、三甲胺，环丙烷、环丁烷、环氧乙烷，四氢化硅、液化石油气和天然气等。

依据《易燃易爆危险品火灾危险性分级》(GA/T 536)，易燃气体按其爆炸下限和燃烧范围的大小分为以下二级：

① 一级易燃气体　指在20℃和101.3kPa标准压力下：与空气混合物的爆炸下限（体积百分比）<10%；或不论爆炸下限如何，与空气混合的燃烧浓度范围（爆炸极限的上下限之差）≥12%的气体。

② 二级易燃气体　指在20℃和101.3kPa标准压力下：与空气混合物的爆炸下限（体积百分比）≥10%且≤13%；或与空气混合的燃烧浓度范围<12%的气体。

(2) 不燃无毒气体指在20℃时蒸气压力≥200kPa，且经液化或冷冻液化的气体　包括窒息性气体、氧化性气体以及不属于其他项别的气体。如温度在20℃时蒸气压力≥200kPa，且经液化或冷冻液化的能够稀释或取代空气中氧气的窒息性气体（二氧化碳、氮气、氦气、氖气、氩气），或能引起或促进其他材料燃烧的氧化性气体（氧气、压缩空气），以及不属于其他项别的气体等。

值得注意的是，此类气体虽然不燃、无毒，但因处于压力状态下，故仍具有潜在的爆裂危险；其中氧气和压缩空气等还具有强氧化性，属能引起或促进其他材料燃烧的氧化性气体，遇可燃物或含碳物质也会着火或使火灾扩大，所以，此类气体的危险性是不可忽视的；另外，对氧气和压缩空气等氧化性气体，其火灾危险性按乙类管理。

(3) 毒性气体　指其毒性或腐蚀性可对人类健康造成危害的气体；或者急性半数致死浓度LC_{50}≤5000mL/m^3（百万分率）的毒性或腐蚀性气体（急性半数致死浓度LC_{50}是指使

雌雄青年大白鼠连续吸入1h，可能引起受试动物在14天内死亡一半的气体浓度）。毒性气体按火灾危险性还可分为易燃毒性气体和氧化性毒性气体两种。

① 易燃毒性气体　如氨气、无水溴化氢、磷化氢、砷化氢、无水硒化氢、煤气、氯甲烷、溴甲烷、锗烷等有毒易燃气体。

② 氧化性毒性气体　如氟气（液氟）、氯气（液氯）等有毒氧化性气体都是氧化性极强的气体，与可燃气体混合可形成爆炸性的混合物。故笔者认为，在生产和储存中的火灾危险性应当属甲类。

4. 气雾剂的火灾危险性分级

Ⅰ级气雾剂　指燃烧热≥20kJ，点火距离试验测定≥75cm的喷雾型气雾剂。或燃烧试验测定火焰高度≥20cm，火焰持续时间≥2s；或火焰高度≥4cm，火焰持续时间≥7s的泡沫型气雾剂。如枪手杀虫气雾剂、雷达杀虫气雾剂（柑橘型）、全无敌杀虫气雾剂（无香配方）、全无敌杀蚊气雾剂（芳香型）均为Ⅰ级气雾剂。

Ⅱ级气雾剂　指燃烧热≤20kJ，点火距离试验测定<75cm且≥15cm的喷雾型气雾剂；或在燃烧试验中能够发生燃烧，但火焰高度和火焰持续时间均不满足Ⅰ级的泡沫型气雾剂。如佳丽空气清新剂（玫瑰香型）、彩虹自动喷漆（银色）等均为Ⅱ级气雾剂。

Ⅲ级气雾剂　指点火距离试验未被点燃，但在封闭空间实验中测定，时间当量≤300s/m^3，或爆燃密度≤300g/m^3的泡沫型气雾剂。佳丽空气清新剂（薰衣草香型）为Ⅲ级气雾剂。

注：1. 向标准试验圆筒中持续喷射气雾剂直至发生点火所需的时间，折合为向1m^3的大圆筒中持续喷射该气雾剂直至发生点火所需的时间，该折合时间为时间当量。

2. 向标准试验圆筒中持续喷射气雾剂直至发生点火所需消耗的气雾剂质量，折合为向1m^3的大圆筒中持续喷射该气雾剂直至发生点火所需的气雾剂质量，该折合后的1m^3体积中气雾剂质量为爆燃密度。

5. 多种气体存在时的危险性比较

当存在两种或两种以上的气体或气体混合物时，其危险性大小的比较：易燃毒性气体>氧化性毒性气体>一般毒性气体>易燃气体和不燃无毒气体。

（三）易燃液体

1. 定义

易燃液体是指能够放出易燃蒸气，在标准规定的试验条件下，闭杯试验闪点≤60℃，或开杯试验闪点≤65.6℃的主要危险特性为易燃性的液体或液体混合物，或含有处于悬浮状态的固体，且溶于或悬浮于水或其他液态物质中并混合均匀的液体混合物。

2. 包括范围

（1）运输温度大于等于液体闪点的液体；液体在高温条件下运输，并在温度小于等于最高运输温度下会放出易燃蒸气的液体；被抑制了爆炸性的退敏爆炸品液体（指为抑制爆炸性物质的爆炸性能，将爆炸性物质溶解或悬浮在水或其他液态物质中形成的均匀液体混合物），均视为易燃液体。

（2）闪点>35℃，引燃温度>100℃，且质量比含水量>90%的与水混合的无毒害性的不可持续燃烧的液体（如酒度小于10°的酒类）和由于存在其他危险性已列入其他类项管理的液体，不视为易燃液体。

（3）对于闪点≥23℃且≤60℃的黏性液体。如果不具有毒害性和腐蚀性；所含硝化纤维素不足20%，且该硝化纤维素所含的氮元素按质量不足12.6%；包装容器容积小于450L，在溶剂分离试验中，溶剂分离层的高度低于总高度的3%；以及黏度试验中，喷嘴直径为6mm时液体的流出时间≥60s；或≥40s，但该黏性物质所含的易燃液体不足60%的液体，可以不列入易燃液体管理。

3. 分项与分级

为了便于管理和在生产、储存、运输过程中采取有效的安全措施，根据《易燃易爆危险品火灾危险性分级及试验方法》（GA/T 536.1～5—2005）标准，易燃液体按其闪点和初沸点的高低分为以下三个危险级别。

(1) 一级易燃液体（低闪点液体） 指初沸点≤35℃的液体。如汽油、正戊烷、环戊烷、环戊烯、己烯异构体、乙醛、丙酮、乙醚、呋喃、甲胺或乙胺水溶液、二硫化碳等均属此类。初始沸点是指液体开始馏出的温度点。

(2) 二级易燃液体（中闪点液体） 指闪点<23℃、初沸点>35℃的液体或液体混合物。如石油醚、石油原油、石脑油、正庚烷及其异构体，辛烷及其异辛烷，苯、粗苯、甲醇、乙醇、噻吩、吡啶、塑料印油、照相红碘水、打字蜡纸改正液、打字机洗字水、香蕉水、显影液、印刷油墨、镜头水、封口胶等均属此类。

(3) 三级易燃液体（高闪点液体） 指闪点≥23℃且≤60℃、初沸点>35℃的液体或液体混合物，以及闪点虽大于60℃，但储运温度高于其闪点的液体物质。

如煤油、磺化煤油，浸在煤油中的金属铜、钕、铈，壬烷及其异构体、癸烷、樟脑油、乳香油、松节油、松香水、癣药水、刹车油、修相油、影印油墨，照相用清除液、涂底液、医用碘酒等均属此类。

对于闪点<23℃的黏性易燃液体（色漆、瓷釉、喷漆、清漆、黏合剂和抛光剂等），如在溶剂分离试验中清澈的溶剂分离层不足3%，且任何分离的溶剂都达不到毒害品和腐蚀品的标准，可划入三级易燃液体（高闪点液体类）。

（四） 易燃固体、自燃物品和遇水易燃物品

该类危险品是指除划分为爆炸品以外的在储运条件下易燃或可能引起或导致起火的物质。按其火灾危险性的特点，分为易燃固体、自燃物品和遇水易燃物品。

1. 易燃固体

(1) 定义 易燃固体是指燃点低，对热、撞击、摩擦敏感，易被外部火源点燃，燃烧迅速并可能散发出有毒烟雾或有毒气体的固体。如红磷、硫磷化合物（三硫化二磷），含水>15%的二硝基苯酚等充分含水的炸药，任何地方都可以擦燃的火柴，硫磺、镁片、钛、锰、锆等金属元素的粒、粉或片，硝化纤维的漆纸、漆片、漆布，生松香、安全火柴、棉花、亚麻、黄麻、大麻等均属此项物品。

(2) 包括的范围 易燃固体包括固态退敏爆炸品、自反应物质、一段易于燃烧的固体、摩擦可能起火的固体及丙类易燃固体五类。

① 固态退敏爆炸品 指用水或酒精浸湿或用其他物质稀释后而形成的混合均匀被抑制了爆炸性能的固态混合物。

此类物质在储运状态下，退敏试剂应均匀地分布在所储运的物质之中。对于含有水或用水浸湿退敏时，如果预计在低温（0℃以下）条件下储运，应当添加诸如乙醇等适当的相溶的溶剂来降低液体的冰点，以防结冰后影响退敏效果。由于退敏爆炸品在干燥状态下属于爆炸品，所以在储运时必须明确说明是在充分浸湿的条件下才能作为易燃固体储运。属于此类的物质有，含水不低于30%的苦味酸银，含水不低于20%的硝基胍、硝化淀粉，含水不低于15%的二硝基苯酚、二硝基苯酚盐、二硝基间苯二酚和含水不低于10%的苦味酸铵（以

上含水量均为质量百分比）等。

② 自反应物质 指在没有氧气或空气存在的条件下也易发生热分解，且分解热大于等于 300J/g，重量 50kg 时的自行加速分解温度小于等于 75℃的热不稳定固体。其特点是，一旦着火无须掺入空气便可发生危险的反应，特别是在无火焰分解情况下，即可散发毒性蒸气或其他气体，在常温或高温下由于储存或运输温度太高，或混入杂质时能够引起激烈的热分解；在特定的条件下有爆炸分解的特性等。这些物质主要包括脂族偶氮化合物、有机叠氮化合物、重氮盐类化合物、亚硝基类化合物、芳香族硫代酰肼化合物等固体物质，如偶氮二异丁腈、苯磺酰肼等。

③ 易于燃烧的固体 指在标准试验中，燃烧时间＜45s 或燃烧速度＞2.2mm/s 的粉状、颗粒或糊状的固体物质；或能够被点燃，并在 10min 以内可使燃烧蔓延到试样的全部的金属粉末或金属合金；以及被水充分浸湿抑制了自燃性的易自燃的金属粉末等。如七硫化四磷、三硫化四磷、五硫化二磷等硫化物以及氢化锆、氢化钛等金属的氢化物，癸硼烷，冰片、萘、樟脑等有机升华的固体，及聚乙醛、仲甲醛等有机聚合物，硫、锆等可燃的元素等。

④ 摩擦可能起火的固体 这类物质主要包括湿发火粉末（用充分的水湿透，以抑制其发火性能的铪粉、钛粉、锆粉等），铈、铁合金（打火机用的火石），铈的板块、锭或捧状物、火柴、点火剂等。

⑤ 丙类易燃固体 指棉花、亚麻、大麻、木棉、剑麻等易燃的植物纤维类物质，以及牧草、谷草、油草、蒲草、羊草、芦苇、玉蜀黍秸、豆秸、秫秸、麦秸、蒲叶、烟秸、草席、草帘及其他芦苇、草秸的制品等，如表 1-5 所列的易燃的干植物秸秆类物品等。

表 1-5 丙类易燃固体

序号	物品名称
1	籽棉、棉花(皮棉)、木棉、黄棉花、废棉、飞花、破籽花、各种麻类和麻屑、废麻袋、各种破布、碎布、线屑、乱线、化学纤维
2	牧草、谷草、油草、蒲草、羊草、芦苇、玉米棒(掉玉米的)、玉蜀黍秸、豆秸、秫秸、麦秸、蒲叶、烟秸、甘蔗渣、蒲棒、蒲棒绒、棕叶以及其他草秸类
3	葵扇(芭蕉扇)、蒲扇、棕扇、草帽辫、草席、草帘、草包、草袋、蒲包、草绳、芦席、芦苇帘子、笤帚以及其他芦苇、草秸的制品
4	干树皮、干树枝、干树条、带叶的竹枝、薪柴(劈柴除外)，松明子，腐朽木材(喷涂化学防火涂料的除外)
5	刨花、木屑、锯末、纸屑、废纸、纸浆、柏油纸、油毡纸、粮谷壳、花生壳、笋壳
6	炭黑、煤粉
7	羊毛、驼毛、马毛、羽毛以及其他禽兽飞绒
8	麻黄、甘草等中草药

注：摘自《铁路危险货物运输管理规则》附件 9［原铁道部铁运（2006）79 号文颁布］

这些物品在平时的生产和使用过程中，并无多大危险性，但在大量储存或运输过程中，具有相当大的火灾危险。全国每年都有多起这类物质发生的重大火灾，且损失和伤亡都很大，在各类火灾中也占有相当大的比重。据全国的仓储特大火灾分析，在 206 起特大仓储火灾中，露天易燃材料货物、原棉库、原麻库、造纸原料库等火灾达 112 起，占总数的 54.37%，损失也相当惊人。《国际海运危险货物规则》（简称《国际危规》）以及《危险货物品名表》（GB 12286—2012）都将此类物质列为危险品进行管理（危规编号为 GB 41552），但因《建筑设计防火规范》（GB 50016—2014）将其火灾危险性划为丙类，故这里称之为丙类易燃固体。

（3）分级标准《国际危规》按易燃固体火灾危险性的大小将其分为三个包装类别。根据《易燃易爆危险品火灾危险性分级及试验方法》（GA/T 536.1～5）标准，将易燃固体分为三个危险级别。

① 一级易燃固体　指用充分的水、酒精或其他增塑剂抑制了爆炸性能的物质（硝化纤维除外）；以及根据试验标准测试（试验系列1、2和试验系列6），即暂时划入爆炸品但又被排出爆炸品之外，且即不是自反应物质，也不是氧化剂和有机过氧化物的物质。

② 二级易燃固体　指自反应物质和标准试验时燃烧时间＜45s，并且火焰通过湿润区段的固体物质，以及燃烧反应在5min内传播到试样全部长度的金属粉末或合金粉末。

③ 三级易燃固体　指在标准试验时，燃烧时间＜45s，且试样湿润区阻止火焰传播至少4min的固体物质和燃烧反应传播到整个试样的时间＞5min且≤10min的金属粉末或合金粉末；以及丙类易燃固体等。

通过摩擦可能起火或促进起火的固体按照特殊规定分级。

2. 自燃物品

（1）定义　指在空气中易于发生氧化反应，放出热量而自行燃烧的物品。

从定义中可以看出，该项物品的主要特点是在空气中可自行发热燃烧，其中有一些在缺氧或无氧的条件下也能够自燃起火。因此，该项物品应当以接触空气后是否能在极短的时间内（如5min）自燃，或在蓄热状态时能否自热升温达到很高的温度（多数物质的自燃点为200℃）为区分自燃物质的依据。属于该项物品的有：黄磷、钙粉，干燥的金属元素的铝粉、铅粉、钛粉、烷基镁、甲醇钠、烷基铝、烷基铝氢化物，烷基铝卤化物、硝化纤维片基、赛璐珞碎屑、油布、油绸及其制品，油纸、漆布及其制品，拷纱、棉籽、菜籽、油菜籽、葵花籽、尼日尔草籽等，油棉纱、油麻丝等含油植物纤维及其制品，种子饼，未加抗氧剂的鱼粉等。

（2）包括范围　自燃物品包括发火物质和自热物质两类。

① 发火物质。指与空气接触5min之内即可自行燃烧的液体、固体或固体和液体的混合物。如黄磷、三氯化钛、钙粉、烷基铝、烷基铝氢化物、烷基铝卤化物等。

② 自热物质。指与空气接触不需要外部热能源的作用即可自行发热而燃烧的物质。这类物质的特点是只有在大量（若干千克），并经过长时间（若干小时或若干天）才会自燃，所以亦可称积热自燃物质。如油纸、油布、油绸及其制品，动物、植物油和植物纤维及其制品，赛璐珞碎屑，拷纱、潮湿的棉花等。

（3）分级标准　自燃物品的定量区分标准是指与空气接触不到5min便可自行燃烧，或使滤纸起火或变成炭黑的发火物质；及采用边长100mm立方体试样试验，在24h内试样出现自燃或温度超过200℃的自热物质。

根据《国际危规》对包装类别的区分方法和《易燃易爆危险品火灾危险性分级及试验方法》（GA/T 536.1～5—2005）标准，自燃物品分为以下三个危险级别。

① 一级自燃物品　指根据《实验和标准手册》实验，与空气接触≤5min便可自行燃烧或使滤纸起火或变成炭黑的液体、固体或液体与固体的混合物。

② 二级自燃物品　指根据《实验和标准手册》实验，采用边长25mm立方体试样在140℃情况下试验时，出现自燃或温度超过200℃的自热物质。

③ 三级自燃物品　指根据《实验和标准手册》实验，通常包括以下三种情况。

a. 指采用边长100mm的立方体试样在140℃情况下试验时出现自燃或温度超过200℃的结果，但采用边长25mm的立方体试样试验时出现否定结果，且该物质的包件大于$3m^3$的自热物质。

b. 采用边长100mm的立方体试样在140℃情况下试验时出现自燃或温度超过200℃的结果，采用边长25mm的立方体试样在140℃情况下试验时出现否定结果，但采用边长100mm的立方体试样在120℃情况下试验时出现自燃或温度超过200℃的结果，且该物质的包件容积大于450L的自热物质。

c. 采用边长100mm的立方体试样在140℃情况下试验时出现自燃或温度超过200℃的肯定结果，采用边长25mm的立方体试样在140℃情况下试验时出现否定结果，但采用边长100mm的立方体试样在100℃情况下试验时出现自燃或温度超过200℃的自热物质。

3. 遇水易燃物品

(1) 定义　指在环境温度下与水相互作用发生剧烈反应易于放出危险数量的易于自燃或可燃气体和热量的物品　该项物品是以实验结果为依据的。其特点是，遇水、酸、碱、潮湿能够发生剧烈的化学反应，并放出可燃气体和热量。当热量达到可燃气体的自燃点或接触外来火源时，会立即起火或爆炸；所产生的冲击波和火焰可能对人体和环境造成危害。

(2) 包括范围　锂、钠、钾、钙、铷、铯、锶、钡等碱金属、碱土金属，钠汞齐、钾汞齐，锂、钠、钾、镁、钙、铝等金属的氢化物（如氢化钙）、碳化物（电石）、硅化物（硅化钠）、磷化物（如磷化钙、磷化锌），以及锂、钠、钾等金属的硼氢化物（如硼氢化钠）和镁粉、锌粉、保险粉等轻金属粉末。

(3) 分级标准　遇水易燃物品的定量标准，是指在大气温度下与水进行反应试验时，在试验程序的任何一个步骤释放的气体发生自燃或释放易燃气体的速度>1L/(kg·h) 的物质。根据《国际危规》中遇水易燃物品包装类别的划分标准和《易燃易爆危险品火灾危险性分级及试验方法》(GA/T 536.1～5—2005) 标准，遇水易燃物品分为以下三个危险级别。

① 一级遇水易燃物品　指在大气温度下可与水发生剧烈反应，所产生的气体通常显示自燃倾向，或该物质在大气温度下极易与水反应，并且易燃气体的释放速度≥600L/(kg·h) 的物质。

② 二级遇水易燃物品　指在大气温度下容易与水反应，易燃气体的最大释放速度≥20L/(kg·h)且<600L/(kg·h) 的物质。

③ 三级遇水易燃物品　指在大气温度下能缓慢与水反应，其易燃气体的最大释放速度≥1L/(kg·h)且<20L/(kg·h) 的物质。

(五) 氧化性物品和有机过氧化物

1. 氧化性物品

(1) 定义　指处于高氧化态，具有强氧化性，易于分解并放出氧和热量的物质。包括含有过氧基的无机物。其特点是，本身不一定可燃，具有较强的氧化性能，分解温度较低，对热、振动或摩擦较为敏感，遇酸碱、潮湿、强热、摩擦、冲击或与易燃物、还原剂接触能发生分解反应，并引起着火或爆炸，与松软的粉末状可燃物能形成爆炸性混合物。

(2) 分级方法　氧化性物品还按其物理状态分为氧化性固体和氧化性液体两类。由于其物理状态不同，其氧化能力的表现方式也不同，所以，其分级的测试方法也不同。

氧化性固体是以测定固态物质在与一种可燃物质完全混合时增加该可燃物质的燃烧速度或燃烧强度的潜力的方法进行测定的。将试样与纤维素之比按质量1∶1或4∶1混合的混合物进行试验，其显示的平均燃烧时间小于或等于标准混合物溴酸钾与纤维素质量比为3：2混合物的燃烧时间，则该固体为氧化性固体。

氧化性液体是以测定液体物质在与一种可燃物质完全混合时增加该可燃物质的燃烧速度或燃烧强度的潜力的方法进行测定的。首先看该物质和纤维素的混合物是否自发着火；其次看其压力从690kPa上升到2070kPa（表压）所需的平均时间与参考物质的这一时间比较。如果该液体物质与纤维素之比为按质量1：1的混合物进行试验时，显示的平均压力上升时间小于或等于65%硝酸水溶液与纤维素之比为按重量1：1的混合物的平均压力上升时间，则该液体为氧化性液体。

(3) 分级标准　氧化性物品按其火灾危险性的大小，根据《国际危规》中氧化性物品包装类别的划分标准，和《易燃易爆危险品火灾危险性分级及试验方法》(GA/T 536.1～5—2005) 标准，氧化性物品分为三个危险级别。

一级氧化性固体　指试样与纤维素之比按质量4：1或1：1混合，用标准试验方法试验时显示的平均燃烧时间小于溴酸钾与纤维素之比按质量3：2混合的平均燃烧时间的固体氧化性物品；

一级氧化性液体　试样与纤维素之比按质量1：1混合，用标准试验方法试验时能够自燃，或该试样与纤维素之比按质量1：1混合，用标准试验方法试验时显示的平均压力上升时间小于50%高氯酸与纤维素之比按质量1：1混合的平均压力上升时间的液体氧化性物品。

二级氧化性液体　指试样与纤维素之比按质量4：1或1：1混合，用标准试验方法试验时显示的平均燃烧时间小于或等于溴酸钾与纤维素之比按质量2：3混合的平均燃烧时间，但不符合一级标准的固体氧化性物品；

二级氧化性固体　指试样与纤维素之比按质量1：1混合，用标准试验方法试验时显示的平均压力上升时间小于或等于40%氯酸钠水溶液与纤维素之比按质量1：1混合的平均压力上升时间，且不属于一级的液体氧化性物品。

三级氧化性液体　指试样与纤维素之比按质量4：1或1：1混合，用标准试验方法试验时显示的平均燃烧时间小于或等于溴酸钾与纤维素之比按质量3：7混合的平均燃烧时间，但不符合一级和二级标准的固体氧化性物品；

三级氧化性液体　指试样与纤维素之比按质量1：1混合，用标准试验方法试验时显示的平均压力上升时间小于或等于65%硝酸水溶液与纤维素之比按质量1：1混合的平均压力上升时间，且不属于一级和二级的液体氧化性物品。

2. 有机过氧化物

(1) 定义　列入危险品管理的有机过氧化物是指有效含氧质量分数>0.5%的分子组成中含有过氧基的有机物；或过氧化氢质量分数≤1.0%，但>7.0%的有机过氧化物的配制品。

有机过氧化物是一种含有两价过氧基结构（—O—O—）的有机物质，其有效氧质量分数（%）用以下公式计算：

$$X=16\times\sum\left(\frac{n_i\times c_i}{m_i}\right) \tag{1-1}$$

式中 X——有效氧含量，%；

n_i——有机过氧化物 i 每个分子的过氧基数目；

c_i——有机过氧化物 i 的质量分数，%；

m_i——有机过氧化物 i 的相对分子质量。

(2) 特点 该项物品在正常温度或因受热、与杂质(如酸、重金属化合物、胺)接触、摩擦或碰撞而放热分解。分解可产生有害的易燃气体或蒸气，甚至发生爆炸。分解速度随着温度增加而变快，有机过氧化物配制品会因其有效含氧量的不同而变化。许多有机过氧化物燃烧猛烈，特别是在封闭条件下极容易发生爆炸。特别容易伤害眼睛，有时即使短暂接触，也会对角膜造成严重的伤害，或者对皮肤造成腐蚀。

(3) 类型区分 有机过氧化物还按其危险性的大小划分为以下七种类型。

A 型 系指在运输容器中能够起爆或迅速爆燃的有机过氧化物。此型有机过氧化物因其特别敏感易爆，故禁止按第五类第二项危险品运输和储存，应当按爆炸品对待。

B 型 系指具有爆炸性，配置品在包装运输时不起爆，也不会快速爆燃，但在包件内部易产生热爆炸的有机过氧化物。此型有机过氧化物运输时装入每一包件的净重不得大于25kg，并应在包装上显示爆炸品副标志。

C 型 系指在包装运输时不起爆或爆燃不迅速，也不易受热爆炸，但仍具有潜在爆炸性的有机过氧化物。此型有机过氧化物运输时，每一包件的净重不得＞50kg，可免贴爆炸品副标志；

D 型 系指在实验室试验中，部分起爆或不起爆，或缓慢爆燃或不爆燃；但在封闭条件下进行加热试验时呈现中等效应的有机过氧化物。D 型有机过氧化物每一包件的净重不得＞50kg；

E 型 系指在实验室试验中，既不起爆也不爆燃，但在封闭条件下进行加热试验时只呈现微弱效应的有机过氧化物。E 型有机过氧化物每一包件的净重不得＞400kg，容积不得＞450L；

F 型 系指实验室试验中，不会在空化状态下起爆或爆燃，但在封闭条件下进行加热试验时，可呈现微弱效应；或无效应，呈现微弱爆炸力或没有爆炸力的有机过氧化物。F 型有机过氧化物可用中型的散货箱或罐体运输。

G 型 系指实验室试验中，不会在空化状态下起爆或爆燃，在封闭条件下进行加热试验时，也不呈现任何效应，但其配置品在50kg包件时的自行加速分解温度≥60℃的有机过氧化物。

(六) 毒害品和感染性物品

毒害品和感染性物品都是指对人体特别有害的物品。按其致病机理的不同分为以下两项。

1. 毒害品

(1) 定义 毒害品是指进入人体后累积达到一定的量，能与体液组织发生生物化学作用或生物物理学变化，扰乱或破坏肌体的正常生理功能，引起暂时性或持久性的病理状态，甚至危及生命安全的物品。

(2) 定量标准 根据施毒的途径，按半数致死剂量，急性经口吞咽毒性 $LD_{50} \leqslant 300$mg/kg；或急性经皮肤接触毒性 $LD_{50} \leqslant 1000$mg/kg；急性烟雾、粉尘的吸入毒性 $LC_{50} \leqslant 4$mg/L 的固体或液体，以及列入危险货物品名表的农药。

急性经口吞咽毒性 LD_{50} 是指在 14 天内能使刚成熟的天竺鼠半数死亡所使用的物质剂量，用体重 mg/kg 表示。

急性皮肤接触毒性 LD_{50} 是指在白兔赤裸皮肤上连续 24h 接触，在 14 天内使受试动物半数死亡所使用的物质剂量，其结果以 mg/kg 动物身体质量表示。

急性吸入毒性 LD_{50} 是指使刚成熟的天竺鼠连续吸入 1h，在 14 天内使受试动物半数死亡所使用的蒸气、烟雾或粉尘的浓度。

LC 是英文 Lethal Concenthation 的缩写，LD 是英文 Lethal Dose 的缩写。以上所说的 LC_{50} 是指使动物吸入染毒半数死亡的毒物浓度；LD_{50} 是指使动物摄取染毒半数死亡的毒物剂量。

(3) 分级标准　毒害品按其口服摄入、皮肤接触和吸入烟雾或粉尘三种施毒方式所显示的毒性进行分级的标准，见表 1-6。

表 1-6　口服摄入、皮肤接触和吸入粉尘或烟雾确定分类的标准

危险级别	口服毒性 LD_{50}/(mg/kg)	皮肤接触毒性 LD_{50}/(mg/kg)	吸入粉尘或烟雾毒性 LC_{50}/(mg/L)
Ⅰ	≤5.0	≤50	≤0.2
Ⅱ	>5.0～50	>50～≤200	>0.2～≤2.0
Ⅲ	>50 和≤300	>200～≤1000	>2.0～≤4.0

注：粉尘和烟雾的毒性标准是基于 1h 暴露过程的 LC_{50} 数据，如果能够获得这种资料即可使用，但如果得到的 LC_{50} 数据仅涉及 4h 暴露于粉尘和烟雾中，那么这个数据乘以 4，所得结果可以取代上述数据。即 LC_{50} (4h)×4 被视为 LC_{50} (1h) 的相应值。

对具有毒性蒸气的液体，其危险级别按 20℃时标准大气压力下每立方米空气中所含有的液体饱和蒸气的浓度 mL/m^3 来区分，用 V 表示。其分级标准如下。

① 一级液体毒害品　是指液体饱和蒸气浓度 (V)≥$10LC_{50}$ 和 LC_{50}≤$1000mL/m^3$ 的液体。

② 二级液体毒害品　是指液体饱和蒸气浓度 (V)≥LC_{50} 和 LC_{50}≤$3000mL/m^3$，且未达到一级标准的液体。

③ 三级液体毒害品　是指液体饱和蒸气浓度 (V)≥$\frac{1}{5}LC_{50}$ 和 LC_{50}≤$5000mL/m^3$，且未达到一、二级标准的液体。

值得说明的是，对于有催泪性蒸气的液体、闭杯闪点低于 23℃的液体，其危险级别最低不应低于二级。

蒸气的吸入毒性标准是基于 1h 暴露过程的 LC_{50} 数据，如果能够获得这种资料即可使用，但如果得到的 LC_{50} 数据仅涉及 4h 暴露于蒸气之中，那么这个数据可以乘以 2，所得结果可以代替上述标准。即 LC_{50} (4h)×2 被视为 LC_{50} (1h) 的相应值。

2. 感染性物品

(1) 定义　感染性物品指能够在接触到它们时传染疾病的已知或有理由认为含有病原体的物质。

病原体是指已知或有理由认为会使人或其他动物感染疾病的微生物（包括细菌、病毒、立克次氏体、寄生虫、真菌）或重组合的微生物（杂交体或突变体）。

(2) 危险级别的划分　根据世界卫生组织制定并组织出版的《实验室生物安全手册》(1993 年第 2 版）中的标准，按生物体的致病力、传染的方式和相对容易性、对个体和集体的危险程度、疾病是否可以得到已知有效的预防制剂和治疗方法而康复，划分为以下三个危险级别。

① 一级感染性物品　指通常会使人或其他动物感染严重疾病，而且能够很快直接或间接地从一个个体传染给另一个个体的病原体，并且对此通常没有有效的治疗方法和预防措施（个体和集体危险性都高）。

② 二级感染性物品　指通常会使人或其他动物感染严重疾病，但一般不会从一个被感

染的个体传染给另一个个体的病原体，并且对此有效的治疗方法和预防措施（即个体危险性高，集体危险性低）。

③ 三级感染性物品　指能够使人或动物生病，但不大可能使人或其他动物有严重危险性的病原体，虽然接触时能够造成严重感染，但对此有效的治疗方法和预防措施，而且感染传播的可能性不大（即个体危险性中等，集体危险性低）。

（七）放射性物品

（1）定义　放射性物品是指含有放射性核素，并且其活度和比活度均高于国家规定的豁免值的物品。

（2）危险级别的划分　根据放射性物品的特性及其对人体健康和环境的潜在危害程度，将放射性物品分为一类、二类和三类。

① 一类放射性物品　是指Ⅰ类放射源、高水平放射性废物、乏燃料等释放到环境后对人体健康和环境产生重大辐射影响的放射性物品。

② 二类放射性物品　是指Ⅱ类和Ⅲ类放射源、中等水平放射性废物等释放到环境后对人体健康和环境产生一般辐射影响的放射性物品。

③ 三类放射性物品　是指Ⅳ类和Ⅴ类放射源、低水平放射性废物、放射性药品等释放到环境后对人体健康和环境产生较小辐射影响的放射性物品。

（八）腐蚀品

（1）定义　腐蚀品指能灼伤人体组织，并对金属等物品造成损坏的固体或液体。其区分标准是：与皮肤接触 60min～4h 的暴露期后至 14 天的观察期内能使完好的皮肤组织出现全厚度损毁现象；或温度在 55℃时，对 S235JR＋CR 型或类似型号钢或无覆盖层铝的表面均匀年腐蚀率超过 6.25mm 的固体或液体。

（2）分项　腐蚀品的特点是能灼伤人体组织，并对动物、植物、纤维制品、金属等造成较为严重的损坏。由于腐蚀品酸、碱性各异、相互间易发生反应，为了便于运输时合理积载，以及发生事故时易于迅速采取急救措施，因此，还进一步按酸碱性分为三项。

① 酸性腐蚀品　如硝酸、发烟硝酸、发烟硫酸、溴酸、含酸≤50％的高氯酸、五氯化磷、己酰氯、溴乙酸等均属此项。酸性腐蚀品按其化学组成还可分成无机酸性腐蚀品和有机酸性腐蚀品两个子项。

a. 无机酸性腐蚀品是指具有酸性的无机品。该项物品中很多具有强氧化性，如硝酸、氯磺酸等；其中还有不少遇湿能生成酸的物质，如三氧化硫、五氧化磷等。

b. 有机酸性腐蚀品是指具有酸性的有机品。该项物品绝大多数是可燃物，且有很多是易燃的。如乙酸闪点 42.78℃，丙烯酸闪点 54℃，溴乙酰闪点 1℃，与水激烈反应，放出白色雾状的具有刺激性和腐蚀性的溴化氢气体，与具有氧化性的酸性腐蚀品相混会引起着火或爆炸。所以同是酸性腐蚀品，具有强氧化性的无机酸与具有还原性的可燃的有机酸是绝不能认为都是酸性腐蚀品而可以同车配载或同库混存的。

② 碱性腐蚀品　如氢氧化钠、烷基醇钠类（乙醇钠）、含肼≤64％的水合肼、环己胺、二环乙胺、蓄电池（含有碱液的）均属此项。由于碱性腐蚀品中没有具有氧化性的物质，所以没有必要再把腐蚀品再分为无机碱和有机碱两个子项。但碱性腐蚀品中的水合肼等有机碱是强还原剂，易燃蒸气会爆炸，故对有机碱性腐蚀品应注意其易燃危险性。

③ 其他腐蚀品　是指酸性和碱性都不太明显的腐蚀品。如木馏油、蒽、塑料沥青、含有效氯＞5％的次氯酸盐溶液（如次氯酸钠溶液）等均属此项。其他腐蚀品也有无机和有机

之分。其中无机的次氯酸钠等都有一定的氧化性，有机的甲醛等都有一定的还原性。如甲醛闪点 50℃，爆炸极限 7%～73%，还原性极强，二者是不能混储混运的。所以该项物品的火灾危险性也是不能忽视的。

(3) 分级　腐蚀品的划分标准是以已往的经验为基础的，并考虑到呼吸的危险性、遇水反应性等。对新的物质（包括其混合物）来说，则是根据接触皮肤后引起皮肤明显坏死所需时间的长短来判定的。按国际包装类别的区分标准，腐蚀品可分为以下三级。

① 一级腐蚀品　指在试验时与动物完好皮肤接触，在不超过 3min 的暴露期至 60min 的观察期内即可在接触处导致完好皮肤组织出现全厚度损毁现象的物质。

② 二级腐蚀品　指在试验时与动物完好皮肤接触，在超过 3min 至 60min 的暴露期后开始至 14 天的观察期内即可在接触处导致完好皮肤组织出现全厚度损毁现象的物质。

③ 三级腐蚀品　指不会在完好的动物皮肤上引起全厚度损毁现象，但在 55℃的试验温度下，对 S235JR＋CR 型或类似型号钢或无覆盖层铝的表面均匀年腐蚀率＞6.25mm 的物质。

（九）杂类

杂类物品系指在运输过程中呈现的危险性质不包括在上述八类危险性中的物品，可分为以下 9 项。

1. 以微细粉尘吸入可危害健康的物质

如蓝石棉或棕石棉（UN 2212[1]）、白石棉（温石棉、阳起石）（UN 2590）。

2. 会放出易燃气体的物质

如聚苯乙烯颗粒（UN 2211），可膨胀，会放出易燃气体；模塑化合物（UN 3314），呈现揉塑团、薄片或挤压出的绳索状，可放出易燃气体。

3. 锂电池组

如锂金属或锂合金电池组（UN 3090）；装在设备中或同一设备中的锂金属电池组或锂合金电池组（UN 3091）。

4. 救生设备

如自动膨胀式救生设备（UN 2990）；装备中含有危险品的非自动膨胀式救生设备（UN 3072）。

5. 一旦发生火灾可形成二噁英的物质

如液态多氯联苯（UN 2315）；固态多氯联苯（UN 3432）；液态多卤联苯或液态多卤三联苯（UN 3151）；固态多卤联苯或固态多卤三联苯（UN 3152）。

6. 在高温下运输或提交运输的物质

如液态温度达到或超过 100℃的高温液体（UN 3257）；固态温度达到或超过 240℃的高温固体（UN 3258）等，这些物品存在高温，接触易燃物时可引起火灾。

7. 危害环境的物质

包括污染水生环境的液体或固体物质，以及这类物质的混合物（如制剂和废物），如对环境有害的固体物质（UN 3077），对环境有害的液体物质（UN 3082）。

8. 经过基因修改的微生物和生物体

这些物质，虽不能满足感染性物质的定义，但可以非正常地经基因修改的方式改变微生物和生物体，如经基因修改的微生物或经基因修改的生物体（UN 3245）。

---

[1] UN-联合国危险货物编号。

9. 其他

如乙醛合氨（UN 1841）、固态二氧化碳（UN 1845）、连二亚硫酸锌（UN 1931）、二溴二氟甲烷（UN 1941）、苯甲醛（UN 1990）、硝酸铵基化肥（UN 2071）、稳定的鱼粉（UN 2216）、磁化材料（UN 2807）、机器中的危险货物或仪器中的危险货物（UN 3363）等。

四、各类、项危险品危险性比较

（一）各类、项危险品的危险特性大小次序

（1）当一种物质、混合物或溶液有一种以上危险性时，其危险性的先后顺序　当一种物质、混合物或溶液有一种以上危险性，而其名称又未列入“危险货物一览表”内时，其危险性的先后顺序按表 1-7 确定。

表 1-7　危险性的先后顺序表

危险品立项和包装类别			4.2 自燃物品	4.3 遇水易燃物品	5.1 氧化性物品			6.1 毒性物品				8 腐蚀品					
					Ⅰ级	Ⅱ级	Ⅲ级	Ⅰ级		Ⅱ级	Ⅲ级	Ⅰ级		Ⅱ级		Ⅲ级	
								皮肤	口服			液体	固体	液体	固体	液体	固体
3 易燃液体	Ⅰ①级易燃液体			4.3				3	3	3	3	3	—	3	—	3	—
	Ⅱ①级易燃液体			4.3				3	3	3	3	8	—	3	—	3	—
	Ⅲ①级易燃液体			4.3				6.1	6.1	6.1	3②	8	—	8	—	3	—
4.1 易燃固体	Ⅱ①级易燃固体		4.2	4.3	5.1	4.1	4.1	6.1	6.1	4.1	4.1	—	8	—	4.1	—	4.1
	Ⅲ①级易燃固体		4.2	4.3	5.1	4.1	4.1	6.1	6.1	6.1	4.1	—	8	—	8	—	4.1
4.2 自燃物品	Ⅱ级自燃物品			4.3	5.1	4.2	4.2	6.1	6.1	4.2	4.2	8	8	4.2	4.2	4.2	4.2
	Ⅲ级自燃物品			4.3	5.1	5.1	4.2	6.1	6.1	6.1	4.2	8	8	8	8	4.2	4.2
4.3 遇水易燃物品	Ⅰ级遇水易燃品				5.1	4.3	4.3	6.1	4.3	4.3	4.3	4.3	4.3	4.3	4.3	4.3	4.3
	Ⅱ级遇水易燃品				5.1	4.3	4.3	6.1	4.3	4.3	4.3	8	8	4.3	4.3	4.3	4.3
	Ⅲ级遇水易燃品				5.1	5.1	4.3	6.1	6.1	6.1	4.3	8	8	8	8	4.3	4.3
5.1 氧化性物品	Ⅰ级氧化性物品							5.1	5.1	5.1	5.1	5.1	5.1	5.1	5.1	5.1	5.1
	Ⅱ级氧化性物品							5.1	5.1	5.1	5.1	8	8	5.1	5.1	5.1	5.1
	Ⅲ级氧化性物品							6.1	6.1	6.1	5.1	8	8	8	8	5.1	5.1
6.1 毒性物品	Ⅰ级毒性物品	皮肤										8	6.1	6.1	6.1	6.1	6.1
		口服										8	6.1	6.1	6.1	6.1	6.1
	Ⅱ级毒性物品	吸入										8	6.1	6.1	6.1	6.1	6.1
		皮肤										8	6.1	6.1	6.1	6.1	6.1
		口服										8	8	6.1	6.1	6.1	6.1
	Ⅲ级毒性物品											8	8	8	8	8	8

① 自反应物质和固态退敏爆炸品以外的 4.1 项物质，以及液态退敏爆炸品以外的第 3 类物质；

② 农药为 6.1 毒性物质。

注：“—”表示不可能组合。

（2）对于具有多种危险性而在《规章范本》“危险货物一览表”中没有具体列出名称的危险品，不论其在表 1-7 中危险性的先后顺序如何，其有关危险性的最严格危险级别（包装类别）优先于其他危险级别（包装类别）。

（3）总是处于优先地位的物质和物品危险性的先后顺序

① 爆炸品；
② 包装气体；
③ 液态退敏爆炸品；
④ 自反应易燃固体和固态退敏爆炸品；
⑤ 发火性自燃物品；
⑥ 有机过氧化物；
⑦ 一级吸入性毒性物品；
⑧ 感染性有毒物品；
⑨ 放射性物质；
⑩ 具有其他危险性质的放射性物质，无论在什么情况下都应划入第 7 类，并确认次要危险性（另外货包中的放射性物质除外）。

（二）各类、项危险品的火灾危险性大小比较

以上九类危险品除第九类外，前八类都是火灾危险性很大的危险品，不能只认为排在前五类的爆炸品、易燃气体、易燃液体、易燃固体、自燃物品、遇水易燃物品、氧化性物质和有机过氧化物具有火灾危险，而列为其他类项管理的物品就没有火灾危险了。因为危险品的分类是按物质本质的主要危险特性划分的，而对其次要危险性（如毒害品的易燃性、腐蚀品的氧化性等）不作主要考虑，但从消防安全管理的角度看，其次要危险性也是不容忽视的。如毒害品中的氰化钾、氰化钠具有遇水易燃性，放射性物品中的硝酸铀、硝酸钍，腐蚀品中的硝酸、发烟硫酸等部具有氧化性，与可燃物质相混，都有引起着火的危险，所以，前八类危险品都应当是消防安全人员学习和掌握的重点。

为了便于消防安全人员对各类危险品实施正确、有效地消防安全管理，按照《建筑设计防火规范》（GB 50016—2014）规定的物品火灾危险性分类标准，比照各类危险品危险级别的描述，在消防安全管理活动中可以将具有火灾危险性的一、二级危险品按甲类管理，三级危险品按乙类管理。

第三节　危险品的编号、安全标签和安全技术说明书

一、危险品编号

为了便于对危险品生产、储存、运输和销售的安全管理，有利于使用和查找，应当对危险品进行统一的编号。联合国的危险品编号为每一危险货物对应一个编号，但对其性质基本相同，运输、储存条件和灭火、急救、处置方法相同的危险货物，也可使用同一编号。《危险货物分类和品名编号》（GB 6944—2012）采用与联合国相同的编号方法。

《危险货物分类和品名编号》的编号方法是自主创新的方法，它的危险品品名编号由五位阿拉伯数字组成，分别表示危险品所属的类别号、项别号和顺序号，表示方法如图 1-1 所示。

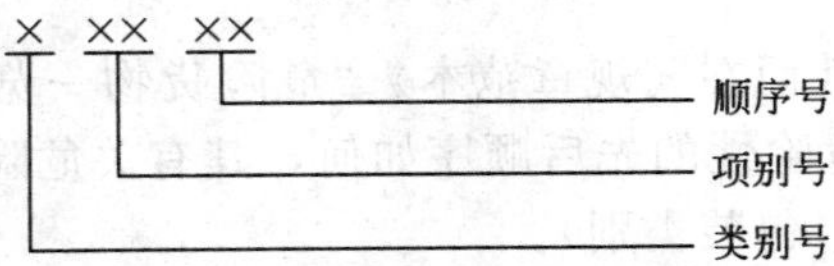

图 1-1　危险品品名编号的表示方法

该标准危险品品名编号的识别方法，是先看类、项，再看顺序号。如有一物品的编号为32032，那么该编号就表明该危险品系第三类第二项的第32号物品，即为32号中闪点易燃液体。与联合国编号方法比较，我国《危险货物分类和品名编号》（GB 6944）标准的编号方法更加科学、更加便于使用和识别，且与我国《建筑设计防火规范》（GB 50016—2014）相匹配。按照此方法识别，500号以前的多为甲类火灾危险，序号500号以后的多为乙类火灾危险。所以，从消防安全的角度，可以据此进行火灾危险性类别的判定。例如，有两个编号分别为41058、41551的危险品，人们一看此编号，就可以很明确的知道，此危险品前者是甲类易燃固体（是任何地方都可以擦燃的火柴）；后者为乙类易燃固体（不可以任意擦燃的安全火柴）。因此，本书仍然把《危险货物分类和品名编号》（GB 6944—2012）的编号方法介绍给大家。建议，在国内的物流活动中使用GB 6944标准的编号方法，在国际间进行物流活动时使用联合国的编号方法。

二、危险品安全标签

危险品安全标签是指危险品在市场上流通时由生产或销售单位提供的附在危险品包装上，用于向作业人员传递安全信息的一种载体性的标签。其作用是，用简单、易于理解的文字和图形，表述有关危险品的危险特性及其安全处置的注意事项，警示作业人员进行安全操作和处置。

（一）危险品安全标签应当标示的内容

根据《化学品安全标签编写规定》（GB 15258—2009）的规定，化学品安全标签应包括物质名称、编号、危险性标志、警示词、危险性概述、安全措施、灭火方法、生产厂家、地址、电话、应急咨询电话、提示参阅安全技术说明书等内容。危险品安全标签的样式及基本内容如下。

(1) 危险品和其主要有害组分标识　中文和英文的通用名称、分子式、化学成分及组成、联合国危险货物编号和中国危险货物编号（分别用UN和CN表示）、标志采用联合国现行的《关于危险货物运输的建议书》和《化学品分类和危险性公示》（GB 13690—2009）规定的符号，每种危险品最多可选用两个标志。

(2) 警示词　根据危险品的危险程度，分别用“危险”“警告”“注意”三个词进行警示。当某种危险品具有一种以上的危险性时，用危险性最大的警示词。警示词一般位于危险品名称下方，要求醒目、清晰。

(3) 危险性概述　简要概述着火爆炸危险特性、毒性、对人体健康和环境的危害等。

(4) 安全措施　包括处置、搬运、储存和使用作业中所必须注意的事项和发生意外时简单有效的救护措施等，要求内容简明、扼要、重点突出。

(5) 灭火　若危险品具有着火危险性，应当提示有效的灭火剂和禁用的灭火剂以及灭火注意事项。

(6) 批号　注明生产日期及生产班次。生产日期用××××年××月××日表示，班次用××表示。

(7) 提示向生产、销售企业索取安全技术说明书。

(8) 生产厂（公司）名称、地址、邮编、电话。

(9) 应急咨询电话　应当填写生产应急咨询电话和国家化学事故应急咨询电话。

（二）危险品标签的制作方法

1. 编写

标签正文应简捷、明了、易于理解，要采用规范的汉字表述，也可以同时使用少数民族

文字或外文，但意义必须与汉字相对应，字形应小于汉字。相同的含义应用相同的文字和图形表示。当某种化学品有新的信息发现时，标签应及时修订、更改。

2. 颜色

标签内标志的颜色按现行的《化学品分类和危险性公示通则》(GB 13690—2009) 规定执行，正文应使用与底色反差明显的颜色，一般采用黑白色。

3. 印刷

标签的边缘要加一个边框，边框外应留≥3mm 的空白。标签的印刷要清晰，所使用的印刷材料和胶黏材料应具有耐用性和防水性。安全标签可单独印刷，也可与其他标签合并印刷。

(三) 危险品安全标签的要求

根据国家标准《化学品安全标签编写规定》(GB 15258—2009) 的规定，安全标签用文字、图形符号和编码的组合形式表示危险品所具有的危险性和安全注意事项；安全标签由生产企业在货物出厂前粘贴、挂拴、喷印在包装或容器的明显位置；若改换包装，则由改换单位重新粘贴、挂拴、喷印。

标签的粘贴、挂拴（喷印）应牢固、结实，保证在运输、储存期间不脱落。盛装危险化学品的容器或包装，在经过处理并确认无任何危险性后，方可撕下标签，否则标签应予以保留。

多层包装运输，原则要求内外包装都应加贴（挂）安全标签，但若外包装上已加贴安全标签，内包装是外包装的衬里，内包装上可免加贴安全标签；外包装为透明物，内包装的安全标签可清楚地透过外包装，外包装可免加标签。

(四) 安全标签的责任

1. 生产企业

生产企业必须确保本企业生产的危险品在出厂时加贴符合国家标准的安全标签到危险品每个容器或每层包装上，使危险品供应和使用的每一阶段，均能在容器或包装上看到危险品的识别标志。

2. 使用单位

使用单位使用的危险品应有安全标签，并应对包装上的安全标签进行核对。若安全标签脱落或损坏时，经检查确认后应立即补贴。

3. 经销单位

经销单位经销的危险品必须具有安全标签，进口的危险品必须具有符合我国标签标准的中文安全标签。

三、危险品安全技术说明书

危险品安全技术说明书，是一份关于危险品易燃易爆性、毒性和环境危害以及安全使用、应急处置、主要理化参数、法律法规等方面信息的综合性文件。作为对用户的一种服务，生产企业应随危险品向用户提供安全技术说明书，让用户了解危险品的有关危害，使用时能主动防护，起到减少职业危害和预防危险品事故的作用。

(一) 危险品安全技术说明书的作用

危险品安全技术说明书的主要作用，是危险品生产供应企业向用户提供基本危害信息的工具（包括运输、操作处置、储存和紧急行动等）；是危险品安全生产、安全流通、安全使用的指导性文件；是应急作业人员进行应急作业时的技术指南；为危险化学品生产、处置、储存和使用各环节制定安全操作规程提供技术信息；是企业安全教育的主要内容。所以，根

据国家标准《化学品安全技术说明书 内容和项目》(GB 16483—2008)的要求，危险品安全技术说明书应当为危险物质及其制品提供有关安全、健康和环境保护方面的各种信息，并能提供有关危险品的基本知识、防护措施和应急行动等方面的资料。

(二) 危险品安全技术说明书的主要内容

危险品安全技术说明书的内容包括以下 16 部分。

1. 危险品及企业标识

主要标明危险品名称、生产企业名称、地址、邮编、电话、应急电话、传真等信息。

2. 成分或组成信息

标明该危险品是纯化学品还是混合物。纯化学品，应给出其化学名称或商品名和通用名。混合物，应给出危害性组分的浓度或浓度范围。

无论是纯化学品还是混合物，如果其中包含有害性组分，则应给出化学文摘索引登记号(CAS 号)。

3. 危险性概述

简要概述本危险品最重要的危害和效应，主要包括危险类别、侵入途径、健康危害、环境危害、火灾危险等信息。

4. 急救措施

指作业人员意外地受到伤害时，所需采取的现场自救或互救的简要的处理方法，包括眼睛接触、皮肤接触、吸入、食入的急救措施等。

5. 灭火急救措施

主要表示危险品的物理和化学危险特性，适用和不合适的灭火剂以及消防人员个体防护等方面的信息，包括危险特性、灭火介质和方法，灭火注意事项等。

6. 泄漏应急处理

指危险品泄漏后现场可采用的简单有效的应急措施、注意事项和消除方法，包括应急行动、应急人员防护、环保措施、消除方法等内容。

7. 操作处置与储存

主要是指危险品操作处置和安全储存方面的信息资料，包括操作处置作业中的安全注意事项，安全储存条件和注意事项。

8. 接触控制或个体防护

指在生产、操作处置、搬运和使用危险品的作业过程中，为保护作业人员免受危险品危害而采取的防护方法和手段。包括最高容许浓度、工程控制、呼吸系统防护、眼睛防护、身体防护、手防护、其他防护要求。

9. 理化特性

主要描述危险品的外观及理化性质等方面的信息，包括外观与性状、pH 值、沸点、溶点、相对密度（如水=1)、蒸气相对密度（如空气=1)、饱和蒸气压、燃烧热、临界温度、临界压力、辛醇/水分配系数、闪点、引燃温度、爆炸极限、溶解性、主要用途和其他一些特殊理化性质。

10. 稳定性和反应性

主要叙述危险品的稳定性和反应活性方面的信息，包括稳定性、禁配物、应避免接触的条件、聚合危害、分解产物。

11. 毒理学信息

提供危险品的毒理学信息，包括不同接触方式的急性毒性（LD_{50}、LC_{50}）刺激性、致

敏性、亚急性和慢性毒性，致突变性、致畸性、致癌性等。

12. 生态学资料

主要陈述危险品的环境生态效应、行为和转归，包括生物效应（如 LD_{50}、LC_{50}）、生物降解性、生物富集、环境迁移及其他有害的环境影响等。

13. 废弃处置

指对被危险品污染的包装和无使用价值的危险品的安全处理方法，包括废弃处置方法和注意事项。

14. 运输信息

主要是指国内、国际危险品包装、运输的要求及运输规定的分类和编号，包括危险货物编号、包装类别、包装标志、包装方法、UN 编号及运输注意事项等。

15. 法规信息

主要是危险品管理方面的法律条款和标准。

16. 其他信息

主要提供其他对安全有重要意义的信息，包括参考文献、填表时间、填表部门，数据审核单位等。

（三）危险品安全技术说明书的编写和使用要求

1. 编写要求

（1）危险品安全技术说明书的以上 16 项内容，在编写时不能随意删除或合并，其顺序不可随便变更。各项目填写的要求、边界和层次，按“填写指南”进行。其中 16 大项为必须填，而每个小项可有三种选择，标明［A］项者，为必填项；标明［B］项者，此项若无数据，应写明无数据原因（如无资料、无意义）；标明［C］项者，若无数据，此项可略。

（2）危险品安全技术说明书的正文应采用简洁、明了、通俗易懂的规范汉字表述。数字资料要准确可靠，系统全面。危险品安全技术说明书的内容，从该危险品的制作之日算起，每 5 年更新 1 次，若发现有新的危害性，在有关信息发布后的半年内，生产企业必须对安全技术说明书的内容进行修订。

（3）危险品安全技术说明书采用“一个品种一卡”的方式编写，同类物、同系物的技术说明书不能互相替代；混合物要填写有害性组分及其含量范围。所填数据应是可靠和有依据的。一种危险品具有一种以上的危害性时，要综合表述其主、次危害性以及急救、防护措施。

（4）危险品安全技术说明书的数值和资料，要准确可靠；选用的参考资料要有权威性，必要时可咨询省级以上职业安全卫生专门机构。

（5）危险品安全技术说明书由危险品的生产供应企业编印，在交付商品时提供给用户，作为用户的一种服务随商品在市场上流通。

2. 使用要求

（1）危险品经营单位在经营中，应当向供货方索取并向用户提供安全技术说明书（简称 SDS）。保证经营的危险品必须有危险品安全技术说明书和危险品安全标签。危险品的用户在接收使用危险品时，要认真阅读技术说明书，了解和掌握化学品的危险性，并根据使用的情形制定安全操作规程，选用合适的防护器具，培训作业人员相关的知识。

（2）要建立经营危险品的安全技术说明书档案。在危险品生产企业，当有新的危害特性公告以及新的修订安全技术说明书等资料时，应当把新的公告和新修订的技术说明及时调整和传递给用户。应当按照安全技术说明书的要求，掌握商品的危险性，制定购销管理规定及

安全操作规程，培训作业人员。

（3）要按照安全技术说明书提供的危险品的危险性，安排合适的储存库房和储存方式；研究确定商品养护措施，安排合适的运输工具和运输方式；制定切实有效的消防安全防护和急救措施。

（4）危险品经营单位在组织商品流通过程中，要始终把危险品安全管理认真抓好。经营活动中危险品的购进、销售、储存、运输、废弃物处置等，都应当按照国家颁布的法律、法规、标准的要求认真执行。

第二章

各类危险品的危险特性和常见的危险品

危险品的危险特性主要来自于本身的性质和生产、储存、运输、销售、使用和处置中带来的外在因素。因此，要做好危险品的消防安全工作，只有切实掌握了其危险特性，才能根据其危险特性采取有针对性的消防安全措施。

第一节 爆炸品

一、爆炸品的危险特性

因为爆炸品是包括爆炸物质和以爆炸物质为原料制成的成品在内的总称。所以只要对爆炸物质（炸药）的危险特性能充分了解，就可以基本掌握爆炸品的危险特性。因此，这里所说的爆炸品的危险特性，实质就是指炸药的危险特性。

（一）敏感易爆性

敏感易爆性是指爆炸品在受到环境的加热、撞击、摩擦或电火花等外能作用时发生着火或爆炸的难易程度。这是爆炸品的一个重要特性。对外界作用比较敏感，可以用火焰、撞击、摩擦、针刺或电能等较小、简单的初始冲能就能引起爆炸。炸药对外界作用的敏感程度是不同的，有的差别很大。例如，碘化氮这种起爆药若用羽毛轻轻触动就可能引起爆炸，而常用的炸药 TNT（梯恩梯）却用枪弹射穿也不爆炸。爆炸品引爆所需的初始冲能愈小，说明该炸药愈敏感。初始冲能又叫爆冲能，是指激发炸药爆炸所需的最小能量。

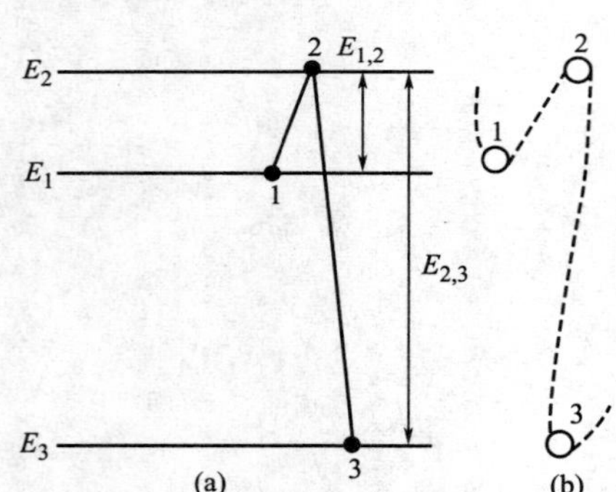

图 2-1 从能栅观点看炸药的敏感度
1—炸药的平时状态；2—激起爆炸状态；3—爆炸反应终态

从炸药的本质看，炸药平时处在相对稳定的平衡状态，而且或多或少地具有抵抗外界作用而不发生爆炸的能力。从能栅的观点看，炸药的敏感度如图 2-1 所示。

炸药平时处在 E_1 位能，当受到一定的外界作用后，炸药的位能从 E_1 跳到 E_2，越过能栅 E_{12} 而发生爆炸变化。好像一个小球，在位置 1 时处在相对稳定状态，一旦给它一个外力使其跳上位置 2，这时小球不稳定，会立即滚到位置 3。所以，从能栅观点看，炸药从 E_1 状态激发到 E_2 状态所需的能量 $E_{1,2}$ 越小，其敏感性越强，危险性也就越大；反之，$E_{1,2}$ 越大，其敏感性越差，危险性也就越小。

炸药的敏感性是由许多因素决定的。这些因素可以归纳为内在因素和外在因素两种。

1. 影响炸药敏感性的内在因素

炸药的内在因素是决定其敏感程度的根本因素，即指爆炸品的物理化学性质，如键能、

分子结构、活化能及热容量、导热性等。

(1) 键能　炸药要发生爆炸反应，首先必须破坏分子中原子间的键，若键能愈小，破坏就愈容易，所以其敏感度愈高，危险性就愈大，反之亦然。例如，含有 N_3^- 基团的起爆药，由于 N_3^- 基团易于展开，键能较小，所以其化学活泼性较大。CNO^- 基团也比较活泼。—O—O—基团、四唑基团等，其键能都比较小，容易破坏，故都表现出比较敏感的特性。

键能的大小对炸药敏感性的影响，仅仅是指单个分子。但实际上人们接触到的不是单个分子，而是以装药形式存在的大量分子。而炸药发生爆炸又恰恰是以能量层层传递的方式沿着整个装药自行传播的。因此，炸药的敏感度是由一系列物理化学因素决定的，键能的大小仅仅是这些因素之一。

(2) 分子结构　炸药的敏感度除了决定于键能的大小外，还与炸药的分子结构和成分有关。大家知道，单质炸药的分子中都含有各种不稳定的原子团或基团，这些原子团亦可称为爆炸原子团。炸药分子中所含不稳定原子团的性质、所在的位置和数量都影响着炸药的敏感度。一般情况下，所含原子团的稳定性越小、数量越多则敏感度越高。如含有—C≡C—C的乙炔衍生物、—O—N≡C(雷酸盐）等，这些不稳定原子团分解时，能释放出大量热能，会很快转为爆轰。一般情况下，在起爆药分子中含有相同的不稳定原子团时，其敏感度随键能的减少而增高。

(3) 活化能　炸药的活化能实际上就是炸药爆炸的一个能栅。这个能栅越高，越不易跨过这个能栅而爆炸，也就是敏感度越低。相反，活化能越小，其敏感度也就越高。应当指出，活化能受外界影响较大，所以不是所有情况都遵守这一规律的。表 2-1 给出了常见的含有不稳定原子团的爆炸性化合物。

表 2-1　常见的含有不稳定原子团的爆炸性化合物

序号	爆炸性化合物名称	爆炸性原子团	举　例
1	硝基化合物	$-\mathrm{NO_2}$（—N 连两个 O）	四硝基甲烷，三硝基甲苯
2	硝酸酯	$-\mathrm{O-NO_2}$（—O—N 连两个 O）	硝化甘油，硝化棉
3	硝胺	$\mathrm{>N-NO_2}$（>N—N 连两个 O）	黑索今，特屈儿
4	叠氮化合物	—N═N≡N	叠氮化铅，叠氮化钠
5	重氮化合物	—N═N—	二硝基重氮酚
6	雷酸盐	—O—N≡C	雷汞，雷酸银
7	乙炔化合物	—C≡C—	乙炔银，乙炔酮
8	过氧化物和臭氧化物	—O—O—和—O—O—O—	过氧化氢，臭氧
9	氮的卤化物	—NX	氯化氮，溴化氮
10	氯酸盐和高氯酸盐	—O—Cl(═O)═O 和 —O—Cl(═O)(═O)═O	氯酸铵，高氯酸铵

(4) 其他因素　炸药的爆热、热容量与导热性等都对敏感性有影响。

2. 影响炸药敏感性的外在因素

决定炸药敏感性的内在因素，都是不受人为因素影响的，但是，决定炸药敏感性的外在因素，则可受人为因素的直接影响。因此，研究影响炸药敏感性的外在因素对炸药的生产、使用、储存和运输安全有着更重要的意义。这些因素如下。

(1) 结晶　炸药的晶体结构与敏感度的关系是，结晶形状不同，其敏感性也不同，这主要是由于它们晶格能量的不同决定的。例如氮化铅有 α 型与 β 型两种晶格体，α 型为棱柱状，β 型为针状。由于 β 型氮化铅具有的晶格能量较低，所以比 α 型氮化铅的机械敏感性高，在其晶粒破碎时可发生自爆现象；又如，硝化甘油炸药在凝固时，结晶呈斜方晶系的属于安定型，呈三斜晶系的属于不安定型。呈不安定型的结晶敏感度较高。随着近代固体物理学的发展，对炸药的晶体结构与敏感度的关系提出了很多论证，如晶格的缺陷、晶体的位错等，这些因素都可以使炸药处于一种“介稳状态”，所以对机械或外界能量表现出敏感性。

关于结晶颗粒的大小与敏感度的关系，一般认为炸药的大粒结晶是比较敏感的，即炸药的敏感度随结晶颗粒的加大而提高，反之则降低。此看法被一些试验结果所证实，但亦有某些试验与此相反，我们应该将晶体颗粒的棱角多少、锋利程度、晶体表面上存在的缺陷和位错等因素联系起来分析。如果晶体表面的棱角较少、晶体表面缺陷和位错不显著，则对机械作用可能钝感，反之小结晶也会出现敏感。一般说来，较大结晶容易出现表面缺陷和位错，或可能出现尖锐的棱角，故多数表现比较敏感。这就是说炸药结晶过程不同，可能结晶为不同晶形，而晶形不同会明显影响炸药的敏感度。

(2) 松密度　炸药随其松密度的增大，通常敏感度均有所降低，但粉碎疏松的炸药，其敏感度较严密填实的高。因为炸药的松密度不仅直接影响冲力、热量等外界能量在炸药中的传播，而且对炸药颗粒之间的相互摩擦也有很大影响，因此，储运过程中包装完好的炸药其敏感度比包装破裂的炸药要低。所以要注意包装完好，一般情况下不允许在松散状态下储运。

(3) 温度　介质温度的高低，对炸药的敏感度也有显著影响。当药温接近爆发点时，则给以很小的能量即能引爆，这是炸药在储运过程中必须注意的一个问题。如硝化甘油在16℃时，其起爆能为 $0.2\text{kg}\cdot\text{m/cm}^2$，在94℃时其起爆能为 $0.1\text{kg}\cdot\text{m/cm}^2$，到182℃时，极微小的震动也会引起爆炸。这是因为随着温度的升高，炸药本身的能量也会积增，对起爆所需外界供给的能量相应减少，从而敏感度升高。因此，爆炸品在储运过程中一定要远离火种和热源，在夏季注意通风和降温。

低温对炸药的影响，表现为个别炸药在低温条件下可生成不安定的晶体而影响其敏感度。如硝化甘油混合炸药（爆胶），在低温条件下可生成呈三斜晶系的晶体，这种结晶体对摩擦非常敏感，甚至微小的外力作用就足以引起爆炸。所以普通爆胶储存温度不得低于10℃，耐冻爆胶也不得低于－20℃。

(4) 杂质　砂粒、石子、水、金属、酸、碱等杂质对炸药的敏感度有很大影响，而且不同的杂质所产生的影响也不同。在一般情况下，砂粒、石子等固体杂质，尤其是硬度高、有尖棱的杂质，能增加炸药的敏感度。因为这些杂质能使冲击能集中在尖棱上，产生许多高能中心，促使炸药爆炸，如梯恩梯炸药混进砂粒后，敏感度显著提高；炸药还能与很多金属杂质反应生成更易爆炸的物质，特别是铅、银、铜、锌、铁等金属，与苦味酸、梯恩梯、三硝基苯甲醚等炸药反应的生成物，都是敏感度极高的爆炸物，大多轻微的摩碰即行起爆；强酸、强碱与苦味酸、爆胶、雷汞、黑索今、无烟火药等许多炸药接触能发生剧烈反应，或生成敏感度很高的易爆物，一经擦碰即起爆。例如，硝化甘油遇浓硫酸会发生不可控制的反应。相反，石蜡、沥青、糊精、水等松软的或液态的物质掺入炸药后，往往会降低其敏感

度。如，硝化棉含水量大于32%时，对摩擦、撞击等机械敏感度大为降低；苦味酸含水量大于35%时、硝铵炸药含水量大于3%时就不会爆炸。这是因为水能够在炸药结晶表面形成一层可塑性的柔软薄膜，将结晶包围起来，当受到外界机械作用时，可减少结晶颗粒之间的摩擦，使得冲击作用变得较弱，故使炸药钝感。几种炸药失去爆炸性的湿度见表2-2。

表2-2　几种炸药失去爆炸性的湿度

炸药名称	湿度/%	炸药名称	湿度/%
六硝基二苯胺	>75	梯恩梯	>30
苦味酸	>35	黑火药	>15
硝化棉	>32	硝铵炸药	>3

由此可见，炸药在储存和运输过程中，特别是在撒漏时，要防止砂粒、石子、尘土等杂质混入，避免与酸、碱接触。对于能受金属激发的炸药，应禁止用金属容器盛装，也不得用金属工具进行作业。同时我们还可以根据水对炸药的钝化作用和冷却作用，在着火时用水灭火。

（二）自燃危险性

一些火药在一定温度下可不用火源的作用即自行着火或爆炸，如双基火药在长时间堆放在一起时，由于火药的缓慢热分解放出的热量及产生的NO_2气体不能及时散发出去，火药内部就会产生热积累，当达到其自燃点时便会自行着火或爆炸。这是火药爆炸品在储存和运输工作中需特别注意的问题。

从微观看，火药中的分子是处于运动状态的，每个分子所处的位能符合分子状态分布的规律，也就是位能极高的分子或极低的分子数目很少，而大部分分子处于某温度平均位能周围，只有分子中的活化分子才能产生化学反应。在常温时，火药中也有活化分子，但是这种分子很少，分解反应进行得很慢，慢到用普通方法无法观测，化学反应放出的热量也很少，可以及时散失到周围介质中去。但当产生热积累时，火药就会自动升温。温度升高会使系统中的活化分子数目增多，因此增加了分解反应速度，反应放热又会自动加热而升温，从而使反应加速，最终导致炸药的自燃或爆炸。这里说明了火药遇热的敏感性；对于以多元醇硝酸酯为基的火药还存在着分解产物NO_2的自动催化作用（安定剂失效后）。所以，压延后的双基药粒（50℃）不得装入胶皮口袋内，各种火药不得堆大垛长时间存放，储存中应注意及时通风和散热散潮。例如，河北安平县第三鞭炮厂，2002年7月15日2时10分左右，库存的两吨火药因高温自燃爆炸，两间库房全部倒塌，附近的围墙和成品库南侧也被炸塌，所幸未造成人员伤亡。再如，河北辛集郭西烟花爆竹厂，2003年7月28日，在焦阳下暴晒火药一天后，未待晾凉即将药球堆积起来，因温度高、湿度大，于18时08分自燃引起连续爆炸。爆炸造成29人死亡，91人受伤，其中重伤12人，轻伤79人。

（三）遇热（火焰）易爆性

炸药对热的作用是十分敏感的。在实际工作中常常因为遇到高温或火焰的作用而发生爆炸。为了保证安全，我们不仅要在生产、运输、储存和使用过程中让炸药远离各种高温和热源，还应对炸药的热感度、火焰感度进行测定，以便运用更加科学的方法进行防范和管理。

炸药的热感度是指炸药在热作用下发生爆炸的难易程度，包括加热感度和火焰感度两部分。

1. 加热感度的测定

炸药的加热感度常用爆发点来表示。炸药的爆发点是指在一定条件下，将炸药加热到爆

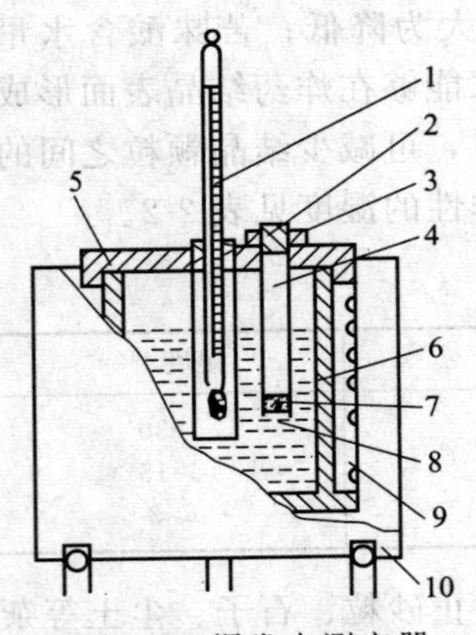

图 2-2　爆发点测定器

1—温度计；2—塞子；3—螺套；4—雷管壳；5—盖；6—圆筒；7—炸药试样；8—合金浴；9—电阻丝；10—外壳

燃时被加热介质的最低温度。将炸药加热到爆燃所需的时间叫作炸药的感应期或炸药的延滞期。

(1) 爆发点测定设备　炸药爆发点的测定设备如图 2-2 所示。它是一个圆形的筒，筒内存满伍德合金（伍德合金的成分为：铋 50%、铅 25%、锡 13%、镉 12%），筒外夹层由镍铬合金电阻丝加热。炸药试样放在一个 8 号雷管壳中，雷管壳用软木塞住，套上定位用螺丝套，使管壳放入合金浴，浸入的深度在 25mm 以上，合金浴的温度由温度计指示。

为了比较各种炸药的爆发点，在测试时必须固定一个延滞期。延滞期一般采用 5s 或 5min。在不同延滞期内测得的一些炸药的爆发点见表 2-3。

(2) 爆发点的测定方法　爆发点的测定方法最常用的有两种：一种是把一定量的炸药从某一温度开始进行加热，同时记录下发生爆燃时的温度；另一种是用等速升温法作出延迟期与爆发点的关系曲线。表 2-4 给出了雷汞爆发点与延滞期的关系。

表 2-3　一些炸药的爆发点

炸药名称	5min 延滞期爆发点/℃	5s 延滞期爆发点/℃
梯恩梯	295～300	475
特屈儿	195～200	257
黑索今	215～230	260
太安	205～215	225
硝化甘油	200～205	222
雷汞	170～180	210
氮化铅	315～330	345
三硝基间苯二酚铅	270～280	—
四氮烯	135～140	154～160
二硝基重氮酚	170～175	180
黑火药	310～315	—

表 2-4　雷汞爆发点与延滞期的关系

合金浴温度/℃	230	225	220	215	210	205	200	195	190
爆发延滞期/s	1.5	2.1	2.9	4.0	5.1	8.2	12.2	18.0	23.1

(3) 爆发点的测定说明

① 爆发点是指炸药在热作用下，其反应自行加速而导致爆炸的最低环境温度。它既不是爆炸时炸药或爆炸产物的温度，也不是炸药开始分解的温度。一般说来其关系是：爆温>爆发点>分解温度。

② 爆发点不是炸药本身的特性常数，所以不是一个严格固定的量。它不仅与炸药的性质有关，而且受实验条件的影响较大。即取决于实验炸药的数量、粒度、实验程序及其决定反应进行的热输出条件和自动加速的因素。如第一种测定方法首先取决于炸药的初始温度，其次是加热速度。一般，加热速度快，爆发点也高。第二种测定方法的延滞期是指炸药从开始自行加速分解到爆炸的时间。在一定范围内，环境温度越高，延滞期也越短，反之则越长。因此，为了取得可以相互比较的结果，必须固定测定条件。

2. 火焰感度的测定

火焰感度是另一种热感度，是指炸药受到火焰作用时发生着火或爆炸的难易程度（主要应用于火药）。测试的方法是利用导火索或标准黑火药柱燃烧时喷出的火焰或火星，通过一定距离作用于药样上，观察发火与否。火焰感度的测定装置如图 2-3 所示。

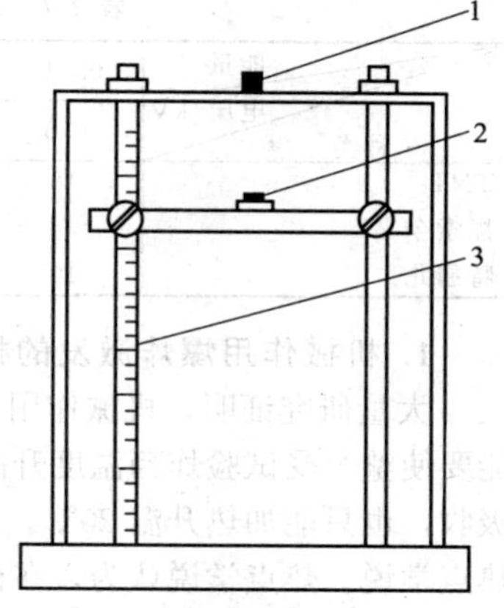

图 2-3 火焰感度测定仪
1—标准黑火药柱；2—被测药剂；3—标尺

测试时，用试爆药样 0.02g，用 40MPa 压力压入 7.26 枪弹火帽中。压好的火帽在测定器凹坑内，用标准黑火药柱隔一定距离来引燃。改变二者之间的距离，平均实验 6 次，找出 100% 发火的最大距离为上限，100% 瞎火的最小距离为下限。

经过测试的火焰感度数据与所使用的点火器材有关。如用导火索引燃和用黑火药柱引燃其结果是不同的。同时导火索或黑火药柱的密度、气流等情况也有影响。目前黑火药柱的测定方法还不标准，所以只能做相对比较。常见起爆药的火焰感度见表 2-5。

表 2-5 常见起爆药的火焰感度

起爆药名称	火焰感度上限/cm	起爆药名称	火焰感度上限/cm
糊精氮化铅	＜8	雷汞	20
四烯氮	15	结晶三硝基间苯二酚铅	54
二硝基重氮酚	17	沥青三硝基间苯二酚铅	49

3. 电火花感度的测定

电火花感度测定的基本原理是利用储能电容器，充电到一定电压，然后通过电极间隙放电引爆炸药。电火花能量的大小可由下式计算：

$$E=\frac{1}{2}CU^2$$

式中 E——电火花能量，J；

C——电容，F；

U——电压，V。

改变电容 C 的大小，或改变充电电压 V 即可调节电火花能量。在同一能量水平下，一般实验 20 发左右试样，计算出发火百分率即可。

几种常见炸药的电火花感度如表 2-6 和表 2-7 所示。

表 2-6 电火花引爆几种炸药所需的电能量

炸药名称	E_0/J	E_{50}/J	E_{100}/J
梯恩梯	0.004	0.050	0.374
黑索今	0.013	0.288	0.577
特屈儿	0.005	0.071	0.196

注：E_0 为 100% 不爆所能承受的最大电火花能量；E_{50} 为 50% 爆炸所需的电火花能量；E_{100} 为 100% 爆炸所需的最小电火花能量。

（四）机械作用危险性

许多炸药受到撞击、震动、摩擦等机械作用时都有着火、爆炸的危险，而炸药在生产、储存和运输过程中，均有可能受到意外的撞击、震动、摩擦等机械作用。在这些作用下能否保证安全，这就是我们研究机械作用危险性的目的。

表 2-7 几种炸药在不同电火花能量作用下的爆炸百分数 %

能量/J	0.013	0.050	0.113	0.200	0.313	0.450	0.513	0.600
电压/kV 种类	0.5	1.0	1.5	2.0	2.5	3.0	3.5	4.0
TNT	18	50	68	83	100	100	—	—
黑索今	0	13	20	38	55	85	100	100
特屈儿	10	37	68	100	100	—	—	—

1. 机械作用爆炸激发的机理

大量研究证明，机械作用下的爆炸激发是靠机械能转变为热能来实现的。但计算表明，机械能要使整个受试验炸药温度升高到爆发点不可能。如雷汞，即使引爆冲击能全部转变为热能被它吸收，也只能加热升温 20℃，根本达不到爆发点的温度。那么又为何会出现爆炸呢？因而出现了热点学说。热点学说认为，在机械作用下，机械能会转变为热能，这些热能来不及均匀分布到全部试样上而聚集在小的局部范围内形成热点，在热点处发生热分解。由于分解放热促使分解反应速度急剧增加，在热点内部形成强烈的反应，从而使热点的温度高于爆发点。爆炸就在这些热点处开始，然后扩展到整个炸药。这些热点也叫反应中心。在机械作用下，炸药颗粒间的挤压、摩擦，炸药内部空气泡的绝热压缩，炸药的塑性变形，部分熔化炸药的黏滞流动等都能产生热点。

2. 机械热点的成长过程

机械热点的成长过程是逐步发展的，除了氮化铅等爆轰成长太快的炸药外，其他炸药大致可分为以下 4 个阶段。

① 热点形成阶段。

② 热点向周围起火燃烧阶段，此时燃速为每秒几百米。

③ 由快速燃烧转为爆燃阶段，爆速为 1000～2000m/s。

④ 由爆燃发展到爆轰阶段，此时的爆速高于 5000m/s。

3. 热点成长为爆炸的条件

实验证明，热点成长为爆炸需具备以下条件。

(1) 热点温度　它与热点的大小有关。通常热点越小要求温度也越高。一般在 10^{-4}cm 时需 400～600℃；

(2) 热点尺寸　一般要求热点半径为 10^{-5}～10^{-3}cm；

(3) 热点分解时间　这是保证热量传递给周围炸药所必须的，否则就会自动熄灭。热点分解时间一般需要 10^{-5}～10^{-4}s。

实践证明，无论是撞击还是摩擦，只要能形成具备上述条件的热点，炸药都能被激发爆炸。所以，爆炸品在生产储存和运输过程中，一定要防止撞击、摩擦或挤压，消除各种可能形成热点的条件。目前许多学者对热点学说的观点看法基本是一致的，但对于形成热点的途径则有不同的看法，且这种机理用于定量计算还需要进一步研究。

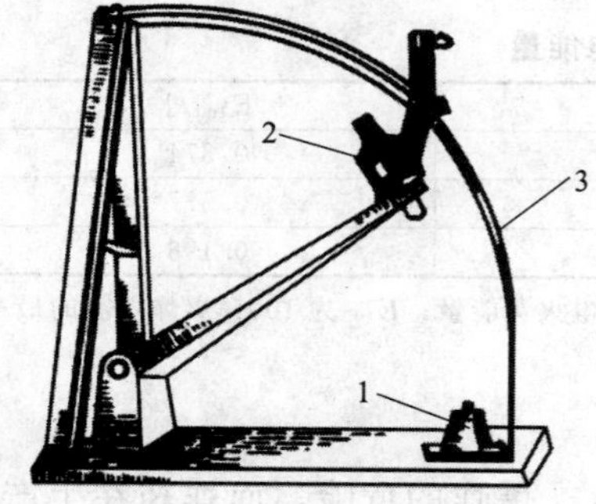

图 2-4 弧型落锤仪的构造

1—定位器；2—锤头；3—弧形标尺

4. 炸药撞击感度的测定

为了区分炸药被撞击而爆炸的难易程度，实验中常用撞击感度来表示。撞击感度是指在受外界机械撞击作用时的敏感程度。撞击感度的实验装置和实验方法各国都有不同的标准，目前我国对起爆药和猛炸药分别用不同的仪器测定。

(1) 起爆药撞击感度的测定　起爆药的撞击感度我国常用弧型落锤仪测定。弧型落锤仪的构造如图 2-4 所示。

测定时将 0.02g 被测药装入 7.62 枪弹火帽壳中，加

锡箔盖片后用 30MPa 的压力压紧。将制成的火帽放在弧型落锤仪的定位器内，在定位器上放入击针，锤击后判断发火与否。判断时凡有声效应、光效应及分解、冒烟等均作为爆炸。平均实验 6 次，以 100%发火的最小落高为上限，100%瞎火的最大落高为下限。常用起爆药的撞击感度见表 2-8。

表 2-8　常用起爆药的撞击感度

起爆药	雷汞	四氮烯	氮化铅	三硝基间苯二酚铅
锤重/kg	0.69	0.69	0.98	1.43
上限/cm	8.5	13.0	23.0	25.0
下限/cm	5.5	10.0	7.0	14.0

（2）猛炸药撞击感度的测定　猛炸药的撞击感度常用立式落锤仪测定，测定装置如图 2-5 所示。

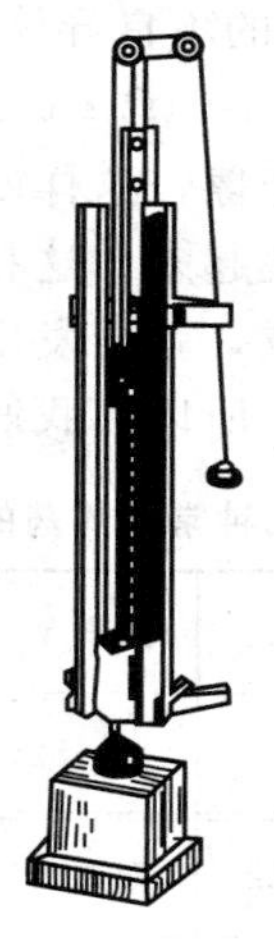

图 2-5　立式落锤仪

测试的方法是，将 0.02～0.05g 被测药放在套筒中的两击砧之间，选用一定的锤重、落高进行实验。立式落锤仪可以调整锤重和落高。一般测定条件选用 10kg 锤重，25cm 落高，平均实验 25 次，计算其操作百分数。猛炸药撞击感度的表示方法一般为爆炸百分数。常用猛炸药 100 次实验测得的撞击感度见表 2-9。

表 2-9　几种常用猛炸药的撞击感度

炸药名称	爆炸百分数/%	炸药名称	爆炸百分数/%
梯恩梯	4～8	黑索今	70～80
特屈儿	50～60	太安	100

5. 炸药摩擦感度的测定

在生产实践中，为区别摩擦对炸药的危险程度，常用摩擦感度来表示。摩擦感度是指炸药受到机械摩擦作用时的敏感程度，是区别炸药危险性大小的一个重要标志。从保证炸药的生产、储存、运输和使用的安全技术角度看，炸药的摩擦感度在实践中具有重要的意义。如雷管在生产的压药过程中，冲头与钢模之间、冲头与炸药之间难免有些摩擦；炸药在储存、运输、装卸过程中，不慎落在地上或工作台上，以及人员或工具移动时，也都有可能使炸药受到摩擦等。如若炸药的摩擦感度很高时，就有可能引起爆炸。因此，炸药在生产、储存、

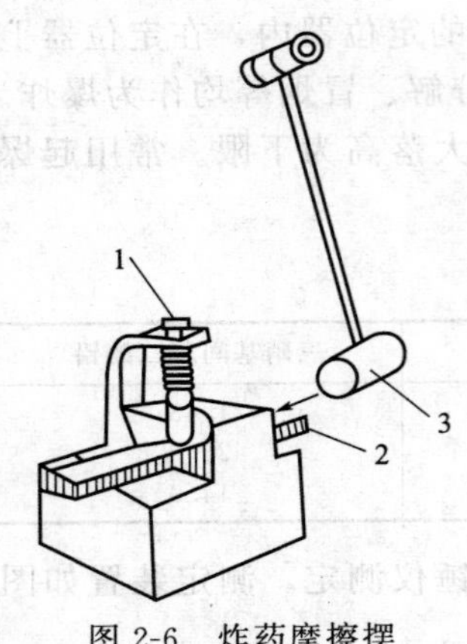

图 2-6 炸药摩擦摆

1—加压螺钉；

2—滑动钢板；3—摆锤

搬运和使用过程中，必须要防摩避碰。炸药的摩擦感度，通常使用摩擦摆（图 2-6）或摩擦感度仪来测定。

摩擦摆的测定原理是：第一部分为压力系统，造成炸药试样承受压力，也可变换各种压力；第二部分是摆锤，摆角可以改变。测定时将 0.02g 炸药放在两击砧之间摩擦摆的压力系统中，使上、下击砧之间的炸药试样承受一个固定的垂直压力。在试样受压的情况下，将摆锤由一定摆角处落下，打击滑动钢板，使上、下击砧移动 1.5～2mm，炸药承受摩擦。在一定的压力和摆角下平均试验 25 次，计算百分数。几种常见炸药的摩擦感度见表 2-10。

（五）静电危险性

炸药是电的不良导体，电阻率一般都在 $10^{12}\Omega \cdot cm$ 以上（火药电阻率约为 $10^{18}\Omega \cdot cm$ 左右）。在生产、包装、运输和使用过程中，炸药会经常与容器壁或其他介质摩擦，这样就会产生静电荷，在没有采取有效接地措施导除静电的情况下，就会使静电荷聚集起来。这种聚集的静电荷表现出很高的静电电位，最高可达几万伏，一旦有放电的条件形成，就会发生放电火花。当炸药的放电能量达到足以点燃炸药时，就会出现着火、爆炸事故。所以，我们必须要研究炸药静电火花的危险性。

表 2-10 几种常见炸药的摩擦感度

猛炸药 / 试验条件	梯恩梯	特屈儿	黑索今	泰 安	A-1X-1
摆角 90°，表压 5.0MPa（比压 60.50MPa）	0	24%	48%～52%	92%～96%	8%～16%
起爆药 / 试验条件	**雷汞**	**氮化铅**	**四氮烯**	**三硝基间苯二酚铅**	**二硝基重氮酚**
摆角 80°，表压 6.0MPa 药量 0.01g	100%	700%	70%	70%	25%

注：A-1X-1 是一种炸药代号。

为区分炸药的静电和电火花危险性的大小，通常用静电感应度来表示。炸药的静电感应度实际包括两个方面：一是炸药在摩擦时产生静电的难易程度，即静电积累值；二是静电放电火花作用下炸药发生爆炸的难易程度，即静电火花感度。

1. 静电感应度的测定

静电感应度主要靠实验测定，实验装置如图 2-7 所示。测定时把一定量的炸药试样从导槽顶端下落入容器，炸药在滑下过程中与导槽互相摩擦就会产生静电。当试验装置固定后，各种炸药产生静电电量的大小可由相应的静电电压大小值来衡量。

试验测得的静电量往往不很准确，这是因为影响因素较多。如导槽的倾斜角和长度、炸药试样的数量和粒度、空气湿度等。凡是对增加摩擦有利的因素均会使静电量增加，而对导走静电有利的因素均会使静电量减小。

2. 炸药抗静电性能的改善措施

为防止和减少静电的危害，必须研究如何改善炸药抗静电的性能，这也是近代炸药研究中的一个重要课题。目前对于常用炸药主要从两个方面改进抗静电性能：一种是在炸药中掺入少量炭黑、石墨、硼粉等导电物质，以降低炸药的电阻率，减少静电的积聚。例如，用石墨包复的导电斯蒂芬酸铅，含硼的中性斯蒂芬酸铅等。另一种是在起爆药中添加少许抗静电

表面活性剂，例如在氮化铅产品中加入少量三羟基甲基乙烷三硝酸酯，可以降低其静电感应度；又如在斯蒂芬酸铅产品中，添加少量羧甲基纤维素或甲基纤维素等，也都有降低静电感应度的效果。

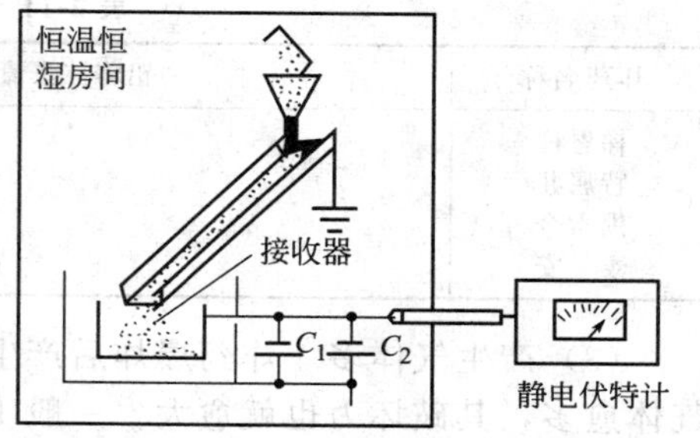

图 2-7　测量炸药滑行中产生静电装置

（六）着火危险性

由炸药的成分可知，凡是炸药，百分之百的都是比易燃固体更易燃的物质，而且着火不需外界供给氧气。这是因为许多炸药本身就是含氧的化合物或者是可燃物与氧化剂的混合物，受激发能源作用即能发生氧化-还原反应而形成分解式燃烧。同时，炸药爆炸时放出大量的热，形成数千摄氏度的高温，能使自身分解出的可燃性气态产物和周围接触的可燃物质起火燃烧，造成重大火灾事故。因此必须做好炸药爆炸时的火灾预防工作，并针对炸药爆炸时的着火特点进行施救。

（七）爆炸破坏危险性

爆炸品一旦发生爆炸，爆炸中心的高温、高压气体产物会迅速向外膨胀，剧烈地冲击、压缩周围原来平静的空气，使其压力、密度、温度突然升高，形成很强的空气冲击波并迅速向外传播。冲击波在传播过程中有很大的破坏力，会使周围建筑物遭到破坏和人员遭受伤害。爆炸品无论是储存还是运输，量都比较大，一旦发生爆炸事故危害会更大，所以，我们必须研究爆炸品的爆炸破坏性。

1. 炸药爆炸的特征

(1) 变化速度极快　爆炸反应一般在 $10^{-4}\sim10^{-6}$s 之间完成。爆炸传播速度一般在 2400～9000m/s 之间。由于反应速度极快，瞬间释放出能量的时间与功率成反比，时间越短，功率越大。如 1kg 一包的硝铵炸药完成爆炸反应的时间只有 3～5s，爆速为 2400～3000m/s，爆炸能量在极短时间内放出，爆炸功率可达 220650kW。

爆炸传播的速度一般以爆速来表示，指炸药爆炸时爆轰波沿炸药内部的传播速度，也称爆轰速度。爆速是炸药分解完成程度与炸药作用效率的指标。爆速愈快，则炸药爆炸后的爆炸力和击碎力也就愈大。爆速的测定方法，一般是将一定量的炸药制成相当长度的带子，从一端点燃后在 1s 传播的米数，就是炸药的爆速（m/s）。

(2) 产生热量高　爆炸的反应热一般在 2926～6270kJ/kg 之间，气体产物依靠反应热往往被加热到 2000～4000℃，压力可达 10 万～40 万大气压。这种高温、高压反应产物的能量最后转化为机械能作功，使周围介质受到压缩和破坏。炸药爆炸对周围物质的破坏能力用爆炸威力来表示，简称爆力，指炸药爆炸时做抛掷功的能力。爆炸威力的大小取决于爆热的大小和爆温的高低，它们之间的关系是：爆热愈大，爆温愈高，其威力也就愈大；威力愈大，则破坏能力愈强，破坏的体积及范围也就愈大。如 1kg 硝铵炸药爆炸后能放出 3849.7～4932.4kJ 的热量，可产生 2400～3400℃的高温，爆炸威力达 230～350mL。

爆炸威力的测定方法，通常有铅塼扩孔法、弹道摆臼法和爆破漏斗法三种。其中最简便最常用的是铅塼扩孔法（铅塼由 99.99%的纯铅塼成）。方法是，取药样 10g，先置于锡箔做成的圆筒内，放雷管于装药中，用锡箔包裹雷管上端，然后将药样放入铅塼孔中，并用木棒轻轻杵实压紧，最后倾入英砂把孔中所余孔隙填满。试爆后铅塼孔即扩张成一个梨形大孔。最后用水测量铅塼孔在被扩张后之体积。铅塼扩大后与扩大前之体积差即为炸药的爆炸威力值，用毫升（mL）表示。几种常用炸药的爆炸威力见表 2-11。

表 2-11 几种常用炸药的爆炸威力

炸药名称	铅壔扩张值(未除去电雷管的修正数)/mL	爆热/(kJ/kg)
梯恩梯	305	4221.8
特屈儿	390	4556.2
黑索今	495	5810.2
泰 安	500	5852.2

(3) 产生气体多 炸药爆炸后产生气体的多少与爆炸温度有关。爆炸温度愈高，产生的气体愈多，其破坏力也就愈大。一般1kg炸药爆炸时能产生700～1000L气体。如1kg硝铵炸药爆炸时能在3～5s内放出869～963L气体，使压力猛增到10万大气压，猛度达8～14mm，所以破坏力很大。

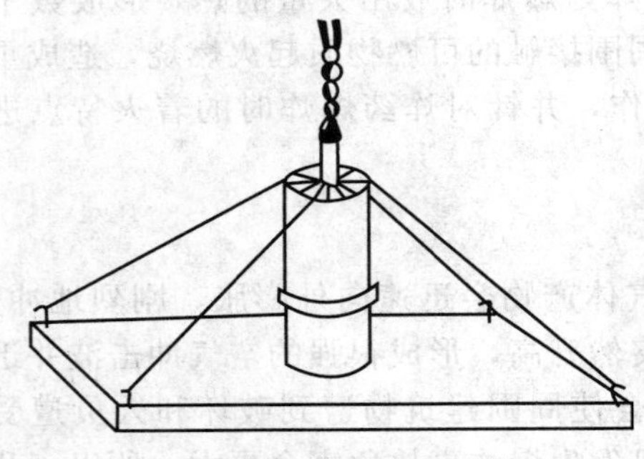

图 2-8 铅柱体压缩实验装置

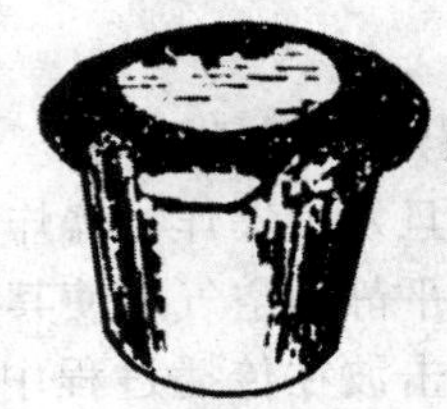

图 2-9 压缩后的铅柱体

炸药爆炸后爆轰产物对周围物体破坏的猛烈程度或粉碎程度用炸药的猛度来表示，用来衡量炸药爆炸的局部破坏能力。猛度愈大，则表示该炸药对周围物质的粉碎程度愈大。猛度的测定方法，最简单、应用最广泛的是铅柱体压缩试验法，如图2-8所示。

方法是将直径40mm、高60mm的铅柱放在厚20mm的钢板上，在铅柱中心位置放一块直径41.5mm、厚10mm的钢片，钢片上放受试药筒。药筒是用制图纸做的，内径40mm。纸筒内装炸药试样50g，密度为1.0g/cm^3。在药筒中心压一雷管孔，插入雷管（8号）并固定在药样中央。炸药爆炸后，铅柱被压成蘑菇形（图2-9）。

铅柱压缩前后的高度之差为炸药的猛度，以毫米（mm）为计量单位。几种常见炸药的猛度见表2-12。

表 2-12 几种常见炸药的猛度

炸药名称	猛度/mm	爆速/(m/s)
梯恩梯	13	7000(P=1.62)
特屈儿	19	7400(P=1.63)
黑索今	24	8370(P=1.70)
太安	24.9	8440(P=1.73)

注：P 为装药密度，g/cm^3。

2. 爆炸空气冲击波的形成过程

炸药爆炸时，在极短时间内释放出大量高热的气态产物，其压力极高，可达10万大气压以上，因而以很高的速度向周围膨胀扩散，扩散速度可达3000～5000m/s，这就在空气中形成初始冲击波。初始冲击波波阵面上的压力可达100～200MPa，并以每秒几千米的速度在空气中传播，以致强烈压缩周围空气，把自己的一部分能量传递给空气粒子，引起这些空气粒子的剧烈运动。

空气冲击波在传播过程中，不断把能量传递给周围介质和遇到的障碍物的同时，其自身能量也在不断降低，强度不断衰减。随着冲击波远离爆源，其压力和速度逐渐减小，最后衰减成对人员和建筑物不再构成危险的音波，以至最后完全消失。图 2-10 是球形炸药装药在空中爆炸时形成冲击波的示意图。

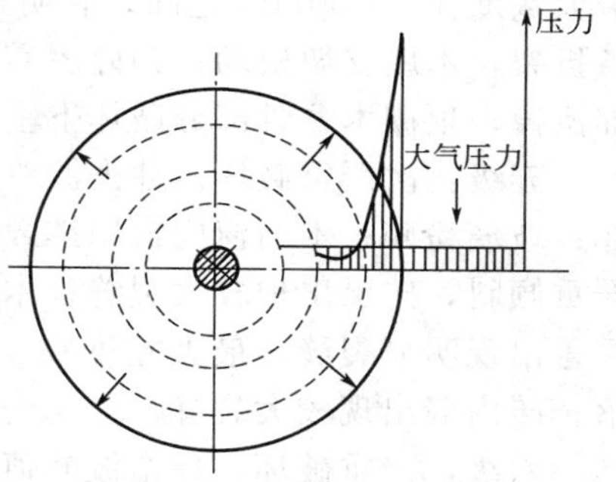

图 2-10　球形炸药装药在空中爆炸时形成的空气冲击波

3. 爆炸的破坏作用

爆炸的破坏作用可包括以下三个方面。

（1）爆炸火球对物体的直接作用　炸药爆炸产生的高温、高压、高能量密度的气体产物最初呈一个炽热的火球，其迅速膨胀对周围的物体有灼烧和猛烈冲击作用，可以烧穿钢甲、炸碎弹体、炸坏建筑或设备，也可以使邻近炸药产生殉爆或引起火灾。一般说来，爆炸火球的作用距离较近，大约只在装药半径的 7～14 倍范围之内；石块、碎片等固体飞散物有时被抛掷很远，但它对建筑物只能造成局部破坏。

（2）空气冲击波的作用　空气冲击波是爆炸或爆裂发生时，在极短时间内释放出的大量的气态产物，以极高的压力（初始冲击波波阵面上的压力可达 100～200MPa）、极快的速度（扩散速度可达 3000～5000m/s）向周围膨胀扩散传播，以致把自己的一部分能量传递给空气粒子，引起这些空气粒子的剧烈运动，强烈压缩周围空气形成具有强大能量的空气波，并以猛烈的冲击力对障碍产生补充破坏作用的现象。空气冲击波在传播过程中，不断把能量传递给周围介质和遇到的障碍物，其自身能量不断减少，强度不断衰减。随着冲击波远离爆源，其压力和速度逐渐减小，最后衰减成对人员和建筑物不再构成危险的音波，以至最后完全消失。从爆炸能量分布来看，敞开条件下爆炸时大约有 75% 的能量传给了空气冲击波。所以，在考虑地面爆炸品仓库发生事故的破坏作用时，主要考虑空气冲击波的作用。

空气冲击波的破坏作用主要体现在以下两点。

① 对建筑物的破坏。空气冲击波的特性决定了它能够对爆源周围的建筑物和构筑物产生强烈的机械破坏作用，先是冲击波波头以极大的速度袭击遇到的障碍物，紧跟在冲击波波头后面的是以很高速度、朝同一方向运动的空气介质流，它以猛烈的冲击力对障碍产生补充破坏作用，使其倾翻或破坏。

冲击波对建筑物的破坏等级共分为七个级别，各破坏等级的特征如下。

一级：基本无破坏。冲击波峰值超压 ΔP 在 0.002～0.007MPa 之间，表现为木门窗、砖外墙、木屋盖、钢筋混凝土屋盖、瓦屋面、顶棚、内墙、钢筋混凝土柱等基本无破坏；玻璃偶然破坏。

二级：次轻度破坏。冲击波峰值超压 ΔP/MPa 在 0.007～0.015 之间，表现为砖外墙、木屋盖、钢砼屋盖、钢砼柱等基本无破坏；木门窗窗扇少量破坏；瓦屋面少量移动；顶棚抹灰少量掉落；内墙板条墙抹灰小量掉落；玻璃少部分到大部分呈大块、条状或小块破坏。

三级：轻度破坏。冲击波峰值超压 ΔP/MPa 在 0.015～0.03 之间，表现为钢砼屋盖无损坏；钢砼柱等基本无破坏；玻璃大部分呈小块破坏到粉碎；木门窗窗扇大量破坏，窗框、门扇破坏；砖外墙出现较小裂缝，最大宽度不大于 5mm，稍有倾斜；木屋盖木屋面板变形，偶然有折裂；瓦屋面大量移动；顶棚抹灰大量掉落；内墙板条墙抹灰大量掉落。

四级：中等破坏。冲击波峰值超压 ΔP/MPa 在 0.03～0.05 之间，表现为钢砼柱等基本无破坏；玻璃粉碎；木门窗窗扇掉落，门倒，窗框、内扇大部破坏；砖外墙出现较大裂缝，

最大宽度在5～50mm之间，有明显倾斜，砖垛出现较小裂缝；木屋盖的木屋面板、木屋檩条折裂，木屋支架松动；钢砼屋盖出现微小裂缝，最大宽度＞1mm；瓦屋面大量移动到全部掀掉，顶棚木龙骨部分破坏下垂、裂缝；砖内墙出现小裂缝。

五级：次严重破坏。冲击波峰值超压ΔP/MPa在0.05～0.1之间，表现为钢砼柱无损坏；玻璃粉碎；木门窗门窗扇摧毁，窗框掉落；砖外墙出现严重裂缝，最大宽度＞50mm，严重倾斜，砖垛出现较大裂缝；木屋盖木檩条折断，木屋架杆件偶然折裂，支座错位；钢砼屋盖出现明显裂缝，最大宽度在1～2mm，修理后能继续使用；瓦屋面全部掀掉；顶棚塌落；砖内墙出现较大裂缝。

六级：严重破坏。冲击波峰值超压ΔP/MPa在0.1～0.2之间，表现为玻璃粉碎；木门窗全部摧毁；砖外墙部分倒塌，木屋盖部分倒塌；钢筋混凝土屋盖出现较宽裂缝最大宽度＞2mm，瓦屋面全部掀掉；砖内墙出现严重裂缝到部分倒塌；顶棚全部塌落；钢筋混凝土柱有倾斜。

七级：完全破坏。冲击波峰值超压ΔP/MPa＞0.2，表现为玻璃粉碎；木门窗全部摧毁；砖外墙大部分到整个倒塌；木屋盖整个倒塌，钢砼屋盖的砖墙承重大部分到整个倒塌，钢砼柱严重破坏；瓦屋面全部掀掉；顶棚全部塌落；内墙大部分倒塌；钢砼柱有较大倾斜。

根据我国爆炸试验和爆炸事故统计资料，建筑物的破坏等级与空气冲击波超压的关系见表2-13。

表2-13　建筑物的破坏等级与空气冲击波超压的关系

破坏等级	等级名称	对比距离 $\overline{R}=R\sqrt[3]{W}$		
		爆破点有土堤	爆破点无土堤	事故分析值
一	基本无破坏	—	—	＞55
二	次轻度破坏	＞9.41	＞10.55	17～55
三	轻度破坏	5.85～9.41	6.1～10.55	7～17
四	中等破坏	4.50～5.85	4.80～6.10	5～7
五	严重破坏	3.70～4.50	3.68～4.60	3.5～5
六	完全破坏	＜3.70	＜3.68	＜3.5

② 对人员的杀伤　对人员的杀伤主要是空气冲击波。空气冲击波主要是引起听觉器官损伤，内脏器官出血以及死亡。较小的冲击波能引起耳膜破裂，稍大的冲击波会引起肺、肝和脾等内脏器官的严重损伤。在无掩蔽的情况下，人员无法承受0.02MPa以上的冲击波超压。用羊、狗作试验（动物取立姿，腹部正对爆炸中心），试验药量1～40t，测得按冲击波峰值超压划分的动物伤亡等级见表2-14。

表2-14　冲击波峰值超压与动物伤亡等级的关系

伤亡等级	等级程度	伤亡特征	对比距离 $\overline{R}=R\sqrt[3]{W}$	冲击波峰值超压ΔP/MPa
一	无伤	无损伤	＞12	＜0.01
二	轻伤	1/4肺气肿，散在性肺气肿或2～3个脏器点状出血	7～12	0.025～0.010
三	中伤	1/3肺气肿，1～3个脏器片状出血或1个脏器大片出血	4.5～7	0.045～0.025
四	重伤	1/3肺气肿，3个以上的脏器片状($0.5cm^2$左右)出血或2个脏器大片($1cm^2$以上)出血	3.7～4.5	0.075～0.045
五	死亡	当场死亡或伤势严重，无法抢救	＜3.7	＞0.075

从表 2-13 和表 2-14 可以看出，1kg 梯恩梯炸药爆炸时空气冲击波对人的安全距离，按伤亡等级一级计算，应在距离 12m 以外，对建筑物的安全距离按破坏等级二级计算，应在距离 17m 以远。

(3) 固体飞散物和地震波的作用　由于爆炸而抛掷起来的石块、破片、碎砖瓦等固体飞散物，可以击伤人员和砸坏建筑物。

爆炸引起的地震效应以地震波的形式向周围传播，使邻近建筑物遭到破坏。地震波对人不起什么直接作用，只是对建筑物有害，特别是大容量地下炸药库或洞库爆炸时的地震波对附近建筑物威胁较大，但地震波较之空气冲击波却衰减的快得多。

4. 炸药的殉爆

炸药的殉爆是指炸药 A 爆炸后，能够引起与其相距一定距离的炸药 B 爆炸，这种现象叫做炸药的殉爆。

(1) 殉爆产生的原因　主爆药爆炸后，其爆炸能量通过介质传递给从爆药。由于下列原因，可能引起从爆药殉爆。

① 主爆药的爆轰产物直接冲击从爆药。从爆药在炽热爆轰气团和冲击波的作用下达到起爆条件，于是发生殉爆。

② 冲击波冲击从爆药。在两炸药相距较远或从爆药装在某种外壳内，从爆药主要受到主爆药爆炸冲击波作用的情况下，若作用在从爆药的冲击波速大于或等于从爆药的临界爆速时，就可能引起殉爆。

③主爆药爆炸时，抛掷出的固体破片（如炮弹弹片或包装材料破片等）冲击从爆药，也可引起从爆药的殉爆。

炸药的殉爆一般要经历“燃烧—加速燃烧—爆轰”的反应过程。当从爆药受到主爆药的上述作用时，其表面温度升高，局部发生分解；分解热引起高速化学反应，炸药开始燃烧；燃烧放出的热量进一步提高自身温度使燃速加快，并沿着炸药孔隙进入内部。此外，在冲击波的作用下，孔隙内的空气因受到绝热压缩形成热点，急剧的化学反应从热点开始，形成燃烧和加速燃烧。这两种情况最后都会导致整个炸药的爆炸。例如，1964 年英国某采石场为了改建炸药库房，采用爆破法拆除旧库房，他们在墙壁上挖了几个洞，装进炸药爆破。引爆后竟将附近一个临时堆放炸药场地上的炸药堆殉爆，殉爆药量 734kg，造成附近建筑物破坏，1 人死亡，多人受伤。事后分析原因是，爆炸冲击波或抛出的高速破片使炸药堆发生殉爆。从这次事故可以得出教训，作业现场堆放炸药应有限制，并应严格管理。进行爆破作业的地点离堆放炸药的场所必须有足够的安全距离。

(2) 影响炸药殉爆的因素　影响炸药殉爆的因素很多，归纳起来有以下五点。

① 主爆药的爆炸能量　主爆药的爆炸能量愈大，引起殉爆的能力愈大。主爆药的爆炸能量与药量、爆炸威力、密度等有关。高威力、大药量炸药的爆炸，其殉爆距离较远。为了尽量减少殉爆危险，加工或储存爆炸品的建筑物需限定存药量，任何人都要遵守有关工房、库房的定员和定量的规定。

② 从爆药的敏感度　从爆药的敏感度越高，其殉爆的可能性越大。凡是影响从爆药爆轰感度的因素（密度、装药结构、粒度大小、化学性质等），都影响殉爆距离。

③ 两炸药间的介质种类　两炸药间的介质种类不同，其殉爆情况也不同。例如炸药苦味酸（药量 50g，主爆药密度 1.25g/cm^3，从爆药密度 1.0g/cm^3，均为纸外壳），其殉爆距离随介质不同而变化的情况见表 2-15。

表 2-15　殉爆距离与介质的关系

两炸药间的介质	空气	水	黏土	钢	砂
殉爆距离/cm	28	4.0	2.5	1.5	1.2

④ 两炸药之间的连接方式　两炸药之间的连接方式不同，其殉爆情况也不同。如两炸药之间用管子连接时，爆轰产物和冲击波能集中地沿着管子传播，增大了殉爆的能力，使殉爆距离增大很多。以苦味酸为例试验，主爆药 50g，密度为 $1.25g/cm^3$，从爆药密度为 $1.0g/cm^3$，试验数据见表 2-16。

表 2-16　殉爆距离与联接方式的关系

试验条件	无管道	内径 32mm、壁厚 1mm 纸管	内径 32mm、壁厚 5mm 钢管
50%殉爆距离/cm	19	59	125

从表 2-16 中数据可以看出，即使采用壁厚仅 1mm、强度很低的纸管，其殉爆距离也比无管道时大 3 倍多，当管道为 5mm 厚的钢管时，殉爆距离增大到 6 倍多；可见管道的作用非常显著。由于炸药在制造和加工过程中常采用管道输送，故应在炸药及其原料的输送管道上设置隔火、隔爆装置，以避免引起殉爆。

⑤ 主爆药的引爆方向　主爆药的引爆方向不同，对殉爆距离也有影响。这主要是由于引爆方向不同时，其冲击波在各个方向上的分布不均匀造成的。图 2-11 是圆柱形药柱从一端中心引爆和从斜对角线上引爆时，其殉爆范围的试验结果。试验中，主爆药和从爆药柱都使用 $\phi 32mm \times 50mm$ 的胶质代那迈特炸药（即胶质硝化甘油炸药）。

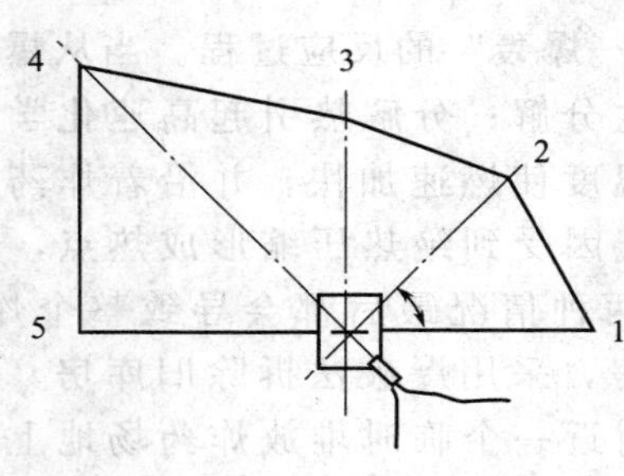

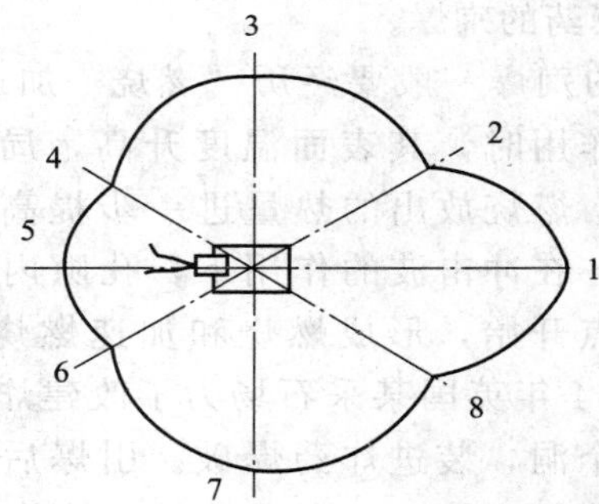

图 2-11　主爆药的引爆方向与循爆距离的关系

1—东；2—东北；3—北；4—西北；5—西；6—西南；7—南；8—东南

由图 2-11 可知，在设计炸药工房、库房时，应避免两个危险建筑物长面相对，尽量减少殉爆危险性。

(3) 炸药殉爆距离的确定　按照冲击波峰值超压、冲量的相似准则，在其他条件固定的情况下，殉爆距离与炸药质量（W）的关系可以表示为：

$$R = KW^{\frac{1}{3} \sim \frac{2}{3}}$$

式中，R 为同等程度的殉爆距离。引起从爆药 100%殉爆的最大距离，以 R_{100} 表示；引起从爆药 50%殉爆的对应距离以 R_{50} 表示；从爆药 100%不殉爆的最小距离（也就是殉爆安全距离），以 R_0 表示。

当主爆装药量比较大，在几百千克以上时，其殉爆距离公式可以处理为 1/3 方幂的形式，即：

$$\overline{R} = K\sqrt[3]{W}$$

式中，R 的单位是 m；W 的单位是 kg；系数 K 的数值见表 2-17。

表 2-17 大药量殉爆实验 K 值

炸药名称	K 值		试验条件
	100%殉爆时	0%殉爆时	
梯恩梯	0.65	0.86	麻袋装，放置在地面上
特屈儿	1.28	2.14	木箱装，从爆药位置高于主爆药
太安	—	2.14	木箱装，放置在建筑物内
2# 硝铵炸药	0.52	0.60	纸袋装，放置在地面上

（八）毒害性

有些炸药，如苦味酸、梯恩梯、硝化甘油、雷汞、叠氮化铅等，本身都具有一定毒害性，且绝大多数炸药爆炸时能够产生诸如 CO、CO_2、NO、NO_2、HCN、N_2 等有毒或窒息性气体，可从呼吸道、食道甚至皮肤等进入体内，引起中毒。这是因为它们本身含有形成这些有毒或窒息性气体的元素，在爆炸的瞬间，这些元素的原子相互间重新结合而组成一些有毒的或窒息性的气体。例如，三硝基苯酚［$C_6H_2(NO_2)_3OH$］，分子中含有 C、H、O、N 等元素，它们通过爆炸反应就可生成 CO、CO_2、N_2、HCN 等有毒性或窒息性气体。因此，在炸药爆炸场所进行施救工作时，除了防止爆炸伤害外，还应注意防毒，以免造成中毒事故。

总之，研究并掌握炸药的危险性对生产、运输、储存和使用的安全都是非常重要的，但是炸药的感度受多种因素的影响，常常出现一种因素掩盖着另一种因素的现象，实验时，又很难做到只改变某一因素，而其余因素保持不变。问题更加复杂的是各种感度之间不存在当量关系，而有些作用又相互影响。如在撞击作用下会发生摩擦，不同物体间摩擦又会产生静电等，这些问题使各种感度之间没有统一量度，使得着火或爆炸事故发生后很难找出根源。

二、常见的爆炸品

1. 苦味酸（危规号：11057）

学名 2,4,6-三硝基苯酚（干的或含水<30%），分子式是 $(NO_2)_3C_6H_2OH$，相对分子质量 229.11；相对密度，晶体为 1.763（20℃/4℃），液态为 1.589（124℃）；熔点 122℃；自燃点 300℃；撞击感度 0.75kg·m；爆热 4396.14kJ/kg；爆温 2300℃，爆速 7100m/s。

苦味酸为黄色块状或针状结晶，无臭，有毒，味极苦。加热至 320℃（或重大撞击）能发生剧烈爆炸。与金属（除锡外）或金属氧化物作用生成盐类（当有水分时，苦味酸很易与金属及其氧化物起反应生成盐类），此种盐类极敏感，磨擦、震动都能发生剧烈爆炸（苦味酸铁、苦味酸铅具有最大的敏感度）。苦味酸燃烧后生成有刺激性和毒性的二氧化氮和一氧化碳等气体。苦味酸在水中的溶解度随温度升高而加大，苦味酸亦能溶于乙醇、苯及乙醚；浓溶液能使皮肤起泡。有毒，其爆炸性比 TNT 强 5%～10%。

苦味酸在工业上主要用于生产染料红光硫化元、炸药、医药及农药氯化苦等。

2. 黑索今（RDX）（危规号：11041）

学名环三亚甲基三硝胺，分子式 $C_3H_6N_3(NO_2)_3$，相对分子质量 222.3；密度 1.816g/cm³；熔点 204～205℃。

黑索今是无臭有甜味的白色结晶物品，不吸湿，难溶于水、乙醇、四氯化碳和二硫化碳，微溶于甲醇和乙醚，易溶于热苯胺、酚、丙酮和浓硝酸中。黑索今具有很高的化学安定性，50℃下储存数月而不分解，对阳光作用是稳定的。它是中性物品，不与稀酸发生作用，能溶于浓硫酸并发生反应。少量的黑索今在露天能迅速点燃，并发出明亮的火焰。本品的爆炸性能、威力、猛度都比较高，是梯恩梯的 1.5 倍。快速加热时分解爆炸，发火点为 230℃。本品对冲击、摩擦很敏感，冲击感度为（80±8）%，摩擦感度为（76±8）%，爆速为 8640m/s，爆热为 5526.58kJ/kg。本品虽毒性不大，但长期吸入粉尘，可引起慢性中毒，其中毒途径及预防方法同梯恩梯。

黑索今一般装入 4 层坚韧的厚纸袋（中间 1～2 层为沥青纸）或布袋中，袋口扎紧，然后装入坚固的木箱中，每件包装净重不超过 50kg。包装外应有明显的“爆炸品”标志。在军事上用为传播药和炮弹或炸弹中的爆炸装药。

3. 梯恩梯（TNT）(危规号：11035)

别名叫褐色炸药，学名是 2,4,6-三硝基甲苯（干的或含水＜30%），分子式为 $C_6H_2(NO_2)_3 \cdot CH_3$，相对分子质量 227.10；凝固点 80.85℃；密度 1.663g/cm³。

本品性状为淡黄色针结晶，纯净的梯恩梯是一种无色（见光后变成淡黄色）的柱状或针状结晶物质。工业用 TNT 为鳞片状或块状固体。本品在 0～35℃间很脆，在 35～40℃时逐渐过渡为可塑体。在 50℃以上时能塑制成型，吸湿性很小，一般约为 0.05%，在水中溶解度很小，易溶于苯、甲苯、丙酮、乙醇、硝酸、硝-硫混酸中。TNT 在这些物质中的溶解度，随温度增高而递增。它的机械感度较低，安定性能好，生产使用比较安全，便于长期储运和长途运输。本品在军事上广泛用于装填各种炮弹及各种爆破器材，也常与其他炸药混合制成多种混合炸药，在国民经济建设上多用于采矿、筑路、疏通河道等。

本品有很大的爆炸威力，当温度达 90℃左右时，能与铅、铁、铝等金属作用，其生成物受冲击、摩擦时很容易发生爆炸，受热易燃烧。本品有毒，多数通过皮肤沾染和呼吸道吸入而中毒。

本品通常装于内衬不少于 4 层纸袋（其中沥青纸不少于 1 层）的麻袋或木箱中。除特别规定必须用木箱包装外，所有梯恩梯均可用麻袋包装。包装用的麻袋及纸袋应符合相应的技术条件要求。包装件应封闭，保证药漏不出。每一包装件净重不超过 48kg（木箱包装时净重不超过 45kg）。外包装应有明显的爆炸品标志及注意事项。

本品着火时主要用水扑救，不可用砂土等物覆盖。

4. 雷汞（危规号：11025）

别名雷酸汞、白药，分子式 $Hg(CNO)_2$，相对分子质量 284.62；相对密度 4.42；爆燃点 165℃；爆速 5400m/s；爆温 4810℃；爆热 1486.31kJ/kg；爆轰气体体积 304L/kg；生成能 958.78kJ/kg；撞击感度 0.1～0.2kg·m；氧平衡 −11.2%。

雷汞是将汞与硝酸作用制成硝酸汞［$Hg(NO_3)_2$］后，再与乙醇作用而制得。粗制品为灰色至暗褐色的晶体或粉末，主要用于制造雷管。精制品为白色有光泽的针状结晶体。

本品有毒，能溶于温水、乙醇及氨水中，不溶于冷水。本品与铜作用生成碱性雷汞铜，具有更大的敏感度。遇盐酸或硝酸能分解，遇硫酸则爆炸。本品极易爆炸，在干燥状态时，即使是极轻的摩擦、冲击也会引起爆炸。爆炸反应式是：$Hg(ONC)_2 \longrightarrow Hg + CO_2\uparrow + N_2\uparrow$ ＋热量。

5. 硝化甘油（危规号：11033）

别名甘油三硝酸酯，分子式 $C_3H_5(ONO_2)_3$，相对分子质量 227；结构式：

$$
\begin{array}{l}
CH_2-O-NO_2 \\
| \\
CH-O-NO_2 \\
| \\
CH_2-O-NO_2
\end{array}
$$

硝化甘油为淡黄色稠厚液体，几乎不溶于水，有毒。是以甘油滴入冷却的浓硝酸、浓硫

酸的混酸中反应后生成的。凝固点：安定型为13.2℃；不安定型为2.8℃。

当硝化甘油完全冻结成安定型后，其敏感度降低，但若处于半冻结（或半熔化）状态时，则敏感度极高。因为此时已经冻结部分的针状结晶，会像带尖刺的杂质一样，使其敏感度上升。在65%的相对湿度下，吸湿0.17%。它对冲击的敏感度甚至接近于起爆药叠氮化铅，加之为液态，使用不方便，因而硝化甘油很少单独用作炸药。都是在其中加入吸收剂，使之成为固态或胶质的混合炸药（如爆胶炸药等）。但是这种混合炸药在遇热后，硝化甘油又常常会从吸收剂中渗出（叫做“出汗”）。渗透出的硝化甘油具有极高的冲击敏感度，所以硝化甘油混合炸药是一种对温度要求很严格的炸药。此类炸药在气温低于10℃，以及耐冻的气温低于－20℃时不予运输。

6. 硝基胍（干的或含水<20%的，危规号：11027）

又名橄苦岩，由硝酸胍经浓硫酸脱水制得。硝酸胍是由尿素与硝酸铵以1∶1的比例混溶后，在190～195℃下通过填有硅胶的反应柱，再精制而得的，实验室通常在烧杯中反应合成。硝基胍的分子式：$CH_4N_4O_2$。分子量：104.07。

硝基胍主要成分：硝基胍含量≥90%，外观与性状系白色针状结晶，不吸湿，在室温下不挥发。密度1.715g/cm^3，易溶于碱液，微溶于乙醇，溶于热水，不溶于冷水，不溶于醚。熔点：232℃（分解）；相对密度（水＝1）1.71。

硝基胍是硝化纤维火药、硝化甘油火药以及二甘醇二硝酸酯的掺合剂以及固体火箭推进剂的重要组分。爆速7650m/s(ρ＝1.55g/cm^3)，作功能力104%，猛度144%。安定性好，感度低，对撞击、摩擦接近钝感。硝基胍是各类三基冷燃发射药的重要组分。用硝基胍为原料制成的混合炸药，被广泛用在各种弹丸中。

硝基胍属爆炸品，可燃，具强刺激性。受热、接触明火或受到摩擦、震动、撞击时可发生爆炸。受高热分解，产生有毒的氮氧化物。进入机体有害，对眼睛、皮肤、黏膜和上呼吸道有剧烈刺激作用。

包装标志：爆炸品1.1D；包装方法：两层塑料袋，外包装系纤维板桶或铁通，中间充满水或适当的水饱和物品。为安全起见，硝基胍在储运过程中可加15%的水作稳定剂。储存于按专业规范设计的仓库内，库房内应当通风、阴凉，远离火种和热源，防止阳光直射，按爆炸品配装表分类划区储运。应经常检查湿润剂干燥情况，缺湿时应及时添加湿润剂。搬运时，应轻装轻卸，禁止震动，防止撞击和摩擦。工作场所禁止吸烟、进食和饮水。工作后应彻底清洗。

皮肤接触时，脱去污染的衣着，用流动的清水冲洗。眼睛接触时，应立即翻开上下眼睑，用流动的清水冲洗15min。

泄漏时的处置方法：切断火源，佩戴化学防护眼镜。有可能接触其粉尘时，应戴防毒面具，穿化学防护服。紧急状态抢救或撤离时，应佩戴隔绝式氧气呼吸器。处置时不要直接接触泄漏物，要穿紧袖工作服，长筒胶靴，戴防化学手套。要用大量水清洗。经稀释的洗液应放入废水处理系统，不应随便排放，以免造成污染扩散；或运到安全地点引爆销毁。如大量泄漏，应收集回收，经无害化处理后废弃。

7. 硝铵炸药（危规号：11084）

药别名叫铵梯炸药、阿莫特，是硝酸铵与TNT等猛炸药的混合物，其机械敏感度大于TNT，各组成物质按作用可分为：氧化剂（主要为NH_4NO_3，国产硝铵炸药的硝酸铵的含量一般在60%～90%之间）、可燃剂（为梯恩梯等猛性炸药，它的加入可以在一定程度上提高炸药的敏感度，增加爆炸威力）、消焰剂（为食盐等，它的加入可防止矿井中可燃气体或可燃粉尘的爆炸）、防潮剂（主要为石蜡等，目的是防止炸药的吸潮结块）。

硝铵炸药按其用途的不同，上述各物质的含量也不相同，通常又把含有梯恩梯的炸药叫铵梯炸药；含有轻柴油的硝铵炸药叫铵油炸药；而含有沥青、石蜡等的销铵炸药叫铵沥蜡炸药。

硝铵炸药在工业炸药中，虽然是一种比较稳定的炸药，但在受到强烈的撞击、摩擦时仍能发生爆炸。在空气中，少量的硝铵炸药遇火虽然燃烧而不爆炸，但在量大时或在密闭的条件下，硝铵炸药遇火则会猛烈爆炸。因此，在装卸搬运作业中仍应注意轻拿轻放，远离热源火源。应当指出，有的人对硝铵炸药的爆炸危险性估计过低，思想麻痹，这是十分有害的。

硝铵炸药因含有易吸潮的硝酸铵与食盐，在包装破损后易从空气中吸收水分而受潮。受潮的硝铵炸药使用时不仅威力降低，而且易造成瞎炮，在使用中造成事故，故在储运过程中应当注意包装完好，防止受潮。

8. 导火索（危规号：14007）

导火索是以麻线或棉线等包缠黑火药品和芯线，外部涂以防湿剂沥青或树脂而制成的，通常用火柴或接火管点燃，用来引爆雷管或黑火药等。

9. 导爆索和雷管

危规号：（外包金属的导爆索）11007；（柔性的导爆索）11008；（爆破用电雷管）11001；（爆破用非电雷管）11002。

导爆索是以棉线或麻线包缠猛性炸药和芯线，外涂防湿剂而制成。雷管是装有起爆药（有的还装有猛性炸药）的金属或纸质、塑料等的小管，因最初装的是雷汞，所以叫雷管。

10. E 型爆破用炸药（危规号：15002）

（1）浆状炸药　以硝酸铵为主要成分，以水做分散介质，加入可燃剂、猛炸药（或其他可燃剂）等多组分混合制成的。浆状炸药呈均匀黏稠头胶状，似浆状体。其密度可调，产品价格较低，有较好的抗水性能，但其起爆感度较差，雷管不易直接起爆。浆状炸药适用于无沼气，无矿尘爆炸危险的中硬岩石爆破工程，特别适用于露天爆破工程，可用于水下爆破。

（2）乳化炸药　以硝酸盐水溶液与油类经乳化而成的油包水型膏状含水炸药，按其用途分为煤矿许用乳化炸药、岩石乳化炸药和露天乳化炸药三类。

（3）水胶炸药　是以硝酸甲胺为主要敏化剂的含水炸药。它是将硝酸甲胺、氧化剂（以硝酸铵为主）、辅助敏化剂、辅助可燃剂、密度调节剂等材料溶解、悬浮于有凝胶的水溶液中，再经化学交联而制成的一种凝胶状炸药。水胶炸药按其用途可分为煤矿许用水胶炸药和岩石水胶炸药两种。前者用于有沼气或煤尘爆炸危险矿井的爆破工程；后者用于无沼气或无煤尘爆炸危险的井下和露天爆破工程。

11. 铵油、铵松蜡炸药（危规号：铵油 15003；铵松蜡炸药 15004）

以硝酸铵为主要成分，与柴油和木粉（或不加木粉）所组成的混合炸药，称为铵油炸药；以硝酸铵为主要成分，与松香、木粉、石蜡（或加少量柴油）所组成的混合炸药称为铵松蜡炸药。

12. 烟花爆竹（危规号：14055）

烟花爆竹是以烟火药为原料，经过工艺制作，在燃放时能够形成特种效果的工艺品。根据其不同的运动形式和燃放效果分为烟花和爆竹两类。

（1）烟花是指燃放时能够形成色彩、图案，产生音响和运动等以视觉效果为主的产品。《烟花爆竹安全与质量》（GB 10631—2004），将烟花按照燃放效果分为以下 13 种类型。

① 喷花类　燃放时以喷射火苗、火星、火花为主的产品。根据不同的喷放形式还可以分为地面喷花、手持喷花、插地喷花、水面喷花四种。

② 旋转类　燃放时利用烟火药燃烧时产生的火焰和气体，从喷口喷出，推动烟花自身

旋转但不升空的产品。根据不同的旋转方式，还可以分为地面或水面旋转烟花、线吊旋转烟花、手持旋转烟花、固定旋转烟花四种。

③ 升空类　燃放时主体由定向器定向升空的产品。

④ 旋转升空类　燃放时自身旋转升空的烟花。它是利用烟火药燃烧时产生的火焰和气体，从喷口喷出，推动花炮自身旋转升空，并通过自身旋转起稳定的作用。据不同的升空方式还可以分为喷气式和旋翼式旋转升空两种。其中，利用发射药燃烧时从喷口不断喷出的火焰和气体，使花炮竖直升空，并依靠稳定杆或尾翼稳定方向的升空类产品又称为火箭。根据发射药的装药量的大小：装药量每只在2g以下的为小型火箭；装药量每只在2～20g之间的为中型火箭；装药量每只大于20g的为大型火箭。

⑤ 吐珠类　燃放时从同一筒体有规律地发射出多颗彩珠、彩花、声响等效果的产品。根据燃放的方式还可以分为地面吐珠烟花、手持吐珠烟花和插地吐珠烟花等。

⑥ 线香类　用装饰纸或薄纸筒裹装烟火药，或在铁丝、竹竿、木杆或纸片上涂敷烟火药而形成的线香状产品。

⑦ 烟雾类　燃放时以产生烟雾效果为主的产品。根据烟雾达到的效果，还可以分为有色烟雾烟花、成型烟雾烟花、残渣成型烟花等。

⑧ 造型玩具类　产品外壳制成各种形状，燃放时或燃放后能模仿所造形象或动作；或产品外表无造型，但燃放时或燃放后能产生某种形象效果的产品。根据不同形式的造型还可以分为外造型玩具烟花、内造型玩具烟花、弹跳玩具烟花（升空后返回地面仍有欣赏效果的）、行走玩具烟花（能在地面、水面行走运动的产品）等。

⑨ 摩擦类　用撞击、摩擦等方式直接引燃引爆主体的产品。

⑩ 小礼花类　燃放时放置在地面，从主壳体内发射（单筒内径小于76mm）并在空中爆发出珠花、声响、笛音或飘动物等效果的产品。根据不同的欣赏效果还可以分为亮珠花型、小礼花和降落伞小礼花等。

⑪ 礼花弹类　弹体由专门发射工具（发射筒内径不小于76mm）发射到高空后，能爆发出各种光色、花型图案或其他效果的产品。根据形成的花型还可以分为开包型礼花弹和菊花型礼花弹等。

⑫ 架子烟花类　通过框架固定烟花位置、方向燃放的产品。

⑬ 组合烟花类　以上述各类烟花中由两种以上单筒组合而成一个整体燃放时，产生多种效果的产品。

(2) 爆竹是指在卷紧的纸筒内装入烟火药，燃放时能产生爆音、闪光等以听觉效果为主的产品（单个爆竹产品或多个爆竹组合而成的产品）。根据所装药物的品种，通常将爆竹分为以下四类。

① 硝酸盐炮类　以硝酸盐为氧化剂的爆响药制成的产品；含有金属粉的硝酸盐炮类又称为硝光炮。

② 高氯酸盐炮类　以高氯酸盐为氧化剂的爆响药制成的产品。

③ 氯酸盐炮类　含有氯酸盐为氧化剂的爆响药制成的产品；含有金属粉的高氯酸盐、氯酸盐炮又称电光炮。

④ 其他炮类　以其他非禁用药物做爆响药制成的产品。

(3)《烟花爆竹安全与质量》(GB 10631—2013)，根据烟花爆竹内部装填的药量及所能构成的危险性，按照英文字母的顺序分为A、B、C、D四个级别。

① A级　指适应于由专业人员在特定条件下燃放的产品。

② B级　指适应于在室外大的开放空间燃放；当按照产品说明书燃放时，距离产品及

其燃放轨迹在25m以上的人或财产不致受到伤害的产品。

③ C级　指适应于在室外相对开放空间燃放；当按照产品说明书燃放时，距离产品及其燃放轨迹在5m以上的人或财产不致受到伤害；对于手持类，手持者不致受到伤害的产品。

④ D级　指适应于近距离燃放；当按照产品说明书燃放时，距离产品及其燃放轨迹在1m以上的人或财产不致受到伤害；对于手持类，手持者不致受到伤害的产品。

第二节　易燃气体和氧化性气体

一、易燃气体和氧化性气体的危险特性

（一）易燃易爆性

在列入《危险货物品名表》（GB 12268—2012）的包装气体当中，约有54.1%的是可燃气体，有61%的气体具有火灾危险。

1. 易燃易爆特点

（1）引燃能量低　所有处于燃烧浓度范围之内的可燃气体，遇着火源都能发生着火或爆炸，有的可燃气体遇到极微小能量着火源的作用即可引爆。如乙炔、氢气的最小引燃能量只有0.019mJ；液化石油气的引燃能量也很低，只有$3\times10^{-4}\sim4\times10^{-4}$J，通常一个电话机、步话机或手电筒开关时的火花即刻成为起火爆炸的引火源，其火焰扑灭后很容易复燃。一些可燃气体在空气中的最小引燃能量见表2-18。

表2-18　一些可燃气体在空气中的最小引燃能量

可燃气体	最小引燃能量/mJ	可燃气体	最小引燃能量/mJ
甲烷	0.28	丙炔	0.152
乙烷	0.25	1,3丁二烯	0.013
丙烷	0.26	丙烯	0.28
戊烷	0.51	环氧丙烷	0.19
乙炔	0.019	环丙烷	0.17
乙烯基乙炔	0.082	氢	0.019
乙烯	0.096	硫化氢	0.068
正丁烷	0.25	环氧乙烷	0.087
异戊烷	0.70	氨	1000不着火

（2）燃烧范围宽　大多数可燃气体的燃烧范围很宽。如环氧乙烷的燃烧范围在3%～100%，液化石油气闪点低于－45℃，爆炸浓度范围为2%～9%，1m³的液态液化石油气可汽化成250～300m³的气态液化石油气，与空气混合可形成3000～15000m³的爆炸性混合气体。当储罐和罐区的容积较小，泄漏点不大时，其爆炸和危及的范围，近者20～30m，远者50～60m；当储罐和罐区的容积较大，泄漏量很大时，其爆炸和危及的范围通常在100～300m，最远可达1500m。常见可燃气体的燃烧范围见表2-19。

表2-19　常见可燃气体的燃烧范围

分表子式	物质名称	在空气中的燃烧范围/%	
		下限	上限
CH_4	甲烷	5.3	15
C_2H_6	乙烷	3.0	16.0
C_3H_8	丙烷	2.1	9.5

续表

分表子式	物质名称	在空气中的燃烧范围/%	
		下限	上限
C_4H_{10}	丁烷	1.5	8.5
C_5H_{12}	戊烷	1.7	9.8
C_6H_{14}	己烷	1.2	6.9
C_2H_4	乙烯	2.7	36.0
C_3H_6	丙烯	1.0	15.0
C_2H_2	乙炔	2.1	80.0
C_2H_4O	环氧乙烷；氧化乙烯	3.0	100.0
C_3H_4	丙炔(甲基乙炔)	1.7	无资料
C_4H_6	1,3-丁二烯(联乙烯)	1.4	16.3
CO	一氧化碳	12.5	74.2
H_2	氢	4.1	74
H_2S	硫化氢	4.0	46.0
C_2H_3Cl	氯乙烯	3.6	31.0
HCN	氰化氢	5.6	40.0

(3) 相对密度高，易聚集形成爆炸性云团　如液态液化石油气的相对密度为水的一半（0.5～0.6t/m³），发生火灾后很难用水扑灭；气态液化石油气的相对密度比空气重一倍（2.0～2.5kg/m³），一旦泄漏很容易在地势低洼处滞存，形成爆炸性混合物。此外，液化石油气储罐爆裂时，其内部压力会急剧下降，罐内液态液化石油气即可会汽化生成大量的气体并向上空喷出形成蘑菇云，继而降至地面向四周扩散，与空气形成爆炸性混合气体，遇引火源在空中发生爆炸并引起大火。大火会以火球的形式返回储罐区形成一片火海，致使储罐发生连续式大爆炸。

2. 易燃易爆规律性

可燃气体着火或爆炸的难易程度，除受着火源能量大小的影响外，主要取决于其化学组成；而其化学组成又决定着可燃气体燃烧浓度范围的大小、自燃点的高低、燃烧速度的快慢和发热量的多少。综合可燃气体的燃烧现象，可见如下规律。

(1) 比液体、固体易燃，且燃速快，一燃即尽。这是因为一般气体分子间引力小，容易断键，无需熔化分解过程，也无需用以熔化、分解所消耗的热量。

(2) 一般规律是由简单成分组成的气体比复杂成分组成的气体易燃，燃速快，火焰温度高，着火爆炸危险性大。如氢气（H_2）比甲烷（CH_4）、一氧化碳（CO）等组成复杂的可燃气体易燃，且爆炸浓度范围大。这是因为单一成分的气体不需受热分解的过程和分解所消耗的热量。

(3) 价键不饱和的可燃气体比相对应的价键饱和的可燃气体的火灾危险性大。这是因为不饱和的可燃气体的分子结构中有双键或三键存在，化学活性强，在通常条件下，即能与氯、氧等氧化性气体起反应而发生着火或爆炸，所以火灾危险性大。

(二) 扩散性

处于气体状态的任何物质都没有固定的形状和体积，且能自发地充满任何容器。由于气体的分子间距大，相互作用力小，所以非常容易扩散。其特点如下。

1. 易在空气中无限制扩散

比空气轻的可燃气体逸散在空气中可以无限制扩散，易与空气形成爆炸性混合物。并能够顺风飘荡，迅速蔓延和扩展。

2. 易飘流于地表、沟渠、隧道、厂房等死角处

比空气重的可燃气体泄漏出来时，往往飘流于地表、沟渠、隧道、厂房死角等处，长时间聚集不散，易与空气在局部形成爆炸性混合气体，遇着火源发生着火或爆炸；同时，相对密度大的可燃气体，一般都有较大的发热量，在火灾条件下，易于造成火势扩大。

掌握可燃气体的相对密度及其扩散性，不仅对评价其火灾危险性的大小，而且对选择通风口的位置、确定防火间距以及采取防止火势蔓延的措施都具有实际意义。

(三) 可缩性和膨胀性

任何物体都有热胀冷缩的性质，气体也不例外。其体积会因温度的升降而胀缩，且胀缩的幅度比液体要大得多。其特点如下。

1. 当压强不变时，气体的温度与体积成正比

温度越高，体积越大。通常气体的相对密度随温度的升高而减小，体积随温度的升高而增大。

2. 当温度不变时，气体的体积与压力成反比

压力越大，体积越小。如对常温常压下100L且质量一定的气体加压至1013.25kPa时，其体积可以缩小到10L。这一特性说明，气体在一定压力下可以压缩，甚至可以压缩成液态。所以，气体通常都是经压缩后储存于钢瓶中的。

3. 在体积不变时，气体的温度与压力成正比

温度越高，压力越大。这就是说，当储存在固定容积容器内的气体被加热时，温度越高，其膨胀后形成的压力就越大。如果盛装压缩或液化气体的容器（钢瓶）在储运过程中受到高温、曝晒等热源作用时，容器、钢瓶内的气体就会急剧膨胀，产生比原来更大的压力，当压力超过了容器的耐压强度时，就会引起容器的膨胀、甚至爆裂，造成伤亡事故。因此，压缩气体和液化气体，在储存、运输和使用过程中，一定要注意防火、防晒、隔热等措施；在向容器、气瓶内充装时，要注意极限温度和压力，严格控制充装量，防止超装、超温、超压，造成事故。

(四) 带电性

根据静电产生的原理，任何物体的摩擦都会产生静电，氢气、乙烯、乙炔、天然气、液化石油气等压缩气体或液化气体从管口或破损处高速喷出时也同样能产生静电。其主要原因是气体本身剧烈运动造成分子间的相互摩擦；气体中含有固体颗粒或液体杂质在压力下高速喷出时与喷嘴产生的摩擦等。

影响其静电荷的因素主要是杂质和流速。气体中所含的液体或固体杂质越多，多数情况下产生的静电荷越多；气体的流速越快，产生的静电荷也越多。据实验，液化石油气喷出时，产生的静电电压可达9000V，其放电火花足以引起燃烧。因此，压力容器内的可燃压缩气体或液化气体，在容器、管道破损时或放空速度过快时，都易产生静电，一旦放电就会引起着火或爆炸事故。

带电性是评定可燃气体火灾危险性的参数之一，掌握了可燃气体的带电性，可据以采取设备接地，控制流速等相应的防范措施。

(五) 腐蚀性、毒害性、窒息性

1. 腐蚀性

主要是一些含氢、硫元素的气体具有腐蚀性。如硫化氢、硫氧化碳、氨、氢等，都能腐蚀设备，削弱设备的耐压强度，严重时可导致设备系统裂隙、漏气，引起火灾等事故。目前危险性最大的是氢，氢在高压下能渗透到碳素中去，使金属容器发生“氢脆”变疏。因此，对盛装这类气体的容器，要采取一定的防腐措施。如用高压合金钢并含铬、钼等一定量的稀有金属制造材料，定期检验其耐压强度等，以防万一。

2. 毒害性

压缩气体和液化气体，除氧气和压缩空气外，大都具有一定的毒害性。《危险货物品名表》（GB 12268—2012）列入管理的剧毒气体中，毒性最大的是氰化氢，当在空气中的浓度达到 300mg/m³ 时，能够使人立即死亡；达到 200mg/m³ 时，10min 后死亡；达到 100mg/m³ 时，一般在 1h 后死亡。不仅如此，氰化氢、硫化氢、硒化氢、锑化氢、二甲胺、氨、溴甲烷、二硼烷、二氯硅烷、锗烷、三氟氯乙烯等气体，除具有相当的毒害性外，还具有一定的着火爆炸性，这一点是万万忽视不得的，切忌只看有毒气体标志而忽视了它们的火灾危险性。表 2-20 列出了一些有毒气体的火灾危险性，可供参考。

表 2-20 一些毒性气体的火灾危险性

物品名称	闪点/℃	自燃点/℃	爆炸极限/%
氨	—	651	15.7～27.4
磷化氢	—	100	2.12～15.3
氰化氢	−17.78	537.78	5.60～40.0
溴甲烷	—	536	8.60～20.0
氯甲烷	0	632	8.00～20.0
煤气	—	648.89	4.5～40.0
水煤气	—	600	6.0～70.0
砷化氢	—	—	3.9～77.8
氰	—	—	6.6～43.0
羰基硫	—	—	11.9～28.5

因此，在处理或扑救此类有毒可燃气体火灾时，应特别注意防止中毒。表 2-21 列出了一些易燃气体的毒害性，可从中看出其危害程度。

表 2-21 一些易燃气体的毒害性

气体名称	工作场所最高容许浓度/(mg/m³)	时间(8～40h)加权平均容许浓度/(mg/m³)	短时间(15min)接触容许浓度/(mg/m³)
氨	—	20	30
叠氮酸蒸气	0.2	—	—
磷化氢	0.3	—	—
硫化氢	10	—	—
氯化氰	0.75	—	—
氯甲烷	—	60	120
氯乙烯	—	10	—
氰化氢	1	—	—
砷化氢	0.03	—	—
硒化氢	—	0.15	0.3
一氧化碳(非高原)	—	20	30
环氧乙烷	—	2	—
环氧丙烷	—	5	—
甲醛	0.5	—	—
液化石油气	—	1000	1500

注：摘自 GBZ 2.1—2007《工作场所有害因素职业接触限值》表 1。

3. 窒息性

压缩气体和液化气体除氧气和压缩空气外，其他都具有窒息性。一般，压缩气体和液化气体的易燃易爆性和毒害性易引起人们的注意，而对其窒息性往往却被忽视，尤其是那些不燃无毒的气体。如氮气、二氧化碳及氦、氖、氩、氪、氙等惰性气体，虽然它们无毒不燃，但都必须盛装在容器之内，并有一定的压力。如二氧化碳、氮气气瓶的工作压力均可达15MPa，设计压力有的可达20～30MPa。这些气体一旦泄漏于房间或大型设备及装置内时，均会使现场人员窒息死亡。另外，充装这些气体的气瓶，也是压力容器，在受热或受到火场上的热辐射时，将会使气瓶内气体压力升高，当超过其强度时便会发生爆裂，现场人员也会被伤害，这是务必应当注意的。

（六）氧化性和自燃性

氧化性也就是常说的助燃性（这是人们习惯了的错误说法）。除极易自燃的物质外，通常可燃性物质只有和氧化性物质作用，遇着火源时才能发生燃烧。所以，氧化性气体是燃烧得以发生的最重要的要素之一。

氧化性气体主要包括两类：一类是明确列为不燃气体的，如氧气、压缩或液化空气、一氧化二氮等；另一类是列为有毒气体的氯气、氟气、过氯酰氟、四氟（代）肼、氯化溴、五氟化氯、亚硝酰氯、三氟化氮、二氟化氧、四氧化二氮、三氧化二氮、一氧化氮等。这些气体本身都不可燃，但氧化性很强，都是强氧化剂，与可燃气体混合时都能着火或爆炸。如氯气与乙炔气接触即可爆炸，氯气与氢气混合见光可爆炸，氟气遇氢气在黑暗中也可爆炸，油脂接触到氧气能自燃，铁在氧气中也能燃烧。

因此，在实施消防安全管理时不可忽略这些气体的氧化性，尤其是列为有毒气体管理的氯气和氟气等氧化性气体，除了应注意其毒害性外，亦应注意其氧化性，在储存、运输和使用时必须与可燃气体分开储存、运输和配载。

二、常见的易燃气体

1. 氢（危规号：压缩的21001；液化的21002）

分子式H_2，相对分子质量2.0159，相对密度0.70，临界温度－239.9℃，临界压力1.32MPa。

氢是宇宙只最丰富的元素。氢气可通过电解法、烃裂解法、烃蒸汽转换法、炼厂气提取法制得。氢是一种无色、无臭、无味的气体，在常温下较不活泼，不溶于水。高温下变的高度活泼，能与许多金属和非金属直接化合。氢能够燃烧，是一种非常易燃的气体，爆炸极限4%～75%。遇氟气、氯气能够发生猛烈的燃烧。氢在钢制设备中被吸附会引起“氢脆”，导致工艺设备的损坏；液氢可使低碳钢以及大多数铁合金变脆。

氢气着火可使用干粉、雾状水扑救。

2. 甲烷［危规号：（压缩的）21007；（液化的）21008］

甲烷是天然气、沼气、油田气及煤矿坑道气的主要成分，分子式CH_4。

甲烷是无色、无味、微毒的气体，熔点－183.2℃，沸点－161.5℃，饱和蒸气压53.32kPa（－168.8℃），相对蒸气密度（空气＝1）0.55，分子直径0.414nm，临界温度－82.6℃，临界压力4.641MPa。甲烷溶解度很小，在20℃、0.1kPa时，100单位体积的水，只能溶解3个单位体积的甲烷。

甲烷易燃，燃烧产生明亮的蓝色火焰，用玻璃导管在制的时候含有钠元素，故呈现黄色的焰色，所以混合看来是绿色。燃烧热890.31kJ/mol，总发热量55900kJ/kg（40020kJ/m^3）净热值50200kJ/kg（35900kJ/m^3），爆炸上限%（体积）15，爆炸下限%（体积）5.3，闪点－190℃，引燃温度538℃，最小引燃能量0.28mJ，甲烷与空气混合能形成爆炸性混合物，遇热源和明火有燃烧爆炸的危险。与五氧化溴、氯气、次氯酸、三氟化氮、液氧、二氟化氧及其他强氧化剂接触反应剧烈。燃烧（分解）产物：碳（极不完全燃烧）、一氧化碳（不完全燃烧）、二氧化碳和水（完全燃烧）。

健康危害的侵入途径为吸入。健康危害：甲烷对人基本无毒，但浓度过高时，使空气中氧含量明显降低，使人窒息。当空气中甲烷达25%～30%时，可引起头痛、头晕、乏力、注意力不集中、呼吸和心跳加速、共济失调。若不及时远离，可致窒息死亡。皮肤接触液化的甲烷，可致冻伤。毒性：属微毒类。允许气体安全地扩散到大气中或当作燃料使用。小鼠吸入42%（体积）×60min，麻醉作用；兔吸入42%（体积）×60min，麻醉作用。

3. 民用燃气

民用燃气是由几种气体组成的混合气体，其中含有可燃气体和不燃气体。可燃气体有碳氢化合物、氢和一氧化碳，不燃气体有二氧化碳、氮和氧等。燃气的种类很多，主要有天然气、液化石油气、人工煤气和沼气等。广义讲，燃气泛指一切可以燃烧的气体；狭义讲，燃气是特指供居民生活、公共建筑和生产企业作燃料用的公用性的可燃气体。燃气绝大多数爆炸下限低于10%，属于危险品的第2类第1项——易燃气体。燃气使用十分广泛，涉及城镇广大居民和部分乡村居民。由于其火灾危险性极大，且开采、运输、储存、销售各个环节中火险致灾因素较多，一旦发生火灾往往造成巨大人员伤亡和重大财产损失，故特列一章专门进行叙述。

（1）天然气　天然气一般可分为从气井开采出来的气田气（纯天然气）、伴随石油一起开采出来的石油气（石油伴生气）、含石油轻质馏分的凝析气田气和从井下煤层抽出的煤矿矿井气四种。

天然气的组分以甲烷为主，还含有少量的二氧化碳、硫化氢、氮和微量的氦、氖、氩等，既是制取合成氨、炭黑、乙炔等化工产品的原料气，又是优质燃料气，是理想的城市气源。天然气的甲烷含量与产地有关：四川天然气中一般不少于90%；大港石油伴生气约为80%，乙烷、丙烷和丁烷等含量约为15%；凝析气田气除含有大量甲烷外，还含有2%～5%的戊烷及戊烷以上的碳氢化合物；矿井气的主要组分是甲烷，其含量随采气方式而变化。液态天然气的体积为气态时的1/600，有利于运输和储存。

（2）液化石油气　液化石油气是开采和炼制石油过程中，作为副产品而获得的一部分碳氢化合物。主要成分是丙烷（C_3H_8）、丙烯（C_3H_6）、丁烷（C_4H_{10}）和丁烯（C_4H_8）。这些碳氢化合物在常温、常压下呈气态，当压力升高或温度降低时，很容易转变为液态。从气态转变为液态，其体积约缩小250倍。液化石油气中烯烃部分可作化工原料，而其烷烃部分可用作燃料。

（3）人工煤气　人工煤气按产气方式主要有固体燃料干馏煤气、固体燃料气化煤气、高炉煤气、油制气和沼气等几种。

干馏煤气是利用焦炉、连续式直立炭化炉（又称伍德炉）和立箱炉等对煤进行干馏所获得的煤气。此方式的煤气产量约为每吨煤300～400m^3。这类煤气中甲烷和氢的含量较高，发热值一般在4000kcal/m^3（1kcal/m^3＝4180J/m^3）左右。

固体燃料气化煤气包括压力气化煤气、水煤气、发生炉煤气等。其中在15～30kg/cm^3压力下，以煤作原料，采用纯氧和水蒸气为气化剂，获得高压蒸气氧鼓风煤气为高压气化煤气，主要组分为氢及含量较高的甲烷，发热值在3600kcal/m^3左右。水煤气和发生炉煤气的主要组分为一氧化碳和氢。由于这两种燃气的发热值低，而且毒性大，不可以单独作为城市燃气的气源，但可用来加热焦炉和连续式直立炭化炉，以顶替出发热值较高的干馏煤气，增加供应城市的气量，也可作工厂及燃气轮机的燃料。

高炉煤气是冶金工厂炼铁时的副产气，主要组分是一氧化碳和氮气。高炉煤气可用作炼焦炉的加热煤气，以取代焦炉煤气供应城市；也常用作锅炉的燃料或与焦炉煤气掺混用于冶金工厂的加热工艺。

油制气是利用炼油厂提取汽油、煤油和柴油之后所剩的重油所制取的城市燃气。按制取方法不同，油制气可分为重油蓄热热裂解制气和重油蓄热催化裂解制气两种。重油蓄热热裂解气的组分以甲烷、乙烯和丙烯为主，产气量为每吨重油 500～550m^3；重油蓄热催化裂解气的组分，主要是氢气、甲烷和一氧化碳，产气量约为每吨重油 1200～1300m^3。

(4) 沼气　沼气是有机物质在厌氧条件下，经过微生物的发酵作用而生成的一种可燃气体。由于这种气体最先是在沼泽中发现的，所以称为沼气。沼气是一种混合可燃气体，一般含甲烷 50%～70%，其余为二氧化碳和少量的氮、氢和硫化氢等。其特性与天然气相似。在空气中的燃烧范围是 8.6%～20.8%（按体积计）。沼气的主要成分是甲烷。沼气由 50%～80%甲烷（CH_4）、20%～40%二氧化碳（CO_2）、0～5%氮气（N_2）、小于 1%的氢气（H_2）、小于 0.4%的氧气（O_2）与 0.1%～3%硫化氢（H_2S）等气体组成。由于沼气含有少量硫化氢，所以略带臭味。空气中如含有 8.6%～20.8%（按体积计）的沼气时，就会形成爆炸性的混合气体。

沼气是一种理想的气体燃料，无色无味，与适量空气混合后即可燃烧。每立方米纯甲烷的发热量为 34000kJ，每立方米沼气的发热量约为 20800～23600kJ。即 1m^3 沼气完全燃烧后，能产生相当于 0.7kg 无烟煤提供的热量。与其他燃气相比，其抗爆性能较好，是一种很好的清洁燃料。

4. 环氧乙烷（危规号：GB 21039）

环氧乙烷是一种无色易燃气体，分子式 C_2H_4O，相对分子质量 44.05。

环氧乙烷化学性质非常活泼，能与许多化合物起加成反应。熔点－112.2℃；相对密度（水＝1）0.87；沸点 10.4℃；相对蒸气密度（空气＝1）1.52；饱和蒸气压 145.91kPa（20℃）；燃烧热 1262.8kJ/mol；临界温度 195.8℃；临界压力 7.19MPa；易溶于水、多数有机溶剂。主要通过氯醇法和氧化法制的。

环氧乙烷可杀灭细菌（及其内孢子）、霉菌及真菌，因此可用于消毒一些不能耐受高温消毒的物品。也被广泛用于消毒绷带、缝线及手术器具等医疗用品。大部分的环氧乙烷被用于制造乙二醇等化学品。乙二醇主要的最终用途是生产聚酯，也被用作汽车冷却剂及防冻剂。由于环氧乙烷易燃及在空气中有广阔的爆炸浓度范围，故有时被用作燃料气化爆弹的燃料成分。环氧乙烷有杀菌作用，对金属不腐蚀，无残留气味，因此可用于材料的气体杀菌剂。

环氧乙烷自动分解时能产生巨大能量，可作为火箭和喷气推进器的动力。硝基甲烷和环氧乙烷的混合燃料（60∶40～95∶5），燃烧性能好，凝固点低，性质比较稳定，不易引爆。

健康危害：该品有毒，为致癌物，具刺激性，具致敏性。环氧乙烷的毒性为乙二醇的 27 倍，与氨的毒性相仿。在体内形成甲醛、乙二醇和乙二酸，对中枢神经系统起麻醉作用，对黏膜有刺激作用，对细包原浆有毒害作用。

皮肤接触：立即脱去污染的衣着，用大量流动清水冲洗至少 15min。就医。

眼睛接触：立即提起眼睑，用大量流动清水或生理盐水彻底冲洗至少 15min。就医。

吸入：迅速脱离现场至空气新鲜处。保持呼吸道通畅。如呼吸困难，给输氧。如呼吸停止，立即进行人工呼吸。呼吸心跳停止时，立即进行人工呼吸和胸外心脏按压术。

火灾危险：环氧乙烷易燃易爆，蒸气能与空气形成范围广阔的爆炸性混合物，燃烧浓度范围是 3%～100%。闪点＜－17.8℃；遇热源和明火即有爆炸的危险，引燃温度 429℃，最小引燃能量（浓度 7.72%）0.105mJ。若遇高热可发生剧烈分解，引起容器爆裂或爆炸事故。接触碱金属、氢氧化物或高活性催化剂（如铁、锡和铝的无水氯化物及铁和铝的氧化物等）可大量放热，并可能引起爆炸。其蒸气比空气重，能在较低处扩散到相当远的地方，遇

火源会着火回燃。有害燃烧产物主要是一氧化碳和二氧化碳。

灭火方法：切断气源。若不能切断气源，则不允许熄灭泄漏处的火焰。喷水冷却容器，可能的话将容器从火场移至空旷处。灭火剂宜选择干粉、抗溶性泡沫、雾状水或二氧化碳。

泄漏的应急处理方法：迅速撤离泄漏污染区人员至上风处，并立即隔离150m，严格限制人员出入，切断火源。建议应急处理人员戴自给正压式呼吸器，穿防静电工作服。尽可能切断泄漏源。用工业覆盖层或吸收剂盖住泄漏点附近的下水道等地方，防止气体进入。合理通风，加速扩散。喷雾状水稀释、溶解。构筑围堤或挖坑收容产生的大量废水。如有可能，将漏出气用排风机送至空旷地方或装设适当喷头烧掉。漏气容器要妥善处理，修复、检验后再用。

操作注意事项：密闭操作，局部排风。操作人员必须经过专门培训，严格遵守操作规程。建议操作人员佩戴自吸过滤式防毒面具（全面罩），穿防静电工作服，戴橡胶手套。远离火种、热源，工作场所严禁吸烟。使用防爆型的通风系统和设备。防止气体泄漏到工作场所空气中。避免与酸类、碱类、醇类接触。在传送过程中，钢瓶和容器必须接地和跨接，防止产生静电。禁止撞击和震荡。配备相应品种和数量的消防器材及泄漏应急处理设备。

储存注意事项：储存于阴凉、通风的库房。远离火种、热源。避免光照。库温不宜超过30℃。应与酸类、碱类、醇类、食用化学品分开存放，切忌混储。采用防爆型照明、通风设施。禁止使用易产生火花的机械设备和工具。储区应备有泄漏应急处理设备。

5. 乙烯［危规号：（压缩的）21016，（液化的）21017］

乙烯是无色气体，略具烃类特有的臭味，少量乙烯具有淡淡的甜味。分子式C_2H_4；结构简式$CH_2=CH_2$。

通常情况下，乙烯是一种无色稍有气味的气体，密度为1.25g/L，比空气的密度略小，难溶于水，易溶于四氯化碳等有机溶剂。熔点－169.4℃，沸点－103.9℃，相对密度（水＝1）0.61，相对蒸气密度（空气＝1）0.98，饱和蒸气压4083.40kPa（0℃），临界温度9.2℃，临界压力5.04MPa，不溶于水，微溶于乙醇、酮、苯，溶于醚。溶于四氯化碳等有机溶剂。

乙烯易燃，燃烧热1411.0kJ/mol，闪点无意义，引燃温度425℃，爆炸上限（体积）36.0%，爆炸下限（体积）2.7%。与空气混合能形成爆炸性混合物。遇明火、高热或与氧化剂接触，有引起燃烧爆炸的危险。与氟、氯等接触会发生剧烈的化学反应。有害燃烧产物为一氧化碳。

灭火方法：切断气源。若不能切断气源，则不允许熄灭泄漏处的火焰。喷水冷却容器，可能的话将容器从火场移至空旷处。灭火剂为二氧化碳、干粉。

泄漏应急处理：迅速撤离泄漏污染区人员至上风处，并进行隔离，严格限制出入。切断火源。建议应急处理人员戴自给正压式呼吸器，穿防静电工作服。尽可能切断泄漏源。合理通风，加速扩散。喷雾状水稀释。如有可能，将漏出气用排风机送至空旷地方或装设适当喷头烧掉。漏气容器要妥善处理，修复、检验后再用。

6. 氯乙烯（危规号：21037）

又名乙烯基氯，是一种应用于高分子化工的重要的单体，可由乙烯或乙炔制得。

氯乙烯为无色易液化有醚样气味的气体，分子式C_2H_3Cl，结构式$CHCl=CH_2$，相对分子质量62.50。沸点－13.9℃，临界温度142℃，临界压力5.22MPa。熔点－159.8℃；沸点－13.4℃，相对密度（水＝1）0.91，相对蒸气密度（空气＝1）2.15，饱和蒸气压346.53kPa（25℃），燃烧热（kJ/mol）无资料，临界温度142℃，临界压力5.60MPa，辛醇/水分配系数的对数值1.38，引燃温度415℃，爆炸上限(V/V)31.0%，爆炸下限（V/

V) 3.6%。

7. 乙炔（危规号：21024）

别名电石气，分子式HC≡CH；相对分子质量26.04；相对密度0.907；熔点−81.8℃（−84.0℃升华）；闪点−17.78℃（闭杯）；自燃点305℃；爆炸极限2.5%～82%；产生最大爆炸压力分数14.5%；最大爆炸压力1.3MPa；气化热828.986kJ/kg；燃烧热值1300.420kJ/mol（25℃）；最小引燃能量0.019mJ；临界温度35.5℃；临界压力6249.726kPa。

乙炔以甲烷为原料，用部分氧化法生产，或以电石水解生产。用作基本有机合成原料，以及用于氧炔焊接割等。乙炔是无色无臭气体，含有硫化物、磷化物时有蒜样气味。极易燃烧爆炸。微溶于水及乙醇，溶于丙酮、氯仿和苯。遇高热、明火有燃烧爆炸危险。与铜、汞和银能形成爆炸性的混合物。遇氟和氯发生爆炸反应。

乙炔着火可用干粉、雾状水、二氧化碳等灭火剂扑救。

8. 一甲胺（无水）（危规号：21043）

别名叫氨基甲烷、甲胺，分子式CH_3NH_2，相对分子质量31.06；相对密度0.662（20℃）；熔点−93.5℃；沸点−6.79℃；分解温度250℃；闪点0℃（闭杯）；爆炸极限4.95%～20.75%；燃烧热值1061.35kJ/mol；蒸气压202.65kPa；临界温度156.9℃；临界压力4073.265kPa。

一甲胺由氨与甲醇在高温高压和催化剂作用下制得。用于制促进剂、染料、药品、杀虫剂、灭菌剂、表面活性剂、中间体、溶剂显影剂等，是无色气体或液体，有氨的气味，易溶于水，溶于乙醇和乙醚。

本品易燃烧，其蒸气能与空气形成爆炸性混合物。有毒，空气中最大允许浓度为5mg/m³。遇明火、受高热有引起燃烧爆炸的危险，钢瓶和附件损坏会引起爆炸。着火可用雾状水、二氧化碳、干粉等灭火剂扑救。

9. 乙胺（危规号：21046）

中文名称为氨基乙烷，分子式：C_2H_7N，相对分子质量：45.08。

乙胺是无色液体或气体，具有浓厚的氨气味，水溶液呈碱性，化学性质和甲胺相似。对光不稳定，在140～200℃时经紫外线照射，可分解生成氢、氯、氨、甲烷和乙烷等。490～555℃于低压下热解，生成氢、氯、甲烷等。其蒸气与空气可形成爆炸性混合物，遇热源和明火有燃烧爆炸的危险。与氧化剂接触猛烈反应。其蒸气比空气重，能在较低处扩散到相当远的地方，遇火源会着火回燃。有害燃烧产物主要是一氧化碳、二氧化碳、氧化氮。

乙胺与铜、银等重金属生成络盐，与苯磺酰氯反应生成*N*-取代苯磺酰胺。在乙胺水溶液中通入Cl_2生成*N*,*N*-二氯乙胺。

灭火方法：切断气源。若不能切断气源，则不允许熄灭泄漏处的火焰。喷水冷却容器，可能的话将容器从火场移至空旷处。灭火剂为雾状水、抗溶性泡沫、干粉、二氧化碳。

毒理学资料。急性毒性LD_{50}：400mg/kg（大鼠经口）；390mg/kg（兔经皮），接触乙胺蒸气可产生眼部刺激、角膜损伤和上呼吸道刺激。液体溅入眼内，可致严重灼伤；皮肤接触可致灼伤。

皮肤接触：立即脱去污染的衣着，用大量流动清水冲洗至少15min。就医。

眼睛接触：立即提起眼睑，用大量流动清水或生理盐水彻底冲洗至少15min。就医。

吸入：迅速脱离现场至空气新鲜处。保持呼吸道通畅。如呼吸困难，给输氧。如呼吸停止，立即进行人工呼吸。就医。

食入：用水漱口，给饮牛奶或蛋清。就医。

10. 乙硼烷（危规号：21049）

又名二硼烷、硼乙烷。分子式 B_2H_6，相对分子质量 27.69。相对密度 0.447（液态，−112℃）；熔点 −165.5℃；蒸气压 29864.128Pa（−112℃）；自燃点 38～52℃；爆炸极限 0.9%～88%；闪点 −90℃；分解温度 −18℃以上；临界温度 16.7℃；临界压力 4002.338kPa。

二硼烷由氟化硼与氢化铝锂作用制得，用作火箭和导弹的高能燃料，也用于有机化学合成。有不适的气味，易水解，能溶于二硫化碳。加权平均容许浓度为 0.1mg/m³，毒性相当于光气。

二硼烷遇火种易燃烧，受热和遇碱均分解产生硼和氢，是无色易燃剧毒气体。着火可以用干粉、二氧化碳等灭火剂扑救，应特别注意防毒，切忌用水及泡沫。

11. 四氟乙烯单体（危规号：21032）

四氟乙烯的化学品英文名称为 tetrafluoroethylene monomer；分子式：C_2F_4；结构简式：$CF_2=CF_2$，分子量：100.01。

理化性质为无色无臭气体。熔点为 142.5℃，沸点为 78.4℃。蒸气比空气重，相对密度 1.519，能扩散相当远，遇火源即可发生爆炸。临界温度 33.3℃，临界压力 3.92MPa。不溶于水，溶于丙酮、乙醇。爆炸极限为 10%～60%（体积），引燃温度只有 180℃。有氧存在时，易形成不稳定易爆炸的过氧化物。在空气中受热或遇明火易引起燃烧，受热分解放出剧毒烟雾，不加阻聚剂的单体易自聚成二聚物；加阻聚剂的单体遇化学性质活泼的物质即放热发生爆炸，容器在火场中易爆破。

制备方法：二氟一氯甲烷经汽化、预热、通入裂解炉，热裂解产含四氟乙烯单体的裂化气，经水洗、碱洗、压缩、冷冻脱水、干燥，分馏等工序，最后精馏得成品。

用途：制造聚四氟乙烯及其他氟塑料、氟橡胶和全氟丙烯的单体。可用作制造新型的热塑料、工程塑料、耐油耐低温橡胶、新型灭火剂和抑雾剂的原料。

三、常见的氧化性气体

1. 氧气［危规号：（压缩的）22001，（液化的）22002］

氧气（O_2）是氧元素最常见的单质形态。

氧气是空气的组分之一，无色、无嗅、无味。氧气密度比空气大，在标准状况（0℃和大气压强 101325Pa）下，密度为 1.429g/L，能溶于水，1L 水中约溶 30mL 氧气。在压强为 101kPa 时，氧气在约 −180℃时变为淡蓝色液体，在约 −218℃时变成雪花状的淡蓝色固体。

氧气不燃，但氧化性很强，是大气环境下物质得以燃烧的主要元素。与甲烷、乙炔、天然气等可燃气体混合，可形成爆炸性混合物；与氢气混合后燃烧的火焰温度可达 2100～2500℃。与镁燃烧（$2Mg+O_2 = 2MgO$），发出耀眼的强光，放出大量热，生成白色的氧化镁固体；红热的铁丝放在氧气中燃烧剧烈（$3Fe+2O_2 = Fe_3O_4$），火星四射，放出大量热，生成黑色四氧化三铁固体；与碳燃烧，生成二氧化碳（$C+O_2 = CO_2$），发出白光并放出热量；与硫燃烧（$S+O_2 = SO_2$），发生明亮的蓝紫色火焰，放出热量，生成有刺激性气味的 SO_2 气体；与磷燃烧（$4P+5O_2 = 2P_2O_5$），燃烧剧烈，发出明亮光辉，放出热量，生成五氧化二磷白烟；与乙炔、酒精、石蜡等燃烧，生成水和二氧化碳（$CH_4+2O_2 = 2CO_2+2H_2O$；$2C_2H_2+5O_2 = 4CO_2+2H_2O$）。

氧气与油脂等接触可氧化生热，此热蓄积到一定程度可自燃。液氧与易燃物共储时，在高压下有爆炸的危险；被衣物、木材和纸张等吸收时，见火即燃。易被衣物吸收，如 2004 年 7 月 17～18 日，保定市接连发生氧气瓶爆炸事故 4 起，5 人死亡，12 人受伤。乌克兰一家医院，由于工人运输不当氧气瓶爆炸，造成 7 人死亡。所以，氧气的危险性是不容忽视的。

科学研究发现，过量吸氧会促进生命衰老。人在大于0.05MPa（半个大气压）的纯氧环境中，对所有的细胞都有毒害作用，吸入时间过长，就可能发生“氧中毒”。肺部毛细管屏障被破坏，导致肺水肿、肺淤血和出血，严重影响呼吸功能，进而使各脏器缺氧而发生损害。在0.1MPa（1个大气压）的纯氧环境中，人只能存活24h，就会发生肺炎，最终导致呼吸衰竭、窒息而死亡。人在0.2MPa（2个大气压）高压纯氧环境中，最多可停留1.5～2h，超过了会引起脑中毒，生命节奏紊乱，精神错乱，记忆丧失。在0.3MPa（3个大气压）甚至更高的氧，人会在数分钟内发生脑细胞变性坏死，抽搐昏迷，导致死亡。

2. 压缩空气（危规号：22003）

别名高压空气，相对平均分子质量28，相对密度1，熔点−213℃，沸点−195℃，临界温度−149.7℃，临界压力3769.29kPa，汽化潜热205.15kJ。

压缩空气由空气经压缩制得，在部分场合代替氧气使用。用于压缩空气具有很强的氧化性，所以当与可燃气体、油脂接触有引起着火爆炸的危险。

3. 一氧化二氮［危规号：（压缩的）22017；（液化的）22018］

别名氧化亚氮、笑气，分子式N_2O，相对分子质量44.02；相对密度1.226（−89℃液体）；熔点−90.8℃；沸点−88.49℃；蒸气压−88.5℃时为101.325kPa，−18℃时为2026.5kPa，+27℃时为6079.50kPa；临界温度36.5℃；临界压力7872.95kPa。

一氧化二氮在200℃的条件下加热干燥硝酸铵或无水硝酸钠和无水硫酸钠的混合物而制得。常温下为无色气体，有甜味，能溶于水、乙醇、乙醚及浓硫酸，是一种氧化剂。在室温时稳定，在300℃以上解离。吸入本品能使人狂笑。与可燃气体、油脂接触有引起燃烧爆炸危险。在工业上用作医药麻醉剂、防腐剂，以及用于气密性检查。

4. 二氟二氯甲烷（危规号：22045）

别名氟里昂12、F12，分子式CCl_2F_2，相对分子质量为120.92；相对密度为1.456（−30℃）；熔点为−158℃；沸点为−29℃；汽化热为167.05kJ；蒸气压为−29.8℃时为101.325kPa，16.1℃时为506.625kPa，42.4℃时为1013.25kPa，74℃时为2026.5kPa；临界温度为111.5℃。

本品是以四氯化碳和无水氢氟酸在五氯化锑催化剂存在下，反应制得。用作制冷剂、气溶杀虫药发射药。为无色无刺激味气体，无毒不燃。遇热不易分解，化学性质稳定，对金属材料无腐蚀性。在室温下与强酸、强碱、润滑油无作用。溶于醇、醚，几乎不溶于水，是一种优良的制冷剂，可降温至−50～−60℃。危险性主要是受热后瓶内压力增大时，有爆裂的危险。

5. 氟（危规号：23001）

分子式F_2，相对分子质量为37.98；相对密度为1.14（−200℃）；熔点为−218℃；沸点为−187℃；蒸汽压在−187℃时为101.325kPa；临界温度为−129℃；临界压力为5572.88kPa。

本品从含氟矿石中制得，用作火箭燃料中的氧化剂，以及用于氟化合物，含氟塑料、氟橡胶等的制造。为淡黄色气体或液体，有刺激性气味，是最活泼的非金属元素，能分解水生成臭氰和氟化氢。在黑暗中能与氢直接化合，并能直接与多数非金属元素和金属元素化合。腐蚀性强，剧毒。人接触氟47mg/m^3，5～30min无损害；当浓度达到78mg/m^{3}时，使人不能忍受。

氟能与多数可氧化物质发生强烈反应，常常引起燃烧。与水反应发热，产生有毒及腐蚀性很强的烟雾，受热后瓶内压力增大；漏气时，可致附近人畜有生命危险。

氟本身不燃，当其他物质着火威胁气瓶安全时，最好移至库房外的安全处；当气瓶有可能受到火焰威胁时，应向钢瓶浇水冷却。灭火人员应戴防毒面具等防护用品。

6. 液氯（危规号：23002）

学名氯、氯气，分子式 Cl_2，相对分子质量 70.906；相对密度 1.4686（0℃）；熔点为－103℃；沸点为－34.6℃。

液氯是用电解食盐或食盐水的方法制得的，是黄绿色有毒液化气体，有强烈刺激气味，毒性猛烈，具有腐蚀性和极强的氧化性。在日光或灯光下与其他易燃气体混合时，即发生燃烧和爆炸。金属钾（钠）在氯气中能燃烧，氯气与氢气混合后在阳光下即可发生猛烈爆炸；松节油在氯气中能自燃；氯与氮化合时，则形成易爆炸的氯化氮。空气中的含量达到 0.1%时吸入人体即能严重中毒。

液氯通常充装于耐压钢瓶内，储存期以 6 个月为宜。充装量为每升不得大于 1.25kg。钢瓶漆草绿色，以白颜色标明“氯”字样。钢瓶外应有明显的“有毒压缩气体”标志。

在纺织和造纸工业用于的漂白剂、水的消毒剂，是制造一氯化苯、六六六、漂白粉的原料；在石油化工生产中用于精炼石油、制造氯丁橡胶、合成洗涤剂等；在军工生产中用于制造军用毒气、军用烟雾弹等。

液氯本身不燃，当其他物质着火威胁气瓶安全时，最好移至库房外的安全处；当气瓶有可能受到火焰威胁时，应向钢瓶浇水冷却，发现漏气可用石灰水吸收或置于水中。灭火救援人员应戴防毒面具。

7. 三氟化氮（危规号：23016）

别名氟化氮，分子式 NF_3，相对分子质量 71.01，相对密度 1.537（－129℃，液体），熔点为－208.5℃，沸点为－129℃。

三氯化氮是一种爆炸性物质，通常由电解 NH_4HF_2 熔体而制得，用作高能燃料的氧化剂，以及用于化学合成。是无色气体，稍有气味，极微溶于水，具有强氧化性、腐蚀性和毒害性。由于其具有强氧化性，所以，可与还原剂发生强烈反应，与氢气及油脂能够强烈反应而发生燃烧，与许多有机物接触或加热至 90℃以上以及被撞击时，即发生剧烈地分解爆炸。爆炸分解式如下：

$$2NCl_3 \longrightarrow N_2 + 3Cl_2 + 460.55\text{kJ}\ (110\text{kcal})$$

在分解时可放出有毒的氟化物气体。

8. 四氧化二氮（液化的）（危规号为 23012）

又称二氧化氮、过氧化氮，分子式为 N_2O_4。

纯净的四氧化二氮为无色气体，但由于其中混有二氧化氮，所以通常见到的制成品是黄褐色高密度液体。四氧化二氮是从直接合成法生产浓硝酸的流程中取得气体 NO_2，进行冷凝和蒸馏后由二氧化氮叠合而成。四氧化二氮的固体和液体及气体均无色，随着温度升高，二氧化氮增多，颜色加深，即由褐色到赤红色。具有刺激性臭味。在大气压下，N_2O_4 的沸点为 21.15℃，凝固点为－11.23℃。液体 N_2O_4 的密度，－10℃时为 1.512kg/m^3，20℃时为 1.446g/cm^3。由于 N_2O_4 的分子成对称结构，故较为稳定。四氧化二氮溶于水和二硫化碳等。但其与水只是有限的互溶。

四氧化二氮具有强氧化性，剧毒，且有腐蚀性，易分解为二氧化氮。二氧化氮为红棕色的气体，具有神经麻醉的毒性。液态四氧化二氮能与许多燃料自燃，是一种优良的氧化剂。但它的液态温度范围很窄，极易凝固和蒸发。由于四氧化二氮比较容易保持在液态，所以主要用于组成可储存液体推进剂。四氧化二氮在有机化学中用作氧化剂、硝化剂和丙烯酸酯聚合的抑制剂。在军事工业中用作制取炸药。常与肼类燃料组成双组元液体推进剂，用于发射通信卫星、战略导弹等的运载火箭中。

四氧化二氮不燃，但具强氧化性，属于强氧化剂。与氨混合即使在−80℃时也能发生爆炸。遇衣物、锯末和棉花等可燃物能立即燃烧，与一般燃料、火箭燃料及卤代烃等反应猛烈，并可爆炸。如接触碳、磷和硫即参与燃烧，与胺、肼等接触能自燃。泄漏时时可用雾状水驱散和稀释，火灾时可用干砂、干粉、二氧化碳扑救，不可用水（遇水生成硝酸和亚硝酸，腐蚀性更强）和卤代烷扑救。

四氧化二氮剧毒，吸入数小时后可引起肺水肿而致人死亡。对吸入者应当立即送医院治疗，即使患者未感到不适，也应当立即脱离污染区域，安置休息，并送医院救护。出现不适者，应迅速输氧，禁止人工呼吸；用0.5%的碳酸氢钠水溶液洗眼、漱口，可减轻黏膜刺激。

受压钢瓶灌装，瓶上须贴“毒气”“氧化剂”标签。应储存于阴凉、通风仓库内。库温不宜超过15℃，湿度不宜大于85%；应远离火种和热源，防止阳光直射。应与可燃物分开存放和运输，特别须与脂肪胺、芳香胺等胺类，多元酚、糖醇和二氯甲烷、甲基氯仿、三氯乙烯、过氯乙烯等卤代物隔离储运。长期储存的容器，充装量不应大于90%，不少于50%，并定期检查质量。运输应按规定路线行驶，勿在居民区和人口稠密区停留。运输设备不得进入储存室内。储存和运输时须轻装卸，防止钢瓶及附件破损。

泄漏时，须穿特殊防护服处理。应先将泄漏的四氧化二氮用雾状水缓慢稀释，再将泄漏的瓶体慢慢浸入氢氧化钠或碳酸钠溶液中。否则，由于二者反应剧烈放热，液体沸腾溢出，溢出的大量二氧化氮烟雾易使救援人员中毒或被灼伤。稀释后的废水应放入废水处理系统，以免污染水源。

第三节　易燃液体

易燃液体是指闭杯试验温度（闪点）≤60℃时能够放出易燃蒸气的液体、液体混合物或含有处于悬浮状态的固体混合物的液体；或液体的闪点大于60℃，但生产、储存、运输的温度大于等于液体闪点的液体、退敏爆炸品液体等（退敏爆炸品液体，是指溶于或悬浮于水或其他液体中，且形成均一的液体混合物，并被抑制了爆炸性的液态物质）。但不包括由于存在其他危险性已列入其他类项管理的液体。

一、易燃液体的危险特性

（一）高度的易燃性

由于液体的燃烧是通过其挥发出的蒸气与空气形成可燃性混合物，在一定的比例范围内遇火源点燃而实现的，因而液体的燃烧是液体蒸气与空气中的氧进行的剧烈反应。所谓易燃液体实质上就是指其蒸气极易被引燃，从表2-22可以看出，多数易燃液体被引燃只需要0.5mJ左右的能量。由于易燃液体的沸点都很低，故十分易于挥发出易燃蒸气，且液体表面的蒸气压较大，加之着火所需的能量极小，故易燃液体都具有高度的易燃性。

影响易燃液体易燃性的因素很多，且不同的液体又有不同的特点。从烃类易燃液体看，影响其易燃性的内在因素主要有以下几点。

1. 相对分子质量

表2-23列出了烷烃和芳烃的相对分子质量与燃烧的关系，从表中可以看出：相对分子质量越小，闪点越低，燃烧范围越大，着火的危险性也就越大；相对分子质量越大，自燃点越低，受热时越容易自燃起火。

表 2-22 几种常见易燃液体蒸气在空气中的最小引燃能量

液体名称	最小引燃能量/mJ	液体名称	最小引燃能量/mJ
2-戊烯	0.51	醋酸甲酯	0.40
1-庚烯	0.56	醋酸乙烯	0.70
正戊烷	0.28	醋酸乙酯	1.42
庚烷	0.70	甲醇	0.215
三甲基丁烷	1.0	异丙基硫醇	0.53
异辛烷	1.35	异丙醇	0.65
二甲基丙烷	1.57	丙烯醛	0.137
二甲基戊烷	1.64	乙醛	0.376
二氢吡喃	0.365	丙醛	0.325
1,2 亚乙基亚胺	0.48	丁酮	0.68
环己烯	0.525	丙酮	1.15
丙基氯	1.08	环戊烷	0.54
丁基氯	1.24	四氢呋喃	0.54
异丙基氯	1.55	环戊二烯	0.67
呋喃	0.225	四氢吡喃	0.54
噻吩	0.39	三乙胺	0.75
环己烷	0.22	异丙胺	2.0
甲醚	0.33	乙胺	2.4
二甲氧基甲烷	0.42	苯	0.55
乙醚	0.19	二硫化碳	0.015
异丙醚	1.14	汽油	0.1～0.2
二异丁烯	0.96		

表 2-23 烷烃和芳烃的着火爆炸性与相对分子质量的关系

液体名称		相对分子质量	闪点/℃	爆炸极限/%	自燃点/℃
烷烃	戊烷	72	<−40	1.4～8.0	260
	己烷	86	−20	1.2～7.5	247
	庚烷	100	−405	1.2～6.7	226
	辛烷	114	1605	1.0～6.2	225
	壬烷	128	33.5	0.7～2.9	206
	癸烷	142	47.0	0.6～5.4	230
芳烃	苯	78	−14	1.5～9.5	580
	甲苯	92	5.5	1.5～7.0	576
	乙苯	106	23.5	0.9～3.9	448
	丙苯	120	30.5	0.68～4.2	431
	丁苯	134	52.0	0.8～5.8	421

这是因为分子量小，分子间隔大，易蒸发，沸点、闪点低，易达到爆炸极限范围；但自燃点则不同，因为物质的相对分子质量大，分子间隔小，黏度大，蓄热条件好，所以易自燃。如在20℃时，松节油的黏度为 1.49×10^{-3} Pa·s，其自燃点为235℃，而苯的黏度是 0.65×10^{-3} Pa·s，其自燃点是574℃。

2. 分子结构

从各种烃类液体的分子结构看，其易燃性大致有如下规律。

(1) 烃的含氧衍生物燃烧的难易程度，一般是醚>醛>酮>酯>醇>羧酸，见表 2-24。

(2) 不饱和的有机液体比饱和的有机液体的火灾危险大 这是因为不饱和的烃类的相对密度小，相对分子质量小，分子间作用力小，沸点低，闪点低，所以不饱和烃类的火灾危险性大于饱和烃类。不饱和烃类与饱和烃类液体的火灾危险性比较，见表 2-25。

表 2-24 烃的含氧衍生物的火灾危险性

液体名称	分子式	闪点/℃	自燃点/℃	爆炸极限/%
乙醚	$C_2H_5—O—C_2H_5$	−45	180	1.85～48.6
乙醛	$CH_3—CO—H$	−40	185	4.0～57.0
丙酮	$CH_3—CO—CH_3$	−20	575	2.0～13.0
乙酸乙酯	$CH_3—CO—O—C_2H_5$	−5	481	2.2～11.4
乙醇	$C_2H_5—OH$	11	414	3.3～18.0
乙酸	$CH_3—CO—OH$	40	534	4.0～17.0

表 2-25 不饱和液体与饱和液体的火灾危险性比较

液体名称	分子结构	闪点/℃	自燃点/℃	爆炸极限%
丙醇	C_3H_7OH	23.5	404	2.55～9.2
丙烯醇	$CH_3—CH═CHOH$	21.0	378	2.5～18
丙醛	C_2H_5CHO	−12.5	221	2.9～17
丙烯醛	$CH_2═CHCHO$	−19	278	2.8～31
乙酸乙酯	$CH_3COOC_2H_5$	−5	481	2.2～11.4
乙酸乙烯酯	$CH_3COOCH═CH_2$	−5	361	2.9～12.5
二氯乙烷	$C_2H_2Cl_2$	13.0	413	6.2～16
二氯乙烯	$ClHC═CHCl$	<10	456	9.7～12.8
己烷	C_6H_{14}	−20	247	1.2～7.5
己烯	$CH_3—CH_2—CH_2—CH_2—CH═CH_2$	−29	—	—

(3) 在同系物中，异构体比正构体的火灾危险性大，受热自燃危险性则小 这是因为正构体链长，受热时易断；而异构体的氧化初温高，链短，受热不易断的缘故。同系物中正构体与异构体的火灾危险性比较见表 2-26。

表 2-26 同系物中正构体与异构体的火灾危险性比较

物质名称	相对密度	沸点/℃	闪点/℃	自燃点/℃	爆炸极限/%
正丙醇	0.804	97.2	23.5	404	2.55～9.2
异丙醇	0.785	82.4	13	431	3.8～10.2
正丁醇	0.810	117.7	36	345	3.7～10.2
异丁醇	0.803	108.0	31.5	413	1.7～7.3
甲酸丙酯	0.903	81	−3	400	3.5～16.5
甲酸异丙酯	0.873	68	−6	460	3.6～10.7
乙酸丙酯	0.887	101.8	13.5	450	1.8～9
乙酸异丙酯	0.874	88.4	3	460	1.8～8
乙酸丁酯	0.876	125.0	25.5	371	1.7～15
乙酸异丁酯	0.871	118.0	17	421	2.4～10.5
乙酸戊酯	0879	148.4	42	378.5	2.2～10
乙酸异戊酯	0.876	142.0	36.5	379	0.2～4.35

(4) 在芳香烃的衍生物中，液体火灾危险性的大小，主要取决于取代基的性质和数量。主要表现有两种情况。

① 以甲基（CH_3）、氯基（Cl）、羟基（OH）、氨基（NH_2）等取代时，取代基的数量越多，其着火爆炸的危险性越小。这是因为它们的相对密度和沸点随着取代基数量的增加而增加的缘数，见表 2-27。

表 2-27 在芳香烃的衍生物中以甲基（CH_3）、氯基（Cl）、羟基（OH）、氨基（NH_2）等取代时液体火灾危险性大小的比较

液体名称	分子结构	相对密度	沸点/℃	闪点/℃	自燃点/℃	爆炸极限/%
用甲基(CH_3)取代时						
甲苯	$-CH_3$	0.866	110.6	5.5	576	1.5～7.0
二甲苯	H_3C- $-CH_3$	0.870	136.0	24.0	531	3.0～7.6
三甲苯	CH_3 H_3C- $-CH_3$	0.889	164.7	36.0	—	—
用氯基(Cl)取代时						
氯苯	—Cl	1.107	132	28.5	475	2.2～10
二氯苯	Cl— —Cl	1.288	179	65.0	593	2.2～9.2
三氯苯	Cl —Cl Cl	—	213	98.9	648	—
用羟基(OH)取代时						
苯酚	—OH	1.07	181.4	79	710	4～7.5
苯二酚	OH —OH	—	285.0	165	515	—
用氨基(NH_2)取代时						
苯胺	$-NH_2$	1.02	184	71	620	1.34～4.2
苯二胺	NH_3 $-NH_2$	1.139	267	154	530	粉尘有爆炸危险
甲苯胺	CH_3 $-NH_2$	—	199.7	85	481	—
二甲苯胺	CH_2 H_2C- $-NH_2$	—	213	97	545	1～2.7

② 以硝基（NO_2）取代时，取代基数的数量越多，则着火爆炸的危险性越大。这是因为硝基中的“N”是高价态，硝基极不稳定，易于分解而爆炸的缘故，见表 2-28。

表 2-28 芳香烃中氢被硝基（NO_2）取代时的火灾危险性比较

物质名称	分子结构	沸点/℃	熔点/℃	闪点/℃	自燃点/℃	危险物类别
硝基苯	$-NO_2$	210.9	—	87	445	可燃液体

续表

物质名称	分子结构	沸点/℃	熔点/℃	闪点/℃	自燃点/℃	危险物类别
二硝基苯	NO_2, NO_2	291.0	—	150(燃点)	—	易燃液体
三硝基苯	NO_2, O_2N, NO_2	—	—	—		爆炸品
硝基甲苯	CH_3, NO_2	222.3	—	103		可燃液体
二硝基甲苯	CH_3, O_2N, NO_2	—	300	150(燃点)	430	易燃固体
三硝基甲苯	NO_2 CH_3, O_2N, NO_2	—	81	—	300	爆炸品
硝基萘	$C_{10}H_7NO_2$	—	61	164	—	可燃液体
二硝基萘	$C_{10}H_8(NO_2)_2$	—	172	216(燃点)	—	易燃固体
三硝基萘	$C_{10}H_5(NO_2)$	—	—	—	—	爆炸品

（二）蒸气易爆性

由于液体在任一温度下都能蒸发，所以，在存放易燃液体的场所也都蒸发有大量的易燃蒸气，并常常在作业场所或储存场地弥漫。如储运石油的场合，都能嗅到各种油品的气味就是这个缘故。由于易燃液体具有这种蒸发性，所以当挥发出的易燃蒸气与空气混合，达到爆炸浓度范围时，遇火源就会发生爆炸。易燃液体的挥发性越强，这种爆炸危险就越大；同时，这些易燃蒸气可以任意飘散，或在低洼处聚积（油品蒸气的相对密度 1.59～4），使得易燃液体的储存工作更具有火灾危险性。但液体的蒸发性又随其所处状态的不同而变化，影响其蒸发性的因素主要有以下几点。

1. 温度

液体的蒸发随着温度（液体温度和空气温度）的升高而加快。即温度越高，蒸发速度越快，反之则越慢。因为液体的温度越高，分子的平均运动速度就越快，能够克服液面的分子引力跑到空气中去的分子就越多。如汽油的挥发损耗，夏天比冬天大就是这个缘故。

2. 暴露面

液体的暴露面越大，蒸发量也就越大。因为暴露面越大，同时从液体里跑出来的分子数目也就越多，暴露面越小，飞出的分子也就越少，所以汽油等挥发性强的液体应在口小、深度大的容器中盛装。

3. 相对密度

液体的相对密度越小，蒸发得越快，反之则越慢。在实际工作中，除二硫化碳等少数特殊的液体外，通常是相对密度小，蒸发速度越快，而相对密度较大的液体则蒸发较慢，所需要蒸发的温度也较高。这就是在同一条件下，汽油蒸发损耗大，而润滑油却损耗极少的道理。

4. 饱和蒸气压力

液面上的压力越大，蒸发越慢，反之则越快，这是通常的规律。因为液面受压后，在一

定程度上阻碍了液体分子飞离液体表面倾向，故蒸发就慢。但是当液体处于密闭容器中时，液体能蒸发成饱和蒸气，即液体处于动态平衡时的蒸气。所以对易燃液体来说，饱和蒸气压力越大，表明蒸发速度越快，蒸发在气相空间的蒸气分子数目就越多，故液体饱和蒸气压越大，火灾危险性就越大，对包装的要求也就越高。如乙醚在－20℃时的饱和蒸气压有8932.574Pa，在30℃时饱和蒸气压可达84632.8056Pa；而汽油在－20℃时没有饱和蒸气压，在30℃时的饱和蒸气压只有13065.556Pa。所以乙醚的火灾危险性比汽油大。因此在相同温度下储运时，乙醚要用高强度的容器盛装或在低温条件下储运。因为气温超过沸点时，其蒸气压力能导致容器爆裂和火灾事故。汽油饱和蒸气压力与相对密度和温度的关系见表2-29。

表2-29　汽油饱和蒸气压力与相对密度和温度的关系

相对密度	0.6870	0.7035	0.7216	0.7330	0.7530
在10℃时的饱和蒸气压力/kPa	21.598	10.932	8.266	5.333	4.533
在20℃时的饱和蒸气压力/kPa	31.331	16.132	11.732	8.533	5.600
在35℃时的饱和蒸气压力/kPa	52.929	28.664	20.932	15.065	8.800

注：表中的饱和蒸气压是按1mmHg＝133.322Pa计算经四舍五入后折算为kPa的。

液体在某一温度下的饱和蒸气压力可以用压力计测定，也可以用计算的方法求定。一些常见易燃易爆液体的饱和蒸气压力见表2-30。

表2-30　几种易燃易爆液体的饱和蒸气压力　　单位：kPa

液体名称	温度/℃								
	－20	－10	0	＋10	＋20	＋30	＋40	＋50	＋60
丙酮	—	5.159	8.443	14.708	24.531	37.330	55.902	81.168	115.510
苯	0.991	1.951	3.546	5.966	9.973	15.785	24.198	35.824	52.329
乙酸丁酯	—	0.480	0.933	1.853	3.333	5.826	9.453	—	—
航空汽油	—	—	11.732	15.199	20.532	27.998	37.730	50.262	—
车用汽油	—	—	5.333	6.666	9.333	13.066	18.132	23.998	—
甲　醇	0.836	1.796	3.576	6.690	11.822	19.998	32.464	50.889	83.326
二硫化碳	6.464	10.800	17.596	27.064	40.237	58.262	82.260	114.213	156.040
松节油	—	—	0.276	0.392	0.593	0.916	1.440	2.264	—
甲苯	0.232	0.456	0.889	1.693	2.973	4.960	7.906	12.399	18.598
乙醇	0.333	0.747	1.627	3.173	5.867	10.413	17.785	29.304	46.863
乙醚	8.933	14.972	24.583	38.237	57.688	84.633	120.923	168.626	216.408
乙酸乙酯	0.867	1.720	3.226	5.839	9.706	15.825	24.492	37.637	55.369
乙酸甲酯	2.533	4.686	8.279	13.972	22.638	35.330	—	—	—
丙　醇	—	—	0.436	0.952	1.933	3.706	6.773	11.797	19.598
丁　醇	—	—	—	0.271	0.628	1.227	2.387	4.412	7.892
戊　醇	—	—	0.080	0.173	0.369	0.739	1.409	2.581	4.546
乙酸丙酯	—	—	0.933	2.173	3.413	6.433	9.453	16.185	22.918

注：表中的饱和蒸气压是按1mmHg＝133.322Pa计算，经四舍五入后折算为kPa的。

5. 流速

液体流动的速度越快，蒸发越快，反之则越慢。这是因为液体流动时，分子运动的平均速度增大，部分分子更易克服分子间的相互引力而飞到周围的空气里，液体流动得越快，飞到空气里的分子就越多。此外，在空气流动时，飞到空气里的分子被风带走，空气不能被蒸气饱和，就会造成空气流动速度越快，带走的液体分子越多的不断蒸发的条件。在密闭的容器中，空气不流动，容器的气体空间被蒸气饱和后液体则不再蒸发。

（三）受热膨胀性

易燃液体也和其他物体一样，有受热膨胀性。故储存于密闭容器中的易燃液体受热后，在本身体积膨胀的同时会使蒸气压力增加，如若超过了容器所能承受的压力限度，就会造成容器膨胀，以致爆裂。夏季盛装易燃液体的桶，常出现“鼓桶”现象以及玻璃容器发生爆裂，就是由于受热膨胀所致。所以，对盛装易燃液体的容器，应留有不少于5%的空隙，夏天要储存于阴凉处或用喷淋冷水降温的方法加以防护。

各种易燃液体的受热膨胀系数可以通过下式计算出来。

$$V_t = V_0 \ (1+\beta dt)$$

式中 V_t——液体受热后体积，L；

V_0——液体在受热前的体积，L；

β——液体在0～100℃时的平均体积膨胀系数（见表2-31）；

d_t——液体受热的温度，℃。

表2-31 几种易燃液体的受热体积膨胀系数

液体名称	体积膨胀系数β值	液体名称	体积膨胀系数β值
乙醚	0.00160	戊烷	0.00160
丙酮	0.00140	汽油	0.00120
苯	0.00120	煤油	0.00090
甲苯	0.00110	醋酸	0.00140
二甲苯	0.00085	氯仿	0.00140
甲醇	0.00140	硝基苯	0.00083
乙醇	0.00110	甘油	0.00050
二硫化碳	0.00120	苯酚	0.00089

例：有一装有乙醚的玻璃瓶存放在暖气片旁，瓶体积为24L，灌装时的气温为0℃，并留有5%的空间，暖气片的散热温度平均为60℃。试问乙醚瓶存放在暖气片旁是否安全。

解：先从表2-31中查到乙醚的受热膨胀体积系数为0.00160，并将已知数值代入公式求出乙醚受热60℃时的总体积。

已知：$V_0=24(1-5\%)=22.6(\text{L})$；$d_t=60℃$；$\beta=0.0016$

代入公式得：

$$V_t=V_0(1+\beta d_t)=22.8(1+0.0016\times 60)=24.99(\text{L})$$

因为玻璃瓶的体积为24L，故60℃时乙醚体积超出玻璃瓶的体积为24.99－24＝0.99L。同时通过表2-30可查出乙醚在60℃时的蒸气压可达216.408kPa，故乙醚瓶存放在散热60℃的暖气片旁是有爆炸危险的，应移至其他安全地点存放。

（四）流动性

流动性是任何液体的通性，由于易燃液体易着火，故其流动性的存在更增加了火灾危险性。如易燃液体渗漏会很快向四周流淌，并由于毛细管和浸润作用，能扩大其表面积，加快挥发速度，提高空气中的蒸气浓度；如在火场上储罐（容器）一旦爆裂，液体会四处流淌，造成火势蔓延，扩大着火面积，给施救工作带来困难。所以，为了防止液体泄漏、流散，在储存工作中应备置事故槽（罐），构筑防火堤、设置水封井等；液体着火时，应设法堵截流

散的液体，防止火势扩大蔓延。

液体流动性的强弱主要取决于液体本身的黏度。所谓黏度是指流体（包括液体和气体）内部阻碍其流动的一种特性，单位为mPa·s。液体的黏度越小，其流动性越强，反之则越弱。黏度大的液体随着温度升高而增强其流动性，即液体的温度升高，其黏度减小，流动性增强，因而火灾危险性增大。一些常见易燃液体在20℃时的黏度见表2-32。

表2-32　一些常见易燃液体在20℃时的黏度

液体名称	黏度/mPa·s	液体名称	黏度/mPa·s	液体名称	黏度/mPa·s
甲醇	0.584	乙酸	1.220	戊烷	0.229
乙醇	1.190	丙酸	1.100	甘油	149.900
丙醇	2.200	丁酸	2.360	松节油	1.46
乙醚	0.234	苯	0.650	乙酸乙酯	0.449
乙醛	0.222	甲苯	0.586	乙酸丙酯	0.580
丙酮	0.322	乙苯	0.670	乙二醇	19.900
甲酸	1.780	二甲苯	0.61～0.81	蓖麻油	98.600

（五）带电性

多数易燃液体都是电介质，在灌注、输送、喷流过程中能够产生静电，当静电荷聚集到一定程度则会放电发火，故有引起着火或爆炸的危险。

液体的带电能力主要取决于相对介电常数和电阻率。一般地说，相对介电常数小于10（特别是小于3），电阻率大于$10^5\Omega\cdot cm$的液体都有较大的带电能力，如醚、酯、芳烃、二硫化碳、石油及石油产品等液体的相对介电常数都小于10，电阻率又都大于$10^5\Omega\cdot cm$，所以带电能力都比较强。而醇、醛、羧酸等液体的相对介电常数一般都大于10，电阻率一般也都低于$10^5\Omega\cdot cm$，则它们的带电能力就比较弱。一些易燃液体的相对介电常数和电阻率见表2-33。

表2-33　一些易燃液体的相对介电常数和电阻率

液体名称	相对介电常数	电阻率/Ω·cm	液体名称	相对介电常数	电阻率/Ω·cm
甲醇	32.62	5.8×10^6	苯	2.50	$>1\times10^{18}$
乙醇	25.80	6.4×10^6	乙苯	2.48	$>1\times10^{12}$
乙醛	>10	1.7×10^6	甲苯	2.29	$>1\times10^{14}$
乙醚	4.34	2.54×10^{12}	苯胺	7.20	2.4×10^8
丙酮	21.45	1.2×10^7	乙酸甲酯	6.40	—
丁酮	18.00	1.04×10^7	乙酸乙酯	7.30	—
戊烷	<4	$<2\times10^5$	乙二醇	41.20	3×10^7
二硫化碳	2.65	—	甲酸	—	5.6×10^5
氯仿	5.10	$>2\times10^8$	氯乙酸	20.00	1.4×10^6

液体产生静电荷的多少，除与液体本身的相对介电常数和电阻率有关外，还与输送管道的材质和流速有关。管道内表面越光滑，产生的静电荷越少；流速越快，产生的静电荷则越多。

无论在何等条件下产生静电，在积聚到一定程度时，就会发生放电现象。据测试，积聚电荷大于4V时，放电火花就足以引燃汽油蒸气。所以液体在装卸、储运过程中，一定要设法导泄静电，防止聚集而放电。我们掌握易燃液体的带电能力，不仅可据以确定其火灾危险性的大小，而且还可据以采取相应的防范措施，如选用材质好而光滑的管道输送易燃液体，设备、管道接地，限制流速等，以消除静电带来的火灾危害。

（六）氧化性和自燃性

分子组成中含有硝酸根的酯类有机易燃液体大多数具有氧化性。它们不仅极其易燃，而且受热可自燃，甚至引起爆炸。如硝酸乙酯溶液具有强氧化性，温度在10℃时可闪燃，85℃时即自燃（爆炸）。硝酸正丙酯、硝酸异丙酯液体等均具有氧化性，爆炸极限范围宽至1%～100%，几乎相当于液体炸药。因此，不仅要注意防备易燃液体蒸气的爆炸性，还应注意分子组成中含有硝酸根的酯类等有机液体的氧化性，使其不与其他易燃液体混存、混运，避免高热，防止因受热而引起爆炸。

（七）毒害性

易燃液体大都本身或其蒸气具有毒害性，有的还有刺激性和腐蚀性。其毒性的大小与其本身化学结构、蒸发速度的快慢有关。不饱和碳氢化合物、芳香族碳氢化合物和易蒸发的石油产品比饱和的碳氢化合物、不易蒸发的石油产品的毒性要大。易燃液体对人体的毒害性主要表现在蒸发气体上，它能通过人体的呼吸道、消化道、皮肤三个途径进入体内，造成人身中毒。中毒的程度与蒸气浓度、作用时间的长短有关。浓度小、时间短则轻，反之则重。

掌握易燃液体的毒害性和腐蚀性，在于能使我们认识到易燃液体的毒性和腐蚀性的危害，知道怎样采取相应的防毒和防腐蚀措施，特别是在火灾条件下和平时的消防安全检查时怎样注意防止人员的灼伤和中毒。

二、常见的易燃液体

（一）环己烷（危规号：31004）

别名六氢化苯，分子式 C_6H_{12}；相对分子质量 84.16；相对密度 0.779（4～20℃）；熔点 6.5℃；沸点为 81℃；闪点为－18℃。

本品为无色流动液体，有汽油刺激气味，易燃、易挥发，有麻醉作用。不溶于水，溶于许多有机溶剂，蒸气与空气形成爆炸性混合物，爆炸极限 1.2%～8.4%，与氧化剂接触容易引起燃烧。

本品通常用镀锌铁桶装，严密封口，每桶净重 180kg。包装外应有明显的“易燃物品”标志。主要用作硝化法制取己内酰胺的原料及有机溶剂、油漆清除剂、塑料溶剂、己二酸萃取剂、黏结剂等。着火可用干粉、泡沫等灭火剂和砂土扑救。

（二）纯苯（危规号：32050）

学名苯，分子式 C_6H_6，相对分子质量 78.11；相对密度 0.879（4～20℃）；熔点为 5.5℃；沸点为 80.1℃。

本品为无色透明易挥发的液体，极易燃烧，闪点为－11℃，属于中闪点易燃液体。燃烧时产生光亮而带烟的火焰。易挥发，有芳香气味。苯蒸气与空气混合能生成爆炸性混合物，爆炸极限为 1.4%～8.0%。有麻醉性及毒性，不溶于水，溶于乙醇、乙醚等许多有机溶剂。中毒浓度为 25×10^{-6}。长期吸入会引起苯中毒。

本品通常包装净重 160kg 铁桶。桶外应当有明显的“易燃品”主标志和“有毒品”副标志。

苯是基本有机化工原料之一，广泛用作合成树脂和塑料、合成纤维、橡胶、洗涤剂、染料、农药、炸药等的原料。也广泛用作溶剂，在炼油工业中用作提高辛烷值的汽油掺加剂。

本品着火时可用泡沫、干粉、等灭火剂及砂土扑救。

（三）酒精（危规号：32061）

别名火酒，化学名称乙醇，分子式 CH_3CH_2OH，相对分子质量 46.07；相对密度

0.7893（20℃/4℃）；熔点为−117.3℃；沸点为78.4℃。

酒精是用粮食等经过发酵蒸馏而制得；或用乙烯和水在加热、加压及有催化剂存在下而制得。酒精分为工业酒精、动力酒精、药用酒精、饮料酒精等。这些酒精在本质上均为乙醇，仅在规格方面对于杂质的含量不同而已。有白酒的气味和刺激性的辛辣滋味。75%酒精灭菌作用最强。纯酒精为无色易流动的液体。有麻醉性，对皮肤有刺激性，能与水、醚、氯仿、甘油等任意混合。工业用酒精有毒，不可作饮料。酒精易燃、易挥发，能作燃料，燃烧时发出无烟火焰，闪点为12℃，引燃温度为363℃，蒸气易着火爆炸，酒精的蒸气与空气混合能形成爆炸性混合物，爆炸下限为3.3%，爆炸上限为19%。

本品通常采用铁桶或铝制桶包装，不准用镀锌铁桶。包装净重150kg。桶外应有明显的“易燃品”标志。

本品着火可采用干粉、二氧化碳、抗溶性泡沫等灭火剂或砂土扑救。

（四）丙酮（危规号：31025）

别名阿西通、醋酮、木酮、二甲酮，分子式CH_3COCH_3，相对分子质量58.08；相对密度0.79（20℃/4℃）；沸点为56.5℃；熔点为−94.6℃。

本品为无色透明液体，易挥发、具有芳香气味，化学性质比较活泼；易燃，闪点为−20℃引燃温度为465℃，最小点燃量为1.157mJ，燃烧时呈有光辉的火焰，蒸气与空气形成爆炸性混合物，爆炸下限为2.55%，爆炸上限为12.8%；具有毒性和麻醉性，易使人头痛、昏迷，但较甲醇、乙醚的毒性为低；能与水、甲醇、乙醇、乙醚、氯仿、吡啶等混溶，能溶解油脂肪、树脂和橡胶。

丙酮是基本有机原料之一，广泛用作制造乙酸纤素胶片薄膜和塑料的溶剂。丙酮与氢氰酸反应所得的丙酮氰醇是甲基丙烯酸树脂（有机玻璃）的原料；也是制环氧树脂中间体双酚A的原料。在医药、农药方面，除作为维生素丙的原料外，用于各种维生素与激素的萃取剂，又用于涂料、石油炼制中的脘蜡溶剂的调制，还用于制造其他合成原料。

本品通常采用铁桶包装，净重一般160kg，桶外应有明显的“易燃物液体”标志。

本品着火时可采用泡沫、二氧化碳、干粉等灭火剂或砂土扑救。

（五）乙醚（危规号：31026）

别名二乙醚、醚、硫酸以打、麻醉醚，分子式$C_2H_5OC_2H_5$，相对分子质量为74.12；相对密度为0.7135（20℃/4℃）；沸点为34℃；凝固点为−116℃。

工业乙醚是用乙醇与硫酸加热到130～140℃而制得，为无色透明液体，挥发性极大，极易燃烧。在强烈阳光下暴晒能使容器急速膨胀而爆裂，比汽油更危险；与过氯酸或氯作用发生爆炸；闪点为−40℃，属于低闪点易燃液体；爆炸极限为1.7%～48%（体积），有芳香气味，且具麻醉性，其蒸气能使人失去知觉，甚至死亡。耐剧冷而不凝固，微溶于水，能溶于乙醇、苯、氯仿等有机溶剂中；能溶解蜡、油脂、溴、碘、硫、磷等。中毒质量分数为400×10^{-6}。

本品用有色耐压瓶包装时，瓶盖应带有螺纹，内垫有软木片，盖的下面衬有金属箔。装于木箱中时，瓶周围应衬有草或刨花等物，不得碰击，每箱装量为10～20瓶。用钢桶保管或运输时，要能承受一定的压力；桶口应密封，以防乙醚渗出；桶容积不应超过200～250L。

本品在有机合成中主要用作溶剂。如从水内提取有机物，在生产无烟火药、胶棉和照相软片时，与乙醇混合用于溶解硝酸纤维素。无水乙醚又是医药上重要的麻醉剂和化学试剂。

着火时，乙醚可用干粉、二氧化碳、抗溶性泡沫等灭火剂或砂土扑救。

（六）乙酸戊酯（危规号：33596）

别名香蕉油，分子式$CH_2COO(CH_2)_4CH_3$，相对分子质量为130.18；相对密度为

0.876（15℃/4℃）；熔点为－78.5℃；沸点为142℃。

本品为无色液体，带有香蕉或梨的气味。工业上所用的乙酸戊酯大多为混合的乙酸戊酯，其中乙酸异戊酯的含量比较大。本品微溶于水，溶于乙醇和乙醚；能溶解油脂、蜡，樟脑、松香、硝化棉等。本品易燃，闪点为23～61℃，蒸气与空气混合能形成爆炸性混合物，爆炸极限1.1%～7.5%，遇着火源、氧化剂有火灾危险，属于高闪点易燃液体。

本品用作果子香精，亦用作无烟火药，喷漆、清漆，氯丁橡胶等的溶剂。包装净重160kg，铁桶装，桶外应有明显的“易燃液体”标志。

着火时，本品可用干粉、二氧化碳、泡沫等灭火剂和砂土扑救。

（七）二硫化碳（危规号：31050）

分子式CS_2，相对分子质量为76.24；相对密度（水＝1）为1.261（22℃/20℃）；熔点为－108.6℃；沸点为46.3℃。

本品是无色有毒的低闪点易燃液体，极易燃烧，闪点为－30℃，是数百种易燃液体中唯一的无机化合物。工业上二硫化碳常用硫蒸气通过灼热（约800℃）的木炭层而制得。纯品有芳香味，工业品含有杂质，一般呈黄色或淡黄色，有不快的臭气。多吸能引起头昏、呼吸困难。稍溶于水。二硫化碳对光非常敏感，曝光后颜色发淡黄，臭味增加。其蒸气有毒，中毒质量分数为$(15\sim20)\times10^{-6}$；与空气混合形成极易燃烧或爆炸的混合物，爆炸极限为1%～60%，危险性很大，燃烧后生成有刺激性和有毒的气体SO_2。能溶解碘、溴、脂肪、蜡、树脂、橡胶、樟脑、黄磷等，与普通的有机溶剂可随意混合。

二硫化碳常用于制造黏胶纤维、农药品杀虫剂、四氯化碳，也用作油脂、蜡、树脂、橡胶、硫等的溶剂，羊毛的去脂剂和衣物的去渍剂等。

二硫化碳应包装于壁厚不小于2mm厚的圆形铝桶内，桶顶部应有圆形螺丝开口，其口用盖拧紧，并用垫圈严密封固，铝桶外部上、中、下用铁圈箍紧，再缠以粗绳。铝桶内部应清洁，并经检查无渗漏后，方可进行包装。液面要覆盖5cm厚的清洁水层。每桶净重不超过200kg。

二硫化碳着火时可用雾状水、泡沫、二氧化碳、干粉灭火剂扑救，不可用四氯化碳，灭火时佩戴防毒面具。

（八）2-甲基呋喃（危规号：31041）

分子式$C_4H_3OCH_3$，相对分子质量为82.55，相对密度为0.914（20℃/4℃）；沸点为63.7℃。

本品为无色或黄色透明液体，见光或露置于空气中易变黄，有乙醚香味，不溶于水，易挥发；易燃，闪点为－30℃，属于低闪点易燃液体；卷入火中能放出有毒气体，误食或吸入蒸气有害，可导致血压下降，对皮肤、眼睛和黏膜有刺激性。

本品用于制造药物，如维生素B_1和磷酸氯喹的中间体。包装净重0.5kg或5kg，有色玻璃瓶或塑料瓶装，外套木箱。箱外应有明显的“易燃液体”标志。

本品着火可用干粉、二氧化碳、泡沫等灭火剂扑救。

（九）二氟苯（危规号：32055）

二氟苯具有芳香刺激性气味，有毒，遇明火燃烧，闪点为2℃；分子式$C_6H_4F_2$，相对分子质量为114.09；相对密度为1.17006（对位，20℃）、1.158（邻位，20℃）、1.163（间位，20℃）；熔点为－13.7℃（对位）、－34℃（邻位）、－59℃（间位）；沸点为88.82℃（对位）、91～92℃（邻位）、82～83℃（间位）。

本品着火可用泡沫、二氧化碳、干粉等灭火剂扑救。

（十）硫代乙酸（危规号：32113）

别名硫代醋酸，分子式 CH_3COSH，相对分子质量为 76.11；相对密度为 1.074（10℃/4℃）；熔点为－17℃；沸点为 93℃。

本品为无色液体，有刺激性气味，并有腐蚀性；能溶于水、乙醇、乙醚；不稳定，能分解为乙酸和有毒的硫化氢气体；易燃，闪点为－18～23℃，属于中闪点易燃液体。主要用作化学试剂、催泪剂。

本品着火可用泡沫、雾状水、干粉、二氧化碳等灭火剂扑救。

（十一）吡啶（危规号：32104）

别名纯吡啶、氮（杂）苯，分子式 $N(CH_4)_4CH$；相对分子质量为 79.10；相对密度为 0.978；熔点为－42℃；沸点为 115.56℃。

本品为无色或微黄色液体，有特殊的恶臭气味，能使人恶心；能溶于水、乙醇、乙醚、苯、石油醚和动植物油，是多种有机化合物的优良溶剂；对酸和氧化剂的作用和苯一样稳定，微呈碱性反应；易燃，闪点为 17℃，系中闪点易燃液体，蒸气易与空气形成爆炸性混合物，爆炸极限为 1.8%～12.4%；有毒，中毒质量分数为 5×10^{-6}。

本品医药工业用于制造青霉素、维生素、磺胺类药品，还可用于制造杀虫剂、变性酒精、有机溶剂及制造染料等。通常铁桶装，净重 180kg，桶外应有明显的“易燃液体”标志。

本品着火可用泡沫、二氧化碳、干粉等灭火剂扑救。

（十二）松香油（危规号：33638）

松香油是无色至深棕色液体，相对密度为 0.854～0.868（25℃）；沸点为 154～170℃；具有松香气味。由烃的混合物组成，含有大量的蒎烯（大约 64%α-蒎烯和 33%β-蒎烯）；不溶于水，能溶于乙醇、乙醚、氯仿等有机溶剂；易燃，闪点为 35℃，为高闪点易燃液体；自燃点为 253℃，遇氧化剂时可发生着火或爆炸，爆炸下限为 0.8%，遇硫酸能发热。有毒，中毒质量分数为 100×10^{-6}，蒸气能刺激眼膜、气管。

松香油通常作为一种优良的溶剂使用。在涂料工业中作为涂料的稀释剂。在化学工业中它是生产合成樟脑、松油醇的主要原料。在制造皮鞋油中松香油与汽油混合作溶剂，能起光亮及防粘作用。本品通常小口铁桶装，净重 160kg，桶盖口需用耐油橡胶垫圈垫实旋紧，桶外应有明显的“易燃液体”标志。

本品着火可用干粉、泡沫、二氧化碳等灭火剂扑救。

（十三）无水肼（危规号：33631）

别名无水联胺（含肼＞64%），分子式 H_2NNH_2，相对分子质量为 32.05；相对密度为 1.032；沸点为 119.4℃；熔点为 1.4℃。

本品为无色透明发烟液体，主要用于农业化学品和药物的制造，以及用作聚合催化剂、抗氧剂、火箭燃烧剂等；有氨的气味；能与水和乙醇混溶，不溶于氯仿和乙醚；性质不稳定，是性质活泼的强还原剂；易挥发，受高热、接触明火或与氧化性物质作用易燃烧，且可能发生爆炸；闪点为 52℃，自燃点为 270℃，爆炸极限为 4.7%～100%；燃烧时发出高热，燃烧热值为 622.158kJ/mol，受热产生有毒的氮化合物气体；具有腐蚀性，剧毒，吸入蒸气、误食或皮肤接触会引起中毒，能够严重的灼伤皮肤，且易经皮肤吸收，空气中允许体积分数为 1×10^{-6}。

本品一旦着火可用泡沫、二氧化碳、干粉、雾状水等灭火剂扑救。

（十四）石油

石油有天然石油和人造石油（包括合成石油）之分。通常我们所说的石油是指天然石油。天然石油主要包括原油、汽油、灯用煤油、柴油、溶剂油等各种产品油。

1. 原油

原油是指从油田开采出来的未经加工及经过初步加工的石油，是一种有黏性而呈黑褐色的易燃液体，主要由C、H、O、S和N五种元素组成。其中，大致上C的含量约占85%～87%，H的含量占约11%～14%，两者合计占约96%～98%。C和H以不同数量和方式排列，构成了不同的碳氢化合物，简称“烃’。此外，还含有少量的由K、Mg、Na、Cl等元素化合构成的灰分等有害物质。原油的相对密度多数在0.80～0.98之间。从地下开采出来的原油，叫天然石油，从煤和油母页岩中经干馏、高压加氢和经合成反应而获得的油叫人造石油。原油经过蒸馏和精制加工，可以得到汽油、溶剂油、煤油、柴油、润滑油等燃料和各种用途广泛的化工原料，总称为石油产品。

2. 汽油

汽油是一种从石油里分馏或裂化、裂解出来的具有挥发性、可燃性的烃类混合物液体。汽油按用途分为车用汽油、工业汽油和溶剂汽油三种。

(1) 车用汽油　是汽化器式发动机动力燃料，根据炼制方法分为直馏汽油和裂化汽油。在同样储存条件下直馏汽油安定性能好，不易发生氧化作用，但是辛烷值较低，裂化汽油含有不饱和烃，容易发生氧化，产生胶质和硫化物，而锌烷值较高。为了提高直馏汽油的辛烷值，在工艺上加入适量的四乙基铅和导出剂，称含铅汽油，即乙基液车用汽油。由于含铅汽油具有毒害性，对环境污染严重，且容易因高温、光辐射氧化和水解作用发生质量变化，所以现在已用相应的工艺方法提高了汽油的辛烷值，只含有微量的四乙基铅，故称无铅汽油。

(2) 工业汽油和溶剂汽油

① 工业汽油和直馏汽油质量相近似，性能、用途相同，主要用于洗涤机器、作杀虫灭菌、制药溶剂和制造雨鞋上光油漆用。

② 120号溶剂汽油，是石油窄馏程80～120℃的产品，主要供橡胶工业制造胶浆用。要求有良好的溶解能力和挥发性能。外观无色透明。

③ 200号溶剂汽油是石油馏程145～200℃的产品，主要供油漆工业作稀释剂用。要求外观水白透明，挥发速度适当。

3. 灯用煤油

灯用煤油除了石油直馏经酸碱处理制成外，还有由一氧化碳和氢在储化剂作用下，合成得到的煤油，称合成煤油。以页岩焦油加氢制成颜色较深的煤油，称加氢煤油。灯用煤油主要用于照明，亦用于洗涤机件和作配制杀虫药剂的溶剂。

4. 柴油

柴油包括轻柴油和重柴油，是内燃式发动机的动力燃料。过去有从煤焦油和页岩油中提炼的，现在主要是从石油直馏热裂化和催化裂化制成。

(1) 轻柴油　是1000r/min以上的高速柴油机的动力燃料，主要从天然石油和页岩油中直馏取得，也有从煤焦油、合成油以及加氢油中直馏生产，如－35号轻柴油等。

(2) 重柴油　10号、20号重柴油，是以石油直馏产品为基本原料，掺入不超过30%的重油馏分制成，分别为500～1000r/min和300～700r/min的中速柴油机燃料。30号重柴油，是直馏残油或裂化重油馏分制成，为300r/min以下低速柴油机燃料。

5. 轻油、中油、重油

(1) 轻油　煤焦油经过蒸馏，温度在170℃以下的馏分叫作轻油，相对密度为

0.91、0.99。

（2）中油 煤焦油经过蒸馏，温度在170～230℃蒸出的馏分，叫作中油，相对密度约为1。

（3）重油 煤焦油经过蒸馏，温度在230～300℃蒸出的馏分，叫作重油，相对密度为1.04～1.07，残留物叫为焦油沥青，俗称柏油。

这里应当指出，现在常说的重油有两种，除上述所说的煤焦油产物的重油外，还有原油经过提炼得到的重油，相对密度为0.91～0.99。

6. 常见油品的火灾危险常数

常见油品的火灾危险常数见表2-34。

表2-34 常见油品的火灾危险常数

油品名称	闪点/℃	引燃温度/℃	爆炸极限/%
普通原油	−18	—	1.1～8.7
大庆原油	16	245	1.9～12.0
石油醚	−20	280	1.1～8.7
石油精	−18～23	280	1.1～8.7
120# 溶剂油	—	—	1.35～9.5
航空汽油 95#	−44	571	5.1
航空汽油 100～130#	−46	440	1.3～7.1
航空汽油 115～145#	−46	471	1.2～7.1
汽油 100#	−38	456	1.4～7.4
汽油 85#	−46	521	—
汽油 70#	−41.5	1.5～9.5	263
汽油 50～60#	−43	1.4～7.6	280
乙醇汽油 90#	−37	1.7～9.7	419
乙醇汽油 93#	−37	1.7～9.9	411
天然汽油(天然气中回收)	≤18	—	—
煤油(重煤油)	43～72	210	0.7～5.0
喷气燃料煤油 1#	43～72	210	0.7～5.0
喷气燃料煤油 2#	52～96	220～300	0.6～0.8
喷气燃料煤油 3#	46	231	—
喷气燃料煤油 4#	61～116	220～300	0.6～0.8
喷气燃料煤油 5#	69～169	—	—
喷气燃料煤油 6#	66～132	407	—
粗柴油	61	338	0.5～5.0
柴油 1#	38	—	—
柴油 2#	52	—	—
柴油 4#	54	—	—
普通石脑油	−2	232	0.9～6.0
中闪点石脑油	10	232	0.9～6.7
高闪点石脑油	23～61	232	1.0～6.0
煤焦石脑油	16～25	277	1.3～8.0
石蜡油	260～371	—	—
定子油	76	248	—
气轮机油	204	371	—
润滑油	149～232	—	—

注：根据油品被引燃的难易程度和我国年平均最高气温情况，我国油品按其闭杯闪点的高低划分为甲、乙、丙三类，以便于分别对不同类别油品的消防安全管理。

7. 石油的火灾危险性类别

石油的火灾危险性主要表现在，易引燃、易挥发，蒸气易形成爆炸性混合物，大部分闪点很低，还具有毒害性和腐蚀性。

（1）原油、汽油等闪点低于28℃的油品　这些油品最容易挥发，在其周围极易形成爆炸混合气体，遇明火即会引起爆燃或着火。在调查的几十起油罐火灾事故中，这类油品火灾占70%；十多起油泵房着火事故，几乎都是这类油品引起的。所以把闪点低于28℃的油品划为最危险的类别——甲类。

（2）喷气燃料、灯用煤油和－35号轻柴油等　这些油品较易引起着火或爆炸。如大连某厂一个车间油罐区的油罐和某一油库的油罐爆炸事故，都是由煤油储罐引起的。这类油品的闪点高于28℃而低于60℃，故将这类油品划为乙类。

（3）闪点高于60℃的油品　这些油品不容易挥发，在正常环境条件下，其周围一般不会形成爆炸性混合气体，故不易着火或爆炸。在独立经营的石油库和加油站中，这类油品储存温度不高，也没有发生过着火或爆炸事故，所以把闪点高于60℃的油品划为丙类。

同时，在一些炼油化工企业的附属石油库中，也有因轻柴油、重柴油和部分重油的储存温度过高发生的火灾事故。如上海某厂的一个柴油罐和大连某厂的一个柴油罐，都发生过火灾事故，这些油品的闪点都在60～120℃之间；而闪点高于120℃的润滑油和200号重油，很难引燃，在我国还未发生过由这类油品引起的火灾事故。因此，又把丙类油品划分为丙A和丙B两类。

各类油品的火灾危险性分类见表2-35。

表2-35　石油库储存油品的火灾危险性分类

类别		油品闪点范围/℃	举　例
甲		28以下	原油、汽油
乙	A	28～45	喷气燃料、灯用煤油
	B	46～59	－35#轻柴油、轻柴油
丙	A	60～120	重柴油、20#重油
	B	120以上	润滑油、100#重油

第四节　易燃固体

一、易燃固体的危险特性及其影响因素

（一）易燃固体的危险特性

1. 燃点低、易点燃

易燃固体的着火点都比较低，一般都在300℃以下，在常温下只要有能量很小的着火源与之作用即能引起燃烧。如镁粉、铝粉只要有20mJ的点火能即可点燃；硫磺、生松香则只需15mJ的点火能即可点燃，有些易燃固体当受到摩擦、撞击等外力作用时也能引发燃烧。所以，易燃固体在储存、运输、装卸过程中，应当注意轻拿轻放，避免摩擦撞击等外力作用。

2. 遇酸、氧化剂易燃易爆

绝大多数易燃固体遇无机酸性腐蚀品、氧化剂等能够立即引起着火或爆炸。如发孔剂H与酸性物质接触能立即起火，萘与发烟硫酸接触反应非常剧烈，甚至引起爆炸，红磷与

氯酸钾、硫磺与过氧化钠或氯酸钾相遇，稍经摩擦或撞击，都会引起着火或爆炸，所以，易燃固体绝对不许和氧化剂、酸类混储混运。

3. 本身或燃烧产物有毒

很多易燃固体本身就具有毒害性或燃烧后能产生有毒气体的物质，如硫磺、三硫化四磷等，不仅与皮肤接触（特别夏季有汗的情况下）能引起中毒，而且粉尘吸入后，亦能引起中毒；硝基化合物、硝化棉及其制品，重氮氨基苯等易燃固体，由于本身含有硝基($—NO_2$)、亚硝基（—NO)、重氮基（—N ═N—）等不稳定的基团，在快速燃烧的条件下，还有可能转为爆炸，燃烧时亦会产生大量的一氧化碳、氧化氮、氰氢酸等有毒气体，故应特别注意防毒。

4. 兼有遇水易燃性

硫的磷化物类，不仅具有遇火受热的易燃性，而且还具有遇水易燃性。如五硫化二磷、三硫化四磷等，遇水能产生具有腐蚀性和毒性的可燃气体硫化氢，所以，对此类物品还应注意防水、防潮，着火时不可用水扑救。

5. 自燃危险性

易燃固体中的赛璐珞、硝化棉及其制品等在积热不散的条件下都容易自燃起火，硝化棉在 40℃的条件下就会分解。因此，这些易燃固体在储存和远航水上运输时，一定要注意通风、降温、散潮，堆垛不可过大、过高，加强养护管理，防止自燃造成火灾。

（二）影响易燃固体危险特性的因素

影响易燃固体危险特性的因素，除与其本身的化学组成和分子结构有关外，还与下列因素有关。

1. 单位体积的表面积

同样的固体物质，单位体积的表面积越大，其火灾危险就越大，反之则越小。这是因为固体物质的燃烧，首先是从物质的表面上开始的，而后逐渐深入物质的内部，所以，物质的体表面积越大，和空气中的氧接触机会越多，氧化作用就越容易、越普遍，燃烧速度也就越快。如松木片的燃点为 238℃，而松木粉燃点为 196℃；赛璐珞板片的燃点是 150～180℃，而赛璐珞粉的燃点是 130～140℃。实际观测得知，一块 $1cm^3$ 的木头，若将其分成 0.01mm 见方的颗粒，其表面积就会从原来的 $6cm^3$ 增大到 $6000cm^3$。所以粉状物比块状物易燃，松散物比堆捆物易燃，就是由于增大了与空气中氧气接触的面积的缘故。

2. 热分解温度

硝化纤维及其制品、硝基化合物、某些合成树脂和棉花等由多种元素组成的固体物质，其火灾危险性还取决于热分解温度。一般规律是，热分解温度越低，燃速越快，火灾危险性就越大，反之则越小。一些易燃固体的热分解温度与燃点的关系见表 2-36。

表 2-36　一些易燃固体的热分解温度与燃点的关系

固体名称	热分解温度/℃	燃点/℃
硝化棉	40	180
赛璐珞	90～100	150～180
麻	107	150～200
棉	120	210
蚕丝	235	250～300

3. 含水率

固体的含水率不同，其燃烧性也不同。如硝化棉含水在 35％以下时，就比较稳定，若

含水率在20%时就有着火危险，稍经摩擦、撞击或遇其他火种作用，都易引起着火。又如，在化学品的管理中，二硝基苯酚，干的或未浸湿时有很大的爆炸危险性，所以列为爆炸品管理。但含水量达15%以上时，就主要表现为着火而不易发生爆炸，故对此类列为易燃固体管理。若二硝基苯酚完全溶解在水中时，其燃烧性能大大降低，主要表现为毒害性，所以将这样的二硝基苯酚列为毒害品管理。

（三）丙类易燃固体的火灾危险性

这里所说的丙类易燃固体是特指棉、麻、丝毛、化学纤维等燃点等于低于200℃的较易燃的固体。

1. 易燃性

棉纤维的主要成分为纤维素和蜡质、脂肪等，都是可燃物质，其燃点是150℃，自燃点407℃，氧指数20.1%，每千克棉花完全燃烧至少需要4m^3空气，燃烧的火焰温度为1500℃，热量为17138～17556kJ/kg。由于棉纤维细小蓬松，与空气接触面积很大（即使是打包的棉花，其外表松散的棉纤维仍然有充分的空气供应），遇到极小的火星就能引起燃烧。棉花的燃烧速度是很快的，如3～4t捆装的棉花包，烧焦外表只需15～18s，约为木材的16～25倍，且一旦着火，瞬间即可扩大成片。

麻含有的纤维素不如棉花多，但是它所含有的半纤维素、木质素和蜡质、脂肪等成分都比棉花多得多（棉花里没有木质素），这些成分都是可燃物质。特别是半纤维素和木质素，由于化学稳定性较差，遇到高温时会比纤维素分解更快，并析出挥发产物。所以，使得麻纤维很容易燃烧，燃点在150℃左右。麻大都是束纤维状态，其长度一般是500～1500mm，如果一端着火，能迅速烧到另一端，其蔓延速度比棉花要快。目前，麻的包装一般都不用包皮，直接用麻绳捆扎。但起火以后，麻绳会很快被火烧断，使麻包松散开来，从而加速了火势蔓延，也难于扑救。

丝和毛都是可燃物质，由于它们的含氧量大大低于含碳量，因而比植物纤维的燃烧速度慢。特别是羊毛，由于它的回潮率和合氮量较高，如在气温20℃、相对湿度60%时，羊毛的回潮率是14.5%；而棉花只有7.1%，丝是9.9%，麻类是10%～12%。丝和毛的氧指数比较高，达25.2%，因而一般情况下不易燃烧。但是一旦着火，会继续燃烧下去. 以致蔓延成灾。

再生纤维的火灾危险性与棉花相似，黏胶纤维的自燃点是420℃，氧指数为19.7%，均与棉花相近。合成纤维在高温情况下，燃烧十分猛烈，其中腈纶的燃烧和蔓延十分迅速。由于没有明显的熔点，在190～240℃时软化，280～300℃时分解。在着火前没有熔融，却会生成着火的熔滴，因而加速了燃烧的蔓延。此外，腈纶在燃烧中还会产生腈化物，毒性很大，所以应注意防毒。另外，吸湿性很低的涤纶、腈纶和氯纶等，在常压下的质量比电阻为$10^{13}\Omega \cdot g/cm^2$以上，因而受到摩擦时会产生静电，静电压可达几千伏。

稻草、麦秸、芦苇、羊草、谷草、玉米秸等易燃材料和麻黄、甘草等中草药材，也都非常易燃，往往一个烟头就可引起火灾。且由于生产的需要，企业往往大量储存，所以，火灾危险性很大。

2. 阴燃性

已经打包的棉花无论在运输途中还是已经堆垛储存，在遇到火种后，有时由于氧气供应不足，燃烧不会很快蔓延，常常会在局部或小范围内缓慢进行。这种燃烧看不见火苗，也看不见烟，处于阴燃状态，可以持续数天，甚至几十天的时间，而不易被发觉。这是因为棉纤维是一种管状纤维，具有相当大的孔隙度，即使打得很紧的棉花包，它的管腔内和棉纤维之

间仍然存在着大量的孔隙。这种孔隙大得惊人，按棉花的比重和棉花包的体积计算，进口棉在60%以上，国产棉甚至高达70%以上。按棉花燃烧的需氧量计算，在这些孔隙中少量的空气就能够维持棉花缓慢燃烧，这是棉花燃烧的一个显著的特点。在空气充足的情况下，每千克棉花完全燃烧可产生二氧化碳0.83m^3、氮气3.11m^3、水蒸气0.81m^3。而阴燃的棉花，由于氧气不足，得不到完全燃烧，还会产生一氧化碳。一氧化碳的自燃点是610℃，爆炸极限为12.5%～74%。当阴燃的棉花突然遇到空气对流时，不但能使阴燃的棉花很快变成完全燃烧，而且能够引起一氧化碳与空气的混合物发生爆燃。同时棉纤维的初生层主要是蜡脂，不吸水，扑救时水难以渗入，所以，棉花火灾，当表面的火用水扑灭后，内部仍然会潜伏着阴燃的危险，经过一定时间还能够重新着起火来，给火灾扑救带来很大的难度。

麻和棉花一样，同样具有以上特性。

3. 自燃性

由于棉花在采摘、加工过程中，已经沾上了大量的微生物；棉纤维中还含有0.6%左右的脂肪、蜡质和1.2%左右的果胶，这些物质又为微生物的生长繁殖提供了养料。当棉花含水量较大时，微生物就会迅速生长繁殖，并产生热量。由于棉花的导热性较差，热量不易散发出去，就会逐渐积聚，使温度不断升高。当温度达到70℃时，微生物不能生存会逐渐死亡。这时棉纤维中不稳定的化合物会出现炭化，进一步吸附水汽，放出热量，使温度继续升高；当温度达到150～200℃时，纤维素开始分解，进入氧化过程．反应加快，热量不断增加，在积热不散的条件下，即会自行燃烧。另外，若棉花中混有沾油的废花，也会炭化发热，如果积热不散同样会自燃起火。例如，用105mm×105mm×105mm大小的棉花团，浸涂上200g植物油，在环境温度40℃的条件下经过9h就能自燃。棉花受热也有自燃的危险，如在船运输棉花时，若船温很高时易引起棉花的自燃，其受热时间越长，自燃点越低。根据实验，棉花受热自燃的最低温度可下降到120℃。

黄麻、大麻、剑麻都是能够自燃的物质。从发生的事故来看，以黄麻为最多。

首先，黄麻的含水量大于9%，当空气相对湿度达到75%～85%时，纤维就会膨胀，并且放热。这是因为纤维素分子上的极性基团将空气中的水分子吸引并与之结合，使分子的功能降低并以热的形式释放出来。黄麻的吸湿积热率是83.2J/g，比棉花和其他麻纤维都高，因而能产生较高的热量。

其次，遇水膨胀的黄麻纤维还为生物变化和化学变化创造了良好的自燃条件。因为纤维素、半纤维素和果胶都属于亲水胶体，黄麻的果胶含量一般在10%左右，比其他麻类高。这种胶体吸水后，便由凝胶转化为溶胶，甚至使半纤维素和果胶水解，产生大量葡萄糖、木糖、阿拉伯糖等，这些都是微生物的营养物质，而黄麻中本来就有许多微生物，它们便会大量繁殖、发酵，产生大量的热，从而黄麻使温度不断升高，直至引起自燃，其过程与棉花相同。

二、常见的易燃固体

1. 赤磷（危规号：41001）

别名磷，学名红磷，分子式 P_4，相对分子质量为123.89；相对密度为2.20（20℃）；熔点为570℃（4356.975kPa）。

赤磷以黄磷为原料，隔绝空气加热转化制得，是紫红色粉末，无毒。加热至一定程度能升华。不溶于水、二硫化碳和有机溶剂，略溶于无水乙醇；性质活泼，极易燃烧，燃点200℃以上，轻微摩擦即能起火；与氧化剂接触立即着火，与氯酸钾（钠）接触能发生爆炸，与溴素混合能着火。燃烧时产生有毒的浓厚烟雾 P_2O_5。受热或长期放置潮湿处易发生爆炸。

赤磷用皮厚2.5mm或0.8～1mm的铁桶包装盛装，铁桶内外涂漆。包装量净重为10kg以上者，赤磷应装入扎紧口的塑料袋中再装入铁桶中，桶盖必须密封；桶装净重在30kg以上者，赤磷应装入铁桶中，每两桶装于一木箱内，桶与桶之间和其他各空隙处用木板条、木屑及其他松软材料严密隔开，以防撞击起火燃烧。包装外表应有明显的“易燃固体”危险品标志。

赤磷主要用于制造火柴、农药、五氧化二磷、硫化磷，也供有机合成用；冶金工业用作制磷铜片。

赤磷着火可用水扑灭，随后再覆盖黄砂或土。灭火时应戴防毒面具。

2. 五硫化二磷（危规号：41002）

别名五硫化磷，分子式 P_4S_5，相对分子质量为222.27；相对密度为2.03；熔点为276℃；沸点为514℃。

五硫化二磷由磷与硫直接化合而制得，是淡黄色或烟灰色固体，溶于碱液，微溶于二硫化碳；有毒和较强吸湿性，遇水和潮湿空气能生成硫化氢和磷酸；极易燃烧，接触火焰或摩擦时即可起火，在空气中加热至300℃时起火，燃烧产物生成磷酸和硫化氢。

五硫化二磷主要用于制造润滑油添加剂的中间体，并可用来制造杀虫剂和浮选剂。通常铁桶装，容器应密封，桶外应有明显的“易燃固体”标志。

五硫化二磷着火可用二氧化碳、泡沫、干粉等不含水的灭火剂及黄砂扑救。注意，用水浇灭后应用砂土覆盖，灭火时应佩戴防毒面具。

3. 硝化棉（危规号：41031）

别名棉花火药，学名硝酸纤维素、纤维素硝酸酯，分子式有 $C_{12}H_{17}(ONO_2)_3O_7$、$C_{12}H_{16}(ONO_2)_4O_6$、$C_{12}H_{15}(ONO_2)_5$、$C_{12}H_{14}(ONO_2)_6O_4$ 等，相对分子质量为459.28～594.28。

本品是无臭无味的白色微黄色纤维状固体物质，密度随含氮量的增加而增加，相对密度一般为1.66，含氮量超过12.5%者为爆炸品，危险性很大。含氮量12.5%以下者虽然比较稳定，但遇火星、高温、氧化剂和大多数有机胺（如间苯二甲胺等）都会着火或爆炸。储存日久，由于逐渐分解而放出酸（如亚硝酸、硝酸），因而燃点降低。在温度超过40℃时，还能加速分解而自燃，自燃点为170℃，闪点为12.78℃，火焰橙黄色，几乎全部变成气体。本品溶于丙酮、丁酮和乙酸酯类等溶剂，通常加乙醇、丙醇或水作湿润剂。湿润剂干燥后也容易着火，在紫外线中易变化分解。

本品的包装是，将有水分或酒精（30%～35%）湿润的硝化棉放入铁皮箱内，密封，再装入紧固木箱，每箱净重不超过50kg；或将以上硝化棉装入聚乙烯塑料袋中，袋口捆扎严密（如用酒精湿润时，必须用高频机黏合，严密封口），再装入坚韧密质、内衬人造革的帆布袋中，每袋净重不超过30kg。内、外袋间不允许有硝化棉。包装外均应有明显的“易燃固体”标志。

赛璐珞用硝化棉以棉纤维为原料，用硝酸和硫酸的混合液进行酯化所得。含氮量为10.80%～11.30%的赛璐珞用纤维素硝酸酯，习惯称为赛璐珞用纤维素硝酸酯，也可称为赛璐珞用硝化棉。含氮量10.8%～11.3%的硝化棉主要用于制造赛璐珞；含氮量11.08%～12.2%的硝化棉主要用于制造喷漆、上漆剂、接合剂和瓶口封套等。

硝化棉着火可用水、泡沫灭火剂扑救，严禁用砂土等物压盖，以防发生爆炸。

4. 发孔剂H（危规号：41021）

学名N,N-二亚基五次甲基四胺，分子式 $(CH_2)_5(NO)_2N_4$，结构式

```
        CH2—N—CH2
       /    |     \
ON—N       CH2     N—NO
       \    |     /
        CH2—N—CH2
```

相对分子质量为186.18；相对密度为1.4～1.45；熔点为200℃（分解）。

本品以H促进剂经亚硝化反应而得，为淡黄色粉末或砂粒状固体。易燃烧，有毒性。遇高热即分解爆炸，与酸作用能引起燃烧。易溶于丙酮，略溶于醇，微溶于氯仿，几乎不溶于乙醚，不溶于水。

本品主要用作橡胶、合成橡胶、塑料的发泡剂，制造海绵型产品。通常采用铁桶包装，内衬塑料袋，每桶净重35kg。包装应有明显的“易燃固体”及“有毒品”副标志。

本品着火可用水、干粉等灭火剂及砂土扑救，禁用具有酸碱性的灭火剂。

5. 二硝基萘（危规号：41016）

别名硝化樟脑，分子式$C_{10}H_6(NO_2)_2$，相对分子质量为218.16；熔点为217.5℃（1,5位）；173～173.5℃（1,8位）。

本品由萘与硝酸经两步硝化而得，为黄色结晶，不溶于水，溶于丙酮。1,5-二硝基萘为黄白色针状结晶，微溶于吡啶，至沸点时升华；1,8-二硝基萘为淡黄色片状结晶，能溶于吡啶。

本品具有毒性、爆炸性和可燃性。毒性较硝基苯和硝基甲苯低。遇高热、明火有引起着火爆炸的危险。爆燃点为318℃；爆轰气体体积为488L/kg。爆热为4226.993kJ（1,8位）、4203.547kJ（1,5位）。与氧化剂混合能成为有爆炸性的混合物。与硫酸、硝酸等具有氧化性的腐蚀品共储有着火的危险。

本品主要用于染料和有机合成中间体；与氯酸盐、过氯酸盐或苦味酸混合，制造炸药等。通常装入4层坚韧的厚纸袋内（其中一层为防潮纸），将袋口扎紧保证不漏，然后装入坚固的木箱或质地坚韧的麻袋中，每件净重不超过50kg。包装外应有明显的“易燃固体”标志。

本品着火可用水、泡沫、二氧化碳、灭火剂及砂土扑救。

6. 硫磺（危规号：41501）

别名硫黄块、硫黄粉，学名硫，分子式S，相对分子质量为32.06，相对密度为2.07（20℃），熔点为112.8℃，沸点为444.6℃。

本品由硫铁矿经煅烧熔炼、在合成氨厂及焦化厂中用活性炭法或砷碱法制得。块状为淡黄色脆弱性结晶体，粉状为淡黄色粉末，有特殊臭味。不溶于水和醇，能溶于二硫化碳、四氯化碳和苯。密度、熔点及其在二硫化碳中的溶解度均因晶形不同而异。硫黄块有斜方晶形硫，单斜晶硫和非晶硫三种晶形，其中以斜方晶硫为最安定，一般商品都是这种晶形。

硫易燃，燃烧时发出蓝色火焰，闪点为207℃，自燃点为232.2℃，爆炸下限为2.3g/m^3，熔化潜热为1.256kJ/mol，汽化潜热为48.495kJ/mol，最大爆炸压力为0.279MPa，最小点火能量为15mJ，蒸气压为133.322Pa（183.81℃）。粉末与空气或氧化剂混合易爆炸，与木炭、硝酸盐、氯酸盐混合也会发生爆炸。

硫的气体有毒，能刺激肺、眼，使咳嗽、流泪，呼吸困难。

硫在工业上大量用于制造二氧化硫和硫酸；橡胶工业用作硫化剂；染料工业用于生产硫化染料。在化学工业中是含硫化合物的基本原料，火柴工业用于配制火柴头，医药工业用于生产油膏。硫黄是黑火药的主要成分之一，在农药、造纸工业都有重要作用。

粉状硫用细麻袋或木箱包装，内衬防潮纸或塑料薄膜，每件净重25kg或50kg；块状硫可用木箱、柳条筐、竹篓、麻袋及双层草袋包装，每件净重50kg或75kg。包装上应有明显的“易燃固体”标志。短途汽车运输可以采用散装。

本品着火可用雾状水扑救，或用砂土覆埋。

7. 精萘（包括粗萘）（危规号：41511）

别名骈苯、洋樟脑、煤焦油脑，学名萘，分子式 $C_{10}H_8$；相对分子质量为 128.16；相对密度为 1.145；熔点为 80.1℃；沸点为 217.9℃；燃烧热值为 5158.532kJ/mol；蒸气压为 133.322Pa（52.6℃）。

本品从煤焦油及重油中提炼，用升华法制得。用分馏高温煤焦油所得的萘馏分，经洗涤、精馏所得精萘，经分离、压榨后所得的萘叫压榨萘。精萘为白色结晶，粗萘因含不纯物，呈灰棕色，具有特殊的气味。本品不溶于水，能溶于乙醇和乙醚等。

常温下易升华，蒸气吸入人体具有麻醉性，接触皮肤有刺激感。能引起皮肤湿疹。在空气中最高允许质量分数为 10×10^{-6}。能防蛀。

本品易燃，遇明火、高热、氧化剂（特别是 CrO_3）有导致火灾的危险。闪点为 78.89℃，自燃点为 526℃，粉尘爆炸极限下限为 2.5g/m³。燃烧时光弱烟多。

本品主要用于制造染料中间体、邻苯、二甲酸酐、甲萘酚、乙萘酚、冰染染料中的色酚，及生产各种酸性和直接性偶氮染料的偶合组成等，以及塑料的增塑剂，医药上的消毒剂。国防工业上可制造炸药，也用作树脂、溶剂等原料。民用可压成樟脑丸等。

精萘用 4 层强韧的纸袋或塑料袋包装。每袋净重 50kg 或 75kg。袋口扎牢，包装外应有明显的“易燃固体”标志。

本品着火可用水、泡沫、二氧化碳等灭火剂及砂土扑救。熔融萘温度在 110℃以上时，不可用水扑救，以免引起剧烈的喷溅。

8. 樟脑（危规号：41536）

学名莰桐—2，分子式 $C_{10}H_{16}CO$，相对分子质量为 152.23；结构式

```
H2C ─── CH3 ─── CH3
 | H3C─C─CH3 |
H2C ─── CH ──── CH3
```

相对密度为 0.992（25℃）；熔点为 174～179℃；沸点为 204℃（升华）；燃烧热值为 5908.986kJ/mol。

本品由蒸馏樟树木材而得，也有用松香油合成的。纯品是无色或白色晶体，颗粒或碎块。有强烈的樟木气味和清凉的感觉，天然樟脑有旋光性。溶于乙醇、乙醚、丙酮及其他有机溶剂，微溶于水。

本品化学性质稳定，但易燃，并产生大量黑烟，遇热产生易燃蒸气，与空气形成爆炸性混合物。遇明火、高热或与氧化剂接触有引起燃烧的危险。闪点为 65.56℃（闭杯）；自燃点为 466.1℃；爆炸极限为 0.6%～3.5%。

本品挥发性强，在室温中慢慢升华而消失。蒸气具有麻醉性，空气中最高允许质量浓度为 2mg/m³。

本品在医药上用作强化剂、清凉剂、防腐剂，农药上用作驱虫剂、杀虫剂、赛璐珞、增塑剂、炸药的安定剂、涂料、香料和电影胶片的原料等。

樟脑通常包装在内衬牛皮纸和防潮纸的胶合板、桶或木箱内。每箱（桶）净重 30～50kg。包装外应有明显的“易燃固体”标志。

本品着火时可用雾状水、泡沫、二氧化碳等灭火剂及砂土扑救。

9. 偶氮二异丁腈（危规号：41040）

别名起泡剂 N、激发剂、发泡剂 N，分子式 $(CH_3)_2C(CN)N{=}N(CN)C(CH_3)_2$，相

对分子质量为 164.21；结构式

$$CH_3-\overset{\displaystyle CN}{\underset{\displaystyle CH_3}{\overset{|}{\underset{|}{C}}}}-N=N-\overset{\displaystyle CN}{\underset{\displaystyle CH_3}{\overset{|}{\underset{|}{C}}}}-CH_3$$

本品以氰化钠、硫酸肼、丙酮等为原料而制得。为白色透明结晶，能溶于乙醇、甲苯、苯胺、乙醚、叔戊醇等，不溶于水，性质不稳定，受热至 40℃时逐渐分解，至 103～104℃时激烈分解，放出氮气及数种有机氰化合物，对人体有害，并散发大量热量，能引起爆炸。与氧化剂混合，经摩擦、撞击有引起着火爆炸的危险。

本品用作制泡沫塑料和泡沫橡胶的起泡剂，也用作树脂聚合的引发剂。净重 30kg，木桶装，内衬塑料袋。包装外应有明显的“易燃固体”及“有毒品”副标志。

本品着火可用雾状水、泡沫、二氧化碳干粉等相应的灭火剂扑救。

10. 赛璐珞（危规号：41547）

别名硝酸纤维塑料，分子式为 $[C_6H_7O_2(ONO_2)_x(OH)_{3-x}]_n$ [x（取代度）为 2.0～2.2]。相对密度为 1.32～1.35。

本品用硝化纤维素、无水酒精、丙酮、樟脑、增塑剂、醇溶性颜料等混合制得，为透明、半透明或不透明，具有各种颜色或花纹的片状。性软，富弹性，加热后软化。在热水 70℃以上变软收缩。能溶于酒精、丙酮和各种酯类。无毒，不生锈，不腐烂，能抵抗稀酸、弱碱，但不能抵抗强酸、强碱。

本品极易燃烧，发火点为 168～180℃。燃烧后产生有毒和刺激性的过氧化氮，并能引起剧烈爆炸。危险程度根据薄厚和所含补充原料而定。含补充原料（钛白粉，锌氧粉，染料颜料等）多，则危险性降低。比硝化锦等略为安全。燃烧有持续性，燃烧后易引起爆炸。有自燃性，自燃点为 180℃，在热天能因分解引起自燃。加热 100℃时分解。储存过程中易挥发减轻重量，受潮或遇水会产生黏稠物质。

来源及用途用于制造钢笔杆、手风琴配件、玩具、文教用品、乒乓球、眼镜架以及伞柄外壳。

本品着火可用水、二氧化碳、干粉等相应的灭火剂扑救。

第五节　自燃物品

一、自燃物品的危险特性及影响因素

（一）自燃物品的危险特性

通过归纳发火物质和自热物质的特性，自燃物品的危险特性主要表现在以下几个方面。

1. 遇空气自燃

自燃物品大部分性质非常活泼，具有极强的还原性，接触空气后能迅速与空气中的氧化合，并产生大量的热，达到其自燃点而着火，接触氧化剂和其他氧化性物质反应更加剧烈，甚至爆炸。如黄磷遇空气即自燃起火，生成有毒的五氧化二磷。所以对此类物品的包装必须保证密闭，充氮气保护或据其特性用液封密闭，如黄磷须存放于水中等。

2. 遇水易燃

自燃物品中的硼、锌、锑、铝的烷基化合物类，烷基铝氢化合物类，烷基铝卤化物类（如氯化二乙基铝、二氯化乙基铝、三氯化甲基铝、三氯化三乙基铝、三溴化三甲基铝等），

烷基铝类（三甲基铝、三乙基铝、三丙基铝、三丁基铝、三异丁基铝等）等，化学性质非常活泼，具有极强的还原性，遇氧化剂和酸类反应剧烈。除在空气中能自燃外，遇水或受潮还能分解而自燃或爆炸。如三乙基铝在空气中能氧化而自燃。反应式如下。

$$2Al(C_2H_5)_3+21O_2 = 12CO_2+15H_2O+Al_2O_3$$

此外，三乙基铝遇水还能发生爆炸。其机理是三乙基铝与水作用生成氢氧化铝和乙烷，同时放出大量的热，从而导致乙烷爆炸。属于这类的自燃物品，除了以上所举例之外，主要还有二甲基锌［$Zn(C_2H_5)$］、三乙基锑［$(C_2H_5)_3Sb$］、三乙基硼［$(C_2H_5)_3B$］、三丁基硼［$(C_4H_9)_3B$］、三甲基硼［$B(CH_3)_3$］、戊硼烷（B_5H_9）、三氯化钛（$TiCl_3$）、硼氢化铝［$Al(BH_4)_3$］、二氨基镁［$Mg(NH_3)_2$］、二苯基镁［$Mg(C_6H_5)_2$］、苯基溴化镁［G_5H_5MgBr］、烷基锂、烷基镁（二甲基镁、二乙基镁）、连二亚硫酸钾（$K_2S_2O_4$）以及钙粉、锆粉、钛粉、钡合金等，这些自燃物品都是遇空气、遇水易燃的液体，火灾危险性极大。所以，在储存、运输、销售时，包装应充氮密封，防水、防潮。起火时不可用水或泡沫等含水的灭火剂扑救。

此外，铝铁熔剂、铝导线焊接药包也有遇水易燃危险。铝导线焊接药包是一种圆柱形固体；铝铁熔剂又称金属洋灰，用于焊接铁轨，是铝粉和氧化铁粉末按 25∶75 的比例混合而成的熔接剂；铝粉是易燃固体粉末，在空气中燃烧时每克可放出 31.22kJ 的热量；氧化铁是一种氧化剂，它和铝粉混合引燃后发生剧烈反应，同时放出大量的热，可使温度达 2500℃以上而得到熔融的铁水。反应式如下。

$$8Al+3Fe_3O_4 = 9Fe+4Al_2O_3+3870.06kJ$$

由于水在这样高的温度下会分解为 H_2 和 O_2，有引起爆炸的危险，所以，铝铁熔剂着火不可用水施救。

鉴于以上情况，对于烷基铝类催化剂的配制、储存间，应当设置在独立的半敞开式建筑物内，并设置自动火灾报警系统和局部喷射式 D 类干粉灭火系统，可采用遥控或自动控制方式；储存场所应配置干砂等灭火设施。

3. 积热自燃

硝化纤维的胶片、废影片、X 光片等，由于本身含有硝酸根，化学性质很不稳定，在常温下就能缓慢分解，当堆积在一起或仓室通风不好时，分解反应产生的热量无法散失，放出的热量越积越多，便会自动升温达到其自燃点而着火，火焰温度可达 1200℃。

另外，此类物品在阳光及水分的影响下亦会加速氧化，分解出一氧化氮（NO）。一氧化氮在空气中会与氧化合生成二氧化氮（NO_2），而二氧化氮与潮湿空气中的水汽化合又能生成硝酸及亚硝酸，二者会进一步加速硝化纤维及其制品的分解。此类物品在空气充足的条件下燃烧速度极快，比相应数量的纸张快 5 倍，且在燃烧过程中能产生有毒和刺激性的气体。灭火时可用大量水，但要注意防止复燃和防毒。火焰扑灭后应当立即埋掉。

油纸、油布等含油脂的物品，当积热不散时，也易发生自燃。因为油纸、油布是纸和布经桐油等干性油浸涂处理后的制品。桐油的主要成分是桐油酸甘油酯，其分子含有 3 个双键，由于双键的存在，桐油的化学性质很不稳定，在空气中能迅速氧化生成一层硬膜，通常由于氧化表面积小，产生的热量少，可随时消散，所以不会发生自燃，但如果把桐油浸涂到纸或布上，则桐油与空气中氧的接触面积增大，氧化时产生的热量也相应增多。当油纸和油布处于卷紧和堆积的条件下时，就会因积热不散升温至自燃点而起火。另外，云母带、活性炭、炭黑、椰肉干、菜子饼、大豆饼、花生饼、鱼粉等物品都属于积热不散可自燃的物品，在大量远途运输和储存时，要特别注意通风和晾晒。

（二）影响自燃危险性的因素

1. 氧化介质

由物质的燃烧机理可知，自燃物品必须在一定的氧化介质中才能发生自燃，否则是不会自燃的。如黄磷必须在空气（氧气）、氯气等氧化性气体或氧化剂中才能发生自燃。如果把黄磷放在水中，与氧化介质隔绝，甚至煮沸也不会发生自燃。但是，有些自燃物品，由于本身含有大量的氧，在没有外界氧化剂供给的条件下，也会氧化分解直至自燃起火。物质分子中含氧越多，越易发生自燃，如硝化纤维及其制品就是如此。因此，对这类物品在防火管理上应当更加严格。

2. 温度

温度升高能加速自燃性物品的氧化反应速度，促使自燃加快。

3. 湿度

潮湿对自燃物品有着明显的影响。因为一定的水分能起到促使生物过程的作用和积热作用，可加速自燃性物品的氧化过程而自燃。如硝化纤维及其制品和油纸、油布等浸油物品，在有一定湿度的空气中均会加速氧化反应，造成温度升高而自燃。故此类物品在储存和运输过程中应注意防湿、防潮。

4. 含油量

对涂（浸）油的制品，如果含油量小于3%，氧化过程中放出的热量少，一般不会发生自燃。故在危险品管理中，对于含油量小于3%的涂油物品不列入危险品管理。

5. 杂质

某些杂质的存在，会影响自燃性物品的氧化过程，使自燃的因素加大。如浸油的纤维内含有金属粉末时就比没有金属粉末时易自燃。绝大多数自燃物品如与残酸、氧化剂等氧化性物质接触，都会很快引起自燃。所以自燃物品在储存、运输过程中，除应注意与这些残留杂质隔离外，对存放的库房、载运的车（船）体等，首先应仔细检查清扫，以免因此自燃而导致火灾。

6. 包装方式

除上述因素外，自燃物品的包装、堆放形式等，对其自燃性也有影响。如油纸、油布严密地包装、紧密地卷曲，折叠地堆放，都会因积热不散、通风不良而引起自燃。因此，油纸、油布等浸油物品应以透笼木箱包装，限高、限量分堆存放，不得超量积压堆放。

二、常见的自燃物品

1. 二乙基锌（危规号：42026）

分子式 $Zn(C_2H_5)_2$，相对分子质量为123.50；相对密度为1.2065（20℃）；熔点为－28℃；沸点为118℃；蒸气压为1999.83Pa。

本品为无色液体，遇水强烈分解，与醇和胺类也能发生化学作用。能溶于多数有机溶剂（饱和烃）。在空气和氨气中可自燃，与潮湿空气、氧化性气体、氧化剂接触，能剧烈反应而自行着火。

本品着火可用干粉灭火剂及干砂扑救，禁止用水、泡沫和卤代烷灭火剂。

2. 三乙基锑（危规号：42027）

分子式 $(C_2H_5)_3Sb$，相对分子质量为208.94；相对密度为1.324（16℃）；熔点为－29℃以下；沸点为159.5℃。

无色液体有毒害性和腐蚀性，不溶于水，能溶于乙醇和乙醚。

本品极易自燃，遇空气、氧化性气体、水、四氯化碳、卤代烷、三乙基硼、氧化剂和高热，都有引起着火或爆炸的危险。

本品着火时可用干砂、干粉等相应的灭火剂扑救。

3. 三乙基铝（危规号：42022）

分子式 $(C_2H_5)_3Al$，相对分子质量为 114.17。

无色液体。化学性质活泼，与氧反应剧烈，在空气中能自燃，遇水爆炸分解成氢氧化铝和乙烷，与酸、卤素、醇、胺类接触发生剧烈反应，对人体有灼伤作用。热稳定性差，开始分解温度为 120～125℃。相对密度为 0.837（20℃）；熔点为－52.5℃；沸点为 194℃；饱和蒸气压为 0.53kPa（83℃）；黏度为 2.6mPa·s（25℃）。

本品极易自燃，遇空气即可冒烟而自燃，闪点＜－52.5℃；自燃点＜－52.5℃。对潮湿及微量氧反应灵敏，易引起爆炸。

本品着火可用干粉等相应的灭火剂扑救，禁止用水、泡沫和四氯化碳。

4. 三乙基硼（危规号：42029）

别名乙基硼，分子式 $(C_2H_5)_3B$，相对分子质量为 98.01；相对密度为 0.6961（23℃）；熔点为－93℃；沸点为 0℃（1666.525Pa）。

本品为无色易自燃液体，闪点≤－35.56℃，不溶于水，能溶于乙醇和乙醚。在空气中能自燃。遇水及氧化剂反应剧烈；遇空气、氧气、氧化剂、高温或遇水分解（放出有毒易燃气体），均有引起燃烧危险。性质比三丁基硼活泼。

本品主要用于有机合成，与三乙基铝混合，可用作火箭推进系统双组分点火物。

本品着火时可用干砂、干粉、二氧化碳等相应的灭火剂扑救，禁止用水及泡沫、卤代烷灭火剂。

5. 三丁基硼（危规号：42030）

分子式 $(CH_3—CH_2CH_2—CH_2)_3B$，相对分子质量为 182.16；相对密度为 0.747（25℃）；熔点为－34℃；沸点为 170℃（29597.484Pa）；饱和蒸气压 133.322Pa（20℃）。

本品不溶于水，溶于大多数有机溶剂，为无色易自燃液体。闪点＜－35.5℃，在空气中能自燃，遇明火、氧化剂或暴露于空气中有引起燃烧的危险。

本品主要用于石油化工、有机合成，以及催化剂等。

本品着火可用干砂、干粉、二氧化碳等相应的灭火剂扑救，禁止用水、泡沫、四氯化碳灭火。

6. 三异丁基铝（危规号：42022）

分子式 $[(CH_3)_2CHCH_2]_3Al$，相对分子质量为 198.33；相对密度为 0.7859（20℃）；凝固点为－5.6℃；沸点为 114℃（3999.66Pa）；饱和蒸气压为 133.322Pa（47℃）。

本品在三异丁基铝引发下，采用铝粉、氯气、异丁烯一步直接合成，为无色澄清易自燃液体，化学活性极高。闪点 0℃以下，自燃点 4℃以下。对微量的氧及水分反应极其灵敏，在空气中能强烈发烟或起火燃烧。遇水剧烈反应而爆炸。能与酸类、醇类、胺类、卤素强烈反应。对人体有灼伤作用。开始分解温度约为 50℃，低温下分解较慢，遇高温（100℃以上）剧烈分解。本品主要用作聚合烯烃的催化剂。

本品着火可用干砂、干粉等相应的灭火剂扑救，禁止用水、泡沫、四氯化碳灭火。

7. 三甲基铝（危规号：42022）

别名甲基铝，分子式 $Al(CH_3)_3$，相对分子质量为 72.07；相对密度为 0.748（25℃）；熔点为 15℃；沸点为 130℃。

本品由碘甲烷和金属铝反应制得，为无色易自燃液体，在空气中能自燃；遇水发生强烈分解反应，生成氢氧化铝和甲烷并引起燃烧；分解时放出有毒气体；与酸类、卤素、醇类、胺类能发生强烈反应。对人体有灼伤作用，能溶于乙醚。

本品主要用作石油烃聚合中的催化剂、发火燃料，以及用于有机合成。

本品着火可用干粉、干砂、石粉等相应的灭火剂扑救，禁止用水、泡沫和卤代烷灭火剂灭火。

8. 三甲基硼（危规号：42028）

别名甲基硼，分子式 $B(CH_3)_3$，相对分子质量为 55.99；相对密度为 0.625，饱和蒸气压为－100℃；熔点为－161.5℃；沸点为－20℃。

无色气体。在空气中能自燃。与氧化剂反应剧烈，极微溶于水，易溶于乙醇和乙醚。遇高温、火种、空气、氧化性气体、氧化剂均有引起燃烧爆炸的危险。主要用于有机合成。

本品着火可用干粉、砂土、石棉毯等相应的灭火剂扑救。禁止用水、泡沫及卤化物灭火剂灭火。

9. 黄磷（危规号：42001）

别名白磷，分子式 P_4，相对分子质量为 124.08；相对密度为 1.82（20℃）；熔点为 44.1℃；沸点为 280℃；燃烧热值为 34970.075kJ/kg；饱和蒸气压为 133.322Pa（76.6℃）、101324.72Pa（280℃）。

由磷灰石或优质无烟煤和二氧化硅及焦炭在电炉中加热，急速冷却磷蒸气得白磷。纯品为无色蜡状固体，受光和空气氧化后表面为淡黄色。在黑暗中可以见到淡绿色磷光。低温时发脆，随温度上升而变柔软。有毒，致死量（口服）1mg/kg，空气中最高允许浓度为 $0.03mg/m^3$。不溶于水，稍溶于苯、氯仿，易溶于二硫化碳。在空气中会冒白烟燃烧，自燃点 30℃；受撞击、摩擦或与氧化剂接触，能立即燃烧，甚至爆炸。

用作特种火柴原料，以及用于磷酸、磷酸盐及药等的制造。

本品着火可用雾状水、砂土等相应的灭火剂扑救，火灾熄灭后应仔细检查现场，将剩下的黄磷移入水中，防止复燃。

第六节　遇水易燃物品

一、遇水易燃物品危险特性及影响因素

（一）遇水易燃物品的危险特性

遇水易燃物品主要包括碱金属、碱土金属及其硼烷类和石灰氮（氰化钙）、锌粉等金属粉末类，目前列入《危险货物品名表》的这类物品火灾危险甚大，故其火灾危险性全部属于甲类。

1. 遇水易燃易爆

遇水易燃易爆是该类物品的通性，其特点如下。

(1) 遇水后发生剧烈的化学反应使水分解，夺取水中的氧与之化合，放出可燃气体和热量。当可燃气体在空气中达到燃烧范围时，或接触明火，或由于反应放出的热量达到引燃温度时就会发生着火或爆炸。如金属钠、氢化钠、二硼氢等遇水反应剧烈，放出氢气多，产生热量大，能直接使氢气燃爆。

$$2Na+2H_2O \xlongequal{} 2NaOH+H_2\uparrow+317.788kJ$$

$$NaH+H_2O \xlongequal{} NaOH+H_2\uparrow+132.303kJ$$

$$B_2H_2+6H_2O \xlongequal{} 2HBO_2+6H_2\uparrow+418.68kJ$$

(2) 遇水后反应较为缓慢，放出的可燃气体和热量少，可燃气体接触明火时才可引起燃

烧。如氢化铝、硼氢化钠等都属于这种情况。

$$AlH_3 + 3H_2O \longrightarrow Al(OH)_3 + 3H_2\uparrow + Q$$

$$NaBH_4 + 2H_2O \longrightarrow NaBO_2 + 4H_2\uparrow + Q$$

(3) 电石、碳化铝、甲基钠等遇水易燃物品盛放在密闭容器内，遇水后放出的乙炔和甲烷及热量逸散不出来而积累，致使容器内的气体越积越多，压力越来越大，当超过了容器的强度时，就会胀裂容器以致发生化学爆炸。

$$CaC_2 + 2H_2O \longrightarrow Ca(OH)_2 + C_2H_2\uparrow + Q$$

$$Al_3C_4 + 12H_2O \longrightarrow 4Al(OH)_3 + 3CH_4\uparrow + Q$$

$$NaCH_3 + O_2O \longrightarrow NaOH + CH_4\uparrow + Q$$

2. 遇氧化剂和酸着火爆炸

遇水易燃物品除遇水能反应外，遇到氧化剂、酸也能发生反应，而且比遇到水反应的更加剧烈，危险性更大。有些遇水反应较为缓慢，甚至不发生反应的物品，当遇到酸或氧化剂时，也能发生剧烈反应。如锌粒在常温下放入水中并不会发生反应，但放入酸中，即使是较稀的酸，反应也非常剧烈，放出大量的氢气。这是因为遇水易燃物品都是还原性很强的物品，而氧化剂和酸类等物品都具有较强的氧化性，所以它们相遇后反应更加剧烈。

3. 自燃危险性

有些物品不仅有遇水易燃危险，而且还有自燃危险性。如金属粉末类的锌粉、铝镁粉等，在潮湿空气中能自燃，与水接触，特别是在高温下反应比较强烈，能放出氢气和热量。

铝镁粉是金属镁粉和金属铝粉的混合物。铝镁粉与水反应比镁粉或铝粉单独与水反应要强烈得多。因为镁粉或铝粉单独与水（汽）反应，除产生氢气外，还生成氢氧化镁和氢氧化铝，后者能形成保护膜，阻止反应继续进行，不会引起自燃。而铝镁粉与水反应则同时生成氢氧化镁和氢氧化铝，这后两者之间又能起反应生成偏铝酸镁。

$$2Al + 6H_2O \longrightarrow 2Al(OH)_3 + 3H_2\uparrow + Q$$

$$Mg + 2H_2O \longrightarrow Mg(OH)_2 + H_2\uparrow + Q$$

$$Mg(OH)_2 + 2Al(OH)_3 \longrightarrow Mg(AlO_2)_2 + 4H_2O$$

由于反应中偏铝酸镁能溶解于水，破坏了氢氧化镁和氢氧化铝对镁粉和铝粉的保护作用，使铝镁粉不断地与水发生剧烈反应，产生氢气和大量的热，从而引起燃烧。

另外，金属的硅化物、磷化物类物品遇水能放出在空气中能自燃且有毒的气体四氢化硅和磷化氢，这类气体的自燃危险是不容忽视的。如硅化镁和磷化钙与水的反应。

$$Mg_2Si + 4H_2O \longrightarrow 2Mg(OH)_2 + SiH_4\uparrow + Q$$

$$Ca_3P_2 + 6H_2O \longrightarrow 3Ca(OH)_2 + 2PH_3\uparrow + Q$$

4. 毒害性和腐蚀性

在遇水易燃物品中，有一些与水反应生成的气体是易燃有毒的，如乙炔、磷化氢、四氢化硅等。尤其是金属的磷化物、硫化物与水反应，可放出有毒的可燃气体，并放出一定的热量；同时，遇水易燃物品本身有很多也是有毒的，如钠汞齐、钾汞齐等都是毒害性很强的物质，硼和氢的金属化合物类的毒性比氰化氢、光气的毒性还大。因此，还应特别注意防毒。

碱金属及其氢化物类、碳化物类与水作用生成的强碱，都具有很强的腐蚀性，故还应注意防腐蚀。

（二） 影响遇水易燃性的因素

1. 化学组成

由以上分析可知，遇水易燃物品火灾危险性的大小，主要取决于物质本身的化学组成。

组成不同，与水反应的强烈程度不同，产生的可燃气体也不同。如钠与水作用放出氢气，电石与水反应放出乙炔气，碳化铝与水反应放出甲烷，磷化钙与水反应放出磷化氢气体等。放出气体的性质不同，其火灾危险性也不同。

2. 金属的活泼性

金属与水的反应能力主要取决于金属的活泼性。金属的活泼性强，遇湿（水、酸）反应越剧烈，火灾危险性也就越大。例如，碱金属的活泼性比碱土金属强，故碱金属比碱土金属的火灾危险性大。

综上所述，遇水易燃物品必须盛装于气密或液密容器中，或浸没于稳定剂中，置于干燥通风处，与性质相互抵触的物品隔离储存，注意防水、防潮、防雨雪、防酸，严禁火种接近等，切实保证储存、运输和销售的安全。

二、常见的遇水易燃物品

1. 十硼氢（危规号：41056）

别名癸硼烷、十硼烷，分子式 $B_{10}H_{14}$，相对分子质量为 122.32；相对密度为 0.94（25℃/4℃），0.78（液体，100℃）；熔点为 99.7℃；沸点为 213℃；饱和蒸气压为 6.666Pa（25℃），2533.118Pa（100℃）。

本品为生产二硼氢的副产品，无色结晶，有毒。主要用于有机物合成或作固体燃料、腐蚀抑制剂、稳定剂、还原剂等。

纯品在室温时稳定，不燃烧；在 300℃时缓慢分解成硼和氢气。微溶于冷水，在热水中分解放出氢气，能溶于苯、甲苯、烃类。遇水、潮湿空气、酸类、氧化剂、高热及明火能引起燃烧。

2. 四氢化锂铝（危规号：43022）

别名氢化铝锂，分子式 $LiAlH_4$，相对分子质量为 37.94；相对密度为 0.917；熔点为 125℃（分解）。

本品由氯化铝与氢化锂作用制得。白色疏松的结晶块或粉末。在室温下的干燥空气中稳定，分解时放出氢气。受热到 125℃以上不经熔融即分解成铝、氢和氢化锂。能溶于乙醚、四氢呋喃，微溶于丁醚，不溶于烃或二氧六环。通常用作聚合催化剂、还原剂、喷气发动机燃料。

本品易燃，当研磨、磨擦或有静电火花时能自燃，遇水或潮湿空气、酸类、高热及明火有引起着火的危险，与多数氧化剂混合能形成比较敏感的爆炸性混合物。

3. 电石（危规号：43025）

别名二碳化钙，学名碳化钙，分子式 CaC_2，相对分子质量为 64.10；相对密度为 2.222；熔点约为 2300℃。

本品由焦炭、石灰在 2000℃电弧炉中烧结而成。黄褐色或黑色硬块，其结晶断面为紫色或灰色。暴露于空气中极易吸潮，失去光泽变为灰色，放出乙炔气而变质失效。电石与水作用产生乙炔气体。电石主要用以产生乙炔气，用于有机合成、氧炔焊接，焊割。

本品往往含有硫、磷等杂质，与水作用会放出磷化氢和硫化氢气体。当磷化氢含量超过 0.08%，硫化氢含量超过 0.15%时，容易引起自燃爆炸。由于在桶装时容器潮湿，或雨水渗入桶内，电石会与水作用分解出乙炔气。在运输中受到撞击、震动、摩擦或火星，极易引起爆炸。乙炔与银、铜等金属接触能生成敏感度很高的爆炸性物质乙炔银、乙炔铜；乙炔与氟、氯等气体接触即发生剧烈反应，引起着火或爆炸。

4. 金属钾（危规号：43003）

学名钾，分子式 K，相对原子质量为 39.10；相对密度为 0.862（20℃）；熔点为

63.65℃；沸点为774℃；硬度为0.5（金刚石=10）。

金属钾由电解熔融的氯化钾制得，为银白色柔软金属，容易被刀切开。溶于液氨、苯胺、汞和钠。主要用于制造氧化钾、合金的热交换或作试剂等。

金属钾化学性质活泼，在干燥空气中易氧化，遇水、潮湿空气或酸能发生剧烈反应，产生大量的氢气和热量，并使氢自燃。燃烧时发出紫色火焰。与卤素反应猛烈，有燃烧爆炸危险。

5. 金属钠（危规号：43002）

学名钠，分子式Na，相对原子质量为22.98977；相对密度为0.9710（20℃）；熔点为97.81℃；沸点为892℃；硬度为0.4（金刚石=10）；自燃点>115℃（在干燥空气中）；熔化潜热为2.638kJ/mol；汽化潜热为96.841kJ/mol；燃烧热值为9125.48kJ/kg。

本品由电解熔融的氢氧化钠或氯化钠而得。银白色柔软的轻金属。在低温时性质脆硬，常温时质软如蜡，可用刀割。不溶于煤油。主要用于制造氰化钠、过氧化钠和多种化学药物或作还原剂。

本品化学性质极活泼，在空气中易氧化；遇火或暴露在潮湿空气中发热极易引起燃烧；与碘或乙炔作用，能起火爆炸；遇四氯化碳在65℃以上也能发生爆炸。在氧、氯、氟、溴蒸气中会燃烧。燃烧时呈黄色火焰。遇酸、水剧烈反应，产生大量热和氢气而着火或爆炸。

6. 金属钙（危规号：43005）

学名钙，分子式Ca，相对原子质量为40.08；相对密度为1.54（20℃）；熔点为842℃；沸点为1484℃；饱和蒸气压为1333.22Pa（983℃）；硬度为2（金刚石=10）。

本品由电解熔融的氯化钙制得，银白色稍软的金属。在空气中表面氧化形成黏附的保护膜。能与水或稀酸发生反应放出大量氢及热量，能引起燃烧。在真空中熔点以下能升华。燃烧时发出赭红色火焰。受高热或接触氧化剂，有发生燃烧爆炸危险。

本品主要用于铝、铜、铝制合金。用作制铍的还原剂，合金的脱氧剂，油脂脱氢等。

7. 金属锶（危规号：43008）

学名锶，分子式Sr，相对原子质量为87.63；相对密度为2.54；熔点为769℃；沸点为1384℃；饱和蒸气压为1333.22Pa（898℃）；硬度为1.8（金刚石=10）。

本品由电解熔融的氯化锶制得，银白色至淡黄色软金属，能溶于乙醇。化学性质活泼。在空气中加热能燃烧，燃烧时发出深红色火焰。呈粉末状态时能与水发生强烈化学反应而产生氢气，有燃烧爆炸危险。加热到熔点以上时能自燃。

本品主要用作合金、电子管的吸气剂，化学分析、制烟火。

8. 氢化锂（危规号：43015）

分子式LiH，相对分子质量为7.95；相对密度为0.82（20℃）；熔点为680℃；沸点为850℃（分解）。

白色或带蓝灰色半透明结晶块或粉末。成块时较稳定，成粉状时与潮湿空气接触能着火。遇水生成氢和氢氧化锂。不溶于苯和甲苯，能溶于醚。在潮湿空气中能自燃。与氧化剂、酸、水接触有引起燃烧的危险。

由熔锂与氢化合制得。用作干燥剂，有机合成的缩合剂，核防护材料，还原剂。

9. 钠汞齐（危规号：43010）

别名钠汞膏、钠汞合金，分子式Na_xHg_y；熔点为-36.8℃。

本品银白色液体或多孔性结晶块。含有2%～20%的金属钠。能与水、潮气、酸类发生反应，放出易燃氢气。受热时散发出有毒蒸气。潮湿空气或水、酸、接触发生化学反应，产生氢气，同时放出大量的热量，使氢燃烧。

本品用作制备氢、金属卤化物及有机化合物的还原剂、分析试剂。

10. 钾钠合金（危规号：43004）

分子式 NaK，熔点为 11℃（K78%，Na22%），19℃（K56%，Na44%）；沸点为 784℃（K75%，Na22%），825℃（K56%，Na44%）。

本品为银白色的软质固体或液体。遇酸（包括二氧化碳）、潮气及水发生剧烈反应，放出氢气，立即自燃，有时甚至爆炸。接触水、氧化剂、卤素、氧化剂、酸、二氧化碳、四氯化碳、氯仿、二氯甲烷、氯甲烷等，能引起燃烧爆炸。

本品用作热液体、电导体、有机合成催化剂、核反应堆的冷却剂等。

11. 碳化铝（危规号：43026）

分子式 Al_4C_3，相对分子质量为 143.91；相对密度为 2.36；熔点为 2100℃。

本品由氧化铝与焦炭在电炉中加热时制得，黄色或绿灰色结晶块状或粉末。有吸湿性，遇酸、水、潮气分解放出易燃气体甲烷；与酸类反应剧烈，有引起燃烧危险。主要用作甲烷发生剂、催化剂、干燥剂。

12. 磷化钙（危规号：43034）

别名磷化石灰，分子式 Ca_3P_2，相对分子质量为 182.19；相对密度为 2.238（25℃）；熔点约为 1600℃。

本品由加热磷酸钙和铝或炭而制得。本品红棕色或灰色结晶块状物，不溶于乙醇乙醚。主要用于制造信号弹、焰火、鱼雷等。

本品遇水、潮湿空气、酸类能分解，放出剧毒而有自燃危险的磷化氢气体。在潮湿空气中能自燃。与氯气、氧、硫磺、盐酸反应剧烈，有引起着火爆炸的危险。

13. 氰氨化钙（危规号：43507）

别名石灰氮、碳氮化钙，分子式 $CaCN_2$，相对分子质量为 80.11；相对密度为 1.083；熔点为 1300℃；沸点>1500℃。

本品由电石和氮在高温下作用而得，灰褐色结晶性粉末。含碳化钙 0.1%～05%，有特殊臭味，有毒。主要用作肥料，以及用于氮气制造和钢铁淬火。

本品遇水分解放出氨和乙炔。如含有杂质碳化钙或少量磷化钙时，则遇水易自行燃烧，与酸发生剧烈反应。遇水或潮气、酸类产生易燃气体和热量，有发生着火爆炸的危险。

14. 保险粉［危规号：（外贸运输为）42012；（内贸运输为）43046］

学名连二亚硫酸钠、低亚硫酸钠，分子式 $NaSO_2O_4 \cdot 2H_2O$，相对分子质量为 210.16。

本品以锌粉和二氧化硫反应制成低亚硫酸锌，再加氢氧化钠在低温下反应制得。为白色砂状结晶或淡黄色粉末，赤热时分解。能溶于冷水，在热水中分解，不溶于乙醇。其水溶液性质不安定，有极强的还原性。暴露于空气中易吸收氧气而氧化，同时也易吸收潮气发热而变质。在印染工业用作还原剂，以及用于饴糖、丝、毛的漂白。

本品有极强的还原性，遇氧化剂、少量水或吸收潮湿空气能发热引起燃烧，甚至爆炸。

15. 氢化钙（危规号：43020）

分子式 CaH_2，相对分子质量为 42.10；相对密度约为 1.8；熔点为 675℃（分解）。

本品为灰白色结晶或块状，主要用作还原剂、干燥剂、化学分析试剂等。性质不稳定，暴露在潮湿的空气中或遇水、氢氧化钙而放出氢气，易被酸和低碳醇分解，与溴酸盐、氯酸盐、过氯酸盐等氧化剂反应剧烈。在空气中燃烧时极其剧烈。

16. 锌粉（危规号：43014）

别名亚铅粉，分子式 Zn，相对分子质量为 65.38；相对密度为 7.133（25℃）；熔点为

419.58℃；沸点为907℃。气化潜热为114.844kJ/mol；熔化潜热为6.678kJ/mol；饱和蒸气压为133.322Pa（487℃）。

本品由炼锌厂副产品锌块制得，主要用作催化剂、还原剂，用于有机合成。为浅灰色的细小粉末，具有强还原性，可在空气中吸收氮，潮湿状态时吸收氧。通常含有少量氧化锌。遇酸类、碱类、水、氟、氯、硫、硒、氧化剂等能引起着火或爆炸。其粉尘与空气混合到一定比例时，遇火星即引起爆炸。在空气中发火点约为500℃，爆炸下限为420g/cm^3；最大爆炸压力为0.35MPa;；最小点火能量约为65mJ。

17. 磷化锌（危规号：43038）

分子式Zn_3P_2，相对分子质量为258.10；相对密度为4.55（13℃）；熔点为420℃；沸点为1100℃。

本品以硫化氢通入碳酸锌溶液而制得，灰黑色粉末，有蒜臭。干燥时稳定，在潮湿空气及水中逐渐分解。本品剧毒，大鼠的口服半致死剂量为40.5～46.7mg/kg，空气中达到0.1mg/L时，使人发生严重中毒。主要用于杀鼠和粮食熏蒸等。

本品本身不燃，但接触到酸或酸雾、水分会产生性极毒和能自燃的磷化氢气体。与氧化剂反应强烈。含磷化氢33%、温度超过60℃时，便会自燃。

18. 磷化铝（危规号：43036）

分子式AlP，相对分子质量为57.96；相对密度为2.85（25℃）。

本品为黄绿色片剂。剧毒，不燃，但遇酸和水分会放出能自燃的磷化氢气体。含磷化氢33%、温度超过60℃时，便会自燃。在车间空气中的质量浓度达到0.01mg/L时，能使人发生严重中毒。遇水有燃烧危险。主要用于杀鼠和粮食熏蒸。

第七节　氧化性物品和有机过氧化物

一、氧化性物品的危险特性和影响因素

（一）氧化性物品的危险特性

1. 氧化性强烈

氧化性物品多为碱金属、碱土金属的盐或过氧化基所组成的化合物。其特点是氧化价态高，金属活泼性强，易分解，有极强的氧化性；本身不燃烧，但与可燃物作用能发生着火和爆炸。属于这类的物质主要有以下几种。

(1) 硝酸盐类　这一类氧化性物品中含有高价态的氮原子（N^{+5}），易得电子变为低价态的氮原子（N^0，N^{+3}），如硝酸钾、硝酸钠、硝酸锂等。

(2) 氯的含氧酸及其盐类　这类氧化性物品的分子中含有高价态的氯（Cl^{+1}、Cl^{+3}、Cl^{+5}、Cl^{+7}）易得电子变为低价态的氯（Cl^0、Cl^{-1}），如高氯酸、氯酸钾、次亚氯酸钙等。

(3) 高锰酸盐类　这类氧化性物品分子中含有高价态的锰（Mn^{+7}），易得电子变为低价态的锰原子（Mn^{+2}、Mn^{+4}），如高锰酸钾、高锰酸钠等。

(4) 过氧化物类　这类氧化性物品分子含有过氧基（—O—O—），不稳定，易分解，放出具有强氧化性的氧原子，如过氧化钠、过氧化钾等。

(5) 有机硝酸盐类　这类氧化性物品与无机硝酸盐类相似，也含有高价态的氮原子，易得电子变为低价态，但本身可燃，如硝酸胍，硝酸脲等。

(6) 其他　银、铝催化剂等。

2. 受热被撞分解

在现行列入氧化性物品管理的危险品中，除有机硝酸盐类外，都是不燃物质，但当受热、被撞或摩擦时极易分解出原子氧，若接触易燃物、有机物，特别是与木炭粉、硫磺粉、淀粉等粉末状可燃物混合时，能引起着火和爆炸。例如，硝酸铵在加热到210℃时即能分解，分解出来的氨又被分解出来的硝酸氧化为氮及氮的氧化物。

$$5NH_4NO_3 \longrightarrow 5NH_3+5HNO_3 \longrightarrow 4N_2+9H_2O+2HNO_3$$

这个变化是放热反应，整个变化过程即是硝酸铵爆炸反应的过程。在这个变化的过程中所生成的硝酸对硝酸铵的分解有催化作用，当有大量的硝酸铵存在，且温度超过400℃时，这个变化就能引起爆轰，若有易燃物或还原剂渗入，危险性就更大。

一些常见氧化性物品的分解温度和与可燃性粉状物的反应情况见表2-37。

表2-37　一些常见氧化性物品的分解温度和与可燃性粉状物的反应情况

氧化剂名称	分解反应式	分解温度/℃	与木炭、硫磺等粉状物混合后受热、撞击、摩擦反应情况
硝酸铵	$2NH_4NO_3 = 2N_2+4H_2O+O_2$	210	受热能着火、爆炸
高锰酸钾	$2KMnO_4 = K_2MnO_4+MnO_2+O_2$	<240	经撞击爆炸
硝酸钾	$2KNO_3 = 2KNO_2+O_2$	400	受热能着火、爆炸
硝酸钠	$2NaNO_3 = 2NaNO_2+O_2$	380	受热能着火、爆炸
氯酸钾	$2KClO_3 = 2KCl+3O_2$	400	经摩擦立即爆炸
氯酸钠	$2NaClO_3 = 2NaCl+3O_2$	300	经摩擦立即着火
过氧化钾	$K_2O_2 = K_2O+[O]$	490	经摩擦立即着火
过氧化钠	$Na_2O_2 = Na_2O+[O]$	460	经摩擦立即着火

所以，储运这些氧化性物品时，应防止受热、摩擦、撞击，并与易燃物、还原剂、有机氧化剂、可燃粉状物等隔离存放，遇有硝酸铵结块必须粉碎时，不得使用铁质等硬质工具敲打，可用木质等柔质工具破碎。

3. 可燃

虽然氧化性物品绝大多数是不燃的，但也有少数具有可燃性，如硝酸胍、硝酸脲、过氧化氢尿素、高氯酸醋酐溶液、二氯异氰尿酸、三氯异氰尿酸、四硝基甲烷等有机氧化剂，不仅具有很强的氧化性，而且与可燃性物质结合可引起着火或爆炸，着火不需要外界的可燃物参与即可燃烧。因此，有机氧化剂除防止与任何可燃物质相混外，还应隔离所有火种和热源，防止阳光曝晒和任何高温的作用。储存或运输时，应与无机氧化性物品和有机过氧化物分开堆放或积载。

4. 与可燃液体作用自燃

有些氧化性物品与可燃液体接触能引起自燃。如高锰酸钾与甘油或乙二醇接触，过氧化钠与甲醇或醋酸接触，铬酸与丙酮或香蕉水接触等，都能自燃起火，故在储运这些氧化剂时，一定要与可燃液体隔离，分仓储存，分车运输。

5. 与酸作用分解

氧化性物品遇酸后，大多数能发生反应，而且反应常常是剧烈的，甚至引起爆炸。如过氧化钠、高锰酸钾与硫酸，氯酸钾与硝酸接触等都十分危险。

$$Na_2O_2+H_2SO_4 \longrightarrow Na_2SO_4+H_2O_2$$

$$2KMnO_4+H_2SO_4 \longrightarrow K_2SO_4+2HMnO_4$$

$$KClO_3+HNO_3 \longrightarrow HClO_3+KNO_3$$

在上述反应的生成物中，除硫酸盐比较稳定外，过氧化氢、高锰酸、氯酸、硝酸盐等都是一些性质很不稳定的氧化剂，极易分解而引起着火或爆炸。因此，氧化性物品不可与硫酸、硝酸等酸类物质混储混运。这些氧化性物品着火时，也不能用泡沫和酸碱灭火器扑救。

6. 与水作用分解

有些氧化性物品，特别是过氧化钠、过氧化钾等活泼金属的过氧化物，遇水或吸收空气中的水蒸气和二氧化碳时，能分解放出原子氧，致使可燃物质燃爆。过氧化钠与水和二氧化碳反应生成原子氧的反应式如下。

$$Na_2O_2 + H_2O \longrightarrow 2NaOH + [O]$$

$$2Na_2O_2 + 2CO_2 \longrightarrow 2Na_2CO_3 + 2[O]$$

此外，漂粉精（主要成分是次氯酸钙）吸水后，不仅能放出原子氧，还能放出大量的氯；高锰酸锌吸水后形成的液体，接触纸张、棉布等有机物能立即引起燃烧。所以，这类氧化性物品在储运中，要严密包装，防止受潮、雨淋。着火时禁止用水扑救，也不能用二氧化碳扑救。

7. 强氧化性物品与弱氧化性物品作用时易分解

在氧化性物品中，强氧化性物品与弱氧化性物品相互之间接触能发生复分解反应，产生高热而引起着火或爆炸。因为弱氧化性物品在遇到比其氧化性强的氧化性物品时，又呈还原性。如漂白粉、亚硝酸盐、亚氯酸盐、次氯酸盐等氧化性物品，当遇到氯酸盐、硝酸盐等氧化性物品时，即显示还原性，并发生剧烈反应，引起着火或爆炸。如硝酸铵与亚硝酸钠作用能分解生成硝酸钠和比其危险性更大的亚硝酸铵。

$$NH_4NO_3 + NaNO_2 \longrightarrow NaNO_3 + NH_4NO_2$$

因此，氧化性弱的氧化性物品不能与比它们氧化性强的氧化性物品一起储运，应注意分隔。

8. 腐蚀毒害性

绝大多数氧化性物品都具有一定的毒害性和腐蚀性，能毒害人体，烧伤皮肤。如二氧化铬（铬酸）既有毒害性又有腐蚀性，故储运氧化性物品时应注意安全防护。

（二）影响氧化性物品氧化性的因素

氧化性物品氧化能力的强弱主要取决于在化学反应中电子得失的能力。其得失电子能力的大小主要取决于以下几点。

1. 原子内部结构

所谓原子结构主要是指围绕原子核外面的电子轨道，即电子层数和最外层的电子数目。元素的电子层数和最外层电子的数目不同，其氧化性也不同。在氟、氯、溴、碘这组卤族元素中，原子的最外层电子都是 7，只要再得到 1 个电子外层就能达到“8 电子稳定结构”，所以，它们从别的物质（原子、分子或离子）中夺取 1 个电子的能力都比较强，因而表现出很强的氧化性。而它们彼此之间氧化性的强弱又与电子层数有关，即电子层数越少，则氧化能力就越强。卤族元素单质的电子结构和氧化性能的关系见表 2-38。

表 2-38 卤族元素单质性质的比较

元素名称	元素符号	核电荷数	最外层电子	颜色和状态（常态）	相对密度	沸点/℃	电负性①	与氢的反应和氢化物的稳定性	与水的反应	活泼性比较
氟	F	9	7	淡黄绿色气体	1.69	−188	4.10	在冷暗处就能剧烈化合而爆炸，HF很稳定	能使水迅速分解	最活泼，能把氯．溴．碘从其化合物中置换出来
氯	Cl	17	7	黄绿色气体	3.21	−34.6	2.83	在强光照射下剧烈化合而爆炸，HCl很稳定	在日光照射下缓慢放出氧气	较氟次之，能把溴碘从它们的化合物中置换出来

续表

元素名称	元素符号	核电荷数	最外层电子	颜色和状态(常态)	相对密度	沸点/℃	电负性①	与氢的反应和氢化物的稳定性	与水的反应	活泼性比较
溴	Br	35	7	深红色液体	3.12	58.78	2.74	在500℃以上高温时较慢地化合，HBr较不稳定	反应较氯为弱	较氯次之，能把碘从它们的化合物中置换出来
碘	I	53	7	紫黑色固体	4.93	184.4	2.21	持续加热，慢慢地化合，HI很不稳定，同时发生分解	只起很微弱的反应	较不活泼

① 电负性指元素的原子在化合物分子中把电子吸引向自己的能力。电负性越大，吸引电子的能力越强，因而其氧化性也就越强。

2. 元素的非金属性

在同一类含有非金属元素的氧化性物品中，其元素的非金属性越强，氧化性也越强。这是因为非金属性元素具有较强的得电子能力。故在同一类氧化剂中，非金属性强的元素氟、氯等的含氧酸及其盐类的火灾危险性多为甲类，而非金属性相对弱一些的元素溴、碘的含氧酸及其盐类的火灾危险性则多为乙类，见表2-39。

表2-39　硝酸盐、氯酸盐与溴酸盐、碘酸盐的火灾危险性比较

甲类				乙类			
$—NO_3$		$—ClO_3$		$—BrO_3$		$—IO_2$	
名称	分解温度/℃	名称	分解温度/℃	名称	分解温度/℃	名称	分解温度/℃
硝酸钾	400	氯酸钾	400	溴酸钾	370	碘酸钾	560
硝酸钠	380	氯酸钠	261	溴酸钠	381	碘酸钠	熔点
硝酸钡	600	氯酸钡	250	溴酸钡	260	碘酸钙	540
硝酸钙	495～500	氯酸铯	—	溴酸铅	180	碘酸钡	476
硝酸铵	185～200	氯酸铵	100	溴酸银	熔点	碘酸铅	300
硝酸锂	600	氯酸锶	—	溴酸锶	240	碘酸铁	130

3. 离子电荷数

在同一类氧化性物品中，离子所带的正电荷越多，越容易获得电子，其氧化性也就越强。如四价的锡离子比二价的锡离子就具有更强的氧化性。

$$Sn^{+2} \xrightarrow[\text{所带正电荷越多,氧化性越强}]{} Sn^{+4}$$

4. 氧化价态

在同一类含有高氧化价态元素的氧化性物品中，元素的化合价越高，其氧化性越强。

$$NH_3 \quad NaNO_2 \quad NaNO_3 \xrightarrow[\text{氮的化合价越高,氧化性增强}]{}$$

由上例可以看出，氨中的氮元素是－3价的，而它已经得到了3个电子，达到了外层“8电子稳定结构”，所以氨不具有氧化性能；硝酸钠中的氮元素是＋5价的，它失去了五个电子，极欲强烈地夺回这些失去的电子，所以它的氧化性较强；亚硝酸钠中的氮元素是＋3价的，处于中间状态，所以它的氧化性介于氨和硝酸钠之间。因此，同一类氧化剂中，当有多种氧化价态时，其火灾危险性，高价态的多为甲类，而处于中间价态或低价态的多为乙类。如硝酸盐、氯酸盐类多为甲类，而亚硝酸盐、亚氯酸盐类多为乙类。硝酸盐与亚硝酸盐氧化性的比较见表2-40。

表 2-40 硝酸盐与亚硝酸盐氧化性的比较

甲类			乙类		
硝酸盐	分子式	分解温度/℃	亚硝酸盐	分子式	分解温度/℃
硝酸钠	$NaNO_3$	380	亚硝酸钠	$NaNO_2$	320
硝酸钾	KNO_3	400	亚硝酸镍	$Ni(NO_2)_2$	350
硝酸钙	$Ca(NO_3)_2 \cdot 4H_2O$	495～500	亚硝酸钙	$Ca(NO_2)_2$	—
硝酸钡	$Ba(NO_3)_2$	600	亚硝酸钡	$Ba(NO)_2 \cdot H_2O$	217

5. 金属活泼性

在同一类含有金属元素的氧化性物品中，其金属的活泼性越强，氧化性也越强。

Pb Sn Fe Zn Al Mg Ca Na K

→

金属的活泼性增强，氧化性增强

所以，同一类含有金属元素的氧化性物品中，金属活泼性强的高氯酸盐、氯酸盐及硝酸盐等氧化剂多为甲类，而金属活泼性差的氯酸盐及硝酸盐则多为乙类，见表 2-41。

表 2-41 氧化性物品中金属性强弱的火灾危险性比较

甲类			乙类		
氧化性物品	分子式	分解温度/℃	氧化性物品	分子式	分解温度/℃
过氧化钠	Na_2O_2	460	过氧化铅	PbO_2	290
硝酸钾	KNO_3	400	硝酸镍	$Ni(NO_3)_2$	100
硝酸钠	$NaNO_3$	380	硝酸锰	$Mn(NO_3)_2$	160～200
硝酸钙	$Ca(NO_3)_2 \cdot 4H_2O$	495～500	硝酸镁	$Mg(NO_3)_2 \cdot 2H_2O$	330
硝酸钡	$Ba(NO_3)_2$	600	硝酸铬	$Cr(NO_3)_3 \cdot 9H_2O$	100
硝酸铯	$CsNO_3$	—	硝酸铈	$Cu(NO_3)_2 \cdot 3H_2O$	200
硝酸铵	NH_4NO_3	185～200	硝酸铝	$Al(NO_3)_3 \cdot 9H_2O$	150
硝酸锂	$LiNO_3$	600	硝酸铁	$Fe(NO_3)_2 \cdot 9H_2O$	125
硝酸锶	$Sr(NO_3)_2$	645	硝酸镧	$Zr(NO_3)_4 \cdot 5H_2O$	126

应当指出，物质氧化性的强弱，必须通过化学反应才能表现出来。上述总结的大致规律虽不严格，但可帮助我们进一步识别各种氧化剂氧化性能的强弱和区分氧化剂的火灾危险性类别。

二、有机过氧化物的危险特性

有机过氧化物是指分子组成中含有过氧基的有机物。《危险货物国际海运规则》规定的定量标准是，过氧化氢含量>1.0%时，有效含氧量>1.0%；或过氧化氢含量≤1.0%，且>7.0%时有效含氧量>0.5%的分子组成中含有过氧基的有机物。由于有机过氧化物都是分子组成中含有过氧基的有机物，所以热稳定性很差，可发生放热反应并加速分解过程。其危险特性可归纳为以下几点。

（一）分解爆炸性

由于有机过氧化物都含有过氧基—O—O—，而—O—O—基是极不稳定的结构，对热、震动、冲击或摩擦都极为敏感。所以当受到轻微的外力作用时即分解。如过氧化二乙酰，纯品制成后存放 24h 就可能发生强烈的爆炸；过氧化二苯甲酰当含水在 1%以下时，稍有摩擦即能爆炸；过氧化二碳酸二异丙酯在 10℃以上时不稳定，达到 17.22℃时即分解爆炸；过氧乙酸（过醋酸）纯品极不稳定，在零下 20℃时也会爆炸，浓度大于 45%时就有爆炸性，作为商品制成含量为 40%的溶液时，在存放过程中仍可分解出氧气，加热至 110℃时即爆炸。

不难看出，有机过氧化物对温度和外力作用是十分敏感的，其危险性和危害性比其他氧化剂更大。

过氧基之所以不稳定，是因为过氧基断裂所得的两个基团均含有未成对的电子，这两个基团称为自由基。自由基的独特性质是，具有不稳定性、显著的反应性和较低的活化能，且只能暂时存在。当自由基周围有其他基团和分子时，自由基能迅速与其他基团和分子作用，并放出能量。这时自由基被破坏，形成新的分子和基团。由于自由基都具有较高的能量，当在某一反应系统中大量存在时，则自由基之间相互碰撞或自由基与器壁碰撞，就会释放出大量的热量。加之有机过氧化物本身易燃，因此就会形成由于高温引起有机过氧化物的自燃，而自燃又产生更高的热量，致使整个反应体系的反应速度加快，体积迅速膨胀，最后导致反应体系的爆炸。

—O—O—键之所以容易断裂，主要是由于—O—O—键结合力弱，断裂时所需的能量不大。从表 2-42 所列的几种有机过氧化物的分解温度可以看出，一些有机过氧化物在常温或低于常温时即可分解。例如，过氧化重碳酸二异丙酯的危险温度是－15℃，最高运输温度不准超过－25℃，所以，必须用二甲苯等稀释后于－10℃下在冰箱中储存或运输，或用透气容器在－10℃条件下储存，并要消除震动、摩擦、冲击和热的影响。

表 2-42　几种有机过氧化物的分解温度

物品名称	分子式	分解温度/℃
过氧化重碳酸二异丙酯	$(CH_3)_2CHOCO\cdot OOCO\cdot OCH(CH_3)_2$	11.7
过氧化三甲醋酸叔丁酯	$(CH_3)_3COOCOC(CH_3)_3$	29.4
过氧化二月桂酰	$(C_{11}H_{23}CO_2)O_2$	48.8
过氧化苯甲酸叔丁酯	$C_6H_5COOOC(CH_3)_3$	60
过氧化乙酸叔丁酯	$CH_3CO(O_2)C(CH_3)_3$	93.3

（二）易燃性

有机过氧化物不仅极易分解爆炸，而且还特别易燃。如过氧化叔丁醇的闪点为 26.67℃，过氧化二叔丁酯的闪点只有 12℃。一些液体有机过氧化物的闪点见表 2-43。

表 2-43　一些液体有机过氧化物的闪点

有机过氧化物名称	闪点/℃	有机过氧化物名称	闪点/℃
过氧化甲乙酮	50	过氧化二乙酰	45
过氧化叔丁醇	26.67	过蚁酸（过甲酸）	40
过氧化二叔丁醇	18.33	过氧化羟基异丙苯	79
过氧乙酸（过醋酸）	40.56	过苯甲酸叔丁酯	87.8

有机过氧化物当因受热或与杂质（如酸、重金属化合物、胺等）接触或摩擦、碰撞而发热分解时，可产生有害或易燃气体或蒸气；许多有机过氧化物易燃，而且燃烧迅速且猛烈，当封闭受热时极易由迅速的爆燃而转为爆轰。所以扑救有机过氧化物火灾时应特别注意爆炸的危险性。

（三）人身伤害性

有机过氧化物的人身伤害性主要表现为容易伤害眼睛，如过氧化环己酮、叔丁基过氧化氢、过氧化二乙酰等，都对眼睛有伤害作用，其中有些即使与眼睛短暂的接触，也会对角膜造成严重的伤害。因此，应避免眼睛接触有机过氧化物。

综上所述，有机过氧化物的火灾危险性主要取决于物质本身的过氧基含量和分解温度，过氧基含量越多，热分解温度越低，则火灾危险性就越大。所以，在储存或运输时，要特别注意它们的氧化性和着火爆炸性并存的双重危险性，并根据它们的危险特性，采取正确的防火、防爆措施，严禁受热，防止摩擦、撞击，避免与可燃物、还原剂、酸碱和无机氧化剂接触等。

三、常见的氧化性物品

1. 过氧化氢溶液（20%～60%，危规号：51001；浓度为 8%～20%时，危规号：51501）

别名双氧水，学名过氧化氢，分子式 H_2O_2，相对分子质量为 34.01；相对密度为 1.46（0℃）；1.71（20℃）；熔点为－2℃；沸点为 158℃；饱和蒸气压为 133.322Pa（15.3℃）。

本品由电解硫酸氢铵制得。纯过氧化氢是无色油状液体，易分解放出氧和热，是强氧化剂。商品一般是它的水溶液，市售为 30%～35%溶液，相对密度为 1.11～1.13，沸点为 106～108℃，凝固点为－26～－32.8℃，均系无色透明液体，对皮肤有刺激作用。

本品是强氧化性物品，受热或遇有机物易分解放出氧气。加热至 100℃则激烈分解。遇铬酸、高锰酸钾、金属粉末会起剧烈作用，甚至爆炸。

本品用于漂白皮毛、猪鬃、脂肪、兽骨、象牙、草帽，也用于医药等。

本品着火可用雾状水、黄砂、干粉等相应的灭火剂扑救。

2. 过氧化钠（危规号：51001）

别名过氧化碱，分子式 Na_2O_2，相对分子质量为 77.98；相对密度为 2.805；熔点为 460℃（开始分解）；沸点为 657℃（分解）。

本品为淡黄色颗粒或粉末，加热时变黄色，极易潮解；与潮湿空气接触则分解成过氧化氢而失效。溶解于水中生成氢氧化钠，释放出氧和大量的热。过氧化钠具有强腐蚀性，对皮肤、眼睛有害。在造纸、印染、油脂等工业用作漂白剂或氧化剂。

本品是强氧化性物品，与乙醇、可燃液体及有机酸类接触，即引起着火和爆炸。遇热、水即分解而放出氧。与有机物及镁、铝、锌粉接触时或撞击、摩擦时能引起着火或爆炸。

本品用密封铁桶装，包装净重 180～200kg，桶外应有明显的氧化剂标志及注意事项。

本品着火只可用干砂、干粉、细石子掩盖。禁用水，

3. 氯酸钠（危规号：51030）

别名白药钠、氯酸碱；分子式 $NaClO_3$，相对分子质量为 106.44；相对密度为 2.490（15℃）；熔点为 248～261℃。

本品在无隔膜的电解槽内电解饱和食盐溶液而制得。无色无嗅粒状结晶，味咸而凉，能溶于水和醇。在印染工业用作氧化剂、媒染剂、农药除草剂。

本品是强氧化性物品，超过熔点即分解放出氧气，是强氧化剂中危险性最大的一种。有毒，有潮解性，与磷、硫及有机物混合易着火和爆炸。

本品着火可先用砂土覆埋，再用水及泡沫灭火剂和雾状水扑救。

4. 高锰酸钾（危规号：51048）

别名过锰酸钾、灰锰氧，分子式 $KMnO_4$，相对分子质量为 158.03；相对密度为 2.703；熔点为 240℃。

本品用二氧化锰与氢氧化钾作用制得锰酸钾，再用电解法氧化而制得。黑紫色有金属光泽的粒状或针状结晶，味甜而涩，溶于水，呈紫色溶液。熔点时分解放出氧，遇乙醇亦分解。高锰酸钾在碱性溶液中或酸性溶液中，都是氧化剂。但这两种情况不同，在酸性溶液时，最后生成亚锰盐；在碱性溶液时，则最后生成二氧化锰，故氧化能力在酸性溶液中更强。主要用于水的消毒刘、织物漂白剂、杀菌剂、油脂脱臭剂，以及制造糖精、安息香酸、

草等。制药工业用于合霉素、消炎痛、医药上用作消毒剂。

本品是强氧化性物品，与易燃物质一并加热或撞击、摩擦即发火爆炸。与有机物、易燃物、酸类，特别是硫酸、双氧水、甘油接触，容易发生着火和爆炸。

本品着火可用水、沙土扑救。

5. 漂粉精（危规号：51043）

学名三次氯酸钙合二氢氧化钙（次亚氯酸钙），分子式为 $3Ca(OCl)_2 \cdot 2Ca(OH)_2$，相对分子质量为577。

本品是将氯气通入氢氧化钙溶液而制得。系白色颗粒状粉末，外观与熟石灰相似，具有强烈的氯臭，在无水状态时，比漂白粉稳定。有腐蚀性和毒性。主要用于纸浆漂白，棉织物漂白，医药的消毒，杀菌等方面。

本品是强氧化性物品，性毒，忌受潮和热。可溶于水，遇水放出大量的热和初生态氧，沸点 150℃以上分解。加热时急剧分解引起着火和爆炸；与酸作用能放出氧气。如以强烈日光曝晒或受热至 150℃以上，与有机物及油类等接触，能发生强烈燃烧。与铁、锰、钴、镍等粉末混合，能成为爆炸性混合物。

本品着火时可用砂土、水扑救。当少量物品燃烧时，用大量水灭火才能奏效；而大量物品燃烧时，用少量水，反而有害，故应用大量的水扑救。

6. 硝酸铵（危规号：51061）

别名 NH_4NO_3；相对分子质量为 80.05；相对密度为 1.725；熔点为 169.6℃。

本品用氨中和硝酸而制得。系无色无嗅的透明结晶体或白色小颗粒。加热至 160℃以上则放热分解，放出一氧化二氮有毒气体。吸湿结块性很强。极易溶解于水、酒精和氨溶液中。主要用于制造无烟火药；在农业上用作肥料，有速效性肥料之称；化学工业用于制造笑气；医药工业制造维生素 B；轻工业制造无碱玻璃。

本品是强氧化性物品，易潮解，易爆炸，性质不稳定，各种有机杂质均能显著地增强硝酸铵的爆炸性。加热至 300℃以上时有爆炸危险。加热至 400℃爆炸。含水 3%以上比较安全。

本品着火可用砂土，雾状水扑救。可用大量水，但不可用窒息法。

7. 硝酸钾（危规号：51056）

别名硝石、土硝、火硝，分子式 KNO_3，相对分子质量为 101.10；相对密度为 2.109；熔点为 334℃；沸点为 400℃。

本品从天然土硝提炼或用硝酸钠与氯化钾起复分解反应制得。系无色透明结晶或白色粉末，分解时放出氧气。溶于水，不溶于醇及醚，无嗅、无毒，味咸、辣而有清凉感。硝酸钾的结晶，不含结晶水，在空气中不潮结。为制作黑火药的原料，还用于焰火工业、玻璃工业。在仪器工业中用于防腐，机械工业用于金属淬火。

本品与有机物、碳、硫等接触能引起燃烧或爆炸，燃烧时火焰呈紫色（钾化合物的焰反应呈紫色，钠化合物的焰色呈黄色，这是简单的鉴别钾和钠化合物的方法）。爆炸后产生有毒和刺激性的过氧化氮气体。

本品着火可用水（不可用高压水柱）、黄砂和雾状水扑救。

8. 漂白粉（危规号：51509）

别名次氯酸钙、氯化石灰、漂粉，主要成分是 $Ca(ClO)_2$。

漂白粉是以消石灰吸收氯气制成的，是次氯酸钙、氯化钙以及未反应的消石灰的混合物。外观为白色粉末，与熟石灰相似，具有极强的氯臭。化学性质很不稳定。漂白粉能分解出有氧化性的氯气和极活泼的原子氧。漂白粉遇水或乙醇、无机酸都能分解，产生初生态氧使有机色素氧化褪色。故多用作消毒剂、杀菌剂和漂白剂等。漂白粉在空气中吸收二氧化碳和水后的反应如下。

$$Ca(ClO)_2 + H_2O + CO_2 \longrightarrow CaCO_3 + HCl + HClO + [O]$$

$$HCl + HClO \longrightarrow H_2O + Cl_2 \uparrow$$

$$HClO \longrightarrow HCl + [O]$$

漂白粉受100℃以上高热会爆炸，遇有机物（如汽油）会发热起火；与某些可燃物混合（如干草、木屑）在高温情况下也会引起燃烧；遇到硫酸等反应激烈，遇日光也能加速分解。所以漂白粉，应盛于密闭的容器中储存于干燥的库房内，远离热源。应与有机物、易燃物、酸类隔离存放。不宜久储，以免吸潮结块失效。

9. 铬酸酐（危规号：51519）

别名三氧化铬，分子式 CrO_3，相对分子质量为100；相对密度为2.70；熔点为197℃。

本品为暗紫红色片状结晶或斜方结晶，有毒。熔点分解，易吸收空气中的水分而潮解。溶于水而成铬酸。溶于乙醚、乙醇。熔融时稍有分解，在230℃以上分解放出氧气。浓溶液能腐蚀皮肤及多种金属；稀溶液亦能损害纤维。极易潮解，露置空气中即潮解淌水，腐蚀铁桶。

本品与糖、纤维、苯、乙醇、乙酸、丙酮、双氧水、还原剂接触会发生剧烈反应，甚至引起燃烧。与硫、磷及某些有机物混合，经摩擦、撞击，有引起着火和爆炸的危险。

10. 二氧化铅（危规号：51502）

学名过氧化铅，分子式 PbO_2，相对分子质量为239.20；相对密度为9.375；熔点为290℃。

本品是将漂白粉加入氢氧化铅的碱性溶液内氧化而得，为棕褐色结晶体或粉末，有毒。熔点分解，不溶于水和乙醇，微溶于乙酸，能溶于稀盐酸、碱溶液和冰醋酸中。与盐酸作用析出游离氯，与硝酸作用产生过氧化氢。见光或受热分解为四氧化三铅和氧。主要用作氧化剂、电极、蓄电池、分析试剂、火柴等。

本品遇高温（290℃）分解产生铅蒸气。与有机物、还原剂、易燃物、硫、磷等混合后，经摩擦有引起燃烧的危险。

本品着火可用雾状水、砂土、二氧化碳、干粉等相应的灭火剂扑救。

11. 硝酸胍（危规号：51068；UN编号：1467）

又称硝酸亚氨脲，分子式为 $CH_6N_4O_3$；分子量为122.08；结构式

$$H_2N-C(=NH)-NH_2 \cdot HNO_3$$

硝酸胍受热、接触明火或受到摩擦、震动、撞击时可发生爆炸。加热至150℃时分解并爆炸。与硝基化合物和氯酸盐组成的混合物对震动和摩擦敏感并可能爆炸。受高热分解，产生有毒的氮氧化物，属于强氧化剂。

硝酸胍对眼睛、皮肤、黏膜和上呼吸道有刺激作用过量吸入可致死。高温下释放出氮氧化物气体，对呼吸道有刺激性。

硝酸胍发生火灾事故时，应采用水、二氧化碳或砂土灭火。

应急处理的方法是，隔离泄漏污染区，限制出入，切断火源。应急处理人员建议戴防尘面具（全面罩），穿防毒服，不要直接接触泄漏物。勿使泄漏物与有机物、还原剂、易燃物接触。小量泄漏时，用洁净的铲子收集于干燥、洁净、有盖的容器中。大量泄漏时，收集回收或运至废物处理场所处置。

操作注意事项。密闭操作，提供充分的局部排风。操作人员必须经过专门培训，严格遵守操作规程。建议操作人员佩戴头罩型电动送风过滤式防尘呼吸器，穿胶布防毒衣，戴氯丁

橡胶手套。远离火种、热源，工作场所严禁吸烟。远离易燃、可燃物。避免产生粉尘。避免与还原剂接触。搬运时要轻装轻卸，防止包装及容器损坏。禁止震动、撞击和摩擦。配备相应品种和数量的消防器材及泄漏应急处理设备。倒空的容器可能残留有害物。

仓库储存时，应当储存于阴凉、通风的库房。远离火种、热源。包装密封。应与易（可）燃物、还原剂等分开存放，切忌混储。储区应备有合适的材料收容泄漏物。

运输包装方法。整车运输时，两层坚韧纸袋，其中一层涂沥青，并将有沥青的一面黏合于麻袋上，每袋净重不超过40kg；塑料袋外榫槽接缝木箱；金属桶（罐）或塑料桶外花格箱。零担运输时，塑料袋或二层牛皮纸袋外全开口或中开口钢桶（钢板厚0.5mm，每桶净重不超过50kg），外加透笼木箱。

运输注意事项。铁路运输时应严格按照铁道部《危险货物运输规则》中的危险货物配装表进行配装。运输时单独装运，运输过程中要确保容器不泄漏、不倒塌、不坠落、不损坏。运输时运输车辆应配备相应品种和数量的消防器材。严禁与酸类、易燃物、有机物、还原剂、自燃物品、遇水易燃物品等并车混运。运输时车速不宜过快，不得强行超车。运输车辆装卸前后，均应彻底清扫、洗净，严禁混入有机物、易燃物等杂质。

四、常见有机过氧化物

1. 过氧化二苯甲酰（危规号：52045）

别名过氧化苯甲酰，分子式 $(C_6H_5CO)_2O_2$，相对分子质量为242.22；熔点103～106℃。

本品以稀过氧化氢在0～5℃时缓慢滴入氯化苯甲酰制得。为白色结晶性粉末，稍有气味。沸点分解（爆炸）。微溶于水，稍溶于乙醇，溶于乙醚、丙酮、氯仿和苯。本品分“干品”和“湿品”两种。“干品”含水1%以上时，危险性更大；“湿品”含水30%时性质较稳定。主要用作聚合反应的引发和二甲基硅橡胶、凯尔F橡胶的硫化剂，并用于油脂的精制，面粉的漂白，纤维的脱色等。

本品是有机过氧化物，不仅本身易燃（自燃点80℃），而且具有强氧化性，受热分解能发生爆炸。加入硫酸时发生燃烧，撞击、受热或摩擦时能爆炸。

本品着火可用雾状水、砂土、二氧化碳、干粉等相应的灭火剂扑救。

2. 过乙酸（危规号：52051）

别名过醋酸、过氧化乙酸、乙酰过氧化氢；分子式 CH_3COOOH，相对分子质量76.05；相对密度1.15；沸点105℃；熔点0.1℃；蒸发热44.548kJ。结构式

$$H_3C-C(=O)-OOH$$

本品由醋酸与氧化氢在硫酸存在下反应而制得，为无色有强烈气味的液体。对皮肤有腐蚀性。溶于水、乙醇、乙醚和硫酸。一般商品为40%的过氧乙酸溶液。本品主要用于纺织品，纸张、油脂、石蜡和淀粉的漂白剂。在有机合成中作为氧化剂和环氧化剂，如用于前列腺素、盖烯二醇、环氧丙烷、甘油、己内酰胺的合成中。过氧乙酸具有高效、快速杀菌作用，因此用作杀虫剂和杀菌剂。适用于传染病消毒、饮水消毒和食品消毒等。

本品性质不稳定，温度稍高（加热至110℃）即分解放出氢气而爆炸。纯品在−20℃时也会爆炸，浓度大于45%时就具有爆炸性。本品易燃，闪点为40.56℃（开杯），遇高热或有色金属离子存在，或与还原剂接触，有引起着火爆炸的危险。

本品着火可用雾状水、砂土、二氧化碳、干粉等相应的灭火剂扑救。

3. 过氧化环己酮（危规号：52034）

分子式 $C_{12}H_{22}O_5$，相对分子质量246.31。

本品纯品是白色及浅黄色针状结晶或粉末。不溶于水，溶于乙酸、石油醚、醇、丙酮，主要用于橡胶、塑料合成中的交联剂和引发剂。

本品遇高温、阳光曝晒、撞击（干粉）、还原剂，以及硫、磷等易燃物时，有引起着火爆炸的危险。遇金属粉末，会促进分解。由于纯品受到撞击，较易分解爆炸，故通常将商品制成浆状（以增塑剂为溶剂的50%～80%的浆状物）。

本品着火可用雾状水、砂土、二氧化碳、干粉等相应的灭火剂扑救。

4. 过氧化氢尿素（危规号：51076）

别名脲过氧化氢，分子式 $CO(NH_2)_2 \cdot H_2O_2$，相对分子质量 94.08；熔点 75～85℃（分解）。

本品为白色结晶，在潮湿时，能溶于水、乙醇和乙二醇。用于制造无水过氧化氢、消毒剂、改性淀粉、医药等。

本品易燃，40℃以上能分解放出水和氧气，并有腐蚀性和氧化性。

本品一旦着火可用水、砂土、二氧化碳、干粉等相应的灭火剂扑救。

第八节　毒性物品

毒性物品是指进入人体后累积达到一定的量，能与体液组织发生生物化学作用或生物物理学变化，扰乱或破坏肌体的正常生理功能，引起暂时性或持久性的病理状态，甚至危及生命安全的物品。具体讲，是指急性经口吞咽毒性，固体 $LD_{50} \leqslant 200 mg/kg$，液体 $LD_{50} \leqslant 500 mg/kg$；或急性经皮肤接触毒性 $LD_{50} \leqslant 1000 mg/kg$；急性烟雾、粉尘的吸入毒性 $LC_{50} \leqslant 10 mg/L$的固体或液体，以及列入危险货物品名表的农药。

一、毒性物品的危险特性

（一）毒害性

毒性物品的主要危险性是毒害性，毒害性则主要表现为对人体及其他动物的伤害。但伤害是有一定途径的，引起人体及其他动物中毒的主要途径是呼吸道、消化道和皮肤三个方面。

1. 呼吸中毒

在毒害品中，挥发性液体的蒸气和固体的粉尘，最容易通过呼吸器官进入人体。尤其在火场上和抢救疏散毒害品过程中，接触毒品的时间较长，消防人员呼吸量大，很容易引起呼吸中毒。如氢氰酸、溴甲烷、苯胺、西力生、赛力散、三氧化二砷等的蒸气和粉尘，都能经过人的呼吸道进入肺部，被肺泡表面所吸收，随着血液循环引起中毒。此外，呼吸道的鼻、喉、气管黏膜等，也具有相当大的吸收能力，很易被吸收而引起中毒。呼吸中毒比较快，而且严重，因此，扑救毒害品火灾的人员，应佩戴必要的防毒器具，以免引起中毒。

2. 消化中毒

指毒害品侵入人体消化器官引起的中毒。此种中毒通常是在进行毒品操作后，未经漱口、洗手就饮食、吸烟，或在操作中误将毒品服入，进入胃肠引起中毒。由于人的肝脏对某些毒物具有解毒功能，所以消化中毒较呼吸中毒缓慢。有些毒品如砷和它的化合物，在水中不溶或溶解度很低，但通过胃液后会变为可溶物被人体吸收而引起人身中毒。

3. 皮肤中毒

一些能溶于水或脂肪的毒物接触皮肤后，都易侵入皮肤引起中毒。如芳香族的衍生物，

硝基苯、苯胺、联苯胺，农药中的有机磷、一六零五、一零五九、有机汞、西力生、赛力散等毒物，能通过皮肤破裂的地方侵入人体，并随着血液循环而迅速扩散。特别是氰化物的血液中毒，能极其迅速地导致死亡。此外，氯苯乙酮等毒物对眼角膜等人体的黏膜有较大的危害。

（二）影响毒害性的因素

毒害品物料毒害性的大小是由多种因素决定的，通过分析比较，影响因素主要有以下几点。

1. 化学组成和化学结构

这是决定物品毒害性的根本因素，其影响因素如下。

（1）有机化合物的饱和程度。如乙炔的毒性比乙烯大，乙烯的毒性比乙烷大等。

（2）分子上烃基的碳原子数。如甲基内吸磷比乙基内吸磷的毒性小50%。

（3）硝基化合物中硝基的多少。硝基增加而毒性增强，若将卤原子引入硝基化合物中，毒性随着卤原子的增加而增强。

（4）硝基在苯环上的位置。如当同一硝基（—NO_2）在苯环上位置改变时，其毒性相差数倍。

毒害品的化学结构的变化对毒性的影响见表2-44。

表2-44 毒害品的化学结构的变化对毒性的影响

名称	结构	白鼠半致死剂量/(mg/kg)
对硫磷	$CH_3—CH_2—O$, $CH_3—CH_2—O$, S, P—O, NO_2	18
邻硝基对硫磷	$CH_3—CH_2—O$, $CH_3—CH_2—O$, S, P—O, NO_2	50
间硝基对硫磷	$CH_3—CH_2—O$, $CH_3—CH_2—O$, S, P—O, NO_2	100～150

2. 溶解性

毒害品在水中的溶解度越大，越容易引起中毒。因为人体内含有大量的水分，易溶于水的毒品易被人体组织吸收，而且人体内的血液、胃液、淋巴液、细胞液中，除含有大量水分外，还含有酸、脂肪等。一些毒物在这些体液中比在水中的溶解度还要大，所以更容易引起人身中毒。

3. 挥发性

毒害品的挥发速度越快，越容易引起中毒。这是由于毒物挥发所产生的有毒蒸气容易通过人的呼吸器官进入体内，形成呼吸中毒。如汞、氯化苦（三氯硝基甲烷）、溴甲烷、氯化酮等毒品的挥发性很强，其挥发的蒸气在空气中的浓度越大，越容易使人中毒。人在一定浓度的有害气体中待的时间越长，越易中毒，且中毒程度越严重。

4. 颗粒细度

固体毒物的颗粒越细，越易使人中毒。因为细小粉末容易穿透包装随空气的流动而扩

散，特别是包装破损时更易被人吸入。不仅如此，而且小颗粒的毒物易被动物体吸收。例如铅块进入人体后并不会引起中毒，而铅的粉末进入人体后，则易引起中毒。

5. 气温

气温越高则挥发性毒物蒸发越快，可使空气中的浓度增大。同时，潮湿季节，人的皮肤、毛孔扩张，排汗多，血液循环加快，也容易使人中毒。所以在火场上由于火焰的高温辐射，更须注意防毒。

（三）火灾危险性

从列入毒害品管理的物品分析，约 89%的都具有其火灾危险性。通过归纳具有以下特性。

1. 遇水易燃性

无机毒害品中金属的氰化物和硒化物大都本身不燃，但都有遇水易燃性。如钾、钠、钙、锌、银、汞、钡、铜、镉、铈、铅、镍等金属的氰化物（如氰化钠、氰化钾），遇水或受潮都能放出性极毒且易燃的氰化氢气体；硒化镉、硒化铁、硒化锌、硒化铅、硒粉等硒的化合物类，遇酸、高热、酸雾或水解能放出易燃且有毒的硒化氢气体；硒酸、氧氯化硒还能与磷、钾猛烈反应。

2. 氧化性

在无机毒害品中，锑、汞和铅等金属的氧化物大都本身不燃，但都具有氧化性。如五氧化二锑（锑酐）本身不燃，但氧化性很强，380℃时即分解；四氧化铅（红丹）、红降汞（红色氧化汞）、黄降汞（黄色氧化汞）、硝酸铊、硝酸汞、钒酸钾、钒酸铵、五氧化二钒等，它们本身都不燃，但都是弱氧化剂，在 500℃时分解，当与可燃物接触后，易引起着火或爆炸，并产生毒性极强的气体。

3. 易燃性

在《危险货物品名表》所列的毒害品中，有很多是透明或油状的易燃液体，有的是低闪点或中闪点液体。如溴乙烷闪点小于－20℃，三氟丙酮闪点小于－1℃，三氟醋酸乙酯闪点为－1℃，异丁基腈闪点为 3℃，四羰基镍闪点小于 4℃。卤代醇、卤代酮、卤代醛、卤代酯等有机的卤代物，以及有机磷、硫、氯、砷、硅、腈、胺等，都是甲、乙类或丙类液体及可燃粉剂，马拉硫磷、一六零五、一零五九等农药都是丙类液体。这些毒品即有相当的毒害性，又有一定的易燃性。

硝基苯、菲醌等芳香环、稠环及杂环化合物类毒害品，阿片生漆、尼古丁等天然有机毒害品类，遇明火都能够燃烧，遇高热分解出有毒气体。

4. 易爆性

毒害品当中的叠氮化钠、芳香族含 2,4 位两个硝基的氯化物、萘酚、酚钠等化合物，遇高热、撞击等都可引起爆炸，并分解出有毒气体。如 2,4-二硝基氯化苯，毒性很高，遇明火或受热至 150℃以上有引起爆炸或着火的危险。砷酸钠、氟化砷、三碘化砷等砷及砷的化合物类，本身都不燃，但遇明火或高热时，易升华放出性极毒的气体。三碘化砷遇金属钾钠时，还能形成对撞击敏感的爆炸物。

二、常见的易燃毒性物品

1. 氰化钠（危规号：61001）

别名山奈钠、山埃钠；分子式 NaCN，相对分子质量 49.02；相对密度 1.596；熔点 63.7℃；饱和蒸气压 133.322Pa（817℃），1333.22Pa（983℃）。

本品用熔融的金属钠与铵加热反应生成氨基化钠，再经过炽热的木炭层而制得。白色粉

末状结晶，通常加工成煤球形、丸状或块状。稍溶于乙醇，易溶于水。水溶液呈碱性，有潮解性，用于提炼金、银等贵重金属的淬火、电镀、有机合成等。

本品剧毒并有腐蚀性，易经皮肤吸收中毒，接触皮肤破伤口极易侵入人体而造成死亡。大鼠口服半致死剂量为15mg/kg。空气中最高允许质量浓度（以氰化氢计算）为0.3mg/m³。本身不燃，但遇潮湿空气或与酸类接触，则会产生剧毒易燃的氰化氢气体。与硝酸盐及亚硝酸盐反应强烈，有发生爆炸危险。

本品着火可用沙土、石粉、干粉扑救，禁用酸、碱灭火剂和二氧化碳。如用水扑救，则应防止灭火人员接触含有氰化钠的水，特别是皮肤破伤处不得接触，也要防止有毒的水流入河道，污染环境。

2. 氰化钙（危规号：61001）

分子式 $Ca(CN)_2$，相对分子质量92.12。

本品可由氰氨基钙和碳于1000℃以上高温在碱金属盐类存在下作用制得。纯品是无色结晶或白色粉末，工业品是灰黑色无定形薄片或粉末。主要用于提炼金银等贵重金属和制农药等。

本品剧毒，吸入粉尘或水溶液能通过皮肤吸收而引起人体中毒，车间空气中的最高允许质量浓度（以氰化氢计算）为0.3mg/m³。本品本身不燃，但遇酸或暴露于潮湿空气中或溶于水中能分解出剧毒且易燃的氰化氢气体。

本品可用于砂、石粉压盖，可用雾状水保护附近其他物品。禁用水及酸、碱式灭火剂扑救。

3. 氰化氢（危规号：61003）

别名无水氰氢酸，分子式HCN，相对分子质量为27.028；相对密度为0.6876（20℃）；溶点为−13.2℃；沸点为25.7℃；饱和蒸气压为53328.800kPa；临界温度为185.5℃；临界压力为4954.793kPa。

本品由甲烷与氨和空气于高温下合成，或由甲酰胺热解制得。系无色气体或液体。液体极易挥发，有苦杏仁味。能溶于水、醇及醚。剧毒，空气中最高允许质量浓度为0.3mg/m³，质量浓度达300mg/m³时，使人立即致死；达200mg/m³时，对生命有危险，一般在1h内死亡；达20～40mg/m³时，接触几小时后出现轻度症状。受热后容器瓶内压力增大，漏气可致附近人畜生命危险。主要用于制丙烯腈和丙烯酸树脂，以及农用杀虫剂。

液态氰氢酸或其水溶液在碱性、高温，长期放置和受光，放射线照射，放电及电解条件下都会引起氰氢酸的聚合，并放出热量，进而加速聚合反应的进行，形成连锁反应，引起猛烈爆炸。闪点−17.78℃（闭杯），自燃点为537.78℃，爆炸极限5.6%～40%，遇火种有燃烧爆炸危险。

本品着火可用雾状水、干粉等相应的灭火剂扑救。

4. 三碘化砷（危规号：61014）

别名碘化砷，分子式 AsI_3，相对分子质量455.75；相对密度4.688（25℃）；熔点140.9℃；沸点400℃。

本品由砷与碘直接化合而得，橙红色磷片状或粉状结晶。见光或潮湿空气会变质。灼烧时能升华。能溶于醇、醚及二硫化碳，溶于水，同时发生水解。主要用于化学分析、医药。

本品剧毒，不燃，但遇明火高热时逸出蒸气，毒性剧烈。遇金属钾及钠能形成撞击敏感的爆炸物。

5. 四羰酰镍（危规号：61031）

别名四碳酰镍，分子式 $Ni(CO)_4$，相对分子质量170.73；相对密度1.3185；溶点

-25℃；沸点 43℃；饱和蒸气压 53328.8Pa（25.8℃）；临界温度约 200℃；临界压力约 3039.75kPa。

本品由一氧化碳通过细镍粉而得，无色挥发性液体。43℃时沸腾，逸出有特殊煤烟气味，在空气中能燃烧。60℃以上时分解，常伴有爆炸。能溶于醇等多数有机溶剂和浓硝酸，溶于水。空气中的最高允许质量浓度为 0.001mg/m³。主要用于电子工业，制造塑料中间体、镍极板和提炼镍。

本品剧毒，遇火、高热、氧化剂能燃烧。闪点<4℃，爆炸下限 2%（20℃）。受热、遇酸或酸雾会产生性极毒气体，能与空气、氧、溴强烈反应引起爆炸。

本品着火可用雾状水、二氧化碳、泡沫等相应的灭火剂及砂土扑救。灭火人员应注意防毒，并佩戴防毒面具。

6. 二硝基苯（危规号：61057）

分子式 $C_6H_4(NO_2)_2$，相对分子量 168.14。

二硝基苯有邻二硝基苯、间二硝基苯和对二硝基苯三种异构体。在这三种异构体中，工业上应用较广的为（间）二硝基苯。

本品是苯的硝基衍生物，为黄色透明状结晶，有挥发性和苦杏仁气味。微溶于水，可溶于醇、苯，主要用于有机合成工作中的中间体。可用以制备（间）苯二胺，也是制造、硫化黄、棕、卡其染料的原料，并可用来制造炸药。

本品有毒，毒性比硝基苯剧烈，毒性可渗透过皮肤或由呼吸器官吸入，刺激眼睛。具有易燃性和爆炸性。

本品包装净重有 200kg、50kg 两种，铁桶装，包装外应有明显的“毒害品”主标志及“易燃品”副标志。

本品着火可用雾状水、黄砂、泡沫、二氧化碳等相应的灭火剂扑救。

7. 二硝基甲苯 DNT（危规号：61058）

学名 2,4-二硝基甲苯，分子式 $C_6H_3CH_3(NO_2)_2$，相对分子量 182.13；相对密度 1.521（15℃）；熔点 69.5℃；沸点 300℃。

本品是由二硝基甲和部分三硝基甲苯组成的混合物。黄色针状结晶，有苦杏仁自味。本品有 6 种分异构体，易溶于丙酮和苯，微溶于醇和醚，不溶于水。主要用于制造三硝基甲苯，同时也用于制造聚氨酯和制造染料，如硫化降红、硫化红标及硫化黄等，也用于其他合成工作中。

本品易燃，闪点 207℃，爆燃点 360℃（发火）；爆热 4396.14kJ；爆轰气体体积 602L/kg；甚毒。加热至 300℃时分解，与氧化剂混合能成为爆炸性混合物，燃烧时产生大量的有刺激性的黑色烟雾。吸入蒸气可引起中毒，与皮肤接触易发炎。

工业二硝基甲苯采用铝桶、镀锌铁箱或其容器包装。当采用镀锌铁箱或其他容器包装时，外面应套木箱，每件重不大于 80kg。包装外应有明显的“毒害品”主标志和和“易燃品”副标志。

本品着火可用雾状水、砂土、泡沫等相应的灭火剂扑救。

8. 对硝基甲苯（危规号：61058）

分子式 $CH_3C_6H_4NO_2$，相对分子质量 137.14；密度 1.286；熔点 51.9℃；沸点 238.3℃；饱和蒸气压 133.322Pa（53.7℃）。

本品用于各种染料合成。淡黄色结晶，不溶于水，易溶于醇、醚和苯。本品有毒，易经皮肤吸收，在车间空气中的最高允许质量分数为 5×10^{-6}。

本品遇火能燃烧，遇硫酸能爆炸。闪点 106.11℃（闭杯），燃烧热值 3628.281kJ/mol

(固体，20℃)。

本品着火可用雾状水、泡沫、二氧化碳、砂土等相应的灭火剂扑救。

9. 3-丁烯腈（危规号：61104）

别名氰基丙烯、烯丙基氰，分子式 $CH_2=CH-CH_2-CN$，相对分子质量 67.09；相对密度 0.8341 (20℃)；熔点−87℃；沸点 116～119℃。

本品为无色液体，有不愉快的气味。微溶于水，能与醇、乙醚混溶。主要用于有机合成，作聚合胶膜剂。

本品剧毒，空气中最高允许质量浓度为 $0.3mg/m^3$。在空气中能燃烧，闪点 35℃，受热分解或接触酸能生成有毒的烟雾。

本品着火可用雾状水、泡沫、二氧化碳等相应的灭火剂及砂土扑救。

10. 溴乙烷（危规号：61564）

别名乙基溴，分子式 CH_3CH_2Br，相对分子质量 108.98；相对密度 1.451 (20℃)；熔点−119℃；沸点 38.4℃；燃烧热值 1425.605kJ/mol（蒸气，20℃)；饱和蒸气压 53328.8Pa (21℃)。

本品为无色易挥发液体。难溶于水，能溶于乙醇和乙醚。在空气和光线下将逐渐变为黄色，并有分解。有毒和强烈的刺激性，在车间空气中的最高允许体积分数为 200×10^{-6}。主要用于有机合成、医药、制冷剂、溶剂等。

本品易燃，遇明火能引起着火或爆炸。闪点＜−20℃；自燃点 511.11℃；爆炸极限 6.7%～11.3%；受高热分解出有毒的溴化物烟气，与氧化性物质反应剧烈，也能与水或水蒸气反应，产生有毒及腐蚀性的烟气。

本品着火可用泡沫、干粉、砂土等相应的灭火剂扑救。

第九节 放射性物品

一、放射性物品的危险特性

(一) 放射性

放射性物品的主要危险特性在于其放射性。其放射性强度越大，危险性也就越大。放射性物质所放出的射线可分为 α、β、γ、中子流四种。α 射线也叫甲种射线，β 射线也叫乙种射线，γ 射线也叫丙种射线，这三种射线是放射性同位素的核自发地发生变化（衰变）所放射出来的，中子流只有在原子核发生分裂时才能产生。如果把镭的同位素放在带有小孔的铅盒里，并把铅盒放在正、负两片极板之间，则由小孔放射出来的射线明显的分为 3 束。一束向 N 极偏转，即 α 射线；一束向 S 极偏转，即 β 射线；还有一束不受磁场的影响，即 γ 射线，如图 2-12 所示。

1. α 射线

α 射线是带正电的粒子（氦原子核）流，其质量等于 4。α 射线通过物质时，由于 α 粒子与原子中的电子相互作用，使某些原子电离成为离子。α 粒子由于电离作用而损耗能量，其速度随之减慢，在把全部能量损耗完了时，就会停止前进，并和空气中的自由电子结合而成为氦原子。粒子在物质中穿行的距离叫“射程”。射程主要取决于电离作用，电离作用越强，粒子每前进 1cm 损失的能量就越大，射程就越短。带电离子在物质中电离作用的强弱，主要取决于粒子的种类、能量及被穿透物质的性质。α 粒子在物质中的电离本领很强而射程

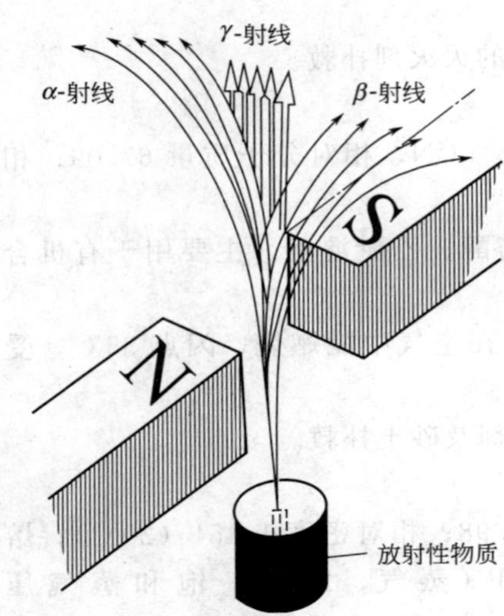

图 2-12　放射性物质放出射线示意图

却很短，如铀^{238}放出来的 α 射线，在空气中能走 2.7cm，在生物体中能走 0.035mm，在铝中只能走 0.017mm。α 射线的穿透能力很弱，用一张纸、一张薄铝片、普通的衣服或几十厘米厚的空气层都可以“挡住”。但是，由于它的电离本领很强，进入人体后会引起较大的伤害。所以对于放射 α 射线的物品来说，主要应防止进入人体造成内照射。

2. β 射线

β 射线是带负电的离子流。β 粒子也就是电子，在磁场中会剧烈的偏转，具有很快的速度，通常可达每秒 20×10^4km。速度越高，其能量也就越大，从而穿透力（射程）也就越强。例如磷^{32}放射出来的 β 射线，在空气中能走 7m，在生物体中能走 8mm，在铝中能走 3.5mm。β 射线的穿透能力比 α 射线要强，射程比 α、γ 射线要长。所以，在外照射的情况下，危害性较 α 射线为大。一般说来，用几米厚的空气层、几毫米厚的铝片、塑料板或多层纸就可以“挡住” β 射线。但是，由于 β 粒子比 α 粒子质量小，速度快，电荷少，因而电离作用也就比 α 射线小得多。其电离本领约为 α 射线的 1%。

3. γ 射线

γ 射线是一种波长较短的电磁波（即光子流），不带电，所以在磁场中不偏转，它以光的速度，即每秒 30×10^4km 的速度在空间传播。由于其能量大、速度快、不带电，所以，穿透能力比 β 射线大 50～100 倍，比 α 射线大 10000 倍。因为光子通过物质时能量的损失只是它数目的逐渐减少，而剩余的光子速度不变，所以，γ 射线的穿透能力很强，要使任何物质完全吸收 γ 射线是很困难的。如要把^{60}Co 的 γ 射线减弱十分之一，则阻隔它的铝板厚度须达 5cm，混凝土层厚须达 20～30cm，泥土层厚须达 50～60cm。γ 射线的电离能力最弱，只有 α 射线的 1/1000、β 射线的 1/10。因此，对于 γ 射线来说，主要是防护外照射。γ 射线能破坏人体细胞，造成对肌体的伤害，所以，通常将 γ 射线源放置在特制的铅罐或铸铁罐中，以减少射线对人体的伤害。

4. 中子流

在自然界中，中子并不单独存在，只有在原子核分裂时才能从原子核里释放出来。在储运过程中常见的中子流是由中子源放出的一种不带电的离子流。通常用的中子源是将某些放射性物质与非放射性物质放在一起时产生的中子流。如镭→铍中子源，钋→铍中子源就是用放射性的镭^{226}、钋^{210}和它们的衰变产物所放出的 α 粒子轰击铍靶而放出的中子。中子按其能量可分为 3 类。

（1）快中子　指能量大于 0.5×10^6eV 的中子。一般中子源放出的中子都属于快中子。这类中子射程大、穿透力强。

（2）慢中子　指能量在 1～1000eV 的中子，几乎没有直接发射慢中子的中子源，大多是快中子经过介质慢化后才得到的。

（3）热中子　即同周围介质处于热平衡的中子，其能量范围大约在 1eV 以下。由于中子不带电，所以不能直接因电离而消耗能量（但能间接地起电离作用），因而其穿透能力很强。当中子流通过物质时，它和物质中的原子核碰撞而损失能量，使其速度降低。中子与轻的原子核碰撞时损耗的能量多，与重的原子核碰撞时损耗的能量少。所以，中子最容易被含

有很多氢原子的物质和碳氢化合物所吸收，相反却能通过铁、铅等很重的物质。因此，通常用水、石蜡和其他碳氢化物、水泥等比较轻的物质使快中子减速。

（二）易燃性

放射性物品除具有放射性外，多数具有易燃性，且有的燃烧十分强烈，甚至引起爆炸。如独居石遇明火能燃烧，金属钍在空气中280℃时可着火；粉状金属铀在200～400℃时有着火危险；硝酸铀、硝酸钍等，遇高温分解，遇有机物、易燃物都能引起燃烧，且燃烧后均可形成放射性灰尘，污染环境，危害人们健康；硝酸铀的醚溶液在阳光的照射下能引起爆炸。

（三）氧化性

有些放射性物品不仅具有易燃性，而且大部分兼有氧化性。如硝酸铀、硝酸钍、硝酸铀酰（固体）、硝酸铀酰六水合物溶液等都具有强氧化性，遇可燃物可引起着火或爆炸。

二、常见放射性易燃物品

1. 金属钍（71001）

本品为天然的放射性元素，元素符号Th，相对原子质量为232.0，相对密度为11.72；熔点为1750℃，沸点为4790℃，其同位素232^{a}的半衰期为14.05×10^{9}年。

钍是将四氟化钍、金属钙和氯化锌的混合物料放在钢弹中还原制得的钍与锌的合金，在真空下加热到1100℃除掉锌而得海绵状的金属钍。钍为银白色软状放射性重金属，块状的长期暴露于空气中仅表面氧化，失去光泽。钍是高毒元素，钍盐都显示+4价，缓慢溶于稀盐酸、稀硝酸、稀硫酸，在浓硝酸中溶解迅速。钍在核反应堆中可转化为原子燃料铀233。若通过钍-铀233体系将钍的原子能全部利用，预计比地球上蕴藏的铀、煤、石油总的可用能量还大得多。钍的主要矿石为独居石。

钍粉有着火危险，在空气中着火温度为280℃；除惰性气体外，所有非金属元素皆可与钍形成化合物；Cu、Ag、Au等许多钍的金属互化物很易自燃。

各种形式货包外表面的最大辐射水平不得超过2mSv/h（200mrem/h）；距包装外表面1m处不得超过0.1mSv/h（10mrem/h）。

本品着火可用砂土、二氧化碳、干粉、雾状水等相应的灭火剂扑救。火灾后现场要经射线测定和消毒处理。

2. 金属铀（危规号：71002）

元素符号U，相对原子质量为238.0，相对密度为19.04，熔点为1132℃，沸点为3818℃；U238的半衰期为4.47×10^{9}年。

本品可通过在密闭容器中用钙或镁在1200～1400℃的高温下还原四氟化铀而制得，为银白色有光泽金属，在空气中表面被氧化后表面呈黄色，后转为黑色。金属铀有三种晶体，相对密度不同。

粉状金属铀在空气中当温度达到200～400℃时就有着火的危险。金属铀易溶于高氯酸、浓硝酸，与浓盐酸反应剧烈，产生黑色沉淀物；与一氧化碳、硒、硫和水也能剧烈反应。运输包装形式和包装表面辐射水平限值同钍。

本品着火可用砂土、二氧化碳、干粉、雾状水等相应的灭火剂扑救。火灾后现场要经射线测定和消毒处理。

3. 硝酸钍（危规号：71003）

分子式$Th(NO_3)_4\cdot4H_2O$（固体的），相对分子质量为552.12。

硝酸钍系将磷铈镧矿砂用碱法或酸法分解、分离，精制而成，为无色或白色晶体；有吸湿性，易潮解，能溶于水和有机溶剂；水溶液呈酸性反应。强烈灼烧后无水物在500℃分解为二氧化钍。硝酸钍的一般工业品含量约48%～50%，成白色蔗糖状。主要用于制造二氧化钍和金属钍，并用于电真空、合成化学、耐火材料等方面及用于生产汽灯纱罩等。

本品具有放射性，并为强氧化剂。与有机物混合时发热自燃，燃烧时产生有毒的含氮的氧化物。能引起火灾，有爆炸危险。

本品着火可用砂土、二氧化碳、干粉、雾状水等相应的灭火剂扑救。火灾后现场要经射线测定和消毒处理。

4. 硝酸铀酰（固体的）（危规号：71004）

别名硝酸双氧铀、硝酸铀；分子式为 $UO_2(NO_3)_2 \cdot 6H_2O$；相对分子质量为 502.12；熔点为 60.2℃，相对密度为 2.087（13℃），沸点为 118℃。

本品为黄色略带荧光的结晶，溶于水、微溶于乙醇和丙酮，不溶于硝酸和稀乙醇。具有强氧化性，遇还原性物质、可燃物能剧烈反应，引起着火或爆炸。在高温下分解放出剧毒的氮氧化物。燃烧时产生大量放射性灰尘，污染环境，危害人体健康。

本品运载时，应与胶卷、食品、食料和其他危险品及人员隔离。

本品着火可用砂土、二氧化碳、干粉、雾状水等相应的灭火剂扑救。火灾后现场要经射线测定和消毒处理。

5. 硝酸铀六水合物溶液（危规号：71005）

分子式 $UO_2(NO_3)_2 \cdot 6H_2O + H_2O$；相对分子质量为 520.98。

本品为黄绿色透明液体，具有强氧化性，遇还原性物质、可燃物能剧烈反应，引起着火或爆炸。在高温下可分解出剧毒的氮化物。

本品积载时，应与胶卷、食品、食料和其他危险品及人隔离。

本品着火可用砂土、二氧化碳、干粉、雾状水等相应的灭火剂扑救。火灾后现场要经射线测定和消毒处理。

第十节　腐蚀性物品

一、腐蚀性物品的危险特性

（一）强烈的腐蚀性

当一种物体与其他物质接触时，会使其他物质发生化学变化或电化学变化而受到破坏，这种性质就叫腐蚀性，这是腐蚀性物品的主要危险特性，其特点如下。

1. 对人体的伤害

腐蚀性物品的形态有液体和固体（晶体、粉状）两种，当人们直接接触及这些物品后，会引起灼伤或发生破坏性创伤以至溃疡等；当人们吸入这些挥发出来的蒸气或飞扬到空气中的粉尘时，呼吸道黏膜便会受到腐蚀，引起咳嗽、呕吐、头痛等症状；特别是接触氢氟酸时，能发生剧痛，使组织坏死，如不及时治疗，会导致严重后果；人体被腐蚀性物品灼伤后，伤口往往不容易愈合。故在储存、运输过程中，应特别注意防护。

2. 对有机物质的破坏

腐蚀性物品能夺取木材、衣物、皮革、纸张及其他一些有机物质中的水分，破坏其组织成分，甚至使之碳化。如有时封口不严的浓硫酸坛中进入杂草、木屑等有机物，浅色透明的酸液会变黑就是这个道理；浓度较大的氢氧化钠溶液接触棉质物，特别是接触毛纤维，即能

使纤维组织受破坏而溶解；这些腐蚀性物品在储运过程中，若渗透或挥发出气体（蒸气）还能腐蚀库房的屋架、门窗、苫垫用品和运输工具等。

3. 对金属的腐蚀

在腐蚀品中，不论是酸性还是碱性的，对金属均能产生不同程度的腐蚀作用。浓硫酸虽然不易与铁发生作用，当储存日久，吸收空气中的水分后浓度变稀薄时，也能继续与铁发生作用，使铁受到腐蚀；又如冰醋酸，有时使用铝桶包装，但储存日久也能引起腐蚀，产生白色的醋酸铝沉淀；有些腐蚀品，特别是无机酸类，挥发出来的蒸气对库房建筑物的钢筋、门窗、照明用品、排风设备等金属物料和库房结构的砖瓦、石灰等均能发生腐蚀作用。

（二）毒害性

在腐蚀品中，有一部分能挥发出具有强烈腐蚀和毒害性的气体。如氢氟酸的蒸气在空气中的浓度达到0.05%～0.025%以上时，即使短时间接触也是有害的；甲酸蒸气（在空气中的最高允许浓度5×10^{-6}）、硝酸挥发的二氧化氮气体、发烟硫酸挥发的三氧化硫等，都对人体都有相当大的毒害作用。

（三）火灾危险性

在列入管理的腐蚀品中，约83%的具有火灾危险性，有的还是相当易燃的液体和固体，其火灾危险性主要有以下几点。

1. 氧化性

无机腐蚀品大都本身不燃，但都具有较强氧化性，有的还是氧化性很强的氧化剂，与可燃物接触或遇高温时，都有着火或爆炸的危险。如硫酸、浓硫酸、发烟硫酸、三氧化硫、硝酸、发烟硝酸、氯酸（浓度40%左右）、溴素等无机酸性腐蚀品，氧化性都很强，与可燃物如甘油、乙醇、H发孔剂、木屑、纸张、稻草、纱布等接触，都能氧化自燃而起火。

如硝酸、发烟硝酸、发烟硫酸、溴酸、含酸≤50%的高氯酸、五氯化磷、氯磺酸等具有酸性的无机品大多具有强氧化性，三氧化硫、五氧化磷等还有遇湿能生成酸性物质。

2. 易燃性

有机腐蚀品大都可燃，且有的非常易燃。如有机酸性腐蚀品中的溴乙酰闪点为1℃，硫代乙酰闪点小于1℃，甲酸、冰醋酸、甲基丙烯酸、苯甲酰氯、乙酰氯等，遇火易燃，蒸气可形成爆炸性混合物；有机碱性腐蚀品甲基肼在空气中可自燃，1,2-丙二胺遇热可分解出有毒的氧化氮气体；其他有机腐蚀品如苯酚、甲酚、甲醛、松焦油、焦油酸、苯硫酚、蒽等，不仅本身可燃，且都能挥发出有刺激性或毒性的气体。乙酸闪点为42.78℃；丙烯酸闪点为54℃；溴乙酰闪点为1℃，与水激烈反应，放出白色雾状的具有刺激性和腐蚀性的溴化氢气体，与具有氧化性的酸性腐蚀品相混会引起着火或爆炸；甲醛闪点为50℃，爆炸极限为7%～73%，所以同是酸性腐蚀品，具有强氧化性的无机酸与具有还原性的可燃的有机酸是绝不能认为都是酸性腐蚀品而可以同车配载或同库混存的。

烷基醇钠类（乙醇钠）、含肼≤64%的水合肼［又称水合联氨，化学式为$N_2H_4\cdot H_2O$；闪点（开杯法）为72.8℃］、环己胺、二环乙胺等有机碱性腐蚀品都是强还原剂，易燃蒸气会爆炸，故应注意其易燃危险性。

3. 遇水分解易燃性

有些腐蚀品，特别是五氯化磷、五氯化锑、五溴化磷、四氯化硅、三溴化硼等多卤化合物，遇水分解、放热、冒烟，放出具有腐蚀性的气体，这些气体遇空气中的水蒸气还可形成酸雾；氯磺酸遇水猛烈分解，可发生大量的热和浓烟，甚至爆炸；无水溴化铝、氧化钙等腐蚀品遇水能产生高热，接触可燃物时会引起着火；更加危险的是烷基醇钠类，本身可燃，遇水可引起燃烧；异戊醇钠、氯化硫本身可燃，遇水分解；无水的硫化钠本身有可燃性，且遇高热、撞击还有爆炸危险。

二、常见的易燃腐蚀品

1. 甲酸（危规号：81101）

分子式 HCOOH，相对分子质量 46.53，相对密度 1.2267（15℃/4℃）；凝固点 8.2℃；沸点 100.8℃；饱和蒸气压 5332.88Pa（24℃）。结构式

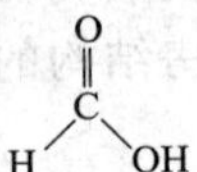

本品以氢氧化钠与一氧化碳反应，在 200℃及 810.6～1013.25kPa 下，化合成甲酸钠，然后经酸化制得。为无色发烟液体，有刺激性臭味。能与水、醇混合。主要用于制化学药品、橡胶凝固剂及印染、电镀等。

本品具有强腐蚀性，接触皮肤易起疱。有毒，空气中最高允许体积分数为 5×10^{-3}。本品可燃，遇火种、高热有燃烧危险，闪点为 68.89℃（开杯）；自燃点为 600℃；爆炸极限为 18%～57%；燃烧热值为 254.809kJ/mol（液体 25℃）。蒸气与空气能形成爆炸性混合物。遇过氧化氢亦能引起爆炸。

本品着火可用雾状水、砂土、二氧化碳、干粉等相应的灭火剂扑救。

2. 溴乙酰（危规号：81110）

别名乙酰溴，分子式 CH_3-COBr，相对分子量 122.96；相对密度 1.52（9.5°/4℃）；熔点－96.5℃；沸点 76.7℃。

本品为无色发烟液体，露置空气中变黄，与水和乙醇发生强烈反应。能溶于乙醚、氯仿和苯。主要用于有机合成、染料制造。

本品腐蚀性很强，属于腐蚀性易燃液体，闪点为 1℃，受热、遇水或水蒸气发生强烈反应而发热分解出有毒和腐蚀性气体。

本品着火可用干砂、二氧化碳、干粉等相应的灭火剂扑救，禁用水。

3. 次磷酸（危规号：81504）

别名卑磷酸，分子式 H_3PO_2，相对分子质量为 65.99；相对密度为 1.493（19℃）；熔点为 26℃。

本品为无色油状液体，或潮性结晶，是强还原剂，商品为 50%的水溶液，水溶液呈酸性。用作还原剂和用于制药工业等。

本品本身不燃，但加热至 130℃以上分解成磷酸，并放出剧毒易燃的磷化氢气体，甚至爆炸。有毒害性和腐蚀性；与 H 发孔剂接触会引起燃烧，遇氧化剂反应强烈能燃烧。

本品不会燃烧，当与其他物品着火时，可使用砂土，二氧化碳、干粉和雾状水等相应的灭火剂扑救。

4. 乙酸（危规号：81601）

别名醋酸、冰醋酸，分子式 CH_3COOH，相对分子质量为 60.05；相对密度为 1.049（20℃/4℃）；熔点为 16.7℃；沸点为 118.1℃；饱和蒸气压为 186.65Pa（20℃）；临界温度为 321.6℃；临界压力为 5785.65kPa。

本品为无色透明易燃液体，有刺激性酸臭。无水醋酸在低温（16.7℃）时凝固为冰状的结晶，因此得名冰醋酸。乙酸能溶于水、醚及甘油，不溶于二硫化碳。与醇起酯化反应生成酯，其中很多酯（醋酯甲酯、醋酯乙酯等）具有极易燃烧的特性。醋酸甲基上的氢原子易被卤素等取代，生成氯乙酸，碘代醋酸、三溴醋酸等卤代乙酸。比醋酸少一个分子化合物叫醋

酐。醋酐遇水则生成醋酸，醋酐也是腐蚀性物品。

本品以乙醇为原料在催化剂作用下氧化制得，是腐蚀品中的有机物，用于制造醋酸盐、醋酸纤维素、医药、颜料、酯类、塑料、香料等。

本品在空气中遇明火立即燃烧，并发出与乙醇相似的蓝色火焰，生成二氧化碳和水。闪点为40℃（纯品），自燃点为465℃，其蒸气浓度达到爆炸极限时遇火星会爆炸。爆炸极限为5.4%～16%（100℃）。醋酸与金属及其氧化物作用生成盐。有毒，空气中最高允许质量分数为10×10^{-6}。

本品着火可用水、泡沫、二氧化碳、干粉等相应的灭火剂扑救。

5. 甲醛（危规号：83012）

别名福美林、福尔马林、蚁醛；分子式HCHO，相对分子质量为30.03；饱和蒸气压为437.829kPa（20℃），沸点为－19.44℃。

甲醛是以丝或浮石吸附硝酸银为催化剂，用空气将甲醇氧化成甲醛，再冷凝吸收而得，为无色具有刺激性和窒息性的气体。主要用于制造胶木粉、电玉粉、塑料树脂、杀菌剂、防腐剂、消毒剂等。本品性剧毒，能使蛋白质凝固，触及皮肤能使皮肤发硬，甚至局部组织坏死。极易聚合，易溶于水，有较强的还原性。在碱性溶液中能使金属盐及金属氧化物还原为金属。空气中最高允许质量浓度为$5mg/m^3$，商品是37%～40%的甲醛水溶液，储存日久特别在较低温度时，易聚合生成不溶于水的沉淀，故常加阻聚剂。在空气中能逐渐氧化成甲酸。

本品可燃，闪点85℃（37℃，不含甲醇），自燃点430℃，蒸气与空气混合能成为爆炸性气体，与氧化剂、火种接触有着火危险。

本品着火可用水、泡沫、二氧化碳、干粉等相应的灭火剂扑救。

三、常见的氧化性腐蚀品

1. 硝酸（危规号：81001）

别名发烟硝酸，分子式HNO_3，相对分子质量63.01；相对密度>1.480。

含硝酸97.5%、水2%、氧化氮0.5%的发烟硝酸为淡黄色到红褐色透明液体。含硝酸86%、水5%、氧化氮6%～15%的发烟硝酸为淡黄色透明液体。露置空气冒烟，能与水任意混溶。主要用于有机化合物的硝化等。

本品具有强腐蚀性和强氧化性，遇松香油、H发孔剂等有机物能立即燃烧；遇强还原剂能引起爆炸；遇氰化物产生剧毒气体。

本品不燃，当与其他物品着火时可用雾状水、干粉、砂土、二氧化碳等相应的灭火剂扑救。

2. 溴（危规号：81021）

别名溴素，分子式Br_2，相对分子质量159.83；相对密度2.958（59℃），3.12（20℃）；凝固点－7.3℃；沸点58.73℃；蒸气压23331.35Pa（21℃）。

本品从盐卤中提炼而得，在常温下为暗红色发烟液体，其蒸气呈红棕色，有刺激性恶臭。主要用于制造溴盐类、医药镇静剂、照相底片等。

本品是强氧化剂，本身不燃，但遇H发孔剂立即燃烧，遇木屑、稻草，能使之氧化，甚至燃烧；遇碱发生强烈反应，大量放热；遇还原剂反应强烈。有毒，空气中允许体积分数为0.1×10^{-6}。腐蚀性极强，被溴灼伤皮肤后愈合极慢。

本品不燃，当与其他物品着火时，可用干砂、二氧化碳、干粉等相应的灭火剂扑救。

第三章

危险品包装防火

危险品的包装不仅是能保护产品质量不发生变化，数量完整，而且也是防止在储存和运输等物流过程中发生着火、爆炸、中毒、腐蚀和放射性污染等灾害性事故的重要措施之一，是保证安全流通的基础。从多年危险品储存和运输中的火灾事故看出，由于包装方面的原因造成的事故占有较大的比重。例如，青海电化学厂生产的金属钠违章用塑料袋包装（正确的包装方法应是浸没在铁桶包装的煤油之中），河南省偃师化工厂购置 10.3t 用汽车运输，经过 20 多个小时行使 600 多千米后，塑料包装被磨破，在夜宿的招待所内遇潮湿自燃而发生火灾，10.3t 金属钠全部烧毁。因此，在危险品的物流工作中，必须高度重视包装的安全管理。

第一节　危险品包装的作用和分类

一、危险品包装的作用

危险品包装的作用，首先在于防止物品因接触雨、雪、阳光、潮湿空气和杂质，使物品变质或发生剧烈的化学变化而造成事故；其次，是减少物品在储存和运输过程中所受的撞击、摩擦和挤压，使其在包装的保护下处于完整和相对稳定的状态；再次是防止撒漏、挥发以及性质相互抵触的物品直接接触而发生事故；最后是便于装卸、搬运和储存保管，从而保证安全储存与运输。

二、危险品包装的分类

危险品品种很多，性能、外形、结构等方面都有差别，在流通中的实际需要也不同，所以对包装的要求也不同，因而对包装的分类方法也不同。

（一）按照流通中的作用分

（1）内包装　指和物品一起配装才能保证物品出厂的小型包装容器。如火柴盒、打火机用丁烷气筒等，是随同物品一起售给消费者的。

（2）中包装　指在物品的内包装之外，再加一层或两层包装物的包装。如二十盒火柴集成的方形纸盒等都属于中包装。它们很多也是都随同物品一起售给消费者的。

（3）外包装　是比内包装、中包装在体积上大得多的包装容器。由于在流通过程中主要用来保护物品安全，方便装卸、运输、储存和计量。所以外包装又称运输包装或储运包装。如成箱的爆炸品，爆炸品专用箱等。

（二）按照用途分

（1）专用包装　指只能用于某一种物品的包装。如易于挥发和易燃的汽油采用密封的铁桶包装；腐蚀品中的硝酸、硫酸采用耐酸陶瓷坛（瓶）等。

（2）通用包装　指可适宜盛装多种物品的包装，如木箱、麻袋、玻璃瓶之类。

（三）按制作形式分

（1）桶　指直立圆形的容器。桶还按其材质分为铁（钢）桶、纤维板桶、铝桶、胶合板桶、塑料桶、木琵琶桶等。各种铁桶的构造形式如图 3-1 所示。

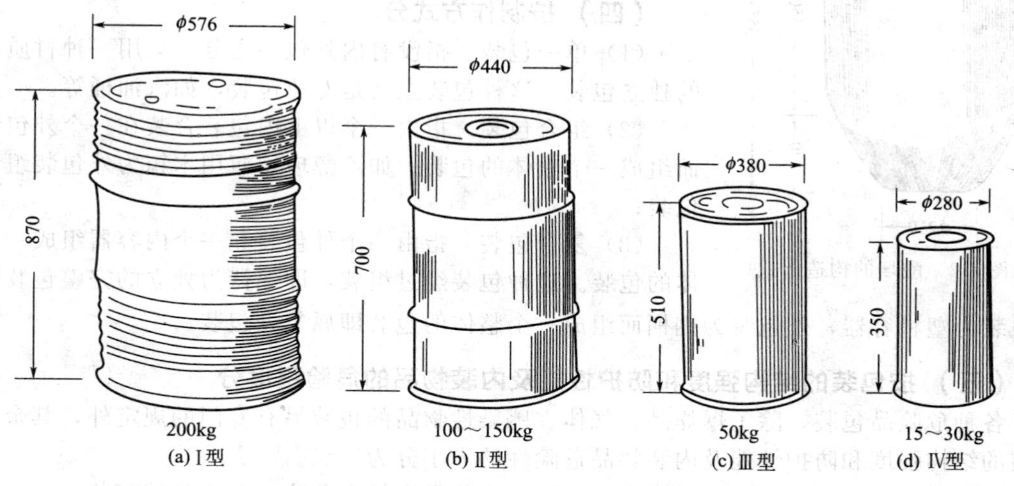

图 3-1　铁桶的构造形式

（2）箱　指矩形体的容器。箱还按包装材质分为铁皮箱、木箱、胶合板箱、再生木箱、纤维板箱、塑料箱等。各种木箱的构造形式如图 3-2 所示。

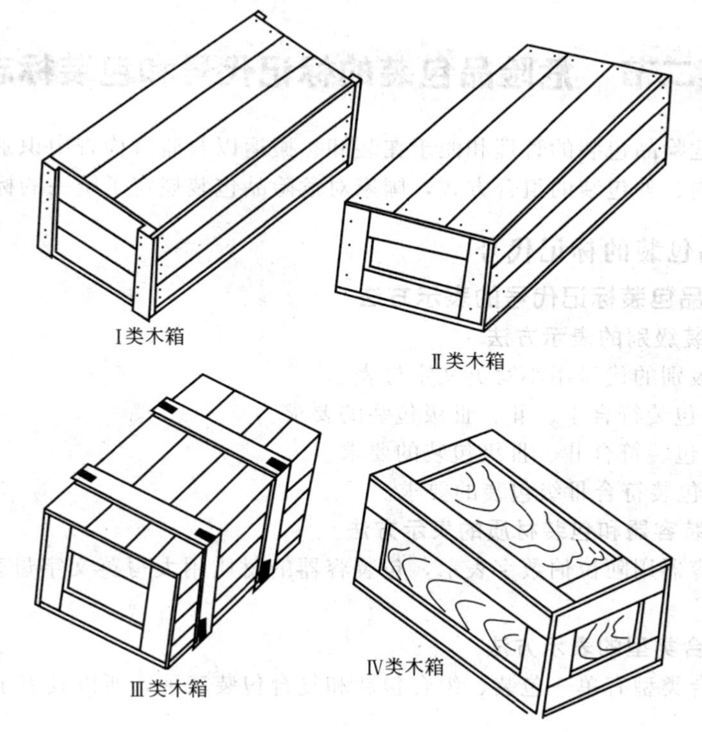

图 3-2　木箱的构造形式

（3）袋　指用软材料制（织）成的有口容器。袋还按材质分为纺织品袋（麻袋、棉袋）、

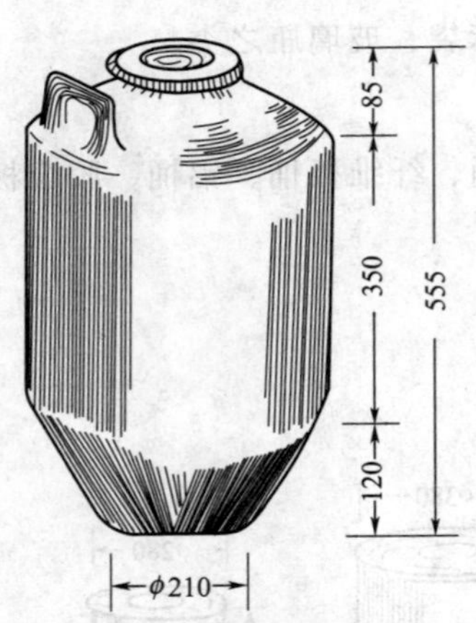

图 3-3　酸坛的构造形式

塑料编织袋、塑料薄膜袋、纸袋等。

（4）瓶、坛　瓶是指腹大、颈长而口小的容器，如各种玻璃瓶、塑料瓶、安瓿瓶等；坛是指用陶土制的一种口小肚大的陶器，如酒坛、酸坛等。酸坛的构造形式如图 3-3 所示。

（四）按制作方式分

（1）单一包装　指没有内外包装之分，只用一种材质制作的独立包装。这种包装主要是专业包装，如汽油桶等。

（2）组合包装　指由一个以上内包装合装在一个外包装内而组成一个整体的包装。如乙醇玻璃瓶用木箱为外包装组合的包装；

（3）复合包装　指由一个外包装和一个内容器组成一个整体的包装。这种包装经过组装，即保持为独立的完整包装。如内包装为塑料容器，外包装为钢桶而组成一个整体的包装即属复合包装。

（五）按包装的结构强度和防护性能及内装物品的危险程度分

各种危险品包装，除了爆炸品、气体、感染性物品的包装另有专门的规定外，其余均按包装的结构强度和防护性能及内装物品危险性的大小分为三级。

Ⅰ级包装　指符合各项试验要求的适用于内装具有较大危险性危险品的包装。

Ⅱ级包装　指符合各项试验要求的适用于内装具有中等危险性危险品的包装。

Ⅲ级包装　指符合各项试验要求的适用于内装具有较小危险性危险品的包装。

第二节　危险品包装的标记代号和包装标志

为了加强对危险品包装的管理和便于在装卸、搬运以及监督检查中识别危险品的包装方法、包装材料及内、外包装的组合方式，国家对危险品包装规定了统一的标记代号和标志。

一、危险品包装的标记代号

（一）危险品包装标记代号的表示方法

1. 危险品包装级别的表示方法

危险品包装级别的代号用小写英文字母表示。

x——表示该包装符合Ⅰ、Ⅱ、Ⅲ级包装的要求。

y——表示该包装符合Ⅱ、Ⅲ级包装的要求。

z——表示该包装符合Ⅲ级包装的要求。

2. 危险品包装容器和包装材质的表示方法

危险品包装容器用阿拉伯数字表示，包装容器的材质用大写英文字母表示，详见表 3-1 和表 3-2。

3. 包装件组合类型的表示方法

包装件的组合类型有单一包装、组合包装和复合包装三种，所以其表示方法也根据包装的组合类型而定。

单一包装的包装型号是由一个阿拉伯数字和一个英文字母组成，前者表示包装形式，后者表示包装材质。如 1A 是指钢桶包装；1B 是指铝桶包装；2C 是指木琵琶桶包装；4C 是指木箱包装。

表 3-1　包装形式的数字表示

表示数字	包装形式	表示数字	包装形式
1	桶	6	复合包装
2	木琵琶桶	7	压力容器
3	罐	8	筐、篓
4	箱、盒	9	瓶、坛
5	袋、软管		

表 3-2　包装材质的字母表示

表示字母	包装材质	表示字母	包装材质
A	钢	H	塑料材料
B	铝	L	编织材料
C	天然木	M	多层纸
D	胶合板	N	金属(除铜、铝外)
F	再生木板(锯末扳)	P	玻璃、陶瓷、粗陶瓷
G	硬质纤维板(瓦楞纸板、硬纸板、钙塑板)	K	柳条、荆条、藤条及竹篾

单一包装还在型号的右下角增加一个阿拉伯数字，表示同一类型包装（容器）不同开口的型号。如 $1A_1$ 是指小开口钢桶（指桶顶开口直径不大于 70mm 的桶）；$1A_2$ 是指中开口钢桶（指桶顶开口直径大于小开口桶，小于全开口桶的桶）；$1A_3$ 是指全开口钢桶（桶顶可以全开的桶）。

组合包装型号由若干组数码组成，从左至右分别表示外包装和内包装，多层包装以此类推。每组数码由一个阿拉伯数字和一个大写英文字母组成。顺序与单一包装相同。例如，4C7P 是指外包装为木箱，内包装为玻璃瓶的组合包装。

复合包装的包装型号是由一个表示复合包装的阿拉伯数字 6 和一组表示包装材质和包装形式的数码组成。这组符号为两个大写英文字母和一个阿拉伯数字表示：第一个英文字母表示内包装的材质；第二个英文字母表示外包装的材质；最后一个（右边）阿拉伯数字表示包装形式。

如 $6HA_1$ 指内包装为塑料容器，外包装为钢桶的复合包装；$6BA_4$ 指内包装为铝容器，外包装为钢罐的复合包装。

（二）包装标记

为使各种类型的包装能够让人们正确识别，对符合国家标准要求的危险品包装，应当在其外表标注持久清晰的标记。

1. 标记项目的标示方法

危险品包装的标记项目有以下 11 项。

（1）包装符号　指国家或部颁的标准号，如 GB 指符合国家标准；JT 指包装符合交通运输部部颁标准。

（2）包装型号。

（3）相对密度　对拟装液体的包装，如采用相对密度不大于 1.2 时，标记可以省略。

（4）货物重量　如为拟装固体的包装，其最大总重以“kg”表示。

(5) 包装级别　对包装级别可用下列符号表示。

X——用于Ⅰ级包装。

Y——用于Ⅱ级包装。

Z——用于Ⅲ级包装。

(6) 试验压力　如系内装液体的包装，其液压试验的压力以“kPa”表示。

(7) 固体代号　对拟装固体的包装，用“S”表示。

(8) 制造年份　只需标明年份的后两位数，对塑料桶和塑料罐还应标明生产月份。

(9) 生产国别　如中国用 CHN 表示。

(10) 生产厂代号。

(11) 修复包装　应标明修复的年份和符号“R”。

2. 包装标记举例

(小开口钢桶)　级别密度。

试验压力。

制造年份。

生产厂代号。

中国代号。

二、危险品包装的标志

为了保证危险品储存和运输的安全，使办理储存、运输、经营的人员在进行作业时提高警惕，以防发生危险和便于一旦在发生事故时，消防人员能及时采取正确的措施进行施救，对危险品的包装必须具备国家统一规定的“危险货物包装标志”。

我国规定的各种危险货物的包装标志（GB 190—2009）是参照联合国、国际海事组织、国际铁路合作组织和国际民航组织的有关危险货物运输规则制定的，国家标准局于 1990 年 12 月 25 日发布。危险品包装的图形共有 21 种，19 个名称。其图形分别标示了九类危险物品的主要特性。详见附录。

（一）标志的尺寸和颜色

危险品货物包装标志的尺寸一般分为四种，见表 3-3。标志的颜色应按图形的规定印刷和标打。用于粘贴的标志单面印刷；用于拴挂的标志应双面印刷。对于印刷标志的用纸应当采用厚度适当，有韧性的纸张印刷。

表 3-3　危险品包装标志的尺寸

号别	长/mm	宽/mm	号别	长/mm	宽/mm
1	50	50	3	150	150
2	100	100	4	250	250

注：1. 1 号适用于拴挂；2、3、4 号适用于印刷或标打。

2. 标志尺寸分为两种，100mm×100mm 的用于货物包装，250mm×250mm 的用于集装箱包装。

3. 对于特别大或特别小的包装不受此限。

（二）标志的标打位置和方法

标志的标打位置和方法视粘贴或拴挂或钉附等方式的不同而有区别。当采取粘贴或拴挂时，箱状包装应位于包装两端或两侧的明显处；袋、捆包装应位于包装明显的一面上；桶形包装应位于桶身或桶盖处；集装箱应四面粘贴。当采取钉附时，应将标有标志的金属板或木板钉在包装的两端或两侧的明显处。

（三）标志的使用要求

危险品包装标志的粘贴应保证在货物的储存或运输期内不脱落。对于出口物资的标志应当按我国执行的有关国际公约（规则）办理。

危险品包装的标志应当根据各类危险品的性质及其分类、分项方法，按照国家标准的要求，由生产单位在出厂前标打。对于生产厂，凡是危险品必须标打相应的危险品标志，没有标志的危险品不准出厂、储存或运输。出厂后如改换包装，其标志发货单位应当严格标打。

危险品包装的标志应正确、明显和牢固。当一种危险品同时具备易燃有毒、易燃腐蚀、易燃放射等性质，或不同危险品装入一件包装内时，应根据不同性质，除了粘贴该类标志作为主标志以外，还应粘贴表明物资存在其他危险性的标志作为副标志。以便人们识别其主、副危险性，并对其分别进行防护。但请注意，副标志图形的下角不应标有危险品的类、项号，以示主标志和副标志的区别。

第三节　影响危险品包装安全的因素和基本安全要求

一、影响危险品包装安全的主要因素

包装是产品从生产者到使用者之间所采取的一种保护措施，在流通过程中会遇到外界各种因素的影响，所以在设计制作过程中需要充分认识并考虑可能遇到的各种影响因素，以便采取相应的预防措施。通过观察分析，一般认为包装在流通过程中受以下因素的影响较大。

（一）装卸作业的影响

产品从生产者手中转到使用者手中，要经过多次的装卸和短距离搬运作业。在作业过程中，可能产生从高处跌落、碰撞等，易使包装以至物品受到外力的冲击，甚至被损坏或引起事故。所以，其装卸次数越多，对包装的影响也就越大。如在人工装卸搬运时，一般较大的包装多是用肩扛，高度通常都在140cm左右，而手搬运时，高度为70cm左右，所以不管是用肩扛还是用手搬，跌落时的冲击力都会对包装造成影响。

随着现代科学技术的发展，叉车、吊车的广泛应用，使托盘包装、集装箱也广为采用，当吊车吊起或下落时，都有较大的惯力作用于包装上；因此，装卸机械、搬运方式都对包装有着直接的影响。所以包装在设计制作时，要充分考虑装卸机械所产生的外力作用，保证危险品的安全运输与储存。

（二）运输中的影响

危险品的长途运输方式，目前主要有汽车、火车、轮船和飞机四种，在使用这些运输工具时，一般包装物品所受到的冲击力没有装卸时大，但受振动损坏的机会较多，如汽车运输时，若道路不平，所产生的冲击力和振动力较大；在火车运输时，急刹车也会有较大的冲击力；海上船舶运输时，也会产生颠簸振动力和冲击力。另外，负荷、温度、湿度等的变化也会对包装带来影响。

（三）储存中的影响

危险品在储存过程中，一般都要堆成具有一定高度的货垛，这就会对处于下层的包装产生较大的负荷。同时储存时间的长短，储存条件的好坏（如潮湿、梅雨）等也都会对包装产生影响。

（四）气象条件的影响

危险品在储存和运输过程中，都有可能遇到大风、大雨，冰雪等恶劣天气的影响。如大风会使包装堆垛倒塌受到冲击，大雨、大雪会使包装受湿、受损、锈蚀以致破损、渗漏等。

二、制作危险品包装的基本安全要求

根据危险品的危险特性和储存与运输等物流的特点，危险品包装应符合下列基本要求。

（一）包装的材质、种类、封口应与所装物品的性质相符

1. 材质

危险品的性质不同，对其包装及容器材质的要求也不同。苦味酸若与金属化合，能生成苦味酸的金属盐类（铜、铅、锌盐类），此类盐的爆炸敏感度比苦味酸更大，所以此类炸药严禁使用金属容器盛装；氢氟酸有强烈的腐蚀性，能侵蚀玻璃，所以不能使用玻璃容器盛装，要用铅桶或耐腐蚀的塑料、橡胶桶装运和储存；铝在空气中能形成氧化物薄膜，对硫化物、浓硝酸和任何浓度的醋酸及一切有机酸类都有耐腐蚀性，所以冰醋酸、醋酐、甲乙混合酸、二硫化碳（化学试剂除外），一般都用铝桶盛装；铁桶盛装甲醛应涂有防酸保护层（镀锌）；所有压缩及液化气体，因其处于较高的压力状态下，应使用特制的耐压气瓶装运。又如，丙烯酸甲酯对铁有一定的腐蚀性，储运中容易渗漏，且丙烯酸甲酯内含铁离子较多时，亦影响产品质量，所以不能用铁桶盛装。

2. 种类

危险品的状态不同，所选用包装的种类也不同。如液氨是由氨气压缩而成的，沸点−33.35℃，乙胺沸点为16.6℃，在常温下都必须装入耐压气瓶中，但若将氨气或乙胺溶解于水中，就成了氢氧化铵（氨水）和乙胺水溶液，这时因其状态发生了变化，所以就可用铁桶盛装。

3. 封口

危险品的性质不同，对其包装及容器封口的要求也不同。一般来说，包装的封口越严密越好。特别是各种气体以及易挥发的危险品包装的封口就应特别严密。如各种钢瓶充装的压缩气体和液化气体，当封口不严密而有气体跑出来时，不但剧毒和易燃的气体有中毒和着火危险，而且由于气瓶内压力很高，气瓶会以高速朝放出气体的相反方向移动，可能造成很大的破坏和严重的人身伤亡事故；添加稳定剂的危险品（如黄磷、金属钠、金属钾、二硫化碳等），容器必须严密封口，不得有任何溢漏，否则稳定剂溢出，将会发生事故；绝大多数易燃液体，不但极易挥发，且有不同程度的毒性，若容器封口不严，液体溢出，极易造成中毒和火灾事故。粉状易燃固体或有毒粉状固体，若封口不严（桶、瓶、袋），粉末与空气混合遇明火易发生爆炸事故或引起中毒，所以，这些危险品包装的封口必须严密不漏。

但是，有些危险品就不需要特别严密，而需要留有一定的孔口。如碳化钙（电石）等类危险品的包装，因其遇水或潮湿空气能产生（乙炔）气体，当桶内积聚（乙炔）气体过多而不能排出时，就会使气体聚集而升高包装的压力甚至发生包装桶体的爆裂；当遇到装卸搬运过程中发生碰撞，或桶内坚硬的碳化钙块和铁桶壁碰撞产生火星时，即能引起电石桶内乙炔气的爆炸。所以盛装碳化钙的铁桶，除充氮者外，一般不能密封，而应留有排除（乙炔）气体的小孔；双氧水因受热后能急剧分解出氧，所以装入塑料容器时，应留有小孔透气，以防容器胀裂；油布、油纸及其制品如空气潮湿闷热，本身经重压或密不透气时，则很容易积热不散而发生自燃，所以其包装应透气，堆垛也必须分层隔开，不能重压。

总之，包装及其容器的材质、种类、封口都要根据所盛装危险品的性质确定，否则会造成事故隐患。

（二）包装及其容器要有一定的强度

包装及容器的强度，应能经受物流过程中正常的冲撞、震动、积压和摩擦。

1. 材料的强度

包装材料的强度应根据其应力的大小来确定。应力表示材料本身在单位面积上能够承担的外力，其单位为kPa。应力可分为"破坏应力"和"容许应力"。破坏应力（极限强度）表示材料受到外力作用，直到破坏时所能产生的最大应力。但通常在使用材料时，为安全起见，其强度不能按其破坏应力作为计算依据，而应适当地保留材料的储备力量。从破坏应力中，减去一定的安全系数所得到的应力叫"容许应力"（或叫许用应力）。在计算材料强度时，应以容许应力作为标准。

2. 包装的强度

包装的强度虽然与材料的强度有关，但两者并不是一回事。绝不能说，只要材料强度达到了要求，包装也就达到了要求。以木箱为例，木箱包装的强度除了和木材的强度有关外，还和木材的含水率、木箱的形式和结构，增强板条的数量，以及钉子的长度、数量和钉钉的方法有关。铁桶也是如此，它除了和铁皮强度有关外，还和两端边缘的接合方式、桶侧接缝的结合方式，滚动箍的形式、桶端上加边的形式等有关。钢瓶的强度除决定于钢材的强度外，主要还和钢瓶的制造工艺有关。所以除要求包装材料应具有一定的强度外，主要还应要求包装本身有一定的强度。一般地讲，性质比较危险，发生事故后危害较大的危险品，其包装强度要求应高；同一种危险品，单位包装重量越大，危险性也就越大，因而包装强度也应要求越高；对于内包装较差或为瓶盛装液体的，则外包装强度要求应更高；同一类包装，运输距离越远，途中搬运次数越多，则外包装强度要求也应越高。

3. 包装强度的检验

包装强度的检验，主要根据在储运过程中可能遇到的各种情况，做各种不同的试验，以检验包装的结构是否合理，制作是否正确，能否经受储运中遇到的各种情况等。

包装检验的内容通常包括跌落试验（装卸搬运时可能发生的跌落）、堆码试验（货物堆垛后可能发生倒塌）、液压试验和气密性试验四种。这四种试验，不是每一类包装全要做，而是根据材质和包装物品的性质做其中的某几项。

4. 改进包装应注意的问题

由于危险品在实际流通工作中遇到的情况很复杂，往往需要改进包装才能搬运和运输，但是若掌握不好容易带来事故隐患。如有的单位将硝铵炸药的外包装改用合成纤维的编织物，虽然这种包装的强度和致密度均较麻袋略好，但是该包装物非常光滑，装在车内或库内，如果码放没有挤牢，车辆冲撞或其他震动很容易滑下而发生事故。所以从储存和运输角度考虑，不宜改用此种包装。

又如，以条筐代替木箱作外包装，新条筐的强度可能符合要求，但由于露天储存，风吹、雨淋、日晒等，易使筐子腐烂和结构松散，储运中仍然易出事故，故也不宜改用此种包装。

再如，有的单位将纸箱的外铁皮腰改为五股刷胶纸绳捆扎，强度不够且无铁扣，储运中纸箱相互摩擦，纸绳易折断，包装易散开，不能保证安全，所以也不宜改用此种包装。

（三）包装应有适当的衬垫

在储运流通中，包装要根据物品的特性采用适当的材料和正确的方法对物品进行衬垫，以防止运输过程中内、外包装之间，包装和包装之间以及包装和车辆、装卸机械之间发生冲撞、摩擦、震动，从而免使包装破损。同时，有些物品的衬垫还能防止液体物品挥发和渗漏；当液体泄漏后，还可起到一定吸附作用。如钢瓶上的胶圈，盛装铁桶间的胶皮衬垫等，都属于防震、防摩擦的外衬垫材料；瓦楞纸、细刨花、草套、塑料套、泡沫塑料，蛭石、弹簧等属于防震、防摩擦的内衬垫材料；矽藻土、陶土、稻草、草套、草垫、无水氯化钙等属于防震和吸附衬垫物。衬垫材料的选用应符合所盛装危险品的性质。

如硝酸坛的外衬垫就不能用稻草，因为硝酸的氧化力极强，破漏后接触稻草即可自燃而起火；桶装易燃液体不可用易燃材料作衬垫，以防止火灾危险；有机乳剂农药，在用玻璃瓶盛装时，不能外加塑料袋，因为这种药液腐蚀性强，会使塑料袋软化或穿孔，当瓶子破碎时，也会将塑料袋扎破，药液流出，起不到吸附作用；若加草套、草垫等，既能衬垫瓶子起到防震作用，又能起到吸附作用。

有的用大块煤渣作为溴素瓶的衬垫材料，不但起不到衬垫和吸附作用，反而容易碰破瓶子造成事故；有的用黄土，黄砂作为酸坛的衬垫和吸附材料，虽然能起到吸附作用，但太重，增加了装卸搬运的难度，有时木箱不牢固，还易造成事故。所以，衬垫材料的选择应符合所装危险品的性质。

（四）包装应能经受一定范围内温、湿度变化的影响

1. 温度的影响

我国幅员辽阔，同一时间各地气温相差很大。如 1 月份平均最低气温，哈尔滨为 −25.8℃，而广州为 9.2℃；8 月份平均最高气温，昆明为 24.5℃，而南京、上海为 33.0℃。由于同一时间内南北气温相差很大，有些危险品运输距离较远时，也会随温度的变化而发生变化。如无水的醋酸，在低温时凝固成冰状，俗称冰醋酸，如用坛子盛装或储运，而液体的冰醋酸遇冷结冰，凝固使体积膨胀，易将坛子胀裂，再由低温地区运往气温较高地区时，冰醋酸会因熔化（熔点 16.7℃）而渗漏。所以运输距离较远，温差较大的地区，用这种包装很不合适。

在同一地区，由于季节的变化也会有很大的影响，如北京地区冬季的最低气温为 −27.4℃，夏季的最高气温为 40.6℃，有些危险品在储存期间也会随温度的变化而发生变化，这就要求包装能适应此种变化。如氰化氢、四氧化二氮本身都是液体，但它们的沸点极低，一般在 20℃以上即变为气体，所以必须用钢瓶盛装。

2. 湿度的影响

和温度一样，在同一时间内各地的相对湿度也相差很大。如 8 月份的平均相对湿度，上海为 84%，而乌鲁木齐为 44%。另外，在同一地区，季节不同，相对湿度也大不一样。以北京地区为例，4 月份、5 月份的相对湿度为 50%～60%，而 8 月份的相对湿度为 70%～80%。由于相对湿度的影响，包装的防潮措施就应按相对湿度最大的地区和季节考虑。尤其对忌湿危险品的包装，应能经受一定范围内湿度变化的影响。

包装的防潮措施一般应从两方面考虑。首先，应采用防潮衬垫，危险品包装防潮衬垫的作用是，防止物品吸潮后变质和吸潮后引起化学变化而发生事故。常用的防潮衬垫有塑料袋、沥青纸、铝箔纸、耐油纸、蜡纸、防潮玻璃纸、抗潮及吸潮干燥剂等。其次，危险品包装本身亦应具有一定的防潮性能。如纸箱本身应刷油，使其具有一定的防水性。特别是将木箱、条筐等改为纸箱时，一定要对纸箱的防水性能提出具体要求。当采用纸袋、麻袋、布袋等防潮性差的包装盛装危险品时，除要求里面有防潮衬垫外，袋子本身亦应有防潮层。

（五）包装的容积、重量和形式应便于装卸和运输

每件包装的容积、重量和形式都应适应装卸和搬运的条件，不可过大或过重。每件包装

容积和重量的大小与装卸机具、机械化程度以及包装的强度有关。人工装卸时还与人体的负重能力有关。如原国家劳动部颁发的《装卸搬运劳动作业条件规定》，女工及未成年男工，其单人负重一般不超过25kg，两人抬运的总重量不超过50kg；成年男工单人负重不得超过80kg；两人抬运时每人平均负重不超过70kg。参照此规定，当人工装卸搬运易燃易爆等怕震、怕摔、怕碰的危险品时，男工的单人负重不得超过50kg，两人抬运时，每人平均负重不应超过40kg。如若单人负重超过50kg时，平地上搬运距离不应大于20m。根据此规定精神，国家对需要人工搬运的危险品包装，如各种袋类包装，木桶、木琵琶桶和易碎的玻璃瓶、陶坛等，最大重量不得大于50kg；当采用机械吊装时虽可大大提高载重量，但考虑到危险品的危险性和其他机械及人员操作的因素，也限制重量不应大于400kg。

考虑到包装强度对包装容积的影响，对包装强度较小的包装容器的容积都应有严格的限制。如国家规定，对胶合板桶、硬质纤维板桶、木琵琶桶容积不应大于60L，玻璃瓶、陶坛等易碎容器的容积不应大于32L等，其他材质的各种包装的最大容积也不得大于450L。此外，根据装卸和搬运的需要，对于较重的包装件，还应有便于提起的提手、抓手或吊装的环扣，以便于装卸作业。根据我国《危险货物运输包装通用技术条件》（GB 12464—90）的规定，对危险品包装的最大容积和最大重量的限制见表3-4。

表3-4 各种危险品包装允许的最大容积与最大重量

类别	包装型式与型号	最大包装容积/L	最大包装重量/kg
桶类	钢桶(1A)	450	400
	铝桶(1B)	450	400
	钢罐(3A)	60	120
	胶合板桶(1D)	250	400
	木琵琶桶(2C)	250	400
	硬质纤维板桶(1F)	250	400
	硬纸板桶(1G)	450	400
	塑料桶(1H)	450	400
	塑料罐(3H)	60	120
箱类	木箱(4C)		400
	胶合板箱(4D)		400
	再生木板箱(4F)		400
	纸板箱(4G)		400
	钢箱(4A)		400
袋类	纺织品编织袋(5L)		50
	塑料编织袋(5H)		50
	塑料袋(5LH)		50
	纸袋(5M)		50
瓶类	玻璃瓶、陶坛	30	50

（六）要有严格的质量保证体系

列入国家实行生产许可证制度的工业产品目录的危险品包装物（含）容器的企业，应当依照《工业产品生产许可证管理条例》的规定，取得工业产品生产许可证；其生产的危险品包装物（含容器），经国务院质量监督检验检疫部门认定的检验机构检验合格，方可出厂销售。

对重复使用的危险品包装物（含容器）在使用前，应当再进行检查，并作出记录；检查记录至少应保存2年。质检部门应当对危险品包装物（含容器）的产品质量进行定期的或者不定期的检查。

第四节　不同类型危险品包装的制作要求

一、桶类

桶类主要包括钢桶、铝桶、钢罐、胶合板桶、木桶、木琵琶桶、再生木桶、硬纸板桶、塑料桶、塑料罐等。由于其材质和制作形式不同，所以制作要求也不同。

（一）钢桶

钢桶按其开口形式分为小开口型（$1A_1$）、中开口型（$1A_2$）和全开口型（$1A_3$）三种。钢桶在制作时，桶端应采用焊接或双重机械卷边，在卷边内应均匀填涂封缝胶。桶身的直缝应焊接。对盛装固体或容积＜40L 液体的桶，其桶身接缝可采用焊接或机械接缝。对桶两端的凸缘应采用机械接缝或焊接，也可使用加强箍。

对桶身应有两组若干道波纹。但对容积大于 60L 的桶，其桶身应有两道模压外凸环筋或两道与桶身不相连的滚箍。滚箍必须紧套在桶身上，并使其不得移动。对滚箍不允许采用点焊，且滚箍的焊缝与桶身的焊缝也不得重叠。

桶内的防腐（护）层，应采用坚韧的涂料，并紧密地附着在桶内各部位，包括封闭装置。封闭装置应配套完好，在正常运输条件下应能保持紧固、密闭、不漏。对小开口型的钢桶，其桶口孔径不应大于 70mm。

（二）铝桶

铝桶应选用纯度至少为 99%的铝或具有抗腐蚀和合适的机械强度的铝合金材料制作。铝桶的全部接缝必须采用焊接，如有凸边接缝，应用与桶不相连的加强箍予以加强。其加强箍的多少应与桶身容积相适应，对容积大于 60L 的铝桶，至少应有两个与桶身不相连的滚箍予以加强，滚箍必须紧套在桶身上，使其不得移动。滚箍的制作要求以及铝桶的封闭装置、桶口孔径均与钢桶相同。

（三）钢罐

钢罐两端的接缝应当是焊接或双重机械卷边，其罐身接缝应与罐体的容积相适应。对于容积大于 40L 的钢罐应采用焊接，对于容积小于等于 40L 的钢罐可采用焊接或双重机械卷边。对钢罐的内防护层，封闭装置以及罐口孔径的要求均与钢桶相同。

（四）胶合板桶

胶合板桶所用的胶合板应质量良好，板层之间应用抗水黏合剂按交叉纹理黏结，经干燥处理，不得有降低其预定效能的缺陷。

胶合板桶的桶身至少应用三合板制造，若使用胶合板以外的材料制造桶端，其质量应与胶合板等效。桶身两端应用钢带加强，必要时桶端可用十字形木撑予以加固。桶口内缘应有衬肩，桶盖的衬层应牢固地固定在桶盖上，并能有效地防止内装物撒漏。

（五）木桶和木琵琶桶

木桶和木琵琶桶应选用质地良好、纹理顺直、彻底风干和无节头、裂缝、朽木、边材或其他没有可能降低木桶预定用途效能和缺陷的木材制作。对于板条应顺着纹理开料，年轮不得超过板条厚度的一半。桶身应用若干道加强箍加强。桶底应紧密地镶在桶身端槽内。加强箍应选用质量良好的材料制造。

（六）再生木桶

再生木桶应选用具有良好抗水性能的再生木板制造，但桶端可选用其他等效材料。桶身接缝应加钉结合牢固，使其具有与桶身相同的强度，桶身两端应用钢带加强。桶口的内缘应有衬肩，桶底、桶盖应用十字形木撑予以加固，并与桶身结合紧密。

（七）硬纸板桶

硬纸板桶的桶身用硬纸板制成，其桶身的外表应涂、镀具有良好抗水能力的防护层。桶端若也采用硬纸板制造，其接缝应加钉结合牢固，并具有与桶身相同的强度。桶身两端应用钢带加强。桶端及桶底与桶底的结合处应用钢带压制接合。

（八）塑料桶和塑料罐

塑料桶和塑料罐按开口形式均分为闭口型（$1H_1$、$3H_1$）和开口型（$1H_2$、$3H_2$）两种。制作时所用的材料至少应具有与聚乙烯相同的强度，并能承受正常运输条件下的磨损、撞击、温度、光线及老化作用的影响。在材料内可以加入炭黑或其他合适的紫外线防护剂，但应与桶（罐）内装的物质相容，并在使用期内保持其效能。用于其他用途的添加剂，不得对包装材料的化学和物理性质产生有害作用。桶（罐）身的任何一点的厚度均应与桶（罐）的容积、用途和每一点可能受到的压力相适应。塑料桶（罐）的封闭装置与闭口型桶（罐）孔口孔径均应与钢桶相同。

二、箱类

（一）木箱

木箱按制作形式分为普通型（$4C_1$）、箱壁防撒漏型（$4C_2$）、半花格型（$4C_3$）、花格型（$4C_4$）四种。

木箱应选用质量良好、经过干燥处理、无降低任何部位强度缺陷的木材制作。其箱体应有与容积和用途相适应的加强条挡和加强带。箱顶和箱底可由抗水的再生木、硬质纤维板、塑料板或其他合适的材料制成。

对箱壁防撒漏型（$4C_2$）木箱，各部位应为一块板或与一块板等效的材料组成。如平板标接、搭接、槽舌接，或者在每个接合处至少用两个波纹金属扣件对头连接，可视作与一块板等效的材料。

（二）胶合板箱

胶合板箱所用的胶合板材的质量要求与胶合板桶材料相同，至少应用三合板制造。箱的角柱件和顶端，应用有效的方法装配牢固。

（三）再生木板箱

再生木板箱的箱体应用抗水的再生木板、硬质纤维板、木屑板或其他合适类型的板材制成，并应用木质框架加强。箱体与框架应装配牢固，接缝要严密不漏。

（四）纸板箱

纸板箱按其材质构造的不同分为瓦楞纸箱（$4G_1$）、硬纸板箱（$4G_2$）、钙塑箱（$4G_3$）三种。

纸板箱应选择材质坚固、质量良好的瓦楞纸板、硬纸板或钙塑板的材料制作。应能抗水，并具有一定的弯曲性能。切割折缝时应无裂缝，装配时应无破裂、表皮断裂或过度弯曲，板层之间应黏结牢固。在箱体的结合处应用胶带粘贴，搭接胶合，或者搭接并用钢钉或U形钉钉合。在搭接处应有适当的重叠。封口若采用胶合或胶带粘贴，应使用抗水胶合剂。对钙塑料外部表层，应具有防滑性能。

（五）钢箱（4A）

钢箱按其制作形式分为防撒漏型（$4A_1$）和花格型（$4A_2$）两种。钢箱在制作时，箱体应采用焊接或铆接。对于花格型钢箱如采用双重卷边接合，应有防止内装物品进入接缝凹槽处的措施。

钢箱的封闭装置应采用在正常运输条件下能保持紧固的合适的类型。

三、袋类

袋类包装主要包括编织袋（5L）、塑料编织袋（5H）、纸袋（5M）等。

（一）编织袋

编织袋按制作形式分为普通型（$5L_1$）、防撒漏型（$5L_2$）、防水型（$5L_3$）三种。编织袋应使用质量良好，并具有足够强度的棉、麻等纺织品材料制成。编织袋的封闭方法应用缝制、编织或其他等效强度的方法。对于防撒漏型的编织袋，应采用纸、塑料薄膜或其他材料黏在或衬在袋的内表面上。对防水型编织袋应用塑料薄膜黏在袋的内表面上。

（二）塑料编织袋和塑料袋

塑料编织袋按制作形式分为普通型（$5H_1$）、防撒漏型（$5H_2$）和防水型（$5H_3$）三种。塑料编织袋应使用质量良好，并具有足够强度的塑料编织品制成。其封闭方法应选用缝制、编织或用其他等效强度的方法。对于防撒漏型塑料编织袋，应用纸或塑料薄膜或其他材料黏在或衬在袋的内表面上；对于防水型（$5H_3$）塑料编织袋应用塑料薄膜黏在袋的内表面上。

塑料袋（$5H_4$）应使用质量良好并具有足够强度的塑料材料制成，要求袋的接缝和封口应牢固、密闭，并保证在正常运输条件下能保持其效能。

（三）纸袋

纸袋按使用要求，有普通型（$5M_1$）和防水型（$5M_2$）两种。纸袋应使用质量良好，并具有足够强度和韧性的多层牛皮纸或与牛皮纸等效的其他纸张制成。纸袋的接缝和缝口应牢固、严密，并能在正常运输条件下保持其效能。对防水型的纸袋，应用防潮层保持防水性能。

四、易碎容器

易碎容器主要包括玻璃瓶（$7P_1$），陶、瓷坛（$7P_2$），安瓿瓶（$7P_3$）。不论是玻璃瓶、安瓿瓶还是陶、瓷坛等，均应使用质量良好，并具有足够强度的玻璃或陶瓷材料制成，容器的器壁应有足够的厚度，并应薄厚均匀，无气泡或砂眼。陶瓷容器的外部表面，不得有明显的剥落和影响其效能的缺陷。其封闭装置应配套完好，能保持在正常的运输条件下紧固不漏且严密。

五、复合容器

复合容器是指由一个外容器和一个内储器组成的，并且两者构成一个整体的容器。这种容器经装配后，便成为一个完整的包装用品，可以装料、储存、运输和卸空。其中内储器是指运输时还需使用外容器的容器。如6HA复合容器（塑料）中的“内层包装器件”就是这样一种“内储器”。因为一般来说，如果没有外容器的话，它就起不到盛装物品的作用，所以内储器不是一种“内容器”，复合容器还按其内储器材质的不同，分为塑料复合容器和玻璃、陶瓷或粗陶瓷复合容器两种。

（一）塑料复合容器

1. 塑料复合容器的分类

塑料复合容器按其外储器的材质和结构的不同分为 $6PA_1$（外部为钢圆桶的塑料储器）、

$6PA_2$［外部为钢格栅（即板条箱）或箱的塑料储器］、$6PB_1$（外部为铝圆桶的塑料储器）、$6PB_2$［外部为铝格栅（即板条箱）或箱的塑料储器］、6PC（外部为木箱的塑料储器）、$6PD_1$（外部为胶合板圆桶的塑料储器）、$6PD_2$（外部为胶合板箱的塑料储器）、$6PG_1$（外部为纤维质圆桶的塑料储器）、$6PG_2$（外部为纤维板箱的塑料储器）、$6PH_1$（外部为塑料圆桶的塑料储器）、$6PH_3$（外部为硬塑料桶的塑料储器）。

2. 塑料复合容器的制作要求

塑料复合容器的内储器在制作时，应当符合有关塑料桶、罐的有关技术要求。内储器应在外容器内配合紧贴，外容器也不得有任何可能擦伤塑料的凸出部位。复合容器的外容器应当根据其材质和构造的不同，符合同等材质的桶、袋、箱和板条箱的有关要求。

3. 塑料复合容器的最大容许容积和净重

塑料复合容器内储器的最大允许容积和净重，与材质和结构有关。对于圆桶类的容器，其最大允许容量为250L；对于箱类的最大允许容量为60L。

最大净重，对于圆桶类容器为400kg，对于箱类容器为75kg。

（二）玻璃、陶瓷或粗陶瓷的复合容器

1. 玻璃、陶瓷或粗陶瓷的复合容器的分类

玻璃、陶瓷或粗陶瓷的复合容器，按其外部容器的材质、结构分为$6PA_1$（外部为钢圆桶的储器）、$6PA_2$（外部为钢格栅或箱的储器）、$6PB_1$（外部为铝圆桶的储器）、$6PB_2$（外部为铝格栅或箱的储器）、6PC（外部为木箱的储器）、$6PD_1$（外部为胶合板圆桶的储器）、$6PD_2$（外部为柳条编带盖的篮的储器）、$6PG_1$（外部为纤维质圆桶的储器）、$6PG_2$（外部为纤维板箱的储器）、$6PH_1$（外部为泡沫塑料容器的储器）、$6PH_2$（外部为硬塑料容器的储器）。

2. 玻璃、陶瓷或粗陶瓷的复合容器的要求

（1）内储器的要求　玻璃、陶瓷或粗陶瓷的复合容器的内储器，应当具有适宜的外形，如圆柱形或梨形等。材料应是优质的，没有可损害其强度的缺陷。整个储器的器壁应当具有足够的强度。当内容器和外容器复合安装时，应使用软垫和（或）吸收材料将内储器牢牢地紧固在外储器中。内储器的封闭物应当使用带螺纹的塑料封闭物、磨过的玻璃塞或者是至少具有同等效果的其他封闭物。其封闭物的材质与装在储器中的物质相互接触的部分不应与所装物质有起化学作用的危险。封闭物在安装时应小心稳妥，适当紧固，确保不漏，且在运输过程中不松脱。如果内装物质是需要排气的，其封闭物可以留有通气孔，但所释放的气体不得因其毒性、易燃性和排放量造成危险。其通气孔应设计成在正常的运输条件下时，不得有泄漏和异物进入等情况发生。这种内储器的最大容量为60L最大净重为75kg。

（2）外容器的要求　玻璃、陶瓷或粗陶瓷复合容器的制作，应当符合同样材质的桶、袋、箱等构造的有关要求。如外部为钢圆桶的储器（$6PA_1$），其外容器的构造应符合钢圆桶的有关制作要求。但对于外部为钢格栅或箱的储器（$6AP_2$），其外部构造如是圆柱形，那么这种外容器在直立时的高度应大于储器及其封闭物的高度；如果是梨形的，且其构造形式与内储器应相匹配，外容器应装一保护套（帽）。对于外部为柳条编带盖的篮的储器（$6PD_2$），那么柳条编带盖篮应由优质材料制成，并应装有保护盖（帽），以防伤及内储器。对于外部为泡沫塑料或硬塑料容器的储器（$6PH_1$）或（$6PH_2$），这两种外容器的材料都应符合塑料箱的有关制作规定。但硬塑料容器应由高密度聚乙烯或其他类似的塑料制成。这种容器的活动孔罩可以是帽形的。

第五节　危险品包装的性能试验

由于危险品具有特殊的危险性质，为了确保安全储存、运输、销售和使用等，避免所装

的危险品在正常的储存、运输、销售和使用条件下受到损害，对危险品的包装必须进行规定的性能试验，试验合格后才可使用。通常要求，每一种包装在开始生产前就应对该包装的设计、材料、制造和包装方法等各方面进行试验。无论设计还是材料或制造方法有变动，都应重新进行试验；同时还应按照主管部门规定的间隔时间，对生产的包装进行定期的重复试验或抽样检查试验，以确保包装的质量。

一、危险品包装试验的基本要求

（一）试验拟装物

在试验时，包装件应处于待装状态，拟装物品可用非危险品代替，并按物质状态的不同选择。对固态物质至少应以拟装物质的物理特性、相对密度粒径等相同；液态物质应至少与拟装物品的物理特性、相对密度、黏度等相同。其装满度，固态物质必须装至包装容积的95%；液态物质必须装至包装容积的98%。

（二）试验的温度和湿度

对于纸质或纤维板包装，应置于控制温度和相对湿度的大气中持续至少24h。温度和湿度有三种选择，一是在大气温度23℃±2℃、相对湿度48%～52%的气候状态下进行。二是在气温18℃±2℃、相对湿度63%～67%的状态下进行；三是在气温25℃±2℃和相对湿度63%～67%的气候状态下进行。可任一选择其中之一。

对于塑料包装，温度应降至<－18℃以下进行。内装物为液体的应保持液态，如需要防冻时可加入防冻剂。对木琵琶桶至少在试验前24h应盛满水。

（三）试验封闭器

封闭器应由类似不通风的封闭器代替或将孔口封闭。

二、危险品包装的试验项目

危险品包装需要试验的项目，根据包装类型的不同有所区别。如跌落试验每种类型的包装都要进行，而袋类包装只需进行跌落试验一种，木琵琶桶每种试验项目都要进行。各类危险品包装所需进行的试验项目见表3-5。

表3-5　各类危险品包装的试验项目

包装类型	跌落试验	气密试验	液压试验	堆码试验	桶体试验
铁（钢）桶（罐）	√	√	√	√	—
铝桶	√	√	√	√	—
胶合板桶	√	—	—	√	—
纤维板桶	√	—	—	√	—
塑料桶（罐）	√	√	√	√	—
木琵琶桶	√	√	√	√	√
铁皮箱	√	—	—	√	—
木箱	√	—	—	√	—
胶合板箱	√	—	—	√	—
再生木箱	√	—	—	√	—
纤维板箱	√	—	—	√	—
塑料箱	√	—	—	√	—
纺织品袋	√	—	—	—	—
塑料编织袋	√	—	—	—	—
塑料薄膜袋	√	—	—	—	—
纸袋	√	—	—	—	—

注："√"符号表示要试验项目，"—"符号表示不需要试验项目。

三、危险品包装的性能试验

危险品包装的性能实验，主要有跌落实验、气密实验、液压实验、堆码实验和桶体实验五种。

（一）跌落试验

跌落试验的目标应为坚硬、无弹性、平坦和水平的表面。试验时应当平落，重心垂直于撞击点上。试样的数量与跌落方位依包装类型的不同有不同的要求详见表 3-6。

表 3-6　危险品包装跌落试验的数量与方位

包装试样	试样数量	跌落部位
铁（钢）桶（罐） 铝桶 胶合板桶 纤维板桶 塑料桶（罐） 木琵琶（桶） 复合包装（桶状）	试样 6 个，试验分两次，每次跌落 3 个	第一次跌落（用 3 个试样）应以桶的凸边成对角线撞击在冲击面上。如包装件没有凸边，则以圆周的接缝处或边缘撞击。 第二次跌落（用另外 3 个试样）将桶以第一次跌落时没有试验到的最薄弱部位撞击在冲击面上。如封闭器或者对某些圆柱形桶，则以桶体纵向焊接接缝处撞击
木箱 胶合板箱 再生木箱 纤维板箱 塑料箱 铁皮箱 复合包装（箱状）	试样 5 个，分五次跌落，每次跌落 1 个	第一次跌落：以箱底平落。 第二次跌落：以箱顶平落。 第三次跌落：以一长侧面平落。 第四次跌落：以一短侧面乎落。 第五次跌落：以一个角跌落
纺织品袋 纸袋 塑料编织袋 塑料袋	试样 3 个，每次跌落 2 袋	第一次跌落：以袋的平面平落。 第二次跌落：以袋的端部平落
	试样 3 个，每袋跌落 3 次	第一次：宽面平落。 第二次：窄面平落。 第三次：袋的端部跌落

跌落试验的跌落高度依拟装物品的状态有所不同，同时液体物品又依物品的相对密度不同有不同的要求见表 3-7。

表 3-7　跌落试验的高度　　m

包装介质状态	Ⅰ级包装	Ⅱ级包装	Ⅲ级包装
固体	1.8	1.2	0.8
包装介质相对密度＜1.2 时	1.8	1.2	0.8
包装介质相对密度＞1.2 时	1.5d	1d	0.67d

注：1. d 为拟装物质的相对密度；

2. 跌落高度应按悬吊包装件最低点和冲击面之间的最近距离计算。

经过跌落试验的危险品包装及其内部容器，不得有任何渗漏或严重破裂。如系盛装爆炸品的包装不允许有任何破裂。当开口桶准备用来盛装固体时，其跌落试验的方法应用顶部撞击在目标上。如果通过某包装（如塑料袋）实验，内装物仍保持完整无损，即使桶盖不再具有防漏能力，该包装应视为试验合格；对于盛装液体的包装，内外压力达到平衡时，包装不漏为试验合格；对于袋类包装，其外层及外包装没有严重破裂，内装物没有损失才为试验合格。

（二）气密试验

气密试验只适用于铁桶、铝桶、塑料桶和木琵琶桶。试样数量要求每个桶都要进行试验。试验要在第一次使用前和修复后的再次使用之前进行。

试验的方法是将被试验的包装浸入水中（浸水方法不能影响试验效果），并向包装内充灌气压；达到的压力标准不应小于表 3-8 的要求。试验后不漏气即为合格。

表 3-8 危险品包装气密性试验的气压标准

包装级别	Ⅰ级包装	Ⅱ级包装	Ⅲ级包装
压力/kPa	30	20	20

（三）液压（内压）试验

液压试验适用于铁（钢）桶（罐）、铝桶、塑料桶和木琵琶桶。试样数量一般为 3 个。方法是将被试包装连续均匀地加压，在整个试验期间应保持稳定。包装不得用机械支撑。若采用机械支撑包装的方法时，不得影响试验效果。考虑到储存或运输过程中可能遇到的最高温度，要求达到的试验压力应不低于 55℃时的总表压（充满物质的蒸气压力加上惰性气体的压力）乘上安全系数 1.5。对于总表压，应在固体物质充装至其容积的 95%，液体物质充装至其容积的 98%和充灌温度为 15℃时的最大限度充灌的基础上确定，但对于拟装Ⅰ类包装物品（一级危险品）的包装试验压力不应低于 250kPa；对拟装Ⅱ、Ⅲ类包装物质（二、三级危险品）包装的试验压力，不应低于 100kPa。试验压力的持续时间，视包装材质的不同而定，对于塑料包装和内容器为塑料材质的复合包装为 30min，其他材质的包装和复合包装为 5min。在保压持续时间内不漏气为合格。

（四）堆码试验

堆码试验适应于桶类包装和箱类包装。试样数量为 3 个。试验方法是，在试样上面施加相当于在其上堆码 3m 高度（一般堆码的高度为 3m，海运堆码高度为 8m）同等货物的总重量，保持 24h。对拟装液体的塑料包装，应能承受≥40℃的条件下为期 28 天的堆码试验。经试验，包装没有严重破裂，装在其中的容器没有任何破裂和渗漏，且包装本身没有强度降低或造成堆积不稳的任何变形等，即为试验合格。

（五）桶体试验

危险品包装的桶体试验只适用于木琵琶桶。方法是用试样一个，拆下空桶中腹以上所有桶箍，保持至少 48 小时，如若桶上半部横剖面直径的扩张不超过 10%，即为合格。

第六节 几种重要的包装

一、气瓶

广义地讲，气瓶是指盛装压缩气体或液化气体的瓶式压力容器，这里所说的气瓶是指工作压力为 1.0～30MPa（表压）、公称容积为 0.4～1000L 的盛装压缩气体或液化气体的气瓶。不包括盛装溶解气体、吸附气体的气瓶，灭火剂用的气瓶，非金属材料制成的气瓶以及运输工具上和机器设备上附属的瓶式压力容器。

（一）气瓶的构造

气瓶是专门盛装压缩气体或液化气体的金属容器，因为压缩气体或液化气体是在一定的压力下装入钢瓶的，且气体有受热膨胀性，所以要求气瓶要有较高的强度。制造气瓶的材料，必须选用镇静钢；高压气瓶还必须用合金钢或优质碳素钢。气瓶工作压力大于或等于

12.5kPa时应采用无缝钢结构。制造焊接气瓶（盛装低压气体的材料），要具有良好的可焊性。制造气瓶的材料，要根据所装气体的性质选用。气瓶侧头上的连接螺纹，用于可燃气体的为左旋，不燃气体的为右旋。氧气瓶的气阀密封填料应采用不燃烧和无油脂的材料，安全帽上应有泄气孔。现以氧气瓶为例，说明气瓶的构造，如图3-4所示。

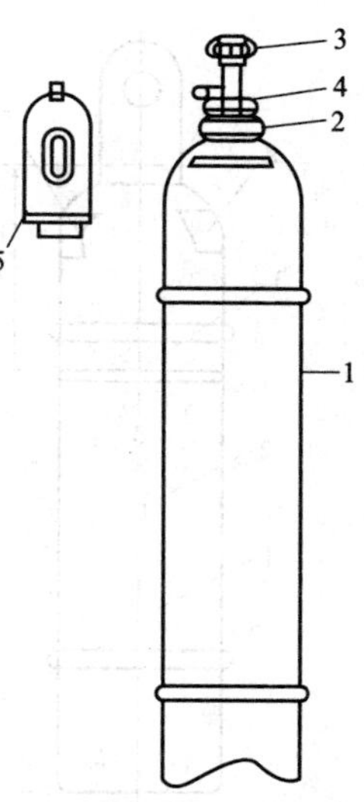

图3-4　氧气瓶的构造形式

1—瓶身；2—颈部；3—阀门；4—安全阀；5—安全帽

氧气瓶的阀门应用黄铜制造，并另加安全塞，内装磷铜片（即爆破片），在超过气瓶允许工作压力10%以上，即破裂泄气。安全帽上有泄气孔。在制造气瓶时，焊缝必须进行射线透视检查。

气瓶制成后，必须进行液压试验，并在液压试验的同时，作容积残余变形测定。气瓶气密性试验的试验压力为气瓶的最高工作压力。试验时，将气瓶沉没于水中，在试验压力下持续3min，无漏气现象，即认为合格。在进行容积和重量测定时，应事先彻底清除内外表面氧化皮等杂物。气瓶重量不包括气阀、安全帽和防震圈的重量。新瓶出厂要有质量合格证。

（二）气瓶的漆色

各种气瓶，根据所装气体的性质、在瓶内的状态和压力，国家规定有不同的漆色，见表3-9。

表3-9　气瓶的漆色

气瓶名称	外表面颜色	字样	字样颜色	色环
氢气	谈绿	氢	大红	淡黄色
氧气	淡酞蓝	氧	黑	白色
氨气	淡黄	液氨	黑	—
氮气	深绿	液氮	白	—
压缩空气	黑	空气	白	白色
硫化氢	白	液化硫化氢	大红	红
液化烷烃	棕	气体名称	白	—
液化烯烃	棕	气体名称	淡黄	—
液化石油气	银灰	—	大红	—
氟、氯烷气	铝白	气体名称	黑	—
氮气	黑	氮	淡黄	白色
二氧化碳	铝白	液化二氧化碳	黑	黑色
碳酰二氯（光气）	白	液化光气	黑	—
其他可燃气体	银灰	气体名称	大红	无机深绿
其他不燃气体	银灰	气体名称	黑	有机淡黄
惰性气体	银灰	气体名称	深绿	白色
特种气体	桔黄	气体名称	深绿	白色

不论盛装何种气体的气瓶，在其肩部刻钢印的位置上一律涂上白色薄漆。气瓶漆色后，不得任意涂改、增添其他图案或标记。气瓶的漆色，必须完好，如脱落应及时补漆。气瓶的日常漆色工作由气体制造厂负责，气瓶的漆色，标志方法如图3-5所示。

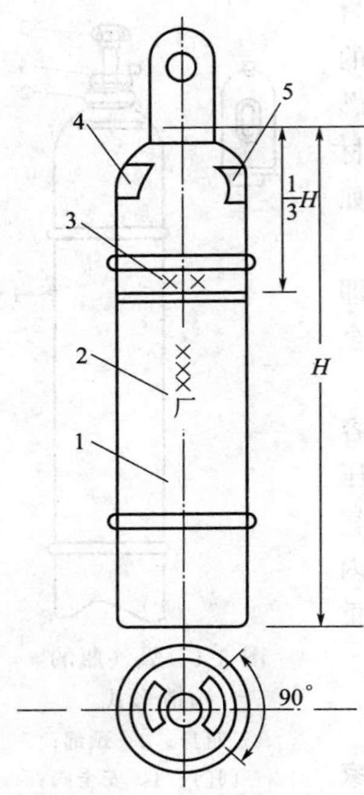

图 3-5　气瓶漆色标志示意

1—整体漆色；2—所属单位名称；3—气体名称（横条）；4—制造钢印（白色）；5—检验钢印（白色）

（三）气瓶的技术检验

为了保证气瓶的使用安全，各种气瓶必须进行定期技术检验。充装一般气体的气瓶每 3 年检验 1 次，充装腐蚀性气体的气瓶，每 2 年检验 1 次。气瓶在使用过程中，如发现有严重腐蚀或其他严重损伤，应提前进行检验。气瓶的定期技术检验工作，应由气体制造厂负责，定期技术检验的项目包括以下内容。

1. 内外表面检查

内外表面检查均应在气瓶液压试验前后进行，检查前应先将瓶内铁锈、油污等杂质清除干净。检查盛装有毒或易燃气体的气瓶时，必须先将瓶内残存的气体排除干净。气瓶经过内外表面检查，发现瓶壁有裂缝、鼓疤或明显的变形时应报废。发现有硬伤、局部片状腐蚀或密集斑点腐蚀时，应根据剩余壁厚进行校核，以确定是否达到要求。

2. 液压试验

液压试验的目的是查明容器及各连接处的强度和紧密性。它是最安全的试验方法。试验压力为最高工作压力的 1.5 倍。试验时应缓慢升压至工作压力，检查接头处有无渗漏。如无渗漏现象，再继续升压至试验压力，并保压 1～2min，然后降至工作压力进行全面检查。

气瓶在做液压试验的同时，应进行容积残余变形的测定，残余变形率用下式计算。

$$\text{残余变形率}=[\Delta V'/\Delta V]\times 100\%$$

式中　$\Delta V'$——容积残余变形值，mL；

ΔV——全变形值，mL。

气瓶作液压试验时，无渗漏现象，且容积残余变形率不超过 10%，即认为合格。

气瓶经检验后，必须在气瓶肩部的规定位置（图 3-6）按下列项目和顺序打钢印。

（1）合格的气瓶：检验单位代号，本次和下次检验日期。

（2）降压的气瓶：检验单位代号，本次和下次检验日期。

（3）报废的气瓶：检验单位代号，检验日期。

（四）气瓶火灾的主要原因

气瓶属于压力容器，不论充装的是压缩气体还是液化气体，一旦逸出瓶外，极易扩散。且压缩气体或液化气体中大多具有易燃、易爆、剧毒、氧化性，起火、爆炸和中毒事故的危险性很大。综合分析气瓶火灾情况，在储运过程中气瓶发生火灾的主要原因大致有以下几种。

1. 受热、超装引起爆裂或爆炸

气瓶因受热引起爆裂或爆炸的原因有两种情况。

（1）气瓶超过使用期限或材质不良　在充装气体时，即便不超过设计压力，若在储

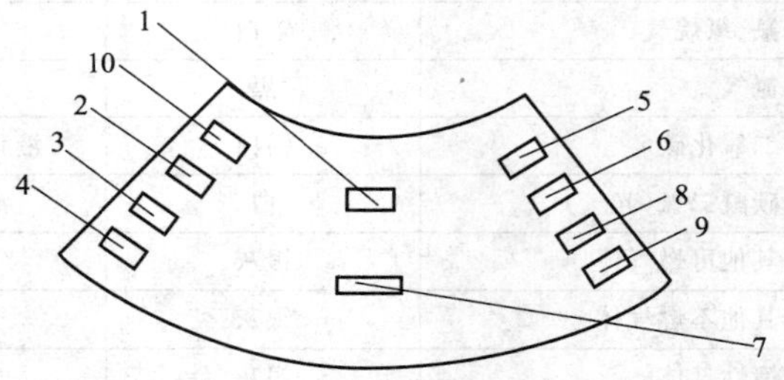

图 3-6　气瓶制造厂和检验单位打的钢印标记

1—气体名称；2—瓶体编号；3—水压试验压力；4—空瓶质量；5—实际内容积；6—最大工作压力；7—制造代号或商标；8—制造年月；9—瓶体设计壁厚；10—产品标准号

存期间遇到高温天气，气瓶内的压力会随着温度的升高而升高，当超过了气瓶所能承受的压力时，就会发生爆裂。

(2) 充装过量　气瓶若充装过量，特别是液化气体，在遇到阳光曝晒或其他热源作用后，瓶内将产生极大的膨胀力，把气瓶胀破。气瓶爆裂后如果逸出的是可燃气体，遇火源即会引起着火或爆炸；如果逸出的是剧毒气体，周围的人员就会引起中毒，造成伤亡，危害极大。

2. 搬运违章

气瓶在搬运时违反操作规程，被抛掷、碰撞、滚滑或堆放时气瓶放置歪斜、自行跌倒、致使瓶帽、阀门撞开或损坏，气体逸出；如果气瓶盛装的是可燃气体，则遇高速喷射时产生的静电火花，会引起着火或爆炸；如系氧化性气体，遇有油脂等可燃物品时，则会自燃起火，甚至爆炸。

3. 性质相互抵触的气瓶混存混运

性质相互抵触的气瓶（如氢气与氯气、乙炔与氯气）混存一库或混装一车，如遇阀门渗漏，性质相互抵触的气体，接触混合就会发生爆炸。如氢气与氯气混合形成爆炸性气体，此混合气体见光即爆炸；氯气与氨气接触可能产生易爆的氯化氮；氯气与乙炔气接触即着火。另外，气瓶如和其他易燃危险品混存混运时，其他危险品着火也会使气瓶受热爆炸。

4. 库房通风不良

气瓶在储存过程中，若阀门渗漏，库房通风不良，可燃气体聚积，遇着火源可能发生爆炸。

(五) 气瓶安全使用要点

(1) 气瓶在使用前应进行安全状况检查，并对盛装气体进行确认。使用高压气瓶时，人要站在气瓶的侧面，气瓶要直立固定，先微微开启瓶阀吹气，以吹净气瓶嘴内可能有的垃圾。放气要经过减压阀减压。减压阀有倒、顺螺纹两种，必须正确选用。安装减压阀要仔细旋妥，至少旋进 7 圈螺纹（俗称吃 7 牙）。放气时，要缓侵旋开瓶阀，待减压阀上的高压端压力表指针动作至适当压力后，再缓开减压阀至低压端压力表指针指到需要压力时止。所有高压系统的管理，必须完好不漏，连接牢固。如为有毒气体，室内要保持良好的通风。

(2) 使用液化气瓶时，若在冬季，瓶内压力过低会出气缓慢，可用热水或蒸气加热瓶身，但温度不得超过 40℃，不得用明火烘烤。

(3) 气瓶不得敲击、碰撞，及在气瓶上进行电弧焊，不得靠近明火、热源，并应保持 10m 以上的间距。若有困难时，应有隔热措施，但不得小于 5m。夏季应防止曝晒，立放时应有防止倾倒的措施。

(4) 气瓶在使用过程中，如遇到瓶阀螺杆冒气或咝咝作响时应立即停止使用，将瓶阀旋紧，并用粉笔在瓶身上写明“漏气”，退库。

如气瓶的低熔合金塞遇热熔融而漏气时，应立即用冷水浇瓶身，同时用小木塞敲入熔孔堵漏（如为剧毒气体，应在佩戴防毒面具后进行）。如果漏气严重、措施无效，应将气瓶推入水池，一面进水，一面将水泄入下水道。

(5) 使用氧气等氧化性气体气瓶时，要绝对忌油，与之相连的管道等整个系统内，操作者的手、衣服等和使用现场附近，均不得是有油污、油类存在，以防气体冲出后自燃起火或爆炸。

(6) 使用有自动聚合危险性的气体气瓶时（如乙炔气瓶等），要绝对防止受热，应避开放射性射线源。由于乙炔瓶的瓶温过高，会降低瓶内丙酮的溶解度，导致瓶内压力急剧增高。所以在使用过程中，应经常注意瓶身温度情况，温度不应超过 40℃，否则应立即停止使用，并迅速用冷水浇洒瓶身，直至冷却不再升温为止。

(7) 气瓶用毕时，瓶阀应用手旋紧，不得用工具硬搬，以防损坏瓶阀。瓶内气体不得全部用尽，压缩气体气瓶应留有不小于0.2kPa的余压，液化气体气瓶应留有不少于0.5%～1.0%的规定充装量的剩余气体。

(8) 在可能造成回流的使用场合，使用设备上必须装设防止倒灌的装置，如单向阀，止回阀，缓冲罐等。

(9) 气瓶在投入使用后不得对瓶体进行挖刻或焊接修理，不得擅自更改气瓶的钢印和颜色标记。

二、爆炸品包装

爆炸品的品种很多，从小到一个火帽，大到炸弹、远程导弹。从常规爆炸品到核弹，为了完成不同的任务，它们的结构性质，往往有很大的差别，对包装的要求也各不相同。所以，为保证爆炸品的安全，其包装一定要考虑具体被包装爆炸品的特性和特点。

(一) 爆炸品包装的特点

爆炸品本身结构的特点是一个机械和化学产品的综合体，它是由弹体、引信、火药、炸药、火工品、药筒、各种化学战剂等组成。不同的爆炸品又有所区别，它所使用的材料有各种金属、塑料、纸张、棉布、橡胶等较为惰性的材料，也有火药、炸药、起爆药、黄磷、铝热剂等易燃易爆的敏感材料，所以，爆炸品的包装比一般产品包装，所涉及的问题要复杂得多。

(二) 爆炸品包装的要求

1. 使用要求

由于爆炸品使用环境复杂，可能在炎热潮湿的南方，也可能是寒冷干燥的北方。所以，爆炸品包装应能保证在任何地区都可储存和使用。

(1) 要便于搬运和装卸。爆炸品短距离的搬运和各种运输工具的装卸比较频繁，往往是紧急装运，所以，包装要根据现实的机械化水平和实际状况便于快速地进行装卸。

(2) 便于运输。包装要适合火车、船舶、汽车、飞机等现代化运输工具的运输。为了发挥其效率，应尽量采用集装运输，同时也要适合爆炸品在野外条件下的人力、畜力运输，以保证快速将爆炸品送到使用地点。

(3) 便于储存。包装要能适合于各种环境条件下堆码存放，并对爆炸品进行有效防护。

(4) 便于使用。矿山使用的爆炸品，要便于人工搬运，一般单件包装重量应在15～20kg以内。

(5) 包装数量应便于分发补给。要整数包装，减少使用前的处理，便于启封和反复密封使用，尽量采用整装或全备包装。

2. 技术要求

(1) 包装结构应有足够的强度。能保证爆炸品在堆集、装卸、运输过程中不被损伤和变形，防止外界环境影响金属部件产生腐蚀。

(2) 具有防潮能力。应能保护爆炸品中的火药、炸药、起爆药等不受潮变质。按照一般火炸药的要求应使包装内的相对湿度维持在65%左右。

(3) 包装材料本身应性质稳定不易腐蚀变质，与爆炸品所采用的各种材料应有良好的相容性。

3. 经济要求

(1) 材料来源要丰富。由于爆炸品是国家的战略物资，要进行大量的长期储备，因此对

包装材料的消耗极大，必须结合国家资源情况，凡是能够使用的资源都要充分利用，使材料来源多样化，避免采用单一材料，造成供应困难。如木材、纸张等我国资源贫乏的材料，应尽量节约使用。

(2) 包装容器生产工艺要简单。工艺要适于大量生产，才能有利于降低成本。

（三）爆炸品包装设计原则

1. 应以最严格要求的部件性质来设计包装

爆炸品尤其是各种弹药，各组成部分的防护要求不一样，应以最严格要求的部件性质来设计包装，才能有效地保护爆炸品，满足爆炸品的包装要求。

弹药爆炸品最易生锈的部位，是定心部和药筒等处，这些部位的防腐处理较为薄弱；最易受潮的部位是延期、传火、点火等处装入的黑药及击发药、发射药等；受冲击，振动影响最大的部分是引信的保险机构、发火机构和弹丸、药筒的结合部。这些部位都应当充分考虑。

2. 爆炸品包装应能保证爆炸品长期储存

包装有效期限，应根据爆炸品元件中寿命最短的要求来设计。比如弹药的元件中有的有效寿命为 5 年，则弹药包装就应有 5 年的有效保护寿命，常规爆炸品保护期则要求按 20 年来设计。

3. 应有明确的便于识别的标志

所有爆炸品包装，都应有明确的标志，以便于识别，并把相同批次和弹重的爆炸品包装在一起。

（四）爆炸品集装箱包装

现行爆炸品包装，大多是单发包装或数发包装，它的优点是体积小，重量轻，便于人力进行装卸、搬运。但这种包装设计不能满足现代生产对爆炸品包装的技术要求。现代爆炸品包装多采用爆炸品集装箱包装。

1. 爆炸品包装箱的特点

(1) 爆炸品集装箱包装提高了爆炸品包装的现代化水平，促进了机械自动化搬运，有利于提高爆炸品包装的防护性能，使爆炸品在最佳条件下进行储存，可以减少保管中的勤务处理。

(2) 爆炸品集装箱的容积率高，可以提高现有仓库的容量，便于按规定品种进行全备包装。

(3) 爆炸品集装箱可用金属或塑料等材料来制造，有利于节约和代替木材，易于简化包装工艺、降低包装成本，有利于工厂、仓库和使用地点进行爆炸品运输装卸的机械化，减轻装卸工人的劳动强度，并提高效率。

2. 常见爆炸品集装箱的尺寸

爆炸品集装箱的设计，常用制式爆炸品集装箱。其尺寸如下。

(1) 外形尺寸：长为 1350mm，宽为 930mm，高为 1000mm。

(2) 内部尺寸：长为 1250mm；宽为 850mm；高为 880mm。

(3) 内部容积约为 $1m^3$，集装箱自重为 150～200kg。由于各种爆炸品的体积和重量不同，故装载后的全重应在 500～1500kg 范围内。

3. 常见爆炸品集装箱的结构

爆炸品集装箱的结构如图 3-7 所示。

(1) 箱体　为了保证箱体强度，采用角钢作为箱体骨架，箱壁可采用各种金属薄板或增强塑料板制成，各部分的结合必须牢固严密。

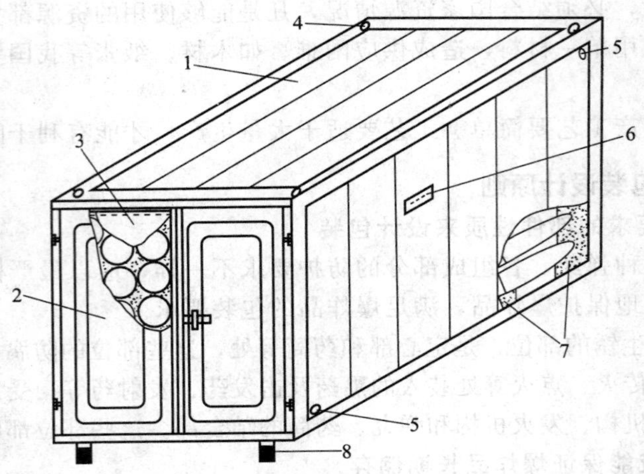

图 3-7 爆炸品集装箱的结构

1—箱体；2—防水门；3—铝塑防潮薄膜；4—吊环；5—换气通道；6—湿度检测接头；7—固定缓冲材料，8—滚轮

(2) 防水门 用金属制成，四周加防水胶圈，在关闭后，使雨水等不能透入箱内。

(3) 铝塑防潮薄膜 为了提高箱体口部的防潮性能，在装箱后，箱口加铝塑复合薄膜。

(4) 吊环 为便于装卸和堆码时起吊，在箱体上部四角设金属吊环。

(5) 换气通道 为了控制箱内环境的温湿度条件，在长期储存中可以通入干燥空气，排出潮湿空气，保证爆炸品处于最佳的环境条件下保存。

(6) 湿度检测接头 为了能随时了解包装箱内的湿度状况，在箱内安装有测湿元件（湿敏电阻），将湿度引起电阻变化值，通过箱外的检测接头与测量仪表连接，即可测得箱内的湿度状况，也可将湿度引起电阻变化的信号，输入自动控制器，启动通气设备，对箱内空气进行自动换气调节。

(7) 固定缓冲材料 根据不同品种爆炸品的形状和要求，在箱内设计不同的爆炸品固定架，如采用金属、木材或泡沫塑料等材料制成固定缓冲卡板，也可以制成缓冲弹室，保证爆炸品在箱内能进行良好的固定，并防止在运输、装卸过程中受到冲击震动时，爆炸品受到损坏。

(8) 滚轮 它使集装箱能进行短距离的搬运，便于叉车对集装箱进行装卸堆码。

（五）爆炸品保险箱

爆炸品保险箱是一种特制的包装容器，一般用来装运少量的爆炸品和科研部门需用的少量贵重的危险品。爆炸品保险箱的构造形式如图 3-8 所示。

使用爆炸品保险箱运输的危险品（除放射性物品外）可以在一般货运营业站按零担托运，不受“危”“爆”符号的限制，并可比照普通物品配装，所以，保险箱的制作和使用必须要有严格的要求才能保证安全。

1. 爆炸品保险箱箱体结构的基本要求

爆炸品保险箱的设计、鉴定、制作，一般由主管部或省、自治区、直辖市的主管厅局批准，标准应符合 GB 2702—1990《爆炸品保险箱》的规定，具体在制作时，应符合如下要求。

(1) 箱体材质、结构和制作工艺 爆炸品保险箱由内、中、外三层组成。外层用钢板镶包，板厚为 1.5mm，钢板的连接处用电焊或气焊焊接，焊缝应平整、光滑；中层应用硅酸

铝耐火纤维毡衬垫，厚度为30mm，衬垫要均匀、牢固地固定在衬垫物的位置，以防止长期使用后下沉；内层应选用松木、杉木或其他等效材质制作，箱底、箱盖的板厚不应小于20mm。所选用的板材要经过干燥处理，其含水率不得大于15%，并不得有节疤、腐朽和裂缝。箱板两面均应刨光，标口连接，木箱的内表面不得有任何金属突出物存在。

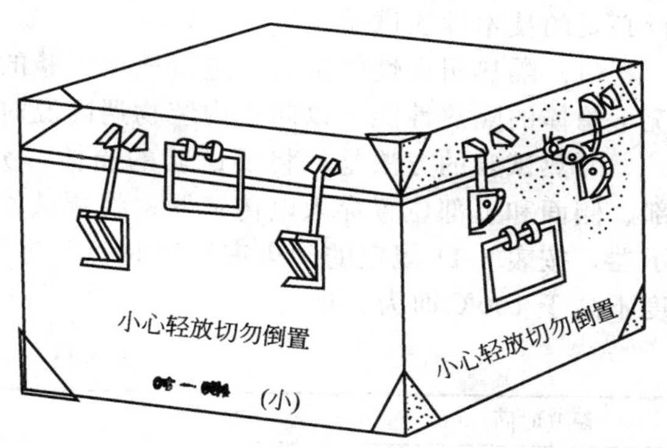

图 3-8 爆炸品保险箱的构造形式

箱体的外层铁箱应用钢件包角，用压筋或用平板钢条增加其强度，箱的盖口应留有斜槽，槽内固定以隔热材料，以使加盖后咬口严封。在箱体的两端或两侧的位置应有便于装卸，起吊、搬运的提手和锁闭施封装置。对于B型和A-1、A-2型的保险箱，在箱的底部应留有便于叉车作业的叉槽，以利机械操作。

(2) 爆炸品保险箱的形体规格 爆炸品保险箱的体积不宜过大，要求一般不得超过0.5m³，重量（包括所装物品的重量）最大不超过200kg，其型号和具体的规格尺寸见表3-10。

表 3-10 爆炸品保险箱的规格

型号	包装的尺寸规格/mm		
	长	宽	高
A-1 型	930	700	630
A-2 型	850	640	580
A-3 型	750	560	500
A-4 型	600	450	410
A-5 型	570	430	390
A-6 型	470	360	320
B-1 型	2050	480	480
B-2 型	1380	490	310

(3) 箱体的标志和涂色 爆炸品保险箱，在其正面位置上应喷涂危险品标志中的“爆炸品”标志和GB 191《包装储运图示标志》中的标志1“小心轻放”、标志3“向上”及标志7“怕湿”等标志。标志的尺寸及其他要求应符合有关标准的各项规定。在箱体正面的右下方位置上，应喷涂生产厂家及年、月、日字样。在箱体正面的中间位置、喷涂主管运输部门的统一编号及用户代号。其号码字形及字体的大小由设计者根据箱体大小选定，文字要清晰明显。箱体的颜色也应有统一的规定，不得随意喷涂。国家标准要求，箱体要用草绿色，在箱体的外表面先喷涂防锈底漆，后喷涂草绿色油漆，并喷涂均匀。

2. 爆炸品保险箱应达到的安全技术条件

由于爆炸品保险箱组成包装件后允许在铁路货物营业站按零担办理运输，所以，除了应在制造时必须按严格的技术标准要求生产外，还必须达到一定的技术条件才可使用。

(1) 耐火隔热性能应达到在遇到火灾的情况下持续20min箱内温度不高于100℃。

(2) 箱体上部经3t的下压重量持续24h，箱体不得发生明显可见的永久性变形或裂纹。

(3) 重箱体（不超过200kg）在1.5m的高处自由下落，箱体不得松散，箱盖与箱体不得分离。

3. 爆炸品保险箱的性能试验

为使爆炸品保险箱能达到以上所述的技术条件，切实保证制造的质量标准，必须对其进行必要的技术性能试验。

（1）隔热耐火性能试验　进行该项试验的目的，是为了测定保险箱在遇到火灾的紧急情况下箱体的隔热性能，以防止内装物遇高温时发生爆炸。

隔热试验的方法是，将要试验的箱体（允许采用空箱）放置在试验炉内，在箱体的底部、侧面和上部位置穿入电传感器；将测试探头固定在箱体内部，传感器的另一端接数字显示器，按表 3-11 规定的“火灾温度时间”进行升温，持续 20min 后测试箱内温度，如果温度不高于 100℃即为合格。

表 3-11　火灾温度时间

温升时间/min	5	10	15	20
环境温度/℃	556	659	718	780

（2）耐压试验　该试验的目的是为了验证箱体的结构强度是否能够满足在运输中堆码装载时所承受的压力。试验的方法是将箱体按运输状态平放在试验台上，按预定重量值 3t 进行加压，在持续加压 24h 后箱体未发生明显可见的永久性变形或裂纹即为合格。

（3）自由跌落试验　进行自由跌落试验的目的是为了验证箱体结构和封口强度以及对内装物的保护能力如何。试验的要求是，采用重箱体，箱体内允许装入代替物，箱体总重不得超过 200kg。跌落的接受面应采用钢板或硬质水泥地面，地面的任意两点差不得超过 2mm，面积的大小要足以保证试验样品完全落在冲击表面上。跌落的高度应从接受面的上部算起，至已吊起的箱底的最低点止为 1.5m。跌落的方法是，对箱体的角、棱和底各跌落（自由下落）两次，如果箱体未见松散，箱盖与箱体没有分离，即认为合格。

以上试验每次必须用同样的样品，并不得少于 3 件。如果被检验的产品的各项技术指标都能满足标准要求，则该批产品可判为合格。如果被检验的产品有一项不合格时应加倍取样检验。如果复验仍有不合格时，则认为该产品全批为不合格。为了切实保证爆炸品保险箱的质量，如果在投产后，结构、材料、工艺有较大改变可能影响产品性能时，或产品长期停产后恢复生产时，产品出厂检验结果与上次型式检验有较大差异时，以及国家质量监督机构提出进行型式检验的要求时和产品投产或转厂生产的试制品定型鉴定，都应当做型式试验。对正常生产时，定期或积累一定产量后，还应当周期性进行 1 次检验。发现质量问题，及时予以解决，为爆炸品的安全运输打下良好的基础。

4. 爆炸品保险箱使用的安全要求

虽然爆炸品保险箱（以下简称保险箱）在制作上有着防震、防碰、防冲击、防摩擦等较为严格的要求，但在使用时若不严格注意防火防爆要求的话，也易造成事故，故在使用时应注意以下几点。

（1）爆炸品在装入保险箱时，应先装入容器或包装后再装入保险箱。箱内所有空隙应填充紧密。同一保险箱内只限装同一品名的爆炸品。保险箱的两端应有“向上”“防湿”“爆炸品”标志

（2）托运装有爆炸品的保险箱时，托运人员须在货物运单的“货物名称”栏内认真填写品名、编号，在运单的右上角及封套上标明爆炸品的类、项，在运单“托运人记载事项”栏内注明保险箱的统一编号。

托运人员应对保险箱的耐火性能及箱内爆炸品的真实性、包装完好程度、填衬妥实情况负责。对箱体破损、变形、失效、编号标志不清者不得托运。

（3）在配装装有爆炸品的保险箱时，可比照普通货物进行配装，但是，不得与放射性物品同车配装。对装有起爆器材的保险箱，不得与炸药及爆炸性药品（含装入保险箱的炸药及

爆炸性药品）同车配装。在装车时，保险箱应放在底层，摆放整齐、稳固，并尽量装在车门口附近。

（4）在装卸搬运保险箱时，要稳起、稳落，严禁摔扔、撞击、拖拉、翻滚。对装有起爆器材的保险箱与炸药、爆炸性药品（含装有炸药、爆炸性药品的保险箱），不得在同一仓库内作业或存放。

（5）装有爆炸品保险箱的车辆在调车时，禁止溜放和由驼峰上编解作业。始发站应在运单、封套、货车装载清单、列车编组顺序表上标明“禁止溜放”字样，并应插挂“禁止溜放”的标示牌，以示到站注意。

（6）装有爆炸品的保险箱，车站应及时发送、及时中转、及时交付。保险箱应存放在车站指定的仓库内妥善保管。如遇火灾时，应先抢救保险箱。20min内不能卸下或搬出时，应及时将车辆送至安全地点或将人员撤至安全地带。

（7）保险箱在使用过程中发生损坏时，使用单位应及时检修处理，使之经常保持完好状态。当封口不密贴时，应加垫硅酸铝棉垫圈。保险箱每隔4年需由原制作厂检验1次。技术状态良好、符合使用要求的，应由检验单位在箱体两端涂打检验年、月和单位名称（如2011.12—5534厂检）。不合格的应予报废，厂检过期者不得使用。

三、放射性物品的包装

由于放射性物品不断放出射线，从而对人体造成危害。因此，要做好放射性物品的安全储运工作，很重要的一点就是做好射线的防护工作。包装是重要的防护措施之一。由于各种物质都具有吸收射线的能力，利用不同的材料做成包装，可以把放出的射线大部分或全部吸收掉，所以，包装一方面可作为射线的“屏蔽材料”；另一方面也可作为防止放射性物质污染的保护层，即不使工作人员、放置场所、搬运工具或其他物品受到放射性物品的污染，也有利于防火安全。因此，良好、完整的包装，对于放射性物品的安全储运有着十分重要的意义。

（一）放射性同位素的包装

放射性同位素，一般放射性强度大，包装要求高。整个包装分为四层。

1. 最内层

最内层为内容器，用来盛装放射性物品用，并保证使其不漏。不同的放射性物品有不同的内容器，如放射性同位素、辐射源、标准源、中子源等，其内包装都是不同的。

（1）放射性同位素制剂如果是液体的，一般使用玻璃安瓿瓶或有金属封口的小玻璃瓶或磨口瓶；若是固体的，一般使用橡皮塞的小玻璃瓶或磨口瓶；若是气体，则用密封安瓿瓶。

（2）辐射源、标准源、中子源等，一般都使用金属作为内容器，口被密封，不容易打开。

2. 第二层

第二层为内层辅助包装，是内容器的衬垫物，起防震作用，以避免内容器与外容器互相碰撞。如果是液体物质，当内容器发生破裂时，它能够吸收液体，使其不致渗透外流。常用的衬垫材料有纸、棉絮、海绵、泡沫塑料等。

3. 第三层

第三层为外容器，即主要包装，用来屏蔽射线和保护内容器。不同类型射线的放射性物品，其外容器的材料亦不相同。

（1）放射α射线和β射线的物品，一般是用几毫米厚的塑料或金属铝制成，通常称这种外容器为塑料罐和铝罐，因为塑料或金属铝只要有几毫米厚就足以屏蔽α射线和β射线。

（2）主要放射γ线的物品，一般是用厚度不等的铅、铁或者铅铁组合制成的铅罐、铁罐或铅铁组合罐等，其形式如图 3-9 所示。

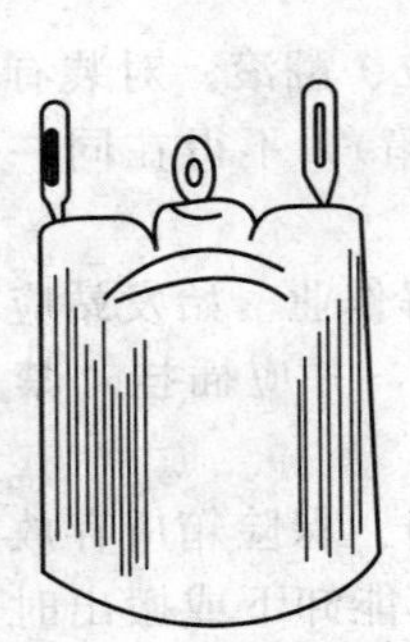
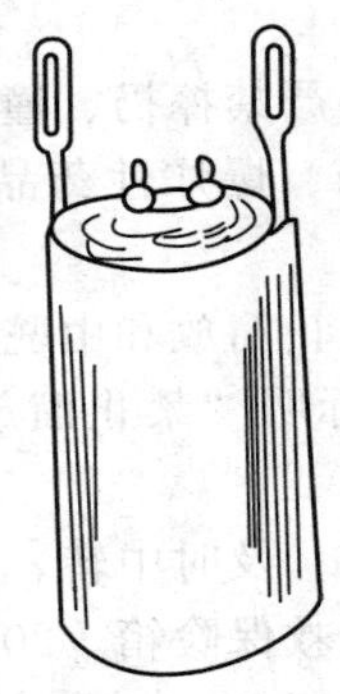
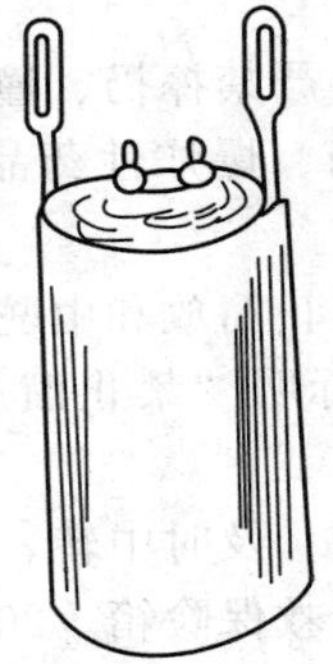

图 3-9 铅罐和铅铁组合罐

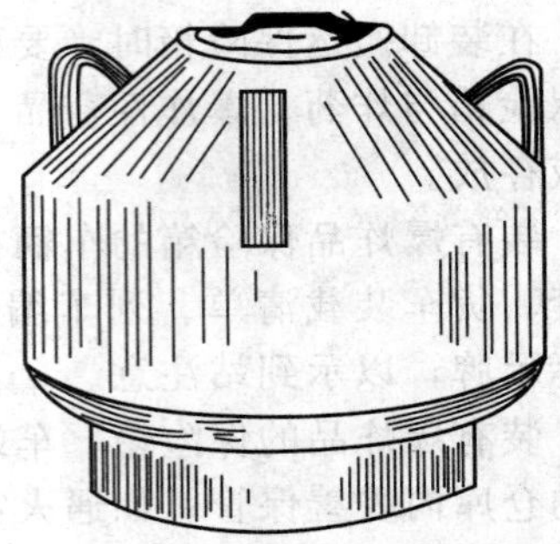

图 3-10 石蜡罐

这种包装外容器的厚度和重量与放射性物品放出γ射线的能量大小和放射强度的大小有关，如铯137放出γ射线能量较小，它所用的外容器的金属材料就薄，外容器也就轻。钴60放出γ射线的能量大，它所用的外容器较厚，所以重量也大。

(3) 中子源的外容器有两种。一种是装钋-铍中子源的石蜡罐，如图 3-10 所示。

中子源罐是由石蜡加金属外壳构成。因为中子流不带电，通过物质时，不能直接由电离作用消耗能量，因而具有极强的穿透能力。但中子和较轻的原子核碰撞，损失能量较多，所以用石蜡或含硼材料作主要材料加金属外壳。

另一种是装镭-铍中子源的。因为镭-铍中子源不但放出中子，而且镭还放出γ射线及α射线，所以其容器除了用石蜡罐外，里面还有一个铅容器，用以屏蔽γ射线。

外容器必须坚固，其坚固程度要达到即使在运输中发生碰撞也不会破裂。容器盖子必须牢固拧紧，即使容器受到各种震动和翻倒时，也不会自动打开。

4. 第四层

第四层为外层辅助包装，用以保护外容器不受损伤和防止人员、放置场所、搬运工具或其他物品的污染。一般可用木箱、纸箱、铁筒、金属箱等。外包装应保持在储运过程中的稳定，不易倾倒。每件货物重量在 5kg 以上的，应有便于手提的把手，超过 30kg 的应有便于吊起装卸的环扣。放射性物质的包装结构如图 3-11 所示。

外包装的表面应保持清洁，并不得有放射性污染。放射性同位素的外容器表面被α粒子污染的最大允许程度为每分钟每 150cm^2 表面上不得超过 500 个α粒子；被β粒子污染的最大允许程度为每分钟每 150cm^2 表面上不得超过 5000 个β粒子。

(二) 放射性化学试剂和化工制品的包装

(1) 装入坚固大口铁桶中，内应有衬垫，桶口严密不漏，铁桶厚度不小于 0.5mm，每桶净重不得超过 100kg。

(2) 装入厚玻璃丝口瓶、塑料瓶中，封口必须严密或密封。要求达到即使倒放时，也不会渗漏，再装入木箱内。木箱应严密不漏并且具备规定的条挡。箱板厚度不得小于 10mm。箱内用两层牛皮纸、防潮纸或塑料薄膜衬垫，玻璃瓶上应有纸套、草套并用松软材料填塞妥实。如系液体物品，箱内还必须装有足够的吸附材料。当容器破损时，液体不致渗出。每箱净重不超过 25kg。不论大小包装，在包装表面不应有放射性物质的污染。

(三) 放射性矿石和矿砂的包装

(1) 装入坚固木箱、木桶或塑料桶中，内衬塑料袋或两层牛皮纸袋。包装封口应严密不

漏，箱外用铁丝、铁皮捆紧。箱板厚度不应小于10mm，四周应具备规定的条挡。每件净重不超过50kg。

（2）装入牛皮纸袋或塑料袋内，外套麻袋、布袋或厚塑料袋。袋口必须密封，两角应扎结抓手，每件净重不超过5kg。每件净重超过30kg的，袋外应用结实的绳以"井"字形捆紧。

（3）装入玻璃瓶，严封后再装入坚固木箱，每箱净重不超过20kg。

由于上述物品放射性强度小，包装也较简单，在运输和储存中包装容易破损，所以在储运过程中更要注意其完整性。放射性矿石和矿砂的外包装表面不得沾有矿粉，并严禁使用未经检查和不符合要求的容器储存和运输放射性物品。

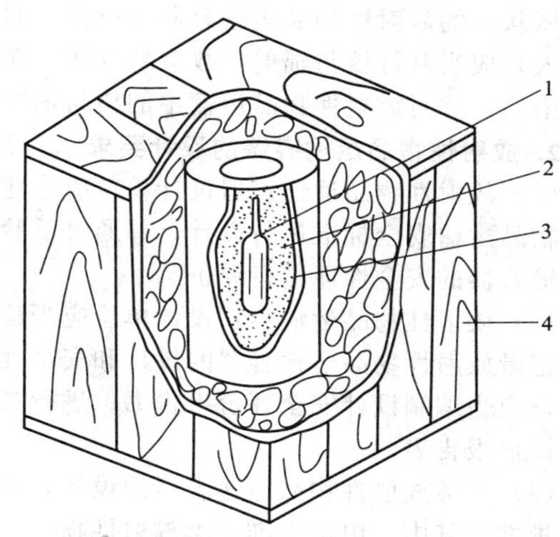

图3-11　放射性物质的包装结构
1—内容器；2—内层辅助包装；
3—外容器；4—外层辅助包装

（四）包装的等级

放射性物品虽然有很高要求的包装，但是包装材料对射线的屏蔽程度会因射线的种类、强度的不同而相异。为了便于组织放射性物品的储存和运输及剂量检查，我国铁路部门根据包装表面和距包装物品1m处的γ射线剂量率的大小，将放射性物品的包装分为四个等级，见表3-12。

表3-12　放射性物品包装等级表

<table>
<tr><th rowspan="3">包装等级</th><th colspan="4">γ射线的最大允许剂量率</th></tr>
<tr><th colspan="2">包装表面</th><th colspan="2">距包装1m处</th></tr>
<tr><th>μR/s</th><th>mR/h</th><th>μR/s</th><th>mR/h</th></tr>
<tr><td>1</td><td>0.1～0.3</td><td>0.4～1</td><td>—</td><td>—</td></tr>
<tr><td>2</td><td>4.1</td><td>15</td><td>0.2</td><td>0.7</td></tr>
<tr><td rowspan="2">3</td><td>5.5</td><td>200</td><td>2.5</td><td>9</td></tr>
<tr><td colspan="2">包装表面的快中子源每秒每平方厘米不得超过20个快中子(20个快中子/cm²·s)</td><td colspan="2">距一批包装1m处总的快中子源每秒每平方厘米不得超过20个快中子(20个快中子/cm²·s)</td></tr>
<tr><td>4</td><td>>55</td><td>>200</td><td>15</td><td>54</td></tr>
</table>

（五）放射性物品运输容器的设计、制造与使用要求

由于放射性物品肉眼无法察别，对人体危害大、救援难度大，所以，运输放射性物品必须使用专用的放射性物品运输包装容器（以下简称运输容器），其设计、制造与使用的容器必须符合国家的有关法律规定和技术标准。

1. 放射性物品运输容器设计与制造的基本要求

（1）放射性物品的运输和放射性物品运输容器的设计、制造，应当符合国家放射性物品运输安全标准。国家放射性物品运输安全标准，应当由国务院核安全监管部门牵头，在征得国务院公安、卫生、交通运输、铁路、民航、核工业行业主管部门的意见后，由国务院核安全监管部门和国务院标准化主管部门联合发布。

（2）放射性物品运输容器的设计、制造单位，应当建立健全责任制度，加强质量管理，

并对所从事的放射性物品运输容器的设计、制造活动负责。放射性物品的托运人（以下简称托运人）应当制订核与辐射事故应急方案，在放射性物品运输中采取有效的辐射防护和安全保卫措施，并对放射性物品运输中的核与辐射安全负责。

2. 放射性物品运输容器的设计要求

(1) 放射性物品运输容器设计单位应当建立健全和有效实施质量保证体系，按照国家放射性物品运输安全标准进行设计，并通过试验验证或者分析论证等方式，对设计的放射性物品运输容器的安全性能进行评价。

(2) 放射性物品运输容器设计单位应当建立健全档案制度，按照质量保证体系的要求，如实记录放射性物品运输容器的设计和安全性能评价过程。在对一类放射性物品运输容器设计时，应当编制设计安全评价报告书；进行二类放射性物品运输容器设计时，应当编制设计安全评价报告表。

(3) 一类放射性物品运输容器的设计，应当在首次用于制造前报国务院核安全监管部门审查批准。其中，申请批准一类放射性物品运输容器的设计，设计单位应当向国务院核安全监管部门提出书面申请，并提交设计总图及其设计说明书、设计安全评价报告书和质量保证大纲 3 项材料。

(4) 国务院核安全监管部门，应当自受理申请之日起 45 个工作日内完成审查。对符合国家放射性物品运输安全标准的，颁发一类放射性物品运输容器设计批准书，并公告批准文号；对不符合国家放射性物品运输安全标准的，应当书面通知申请单位并说明理由。

(5) 设计单位修改已批准的一类放射性物品运输容器设计中有关安全内容的，应当按照原申请程序向国务院核安全监管部门重新申请领取一类放射性物品运输容器设计批准书。

(6) 二类放射性物品运输容器的设计，设计单位应当在首次用于制造前，应将设计总图及其设计说明书、设计安全评价报告表报国务院核安全监管部门备案。

(7) 三类放射性物品运输容器的设计，设计单位应当编制、设计符合国家放射性物品运输安全标准的证明文件，并存档备查。

3. 放射性物品运输容器的制造要求

(1) 放射性物品运输容器制造单位，应当按照设计要求和国家放射性物品运输安全标准，对制造的放射性物品运输容器进行质量检验，编制质量检验报告。未经质量检验或者经检验不合格的放射性物品运输容器，不得交付使用。

(2) 从事一类放射性物品运输容器制造活动的单位，应当具备有与所从事的制造活动相适应的专业技术人员；有与所从事的制造活动相适应的生产条件和检测手段；有健全的管理制度和完善的质量保证体系 3 个条件。

(3) 从事一类放射性物品运输容器制造活动的单位，应当申请领取一类放射性物品运输容器制造许可证（以下简称制造许可证）。申请领取制造许可证的单位，应当向国务院核安全监管部门提出书面申请，并提交其符合国家规定条件的证明材料和申请制造的运输容器型号。禁止无制造许可证或者超出制造许可证规定的范围从事一类放射性物品运输容器的制造活动。

(4) 国务院核安全监管部门应当自受理申请之日起 45 个工作日内完成审查，对符合条件的，颁发制造许可证，并予以公告；对不符合条件的，书面通知申请单位并说明理由。

(5) 制造许可证应当载明制造单位名称、住所和法定代表人；许可制造的运输容器的型号；有效期限及发证机关、发证日期；证书编号 4 项内容。

(6) 一类放射性物品运输容器制造单位变更单位名称、住所或者法定代表人的，应当自工商变更登记之日起 20 日内，向国务院核安全监管部门办理制造许可证变更手续。一类放

射性物品运输容器制造单位变更制造的运输容器型号的，应当按照原申请程序向国务院核安全监管部门重新申请领取制造许可证。

(7) 制造许可证有效期为5年，有效期届满，需要延续的，一类放射性物品运输容器制造单位应当于制造许可证有效期届满6个月前，向国务院核安全监管部门提出延续申请。国务院核安全监管部门应当在制造许可证有效期届满前作出是否准予延续的决定。

(8) 从事二类放射性物品运输容器制造活动的单位，应当在首次制造活动开始30日前，将其具备与所从事的制造活动相适应的专业技术人员、生产条件、检测手段，以及具有健全的管理制度和完善的质量保证体系的证明材料，报国务院核安全监管部门备案。

(9) 一类、二类放射性物品运输容器制造单位，应当按照国务院核安全监管部门制定的编码规则，对其制造的一类、二类放射性物品运输容器统一编码，并于每年1月31日前将上一年度的运输容器编码清单报国务院核安全监管部门备案。

(10) 从事三类放射性物品运输容器制造活动的单位，应当于每年1月31日前将上一年度制造的运输容器的型号和数量，报国务院核安全监管部门备案。

4. 放射性物品运输容器的使用

(1) 放射性物品运输容器的使用单位，应当对其使用的放射性物品运输容器定期进行保养和维护，并建立保养和维护档案；放射性物品运输容器达到设计使用年限，或者发现放射性物品运输容器存在事故隐患的，应当停止使用，进行检查处理。一类放射性物品运输容器使用单位还应当对其使用的一类放射性物品运输容器，每2年进行1次安全性能评价，并将评价结果报国务院核安全监管部门备案。

(2) 使用境外单位制造的一类放射性物品运输容器的，应当在首次使用前报国务院核安全监管部门审查批准。

(3) 申请使用境外单位制造的一类放射性物品运输容器的单位，应当向国务院核安全监管部门提出书面申请，并提交设计单位所在国核安全监管部门颁发的设计批准文件的复印件；设计安全评价报告书；制造单位相关业绩的证明材料；质量合格证明以及国家放射性物品运输安全标准或者经国务院核安全监管部门认可的标准的说明材料等。

(4) 国务院核安全监管部门，应当自受理申请之日起45个工作日内完成审查，对符合国家放射性物品运输安全标准的，颁发使用批准书；对不符合国家放射性物品运输安全标准的，应当书面通知申请单位，并说明理由。

(5) 使用境外单位制造的二类放射性物品运输容器的，应当在首次使用前将运输容器质量合格证明和符合国家法律、行政法规规定，以及国家放射性物品运输安全标准或者经国务院核安全监管部门认可的标准的说明材料，报国务院核安全监管部门备案。

(6) 国务院核安全监管部门，办理使用境外单位制造的一类、二类放射性物品运输容器审查批准和备案手续，应当同时为运输容器确定编码。

第四章

危险品储存防火

危险品储存，是指危险品在离开生产领域而尚未进入消费领域之前，在流通过程中形成的一种停留。

危险品的储存方式，根据危险品的理化性状和储存量的大小，分为整装储存和散装储存两种。对量比较小的一般盛装于小型容器或包件中积存的称之为整装储存，如各种袋装、桶装、箱装或钢瓶、玻璃瓶盛装的物品等；对储存量特别大，不宜盛装于小型容器或包件中积存而需储存于大型储罐、容器中的储存形式称为散装储存，如石油、液化石油气、煤气、天然气等。散装储存还根据物品的性状、设备，环境等有多种储存方式。如液化石油气可有储罐储存、地层储存和固态储存三种，其中储罐储存还可分为常温压力储存、低温常压储存和低温压力储存三种方式。石油可分为地面储存、洞室储存、水封石洞储存、水下储存和地下盐岩储存五种方式等。

危险品的整装储存，往往存放的品种多，性质危险而复杂，比较难于管理；而散装储存，量大、设备多、技术条件复杂，一旦发生事故难以施救。故无论何种储存方式都潜在有很大的火灾危险。所以，必须用科学的态度从严管理，万万不可马虎从事。如陕西省安康某水库工地，在一个不到 $10m^2$ 的楼上库房内混存硝铵炸药 500kg、雷管 5000 余发、导火索 4000 余米、棉花 4000kg，且棉花与炸药、雷管存放的间隔不足 1m。库内电线老化，导线裸露，粉碎机用的配电板竟然也设在这座库房内，配电板不加箱罩不上锁，保险丝全部用铝丝代替，终于因配电板漏电打火引燃了棉花，棉花起火又引起了雷管和炸药爆炸，造成了炸死 10 人，伤 16 人，直接财产损失达 17 万元的重大火灾。因此，做好危险品储存的防火工作是非常重要的。

第一节　危险品储存发生火灾的主要原因

危险品在储存过程中发生火灾事故较多，且近年来由于储存方式的增多，储存和经销周转量的增大，发生火灾的次数、损失和危害程度都有较大的增长。根据对全国火灾的统计资料分析，危险品在储存过程中发生火灾的主要原因大致有以下几种。

一、着火源管控不严带来火种

着火源是指引起可燃物燃烧的一切热能源，包括明火焰、赤热体、火星、电火花、化学能等。在危险品储存过程中的着火源主要有两个方面；一是在运输途中接触烟头、燃放鞭炮时落下的火星等明火，未能及时发现，将火种带入库内阴燃成灾；烟囱飞火、汽车排气管的火星、库房周围的明火作业、吸烟的烟头等外来火种；二是内部设备不良、操作不当引起的电火花、撞击火花和太阳能、化学能等。如电气设备不防爆或防爆等级不够、装卸作业使用铁质工具碰击打火、露天存放时太阳的曝晒等。河北省衡水市棉纺厂棉花仓库，1992 年 2

月10日因市里焰火晚会上燃放的高空焰火弹碎片掉落在棉花垛上引起大火，烧毁原棉980t，及部分棉布、库房建筑等，直接经济损失达918万元；2006年1月29日中午12时许，河南林洲市临淇镇某村3名男童一起到梨林花炮有限公司附近的老君庙玩耍，其中一人走到梨林花炮有限公司仓库门前，将另一支叫"怪炮"的鞭炮点燃后，从该仓库的通风口扔入库房，引燃了库内存放的鞭炮成品和半成品，之后库房发生爆炸，共造成36人死亡，8人重伤，40人轻伤。

二、性质相互抵触的物品混存自燃起火

出现性质抵触的危险品混存、混放，往往是由于保管人员缺乏知识，或者是有些危险品出厂时缺少鉴定，在产品说明书上没有说清楚而造成的；也有一些是因储存单位缺少场地，而任意临时混放造成的。如某造漆厂的硝化棉仓库中，放进了环氧树脂固化剂、间苯二甲胺等，因环氧树脂固化剂容器渗漏接触到硝化棉，致使硝化棉立即起火，造成了重大火灾。事后经验证，这种固化剂滴到硝化棉上，经过12s就会发热冒出棕色浓烟而起火。

又如，广东省深圳市安贸危险品储运公司清水河仓库，将硝酸铵（65t）、高锰酸钾（10t）、硫化碱（10t）、过硫酸钠（20t）、碳酸钡（10t）、火柴（3000箱）等易燃易爆危险品混存于一库房内，因危险品混存发生大爆炸，造成了15人死亡，823人受伤，直接经济损失2.4亿元的特大火灾事故。浙江宁波的某化学品有限公司化学危险品仓库，将30余种化学危险品混存在一起，因偶氮二异丁腈自燃引起火灾，烧毁仓库120m^2、化学危险品69t，造成了直接经济损失148万元的特大火灾。

三、养护管理不善自燃起火

很多的化学危险品对温度、湿度要求特别严，在储存保管过程中往往因缺乏养护知识而导致火灾事故。如硝化纤维素和赛璐珞，在受热、受潮或受太阳曝晒后易分解变化，当温度超过40℃时能加速其分解而自燃。据52起硝化纤维类物品火灾事故的统计，其中有85.7%的事故发生在每年的6月、7月、8月三个月。这个时期气候闷热、潮湿，而且气温又急骤上升，因此，很容易发生自燃。如某外国语学院，在电教馆的四楼资料室（32m^2）存放203本电影资料片（其中硝酸纤维影片40多本），由于单位的空调设备达不到设计标准，冷风送不到四楼，在空调机组暂停机时硝酸纤维影片自燃起火，大量唱片、电影片、录音带、图书等有声资料和混放在一起的十多部机器设备也葬于火海，大批珍贵资料被烧毁，直接经济损失3.5万余元（20世纪70年代的价格），其历史资料的文物价值，是难以用金钱计算的。

又如，日本东京都品川区海岸边物资仓库，库区成排库房20栋，主要存放硝化棉和有机过氧化物。在某年7月14日的晚上，突然，随着一声巨响，一个仓库被炸得粉碎，冲天火柱腾空而起，照亮半个夜空。以此为开端，火灾蔓延至整个仓库地区，转瞬间数栋库房被大火吞没。事后据目击者的证词判明，最初是硝化棉着火，并蔓延至储有大量有机过氧化物的旧10号仓库，引起过氧化物爆炸。爆坑直径7m、深1.8m，旧10号仓库爆炸的冲击波，使相邻的7号和新10号仓库倒塌，在附近从事消防活动的人员19人被倒塌物砸死。此外，受爆炸和飞散物影响，被火焰烧伤者达48人。调查组调查后认为，着火爆炸的起因是硝化棉在存放过程中逐渐干燥，干燥硝化棉发生自然分解，生成的NO_2有自动催化作用，引起分解速度加快，反应放热增加，而疏松的硝化棉有隔热保温作用，热量散发不出去，终于使硝化棉温度逐步提高到180℃，引起自燃和爆炸。

从这次事故中得到的经验教训如下。

① 硝化棉不能处于干燥状态，要经常测定铁桶内的硝化棉水分，不足时应加水至25%

以上。

② 不能使硝化棉在较高温度下长时间储存，仓库应注意隔热降温。

③ 硝化棉不能在一个仓库内储存过多，也不应和其他易燃易爆危险品同库储存或与这类危险品库房靠近。

还有些危险品已经长期不用，仍废置在仓库中，又不及时处理，往往因变质而引起事故。又如硝化甘油安全储存期为 8 个月，逾期后自燃的可能性很大，而且在低温时容易析出结晶，当固液两相共存时，硝化甘油的敏感度特别高，微小的外力作用就足以使其分解而爆炸。如某市一中学的一座 $60m^2$ 的钢筋混凝土小型危险品仓库因存放的硝化甘油超过安全储存期，变质而自燃起火爆炸。仅 1.3kg 的硝化甘油，加上库内的 25kg 硝化棉及 37 瓶乙醚，就使整座仓库被炸塌，库房的防火门被炸成两段，飞出 60m 以外。

四、包装损坏或不符合要求导致火灾

化学危险品容器的包装损坏或者出厂的包装不符合安全要求都会引起事故。常见的情况有以下几点。

① 硫酸坛之间用稻草等易燃物隔垫。

② 压缩气体气瓶不戴安全帽。

③ 金属钾、钠的容器渗漏。

④ 盛装黄磷的容器缺水。

⑤ 电石桶内充装的氮气泄漏。

⑥ 盛装易燃液体的玻璃容器瓶盖不严，瓶身上有泡疵点，受阳光照射而聚焦等。

出现这些情况往往引起火灾。如某市化工库用耐酸达不到标准的塑料桶盛装硝酸，结果塑料桶被腐蚀渗漏而引起了一场重大火灾。又如，2004 年 8 月 5 日，河北省邯郸县土产杂品公司烟花爆竹中转库，将装载有 700 盘双响花炮的汽车车停放在南侧东仓库门前 1m 处，车箱门正对仓库（车上装载的双响花炮用编织袋包装，每编织袋 5 盘，编织袋摆放方式是，底层为纵放，2 至 3 层为横放，编织袋口只捆两个角，没有全封口，这种采用编织袋包装，且编织袋口只捆两个角，未采取全封口，属于产品包装不合格），在卸车至双响约三分之二时，一横放在上层的一个编织袋口松开，掉下的三个双响花炮在车内冒出火星，其中一个双响花炮燃着爆炸，引起车内花炮接连爆炸，其中个别双响花炮射入库中，引发库内双响花炮爆炸。车内卸车的三人和在下面搬运的五人先后逃到仓库院内，3 名职工被困库中，司机迅即将车驶离仓库大门。3 名装卸职工被炸伤后送医院抢救无效死亡，造成直接经济损失 17.2 万元。

五、违反安全操作规程导致火灾

搬运危险品没有轻装轻卸、堆垛过高不稳发生倒桩，在库内改装打包、封焊修理，易燃液体、气体装卸违反安全操作规程等，往往造成事故。如江苏省太仓某化肥厂有 $25m^3$ 和 $5.5m^3$ 的液化石油气储罐两个，司机将汽车从上海运回的 2t 液化石油气准备卸入 $25m^3$ 的储罐内时，当装卸工将橡胶装卸管接好后发现罐内液位已达到规定容量，便未卸液。由于正值星期六，司机等人员都急于回家，故未将卸液橡胶管拆下便扬长而去。当接班的另一司机按照事先约定，准备把槽车开进车库时，由于他并不知道槽车上的卸液管已与储罐相接，也未加检查便贸然启动。但槽车无法起步，一起步就熄火。因为地面原是堆煤场，凹凸不平，驾驶员又误以为车轮陷进了洼坑，便加大油门猛冲。结果使储罐上与卸液管相接的铸铁止回阀（通径 50mm）拉断，储罐内的液化石油气顿时大量喷出，4min 后便发生了猛烈爆炸，

并形成了大面积火海。经 4～5min 后，随着扩散出来的气体烧尽，起火范围也逐步缩小，后来就只在喷口处形成火炬式燃烧。因在爆炸时 25m^3 储罐移位，与 5.5m^3 储罐的连通管被拉断，断口处也喷火燃烧，被烈火包围的槽车也因罐内液化气受热膨胀，安全阀自动开启释放，又产生了一股新的火柱。这时三股火焰连成一片，升腾到几十米的高空。由于紧挨大储罐一旁的 5.5m^3 储罐内，尚有少量液化石油气残液，受热后急剧膨胀，且罐体上的安全阀又失灵，压力无从泄减。因此在 40min 后该罐又发生了爆炸，罐体炸裂被弹出 8m 远，混凝土基础夷为平地；300kg 重的罐顶被巨大的气浪推至 47m 以外，这场大火延烧了 3 个多小时，直至储罐内所有液化石油气全部烧光火才熄灭。这起爆炸事故，使距爆炸中心 50～100m 范围内的建筑物多数被震塌，200m 范围内的建筑物的屋顶、墙壁、门窗都受到破坏，厂内房屋全被震塌，距爆炸中心 15km 的沙溪镇的商店的玻璃多处被震碎，19km 外的太仓县城人们普遍感到门窗震动。这次爆炸造成 6 人死亡，55 人受伤，直接经济损失达 70 余万元（当时的价格）。

六、建筑不符合存放要求导致自燃起火

危险品库房的建筑条件差，建筑设施不适应所储存物品的要求也往往导致火灾事故的发生。如通风不良、湿度过大、漏雨进水、阳光直射，又不采取隔热、降温措施等，使物品受热造成库房内温度过高；有的缺少保暖设施，使物品达不到安全储存的保温要求等。如南京某工艺美术公司所属的一乐器厂，委托工艺美术公司大楼管理处代为保管危险品，将赛璐珞、酒精、黑漆板、松节油等易燃危险品存入潮湿、不通风、且密封较好（钢制门，门框四周镶有橡胶条）的地下室内，由于仓库封闭严密、通风不良，天气闷热、潮湿，致使赛璐珞自燃起火，造成 22 人中毒和很大的经济损失。

七、雷击

危险品仓库一般都是设在城镇郊外空旷地带的独立的建筑物或是露天的储罐或堆垛区，是十分容易遭受雷击的。我国曾多次发生过油罐和棉麻堆垛的遭受雷击的事故，损失十分严重。如中国石油天然气总公司所属的黄岛油库，因雷击引起 2.3m^3 土油罐爆炸起火、致使相邻的三个 10000m^3 的金属油罐和一个 2.3m^3 的土油罐相继起火爆炸。大火燃烧了 104h，死亡 19 人，烧掉原油 36000t 经济损失达 1000 多万元。又如，2006 年 7 月 15 日，广东惠州市东江电力有限公司重油储罐因雷击发生大火，造成直接经济损失 207.2 万元。

八、电气设备不良、静电接地不好产生电火花

电气设备特别是照明和动力线路，往往因安装不当或年久失修，绝缘老化、破损造成短路；或照明灯具烤着可燃物引起火灾；或者因储罐、管道接地不好致使静电聚积产生放电火花，引起泄漏的可燃气体与空气的混合物爆炸。如北京东方化工厂化工储罐区内储存有乙烯、丁二烯、丙烷、丁烷、戊烷、液化石油气、乙二醇、加氢汽油、裂解汽油、轻柴油、石脑油、裂解燃料油等，用 31 个储罐储存有 1.9 万吨易燃易爆危险品，1997 年 6 月 27 日因乙烯罐的液相管泄漏与空气形成爆炸性混合物，遇乙烯泄漏时产生的静电放电火花发生大爆炸，造成死亡 8 人，受伤 40 人（其中烧伤 11 人，玻璃扎伤、摔伤 29 人），烧毁易燃易爆危险品物料 2.5 万吨及部分建筑、设备、仪表等，直接财产损失达 1.17 亿元。

九、着火扑救不当酿成大火

着火时因不熟悉化学危险品的性能和灭火方法，使用不当的灭火剂使火灾扩大，也常常

是小火造成大火的一个原因。如用水扑救遇水易燃物品火灾或用二氧化碳扑救金属粉末火灾等。例如，某火车站一列车所载的保险粉起火，当地消防队到达火场后错误地使用水灭火，因长时间射水不奏效，只好将车厢内的1200筒保险粉全部卸出，让其自然熄灭，灭火时间长达9h。灭火中6名消防队员中毒，其中1名消防员发生神经系统损坏（头部、上肢颤动）。火灾烧毁车厢一辆，60t保险粉全部报废，直接经济损失276万元。又如，某市一氯碱化工厂的金属钠着火，当地公安消防队到达火场后在没问清情况下，即铺设水带射水，工人师傅当即劝止，但指挥员又转令用泡沫扑救，未待工人师傅明白泡沫是什么，水枪手已将泡沫射出，结果小火酿成大火，火灾直接经济损失达400余万元。

第二节　危险品仓库平面布置防火

根据《消防法》第二十二条的规定，储存易燃易爆危险品的仓库和专用车站、码头，易燃易爆气体和液体的充装站、供应站、调压站，都必须设置在城市的边沿或者相对独立的安全地带；城市的易燃易爆气体和液体的充装站、供应站、调压站、加油站，也必须设置在合理的位置，并符合防火防爆要求；原有的不符合消防安全规定的，应当采取措施，限期加以解决，并符合城镇总体规划的要求。因此，危险品仓库的布置必须符合有关规定和消防技术规范标准的相关要求。

一、爆炸品仓库的平面布置

（一）爆炸品仓库的分类

爆炸品仓库按使用条件可以分为中转库和总仓库两类。《民用爆破器材工程设计安全规范》（GB 50089—2007，简称《民爆规范》），将爆炸品仓库称为“危险品仓库”，它还包括制造炸药所需的氧化剂等原料。本书为了与其他危险品区别，故使用了“爆炸品仓库”之称。

1. 中转库

爆炸品中转库是指爆炸品在生产和使用区内短时间储存爆炸品的仓库。此类仓库还可按使用条件再分为工序转手库、车间转手库、组（编）批库等。有的爆炸品生产企业还设有返工品库、样品库和废品库等。

2. 总仓库

爆炸品总仓库是指定期专门存放炸药、雷管、导爆索、导火索等爆炸品的仓库。爆炸品总仓库都设置在独立的区域内，与周围建（构）筑物留有足够的安全距离。对于国家危险物资库中的爆炸品库房、商业危险品库中的爆炸品库房、军用爆炸品库房以及车站、码头上的爆炸品周转库等，原则上应与爆炸品总仓库同等看待。

（二）爆炸品库房的危险分级

我国爆炸品仓库的危险等级是根据梯恩梯炸药的爆炸威力所产生的当量值来确定的。

1. 梯恩梯当量系数的确定原则

梯恩梯的压力当量值，是指任一炸药在同一距离上产生与梯恩梯炸药同样的冲击波峰值压力时的梯恩梯质量与该炸药的质量之比，即梯恩梯压力当量＝梯恩梯质量/被测炸药的质量。其系数的确定原则如下。

(1) 粉状铵梯（油）类炸药、粉状铵油炸药、铵松蜡炸药、铵沥蜡炸药、多孔粒状铵油

炸药、膨化硝铵炸药、粒状黏性炸药、水胶炸药、浆状炸药、射孔弹、穿孔弹、震源药柱（中、低爆速）等爆炸品的梯恩梯当量系数按小于1考虑。

（2）梯恩梯、苦味酸、太乳炸药、雷管制品、导爆索、继爆管、爆裂管、黑梯药柱、震源药柱（高爆速）等爆炸品的梯恩梯当量系数按等于1考虑。

（3）奥克托金、黑梯药柱、黑索今、太安、起爆药等爆炸品的梯恩梯当量系数按大于1考虑。

2. 爆炸品的梯恩梯当量系数

我国某研究所测定炸药的梯恩梯冲击波压力当量系数的方法是，每发炸药爆炸质量为50kg，每种炸药在地面爆炸6～8次。药装在外形为圆柱形（直径和高比为1∶1）的牛皮纸筒内，用8号瞬发电雷管在上端起爆。传爆药采用黑索今，量为炸药量的1%～3%，分别在离爆心4.4～65.7m之间测得压力，然后通过数字整理，得到各种炸药的梯恩梯冲击波压力当量平均值。

我国通过上述方法在压力范围10～50kg时测得的几种炸药的梯恩梯冲击波压力当量值见表4-1。

表4-1　几种常见炸药火药的梯恩梯压力当量值（压力范围在10～50kPa时）

种类	炸药名称	压力当量(平均值)
炸药	梯恩梯	1.00
	苦味酸	1.02
	黑索今	1.20
	太安	1.28
	SHJ-K,水胶炸药	0.766
	2号岩石硝铵炸药	0.695
	浆状炸药	0.688
	2号铵松蜡炸药	0.655
	EL系列乳化炸药	0.650
火药	黑火药	0.444

需要说明的是，不同的爆炸输出与不同爆炸效应等效，会有不同的梯恩梯当量比，如爆破效应、地震效应、空气冲击波效应等。而就空气冲击波效应的波峰压力，在不同的压力范围也有着不同的梯恩梯当量值，所以，在给定某种炸药的梯恩梯当量比时，必须说明条件，以免导致错误。表4-1数据的给出条件就是在10～50kPa的压强状态下得到的。

（三）爆炸品库房的危险等级

为了区别爆炸品仓库建筑物的危险程度，合理防护爆炸冲击波的破坏作用，国家《民爆规范》根据建筑物内爆炸品一旦发生爆炸所产生的破坏力、爆炸品本身的感度、影响爆炸品事故的因素以及建筑物本身的抗爆措施等综合因素，将爆炸品总仓库的危险等级划分为以下4个危险等级。

① 1.1级　所储爆炸品具有整体爆炸危险性的仓库。

② 1.2级　所储爆炸品具有迸射破片危险，但无整体爆炸危险性的仓库。

③ 1.3级　所储爆炸品具有着火危险和较小爆炸或较小迸射危险，或两者兼有，但无整体爆炸危险性的仓库。

④ 1.4级　所储爆炸品无重大危险性，但有可能在外界强力引燃、引爆条件下有着火

爆炸危险作用的仓库。

爆炸品仓库的危险等级主要依据所储存爆炸品的危险等级而确定，见表4-2。

表4-2　储存危险品的建筑物危险等级

序号	危险品名称	危险等级	
		中转库	总仓库
1	黑索今、太安、奥克托今、梯恩梯、苦味酸、黑梯药柱（注装）、梯恩梯药柱（压制）、太乳炸药 铵梯（油）类炸药、粉状铵油炸药、铵松蜡炸药、铵沥蜡炸药、多孔粒状铵油炸药、膨化硝铵炸药、粒状粘性炸药、水胶炸药、浆状炸药、胶状和粉状乳化炸药、黑火药	1.1	1.1
2	起爆药	1.1	—
3	雷管（火雷管、电雷管、导爆管雷管、继爆管）	1.1	1.1
4	爆裂管	1.1	1.1
5	导爆索、射孔（穿孔）弹、震源药柱	1.1	1.1
6	延期药	1.4	—
7	导火索	1.4	1.4
8	硝酸铵、硝酸钠、硝酸钾、氯酸钾、高氯酸钾	1.4	1.4

注：在同一爆炸品仓库内储存有不同爆炸品时，其仓库的危险等级应按其中最高危险等级确定。

（四）爆炸品仓库建、构筑物的安全设防标准

爆炸品仓库建、构筑物的安全设防标准，即在冲击波作用下允许破坏的等级。它是考虑我国国情（农民多、耕地少）、国家政策（少占地、少迁民）和多年来生产实践经验，并结合以往发生的事故教训提出来的。

1. 爆炸品仓库建、构筑物外部区域的安全设防标准

（1）生产厂住宅区、村庄、铁路车站、区域变电站等，均按二级（次轻度）破坏标准考虑，以保证人身的绝对安全。

（2）对人口≤10万人的城镇，采用一级到二级破坏标准，即与1.1级建筑物的距离为本厂住宅区边缘到1.1级建筑物距离的1.5倍。在这种设防标准下，居民住房只能发生少部分玻璃破坏。对人口大于10万人的城镇，其距离为本厂住宅区边缘到1.1级建筑物距离的3倍以上，发生事故时居民住房只发生极少量玻璃破坏。

（3）零散住户的衡量条件是指总住户不超过10户和居住人数不超过50人的住宅点。考虑到迁民困难和少迁民的政策，对零散住户采用二级到三级破坏为设防标准，即与A级建筑物的距离为本厂住宅区边缘到1.1级建筑物距离的0.6倍。

（4）对国家铁路干线、主要通航河道、重要公路等，既要考虑到事故对它的影响有偶然性和瞬时性，又要考虑到铁路干线一旦遭到破坏有较大的政治影响，故也以二到三级破坏为设防标准。其距离可为本厂住宅区边缘到1.1级建筑物距离的0.7倍。一般航道、铁路支线的距离可为本厂住宅区边缘到1.1级建筑物距离的0.5倍。

（5）高压输电线路与1.1级建筑物的距离，主要从输电线路的服务半径和一旦遭到破坏后的政治影响和经济损失，并结合目前情况考虑的。110kV高压输电线路服务半径大，一旦遭到破坏损失大，为减少影响范围，与1.1级建筑物的距离，采用本厂住宅区边缘到1.1级建筑物距离的0.6倍，预计爆炸冲击波不至于损坏铁塔或断线。35kV高压输电线路分布

较广，如规定距离太大，将会给选址定点带来困难；若规定太小又不利于安全，故采用1.1级建筑物与本厂住宅区边缘的距离的0.3倍。

(6) 爆炸品生产区的仓库，考虑到它的使用条件不同于厂房生产条件，一般危险因素较少，过去的事故例子也较少，它的面积一般不大。但存药比较集中，一旦发生事故，虽本身保存下来的可能性不大，但考虑到对周围建筑物的影响，宜将其设防标准定为“不殉燃、不殉爆，允许五级破坏”。

(7) 独立的爆炸品仓库，主要有三种不同的设防标准。

① 炸药库之间以“允许库房本身倒塌（七级破坏），但必须保证“不殉燃，不殉爆”为设防标准。

② 炸药库到住宅区、办公大楼等以“允许二级次轻度破坏”为设防标准。

③ 炸药库至重要设施或构筑物（如铁路干线、重要公路、主通航河道等）以“允许二级到三级破坏”为设防标准。

2. 爆炸品仓库建、构筑物内部区域的安全设防标准

(1) 爆炸品生产厂区内的爆炸品仓库建筑（包括生产厂房和中转库房）按五级（次严重破坏）标准设防。这种设防标准的特征是，建筑物在爆炸事故的影响下，基本上可以避免爆炸火焰和飞散物的直接危害，但由于冲击波的作用，会对建筑物造成比较严重的损坏，砖墙不倒塌，可大大减少人员伤亡（玻璃、飞散物造成的偶然伤亡难以避免）和设备损坏。事故后建筑物经大修还可继续使用。

(2) 1.4级建筑物按四级中等破坏标准设防。

(3) 爆炸品总仓库内的各种库房，均按允许库房本身倒塌（七级破坏），但必须保证“不殉燃，不殉爆”为标准设防。这是因为库房的存药量都很大，若按五级破坏标准考虑，计算出的库房安全距离很大，库区的占地面积也很大，不符合我国国情和国家政策；还由于库区内不像生产区那样有频繁的生产活动，相对来说危险因素少，发生事故的概率小，故只要满足一个库房爆炸时邻近库房内的爆炸品不殉燃不殉爆即可。根据这样的设防标准，可以用不殉爆公式来计算炸药库之间的安全距离。

（五）爆炸品总仓库外部安全距离的确定

爆炸品仓库建筑物与其周围的村庄、公路、铁路、城镇、本厂生活区等之间的距离均属外部距离。

1. 计算公式的确定

根据TNT地面爆炸试验（0.3～100t）得出的结果，炸药库到本厂生活区的安全距离以允许二级次轻度破坏为设防标准，公式为：

$$R_{库-住}=21W^{\frac{1}{2.8}}$$

爆炸品仓库建筑区内允许五级破坏的相邻建筑物的安全距离公式为：炸药重量（W）＜6.4t时，取$R_5=1.2W^{\frac{1}{2}}$；炸药重量（W）≥6.4t时，取$R_5=2.5W^{\frac{1}{2.4}}$。

对于其他安全设施等级，虽然也可以按实验方法确定其安全距离公式，但为简便起见，在上面两个公式基础上分别乘以适当比例系数而得到表4-3的公式。

2. 确定仓库外部安全距离的原则

在确定爆炸品总仓库与外部建构筑物的安全距离时，应考虑如下原则。

(1) 仅考虑一次一个库房的储药量全部爆炸。

(2) 爆心设有防护土堤，被保护物无防护土堤。

表 4-3 冲击波安全距离公式

建筑物的安全设防等级	安全距离公式
允许二级玻璃破坏	生产区 A_2 级厂房：$R_2=25W^{\frac{1}{2.8}}$；总库区 A_2 级仓库：$R_2=21W^{\frac{1}{2.8}}$
允许三级轻度破坏	$R_3=2.0R_5$
允许四级中等破坏	$R_4=1.5R_5$
允许五级严重破坏	$R_5(W>6.4\text{t})=2.5W^{\frac{1}{2.4}}$；$R_5(W<6.4\text{t})=1.2W^{\frac{1}{2}}$
允许六级房屋倒塌	$R_6=0.75R_5$

注：适用于爆心周围或被保护建筑物周围单方有防护土堤的情况。

(3) 外部距离主要考虑冲击波的作用，但不能防止少数飞散物的偶然影响。

(4) 外部距离是以本厂住宅区边缘的距离为基础，只考虑当 1.1 级仓库一旦发生爆炸事故，对本厂住宅区建筑物将产生二级破坏等级。

(5) 以爆炸品仓库建筑物与本厂生活区边缘之间的距离为 1，其他各项目的计算距离的比例关系以及与国外的比较，见表 4-4。

表 4-4 爆炸品仓库外部建、构筑物的设防系数

对象	各国的比例系数		
	中国	美国	英国
本厂住宅区边缘	1.0	1.0	1.0
本厂危险品生产区边缘	0.6	0.10	
县以上公路、通航汽轮的河流、航道，非本厂铁路支线	0.5	0.6	0.5
高压输电线路：110kV 输电线路	0.6		
35kV 输电线路	0.3		
国家铁路线	0.7	0.6	0.5
零散住户（一般≤10 户和≤50 人）	0.6		
村庄边缘，铁路车站边缘，区城变电站的围墙和乡镇企业围墙	1.0	1.0	
人口≤10 万人的城镇规划边缘			
其他工厂企业的围墙	1.5		
人口＞10 万人的城市规划边缘	3.0		

注：爆炸品总仓库以外设的爆炸品转运站台上不准储存爆炸品，站台上的爆炸品必须在 24h 之内全部运走。其外部安全距离可按爆炸品总仓库同一危险等级的仓库要求相应减少 20%～30%。

3. 爆炸品总仓库外部的安全距离

爆炸品总仓库外部的安全距离，是根据表 8-3 计算公式计算的结果和国家规定的确定外部安全距离的原则，以及不同炸药的敏感性，爆炸能量和被保护对象的防护系数等因素，经过数字处理而得到的。

爆炸品总仓库区内 1.1 级危险性建筑物与其周围居住区、公路、铁路、城镇规划边缘等的外部距离，不应小于表 4-5 的规定。

由于 1.4 级库房只存放导火索一种（对氯酸钾、硝酸铵等氧化剂，GB 50089 要求只准在生产区内的 1.4 级库房中存放）物品，而导火索经过试验和使用证明，仅能着火，不会转为爆燃或爆轰（如某单位库存 100 多万米导火索着火，在殉燃过程中仍能抢出 6 万余米，并未发生爆炸）。因此导火索只考虑火灾危险，其外部的安全距离不应小于 100m；硝酸铵仓库的外部距离不应小于 200m。

表 4-5　危险品总仓库区 1.1 级建筑物的外部距离

单位：m

序号	项目	单个爆炸品库房内计算的药量/kg													
		200000	180000	160000	140000	120000	100000	90000	80000	70000	60000	50000	45000	40000	35000
1	人数小于等于 50 人或户数小于等于 10 户的零散住户边缘、职工总数小于 50 人的企业围墙、本厂危险品生产区、加油站	720	700	670	640	610	570	550	530	510	490	460	440	420	400
2	人数大于 50 人且小于 500 人的居民点边缘、职工总数小于 500 人的企业围墙、有摘挂作业的铁路中间站站界或建筑物边缘	1110	1070	1030	980	930	880	850	820	780	740	700	670	650	620
3	人数大于 500 人且小于等于 5000 人的居民点边缘、职工总数小于 5000 人的企业围墙	1250	1210	1160	1110	1050	990	960	920	880	840	790	760	730	700
4	人数小于等于 2 万人的乡镇规划边缘、220kV 架空输电线路、110kV 区域变电站围墙	1470	1420	1360	1300	1240	1160	1120	1080	1030	980	920	900	860	820
5	人数小于等于 10 万人的城镇区规划边缘、220kV 以上架空输电线路、220kV 及以上的区域变电站围墙	2000	1930	1850	1760	1680	1580	1530	1480	1400	1330	1260	1210	1170	1120
6	人数大于 10 万人的城市市区规划边缘	3890	3750	3610	3430	3260	3080	2980	2870	2730	2590	2450	2350	2280	2170
7	国家铁路线、二级以上公路、通航的河流航道、110kV 架空输电线路	830	800	770	740	700	660	640	620	590	560	530	500	490	470
8	非本厂的工厂铁路支线、三级公路、35kV 架空输电线路	500	490	470	450	420	400	390	370	360	340	320	310	300	280

续表

序号	项目	单个爆炸品库房内计算的药量/kg																	
		30000	25000	20000	18000	16000	14000	12000	10000	9000	8000	7000	6000	5000	2000	1000	500	300	100
1	人数小于等于50人或户数小于等于10户的零散住户边缘、职工总数小于50人的企业围墙、本厂危险品生产区、加油站	380	360	340	330	310	300	280	270	260	250	240	230	220	200	180	160	150	130
2	人数大于50人且小于500人的居民点边缘、职工总数小于500人的企业围墙、有摘挂作业的铁路中间站站界或建筑物边缘	590	550	520	500	480	460	430	410	400	380	360	350	330	250	200	170	160	140
3	人数大于500人且小于等于5000人的居民点边缘、职工总数小于5000人的企业围墙	670	630	580	560	540	520	490	460	450	430	410	390	370	270	220	190	170	160
4	人数小于等于2万人的乡镇规划边缘、220kV架空输电线路、110kV区域变电站围墙	780	740	680	660	630	610	580	540	520	500	480	460	430	320	250	220	190	170
5	人数小于等于10万人的城镇区规划边缘、220kV以上架空输电线路、220kV及以上的区域变电站围墙	1060	990	940	900	860	830	770	740	720	680	650	630	590	430	400	360	310	280
6	人数大于10万人的城市市区规划边缘	2070	1930	1820	1750	1680	1610	1510	1440	1400	1330	1260	1230	1160	830	770	700	600	540
7	国家铁路线、二级以上公路、通航的河流航道、110kV架空输电线路	440	410	390	380	360	350	320	310	300	290	270	260	250	230	180	150	130	120
8	非本厂的工厂铁路支线、三级公路、35kV架空输电线路	270	250	240	230	220	210	200	190	180	170	160	150	140	110	100	80	70	60

注：1. 计算药量为中间值时，外部距离采用线性插入法确定；

2. 表中二级以上公路系指年平均双向昼夜行车量大于和等于2000辆者；三级公路系指年平均双向昼夜行车量小于2000辆且大于等于200辆者；

3. 新建危险品工厂的外部距离应满足表中序号1～8的规定。现有工厂如在市区或城镇规划范围内，其外部距离应满足表中除序号5、6外的规定；

4. 表中外部距离适用于平坦地形，遇有利地形可适当折减，遇不利地形宜适当增加。

4. 地形对安全距离的影响因素及其校正方法

如果爆炸品仓库建筑系建在山区、丘陵区或周围地形变化较大的地区，山体的高低、大小会对空气冲击波产生影响。所以，安全距离的计算要作相应的变化。例如，当位于山脚下的某爆炸品库房发生爆炸事故时，由于山壁对冲击波的反射，山前的冲击波强度会有很大增加；同理，由于山坡对冲击波的阻挡，山后的冲击波强度会有很大削弱。因而，山前的安全距离要增加，山后的安全距离可减少。增加或减少的具体数量，由于各种地形千差万别，只能根据具体情况进行具体分析。根据在两种地形下所进行的1～100t炸药的实验资料，以下几种特定地形条件增加或减少距离的百分数可供参考。

(1) 当爆炸品仓库在紧靠20～30m高的山脚下布置时，若山的坡度为10°～25°，爆炸品仓库与山背后.建筑物之间的距离，与平坦地形相比可适当减少10%～30%；

(2) 当爆炸品库房在紧靠30～80m高的山脚下布置时，若山的坡度为25°～35°，爆炸品库房与山背后建筑物之间的距离，与平坦地形相比，可适当减小30%～50%；

(3) 在一个山沟中，一侧山高为30～60m，坡度为10°～25°，另一侧山高为30～80m，坡度为25°～30°，沟宽100m左右，沟内两山坡脚下相对布置的两建筑物之间的距离，与平坦地形相比，应增加10%～50%；

(4) 在一个山沟中，一侧山高为30～60m，坡度为10°～25°，另一侧山高30～80m，坡度25°～35°，沟宽40～100m，沟的纵坡4%～10%，沿沟纵深和沟的出口方向建筑物之间的距离，与平坦地形相比，应增加10%～40%。

(六) 爆炸品总仓库内部安全距离的确定

1. 计算公式的确定

根据我国某研究所通过300～100kg梯恩梯爆炸实验的结果得出的各种炸药之间不殉爆安全距离公式

$$R = K\sqrt{W} \tag{4-1}$$

式中　R——不殉爆安全距离，m；

W——主爆药的药量，kg；

K——不殉爆安全系数，从表4-6中选取。

炸药的实际储存条件是存放在库房内，库房周围又有防护土堤，所以上表中的K为最大值。也就是说，按照式(4-1)计算的库房间的安全距离，可以满足“当一个库房发生爆炸时，相邻库房不殉燃、不殉爆，但允许建筑物倒塌”的安全设防标准。

表4-6　从殉爆试验得到的安全系数K值

主爆装药		从爆装药		K	试验条件
炸药名称	药量/kg	炸药名称	药量/kg		
梯恩梯	0～100000	梯恩梯	5～90	0.70	从爆药装于麻袋中
梯恩梯	100000	黑索今	55	2.14	从爆药装于本箱中
梯恩梯	100000	特屈儿	40	1.28	从爆药装于木箱中
梯恩梯	100000	太　安	50	1.28	从爆药装于木箱中
梯恩梯	100000	黑火药	75	1.35	从爆药装于木箱中

我国通过鳞片状TNT ($\rho = 0.858g/cm^3$) 在裸露状态下的野外爆炸试验，主爆药由6.4kg增加至4000kg，从爆药由6.4kg增加至50kg。试验后经过数据处理，得出TNT药堆之间最小不殉爆安全距离公式。

$$R=0.692W^{\frac{1}{3}} \tag{4-2}$$

式中 R——最小不殉爆安全距离，m；

W——主爆药的重量，kg；

0.692——殉爆安全系数，此系数可以处理为0.7。

2. 爆炸品总仓库1.1级库房的内部安全距离

爆炸品总仓库内1.1级库房之间的最小允许距离，应当根据各库房的危险等级和存药量的多少，按式(4-2)分别计算，取其最大值。此安全距离均自建筑物的外墙轴线算起。两库房之间的安全距离，无论计算结果如何，均不得小于20m。

经过计算得到的1.1级爆炸品库房与邻近库房的最小允许距离经整理应当符合以下要求。

(1) 有防护屏障的1.1级爆炸品库房与其邻近有防护屏障建筑物的最小允许距离，不应小于表4-7的规定。

(2) 危险品总仓库区，有防护屏障1.1级爆炸品库房与其邻近无防护屏障建筑物的最小允许距离，应按表4-7的规定数值增加1倍。

(3) 与10kV及以下变电所的距离，不应小于50m。

(4) 与消防水池的距离，不宜小于30m。

(5) 与值班室的最小允许距离，不应小于表4-8的规定。

表4-7 有防护屏障1.1级仓库距有防护屏障各级仓库的最小允许距离 单位：m

序号	危险品名称	单库计算药量/kg								
		200000	150000	100000	50000	30000	10000	5000	1000	500
1	黑索今、奥克托今、太安、黑梯药柱				80	70	50	40	30	25
2	梯恩梯及其药柱、苦味酸、太乳炸药、震源药柱(高爆速)		45	40	35	30	20	20	20	20
3	雷管、继爆管、爆裂管、导爆索					70	50	40	30	25
4	铵梯(油)类炸药、粉状铵油炸药、铵松蜡炸药、铵沥蜡炸药、多孔粒状铵油炸药、膨化硝铵炸药、粒状黏性炸药、水胶炸药、浆状炸药、胶状和粉状乳化炸药、震源药柱(中低爆速)、射孔弹、穿孔弹、黑火药及其制品	45	40	35	30	25	20	20	20	20

注：对单库计算药量小于等于1000kg，在两仓库间各自设置防护屏障的部位难以满足构造要求时，该部位处应设置一道防护屏障。

表4-8 有防护屏障1.1级仓库距仓库值班室的最小允许距离 单位：m

序号	值班室设置防护屏障情况	单库计算药量/kg									
		200000	150000	100000	50000	30000	20000	10000	5000	1000	500
1	有防护屏障	220	210	200	170	140	130	110	90	70	50
2	无防护屏障	350	325	300	250	200	180	150	120	90	70

注：计算药量为中间值时，最小允许距离采用线性插入法确定。

(七) 工业电雷管射频辐射安全防护距离的确定

随着电子科学技术的发展，无线电设备发射功率的不断增大，电磁环境的日趋恶化，使得对电磁辐射十分敏感的工业电雷管的安全，也受到了一定的影响。工业电雷管通过

电磁辐射引起电雷管及其所连炸药包爆炸的事故是有教训的。如据国外报道，在墨西哥湾有条探矿用作业船，这艘船备有50W、1602kHz的发报机，发报机天线水平架在两桅杆之间，离甲板高约7.62m。工作人员为了和记录船联系，在合发报机开关时，放在甲板上装好电雷管的重约2.27kg的炸药包爆炸，将一名作业工人炸死，一些设备遭到破坏。事故后为了查明原因，进行了模拟试验，在药包上连接与电雷管爆破线路相同的线路，用高频电流计测线路内的感应电流，在合开关之时，这个爆炸线路有0.42A的高频电流，这个电流强度已超出了电雷管的最大安全电流。又经调查，该爆破线路的母线长度刚好和电报机发报频率共振，共振时引起的感应电流是最大值。为了进一步取得证据，又做了另外一组试验，采用100W，3500kHz的发报机，在长约17.48m，高约2.6～3.9m水平天线的正下方，放一个等于半波长17.48m的雷管脚线线路。当发报机合闸时，便在脚线线路中产生0.5A的电流。当把脚线和天线垂直放置时，电流显著下降，当离开天线约7.8m时，脚线上几乎没有电流。这说明甲板上的雷管、炸药，确实是电报机的电波引爆的。

为防止电雷管在储存和运输过程中因电磁辐射造成危险，储存工业电雷管的建筑物与广播电台、电视台、移动站、固定站、无线电通信等发射天线的距离，应根据发射功率、频率保持规定的安全防护距离，并取其最大值。

1. 储存工业电雷管的建筑物，与MF广播发射天线最小允许距离

由于具有大功率且同时具有低频率的频段射频能量衰减较小，所以，工业电雷管在0.535～1.60MHz的中频段是比较危险的。因此，储存工业电雷管的建筑物与MF广播发射天线应保持安全距离。其最小允许距离不应小于表4-9的规定。发射天线是一种将信号源射频功率发射到空间或截获空间电磁场转变为电信号的转换器。

表4-9 储存工业电雷管的建筑物与MF广播发射天线最小允许距离

发射机功率/W	≤4000	5000	10000	25000	50000	100000
最小允许距离/m	300	330	550	730	1100	1500

注：1. MF（中频）广播发射天线的频率范围为0.535～1.60MHz。

2. 表中最小允许距离为发射天线至建筑物外墙外侧距离。

2. 储存工业电雷管的建筑物与FM调频广播发射天线的最小允许距离

储存工业电雷管的建筑物，与FM调频广播发射天线的最小允许距离应符合表4-10的规定。

表4-10 储存工业电雷管的建筑物与FM调频广播发射天线最小允许距离

发射机功率/W	≤1000	10000	100000	316000
最小允许距离/m	270	520	820	1500

注：1. 频率调制为88～108MHz。

2. 表中最小允许距离为发射天线至建筑物外墙外侧距离。

3. 储存工业电雷管的建筑物与民用波段无线电广播移动和固定自动通信发射天线的最小允许距离

民用波段无线电广播是用于个人或商用无线电通信、无线电信号、远程目标或设备控制的固定站、地面站、移动站的无线电通信设备。主要包括无线电信号、远程目标或设备控制的固定站（在特定固定点间使用的无线电通信站）、基站（用于陆地移动业务或陆地电台）、无线电定位（不在移动时使用）的电台、无线对讲（运动时使用的通信设备）等。这些设备使用时都会发射出不同频段的电磁波，都会对电雷管的安全构成威胁，所以，储存工业电雷管的建筑物与民用波段无线电广播移动和固定自动通信发射天线应当保持安全距离。其最小允许距离应符合表4-11的规定。

表4-11 储存工业电雷管的建筑物与民用波段无线电广播发射天线最小允许距离

发射机功率/W	<5	5～10	10～50	50～100	100～250	250～500	500～600	600～1000	1000～10000
最小允许距离/m	25	35	80	120	168	240	270	370	1100

注：1. 本表适用于MF（中频）、VHF（甚高频）、UHF（超高频）移动站、固定站、无线电定位等。

2. 表中最小允许距离为发射天线至建筑物外墙外侧距离。

4. 储存工业电雷管的建筑物与VHF（TV）和UHF（TV）发射天线最小允许距离

储存工业电雷管的建筑物与VHF（TV）和UHF（TV）发射天线最小允许距离应符合表4-12的规定。

表4-12 储存工业电雷管的建筑物与VHF（TV）和UHF（TV）发射天线最小允许距离

发射机功率/W	$\leqslant 10^3$	$10^3 \sim 10^4$	$10^4 \sim 10^5$	$10^5 \sim 10^6$	$10^6 \sim 5\times10^6$
最小允许距离/m	350	610	1100	1500	2000

注：1. 表中最小允许距离为发射天线至建筑物外墙外侧距离。

2. 储存工业电雷管的建筑物与发射天线之间不能满足最小允许距离时，应采用屏蔽措施防护。

5. 产品防护

在无线电广播和无线电通讯十分发达的今天，空间充满着各种频率的电波，为了消除这种射频能量对电雷管及其他雷发火弹药安全性的威胁。近年来许多电火工品在结构上已经改进、采取了防射频影响的措施。如通过产品设计提高产品抗射频和其他辐射能的能力；通过包装设计，对电起爆装置加以有效的防护等。

6. 积极远离

在装运电火工品、无线电引信及电发火等（如电发火的火箭弹）对外部电磁辐射敏感的电发火爆炸品时应做到以下几点。

（1）在集中装卸爆炸品及其他危险品的地方，以及在实施爆破作业的地方，需要调查附近有无大功率广播电台和通信电台，了解该场所空间的电波情况。如果附近有这样的电台，应根据其功率大小，采取适当远离措施。

（2）装运这类爆炸品的运输工具，应尽量远离大功率的电台、雷达和无线电发报机等，以使其不受电磁辐射源的影响。

（3）载有发射天线发报机的汽车和雷达，不能进入电发火爆炸品的场所，必须进入时，发报机必须关闭，电源停车工作。

二、甲、乙类危险品仓库平面布置防火

储存甲、乙类危险品的库房在布置时，应综合考虑四周的防火间距。与重要的公共建筑之间应保持不小于50m的防火间距；与民用建筑、明火或火花散发地点、屋外变配电站，以及其他建筑物的防火间距，不应小于表4-13的要求。危险品化工、试剂仓库的四周应当建造耐火、不燃的实体围墙，并与库区内的建筑物保持不小于5m的防火间距。围墙两侧建筑物亦应满足防火间距的要求。甲、乙类库房内不应设置铁路线。

表 4-13　危险品仓库与其他建构筑物、明火或火花散发地点和铁路、道路的防火间距　m

建筑物(构)筑物名称			甲类危险品库房储量/t				乙类危险品库房			
			3、4 项		1、2、5、6 项		高层	单层、多层		
			≤5	>5	≤10	>10	一、二级	一、二级	三级	四级
重要公共建筑、高层民用建筑			50				50			
高层民用建筑的裙房、其他民用建筑、明火或火花散发地点			30	40	25	30	25			
室外变配电站			30	40	25	30	25			
乙、丙丁类库房	单层多层	一、二级	15	20	12	15	13	10	12	14
		三级	20	25	15	20	15	12	14	16
		四级	25	30	20	25	17	14	16	18
	高层	一、二级	13	13	13	13	13	13	15	17
厂外铁路(中心线)			40							
厂内铁路(中心线)			30							
厂外道路(路边)			20							
厂内道路(路边)	主要		10							
	次要		5							

注：1. 甲类物品库房之间的防火间距，当本表甲类第 3、4 项物品储量不超过 2t，第 1、2、5、6 项物品的储量不超过 5t 时，不应小于 12m；甲类库房与高层仓库的防火间距不应小于 13 m。

2. 室外变配电站指电力系统电压为 35～500kV・A，且每台变压器容量在 10MV・A 不小于室外变配电站，工业、企业的变压器总油量大于 5t 的室外降压变电站；

3. 两座乙类危险品库房较高一面为防火墙，且总占地面积小于等于表 4-31 规定的面积时，其防火间距不限。

4. 单、多层戊类仓库之间的防火间距，可按本表减少 2m。

5. 两座仓库的相邻外墙均为防火墙时，防火间距可以减小，但丙类，不应小于 6m；丁、戊类，不应小于 4m。两座仓库相邻较高一面外墙为防火墙，且总占地面积不大于一座仓库的最大允许占地面积规定时，其防火间距不限。

6. 当丁、戊类危险品库房与民用建筑的耐火等级均为一、二级时，仓库与民用建筑的防火间距可适当减小，但当较高一面外墙为无门、窗、洞口的防火墙，或比相邻较低一座建筑屋面高 15m 及以下范围内的外墙为无门、窗、洞口的防火墙时，其防火间距可不限；相邻较低一面外墙为防火墙，且屋顶无天窗或洞口、屋顶耐火极限不低于 1h，或相邻较高一面外墙为防火墙，且墙上开口部位采取了防火措施，其防火间距可适当减小，但不应小于 4m。

三、可燃性和氧化性气体储罐平面布置防火

（一）可燃性和氧化性气体储罐的构造及其分类

气体储罐是将气体储存在特制的金属容器中的一种散货储存方式。根据容器的容积变化与否和储罐的结构形式及储存压力的大小，有以下分类方法。

1. 按照容积活动与否分

根据容器的容积变化与否，气体储罐分为活动容积储罐和固定容积储罐两类。

(1) 活动容积储罐　亦称低压储气罐，指工作压力在 10kPa 以下的储气罐。它是在立式金属储罐内放置钟罩和塔节或活塞，利用水封或油封隔断气体，靠改变储罐的几何容积来储存燃气。钟罩和塔节或活塞随着燃气的进出而升降，储罐的容积随着燃气进量的

多少而变化。活动容积储罐按其结构和密封方法的不同，又有干式和湿式两类。其中湿式活动容积储罐在我国应用较为广泛，主要用来储存各种人工煤气、沼气等不易液化的气态燃气。湿式可燃气体储罐又称水槽式储气罐，主要由水槽、塔节、钟罩和水封等组成。储气罐的设计压力通常小于 4kPa；干式可燃气体储罐主要由筒形罐体、筒内可移动的活塞，导架装置和电梯等组成。储气罐的设计压力通常小于 8kPa。常见湿式螺旋储罐的结构如图 4-1 所示。

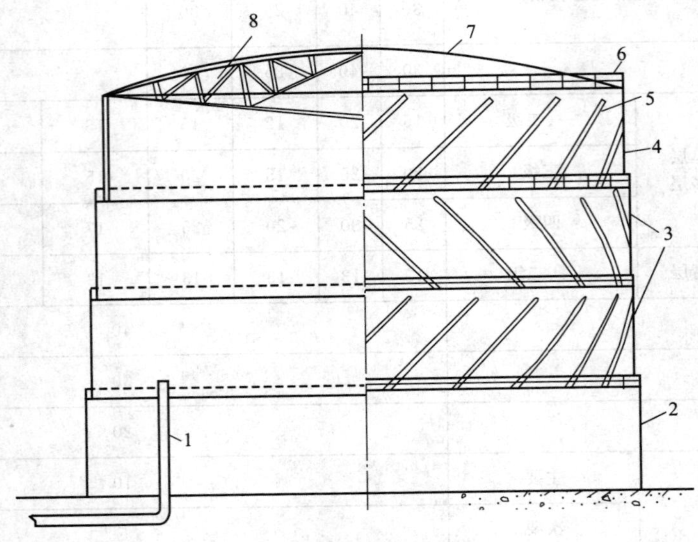

图 4-1　湿式螺旋储罐示意图

1—进气管；2—水槽；3—塔节；4—钟罩；5—导轨；6—平台；7—顶板；8—顶架

(2) 固定容积储罐　是储罐几何容积固定不变，靠改变其中燃气的压力来储存气体的，故称固定容积储罐。固定容积储罐根据储存温度和压力的不同，分为常温压力储罐、低温压力储罐和低温常压储罐三种形式。根据《石油化工企业设计防火规范》(GB 50160—2008) 和《城镇燃气设计规范》(GB 50028—2006) 的规定，常压储罐是指设计压力小于或等于 6.9kPa（罐顶表压）的储罐；低压储罐是指设计压力大于 6.9kPa 且小于 0.1MPa（罐顶表压）的储罐；压力储罐是指设计压力大于或等于 0.1MPa（罐顶表压）的储罐。高压储罐是指工作压力大于 0.4MPa（罐顶表压）的储罐。常温压力储罐结构如图 4-2 所示。

2. 按照储罐的防护结构分

全冷冻液化气体储罐气体储罐按照储罐防护结构防护形式，分为单防储罐、双防储罐和全防储罐三种形式。

(1) 单防储罐　是指带隔热层的单壁储罐或由内罐和外罐组成的储罐。其内罐能适应储存低温冷冻液体的要求。外罐主要是支撑和保护隔热层，并能承受气体吹扫的压力，但不能储存内罐泄漏出的低温冷冻液体。

(2) 双防储罐　是指由内罐和外罐组成的储罐。其内罐和外罐都能适应储存低温冷冻液体。在正常操作条件下，内罐储存低温冷冻液体，外罐能够储存内罐泄漏出来的冷冻液体，但不能限制内罐泄漏的冷冻液体所产生的气体排放。

(3) 全防储罐　是指由内罐和外罐组成的储罐。其内罐和外罐都能适应储存低温冷冻液体。内外罐之间的距离为 1～2m，罐顶由外罐支撑，在正常操作条件下内罐储存低温冷冻液体，外罐既能储存冷冻液体，又能限制内罐泄漏液体所产生的气体排放。

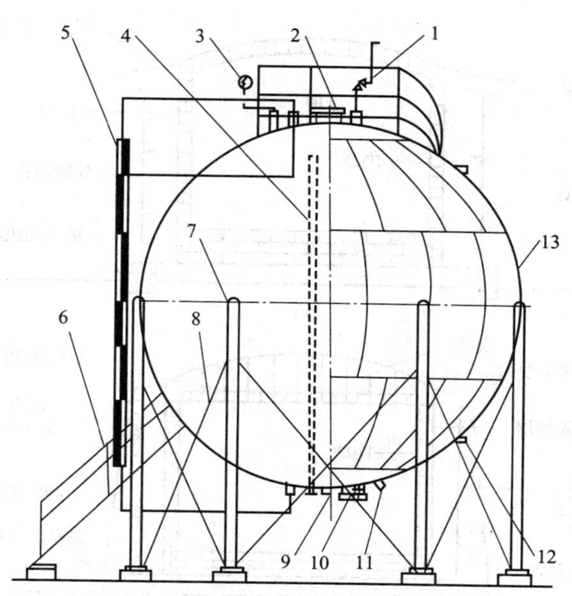

图 4-2　常温压力储罐结构

1—安全阀；2—上（下）人孔；3—压力表；4—气相进出口接管；5—液面计；6—盘梯；7—赤道正切线；8—支柱；9—排污管；10—液相进出口接管；11—温度计接管；12—二次液面指示计接管；13—壳体

单防、双防或全防罐的构造如图 4-3 所示。

（二）可燃性和氧化性气体储罐安装的消防安全要求

1. 可燃气体和氧化性气体储罐安装的消防安全要求

（1）可燃气体和氧化性气体的水槽式储罐（气柜），应设上、下限位报警装置，并宜设进出管道自动联锁切断装置。

（2）液氧、液氨和液氢等液化气体储罐上，应设液位计、压力表和安全阀；低温液氨、液氯储罐上应设温度指示仪。

（3）液氧储罐周围 5m 范围内不应有任何可燃物存在，就是路面也不能用沥青铺轧。

（4）液氨等储罐的储存系数不应大于 0.9，以避免在储存过程中因环境温度上升导致所储介质体积膨胀、升压而危及储罐的安全。

2. 液化烃、液氨等储罐的消防安全要求

（1）液化烃储罐的储存系数不应大于 0.9，理由与液氨储罐同。

（2）液化烃储罐的承重钢支柱应覆盖耐火层，其耐火极限不应低于 1.5h。

（3）液化烃储罐应设液位计、温度计、压力表、安全阀，以及高液位报警装置或高液位自动联锁切断进料装置。对于全冷冻式液化烃储罐还应设真空泄放设施和高低温度检测设施，并应与自动控制系统相连。

（4）液化烃储罐的安全阀出口管应接至火炬系统。确有困难时，可就地放空，但其排气管口应高出 8m 范围内储罐罐顶平台 3m 以上。

（5）全压力式液化烃储罐宜采用有防冻措施的二次脱水系统，储罐根部宜设紧急切断阀。

（6）液化烃蒸发器的气相部分，应设压力表和安全阀。

（7）液化烃储罐开口接管的阀门及管件的管道等级不应低于 2.0MPa，其垫片应采用缠

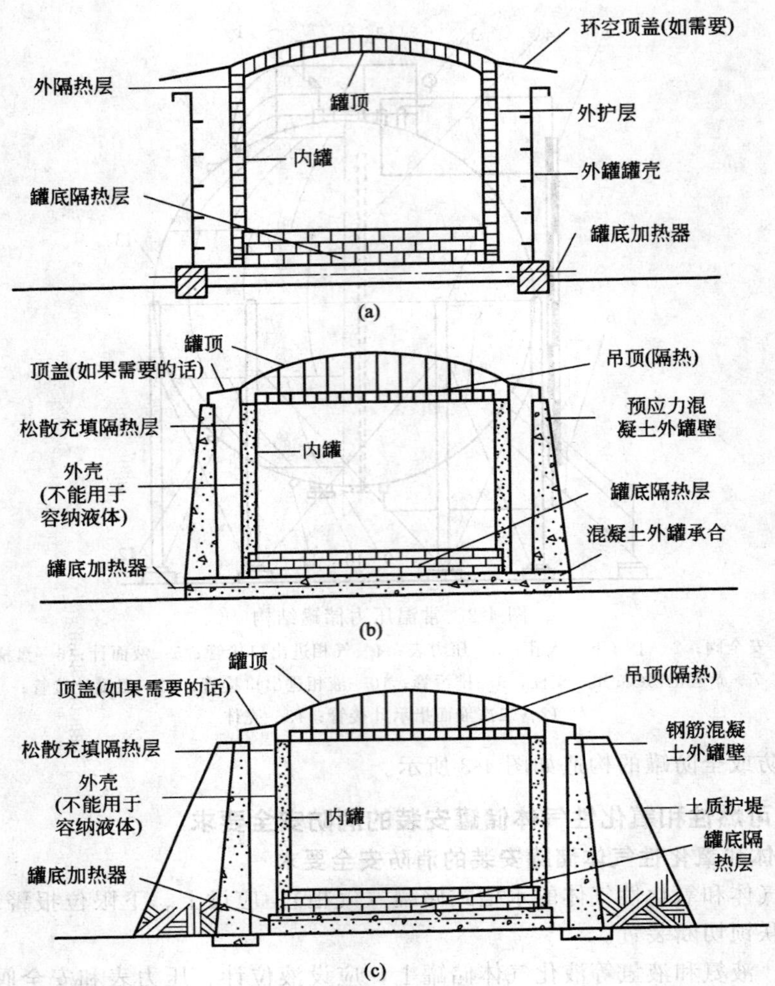

图 4-3　单防、双防或全防罐的构造

绕式垫片。阀门压盖的密封填料应采用难燃材料。

(8) 全压力式液化烃储罐，应安装为储罐注水用的管道及阀门（图 4-4 所示）。以备当全压力式液化烃储罐发生泄漏时向储罐内注水，以抬升储罐内液化烃液面，置破损点于水面之下，减少液化烃的泄漏。

（三） 常温常压储罐的平面布置

1. 常温常压储罐与建筑物、储罐、堆场防火间距的确定

常温常压储存是指在未液化和未压缩的条件下储存。在我国，常温常压储存可燃气体多为湿式气柜储存。由于气柜运行技术复杂，火灾危险性大，一旦发生事故影响范围也大。所以，在选址和布置时，要充分考虑对城镇居民、周围环境和地理位置及气象条件的影响。储气柜或罐区在布置时，宜布置在本地区或本单位全年最小频率风向的上风侧，并选择通风良好的地点单独设置。根据《建筑设计防火规范》(GB 50016—2014）的规定，湿式可燃气体储气柜在布置时，与明火或火花散发地点、民用建筑、可燃液体储罐，易燃材料堆场，甲类危险品库房及其他建筑物应保持不小于表 4-14 要求的防火间距。

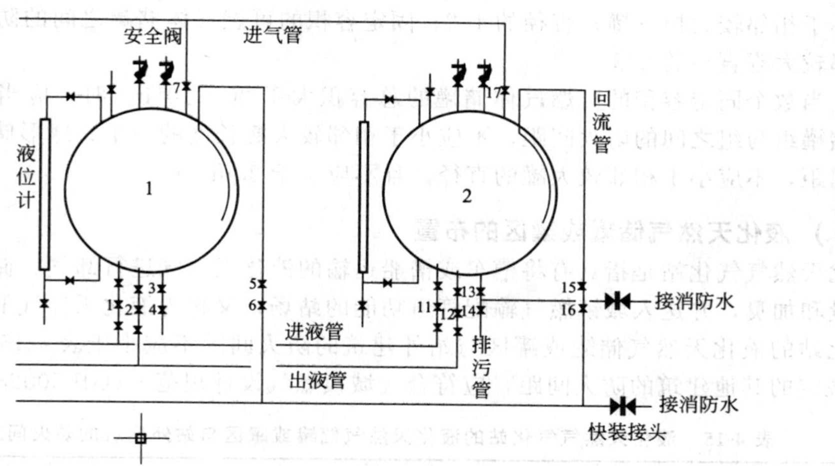

图 4-4 全压力式液化烃储罐液下注水管路安装示意图

表 4-14 湿式可燃气体储（柜）罐或罐区与其他储罐、建筑物、堆场的防火间距

单位：m

名 称		湿式可燃气体储(柜)罐的总容积 V/m^3			
		$V<1000$	$1001\leqslant V<10000$	$10000\leqslant V<50000$	$50000\leqslant V<100000$
甲类物品库房,可燃液体储罐,易燃材料堆场、明火或火花散发地点,室外变配电站		20	25	30	35
民用建筑		18	20	25	30
其他建筑耐火等级	一、二级	12	15	20	25
	三级	15	20	25	30
	四级	20	25	30	35

注：固定容积储罐，应当先按其实际的总容积［水容量（m^3）］和设计储存压力（绝对压力，10^5Pa）的乘积计算后再根据表 4-14 的要求确定。

2. 普通可燃气体气、储（柜）罐与建筑物、储罐、堆场防火间距的要求

（1）由于干式可燃气体气储（柜）罐的活塞与罐体间是靠密封油和橡胶夹布密封的，当密封部分漏气时，相对密度小的可燃气体会在活塞上部空间经排气孔排至大气；相对密度大的可燃气体则不易向罐顶外部空间扩散，从而增大了火灾危险性，所以，干式可燃气体气储（柜）罐与建筑物、储罐、堆场的防火间距，当可燃气体的相对密度比空气大时，应按表 4-14 增加 25%。当可燃气体的相对密度比空气小时，应按表 4-14 的规定确定。

（2）由于湿式或干式可燃气体储罐的燃气进出口阀门室、水封井、密封油循环泵和电梯间等附属设施都是储罐不可分割的附属设施，为了节约用地和便于管理，湿式或干式可燃气体储罐的燃气进出口阀门室、水封井、密封油循环泵和电梯间等附属与该储罐的防火间距，可以按工艺要求布置。

（3）由于小于容积 $20m^3$ 的可燃气体储罐储量小、危险性也小，相对扑救难度也小，所以，对不超过 $20m^3$ 的可燃气体储罐与其所属厂房的防火间距可以不作限制。

（4）可燃气体气柜（罐）在布置时，气柜（罐）或气柜（罐）区之间应留有一定的防火间距。其中湿式气柜（罐）之间、干式气柜（罐）之间，以及湿式气柜（罐）与干式气柜（罐）之间的防火间距：固定容积的可燃气体储罐与湿式或干式气柜（罐）之间的防火间距，均不应小于相邻较大柜（罐）直径的1/2；固定容积的可燃气体储罐之间的防火间距，不应小于相邻较大罐直径的2/3。

(5) 当数个固定容积的可燃气体储罐的总容积大于 $20\times10^4 m^3$ 时，应当分组布置。其中卧式储罐组与组之间的防火间距，不应小于相邻较大罐长度的一半；球形储罐组与组之间的防火间距，不应小于相邻较大罐的直径，且不应小于20m。

（四）液化天然气储罐或罐区的布置

液化天然气气化站是指具有将槽车或槽船运输的液化天然气进行卸气、储存、气化、调压、计量和加臭，并送入城镇燃气输配管道功能的站场，又称为液化天然气卫星站。液化天然气气化站的液化天然气储罐或罐区与站外建筑的防火间距不应小于表4-15的规定，与表4-15未规定的其他建筑的防火间距，应符合《城镇燃气设计规范》（GB 50028）的规定。

表4-15　液化天然气气化站的液化天然气储罐或罐区与站外建筑的防火间距　　m

<table>
<tr><th colspan="2" rowspan="2">名称</th><th colspan="7">液化天然气储罐或罐区(总容积 V)/m³</th><th rowspan="3">集中放散装置的天然气放散总管</th></tr>
<tr><th>V≤10</th><th>10<V≤30</th><th>30<V≤50</th><th>50<V≤200</th><th>200<V≤500</th><th>500<V≤1000</th><th>1000<V≤2000</th></tr>
<tr><th colspan="2">单罐容积 V/m³</th><th>V≤10</th><th>V≤30</th><th>V≤50</th><th>V≤200</th><th>V≤500</th><th>V≤1000</th><th>V≤2000</th></tr>
<tr><td colspan="2">居住区、村镇和重要公共建筑(最外侧建筑物的外墙)</td><td>30</td><td>35</td><td>45</td><td>50</td><td>70</td><td>90</td><td>110</td><td>45</td></tr>
<tr><td colspan="2">工业企业(最外侧建筑物的外墙)</td><td>22</td><td>25</td><td>27</td><td>30</td><td>35</td><td>40</td><td>50</td><td>20</td></tr>
<tr><td colspan="2">明火或散发火花地点，室外变、配电站</td><td>30</td><td>35</td><td>45</td><td>50</td><td>55</td><td>60</td><td>70</td><td>30</td></tr>
<tr><td colspan="2">其他民用建筑，甲、乙类液体储罐，甲、乙类仓库，甲、乙类厂房，秸秆、芦苇、打包废纸等材料堆场</td><td>27</td><td>32</td><td>40</td><td>45</td><td>50</td><td>55</td><td>65</td><td>25</td></tr>
<tr><td colspan="2">丙类液体储罐，可燃气体储罐，丙、丁类厂房，丙、丁类仓库</td><td>25</td><td>27</td><td>32</td><td>35</td><td>40</td><td>45</td><td>55</td><td>20</td></tr>
<tr><td rowspan="2">公路(路边)</td><td>高速，Ⅰ、Ⅱ级，城市快速</td><td colspan="3">20</td><td colspan="3">25</td><td colspan="2">15</td></tr>
<tr><td>其他</td><td colspan="3">15</td><td colspan="3">20</td><td colspan="2">10</td></tr>
<tr><td colspan="2">架空电力线(中心线)</td><td colspan="4">1.5倍杆高</td><td colspan="2">1.5倍杆高，但35kV及以上架空电力线不应小于40m</td><td colspan="2">2.0倍杆高</td></tr>
<tr><td rowspan="2">架空通信线(中心线)</td><td>Ⅰ、Ⅱ级</td><td colspan="2">1.5倍杆高</td><td colspan="2">30</td><td colspan="3">40</td><td>1.5倍杆高</td></tr>
<tr><td>其他</td><td colspan="8">1.5倍杆高</td></tr>
<tr><td rowspan="2">铁路(中心线)</td><td>国家线</td><td>40</td><td>50</td><td>60</td><td colspan="2">70</td><td colspan="2">80</td><td>40</td></tr>
<tr><td>企业专用线</td><td colspan="3">25</td><td colspan="2">30</td><td colspan="2">35</td><td>30</td></tr>
</table>

注：居住区、村镇指1000人或300户及以上者；当少于1000人或300户时，相应防火间距应按本表有关其他民用建筑的要求确定。

（五）液化石油气储罐（区）的布置要求

液化石油气供应基地是城镇液化石油气储存站、储配站和灌装站的统称。其中液化石油气储存站是储存液化石油气，并将其输送给灌装站、气化站和混气站的液化石油气储存站场；液化石油气灌装站是进行液化石油气灌装作业的站场；液化石油气储配站（LPG）兼有液化石油气储存站和灌装站两者全部功能的站场；液化石油气气化站是将液态液化石油气转换为气态液化石油气，并向用户供气的生产站场；液化石油气混气站是将液态液化石油气转换为气态液化石油气后，与空气或其他可燃气体按一定比例混合配制成混合气，并向用户供

气的站场。由于液化石油气的火灾危险性和危害性都比较大，故在建设布置时，其相互间的防火间距都必须符合国家防火规范的要求。

1. 液化石油气供应基地储罐区与外围的防火间距要求

液化石油气利用储罐储存时，根据其在储罐内的压力、温度状况，有全压力式储罐、半冷冻式储罐和全冷冻式储罐三种。其中在常温和较高压力下盛装液化石油气的储罐为全压力式储罐；在较低温度和较低压力下盛装液化石油气的储罐为半冷冻式储罐；在低温和常压下盛装液化石油气的储罐为全冷冻式储罐。根据储罐的特点，其防火间距也有不同的要求。

（1）总容积大于 $50m^3$，单罐大于 $20m^3$ 的全压式和半冷冻式液化石油气储罐或罐区，与明火或散发火花地点和基地外建筑的防火间距不应小于表 4-16 的规定。

表 4-16 液化石油气供应基地的全压式和半冷冻式储罐（区）与明火或散发火花地点和基地外建筑的防火间距

m

名称		液化石油气储罐或罐区(总容积 V)/m^3						
		$30<V\leqslant50$	$50<V\leqslant200$	$200<V\leqslant500$	$500<V\leqslant1000$	$1000<V\leqslant2500$	$2500<V\leqslant5000$	$V>5000$
单罐容积 V/m^3		$V\leqslant20$	$V\leqslant50$	$V\leqslant100$	$V\leqslant200$	$V\leqslant400$	$V\leqslant1000$	$V>1000$
居住区、村镇和重要公共建筑(最外侧建筑物的外墙)		45	50	70	90	110	130	150
工业企业(最外侧建筑物的外墙)		27	30	35	40	50	60	75
明火或散发火花地点，室外变、配电站		45	50	55	60	70	80	120
其他民用建筑，甲、乙类液体储罐，甲、乙类仓库，甲、乙类厂房，秸秆、芦苇、打包废纸等材料堆场		40	45	50	55	65	75	100
丙类液体储罐，可燃气体储罐，丙、丁类厂房，丙、丁类仓库		32	35	40	45	55	65	80
氧化性气体储罐，木材等材料堆场		27	30	35	40	50	60	75
其他建筑	一、二级	18	20	22	25	30	40	50
	三级	22	25	27	30	40	50	60
	四级	27	30	35	40	50	60	75
公路(路边)	高速，Ⅰ、Ⅱ级	20	25					30
	Ⅲ、Ⅳ级	15	20					25
架空电力线(中心线)		不应小于电杆(塔)高度的 1.5 倍						
架空通信线(中心线)	Ⅰ、Ⅱ级	30		40				
	Ⅲ、Ⅳ级	1.5 倍杆高						
铁路(中心线)	国家线	60	70		80		100	
	企业专用线	25	30		35		40	

注：1. 防火间距应按本表储罐区的总容积或单罐容积的较大者确定；

2. 当地下液化石油气储罐的单罐容积不大于 $50m^3$，总容积不大于 $400m^3$ 时，其防火间距可按本表的规定减少 50%；

3. 居住区、村镇指 1000 人或 300 户及以上者；当少于 1000 人或 300 户时，相应防火间距应按本表有关其他民用建筑的要求确定。

（2）液化石油气供应基地的全冷冻式储罐与基地外建、构筑物、堆场的防火间距不应小于表 4-17 的规定。

表 4-17 液化石油气供应基地的全冷冻式储罐与基地外建、构筑物、堆场的防火间距 m

项目			间距
明火、散发火花地点和室外变配电站			120
居住区、村镇和学校、影剧院、体育场等重要公共建筑(最外侧建、构筑物外墙)			150
工业企业(最外侧建、构筑物外墙)			75
甲、乙类的生产厂房、物品仓库、液体储罐及稻草等易燃材料堆场			100
丙类液体储罐,可燃气体储罐,丙、丁类生产厂房,丙、丁类物品仓库			80
氧化性气体储罐、可燃材料堆场			75
民用建筑			100
其他建筑	耐火等级	一级、二级	50
		三级	60
		四级	75
铁路(中心线)		国家线	100
		企业专用线	40
公路、道路(路边)		高速,Ⅰ、Ⅱ级,城市快速	30
		其他	25
架空电力线(中心线)		杆(塔)高 1.5 倍,但 35kV 以上架空电力线应大于 40	
架空通信线(中心线)		Ⅰ、Ⅱ级	40
		其他	杆(塔)高 1.5 倍

注:1. 本表所指的储罐为单罐容积大于 $5000m^3$,且设有防液堤的全冷冻式液化石油气储罐。当单罐容积等于或小于 $5000m^3$ 时。其防火间距可按总容积相对应的全压力式液化石油气储罐的规定执行;

2. 居住区、村镇系指 1000 人或 300 户以上者,以下者按本表民用建筑执行;

3. 间距的计算应以储罐外壁为准。

(3) 液化石油气气化站、混气站的储罐与周围建筑物的防火间距,应符合《城镇燃气设计规范》(GB 50028) 的规定。见表 4-18 所示。

表 4-18 气化站和混气站的液化石油气储罐与站外建、构筑物的防火间距 m

项目			储罐总容积/m^3		
			≤10	＞10 且≤30	＞30 且≥50
明火、散发火花地点和室外变配电站			30	35	45
居住区、村镇和学校、影剧院、体育场等重要公共建筑(最外侧建、构筑物外墙)			30	35	45
工业企业(最外侧建、构筑物外墙)			22	25	27
甲、乙类的生产厂房、物品库房、液体储罐乙、及稻草等易燃材料堆场,民用建筑			27	32	40
丙类液体储罐,可燃气体储罐,丙、丁类生产厂房,丙、丁类物品仓库			25	27	32
氧化性气体储罐、可燃材料堆场			22	25	27
其他建筑	耐火等级	一、二级	12	15	18
		三级	18	20	22
		四级	22	25	27
铁路(中心线)		国家线	40	50	60
		企业专线	25		

续表

项　目		储罐总容积/m³		
		≤10	>10 且≤30	>30 且≥50
公路、道路(路边)	高速路、城市快速路、Ⅰ、Ⅱ级公路	20		
	其他道路	15		
架空的电力、通信(中心线)		杆高 1.5 倍		

注：1. 防火间距应按本表总容积或单罐容积较大者确定；间距的计算应以储罐外壁为准；
2. 居住区、村镇系指 1000 人或 300 户以上者，以下者按本表民用建筑执行；
3. 当采用地下储罐时。其防火间距可按本表减少 50%；
4. 与本表规定以外的其他建、构筑物的防火间距应按现行国家标准《建筑设计防火规范》(GB 50016—2014) 执行；
5. 气化装置气化能力不大于 150kg/h 的瓶组气化混气站的瓶组间、气化混气间与建、构筑物的防火间距可按独立瓶组与建构筑物的防火间距要求执行。

2. 储罐区内储罐间的防火间距要求

(1) 液化石油气储罐之间的防火间距不应小于相邻较大罐的直径。

(2) 数个储罐的总容积大于 3000m³ 时，应分组布置，组内储罐宜采用单排布置。组与组相邻储罐之间的防火间距不应小于 20m。

(3) 液化石油气储罐与所属泵房的距离不应小于 15m。当泵房面向储罐一侧的外墙采用无门、窗、洞口的防火墙时，其防火间距可减至 6m。液化石油气泵露天设置在储罐区内时，泵与储罐之间的距离不限。

3. 工业企业内总容积不大于 10m³ 的液化石油气气化站、混气站的布置要求

工业企业内总容积不大于 10m³ 的液化石油气气化站、混气站的储罐，当设置在专用的独立建筑内时，储罐之间及储罐与外墙的净距，均不应小于相邻较大罐的半径，且不应小于 1m；建筑外墙与相邻厂房的防火间距，一、二级耐火等级建筑不应小于 12m，三级耐火等级建筑不应小于 14m，四级耐火等级建筑不应小于 16m；与附属设备的防火间距可按甲类厂房有关防火间距的规定确定；储罐室与相邻厂房的室外设备之间的防火间距不应小于 12m；设置非直火式气化器的气化间可与储罐室毗连，但应采用无门、窗洞口的防火墙隔开。

4. 瓶装液化石油气供应站的布置要求

(1) 瓶装液化石油气供应站的分级　瓶装液化石油气供应站，按其气瓶总容积分为三级：气瓶总容积大于 6m³ 至小于等于 20m³ 的为站为一级站；气瓶总容积大于 1m³ 至小于等于 6m³ 的为站为二级站；气瓶总容积小于等于 1m³ 的为站为三级站。

(2) 瓶装液化石油气供应站与站外建筑的防火间距　Ⅰ、Ⅱ级瓶装液化石油气供应站瓶库与站外建筑等的防火间距不应小于表 4-19 的规定。

表 4-19　Ⅰ、Ⅱ级瓶装液化石油气供应站瓶库与站外建筑等的防火间距　单位：m

名　称	Ⅰ级		Ⅱ级	
瓶库的总存瓶容积 V/m³	6<V≤10	10<V≤20	1<V≤3	3<V≤6
明火或散发火花地点	30	35	20	25
重要公共建筑	20	25	12	15
其他民用建筑	10	15	6	8
主要道路路边	10	10	8	8
次要道路路边	5	5	5	5

注：总存瓶容积应按实瓶个数与单瓶几何容积的乘积计算。

(3) 瓶装液化石油气供应站布置的其他要求　瓶装液化石油气供应站的分级及总存瓶容积不大于 $1m^3$ 的瓶装供应站瓶库的设置，应符合《城镇燃气设计规范》(GB 50028) 的规定。

Ⅰ级瓶装液化石油气供应站的四周宜设置不燃性实心围墙，但面向出入口一侧可设置不燃性非实心围墙；Ⅱ级瓶装液化石油气供应站的四周宜设置不燃性实心围墙，或下部实心部分高度不低于 0.6m 的围墙。当瓶组气化站配置气瓶的总容积超过 $1m^3$ 时，应将其设置在高度不低于 2.2m 的独立瓶组间内。液化石油气的瓶组间，不得布置在地下和半地下室内。

当采用自然气化方式供气，且瓶组气化站配置气瓶的总容积小于 $1m^3$ 时，瓶组间可设置在与建筑物（住宅、重要公共建筑和高层民用建筑除外）外墙毗连的单层专用房间内。建筑物耐火等级不应低于二级，应通风良好，并应设有直通室外的门，与其他房间相邻的墙应为无门、窗洞口的防火墙；室内地面的面层应是撞击时不发生火花的面层，相邻房间亦应是非明火、散发火花地点，照明灯具和开关应采用防爆型，并配置燃气浓度检测报警器，室温不应高于 45℃，且不应低于 0℃；非营业时间瓶库内存有液化石油气气瓶时，应有人值班。当瓶组间独立设置，且面向相邻建筑的外墙为无门、窗洞口的防火墙时，其防火间距不限。

（六）液氢、液氨储罐的平面布置

由于液氢气化后的相对密度比空气小，泄漏后易扩散不易聚集，故相对于液化石油气的火灾危险性要小一些。所以，液氢、液氨储罐与四周建筑物、储罐、堆场的防火间距可按相应储量液化石油气储罐的防火间距减少 25%。但由于氢气爆炸下限低，爆炸浓度范围宽，液氨毒性大，其火灾危险性和火灾危害性也不可忽视。

（七）氧气柜（罐）的平面布置

1. 湿式氧气储气柜布置的防火要求

气态氧常用湿式或干式储气柜储存，多见于湿式。虽然氧是人类生存的必须物质，不燃、无毒，但由于氧是燃烧得以发生的主要要素之一，故属于氧化性气体。氧气当处于富氧状态时会使很多平时不燃、难燃的物质易燃起来，使液体的闪点降低，气体的爆炸浓度范围变宽，使平时不易爆的物质发生爆炸。所以，火灾危险性属于乙类。根据《建筑设计防火规范》(GB 50016—2014) 的规定，湿式氧气储气柜在布置时与四周的火间距应满足表 4-20 的要求。

表 4-20　湿式氧气柜（罐）或罐区与建筑物、储罐、堆场的防火间距　　m

名称		单总容积/m^3		
		$V\leqslant1000$	$1000<V\leqslant50000$	$V>50000$
可燃液体储罐、易燃材料堆场甲类物品库房、室外变配电站		18	20	25
民用建筑		20	30	35
其他建筑耐火等级	一、二级	10	12	14
	三级	12	14	16
	四级	14	16	18

2. 压缩氧气储罐布置的防火要求

(1) 固定容积氧气储罐的总容积按几何容积（m^3）和设计储存压力（绝对压力，10^5Pa）的乘积计算，其间距不应小于表 4-20 的要求。

(2) 氧气柜（罐）与其制氧厂房的间距，可按《氧气站设计规范》(GB 50030—2013) 的有关规定，根据工艺布置要求确定。容积不大于 $50m^3$ 的氧气储罐与其使用厂房的防火间

距不限。

(3) 考虑到火灾扑救、施工和检修的需要，氧气储柜（罐）之间的防火间距，不应小于相邻较大罐的半径。

(4) 为了防止可燃气体储罐一旦爆炸可能危及氧气储罐，同时也为了满足火灾扑救和施工的需要，氧气储罐与可燃气体储罐之间的防火间距不应小于相邻较大罐的直径。

3. 液氧储罐的布置

由于液氧的氧化性更强，一旦泄漏能使所遇难燃物成为易燃物，不燃物成为可燃物，所以，液氧储罐布置应当比气态氧更加严格。

(1) 液氧储罐与其他建筑物、储罐、堆场的防火间距应据表 4-15 相应储量氧气储罐的防火间距，按 $1m^3$ 液氧折合 $800m^3$ 标准状态气氧计算。

(2) 液氧储罐与其泵房的防火间距不宜小于 3m。

(3) 医疗卫生机构中医用液氧储罐气源站的液氧储罐，单罐容积不应大于 $5m^3$，总容积不宜大于 $20m^3$；相邻储罐之间的距离不应小于最大储罐直径的 0.75 倍；医用液氧储罐与医疗卫生机构内建筑的防火间距应符合现行国家标准《医用气体工程技术规范》(GB 50751) 的规定。

（八）液化烃储罐、可燃气体储罐和氧化性气体储罐的成组布置。

1. 液化烃储罐成组布置的要求

(1) 全压力式或全冷冻式罐组内的储罐不应超过两排。

(2) 每组全压力式储罐的个数不应多于 12 个。

(3) 全冷冻式储罐应单独成组布置。

(4) 储罐材质不能适应该罐内介质最低温度时，不应布置在同一罐组内。

(5) 不同储存方式的储罐不得布置在一个罐组内。

(6) 罐组周围应设环形消防车道。

(7) 两排卧罐的间距，不应小于 3m。

(8) 相邻液化烃罐组储罐间的距离，不应小于 16m。

(9) 全冷冻卧式液化烃储罐不应多层布置。以免某一层液化烃储罐发生泄漏时直接影响其他层液化烃储罐的操作及安全。

2. 液化烃罐组设置防火堤的作用

防护堤是可燃液态物料储罐发生泄漏事故时，防止液体外流和火灾蔓延的构筑物。其作用只要有以下三点。

(1) 作为限界防止无关人员进入罐组。

(2) 防火堤较低，对少量泄漏的液化烃气体便于扩散。

(3) 一旦泄漏量较多，堤内必有部分液化烃积聚，可由堤内设置的可燃气体浓度报警器报警，有利于及时发现，及时处理。

3. 液化烃储罐布置应当设置防火堤的情形及建造要求

(1) 液化烃全冷冻式双方或全防储罐组可不设防火堤。

(2) 全压力式、半冷冻式液氨储罐和液化烃全冷冻式单防储罐应设防火堤。

(3) 液化烃单防储罐至防火堤内顶角线的距离 X，不应小于单防罐最高液位与防火堤堤顶的高度之差 Y 加上液面上气相当量的压头之和（见图 4-5)。当防火堤的高度大于等于最高液位时，单防储罐至防火堤内顶角线的距离不限。

(4) 液化烃储罐防火堤的建造高度不应高于 0.6m，防火堤内的隔堤不宜高于 0.3m，

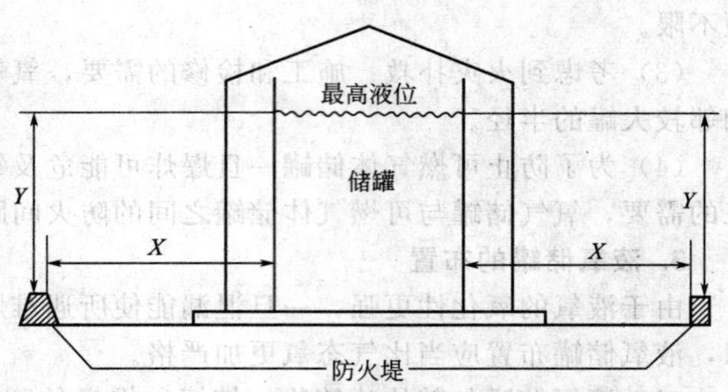

图 4-5　单防罐至防火堤内顶角线的距离

堤内应采用现浇混凝土地面，并宜坡向四周。防火堤距储罐不应小于3m。

（5）全冷冻式液化烃储罐至防火堤内堤脚线的距离，应为储罐最高液位高度与防火堤高度之差。

（6）防火堤应设置人行台阶或梯子。

（7）防火堤及隔堤应为非燃烧实体防护结构，能承受所容纳液体的静压及温度变化的影响，且不渗漏。

4. 液化烃罐组防火堤的容积

（1）沸点低于45℃的甲B类液体的压力储罐，此类储罐的液体泄漏后，短期会有一定量挥发，但大部分仍以液态形式存在于堤内，因此防火堤应考虑其储存容积。

（2）低温常压储罐应设单独的围堤，全冷冻式液化烃储罐围堤内的容积应至少为储罐容积的100%。防火堤内的有效容积应为一个最大储罐的容积。

（3）全冷冻式液氨储罐的防火堤，堤内有效容积应不小于1个最大储罐容积的60%。

（4）全压力式、半冷冻式液氨储罐和液化烃全冷冻式单防储罐防护堤内的有效容积不应小于其中一个最大储罐的容积。

5. 液化烃储罐布置应当设置防火隔堤的情形

（1）全压力式储罐组的总容积大于6000m^3 时，罐组内应设隔堤，隔堤内各储罐容积之和不宜大于6000m^3。

（2）单罐容积等于或大于5000m^3 时，应每一个一隔。

（3）全冷冻式储罐组的储罐，应每一个一隔。隔堤应低于防火堤0.2m。

四、易燃液体储罐平面布置防火

易燃液体储罐，运行技术复杂，火灾危险性大，一旦发生事故影响范围也大。所以，在选址和布置时，要充分考虑对城镇居民、周围环境和地理位置及气象条件的影响。

（一）易燃液体储罐的分类

1. 按结构形式分

易燃液体储罐按结构形式可分为立式、卧式、圆柱形、球形、椭圆形、浮顶式等。其中浮顶油罐还按其有无顶盖分为内浮顶油罐和外浮顶油罐两种。内浮顶储罐的构造如图4-6所示。

2. 按安装形式分

按结构形式分为地上、地下、半地下三种。地上油罐系地上部分大于罐高一半的地面油罐；半地下油罐系地下部分大于罐高的一半，且地上部分不大于2m高的储罐；地下油罐系储罐内液面低于储罐四周4m以内设计标高0.2m以上的储罐。

（二）易燃液体储罐储存位置的选择

根据《消防法》等有关规定，易燃液体储罐必须设置在城市的边缘或者相对独立的安全地带，易燃液体的加油站及油库等，都应当设置在合理的位置，并符合防火防爆要求。易燃液体储罐或罐区在布置时，宜布置在本地区或本单位全年最小频率风向的上风侧，并选择通风良好的地点单独设置。根据《建筑设计防火规范》（GB 50016—2014）的规定，与其他的

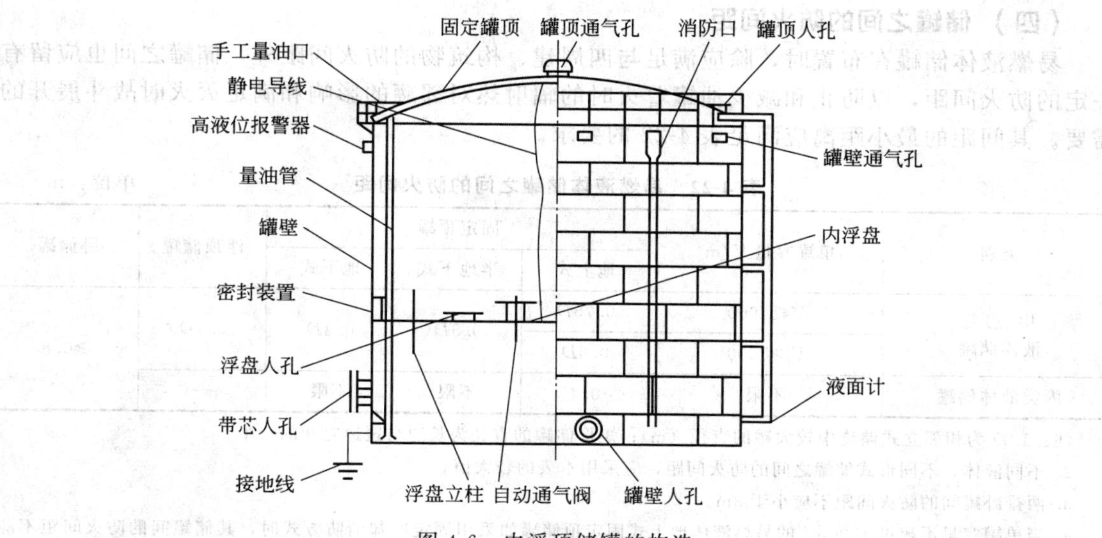

图 4-6　内浮顶储罐的构造

建筑物、堆场、明火或火花散发地点保持规定的防火间距。易燃液体储罐在布置时，宜选择地势较低的地带，以防止储罐发生火灾时由于液体流淌而形成火灾蔓延。对于桶装或瓶装的整装甲类易燃液体，应建造专门的易燃液体库房，不应在露天储存。

（三）易燃液体库房、储罐与其他建、构筑物和变配电站的防火间距

易燃液体库房、储罐、露天和半露天堆场在布置时，应当充分考虑与其他的建筑物、构筑物以及屋外变、配电站之间的防火间距，并应满足表 4-21 的要求，以防火灾时造成蔓延和殃及其他。

表 4-21　易燃液体储罐（罐区）和桶装堆场与建筑物的防火间距　单位：m

类别	一个罐区或堆场的总储量/m^3	建筑物的耐火等级				室外变配电站
		高层民用建筑	一、二级	三级	四级	
甲、乙类液体储罐（区）	$1 \leqslant V < 50$	40	12	15	20	30
	$50 \leqslant V < 200$	50	15	20	25	35
	$200 \leqslant V < 1000$	60	20	25	30	40
	$1000 \leqslant V < 5000$	70	25	30	40	50
丙类液体储罐（区）	$5 \leqslant V < 250$	40	40	12	15	20
	$250 \leqslant V < 1000$	50	50	15	20	25
	$1000 \leqslant V < 5000$	60	60	20	25	30
	$5000 \leqslant V < 25000$	70	70	25	30	40

注：1. 计算一个储罐区的总储量时，以及确定丙类液体储罐与建筑物的防火间距时，可按 $1m^3$ 的甲、乙类液体相当于 $5m^3$ 的丙类液体折算。

2. 防火间距应从建筑物最近的储罐外壁、堆垛外缘算起。但储罐防火堤外侧基脚线至建筑物的距离不应小于 10m。

3. 易燃液体的固定顶储罐区或半露天堆场和乙、丙类液体堆场与甲类生产厂房（库房）以及民用建筑物的防火间距，应按本表增加 25%，并不小于 25m。与明火或火花散发地点的防火间距，应按本表四级建筑的规定增加 25%。

4. 浮顶储罐区与建筑物的防火间距可按本表减少 25%。

5. 当数个储罐区布置在同一库区内时，储罐区之间的防火间距不应小于本表相应储量储罐区与四级耐火等级建筑的较大值。

6. 直埋地下的易燃液体卧式储罐，当单罐容积小于等于 $50m^3$，总容积小于等于 $200m^3$ 时，与建筑物之间的防火间距可按本表规定减少 50%。

7. 室外变配电站指电力系统为 35～550kV·A，且每台变压器容量在 10MV·A 以上的室外变配电站、工业、企业的变压器总油量大于 5t 的室外降压变电站。

（四）储罐之间的防火间距

易燃液体储罐在布置时，除应满足与四周建、构筑物的防火间距外，储罐之间也应留有一定的防火间距，以防止和减少油罐着火时的辐射热对邻罐的影响和满足灭火时战斗展开的需要。其间距的最小距离应满足表 4-22 的要求。

表 4-22　易燃液体储罐之间的防火间距　　单位：m

类别	单罐容量 V/m³	固定顶罐			浮顶储罐	卧储罐
		地上式	半地下式	地下式		
甲、乙类液体储罐	$V \leqslant 1000$	$0.75D$	$0.5D$	$0.4D$	$0.4D$	≥0.8
	$V > 1000$	$0.6D$				
丙类液体储罐	不限	0.4	不限	不限	—	

注：1. D 为相邻立式储罐中较大罐的直径（m）；矩形储罐的直径为长边与短边之和的一半。

2. 不同液体，不同形式储罐之间的防火间距，应采用本表的较大值。

3. 两排卧罐间的防火间距不应小于 3m。

4. 当单罐容量不超过 1000m³ 的易燃液体地上式固定顶储罐如采用固定冷却消防方式时，其储罐间的防火间距不应小于 $0.6D$。

5. 地上式储罐同时设置液下喷射泡沫灭火设备、固定冷却水设备和扑救防火堤内液体火灾的泡沫灭火设备时，储罐之间的防火间距可以适当减少，但不得小于 $0.4D$。

6. 闪点大于 120℃ 的液体，当单罐容量大于 1000m³ 时，储罐之间的防火间距不应小于 5m；当单罐容量不大于 1000m³ 时，储罐之间的防火间距不应小于 2m。

（五）易燃液体储罐的成组布置

为了减少用地，易燃液体储罐可以成组布置。

1. 储罐应成组布置要求

（1）在同一罐组内，宜布置火灾危险性类别相同或相近的储罐；

（2）沸溢性液体的储罐，不应与非沸溢性液体储罐同组布置；

（3）液化烃的储罐，不应与可燃液体储罐同组布置；

（4）地上储罐不应与地下或半地下储罐同组布置。

2. 成组布置时的防火间距要求

成组布置时，组内储罐之间的防火间距可以适当减少，但组内储罐的布置不应超过两排。甲、乙类液体立式储罐之间的防火间距不应小于 2m，卧式储罐之间的防火间距不应小于 0.8m；丙类液体储罐之间的防火间距不限。储罐组之间的防火间距应根据组内储罐的形式和总容量折算为相同类别的标准单罐，按表 4-22 的规定确定。

3. 组内储罐的单罐容量和总容量的限制要求

可燃液体成组布置时，组内储罐的单罐容量和总容量不应大于表 4-23 的规定。

表 4-23　甲、乙、丙类液体储罐分组布置的最大容量

类别	单罐最大容量/m³	一组罐最大容量/m³
甲、乙类液体	200	1000
丙类液体	500	3000

对于石油化工企业危险品仓库的易燃液体储罐成组布置时，其总容积还应满足以下条件。

（1）固定顶罐组的总容积，不应大于 120000m³。

（2）浮顶、内浮顶罐组的总容积，不应大于 600000m³。

（3）固定顶罐和浮顶、内浮顶罐的混合罐组的总容积，不应大于 120000m³；其中浮顶、

内浮顶罐的总容积可折半计算。

4. 组内储罐数量和排数布置的限制要求

（1）罐组内的单罐容积大于或等于 $10000m^3$ 的储罐个数不应多于 12 个；单罐容积小于 $10000m^3$ 的储罐个数不应多于 16 个；但单罐的容积均小于 $1000m^3$ 储罐，以及丙 B 类液体储罐的个数不受此限。

（2）罐组内的储罐，不应超过两排；但单罐容积小于或等于 $1000m^3$ 的丙 B 类的储罐，不应超过 4 排，其中润滑油罐的单罐容积和排数不限。

（六）甲、乙、丙类液体储罐与附属设施的防火间距

易燃液体储罐与相配套的泵房、装卸鹤管等附属设施，是液体储存中机械作业最多、人员操作因素最大、火灾危险因素也最多的部位和设施，很多易燃液体储罐火灾也都是由于这些设施出现问题而引起的。

1. 易燃液体储罐与附属设施的防火间距

易燃液体储罐在布置时与泵房、装卸鹤管等附属设施，以及装卸鹤管与建筑物之间均应留有足够的防火间距，其要求如表 4-24 所示。

表 4-24 易燃液体储罐与泵房、装卸鹤管的防火间距 m

液体火灾危险性类别	储罐形式	泵房	铁路或汽车装卸鹤管
甲、乙类液体储罐	拱顶储罐	15	20
	浮顶储罐	12	15
丙类液体储罐		10	12

注：1. 总储量不超过 $1000m^3$ 的易燃液体储罐的防火间距，可按本表规定减少 25%。

2. 泵房、装卸鹤管与储罐防火堤外侧基脚线的距离不应小于 5m。

2. 易燃液体装卸鹤管与建筑物和厂内铁路线、泵房的防火间距

易燃液体装卸鹤管与建筑物和厂内铁路线、泵房的防火间距不应小于表 4-25 的要求。

表 4-25 易燃液体装卸鹤管与建筑物和厂内铁路线、泵房的防火间距

名称	建筑物的耐火等级			厂内铁路线	泵房
	一、二级	三级	四级		
甲、乙类液体装卸鹤管	14m	16m	18m	20m	8m
丙类液体装卸鹤管	10m	12m	14m	10m	

注：装卸鹤管与直接装卸用的易燃液体装卸铁路线的防火间距不限。

3. 易燃液体储罐与铁路、道路的防火间距

易燃液体储罐与铁路、道路的防火间距不应小于表 4-26 的要求。

表 4-26 易燃液体储罐与铁路、道路的防火间距

名称	厂外铁路线（中心线）	厂内铁路线（中心线）	厂外道路（路边）	厂内道路（路边）	
				主要	次要
甲、乙类液体储罐	35m	25m	20m	15m	10m
丙类液体储罐	30m	20m	15m	10m	5m

注：零位罐与所属铁路作业线的距离不应小于 6m；石油库内的储罐（区）与建筑物的防火间距，石油库内储罐的布置间距和防火间距，以及石油储罐与泵房、装卸鹤管等库内建筑的防火间距，应当符合《石油库设计规范》（GB 50074）的规定。

（七）防火堤的建造

为了防止液体着火时流淌造成火灾蔓延，对易燃液体的地上、半地下储罐或储罐组，应当设置不燃材料建造的防火堤，或其他能够防止液体流淌的设施。

1. 防火堤的容量要求

防火堤的建造应当有一定的强度和容量，应能够确保着火储罐爆裂或爆炸后液体全部容纳而不至于流出堤外造成火灾蔓延。根据储罐着火概率和多年油罐火灾的经验总结，对液体储罐防火堤的有效容量不应小于堤内最大储罐的容量；考虑到浮顶储罐一般不会发生爆炸，即便爆炸也不会将整个罐壁炸毁的特点，浮顶罐防火堤的有效容量可以适当减少，但不应小于最大储罐容量的一半。

2. 防火堤堤身的建造要求

（1）防火堤应能承受所容纳液体的静压，且不应渗漏。在计算防护堤的高度时，实际高度应比计算高度高出 0.2m，以留有一定的余量。防火堤的高度不应低于 1.0m（以堤内设计地坪标高为准），且高不宜高于 2.2m（以堤外 3m 范围内设计地坪标高为准）。

（2）在防火堤的不同方位上，应设置灭火时便于消防人员进出的人行台阶或坡道。同一方位上两人行台阶或坡道之间的距离不宜大于 60m。

（3）防火堤与储罐应保持一定的防火间距。防火堤内侧基脚线至储罐外壁的距离，立式罐应不小于罐高（H）的一半，卧式罐不应小于 3m。相邻罐组防火堤的外堤脚线之间，应留有宽度不小于 7m 的抢险救援空地，以利灭火战斗的展开。

3. 防火堤内的排水要求

为了能够及时排出防火堤内的雨水和灭火冷却水，防火堤应设雨水排出管，并应在防火堤的出口处设置设置阀门等封闭装置和隔油装置；对含油污水排水管，还应在防火堤的出口处设置水封设施，以保证储罐着火时液体不能向外流散。

（八）防火隔堤的建造

1. 应当设置防火隔堤的情形

为了防止多品种的液体罐组火灾时液体储罐的相互影响，并造成火灾的蔓延、扩大，对布置在同一防火堤内的下列储罐之间应当设置防火隔堤。

（1）甲 B、乙 A 类液体与其他类可燃液体储罐之间。

（2）水溶性与非水溶性可燃液体储罐之间。

（3）相互接触能引起化学反应的可燃液体储罐之间。

（4）具有强氧化性和腐蚀性液体储罐与可燃液体储罐之间。

（5）沸溢性储罐与非沸溢储罐之间。

（6）地下储罐和地上、半地下储罐之间

2. 每个防火隔堤内允许分隔的储罐数量及容积

（1）单罐容积小于或等于 $5000m^3$ 时，隔堤所分隔的储罐容积之和不应大于 $20000m^3$。

（2）单罐容积大于 $5000m^3$ 至小于 $20000m^3$ 时，隔堤内的储罐数量不应大于 4 个。

（3）单罐容积 $20000m^3$ 至 $50000m^3$ 时，隔堤内的储罐数量不应大于 4 个。

（4）单罐容积大于 $50000m^3$ 时，应每 1 个单罐一隔。

（5）隔堤所分隔的沸溢性液体储罐，不应超过 2 个。

（6）沸溢性液体储罐不论是地上还是半地下的，均应每个储罐设一防火堤或防火隔堤。

3. 防火隔堤的建造要求

防火隔堤的建造，除应满足与防火堤的有关要求外，还应当符合以下要求。

（1）隔堤顶应比防火堤顶低0.2m至0.3m。

（2）防火隔堤的高度不应小于0.3m（以堤内设计地坪标高为准）。

（3）在防火隔堤的不同方位上应设置人行台阶。

4. 事故存液池的设置要求

（1）设有事故存液池的罐组四周，应设导液沟，以使溢漏液体能顺利地流出罐组并自流入存液池内。

（2）事故存液池距防护堤的间距应小于7m。

（3）事故存液池和导液沟距明火地点不应小于30m。

（4）事故存液池应有排水措施。

五、丙类易燃固体露天堆场平面布置防火

丙类易燃固体的露天堆场宜设置在天然水源充足的地方，并宜布置在本单位或本地区全年最小频率风向的上风侧。丙类易燃固体的露天、半露天堆场在布置时，应满足如下防火要求。

（一）与建筑物的防火间距

丙类易燃固体露天、半露天堆场在布置时，应当根据堆场的总储量与其他建筑物保持规定的防火间距，并符合表4-27的要求。

表4-27　丙类易燃固体露天、半露天堆场与建筑物的防火间距　m

易燃固体名称	一个堆场的总储量 W/t	建筑物耐火等级		
		一、二级	三级	四级
棉、麻、毛化纤，百货	$10 \leqslant W < 500$ $500 \leqslant W < 1000$ $1000 \leqslant W < 5000$	10 15 20	15 20 25	20 25 30
稻草、麦秸芦苇打包废纸等易燃材料	$10 \leqslant W < 5000$ $5000 \leqslant W < 10000$ $W \geqslant 10000$	15 20 25	20 25 30	25 30 40

注：1. 当一个露天堆场的稻草、麦秸芦苇打包废纸堆场总储量超过20000t、棉麻总储量超过50000t时，应分设堆场、堆场之间的防火间距不应小于较大堆场与四级耐火等级建筑的防火间距。

2. 不同性质物品堆垛之间的防火间距，不应小于本表相应储量堆场与四级耐火等级建筑间距的较大值。

3. 与甲类物品库房、生产厂房以及民用建筑的防火间距，应按本表规定增加25%，且不应小于25m；与室外变配电站的防火间距不应小于50m。

4. 与明火或火花散发地点的防火间距，应按本表四级建筑的规定增加25%。

5. 与可燃液体储罐的防火间距，不应小于表4-20和表4-16中相应储量堆场与四级耐火等级建筑间距的较大值。

（二）与铁路、道路的防火间距

由于铁路机车、列车或汽车在启动、走行或刹车时，均可能从排气筒、钢轨与车轮摩擦或闸瓦处散发明火或火花，若库内铁路线或道路线穿行于散发可燃气体较多的地段，有可能被上述明火或火花引燃，因此，铁路线或道路线应尽量靠危险品仓库区的边缘集中布置。以利于减少与道路的平交，缩短铁路，减少占地。丙类易燃固体露天、半露天堆场与铁路、道路的防火间距应当符合表4-28的要求。

表4-28　丙类易燃固体露天、半露天堆场与铁路、道路的防火间距

名称	厂外铁路线（中心线）	厂内铁路线（中心线）	厂外道路（路边）	厂内道路（路边）	
				主要	次要
棉麻、稻草、麦秸、芦苇、打包废纸等易燃材料	30m	20m	15m	10m	5m

六、危险品仓库消防道路的设置要求

消防安全检查发现，不少易燃易爆危险品仓库，道路狭窄，路面不平，与消防水池的距离比较远，又不设置消防车道，当发生火灾时库内有水而消防车不能靠近取水，延误取水时间，影响灭火，扩大灾情。为保证火灾时消防车能够畅通无阻的进出，危险品仓库应当按如下要求设置消防车道。

（一）消防车道的布置要求

1. 危险品的仓库区和消防水源都应设置保证消防车通行的消防车道

危险品的丙类易燃固体露天堆场区、液化石油气储罐区、可燃液体储罐区和其他整装危险品仓库，以及供消防车取水的天然水源、消防水池都应设置保证消防车通行的消防车道。消防车道的边缘距取水点的距离不宜大于2m。

2. 消防车道宜设置为环形，尽量避免袋型车道

（1）为了保证灭火救援的需要，对于占地面积大于1500m^2 的乙、丙类危险品仓库和储量大于表4-29要求的堆场、储罐区，应设置环形消防车道。当确有困难时，应沿建筑物的两个长边设置消防车道，尽量避免袋型消防车道。

表4-29　应当设置环形消防车道的堆场、储罐区的总储量

堆场、储罐名称	棉、麻、毛、化纤/t	稻草、麦秸、芦苇/t	可燃液体储罐/m^3	液化可燃气体储罐/m^3	普通可燃气体储罐/m^3
总储量	1000	5000	1500	500	30000

（2）根据现行国家技术标准《石油化工企业设计防火规范》（GB 50160—2008）的规定，液化烃罐组、总容积大于或等于120000m^3 的可燃液体罐组和总容积大于或等于120000m^3 的2个或2个以上的可燃液体罐组，及化学危险品仓库区，都应当设置环形消防车道。

（3）对于布置在山丘地区的小容积可燃液体储罐区及装卸区、化学危险品仓库区，当因地形条件限制，全部设置消防车道开挖土石方量太大，很不经济时，可在局部困难地段设置能够满足消防车回车要求的尽头式消防车道。

3. 环形消防车道之间中间应当设置相互连通的消防车道

（1）丙类易燃固体堆场占地面积超过30000m^2 时，应设置与环形消防车道相连通的中间消防车道；可燃的液体、气体及液化石油气储罐区内的环形车道之间，宜设置连通的消防车通道。

（2）液化烃、或可燃气体、液体储罐的铁路装卸区，应设与铁路平行的消防车道。其中，若一侧设置消防车道，则车道至最远铁路线的距离不应大于80m；若两侧设置消防车道，则车道之间的距离不应大于200m，超过时其间应当增设消防车道。

（3）根据室外消火栓的间距120m的规定，液化烃、可燃液体、可燃气体的储罐区内，任何储罐的中心距至少2条消防车道的距离均不应大于120m；当不能满足此要求时，任何储罐的中心与最近消防车道的距离不应大于80m，且最近消防车道的路面宽度不应小于9m。

（4）丙类易燃固体堆场与消防车道的间距不宜大于150m。

4. 消防车道之间及消防车道距堆场堆垛、储罐、之间的间距要求

（1）当道路路面高出附近地面2.5m以上，且在距道路边缘15m范围时有可燃气体、液体、液化烃的储罐及管道时，应在该段道路的边缘设置虎墩或矮墙等防护设施。

（2）管架支柱（边缘）、照明电杆、行道树或标志杆等，距道路路面边缘不应小于0.5m。

（3）堆垛与消防车道的最小距离不应小于5m。

5. 消防车道不宜与铁路正线平交

为保证消防车能够快速奔赴火场，危险品仓库的出入口不应少于2个，且不宜位于同一方位。对于具有2条或2条以上出入口的危险品仓库，其消防车道不宜与同一铁路线平交；如必须平交时，应设置备用消防车道，且两车道之间的间距不应小于所通过最长列车的长度，否则应另设消防车道。以避免最长列车同时切断危险品仓库的主要出入口道路。

所谓最长列车长度是根据铁路走行线在该区间的牵引定数和调车线或装卸线上允许的最大装卸车的数量确定的。据成都铁路局提供的数据，目前一列火车的长度一般不大于900m，新型16车编组的和谐号动车，长度一般不超过402m。对于存在通行特殊超长列车的地方，需根据铁路部门提供的数据确定。

（二）危险品仓库消防车道的建造要求

1. 消防车道的路面、扑救作业场地及其下面的管道和暗沟等应能承受大型消防车的压力

据各地消防部门的调查，目前各种消防车的最大载重（不含消防人员的质量），GS1802P型供水消防车为31.5t，PM120泡沫型消防车为26t，GXFSG160型水罐消防车为35.3t，大型消防车的总质量可达50t。这么大的载重量，如若消防车道在设计时考虑不周，就会因路面荷载过小，道路下面的管道埋深过浅，沟渠盖板承载过小等不能承受大型消防车的通行荷载。所以，消防车道的路面、扑救作业场地及其下面的管道和暗沟等应能承受大型消防车15～50t的荷载。

2. 供消防车停留的空地应尽量为平坡地面，避开起伏较大的坡地，并符合净空高度的要求

（1）根据国内各地所使用消防车的外形尺寸、单车道、消防车行驶较快和穿过建筑物或构筑物裕度的实际情况，消防车道的净宽度和净空高度均不应小于4.0m，消防车道的坡度不应大于8%，其转弯处应当满足消防车转弯半径的要求。

（2）石油化工企业内和石油库内的消防车道，路面宽度不应小于6m，路面内缘的转弯半径不应小于12m，路面以上的净空高度不应小于5m。为了保证消防车的可靠停放，供消防车停留的作业场地应尽量为平坡地面，避开起伏较大的坡地。如难以避开时，其坡度不宜大于3%。消防车道与危险品库房建筑之间不应设置妨碍消防车作业的障碍物。

3. 要满足消防车转弯半径和回车场地的要求

（1）中间消防车通道和环形消防车通道的交接处必须满足消防车转弯半径的要求。消防车的前轮外侧循圆曲线行走轨迹的半径：一般轻系列消防车应当大于等于7m；中系列消防车应当大于等于9m；重系列消防车大于等于12m。

（2）环形消防车通道至少有两处与其他车道相通。对于尽头式消防车通道，应设置回车道或回车场。回车场面积一般不小于12m×12m，高层危险品仓库的回车场面积不小于15m×15m，供重型消防车使用时，回车场面积不小于18m×18m。

第三节　危险品库房建筑防火

危险品安定性差，并具有很大的火灾危险性，不仅有的怕热、怕水、怕潮，而且有的需要通风、降温、防潮，还有的需要采暖保温，所以，储存危险品必须建造专用库房，符合有关防火安全要求，并根据物品的种类、性质，设置相应的通风、防火、防爆、泄压、报警、灭火、防雷、防晒、调温、静电清除、防护围堤等安全设施。

一、危险品库房的防火性能、建筑面积和层数的要求

由于危险品库房所储存物品大多易燃易爆，火灾危险性和火灾载荷大，燃烧热值高，火焰辐射强，一旦发生火灾对建筑物的破坏大。所以，危险品库房构件的燃烧性能和耐火极限都应当比普通建筑物有更严格的限制。所谓耐火极限是指在标准耐火试验条件下，建筑构件、配件或结构从受到火的作用时起，到失去稳定性、完整性或隔热性时止的这段时间，用小时表示。

（一）危险品库房构件的防火性能

1. 危险品库房构件的燃烧性能和耐火极限

根据《建筑设计防火规范》（GB 50016—2014）的规定，甲、乙类危险品库房构件的燃烧性能和耐火极限应满足表4-30的要求。

表4-30　甲、乙类危险品库房构件的燃烧性能和耐火极限

构件名称		耐火等级		
		一级	二级	三级
墙	防火墙	不燃烧体4.00	不燃烧体4.00	不燃烧体4.00
	承重墙	不燃烧体3.00	不燃烧体2.50	不燃烧体2.00
	楼梯间和电梯井的墙	不燃烧体2.00	不燃烧体2.00	不燃烧体1.50
	疏散走道两侧的隔墙	不燃烧体1.00	不燃烧体1.00	不燃烧体0.50
	非承重外墙	不燃烧体0.75	不燃烧体0.50	难燃烧体0.50
	房间隔墙	不燃烧体0.75	不燃烧体0.50	难燃烧体0.50
柱		不燃烧体3.00	不燃烧体2.50	不燃烧体2.00
梁		不燃烧体2.00	不燃烧体1.50	不燃烧体1.00
楼板		不燃烧体1.50	不燃烧体1.00	不燃烧体0.75
屋顶承重构件		不燃烧体1.50	不燃烧体1.00	难燃烧体0.50
疏散楼梯		不燃烧体1.50	不燃烧体1.00	不燃烧体0.75
吊顶（包括吊顶搁栅）		不燃烧体0.25	难燃烧体0.25	难燃烧体0.15

注：二级耐火等级建筑的吊顶采用不燃烧体时，其耐火极限不限。

2. 危险品库房的耐火等级要求

建筑物的耐火等级是衡量建筑物耐火程度的分级标度和表示建筑物所具有的耐火性的概念。为了保证建筑物的安全，对建筑物应采取的必要防火保护措施，并使之具有一定的耐火性，以达到即使发生了火灾也不至于全部起火或很快倒塌造成太大损失的目的，使不同用途的建筑物具有与之相适应的耐火性能。对危险品库房的耐火等级应比普通物品库房的要求更加严格的。

（1）高架或高层库房、甲类和多层乙类库房的耐火等级不应低于二级。单层乙类库房，单、多层丙类库房和多层丁、戊类库房的耐火等级不应低于三级。

（2）丙类库房内的防火墙，其耐火极限不应小于4h。一、二级耐火等级单层库房的柱，其耐火极限分别不应低于2.5h和2h。

（3）采用自动喷水灭火系统全保护的一级耐火等级单、多层库房的屋顶承重构件，其耐火极限不应低于1h。

（4）除甲、乙类库房和高层库房外，一、二级耐火等级建筑的非承重外墙，当采用不燃性墙体时，其耐火极限不应低于0.25h；当采用难燃性墙体时，不应低于0.5h。对于4层及

4层以下的一、二级耐火等级丁、戊类地上库房的非承重外墙，当采用不燃性墙体时，其耐火极限不限；当采用难燃性轻质复合墙体时，其表面材料应为不燃材料，内填充材料的燃烧性能不应低于B2级。材料的燃烧性能分级应符合《建筑材料及制品燃烧性能分级》（GB 8624）的规定。

（5）二级耐火等级库房内的房间隔墙，当采用难燃性墙体时，其耐火极限应提高0.25h。二级耐火等级多层库房中的楼板，当采用预应力和预制钢筋混凝土的楼板时，其耐火极限不应低于0.75h。

（6）一、二级耐火等级库房的上人平屋顶，其屋面板的耐火极限分别不应低于1.5h和1h。

（7）一、二级耐火等级库房的屋面板应采用不燃材料，但其屋面防水层和绝热层可采用可燃材料；当为4层及4层以下的丁、戊类库房时，其屋面板可采用难燃性轻质复合屋面板，但板材的表面材料应为不燃材料，内填充材料的燃烧性能不应低于B2级。

（8）以木柱承重且墙体采用不燃材料的库房，其耐火等级可按四级确定。

（9）预制钢筋混凝土构件的节点外露部位，应采取防火保护措施，且节点的耐火极限不应低于相应构件的耐火极限。

（二）危险品库房的建筑面积和层数的限制要求

为了防止火灾时的蔓延扩大，确保及时有效地施救，在建造危险品库房时，其最低耐火等级、最高允许层数、最大允许的建筑面积和防火分区面积，都应当根据储存物品火灾危险性的大小加以限制，最低应满足表4-31的要求。

表4-31　危险品库房的最低耐火等级、最高允许层数、最大允许建筑和防火分区面积

危险品火灾危险性类别、项别		最低耐火等级	最高允许层	每座库房的最大允许占地和每个防火分区的最大允许建筑面积/m²						
				单层库房		多层库房		高层库房		地下半地下库房或库房的地下半地下室防火分区
				每栋库房	防火分区	每座库房	防火分区	每座库房	防火分区	
甲类	3、4项	一级	1	180	60	—	—	—	—	—
	1、2、5、6项	一、二级	1	750	250	—	—	—	—	—
乙类	1、3、4项	一、二级	3	2000	500	900	300	—	—	—
		三级	1	500	250	—	—	—	—	—
	2、5、6项	一、二级	5	2800	700	1500	500	—	—	—
		三级	1	900	300	—	—	—	—	—
丙类	1项	一、二级	5	4000	1000	2800	700	—	—	150
		三级	1	1200	400	—	—	—	—	—
	2项	一、二级	不限	6000	1500	4800	1200	4000	1000	300
		三级	3	2100	700	1200	400	—	—	—

注：1. 仓库内的防火分区之间必须采用防火墙分隔，甲、乙类仓库内防火分区之间的防火墙不应开设门、窗、洞口；地下或半地下仓库（包括地下或半地下室）的最大允许占地面积，不应大于地上仓库的最大允许占地面积。

2. 石油库区内的桶装油品仓库应符合《石油库设计规范》（GB 50074）的规定。

3. 一、二级耐火等级的煤均化库，每个防火分区的最大允许建筑面积不应大于12000m²。

4. 独立建造的硝酸铵仓库、电石仓库、聚乙烯等高分子制品仓库、尿素仓库、配煤仓库、造纸厂的独立成品仓库，当建筑的耐火等级不低于二级时，每座仓库的最大允许占地面积和每个防火分区的最大允许建筑面积可按本表的规定增加1.0倍。

5. 一、二级耐火等级粮食平房仓的最大允许占地面积不应大于12000m²，每个防火分区的最大允许建筑面积不应大于3000m²；三级耐火等级粮食平房仓的最大允许占地面积不应大于3000m²，每个防火分区的最大允许建筑面积不应大于1000m²。

6. 一、二级耐火等级且占地面积不大于2000m²的单层棉花库房，其防火分区的最大允许建筑面积不大于2000m²。

7. 一、二级耐火等级冷库的最大允许占地面积和防火分区的最大允许建筑面积，应符合《冷库设计规范》（GB 50072）的规定。

库房内设置自动灭火系统时，除冷库的防火分区外，每座库房的最大允许占地面积和每个防火分区的最大允许建筑面积可按表 4-24 的规定增加 1.0 倍。

二、危险品库房结构防火

储存危险品的库房在建造时，其结构应当符合所储物品的要求，并根据所储物品的性状、火灾危险性、养护和灭火措施等特点进行建造。

（一）地面

储存易燃危险品的库房应为易冲洗、不燃烧，撞击不发火花的地面。不发火花地面的构造，按材料的性质有金属地面和非金属地面两种类型。非金属不发火花地面又有有机材料和无机材料两种结构。不发火花金属地面一般常用铜板、铝板、铅板等有色金属材料，采取局部铺设在水泥沙浆地面上的方法建造；不发火花有机材料地面，一般常用沥青、木材、塑料、橡胶等有机材料，采取在钢筋混凝土橡胶板或混凝土垫层上铺筑面层的方法建造。易燃危险品库房的不发火地面，一般采用不发火水泥石砂、细石混凝土、水磨石等无机材料建造，其构造与同一类地面构造相同。铺筑的水泥石砂等不发火面层，应选择经过试验合格的材料建造。测试方法是，经直径 20cm、转速 1440r/min 的砂轮实验，在暗室或夜间不发火为合格。

储存易燃液体库房的管、沟不应和相邻厂房的管、沟相通，该库房的下水道应设置隔油设施。应设置防止液体流散的设施。遇湿会发生着火爆炸的物品库房应设置防止水浸渍的措施。

（二）屋顶和屋面

库房的屋顶应采取隔热降温的双层通风式屋顶。库房檐口高度应不低于 3.5m。屋面应为不燃、光滑、不粘粉尘的屋面。双层通风式屋顶库房的构造如图 4-7 所示。

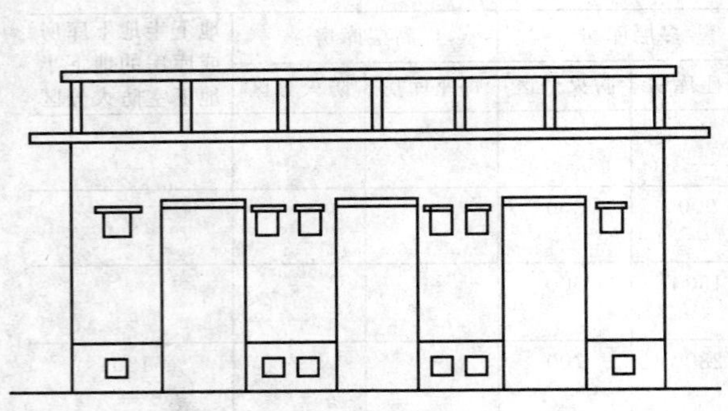

图 4-7　双层通风式屋顶库房的构造

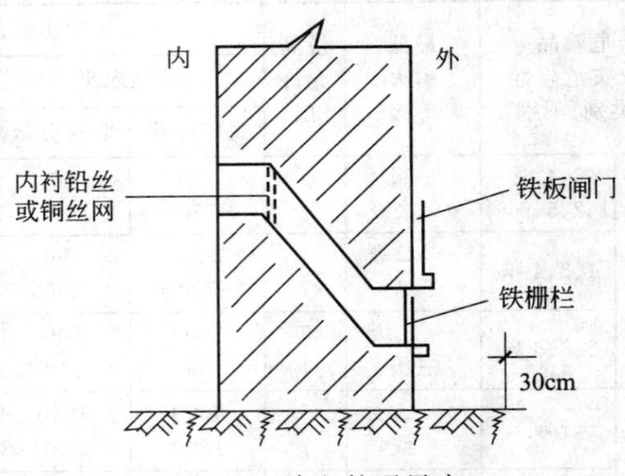

图 4-8　墙上的通风窗

（三）墙

危险品库房的墙应建造隔热的外墙，其厚度应大于 36cm。在墙脚应设通风洞，以配合库房通风。通风洞一般设在窗户下方离地面 30cm 处，面积宜为 30cm×20cm。为了防止雨水、鼠类动物以及外部火源进入，其构造形式应内高外低，内衬铅丝或铜丝网，外加铁栅栏及铁板闸门防护，需要通风时打开。其构造形式如图 4-8 所示。

为了防止各危险品库房之间一旦发生火灾时相互造成蔓延，库房之间的墙应建造防火墙。防火墙是为减小或避免建筑物、货物、设备遭受热辐射危害和防止火灾蔓延扩大而设置的竖向耐火分隔体。根据设置位置，防火墙有内防火墙、外防火墙和室外独立建造的防火墙等类型。因为建造防火墙是为了防止火灾蔓延，所以，防火墙必须用不燃材料建造。由于甲、乙、丙类危险品库房储存物质易燃，火灾荷载大，一旦发生火灾，其燃烧时间较长，燃

烧过程中所释放的热量也大，所以其耐火极限应当比普通防火墙增加 1h，即不应低于 4h。为了防止防火墙一侧的屋架、梁和楼板等因火灾的影响而破坏时倒塌，防火墙应直接砌筑在基础上或钢筋混凝土框架上。如果库房屋盖的耐火极限小于 0.5h，那么防火墙应截断燃烧体或难燃烧体的屋顶结构，并高出屋面 500mm，不燃烧体屋面应高出 400mm。当库房建筑屋盖的耐火极限不小于 0.5h 时，防火墙砌至屋面基层的底部即可。

由于防火墙是一防火隔离体，所以在防火墙上不准开设门窗、孔洞，如果必须开设门窗时，应采用能自行关闭的甲级防火门窗。防火墙内也不准设置排气管道和穿过输送可燃气体、液体的管道。不燃物体的输送管道也不宜穿过，必须穿过时应用不燃材料将缝隙填塞密实。

防火墙不要建在库房的转角处，如果设在转角的附近时，其内转角两侧上的门窗、洞口之间最近边缘的水平距离不应小于 4m；靠近防火墙两侧的门窗、洞口之间最近边缘的水平距离不应小于 2m。但如果以上两种门窗为固定的乙级防火门，可以不考虑此限制。

（四）门窗

1. 危险品库房门的要求

危险品库房防火墙间的门不应少于两个，但占地面积不超过 $100m^2$ 的可设一个。一座多层库房的占地面积如不超过 $300m^2$ 时，可设一个疏散楼梯。门的宽度不应小于 2m，并应向外开启或靠墙的外侧推拉，但甲类危险品库房不应采用侧拉门。库房的门外宜加设门斗，并宜为二道门，第一道门为防火门，第二道门为钉纱的通风门。

2. 危险品库房窗户的要求

危险品库房的窗户应采用高窗。窗的外面应设耐火的遮阳板或雨搭，以防阳光直射和雨水溅进库内。窗的下部离低面不应低于 2m。窗上应安装防护铁栅，并加设铁丝网，以防飞鸟闯入和人为破坏。窗户上的玻璃应采用毛玻璃或为涂白色漆的普通玻璃，以防因阳光的透射和玻璃上的疵点焦聚引起着火事故。为了加强防火分隔和防雨、防辐射，危险品库房的窗户可采用防火挡板。防火挡板的形式如图 4-9 所示。

图 4-9　窗户安设防火挡板的危险品库房

（五）电气照明和防雷

1. 照明灯具

甲类危险品库房一般不宜安装电气照明，如必须夜间作业时，亦应安装符合所储存物品防爆等级的照明灯。不准使用碘钨灯、日光灯和功率 60W 以上的灯泡。不准安装不符合要求的任何照明。如安装防爆灯亮度不够或困难时，可在库房外安装与窗户相对的投光照明灯，或采用在墙身内设壁龛，内墙面用固定钢化玻璃隔封，电线设在库房外。壁龛灯的构造

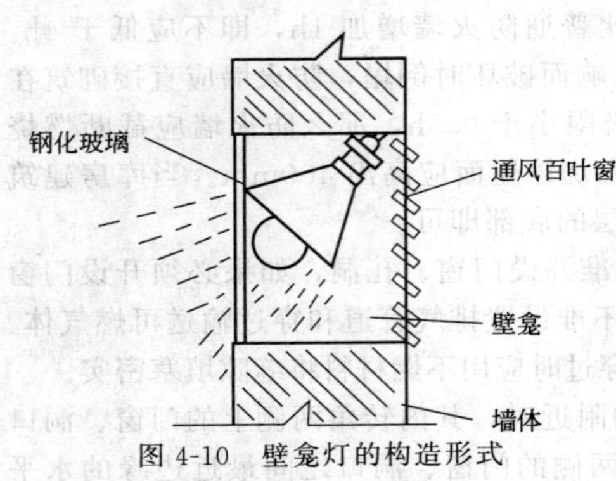

图 4-10 壁龛灯的构造形式

形式如图 4-10 所示。

2. 电气线路

库房的电线都应当架设在库房外，引进库房的电线必须装设在金属或塑料套管内，电气线路和灯头应当安装在库房通道的上方，与堆垛保持安全距离。严禁在库房闷顶内架设线路和在库房内架设临时电线。如在库区内需加设临时电线时，必须要经仓库防火负责人批准，且临时用线的时间不准超过半个月，到期及时拆除。

3. 开关、保险

库区的电源应当设总闸和分闸，每个库房应当单独安装开关箱，开关箱应设在库房外的墙上，并安装防雨、防潮等保护设施。总闸或分闸所用的保险丝（片）等装置要合格，不准超过其安全负荷。库房、库区内的电气设备除经常检查外，每年至少进行两次绝缘摇测，发现可能引起打火、短路、发热和绝缘不良等情况时，应立即修复。

4. 防雷措施

大型的危险品仓库，必须安装避雷装置。宜采用独立避雷针，或在库房两端的防火墙上安装避雷针，高度要经过计算，接地要求良好。要保证被保护库房都在避雷针的保护范围之内。

三、危险品库房相关建（构）筑物设置的防火要求

（一）危险品库房宿舍、办公室、休息室的设置要求

由于管理人员用火用电不慎常常是导致火灾的主要原因。所以，为确保库存物资的消防安全，便于人员的安全疏散；同时，也为了避免危险品库房发生爆炸时对办公室、休息室的人员造成伤害，所以，危险品库房内严禁设置员工宿舍。且对于甲、乙类危险品库房，也不得设置办公室、休息室，并不得贴邻建造；当丙类危险品需要在库房内设置办公室、休息室时，应当采用耐火极限不低于 2.5h 的不燃体隔墙和耐火极限不低于 1h 的楼板与之隔开，并应设置独立的安全出口。若必须在墙上开设相互连通的门时，应当采用防火门，且防火门的耐火等级不应低于乙级。

（二）危险品库房建筑的平面布置要求

1. 甲、乙类危险品库房不应设置在地下或半地下，厂房内设置的丙类液体中间储罐，应设置在单独房间内。

2. 供厂房建筑内使用的丙类液体燃料储罐，应布置在建筑外，总容量不应大于 $15m^3$，可直埋于建筑附近，当面向油罐一面 4m 范围内的建筑外墙为防火墙时，储罐与建筑的防火间距可不限；但当总容量大于 $15m^3$ 时，储罐的布置应按独立的丙类液体储罐设置。

3. 变、配电站不应设置在甲、乙类库房房内或贴邻，且不应设置在爆炸性气体、粉尘环境的危险区域内。

（三）厂房或民用建筑内危险品库房的设置要求

为了加强对危险品的管理，储存危险品的库房应当单独设置。当因生产的需要在厂房内设库房时，应当根据储存物品的危险特性采取措施，并符合以下要求。

1. 应保证防火分隔和耐火极限

设置中间储罐的房间，应靠外墙布置，并应采用耐火极限不低于 3h 的防火隔墙和不低于 1.5h 的楼板与其他部位分隔，房间门应采用甲级防火门。设置丙类液体中间储罐的房间，

其围护构件的耐火极限不应低于二级耐火等级建筑的相应要求，房间的门应采用甲级防火门。设置丙类危险品库房时，必须采用防火墙和耐火极限不低于1.5h的楼板与厂房隔开，设置丁、戊类仓库时，必须采用耐火极限不低于2.5h的不燃烧体隔墙和1h的楼板与厂房隔开。设置中间储罐的房间，应采用耐火极限不低于3h的防火隔墙和不低于1.5h的楼板与其他部位分隔，房间门应采用甲级防火门。

2. 不得超过规定的限量

(1) 厂房内设置危险品中间仓库时，甲、乙类危险品中间仓库应靠外墙布置，其储量不宜超过1昼夜的需要量。厂房内设置丙类液体中间储罐时，其容量不应大于$5m^3$。

(2) 供民用建筑内使用而设置的丙类液体中间罐、燃油锅炉房内及民用建筑内柴油发电机房机房内设置的丙类液体储油间，其总储存量均不应大于$1m^3$。储油间应采用防火墙与锅炉间、发电机间或其他使用部位分隔；必须在防火墙上开门时，应设置甲级防火门。

3. 应限制耐火等级和面积

仓库的最低耐火等级、最高允许层数、最大允许建筑面积和最大允许防火分区面积，应符合表4-24的要求。

(四) 高架仓库的设置要求

高架仓库是指货架高度超过7m的机械化操作或自动化控制的货架仓库。其特点是，货架密集、间距小，货垛码放高，储存物品数量大，疏散、抢救、扑救困难。为了保证在火灾时不致很快倒塌，并为扑救赢得时间，尽量减少火灾损失，所以，高架仓库的耐火等级不得低于二级。

(五) 铁路线的设置要求

由于甲、乙类危险品仓库所储存的都是易燃易爆危险品，有的在一定条件下还会散发出可燃的气体、蒸气；同时，蒸汽机车或内燃机车的烟囱常常会喷出火星，如果屋顶为可燃体结构就增大了火灾危险。为了保障库房建筑的消防安全，甲、乙类危险品库房内年不得设置铁路线；当丙、丁、戊类危险品库房需要出入蒸汽机车和内燃机车时，其屋顶应采用不燃体结构，若采用可燃结构时，应当采取外包覆不燃材料或防火涂料等防火保护措施。

(六) 库区围墙的设置与绿化

1. 基本要求

(1) 危险品仓库周围，应设置高度不小于2m的实体砌围墙。危险品仓库的围墙距危险品库房的间距不应小于5m，且围墙两侧建筑物的间距应当满足相应防火间距的要求。

(2) 库区内每个库房的周围可铺设一定宽度的水泥地面，以防杂草生长，或定期铲除、清除杂草（也可用灭草剂除草）、干草、枯枝与易燃物。

(3) 未经铺砌的场地应进行绿化，但库区内危险建筑物周围25m范围内不要种植松树、柏树等针叶树。因为这些树种的茎和叶都是是油性的，遇火易燃，以防止山火的危害。可在库区内广植阔叶树。

2. 爆炸品仓库

爆炸品仓库，围墙和铁丝网距相邻最近库房的距离不应小于15m。在围墙的四角或地势较高处，应修建供警卫人员瞭望的岗楼。因为树林不仅能使库房阴凉隐蔽，而且在吸收爆炸冲击波能量，减少事故破坏作用上也有一定效果。

3. 液化燃气气供应基地、气化站、混气站

库区内严禁种植密植的冬青等易造成液化石油气积存的植物。库区四周和局部地区可种植不易造成液化石油气积存的植物；库区围墙2m以外可种植乔木，仓库辅助区可种植各类植物。

四、危险品专门库房建造的防火要求

（一）爆炸品库房的建造要求

爆炸品库房，尤其是生产区内的中转库房、工序的转手库、返工品库、废品库、样品库等，存取物品比较频繁，且大部分爆炸品是在无包装或无良好包装的条件下储存，遇到撞击、摩擦、冲击等情况很多，十分容易引起着火和爆炸，因此需要采取一定的防护措施，故在建筑结构上应有更严格的要求。

1. 爆炸品库房屋盖的建造要求

爆炸品库房应为单层，并可采用砖墙承重，但其耐火等级不应低于二级。这主要是考虑到库房较厂房重要性低，且因仓库面积小，存药量集中，药量一般较大，一旦出事仓库很难保全。故其屋盖的建造应符合下列要求。

（1）为了防止外部爆炸的影响，猛炸药、烟火药、起爆药、火工品和引信的库房应采用钢筋混凝土屋盖。

（2）由于黑火药、硝化纤维素易由着火转为爆轰，为减少事故的破坏，应使屋盖具有一定的泄爆能力。所以其库房应采用轻质易碎泄压屋盖。泄压面积（m^2）应当≥最大存药量（kg）2倍的积。但当屋盖的泄压面积达不到上式计算的结果时，应辅以门、窗作为泄压面积。其屋盖的易碎部分可为难燃烧体。

2. 生产区内工序转手库的结构要求

在生产区内，有时为了减少工序转手库与厂房之间的距离，对于面积较小（例如面积小于5.0m×7.5m)，且要求保温、隔热的炸药转手库或火工品转手库，以采用覆土式建筑更为有利，其构造如图4-11所示。

覆土式转手库为屋顶及三面墙覆土，并具有一面轻型墙的半封闭钢筋混凝土结构。其轻型面采用无窗的瓦楞铝板或镀锌铁皮制成，材料要求1m² 重量不超过10kg。安全门设在轻型墙上。这种建筑物要注意防水、防潮。一般在钢筋混凝土屋盖上先抹水泥砂浆10cm，再铺油纸、油毡防水层，一层油毡、一层油纸共铺5层，上盖轻质黏土150cm，最后再覆土1.5m以上。墙的四周要喷涂沥青，并包以150cm厚的黏土，再按防护土提要求覆土。

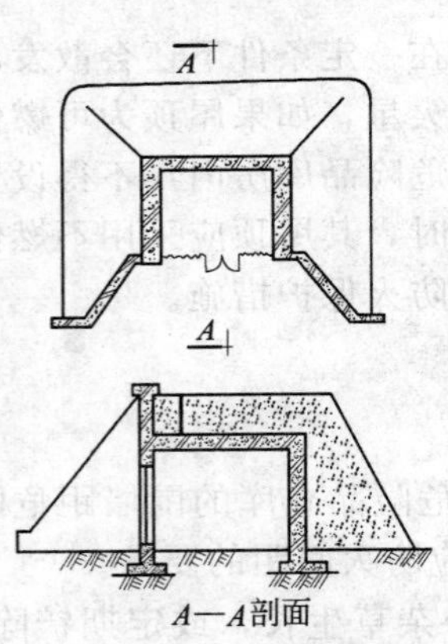

图4-11 覆土式炸药库房示意图

3. 矩形库房的建造要求

1.1级爆炸品库房应建成简单的矩形，单层设置，可采用砖墙承重，屋盖宜为钢筋混凝土结构，但黑火药总仓库应采用单位面积重量不大于1.5kN/m² 的轻质易碎泄压屋盖。

轻质易碎泄压屋盖，是由轻质易碎材料构成。当库房内部发生爆炸事故时，这种屋盖不仅具有泄压效能，且易破碎成小块，能够减轻对外部的影响，在建筑内部爆炸时容易飞散以泄放爆炸波。这种库房，屋基通常采用不燃性材料建造，屋面采用有保温隔热层的石棉瓦构建。如采用木结构时，木材需经耐火处理或刷上白色防火漆。如系瓦屋顶，应敷加防护层，以免瓦片从屋顶落下来时砸到炸药等爆炸品上引起爆炸事故。

为了装卸搬运作业和人员的安全疏散，每个库房要有两个以上的安全出口（大门），且应设在防护土堤有出口的一面。但面积不超过220m² 时可设一个门。由库房内任意一点到大门的距离不应超过30m。以便有险情时人员迅速撤离。

为了有利于库房的隔热、降温、防潮或保暖，爆炸品库房应设门斗，并为双层门，内层为通风用门，外层为防火门；门的开向要一致，并同为向外开；门宽不应小于1.5m，不准

设置吊门、侧拉门或弹簧门，亦不应设门槛。设门斗时应采用外门斗。设门斗的库房形式如图 4-12 所示。

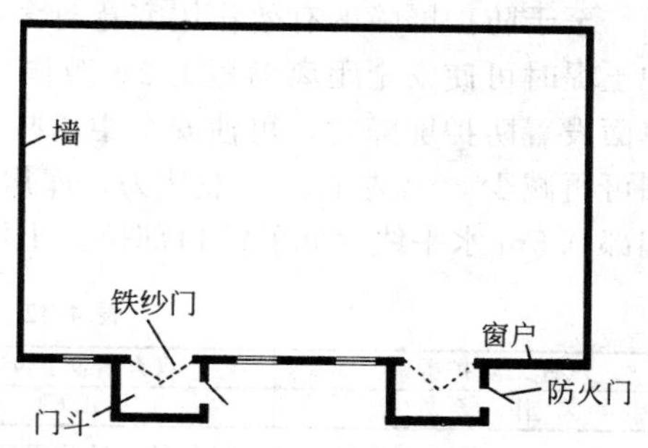

图 4-12 设门斗的炸药库房平面示意图

库房窗户的采光面积与地板面积之比应为 1/25 或 1/30，窗户应设置成可向外开启的玻璃窗，外加金属网或铁栅栏。对于储存期较长的库房，要在大窗的下面设小百叶窗，以利通风；大窗与通风百叶窗应上下成双设置。门窗木制。门窗玻璃最好用塑性玻璃，用普通玻璃时要涂上白漆，以防日光直接照射或玻璃中的小气泡聚焦造成爆炸品被加热升温。

库房地面最好采用不发火沥青砂浆铺的地面或木地板等不起潮不发火花地面，以避免托运爆炸品时摩擦撞击产生火花和浸湿产品。但当爆炸品以包装箱方式存放且不在库房内开箱时，可采用一般地面。

4. 覆土库房的建造要求

某覆土式炸药库采用钢板拱圆顶的结构。根据存药量、地形和空间要求，库的净高和底宽为 6m 和 9m。为了满足这些要求，钢板拱圆顶采用了半径约为 5m 的波纹钢板半圆拱。拱的每一端底部安装于厚约 0.6m，高约 1.2m 的侧墙上，每一个拱两端的墙都用网状钢筋混凝土结构。做拱用的钢板厚度不小于 9.5mm，半圆拱的弧度为 180°，拱的端墙设计成可抵制墙外通廊内爆炸作用的墙。

5. 窑洞式炸药库房的建造要求

在地形高差有急剧变化的地带，可将炸药库房设计成隧道形（窑洞式）或嵌入斜坡内，库房开门的一面为轻型面，其做法类似于上述覆土式炸药库。

6. 爆炸品库房的其他防火要求

仓库的门应向外开，门洞宽度不宜小于 1.5m，不应设置门槛，也不应采用吊门、侧拉门或弹簧门。当设置门斗时，应为外门斗，内外两层门的朝向应一致。起爆药工序转手库不宜在门口设置台阶。为了防止动物侵入及保卫和通风需要，窗应设置可开启的玻璃扇、金属网和铁栅。对于储存期较长的爆炸品（除应设保温库外），在墙角处应设置带金属网的叶片可启闭的通风百叶窗，窗叶与通风百叶窗应上下成双设置。

(1) 敞露储存起爆药的仓库，其室内装修吊顶应当按厂房室内装修要求进行。

(2) 1.1 级库房邻近的 1.4 级厂房和其他较重要的建筑物，应尽量按抗震设计烈度不小于 7 度的规定要求采取结构构造措施，但不可低于当地的抗震要求。

(3) 1.1 级库房的门窗宜采用塑性玻璃，距 A、B 级仓库附近建筑物的门窗也应尽量采用塑性玻璃。

(4) 若库内有可能散落炸药的药粉时，地面应为不发火地面。以木箱包装方式存放并不在库房内开箱的炸药、火工品和引信的仓库，可采用一般地面。

7. 爆炸品库房防护屏障的建造要求

如前所述，爆炸品库房之间应留有一定的安全距离，以防止某炸药库发生爆炸事故时，高温、高压、爆轰产物和空气冲击波引起邻近库房内炸药的殉燃、殉爆，或对其他建筑物造成超出允许标准的严重破坏。为了缩短安全距离，减少库区占地面积，一般都要在爆炸品库房周围修筑防护土堤，或在建筑结构上采取一定的抗爆泄爆措施。

根据爆炸试验和事故经验，防护屏障的作用主要是，可以阻挡爆炸火焰和冲击波在水平方向上的直线传播；挡截爆炸破片等飞散物；防止冲击波对邻近建筑物的直接冲击破坏三个方面。至于防护屏障的有效作用究竟有多大？不同的国家认识不同。前苏联安全规范认为，有防护土堤时可使安全距离缩短 1/2；英国安全规范则认为只能缩短 1/3；而我国的安全规范认为单面设置防护屏障时，可使安全距离减少 50%，若爆点和被保护建筑物双方均设置防护屏障，则可再减少 60%左右。一般认为，库房后屋角到前方土堤端部 0.5m 的连线，与库房两侧土堤端部 0.5m 水平线之间的豁口部位，土堤无防护作用。防护屏障的防护作用系数见表 4-32。

表 4-32 防护屏障的防护作用系数

有无防护屏障	双方有防护屏障	单方有防护屏障	双方无防护屏障
作用系数	0.6	1	2

注：1. 当爆心有防护屏障而被保护建筑物无防护屏障，并位于土堤开口方向的无防护作用区内时，防护屏障的作用系数为宜为 2。

2. 爆心无防护屏障，而被保护建筑物单方有防护屏障时，其作用系数宜为 1。

防护屏障的形式应当根据总平面布置、运输方式地形条件等因素确定。通常采用防护土堤、钢筋混凝土挡墙等形式，据近年来研究发现，土堤的防护作用还与其本身几何形状有关，多种抗爆结构形式的防护屏障有了好大的发展。这些成果对于缩短安全距离，节约占地具有非常重要的意义。

防护土堤通常是用土堆筑的用来防护爆炸冲击波对外围或内部，人员、建筑物、构筑物、设备的伤害或破坏而设置的一种防护屏障。《民用爆破器材工程设计安全规范》(GB 50089—2007) 规定的标准式防护土堤的防护作用范围如图 4-13 所示。

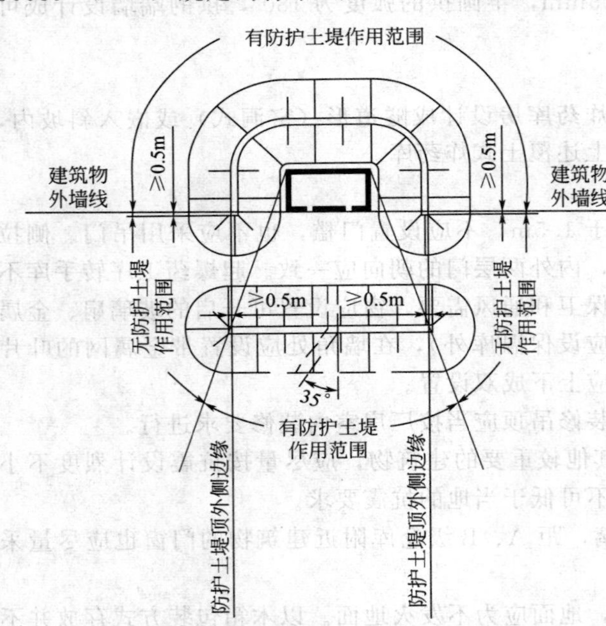

图 4-13 标准式防护土堤的防护作用范围

(1) 防护土堤的高度和宽度 当防护土堤内的库房为单层时，不应低于库房屋檐的高度；当防护土堤内的库房为单坡屋面时，不应低于低屋檐的高度。当防护土堤内的库房较高，设置到檐口高度有困难时，防护土堤的高度可高出爆炸品堆垛顶面 1m。防护土堤的顶宽不应小于 1m，底宽不应小于高度的 1.5 倍。

(2) 防护土堤的边坡防护土堤的边坡应稳定，其坡度应根据不同材料确定。为了稳固防护土堤的边坡，其表面层可种植草皮或小灌木，以保持土壤不受雨水冲刷。当利用开挖的边坡兼作防护土堤时，其表面应平整，边坡应稳定，遇有分化危岩等应采取固化措施。防护土堤的内外坡角允许砌筑高度不大于 1m 的挡土墙，土堤开口处的挡土墙可适当加高。允许在土质中加石灰以提高防护土堤的坡度，但不允许用重型块状材料（如块石、混凝土块等）和轻而可燃的材料构成。以免在发生爆炸事故时，将重型块状材料抛出，扩大灾害作用。在取土困难时，可在防护土堤内坡脚处砌筑高度不大于 1m 的挡土墙，外坡脚处砌筑高度不大于 2m 的挡土墙，但土堤开口处，土堤尽端挡土墙的高库可根据需要确定，在特殊困难情况下，允许在防护土堤底部 1m 高度以下填筑块状材料。

(3) 防护土堤的坡脚实践证明，爆炸危险建筑物的外墙与防护土堤内坡基脚的水平距离

越小，防护作用越好。但考虑到运输、采光、地面排水等因素又必须要留有一定的间距，所以，防护土堤的内坡基脚与库房外墙之间的水平不宜大于3m（宜为1～1.5m），有人员出入面可适当加大至3～3.5m，在有运输或特殊要求的地段，其距离应按最小使用要求确定，但不要大于15m，以使防护土堤真正起到防护作用。

（4）防护土堤的运输通道与安全疏散

构筑防护土堤时应当合理设置防护的运输通道或运输隧道，以利于人员和车辆的安全疏散。当运输通道的端部需设挡土墙时，其结构宜为钢筋混凝土结构。通道和隧道除了应当满足运输要求外，应当使防护土堤的无作用区为最小。

常用的防护土堤的作用范围如图4-14所示。

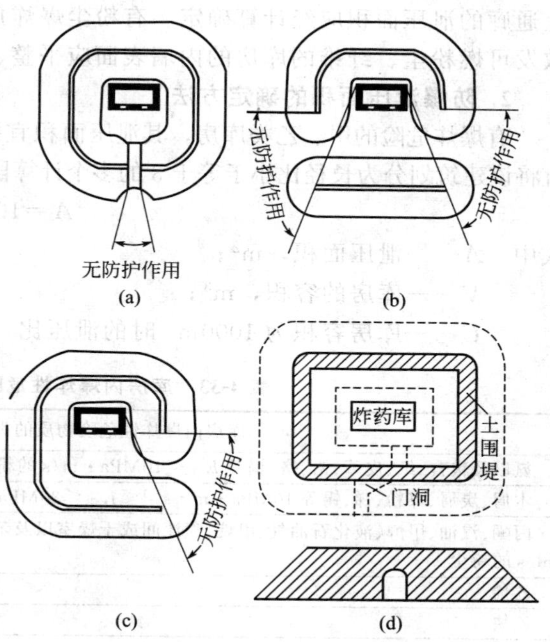

图4-14　常用的防护土堤的作用范围

（5）为了最大限度地减少用地和确保安全，对两个储存（除炸药外）爆炸品的库房，可以组合在联合的防护土堤内。联合防护土堤的建造形式与标准防护土堤相同，只是土围的大小不同而已。联合防护土堤内库房的外部距离和最小允许距离，应当按联合防护土堤内各库房存药量的总和确定；但当联合防护土堤内任何一个库房中的爆炸品发生爆炸不会引起该联合防护土堤内另一库房中的爆炸品殉爆时，其外部距离和最小允许距离，可分别按各个库房的危险等级和存药量计算，取其计算结果的最大值。

（二）能够散发可燃气体、蒸气、粉尘的危险品库房

由于能够散发可燃气体、蒸气、粉尘的危险品库房，能够使物品挥发、散发的可燃气体、蒸气、粉尘聚集，当遇有引火源时会发生爆炸，所以，此类危险品库房在建造时，应当充分考虑建筑的防爆问题。

1. 能够散发可燃气体、蒸气、粉尘的危险品库房的建造要求

（1）能够散发可燃气体、蒸气、粉尘的危险品库房应独立设置，并宜采用敞开或半敞开式。其承重结构宜采用钢筋混凝土或钢框架、排架结构。

（2）应设置泄压设施。散发较空气轻的可燃气体、蒸气的甲类库房，宜采用轻质屋面板的全部或局部作为泄压面积，顶棚应尽量平整、避免死角，库房上部空间应通风良好；散发较空气重的可燃气体、蒸气的甲类库房以及有粉尘、纤维爆炸危险的乙类库房，应采用不发火花的地面。采用绝缘材料作整体面层时，应采取防静电措施。库房下部空间应设通风孔口，并使空气形成对流。

（3）库房内不宜设置地沟，必须设置时，其盖板应严密，地沟应采取防止可燃气体、蒸气及粉尘、纤维在地沟聚积的有效措施，且与相邻厂房、库房的连通处应采用防火材料密封。

（4）危险品垛位，宜布置在单层库房靠外墙的泄压设施附近或多层库房顶层靠外墙的泄压设施附近，尽量避开库房的梁、柱等主要承重构件。

（5）有粉尘爆炸危险的筒仓，其顶部盖板应设置必要的泄压设施。粮食筒仓的工作塔、

上通廊的泄压面积应经计算确定。有粉尘爆炸危险的其他粮食储存设施亦应采取防爆措施。散发可燃粉尘、纤维的库房的内墙表面应平整、光滑，并易于清扫。

2. 防爆泄压面积的确定方法

有爆炸危险的甲、乙类库房，其泄压面积宜按式(4-3)计算，但当库房的长径比大于3时，宜将该建筑划分为长径比小于等于3的多个计算段，各计算段中的公共截面不得作为泄压面积。

$$A=10CV^{2} \tag{4-3}$$

式中 A——泄压面积，m^2；

V——库房的容积，m^3；

C——库房容积为$1000m^3$时的泄压比，m^2/m^3，可按表4-33选取。

表4-33 库房内爆炸性危险物质的类别与泄压比值

库房内爆炸性危险物质的类别	C值/(m^2/m^3)
氨以及粮食、纸、皮革、铅、铬、铜等$K_{尘}<10MPa\cdot m/s$的粉尘	$\geqslant 0.030$
木屑、炭屑、煤粉、锑、锡等$10MPa\cdot m\cdot s^{-1}\leqslant K_{尘}\leqslant 30MPa\cdot m/s$的粉尘	$\geqslant 0.055$
丙酮、汽油、甲醇、液化石油气、甲烷、喷漆间或干燥室以及苯酚树脂、铝、镁、锆等$K_{尘}>30MPa\cdot m/s$的粉尘	$\geqslant 0.110$
乙烯	$\geqslant 0.16$
乙炔	$\geqslant 0.20$
氢	$\geqslant 0.25$

注：长径比为建筑平面几何外形尺寸中的最长尺寸与其横截面周长的积和4.0倍的该建筑横截面积之比。

3. 防爆泄压设施的设置要求

防爆泄压设施宜采用轻质屋面板、轻质墙体和易于泄压的门、窗等，不应采用普通玻璃。泄压设施的设置应避开人员密集场所和主要交通道路，并宜靠近有爆炸危险的部位。作为泄压设施的轻质屋面板和轻质墙体的单位质量不宜超过$60kg/m^2$。屋顶上的泄压设施应采取防冰雪积聚措施。

(三) 气瓶库房

气瓶宜专库储存。库房结构应耐火、不燃，库房墙壁应紧固并有隔绝热源的能力。库顶应使用轻质不燃材料，库内高度不宜低于3.25m。对储存氢气等相对密度小于1的气体的气瓶库房，库顶应当设有可以通风的窗口；对储存丙烷、丁烷、混合液化石油气等相对密度大于1的气体的气瓶库房，应当在库房底部的墙体上设置一定数量和面积的可供通风散气的洞口，以保证库内气体能够对流通风，防止逸散的气体聚集形成爆炸性混合物。

有些单位使用的气瓶单一，且数量又少（如只有几个氧气瓶等），建筑专门的气瓶仓库确实比较困难，但在不影响毗连部位安全的情况下，可在丁、戊类生产或仓库建筑物的周围边角设置简易的仓库储存，以免露天到处乱放而发生事故。但毗连的墙体应为防火墙，并不得留有任何门窗、洞口。

为了保证在一旦发生火灾时能够得到有效控制，对于日装瓶量超过3000瓶的液化石油气储配站的实瓶库，应当设置固定的雨淋喷水灭火设备保护。

(四) 易燃液体库房

易燃液体库房不应建在建筑物的地下室或半地下室。库房的地面应为易冲洗、不燃烧、撞击不发火花的地面。为防止液体流淌，甲乙丙类液体库房应当设置防止液体流散的设施，应在库房门外设水泥斜坡，坡顶高出室内地坪15～20cm，离地1m的内墙面应用水泥抹平，以防液体溢渗墙内。库房内四周应设置明沟，并通向库房外墙角处的收集坑，出口应设闸阀控制。液体收集坑

应加铁板覆盖，如图 4-15 所示。

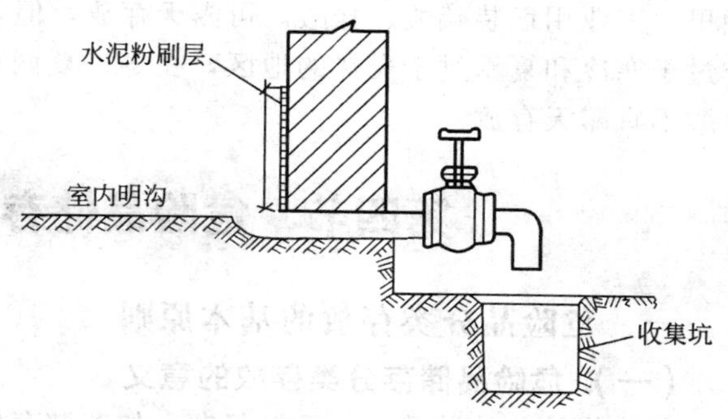

图 4-15 易燃液体库房内明沟收集坑示意图

（五）易燃固体、自燃物品和遇水易燃物品库房

不论是易燃固体、自燃物品还是遇水易燃物品，其库房的建造，都必须满足其特性需要。对温度、湿度要求特别高的易燃固体、自燃物品库房，应当建造能够严格控制温度、湿度的专用危险品库房；对温度、湿度要求不太高的火柴库房、丙类易燃固体库房可按通用危险品库房建造。

对有积热自燃危险性的易燃固体、桐油配料制品和硝酸纤维废胶片等自燃物品库房的室内地坪，应高出室外地坪不小于 40cm，地面应为三油两毡的防潮水泥地面。该地面的建造方法是，沥青油上贴一层油毡，油毡上再涂一层沥青油，反复进行，最后在上面加一层水泥地坪。

对有遇水易燃危险性的烷基铝、烷基铝氢化物、烷基铝卤化物等自燃物品和遇水易燃物品库房应布置在地势较高的干燥地带，并远离散发有大量水汽或水雾的建、构筑物。如工业企业内的库房布置在冷却塔（凉水塔）上风时，与冷却塔应保持 50m 以上的间距；如在下风时应保持 100m 以上的间距。室内地坪应高出室外地坪 40cm，且门、窗应有防止雨、水浸浸渍的设施。库内应有良好的通风设施，保持干燥。在库内不准设消防给水、水暖、汽暖设备和管道等。

（六）放射性物品库房

放射性物品储存应建特型库房，不应在一般库房或简易货棚内储存。库房建筑宜用混凝土结构，耐火等级不应低于 1 级，墙壁厚度应不少于 50cm，内壁和天花板应用拌有重晶石粉的混凝土抹平。地面应光滑无缝隙，便于清扫和冲洗，并应耐火不燃、撞击不发火花。库内应有下水道和专用渗井，防止放射性物品扩散。门窗应有铅板覆盖，门应设前室，库房要远离生活区。库房之间的间距，以及与其他物品之间的防火间距，除应符合射线防护的要求外，不应低于甲类物品的防火要求。

（七）腐蚀性物品库房

储存腐蚀性物品的库房建筑，其耐火等级、最大允许占地面积、层数和防火间距的要求，应按同类型的可燃液体、可燃固体和氧化剂的防火要求确定。对有遇水易燃性的甲基肼、甲醇钠等还应符合遇水易燃物品库房的要求。此外，根据其腐蚀性的特点，提出要求如下。

1. 库顶、屋架、门窗的金属附件和电气照明都应当采取防腐措施

库顶最好是水泥的平顶结构，里表面涂耐酸漆，以防腐蚀。对于木结构的屋架、门窗和各个结构的金属附件，都应涂上耐酸漆或比较耐酸的油漆。库房内不宜安装电气照明，因易受腐蚀。可在库房外设投光灯或封密严实的壁龛灯照明。

2. 要有隔热保暖措施

对易燃、易挥发的甲酸、丙酰氯、溴丙酰等和易受冻结冰的冰醋酸，受冻易聚合沉淀的甲醛、三氯乙醛等，以及低沸点的溴素、乙酰氯等，均须储存于有隔热、保暖措施的冬暖夏凉的库房。

3. 要干燥、通风、防雨、防潮

对储存遇水分解、发烟的卤化物（多卤化物）和遇水易燃的甲基肼、甲醇钠的库房，必须防雨、防潮，并保持干燥和通风良好；对于硝酸、硫酸、盐酸等，可储存在一般库房或货

棚里。工业用坛装硫酸、盐酸，可露天存放，但须在坛盖上加盖瓦体，防止雨水侵入。对冬季过于寒冷和夏季过于炎热的地区，在冬、夏两季，最好移入库内存放。化学试剂的硫酸、盐酸不宜露天存放。

第四节　危险品储存分类存放的原则

一、危险品分类存放的基本原则

（一）危险品储存分类存放的意义

危险物品，品种繁多，性能复杂，如若储存性质相互抵触和灭火方法不同的危险品混存往往带来重大事故；而危险品的分类存放是一个十分复杂的问题，其能否同库存放或隔离存放，或分仓存放，与物品的危险等级、量的多少，储存条件和包装的等级、存放时间的长短等有关。因此，在分类存放时，应充分考虑这些因素。

（二）危险品储存分类存放的依据

1. 危险品自身的特性

危险品自身的性能是否相互抵触、灭火方法是否不同、性能的危险程度等，是确定危险品能否同库存放的最基本原则。

2. 仓库规模的大小

仓库规模的大小决定了库存危险品量的多少和库房的建筑条件。如国家大型的专门危险品仓库与企、事业单位附属的小型危险品仓库不同，与医院、学校、科研单位做化学试验或医疗用的小型试剂存放库就更不同；正规建设的防潮、隔热的低温库房与简易小库房不同。

3. 包装的技术条件

各种严格的十分严密的内外包装和简易的小包装，其对所包装物品的保护程度是不同的。同样条件下，较好的物品包装，对物品的保护效果要好和安全性相对好一些，与其他物品的影响也相对小一些，所以，在短期存放时，对通常不可同库存放的危险品亦可隔离存放，如果量特别小，亦可同库分开存放。

（三）危险品分类存放的基本原则

根据各类危险品的危险特性，及其相互抵触程度，危险品分类存放的基本原则如下。

① 不同类的危险品不得同库存放。

② 可燃性物品不得与氧化性物品同库存放。

③ 灭火方法不同的物品不得同库存放。

④ 起爆药不得与猛炸药同库存放。

⑤ 起爆器材不得与爆炸物质同库存放。

⑥ 其他性质相互抵触的物品不得同库存放。

⑦ 符合以上原则的甲类危险品与乙类危险品应当隔开存放。

⑧ 说明书或国家另有专门规定不得同库存放的危险品不得同库存放。

（四）危险品分类存放的基本要求

危险品能否同库存放，要根据这些不同情况，综合分析其危险程度，而确定如何分类存放的原则要求。按照分区、分类、分段专仓、专储的原则，定品种、定数量、定库房、定人员（四定）进行保管。对小型仓库应分类，分间、分堆存放。

对于科研、学校、医院等单位供化学试验或医疗用的危险品试剂和药剂，应设专门的储藏

室储存。储藏室和储藏柜应以储存性质相同的物品为主，对性能相互抵触或灭火方法不同的危险品，除爆炸品、压缩和液化气体、易燃固体中的自反应物质、自燃物品、有机过氧化物、感染性物质和放射性物质以及各类中的一级危险品（I类包装物质）外，如果一件物品的最大量限制在表5-6的范围内，包装坚固、封口严密时，可允许同室或同柜分格存放。但储藏室的面积一般不宜超过20m²；储藏柜应根据具体情况建造，每只柜的总储量不应超过200kg。

二、不同类危险品之间分类存放的原则

（一）爆炸品分类存放的原则

1. 猛炸药

猛炸药应单独品种单库存放，不准和其他种类的爆炸品及其他危险品同库储存，并保持足够的安全距离。

2. 起爆药、黑火药

起爆药、黑火药粉的感度较高，胶质炸药有特殊的室温要求，乳化炸药成分复杂，且生产历史不长，这四种爆炸品和其他爆炸品同库存放会影响其他产品的质量和安全，所以应单独专库存放。

3. 雷管

由于雷管、非电导爆系统感度高，较炸药易发生事故，其爆炸后可能把炸药引爆，所以严禁和炸药同库存放。塑料雷管易产生静电，所以不允许和电雷管同库存放。

4. 报废和不合格品的爆炸品

由于报废和不合格品的爆炸品安定性较差，且不会有良好的包装，所以任何报废爆炸品和不合格成品不得与成品同库储存。

5. 硝酸铵

硝酸铵属于氧化剂，一般仓库储量大，且在有可燃物混入或高温的条件下有爆炸危险，所以，爆炸品总仓库区和生产区的硝酸铵不应和其他爆炸危险品同库储存。

6. 中转库存放的爆炸品

由于中转库人员、物品出入频繁，爆炸品撒落的可能性大，为避免危险品相互混淆，所以对符合同库储存条件的不同品种的爆炸品同库储存在生产区中转库时，应以隔墙相互隔开存放。

7. 专库存放受条件限制时的要求

为了有利于安全和管理，便于掌握爆炸品同库存放的原则，民爆规范将爆炸品分成八大类。当爆炸品单品种专库存放受条件限制时，在不增大事故可能性的前提下，不同品种包装完好的爆炸品可以同库存放，但必须包装完整无损、无泄漏，分堆存放，避免互相混淆，并符合表4-34的要求。对于未列入规范的爆炸品，可参照分类和共存原则研究确定。

（二）压缩气体和液化气体

1. 压缩气体和液化气体之间

可燃气体与氧化性气体混合，遇着火源有引起着火甚至爆炸的危险，应隔离存放。如液氯遇液氨相互作用，除生成氯化铵的烟雾外，同时将生成有爆炸性的氯化氮（NCl_3），极易爆炸；液氯如遇乙炔，作用即起火爆炸。因此液氯与液氨、乙炔等可燃气体不得同库存放和同车配装。

2. 与自燃、遇水易燃等易燃物品之间

压缩、液化气体与自燃、遇水易燃等易燃物品之间：甲类自燃物品在空气中能自行燃烧，如遇易燃或氧化性气体能加剧燃烧，同时燃烧的高温会造成钢瓶爆裂，扩大事故。因此，剧毒、可燃、氧化性气体均不得与一、二级自燃物品同库储存和同车配载；与遇水易燃物品因灭火方法不同，应隔离存放；剧毒气体、氧化性气体不得与易燃液体、易燃固体同库储存。

表 4-34　爆炸品同库存放互抵表

爆炸品名称	雷管类	黑火药	导火索	硝铵类炸药	属 A_1 级单质炸药类	属 A_2 级单质炸药类	射孔弹类	导爆索类
雷管类	○	×	×	×	×	×	×	×
黑火药	×	○	×	×	×	×	×	×
导火索	×	×	○	○	○	○	○	○
硝铵类炸药	×	×	○	○	○	○	○	○
属 A_1 级单质炸药类	×	×	○	○	○	○	○	○
属 A_2 级单质炸药类	×	×	○	○	○	○	○	○
射孔弹类	×	×	○	○	○	○	○	○
导爆索类	×	×	○	○	○	○	○	○

注：1. “○”表示可同库存放，“×”表示不得同库存放。

2. 雷管类包括火雷管、电雷管、导爆管雷管。

3. 硝铵类炸药指以硝酸铵为主要成分的炸药，包括粉状铵梯炸药、铵油炸药、铵松蜡炸药、铵沥蜡炸药、乳化炸药、水胶炸药、浆状炸药、多孔粒状铵油炸药、粒状黏性炸药、震源药柱等。

4. 属 A_1 级单质炸药类为黑索今、太安、奥克托金和以上述单质炸药为主要成分的混合炸药或炸药柱（块）。

5. 属 A_2 级单质炸药类为 TNT 和苦味酸及以 TNT 为主要成分的炸药或炸药柱（块）。

6. 导爆索类包括各种导爆索和以导爆索为主要成分的产品，包括继爆管和爆裂管。

3. 与硝酸、硫酸等强酸之间

剧毒气体、可燃气体不得与硝酸、硫酸等强酸同库储存；氧化性气体、不燃气体与硫酸等强酸应隔离储存。因为这些酸类有较强的氧化作用，不仅遇到某些剧毒和易燃气体能发生化学反应，而且由于这些酸有较强的腐蚀性，能腐蚀钢瓶使瓶体损坏，降低钢瓶的使用强度。

4. 与油脂及含油物质、易燃物之间

氧气瓶及氧气空瓶不得与油脂及含油物质、易燃物同库储存。因为氧气有较强的氧化性，当与易被氧化和易燃的油脂（除动植物油外）接触时，能使油脂被氧化而产生热量，致使油脂自燃着火，产生的高热反过来可造成氧气钢瓶的爆炸。

（三）易燃液体

易燃液体，不仅本身易燃，而且大都具有一定的毒性。如甲醇、苯、二硫化碳等，原则上应单独存放。但因各种条件的限制，不得不与其他种类的危险品同储时，应遵守如下原则。

1. 与自燃物品之间

与一、二级自燃物品不能同库储存，与三级自燃物品也应隔离储存。因为自燃物品可自行燃烧。

2. 与腐蚀品之间

与溴、过氧化氢（含量＜40％的双氧水）、硝酸等强酸不可同库储存，如量甚少时，也应隔离储存，并保持 2m 以上的防火间距。因为溴、过氧化氢、硝酸等强酸都有较强的氧化性。

3. 与遇水易燃品和自燃品之间

含水的易燃液体和需要加水存放的易燃液体，不得与具有遇水易燃性的自燃物品、遇水易燃物品同库储存。如二硫化碳本身虽不含水，但包装时必须要有不少于容器 1/4 的水层覆盖液面，所以不能和遇水易燃物品同储。

（四）易燃固体

1. 与自燃物品之间

与一、二级自燃物品不能同库储存，与三级自燃物品亦应隔离储存。因为一、二级自燃物品性质不稳定，可以自行氧化燃烧。

2. 与遇水易燃物品之间

与遇水易燃物品不能同库储存。因为和遇水易燃物品灭火方法不同，且有的性质相互抵触。

3. 与氧化性物品之间

与氧化剂不能同库储存。因为易燃固体都有很强的还原性，与氧化剂接触或混合就成了爆炸物，有引起着火爆炸的危险。

4. 与腐蚀性物品之间

与溴、过氧化氢（<40%的双氧水）、硝酸等具有氧化性的腐蚀性物品不可同库储存，与其他酸性腐蚀品可同库隔离存放。但发孔剂H（71011）与某些酸作用能引起燃烧，所以不可同库存放。

5. 易燃固体之间

金属氨基化合物类、金属粉末、磷的化合物类等易燃固体与其他易燃固体不宜同库储存，因为它们灭火方法和储存保养措施不同。硝化棉、赤磷、赛璐珞、火柴等均宜专库储存。樟脑、萘、赛璐珞制品，虽属乙类易燃固体，但挥发出来的蒸气和空气可形成爆炸性的混合气体，遇着火源容易引起爆炸，储存条件要求高，也宜专库储存。

（五）自燃物品

1. 忌湿自燃物品与湿包装自燃物品之间

硼、锌、锑、铝等的碳氢化合物类自燃物品与黄磷、651除氧催化剂不得同库储存；其他一、二级自燃物品与三级自燃物品应隔离存放；反之亦然。

2. 其他自燃危险品之间

一、二级自燃物品，不得与爆炸品、氧化剂、氧化性气体、易燃液体、易燃固体同库储存。自燃物品与溴、硝酸、过氧化氢（<40%的双氧水）等具有较强氧化性的腐蚀性物品不可同库存放；与盐酸、甲酸、醋酸和碱性腐蚀品，亦不准同库存放或隔离存放。

（六）遇水易燃物品

1. 与自燃物品之间

遇水易燃物品不得与自燃物品同库存放。因为自燃物品危险性大，见空气即着火，且黄磷、651除氧催化剂等，包装用水作稳定剂，一旦包装破损或渗透都有引起着火的危险。

2. 与氧化性物品之间

遇水易燃物品与氧化剂不可同库存放。因为遇水易燃物品是还原剂，遇氧化剂会剧烈反应，发生着火和爆炸。

3. 遇水易燃物品与腐蚀性物品之间

因为溴、过氧化氢（<40%的双氧水）、硝酸、硫酸等强酸，都具有较强的氧化性，与遇水燃烧物品接触会立即着火或爆炸。且过氧化氢还含有水，也会引起着火爆炸，所以不得同库存放。与盐酸、甲酸、醋酸和含水碱性腐蚀品如液碱等，亦应隔离存放。

4. 与含水的易燃液体和稳定剂是水的易燃液体之间

遇水易燃物品与含水的易燃液体和稳定剂是水的易燃液体，如乙酸、二硫化碳等，均不得同库储存。

5. 遇水易燃物品之间

活泼金属及其氢化物可同库存放；电石受潮后产生大量乙炔气，其包装易发生爆破，应单独存放。磷化钙、硫化钠、硅化镁等受潮后能产生大量易燃的毒气和易自燃的毒气，因此，亦应单独存放。

（七）氧化剂和有机过氧化物

1. 氧化剂与有机过氧化物之间

甲类无机氧化剂与有机氧化剂特别是有机过氧化物不能同库储存。因为绝大多数的甲类无机氧化剂都具有容易分解出氧的特性。如过氧化钠在空气中吸收二氧化碳能放出氧，氯酸钾、硝酸钠等受热后也会分解而放出氧。而有机氧化剂特别是有机过氧化物对热、震动特别敏感而且易燃。遇到氧能加强其燃烧，甚至引起爆炸。

漂白粉及无机氧化剂的亚硝酸盐、亚氯酸盐，次亚氯酸盐（漂粉精）不得与其他氧化剂和有机过氧化物同库储存。这是因为上述氧化剂本身具有中间价态的原子，除具有氧化性外，当遇到比其氧化性更强的氧化剂时，即表现出还原性。如亚硝酸钾与高锰酸钾在酸性条件下（硫酸）即发生如下反应。

$$5KNO_2+2KMnO_4+3H_2SO_4 \longrightarrow 2MnSO_4+5KNO_3+K_2SO_4+3H_2O$$

2. 氧化剂与压缩气体和液化气体

甲类氧化剂与易燃或剧毒气体不可同库储存，因为甲类氧化剂的氧化能力强，与剧毒气体或易燃气体接触容易引起着火或钢瓶爆炸。特别是剧毒易燃气体钢瓶爆炸后放出毒气，施救困难，会造成大批人员中毒。又如过氧化钠遇氯气会生成 Na_2O 和 Cl_2O，而 Cl_2O 极易爆炸分解为氧和氯。

$$Na_2O_2+2Cl_2 \longrightarrow Na_2O+2Cl_2O$$

$$2Cl_2O \longrightarrow O_2\uparrow+2Cl_2\uparrow$$

对无酸性的乙类氧化剂与压缩和液化气体可隔离储存，并保持 2m 以上的间距，与惰性气体可同库分开储存。

3. 氧化剂与自燃、易燃，遇水易燃物品之间

氧化剂与自燃、易燃，遇水易燃物品，一般不可同库储存，因为自燃物品燃烧时，能从氧化剂中得到氧，从而加剧燃烧。如白磷遇到氯酸钾会立即起火爆炸。

$$6P+5KClO_3 \longrightarrow 5KCl+3P_2O_5$$

遇水易燃物品，都有较强的还原性，遇氧化剂不仅会起火，甚至爆炸，并且有些遇水易燃物品盛装在矿物油中，有可能渗漏，同时灭火方法也不同。

易燃液体遇氧化剂会自行燃烧。如酒精遇铬酸酐（CrO_3）会立自燃。

$$4C_2H_5OH+4CrO_3+7O_2 \longrightarrow 4CrOH+10H_2O+8CO_2$$

易燃固体中的部分物品与氧化剂混合能成为爆炸性混合物，受热、撞击、摩擦即能起火或爆炸。如硫黄遇到过氧化钠，稍许轻微触动，会立即起火或爆炸。反应式如下。

$$S+Na_2O_2 \longrightarrow Na_2S+O_2$$

4. 氧化剂与毒害品

无机氧化剂与毒害品应隔离储存，有机氧化剂与毒害品可以同库隔离储存，但与有可燃性的毒害品不可同库储存。因为毒害品大多是有机物，与无机氧化剂接触能引起燃烧。如1,1-二氯丙酮（油状液体），能与氧化剂剧烈反应；双乙烯酮若遇过氧化物则加速聚合而爆炸。

有些有机农药，遇无机氧化剂能引起化学反应，破坏农药结构而失效。有些无机剧毒品易被氧化，氧化后有爆炸性，或者变成剧毒物质。如氰化钠、氰化钾及其他氰化物与氯酸盐或亚硝酸盐混合后能发生爆炸；又如砷被氧化后有毒，与氧化剂接触后毒性更大。

5. 氧化剂与腐蚀性物品

（1）有机过氧化物不得与溴和硫酸等氧化性腐蚀品同库储存。因为这些物品相互接触能发生剧烈反应，尤其是溴及各种强酸的反应更为突出。如过氧化苯甲酰与硫酸相遇即会燃烧。

（2）漂白粉不得与无机氧化剂同库储存。硝酸盐与硝酸、发烟硝酸可同库储存，但不得与硫酸、发烟硫酸、氯硝酸同库储存；其他无机氧化剂与硝酸、硫酸、发烟硫酸、氯磺酸等均不得同库储存。

（3）因硝酸（或发烟硝酸）和硝酸盐含有共同的组成部分——硝酸根，因而它们之间不能进行化学反应，故二者可以同库储存。其他无机氧化剂与硝酸、硫酸、氯磺酸等强酸接触能发生剧烈反应，如氯酸钾遇浓硫酸会立即起火爆炸。其反式如下。

$$2KClO_3+2H_2SO_4 \longrightarrow 2KHSO_4+2HClO_3$$
$$\downarrow$$
$$HClO_4+HClO_2$$

所以无机氧化剂与上述各酸不得同库储存。

6. 与松软的粉状物

无机氧化剂不得与松软的粉状物同库储存。如煤粉、焦粉、炭黑、糖淀粉、锯末等，因为无机氧化剂若与这些物品混合，遇热或稍经摩擦，即能起火或爆炸。反应式如下。

$$2KNO_3+3C+S \longrightarrow K_2S+N_2\uparrow+3CO_2\uparrow$$

（八）毒害品

无机毒害品与无机氧化剂之间和有机毒害品的固体与硝酸的有机衍生物之间应隔离储存；无机毒害品与氧化性气体，应隔离储存，与不燃气体可同库存放；有机毒害品与不燃气体应隔离储存；液体的有机毒害品与易燃液体可隔离储存；有机毒害品的固体与乙类易燃固体可同库存储，但与甲类易燃固体应隔离储存，无机毒害品与乙类易燃固体可隔离储存。有机毒害品的固体与液体之间，以及与无机毒害品之间均应隔离储存；无机的剧毒品与有毒品之间均可同库储存。其他种类物品均不可同库储存。

（九）放射性物品

放射性物品应专库储存，不准和其他任何种类的物品混存。并应根据放射剂量、成品、半成品、原料等分别储存。对强氧化性和无机氧化性的可燃性放射品、可燃性液体与可燃性固体或气体放射品等放射性物品之间，均应专库储存，以便于防火安全管理和防护。

（十）腐蚀性物品

腐蚀性物品，一般与其他种类的物品之间和腐蚀性物品中的有机与无机腐蚀品之间，酸性与碱性物品之间，可燃液体与可燃固体之间，都应单独仓间存放，不可混储。

1. 腐蚀性物品之间

无机碱性腐蚀品与有机碱性腐蚀品之间，其他无机腐蚀品与其他有机腐蚀品之间可隔离储存。其理由如下。

（1）溴与硝酸、硫酸等混合，能加强其腐蚀性或燃烧，应隔离后存放。

（2）过氧化氢易与硝酸反应放出大量气体，遇三氯化磷等会起脱水作用，产生高温，甚至发生爆炸，遇其他酸性腐蚀物品，也能起化学反应，产生氯或氯化氢气体，所以，过氧化氢和酸性腐蚀品应隔离后存放。

(3) 硝酸、硫酸等强酸与其他酸性腐蚀物品接触，能发生氧化或脱水作用而引起燃烧，因此，应隔离后存放。

(4) 漂白粉、生石灰遇硝酸等强酸能发生分解，产生高温，甚至发生爆炸。如：

$$Ca(ClO)_2 + 2HNO_3 \longrightarrow Ca(NO_3)_2 + 2HClO$$

$$2HClO \longrightarrow 2HCl + O_2\uparrow$$

又如：$CaO + 2HNO_3 \longrightarrow Ca(NO_3)_2 + H_2O$

$$Ca(NO_3)_2 \longrightarrow Ca(NO_2)_2 + O_2\uparrow$$

所以两者不能同库储存。

2. 腐蚀性物品与可燃液体之间

有机酸性腐蚀品与乙类可燃液体之间可隔离后储存，有机碱性腐蚀品与可燃液体之间可同库储存，但堆垛须间隔 2m 以上。

3. 腐蚀性物品与可燃固体之间。

无机碱性腐蚀品与乙类可燃固体之间可隔离存放。

第五节　危险品储存入库验收防火

危险品储存的入库验收工作是保证安全储存和使用的基础。危险品经过长途运输、装卸、搬运后，包装及其标志容易损坏、散失，或受到雨淋、日晒，或在包装上黏附有氧化剂、粉状可燃物、油脂等；有的企业产品不合格、掺假，所生产危险品的安定性能达不到要求，或用劣质包装代替合格包装盛装一级易燃危险品等。对于没有包装的散装危险品则更易发生变化。另外，有积热自燃危险的物品，如质量不符合规定标准（如硝酸纤维胶片和油纸、油布等浸油物品），在储存期间还会有自燃危险；一些需要在稳定剂中储存的危险品（如金属钠放在煤油中，黄磷放在水中，硝化棉须含 30% 的酒精做稳定剂），若在运输和装卸过程中造成了稳定剂的不足亦会造成火灾；一些压缩和液化气体钢瓶，若钢瓶超过了检验周期或钢瓶受损等，在储存过程中也会发生事故。所有这些隐患若不能及时发现并消除，都有可能带入库内，使物品在储存过程中发生火灾或其他事故。因此，危险品在入库之前，必须要经过严格的检查验收。

一、危险品入库验收的基本防火要求

（一）验收的比例范围与基本内容

1. 验收的比例范围

入库验收工作应当及时、准确、认真，不得马虎从事。入库验收的方法，一般以感观为主，辅之以必要的检斤和分析化验。验收的比例应当根据危险品的来源、包装的好坏和物品的危险程度来确定。对于一般危险品可以抽验，其比例为 5%～15%。对于运输路途远、运输工具变换多、包装有损坏及火灾危险性大的甲 A 类危险品和进口危险品应当全验，其中包装完整的可以抽验 10%～20%。

对需要查验内部质量的危险品，可邀请货主部门的技术人员共同进行。进口危险品的政

策性强，技术高，应按国家有关专门规定进行严肃认真的验收，发现问题及时报告。

2. 验收的基本内容

入库验收的内容，主要包括以下几项。

(1) 校对品名、来源、生产厂、规格、批号、数量、危险品标志等，对进口危险品还要核对唛头。

(2) 检查包装是否有残破、锈蚀、渗漏、封口不密、钢瓶漏气、包装不固、包装外表黏附杂质、油污和遭受水湿、雨淋等情况。

(3) 对需加稳定剂的危险品查验稳定剂是否充足。

(4) 对压缩、液化气体和溶解气体的钢瓶，校验其使用期限是否符合要求等。

(二) 发现问题的处理

对检查验收中发现的问题，应当及时进行处理，对性质不明、包装损坏的一律不准入库。应存于隔离、观察间内，以保证安全。当需要维修包装时，应当在库房外的安全地点进行，并不准使用撞击产生火花的工具。对稳定剂不足的应当加足。在验收操作时对具有火灾危险性的危险品应当远离火种、热源，避免阳光曝晒，在搬运操作中防止撞击、摩擦，以免造成事故。

二、不同类危险品入库验收的防火要求

(一) 爆炸品的入库验收

验收主要是感观验看有无受潮、结块、变色、变质等异状，验收人员应佩戴适当防护用具。炸药一般不宜开箱（桶）验收，如必须开箱验明细数或质量变化情况时，均应分批移送验收室或安全地点进行。开启包装要严格遵守安全操作规程，要用铜质工具，用力不要过猛，严防撞击、震动。

转手库内的爆炸品进出较频繁，撒落的可能性大，所以，在符合表 4-34 要求的同时，应分别储存在相互隔开的房间内，以防爆炸品以及其他危险品相互混入，影响产品质量和造成事故。

1. 验收内容

要核对进货单、品名、危险品标志、规格、数量、注意事项是否相符；要逐件检查包装有无异状，如破损、残漏、水湿、油污以及混有性质相互抵触的杂物等；对有稳定剂的爆炸品要检查其稳定剂是否漏失等。

(1) 包装标志　外包装的箱体上，必须印有爆炸品标志，产品名称、货号、数量、重量、燃放方法与注意事项，制造厂或产地，出厂日期，防火防摔，小心轻放，防潮等标志。标志的提示语印刷面积不应小于 $24cm^2$，警示句的字体不应小于三号黑体字。

(2) 外包装　爆炸品的包装，要求采用内包装、外包装等多层包装的方法。外包装可以是木箱，纸箱或塑料箱，但必须大小适宜，牢固可靠，使内包装能整齐、紧密地操装入箱，不松动。烟花爆竹的箱体体积最大不得超过 $0.25m^3$，每箱重量不大于 30kg。木箱的板厚不应小于 8mm。纸箱应为瓦楞空心弹性板箱，厚度不小于 5mm，箱内应衬有防潮纸或用塑料薄膜袋将产品封好，以防受潮。包装的箱封钉要牢固，外面应加捆扎。包装箱应有足够的强度，成品箱空载时应能承受 120kg 重物正向静压 24h 箱体无明显变形。木箱的板厚不应小于 12mm，最大缝隙宽度不应大于 4mm。

(3) 内包装　爆炸品的内包装应为封闭性良好的小包装，装入量为一打，不论是包装纸、玻璃纸、蜡纸或是纸盒等，均应包装紧密，包内产品不松动。封包外面应有商标和使用说明，产品名称、规格、数量等，标志清晰无误。

（4）其他　为了查验有无火种潜入和包装是否合乎要求等可疑情况，在验收完标志、外包装和内包装后，还要认真查验有无火种潜入等可疑情况，确认无疑后方可入库。

2. 验收方法

主要是感观验看有无受潮、结块、变色、变质等异状。验收人员应当佩戴适当防护用具。炸药一般不宜开箱（桶）验收，如必须开箱验收明细数或质量变化情况时，均应分批移送验收室或安全地点进行。开启包装要使用铜制工具，严格遵守安全操作规程，用力不要过猛，严防撞击、震动。

3. 问题处理

对新品种或无证入库爆炸品，需向供货方或有关单位了解清楚，并将联系情况做记录后方可入库；对包装破漏或不符合安全要求的爆炸品应移至专门用于整修包装的房间或适当地点，整修完好后方可入库；发现水湿、受潮足以影响质量变化的爆炸品应拒绝入库，如系自管自用的，也必须采用摊晾措施，但绝不可烈日曝晒或用火烘烤；如发现已经在药柱（块）中装有雷管时，应当拒收。

（1）不能使硝化棉处于干燥状态，经常测定铁桶内的硝化棉水分，不足时应加水至25%以上。

（2）不能使硝化棉在较高温度下长时间储存，仓库应注意隔热降温。

（3）硝化棉不能在一个仓库内储存过多，也不应和其他易燃易爆物品同库储存或与这类危险品库房靠近。

（二）气瓶的验收

1. 验收的内容

气瓶入库时，应当主要检查验收气瓶的品名、数量、来源等与入库单是否相符；安全附件、阀门、瓶体及漆色是否符合要求，安全帽、安全胶圈是否完整齐全；瓶壁腐蚀程度如何，有无凹陷和损坏现象或漏气现象等。

2. 验收的方法

（1）脱去安全帽，感观检查有无漏气和异味。但须注意，对有毒气体不能用鼻嗅，可以在瓶口、接缝处涂肥皂水，如有气泡发生则说明有漏气现象；对氧气瓶严格禁止用肥皂水验漏，以防因肥皂水含油脂而发生自燃甚至引起爆炸。

（2）用软胶管接在气瓶的气嘴上，另一端接气球，如气球膨胀则说明有漏气现象。

（3）用压力表测量气瓶内的压力，如气压不足，则说明有漏气的可能，应再作其他方面检查。

（4）检查液氯气瓶，可用棉花蘸氨水接近气瓶出气嘴，如生成氯化氨白雾，则证明气瓶漏气。

（5）检查液氨气瓶，可用水湿润后的红色石蕊试纸接近气瓶的出气嘴，如试纸由红色变成蓝色，则说明气瓶漏气。

（三）桶（瓶）装易燃液体的验收

桶（瓶）装易燃液体应在验收台或其他安全地点进行。现场应保持清洁卫生，不能有氧化剂、酸类等与易燃液体相抵触的物品存在，并应配备相应的应急灭火器材。

验收的方法以感观为主，配合以仪器验收，必要时做一些闪点、沸点和受热膨胀等试验，以弄清液体的理化性质，便于保管养护。

验收的内容，主要是验收外包装和液体质量。在夏季要特别注意包装有无膨胀、破裂、渗漏，并注意留有安全空隙。瓶装的外包装要求牢固，内外封口严密有效。发现渗漏或气味

太大时，应及时采取修补、串倒或封口等措施，以减少挥发、渗漏，确保储存安全。

（四）易燃固体的验收

1. 易燃固体外包装的验收

易燃固体的外包装验收，主要是检查外包装是否完整无破损，或有无沾有与物品性质相互抵触的其他杂物，有无受潮或水湿等现象。对于包装不合乎要求的，须经过加工整理或换装后才能入库。对标志不清、性质不明的物品，须查清后再分类入库或加工改装。

2. 稳定剂是否充足的验收

易燃固体稳定剂是否充足的验收，主要观察有无溶解、结块、风化、变色、异味等现象。对硝酸纤维素（硝化棉、火胶棉），还要检查稳定剂（酒精或水）是否充足。检查方法是，取小团硝化棉，用两个手指头捏紧，如在手指上有湿点，则说明酒精充足（因酒精挥发快，观察湿点要迅速）。另外，开启容器的盖子时，若挥发出一股较浓的酒精味，或用手摸棉体时，有湿润和清凉的感觉，都可说明稳定剂不缺乏，不需添加。此时可将每铁听（马口型的铁皮罐头）硝化棉连同容器过磅；将毛重记录在铁听上，以便入库后进行在库检查时，只需重复过磅，看重量减少程度，便可确定稳定剂是否挥发。在检查时如发现棉体干燥，用手触动有粉末飞起，则说明稳定剂已挥发，在这种情况下很不安全，应立即添加酒精（化学试剂品硝化棉须加化学试剂酒精）。

3. 有积热自燃危险易燃固体的验收

对赛璐珞板及其制品在检查时，要认真细致地观察，如发现物体上有形状不规则的“疮斑”点，点上物体有脆化等异变，则说明物体分解，有酸性物质产生，应拒绝入库；其他物品，如H发孔剂和几种磷的化合物等，都须认真检查，发现问题及时处理，不准带隐患入库堆码。检查操作，须在库房外指定的安全地点进行，以防发生事故，影响库内物品的安全。

4. 丙类易燃材料的验收

对新进入库丙类易燃材料及其制品，包上、包下、包中都应进行认真检查，注意粘连在包装上的易燃物和杂质。物品检查对新购进的棉花要进行质量检查，杂质不大于2.5%，水分不得大于12%，以免发霉生热引起自燃。新进入库的棉、麻不能立即入库储存，要在收货区静置25～48h的观察，再经过包装和物品检查合格、安全无异后才可入库存放。在验收中若发现有烧糊的痕迹或有臭味、油渍，要移至货区外进行认真检查。如有阴燃现象，立即处理，不可延误。如无其他可疑问题，经放置观察无疑后，才能入库。对新收购的皮棉，要随收、随打包，保持堆垛整洁。

（五）自燃物品的验收

自燃物品本身的质量和包装不符合要求是自燃物品自燃起火的一个重要原因，因此在入库前应认真细致地检查，防止将不安全因素带进库内。

1. 包装检查

（1）黄磷、651除氧催化剂一般用铁桶包装浸没于水中。铁皮厚度1.2～1.5mm，桶内壁涂耐酸清漆，外部可涂任何油漆，铁桶结合部分用对口卷边或气焊焊接，装料加盖用密封垫封牢，全部桶身应绝对不漏。包装若有破损，稳定剂会渗漏损耗。一旦物品露出水面会立即自燃起火，非常危险。

（2）硼、锌、锑、铝的碳氢化合物类和铝铁熔剂等物品的包装，必须紧固严密，不能有任何锈蚀、水湿、雨淋、破损等情况。

（3）硝酸纤维素废胶片和桐油配料制品的外包装若水湿，有可能影响到内部物品受潮，

不应入库。桐油配料制品的外包装应是花格木箱，以便散发内部的热量。

2. 物品检查

自燃物品的物品检查主要是检查火灾隐患。检查时，应根据物品的性质和包装条件分别采取不同的检查方法。

(1) 黄磷、651除氧催化剂，应检查物品是否露出水面，且水面应高出5cm以上。黄磷具有蒜臭味，在寒冷天气质脆，为淡黄色固体，一般柔软似蜡状，绝对不可用手拾取，可用坩埚钳取。钳取时动作要快，否则黄磷即可发生自燃。如是玻璃瓶容器，不须开盖，可在瓶外观察。对于不透明的容器，如开启后能恢复原状的可以打开检查，开启后不能恢复原状的不可随便开启。如发现包装有破损，可将包装轻轻摇动，内部有液体声响说明还有水。

(2) 对硼、锌、锑、铝的烷烃类，烷基铝氢化物、烷基铝卤化物等自燃物品，不宜开启包装。因为这些物品的包装都是充有惰性气体或用特定的容器包装（包装内充氮，氮的含氧量及含水量都不得大于 20×10^{-6} 或0.02‰），即使包装破损也不宜开启检查物品。破损处必须用不含水分的糊补剂修补，并通知存货单位提前销售。因为这些自燃物品不仅见空气自燃，且遇水亦燃烧。

(3) 硝酸纤维素废胶片和桐油配料制品，受潮或发热对安全储存影响很大，特别是梅雨季节和炎热天气进仓的物品，必须严格检查有否发热受潮情况。检查时，可用手摸，有湿润感则说明受潮；用温度计插入物品探测，如温度比当时的环境气温高，则说明发热，也可用电子测温、测湿计探测物品的温、湿度。

3. 检查场地的要求

甲类自燃物品，应逐件检查，并应在库房外的安全地点进行。乙类自燃物品须结合当时气候特点和包装好坏适当抽查，抽查地点原则要求在库房外的适当地点进行，但若库房外条件差（太阳曝晒等）或进仓数量大，可以进入库房抽查。

4. 问题处理

在检查验收中如发现问题，要及时采取措施，抓紧处理，不可拖延，更不准让有问题的物品入库堆垛。如发现有包装破损，须立即更换包装。稳定剂减少应立即添加（化学试剂级的黄磷须加干净的蒸馏水）。在炎热天气运输回受烈日曝晒后的桐油配料制品时，须经过摊晾后才能入库堆码。

（六）遇水易燃物品的验收

1. 基本要求

遇水易燃物品的验收，应在专门的验收室或离开库房的安全地点进行。验收场所应保持清洁卫生，四周禁绝一切着火源，并备有相适应的灭火器材。遇水易燃物品的验收范围应根据物品危险性大的特点，最好能逐件验收，以做到入库心中有数。在检查包装时，要特别注意检查物品在运输过程中，有无雨淋、水湿情况，有无和性质相互抵触的物品混装混运的情况。要求外包装牢固，内包装严密，能保证物品安全储存。

2. 验收方法

不同的遇水易燃物品，由于性质不同，验收方法也是不同的。

(1) 活泼金属类。活泼金属除少数是用安瓿瓶熔封外，绝大多数是用玻璃瓶或铁桶盛装。为了防止潮湿空气或水与之接触，活泼金属类物品一般都用不含水分的液体石蜡或煤油作为稳定剂。但由于金属锂的比重小于石蜡和煤油，所以多采用固体石蜡瓶内熔封的方法。对铁（听）包装、用煤油作稳定剂的活泼金属，可用摇动听声的方法检查，发现稳定剂不足时，要及时添足。要求液面应高出物品5～10cm以上。

（2）金属氢化物类。如氢化钠、氢化铝等，包装一般不加稳定剂，但包装封口要求密封，不洒、不漏。如包装损坏，应及时修补或串倒。

（3）金属的碳、硼、硫、磷、硅、氰化物类，如电石、硼氢化钠、硫化钠、磷化钙、硅化镁、氰化钠等，要注意检查包装的密封程度。如变潮则放出具有恶臭的有毒、易燃和易自燃的气体。这时就需要首先在远离库房的安全地点开桶放气，以防包装爆破。放气后再用熔化的沥青或浓硅酸钠毛头纸封闭，防止再吸水受潮。

（七）氧化剂和有机过氧化物的验收

氧化剂和有机过氧化物验收时，在直观验收的基础上，必需时可配合仪器验收，做一些熔点、吸湿性、受热膨胀性等有关试验，以摸清氧化剂的物理化学性质。要注意验收氧化剂的形态、结晶形状、颜色、气味、杂质沉淀等，有稳定剂的氧化剂要特别注意稳定剂的含量，发现问题及时采取有效的措施处理。

（八）毒害品的验收

毒害品必要时可进行理化检查。如含水量、酸碱度、熔点、沸点、闪点或引燃温度等测定。验收人员必须戴好必要的防护用具，在验收室或其他安全地点进行。操作完毕需更换工作服，必须洗净手、脸和漱口后才能饮食等，以防中毒。

（九）腐蚀性物品的验收

1. 包装验收

腐蚀性物品的内包装，绝大多数为陶瓷和玻璃容器，外包装为木箱或花格木箱，内有衬垫物。入库时，须认真检查外包装是否牢固，有无腐蚀、松脱，内包装容器有无破损渗漏，衬垫物是否符合要求等。硝酸、溴素等氧化性强的腐蚀品，其衬垫物应是不燃材料，发烟硝酸和溴素的玻璃容器，还须另加一层包装，硫化碱、过氧化尿素等的包装应是不燃物。

2. 物品验收

检查物品时，玻璃瓶装的物品可轻轻摇动，看有无沉淀物和杂物，静置后再看颜色是否正常；固体物品可开启包装或在瓶外观察形态颜色是否正常，有无异物等。对坛装或桶装的液体物品，可用玻璃管吸取底层液体，查看有无沉淀及其他杂物，颜色是否正常等；对固体物品，查看外包装有无破损或吸潮、渗漏现象。冬季要特别注意检查冰醋酸是否结冰，甲醛是否沉淀等。

（十）放射性物品的验收

验收放射性物品，主要检验包装，发现破损，及时提出整修。放射性较强的物品如夜光粉，箱内应有适当厚度的铅皮防护罩。用木箱内加玻璃瓶包装的物品，应有柔软材料衬垫妥实，瓶口必须密封。若外容器盖松弛或脱落，应迅速将盖塞好，拧紧。

有条件的单位，在入库时，应用放射性探测仪（乙、丙种）测定放射剂量，以便于安排储存和进行人身防护。应对每批入库物品测量射线的剂量是否过量，并将测量的数字标明在货垛牌上，以引起工作人员注意，以便加强防护。

第六节　危险品储存的堆垛与苫垫防火

一、危险品堆垛与苫垫的基本防火要求

危险品堆垛、苫垫的好坏，是直接影响其储存的安全的一个重要因素。如码垛过高而不

固，易倒桩造成事故，尤其是对震动、摩擦较为敏感的物品，很容易造成爆炸或起火事故；如堆垛过大或下垫不好时，会使危险品受潮发生危险或积热不散而自燃造成火灾；当露天存放时，如苫垫不好还会使物品受雨淋、日晒或通风不良而发生事故。所以，必须重视危险品储存的堆垛和苫垫工作。

（一）堆垛

1. 堆垛的码高

危险品的堆垛应据分类储存的原则，按不同品种、规格、批次、牌号以及不同货主分开堆码，不得混放混堆。堆垛不可过高、过大。其堆码的高度与物品的危险性质和包装的好坏有关。对撞击、震动敏感性高的危险品的堆码高度应有限制。对包装材质较好和强度较高，物品性质较稳定的危险品堆码可高一些。如雷管要求垛高不应大于 1.8m，而棉花可码垛 5m 高，对一般的化学危险品垛高以不大于 2m 为宜。

2. 堆垛的面积与垛距

库存物品应当分类、分垛储存，每垛占地面积不应大于 $100m^2$，为了便于通风散潮和检查管理，危险品在堆码时应留有作业走道和检查走道，并留有垛距、墙距、柱距，顶距和灯距。一般要求是，主要通道的宽度不应小于 2m，中间走道宜为 1.3～1.5m，垛与垛的间距不应小于 1m，垛与墙和照明灯的间距不应小于 0.5m，垛与梁、柱的间距不应小于 0.3m。当库房内的物品因防冻必须采暖时，其堆垛与散热器和供暖管道的间距不应小于 0.3m。当库房的建筑面积不超过 $50m^2$ 时，其主要通道的要求可适当放宽一些。危险品在堆垛时应严格做到安全、牢固、整齐、合理，便于清点检查，不超过地坪负荷，不小于规定的墙距、柱距、灯距、顶距、垛距和检查通道的宽度。

（二）苫垫

1. 危险品堆垛的下垫

危险品的码垛必须要有下垫，以防止潮气的侵蚀，影响物品的质量和储存安全。仓房、料棚内的堆垛，下垫高度应为 15～30cm，露天料场存放的物品，还须相应垫高防潮，一般可达 40～50cm。垫高的设备一般采用仓木、仓板，水泥条、块石等，但对爆炸品、甲类易燃品和甲类氧化剂等危险品，不得使用水泥条、块石等垫高设备，以防摩擦产生火花而引起火灾。下垫设备应专物专用，不得互相挪用替代。如氧化剂和有机过氧化物的苫垫设备不能移作易燃品用，若必须使用时，应经过清洗，以防止设备上沾有的物质相互接触而引起火灾。如某化学危险品仓库因硝酸铵库房内缺少枕木，保管人员就在另一库房内找了四根堆放过硫黄的枕木用上（枕木上沾有硫黄）结果引起着火。

2. 危险品堆垛的苫盖

甲类危险品因其火灾危险性较大，一律不准露天堆放。当乙、丙类危险品在露天存放时，要根据不同的包装和物品的需要，除一律采取下垫措施外，还应考虑遮盖或密封措施。对需要苫盖的物品应苫盖严密，但不得托至地面，以免影响垛底通风。对具有火灾危险的物品不得用芦席、油毛毡等易燃材料苫盖。

二、不同类危险品堆垛与苫垫的防火要求

（一）爆炸品的堆苫与码垛

1. 通道和墙距

为便于搬运、通风散潮、降温、检查和核对，库房内爆炸品堆放过密，箱装爆炸物品的标志应向外。对着门的通道，宽度不应小于 1.5m；堆垛与墙壁的距离不应小于 0.6m，堆

垛间的距离不应小于 1.3m；储存量在 5t 以下的小型仓库，本着既安全又有利于保管的原则，也要留出适当的墙距，垛距和柱距。

2. 堆高

堆垛过高也会对爆炸品存放和操作人员的安全产生不安全因素。所以，要做到货垛稳固、便于搬运和检查。堆放炸药箱和导爆索的堆垛高度，不应大于 1.8m；雷管等其他起爆器材堆垛高度不得大于 1.6m，以免爆炸品从高处跌落下来发生事故。炸药箱和雷管箱的高度以平稳牢固为原则；炸药箱一般不超过 5 箱的高度，雷管箱以不超过 4 箱的高度为宜。

3. 下垫

包装箱不可直接放在地面，要铺设 20cm 以上的方木或垫板，不可用撞击摩擦容易发火的石块、水泥块或钢材等铺设。仓库的地面上最好用漆画出标志线，以便于堆放。

（二）气瓶的堆苫与码垛

气瓶堆码应有专用木架。木架可根据气瓶设计，必须保证气瓶能够放置稳固。气瓶在码放时应当直放，切勿倒置；如无木架时亦可平放，但瓶口必须朝向一个方向，每个气瓶外套应有两个橡胶圈，并用三角木卡牢，防止滚动；平放时高压气瓶不应超过 5 层。对乙炔气瓶必须直立放置，并应有防止倾倒的措施。无瓶座的小型气瓶可平放在木架上，木架可设三层，不宜过高，瓶口朝一个向方排列。

（三）桶（瓶）装易燃液体的堆苫与码垛

1. 桶（瓶）装易燃液体室内存放的堆垛苫垫

(1) 桶（瓶）装易燃液体堆垛的苫垫，要根据库房的大小和高低，结合易燃液体的危险特性和包装的牢固程度确定堆码垛形，并使用与液体性质相适应的苫垫物料。若库房地势较高，地面较干燥，可适当垫底；若地势低、地面潮，下垫应适当加高。垛形宜码成行列式垛（图 4-16），垛与垛之间应留有不小于规定宽度的检查道，垛与墙、柱、顶、灯之间都应留有规定的的间距，以便于检查渗漏，处理漏桶和通风散潮。为防止摩擦和保持货垛牢固，每层之间应垫木板，并注意桶（瓶）口向上，不得倒置，以策安全。

图 4-16　行列式垛

(2) 各种桶装易燃液体的堆放层数，应根据所装液体火灾危险的大小和机械化程度而定。当机械化堆桶时，甲类液体不得超过两层，乙类液体不得超过三层；当人工堆桶时，不论是甲类还是乙类，均不得超过两层（以 200L 桶为准）。

2. 桶（瓶）装易燃液体露天存放的堆垛与苫垫

（1）由于甲类易燃液体沸点、闪点低，易蒸发，如遇夏季太阳曝晒，液体膨胀，蒸气压升高，会使液桶爆破泄漏而着火。所以不得露天存放（乙、丙类液体不作限制）。但是，如果因条件所限，必须露天存放时，则应在堆放场地上设置不燃材料搭建的遮棚，盛夏高温时要采取喷淋降温措施，并在堆垛四周设防火堤或实体围墙保护；其场地要远离公路、铁路，不应设在陡壁的山脚下。场地要坚实、平整，并高出四周地平面 0.2m；场地四周应有经过水封的排水设施，可种植阔叶树，以减少阳光照射。

（2）露天储存桶装液体要求桶身斜放，下加垫木，与地面成 75°角，鱼鳞相靠，分堆设置，各堆之间保持规定的防火间距。垛长不大于 25m，垛宽不大于 15m，垛与垛之间应留有不小于 3m 的防火间距。每四垛设一防火堤，垛堆与防火堤的间距应不小于 3m，以防液体流散和便于灭火。堆桶时应排列整齐，两行一排，排间留出不小于 1m 的通道，以便于检查和处理漏桶。

（3）易燃液体的空桶内易燃蒸气很多，火灾危险性也很大，故堆放时亦应防止撞击、磕碰，远离任何明火。易燃液体露天堆场的照明应符合防爆等级并应设于防火堤外。

（四）易燃固体的堆苫与码垛

1. 室内存放时的堆垛要求

易燃固体的堆垛形式，应根据物品的性能而定。对容易挥发的樟脑、萘等宜堆密封垛，垛上宜用聚乙烯塑料薄膜之类的密实物料密封，以防物品挥发。由于聚氯乙烯薄膜在短期内对密封降耗有一定作用，但能吸收挥发的蒸气并产生溶胀现象，故不宜选用。硝化棉、赛璐珞堆码时，还须注意便于在库检查，故应留有一定宽度的走道。火柴堆垛不宜过于高大，一般不应超过 2.5m（以 2m 为宜），并应整齐稳固，防止倾斜倒垛。

由于多数易燃固体受潮后容易变质，不但影响使用价值，有时还有可能自燃起火。所以堆垛要根据物品性质和包装情况选择下垫方法。一般可选用枕木、垫板等。对要求防潮严格的火柴、赛璐珞及各种磷的化合物等易燃固体，可在垫板上加一层油毡，再铺一层芦席（不适宜下垫铁桶包装的物品，因为铁桶易将油毡和芦席硌坏）。如有三油二毡上加水泥的防潮地面更好。对枕木或垫板切记专物专用，不可混用。

对棉麻等丙类易燃固体的堆垛，垛要垫至基础，一般下垫 15～30cm 高，堆垛时，包要平放，一般不要竖放，上、下层应交叉压缝，稳固牢靠。大肚包、散头包不得放在垛底和垛边上。不能上垛的包不要勉强上垛。在堆垛时要随垛随注意检查，发现不安全现象立即纠正；破损的不应直接堆在垛内，应重新包好后再入垛，或者将散包集中在一起单独妥善存放，以免发生火灾时加速蔓延。

对库内垛，垛位布置要合理，不要堆满垛。特别要注意垛高、垛间走道、墙距、柱距，以利检查、装卸操作和通风散潮。

2. 露天存放时的堆垛要求

露天堆垛，宜采用“十字通风梯形堆垛法”，垛顶堆人字形，并用苫布等封盖严密，防止雨水和飞火落入垛内。苫布不能用铁丝等金属绑扎，以免雷击时产生感应电流。单个露天垛的占地面积每个不大于 $100m^2$，垛高不大于 6m；宜分组布置，每组不超过 6 个垛，垛与垛的间距不应小于 6m，组与组的间距不应小于 15m，垛距围墙不应小于 5m。

棉、麻、毛、化纤等易燃固体堆垛，当一个堆场的总储存量超过 5000t 时，宜设分堆场，堆场与堆场的间距不应小于 30m；对籽棉堆垛，垛底应有隔垫，以利通风散潮。堆垛时要从一端堆起，做到随码垛、随踩实、随齐边，留好通风洞。露天堆垛要起脊、拍平，苫

盖要求严密，防止雨水渗漏，做到顶不漏雨，底不上潮，垛高不宜超过 5m。

稻草、麦秸、芦苇、打包废纸等易燃固体堆场的总储量大于 20000t 时，宜设分堆场，堆场与堆场的间距不应小于 40m。堆垛除要整齐、垛底加垫外，垛顶要加雨搭，每个堆垛应留有通风洞。堆垛之间的防火间距，根据各地的储存经验，一般稻草垛长 40～50m，宽 10m，高 10m，每垛堆存 350t 左右，不超过 400t 为宜；芦苇垛一般长 30m，宽 10～12m，高 12～13m，每垛堆存 350～500t 为宜；蔗渣垛，长 25m，宽 10～12m，每垛堆存 430～600t 为宜。堆场要根据储量的大小，划分成若干组，每组垛数 2～6 个，组内垛距 6～20m，组与组间距 20～30m。

（五）自燃物品的码垛

自燃物品的堆垛、苫垫应根据物品的不同要求，采取隔绝地潮措施和不同的堆码形式。如硝化纤维素胶片和桐油配料制品，垛底既要防地潮，又要利于通风散热。方法是在防潮水泥地面上再垫一层 30cm 高的木架，以利于垛底通风散热、散潮；也可在枕木、垫板上铺一层油毛毡，再铺上一层芦苇，隔潮效果也比较好。对桐油配料制品的堆垛，必须堆通风垛形，堆垛不能过高过大；有条件时可用货架排列存放，更利于散热。对黄磷、651 除氧催化剂和硼、锌、锑、铝等碳氧化合物类的有遇水易燃性的自燃物品，垛高不应超过两个包件，堆垛要牢固，严防倒垛。其他自燃物品宜堆行列式垛，以便于检查。

（六）遇水易燃物品的堆垛

遇水易燃物品堆垛时，下垫要选用干燥的枕木或垫板，不可用沾有酸、碱、氧化剂及其他性质有抵触的物质作垫料。堆垛一般应码行列式垛，但对用液体封存作稳定剂的活泼金属类遇水易燃品（如金属钾、钠等）应码直立行列垛，不可倒置，码高以两个包装为宜。电石桶应码方形压缝起脊垛。

（七）氧化剂和有机过氧化物的堆垛

氧化剂和有机过氧化物要堆防潮垛。因为有些氧化剂遇潮易吸湿溶化。下垫设备一般采用仓木、仓板，不得使用水泥条、块石等。氧化剂和有机过氧化物使用的垫木、垫板等应专用，不得与易燃物品的混用。应据分类储存的原则，按不同品种、规格、批次、牌号以及不同货主分开堆码，不得混放混堆。对怕压的氧化剂和有机过氧化物不可堆码过高，一般最高不超过 2m。不论是箱装、桶装或袋装物品，要码成行列式垛形。桶装品还应层层加垫木板或橡胶垫，以防止摩擦和倒垛。

（八）毒害品的堆垛

毒害品在码垛时，其苫垫物料应专用，不得与其他物品，特别是食用化工品所用的苫垫物料混合使用。垫垛的方法要视具体情况而定。如系干燥的水泥地面，可选用垫高 15～30cm 的枕木；如系潮湿地面则应加高，并垫一层油毡。对挥发性液体毒害品不宜堆大垛，可堆行列式垛。大铁桶、大木桶一般不应超过两个高。箱装和袋装毒害品的堆垛高度以 2～2.5m 为宜，不宜过高。

（九）放射性物品的堆垛

放射性物品在堆苫码垛时，工作人员应穿戴防护用具，宜用机械操作。要求技术熟练、操作迅速，以减少放射性物品与人员接触的机会。对玻璃包装要注意轻拿轻放，无机械设备时可用手推车搬运或抬运。码垛人员应轮换操作，工作时间的长短应根据放射剂量的大小而定。码垛时垫高不小于 15～30cm。一般放射性物品可堆大垛，液体的宜堆行列式垛。大铁桶和大木桶的码高不宜超过 2 个高，箱装和袋装的放射性物品不应超过 3m 高。

（十）腐蚀品的堆垛

腐蚀品在堆垛时，对露天存放的坛装硫酸、盐酸，可除去外包装，平放一个高。在库房内存放堆码时宜带外包装。为便于搬运，宜堆行列式垛，并不超过两个高。堆垛之间应留有0.5m宽的走道。对用花格木箱或木箱套装的瓶装液体腐蚀品，宜堆直立式垛，垛形大小可根据进库数量多少具体掌握，但垛高不得超过2m。对桶装腐蚀品可堆行列式垛，行列之间应留有0.5～1m的检查通道，以便于检查渗漏。垛高不应大于2.5m，固体腐蚀品可堆至3m高。各种形式容器包装的液体腐蚀品严禁倒放，堆码时注意轻拿轻放。对各种形式的带外包装的腐蚀品堆码时，垛底必须要有枕木、垫板等防潮设备，垫高30cm为宜，以防由于地潮造成外包装腐烂脱落，在搬运时发生事故。

第七节　危险品储存养护管理防火

危险品也和其他物质一样，随着条件的改变、气候变化、冷、热、潮湿等外界环境因素的影响，都会引起升华、分解、化合等物理和化学性质上的变化，甚至引起着火或爆炸事故。因此，做好危险品储存期间的养护管理工作，对保证储存安全具有十分重要的意义。

一、危险品养护管理的基本防火要求

（一）严格控制温度

1. 温度对危险品储存安全的影响

温度的变化对危险品的安全储存有着显著的影响。温度变化越大，不安全因素越多，因而火灾危险性也就越大。一年四季的气温变化特点是，冬季北风次数多，风后一场寒，天气干冷，时间漫长，常常出现连续多天的大风寒潮。如北京地区的极端最低气温可达－27.4℃，哈尔滨的极端最低气温达－38.1℃。这时，一些怕冻危险品随着温度的下降会发生结冰、凝固和沉淀等现象。同时在气温变化过程中，亚硫酸等危险品还会因体积膨胀损坏容器包装，甲醛溶液等还会分解变质。如甲醛在15℃以下时，即可聚合成棉花状失效。

春季气温回升，昼夜温差大，地面温度逐渐升高，地面水分蒸发较快。尤其是3～4月间这种特征最为明显。对于危险品来说，特别是易燃液体，沸点很低，由于气温升高，挥发加快，体积膨胀，容器内的饱和蒸气压力会增大。如系铁桶包装会使桶盖鼓凸而发生声响，有的还会因桶皮陈旧、腐蚀或致残痕而渗漏；玻璃瓶盛装的危险品，有的因质次或有惊纹、气泡而发生破损，有的因装置过满而被胀破。尤其是易结冰的易燃液体，开始融化时，极易发生破漏起火事故。另外，在春季里还会因库存危险品本身温度低，当潮湿空气接触低温的危险品包装时，水分就会凝结在包装的表面上而结成水淞。此时检查液体危险品时，往往难以辨清是渗漏还是水淞。对遇潮发烟的物品来说还会产生烟雾，使包装外部蒙上水膜，衬垫物呈现潮湿。对怕潮物品来说极易吸湿潮结，严重时可达溶化状态。对遇水易燃物品来说，由于凝结的水淞集结流淌，则极易进入包装接触物品而引起着火。

在夏季，气温升得更高。如北京地区的极端最高气温可达40.6℃，石家庄可达42.7℃，吐鲁番达47.5℃。这么高的气温，对危险品的储存安全影响会更大。尤其是那些低沸点的易燃液体，氧化剂和有机过氧化物等会带来更大的危险。因此，要严格控制温度，切实加强季节性的养护管理工作，并采取可行的防冻、防热、防潮措施才能保证储存安全。

2. 危险品储存控制温度的基本方法

根据各地危险品专业仓库多年实践经验的总结，控制仓温的方法通常有以下几种。

（1）通风降温　就是在一日之中的低温时段进行通风降温的方法。据我国各地气象台站的观测，一日之内夜间 2～5 时气温最低，在这个时间将面向风向的通风孔和背向风向的窗户打开进行通风效果较好。据实地调查，此种方法一般可降低气温 1～5℃。

（2）建造低温库　此法既经济又安全。很多商业或物资系统的危险品仓库都改建了这种库房。对闪点在 0℃以下，沸点在 60℃以下的甲类液体、燃点在 180℃以下的甲类固体、有机过氧化物以及压缩和液化气体等化学易燃危险品均宜建低温库储存。

（3）加冰降温　即在库房内加冰块降温。此法一般可降气温 8～10℃。对没有条件建低温库，而所储物品即不怕潮，且又没有遇水易燃危险时，如压缩和液化气体气瓶、非水溶性易燃液体等，适用于此种方法。

（4）喷水降温　是指在库房或容器顶部喷洒冷水，以降低库房或容器内温度的一种方法。但此法应注意库内湿度。

（5）低温作业　就是在一日之中的低温时段进行入库、出库作业的方法。对压缩液化气体、溶解乙炔气体、自燃点较低的硝化棉类和沸点＜60℃的易燃液体等物品，均宜采用夜间作业（进库和出库）的方法，以减少白天的高温曝晒。此种方法我国各地执行时间不同，如天津定为每年的 6 月 15 日～3 月 31 日，上海定为每年的 6 月 20 日～9 月 10 日，时限可由每晚 18 时至次日早 8 时，其他地区可参考。最近几年华北地区的气温规律有所变化，高温天气来得早去得晚，高温季节的时间延长。各地在运用此方法时应根据当地气象变化的情况适当作出调整。

（6）涂白降温　是一种减少库房或容器辐射热的方法。就是在没有条件建专门低温库房时，在普通库房的外表用白灰刷白，在门、窗玻璃上涂以白漆，利用白色的反射作用来减少库房外壁对阳光辐射热的吸收，降低库内温度。此法通常可以降低 1～3℃。

（7）低温保暖　由于有些危险品对低温特敏感，所以，冬季应采取有效的保暖措施。保暖措施一般是采用装有保暖设备的库房（水暖、汽暖或火墙等）或建造寒气侵袭不了的地堡库。当无此条件时，也可采取密封库房、货垛，防止冷空气侵袭的方法。

（8）通风增温　就是在一日之中的高温时段进行通风增温的方法。据测定，一日之内气温的最高时间在下午 1～4 时，故可选择这段时间进行通风增温。

（二）湿度控制

1. 湿度对危险品储存安全的影响

所谓湿度是指空气中含水量的程度，常用相对湿度来表示。相对湿度是指空气中实际所含的水分与理论含水量的比值，用百分数来表示。潮湿对危险品储存安全的影响也是很大的。尤其是夏季高温多雨，秋季阴雨绵绵，这两个季节的空气湿度最大，这对湿度特别敏感的危险品来说将会有很大的影响，从多年火灾统计资料看出，全国发生的多起硝化棉、硝酸纤维胶片、赛璐珞自燃火灾，单基、双基火药的自燃事故，以及棉花、稻草、麦秸的自燃火灾事故等，都发生在高温多雨、空气湿度非常大的季节。原因也都是由于没有在储存期间控制好湿度。因此，加强对危险品储存的湿度控制也十分重要。

2. 危险品储存控制湿度的方法

控制湿度的办法通常有：密封包装、仓室、货垛，吸潮剂吸潮和通风降潮三种。

（1）密封、仓室、货垛　就是尽可能严密地将盛装或存放怕潮危险品的包装、仓室、货垛封闭起来，以减弱外界潮气的侵袭。当整库密封时，应当在规定时间内进库检查，发现问题及时查明原因，采取有效措施调整库内的温、湿度；对地下仓库的密封，应注意检查库内顶部和墙壁是否有渗漏现象。特别是在大雨、暴雨时，更要注意检查，发现问题及时采取措施。

（2）施放干燥剂吸潮 这是降低库房内湿度的一种有效方法。尤其是梅雨季节或阴雨天，库内湿度高、库外湿度更高，不宜用通风降潮，只能用吸潮剂降湿。另外，在密封的库内或货架内也需要用吸潮剂配合吸潮，以提高密封效果。吸潮剂通常有生石灰、氯化钙和硅胶等。

生石灰的化学名称叫氧化钙，吸潮性较强、速度快、价格便宜，故使用很普遍。方法是将生石灰放在瓦盒内，均匀地摆放在垛底和库房沿墙的四周，当生石灰吸潮后变成粉末，应及时调换，以免熟石灰吸收空气中的二氧化碳后，又散发出水汽，增加库房的湿度。

氯化钙是一种白色的多孔性固体，吸潮率较高，但因为它吸潮后便溶化为液体，并对金属有腐蚀作用，因此使用时应将氯化钙放在竹筛里，下接瓦盆一类的耐腐蚀容器。

硅胶，是一种无色透明颗粒状固体，具有良好的吸水性，且理化性质稳定，吸潮后仍为固体，不潮、不溶、不污染物品，无腐蚀性；使用时用纱布将硅胶分包成小包，放在危险品包装内即可。硅胶吸潮后，在130～150℃下烘烤，使之去水分后仍可继续使用。硅胶价格较贵，适宜于高级危险品试剂的吸潮。

（3）通风降潮 是在库外空气湿度小于库内时，利用自然通风的方式来降低库内湿度的一种安全措施。通风降潮要求在库外温、湿度均低于库内时，或库外温度虽稍高于库内温度，但不超过3℃，而绝对湿度和相对湿度都低于库内时进行通风。因为如前所述，一日内温度最高的时段为下午1～4时，温度最低时段为夜间2～5时，而相对湿度一般在下午1～4时最低，夜间2～5时最高，所以，通风降潮的时段宜选择在上午8～12时。因为此时的气温逐渐上升，湿度逐渐下降。但应注意，在下列条件下不能够进行通风降潮。

① 库外气温低于库内气温，但库外的绝对和相对湿度都大于库内时（即在雨、雪、霜、雾等气候条件下）。

② 库外气温高于库内气温时，即在库外空气的相对湿度等于或稍低于库内时。

③ 库区附近存在排放的有毒、易燃气体的浓度过大时。

危险品仓库的通风条件如何选择，具体可参考表4-35的要求执行。

表4-35 通风降潮条件参考表

温度		相对湿度		绝对湿度		通风与否
库外	库内	库外	库内	库外	库内	
低	高	低	高	低	高	可以
高	低	低	高	低	高	可以
低	高	相等	相等	低	高	可以
高	低	低	高	相等	相等	可以
相等	相等	低	高	低	高	可以
低	高	高	低	低	高	可以
高	低	高	低	高	低	不可以
低	高	高	低	高	低	不可以
高	低	相等	相等	高	低	不可以
相等	相等	高	低	高	低	不可以
低	高	高	低	高	低	一般不可以，但长期未通风，急需通风防霉，也可以进行
低	高	高	低	相等	相等	一般不可以，但长期未通风，急需通风防霉，也可以进行

（三）温度和湿度的监控措施

为了有效地控制库房的温度、湿度，在每个储存危险品的库房、料棚、料场，都应设置

温度计和干湿计，以加强对危险品库房温度、湿度的监测和控制。干湿计或温度计，应悬挂在库房内不靠近窗户和墙壁的地方，高度宜为1.5m。若库房的面积过大，或所储危险品特别怕湿，或在梅雨季节，还应适当增加湿度计的数量，分别放在垛间、垛下和库房内的不同位置进行观测。在料棚和料场，干湿计或温度计应挂在百叶窗内，防止阳光直射。

（四）危险品储存养护的日常防火检查

通过养护的日常检查，可以及时掌握危险品的变化情况，掌握影响物品发生变化的因素，以便及早发现隐患或问题，及早采取整改措施，切实保证危险品的储存安全。

1. 养护中日常检查的方法

养护中日常检查的方法，分为逐日查、定期查和临时查三种。逐日查由保管员平时自查；定期查是根据季节变化由仓库领导会同消防保卫人员、保管员对库内物品进行重点检查；临时检查一般是风、雨前后或遇有灾害性气象预报时的检查，或根据工作中发现的问题而决定的某种有针对性的重点检查。做到勤检查、勤联系等，对特殊危险品更要注意增加检查次数。

2. 养护中日常检查的内容

养护中日常检查的内容如下。

(1) 查码垛是否牢固，包装是否渗漏，库房有无异味，稳定剂是否足量等。

(2) 低沸点液体查挥发损耗，低熔点物品查熔融黏结，易吸潮物品查潮解溶化。

(3) 含结晶水的物品查风化变质。

(4) 遇水易燃物品查雨、雪天是否有遇水可能。

(5) 怕热物品在炎热季节查容器是否鼓气（防止胀破）。

(6) 怕冻物品寒冷气候查容器是否有凝结、冰冻（以防冻破）。

二、不同类危险品储存养护管理的防火要求

（一）爆炸品储存养护防火

1. 温、湿度的控制

(1) 温度。地上、半地下库房内的温度一般控制在15～30℃为宜，高温地区也不应超过35℃。储存普通爆破器材的仓库，冬季库温允许低于15℃。某些特殊要求的炸药，应按其说明书要求储存。易冻结的普通胶质炸药，储存温度不得低于15℃。

(2) 湿度。库内的相对湿度，一般不应超过65%～70%，最高不超过75%，储存易湿的黑火药、硝铵炸药、导火索的仓库，相对湿度不得超过65%。

(3) 方法。降低和控制温、湿度，一般采取自然通风的方法。夏季早、晚开窗通风，白天关闭窗户，保持库房温、湿度不超过规定。梅雨季节，及下雨、雪、雾天气，应及时关闭门窗及通风口，防止潮气侵入。环境潮湿的地区，可用吸潮剂降低库内湿度。一般采用氯化钙降湿，$1m^3$ 空间可放0.5kg氯化钙，并置于有小孔的容器内，悬挂在适当位置，下接桶，以接盛滴下的水溶液。

仓库保管人员应经常检查库存物品是否受潮、发霉、变质或安定性下降，要根据天气情况选择有利时机打开仓库门窗通风，以保持库内空气清洁干操。可参考表4-36气象条件选择通风时机。

2. 爆炸品储存保管的防火要求

(1) 不准随意在库房内开启爆炸品箱的铅封及打开包装进行检查。如属规定的定期抽样检查其安定性或其他性能指标时，不能在库内焊封，而要在保管人员的参与下，将爆炸品箱搬到防护土堤外，或在离开库房25m远的安全地带开封检查。也可在库区的专用检查室内

表 4-36 爆炸品仓库选择通风时机的空气条件

当库内空气处于 $t=30℃$ $\varphi=70\%$时								
库外高于库内的温度/℃	0	1	2	3	4	5	6	7
库外空气相对湿度/%	≤70	≤67	≤63	≤60	≤57	≤53	≤49	
当库内空气处于 $t=30℃$ $\varphi=65\%$时								
库外高于库内的量度/℃	0	1	2	3	4	5	6	7
库外空气相对湿度/%	≤65	≤61	≤58	≤55	≤52	≤49	≤46	≤40

注：t 为温度（℃）；φ 为相对湿度（%）。

进行启封检查。开启检查后，或取样后的包装箱或袋，必须重新封好，做出标记，然后才准搬回到原库房内单另存放，不得和其他未启封的产品同时发运出去。

(2) 装卸搬运爆炸品时，撒落在地面上火炸药及时清扫，并集中起来妥善处理，以免撞击摩擦而发火爆炸。扫起来的废药，不准倒回到原包装物中；应集中起来及时销毁。

(3) 对于火箭弹的堆放，应注意弹头的朝向为山坡或空旷无人的地区，而不得朝向居民区或人员较密集的地区。以免发生事故时造成较多人员伤亡。

(4) 库房储存的火工品、引信和各种弹药，如果在搬运、堆垛中不慎发生从 1.5m 以上掉落下来时，不能将重摔过的产品箱混入大批好的箱中存放，而应单独存放，并做好标记，及时报安全和检查部门，在安全地点开箱检查，证明确实完好且没有解脱保险的，经领导批准方可继续储存。未经检查鉴定的，严禁混入其他药堆中。

(5) 储存时间较长的爆炸品，应按规定定期抽查其安定性，安定性不合格的，要及时研究处理。对变质、失效或遭受污染的火炸药等危险品，要与有关部门联系及时运走处理，严禁与合格品混着存放。

(6) 一般不准零星出入火炸药类危险品，而应整箱整袋出入库。严禁在库房内返修不合格品。不准在库房内储存与爆炸品无关的物品，特别是不能储存面粉、食物等，以免招引鼠蛇鸟类，引起意外事故。

(7) 仓库修理补漏时要事先采取必要的安全措施。一般门窗小修，应将门窗卸下移至室外指定地点修理；屋顶补漏维修，应移开漏洞下的爆炸品，或张挂安全网，以免瓦片或工具落下砸到爆炸品上。库房大修时，必须将库内爆炸品全部搬出，将撒落在地面、墙角等处的火炸药等清扫干净，然后才准进行。

(8) 爆炸物品出库时，首先要查看提货人有无公安机关开具的证明和运输车辆，否则不应提货，以防止有人携带爆炸品乘坐公共汽车造成事故（单位自用者除外）。要仔细检查品名、数量是否与出库证相符。包装不牢固的必须经整修加固完善后才能出库，以免运输途中发生危险。

(9) 凡经有关部门批准经管爆炸物品的基层业务单位，零售炸药和拆箱工作，均应严格遵守操作规程。盛放或携取零星爆炸物品要用竹木藤制的筐、箱，绝不能使用金属容器，以防摩擦发生危险。

(10) 要防止虫蛀鼠咬和各种火源。烟花爆竹在库存过程中，库房内若有老鼠应及时扑杀灭净。因为老鼠喜欢啃咬花炮和粉珠，特别是有糨糊的烟火药和花炮，会引起着火和爆炸。烟花爆竹在正常情况下保管期限为 2 年，过期应及时销毁。

(二) 气瓶储存养护防火

气瓶的保管除每日必须进行 1 次检查外，还要随时查看有无漏气和堆垛不稳等情况。对毒气瓶库房，进入前，应先将库房适当通风后才可入内，并应配戴必要的防毒用具。发现钢

瓶漏气时，首先要了解所漏出的是什么气体，并根据气体性质做好相应的人身防护，站在上风头向气瓶泼冷水，使之降低温度，然后将阀门旋紧。气瓶阀门失控无法旋紧时，最好浸入石灰水中。如果现场没有石灰水，也可将气瓶浸入清水中。但氨气瓶漏气时，不可浸入石灰水中，因为熟石灰水是碱性物质，氨亦属碱性，石灰水虽亦有冷却作用，但不能使氨气充分溶解其中。氨气瓶漏气无法止住时，最好将气瓶浸入清水中，因为一个体积的水可以溶解700个体积的氨气。这样即可减少损失，也可保障人身安全。气瓶在储存过程中最怕气温过高。所以应把养护措施放在温度的控制上。储存气瓶的仓温不宜高于28℃，对特殊气体的气瓶的温度还应再低。

（三）易燃液体储存养护防火

易燃液体的沸点都比较低，容易挥发，宜储存在阴凉、通风条件好的库房内。极易燃烧的乙醚、二硫化碳、石油醚（馏程30～60℃）等，宜储存于低温库房内。没有低温库时，可利用窑洞或地窖储存。但要注意防止金属容器生锈。其他如苯、乙醇、油漆和各种漆类稀释剂等，可在一般库房内储存。经营和使用这类物品的批发部、门市部、机关、厂矿、企业、学校等单位的仓库，虽存量不大，也仍应注意养护管理。

1. 温度的控制

库房内温度过高，是造成易燃液体挥发的主要原因之一，也往往是造成火灾事故的主要原因。因此，存放沸点在50℃以下的易燃液体仓库，夏季应实行低温作业，即在早晚气温较低时进行。除此之外，还应采取密封库房降温、涂白降温、埋藏降温和泡沫塑料保持低温等措施。埋藏降温主要是储存量不大时，可在密封库内用砂土埋藏的方法降温，这样砂土不仅增加了容器的绝热层，还增加了外部压力，对于防止遇高温容器爆破也有作用。这个办法比较经济，效果也好。泡沫塑料保持低温，是在原库房的墙壁四周，粘贴一层厚约5～10cm的不燃性聚苯乙烯泡沫塑料板，库房顶外再加一层石棉瓦顶（中间留约50cm的空隙），用以做成低温库，其隔热效果也很好，一般可降低库温3～4℃左右。

以上各种降温措施要结合库房条件和易燃液体性质，加以综合利用才能收到较好效果。易燃液体储存温度控制的范围，根据沸点的不同有所变化，一般要求如下。

(1) 沸点在50℃以下，闪点在0℃以下的低闪点易燃液体库房，温度应控制在25～26℃以下。

(2) 沸点在51℃以上，闪点在1℃以上23℃以下的中闪点易燃液体库房，温度应控制在30℃以下。

(3) 乙类易燃液体库房，温度可在32℃上下，但最高不得超过35℃。

一些易燃液体的最高允许仓温见表4-37。

有的易燃液体受冻后，容易造成变质或容器破裂。如乳化漆受冻后，有水珠析出，会失去乳化状态；熔点低的环己烷、二氧戊环等液体，若用大玻璃瓶盛装，气温低时易凝结成块，可能导致容器胀破；叔丁醇即使使用小玻璃瓶盛装也易造成容器破裂。所以，此类液体冬季还应注意防冻。

2. 湿度的控制

湿度对多数易燃液体影响不大。但若湿度过大会使金属包装生锈。氯或氟硅烷类液体吸潮后，能分解并产生有腐蚀性的气体，所以亦应注意防潮。

易燃液体的防潮措施，除保管人员应认真做好每日班前班后的检查外，还应根据季节，气候有所侧重。要特别注意低沸点和难以封口的脂肪胺类及氯、溴、碘等化合物的分解变色和卤硅烷吸收空气中水分的分解情况等。发现问题，及时采取各种有效的封口、修补或防串倒措施。

表 4-37　一些易燃液体的最高允许仓温

易燃液体名称	最高允许仓温/℃	易燃液体名称	最高允许仓温/℃
1-丁炔	5	二丙醚	28
甲乙醚	5	火胶棉(硝化棉)溶液	28
甲硫醇	5	乙醚	28
2,2-二甲基丙烷	5	石油醚	28
乙胺	10	异丙烯基乙炔	28
丙烯酸甲酯	10	呋喃	28
亚硝酸乙酯	10	环氧丙烷	28
乙醛	15	蚁酸甲酯	28
2-丁炔	20	正戊烷	29
四甲基硅烷	20	丁醛	2～30
四氢呋喃	20	碳酸二乙酯	30
四氧噻吩	20	醋酸乙酯	30
1,2,5,6-四吡啶	20	醋酸乙烯	30
正丁酸异丙酯	20	醋酸正己酯	30
正戊醛	20	醋酸戊酯	30
二乙烯醚	25	噻吩	30
异丙胺	25	缩醛漆稀释剂	30
嫌气性密封黏合剂	25	(间)二甲苯	30
二硫化碳	28	正丁醇	30
二异丙醚	28	仲丁基环己烷	33

注：据公安部消防局编写，上海科学技术出版社 1992 年 7 月出版的《防火手册》整理。

（四）易燃固体储存养护防火

很多易燃固体对温、湿度的影响特别敏感，温度过高或湿度过大都会直接影响其安全储存。所以在储存期间，加强温、湿度的养护管理是很重要的。对易燃固体中的樟脑，赛璐珞制品、火柴、精萘等怕热物品，库房温度宜保持在 30℃以下，相对湿度保持在 80%以下。乙类易燃固体的库房温度不应超过 35℃，相对湿度亦应保持在 80%以下。在梅雨季节，应加强库房湿度管理，根据库内外温、湿度变化情况，做好通风或密封工作。易燃固体在储存期间，会受各种因素的影响而发生变化，特别是对硝化棉、赛璐珞、各种磷的化合物和火柴等，更需加强检查。对查出的问题应及时采取防护措施。对火柴要注意检查堆垛是否倾斜、有无鼠咬情况等。如发现有鼠咬或老鼠做窝时，应做好防鼠捕鼠工作。

对丙类易燃固体的温、湿度管理，要结合货物的温、湿度要求，定期测定堆垛内的温、湿度变化情况。稻草、麦秸等的相对湿度不应大于 20%，温度不应大于 60℃。当发现棉麻的温度超过 38℃或籽棉水分超过 12%，稻草、麦秸等的温度达 70℃时，要及时采取翻桩、倒垛、晾晒措施，以防自燃起火。库区、库房内要经常清扫，除去各种纤维、下脚、杂草及其他可燃物，以防一旦着火延烧堆垛。

（五）自燃物品储存养护防火

加强库房的温、湿度管理，是确保自燃物品不发生自燃事故的重要养护措施之一。对甲类自燃物品（不包括黄磷、651 除氧催化剂），特别是硝酸纤维废胶片等，库温不宜超过 28℃，相对湿度不大于 75%。乙类自燃物品，库温不应超过 30℃，相对湿度不超过 80%。黄磷、651 除氧催化剂不怕潮湿，但怕冻，冬季储存温度不应低于 3℃。原因是封存物品的水温度在 0℃以下时易结冰，而结冰后易出现裂缝漏进空气而使被保护的物品自燃起火。

自燃物品在储存期间，要根据物品的性质、结合当地气候特点以及库房的条件、储存时间的长短、包装的好坏和出厂质量等情况，有重点地进行管理。

黄磷、三乙基铝等类物品，如出厂时间不长，入库验收包装完好，而稳定剂又是充足的，可每周检查 1 次，每季全查 1 次，如包装容器质量差，养护措施还应加强，检查次数还应增多。

出厂不久即进库的桐油配料制品，性质不稳定，入库初期应加强检查。储存时间较长的，在空气中经过缓慢的氧化过程，性质变得稍微稳定一些，但在温、湿度较高的情况下，仍会加剧氧化发热，亦应注意检查。硝酸纤维胶片，尤其是洗去药膜的胶片，存放时间越长，越容易分解变质，必须勤检查。特别是出现起泡、发黏、发霉等接近变质的变化时，更要注意晾晒，以防自燃起火。

自燃物品仓库检查的方法、步骤和注意事项，与入库验收的要求相同，但对硝酸纤维废胶片和桐油配料制品，必须及时、准确地掌握它们的温、湿度变化情况。有条件的可在物品入库堆码时，将插扦电子测温、湿两用仪的传感器定点埋藏在堆垛的上、中、下各层的不同部位，以便随时掌握货垛不同部位的温、湿度变化情况。

自燃物品一旦发现问题，变化较快，要及时采取有效措施处理。如硝酸纤维胶片发热时，要立即搬出库房外，散热摊晾；桐油配料制品堆垛内发热时，要立即翻垛，排风散热；但都不要在库内拆包。切勿惊慌失措，更不必立即采取灭火措施。因为这些物品必须经过发热到骤热的过程才能自燃，只有发热而没有骤热现象，一般情况下不会自燃起火。

（六）遇水易燃品储存养护防火

遇水易燃品的养护重点是预防高温和潮湿，库房温度一般不应高于30℃，相对湿度应保持在75%以下。库房绝对不许漏雨、漏水，下水道要保持畅通，防止积水内涝。尤其是雷雨季节和防汛期间，更要注意检查，发现问题及时处理，不可拖延。

（七）氧化性物品储存养护防火

氧化剂对温、湿度的影响十分敏感，特别是有机过氧化物，受热后不仅容易挥发和膨胀，同时还能加速分解作用，发生着火和爆炸；硝酸镝、硝酸铟、硝酸锰等低熔点氧化剂和有结晶水的硝酸盐类，受热后能溶于本身的结晶水中，若封闭不严又极易吸潮溶化。所以库温必须保持在28℃以下。

硝酸铵、硝酸钙、硝酸镁、硝酸铁等氧化剂易吸潮溶化，过氧化钠、三氧化铬等还易吸潮变质。所以这些物品的相对湿度不应超过75%，其他一般氧化剂的相对湿度不应超过80%。对硝酸盐、亚硝酸盐、亚氯酸盐类的袋装氧化剂，均应列为防潮重点。可采取库房和堆垛进行密封；垛位进行高垫架、铺隔潮层；科学利用自燃通风进行降潮、干砂吸潮；在密封货垛内加入氯化钙吸潮剂；雨、雾天不准作业等措施。

（八）毒性物品储存养护防火

在毒害品中有很多是有机易挥发的液体，如库温过高能加速蒸发，不仅使库内毒气浓度增大，影响人身健康，而且增加了火灾危险性。另外，有些毒害品受潮后易结块，氰化钙、磷化锌等毒害品还易分解出易燃有毒的易燃气体。因此毒害品库房应加强对温度、湿度的控制。一般库温以不超过30℃为宜，相对湿度应控制在80%以下，对个别易挥发和怕潮物品，温度和湿度还应降低。

在储存过程中，除经常性检查外，还应按物品性质、季节变化进行定期检查，对湿、温度影响变化大的物品，可采取抽查的办法。对挥发性毒品仓库，要根据不同季节对库房内的气体进行测定，经常检查操作人员的防毒设备是否齐全有效等。

毒害品的包装，应保持完整密封。有破漏时，必须修好或串倒，改装后才能出库。整修、倒装、改装、分装均应在包装室进行。操作时认真执行操作规程和人身防护措施。木箱或铁桶装固体毒害品可用水玻璃涂抹后，再用牛皮纸条糊补。如系液体可用环氧树脂黏补剂修补包装。撒在地面上的毒害品，可用潮湿锯末清扫干净，必要时用水冲刷。对性极毒的毒害品，应用15倍量的漂白粉调成浆状后（要保持碱性和中性）进行清洗和分解处理。对替换下来的仍有使用价值的废旧包装，必须洗净后才可使用，不能修复的应集中存放，统一处理或销毁。

（九）放射性物品储存养护防火

放射性物品对库内温、湿度无特殊要求，主要应防止物品受潮后对包装的损坏。一般要求库温不超过32℃，相对湿度不高于85%为宜。放射性物品在库存期间，除必要的检查和收发业务外，工作人员尽量减少进入库房次数。库内应保持清洁、干燥。

（十）腐蚀性物品储存养护防火

腐蚀性物品品种较多，性质各异，对温、湿度的要求也不尽相同，必须根据它们的性质以及受温、湿度等外界因素影响的规律性，采取相应的控制和调节方法。

1. 低沸点易燃腐蚀品的养护要求

对低沸点的易燃腐蚀品，库温应保持在30℃以下，相对湿度不超过85%，夏季可采取窗户涂白、门窗挂耐腐蚀的窗帘（竹帘）等防热措施，保持低温、干燥，防止液体挥发和容器鼓破等。

2. 怕冻易燃腐蚀品的养护要求

对怕冻的易燃腐蚀性品，冬季要做好防冻工作，库房温度须保持在10～15℃以上。在寒冷地区储存甲醛、冰醋酸等腐蚀品的库房，冬季要采取保温、保暖措施，但严禁使用明火保暖。在不具备保温条件时，可采用谷糠围垛或装箱，也可搬入窑洞、地窖保管，这些都是比较有效安全的保温措施。

3. 遇水易燃腐蚀品的养护要求

对遇水易燃或吸湿分解发热的腐蚀品，除须经常保持包装完整、封口严密外，还须尽力保持库房干燥。相对湿度不应超过70%，在梅雨季节，要加强库房湿度管理，随时注意库内外温、湿度变化情况，及时进行通风、密封工作。必要时，还可用不燃和耐酸的粉末将物品埋藏起来，以隔绝其与空气的接触；也可用干砂（细砂）埋藏或用塑料袋套装，扎紧袋口等密封措施。

4. 强氧化性腐蚀品的养护

由于硝酸、硫酸、溴素、五氧化二磷、双氧水等氧化性较强的腐蚀品和有遇湿发热性的腐蚀品，化学性质都比较活泼，易受外界因素的影响发生变化而引起燃烧，所以，要根据这些物品的性质，结合季节特点，有重点的加强物品在库储存期间的检查工作，防止发生事故。检查的方法可参照入库验收的有关要求进行。

5. 其他腐蚀品的养护

由于很多腐蚀品具有易分解和易挥发有腐蚀性的气体或蒸气的特性，对库房建筑和人身安全影响较大，所以除检查物品外，还须检查库内有害气体的浓度。检查的方法，可将pH值试纸用蒸馏水湿润，悬挂在库房的中央，观察试纸的变化，以测定库房空气中的酸、碱度。库房空气中的酸度或碱度较强时，都要进行通风排毒，有条件的还可用机械排风的方式进行排出。

第八节　危险品仓库的消防安全管理

一、危险品仓库的消防行政管理

（一）危险品仓库行政领导的职责分工

危险品仓库的消防安全管理工作，应当认真贯彻“预防为主、防消结合”的方针，“专

门机关与群众相结合”的工作方法。其上级主管部门和仓库领导人，应当把防火安全工作列入主要工作日程，做到与其他经营管理工作同计划、同布置、同检查、同总结、同评比。

根据《消防法》的有关规定，仓库的法定代表人是本单位消防安全的第一责任人，全面负责仓库的消防安全管理工作。可以确定一名副职具体负责对本单位的消防安全管理，但作为法定代表人的行政一把手，对消防安全的责任不能变。分管其他工作的领导，应对分管范围内的消防安全工作负责。

为把消防安全工作搞好，仓库应当实行逐级防火责任制，让下属的每一级领导人都负起责任来，把消防安全工作贯彻到经营的各个环节和各个岗位的全部活动中，确保仓库的消防安全。

（二）仓库有关人员的消防安全职责

1. 仓库法定代表人的消防安全职责

（1）组织制定消防安全制度和消防安全操作规程，实行防火安全责任制，并确定本单位和所属各部门、岗位的消防安全责任人。

（2）建立防火档案，确定消防安全重点部位，实行严格管理。

（3）针对本单位的特点对职工进行消防安全教育和培训；制订灭火和应急疏散预案，定期组织消防演练。

（4）实行每日防火巡查，并建立巡查记录；组织防火检查，及时消除火灾隐患。

（5）按照国家有关规定配置消防设施和器材、标示消防安全标志，并定期组织检验、维修，时刻确保完好、有效。

（6）保障疏散通道、安全出口畅通，并设置符合国家规定的消防安全疏散标志。

（7）建立由职工组成的义务消防队；一旦发生火灾，积极进行扑救，火灾扑灭后按照公安消防机构的要求保护现场，接收事故调查，如实提供火灾事实的情况。

2. 仓库消防安全管理人的职责

仓库消防安全管理人是仓库法定代表人明确的分管消防安全的主要负责人，对单位的消防安全责任人负责，实施和组织落实下列消防安全管理工作。

（1）拟订年度消防工作计划，组织实施日常消防安全管理工作。

（2）组织制定消防安全管理制度和保障消防安全的操作规程并检查督促其落实。

（3）拟订消防安全工作的资金投入和组织保障方案。

（4）组织实施防火检查和火灾隐患整改工作。

（5）组织实施对本单位消防设施、灭火器材和消防安全标志的维护保养，确保其完好有效，确保疏散通道和安全出口畅通。

（6）组织管理专职消防队和义务消防队。

（7）在员工中组织开展消防知识、技能的宣传教育和培训，组织灭火和应急疏散预案的实施和演练。

（8）单位消防安全责任人委托的其他消防安全管理工作。

消防安全管理人应当定期向消防安全责任人报告消防安全情况，及时报告涉及消防安全的重大问题。未确定消防安全管理人的单位，前款规定的消防安全管理工作由单位消防安全责任人负责实施。

3. 仓库保管员的消防安全职责

（1）严格遵守国家的消防安全法律、法规和仓库的入库、保管、出库、交接班等各项制度，在每天的岗位上，自觉主动地进行上班前、上班期间和要下班时的岗位防火检查，并按

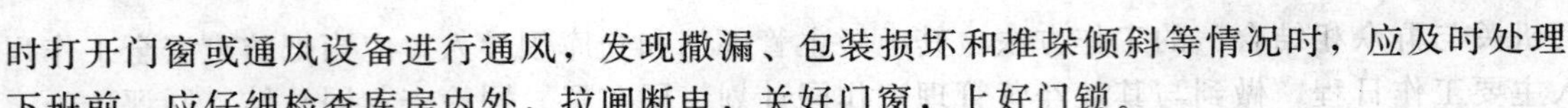

时打开门窗或通风设备进行通风，发现撒漏、包装损坏和堆垛倾斜等情况时，应及时处理。下班前，应仔细检查库房内外，拉闸断电，关好门窗，上好门锁。

(2) 坚守岗位，尽职尽责，不得在库房内吸烟和使用明火，对外来人员要严格监督，防止将火种和易燃品带入库内；进入储存易燃易爆危险品库房的人员不得穿带钉鞋和化纤衣服，搬动物品时要防止摩擦和碰撞，不得使用能产生火星的工具。

(3) 熟悉和掌握所存物品的性质，并根据物资的性质进行储存和操作；不准超量储存；严格按照公安部《仓库防火安全管理规则》规定的要求进行堆垛、码放、苫盖和养护。

(4) 易燃易爆危险品要按类、项标准和特性分类存放，贵重物品要与其他材料隔离存放，遇水或受潮能发生化学反应的物品，不得露天存放或存放在低洼易受潮的地方；遇热易分解自燃的物品，应储存在阴凉通风的库房内。

(5) 严格遵守爆炸品、剧毒品，双人保管、双本账册、双把门锁、双人领发、双人使用的“五双”制度。

(6) 会使用库内的灭火器材和设施，并注意维护保养，使其完整好用，具备消防安全检查能力、初期火灾扑救能力和疏散逃生能力。

(三) 专职和义务消防队的建设

火灾危险性大的大型仓库和距离公安消防队较远的大型仓库，应当建立仓库自己的专职消防队。无专职消防队的大型仓库，应当组建义务消防队轮流住库值班，负责本单位的防火和灭火工作。往往一起大火都是由小火扑救不及时而造成的，而义务消防组织是仓库中能及时扑救初起火灾的一支十分重要的消防力量，他们由仓库全体职工（除老、弱、病、残者外）组织起来，对仓库的情况熟悉，分布面广，一旦发生火情，召之即来，对扑救初起火灾十分重要。所以一定要组织健全、分工明确，定期组织训练，充分发挥其作用。

二、危险品仓库火源管理

由于任何火灾都是由于失去控制的燃烧引起的，而燃烧的发生必须要有激发燃烧的着火源。所以，对仓库来讲，加强火源管理是做好危险品储存防火的先决条件。火源的管理重点是外来火源和内部火源两个方面。

(一) 外来火源管理

1. 严控火源进入

对入库人员要严加盘问，并做好登记。对身上携带的火柴、打火机等点火物，应存放在门卫处，不得带入库内。在进入储存区（生产区）、库房、仓间之前，保管人员也要向外来人员盘问是否携带火种。对储存有易燃气体、液体的仓库，不准穿戴化纤衣服和带钉子的鞋进入。

2. 禁止携带其他易燃易爆危险品进入

对外来客户要经常进行防火宣传，提货的车辆应符合 GB 6722 的要求。车辆应熄火、制动，不应在装卸现场添加燃料和维修车辆。严防汽车等车辆夹带汽油桶等易燃物入库。对装有易燃易爆危险品的车辆，不准进库提货。

3. 控制机动车辆火星

机动车辆进库，必须要戴火星熄灭器。蒸汽机车、电力机车不准进入库区，必须进入时要有四节以上的隔离车厢顶入。蒸汽机车距库房应有 50m 以上的防火间距，并应停止鼓风，关闭燃烧室和护灰器，更不准在库区内清炉。

4. 严防居民燃放烟花爆竹

危险品仓库的主要负责人应当主动与仓库相邻生活区的公安派出所和居民委员会联系，要求居民不要燃放烟花爆竹，并积极做好治安联防工作。

（二）内部火源管理

1. 设置禁烟区

为了便于管理，危险品仓库要明确划分储存区（生产区）和生活区，并在两区交界沿线作出明显的标志，在储存区内严禁吸烟，在库房内不准设办公室和休息室，亦不准住人，以避免吸烟现象和一旦发生事故对人员的伤害。

2. 建立严格的动火用火审批制度

(1) 不准在储存有易燃易爆等危险品的库房、露天堆垛附近进行试验、分装、封焊、维修、动用明火等可能引起火灾的任何作业。如因特殊情况必须进行动火作业时，应事先按用火、动火的管理规定，办理动火许可证，并经仓库防火责任人批准。用火、动火作业应有可靠的安全措施，备足灭火器材，调配专职或义务消防队员进行现场监护等；作业结束后，应对现场进行认真检查，切实查明未遗留火种后，方可离开现场。

(2) 维修工房安装使用火炉时，要办理用火许可证。火炉的安装和使用应严格按照安全规定进行。从炉内取出的炽热炉灰，要用水浇灭后，倒在安全地点。一般不许安装采暖设备，更不准设火炉取暖。如因物品防冻，必须取暖时，可用暖气采暖，且散热器与危险品堆垛，应当保持安全距离。

3. 消除静电危害

在储存爆炸品、易燃气体、液体的仓库（生产区）的工作人员、保管人员，在岗位上不准穿戴化纤等能够产生静电的工作服和穿带钉子的鞋，应穿棉制服等防静电的服装，以避免衣服产生静电放电现象。

4. 注意清洁卫生，加强装卸机械管理

库区和库房内要经常保持整洁，对用过的油棉纱、油抹布和沾油的工作服、手套等用品，应存放在库房外的安全地点，并妥善保管及时处理。进入库房的电瓶车、铲车要有防止打火的安全装置。

三、危险品仓库电源管理

电源管理不善目前已成为导致火灾的主要原因，故而危险品仓库的电源的管理非常重要。

（一）危险品仓库电源负荷的管理

1. 危险品仓库的用电负荷分级

消防电源的负荷分级应符合《供配电系统设计规范》(GB 50052—2009) 的有关规定。从既能保障消防设备、设施的供电，又能节约投资的原则出发，我国把消防电源的供电负荷分为三级。

(1) 一级负荷供电，是指来自两个不同的发电厂的电源；来自同一发电厂，但不同发电机组的电源；来自两个区域变电站（电压一般在35kV及以上）的电源；来自同一个区域变电站，但另设有自备发电机、且设置自动和手动启动装置，能在30s内自动启动进行供电的电源等。

(2) 二级负荷供电，是指当发生电力变压器故障或电力线路常见故障时不致中断供电或中断后能迅速恢复的供电。从既保障消防设备的供电，又能节约投资的目的出发，二级负荷供电，在负荷较小的地区或地区供电条件困难时，可由一回路6kV以上专用架空线供电。

(3) 三级负荷供电，是指不属于一、二级负荷的供电。

2. 危险品仓库电源负荷的选择要求

(1) 建筑高度大于50m的乙、丙类仓库的消防用电应按一级负荷供电。

(2) 室外消防用水量大于30L/s的危险品仓库；室外消防用水量大于35L/s的可燃材料堆场、可燃气体储罐（区）和甲、乙类液体储罐（区）的消防用电应按二级负荷供电。

(3) 其他建筑的库房、储罐（区）和堆场等的消防用电可采用三级负荷供电。

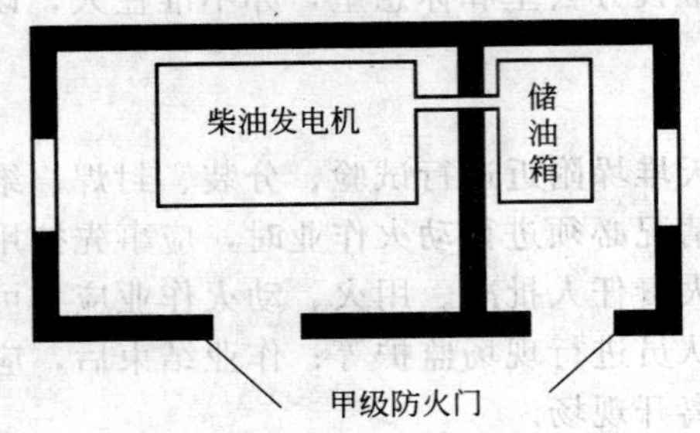

图4-17 柴油发电机房储油间的布置方式

3. 危险品仓库备用电源-柴油发电机房的防火要求

(1) 柴油发电机房应采用耐火极限不低于2h的防火隔墙和不低于1.5h的不燃性楼板与其他部位分隔，门应采用甲级防火门。

(2) 机房内设置储油间时，其总储存量不应大于$1m^3$，储油间应采用防火墙与发电机间分隔；必须在防火墙上开门时，应设置甲级防火门。如图4-17所示。

(3) 应设置火灾报警装置。

(4) 柴油发电机的燃料供给管道应在进入建筑物前和设备间内的管道上设置自动和手动切断阀。

(5) 储油间的油箱应密闭，并应设置通向室外的通气管。通气管应设置带阻火器的呼吸阀。油箱的下部应设置防止油品流散的设施。

（二）危险品仓库用电设备和电气线路的附设要求

1. 电力线路及电器装置的安装要求

(1) 架空电力线的最近水平距离，距甲类危险品仓库，易燃材料堆垛，甲、乙类液体储罐，液化石油气储罐，可燃和氧化性气体储罐，不应小于电杆（塔）高度的1.5倍；距丙类液体储罐不应小于电杆（塔）高度的1.2倍；35kV以上的架空电力线与单罐容积大于$200m^3$或总容积大于$1000m^3$的液化石油气储罐（区）的最近水平距离不应小于40m，当储罐为地下直埋式时，架空电力线与储罐的最近水平距离可减小50%。

(2) 电力电缆不应和输送甲、乙、丙类液体管道、可燃气体管道、热力管道敷设在同一管沟内。配电线路也不得穿越通风管道内腔或敷设在通风管道外壁上，但穿金属管保护的配电线路可紧贴通风管道外壁敷设。

(3) 配电线路敷设在有可燃物的闷顶内时，应采取穿金属管等防火保护措施；敷设在有可燃物的吊顶内时，宜采取穿金属管、采用封闭式金属线槽或难燃材料的塑料管等防火保护措施。

(4) 由于甲、乙类库房内有大量的易燃易爆危险物质，若遇明火就可能发生着火爆炸事故。所以，甲、乙库房内严禁采用明火和电热散热器采暖。丙类易燃材料仓库内可使用低温照明灯具，但应对灯具的发热部件采取隔热等防火保护措施；不应设置卤钨灯等高温照明灯具。配电箱及开关宜设置在仓库外。在库房内不准使用电炉子、电烫斗、电烙铁、电钟、交流收音机、电视机等电气设备。

(5) 易燃易爆危险品储存区域的电气设计，应按《爆炸和火灾危险环境电力装置设计规范》(GB 50058) 的有关规定执行。按规定应当按一、二级负荷供电的消防用电设备，宜设

置剩余电流动作电气火灾监控系统。

2. 电气线路和照明的安设要求

(1) 库区内架设的电气线路必须符合电气安装和线路敷设的消防安全技术要求，不准乱拉乱接临时电线，确有必要时，要经领导批准，并由正式电工进行安装，时限不准超过15天，使用后应及时拆除。库区内的电源应当设总闸、分闸，每个库房应单独安装开关箱。开关箱应设在库外，并安装防雨、防潮等保护设施。库房工作结束，必须切断电源。

(2) 为使用起吊、装卸等设备而敷设的电气线路，必须使用橡套电缆，插座应安装在库房外，并避免被砸碰、撞击和车轮碾压，以保持绝缘良好。

(3) 甲、乙类危险品库房一般不准安设照明，丙类危险品库房安设照明时，照明灯不准使用碘钨灯、日光灯，采用白炽灯照明时功率不得大于60W。电灯应安装在库房走道的上方，并固定在库房顶部。灯具距离货垛、货架不应小于50cm，不准将灯头线随意延长或到处悬挂，更不准用纸、布作灯罩。灯具应选用固定形式，外面加玻璃罩或金属网保护。

(4) 仓库除应设总保险外，每个库房应设分保险，并安装合格的保险丝、片等保护装置，禁止用铜、铁、铝丝代替保险丝。电气设备和线路的负荷不准超过安全负载，并应定期进行检查，每半年应进行一次绝缘测试，发现异常，立即修理，不可延缓将就。

3. 危险品仓库消防设施的用电要求

(1) 消防用电设备的配电线路应满足火灾时连续供电的需要。在暗敷时，应穿管并应敷设在不燃烧体的结构内，且保护层厚度不应小于30mm；明敷时（包括敷设在吊顶内），应穿金属管或封闭式金属线槽，并应采取防火保护措施。

(2) 当消防用电设备的配电线路采用阻燃或耐火电缆时，敷设在电缆井、电缆沟内可不采取防火保护措施；当采用矿物绝缘类不燃性电缆时，可直接明敷；宜与其它配电线路分开敷设；当敷设在同一井沟内时，宜分别布置在井沟的两侧。消防配电线路应采用矿物绝缘类不燃性电缆。

(3) 消防用电按一、二级负荷供电的仓库，当采用自备发电设备作备用电源时，自备发电设备应设置自动和手动启动装置。当采用自动启动方式时，应能保证在30s内供电。

(4) 危险品仓库消防应急照明和疏散指示标志备用电源的连续供电时间，不应少于0.5h。

(5) 消防用电设备应采用专用的供电回路。消防配电干线宜按防火分区划分，消防配电支线不宜穿越防火分区。

(6) 消防用电设备的电源应采取在变压器的低压出线端设置单独主断路器等方式保证当生产、生活用电被切断时，仍能保证消防用电。备用消防电源的供电时间和容量，应满足该库房火灾延续时间内各消防用电设备的要求。

(7) 消防控制室、消防水泵房、防烟和排烟风机房的消防用电设备及消防电梯等的供电，应在其配电线路的最末一级配电箱处设置自动切换装置。

(8) 按一、二级负荷供电的消防设备，其配电箱应独立设置；按三级负荷供电的消防设备，其配电箱宜独立设置。消防配电设备应设置明显标志。

4. 爆炸危险品库房的用电要求

(1) 电气线路

爆炸品仓库上空不准架设电线或电缆。引入爆炸品仓库的供电线路应采用铠装电缆沿地下敷设，或将导线装入铁管内敷设，并在库房进口处单独接地；如采用架空线路供电时，在线路引入一端要安装避雷器，并须用长度不小于50m的电缆引入库房，进口处应单独接地。

F0区不应敷设电力和照明线路。灯具安装在外墙外侧的电气线路，应采用截面为

2.5mm^2 及以上的铜芯导线穿钢管沿建筑物外墙敷设。电力导线的绝缘强度不应低于500V，通信导线的绝缘强度不应小于250V，导线不宜穿过防护土堤，应绕行引入。如必须穿过时，应采取能保证安全及便于检修的技术措施。

(2) 照明灯具

爆炸品库房内一般不需要设照明，偶尔夜间进出货时，可临时用手电筒照明，绝对禁止使用移动式电灯照明。库房内如必须安装照明时，可采用装于库外的投光灯或壁龛灯、防爆灯等照明。安装在壁龛上的玻璃应对室内密封，并应有一定的机械强度，表面温度不应超过120℃。壁龛灯对室外应设置散热孔或百叶窗，并应有防止雨水浸入的措施。

(三) 危险品仓库建筑的防雷、防静电保护

1. 爆炸品仓库的防雷

爆炸品仓库，不论其所在地的雷电期长短，都要采取妥善的避雷措施，以防止直接雷击和间接雷击。

(1) 爆炸品库房的危险区域和防雷类别 爆炸品库房的危险区域和防雷类别见表4-38。

表4-38 爆炸品中转库和爆炸品总仓库危险场所（或建筑物）类别及防雷类别

序号	危险品仓库房(含中转库)名称	危险场所类别	防雷类别
1	黑索今、太安、奥克托金、梯恩梯、苦味酸、黑梯药柱、梯恩梯药柱、太乳炸药、黑火药 铵梯(油)类炸药、粉状铵油炸药、铵松蜡炸药、铵沥蜡炸药、多孔粒状铵油炸药、膨化硝铵炸药、粒状黏性炸药、水胶炸药、浆状炸药、粉状乳化炸药	F0	一
2	起爆药	F0	一
3	胶状乳化炸药	F1	一
4	雷管(火雷管、电雷管、导爆管雷管、继爆管)	F1	一
5	爆裂管	F1	一
6	导爆索、射孔(穿孔)弹、震源药柱	F1	一
7	延期药	F1	一
8	导火索	F1	一
9	硝酸铵、硝酸钠、硝酸钾、氯酸钾、高氯酸钾	F2	二

(2) 一次防雷 指防直接雷击的措施。是在库房周围装设独立避雷针。独立避雷针距库房不应小于3m（一般取5～6m）；接闪器（承受器）断面积应不小于100mm^2，断面形状不限（可以是圆形、方形、带状、角状均可）；金属引线应采用镀锌、镀锡和涂漆等方法防锈；接地引下线的断面积应不小于50mm^2；接地板（极）与地下电缆及库房的所有金属物体保持3m以上，接地电阻不应大于10Ω。避雷针的尖端熔化，损坏或被腐蚀的部分超过横断面30%时必须更换。

(3) 二次防雷 指防间接雷击的措施。是将库房内的金属物体可靠接地。金属构件的屋顶，必须将所有金属构件有良好的电气连接和接地；钢筋混凝土屋顶可将屋面钢筋焊成6m×12m的网格，然后在库房外沿纵向两侧每隔12～24m设一段引下线，妥善接地。对储存黑索今、梯恩梯、硝铵炸药等猛炸药和雷管等起爆药的库房，都必须设置二次防雷装置。

(4) 接地 所有接地引下线都与二次防雷接地极板牢固连接，接成闭合回路。接地极板的埋入深度为0.8m，距建筑物基础0.5～1.0m，与独立避雷针的接地极板相距不应小于3m，接地冲击电阻不应大于10Ω，可与地下的金属水管连接以减少接地冲击电阻。

(5) 通信 爆炸品总仓库区，应当设置畅通的电话通信设施，可兼做火灾报警电话。并宜设防盗报警监控系统。这些通信设备及其线路，应选择适用于炸药防爆危险场所的本质安全型设备。

2. 普通危险品库房的防雷

各类危险品库房建筑物均应设有避雷保护措施。通常可设避雷带或避雷针保护，避雷带或避雷针的数量与高度要经过计算，避雷针距库房要有 5m 以上的间距，并经常检查接地引下线的连接情况，使其时刻处于良好的电气连接状态。

3. 丙类易燃固体露天堆垛的防雷

丙类易燃固体的露天堆垛应当设置独立的避雷针和有防雷电感应的措施。因为捆扎皮棉、化纤等原料都用铁皮条、铁丝等，这些捆扎的金属形成了闭合回路，很容易形成雷电感应。独立避雷针距堆垛要有 5m 以上的间距。

4. 储存易燃气体和液体露天储罐

储存易燃气体、液体的露天储罐，当满足壁厚≥4mm 时（抗雷击厚度）；容器、设备整体保证有可靠的电气连接；呼吸阀安装有阻火器；安全阀金属放散管不低于 1.5m 高时，可不安装独立的避雷针。

（四）易燃气体和液体储罐的防雷保护

1. 罐体的防雷要求

（1）储存易燃气体和液体的钢制储罐必须做防雷接地。接地点不应少于 2 处，接地点沿储罐周长的间距不宜大于 30m，接地电阻不宜大于 10Ω。

（2）储存易燃液体的地上固定顶储罐，当其顶板厚度等于或大于 4mm 并装有阻火器时、或丙类液体储罐设防感应雷接地时，均可不设接闪杆（网）。

（3）铝顶油罐和顶板厚小于 4mm 的易燃液体地上固定顶金属罐，应装设接闪杆（网），其保护范围应包括整个储罐。

（4）浮顶储罐（含内浮顶罐）可不设接闪杆（网），但应做良好的电气连接。方法：①将浮顶与罐体用两根截面不小于 $50mm^2$ 的扁平镀锡软铜复绞线或绝缘阻燃护套软铜复绞线作电气连接；②利用浮顶排水管，将每条排水管的跨接导线采用一根横截面不小于 $50mm^2$ 的扁平镀锡软铜复绞线与浮顶做电气连接；③转动扶梯的两侧，应分别与罐体和浮顶各做两处电气连接。

（5）内浮顶储罐应选用直径不小于 5mm 的不锈钢钢丝绳做电气连接；铝质浮盘储罐连接导线应选用直径不小于 1.8mm 的不锈钢钢丝绳做电气连接。

（6）易燃气体压力储罐可不设接闪杆（网），但应作可靠接地。容器、设备整体保证有可靠的电气连接。

（7）覆土储罐的罐体及罐室的金属构件以及呼吸阀、量油孔等金属附件，应做电气连接并接地。

2. 储罐附件的防雷要求

（1）可燃液体储罐的温度、液位等测量装置，应采用铠装电缆或钢管配线，电缆外皮或配线钢管与罐体应作电气连接。

（2）装于地上钢储罐上的仪表及控制系统的配线电缆，应采用屏蔽电缆，并应穿镀锌钢管保护。其钢管两端应与罐体做电气连接并接地。

（3）仓库内的信号电缆宜埋地敷设，并宜采用屏蔽电缆。当采用铠装屏蔽电缆时，电缆首、末端的铠装金属应直接埋地敷设；当电缆采用穿钢管敷设时，钢管两端及在进入建筑物处应接地。建筑物内电气设备的保护接地与防感应雷接地应共用一个接地装置，接地电阻值应按其中的最小值确定。

（4）储罐上安装的信号远传仪表，其金属的外壳与储罐体应做电气连接。防雷击的电磁脉冲应当符合现行国家标准《建筑物防雷设计规范》(GB 50057)的相关规定。

3. 易燃油品泵房(棚)的防雷要求

(1)易燃液体装卸泵房(棚)应采用避雷带(网)保护。避雷带(网)的引下线不应少于2根,并应沿建筑物四周均匀对称布置,其间距不应大于18m。网格不应大于10m×10m或12m×8m。

(2)进出油泵房(棚)的金属管道、电缆的金属外皮或架空电缆金属槽,在泵房(棚)外侧应做1处接地。接地装置应与保护接地装置及防感应雷接地装置合用。

(3)在平均雷暴日大于40天/年的地区,易燃液体装卸泵房(棚)宜装设避雷带(网)防直击雷。避雷带(网)的引下线不应少于2根,其间距不应大于18m。

4. 装卸易燃油品的鹤管和油品装卸栈桥(站台)的防雷要求

(1)露天进行易燃液体装卸油作业的,可不装设接闪杆(网)。

(2)在棚内进行易燃液体装卸油作业的,应采用接闪网保护。棚顶设置的接闪网不能保护爆炸危险1区时,应加装接闪杆。当罩棚采用双层金属屋面,且其顶面金属层厚度大于0.5mm、搭接长度大于100mm时,宜利用金属屋面作为接闪器,可不采用接闪网保护。

(3)进入液体装卸区的易燃液体(气体)输送管道在进入点应接地,接地电阻不应大于20Ω。

5. 爆炸危险区域内输油(油气)管道的工艺管道的防雷措施

(1)输油(油气)工艺管道的金属法兰连接处应设跨接线跨接。但当不少于5根螺栓连接时,在非腐蚀环境下可设不跨接。

(2)平行敷设于地上或非充沙管沟内的金属管道,其管道净距及管道交叉点净距小于100mm时,应用金属线跨接,跨接点的间距不应大于30m。

6. 石油库区生产建筑物内400V/230V供配电系统的防雷要求

(1)当电源采用TN系统时,从建筑物内总配电盘(箱)开始引出的配电线路和分支线路必须采用TN-S系统。

(2)建筑物的防雷区,应根据现行国家标准《建筑物防雷设计规范》(GB 50057)划分。工艺管道、配电线路的金属外壳(保护层或屏蔽层),在各防雷区的界面处应做等电位连接。在各被保护的设备处,应安装与设备耐压水平相适应的过电压(电涌)保护器。

(3)避雷针(网、带)的接地电阻,不宜大于10Ω。

(五)易燃气体和液体露天储罐的防静电措施

1. 储罐的防静电保护要求

(1)储存易燃液体的钢储罐,应采取防静电措施。钢储罐的防静电接地装置可与防雷接地装置兼用。

(2)外浮顶储罐的自动通气阀、呼吸阀、阻火器和浮顶量油口,应与浮顶做电气连接。当外浮顶储罐采用钢滑板式机械密封时,钢滑板与浮顶之间亦应做电气连接,且其电气连接点沿圆周的间距不宜大于3m;当外浮顶储罐的二次密封采用Ⅰ橡胶刮板时,每个导电片均应与浮顶做电气连接。电气连接的导线应选用横截面不小于10mm^{2}的镀锡软铜复绞线。

(3)外浮顶储罐上取样口的两侧1.5m之外,应各设一组与罐体做电气连接的人体静电消除装置。该人体静电消除装置可兼做人工检尺时的取样绳索,或检测尺等工具的电气连接体。

2. 易燃液体仓库铁路装卸线的防静电要求

(1)铁路罐车装卸栈桥的首、末端及中间处,应与钢轨、输油(油气)工艺管道、鹤管

等相互做电气连接并接地。

(2) 当易燃液体仓库专用铁路线与电气化铁路接轨时，电气化铁路高压接触网不宜进入易燃液体储罐装卸区。

(3) 在易燃液体专用铁路线上，应设置2组绝缘轨缝。第一组应设在专用铁路线起始点15m以内，第二组应设在进入装卸区前。2组绝缘轨缝的距离，应大于取送列车的总长度。

(4) 在每组绝缘轨缝的电气化铁路侧，应设1组向电气化铁路所在方向延伸的接地装置；铁路罐车装卸设施的钢轨、工艺管道、鹤管、钢栈桥等，应做等电位跨接并接地，两组跨接点间距不应大于20m。接地点的接地电阻均不应大于10Ω。

3. 易燃液体仓库电气化铁路高压接触网进入易燃液体储罐区时的防静电要求

(1) 当易燃液体仓库专用铁路与电气化铁路接轨，且铁路高压接触网进入易燃液体仓库专用铁路线时，进入的专用电气化铁路线高压接触网应设2组隔离开关：第一组应设在与专用铁路线起始点15m以内，第二组应设在专用铁路线进入铁路罐车装卸作业线前，且与第一个鹤管的距离不应小于30m。隔离开关的入库端应装设避雷器保护。专用线的高压接触网终端距第一个装卸油鹤管，不应小于15m。

(2) 在石油库专用铁路线上，应设置2组绝缘轨缝及相应的回流开关装置。第一组设在专用铁路线起始点15m以内，第二组设在进入铁路罐车装卸区前。

(3) 在每组绝缘轨缝的电气化铁路侧，应设1组向电气化铁路所在方向延伸的接地装置，接地电阻不应大于10Ω。

(4) 专用电气化铁路线第二组隔离开关后的高压接触网，应设置供搭接的接地装置。

(5) 铁路罐车装卸设施的钢轨、工艺管道、鹤管、钢栈桥等应做等电位跨接并接地，两组跨接点的间距不应大于20m，每组接地电阻不应大于10Ω。

4. 易燃液体仓库汽车罐车、灌桶设施和装卸码头的防静电要求

(1) 易燃液体汽车油罐车或灌装设施，应设置与易燃液体罐车或灌桶跨接的防静电接地装置。

(2) 易燃液体装卸码头，应设置与船舶跨接的防静电接地装置。此接地装置应与码头上的易燃液体装卸设备的防静电接地装置合用。

5. 易燃液体仓库管沟的防静电要求

(1) 地上或非充沙管沟敷设的工艺管道的始端、末端、分支处以及直线段每隔200～300m处，应设置防静电和防雷击电磁脉冲接地装置。

(2) 地上或非充沙管沟敷设的工艺管道的防静电接地装置，可与防雷击电磁脉冲接地装置合用，接地电阻不宜大于30Ω，接地点宜设在固定管墩(架)处。

6. 易燃液体仓库防静电设施的设置要求

(1) 用于易燃液体装卸场所跨接的防静电接地装置，宜采用能检测接地状况的防静电接地仪器。

(2) 移动式的接地连接线，宜采用带绝缘附套的软导线，通过防爆开关，将接地装置与油品装卸设施相连。

(3) 当输送甲、乙类液体的管道上装有精密过滤器时，液体自过滤器出口流至装料容器入口应有30s的缓和时间。

(4) 易燃液体作业场所泵房的门外、储罐的上罐扶梯入口处、装卸作业区内操作平台的扶梯入口处和码头上下船的出入口处，都应设消除人体静电装置。

(5) 防静电接地装置的接地电阻，不宜大于100Ω。对于易燃液体、气体仓库内的防雷接地、防静电接地、电气设备工作接地、保护接地及信息系统的接地等，宜共用接地装置，

其接地电阻应按最小的接地电阻值确定。当设有阴极保护时，共用装置的接地材料不应使用腐蚀电位比钢材正的材料。

（6）防雷和防静电接地电阻检测断接头、人体静电消除装置，以及汽车罐车装卸场地的固定接地装置，不得设在爆炸危险Ⅰ区。

四、危险品仓库货物防火管理

危险品在库储存期间，除了严格把好入库验收关、堆苫码垛关和养护关外，还要加强对货物本身的日常管理。

（一）一般管理要求

由于储存危险品的仓库通常都是重大危险源，一旦发生事故往往带来重大损失和危害，所以对危险品储存仓库应当有更加严格的要求。

1. 基本要求

（1）危险品必须储存在专用仓库、专用场地或者专用储存室（以下统称专用仓库）内，储存方式、方法与储存数量必须符合国家标准，并由专人管理。出入库，应当进行核查登记。

（2）库存危险品应当分类、分项储存，性质相互抵触、灭火方法不同的危险品不得混存，堆垛要留有垛距、墙距、柱距、顶距、灯距，要定期检查、保养，注意防热和通风散潮。严格执行如前所述的有关技术要求。

（3）危险品专用仓库，应当符合国家标准对安全、消防的要求，设置明显标志。储存设备和安全设施应当定期检测。储存数量构成重大危险源的危险品必须在专用仓库内单独存放。

（4）储存单位对进出货，要做到心中有数。对废弃危险品处置时，应当严格按照固体废物污染环境防治法和国家有关规定进行。

2. 普通危险品库房储存量限制要求

（1）根据《常用化学危险品储存通则》（GB 15603—1995）的规定，每栋化学危险物品仓库的储存量不应超过表4-39的限额规定。

表4-39　危险物品库房的允许储存量

储存量	储存方式			
	露天储存	隔离储存	隔开储存	分离储存
平均单位面积储存量/（t/m²）	1.0～1.5	0.5	0.7	0.7
单一储存区最大储存量/t	2000～2400	200～300	200～300	400～600

注：1. 隔离储存指同一房间或同一区域内，不同的物料之间分开一定距离，非禁忌物料间用通道保持空间的储存方式。

2. 隔开储存指在同一建筑或同一区域内，用隔板或墙，将其与禁忌物料分离开的储存方式。

3. 分离储存指储存在不同的建筑物或远离所有建筑的外部区域内的储存方式。

（2）对石油化工企业的厂内库房，甲类危险品储量不应超过30t，乙、丙类危险品不应超过500t。

3. 爆炸品仓库储存的限量要求

为了防止一旦库房炸药发生爆炸时对四周造成更大的危害，爆炸品仓库的储存量应有一定的限制，并不准不超过库房安全距离所允许的最大储存量。

（1）爆炸品生产区内单个爆炸品中转库的最大允许存药量　为减少储存，爆炸品生产区内爆炸品的储存量应尽量压缩到最低限度。其单个爆炸品中转库的允许最大计算药量，应符合表4-40的要求。该存药量应根据规模较大的生产需要而确定，是单个库房的最大允许储存量，当储存量超过时应用增加库房数来解决。

表 4-40　爆炸品生产区内单个爆炸品中转库的最大允许存药量

危险品名称	允许最大存药量/kg
黑索今、太安、太乳炸药	3000
铵梯黑炸药、黑梯药柱	3000
二硝基重氮酚、作用和起爆药类似的药剂	500
奥克托金	500
梯恩梯	5000
苦味酸	2000
雷管、导爆管雷管	800
导爆索、继爆管	3000
黑火药、导火索	3000
延期药	500
铵梯(油)类炸药、铵油(含铵松蜡、铵沥蜡)炸药、膨化硝铵炸药、胶状和粉状乳化炸药、水胶炸药、浆状炸药、多孔粒状铵油炸药、粒状黏性炸药	20000
射孔弹	1500
震源药柱	20000
爆裂管	10000

生产区中转库炸药的总存药量：梯恩梯不应大于 3 天的生产需用量；炸药成品中转库的总存药量不应大于 1 天的炸药生产量。当炸药日产量小于 5t 时，炸药成品中转库的总存药量不应大于 3t。

（2）爆炸品总仓库单个库房的最大允许储存量　爆炸品总仓库内单个爆炸品库房的最大允许储存量不应超过表 4-41 的规定。

表 4-41　爆炸品总仓库区内单个爆炸品库房中允许最大存药量

危险品名称	允许最大计算药量/kg
黑索今、太安、太乳炸药	50000
黑梯药柱	50000
梯恩梯	150000
苦味酸	30000
雷管	10000
继爆管	30000
导爆索	30000
导火索	40000
铵梯(油)类炸药、铵油(含铵松蜡、铵沥蜡)炸药、膨化硝铵炸药、胶状和粉状乳化炸药、水胶炸药、浆状炸药、多孔粒状铵油炸药、粒状黏性炸药、震源药柱	200000
奥克托金	3000
射孔弹、穿孔弹	10000
爆裂管	15000
黑火药	20000
硝酸铵	500000

注：其他民用爆炸物品按与本表中产品相近特性归类确定储存量；普通型导爆索药量为 12g/m，常规雷管药量为 1g/发，特殊规格产品的计算药量按照产品说明书给出的数值计算。

(3) 不同品种爆炸品同库存放最大允许存药量的确定方法

当不同品种的爆炸品同库存放时，危险级别相同的爆炸品的总药量不应超过其中一个品种的单库允许的最大存药量；危险级别不同的爆炸品同库存放的总药量不应超过其中危险级别最高品种的单库允许的最大存药量，且库房的危险等级应以危险级别最高的品种确定。如总仓库的梯恩梯和苦味酸同库存放，二者为同一危险等级，苦味酸不应超过 30t，梯恩梯和苦味酸存放的总药量不应超过梯恩梯允许最大存药量 150t；又如梯恩梯和黑索今同库存放，二者为不同危险等级，梯恩梯和黑索今存放总药量不应超过黑索今的存药量 50t，且库房应按 A_1 级考虑；再如，硝酸铵类炸药与梯恩梯同库存放，因是不同危险等级，同库存放总药量不应是 200t，而应当是 150t，且库房的危险等级应按 1.1^2 级考虑。小型爆炸品库房在库容允许的条件下，单个库房的计算药量不应超过 5000kg。

(二) 在库检查

检查是开展防火工作的一项重要措施，只有经常不断地进行防火检查，才能及时发现和消除火灾隐患，从而做到防患于未然。在危险品仓库，一项最经常性的工作就是仓库的防火安全检查。仓库的防火安全检查一般有保管员查、警卫查及领导和消防监督部门专门检查等形式。

1. 保管员查

主要是指一日三查制度，即上班查、班中查和下班查。上班查的主要内容是，库房门、窗、锁有无异样或损坏，开启是否灵活，以看有无坏人破坏；库内是否有老鼠等小动物进入的痕迹，通风口铁丝网是否损坏；消防、避雷等安全设施是否好用；电源和照明是否安全可靠等。班中查是指在上班期间，及时查看危险品的进、发货情况和温、湿度及通风等养护措施情况。下班查是指在下班前，保管员要检查电源是否切断，有无可疑人进入和门窗是否关闭好等情况。确信安全后才可下班。

2. 警卫人员查

主要是检查库区环境情况以及库区内有无易燃物，夜间值班巡逻等情况。

3. 全面查

主要是指在重大节假日前领导组织的全面检查。这时，国家的大型仓库，消防监督部门一般都要参加。检查要特别注意深入细致，防止走马观花。凡消防监督部门参加的检查，一般都要做好联名笔录，提出准确的火灾隐患和合理的整改措施，并双方签字。对重大火灾隐患必须要立案限期整改。对存在重大疑难问题的单位，公安机关消防机构还要进行专门的检查，以解决一些特殊的问题。

(三) 特殊危险品管理

对爆炸品、剧毒品和放射性物品等一旦散失会对公共安全构成威胁的特殊危险品，必须要有特殊的管理措施。储存单位应当将储存爆炸品、剧毒品以及构成重大危险源的其他危险品的数量、地点以及管理人员的情况，报当地公安机关和负责危险品安全监督综合管理工作部门备案。

通常的做法是采取“五双”管理制度，即双人保管、双把锁（匙）、双本账、双人发货、双人领用。双人保管是指保管员不得少于两名，一人休息须有第三人顶替；双把锁（匙）是指库房门要同时锁两把锁，两人各持一把锁的钥匙；双人发货是指发货时必须两人同时在场；双本账是指保管员和物资管理部门或保卫部门各持一本账，保管员要每周清点在库危险品的数量与账面是否相符，保卫和物资管理部门应每月联合清账一次，并将库存量报当地公安部门备案。如发现账面不符，必须彻底查清，并报上级领导和当地公安机关。

五、危险品仓库消防设施和器材管理

消防设施和器材是做好仓库消防安全工作的一个重要的技术条件。每个储存危险品的仓库都应视规模、地理条件和储存危险品的性质等具体情况，按规定标准配置适量的消防设备、消防给水设施、自动报警和喷淋装置等。

（一）危险品仓库消防用水量的确定

1. 危险品仓库建筑室外消防用水量的确定

危险品仓库的室外消防用水量应为库房、储罐（区）、堆场室外设置的消火栓、水喷雾、水幕、泡沫灭火、冷却系统等需要同时开启的用水量之和。

危险品仓库的室外消防用水量见表 4-42。

表 4-42　危险品仓库一次灭火的室外消防用水量　　单位：L/s

耐火等级	建筑火险类别	建筑体积 V/m^3					
		$V \leqslant 1500$	$1500<V \leqslant 3000$	$3000<V \leqslant 5000$	$5000<V \leqslant 20000$	$20000<V \leqslant 50000$	$V>50000$
一、二级	甲、乙类	15	15	25	25	—	—
	丙类	15	15	25	25	35	45
	丁、戊类	10	10	10	15	15	20
三	丁、戊类	10	10	15	20	25	25
四	丁、戊类	10	15	20	25	—	—

注：1. 室外消火栓用水量应按消防用水量最大的一座库房建筑物计算。成组布置的库房建筑物应按消防用水量较大的相邻两座计算。

2. 铁路车站、码头和机场的中转仓库其室外消火栓用水量可按丙类仓库确定。

2. 丙类易燃固体露天、半露天堆场室外消防用水量的确定

丙类易燃固体着火的灭火剂主要是水，而且用量大，所以必须备有充足的消防用水，才能保证灭火的需要。丙类易燃固体露天半露天堆场消防用水量的多少，与堆场储存量的多少有关。根据堆场总储量或总容量的大小，露天、半露天堆场的室外消防用水量见表 4-43。

表 4-43　丙类易燃固体露天、半露天堆场的室外消防用水量　　单位：L/s

名称	总储量或总容量/t	消防用水量/(L/s)
棉、麻、化纤等	$10<W \leqslant 500$	20
	$500<W \leqslant 1000$	35
	$1000<W \leqslant 5000$	50
稻草、麦秸、芦苇等	$50<W \leqslant 500$	20
	$500<W \leqslant 5000$	35
	$5000<W \leqslant 10000$	50
	>10000	60

3. 危险品库房消防用水量的确定

（1）多种水灭火系统消防用水量的确定　按照规范规定危险品库房内需要同时设置室内消火栓系统、自动喷水灭火系统、水喷雾灭火系统、泡沫灭火系统或固定消防炮灭火系统时，其室内消防用水量应按需要同时开启的上述系统用水量之和计算；当上述多种消防系统需要同时开启时，室内消火栓用水量可减少 50%，但不得小于 10L/s。

（2）危险品库房消火栓用水量的确定　危险品库房消火栓用水量应根据水枪充实水柱长

度和同时使用水枪数量经计算确定，且不应小于表 4-44 的要求。

表 4-44　危险品库房消火栓用水量

火灾危险性类别	高度 h(m)、层数、体积 V(m^3)		消火栓设计流量量/(L/s)	同时使用水枪数量/支	每根竖管最小流量/(L/s)
甲、乙类	$h \leqslant 24$		10	2	10
丙类	$h \leqslant 24$	$V \leqslant 5000$	15	3	15
		$V > 5000$	25	5	15
	$h > 24$		40	8	15

注：①消防软管卷盘或轻便消防水龙的消防用水量可不计入室内消防用水量；

②当一座多层危险品库房有多种使用功能时，库房内的消火栓设计流量应分别按本表中不同功能计算，且应取最大值。

（二）室内水灭火设施的设置要求

除了存有与水接触能引起燃烧物品的库房、室外消防用水取自储水池，且库房体积小于等于 5000m^3 的戊类库房外，建筑占地面积大于 300m^2 的危险品库房都应当设置 $DN65$ 的室内消火栓。

1. 危险品库房消防给水管道布置的一般要求

（1）危险品库房消火栓超过 10 个且危险品库房外消防用水量大于 15L/s 时，其消防给水管道应连成环状，且至少应有两条进水管与危险品库房外管网或消防水泵连接。当其中一条进水管发生事故时，其余的进水管应仍能供应库房全部消防用水量。

（2）危险品库房消防竖管直径不应小于 100mm。危险品库房消火栓给水管网宜与自动喷水灭火系统的管网分开设置；当合用消防泵时，供水管路应在报警阀前分开设置。

（3）危险品库房消防给水管道应采用阀门分成若干独立段。对于单层库房，检修停止使用的消火栓不应超过 5 个；对于多层危险品库房，室内消防给水管道上阀门的布置应保证检修管道时关闭的竖管不超过 1 根，但设置的竖管超过 3 根时，可关闭 2 根，且阀门应保持常开，并应有明显的启闭标志或信号。

（4）消防用水与其他用水合用的危险品库房管道，当其他用水达到最大小时流量时，应仍能保证供应全部消防用水量。

（5）允许直接吸水的市政给水管网，当生产、生活用水量达到最大且仍能满足室内外消防用水量时，消防泵宜直接从市政给水管网吸水。

（6）严寒和寒冷地区非采暖危险品库房的室内消火栓采用干式系统时，在进水管上应设置快速启闭装置；同时在管道的最高处还应设置自动排气阀。

2. 高层危险品仓库消防给水管道布置的要求

（1）高层危险品仓库应设置独立的消防给水系统，室内消防竖管应连成环状。

（2）高层危险品仓库设置室内消火栓且层数超过 4 层的库房，其室内消火栓给水系统应设置消防水泵接合器。消防水泵接合器应设置在室外便于消防车使用的地点，与室外消火栓或消防水池取水口的距离宜为 15～40m。消防水泵接合器的数量应按室内消防用水量计算确定。每个消防水泵接合器的流量宜按 10～15L/s 计算。

3. 危险品库房内消火栓的基本要求

（1）室内消火栓应设置在位置明显且易于操作的部位。栓口离地面或操作基面高度宜为 1.1m，其出水方向宜向下或与设置消火栓的墙面成 90°角；栓口与消火栓箱内边缘的距离不应影响消防水带的连接。

（2）室内消火栓的间距应由计算确定。高层厂房（仓库）、高架仓库和甲、乙类库房中室内消火栓的间距不应大于 30m；其他单层和多层建筑中室内消火栓的间距不应大于 50m。

（3）危险品库房内消火栓的布置应保证每一个防火分区同层有两支水枪的充实水柱同时到达任何部位。建筑高度小于等于 24m 且体积小于等于 5000m^3 的多层危险品仓库，可采用 1 支水枪充实水柱到达室内任何部位。水枪的充实水柱应经计算确定，甲、乙类危险品库房和层数超过 4 层的丙、丁、戊类的危险品库房不应小于 10m；高层危险品库房、高架危险品仓库，不应小于 13m。

（4）危险品冷库内的消火栓应设置在常温穿堂或楼梯间内。

（5）同一建筑物内应采用统一规格的消火栓、水枪和水带。每条水带的长度不应大于 25m。

（6）设有室内消火栓的危险品库房，如为平屋顶时，宜在平屋顶上设置试验和检查用的消火栓。

（7）室内消火栓栓口处的出水压力大于 0.5MPa 时，应设置减压设施；静水压力大于 1MPa 时，应采用分区给水系统。

4. 高层危险品库房消火栓的设置要求

（1）除无可燃物层的库房外，设置室内消火栓的库房建筑物，其各层均应设置消火栓。当设 2 根消防竖管确有困难时，可设 1 根消防竖管，但必须采用双口双阀型消火栓。干式消火栓竖管应在首层靠出口部位设置便于消防车供水的快速接口和止回阀。

（2）高层危险品库房消防电梯间前室内应设置消火栓。

（3）高层危险品库房和高位消防水箱静压不能满足最不利点消火栓水压要求的其他库房，应在每个室内消火栓处设置直接启动消防水泵的按钮，并应有保护设施。

5. 危险品仓库自动喷水灭火设施的设置要求

（1）除大型的易燃液体、易燃气体储罐、储罐区的消防设施应符合专门的要求外，每座建筑面积超过 600m^2 的火柴库房；每座占地面积大于 1000m^2 的棉、毛、丝、麻、化纤、毛皮及其制品的仓库；每座占地面积大于 600m^2 的火柴仓库；建筑面积大于 500m^2 的可燃物品地下仓库，都应当应设置自动喷水灭火系统。

（2）建筑面积超过 60m^2 或储存量超过 2t 的硝化棉、喷漆棉、火胶棉、赛璐珞胶片、硝化纤维的仓库；日装瓶数量超过 3000 瓶的液化石油气储配站的灌瓶间、实瓶库等，都应设置雨淋喷水灭火系统。

（三）危险品仓库消防给水设施的设置要求

1. 消防水池的设置要求

仅仅有了消防用水量还是远远不够的，还必须有源源不断的后续水源才能够满足灭火的需要。

（1）当危险品仓库的生产、生活用水量达到最大时，市政给水管道、进水管或天然水源不能满足仓库消防用水量；或市政给水管道为枝状或只有 1 条进水管，且仓库内外消防用水量之和大于 25L/s 时，仓库就应当建立消防水池。

（2）当室外给水管网能保证室外消防用水量时，消防水池的有效容量应满足在火灾延续时间内室内消防用水量的要求；当室外给水管网不能保证室外消防用水量时，消防水池的有效容量应满足在火灾延续时间内室内消防用水量与室外消防用水量不足部分之和的要求；当室外给水管网供水充足且在火灾情况下能保证连续补水时，消防水池的容量可减去火灾延续时间内补充的水量。消防水池的补水量应经计算确定，且补水管的设计流速不宜大于 2.5m/s；消防水池的补水时间不宜超过 48h；对于缺水地区或独立的石油库区，不应超过 96h；仓库火灾的延续时间应不小于表 4-45 的要求。

表 4-45 危险品仓库火灾的延续时间

场所名称	火灾延续时间/h
麦秸、稻草、秫秸、黄草等露天、半露天堆场	6.0
甲、乙、丙类危险品库房	3.0

(3) 容量大于 500m³ 的消防水池，应分设成两个能独立使用的消防水池；但对于一次性消防用水量特别大的石油化工企业，可放宽至 1000m³。供消防车取水的消防水池应设置取水口或取水井，且吸水高度不应大于 6.0m。取水口或取水井与建筑物（水泵房除外）的距离不宜小于 15m。

(4) 消防水池的保护半径不应大于 150.0m；消防用水与生产、生活用水合并的水池，应采取确保消防用水不作他用的技术措施；严寒和寒冷地区的消防水池应采取防冻保护设施。

2. 消防水泵房的建筑要求

(1) 独立建造的消防水泵房，其耐火等级不应低于二级；附设在建筑中的消防水泵房应按防火分隔的要求与其他部位隔开。

(2) 消防水泵房的门应采用甲级防火门。消防水泵房设置在首层时，其疏散门宜直通室外；设置在地下层或楼层上时，其疏散门应靠近安全出口。

(3) 消防水泵房应有不少于两条的出水管直接与消防给水管网连接。当其中一条出水管关闭时，其余的出水管应仍能通过全部用水量。出水管上应设置试验和检查用的压力表和 *DN*65 的放水阀门。当存在超压可能时，出水管上还应设置防超压设施。

3. 消防水泵的要求

(1) 一组消防水泵的吸水管不应少于两条。当其中一条关闭时，其余的吸水管应仍能通过全部用水量。消防水泵应采用自灌式吸水，并应在吸水管上设置检修阀门。

(2) 当消防水泵直接从环状市政给水管网吸水时，消防水泵的扬程应按市政给水管网的最低压力计算，并以市政给水管网的最高水压校核。

(3) 消防水泵应设置备用泵，其工作能力不应小于最大一台消防工作泵。当仓房、堆场和储罐的室外消防用水量小于等于 25L/s 或库房建筑的室内消防用水量小于等于 10L/s 时，可不设置备用泵。

(4) 消防水泵应保证在火警后 30s 内启动。消防水泵与动力机械应直接连接。

(四) 危险品仓库灭火器的配置要求

在储存危险品的库房周围明显、易于取用的地点，应当配置一定数量的手提灭火器、水桶、铁锨、铁钩等小型应急用的灭火器和工具，以备扑灭初期火灾之用。灭火器的配置设计应符合《建筑灭火器配置设计规范》(GB 50140) 的有关要求。灭火器的配置数量应按规范规定的配置标准进行计算。对较大型储存危险品的仓库，还应当装设消防通讯及自动报警设备。对消防器材和设备，要确定专人负责管理，定期检查维修，经常保持完整好用。寒冷季节应对灭火储水池、消火栓和清水、泡沫灭火器等消防设备采取防冻措施。

1. 危险品库房灭火器材的配置要求

根据实际工作考察，一般要求，危险品库房每 200m²，仓棚、露天堆垛每 150m²，均应配置灭火器 2 个，消防用水 0.5t，小水桶 4 个，以及灭火专用的铁钩、铁镐等。装卸堆垛的每个工作现场，还应配制 50kg 以上的灭火器；每辆吊车、铲车、电瓶车，都要随带或安放灭火器或其他器具。库区范围大、库位和露天堆垛量大的仓库，应设置消防工具站或配备消防车。消防器材站的设置数量，应符合表 4-46 的要求。

表 4-46　消防器材站的设置要求

库区储存面积/m^2	消防器材站数/个
＜1000	1
1000～3000	2
3000～5000	3
＞5000	每 $2000m^2$ 递增一个

注：消防器材站内器材包括：大砂箱 4 个，灭火器 4 个，备用水池（10～15t）一个，小水桶 10～15 个和钩、锨、斧等。

2. 液化石油气站灭火器材的配置要求

液化石油气站内宜配置干粉灭火器。其配置数量。除应符合应符合表 4-47 的要求，还应符合《建筑灭火器配置设计规范》（GB 50140）的规定。

可燃气体、液化烃、可燃液体的地上罐组，宜按防火堤内面积每 $400m^2$ 配置一个手提式灭火器，但每个储罐配置的数量不宜超过 3 个。每一配置点的灭火器数量不应少于两个，多层框架应分层配置。

表 4-47　液化石油气站干粉灭火器的配置数量

场所	配置数量
铁路槽车装卸栈桥	按槽车车位数，每车位设置 8kg、2 具，每个设置点不宜超过 5 具
储罐区、地下储罐组	按储罐台数，每台设置 8kg、2 具，每个设置点不宜超过 5 具
储罐室	按储罐台数，每台设置 8kg、2 具
汽车槽车装卸台柱(装卸口)	8kg 不应少于 2 具
灌瓶间及附属瓶库、压缩机室、烃泵房、汽车槽车库、气化间、混气间、调压计量间、瓶组间和瓶装供应站的瓶库等爆炸危险性建筑	按建筑面积，每 $50m^2$ 设置 8kg、1 具，且每个房间不应少于 2 具，每个设置点不宜超过 5 具
其他建筑(变配电室、仪表间等)	按建筑面积，每 $80m^2$ 设置 8kg、1 具，且每个房间不应少于 2 具

注：1. 表中 8kg 指手提式干粉型灭火器的药剂充装量。
2 根据场所具体情况可设置部分 35kg 手推式干粉灭火器。

3. 液化天然气储罐区灭火器材的配置要求

液化天然气储罐和工艺装置区应设置小型干粉灭火器。其设置数量除应符合表 4-48 的规定外，还应符合《建筑灭火器配置设计规范》（GB 50140）的规定。

表 4-48　液化天然气储罐和工艺装置区干粉灭火器的配置数量

场所	配置数量
储罐区	按储罐台数，每台储罐设置 8kg 和 35kg 各 1 具
汽车槽车装卸台(柱、装卸口)	按槽车车位数，每个车位设置 8kg、2 具
气瓶灌装台	设置 8kg 不少于 2 具
气瓶组($4m^3$)	设置 8kg 不少于 2 具
工艺装置区	按区域面积，每 $50m^2$ 设置 8kg、1 具，且每个区域不少于 2 具

注：8kg 和 35kg 分别指手提式和手推式干粉型灭火器的药剂充装量。

4. 石油库储罐区灭火器材的配置要求

石油库储罐区灭火器材配置应执行《建筑灭火器配置设计规范》的有关规定，且还应符合下列规定。

（1）油罐组按防火堤内面积每 400m² 应设 1 具 8kg 手提式干粉灭火器，当计算数量超过 6 具时，可设 6 具。

（2）五级石油库主要场所灭火毯、灭火沙配置数量不应少于表 4-49 的规定。

（3）四级及以上石油库配备的灭火沙数量应同五级石油库，灭火毯数量在表 4-49 所列各场所应按 4～6 块配置，覆土储罐出入口应按 2～4 块配置。

表 4-49　五级石油库主要场所灭火毯、灭火沙配置数量

灭火器材＼场所	罐区	桶装油品库房	覆土罐出入口	油泵房	灌油间	铁路油品装卸栈桥	汽车装卸油场地	油品装卸码头
灭火毯(块)	2	2	2～4	—	3	2	2	—
灭火沙(m^3)	2	1	1	2	1	—	1	2

注：石油储存场所的消防泵房、变配电间、管道桥涵和雨水支沟接主沟处均应配置灭火沙 2m³；埋地卧式储罐可不配置灭火沙

5. 烷基铝等遇水易燃危险品库房灭火器的配置要求

（1）烷基铝等遇水易燃危险品库房应当配置 D 类干粉灭火器和干砂、蛭石等。

（2）设置火灾自动报警系统。

（3）烷基铝泄漏收集设施。

（五）危险品仓库火灾自动报警系统的设置

1. 应当设置火灾自动报警系统和消防控制室的场所

根据有关现行国家技术标准、规范的规定，下列场所应当设置火灾自动报警系统。

（1）易燃贵重物品库房和设有气体灭火系统的房间。

（2）每座占地面积大于 1000m² 的棉、毛、丝、麻、化纤及其织物的库房。

（3）占地面积超过 500m² 或总建筑面积超过 1000m² 的卷烟库房。

（4）单罐容积大于或等于 30000m³ 的浮顶罐密封圈处；单罐容积大于或等于 10000m³，并小于 30000m³ 的浮顶罐密封圈处宜设置火灾自动报警系统。

（5）甲、乙类液体罐组四周道路边，应当设置手动火灾自动报警按钮，且间距不宜大于 100m。

（6）可能散发可燃气体、可燃蒸气的库房，应设可燃气体泄漏报警装置。

2. 设置火灾自动报警系统和消防控制室的要求

火灾自动报警系统的设计，应符合《火灾自动报警系统设计规范》(GB 50116) 的有关规定。设有火灾自动报警系统和自动灭火系统或设有火灾自动报警系统的仓库，应设置消防控制室。消防控制室单独建造的消防控制室，其耐火等级不应低于二级；附设在建筑物内的消防控制室，宜设置在建筑物内首层的靠外墙部位，亦可设置在建筑物的地下一层，但应按本规范要求与其他部位隔开，并应设置直通室外的安全出口；消防控制室严禁有无关的电气线路和管路穿过；消防控制室不应设置在电磁场干扰较强及其他可能影响消防控制设备工作的设备用房附近。

3. 消防应急照明和消防疏散指示标志的要求

（1）丙类危险品仓库的消防电梯间的前室或合用前室，消防控制室、消防水泵房、自备发电机房、配电室以及发生火灾时仍需正常工作的其他房间，应设置消防应急照明灯具：

（2）消防控制室、消防水泵房、自备发电机房、配电室以及发生火灾时仍需正常工作的其他房间的消防应急照明，仍应保证正常照明的照度。

（3）消防应急照明灯具宜设置在墙面的上部、顶棚上或出口的顶部。

（4）高层危险品库房应沿疏散走道和在安全出口疏散门的正上方设置灯光疏散指示标志，其安全出口和疏散门的正上方应采用“安全出口”作为指示标识；沿疏散走道设置的灯光疏散指示标志，应设置在疏散走道及其转角处距地面高度1m以下的墙面上，且灯光疏散指示标志间距不应大于20m；对于袋形走道，不应大于10m；在走道转角区，不应大于1m，其指示标志应符合《消防安全标志》（GB 13495）的有关规定。建筑内设置的消防疏散指示标志和消防应急照明灯具，除应符合本规范的规定外，还应符合《消防安全标志》（GB 13495）和《消防应急灯具》（GB 17945）的有关规定。

（5）消防应急照明灯具和灯光疏散指示标志的备用电源的连续供电时间不应少于30min。

第五章

危险品运输防火

所谓运输，是指产品在离开生产领域而尚未进入消费领域之前在流通过程中形成的一种移动。运输是产品生产的继续，是商品流通的主要途径。危险品在从生产领域向消费领域转移过程中，一般必然要经过运输阶段。据有关部门估计，中国危险品的运输量占世界的50%以上。随着石油化学工业的飞速发展，每年约有几千种新产品投入市场，主要化学产品生产国的年贸易额达数千亿美元。

危险品的运输方式有道路、铁路、水路、航空和管道五种。选择何种运输方式，一般根据所运危险品的理化性状、所处的位置、地理条件、运途的长短和运量的大小而定。运量小、路途短而又无铁路和水路运输条件的一般采用道路运输；运量大、路途远，且有铁路运输条件的一般采用铁路运输；靠近江河湖海的一般采用水路运输；气体和液体（如石油、天然气、液化石油气）大量的散装运输宜采用管道运输。管道运输安全、经济，是正在大力发展的运输方式。道路、铁路、水路是目前我国最主要的运输方式，这里我们作为重点进行叙述。航空运输是指飞机运输，虽然民航事业正在大力发展，但作为危险品的飞机运输，除军运外，民运较少，故在此不再赘述。

第一节　危险品运输火灾的主要原因

危险品在运输过程中发生火灾事故较多，且近年来由于运输车辆的增多，危险品流通量的增大，发生火灾的次数、损失和危害程度都有较大的增长和加重。总结和归纳造成事故的原因，主要有以下几个方面。

一、装卸违反操作规程

危险品在装卸过程中，如果违反操作规程，摔、碰、拖拉、翻滚、野蛮操作或使用不合格的装卸工具，都易造成摩擦、撞击而引起火灾事故。如上海铁路局某车站的港务码头，汽车装卸一工区的9名装卸工来站装卸由北京发来的280桶电石时，既违反轻装轻卸的装卸规定，又未按规定先放去桶内的气体，而是将电石桶掀倒用扒吊杆吊入船舱，当一电石桶被掀倒着地后，因用力过猛，致使桶内电石相互撞击产生火花突然发生爆炸，使当场操作的工人被炸死亡。又如，江苏省某县石油公司的一辆油罐车，在加油站罐油之后，由于油罐后闸阀未关牢就驱车赶路，当车速加快，加之转弯等情况，致使油罐车出口处的滴漏变成了细细的流淌，恰遇路上的无名火源，使洒在路上的油迹引燃并随车追去。在行驶途中，司机突然发现车后约2km的地方跳起的一条火龙正追赶上来引起整车着火。驾驶员见势不妙，立即将车头转向路旁，并冲进河水中。但因河水太浅，车被烧毁，驾驶员被烧伤。

二、包装不合格

如果将包装不合格的危险品装上车或在车上码放不牢固等，极易留下事故隐患，并在行

驶途中发生事故。如某市农药厂在某市黄磷厂购买黄磷，开始计划用火车运输，但因包装桶盖不严密（漏水），铁路站方不予托运。该厂无视黄磷的火灾危险性，改用自己厂的汽车进行长途运输，将包装不合格的黄磷装上车，且未码放牢固。当汽车行驶途中，黄磷桶翻倒，桶内的密封水流出，黄磷遇空气而自燃起火，将整车黄磷连同汽车全部烧毁。又如，一列载有丁酮 25kg、异丙醇 1250kg、甲酸 75kg、氢氟酸 125kg 和发孔剂、联苯、对苯二甲酸及铁桶盛装的其他危险品 284 桶等的列车，由于车厢内装的用玻璃瓶盛装的丁酮、异丙醇等包装不合格，瓶盖松动、封口不严造成了渗漏、挥发，加之这些玻璃瓶的外包装箱又是由钙塑材料制作，容易滑动，箱外也无防滑措施，在列车运行时易移位、翻倒，致使玻璃瓶破碎，易燃液体溢出，并迅速蒸发与空气形成爆炸性混合物，当列车行至奔牛车站时，遇火源棚车突然爆炸起火。烈火烧毁货车箱两辆及车上的全部货物，使沪宁线全部客货车停运 1 小时 42 分。

三、车辆技术条件不佳

运输危险品的车辆应保证处于良好的技术状态，并符合所装运危险品的要求，否则就容易出现事故。如某铁路部门用未设防火板的木底板列车箱装运爆炸品，当行至娘子关以东某地时，因铁路坡度大、长时间抱闸运行，闸瓦与车轮摩擦产生的火星点燃了车厢木底板，继而引燃包装箱发生爆炸事故。致使 100 多米长的钢轨扭曲炸断，铁路中断 24h，附近农村民房遭到一定程度的破坏，五节棚车全部烧毁，其余爆炸品基本全部毁坏。又如，在济南黄河大桥上，一辆满载三氯化磷架装槽罐车的挂车轮胎突然脱落飞出，挂车倾翻，槽车内的 4t 多三氯化磷全部外溢，大桥上下顿时毒雾弥漫，方圆数十公里内异味难闻。造成 100 多人头晕、呕吐、呼吸困难，10 多亩稻田绝产，20 多亩农作物严重减产，大桥附件的花草、树木枯黄死亡。再如，在淀山湖畔的清平公路上，一辆装载 7 吨多剧毒液体氰化钠的槽罐车在坎坷不平的路面上飞速行驶，槽罐突然与车身脱钩倾翻在路旁的水沟里，剧毒的氰化钠顿时泄入水沟，使与水沟连通的仅百米之遥的淀山湖受到了严重污染。

四、混装混运，违章积载

危险品运输的积载隔离非常重要，否则一旦出现事故，将会造成不堪设想的后果。如由天津开往西安的一列货物列车，由于所运货物染发剂的 A 液（苯类液体）、B 液（双氧水）违章混装在同一车厢内，在运输中由于货物相互挤压致包装破漏，使两种液体混合，当车行至石家庄正定车站附近时自燃起火，致使一列车车厢的货物都被烧毁。

五、调车作业违章溜放

列车在调车连挂溜放时的撞击力是很大的，若超过了包装或容器的安全系数，就很容易损坏包装或使容器造成泄漏而发生事故。如某市液化石油气储配站在卸液化石油气时，火车调运空槽车与另一辆装满液化石油气的槽车相撞，将液化石油气槽车液相出口管阀门与罐体的连接处撞断，致使大量液化石油气喷出而无法堵塞，最后消防抢险人员冒生命危险硬是用木塞塞上才避免了大爆炸。

六、行驶违章

车辆在行驶中违章行车是造成交通事故一个重要原因，此时若装运易燃易爆危险品就会带来更加危险的后果。2012 年 8 月 26 日凌晨 2 时 40 分许，河南省孟州市第一汽车运输有限公司“豫 HD6962”解放牌新大威罐车，从榆林能化有限公司装载甲醇运往山东。该罐车从包茂高速安塞服务区休息后出发，在匝道违法驶入高速公路后低速行驶约 200m 处，导致包茂高速公路安塞段由北向南行使的“蒙 AK1475”号双层卧铺客车追尾，造成甲醇泄漏，客车起火，客车司乘人员 36 人死亡，3 人受伤。在事发后，罐车驾驶员没有立即向公安机关报警和所属单位报告，没有采取必要的救援措施。河南省孟州市汽车运输有限责任公司驾驶员兼押运员张某、闪某的行为涉嫌危险物品肇事罪被当地公安机关刑事拘留。

七、疲劳驾驶

疲劳驾驶常常是发生交通事故的主要原因。如 2000 年 9 月 29 日，宝鸡市丹凤县河口镇一个体司机驾驶一大货车，由湖北省枣阳市金牛化工厂拉运 5.2t 氰化纳前往宝鸡市丹凤县四方金矿，当车行至 312 国道 1303km＋450m 处时，因驾驶员疲劳驾驶导致操作错误，使汽车翻入道路北侧约 3m 深的铁河内，导致罐体与车体分离翻转，罐体上部撕开了一个长约 30cm 宽约 5cm 的裂口，除了罐内残存的 200kg 外，其余 5t 氰化纳液体全部流入河道，造成了河水严重污染，直接威胁到铁河两岸及丹江下游的人畜安全。此事故危害和影响面非常大，惊动了国务院主要领导。

八、静电放电

由于绝大部分易燃气体、液体都是介电体，在运输过程中物体的运动和相互摩擦又非常容易产生并积累静电，如果没有很好消除和导除静电的措施，就很容易发生静电放电而导致着火或爆炸事故。如广州海运集团公司的“大庆 243”轮第 14 航次从广州黄埔挂山驶抵长江下游龙潭水道南京栖霞油运锚地，在过驳作业时因静电放电引起爆燃，造成三艘油驳相继爆炸起火，泄漏的原油在江面上形成了 2 万多平方米的油淌大火。大火造成 6 人死亡，3 人失踪，大庆轮和三个油驳全损或部分烧损，直接财产损失达 822.6 万元。

九、技术故障导致泄漏

危险品的管道运输都是散装的气体或液体运输，线路长、运量大、技术复杂且易燃易爆，一旦出现事故往往损失、伤亡大，扑救难度大，政治影响大。如前苏联的巴钎基米自治共和国首都乌德市的天然气管道因技术故障导致泄漏，泄漏处又正好处于一丘陵之间的山谷，大量天然气弥漫聚集不散，使距现场 8km 的居民都能闻到泄漏天然气的气味；加之输气站管理人员发现管道压力下降后错误地采取调节泵加压的措施，导致气体大量泄漏。此时恰遇一列电力客车通过现场，泄漏弥漫的天然气遇电力客车的电火花发生爆炸。爆炸使西伯利亚中心城市罗伯比卢斯库和黑海的阿多勒卢之间的上下行两列错车的旅客列车脱轨并相撞，造成 600 多人死亡，500 多人受伤，卷入事故的两列客车一列完全报废，一列报废一半。破碎车辆的碎片飞达 700～800m 远，数百米长的铁轨和电缆被毁，输气管道两侧 4km 范围内的森林起火被烧毁，距现场 12km 内的房屋玻璃被震碎。据前苏联军界人士称，此次爆炸的威力相当于 10000t 黄色炸药的能量。

十、灭火方法错误

危险品在运输过程中发生火灾和在储存过程中一样，灭火方法不当同样会小火酿成大灾，并可能造成更大的损失和伤亡。这里举一世界上特大的爆炸惨案，1947 年 4 月 16 日，在美国得克萨斯城的加尔沃斯顿海湾停泊着一艘从马赛港开来的“格兰德坎普号”法国货轮，其载重量为 7176t。船上载有 2300t 硝酸铵和花生、芝麻、铣床等货物。16 日早 8 点，工人发现硝酸铵与船舱之间冒出浓烟，忙用水桶和泡沫灭火器灭火，但火势已不能控制，大副立即指挥盖上舱盖，用蒸气灭火。几分钟后，舱盖被一股强大的气流掀翻，桔红色的火焰直窜高空。船上的 27 名消防队员用四辆消防车的强大水柱向火焰喷射，但水柱迅速化作蒸

汽，混合着烟雾向空中升腾。这种景象吸引了不少好奇的群众在码头上围观。9时12分，“格兰德坎普号”轮船在“轰”地一声巨响中爆炸了。长135m的船体被炸作碎片，连同蒸汽机、锅炉和铣床碎片都被抛至半径约为3200m的地方。数千只海鸥被冲击波震死后，像雨点般从空中落下来。正在城市上空飞行的两架飞机被击爆炸的碎片击中后掉入海中。港内的水泥仓库和海湾对岸10m高的储油罐被震倒。四辆消防车被炸毁后掉入海中，激起了数米高的浪花。码头附近的海水在爆炸的瞬间几乎完全被排开，显露出高低不平的海底，然后波涛排山倒海般地猛扑回来，激起了冲天巨浪。50m长的驳船像一般轻巧的木制船模，在浪峰上漂移，最后被甩落在距码头70m远的几辆轻便汽车顶上，汽车被压的粉碎。在另一处，巨浪席卷了汽车服务队的600辆汽车。在爆炸声中，消防队员和码头上围观的群众全部丧生。就连港口新建的蒙桑托化工联合企业里上早班的450名职工也有约100人被炸死，200人身受重伤。

爆炸后的许多灼热的金属碎片，一捆捆燃烧着的白沙尔麻向市中心飞去，整座城市立即升腾起数百股烟柱。联合企业里的化学品库被引燃，仓库中的硫黄燃烧后生成的二氧化硫毒气随海风扩散使不少市民中毒。6个石油公司的油库先后起火，大量的石油从裂开的油罐中像喷泉一样涌出，这些四处漫溢的石油随即变成火龙流向城市某些角落，使火灾更加加剧了。

一波未平，一波又起。16日夜里，也就是17日凌晨1时10分，加尔沃斯顿海湾上空又升起两条火龙。原来在“格兰德坎普号”爆炸时，停泊在纵码头对面的两艘美国货船“汉井莱”号和“威尔逊”号遭到灼热爆片的袭击，引起货舱着火。“汉井莱号”装有960t硝酸铵和2000t硫黄，“威尔逊”号装有300t硝石和其他杂货。硫黄燃烧产生的二氧化硫，使救火无法进行。火越烧越大，不久这两条船也发生了震耳欲聋的爆炸声，海湾里发生了第二次爆炸。

两次爆炸形成的烈火吞没了得克萨斯城，烈火烧了三天三夜。事故造成516人死亡，3000多人受伤，15000人无家可归，直接经济损失1亿美元。使这座化学城顿临毁灭，成为震撼世界的一大惨案。这起事故的原因，经美国参议院任命的事故调查委员会调查确认有以下几点。

① 起火原因，是港口和船上工作人员不懂硝酸铵的危险特性，装卸工人在工作期间抽烟导致。

② 爆炸原因是船上的船长和大副都不懂硝酸铵的灭火方法，不知道硝酸铵着火只能用大量水灭火，不能盖上舱盖用水蒸气灭火，而硝酸铵在封闭条件下很快由着火转为爆炸。

从这起火灾案例可以看出，灭火方法的正确与否是何等重要。由于简单的灭火方法错误会造成这么大的灾害，实在令人痛心。

通过以上着火原因的分析，可以看出，要搞好危险品的安全运输，必须要抓好包装检验，正确装卸、积载和隔离，选用技术状态良好的运输工具，正确连挂、限制溜放，搞好编组隔离，安全行驶和采取正确的应急措施等中心环节。

第二节　危险品道路运输防火

危险品道路运输是通过道路运输危险品的一种方式。道路运输受路况、运输工具和驾驶技术的影响很大，所以，事故率较其他运输方式多。

一、危险品道路运输工具的消防安全技术条件

不同的运输方式有不同的运输工具，而不同的运输工具由于机械、动力方式不同，又有不同的危险性和特点。根据国家交通运输部于 2013 年第 2 号令公布的《危险货物道路运输管理规定》等有关规定，道路运输危险品的运输工具应当符合以下技术条件。

（一）道路运输工具通用消防安全技术条件

1. 运输工具的种类应符合所运危险品的特性要求

在目前的技术条件下，危险品道路运输的工具主要是汽车，而汽车又有普通货车和专用汽车之分。普通货车，目前主要有汽车、全挂汽车列车、拖拉机、机动三轮车、摩托车、畜力车、人力车和自行车等；专用汽车主要有罐车、槽车、冷藏车、集装箱车和长途零担运输车等。由于全挂汽车列车道路行驶时操作难度大；拖拉机振动大，排气管喷出火星的概率高；机动三轮车、摩托车、自行车容易翻倒，且人与车、货在一起，易对人员造成伤亡；畜力车牲口有时受惊不易控制等，加之危险品多有易燃易爆性、毒害性和腐蚀性等。所以，根据道路运输工具的特点、危险品的特性和国家有关道路运输危险品的规定，对以上车辆运输危险品时应当有所限制。

（1）全挂汽车列车、拖拉机、三轮机动车、非机动车（含畜力车、自行车）和摩托车不准装运爆炸品，一、二级氧化性物品，有机过氧化物。

（2）拖拉机不准装运压缩气体和液化气体以及其他一、二级易燃危险品。

（3）自卸车辆不准装运除散装的硫黄、萘酐、粗萘、煤焦沥青等乙类易燃固体之外的所有危险物品。

（4）不得使用移动罐体（罐式集装箱除外），报废的、擅自改装的、检测不合格的、车辆技术等级达不到一级的，除铰接列车和具有特殊装置的大型物件运输专用车辆之外的货车、列车和其他不符合国家规定的车辆从事危险品的道路运输。

（5）国家鼓励技术力量雄厚、设备和运输条件好的大型专业危险品生产企业从事危险品道路运输，鼓励危险品道路运输企业实行集约化、专业化经营，鼓励使用厢式、罐式和集装箱等专用车辆运输危险品。

2. 运输工具的载重不得超过限制要求

超载是重大交通事故的主因之一，因此，危险品运输工具的最大载重也必须有所限制。根据交通部《危险货物道路运输管理规定》，运输爆炸、强腐蚀性危险品的罐式专用车辆的罐体容积不得超过 $20m^3$；运输剧毒危险品的罐式专用车辆，除罐式集装箱外，罐体容积不得超过 $10m^3$；运输剧毒、爆炸、强腐蚀性危险货物的非罐式专用车辆，核定载重质量不得超过 10t。不得违反国家有关规定超载、超限运输。

3. 排气管必须安装有效的隔热和火星熄灭装置

允许装运危险品的机动车，其排气管必须加戴火星熄灭器（防火帽），以防止喷火引起火灾。火星熄灭器内通常是由三层带有小孔的通道和隔板组成的，当废气、火焰、火星从排气管经消声器排出，通过火星熄灭器时，将受到三层隔板阻挡，除可改变气流方向降低温度外，还能使废气流速减慢，消除火星。这种火星熄灭器经长期使用，证明效果较好。由于火星熄灭器中的丝网或波纹片易残损和受腐蚀，所以，火星熄灭器使用一段时间之后，应注意及时维护保养和修换，使之经常保持良好状态。装运可燃气体、易燃液体的槽（罐）车，其排气管应由发动机引至驾驶室左前方，出口与槽（罐）及泵液系统的距离不得小于 1.5m，并带火星熄灭器，以减少易燃气体、蒸气与火星的接触机会。

4. 应有防止电火花和导除静电设施

车辆的电路系统，应有切断总电源和隔离电火花的安全装置。各种电气元件和导线，必须连接可靠，屏蔽良好，以保证不产生电火花。运输易燃气体、液体的槽车上应采用防爆式电气装置和可靠的防止和消除静电火花的安全装置，应设有接地线圈盘，地线应柔韧，拉开和回收方便，接地线插扦在易于插入潮湿的地内；在槽罐的底部应设置性能良好的导除静电的拖地装置；金属管路中任意两点间或任意一点到地线插扦末端、罐槽内部导电部件上及拖地胶带末端的导电通路电阻值，以及加油软管两端的电阻值，均不应大于5Ω。

5. 车辆的技术状况必须处于良好状态，并达到一级技术等级要求

(1) 危险品道路运输专用车辆的技术性能，应符合现行《营运车辆综合性能要求和检验方法》(GB 18565) 的要求。车辆外廓尺寸、轴荷和质量，应符合《道路车辆外廓尺寸、轴荷和质量限值》(GB 1589) 的要求。车辆技术的等级，应达到《营运车辆技术等级划分和评定要求》(JT/T198) 规定的一级技术等级的要求。

(2) 具有运输剧毒品、爆炸品及其他Ⅰ级危险品资质的专用车辆，还应当设置与其他设备、车辆、人员隔离的专用停车区域，并设立明显的警示标志。

(3) 运输易燃易爆危险品车辆的行走部分、方向操纵部分，都必须灵活好用，制动必须可靠，各种指示灯必须启闭灵活有效，不能有任何影响安全行车的故障存在，在技术上能保证行车的安全；车辆底盘和车辆行走部分，应按道路交通部门的有关规定执行进行检查维修。

(4) 对槽车上各种安全装置和附件，包括全启式内置弹簧安全阀、压力表、液面计、温度计、过流阀、紧急切断阀、管接头、液泵、人孔、道管、各种阀门、接地链和灭火器等，必须经常检查，看其性能是否正常，有无泄漏或损伤等。

(5) 车厢应有防止摩擦打火的措施

运输易燃易爆危险品的车厢底板应平整无损，周围栏板必须牢固，厢内黑色金属部分应用木板垫好，裸露的铁钉用橡胶覆盖，以免铁器碰击、摩擦产生火星，有条件的最好用铝板或橡胶板衬垫，但不得使用谷草、草片等松软的易燃材料。

6. 不得非法改装、伪装危险品专用车

根据《道路运输液体危险货物罐式车辆》(GB 18564) 的规定，每个型号危险品货车罐体的形状和容积，都应当根据装载重量的上限事先测算。罐体设计容积在24～30m^3 的碳素钢金属罐体，最小壁厚应为6mm；罐体设计容积在11～24m^3 的中型罐体，最小壁厚应为5mm。但是一些投机生产厂家，在长宽高外形尺寸不变的情况下通过改变罐体形状，将35m^3 的大型罐体也使用5mm钢板生产，这样就偷偷地达到了扩容罐体的目的。由于非法改装的危险品专用车，不是技术性能达不到国家标准要求，就是载重超限，或是厢体不合格，所以，往往在运输危险品时发生事故，且往往造成重大人员伤亡。如2014年7月19日凌晨3时许，一辆非法改装、伪装的载有6.52t乙醇的小货车与一载有41人的大客车在沪昆高速邵怀段相撞，造成43人遇难，6名受伤（4人重伤，2人轻伤）。

7. 应当安装行驶记录仪或GPS卫星定位系统

运输剧毒、爆炸、易燃、放射性危险品的车辆，应当具备罐式车辆或厢式车辆、专用容器，车辆应当安装行驶记录仪或GPS卫星定位系统。GPS卫星定位系统是用于监控危险品运输车辆的“黑匣子”，可以全天候24h对所辖区域内危险品车辆在运输过程中的位置、车速、防恐、防盗以及各类突发事件等进行监控。如果运输车辆在行驶途中发生任何异常或碰撞，系统不仅能瞬间报警，还可以像飞机上的“黑匣子”一样，提交车辆在事故发生前26s的所有行驶信息。危险品运输车辆每分每秒的行使信息，都可在系统的“掌控”之中。运输

车辆如果偏出指定路线一定距离或进入敏感区域，该系统都会自动报警，后方监管工作人员可以远程控制车辆，并切断车辆的油路或者电路。因此，为了实现对危险品运输车辆进行严密而科学的监管，要求所有危险品运输车辆都应当安装这一系统。

8. 应备有应急用的灭火器材和安全防护设施

运输危险品的车辆应根据所装危险品的性质，配备有与所运危险货物性质相适应的安全防护、环境保护和消防设施、设备，配备相应的灭火器材和捆扎、防水、防散失等用具，以及防雨、雪的篷布和车轮的防滑链。灭火器的配置不应少于两具。灭火器的种类应适应所运危险品的性质。液化燃气汽车槽车至少应备有5kg以上的干粉灭火器两具。

9. 应设置规定的危险品运输标志

道路运输危险品的车辆，应当根据《危险货物道路运输车辆标志》（GB 13392）的要求，设置危险货物道路运输车辆标志灯和标志牌，且标志灯和标志牌应当达到质量要求。

（二）易燃气体槽车消防安全技术条件

1. 应具有足够的强度及齐全的安全设施和附件

装运易燃气体、液体危险品的槽、罐等专用车辆的罐体应与所装易燃气体、液体的性能相适应，并具有足够的强度，符合《压力容器》(GB 150）和《道路运输液体危险货物罐式车辆》(GB 18564—2006）等标准规定的技术条件；应当在罐体检验合格的有效期内承运危险品。外部附件应有可靠的防护设施，并经质量检验部门检验合格，保证所装货物不发生“跑、冒、滴、漏”现象。

2. 易燃气体槽车罐体应当符合所载运气体的设计强度

由于燃气汽车槽车上的罐体属于压力容器，所以必须符合压力容器和燃气槽车安全管理规定的有关要求。液化石油气汽车槽车罐体的设计压力除应考虑最高工作温度条件下的压力外，还应考虑最高装卸压力，并不应小于表5-1的要求。

表 5-1 液化燃气汽车槽车罐体的设计压力

充装介质种类		设计压力/MPa
丙烯		2.2
丙烷、丁烷、丁烯、丁二烯		1.8
混合液化石油气	50℃时，饱和蒸气压大于1.65MPa(表压)	2.2
	其余情况	0.8

注：表中“混合液化石油气”是指丙烯与丙烷或丙烯、丙烷与丁烯、丁烷的混合物。

3. 易燃气体槽车罐体要经过严格程序检验合格才许使用

槽车罐体制成后，要对焊后进行消除残余应力的整体热处理，并检验合格。应按规定进行罐体的水压试验和气密性试验。水压试验压力应为罐体设计压力的1.5倍，当罐内压力达到试验压力时，保压时间应不小于30min。试压过程中，不得有显著的变形、不均匀膨胀和渗漏。槽车的各种附件和管道，在与罐体组装后，必须进行整体气密性试验，试验压力为罐体的设计压力。

4. 易燃气体槽车上应当安装规定的安全阀件

对于易燃气体槽车的罐体上应配置泄压安全阀和过流阀等安全装置。安全阀应为内置全启式，安装高度露出罐体外部分不应超过150mm，并应加以保护；压力表、温度计、液位计以及液相管和气相管及其阀门，应设在阀门箱内予以防护；在液相管和气相管的出口，都应安装紧急切断阀。

为了防止碰撞，在汽车槽车后部的车架上，应装有与储罐不相连的缓冲装置（后保险杠），伸出罐体后端的水平距离应不小于100mm；可略小于全车宽度，但不得小于后保险杠的宽度。

5. 设备附件要经常检查，不得带病作业

易燃气体槽车要定期进行检验，通常每年检验1次，全面的定期检验每5年1次。年度检验如发现有严重缺陷，则应提前进行全面检验，以把各种事故隐患消灭在萌芽状态。对压力表至少每6个月校验1次，对装卸用的耐油胶管每隔6个月至少进行1次气压试验，试验压力应不低于罐体设计压力的1.5倍。

6. 易燃气体槽车体外表应按规定要求漆色

为了减少太阳光对罐体的热辐射，液化燃气汽车槽车罐体表面应涂银灰色。沿罐体水平中心线四周涂刷一道宽度不小于150mm的红色色带，罐体两侧的中央部位（此处色带留空不涂色）应用红色喷写“严禁烟火”字样，字高不大于200mm。槽车其余裸露部分的涂色，安全阀为红色、气相管为红色、阀门为银灰色、液相管为银灰色；其他不限。

（三）道路运输液体危险品罐式车辆的消防安全技术条件

液体危险品系指在50℃时蒸气压不大于0.3MPa（绝压），或在20℃和0.1013MPa（绝压）压力下不完全是气态，在0.1013MPa（绝压）压力下熔点或起始熔点不大于20℃的具有爆炸、易燃、毒害、感染、腐蚀等危险特性，在运输、储存、生产、经营、使用和处置中，容易造成人身伤亡、财产损毁或环境污染而需要特别防护的液体危险货物。道路运输液体危险品罐式车辆，系指罐体内装运液体危险品，且与定型汽车底盘或半挂车车架永久性连接的道路运输罐式车辆。

1. 基本要求

(1) 道路运输液体危险品罐式车辆，除应符合运输车辆的基本性能外，罐体的设计、制造、试验方法、出厂检验、涂装与标志标识及定期检验项目等安全技术要求，还应符合国家有关法令、法规和规章的规定。

(2) 罐体制造材料和外购件应符合有关标准的规定，并有供应商提供的合格证明，装配时应选用经检验合格的零部件。

(3) 罐体设计时，应根据底盘、罐体和附件等参数，计算整车在空载和满载两种工况下的轴载质量，且不大于底盘或半挂车允许的总质量和轴载质量。装运三氯化磷等剧毒类（毒性程度为极度或高度危害）介质的罐体，其有效容积等还应符合国家有关法规和规章的规定。

2. 防火和防静电要求

装运易燃易爆类液体介质的罐车，应满足下列基本要求。

(1) 应配备不少于2个与载运介质相适应的灭火器或有效的灭火装置。

(2) 发动机排气装置应采用防火型或在出气口加装排气火花熄灭器，且排气管出口应安装到车身前部，排气火花熄灭器应符合GB 13365标准的规定。

(3) 非金属衬里的罐体，应有防静电放电的措施。

(4) 罐体及其附加设备的防静电要求，应符合GB 20300标准的有关规定。

3. 罐体的选材要求

(1) 罐体制造材料应当具有良好的耐腐蚀性能、力学性能、焊接性能及其他工艺性能，并能满足罐体的制造、检验及安全使用等基本要求。

(2) 装运剧毒类介质的罐体，使用碳素钢或低合金钢钢板制造时，应在制造前进行复验。复验应至少包括，应按批号抽取2张钢板进行夏比（V形缺口）低温冲击试验，试验温

度按设计图样的规定选取，且应不大于－20℃，试件取样方向为横向（奥氏体不锈钢可免做低温冲击试验）；当钢厂未提供经超声检测合格的钢板质量保证书时，制造厂应逐张进行超声检测，合格等级不低于JB/T 4730.3中规定的Ⅱ级要求的内容。

（3）与介质接触的罐体材料（包括衬里材料），不应与装运介质发生危险化学反应，从而避免降低材料强度或形成危险化合物。

（4）罐体用材料应与罐内装运介质相容，其腐蚀速率应不大于0.5mm/年，且满足罐车在使用中所遇到的各种工作和环境条件。

（5）罐体用材料碳素钢或低合金钢应具有良好的塑性，常温下的屈服强度应不大于460MPa，抗拉强度上限值应不大于725MPa，且屈服强度与抗拉强度下限值之比应不大于0.85，断后伸长率应不小于20%。

（6）铝及铝合金等铝制材料，应符合JB/T 4734标准的规定，其断后伸长率应不小于12%；非金属衬里材料应不小于罐体金属材料的弹性。

（7）装运剧毒类介质的罐体用锻件，应不低于Ⅲ级；装运其他类介质罐体用锻件应不低于Ⅱ级。

（8）装运剧毒类介质的罐体应选用按相关标准进行涡流或超声检测的钢管。未进行检测的钢管，制造厂应逐根进行水压试验，试验压力应不小于1.6MPa。

（9）罐体用保温材料应具有良好的化学稳定性，应对设备和管路无腐蚀作用，火灾时不应大量逸散有毒气体，并能满足工作温度的要求。保温层外壳材料应选用金属或玻璃纤维加强的塑料材料。

4. 罐体的结构设计要求

罐体系指由筒体、封头、人孔、接管和装卸口等构成的封闭容器。其质量如何对道路运输安全非常重要。

（1）罐体与底盘的连接，应牢固、可靠，除符合相应底盘改装的要求外，设计时应避免上装部分的布置对底盘车架造成集中载荷，并尽可能将其转化为均布载荷，以改善受力状况；当车架需加长时，加长部分用材料应考虑其可焊性；应避免在车架应力集中的区域内进行钻孔或焊接；罐体纵向中心平面与底盘纵向中心平面之间的最大偏移量应不大于6mm。

（2）半挂车按罐体受力情况及连接方式分为半承载式和承载式两种。半承载式半挂车，应对半挂车车架进行强度校核；承载式半挂车，应按规定对罐体进行整体强度和刚度的校核。

（3）罐体的接焊接接头，以及装运剧毒类介质的罐体的人孔、接管、凸缘等与筒体或封头焊接的焊接接头，应采用双面焊或相当于双面焊的全焊透结构。封头与筒体的连接应采用全焊透对接结构。

（4）罐体的横截面一般宜采用圆形。对于罐体横截面形状，装运剧毒类介质或易燃易爆介质试验压力不低于0.4MPa的罐体，应采用圆形截面；装运其他介质，且试验压力低于0.4MPa的罐体可采用圆形、椭圆形或带有一定曲率的凸多边形截面。

（5）罐体与底盘的连接结构和固定装置应牢固可靠，罐体与底盘的支座连接的结构形式可采用V形支座或鞍式支座等。罐体上的支座、底座圈及其他型式的支撑件应有足够的刚度和强度，且能承受不小于纵向$2mg$、垂直向下$2mg$、横向$1mg$、垂直向上$1mg$惯性力的作用（其中m为罐体、附件与装运介质的质量之和）。罐体与支座连接的部位应进行局部应力校核，其许用应力按规定。

5. 罐体的设计压力

（1）罐体的设计压力应不小于最高工作压力。确定计算压力时，除应考虑罐体所装运介

质的工作压力外，还应考虑罐体在正常的运输和装卸时所产生的静态、动态和热负荷等最大综合载荷。

（2）罐体的设计压力应认真考虑内压、外压或最大压差、装载量达到最大装运质量时的液柱静压力、运输时的惯性力、支座与罐体连接部位或支承部位的作用力、连接管道和其他部件的作用力、罐体自重及正常工作条件下或试验条件下装运介质的重力载荷、附件及管道、平台等的重力载荷、温度梯度或热膨胀量不同引起的作用力和冲击力、由流体冲击引起的作用力等因素。

（3）罐体在设计时，还应考虑运输工况中所承受的静态力。纵向应按最大充装质量乘以2倍的重力加速度；横向应按最大充装质量乘以重力加速度；垂直向上应按最大充装质量乘以重力加速度；垂直向下应按最大充装质量（包括重力作用的总负荷）乘以两倍的重力加速度确定（上述载荷施加于罐体的形心，且不造成罐内气相空间压力的升高）。

（4）罐体的设计压力，应取设计温度时介质的饱和蒸气压与封罐压力之和及充装、卸料时的操作压力两者中的较大值。

（5）罐体的计算压力，应取设计温度时介质饱和蒸气压与封罐压力，以及由于载荷产生的等效压力之和的最大值。等效压力应不小于0.035MPa，其中，盛装50℃时饱和蒸气压不超过0.01MPa的介质：采用重力卸料的，应取罐体底部装运介质的两倍静态压力或两倍静态水压力的较大值；采用压力充装或压力卸料的，应取充装压力或卸料压力较大值的1.3倍。对装运50℃时饱和蒸气压超过0.01MPa，但不大于0.075MPa的介质，计算压力应取充装或卸料压力较大值的1.3倍，且取其与0.15MPa的较大值。对装运50℃时饱和蒸气压大于0.075MPa，但小于0.1MPa的介质，计算压力应取充装或卸料压力较大值的1.3倍，且取其与0.4MPa的较大值。

（6）罐体的外压校核压力，当未装真空阀、呼吸阀或排放系统时，罐体外压稳定性校核压力至少应高出罐体内压力0.04MPa；当装有真空阀，但未安装呼吸阀或排放系统时，罐体外压稳定性校核压力至少应高出罐内压力0.021MPa；当装有呼吸阀或排放系统时，可免罐体外压稳定性校核。

6. 罐体的设计温度和腐蚀余量

（1）罐体的设计温度，罐体结构为裸式或带遮阳罩的，其设计温度为50℃；罐体结构有保温层的，设计温度应不小于元件金属可能达到的最高温度，对于0℃以下的金属温度，设计温度应不大于元件金属可能达到的最低温度。罐体设计温度的确定应考虑环境温度的影响。

（2）许用应力，当罐体承受内压载荷时，车架与罐体的连接处以及罐体材料的许用应力，均应按有关标准中规定的相应材料的许用应力值选取。

（3）材料的腐蚀裕量，应根据罐体和零部件是否有腐蚀或磨损情况确定。对有腐蚀或磨损情况的零件，应根据预期的罐体设计寿命和介质对材料的腐蚀速率确定；罐体各组件的腐蚀程度不同时，可采用不同的腐蚀裕量；碳素钢或低合金钢制罐体，其腐蚀裕量一般应不小于1mm。介质对材料无腐蚀作用或设有耐腐蚀衬里或涂层的材料，可不考虑腐蚀裕量。

7. 罐体最小厚度

罐体最小厚度应符合下列要求。

（1）对采用标准钢材料的罐体：当直径不大于1800mm时，其最小厚度应不小于5mm当直径大于1800mm时，其最小厚度应不小于6mm。

（2）对采用其他钢材的罐体，其最小厚度可按下式求出。

$$\delta_1=\frac{464\delta_0}{\sqrt[3]{(R_{m1}A_1)^2}}$$

(3) 对采用铝或铝合金材料的罐体，其最小厚度可按下式求出。

$$\delta_1=\frac{21.4\delta_0}{\sqrt[3]{(R_{m1}A_1)}}$$

式中 δ_1——所用材料的罐体最小厚度，mm；

δ_0——标准钢的罐体最小厚度，mm；

R_{ml}——所用材料的标准抗拉强度下限值，MPa；

A_1——所用材料的断后伸长率，%。

(4) 在横向冲击或翻倒情况下，当装有防止罐体破坏的保护装置时，对采用标准钢的罐体，当直径不大于1800mm时，其最小厚度应不小于3mm，当直径大于1800mm时，其最小厚度应不小于4mm；对其他金属材料制作的罐体，其最小厚度不小于表5-2的规定。

表5-2 标准钢的罐体最小厚度

罐体的直径/mm	≤1800	≥1800
奥氏体不锈钢/mm	≥2.5	≥3
其他钢材/mm	≥3	≥4
铝合金/mm	≥4	≥5
99.60%纯铝/mm	≥6	≥8

(5) 罐体设计厚度应取罐体计算厚度与腐蚀裕量之和；或罐体最小厚度与腐蚀裕量之和。

8. 罐体保护装置的要求

为防止罐体破坏，其保护装置的安装应符合以下要求。

(1) 罐体应内装有加强部件。加强部件由隔仓板、防波板、外部或内部加强圈等组成，加强部件的垂直截面，连同罐体的有效加强段：其组合截面模量至少为10^4mm^3；外部加强件的棱角半径不应低于2.5mm。

(2) 加强部件的布置，相邻二个加强部件之间的距离应不超过1750mm；或者相邻二个隔仓板或防波板之间的罐体几何容积应不大于$7.5m^3$。隔仓板或防波板的厚度不应小于罐体壁的厚度；防波板的有效面积应至少为罐体横截面积的70%。

(3) 对固体保温层（如聚胺酯）厚度至少为50mm的双壁罐，当保温层外壳采用低碳钢时，厚度应不小于0.5mm，采用玻璃纤维加强的塑料材料时，厚度应不小于2mm。

(4) 封头、隔仓板的形状应为碟形，其深度应不小于100mm，也可采用波状或其他具有相同强度的结构。但不应采用无折边结构，其最小厚度不应小于罐体最小厚度。

(5) 罐体均应设置防波板。用于罐体加强件防波板的有效面积，应满足罐体横截面积的70%，其余防波板的有效面积应大于罐体横截面积的40%，且上部弓形面积小于罐体横截面积的20%，相邻防波板之间的罐体几何容积应不大于$7.5m^3$。防波板设置还应考虑操作或检修人员方便进出。

(6) 一个罐体至少应设置一个人孔，一般可设在罐体顶部。人孔宜采用公称直径不小于450mm的圆孔或500mm×350mm的椭圆孔。对多仓罐体，人孔设置还应考虑检修人员方便地进出各仓。

(7) 罐体上部的部件应设置保护装置，以防止因碰撞、翻车造成损坏。保护装置可设置

为加强环或保护顶盖、横向或纵向构件等。保温层的设置不应妨碍装卸系统及安全阀等附件的正常工作及维修。

9. 罐体的允许最大充装量

(1) 罐体允许最大充装量应按下式计算确定，并应不大于罐车的额定载质量。

$$W=\Phi_V V$$

式中　W——罐体允许最大充装量，t；

Φ_V——单位容积充装量，t/m^3，其中轻质燃油类介质，应按 QC/T653 确定；其他类介质应按罐体设计温度下，其罐内至少留有 5%，且不大于 10%的气相空间及该温度下的介质密度来确定；

V——罐体设计容积，m^3。

(2) 罐体的计算厚度应按下式计算。

$$\delta=\frac{P_c D_i}{2[\sigma]\phi}$$

式中　δ——罐体计算厚度，mm；

P_c——计算压力，MPa；

D_i——罐体内直径，mm；

$[\sigma]^t$——设计温度下，罐体材料许用应力，MPa；

ϕ——焊接接头系数（罐体焊接接头系数应据材料情况和所装运的介质情况选取，其中钢材的焊接接头系数应按 JB/T 4735 标准选取，铝和铝合金材料的焊接接头系数应按 JB/T 4734 标准选取；装运剧毒类介质的罐体，钢材的焊接接头系数取 1.0，铝和铝合金材料的焊接接头系数取 0.95）。

10. 安全附件的设置要求

安全附件系指安装于罐体上的安全泄放装置（呼吸阀、安全阀、爆破片装置、安全阀与爆破片串联组合装置和排放系统等）、紧急切断装置、液位测量装置、压力测量装置、温度测量装置及导静电装置等能起安全保护作用的附件的总称。

(1) 罐体安全附件至少包括安全泄放装置、紧急切断装置、导静电装置、液位计、温度计和压力表等，并均应有产品合格证书和产品质量证明书，并应符合相应国家标准或行业标准的规定。其中，液位计、温度计和压力表应按介质特性要求设置。

(2) 安全泄放装置系指用于紧急泄放因罐体内部介质的聚合、分解等反应所引起的超压而设置的保护装置。至少应包括排放系统、安全阀、爆破片装置、安全阀与爆破片串联组合装置等。安全泄放装置应设置在罐体顶部，除设计图样有特殊要求的外，一般不应单独使用爆破片。

(3) 安全泄放装置的材料应与装运介质相容，在设计上应能防止任何异物的进入，且能承受罐体内的压力、可能出现的危险超压及包括液体流动力在内的动态载荷。

(4) 安全泄放装置的排放能力应保证在发生火灾和罐内压力出现异常等情况时，能迅速排放；当罐体完全处于火灾环境中时，各个安全泄放装置的组合排放能力应足以将罐体内的压力（包括积累的压力）限制在不大于罐体的试验压力；多个安全泄放装置的排放能力可认为是各个安全泄放装置排放能力之和。

(5) 安全泄放装置，应有清晰、永久的标记。标记内容应至少包括，该装置设定的开启压力；安全阀开启压力的允许误差；根据爆破片的标定爆破压力确定的标准温度；该装置额定的排气能力；制造单位的名称和相关的产品目录编号；安全泄放装置需标注的其他内容等。

(6) 当按照规定的罐体设计代码需设置安全阀时，安全阀的开启压力应不小于罐体设计压力的1.05倍～1.1倍；当装运介质50℃时饱和蒸气压大于0.01MPa，且不超过0.075MPa时，开启压力不小于0.15MPa；当装运介质50℃时饱和蒸气压大于0.075MPa，但不超过0.1MPa时，开启压力不小于0.3MPa；安全阀的额定排放压力应不大于设计压力的1.20倍，且不大于罐体的试验压力；安全阀的回座压力不应小于开启压力的0.90倍。

(7) 当装运介质50℃时饱和蒸气压不大于0.01MPa时，应设置排放系统。排放系统应配有能防止由于罐体翻倒而引起液体泄漏的保护装置。

(8) 装运易燃易爆介质的罐体，应设置呼吸阀和紧急泄放装置。紧急泄放装置的开启压力应不小于罐体设计压力的1.05～1.1倍，且不小于0.02MPa。呼吸阀的设置和功能应符合，罐体的每一分仓应至少设置一个排放系统及一个呼吸阀，分仓容积大于$12m^3$时，应至少设置2个呼吸阀；呼吸阀的最小通气直径应不小于$19mm^2$；呼吸阀的出气阀应在罐内压力高于外界压力6～8kPa时开启，进气阀应在罐内压力低于外界压力2～3kPa时开启；罐车发生翻倒事故时，呼吸阀不应泄漏介质；易燃易爆介质用呼吸阀应具有阻火功能。

(9) 当罐体设置安全阀与爆破片串联组合装置时，安全阀与爆破片串联的组合装置应与罐体气相相通，且设置在罐体上方；气体在超压排放时应直接通向大气，排放口方向朝上，以防排放的气体冲击罐体和操作人员；组合装置的排放能力应不小于罐体的安全泄放量；爆破片的爆破压力应高于安全阀开启压力，且不应超过安全阀开启压力的10%；爆破片应与安全阀串联组合，在非泄放状态下与介质接触的应是爆破片；组合装置中爆破片面积应大于安全阀喉径截面积；爆破片不应使用脆性材料制作，破裂后不得产生碎片和脱落，用于装运易燃、易爆介质的爆破片在破裂时不应产生火花；安全阀与爆破片之间的腔体应设置排气阀、压力表或其他合适的指示器等，用以检查爆破片是否渗漏或破裂，并及时排放腔体内蓄积的压力，避免背压影响爆破片的爆破动作压力。

(10) 紧急切断装置。紧急切断装置一般应由紧急切断阀、远程控制系统、以及易熔塞自动切断装置组成。紧急切断装置应动作灵活、性能可靠、便于检修，其设置应尽可能靠近罐体的根部，不应兼作它用，在非装卸时紧急切断阀应处于闭合状态；应能防止任何因冲击或意外动作所致的无意识的打开。为防止在外部配件（管道，外侧切断装置）损坏的情况下罐内液体泄漏，内部截止阀应设计成剪式结构。

远程控制系统的关闭操作装置应装在人员易于到达的位置。当环境温度达到规定值时，易熔塞自动切断装置应能自动关闭紧急切断阀。

紧急切断装置的易熔塞的易熔合金熔融温度应为75℃±5℃；油压式或气压式紧急切断阀应保证在工作压力下全开，并持续放置48h不致引起自然闭止；紧急切断阀自始闭起，应在10s内闭止；紧急切断阀制成后应经耐压试验和气密性试验合格；受介质直接作用的紧急切断装置部件应进行耐压试验和气密性试验，其耐压试验压力应不低于罐体的耐压试验压力，保压时间应不少于10min；气密性试验压力取罐体的设计压力。

11. 承压元件设置的要求

(1) 罐体承压元件至少包括装卸阀门、快装接头、装卸软管和胶管等，且应有产品合格证书和产品质量证明书，符合相应国家标准或行业标准的规定。

(2) 装卸软管的软管与介质接触部分应与介质相容；软管与快装接头的连接应牢固、可靠；软管在承受4倍罐体设计压力时不应破裂；软管不应有变形、老化及堵塞等问题；软管在1.5倍装卸系统最高工作压力下，保压5min不应泄漏。

(3) 装运易燃易爆介质的罐体阀门，应采用不产生火花的铜、铝合金或不锈钢材质阀

门。装运剧毒类介质和强腐蚀介质的罐体阀门，应采用公称压力不低于1.6MPa的钢质阀门或其他专用阀门。

12. 管路的设计要求

(1) 管路的设计，应充分考虑人员方便进出罐体；并应避免热胀冷缩、机械振动等引起的损坏，必要时应考虑设置温度补偿结构和紧固装置。

(2) 管路和阀门用材料，应与装运的介质相容，阀体不得采用铸铁或非金属材料。

(3) 管路在布置时，应尽量减少弯道，缩短总长度，且管路联接不得采用螺纹联接；管路与汽车传动轴、回转部分、可动部分之间的间隙应不小于25mm；所有管路和管路配件在承受4倍罐体设计压力时不应破裂。

13. 泵送系统的要求

(1) 泵送系统的平均无故障工作时间（T_b）不低于60h；平均连续工作时间（T_c）不低于4h；可靠性应不小于92%。

(2) 泵送系统的压力管路，应能承受1.5倍泵出口的额定工作压力，保压5min不应渗漏。

(3) 泵送系统应形成导静电通路，且不应有开路的孤立导体；车辆与装卸系统和储罐间也应形成导静电通路。

(4) 管路最低处应设置残液的放液口。

(5) 仪表和操作装置应设在便于观察和操作处的位置。

14. 装卸口的设置及要求

罐体底部装卸口的设置，应根据罐体设计代码确定。

(1) 当罐体设计代码第三部分为A时，罐体底部装卸口应设置两道相互独立且串联的关闭装置，第一道关闭装置为外部卸料阀；第二道关闭装置为卸料口处设置的盲法兰或类似的装置。该关闭装置应有能防止意外打开的功能。

(2) 当罐体设计代码第三部分为B时，罐体底部装卸口应设置三道相互独立，且串联的关闭装置，第一道阀门应为紧急切断装置；第二道为外部卸料阀；第三道为在卸料口处设置的盲法兰或类似的装置。该关闭装置亦应有能防止意外打开的功能。

(3) 当罐体设计代码第三部分为C时，除罐体底部允许有清洁孔外，该孔用盲法兰盖密封。其余开孔应均应不低于罐内的最高液位。

(4) 罐体设计代码第三部分为D时，罐体上所有开孔均应不低于罐内最高液位。

(5) 装卸口的设置位置，应根据介质特性确定。装运剧毒类介质和强腐蚀介质的罐体，其装卸口应设在罐体的顶部。

(6) 装卸口无论设置在何位置，均应设置阀门箱或防碰撞护栏等保护装置，且应设置有密封盖或密封式集漏器。

15. 扶梯、罐顶操作平台及护栏的要求

(1) 扶梯应便于攀登，连接牢固，可设在罐体两侧或后部。扶梯的宽度应不小于350mm，步距应不大于350mm，且每级梯板应能承受1960N的载荷。

(2) 罐体顶部可设操作平台，平台应具有防滑功能，且在600mm×300mm的面积上能承受3kN的均布载荷［均布载荷，一般用q表示，简单地说，它就是均匀分布在结构上的力（载荷），均布载荷作用下各点受到的载荷都相等，其单位一般是N/m］。当罐体顶部距地面高度大于2m时，平台周围应设置固定或可折叠的护栏。

16. 罐体的实验与检验

罐体制造完成后，应按设计图样的要求进行盛水试验、耐压试验或气密性试验。对罐体的开孔补强圈，在耐压试验前，应通入 0.1MPa 的压缩空气检查焊接接头质量等。罐体耐压试验一般采用液压试验。对因结构或介质等原因，以及运行条件不允许残留试验液体的罐体，可按设计图样要求采用气压试验。

（1）罐体的液压试验压力应按规定选取　当试验压力为 G 时，耐压试验压力按罐体的计算压力选取；罐体气压试验压力为罐体设计压力的 1.15 倍，且不应低于 0.042MPa；罐体应进行气密性试验，试验压力为罐体的设计压力，且不低于 0.036MPa。

（2）盛水试验　试验液体一般用水。必要时，也可采用不会导致发生危险的其他液体。对奥氏体不锈钢罐体，用水进行试验后应将水渍消除干净，当无法达到这一要求时，试验用水的氯离子含量不大于 25mg/L。盛水试验前，应将焊接接头的外表面清理干净，并使之干燥。罐体盛满水后，应检查焊接接头有无渗漏，观察的时间不得少于 1h。盛水试验完毕后，应将罐内水排净，并使之干燥。

（3）耐压试验　需热处理的罐体，耐压试验应在热处理后进行。对有保温层的罐体，应在保温层安装前进行耐压试验。耐压试验时，应采用两个量程相同的并经过校验的压力表。压力表的量程以试验压力的 2 倍为宜，但应不小于试验压力的 1.5 倍，且不大于试验压力的 4 倍。

（4）液压试验　碳素钢、低合金钢制的罐体进行液压试验时，液体温度应不低于 5℃；其他材料制罐体的液压试验液体温度应符合设计图样的规定。罐体充液时，应将罐内气体排尽，并应保持罐体外表面干燥。试验时压力应缓慢上升，达到试验压力后，保压时间不少于 30min，然后降至设计压力，再保压足够的时间进行检查。检查期间的压力应保持不变，不应采用加压的方式维持压力不变，也不应带压紧固螺栓或向受压元件施加外力。液压试验的整个过程，应以无渗漏、无可见的变形、无异常的响声为合格。液压试验合格后，应排尽罐内液体并使之干燥，应保证罐内无积液和杂物。液压试验时，可进行罐体内容积的测定。

（5）气压试验　试验所用的气体，应为干燥洁净的空气、氮气或其他惰性气体。气压试验时，应有安全措施，该安全措施需经试验单位技术总负责人批准，且试验单位安全部门应进行现场监督。碳素钢和低合金钢制罐体进行气压试验时，气体温度应不低于 15℃；其他材料制罐体的气压试验温度应符合设计图样的规定。气压试验时，压力应缓慢上升，逐级增压至规定的试验压力，并保压 30min，然后降至设计压力，再保压足够的时间进行检查。检查期间压力保持不变，不得采用加压的方式维持压力不变，也不得带压紧固螺栓或向受压元件施加外力。气压试验的整个过程，经肥皂液或其他检漏液检查，应以无漏气、无可见的变形、无异常响声为合格。

（6）气密性试验　气密性试验应在罐体经耐压试验合格后和所有安全附件安装完毕后进行。试验所用的气体应为干燥洁净的空气、氮气或其他惰性气体。对于碳素钢和低合金钢制罐体，试验所用的气体温度应不低于 5℃。气密性试验时，压力应缓慢上升，达到设计压力后，保压 10min，对所有的焊接接头和连接部位进行检查，以无泄漏为合格。

（7）安全附件试验　对装卸软管应进行气压试验，试验压力应为装卸系统最高工作压力的 2 倍，保压 5min 不得泄漏。其他安全附件的性能试验，应按相应标准的要求进行；并应进行罐体接地电阻测量。

17. 涂装与标志的标示

（1）罐体的涂装及外观质量除符合 JB/T 4711 标准的规定外，所有外露碳钢或低合金钢表面均应进行除锈处理。碳钢或低合金钢罐体的涂漆颜色应为浅色或不与环形橙色反光带混淆的其他颜色。铝及铝合金或不锈钢制罐体的涂漆要求按设计图样的规定。所涂油漆应色泽鲜明、分界整齐，无皱皮、脱漆、污痕等。

（2）罐体（车）的标志，除应符合 GB 13392 的规定外，罐体应有一条沿通过罐体中心线的水平面与罐体外表面的交线对称均匀粘贴的宽度不小于 150mm 的环形橙色反光带；并应标志识别代码（VIN）。

（3）应在罐体两侧后部色带的上方喷涂装运介质的名称，字高不小于 200mm，字体为仿宋体。字体颜色，易燃易爆类介质为红色、有毒和剧毒类介质为黄色、腐蚀和强腐蚀介质为黑色、其余介质为蓝色。

（4）罐车产品铭牌应安装在罐体两侧的易见部位。

18. 罐式专用车辆或者专用车辆不得运输普通货物

由于罐式专用车辆或运输有毒、腐蚀、放射性危险货物的专用车辆不清洗会附着有所运危险品的残留物，若用其直接装运普通货物，会对普通货物带来危害。所以，不得使用罐式专用车辆或者运输有毒、腐蚀、放射性危险货物的专用车辆运输普通货物。其他非罐式或非专用车辆从事食品、生活用品、药品、医疗器具以外的普通货物运输活动时，应当对专用车辆进行消除危险处理，确保不对普通货物造成污染、损害。

二、危险品道路运输车辆标志

根据《危险货物道路运输车辆标志》（GB 13392—2005）的规定，危险货物道路运输车辆标志分为标志灯和标志牌两类。

（一）标志灯

1. 标志灯的分类结构与类型

标志灯包括灯体和安装件，灯体正面为等腰三角形状，由灯罩、安装底板或永磁体（A型标志灯）、橡胶衬垫及紧固件构成；标志灯正、反面中间印有“危险”字样，侧面印有“!”，灯罩正面下沿中间嵌有标志灯编号牌。标志灯按车辆载重质量、安装方式分为 A、B、C 三种类型（表 5-3）。

表 5-3　危险货物运输车辆标志灯

类　型	安装方式	代号	适用车辆
A 型	磁吸式	A	载重量 1t(含)以下，用于城市配送车辆
B 型	顶檐支撑式	BⅠ	载重量 2t(含)以下
		BⅡ	载重量 2～15t(含)
		BⅢ	载重量 15t 以上
C 型	金属托架式	CⅠ①	带导流罩，载重量 2t(含)以下
		CⅡ①	带导流罩，载重量 2～15t(含)
		CⅢ①	带导流罩，载重量 15t 以上

① 金属托架为可选件，金属托架按底平面与标志灯基准面的夹角 γ 区分。γ 分别为 30°、45°和 60°。

A 型标志灯如图 5-1 所示。

B 型标志灯灯体与金属杆用螺栓连接，以弹簧垫圈方式锁紧。如图 5-2 所示，尺寸标注见 A 型标志灯。

C 型标志灯灯体尺寸与 B 型相同。标志灯灯体与金属托架、金属托架与汽车导流罩用螺栓连接，以弹簧垫圈方式锁紧，如图 5-3 所示。

2. 标志灯的编号

根据《危险货物道路运输车辆标志》（GB 13392—2005）的规定，每个标志灯应有一个确定编号，编号规则如图 5-4 所示。编号牌为长 100mm、宽 20mm 铝质金属牌，编号字体为黑体，用腐蚀工艺制作使边框与编号适量凸出，凹陷部分涂黑色，如图 5-5 所示。编号牌用螺栓或粘贴方式固定于标志灯正面下方、中部，编号牌下沿距灯罩底沿 1mm。

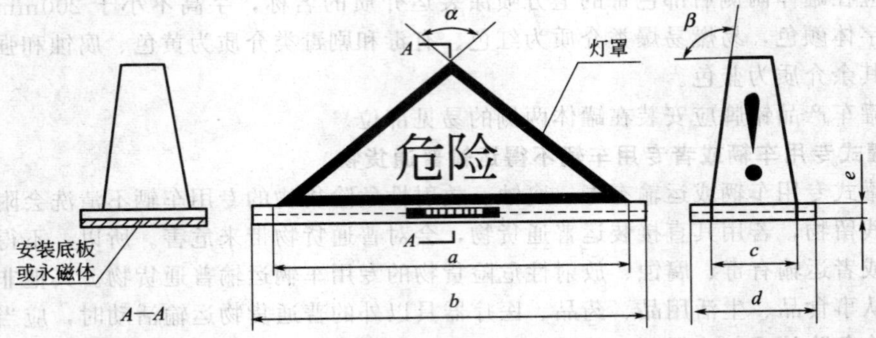

图 5-1　A 型标志灯

图 5-2　B 型标志灯

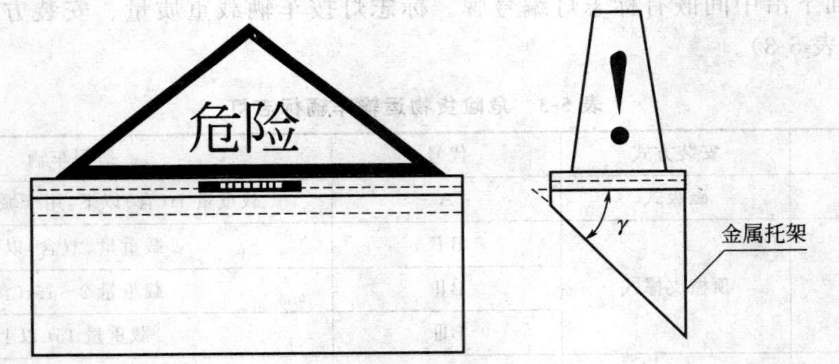

图 5-3　C 型标志灯

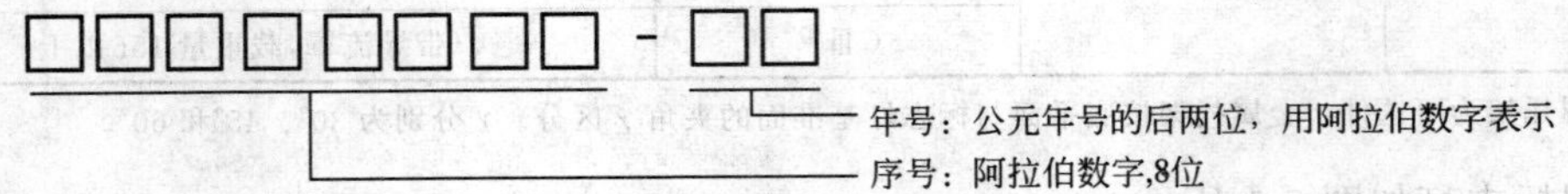

图 5-4　标志灯编号规则

12345678-05

图 5-5　标志灯编号牌

3. 标志灯的技术要求

(1) 标志灯的光源应为荧光物质。按照 GB 2893 中安全色与对比色的规定，灯罩应为荧光黄色，正反面边框线条应为黑色，字体为黑色黑体；侧面“!”为黑色黑体，线条、字体和符号使用反光材料附着或印刷。

(2) 灯罩材质应为 ABS 树脂，应一次注塑成型，表面应光洁无气泡，有较好的耐低温、耐高温、抗振动、抗冲击性。

(3) 荧光黄色在正常使用条件下应至少保持两年不褪色，黑色边框线条、字体及符号至少 2 年不褪色、不剥落。荧光物质的正常使用寿命不少于 2 年。

(4) 灯罩材料内加入荧光物质或表面附着荧光膜，夜间发光的可视距离不少于 150m，在夜间车辆正常行驶时不少于每 10min 会车 1 次情况下可持续达到发光要求。

(5) 安装底板的材质应为工程塑料，厚度不低于 10mm。

(6) 灯罩、橡胶衬垫、安装底板连接处应涂密封脂，以防止腐蚀性气体或雨水侵入。

4. 标志灯的安装要求

标志灯安装于驾驶室顶部外表面中前部（从车辆侧面看）中间（从车辆正面看）位置，以磁吸或顶檐支撑、金属托架方式安装固定。A 型标志灯的安装位置如图 5-6 所示，B 型标志灯的安装位置如图 5-7 所示，C 型标志灯的安装位置如图 5-8 所示。对于带导流罩的车辆，可视导流罩表面流线形和选择的金属托架角度确定安装位置，允许自制金属托架，允许在金属托架与导流罩间加衬垫，但应保证标志灯安装正直。

图 5-6 A 型标志灯安装位置

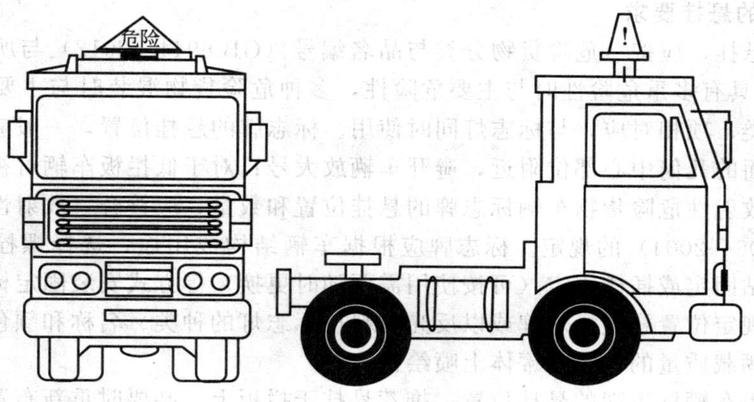

图 5-7 B 型标志灯安装位置

图 5-8　C 型标志灯安装位置

（二）标志牌

1. 标志牌分型

标志牌应按 GB 6944 规定的危险货物的类、项和车辆载质量分型。菱形标志牌的 4 个内角均为直角，边长、厚度按车辆载质量分型方式，见表 5-4。

表 5-4　标志牌类型和尺寸

类型	代号	边长/mm	厚度/mm	适用车辆
PⅠ	PⅠ*M^1	250	1	载重量 2t(含)以下
PⅡ	PⅡ*M^2	300	1.25	载重量 2～15t(含)
PⅢ	PⅢ*M^3	350	1.5	载重量 15t 以上

注：*代号中的“M”为数字 1～18，与标志牌图形“编号”栏相一致，图形与“标志牌图形栏”对应。

2. 标志牌的质量要求

标志牌的材质为金属板材，形状为菱形。标志牌图形应符合《危险货物包装标志》(GB 190—2009）的规定，基板材质为铝合金，工作表面贴覆符合《道路交通反光膜》(GB/T 18833—2012）要求的定向反光膜。采用冲压成型工艺，使图形凸出量不小于 0.5mm；按规定的颜色以反光材料印刷图形。反光膜、印刷图形能有效地防止酸、碱液或腐蚀性烟雾的侵蚀，使用寿命不少于 2 年。危险货物包装标志图形见本书附录 4。

3. 标志牌的悬挂要求

标志牌的悬挂，应按《危险货物分类与品名编号》(GB 6944—2012）与所运载危险货物（一种危险货物具有多重危险性时与主要危险性，多种危险货物混装时与主要危险货物的主要危险性）的类、项相对应，与标志灯同时使用。标志牌的悬挂位置，一般应悬挂于车辆后厢板或罐体后面的几何中心部位附近，避开车辆放大号；对于低拦板车辆可视情选择适当悬挂位置。运输放射性危险货物车辆标志牌的悬挂位置和数量，应符合《放射性物质安全运输规程》(GB 11806—2004）的规定。标志牌应根据车辆结构或用途，选择螺栓固定、铆钉固定、黏合剂粘贴固定或插槽固定（可按使用需要随时更换）等方式安装固定标志牌。对于罐式车辆，应按规定位置悬挂标志牌或以反光材料按标志灯的种类、名称和颜色以及危险货物的类、项和车辆载质量的规定在罐体上喷绘标志。

(1) 低拦板车辆标志牌的悬挂位置，推荐悬挂于拦板上，必要时重新布置放大号。如图 5-9 所示。

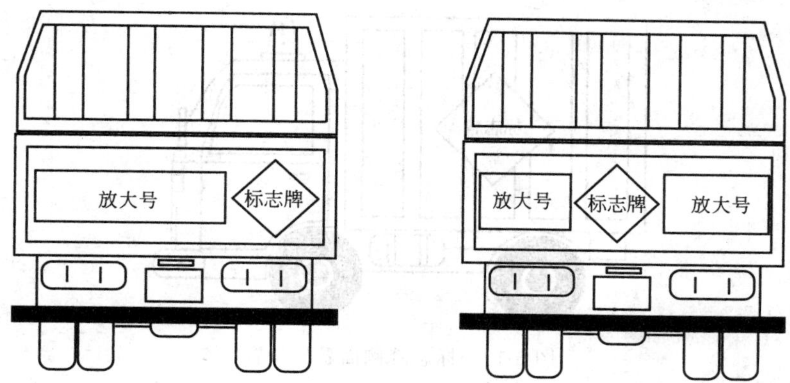

图 5-9 低栏板车辆标志牌悬挂位置

(2) 厢式车辆标志牌悬挂位置，一般应在车辆放大号的下方或上方，推荐首选下方；左右尽量居中。集装箱车、集装罐车、高栏板车类同。如图 5-10 所示。

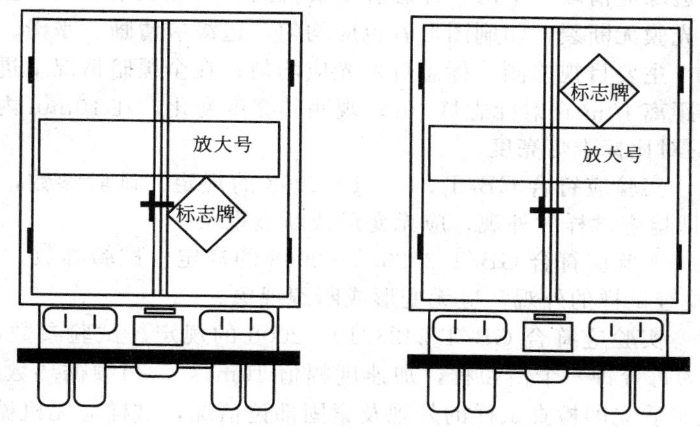

图 5-10 厢式车辆标志牌悬挂位置

(3) 罐式车辆标志牌悬挂位置，一般应在车辆放大号下方或上方，推荐首选下方；左右尽量居中。如图 5-11 所示。

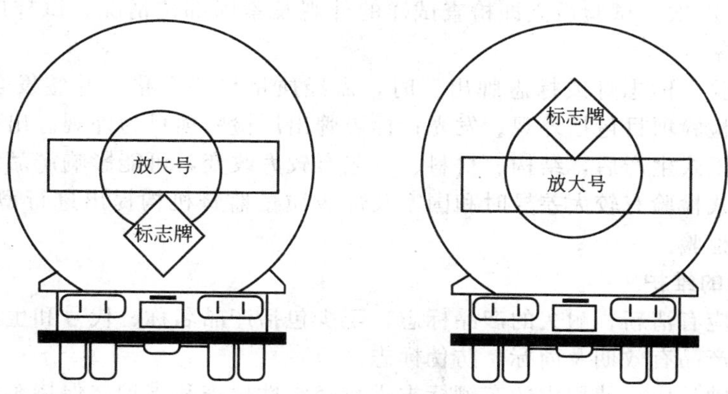

图 5-11 罐式车辆标志牌悬挂位置

运输爆炸、剧毒危险货物的车辆，应在车辆两侧面厢板几何中心部位附近的适当位置，各增加悬挂一块标志牌，悬挂位置一般居中，如图 5-12 所示。

图 5-12 标志牌侧面悬挂位置

(三) 危险品运输车辆标志的质量检测与维护

1. 危险品运输车辆标志的质量检测

(1) 外观质量 标志灯主要检测，灯罩、安装底板表面应平整、无气泡；线条、字体和符号着色应均匀，边缘应清晰、平滑；标志牌主要检测，反光膜附着应平整、无气泡，冲压图形边缘清晰、反光膜无断裂，印刷图形着色应均匀，边缘应清晰、平滑。

(2) 发光质量 主要目视检测，标志灯发光应均匀；在全黑暗情况下进行对比试验，以普通小汽车远光灯距离 10m 直射标志灯 10s，观测其亮度变化，在 10min 内应始终不低于内置 21W 汽车灯泡的对比标志灯亮度。

(3) 低温试验 实验应符合 GB/T 2423.1—2008 的规定。试验参数，温度 −25℃，时间 72h。试验后立即检查试样的外观，应无变形或断裂现象。

(4) 高温试验 实验应符合 GB/T 2423.2—2008 的规定。试验参数，温度 40℃，时间 72h；试验后立即检查试样的外观，应无变形或断裂现象。

(5) 振动试验 实验应符合 GB/T 2423.10—2008 的规定。试验参数，频率范围 10～150Hz，扫频速率为每分钟一个倍频程，加速度幅值 $10m/s^2$，扫频循环数 20，在试样的竖直轴线上试验。试验后立即检查试样的外观及紧固部位情况，试样应无机械损伤和紧固部位松动现象。

(6) 冲击试验 实验应符合 GB/T 2423.5—2008 的规定。试验参数，峰值加速度 $150m/s^2$，持续时间 11ms，脉冲波形为半正弦或后峰锯齿，在试样的 3 个相互垂直的轴线上各连续冲击 1000 次。试验后立即检查试样的外观及紧固部位情况，试样应无机械损伤和紧固部位松动现象。

(7) 出厂检验 标志灯或标志牌出厂时，需经质量检验合格，并签发合格证后方能出厂。标志灯出厂检验项目包括外观、发光；标志牌出厂检验项目为外观。出厂检验时，在投入批量生产前或正式生产后，结构、材料、工艺有较大改变，可能影响产品性能时，出厂检验结果与上次型式检验有较大差异时和国家及部级质量监督机构提出进行型式检验要求时，都应当进行型式检验。

2. 车辆标志的维护

(1) 标志灯应有清新、耐久的产品标志，至少包括产品名称、代号和生产编号；制造厂名、生产日期、产品有效期及商标、防伪标志。

(2) 车辆驾驶员应对使用中的车辆标志进行经常性检查和维护，保持车辆标志的清洁和完好。车辆在装、卸载可能导致车辆标志腐蚀、失效的化学危险品后，应及时对车辆标志进行检查，必要时对车辆标志进行清洗和擦拭。

(3) 标志灯正常使用期限为 2 年，标志牌正常使用期限为 4 年。在使用期限内车辆标志

发生破损、失效时，应及时更换。

三、危险品道路运输装卸防火

装卸作业是危险品运输过程中一个十分重要的环节。装卸作业的好坏，直接影响着危险品运输的安全。危险品装卸，从场地上看有仓库、车站的货场与栈台、港口的码头，而且装卸不同的运输工具都有着不同的技术要求和配载方法。从装卸的物品看，有的对温度、冲击、潮湿十分敏感，作业时稍有不慎就可能引起着火、爆炸、中毒和腐蚀的危险，有的还会因操作错误埋下事故隐患，以至在运输过程中发生事故。如某危险品仓库在装好一汽车氯酸钾后，一装卸工人将一空木箱顺手扔至车上，恰好碰到撒落在车上的氯酸钾碎屑上，立即起火，把已装上车的114箱氯酸钾和汽车全部烧毁，造成了严重损失。所以，要安全运输危险品，首先应把好装卸作业这一关。

（一）整装危险品道路运输装卸的防火要求

用于装卸危险品的机械及工具的技术状况，应当符合行业标准规定的技术要求，并应按危险品的性质选用合适的装卸机具。装卸易燃易爆危险品应使用铜质或镀铜工具，禁止使用铁质等易产生火花的工具，装卸机械应设置火星熄灭器，装卸一、二级危险品的机具应按额定负荷降低25%使用。同时，对于不同的危险品还有不同的要求。

1. 爆炸品

(1) 爆炸品应根据所装卸货物的品类、数量、特性和运载工具等情况，按已拟订的安全装运计划，在监装、监卸人员的指导下进行装卸。

(2) 汽车装载爆炸品之前，应将车厢清扫干净，排除异物，必要时要用水冲洗。装载量不得超过额定负荷。装车、卸车应由押运员监装、监卸，并清点数量。

(3) 装卸搬运操作时，必须轻拿轻放，不可在包装上踩踏，严防撞击、坠落、摩擦、重压、倾斜和倒桩，更不得在水泥地上滚动。最好用双手搬，重量大的要两个人抬或用胶轮小车搬运，禁止背负。如用肩扛，要有专人接肩，以防震摔引起爆炸危险，尤其是雷管、发令纸等更要十分注意。男工的单人负重量不得超过50kg，两人抬时，每人平均负重量不超过40kg；单人负重在50kg以上时，平地上搬运距离不应大于20m，在斜坡上（如跳板、楼梯、坡道等）进行搬运时，搬运重量或距离还应适当缩减；多人肩抬时，要对人员、工具、索具进行适当安排和安全检查，行走中必须有专人指挥，步调统一，不许单独行动或停止，以免发生事故。在使用手推车等小型手动工具时，应轻拿轻放，码放平稳、牢固，严防翻车倒箱。严禁拖拉、撞击、抛掷、脚踩、翻滚、侧置危险品；严格执行民用爆炸物品同库存放规定，不应超高、超宽、超载。

(4) 在装卸时，应分清种类、批号，堆码要整齐，不得侧置、倒置，放置要稳固、紧凑、码平，车厢包装件的总堆码高度不得超过1.5m。汽车的装载量不应超过该车额定装载量的三分之二，手推车不得超过正常载重量的二分之一。装容高度，汽车低于车厢上端至少10cm；手推车的堆放高度，不应超过两层。因为在行驶中，路上车子会发生颠簸，如果装载过高，容易出现垮塌、摔落、翻车等事故。没有外包装的金属桶（一般装的是硝化棉或发射药），只能单层摆放，以免压力过大或撞击、摩擦引起其中物品着火或爆炸。

(5) 汽车装卸爆炸品不得直接开入爆炸品库房内，应停靠在库房门外的装卸台前或离库房2.5m以远的地方进行装卸作业。作业中堆放要平稳，箱与箱彼此要靠紧，堆码要整齐牢固。对火箭弹和旋上引信的火工品应横装，与车辆行进方向垂直。装车完后要用绳索捆牢，防止中途摇动撞击、摩擦，顶部要用帆布苫盖严实。

(6) 装载时，雷管和炸药不得同车装运或者两车在同时、同地进行装卸；散装爆炸品不

得汽车运输，更不得将爆炸品与性质相互抵触的易燃物、氧化剂、酸、碱、盐类及金属粉末等类物品混运。当同车运输多种爆炸品时，应符合《爆炸品混存互抵表》的要求。在装卸中撒漏的粉状或粒状物品，应先用水湿润后，撒以锯末或以棉絮等松软材料轻轻收集起来，再作适当处理。

(7) 包装不良或不符合国家规定，以及散装在木箱内的弹药、炮弹严禁装运。在装卸过程中，凡从 1.5m 以上高度跌落的带引信的炮弹及单独包装的引信，必须与其他弹药、引信隔离，单独存放，并及时报告、请示处理，不得再继续装运。

(8) 装卸车辆的技术状况，应当符合《爆破安全规程》(GB 6722—2011) 的要求。车辆应熄火、制动，不应在装卸现场添加燃料和维修车辆。装卸人员应严格按要求的品种、规格和数量搬运，作业前要检查运输工具是否完好，清除运输工具和车辆内的一切杂物。

(9) 民用爆炸物品的装卸作业宜在白天进行，押运员应在现场监装，无关人员和车辆禁止靠近，运输车辆离库门不应小于 2.5m。来源不清和性质不明的民用爆炸物品不应入库或装车；如包装损坏需更换时，应在指定的安全地点操作。

(10) 遇雷雨、暴风等恶劣天气，禁止进行装卸作业；路面有冰雪时，车辆应采取防滑措施。

(11) 装车完毕，应用苫布覆盖严密，并用大绳捆扎牢固，作业场所应清理干净，防止遗留民用爆炸物品，并与库管员做好交接。

2. 压缩气体和液化气体

(1) 车厢内不得沾有油脂污染物及强酸残留物。

(2) 装卸时要旋紧瓶帽，注意保护气瓶阀门，防止撞坏；车下人员须待车上人员将气瓶放妥后才能继续装瓶。汽车装卸时，同一车厢不准二人同时单独往车上装瓶。除允许竖装的气瓶（如民用液化石油气瓶等）外，车上气瓶均应横向平放。装载应平衡，并妥善固定，防止滚动，阀门应朝向一方，最上层气瓶不得超过车厢拦板高度。

(3) 液化石油气钢瓶，必须竖放，10kg 和 15kg 钢瓶放置时不得超过两层，50kg 及 50kg 以上的钢瓶，只须单层码放；液氯钢瓶，充装量为 50kg 的应横向卧放，高度不大于两层，充装量为 500kg 和 1000kg 的钢瓶只允许单层放置，且瓶口一律朝向车辆行驶方向的右方。所有钢瓶，都应有聚乙烯护圈或橡胶护圈。

(4) 装卸操作时，不要把阀门对准人身，注意防止气瓶安全帽脱落。气瓶应竖立转动，不准脱手滚瓶或传接。气瓶竖放时必须稳妥。

(5) 装运大型气瓶（盛装净重 0.5t 以上）或成组集装气瓶时，瓶与瓶、集装架与集装架之间需填牢木塞，集装架的瓶口应朝向行车的右方，车厢后拦板与气瓶空隙处必须有固定支撑物，并用紧身器紧固，严防气瓶滚动，重瓶不准多层装载；氢气集装瓶每单元总重量不得大于 2t，集装夹具、吊环的安全系数不得小于 9。

(6) 用机械化、自动化灌装钢瓶时，可采用集装箱。即用特制的金属框架结构，将钢瓶成组放在其中，再用起重设备将集装箱吊装在汽车上。不论何种装卸法，都必须码放牢固，防止途中倾倒。卸车时，应在气瓶落地点铺上铝垫或橡皮垫，必须逐个卸车，严禁溜放。

3. 易燃液体

易燃液体的盛装桶灌装设施，主要由灌装罐、灌装泵房、灌桶间、计量室、空桶堆放场、重桶库房（棚）、桶装卸车站台以及必要的辅助装卸设施等组成，设计可根据需要设置。

(1) 空桶堆放场、重桶库房（棚）的布置，应避免油桶搬运作业交叉进行和往返运输。灌装油罐、灌桶操作、收发油桶等场地应分区布置，且应方便操作、互不干扰。灌装油泵房、灌桶间、重桶库房可合并设在同一建筑物内。对于甲、乙类油品，油泵与灌油栓之间应

设防火墙。甲、乙类油品的灌桶间与重桶库房之间应设无门、窗、孔洞的防火墙。

(2) 油桶灌装宜采用泵送灌装方式。有地形高差可供利用时，宜采用油罐直接自流灌装方式。

(3) 甲、乙、丙A类油品宜在灌油棚（亭）内灌装，并可在同一座灌油棚（亭）内灌装。

(4) 灌装200L易燃液体桶的时间，甲、乙、丙A类油品宜为1min，灌油枪出口流速不得大于4.5m/s。

(5) 装运易燃液体的车厢内，不得有氧化剂、有机过氧化物、自燃物品、氧化性腐蚀品、强碱等残留物。

(6) 对低沸点或易聚合的易燃液体，如发现其包装容器内装物有膨胀（鼓桶）现象时不得装车，应由发货人调换包装容器后才可再装车。

(7) 对钢制包装件多层装载时，层间必须采取合适的衬垫，并应捆扎牢固。

(8) 金属桶盛装的易燃液体，不得从高处翻滚卸车。从车上溜放或滚动操作时，应有防止撞击产生火星的措施，且周围应有人接应，以防金属桶撞击致损。

4. 易燃固体、自燃物品和遇水易燃物品

(1) 装卸易升华、挥发出易燃、有毒（害）或刺激性气体的货物时，现场应通风良好。

(2) 装运需用水（如黄磷）、煤油、石蜡（如金属钠、金属钾）或其他稳定剂进行防护的包装件时，应认真检查包装有无渗漏现象及封口是否严密，发现问题要立即通知发货人调换包装。

(3) 装卸碳化钙（电石）时，应弄清包装内有无充填保护气体。如系未充填保护气体的，在装卸前应侧身轻轻地拧开通气孔放气，防止铁桶爆裂伤人。因为未填充保护气体的电石桶密封不严密，会吸收大气中的水汽产生乙炔气。因为未填充保护气体的电石桶密封不够严密，电石吸潮后会散发出乙炔气。

(4) 装卸具有遇水易燃性的物品时，在雨雪天如不具备防雨条件，不准进行装卸作业。

5. 氧化性物品

(1) 车厢、装卸机具设备及操作场所不得沾有酸类、煤炭、砂糖、面粉、油脂、磷、硫或其他松软、粉状的可燃物。

(2) 如货物包装为金属容器，装车时应单独摆放；需多层装载时，应采用合适的材料衬垫。

(3) 对添加稳定剂和需控温的一级氧化剂和有机过氧化物，作业时应认真检查其包装，密切注意包装有无渗漏及变形（如鼓桶）情况，如有异常应拒绝装车。

(4) 在装卸过程中如发生包装破损，撒漏物不得装入原包装内，必须另行处理。操作时，不得踩踏、碾压撒漏物。

6. 毒性物品

(1) 对刚开启的库门、集装箱、封闭式车厢要先通风；装卸时应站在上风处，必要时戴好防毒面具、护目镜等防护用品。

(2) 装卸时要防止包装破漏、沾染人体或污染其他货物。对沾染易经皮肤吸收的毒品时，工作服应及时更换。不得在毒性物品包装件上坐卧休息。

(3) 作业人员皮肤破伤者不能装卸毒性物品。工间或工后，手、脸未经清洗干净，不得饮水、吸烟和进食。

(4) 对刺激性较强和散发异臭的毒性物品，装卸人员应采取轮班作业。在夏季高温期，应尽量安排在早晚气温较低时作业。

(5) 毒性物品严禁与食用、药用及生活用品等同车拼装。装运后的车辆及工具要严格清洗消毒，未经安全管理人员检验批准，不得装运食用、药用及生活等用品。

(6) 装卸具有易燃性和氧化性的毒性物品时，还一定遵守有关防火的规定。

7. 放射性物品

放射性物品的装卸作业，应按《放射性物质安全运输规定》(GB 11806) 执行。

8. 腐蚀品

(1) 装卸腐蚀品的车厢和装卸工具不得沾有氧化性物品和可燃的物品。

(2) 易碎容器的木质包装件，要严防底部脱落。装卸时不得肩扛、背负，没有封盖的包装件不准码垛。

(3) 装卸具有易燃性和氧化性的腐蚀性物品时，还须遵守有关防火的规定。

(二) 散装液化燃气道路运输装卸的防火要求

1. 液化燃气汽车槽车装卸台的要求

液化燃气汽车槽车的装卸设施是汽车槽车装卸台。较大型的储配站，尤其是采用管道运输液化石油气的储配站，汽车装卸台的主要任务是灌装汽车，所以又称汽车槽车灌装台。灌装台可以进行液化石油气槽车和残液槽车的灌装。一般安装液化石油气和残液灌装柱两组。有液态液化石油气干管，残液干管和气相干管分别与储罐、残液罐和压缩机出口管道相连。还装有压力表、流量计等仪表。灌装柱上的液相管道由液相支管阀门、高压耐油胶管、高压螺纹接头、球阀和快速接头承口，以及压力表、流量计等组成。汽车槽车简易装卸台的构造如图 5-13 所示。

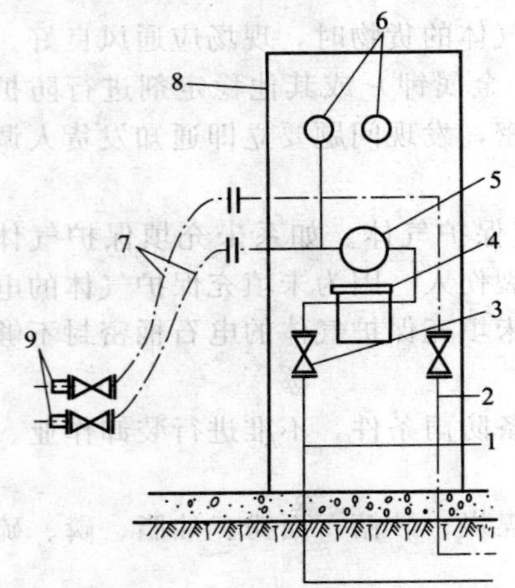

图 5-13　汽车槽车简易装卸台

1—液相管；2—气相管；3—阀门；4—过滤器；5—流量计；6—压力表；7—铠装橡胶软管；8—铁皮保护罩；9—装卸车快速接头

(1) 汽车槽车装卸台，应为耐火不燃的钢筋混凝土构筑，台架上应设非金属的不燃材料制成的罩棚。

(2) 汽车槽车装卸台应采取防火、防爆、防雷以及防静电等措施。要有良好的静电接地线柱。高压耐油胶管耐压不应低于槽车罐体设计压力的 1.1 倍，长度不宜小于 3m。

(3) 汽车槽车装卸台与液化石油气储罐、灌瓶间和瓶库的防火间距，应当根据液烃的储量而区分，并不得小于《城镇燃气设计规范》(GB 50028) 的有关规定。与汽车槽车库之间的距离不应小于 6m，但当两者毗连，且邻向装卸台一侧的汽车槽车库外墙采用无门窗洞口的防火墙时，其间距不限。对气化站和混气站内的汽车槽车装卸柱，可附设在储罐室、气化间或混气间的山墙的一侧，但其山墙应为无门窗洞口的防火墙。

(4) 汽车装卸台附近应根据车型等因素考虑回车场地，装卸处的路面应向外坡，坡度不小于 0.005，以便在发生意外事故时汽车自动滑行。并按每个装卸台两个 8kg 干粉灭火器的数量配置灭火器。

2. 装卸操作的防火要求

(1) 汽车槽车装卸作业时，必须熄火，并不准发动车辆，车辆停车后不得有滑动的可能。作业前应排尽连接管内的空气。不得使用易产生火花的工具，作业现场 40m 以内严禁

任何明火。装卸作业时，操作人员和槽车押运员不得离开现场。在正常装卸时，不得随意启动车辆。

(2) 槽车充装时需用地磅、液面计、流量计或其他计量装置进行计量，严禁超装。液化石油气的充装量，不应超过下式的计算所得值。

$$W=\Phi V$$

式中 W——槽车允许的最大充装量，kg；

V——罐体的实测容积，L；

Φ——重量充装系数，kg/L，见表 5-5。

表 5-5 常见液化燃气的充装系数

充装介质种类	重量充装系数 ϕ/(kg/L)	充装介质种类	重量充装系数 ϕ/(kg/L)
丙烯	0.43	异丁烷	0.49
丙烷	0.42	丁烯、异丁烯	0.5
混合液化石油气	0.42	丁二烯	0.55
正丁烷	0.51		

在特定条件下，如槽车在一次充装、运输和卸液全过程中，确能严格控制最大温差不超过 30℃，则允许按罐体容积的 85%进行充装。

(3) 新槽车或经检修后首次进行充装的槽车，充装前应作抽真空或充氮置换处理，严禁直接充装。真空度应抽至不低于 650mmHg 汞柱，或罐内气体氧含量不大于 3%。

(4) 槽车到接收站后，应及时向储罐卸液，但应当在接好静电接地线后静置 30min 后进行，以便于静电的导除。固定式槽车不得兼作储罐用。禁止采用水蒸气直接注入槽车罐内升压或直接加热罐体的方法卸液。槽车卸液后罐内应留有 0.05MPa 以上的余压。卸液完毕，在将液相管和气相管中的液化石油气从软管放散角阀或用其他回收方法排除净后，才能卸开连接管。在卸液过程中，如出现雷击天气、附近发生火灾、检测出有漏气、液压异常或其他不安全因素时，槽车的装卸作业必须立即停止。

(5) 对槽车上各种安全装置和附件，包括全启式内置弹簧安全阀、压力表、液面计、温度计、过流阀、紧急切断阀、管接头、液泵、人孔、道管、各种阀门、接地链和灭火器等，必须经常检查，看其性能是否正常，有无泄漏或损伤等。对压力表至少每 6 个月校验 1 次，对装卸用的耐油胶管每隔 6 个月至少进行 1 次气压试验，试验压力应不低于罐体设计压力的 1.5 倍。

(6) 槽车的定期检验，包括对罐体和各种附件的检查和维修，槽车底盘和车辆行走部分，应按公路交通部门的有关规定执行，年度的定期检验每年进行 1 次，全面的定期检验每 5 年 1 次。年度检验如发现有严重缺陷，则应提前进行全面检验。

(7) 接好静电接地，及时导出静电。由于槽车在运输行驶过程中，液相液化燃气的动态摩擦会产生大量的静电荷，并聚集在罐体内，若不及时导除掉，在装卸过程中就会在接卸管道与导体接触的瞬间形成放电并产生静电火花，此时若遇泄漏的燃气，就会发生爆炸。因此，槽车在装卸前，必须首先牢固接好静电接地线，管道和管接头的连接必须牢固。静电接地线的连接方式如图 5-14 所示。

(三) 散装易燃液体道路运输装卸的防火要求

1. 装卸方式的选择要求

气态和液态状的大批量危险货物的道路运输，一般都是采取散装运输的方式。由于散装运输都是处于密闭条件下，故危险品道路运输装卸的密闭条件是消防安全的关键环节。

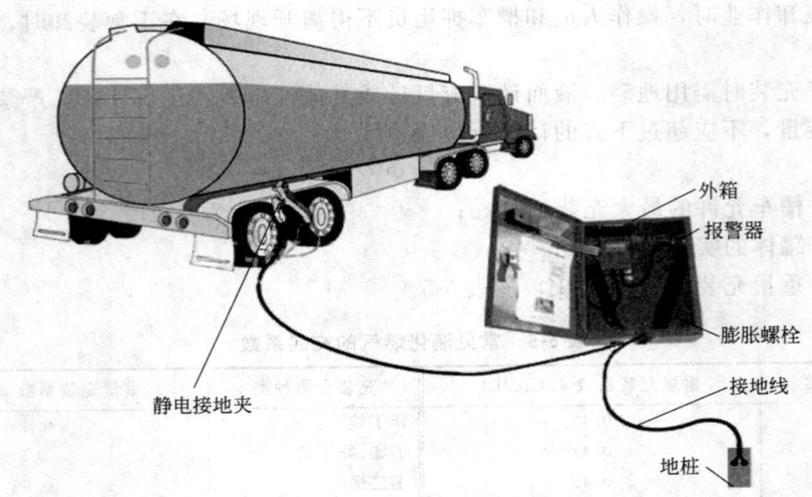

图 5-14　燃气槽车装卸时静电接地线的连接方式

（1）必须采取密闭装卸的方式　这是因为，密闭装卸可以减小液体的挥发损耗，避免敞口装卸时出现易燃蒸气沿地面扩散，加重对空气的污染，甚至发生火灾事故。例如，广州、天津和北京市昌平县等多个加油站由于将卸油胶管直接插入量油孔内敞口卸油，油气从卸油口排出，有些油气中还夹带有油珠油雾，以致发生着火事故。甚至有的加油站还将油品先卸入敞口的油槽内，再经过计量后流入油罐，这种方式不仅损耗更大，同时更易发生火灾。所以，包括加油站的油罐都必须设置专用进油管道，采用快速接头连接进行卸油的密闭装卸方式。

（2）易挥发的甲、乙类液体罐车卸油，宜采用卸液蒸气回收系统　由于汽油属易挥发性的甲类油品，从消防安全、环境保护和节能的角度上讲，汽油油罐车的卸油应当采用密闭油气回收系统，以使加油站油罐内的油气在卸油的同时，回收到油罐车内，不向大气中排放。油气回收与密闭卸油在工艺上的主要不同之处，是油罐车与地下油罐之间加设了一条油气回收连通管道使之相互连通。但地下油罐的通气管管口需安装机械呼吸阀，故系统应符合一定的防火要求。

2. 采用卸液蒸气回收系统时的要求

（1）液体罐车上的蒸气回收管道接口，应装设手动阀门。由于装卸采用蒸气回收，罐车上的液体罐必须设置供蒸气回收连接软管用的蒸气连接口，否则，无法使地下液罐排出的蒸气回到液体罐车的储罐中。为使卸液后在拆除蒸气连通软管之前关闭液体罐与连通软管，使液罐车罐内的蒸气不泄漏，所以，在液体罐车上的蒸气回收管道接口应装设手动阀门（宜用球阀）。

（2）为方便管道连接，密闭装卸管道的各操作接口处，应设快速接头及闷盖，因为闷盖可对快速接头的口部起保护和密闭作用。为了使卸油后拆除油气回收连通软管前关闭，以使地下储罐内的蒸气不泄漏，应在站内蒸气回收管道接口前装设手动阀门。

（3）卸油管道接口和油气回收管道接口宜设在地面以上，以便于操作和油气扩散。

（4）由于液体罐车的装卸采用密闭油气回收系统时，液罐处于密闭状态，卸液过程中人工不能直接观测油罐中的实际液位，液罐应设带有高液位报警功能的液位计，以便及时反映罐内的液位高度和防止罐内液位超过安全高度。

（5）为防止在卸液过程中预防软管聚集静电荷，预防操作中发生静电起火问题。油罐车

卸液时用的卸液连通软管和蒸气回收连通软管，应采用导静电耐油软管。为了减小连通软管的阻力和卸液速度的影响，连通软管的公称直径不应小于80mm。

(6) 为了便于管道的放空，液罐的进液管卸液后，应保证管内液体自流入罐；通气管的横管，以及油气回收管，因其容易产生冷结油，影响管道气体流通，也必须要有一定的坡度，以使坡向液罐的管道处于畅通状态。因此，与液罐相连通的进液管、通气管横管，以及蒸气回收管，均应坡向油罐，其坡度不应小于2‰。以使液体卸放干净。

(7) 为保证通气管路的强度，要求装卸液体管道系统的设计压力不应小于0.6MPa。

3. 液体储罐通气管的设置要求

(1) 为防止两种不同种类的液体罐互相连通，避免一旦出现冒罐时，液体经通气管流到另一个罐造成混液事故，使得液体不能使用，两种不同种类的液体储罐的通气管不得互相连通。如汽油罐与柴油罐的通气管，应分开设置。

(2) 由于石油蒸气的密度比空气大，挥发出来时易在地面上低洼处聚集形成爆炸性混合物。所以，通气管的管口应高出地面至少4m及以上，以便于易燃蒸气扩散，防止在地面上聚集。

(3) 为便于液体蒸气扩散，不积聚于屋顶，对沿建筑物的墙（柱）向上敷设的通气管管口应高出建筑物的顶面1.5m及以上；同时，通气管半径的1.5m以内，应划为爆炸危险区域的1区。

(4) 由于卸液采用蒸气回收，通气管管口的蒸气泄漏量较小，相应的爆炸危险区域划分的2区半径为2m，比不采用蒸气回收卸液减少了1m。但因围墙以外的火源不好管理，难以控制，为避免其爆炸区域的范围扩延到围墙之外，故当采用卸油油气回收系统时，通气管管口与围墙的距离可适当减少，但不得小于2m。

(5) 为防止因阻力太大，导致卸油时间较长和防止有的加油站为了加快卸油速度，将通气管拆掉，卸油时打开量油孔排气带来火灾危险，通气管的公称直径应当与汽车油罐车卸油口的直径相一致，在全部实行密闭卸油和加油的情况下，最小不应小于50mm。

(6) 为了防止外部的火源通过通气管引入罐内，造成事故，通气管管口应安装阻火器。

(7) 为了减少蒸气向大气排放，当采用卸液蒸气回收系统和加油油气回收系统时，甲类易燃液体通气管管口应安装机械呼吸阀。

四、危险品道路运输车辆行驶防火

（一）影响危险品道路运输车辆安全行驶的因素

由于运输危险品的车辆所载的是危险品货物，所以一旦发生行车事故就不单单是一个交通事故的问题，它往往形成腐蚀品、毒气泄漏，可燃气体、液体着火、爆炸等灾害事故，带来比交通事故更大的危害。所以，找出危险品道路运输安全行驶的影响因素，对落实危险品运输的行车安全措施非常重要。观察发现，影响危险品道路运输安全行驶的因素主要有以下几点。

1. 驾驶员的技术熟练程度

驾驶员的操作技术如何是能否安全行车的关键所在。对操作技术熟练或过硬的驾驶员来讲，在行车途中所遇到的各种复杂情况一般都能正确处理，避免险情或化险为夷；反之，若为初学或刚满实习的司机，驾驶经验少，操作技术不熟练，若遇到大雨、大雪、大雾、大风沙等天气，或在陡曲的山路上行使时，就可能难以应付这些复杂的局面而造成事故。如某年6月，一辆满载磷化铝（是每瓶250g，40瓶一箱，超过车厢栏板多装货物1t多）的卡车，当行至浙江某县境内在与对面来车会车时，由于该地连日阴雨，路面松软，驾驶员又是刚拿到驾驶执照四个月的新司机，一瞬间该车的后挂车从路基上滑下翻倒在低于路面3m的水稻田里。翻倒的车箱里玻璃瓶大量破碎，磷化铝与稻天里的水接触后，立即发生化学反应，生成了大量的磷化氢气体，浓浓的灰白色烟雾迅速向四周飘散，随车携带的300L汽油也被引燃，整个货车燃起了熊熊大火。浓浓的磷化氢气体飘散范围很大，使数以千计的群众中毒，严重的达近百人，消防人员也有15人中毒；附近几个村庄饲养的家禽、塘鱼、幼蚕大批死亡，直接财产损失达70余万元。事后调查发现，该车既未有向政府有关机构领取的“危险品准运证”，车上也未挂“危险品”标志，也没有派懂行的人押车，且带有两个熟人同行，严重违反了国家有关危险品运输的安全管理规定。由此可见，运输危险品的车辆，必须要选择驾驶技术较好的驾驶员驾驶和懂得所运危险品知识的押运员押车。对在实习期内或刚满实习期的司机，不能够单独驾车运输危险品。不能用拖挂车运输危险品。

2. 驾驶员的精神状态

驾驶员能否准确无误地操作，其精神状态如何会有直接的影响。如驾驶员精神饱满，心情舒畅，那么在行车中就可以顺利地排除各种险情，进而避免车辆事故的发生。反之，如驾驶员精神不佳，刚好在怒气头上，失恋、家中有什么不幸，心情受到压抑等，都会影响到驾驶员的正确操作。另外，在驾驶员执行任务时，若与之交谈，给予批评，不适当地干预驾驶员的动作，都可能引起心理状态的变化，分散注意力，即使是偶然的短暂时刻，也可能导致车毁人亡。据某市统计，由于思想麻痹，注意力不集中而造成的事故占机动车总事故的42%。因此，驾驶员心情不佳时，不能驾车运输危险品，也不准无关人员搭乘载运危险品的车辆。

3. 饮酒和疲劳的影响

（1）饮酒的影响　白酒是含有45%～65%酒精的水混合液，而酒精是一种中枢神经的麻醉剂。酒精进入人体后会影响人体的正常生理功能，使人在心理和生理上出现异常，以至影响驾驶的操作，危及行车安全。驾驶员饮酒后往往不能控制自己的行为，使注意力、记忆力和判断力下降，视野变窄，变色力减弱，看不清外界情况和交通信号、标志等。饮酒过量者，其神经系统将被麻醉，失去对车辆的控制力。若在这种情况下，驾驶运输危险品的车辆，必将导致严重后果。所以，驾驶运输危险品车辆的司机，绝对禁止饮酒，无论超标与不超标。

（2）疲劳的影响　所谓疲劳，是指由于体力或脑力劳动使人体在主观上感到疲乏和客观上机体工作能力暂时下降的现象。无论是国外还是国内的事故统计资料都表明，驾驶员疲劳驾驶是造成事故的重要原因之一。如果疲劳过度或消息的不充分，当日的疲劳不能完全消除，日久可发生疲劳的积累。汽车驾驶工作如果以能量代谢率来衡量，与办公室内的工作人员差不多。但是在行车过程中，驾驶员必须不断观察交通情况的变化，迅速作出判断，并决定自己的操纵动作。其感觉器官（主要是眼睛）及神经系统一直处于高度紧张状态，而且工作姿势固定，不能自由活动。所以，驾驶员比办公室人员在体力和神经系统上更容易疲劳。由于肢体和神经的疲劳，驾驶员视觉能力的下降，注意力就会变得不稳定，注意力广度缩小，注意的分配和转移发生困难，意识水平下降，思维变得迟钝，动作协调性下降，动作失误增加，最终导致打瞌睡。所以驾驶危险品车辆的驾驶员不能连续行车，或已连续几天行车未得到恢复，不得再驾驶危险品车辆。

4. 车辆的技术状况

车辆技术状况的好坏，是危险品运输安全的基础。在行车过程中，如制动效果不佳，跑偏、侧滑，操纵部分不够灵敏、可靠或方向失灵等，都容易造成撞车、掉沟，甚至翻车事故；另外，转向灯、刹车灯、尾灯、防雾灯、标高灯、刮水器等部件，虽然不会直接影

响车辆的行走，但对行车安全至关重要。如刹车灯不亮，当急刹车时后部同向车就不能及时发觉而撞车；如转向灯不亮，对面来车时就可能误判而造成撞车；如擦水器损坏，当遇雨雪天时就会严重影响视线而造成事故；若防雾灯不亮，当遇大雾天时就更易撞车。因此，车辆技术状况的好坏，会严重影响行车的安全。所以，载运危险品的车辆的各个部件，尤其是直接影响安全行车的部件，都必须处于良好的技术状态，并配齐着火应急的灭火器材。

5. 道路状况

道路状况的好坏，对危险品运输车辆的行车安全有着严重的影响。据有关资料表明，70％的道路交通事故与道路状况有直接或间接的关系。如汽车通过凹凸道路时会剧烈震动，不仅会损坏汽车机件，而且震动还会使方向盘失去控制，使所载危险品包装受到破损，相互间增大了摩擦、撞击，从而发生危险；汽车在泥泞道路上行驶时，因车轮陷入污泥，滚动阻力较大，泥泞路面附着系数又较小，很容易发生侧滑而致危险；对傍山险路，路窄弯多，视线不好，一边靠山，一边临崖或靠河；对山区、丘陵区或高原公路，坡道多，而且常常是坡陡，弯急、路面窄、险情多，思想稍有不集中就容易出现恶性事故；对一般村镇道路，路面比较狭窄，居民聚集，路旁常设有商店，车辆、行人、牲畜较多，儿童也爱在路边玩耍，如注意不够，最容易发生事故；城市繁华区的道路、车辆、行人更多，当运输危险品的车辆通过村镇、市区、桥梁、涵洞、隧道时，一旦发生起火、爆炸、毒气泄漏事故，都会给人民生命和国家财产带来严重损失和不良的政治影响，因此，载运危险品的车辆禁止通过村镇和繁华的市区，不许在桥梁、涵洞、隧道和机关、学校、医院、重要的物资仓库、人员集中场所附近停放。

另外，道路状况的好坏，还对制动距离有显著的影响。同一车辆，在速度为50km/h时，其制动距离，冰路上为98.1m，雪路上为49.0m，湿水泥混凝土路上为2.7m，湿沥青路上为24.5m，碎石路上为19.6m，干沥青路上为16.3m，水泥混凝土路上为14.8m。综上所述，运输危险品的车辆，必须选择好行车路线。

6. 天气状况

天气状况的影响主要表现为对道路条件的影响和对驾驶人员的影响。特别是因为降雨、降雪所形成的冰雪路面和积水路面，对安全行车的影响更大。如天刚下雨时，路面上的尘土、油污等杂物与雨水混在一起，即有一定的粘度，又不易被雨水冲走，附在路面上像撒了一层润滑油，使附着系数大大下降，地面的制动力降低，制动距离加长，此时车辆制动时会发生横滑。特别是空驶的载重车，在湿路面上的制动强度仅为重车的1/4时就会发生横滑；当降雨时间过长或降雨较大时，路面上积水较多，此时还容易发生浮滑现象。行驶的车辆一旦发生浮滑现象，无论是方向还是制动，都会失去对车辆的控制作用，而且此时稍微踏制动或稍转方向都会发生横滑，甚至油门松得猛一点也会发生横滑；另外，雨雾天还会影响视线，大雨或久雨后路基质量差的道路还容易塌陷而造成事故。

天气状况的好坏，除对道路有严重影响外，对驾驶人员的心里影响也是十分突出的。如夏季遇到干热或潮湿、闷热的天气，驾驶室内会更加闷热。闷热会使驾驶员体力消耗增大，甚至引起疲劳和中暑；如遇大雾天时，能见度降低易使驾驶员产生急躁情绪；如遇阴雨天时，驾驶员的心理往往有一种压抑感，会或多或少的影响正常操作；在刚开始下雨时，驾驶员虽然都在比较严密且能遮风挡雨的驾驶室内操作，但仍会产生急于到达目的地的心理。这时，即使车辆发生一些故障，只要不直接影响行车，司机一般是不会在这种时候停下车来修理的。因此，在下雨时路面变滑、路上行人混乱，交通情况复杂、驾驶员急躁、疏忽等不利因素同时存在，这对危险品运输是十分危险的。在冬季如遇寒流，司机为了御寒往往着装比

较厚，其操作的灵活性受到了影响，工作效率和操作精度都会降低；如遇雪天时，不仅路面变滑行车容易跑偏，而且在晴天后的雪路上行车还会由于阳光反射强烈使驾驶员的眼睛产生疲劳。

另外，天气状况还对所载运危险品的安全有严重影响。如高温酷暑天气，对热比较敏感的易燃物品易发生起火或爆炸事故，对低沸点液体如乙醚等，易增加其挥发，或使盛器胀破而泄漏起火；对盛装压缩液化气体的气瓶、槽车、汽油罐车等都会因高温、曝晒增加其火灾危险。当阴雨天运输电石、碳化铝、三乙基铝等遇水易燃性的物品时，雨水或潲雨易漏入包装内而引起火灾；同时，雷雨天还会因雷击而发生事故；冬季当遇寒流时，冰醋酸、甲酯、硝化甘油等怕冻的物品，都易因低温而发生事故。因此，运输危险品时，应当很好选择天气，恶劣天气禁止出车运输。

（二）危险品道路运输车辆行驶的消防安全要求

1. 驾驶员与押运员

在道路运输危险货物过程中，除驾驶人员外，专用车辆上应当另外配备押运人员。押运人员应当对运输全过程进行监管。危险货物道路运输企业或者单位，应当聘用具有相应从业资格证的驾驶人员、装卸管理人员和押运人员。驾驶人员、装卸管理人员和押运人员上岗时应当随身携带从业资格证和《道路运输证》。从事道路运输危险品的驾驶员、押运员和装卸管理人员，应当选择符合下列条件的人员担任。

(1) 专用车辆的驾驶人员取得相应机动车驾驶证，有2年以上安全驾驶经历，并安全行车里程已达5万千米以上，年龄不超过60周岁，经所在地设区的市级人民政府交通主管部门考试合格，取得相应从业资格证。

(2) 熟悉道路情况和道路运输安全知识，熟知所运危险品的物理化学性能和槽车、罐车的技术性能以及装卸作业的安全操作规程，熟知防火、灭火知识和发生火灾事故的处置办法，能熟练使用车上的灭火器材和紧急切断装置。

(3) 对经考试合格并取得资格证书的驾驶员，如果精神状态不佳、连续行车处于疲劳状态，也不准驾驶运输危险品的车辆。

(4) 汽车长途运输爆炸品时，车上无押运人员不得单独行驶。每车押运人员不得少于1人。押运员要懂得爆炸品基本知识和应急措施，并要求坐在车上，如特殊原因需要在驾驶室内乘坐时，要经常停车检查车上货物状况。车上严禁捎带无关人员和危及所运爆炸品安全的其他物品。

2. 车辆的行驶

(1) 爆炸危险品道路运输的行车路线，应事先报请当地公安部门批准。原则上尽量绕过城市、村镇和居民较多的地方，在车辆较少的道路上行驶，以免万一发生事故时造成重大伤亡。

(2) 车辆行驶时，除必须严格遵守交通规则，服从交通管理人员指挥外，还必须对行车路线认真选择，尽可能选择宽阔平坦的道路，避开繁华闹市集镇，按公安交通管理部门指定的路线、时间和车速行驶。夜间运输时，车辆前后应有红色信号。车辆不准带拖挂车，押运员必须随车到达目的地，并不得其他无关人员搭乘。车上禁止吸烟，在通过隧道、涵洞、立交桥时，要注意标高，限速行驶。

(3) 运输危险品的车辆对天气应有所选择。一般对雨、雪天、大雾天、雷雨天、大风沙天，酷暑干热天，禁止运输危险品。对怕冻危险品在遇寒流时也不宜运输（有保暖措施的除外）。

(4) 液化燃气槽车、汽油罐车不准携带其他易燃易爆危险品，当罐体内液温达到40℃时，应采取遮阳、罐外泼冷水降温等安全措施。对低沸点的易燃液体、气体和对热较敏感的易燃易爆危险品，在夏季的酷暑季节宜选择夜间运输，以避开阳光的曝晒。

（5）运输爆炸品的车辆，在厂内、库内行车速度不得超过15km/h，出入厂区大门及倒车速度不得超过5km/h，在拐弯及视线不良的地方行驶应减速。在厂外公路上行驶时，运输火工品的车速不得超过30km/h，运输火箭弹的车速不得超过40km/h，运输其他爆炸品的车速不应超过50km/h。多辆车队列队运输爆炸品时，车与车之间应保持50m以上的安全距离，上、下坡时还要加大距离，一般情况下不得超车、追车及抢行会车，非特殊情况不准紧急刹车，以免爆炸品受到过大惯性的撞击力。在道路不平、视线不好、人员较多的地方行驶时，还必须采取相应的减速措施。横过铁路时，必须“一慢、二看、三通过”，做到“宁停三分，不抢一秒”。

（6）运输其他危险品的车辆，在经过交叉路口、行人稠密地点，通过城门、桥梁、隧道、狭路、村镇、车站、急弯和下陡坡时，在冰雪道路上行驶时或遇到牲畜群、下雨、下雪、车辆的刮水器损坏或遇大风、大雾、大雨、大雪视距在30m以内时，以及遇有警告标志时等，其时速均不应超过15km。同一方向行驶的载有危险品的车辆与其他机动车辆之间至少应有30m的距离，冬季行经冰雪路面时，至少应保持50m的距离。

3. 车辆的停放

（1）道路运输危险品的车辆在运输途中，一般不宜停留，若必须停留时，应沿公路边依次停放。停放的车辆之间至少应保持2m的距离，并不得与对侧车辆平行停放。应当远离机关、学校、工厂、仓库和人员集中的场所，以及交叉路口、桥梁、牌楼、狭路、急弯、陡坡、隧道、涵洞等易于发生危险的地点。

（2）停车位置应通风良好，10m以内不得有任何明火和建筑物。运输爆炸品的车辆，应与其他车辆、高压线、重要建筑物、人口聚集地方等保持100m以上的安全距离，并由押运员看守。如途中停车需超过6h，应与当地公安部门取得关系，并按指定的安全地点停放。

（3）夏季应有遮阳措施，防止阳光曝晒。驾驶员和押运员如有事需要离开车辆时，不能同时远离车辆，可轮换看护。在途中需停车检修时，应使用不产生火花的工具，并不准有明火作业。

（4）在途中如遇雷雨时，应停放在宽敞地带，远离森林和高大的建筑物，以防止雷击。如用畜力车拉运时，应注意防止牲畜受惊，酿成事故。

4. 运输途中的着火应急措施

由于在运输行驶途中，车辆完全处于动态之中，如遇火灾等危险事故，若处置稍有不当就有可能导致车毁人亡。例如，江苏省某县石油公司的一辆油罐车，在加油站加满油之后，由于油罐后闸阀未关牢就驱车赶路，当车速加快，加之转弯等情况，致使油罐车出口处的滴漏变成了流淌，恰遇路上的无名火源，使洒在路上的油迹引燃并随车追去。在行驶途中，司机突然发现车后约2km的地方跳起的一条火龙正追赶上来引起整车着火。驾驶员见势不妙，立即将车头转向路旁，并冲进河水中。但因河水太浅，车被烧毁，驾驶员被烧伤。所以，在行驶途中遇到火灾时，应当掌握正确的应急处置方法。

（1）驾驶员和押运员一定要沉着冷静，不要惊慌。

（2）对初期火，应根据着火物质的性质，迅速用车上所配制的灭火器扑灭。

（3）如火已着大，应立即向当地公安消防部门报警，并将车辆开至不危及周围安全的地方，设法控制火势蔓延。

（4）液化石油气槽车或石油罐车发生泄漏时，应采取紧急措施止漏，一般不得启动车辆，同时立即与有关单位和公安消防部门联系，采取防火和灭火措施，切断一切火源，设立警戒区，断绝交通，并组织人员向逆风方向疏散。

(5) 气体槽车大量泄漏而起火时，在没有可靠止漏措施时，千万不要将火扑灭，应在立即报警的同时，将车辆开至不危及周围安全的地方，并设法控制火势蔓延和加强对罐体的冷却降温，等待专业消防人员赶到时采取有效的措施。

第三节　危险品铁路运输防火

危险品铁路运输是通过铁路运输危险品的一种方式。危险品铁路运输路途远，运量大，一旦发生事故施救难度大。所以，消防安全是不能忽视的。

一、危险品铁路运输工具的消防安全技术条件

铁路运输工具主要是指列车。列车是由机车和车厢两部分组成的。机车按动力源的不同，分为蒸汽机车、内燃机车、电力机车、动力机车组等；车厢有棚车、敞车、专用车、液体罐车、气体槽车等。机车和车厢不同，其火灾危险性也不同。如蒸汽机车容易喷出火星，电力机车虽不会喷出火星，但机车与电力线接触点经常有电火花存在，这时若用敞车运输危险品时就特别容易引起火灾；若用全铁底车厢装运易燃物品时也会因外包装与车厢底的相互摩擦而引起火灾。由此可见，列车本身存在着固有的火灾危险性。所以，在运输危险品时应有特别的防火技术条件。

（一）通用危险品货物列车

1. 机车的要求

蒸汽机车的烟囱应设有阻火网，电力机车和蒸汽机车均不许用敞车运输具有易燃易爆危险品。一般要求，装运危险品的车辆均应选用棚车、农药专用车或危险品专用车厢。不论是车厢还是机车，均应处于良好的技术状态。

2. 车厢的要求

车厢应严密不漏雨而干燥，并符合所运危险品的特性要求。对装运爆炸品、氧化剂和有机过氧化物以及铁桶包装的低、中闪点易燃液体时，不宜使用全铁底棚车，以防在装卸和行车过程中因相互摩擦生热或拼出火星而引起上述物品的着火或爆炸。但仅在车门口部分铺有铁皮的 P_{50}、P_{60} 棚车，若在装运时采取了防磨、衬垫措施，也可以装上述危险品。

3. 罐车的要求

当铁路运输各种液体、气体的散装危险品时，应根据所运危险品的特性使用专制的铁路罐车、槽车运输。铁路罐车和槽车主要用来装运易燃液体（如汽油、煤油、苯、乙醇等），毒害性及腐蚀性液体（如硝酸、浓硫酸等）和液化气体（如液氯、液氨、液化石油气）等。我国目前铁路用罐车大部分是装运原油、石油制品及酸、碱类液体等，装运其他化工产品的罐车多数为企业自备车。

（二）危险品铁路运输专用车厢

危险品铁路运输专用车厢的车厢内为混合结构，包括钢结构、钢丝网水泥板、石棉隔热层、塑料衬里等。载重 20t 的危险品专用车分为三个单间，每个单间两侧各设一个双开门，两个通风孔，两个排水孔。两端的单间还设有两个泄爆孔。排水孔平时用胶塞（或塑料塞）塞住，清洗时开启塞门即可排水。通风孔可以根据情况的需要开启或关闭。危险品铁路运输专用车厢如图 5-15 所示，主要技术参数见表 5-6。

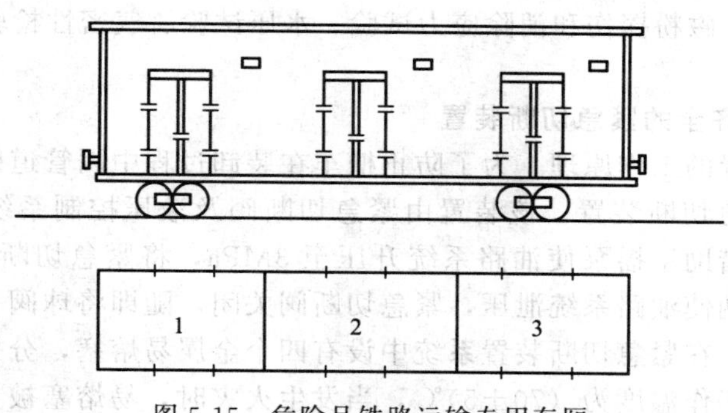

图 5-15　危险品铁路运输专用车厢

表 5-6　危险品铁路运输专用车厢主要技术参数

自重/t	载重/t	容积/m^3	车长/m	车宽/m	车高/m	车门净宽/m	车门净高/m	车底板距轨面高/m
55.5	20	73	12.908	2.600	2.660	1.240	1.750	1.250

危险品专用车特别适用于装运那些运输量小且性质特殊的危险品。如火灾危险性为甲类的氧化剂、化学试剂或药剂等。危险品专用使用的要求如下。

1. 应根据危险品的性质分开和隔离装运

因结构和衬里的不同，危险品专用车应根据危险品的性质分开和隔离装运。一般两端单间宜装运氧化剂，中间单间适宜装运腐蚀品，不宜装运易燃液体。

2. 每一单间内所装载的危险品必须符合积载隔离的条件

分装于不同单间内的危险品，相互间可以不受危险货物积载隔离表的限制，但每一单间内所装载的危险品都必须符合积载隔离的条件。

（三）液化燃气铁路槽车

液化燃气铁路槽车是由圆筒形卧式储罐安装在火车底盘上而构成的，结构与汽车槽车相似。当运输液化燃气时，应满足以下防火技术条件。

1. 罐体应当按压力容器设计制造

(1) 槽车罐体的设计压力　液化燃气铁路槽车的罐体应符合国家颁发的《液化气体铁路槽车技术监察规程》的有关规定。槽车罐体的设计压力要根据储罐内液化燃气在最高工作温度下的饱和蒸气压来确定，并考虑铁路槽车在运行时由于震动或突然刹车时对罐体产生的冲击力，以及槽车在进行装卸作业时，由泵、压缩机附加给罐体的压力等。根据此原则，槽车罐体的设计压力应按下式计算。

$$P=1.1P'$$

式中　P——槽车储罐的设计压力，MPa；

P'——槽车储罐的最高工作压力，MPa。

(2) 槽车罐体的设计温度　槽车内液化燃气的最高工作压力，应当根据槽车罐体有无遮阳罩通过计算求得。对无遮阳罩的槽车，按液化燃气在55℃时的饱和蒸气压计算；对有遮阳罩的槽车按液化燃气在50℃时的饱和蒸气压计算。由于混合液化石油气的饱和蒸气压是由其所含主要成分的多少而决定的。所以，当介质中丙烷占主要成分时，即液化石油气的绝对蒸压力小于1.75MPa时，其设计压力为1.8MPa；若介质中的主要成分为丙烯时（丙烯50℃时的绝对蒸气压力为2.028MPa），其设计压力应以丙烯的蒸气压为准，故混合液化石油气的绝对饱和蒸气压大于1.75MPa时，其设计压力为2.2MPa。

(3) 槽车罐体的出厂检验　为了保证质量，液化燃气铁路槽车在出厂前，必须要经过超

声波探伤、X光探伤、磁粉探伤和消除应力试验、水压试验、气密性检验等。探伤和检验的方法与汽车槽车相同。

2. 应当设有性能齐全的紧急切断装置

（1）紧急切断装置的工作原理　为了防止槽车在装卸过程中因管道破坏而造成事故，应当在装卸管上安设紧急切断装置。该装置由紧急切断阀及液压控制系统组成。其工作原理是，槽车在装卸时，借助手摇泵使油路系统升压至3MPa，将紧急切断阀打开。装卸完毕，利用手摇泵的泄压手柄使油路系统泄压，紧急切断阀关闭，随即将球阀关闭。皮囊蓄能器的作用是稳定系统压力。在紧急切断装置系统中设有四个金属易熔塞，分别装在三个紧急切断阀及拉阀上。易熔塞工作温度为（70±5)℃，当发生火灾时，易熔塞被火焰烧烤熔化，系统泄压，紧急切断阀关断。在系统中还设有手拉阀，该阀设在人孔罩外边，控制手柄设在槽车梯子中下部。当发生意外事故时，拉动手柄即可使油路系统泄压，将紧急切断阀关断。

（2）紧急切断装置的技术要求

① 紧急切断装置应当动作灵活，性能稳定可靠，便于检修。

② 应能保证槽车正常工作时全开，并持续放置48h不致引起自然关闭。当要求紧急切断阀关闭时，应当在10s内完全闭止。

③ 紧急切断阀应当具有一定的强度，并应经1.5倍阀门公称压力的强度试验以及0.1MPa和1.05倍公称压力气密性试验合格。

④ 液压传动系统件，应按系统最高工作压力的1.5倍进行强度试验，保压时间均不得少于10min。

3. 应设有液位、压力、温度测量仪表

为了能够及时监测槽罐内的液位、压力、温度情况，在人孔盖上应设有液位计、温度计和压力表。为了防止槽车罐体在受到外部热源（曝晒、烘烤及火场的热辐射）时使压力升高，以致超过其强度时发生爆裂和爆炸，在槽车罐体上应安设不少于两个的内置全启式安全阀。安全阀一般安设在人孔左右，形式如同汽车槽车。

4. 罐体应当具有阳光热辐射反射能力

为了增强槽车对阳光热辐射的反射能力，对液化燃气铁路槽车的外表应涂以银灰色漆，并涂以300mm宽的红色色带，以示防火警戒。为了便于对各种阀体的识别，各种阀体的外表漆是，液相阀体为黄色、气相阀体为红色、安全阀为红色、其他阀体为银灰色。

5. 应设有便于人员操作的安全设施

为了便于检查和操作，槽车上还应设有操作平台和罐内外直梯；为使装卸车的软管易于连接，槽车上通常设置两根液相管和两根气相管，一般不设排污管。

6. 应当定期检修和按规定报废

铁路槽车的检修，包括对罐体及其附件、底架的检查和修理。小修于每次充装前进行，中修每年进行1次，大修每4年进行1次。槽车停用时间超过1年的，使用前应按大修内容进行检查；每2次中修应进行1次罐体内外表面检查；对有怀疑的部位进行磁粉探伤或着色检验。槽车使用期限超过其设计寿命20年时，应进行全面技术鉴定，以决定罐体报废、返修或继续使用，并确定继续使用的年限。

（四）液体铁路罐车

1. 液体铁路罐车的构造

液体铁路罐车是散装液体铁路运输的专用车辆，按载重，主要有30t、50t、60t、80t等多种类型。目前国内使用的大多数是50t的。液体铁路罐车成列发运时，每列可编35～40

辆，运量可达1500t左右。即可成批发运，也可单车分运，是我国石油运输的重要工具。

铁路油罐车由罐体、油罐附件和底架三部分组成。罐体是个带球形或椭球形头盖的卧式圆筒形油罐。它是由4～13mm厚的钢板焊接制成。通常圆桶下部的钢板要比上部钢板厚20%～40%（载重为50t的油罐车，上部钢板厚9mm，下部及球型头盖钢板为11mm）。铁路轻油罐车示意图如图5-16所示。

图5-16　铁路轻油罐车示意图

2. 液体铁路罐车的消防安全要求

（1）应有防止因油品膨胀而胀破罐体和使油品外溢的措施　防止因温度升高而致油品外溢的措施，通常是在油罐体上设置一空气包来解决。空气包的容积为油罐容积的2%～3%，可容纳因温度升高而膨胀的那部分油品和蒸气，从而可防止，罐体蒸气压的升高和油品的外溢。但因空气包的加工工艺复杂，给生产带来了很多困难，同时也不便于罐车的洗刷，所以近年生产的铁路油罐车已取消了空气包。无空气包的油罐车是在罐体总容积不变的情况下，增加了罐车的长度，弥补了空气包的这部分容积，同样可避免因液体膨胀而造成油品的外溢。

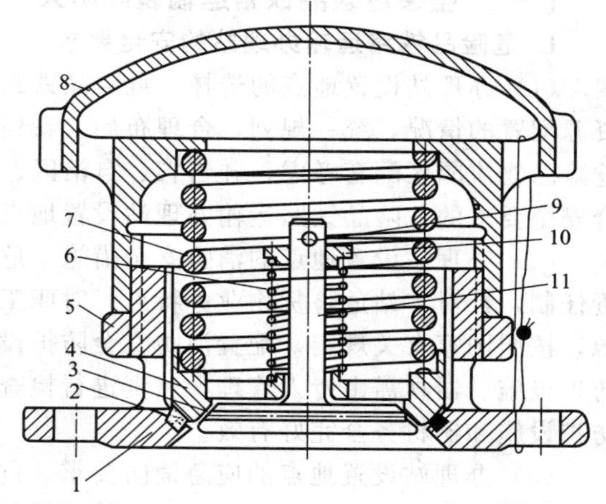

图5-17　铁路轻油罐车呼吸式安全阀构造示意图

1—阀体；2、3—O形垫圈；4—呼出阀；5—锁螺母；6—吸入阀弹簧；7—呼出阀弹簧；8—阀盖；9—开口销；10—弹簧固定座；11—吸入阀

（2）轻油罐车应安设呼吸式安全阀　盛装液体的密闭容器的装卸作业必须保证了容器内气体的“呼吸”才能进行，大气温度的变化也使易蒸发液体的容器产生蒸气压的变化，要保证容器不被胀破，也必须要保证容器内液体的“呼吸”。然而轻油是非常容易蒸发和易燃的液体，它在储运过程中不仅“呼吸”量大，而且呼出的蒸气一遇火种即有可能形成爆炸起火事故。所以，运输轻油的罐车必须要安装呼吸式安全阀，并应在在进气阀和出气阀上安装阻火器。轻油罐车呼吸式安全阀的构造如图5-17所示。

呼吸式安全阀的工作原理是，当罐内压强大于150kPa时，作用在阀11的压力克服弹簧7的阻力压缩弹簧，使阀11及阀4一同上升，排出气体；反之借弹簧的反作用力使阀11及

阀 4 一同恢复原位。当罐内真空度大于 1～2kPa 时，作用在阀 11 上方的大气压力克服弹簧 6 的阻力使阀 11 下降，大气进入罐内。反之，借弹簧的弹力使阀 11 恢复到原位，从而防止油蒸气的挥发和外部火星的侵入。

3. 易燃液体罐车罐体色的安全要求

(1) 散装运输易燃液体的罐车，罐体本底色应为银灰色，罐体两侧纵向中部应涂刷一条宽 300mm 表示货物主要特性的水平环形色带，红色表示易燃性、绿色表示氧化性、黄色表示毒性、黑色表示腐蚀性。

(2) 装运酸、碱类（易燃）液体的罐体为全黄色，罐体两侧纵向中部应涂刷一条宽 300mm 黑色水平环形色带；装运煤焦油、焦油的罐体为全黑色，罐体两侧纵向中部应涂刷一条宽 300mm 红色水平环形色带。

(3) 装运黄磷的罐体为银灰色，罐体中部不用涂打环形色带；但需在罐体两端右侧中部同时喷涂自燃物品和剧毒物品标志。

(4) 环带上层 200mm 宽涂蓝色，下层 100mm 宽涂红色或黄色分别表示易燃气体或毒性气体。环带 300mm 为全蓝色时表示非易燃无毒气体。

(5) 罐体两侧环形色带中部（有扶梯时在扶梯右侧）以分子、分母形式喷涂货物名称及其危险性，如苯：对遇水会剧烈反应，灭火救援严禁用水的危险品，还应在分母内喷涂“禁水”二字；如硫酸，应在在罐体两端头两侧环形色带下方喷涂腐蚀品和“禁水”标志，规格为 400mm×400mm。

二、危险品铁路运输装卸防火

（一）整装危险品铁路运输装卸防火

1. 危险品铁路运输办理站的安全要求

(1) 办理站设置地点的选择　危险品铁路运输办理站要根据危险品运输需求和铁路运力资源配置的情况，统一规划，合理布局。新建站时，应远离市区和人口稠密的区域；与发展危险品物流园区配套考虑；并与省、自治区、直辖市人民政府或设区的市级人民政府商定符合安全要求的危险品铁路运输办理站设置地点。

(2) 办理站设置地点的消防安全措施　危险品铁路运输办理站要建立健全消防安全防护责任制，针对本站危险货物业务特点，对职工进行消防安全防护教育和培训；确定重点危险源，按照国家有关规定，配置消防安全防护设施和器材，设置消防安全防护标志。消防安全防护设施、器材需由专人管理，负责进行检查、维修、保养、更换和添置，确保消防、安全防护设施和器材齐全完好有效。

(3) 办理站设置地点的应急消防要求　危险品铁路运输办理站要建立义务消防应急救援队伍，制定事故处置和应急预案，设置醒目的安全疏散标志，保持疏散通道安全畅通；定期组织事故救援演练，开展预防自救工作，并对活动进行记录和总结，对巡查情况进行完整记录。

2. 铁路装卸作业线的安全要求

(1) 铁路装卸线是在铁路叉道上建造的专门用于装卸专用货物的铁路线段，通常分为厂外线和厂内线两部分。厂内部分装卸作业线如图 5-18 所示。由于散装危险品装卸操作复杂，属于易燃易爆危险场所，故要求危险品铁路装卸线应为尽头式，其总长度 $L=L_1+L_2+L_3$，并应按危险品运输量计算确定其车位数。

(2) 为保证机车安全地退出，对于有一条以上装卸线的装卸区，机车在送取、摘挂车后，其前端至前方警冲标应留有供机车司机向前方及邻线瞭望的不小于 31m 的距离。终端

车位的车钩中心线至装卸线车挡的安全距离应为20m。以规避在装卸过程中发生火灾时的车厢或罐车，留足其后部车辆后移所必需的安全距离；同时有此段缓冲距离，也利于列车的调车对位，避免发生车厢或罐车冲出车挡的事故。

(3) 为了便于实现自流装卸，散装铁路铁路专用线的装卸作业线，应敷设在卸液仓库的最低处或最高处。装卸作业线应为零坡直线段，并保持严格水平，以防止列车装卸时滑动造成事故。

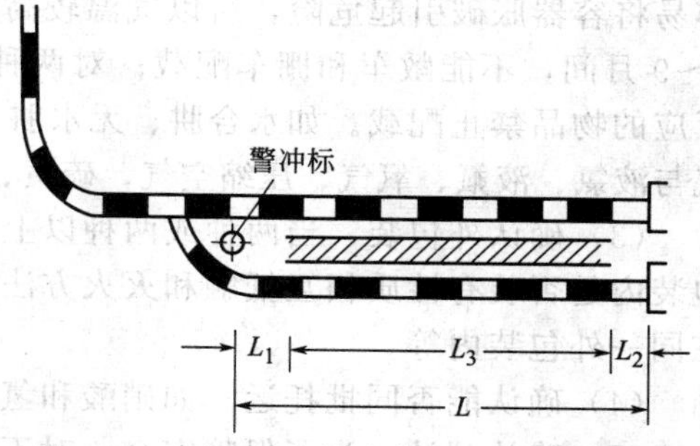

图 5-18 厂内双股铁路装卸作业线示意图

L—装卸作业线的总长度；L_1—装卸作业线起端的长度，一般取 10m；L_2—装卸作业线末端的长度，一般取 20m；L_3—n 辆铁路油罐车的长度

(4) 股道直线段的始端至装卸栈桥第一鹤管的距离，不应小于进库罐车长度的 1/2，以利于此罐车的对位和插取鹤管操作。

(5) 由于车辆距栈桥的空隙较大，会使装卸作业既不方便，又不很安全；同时，罐车外相邻的车钩中心线相互错开，车辆的摘挂作业困难，而且，也不便于装卸栈桥的修建和输液管道的敷设与维修。所以，若受地形限制装卸线不得不采用弯道时，可设在半径不小于 600m 曲段上。

3. 危险品铁路装卸站台的安全要求

(1) 承运危险品的车站应当设置危险品专运装卸线、货物货场和保证安全的装卸设施 危险品货场要与其他物品货场分开设置，并在总体布局上，将危险品货场设在城市的郊区。在危险品货场内，对爆炸品、易燃气体和易燃液体货物，应当设置专门的货位和堆栈栈台。

(2) 危险品货场应设置专门存放危险品的中转仓库 仓库的占地面积及防火墙隔间的面积可比其他仓库的面积增加一倍，但耐火极限不应低于二级。库房四周 50m 以内严禁任何明火。

(3) 危险品铁路运输货场内要有不受铁路列车阻拦的消防水源和消防车通道 消防车通道力求短捷，应尽量避免与铁路交叉，如必须交叉时，应设置备用车道，且两车道之间的间距不应小于一列火车的长度。

(4) 危险品货场及较大的栈台，应设置消防给水，配置应急灭火器材 大型货场的消防供水量应不小于 50L/s。消防水池、消火栓距最远的库房或堆场的距离不应大于 150m。此外，每个危险品中转库房或堆场还应设置扑灭初期火灾的灭火器材。

4. 整装危险品铁路运输的确认

危险品品种繁多，性质各异，做好量少批多的零担危险品运输，是一项十分细致的工作。既要保证安全，又要提高运输效率；既要符合中转运输的范围，又要合理使用车辆；既要减少“冷门货”的积压，又要保证“大宗货”的急运。因此，危险品在装车前，应根据所运危险品的危险特性，确认是可以配载、禁止配载还是隔离配载。

(1) 确认能否运输 主要是通过检查包装，看其是否符合所运输危险品的要求；包装的标志及编号与所运危险品是否相符等。

对需在一定稳定剂的保护条件下才能运输的危险品，应检查其稳定剂的含量是否符合要求。如过氧化氢的含量不应超过 40%；硝化纤维素的含氧量不得大于 12.5%，湿润剂不小于 32%；二硫化碳、黄磷必须浸在水中，且液面应高于物品 4cm；碱金属（金属纳、钾、钙等）必须浸于煤油中等，确认这批危险品货物能否运输和配载。

对包装不符合要求和稳定剂不足的，均不可装运和配载。

(2) 确认季节性限制和禁配的危险品 有些危险品因其沸点较低，当气温较高时运输，

容易将容器胀破引起危险，所以气温较高时禁止一般包装运输。如铁桶盛装的乙醚在每年的4～9月间，不能敞车和棚车配载；对两种以上物品相互接触可引起着火、爆炸或其他危险反应的物品禁止配载。如水合肼、无水肼与氧化剂、有机过氧化物，液氨、液氢、液化石油气与液氯、液氟、氧气、压缩空气，硫黄、赤磷与氧化剂、有机过氧化物等均不可同车配载。

(3) 确认外包装　当两种或两种以上物品同装在一个外包装内运输时，应检查确认同一包装内是否装有性质相互抵触和灭火方法不同的两种或两种以上物品。如硫黄和铝粉不能装在同一外包装内等。

(4) 确认能否同批托运　如硝酸和氢氟酸，不能做同一批托运等。

(5) 确认到站　为了保障安全，对不具备条件的车站是不允许接收危险品货物的，所以对于整装零担车运输危险品时，其第一、第二到站应有限制，不能把危险品运至不能接受危险品的车站。如到达上海、天津或北京地区的危险品，当与普通货物同装一车时，应将危险品的到站“桃甫”“张贵庄”“大鸿门”作为第一站。

对同一车内装载的危险品，应当严格遵守《危险货物配载表》的有关规定，并按表的规定检查确认可否运输。

5. 整装危险品铁路运输的配载

危险品在运输时，可否同装一车或如何配装积载受多种因素的影响，综合归纳，以下因素应当充分考虑。

(1) 危险品性质的相互抵触程度　危险品可否同车配载，首先取决于相互之间的抵触程度。对两种或两种以上的危险品相互接触特别容易起化学反应，甚至可引起着火或爆炸的严禁配载；对于某些危险品性质虽有抵触，但抵触程度不太大的可以采取隔离一定的距离配载。如氰化物与酸类；氧化性物质与可燃物质；弱氧化剂与强氧化剂等均不可同车配载。而其他酸性腐蚀品与氧化剂和有机过氧化物可以采取隔离 2m 以上配载。

(2) 灭火方法是否相同　有的危险品虽然性质不那么很抵触，但由于着火时灭火方法不同，也不能同车配载。如硫黄和铝粉、黄磷与烷基铝等就不便同车配载，更不能装于同一外包装内。

(3) 包装条件状况　包装的好坏也是影响配载条件的重要因素，如果包装条件较好，并达到了一定的质量标准，一般在一定程度上可以起到不同性质物品的隔离保护作用。如铝粉、镁粉与盐酸，虽然性质相互抵触，但只要包装合格也允许同载一车。又如，铁桶包装的乙醚在夏季不可装车运输，但若盛装在具有一定耐压强度（大于当地极端最高气温下的蒸气压）的容器内运输时，四季均可运输。

(4) 运输条件的好坏　运输条件、工具的不同，其外界状况的影响也不同，所以其配载条件也不同。如铁路运输受震动、摩擦、冲撞和各地外界气温以及多次装卸作业的影响较大，与生产单位的仓库储存、静置存放的条件不同，因此在积载时要考虑到随时出现包装破损、货物撒漏的可能；又如公路运输受震动、冲撞的可能更大，但路途短，事故时的危害、影响面要比铁路小；而水路运输，船舶航行时间长，气候影响大，且一旦出现事故难以施救，损失和伤亡比铁路和公路运输都大，所以配装积载的条件比铁路、公路应当更加严格。

(5) 一次最大运输量　危险品在运输过程中的危险性和危害性，除与其本身的性质有关外，还与其运输量的大小有关。如果本身的危险性较大，一次的运输量也较大时，那么其危险性和危害性就更大。反之，若一次运输的量较小，那么其危险性和危害性也就相应减小。当一次运输的量（从一个容器到一个包件）特别少时，在较好的内储器和外容器的保护下，其危险性就得到了有效的限制，其危害性也就相应地消除，所以，这时就可以按普通货物的条件进行运输。

根据联合国经济及社会理事会和我国交通运输部的规定，除爆炸品、压缩和液化气体、易燃固体中的自反应物质、自燃物品、有机过氧化物、感染性物质和放射性物质以及各类中的一级危险品外，如果一次运输的最大量限制在表5-6的范围内时，那么该危险品就可以按普通货物积载和运输。

对不同种类的限量内运输的危险品，假使在泄漏的情况下不会发生危险反应，那么这些物品可以放入同一外包装（外容器）内运输；对符合限量运输条件的危险品，其包件可以不加标签，在同一车辆或同一集装箱中也没有任何分隔的要求；对包装和分发零售给个人或家庭使用的限量内危险品，无须在容器上标注确切的运输名称和联合国编号，也不要求有危险品运输的票据。

因此，当危险品若要按普通货物运输，必须满足以下条件。

① 一次的最大运输量必须符合表5-7规定的限量标准。

② 应有合适的内容器和外包装，且外包装应符合Ⅲ类包装标准。

③ 每个包件的总重量不超过30kg，道路运输时每个包件的总重量不大于20kg，一批运量不大于100kg。

④ 在发运说明中必须写入“限量”一词。

表5-7　危险品限量内运输的一次最大运输量

危险品名称	危险级别或包装类别	物品状态	每个容器内最大限量
压缩和液化气体	一	气体	120mL①(金属或玻璃容器最大内容)
中闪点易燃液体	二	液体	1L(金属)；500mL(玻璃或塑料)③
高闪点易燃液体	三	液体	5L
易燃固体	二	固体	500g
易燃固体	三	固体	3kg
遇水易燃品	二	液体或固体	500g
遇水易燃品	三	液体或固体	1000g
氧化剂	二	液体或固体	500g
氧化剂	三	液体或固体	1000g
有机过氧化物②	Ⅱ	固体	100g
有机过氧化物②	Ⅱ	液体	25mL
毒性物品	Ⅱ	固体	500g
毒性物品	Ⅱ	液体	100mL
毒性物品	Ⅲ	固体	3000g
毒性物品	Ⅲ	液体	1L
腐蚀品	Ⅱ	固体	1000g
腐蚀品	Ⅱ	液体	500mL
腐蚀品	Ⅲ	固体	2000g
腐蚀品	Ⅲ	液体	1L

① 在含有带某种气体的无毒液体的溶液的空气溶胶体时，这一限量可增至800mL。

② 这项例外，不适用于试验工具、修理工具或类似的混合小件，它们可能含有极少量的这类物质。

③ 玻璃、瓷器或石制品的内容器应封闭在适当的刚性中间容器之内。

（二）液化燃气装卸防火

1. 液化燃气铁路槽车装卸设施的安全要求

(1) 液化燃气铁路装卸线的安全要求　液化燃气仓库内的铁路宜集中布置在库区的边缘。当液化烃装卸栈台与可燃液体装卸栈台布置在同一装卸区时，液化烃栈台应布置在装卸区的一侧。

液化燃气铁路装卸线，不得兼作走行线。停放车辆的线段应为尽端式平直线段，其坡度不大于0.003（见图5-19所示）当受条件限制时，可设在半径不小于500m的平坡曲线上。在卸车直线段之外，应留有不少于20m的直线端头，其端头应设有车挡。

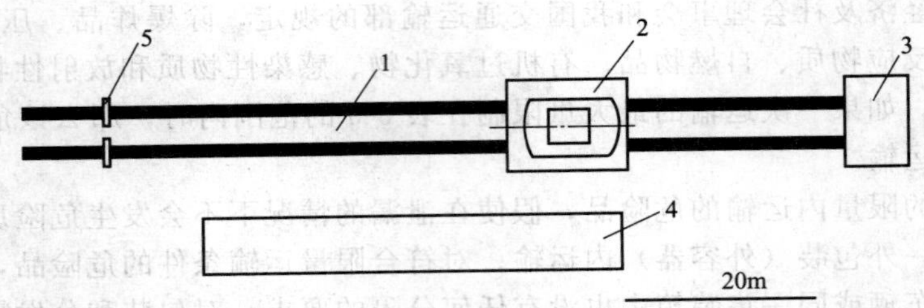

图 5-19 液化燃气铁路装卸线

1—铁路装卸线；2—铁路槽车；3—车挡；4—栈桥；5—铁轨绝缘垫圈

铁路装卸线的长度应根据接收站的规模、铁路槽车的配置数目和一次装卸车节数等因素确定。当一次进站节数等于或小于 4 节时可设单线，当一次进站节数超过 4 节时则设双线，以便于调车。设双线时两条线路的中心距不应小于 6m。

铁路装卸中心线距储罐应有一定的防火间距，并不小于 35m。在距储罐 35m 以外的铁路线上，应经有关铁路局同意，设置“机车停车位置”标记。在铁路装卸线的始端应设铁轨绝缘垫，以防止铁路上的杂散电流，尤其是电气化铁路上的电流进入装卸线，影响液化燃气装卸安全。

(2) 栈桥的安全要求 液化燃气槽车装卸栈桥的结构形式如图 5-20 所示，并应符合以下安全要求。

图 5-20 液化燃气槽车装卸栈桥

① 液化燃气槽车装卸栈桥操作平台，应为钢结构或钢筋混凝土结构等不燃材料建造。栈桥长度取决于一次卸车节数，宽度一般不小于 1.2m。在设有装卸鹤管的部位，邻槽车一侧设折叠式过桥，以便于操作人员进行装卸作业。

② 栈桥过桥的宽度不应小于 0.8m，其长度应与槽车平台很好地衔接，通常为 1.2～1.5m 左右。在栈桥的两端和沿栈桥每隔 60m 左右应设安全梯，其宽度不应小于 0.8m，斜度不大于 59°。

③ 栈桥的高度应与槽车操作平台相同，从铁轨顶算起一般为＋4.0m。栈桥应与铁路装卸线平行布置，并设在单侧。栈桥中心线距装卸铁路中心线的间距，不应小于 3m。

④ 在离栈桥至少 10m 处的液化燃气装卸管线上应设便于操作的紧急切断阀，并按栈桥的长度每 10～15m 备置 8kg 干粉灭火器一具。

（3）液化燃气装卸鹤管的安全要求

① 液化燃气铁路装卸鹤管必须解决好转动接头处的管子顺利转动以及密封问题。

② 卸车鹤管在装卸过程中，应注意由于管道和液化燃气之间的摩擦而聚积起来的静电，所以要有可靠的接地，还要防止管接头与火车槽车撞击时产生火花。

③ 为防止高压铠装耐油胶管折断或破裂，其允许使用压力至少应为系统最高工作压力的4倍，一般选用 $P_g=6.4$MPa，其长度通常取4m左右。

2. 散装液化燃气的铁路槽车的装卸方法

由于液化燃气是处在液化状态下运输的，所以，要求装卸过程的所有操作必须是在密闭条件下进行，倘若一旦泄漏，必然会带来着火或爆炸等灾害事故。因此，必须对其装卸过程提出严格的消防安全要求。

（1）压缩机装卸　这种常用的装卸方式，是用压缩机抽出储罐中的气态液化燃气，压入要卸液的槽车中去，使储罐内的压力降低，槽车内的压力升高，从而使槽车和储罐之间形成一定的压差，这样槽车的液化燃气就藉此压力被压送到储罐中去。槽车内的液化燃气卸完后，还可用压缩机将槽车中的液化燃气蒸气抽回至储罐。此时，槽车中的剩余压力应维持在0.15～0.2MPa，以避免预计不到的因素以及其他因索造成压力继续下降时引起空气的渗入，在内部形成爆炸性混合气体。利用压缩机装卸原理如图5-21所示。

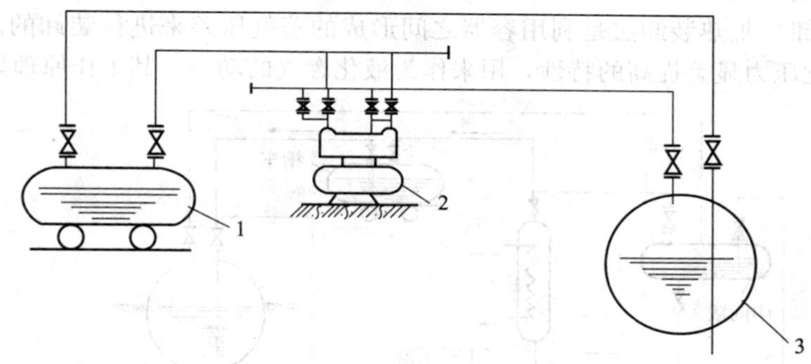

图5-21　压缩机装卸原理

1—槽车；2—压缩机；3—储罐

利用压缩机装卸时，储罐和槽车之间的压差一般在0.2～0.3MPa左右。在严寒地区，由于室外温度极低，储罐内的液化燃气饱和蒸气压，一般仅0.05～0.2MPa左右，当其单位时间内的气化量满足不了压缩机吸入量的要求时，就会造成压缩机的工作无法进行。此时往往需要运用加热增压等方法提高储罐压力，使压缩机能够正常进行装卸。

（2）泵装卸　泵装卸是在槽车和储罐之间的液化燃气液态管道上，装设烃泵来进行液化燃气的装卸（图5-22）。采用泵装卸时，液化燃气液态管道上任何一点的压力不得低于操作温度下的饱和蒸气压力，管道上任何一点的温度不得高于相应管道内饱和压力下的饱和温度，以防止管内产生沸腾现象造成“气塞”，使液化石油气“断流”。为此，在泵的吸入端，必须要有一定的静压头，避免液态燃气发生气化。

在卸液过程中气相管相互连通起平衡管的作用。液化石油气泵的吸入和压出管均应有放入大气的支管。此外，吸入管应装设闸阀及压力表，压出管应装设单向阀和闸阀。

由于液化燃气的相对密度比空气大，所以一般不允许采用深埋泵房的方法。泵装卸法，系统简单，管理方便，但必须解决好泵入口端的静压头问题。国外采用自动吸入式涡轮泵或离心泵，来直接吸入液化石油气。或者在使用普通离心泵时，增设喷射器来提高泵前的静压力，使泵吸入端的压力高于液化石油气的饱和蒸气压力0.01～0.02MPa，以防真空。

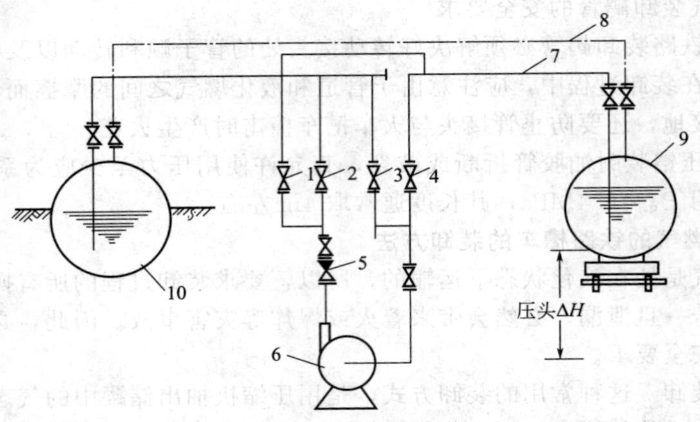

图 5-22 泵装卸原理

1,2,3,4—阀门；5—止逆阀；6—泵；7—液相管；8—气相管；9—槽车；10—储罐

采用地上常温压力固定储罐储存时，泵直接装在地坪上，依靠罐内的压力及液位差，泵能被液化燃气全部充满，而不致发生泵和吸入管道出现真空的情况。目前我国采用液化燃气叶片泵，其吸入端压头要求为 5.9～11.8Pa。

(3) 加热装卸 加热装卸法是利用容器之间形成的蒸气压差来进行装卸的。也就是利用液化燃气加热后气化压力显著提高的特性，用来作为液化燃气的动力。其工作原理如图 5-23 所示。

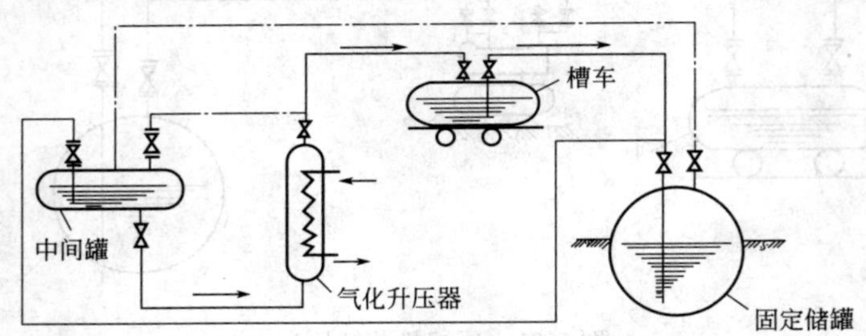

图 5-23 加热装卸法工作原理

图 5-23 中，中间罐中的部分液态燃气，在气化升压器中被加热气化，蒸发的液化燃气除小部分回到中间罐中的上部空间作平衡作用外，大部分进入槽车中的上部空间，使槽车的上部空间形成较高压力，以致可把槽车内的液化燃气压入储罐中。为保证加热装卸的顺利进行，必须根据要排出储罐的加热表面积等因素来选择合适的气化升压器。一般可按相似条件下的运行经验来确定。

此种装卸方法，装卸时间较长；尤其在寒冷地区，冬季自然蒸发压力较低时，不利于压缩机工作。此时可采用加热装卸法与压缩机加压装卸法一起配合使用。

(4) 静压差装卸 静压差装卸是利用液化燃气槽车与储罐之间的位差（即压差 ΔH）来卸车（图 5-24)。这种方法很简单，但必须要有足够的高位差才能使用。在装卸时须将储罐与槽车间相应的气态和液态空间连接起来。此法较适合槽车向半地下或地下储罐使用，但装卸速度较慢，并且不宜卸尽，一般很少采用。

(5) 压缩气体加压装卸 压缩气体加压装卸是将压缩气体送到需要卸液的槽车中，以提高其压力，使液化石油气注入储罐。压缩气体一般常用压缩甲烷，也有用压缩氮、二氧化碳或其他不溶于液化石油气并不与液化石油气形成爆炸性混合物的气体。这种方法，必须定期供应充满纯压缩气体的气瓶。压缩气体加压装卸如图 5-25 所示。

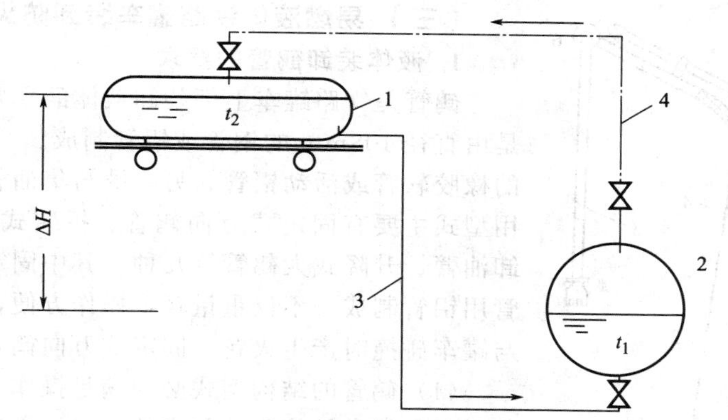

图 5-24　静压差装卸原理

1—运输槽车；2—固定储罐；3—液相管；4—气相管

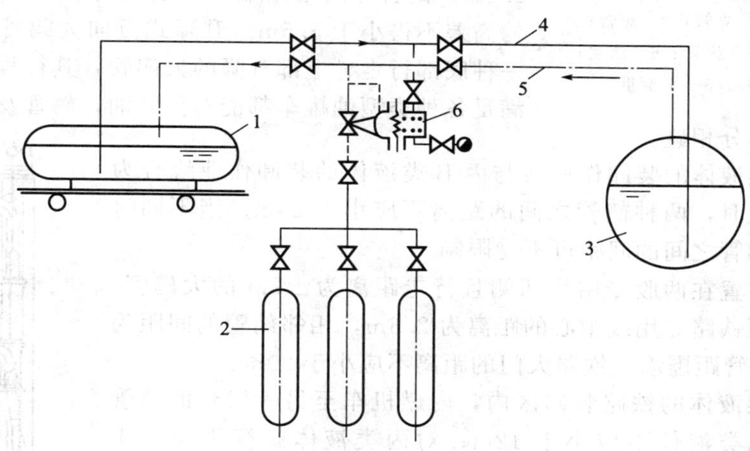

图 5-25　压缩气体加压装卸原理

1—运输槽车；2—压缩气体；3—储罐；4—液相管；5—气相管；6—调压器

3. 散装液化燃气铁路槽车装卸的安全要求

(1) 槽车充装的要求

① 槽车充装前应有专人对槽车进行检查，对超过检查期限、外表腐蚀严重或有明显损坏、变形者，或附件不全、损坏失灵或不符合规定者，槽车内没有余压，槽车内气体含氧量大于3%时，或罐体密封性能不良或各密封面及附件有泄漏者，以及槽车的行走或制动部分超期未检验者等，均应事先进行妥善处理，否则严禁充装。

② 槽车充装时要严格控制充装量，不应大于允许装量的计算值，严禁超装。

③ 槽车充装完毕，应将气相管和液相管阀门加上盲板，关闭压力表连接管上的阀门和紧急切断阀，对各密封面进行泄漏检查，并检查封车压力。

(2) 卸液前的准备　液化燃气铁路槽车装卸时，机车不准进入储存站、储配站内，应用4节隔离车顶入站内。槽车到达接收站后，应及时卸车，但不应马上卸车，应静止80min以上，以消除沿途运输中所带的静电。不得将槽车当储罐或气化罐使用。

(3) 卸液后的要求　卸液后的罐内应留有不低于0.05MPa的余压，并关闭紧急切断阀，同样将气相管和液相管阀门加上盲板。当遇到雷雨天气或附近有明火或周围有易燃或有毒气体泄漏，槽车液压异常以及出现其他不安全因素时，严禁进行装卸作业。

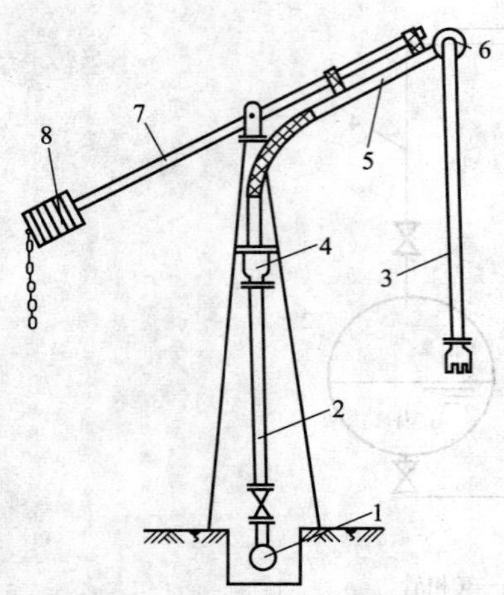

图 5-26　固定式万向鹤管结构示意图

1—集液管；2—立管；3—短管；4—旋转接头；5—横管；6—法兰；7—活动杠杆；8—平衡重

（三）易燃液体铁路罐车装卸防火

1. 液体装卸鹤管的要求

鹤管是铁路罐车上部装卸液体的主要设备，它的主体是由直径 108mm 的钢管或铝管制成。一端装有 4～6m 长的橡胶软管或活动铝管，另一端与集油管相连。鹤管的常用型式主要有固定式万向鹤管、拆装式鹤管、气动鹤管、卸油臂、升降式大鹤管等几种。其中固定式万向鹤管的短管用铝管制成，不仅重量轻，操作方便，同时也可避免当与罐车碰撞时产生火花。固定式万向鹤管如图 5-26 所示。

（1）鹤管的结构型式必须满足操作方便，安全可靠等要求。鹤管的结构尺寸与安装位置，必须符合《标准轨距铁路接近限界》的有关规定。鹤管的水平伸长不得小于 2.6m，鹤管伸向罐车端不可拆卸部分的最低位置距轨顶的高差不得小于 5.5m。升降式万向大鹤管（图 5-27）为一种底部行走、上部升降的大鹤管，其行程和走距，应能满足各种类型油罐车都能对位装油，鹤管及其各附件不能与罐车的任何部分相碰。

（2）当易燃液体的装卸作业线与丙 B 类液体的装卸作业线合为一条且同时作业时，两种鹤管之间的距离不应小于 24m；当不同时作业时，两种鹤管之间的间距可不受限制。

（3）对于布置在两股专用线两侧且行走距离为±2m 的大鹤管，推荐其中心线距铁路专用线中心的距离为 2.6m，相邻鹤管的间距为 12m。装卸油鹤管距围墙、铁路大门的距离不应小于 20m。

（4）在可燃液体的铁路装卸区内，内燃机车至另一栈台的鹤管的距离：甲、乙类液体不应小于 12m；对丙类液体鹤管不应小于 8m。两相邻栈台鹤管之间的距离不应小于 10m，但装卸丙类液体的两相邻栈台鹤管之间的距离不应小于 7m。当可燃液体采用密闭装卸时，其防火距离可减少 25%。

（5）为防止接卸过程中的液体泄漏、污染环境，消除液体蒸发气体的外泄发生，确保接卸操作安全，从下部接卸铁路液体罐车的卸液系统，应采用密闭管道系统。

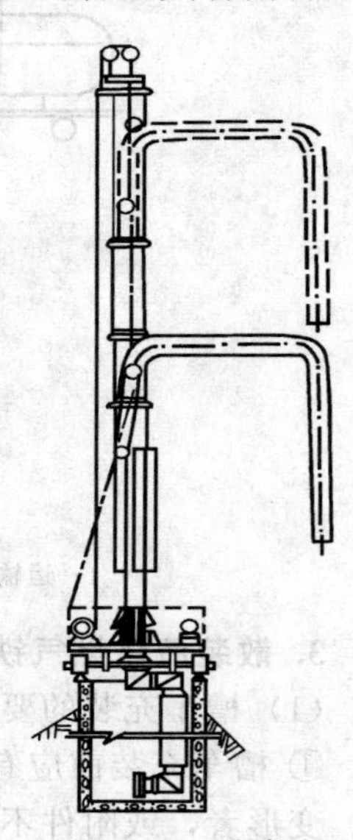

图 5-27　升降式方向大鹤管

（6）为了防止静电危害，便于装车量的控制，减少易燃蒸气的挥发，减少管道振动和减小管道水击力，从上部向铁路罐车灌装易燃液体时，应采用插到罐车底部的鹤管。鹤管内液体的流速，不应大于 4.5m/s。由于大鹤管装车流速较大，因而产生的静电电压较高，从而威胁装车的安全。为此，装卸主管或支管的平均流速应符合表 5-8 的要求。

表 5-8　大鹤管装卸易燃液体的流速限制

火灾危险类别	液体管线	限制流速/(m/s)
甲、乙类液体	主管	3.5～4.5
	支管	4.0～5.0

2. 易燃液体铁路装卸栈桥的要求

易燃液体铁路装卸栈桥是为装卸作业所设的操作台，一般与鹤管建在一起，由栈桥到罐

车之间设有吊梯（其倾斜角不大于60°），操作人员可由此上到罐车进行操作。构造形式如图5-28所示。

（1）易燃液体铁路收发栈桥在布置时，应尽可能设在易燃液体仓库的边缘地区，避免与库内道路交叉，并应布置在辅助作业区的上风方向，且只能设置在装卸线的一侧，与其他建、构筑物保持一定的距离。不应在一条作业线的两侧都设置栈桥，以避免同时装卸作业的影响。

（2）装卸易燃液体的栈桥应为不燃材料建造，桥面宜高出轨面3.5m，宽度宜为1.5～2m。桥面上应设安全栏杆，栈桥的立柱间距应尽量与鹤管间距一致，一般为6m或12m，栈桥的两端和沿栈桥应每隔60～80m设上、下栈桥用的45°斜梯。

图5-28　铁路装卸栈桥示意图

1—铁路专用线；2—栈桥；3—集液管；4—装卸油鹤管

（3）新建和扩建的易燃液体装卸栈桥边缘与液体装卸线中心线的距离，自轨面算起3m及以下不应小于2m，自轨面算起3m以上不应小于1.85m。

3. 零位罐的要求

（1）易燃液体装卸设施用的零位罐至卸油作业线中心线的距离，不应小于6m。

（2）零位罐在接卸液体过程中，主要起暂时储存或缓冲作用，罐中液体处于过渡储存或输送流动状态，而非长期储存于此，故零位罐的总容量不应大于一次卸车量。

4. 易燃液体铁路罐车的装卸方法

易燃液体铁路罐车的装卸方法取决于易燃液体仓库的地形条件和罐车的结构形式。一般可分为上部装车和下部卸液两种。

（1）自流装车和泵送装车　自流装车就是利用地形的高位差，自流进行装车，这种装车方法不仅节省投资、减少费用，更主要的是不受电源的影响，安全可靠，但需具备自流装车的地形条件。

泵送装车是在不具备自流装车的地形条件时采用的一种方法，如图5-29所示。

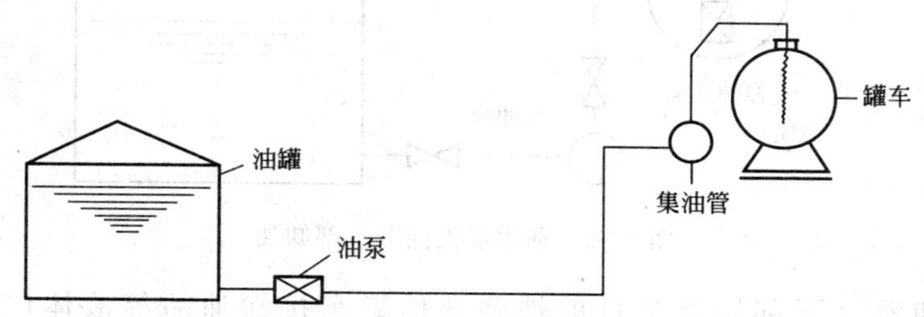

图5-29　铁路泵送装车示意图

目前我国很多储备油库都建筑在山区，储存区多布置在山体或峡谷的纵深地带，标高大部分都高于作业区标高。所以，多数油库采用泵卸车和自流装车。

（2）上部卸车　上部卸车是将鹤管端部的橡胶软管或活动铝管，从液体罐车上部的罐车盖插入车内，然后用泵或虹吸自流卸车。当采用从上部向液体铁路罐车灌装甲、乙类液体时，应采用插到油罐车底部的鹤管。鹤管内液体的流速不要大于 4.5m/s。

用泵卸液体时（图 5-30）必须保证泵吸入系统充满液体，并在鹤管顶点和吸入系统任意部位不产生气阻断流的现象，所以必须配有真空泵以满足灌泵和抽底液油的要求。其特点是，从罐车底卸出的液体，可直接泵送至液体储罐，不经过零位罐，减少了易燃液体的蒸发，但需要设置高大的鹤管、栈桥和真空系统等；设备多，操作复杂，火灾危险性也不小，并往往形成气阻，影响正常卸油。

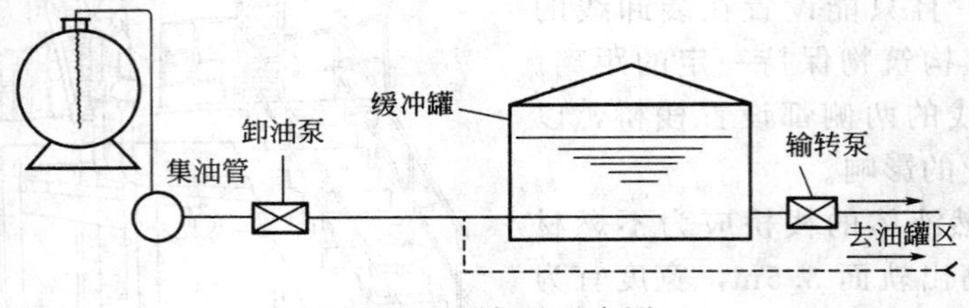

图 5-30　泵卸油示意图

当罐车液面高于零位液罐，并具有足够的液位差时，可采用虹吸自流卸液（图 5-31）。但必须具备抽真空或填充液体的设备以填充鹤管虹吸。这种卸油方法的优点是设备少、操作简单；缺点是增加了零位油罐，多一次输转，增加了易燃液体的蒸发。

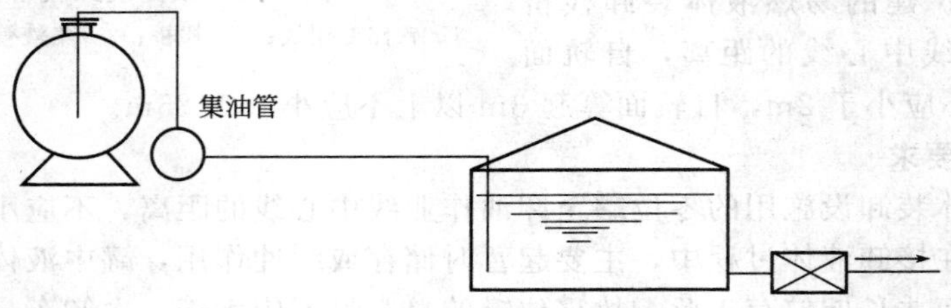

图 5-31　虹吸自流卸油示意图

利用浸没油泵进行油品的上部卸油（图 5-32）也得到使用。这种浸没油泵系安装在卸油鹤管的软管末端。泵利用电机传动，二者共装于密闭的外壳中，电动机被运送的油品冷却，这种卸油方法灵活有效，适用于野外作业，但电动机要保证防爆等级要求。

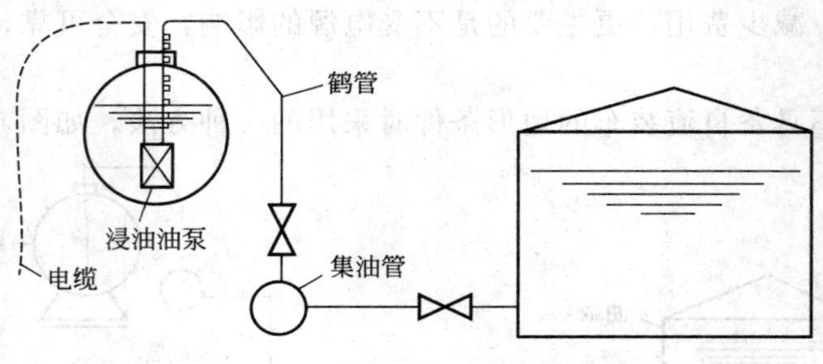

图 5-32　利用浸没油泵上部卸油

(3) 下部卸液　下部卸液是目前铁路液体罐车接卸油品等液体广泛采用的方法（图 5-33）。

它由液体储罐车下卸器与输液管路等组成。罐车下卸器与集液管的连接是靠橡胶管或铝制卸液臂完成的。采用下部卸液，克服了上部卸液的缺点，地面建筑少，有利于对空隐蔽和操作。但由于下卸器经常开关及行驶中震动等原因，对易燃液体易渗漏，增加了沿途和储库的火灾危险性。但当铁路液体罐车的卸液系统采用从下部接卸的方式时，应采用密闭管道系统。

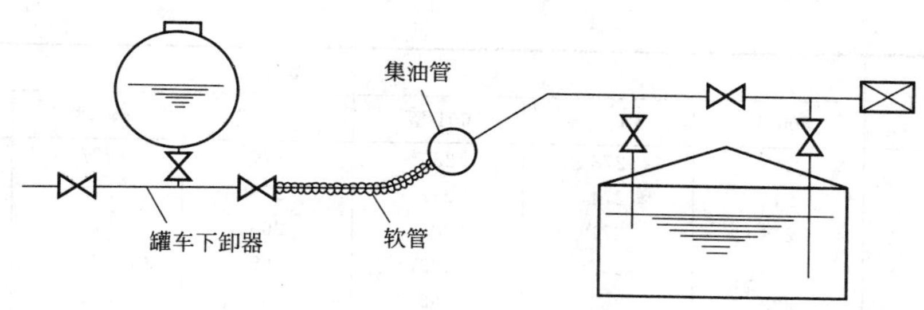

图 5-33　铁路油罐车下部卸油示意图

5. 铁路液体罐车灌装操作的安全要求

（1）不能按液体罐车总容量进行灌装　铁路液体罐车应按所经沿途及到达终点站最高气温下的灌装高度予以灌装，不能按液体罐车总容量进行灌装。这是因为，在运输途中可能受气温升高，液体膨胀的影响或由于振荡颠簸而外溢。在液体外溢的情况下，如遇该铁路罐车“研轴”或飞火都有可能引起火灾。所以必须按安全容量进行灌装。

（2）灌装的安全高度应通过计算求得　计算方法是，首先查取始发站液体储罐中的液温，然后从表 5-9 中查出到站和沿途所经地区的最高液温，再用最高液温减去发站液温后的差值即得。从液温高的地方发往液温低的地方，装载高度可按液体罐车留有 5%～7%的空容量灌装。

表 5-9　全国各地区铁路油罐车运输途中最高液温

地区范围	月份	最高液温/℃	月份	最高液温/℃	月份	最高液温/℃
东北地区（山海关以北地区）	12～2	2	3～5	28	6～11	33
长江以北地区（包括成都以北地区及成都线）	12～2	17	3～5	34	6～11	39
长江以南地区（包括武汉地区、成都以南地区）	12～2	24	3～5	24	6～11	39

例：12 月由东北某地发汽油（油温－4℃），运至贵州的贵阳市，用 600 型和 605 型车型装载，求装载高度。

解：①发站油温为－4℃；②贵阳在长江以南地区，十二月发车属于冬季，从表 5-8 中查得最高油温为 24℃。

③油温差＝24℃－（－4℃）＝28℃，按温差 28℃从表 5-9 中查得：600 型车应为 245cm；605 型车应为 236cm。

（3）铁路液体罐车安全装载高度　铁路液体罐车安全装载高度应按车型，根据始发地至终点站的温差，按表 5-10 确定。

表 5-10　铁路液体罐车温差装载高度　　单位：cm

发至到站温差/℃	车型					
	500 型	4 型	601 型	600 型	604 型	605 型
1	261	296	298	296	296	252
2	258	293	296	294	293	251
3	255	289	298	289	289	251
4	251	285	293	285	285	250
5	248	282	291	283	281	249

续表

发至到站温差/℃	车型					
	500型	4型	601型	600型	604型	605型
6	245	278	289	277	277	248
7	242	274	287	273	273	248
8	239	271	285	269	270	247
9	235	267	283	265	266	247
10	233	263	282	261	262	246
11	230	259	280	258	259	246
12	227	257	278	357	256	245
13	223	252	276	256	255	244
14	220	255	274	255	254	244
15	217	254	272	254	253	243
16	214	252	271	253	252	243
17	211	252	269	252	251	242
18	207	251	267	251	251	242
19	204	250	265	250	250	241
20	202	250	263	250	249	241
21	201	249	261	249	248	240
22	201	249	259	248	248	240
23	201	248	257	248	247	239
24	200	247	256	247	247	238
25	199	247	255	246	245	238
26	198	246	254	246	245	237
27	198	245	254	245	245	237
28	198	245	253	245	244	236
29	197	244	252	245	243	236
30	196	243	252	244	243	235

注：编制此表的主要依据是液体的膨胀系数，经行车试验确定的。汽油的膨胀数为1.3‰，煤油为0.8‰～1‰，柴油为0.8‰。为了简化灌装高度的计算，统一采用汽油膨胀系数。

三、危险品铁路运输列车编组与运行防火

危险品在铁路运输时，装完车后还要经过取送、编解、运行等环节才能运至到站。在这些环节中，应当严格注意列车调车编组连挂时的溜放、隔离以及列车运行中的有关防火要求才能安全到站。

（一）危险品铁路列车编组的溜放

溜放分为驼峰溜放和机车溜放。驼峰溜放是利用峰顶和峰谷的高度差将车辆用机车推上峰顶，车辆自行溜下去进行解体；机车溜放是用机车牵引或推送将车辆送入不同的轨道进行解体。其目的是将车列中不同去向的车辆按去向送入不同的股道，然后编成列车。由于调车连挂时，速度的高低、冲击力的大小，都对物品的安全运输有着密切的关系。如果在调车作业中将装有危险品的车辆与装有普通货物的车辆有同样的方法进行溜放就很容易造成事故。所以，在调车作业中，应当根据危险品的危险特性，采取限制溜放的措施。

1. 调车连挂时禁止溜放的情形

《铁路危险货物运输管理规则》(2008) 根据各类危险品的危险特性及对振动和撞击的敏感度，规定下列危险品禁止溜放。

(1) 爆炸品中，具有整体爆炸危险的物质和物品，具有迸射危险、但无整体爆炸危险的物质和物品；具有着火危险，并有局部爆炸或局部迸射危险，或两种危险都有，但无整体爆

炸危险的物质和物品；具有着火危险或局部迸射危险，或两种危险都有，但无整体爆炸危险的物质和物品。也就是各种猛炸药、起爆药、起爆器材等爆炸品的第1.1至第1.4项。

(2) 气体危险品中，液氯、氢气、乙炔气、压缩或液化天然气等罐车和钢制气瓶装载的易燃气体和毒性气体等，经撞击能使容器破漏造成严重人身伤亡事故且不易施救的危险品。

(3) 易燃液体中，乙醚、二硫化碳、石油醚、苯、丙酮、甲醇、乙醇和甲苯等易燃、有毒的一、二级易燃液体。

(4) 易燃固体、自燃物品和遇水易燃物品中的硝化纤维素、黄磷、硝化纤维胶片等危险品。

(5) 氧化性物质和有机过氧化物中，过氧化氢、过氧化钠、过氧化钾、氯酸钠、氯酸钾、氯酸铵、高氯酸钠、高氯酸钾、高氯酸铵、硝酸胍、漂粉精和有机过氧化物等。

(6) 毒性物质和感染性物质中，玻璃瓶装的氯化苦、硫酸二甲酯、四乙基铅（含溶液）、一级（剧毒）有机磷液态农药、一级（剧毒）有机锡类、磷酸三甲苯酯、硫代膦酰氯等。

(7) 放射性物质中，二、三级运输包装的气体放射性危险品。

(8) 腐蚀性物质中，罐车装载以及玻璃或陶瓷容器盛装的发烟硝酸、发烟硫酸、硝酸、硫酸、三氧化硫、氯磺酸、氯化亚砜、三氯化磷、五氯化磷、氧氯化磷、氢氟酸、氧化硫酰、高氯酸、氢溴酸和溴等。

注意，除爆炸品和气体危险品禁止溜放的以外，其他禁止溜放的危险货物车辆，可向空线溜放。

2. 调车连挂时允许溜放，但有限速要求的情形

对性质比较稳定和包装比较坚固的以下危险品，在调车作业时可以溜放或由驼峰上解体调车；但在连挂时的限速不得超过2km/h，并避免冲撞。

(1) 爆炸品中，有整体爆炸危险，但非常不敏感的物质（如虽有整体爆炸危险性，但非常不敏感），以致在正常条件下引发由着火转为爆炸的可能性极小，但在局部密闭舱室或房间内大量盛装或存放时可由着火转为爆炸危险的B型爆破用炸药、E型爆破用炸药（乳胶炸药、浆状炸药和水凝胶炸药）、铵油炸药、铵沥蜡炸药等，无整体爆炸危险的极端不敏感的物品（仅含有极不敏感爆炸物质，且其意外引发爆炸或传播的概率可忽略不计的物品；或其爆炸危险性仅限于单个物品爆炸的物品）。

(2) 压缩液化气体中，不燃无毒气体，钢制气瓶以外其他包装装载的气体类危险货物等。

(3) 易燃液体中，除规定禁止溜放以外的装入玻璃或陶瓷容器易燃液体，以及汽油等。

(4) 易燃固体、自燃物品和遇水易燃物品中，含水大于等于30%的三硝基苯酚、含水大于75%的六硝基二苯胺，三乙基铝，浸没在煤油或密封于石蜡中的金属钾、金属钠，金属铯、锂、硼氢化物等。

(5) 氧化性物质和有机过氧化物中，除规定禁止溜放以外的，装入玻璃或陶瓷容器的氧化性物质和有机过氧化物等。

(6) 毒性物质和感染性物质中，除规定禁止溜放以外的，装入铁通包装、玻璃或陶瓷容器的毒性物质和感染性物质。

(7) 放射性物质，不允许溜放或由驼峰上解体调车。

(8) 腐蚀性物质中除规定禁止溜放以外的，装入玻璃或陶瓷容器的腐蚀性物质。

（二）列车车辆编组的隔离

由于挂有危险品车厢的列车在运行中接触的外界情况比较复杂，同时编入同一列车的危险品车辆的性质也各不相同。加之，列车中除了危险品车辆外，还有乘务人员和押运人员等。为了保证人身和物品的安全以及事故时不致扩大蔓延，货物列车在编组时，应将装有普通货物的车辆编入装有危险品车辆的列车中进行隔离。

1. 确定隔离车辆的数目与被隔离的对象应考虑的因素

(1) 与牵引机车的隔离　由于牵引的蒸汽机车有火星喷出，所以要与性质危险，发生事故不易施救且后果严重的罐车和各种瓶装的剧毒、易燃、氧化性的压缩气体、液化气体、溶解气体和爆炸品等隔离货车应不小于4辆；推进运行或后部补机虽有烟火，但在运行时烟火不危及机车前的车辆，隔离货车一辆以上即可；牵引的内燃、电力机车没有蒸汽机车的烟火之害，所以与危险品车辆的隔离货车一辆以上即可。

(2) 与乘坐旅客车辆的隔离　主要应考虑保证旅客和乘务人员的安全，与罐车和压缩、液化和溶解性的剧毒、易燃气体、放射性物品、爆炸品和特种代号（七〇七）的危险品，隔离货车应不小于四辆。

(3) 危险品货车之间的隔离　主要应根据各车内所装危险品的性质而定。如对于冲击敏感，发生爆炸影响面大的起爆器材与发生爆炸后危害面大的，剧毒、易燃、压缩和液化气体等，隔离货车应不小于四辆，但对起爆器材以外的爆炸品，大多数敏感性较差，只有在其他物品着火时或相当能量引爆时，才会产生很大的爆炸力，所以与这些车辆，隔离货车不小于两辆。

(4) 与放射性物质（矿石、矿砂除外）不能编入同一列车。

2. 编组隔离的数量要求

运输危险品的列车在编组时，应当按照表5-11的要求进行隔离。

表5-11　危险品铁路运输车辆编组隔离表

危险品货物种类 \ 隔离对象（最少隔离车辆数）		距牵引的内燃、电力机车，推进运行或后部补机及使用火炉的车辆	距乘坐旅客的车辆	距装载雷管及导爆索车辆	除雷管及导爆索以外的爆炸品	距敞平车装载的普通易燃物货物	距装载高度超出车辆的易窜动货物	备注
易燃、氧化性的压缩气体和液化气体		4	4	4	4	2	2	运输气体类危险品的重、空罐车，每列编挂不得超过3组，每组的隔离车不得少于10辆
一级的易燃液体、易燃固体、自燃物品、氧化性物品、有机过氧化物、毒性物品和腐蚀品		2	3	3	4	2		运输原油时与机车及使用火炉的车辆可不隔离
放射性物质（矿石、矿砂除外）		2	4	×	×	2	1	×表示不能编入同一列车
七〇七	一级	4	4	4	4	4	2	一级与二级编入同一列车时，相互隔离2辆以上，停放在车站时相互隔离10m以上，并严禁明火靠近
	二级	4	4	4	4	4	2	

续表

最少隔离车辆数 / 隔离对象 / 危险品货物种类		距牵引的内燃、电力机车，推进运行或后部补机及使用火炉的车辆	距乘坐旅客的车辆	距装载雷管及导爆索车辆	除雷管及导爆索以外的爆炸品	距敞平车装载的普通易燃物货物	距装载高度超出车辆的易窜动货物	备注
敞平车装载的普通易燃货物及敞平车装载的散装硫黄		2	2	2	2			装载未涂防火剂的腐朽木材的车辆，运行在规定的区段和季节，须与牵引机车隔离10辆，如隔离有困难时，由铁路局与邻局协商规定隔离办法
爆炸品	载雷管及导爆索	4	4		4	2	2	
	起爆器材以外的爆炸品	4	4	4		2	2	

注：1. 小运转列车及调车时隔离规定，由铁路局自行制定。
2. 除气体危险品货物外，空罐车可不隔离。

（三）危险品铁路运输的押运管理

1. 押运员应当具备的条件

（1）押运员必须取得《培训合格证》。运输气体类危险品时，押运员还须取得《押运员证》。

（2）押运员应了解所押运货物的特性。

2. 同一托运人、同一到站押运方式、车辆及人数要求

（1）气体类6辆重（空）罐车（含带押运间车辆）以内编为1组。1～6车押运员不得少于2人，7～12车押运员不得少于4人，13～18车押运员不得少于6人。

（2）每列编挂不得超过3组。每组间的隔离车不得少于10辆（原则上需要用普通货物车辆隔离）。装运爆炸品（含烟花爆竹）、硝酸铵、气体类车辆与牵引机车隔离不少于4辆。符合《铁路车辆编组隔离表》的规定。

（3）剧毒品4辆（含带押运间车辆）以内编为1组，每组2人押运；2组以上押运人数由铁路局确定。

（4）硝酸铵4辆以内编为1组，每组2人押运；2组以上押运人数由铁路局确定。

（5）爆炸品（烟花爆竹除外）每车2人押运。

（6）派有押运员的车辆，成组挂运时，途中不得拆解。

3. 危险品货物的押运要求

（1）押运时应携带所需安全防护、消防、通讯、检测、维护等工具以及生活必需品，应按规定穿着印有红色“押运”字样的黄色马甲，不符合规定的不得押运。押运间仅限押运员乘坐，不允许闲杂人员随乘，执行押运任务期间，严禁吸烟、饮酒及做其他与押运工作无关的事情。

（2）押运员在押运过程中必须遵守铁路运输的各项安全规定，并对所押运货物的安全负责。

（3）发站要对押运工具、备品、防护用品以及押运间清洁状态等进行严格检查，不符合要求的禁止运输。

(4) 气体危险品押运员，应对押运间进行日常维护保养，破损严重的要及时向所在车站报告，由车站通知所在地货车车辆段按规定予以扣修。对门窗玻璃损坏等能自行修复的，必须及时修复。

(5) 押运间内必须保持清洁，严禁存放易燃易爆危险品及其他与押运无关的物品。对未乘坐押运员的押运间应使用明锁锁闭，车辆在沿途作业站停留时，押运员必须对不用的押运间进行巡检，发现问题，及时处理。

(6) 押运员在途中要严格执行全程押运制度，认真按照“全程押运签认登记表”要求进行签认，严禁擅自离岗、脱岗。严禁押运员在区间或站内向押运间外投掷杂物。运行时，押运间的门不得开启。对押运期间产生的垃圾要收集装袋，到沿途有关站后，可放置车站垃圾存放点集中处理。

(7) 运输爆炸品（烟花爆竹除外）、硝酸铵实行全程随货押运。剧毒品、罐车装运气体类（含空车）危险品实行全程随车押运。装运剧毒品的罐车和罐式箱不需押运。其他危险品需要押运时，应按有关专门规定办理。

(8) 车辆在临修、辅修、段修、厂修时，要严格按有关规程加强对押运间检查、修理。在接到押运员的故障报告后，要及时修理。气体危险品罐车检修完毕出厂前，罐车产权单位应主动到检修单位，按规程标准对押运间检修质量进行交接签认，并做好记录，确保气体危险品罐车押运间状态良好。

(9) 押运管理工作实行区段签认负责制。货检人员须与押运员在所押运的车辆前签认，要对押运备品及押运间状态进行检查，不符合要求的要甩车处理。托运人再次办理运输时（含须押运的气体危险品类罐车返空）须出具此登记表，并由车站保留三个月。对未做到全程押运的，再次办理货物托运时车站不予受理。

(10) 新造出厂的和洗罐站洗刷后送检修地点的及检修后首次返空的气体类危险品罐车不需押运，但须在运单、货票注明“新造车出厂”“洗刷后送检修”或“检修后返空”字样。

(11) 运输时发现押运员身份与携带证件不符或押运员缺乘、漏乘时应及时甩车，做好记录，并通知发站或到站联系托运人、收货人立即补齐押运员后方可继运。

(12) 托运人应针对运输的危险品特性，建立危险品运输事故应急预案及施救措施。押运员应熟悉应急预案及施救措施，在运输途中发现异常现象时，应及时采取应急措施并向铁路部门报告。

（四）列车运行防火

1. 列车机车与车厢及路轨的要求

列车在运行时车辆车轴的轴颈、轴孔缺油润滑或发生故障时会产生高热，列车在刹车时闸瓦与箍摩擦产生高温或火花，会引起车辆底板燃烧。因此，列车在运行时应注意以下要求。

(1) 列车在高坡地区调速时，应采用短波浪式制动法。一般制动带闸不宜超过 2min。禁止大闸制动、小闸全部缓解和一闸到底的制动方法。要大、小闸交替使用，以保证车轮、闸瓦有间歇性的凉闸时间。在运行中车站凉闸时间不得缩短。

(2) 在较大下坡道运行时，司机应按运行图规定的时间运行，不得超速抢点。列车缓解时，既不要过压（主管压力不得超过 0.6MPa），又要避免充气不足。

(3) 列车运行一段时间后，应对货车车轴进行检查。可用手触直感的方法检查，有条件的可采用红外线热轴探测器检查，发现问题及时处理。

（4）路轨养护。铁路路轨要加强检查与养护，发现路轨上散落有爆炸危险品时，要及时清除，以防遇机车喷火时引起着火或爆炸。

（5）在路轨检查中发现意外危险情况时，要及时发出信号。发出信号的方法比较古老的有点燃火炬和放置响墩两种。其中火炬采用的物品有硝酸锶、过氯酸钾、硫黄、漆片粉、石蜡和萤砂子等组成。响墩为内装黑火药的薄铁扁圆盒，在大雾天或指示灯无法辨识看见的情况下，用响墩在火车前进方向的左侧钢轨上放置2个，另一条钢轨上放置1个，构成投影距离为20m的等腰三角形，当火车从响墩上轧过去时，通过响声提醒火车前方有危险，必须紧急停车。火炬与响墩都属于爆炸危险品，要注意使用安全和管理。运行中的列车一旦发现紧急信号，要立即采取紧急措施，防止发生意外事故。

2. 液化燃气铁路槽车的运行管理

（1）液化燃气铁路槽车的押运　押运人员应携带防护用具及必要的检修工具。到编组站时，应及时向站方叙述所装液化石油气性能，以便缩短立停时间并及时挂运。对槽车未按规定进行充装前的检查，槽车情况不明时，押运人员应拒绝押运。押运人员必须随车押运到目的地，如中途停车时间较长，应进行监护。

（2）液化燃气铁路槽车的编组隔离与溜放　液化燃气铁路槽车在运输编组时，与牵引的蒸汽机车、乘坐旅客车辆和装运起爆器材的车辆应有四辆以上的车辆隔离；与牵引的内燃机车、电力机车、推进运行或后部补机及使用火炉的车辆，与起爆器材以外的爆炸品、敞平车装载易燃货物的车辆，应有一辆以上的车辆隔离。

调动液化燃气槽车时，禁止溜放和由驼峰上解散。

3. 运行中的泄漏或着火时应急救援措施

当在运输途中发生泄漏时，押运人员应积极主动予以处理，以免事态扩大。如果处理不了，应立即同铁路部门及有关单位联系加以解决。如发生严重泄漏，铁路部门与押运人员及时向当地政府、公安部门报告，组织抢救措施，并设立警戒区，熄灭任何明火，组织人口向逆风方向疏散，最大限度减少人员伤亡和财产损失。

第四节　危险品水路运输防火

危险品水路运输是通过水路运输危险品的一种方式，主要有江河运输、海上运输等。水上运输路途远、路况复杂，天气影响很大，一旦出现事故难以施救，逃生困难。所以，消防安全更为重要。

一、危险品水路运输工具的消防安全技术条件

水路运输危险品的工具主要是船舶。船舶大的有万吨远洋级货轮，小的有内河运输的小船。根据所运物品的形态，又分为干货船、油船、化学品船、液化气体船等。货船有散装货船和杂货船（包括集装箱船）两种。近年来又出现了滚装船、载驳船、顶推船队等运输工具。油船又分为油轮和油驳两种，专门用于装运散装原油和成品油等；化学品船是专门用于装运液体化学品（如醇、酮、丙烯腈）等；液化气体船是专门用于装运液化石油气和液化天然气等液化气体的。由于船舶的结构复杂，所装运的危险品性能各异，绝大多数具有很大的火灾危险性，且一旦发生事故难以施救，危害性大，因此对装运危险品的船舶应有严格的防火技术条件。我国交通部颁布的《关于装运危险货物船舶的技术条件》对在我国港口或水域装运危险品的500t以上的国际航行船舶作了较明确的规定。根据此规定，普通船舶应当满

足以下防火技术条件。

（一）普通船舶的防火安全技术条件

1. 船舶的构造

船舶主要有甲板、上层建筑和舱室三部分组成。甲板主要有主甲板、上甲板、下甲板、起居甲板、游步甲板，驾驶甲板（艇甲板）、罗经甲板等；上层建筑主要有艏楼、舯楼、艉楼等，十万吨级以上的船舶有7～8层楼高，达30多米；舱室主要有货舱、客舱、生活舱、机舱、锅炉舱、舵机舱、锚链舱以及地轴弄（轴隧）等。为了防止船体触礁破底沉船，海船（主要是货船和客船）一般都用双层底，压舱水、燃油和生活用水装在双层底中。燃油亦有放在锅炉舱的两舷或前后端的油舱里。

2. 船舶构造上的火灾危险性

（1）燃油的用量和储量大。船舶燃油的用量很大，其一次航行的储油量是根据船舶续航时间的长短决定的，亦有按照船舶载重量的10%估算的。一般载重量为5000t的货船，其燃油的储量可达500t。

（2）结构的可燃材料多。排水量万吨级钢船结构中，木材、棉绸、纤维等可燃材料能够占船舶自重的3%～7%，钢质船占10%，木质船占90%。

（3）着火易蔓延。船上有直通的内长走廊、楼梯间，水、电和空调管路通达相连，缺乏防火分隔，着火极易蔓延。钢质结构虽然不燃，但钢结构的耐火性能较差。据测试，起火5min后温度可上升到500℃以上。此时，钢材的强度会降低一半，至900℃时钢材的强度可降低82%～90%，钢材受热变形后，上层建筑会倒塌，甚至会船壳变形，漏水沉船。

3. 船舶的防火要求

（1）船舶结构的防火分区与防火分隔　为了防止船舶着火后的迅速蔓延扩大，船舶在建造设计时，应严格执行国家的《钢质海船建造规范》的规定，合理划分防火分区。船体的上层建筑、甲板室和凹穴，应按甲级防火分隔要求分隔为若干主竖区；采光、通风的垂直围壁、通道及类似的地方分隔墙，应为甲级防火分隔墙；门应用钢制或其他同等材料制作的抗火、抗烟、并为自闭式（倾斜3.5°时仍能关闭）的甲级防火门；穿过主竖舱壁的通风围壁及导管，在靠近舱壁处应设关闭闸门；舱壁甲板结构的连接处应用焊接，经60min耐火试验时，仍能防止火焰、烟气通过；在舱壁甲板以下，对每一水密分舱或类似分舱的处所和在舱壁甲板上，每一主竖区或类似主竖区的处所，至少应有两个安全通道，其中一个应有连续防火遮蔽，并能通过垂直的安全梯道，抵达救生艇甲板；起居处所的舱壁及甲板，应按防火要求分隔，并与相邻的机器、货舱、厨房及服务处所隔离；船舶的行李舱、灯间、油漆间及同类处所的舱壁及甲板，应为甲级防火分隔；储存易燃液体的舱室，应设置在失火时对人员影响较小的地方。运送低、中闪点液体船舶的起居室、厨房、锅炉房，不得布置在上甲板的下面；直接位于起居室以下的舱室，不得储存液体燃料。生活舱内的一切衬板、天花板、地板及绝缘物，应为不燃材料。敷面、装璜及装饰物、家具、工具橱柜、桌椅、床铺等用品，必须经防火处理或采用轻金属制品和难燃塑料制品。船舶的各部分，不得使用以硝酸纤维或其他易燃物作基料的油漆喷漆，以及类似的化合物。水、气、油管道和电缆穿过围壁的涵洞，可用耐火材料堵塞。消防管系接合处的衬垫应用石棉纸，不宜用橡胶。蒸气管道应铺设在甲板上，并用石棉隔热，不得穿越干货舱、油漆间和易被烤焦着火的地方。

船舶的耐火分隔物主要是指不燃、难燃材料。国际上使用的不燃、难烧材料有70%粉剂氯化石蜡、氢氧化铝、硅化物、卤代烷、玻璃石棉纤维等。国内有50%的氯化石蜡和氢氧化铝阻燃剂。如氯化石蜡瓷泥堵料、难燃的石棉纤维、玻璃纤维贴墙布、酚醛塑料、酚醛

矿棉毡等。耐火分隔物分为甲级和乙级两种，甲级是指经过60min耐火试验，其背火的一面平均温度较原始温度增高不超过139℃，且在任何一点，包括任何接头在内的温度较原始温度增高的温度不超过180℃的物质，简称“甲-60”标准；乙级是指经30min耐火试验，其背火的一面的平均温度较原始温度增高不超过139℃，且包括任何接头在内的任何一点的温度，较原始温度增高不超过225℃的物质。

(2) 舱室的防火要求 装运危险品的舱室应为钢质结构，并符合国家船舶检验局颁布的有关规范对防火和防水的要求。

蒸气管、暖气管不宜通过装运危险品的舱室，如特别需要必须通过时，该管路在舱室内不应有法兰接头。这种舱室在装运具有火灾危险的物品时应远离蒸气管和暖气管积载，并至少保持3m的防火间距。

装运危险品的舱室，应有有效的自然通风设备或根据所载危险品的要求配备足够的机械通风。各舱室的通风管道相通时，应有能在着火时能够自动关闭的防火阀或能够在舱外应急操纵的防火挡板。

(3) 船电的防火要求 船电有直流电和交流电两种。直流供电采用正负极双线制，电压分为24V、36V、48V、110V等。交流供电一般采用三相四线制和三相三线制，电压为380～400V，照明电源采用单相供电，电压为220V。船电主要由电站及其负载组成。电站按其用途分为主电站和应急电站；配电屏有主配电屏、应急配电屏，以及连接岸电的电箱等。船上容易起火的电气设备有发电机、配电屏、电动机（包括启动电阻器）、电热器具、雷达的高压系统等。如船用雷达、收发报机、电罗经等，都有小型的发电机和整流器，如果保养使用不当，会烧毁发电机和整流器。雷达的高压系统电压达8000～11000V。如果绝缘不良或接触点松动会发热引起火灾。船电系统发生火灾，如果烧毁主电站，将会使船舶失去控制、中断联系，造成不可估量的损失。因此，一定要注意船电防火。

船用电气设备的水密防潮和绝缘强度要比陆上设备高。因为船舶长期在海上航行，机舱环境潮湿，水雾、油雾、矿尘多等。一些老船船壳渗水，管泵漏水、漏油、漏气严重，机电设备动作频繁，又长期在热态下工作，绝缘容易老化，易发生漏电、短路、以致造成火灾等。所以，船舶电气设备的最低绝缘值，电机、配电屏不应小于0.5MΩ；变压器、控制设备不应小于1.0MΩ。

主配电屏汇流排的陀螺仪、雷达电机、收发报机等应干燥、通风，并应设置金属网保护，防止小动物窜入。由于老鼠磨牙往往将导线咬坏造成短路引起火灾，所以，船上应有灭鼠措施。

电机受潮绝缘强度会降低，应放在烘箱内或红外线灯泡下以及用电吹风的方式干燥，不得用自身线圈通电干燥，以防烧毁电机。

一般电线的最高允许工作温度为65℃，而船舶航行在赤道附近时，有的舱室可达50～60℃，因此，要注意通风降温。

电气设备要定期、检查维修。绝缘老化损坏时，应及时维修或调换，并应设有绝缘电阻监测装置或相应的绝缘措施。绝缘电阻监测装置的循环电流在异常状态下最大不得超过30mA。

(4) 船舶动力的防火要求 装运危险品的船舶和拖带装运危险品的货轮和拖轮，其动力装置应使用闭杯闪点不低于60℃的液体燃料。因为燃煤时，烟囱喷出的火星多，使用闪点较低的液体燃料着火危险性大。

在舱面上积载爆炸品、易燃气体、易燃液体、易燃固体，有机过氧化物等危险品时，其烟囱和排气装置应有防止火星冒出的适当措施（如设阻火网或其他火星熄灭装置等），或采

取其他能防止火星溅溢到装有上述危险品舱面的措施。

(5) 船舶灭火装置的要求　装运危险品的船舶，其灭火设备及系统应处于良好的技术状态。积载危险品的舱室应能有效地使用本船的水灭火系统。当所载物品着火不能用水扑救时，船上应设有足够的其他适当类型的干粉、泡沫、二氧化碳等灭火装置和灭火设备。在积载危险品的处所，还应额外配备总容量不少于 12kg 的干粉或其他等效的手提灭火器。

(二) 液化燃气槽船的构造及其防火技术条件

液化石油气槽船，是能够即安全又经济地运输液化石油气的专用船。目前大体有常温压力式、低温常压式、低温压力式和混装式四种。在这四种类型的槽船中，最常用的是常温压力式和低温常压式两种。

1. 常温压力式液化气体槽船

常温压力式槽船，是在船体上安装一组或几组常温压力式储罐设备，这些设备是根据液化燃气在最高温度下的饱和蒸气压和运输操作的附加压力设计的。这种槽船上的罐体由于罐壁厚、自重大，所以装载能力较小，主要用于沿海和内河运输。常温压力式槽船罐体有卧式圆筒罐、直立式圆筒罐和球形罐三种形式，一般多采用卧式圆筒罐。带有卧式圆筒罐的常温压力式槽船如图 5-34 所示。

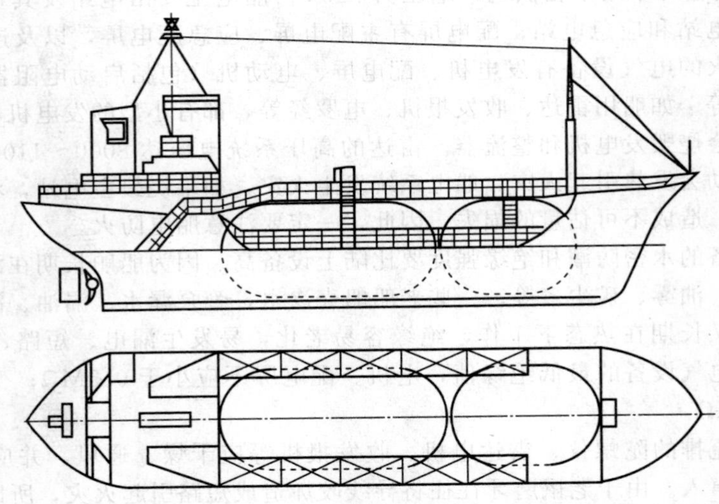

图 5-34　有卧式圆筒罐的常温压力式槽船

为了保证安全，常温压力式槽船运输液化石油气时，应具备如下条件。

① 在罐体上设置喷淋水冷却装置。

② 在装卸管路上设置紧急切断装置。

③ 在罐体上设置安全阀、压力表、温度计。安全阀不少于两个，或用双簧式安全阀。

④ 在压缩机室、泵室、船舶操作指挥处所等处，设置可燃气体自动指示报警装置，并在船舱内设有可靠的通风装置。

⑤ 在机器室、船舱、压缩机室、泵室等处设置能在远距离操纵的干粉灭火装置，并设有警笛装置，在槽船的甲板上设置消火栓。

⑥ 设置靠岸时防静电用的接地装置。

2. 低温常压式槽船

低温常压式液化石油气槽船，是在大气压力下将液化燃气液化冷冻至沸点（丙烷为 -42.2℃）以下，而装在具有隔热保冷液舱的内船上进行运输的槽船。其构造形式如图 5-35 所示。

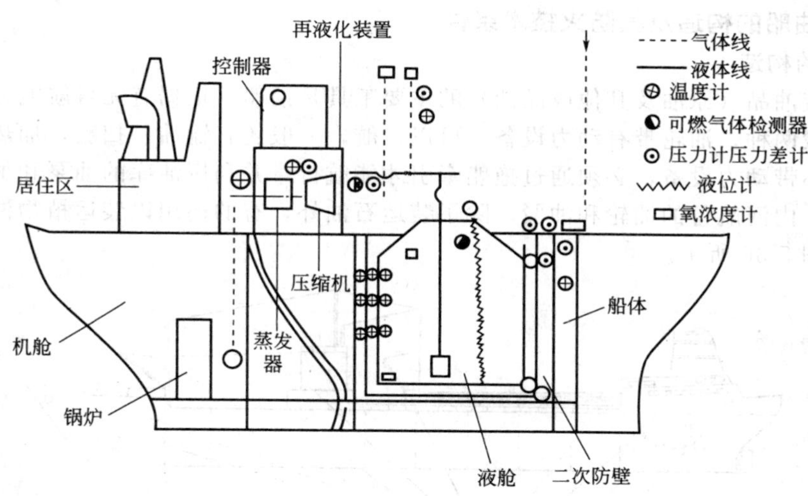

图 5-35 低温常压式液化石油气槽船的构造形式

为了保证安全运输，低温常压式液化石油气槽船应当满足以下防火技术条件。

(1) 船体（船底甲板、舷侧、横舱壁）应为双层结构 船体为双层结构的目的是，当舱内液化气一旦泄漏时，内船壳既被侵入而处于过冷状态，外船壳仍能保持水密性和保证船体强度的安全措施；如果发生碰撞触礁等事故，致使船壳破损，内船壳仍能很好地保护舱内的液化气不漏；一旦发生火灾事故，尤其当甲板附近着火时，只需要在双层壳内泵入一层水，便可起到隔离作用；由于液化气槽船回程都是空载，需要设置很大容积的压载水舱，双层船壳之间充作压载水舱是一个很好的部位。

(2) 液舱"惰性化" 为了提高液化石油气槽船的安全性，应采用液舱"惰性化"的措施，这与普通油轮用惰性气体防爆相类似。液化石油气槽船在卸液后空载航行时，为防止外界大气进入舱内，就要使液舱不成负压（保持正压），需要从岸上或船上引入石油气或惰性气体（如 N_2）。液舱的绝缘层中也必须充满惰性气体。当需要对液舱进行检查、修理或换装另一种液化气时，要赶走舱内的绝缘层中的气体，再充入惰性气体，称之为"换气"，这样可以使舱内和绝缘层中可燃气体浓度，达不到爆炸下限，从而消除着火和爆炸危险。

(3) 安设监测与报警装置 由于液化石油气槽船的甲板基本上是密封的，装卸和航行中不允许打开舱口盖，遗漏的气体会无法外排而聚集，所以必须设置具有良好性能和特殊的测量报警装置，以便在接近危险浓度时采取机械排出措施。因此，液化石油气槽船必须安设以下安全装置。

① 温度监测装置 采用一种热电偶温度计来检测温度的变化。在舱内绝缘层中容易漏损的部位设置温度检测仪，在操纵室设有测量记录装置和报警装置。当液化石油气泄漏时，温度马上就会降低，热电偶就产生温差电动势，电信号传递到报警装置里并发出警报。

② 液面监测装置 液面监测装置有用雷达显示的，也有用电容式液面计的。电容式的液面计很灵敏，由于液面变化，电容也相应变化，据称精确度可达到±7.5mm。

③ 压力监测装置 对液舱内蒸发空间的压力要随时检测，使之保持一定的数值。测量仪器有浮子式、微电波式等形式。

④ 浓度监测装置 在所有泄漏危险的地方，均应设置可燃气体浓度检测器，以随时监测可燃气体浓度。

（三）油船的构造及其防火技术条件

1. 油船的构造

水运散装油品（原油及其他成品油）的主要工具是油船。根据有无自航能力，油船可分为油轮和油驳两种。油轮带有动力设备，可以自航，一般还有输油、扫舱，加热以及消防等设施；油驳不带动力设备，必须通过拖船牵引才能航行，并利用油库的油泵和加热设备进行装卸和加热。内河航行的油轮和油驳，除了装运石油外，有的还用以装运植物油等。常见油轮的结构如图 5-36 所示。

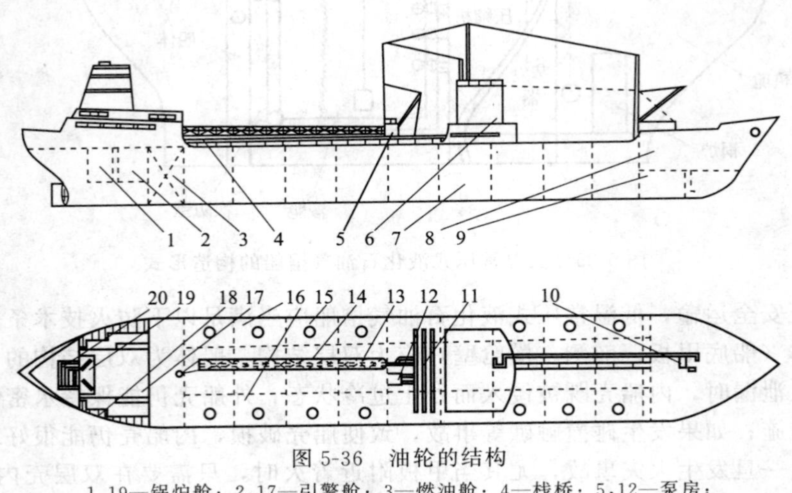

图 5-36　油轮的结构

1,19—锅炉舱；2,17—引擎舱；3—燃油舱；4—栈桥；5,12—泵房；6—驾驶台；7—油舱；8—干货舱；9—压载舱；10—水泵房；11—管组；13—油舱（中间舱）；14—输油管；15—油舱（边舱）；16—油舱；18—生活间；20—冷藏间

(1) 油轮　国内沿海和内河使用的油轮，按其载重量可分为 15000t 级、5000t 级和 3000t 级等。万吨以上油轮主要用于沿海原油运输。成品油的沿海和内河运输多以 3000t 上下的油轮为主。运输原油或单一油品的油轮一般有十几个油舱；运载成品油或同时运载几十种不同油品的油轮一般有 20～30 个油舱。一个油舱的容积，有几十立方米至二三千立方米。油轮上设有动力（主机、辅机、锅炉）、航行（导航仪器、指挥系统）、救生、生活间及存输油（油舱、油管、阀门、输油泵、加热、洗舱）等设备。每个油舱都还安装有比较完善的自动灭火装置。

(2) 油驳　油驳按用途有海上和内河两类。我国油驳一般都在内河使用。载重有 100t、300t、400t、600t、1000t、3000t 等多种。一般设有 5～10 个油舱，并有一套可以相互连通或隔离的管组。有的还可以同时装载两种以上油品。有的油驳还设有接受外来热源的加温管线和二氧化碳或干粉灭火系统。但是，由于大多数油驳本身没有动力和油泵，且为平底，所以在清舱收底时有一定困难。目前在内河沿线航行的有一部分是商业系统的专用油驳，载重量有 100～300t 多种。这种油驳都配有以柴油机为动力的油泵设备，可以自行装卸，清舱也比较干净。拖带油驳的拖轮与一般拖轮有所不同，它设有强大能力的灭火系统和自动报警系统。

(3) 储油船　近年来，随着海上开采石油的发展，在离岸较近时，可以通过海底管线将原油输送到岸上储油罐内，但离岸太远时，就需要在海上设置储油船储油。

储油船主要用来储存和拨运海上油井开采出的石油。它通过输油管把原油装到储油船上，再由储油船装至油船上，由油船运往其他地方。储油船一般要比停靠的油船吨位大，它

除了没有主机，不能自航外，其余都与一般油船相似。为了保证海上储油的安全，储油船上同样需要配备完整的输油系统，防火、防爆和灭火系统及油水分离装置等。

2. 油船的防火技术条件

(1) 油舱要严控火源管理　为了防止烟囱火星影响油轮的安全，机炉舱一般都应设在油轮的尾部；机舱、生活舱内使用的电炉、电灶、电茶炉壶等电热器，必须密闭（可用封闭式电灶），并在周围用石棉分隔和衬垫；对机护舱、厨房的烟囱应注意观察冒出的烟色（以淡蓝色为好）、火星和风向，发现问题应及时通知机炉舱或厨房予以调整。在通刷烟囱时，宜打开蒸汽水雾设备，以扑灭火星；锚链绞车及锚链孔处应安装喷水装置，并在操作时开启，以消除油船抛锚时，锚链与钢板摩擦产生的火星。

(2) 油舱要防止形成自由液面　为防止舱内油品形成自由液面，保持航行的稳定性，在结构上应用1～2道纵舱壁和1～3道横舱壁，将船体分格成若干个单独的油舱。以减少油品的液力冲击，增加油轮航行的稳定性。这样，在几个舱室缓慢抽出油品时，可以使油轮向船首或船尾倾斜，便于将油品抽吸更干净，增加了防火安全性。

(3) 油船的气密性要好　油舱、油管各部位都不得有渗漏。舱盖填料要好，舱盖不宜多开，每次打开舱盖时，最好在填料上涂敷一层油脂，填料干燥或磨损时应予调换。一般每隔6个月将填料翻转使用，保持湿润，维护填料的弹性。泵舱电动机设在机舱时，机舱传动轴穿过泵舱处的气密防爆填料，要保持湿润。装运甲、乙类油品的泵房传动轴不能穿过机舱，以防油气进入，接触炉膛等灼热物，引起火灾。

(4) 安全使用电器　泵舱、燃油间、蓄电池间和未用隔离舱隔开的物料间，软管存放场所，以及靠近货油舱5～10m以内的电气照明，必须使用符合防爆标准的防爆型灯具；严禁悬挂彩灯，不得任意拉接电线，并不得带电安装照明。

(5) 要防止和注意消除静电　舱面油管法兰接口处，应加铜片进行搭接，以便导出静电。带缆应用标定麻缆，不得使用钢缆和尼龙缆，以防止摩擦火花和静电放电。如必须使用时，应先用水湿润，舷墙钢板摩擦部位应用帆布包扎。洗舱机应是铜质结构，洗舱时首先要接地。

(6) 油舱与其他舱之间应有防火隔离措施　在油舱与机器舱、燃料舱等其他舱室之间应设有隔离舱，防止油气向其他舱室渗漏，以满足防火防爆要求；当装载汽油等甲类油品时，隔离舱内应灌满水。为适应油船的装卸及航行中的安全，油轮上还应设有油泵舱和压载舱等。

(7) 输油管路应设置必要的闸阀　在输油干管及支管上，要根据装卸作业的需要设置闸阀；油舱内管系的闸阀，宜设在甲板上，以便于手轮操作。在甲板上的输油干管上，宜装有过滤器，以防止污物进入损坏设备或阀门造成渗漏；在通向每一油舱的输油支管末端，均应装设带滤网的吸油口。吸油口安装在油舱尾端尽量最低的地方。

(8) 通气管、观察孔口和呼吸阀应设阻火器　油舱的通气管、观察孔口和呼吸阀应设阻火器或能够阻火的铜丝网。呼吸阀的要求如下。

① 当油舱内的气压大于大气压力21kPa时，压力阀开启向外排气；在闭式卸油时由于油温降低，体积缩小等原因，油舱压力小于大气压力70kPa时，真空阀开启，吸入空气，保持舱内压力不再下降。

② 在海上航行或闭式卸油时，呼吸阀应置于自动调节位置，装油或压载时，呼吸阀应置于全开位置；发生着火或遇雷雨天气停止装卸时，应置于关闭位置；如呼吸阀的灵活性差，可利用开始装油速度缓慢时，进行检查和调节。

③ 在每一个油舱应设有通气管，以防由于运输途中温度变化而使油品体积发生变化时，

使船体及舱壁受到异常的压力。每个油舱的通气管均应设有阻火器及节气门，以隔绝各舱气体，阻止火灾时蔓延。

(9) 应当装设固定灭火装置

① 在油轮上必须装有蒸汽、二氧化碳、水等灭火系统，及带有泡沫发生器的利用消防水管的泡沫灭火系统。随着石油运量的增大，对大型油轮，应装设干粉灭火装置。运输特别易燃油品的船舶还应设有惰性气体管系。

② 惰性气体的来源，主要是锅炉或船舶主辅机排出的烟气，通过洗涤器等一系列装置，使排出的惰性气体中氧的含量不超过5%，二氧化碳不少于10%。由于惰性气体比空气重，故在卸出油品时将惰性气体压入油舱，舱内充满惰性气体后，即能抑制油气的起火或爆炸。

(10) 要有喷淋降温装置　在油轮上应设有专门的喷淋洒水装置，以便必要时降低甲板温度，减少舱内油气的蒸发。喷淋装置通常设在栈桥下，沿主甲板全长敷设管道，管道上开设喷水孔。在热带航行时，要经常打开洒水系统，进行冷却降温。

(11) 要有防雷保护　运输石油的船舶要特别注意防雷保护，避雷针头、防爆灯和白炽灯泡上不得涂漆。因为漆能起绝缘作用，不利于排除雷电，防爆灯和白炽灯泡表面温度高，漆皮会烤焦起火。

(12) 水泥船和木船不得运输石油　水泥船和木船因船体积较小，结构简陋，在航行中颠簸较大，容易渗漏。尤其是经常经过内河的城镇，一旦油料淌流水面，遇火燃烧，后果严重。因此，禁止用这类船装运石油及其他可燃液体。

二、危险品水路运输装卸防火

(一) 危险品水路运输装卸设施

危险品装卸的场地包括铁路装卸作业线，道路、铁路装卸货场以及港口、码头等，都对危险品的安全运输有着重要的作用。

港口是供船舶停靠、装卸货物，上、下旅客，补给燃料和躲避风浪以及办理其他水运业务的水工、土建设施。它包括锚地、码头、库场等。港口按所处的位置可分为海港、河口港、湖港和水库港等。危险品水路运输的装卸设施就是危险品码头。由于危险品都具有一定的危险性，所以，不能在上下旅客的码头、装卸其他货物的码头进行装卸作业。港口应根据所运危险品的性质和数量的多少，设置不同的专用码头。如杂货码头、油码头、煤炭码头、化学危险品码头等，对货运量较小的港口，可根据所运危险品的特点分成若干区。如杂货装卸区、石油装卸区、化学危险品装卸区等。近年来，我国根据各港口的地理特点逐步趋向于确定专运某些危险品的码头。

1. 危险品通用码头的消防安全要求

码头上的各装卸区应有一定的防火间距。码头上各种库房的允许建筑面积可比其他库房增加50%。码头上还应根据需要设置相应的消防设施。

(1) 消防站　大型或重要的港口（码头）应设专业消防站。在一般情况下，吞吐量为1000万～2000万吨/年的港口都应配置消防艇。消防艇的锚泊位置应能便捷地驶往港内的每一个泊位。

(2) 消火栓　码头因潮水涨落等因素的影响，水位落差较大，落潮时或枯水季节，水位较低，加之码头较高或有防汛堤阻挡等，消防车难以吸水，发生火灾时往往贻误时机。因此，应在码头泊位纵深30～50m处，敷设消防水管，每隔50m设一地下消火栓，并配备国际统一规定的万用接口一套，以供岸上或船上连接使用。

2. 散装易燃液体码头的消防安全要求

散装易燃液体码头是港口专门用于装卸停靠油船的码头，是装卸油品码头的简称。

（1）散装易燃液体码头的形式　按装卸码头的建造形式，主要有近岸式码头、栈桥式码头、外海轮系泊码头等。其中外海轮系泊码头还按设施特点，有浮筒式单点系泊设施、多点系泊设施和岛式系泊设施三种形式。其中岛系式泊油码头如图 5-37 所示。

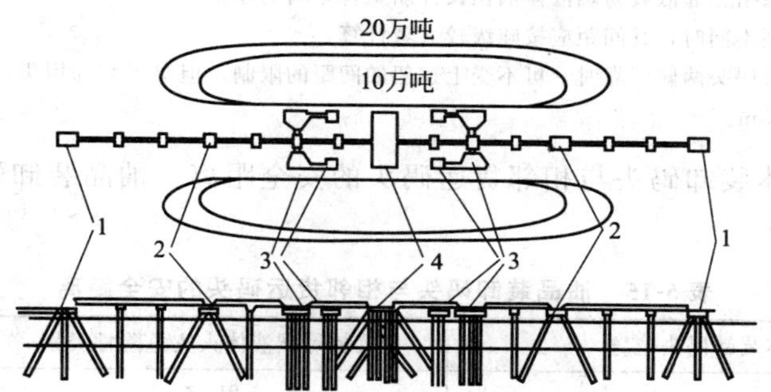

图 5-37　岛系式泊油码头

1—外侧系泊桩台；2—内侧系泊桩台；3—靠船桩台；4—工作平台

（2）散装易燃液体码头的分级　散装易燃液体码头按设计船型的载重吨位划分分为四级，见表 5-12。

表 5-12　油码头的分级

等级	沿海/t	内河/t	等级	沿海/t	内河/t
1	>10000	>5000	3	1000～3000	100～1000
2	3000～10000	1000～5000	4	<1000	<100

（3）散装易燃液体码头的布置　散装易燃液体船宜设置独立的散装易燃液体装卸码头和作业区，且应布置在港口的边缘地带和下游。当散装易燃液体装卸船与其他货物装卸船共用一个码头时，两者不能同时作业。散装易燃液体码头的建造依水域的不同应有所区别。对于内河装卸散装易燃液体的码头，应与其他客运、货运码头，化学危险品码头及桥梁等建（构）筑物保持一定的安全距离，并尽可能设置在上述的下游地带。如确有困难时，可以设在上游，但应有可靠的安全设施。对于海港以及河口港装卸散装易燃液体的码头不宜与其他码头建在同一港区水域内；如确有困难必须建在同一港区水域内时亦应有可靠的安全设施。这是因为散装易燃液体码头、散装易燃液体船与工作船和其他码头等建（构）筑物在防火管理上要求不同。如同靠一个码头或防火间距小，于安全不利，所以必须分开布置，并保持一定的安全距离，以防止火灾时危及其他码头或场所的安全。

① 散装易燃液体码头与相邻的其他码头、工作船舶码头和建、构筑物的防火距离不应小于表 5-13 的规定。

表 5-13　散装易燃液体码头与相邻的公路、铁路桥梁或其他建（构）筑物的防火距离

单位：m

散装易燃液体类别	公路、铁路桥梁的上游	公路、铁路桥梁内河下游	内河大型船队锚地、固定停泊场、城市水源取水口上游
甲、乙类	300	150	1000
丙 A 类	200	100	

注：1. 散装易燃液体码头与相邻其他码头的防火距离，系指相邻两码头所停靠设计船型首、尾间的净距。

2. 受潮流影响产生往复流的河段或港务监督（航政）部门规定的感潮河段属河口范围。

3. 对于停靠小于 500t 散装易燃液体船的码头，表中的防火距离可以减少 50%。

② 散装易燃液体码头之间或散装易燃液体码头相邻两泊位船舶的安全距离见表 5-14。

表 5-14　散装易燃液体码头之间或散装易燃液体码头相邻两泊位船舶的安全距离

船长/m	<110	110～150	151～182	183～235	236～279
安全距离/m	25	35	40	50	55

注：1. 船舶安全距离系指相邻散装易燃液体泊位设计船型首尾间的净距。

2. 当相邻泊位设计船型不同时，其间距应按吨级较大者计算。

3. 当船舶在突堤或栈桥码头两侧停靠时，可不受上述船舶间距的限制，但对于装卸甲类散装易燃液体的泊位，船舷之间的安全距离不应小于 25m。

③ 散装易燃液体装卸码头与相邻货运码头的安全距离　油品装卸码头与相邻货运码头的安全距离见表 5-15。

表 5-15　油品装卸码头与相邻货运码头的安全距离

散装易燃液体装卸码头位置	散装易燃液体火灾危险性类别	安全距离/m
沿海、河口内河货运码头上游	甲、乙	150
	丙 A	100
沿海、河口内河货运码头下游	甲、乙	75
	丙 A	50

注：表中安全距离系指相邻两码头所停靠设计船型首、尾间的净距。

④ 散装易燃液体码头与相邻港口客运码头的安全距离　装卸散装易燃液体码头与相邻港口客运码头的安全距离见表 5-16。

表 5-16　装卸散装易燃液体码头与相邻港口客运码头的安全距离

装卸散装易燃液体码头位置	客运站级别	散装易燃液体火灾危险性类别	安全距离/m
沿海 河口	一、二 三、四	甲、乙	300
		丙 A	200
内河客运站 码头的下游	一、二	甲、乙	300
		丙 A	200
	三、四	甲、乙	150
		丙 A	100
内河客运站码 头的上游	一	甲、乙	3000
		丙 A	2000
	二	甲、乙	2000
		丙 A	1500
	三、四	甲、乙	1000
		丙 A	700

注：1. 装卸散装易燃液体码头与相邻客运站码头的安全距离，系指相邻两码头所停靠设计船型首、尾间的净距。

2. 受潮流影响产生往复流的河段属河口范围。

3. 仅停靠小于 500t 油船的油码头，安全距离可以减少 50%。

⑤ 锚地和固定停泊场距沿海或内河上游散装易燃液体码头应满足规定的安全距离　由于散装易燃液体码头一旦发生事故，不是着火就是跑油，特别是上游码头着火，散装易燃液体会飘浮在水面上顺流而下形成迅速蔓延的大火；另外，流出的散装易燃液体不仅遇明火极

易引起火灾，同时挥发的散装易燃液体蒸气还极易与空气混合形成爆炸性混合物遇明火而发生爆炸，对下游的码头、建（构）筑物构成威胁，加之在水上灭火又比较困难，并考虑到一旦发生事故需有一缓冲时间，便于采取应急措施，所以，锚地和固定停泊场距沿海或内河上游散装易燃液体码头应有不小于1000m的安全距离。

（4）散装易燃液体码头的建造要求

① 码头的液体输送管道在穿越、跨越码头的铁路和道路时，应满足防火间距要求　管道埋地穿越铁路和道路处，其交角不宜小于60°，并应采取涵洞、套管或其他防护措施。套管的端部伸出路基边坡不应小于2m，路边有排水沟时，伸出水沟边不应小于1m。套管顶距铁路轨面不应小于0.8m，距道路路面不应小于0.6m。

管道架空跨越电气化铁路时，轨面以上的净空高度不应小于6.6m。管道跨越非电气化铁路时，轨面以上的净空高度不应小于5.5m。管道跨越消防道路时，路面以上的净空高度不应小于5m。管道跨越车行道路时，路面以上的净空高度不应小于4.5m。管架立柱边缘距铁路不应小于3m，距道路不应小于1m。管道的穿越、跨越段上，不得装设阀门、波纹管或套筒补偿器、法兰螺纹接头等附件。

② 应有远离明火的措施　为防止散装易燃液体码头装卸过程中挥发的易燃蒸气蔓延遇到明火或散发的火花，引起着火或爆炸，并考虑到明火产生的飞火的飘移距离和飘移过程中的飞火温度散发后不致点燃挥发易燃蒸气的最小距离和飞火在30m以外很少引起火的实地调查，要求装卸甲、乙类散装易燃液体的码头与陆地明火和散发火花的建筑物、构筑物或地点的防火距离不应小于40m。由于散装易燃液体码头和储罐一旦发生火灾，往往造成巨大的经济损失，同时两者某一方发生火灾相互影响都很大，为保障两者相互间的绝对安全，要求甲、乙类散装易燃液体码头与陆地易燃液体储罐的防火距离不应小于50m。

③ 应当设置二氧化碳（惰性气体）充填系统　为防止油舱内油蒸气的挥发，防止油气与空气混合达到爆炸浓度极限，确保油轮和油码头的安全，并根据国际海协关于“2万吨级以上（含2万吨）的油轮，在航行和停泊时均应向油舱充填惰性气体”的规定，我国要求对设计船型在两万吨级以上（含2万吨）的油码头应当设置二氧化碳（惰性气体）充填系统。该系统的规模应按油码头设计船型最大舱容空载所需补充二氧化碳（惰性气体）的量进行计算设计。因为油舱的装油高度都有最高液位的极限规定，且由于油舱的位置不同也有差别，根据油面平均距油舱顶板约有1m左右的实际情况，对所需补充二氧化碳（惰性气体）的补充量应按1m的高度计算，并根据二氧化碳通常情况下比空气重1.53倍的情况，实际计算都是按$2kg/m^3$考虑，总的储量不得小于实际的需要量。对于二氧化碳（惰性气体）充填系统的接口应为国际通岸法兰。国际通岸接头法兰的标准尺寸是外径178mm；内径64mm；螺栓圈直径132mm；法兰厚度至少14.5mm；法兰槽口为直径19mm的螺栓孔4个，等距离布置于上述直径的螺栓上，并开槽至法兰边缘，直径16mm、长50mm的螺栓及螺母4副。

④ 应当设有明显醒目的红灯信号装置　为使散装易燃液体码头在正常作业时便于航行的船只避让，保证按规定与油码头离开一定距离，散装易燃液体码头一旦出事故也便于警告过往船只不要驶入危险区域，所以散装易燃液体码头应当设有明显醒目的红灯信号装置。

⑤ 趸船上的锚链口处应设洒水装置，轮船超出散装易燃液体码头长度时应设引桥　由于趸船受外力作用时有晃动现象，以及在起、送锚链时锚链口易因摩擦撞击产生火花，所以在趸船上的锚链口处应设洒水装置，以避免因产生火花而发生意外。

为了便于系、解缆作业和一旦油舱起火时便于及时将失火散装易燃液体驳船拖至安全场所施救，在轮船超出码头长度需单独建系缆桩时，应当设引桥连接，但对单点系泊码头除外。

⑥ 采用橡胶软管作业时，应安装过压保护装置　由于散装易燃液体存在腐蚀性和溶解性，所以输送散装易燃液体的橡胶软管在使用一段时间后都有不同程度的老化现象。在实地调查中发现，几乎所有散装易燃液体码头使用的橡胶软管均有爆管或法兰盘与橡胶软管脱接的情况，使散装易燃液体喷溢出来造成火灾危险。所以，当散装易燃液体码头采用橡胶软管作业时，必须安装过压保护装置，并在橡胶软管附近及阀门处设置凹槽，以便于收集意外喷溢的易燃液体。为防止易燃液体外泄时造成大面积的环境污染，防止和阻止失火时的火灾蔓延，对沿海二级和二级以上的易燃液体码头应设拦油栅保护。为保护易燃液体码头上的清洁，防止沾满大量油垢时造成火灾延烧，要求易燃液体码头应备存一定数量的祛油剂，并及时清除油污。

⑦ 易燃液体码头应设有为油船跨接的防静电接地装置　因为易燃液体码头是经常有油气挥发的场所，且大多油蒸气（如汽油）的最小点火能量只有 0.019mJ，而几乎所有金属碰撞火花的能量以及人体所穿化纤衣服所带的静电放电能量，都大大超过这一点火能量，所以，在易燃液体装卸码头应设有为液船跨接的防静电接地装置。此接地装置与码头上的易燃液体装卸设备的防静电接地装置可以合用。对易燃液体码头使用的金属工具、家具，必须采取防碰撞产生火花的措施，在易燃液体码头入口处应设置能够消除人体静电的铁栏杆或金属条等装置，码头的装卸油鹤管附近设置静电接地装置。

⑧ 易燃液体码头应在岸边方向视需要设置安全围障　因为有些内河的油码头离油库区较远，中间一般均有公路，特别是在防护堤的外侧没有安全围障，行人随便通过，甚至钓鱼捞虾、划火吸烟等，严重威胁易燃液体码头的安全。所以，易燃液体码头应在岸边方向视需要设置安全围障，但在生产区内可不另设。

⑨ 照明灯柱和变、配电间与油船装卸设备保证一定的防火安全距离　沿海、内河易燃液体码头的照明灯柱和变、配电间的位置，应设立在距离易燃液体船注入口水平方向 15m、垂直方向 7.5m 以外的位置。为了避让工艺设备的位置，保证一定的防火安全距离，防止靠船时船头将金属灯柱碰弯，灯柱应设置在码头纵轴线的两端，但不宜靠近易燃液体码头的外缘。有的易燃液体码头将照明灯柱设在离码头外缘不到 1m 处，这是很不安全的。由于内河的易燃液体码头一般为一侧靠船，这时灯柱应建在靠岸的一侧。这样既解决了易燃液体船碰撞灯柱的问题，又满足了防火距离的要求。灯柱的高度应使易燃液体的杆或其他装卸机具在使用中触及不到为宜。

（二）危险品水路运输码头消防设施

1. 散装易燃液体码头的灭火设施系统要求

（1）应当根据易燃液体的火灾危险性，码头的等级、邻近单位情况，易燃液体船的类型及水文、气象、地理自然条件等因素，并进行经济、技术比较，综合考虑设置一定的消防设施。为便于早报警和调集施救力量，易燃液体码头应当设置无线电通信设备及其他报警装置。

（2）对于装卸甲、乙类易燃液体的一级码头，因其火灾危险性大、船舶吨位大、吃水深、一般栈桥（或引桥）较长、离岸边较远，若设置半固定式的灭火方式时相应的投资会更大，所以应采用固定式的泡沫灭火方式；对于装卸甲、乙类易燃液体的二级码头和丙类易燃液体的一级码头，因二级码头一般吃水较浅，接近岸边，丙类易燃液体的一级码头虽然吃水也深，吨位也大，但易燃液体的火灾危险性相对比较小，所以二者均可采用半固定式泡沫灭火系统，并应配置 30L/s 的移动喷雾水炮一只，500L 推车式压力比例混合泡沫装置一台。

由于三、四级码头一般船舶吨位较小，吃水较浅，接近岸边，故对装卸甲、乙类易燃液体的三级码头和丙类易燃液体的二级码头可采用半固定式泡沫灭火系统和（或）小型灭火器的灭火方式，并应配置7.5L/s喷雾水枪两只，200L推车式压力比例混合泡沫装置一台。

（3）对于火灾危险性较大的单位和部位还可适当增设手推式泡沫灭火器；各类易燃液体码头均宜配置高、中倍数的泡沫灭火设备系统。

2. 散装易燃液体码头灭火器的配置要求

（1）由于小型灭火器具有机动灵活，维护管理方便，节省投资等优点，还能保证迅速扑灭初起火灾，且在避免小火蔓延为大火的效能上起到一定的控制作用，故除三、四级易燃液体码头应配置小型灭火器外，对于一、二级易燃液体码头亦应配置。

（2）各级易燃液体码头应根据装卸易燃液体火灾危险性的大小按如下标准配置小型灭火器，其中，装卸甲、乙类易燃液体的四级码头和丙类易燃液体的三级码头应按3只/$100m^2$的标准配置；装卸甲、乙类易燃液体并已设置固定或半固定泡沫灭火方式的码头，应按1只/$100m^2$的标准配置；装卸丙类易燃液体的码头应按1只/$150m^2$的标准配置。

3. 散装易燃液体码头消防泵房的设置要求

无论是固定还是半固定的灭火系统，其阀门或接口均应设在便于消防人员操作的位置。为保证消防泵的安全和便于消防人员操作，消防泵房不得与易燃液体泵房合建，即消防泵不得与易燃液体泵设在一起。所设的固定或半固定消防管线也不宜与易燃液体、汽、水管线排列在一起。因为发生火灾时，消防人员要跨越多根管线，这样不仅易出问题，还会延迟救助时间。

4. 散装易燃液体码头消防船的配备有求

由于油码头引桥比较长，当采用固定式或半固定式消防设施时，管线比较长，压力损失也比较大；若建立消防车道还要增加栈桥宽度和荷载，在经济上也不合理，故不宜采用。但为了易燃液体码头的消防安全，本着既经济又实际的原则，参照国外的一些做法，对装卸甲、乙类易燃液体的一级码头应配备2～3艘拖轮兼消防的两用船；对甲、乙类易燃液体的二级码头和丙类易燃液体的一级码头，应配备1～2艘拖轮兼消防的两用船，作为易燃液体码头生产的安全辅助设备。

（三）船舶运输的积载和隔离

积载是船舶运输货物时，为保证船舶安全，事先对货物在船上的配置与堆垛方式做出正确与合理安排的工作。隔离是根据危险品之间的相容性或不相容性规定的配装要求。船舶运输危险品时积载隔离的基本要求有以下几点。

1. 隔离的安全要求

装运危险品的船舶，应按照“危险货物隔离表”的要求合理积载，并在积载图上清楚地标明所装危险品的品名、重量、位置等，包括危险货物集装箱与载驳船在船上的位置。《水路危险货物运输管理规则》（2008）对各类危险品之间的隔离要求规定为四种方式，即“隔离1”～“隔离4”，在隔离表中分别用阿拉伯数字1～4表示。表中符号“×”表示无类别隔离要求。隔离表中“隔离1”～“隔离4”的含义根据运输方式的不同，其含义也不同。如普通杂货船与集装箱船或其他船舶装运集装箱时的隔离含义不同，与滚装船和拖带船队等相互之间的隔离要求都不一样，且分别隔离的要求也比较复杂。在具体操作时安装规则要求具体掌握，但凡是毒性物品应与食物应按“隔离2”的要求积载，有毒害副特性的危险品与食物按“隔离1”的要求积载。

2. 积载的安全要求

（1）积载危险品的场所应清洁、干燥、阴凉、通风良好。装载时，物品应进行必要的铺垫和加固，使之适应于水上运输的要求，防止倒桩和摩擦。对需要经常检查和需近前检查的物品，以及有生成爆炸性气体混合物、产生剧毒蒸气或对船舶有腐蚀作用的物品和发生意外事故必须投弃的危险品，均应在舱面积载。

（2）危险品在舱面积载时，不应影响船舶的安全操作和船舶设施的正常使用。但对在气候、海水、空气、阳光等作用下，易产生易燃气体、自燃或爆炸等危险后果的危险品或受潮后会影响包装强度的物品不得在舱面积载。

（3）易燃易爆危险品积载时，应远离一切热源、火源、电源，包括机舱（甲-60 舱壁除外）、烟囱、炉灶、温控集装箱、电缆等。能散发有毒、易燃蒸气的危险品在积载时，应避免气体渗入生活区和工作处所。

（4）当危险品与普通物品在同一集装箱内装运时，危险品应装在箱门附近。双层底燃油舱内的油温应控制在 50℃以下，若超过时，油舱上面相邻舱室装载的危险品应按具体要求，采取隔离措施。凡需要在舱面积载的危险品，如用滚装船装运时，不应在封闭式和敞开式甲板上积载。

（四）危险品船舶运输装卸的基本防火要求

1. 危险品船舶运输装卸作业人员的条件

危险品船舶运输的装卸作业人员，应选择具有一定业务知识的固定人员（班组）承担。必须熟悉国家有关消防安全的法规、技术标准和运输安全的规章制度、安全操作规程；了解所装（卸）运危险品的性质、危害特性、危险程度、包装物或者容器的使用要求、发生意外事故时的处置措施，并采取相应的安全防护措施。危险品的装卸作业，应当在专业装卸管理人员的现场指挥下进行。严格按照国家有关的危险货物运输规则、危险货物运输装卸作业规程进行操作，不得违章作业。危险品运输企业或者单位，应当对从业人员进行经常性的安全、职业道德教育和业务知识、操作规程培训。

2. 危险品水路运输装卸场地的要求

装卸危险品应在指定的车站、货栈、码头进行。在装卸大量的爆炸性、易燃性、放射性等烈性危险品前，站方、港方、应会同公安消防、港监等安全监督部门，以及船、车方和货主等单位召开车（船）前会议，研究消防安全、保卫、装卸衔接等措施，确保装卸工作的顺利进行。

3. 危险品水路运输装卸操作的要求

（1）在装卸作业前，货运员应向装卸工（组）讲明所装（卸）货物的性质、注意事项、灭火方法等；并复查包装是否良好，零担车的配装条件有无错误，中转范围是否正确等。装卸工应根据危险品的性质准备好装卸工具和防护用品，并与货运员共同检查待装车辆。特别是装运过危险物品的车辆，是否符合要求、是否遗留撒漏物等，必要时装车前进行清扫。

（2）在装卸时，港口装卸部门应严格按照配载图标明的位置积载，不得随意变更积载位置。在装卸有电感应的爆炸品和低闪点易燃液体的过程中，不得检修和使用雷达、无线电电报、电话发射机，也不得同时进行加油、加水（岸上加水除外）和拷铲等项作业。

（3）船舶运输危险品的装载要紧密、牢靠，防止摩擦、瓶口朝上，禁止倒置、侧放、窜动。铁路运输要便于中途站卸车、加载，避免卸车时翻倒、坠落。敞车装载需要盖篷布的要压缝严密，捆绑牢固；罐车装载的载量要适当，注意留有余地，不得装载过满。与普通货物配载时，怕湿的与含水的，怕油的与沾油的物品，怕磨损的与尖棱粗糙包装的，易碎的与坚

硬沉重的等，均应隔离装载，不得与普通货物混装。

(4) 搬运时，要轻拿轻放，不能摔碰、拖拉、摩擦、翻滚等。因为有些危险品，敏感度很高，有的性质不稳定，稍有撞击、震动、极易爆炸。有的氧化剂经撞击、摩擦会分解产生原子氧和高热，接触可燃物会氧化而燃烧。在用大型机械进行吊装作业时，不得超过机具额定负荷的75%，做关要定量定型，喊关要准，起关要稳，防止高空撒落、碰撞发生危险。

4. 危险品水路运输起卸货物的要求

(1) 起卸易燃易爆危险品时，应划定禁火区，距装卸点50m以内无关人员不得接近。作业人员不得携带火种或穿带钉鞋进入作业现场。装卸量小时，应备足相应的灭火器材，装卸量特别大时，应有消防队值勤看护。夜间作业应有足够的照明设备，不得使用马灯、汽灯；油灯、电石灯、煤气灯等明火灯具，应使用防爆式或封闭式安全照明灯。装卸易燃气体、液体时使用手电应为防爆手电。

(2) 考虑到爆炸品和放射性物品比较敏感，对人体的危害及造成灾害的危险性较大，须尽可能缩短这些危险品在港（站）停留和人员接触的时间，以最大限度减少各种危险概率。对于爆炸品和放射性物品，原则上应最后装最先卸。装有爆炸品的舱室内，在中途站（港），不应加载其他物品，若确需加载时，应视为同类危险品。

(3) 起卸放射性物品和易放出易燃、有毒气体的危险品前，应进行充分通风，必要时应经过有关部门检测合格后才能进行作业。在打开箱门或开启舱盖时，应注意防止产生火花，人员站在上风处。

5. 危险品水路运输电磁波辐射的防护

在装运电火工品、无线电引信、及电发火等（如电发火的火箭弹）对外部电磁辐射敏感的电发火爆炸品时，首先，应通过产品设计提高产品抗射频和其他辐射能的能力；其次，通过包装设计，对电起爆装置加以有效的防护；再次，装运这类爆炸品的运输工具，应尽量远离大功率的电台、雷达和无线电发报机等，以使其不受电磁辐射源的影响。

在集中装卸爆炸品及其他危险品的地方，以及在实施爆破作业的地方，要调查一下附近有没有大功率广播电台和通讯电台，了解该场所空间的电波情况。如果附近有这样的电台，应根据其功率大小，采取适当的远离措施。

6. 危险品水路运输装卸过程的应急救援

(1) 在装卸危险品过程中，如遇有闪电、雷击、雨雪天或附近发生火灾时，应立即关闭车箱（舱）门停止作业。某些对温度较为敏感的危险品，于高温季节不宜在每日8～18时作业，并避免阳光直射。

(2) 船舶装卸危险品，应备有相应的消防救生设备，并放于适当的位置，确保具有立即使用之效能；船与岸、船与驳之间应设置安全网。

(3) 在装卸作业中，货运员要坚守岗位，监装监卸。查看有无漏装、误装，检查车辆配载是否符合要求。船舶装卸时，船方要有专人值班。凡装卸大量易燃易爆危险品时，船长要亲自监督，不得离船，确需离船时，应责成大副负责。

（五）散装液化燃气槽船装卸作业

1. 散装液化燃气槽船的装载作业

(1) 船与陆地之间进行接地，为妥善起见，应用两根接地线。

(2) 用连接管（或橡皮软管）将船上的装载联管箱与陆上管道连接起来，并将岸气体管道接通，用惰性气体置换掉连接管内的空气。

(3) 开动陆上的循环泵，微微打开陆上和船上的阀门，让液体慢慢通过，以使连接管和甲板上的液管慢慢冷冻。

(4) 在船上液相管已充分冷冻，并业已查实液舱温度状态后，再开始预装载，在船上液舱内的压力稳定后才可进行正式装载，并逐渐提高正常装载速度。

(5) 在装载接近完毕时，要减慢装载速度，并注意液面液位，防止溢出；在到达预定的装载液位时，关闭陆上和船上的阀门，结束装载。

(6) 用惰性气体置换掉连接管内的液化燃气至舱内。

(7) 把船上装载连接管与陆上的连接管分开，撤换掉船与陆地之间的接地线，装载完毕。

2. 散装液化燃气槽船的卸载作业

液化燃气槽船卸载时，应使用船上的卸载泵。操作程序大体上与装载相同。在卸载过程中，液舱内的压力会随着卸载量的增加而下降，但当液舱内压力下降到一定值以下，液舱安全阀便会启动，从而使空气进入舱内，一旦空气与舱内的燃气混合，那是极其危险的。因此，此时应当把岸上惰性气体送到液舱内，使舱内压力保持在一定范围之内。

(六) 散装易燃液体船舶的装卸作业

1. 合理地配载

合理分配油轮各舱载重量，是关系到油轮强度、吃水差及稳性是否合理的重要问题。每艘易燃液体货轮前后各舱配载重量，应根据船体的具体性能决定。一般应当先按各舱分舱容与总舱容之比例数进行分配吨位，然后按吃水差和稳性的要求做适当调整，并正确地分布舱室。油舱在不满载时，应当留出适当的空舱。但应防止连续有两个以上的空舱、首尾舱室空舱和单边液舱空舱，以保证水上航行安全。

2. 液舱均应留有一定的空隙

由于易燃液体因温度的变化有膨胀特性，故液舱均须留有一定的空隙。在两个地区气温相差不多时，装载汽油舱室应留 2%的空隙；装油时若油温比气温、水温低时，要多留空隙，反之则少留空隙。当两个地区气温相差较大，由较冷地区装液体开往较热地区时，须多留空隙，反之则少留。

3. 必须采用封闭式装卸方法

船舶在装卸甲、乙类易燃液体时，其装卸方式，必须采用封闭式方法，这时应将船舶的所有孔盖都封闭，只利用透气管吸排舱内空气，而液体只能通过固定的管系装入或排出，以减少易燃液体的蒸发，提高防火安全性。如装运丙类油品时，允许敞开舱口进行装卸作业，亦可不设专用的输油管路，可利用卸油软管直接在开口舱内进行装卸作业。这是因为丙类油品闪点高，一般不易着火。但装卸场所四周 35m 以内，必须禁止任何明火或其他着火源。

4. 配载位置应远离船员室和有着火源的部位

易燃液体的配载位置，应远离船员室和有着火源的部位，应将火灾危险性大的易燃液体配在艏舱，后装先卸。使用燃煤拖轮带动时，其烟囱应有火星熄灭装置，且拖轮船尾至易燃液体船舶首的安全距离不应小于 50m。易燃液体运输船舶不应同时拼靠装卸，如必须有两只以上船只同时装卸时，两船之间应有 20m 以上的防火间距。

三、危险品水路运输船舶航行防火

(一) 危险品水路运输船舶航行的火灾危险性

1. 受气候影响较大

船舶航行，尤其是海上航行，受外界各种复杂情况的影响很大，如风浪、寒流、高温等都可能遇到。航行至赤道附近时船内温度可达 60℃，这时，对怕高温的危险品就可能蒸发、

流淌，增加其火灾危险。如遇寒流时，怕冻危险品可能变质、损坏等。

2. 一旦发生事故难以施救，损失、伤亡巨大

在海上航行的船舶一旦发生事故难以施救，损失、伤亡巨大。所以装运危险品的船舶在航行时，应当严格按照国家和国际现行的水路危险货物运输的管理规定，并满足相关技术要求。

（二）危险品水路运输船舶航行的安全要求

1. 应悬挂或显示规定的信号，远离其他船舶或设施停泊航行

装运危险品的船舶，应悬挂或显示规定的信号。停泊、航行时，应尽可能远离其他船舶或设施。在气候恶劣、能见度不良的情况下，不应进出港口、靠离码头或通过桥梁船闸。

2. 不准搭乘无关人员并严禁烟火

船上的人员除指定地点外，严禁吸烟。在禁止吸烟的地方不准携带火种。无人驳装运危险品时，须有专人随船看管。船舶在航行中要定期进行检查，确保航行安全。

3. 特别危险地驳船，不得与其他驳船混合编队

为了减少一旦发生水上事故，危险品运输驳船应当与其他驳船分开编队。如对装运爆炸品、一级易燃液体和有机过氧化物的驳船，不得与其他驳船混合编队；顶推（拖带）船上的缆绳，应采取措施防止产生静电或火花。推轮（拖轮）的烟囱应设置火星熄灭器并与驳船保持一定距离等。

4. 航行、停泊过程中，不得进行烧焊或进行易产生火花的修理作业

装载易燃易爆危险品的船舶在航行、停泊过程中，不得进行烧焊或进行易产生火花的修理作业；如有特殊情况，应采取相应的安全防护措施，并经船长批准（如在装卸过程中应经港务监督批准）。

5. 远离有冒火星的船舶和减少具有火灾危险的活动

易燃液体船舶在航行时，应严防与冒火星的船舶靠近航行。船上不应敲打铁器和穿带钉子的鞋在甲板上频繁走动。任何人不得骑坐在阀门杆圆盘上，以免阀门松动造成跑油或漏油。

第五节　管道运输防火

管道运输是现有技术条件下散装危险品运输的最经济的运输方式。与其他运输方式相比，管道运输投资少，运行费用低，管理方便，安全和可靠性较高。但管道工程的一次性投资较大，无法分期建设。长距离运输管道通常是指管径大于150mm，输送距离大于100km的管道。目前，我国输油管道主要用于长距离输送天然气和原油两类危险品。由于天然气和石油的火灾危险性特别大，故管道运输的消防安全非常重要。

一、燃气的管道运输防火

当燃气的运输量很大，且具备条件时，宜采用管道运输。

（一）管道运输系统的组成

1. 天然气长距离管道运输系统的组成

天然气长距离管道运输系统如图5-38所示。

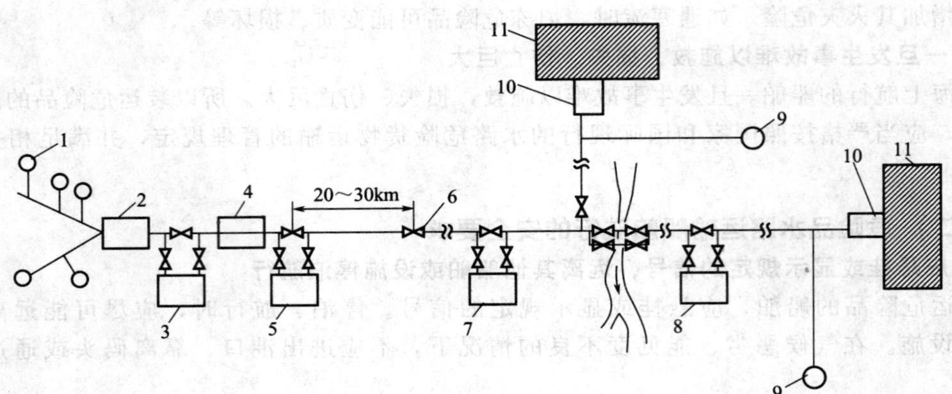

图 5-38 天然气长距离管道运输系统

1—井场装置；2—集气站；3—矿场压气站；4—天然气处理厂；5—起点站或起点压气站；
6—管线上阀门；7—中间压气站；8—终点压气站；9—储气设备；
10—燃气分配站；11—城镇或工业基地

天然气长距离管道运输系统常由集输管网、气体净化设备、起点站、输气干线、输气支线、压气站、燃气分配站（终点计量站）、管理维修站、通信与遥控设备、阴极保护站（或其他电保护装置）等组成。

由于石油伴生气压力比较低，故在起点站要进行加压以及脱轻质油和脱水等进化处理。为了长距离输送燃气，通常每隔一段距离需要设置中间压气站，使燃气压力由 2.5～4.0MPa 升高到 5.0～7.5MPa。通常两个中间压气站间的距离约为 100～150km。

为了管道的安全输送，需要在输气管线的起点站设置清管管球发射装置。起点站的工艺流程如图 5-39 所示。

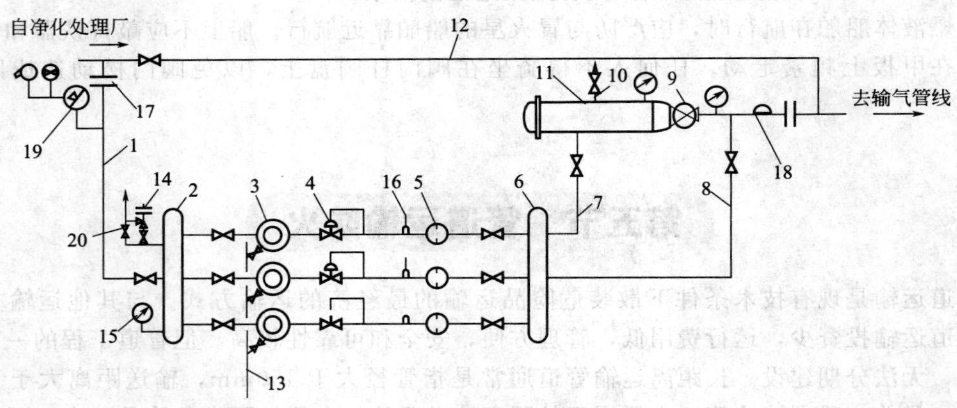

图 5-39 天然气管道运输起点站工艺流程

1—进气管；2,6—汇气管；3—分离器；4—调压器；5—流量孔板；7—清管用旁通管；
8—燃气输出管；9—球阀；10—放空管；11—清管球发射装置；12—越站旁通管；
13—分离器排污管；14—安全阀；15—压力表；16—温度计；17—绝缘法兰；
18—清管球通过指示计；19—带声光信号的电接点式压力表；20—放空阀

2. 液化燃气管道运输系统

管道运输系统，是由起点站储罐、起点泵站、计量站、中间泵站、管道及终点站储罐组成。图 5-40 为液化燃气的管道运输系统示意。

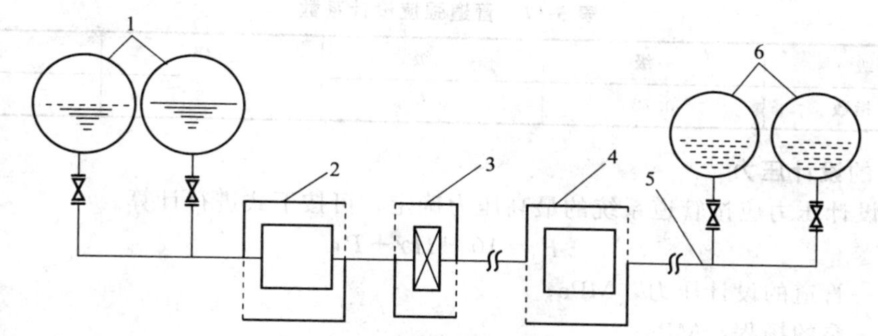

图 5-40　液化燃气管道运输系统

1—起点储罐；2—起点泵站；3—计量站、4—中间站；5—管道；6—终点站储罐

用泵由起点站储罐抽出液化燃气（为了保持连续工作，泵站内的泵应不小于两台），经计量站计量后，送入管道。如运输距离较长，沿途压力损失较大，则再经中间泵站，将液化石油气加压送进终点储罐。如运输距离较短，可不设中间泵站，但必须考虑到液化燃气易于气化这一特点。在运输过程中，要求管道中任何一点的压力都必须高于管道中液化石油气所处温度下的饱和蒸气压，否则，液化燃气在管道中气化形成“气塞”，将大大地降低管道的运输能力，也不利于防火安全。管道终点的余压是指液态液化石油气进入接收站储罐前的剩余压力。为保证一定的进罐速度，根据运行经验取 0.2～0.3MPa。

（二）燃气运输管道的强度

1. 燃气运输管道的分级

根据目前我国压力容器、阀门和附件等压力级别划分情况，燃气输送管道设计压力级别的现状和现行的《工业管道工程施工及验收规范（金属管道篇）》管道压力的分类情况，液态燃气运输管道按其工作压力 P（MPa）的大小分为三级，1 级管道，$P>4.0$；2 级管道 $1.6<P<40$；3 级管道 $P<1.6$。管道所需强度的大小要经过计算确定。

2. 燃气输送管道的强度设计系数

（1）地区等级的划分　燃气输送管道的强度设计系数是根据输气管道通过地区的等级来确定的。地区等级的划分，是沿管道中心线两侧各 200m 范围内，任意划分长度为 2km，并能包括最大聚集户数的若干地段，按划分地段内的户数划分为四个等级。在农村人口聚集的村庄、大院、住宅楼，应以每一住宅户作为一个供人居住的建筑物计算。地区分级标准如下。

一级地区：户数在 15 户或以下的地段。

二级地区：户数在 15 户以上、100 户以下的地段。

三级地区：户数在 100 户或以上的地段，包括市郊居住区、商业区、工业区、发展区以及不够四级地区条件的人口稠密区。

四级地区：系指四层及四层以上楼房（不计入地下层），普遍集中、交通频繁，地下设施较多的地段。

在具体划分地区等级边界线时，边界线距最近一座建筑物外边沿应大于或等于 200m。在一、二级地区内的学校、医院以及其他公共场所等人群聚集的地方，应当按三级地区选取设计系数。当一个地区的发展规划，足以改变该地区的现有等级时，应当按发展规划划分地区等级。

（2）管道的强度设计系数　管道埋设经过地区管道强度的设计系数见表 5-17。

表 5-17 管道强度设计系数

地区等级	一级	二级	三级	四级
管道设计指数	0.72	0.6	0.5	0.4

3. 管道的设计压力

管道的设计压力应按管道系统的最高压力确定，可按下式进行计算。

$$P_i = 10^{-4}H\gamma + P_b$$

式中 P_i——管道的设计压力，MPa；

H——泵的扬程，MPa；

γ——设计温度下液态液化石油气的相对密度；

P_b——储罐最高使用温度下液化石油气的饱和蒸气压，MPa。

管道的壁厚要经过严格的计算。

（三）燃气管道与相邻管道，建（构）筑物的水平、垂直净距

考虑管道一旦断裂会有大量燃气泄漏，若遇火源后果不堪设想。为了让人有足够的时间撤离到安全地点。燃气管道与居住区、村镇和重要公共建筑之间，都应留有足够的防火间距。

1. 燃气管道与建筑物、构筑物的水平净距

由于在较高压力下液态液化石油气输送管道一旦发生断裂引起大量液化石油气泄漏，其危险性较一般燃气管道危险性和破坏性大得多。所以为了公共安全，液态液化石油气输送管道不得穿越居住区和公共区建筑群。与危险品库、军事设施等特殊建筑物、构筑物的水平净距不应小于 200m。与其他建筑物、构筑物的水平净距不应小于表 5-18 的要求。

表 5-18 地下液态液化石油气管道与建（构）筑物之间的水平净距

项 目	管道级别		
	Ⅰ级	Ⅱ级	Ⅲ级
居民区、村镇、重要公共建筑	75m	50m	30m
一般建、构筑物	25m	15m	10m

2. 燃气管道与相邻管道、树木的水平净距

考虑到施工安装和检修时互不干扰，同时也考虑设置阀门井的需要，燃气管道与相邻的给水管、排水管、暖气管、热力管等沟外管壁，及其他燃料管道的水平净距，均不得小于 2m；考虑管道施工时尽可能不伤及树木根系和环保的需要，因燃气管道直径较小，故距树木的水平净距不应小于 2m。

3. 燃气管道与电力通信线路的水平净距

考虑到交流输电线路运行时对燃气管道产生感应电位的影响，对燃气管道与埋地电缆的电力线路（中心线）不应小于 10m；与架空电力线的中心线不应小于电线杆高的 1 倍，并不应小于 10m 与埋地电缆的通讯线路、架空通信线路（中心线）不得小于 2m。

4. 燃气管道与公路铁路的水平净距

燃气管道与Ⅰ、Ⅱ级高速公路路边不应小于 10m，Ⅲ、Ⅳ级公路路边不应小于 5m；距国家铁路干线中心线不应小于 25m，距国家铁路支线（中心线）不应小于 10m。

5. 地下燃气管道与构筑物及相邻管道等之间的垂直净距

考虑管道下降的影响，与给水、排水、暖气、热力及其他燃料管道交叉时的垂直净距不

小于0.2m。根据供电部门的有关规定，与直埋和铠装电缆交叉时的垂直净距，分别规定不小于0.5m和0.2m。为了避免列车动荷载的影响，根据铁路、交通部门的规定，与铁路交叉时，管道距轨底的垂直净距不小于1.2m；与公路交叉时，管道距路面垂直净距不小于0.8m。

（四）燃气管道的敷设与防护

燃气运输管道通常采用埋地敷设。只有在穿越河流或山谷等障碍物，埋地有困难时才采取地上敷设。地下敷设时，埋地钢管要根据土壤腐蚀的性质，采取相应的防腐措施。目前常用的是管道包外裹绝缘层的防腐法，或与此相结合采用阴极防腐保护法。

1. 阴极防腐保护

阴极保护是利用外加直流电源，使金属管道变成带负电荷的阴极，从而防止管道电化学腐蚀。在没有电源和地下构筑物密度较大的地区，可采用牺牲阳极装置来防止管道腐蚀。在有杂散电流的地区应设置排流装置，以保护管道。当采用阴极防腐保护法保护管道时，为防止电流或散杂电流导入燃气储备站、储配站，应在被保护管道的起点、终点和中间厂站的进出口管道上安装绝缘法兰。阴极防腐保护的原理如图5-41所示，牺牲阳极保护的原理如图5-42所示。

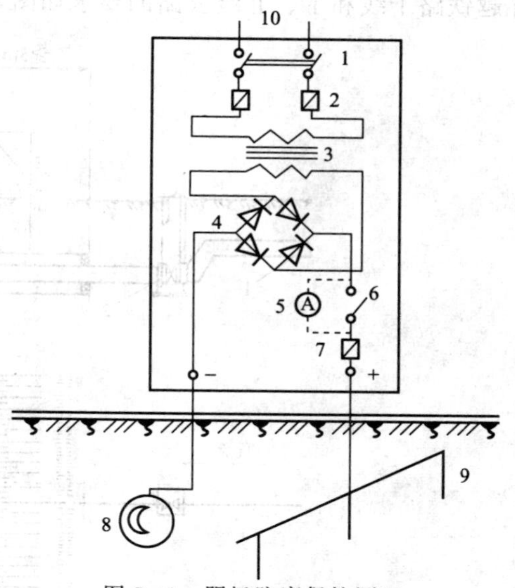

图5-41 阴极防腐保护原理

1—电源开关；2—保险丝；3—变压器；4—整流器；5—电流表；6—开关；7—保险丝；8—管道；9—接地阳极；10—电源

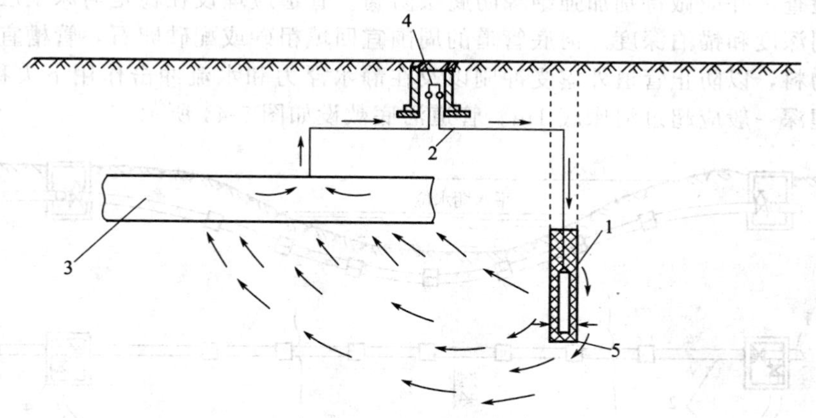

图5-42 牺牲阳极保护原理

1—牺牲阳极；2—导线；3—管道；4—检测桩；5—填包料

2. 燃气管道与铁路或公路相交叉时的保护

当运输燃气的管道与铁路或公路相交叉时，应在其下面穿越，且穿越管线应设有保护套管。保护套管可以采用钢管或预应力钢筋混凝土套管。对套管的强度应进行验算，并采用焊接连接。钢筋混凝土套管接口形式有凹凸口连接和平口连接。一般在连接处内侧设置钢胀圈。套管与套管之间，胀圈与套管之间应垫以油毡、沥青、麻刀等柔性防水材料。为防止管道在进入套管时，因摩擦而破坏管道绝缘层，管道上每隔一定距离应设一个保护支架。管道穿越铁路干线和Ⅰ、Ⅱ级公路的要求如图 5-43 所示。

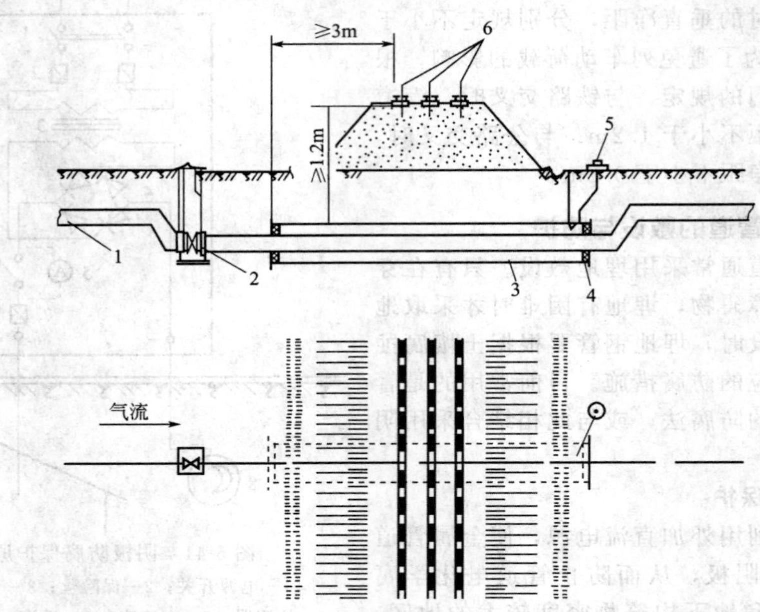

图 5-43　管道穿越铁路干线和Ⅰ、Ⅱ级公路的要求

1—燃气管道；2—阀门；3—套管；4—密封层；5—检漏管；6—铁道

3. 管道与河流、湖泊相交时的保护

当燃气运输管道与河流、湖泊相交时，可采用架空跨越或河底埋没方式。河底埋设比较隐蔽和安全，但施工比较复杂。当采用河底埋没时，管道壁应适当加厚，管道焊缝应全部经过无损探伤检查，并应做特别加强绝缘防腐层防腐。管道应埋设在稳定河床土层中，埋深应大于最大冲刷深度和锚泊深度。河底管道的周围宜回填粗砂或配砂卵石，管槽宜回填比重和粒度较大的物料，以防止管道外露受冲刷以及在静水浮力和水流冲击作用下失稳而遭破坏。对小河渠，埋深一般应超过河床底 1m。管道河底敷设如图 5-44 所示。

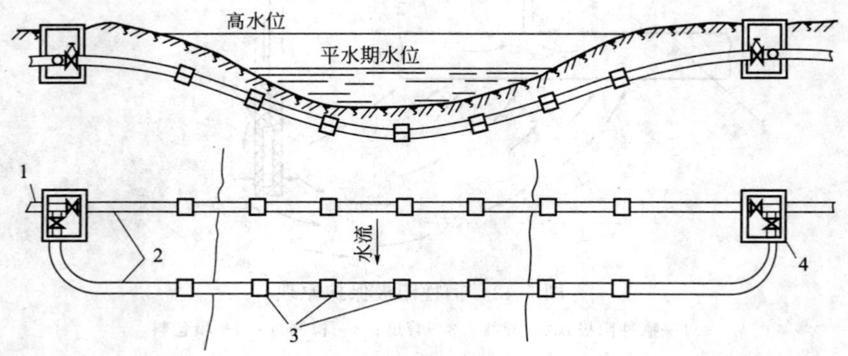

图 5-44　管道河底敷设图

1—燃气管道；2—过河管；3—稳管重块；4—闸井

4. 架空敷设时的保护

当管道架空跨越时，可与其他管道共架，但严禁将燃气管道架设在铁路桥上。架空管道的支柱应为非燃烧材料，并对管道设置补偿器保护。管道跨越的净空高度不得小于，人行道路 2.2m，公路 5.5m，铁路 6.0m，电气化铁路 11.0m。

5. 管道的防冻保护

由于燃气能溶解少量水分，在输送过程中，当温度降低时溶解水会析出。为防止析出水结冻而堵塞管道和外部动荷载破坏管道，应将管道埋设在冰冻层以下。最小覆土厚度，根据土质的不同有所区别，一般岩石类不得小于0.5m，水田和三四级地区的旱地不得小于0.8m，一、二级地区的旱地不得小于0.6m。输送液化石油气管道的覆土厚度不得小于0.8m。

（五）管道截断阀门与安全附件的消防安全要求

燃气管道布置时，要根据工艺要求和管道施工、安装、维修及防火安全的需要，设置必要的截断阀门和安全附件。管道截断阀门的设置数量，一般越少越好。主要根据各管段位置，考虑运行和检修的需要而设置。

1. 管道截断阀门的设置位置

燃气输送管道应当设置截断阀门。截断阀门的设置位置应当选择在交通方便、地形开阔、地势较高的地方。一般根据需要在厂、站的进出口、分支管的起点、互为备用管线的分切点、重要铁路干线、公路干线以及重要河流的两侧都应设置截断阀门。截断阀门的间距，在以一级地区为主的管段不大于32km；在以二级地区为主的管段不大于24km；在以三级地区为主的管段不大于16km；在以四级地区为主的管段不大于8km；液化石油气管道5km，以便于事故控制和检修维护。

2. 管道及管道阀门的安全要求

阀门一般采用截止阀，但当采用清管工艺时，应选用球阀。管道截断阀应当采用自动或手动阀门，并应能通过清管器。阀门的压力等级不得低于管道的设计压力，且最低不得低于2.5MPa。考虑管道试验和检修的需要，地下管道分段阀门之间应设置放散阀。管道穿越河流、湖泊、沼泽等障碍物时，通常采用架空敷设。该段管道两阀门间应设置管道安全阀，其目的是防止因太阳热辐射而引起管道内压力急剧升高导致管道发生破裂。管道安全阀的结构如图5-45所示。

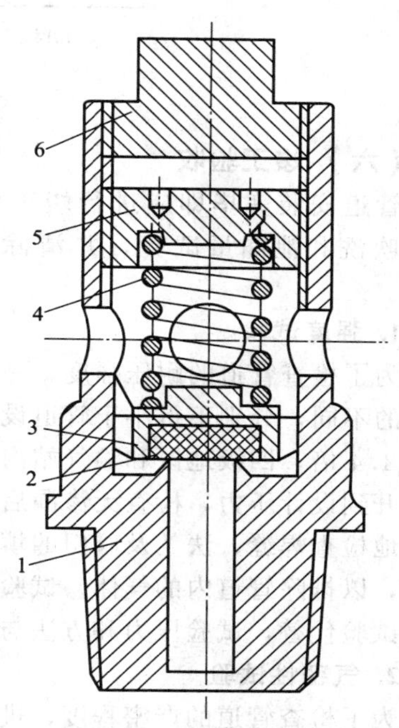

图5-45 管道安全阀的结构
1—阀体；2—垫片；3—碟门；4—弹簧；5—调节螺母；6—阀盖

3. 阀门室的建造要求

埋地管道的阀门应设在阀室内，阀室应选择在地形开阔、地势较高、交通方便和便于管理的地方。阀室的建造有地上和地下两种形式，如图5-46所示。

厂、站进出口的控制阀室应设置在离场站10～100m的范围内。在重要河流的两侧应设置阀室和放散管，这种带有放散管的阀室应选择在便于安全放散地点，地下阀室应能防止地下水渗入，管道穿墙处用沥青麻刀堵严，并设置两个人孔，以利通风，防止选散液化气滞存。阀室内的阀门前后应设排空管，排空管径一般为主管管径的1/4或1/2。

4. 管道标志的设置要求

为了防止其他车辆、人畜、采掘设备对燃气输送管道造成碰撞和破坏，及加强对管道的管理，燃气管道沿线应当设置里程桩、转角桩、交叉和警示牌等永久性标志。阴极保护测试桩可同里程桩结合设置。通常在埋地管道与公路、铁路、河流和地下建筑物的交叉处两侧应设置里程桩（牌）。对易遭到车辆碰撞和人畜破坏的管段应设警示牌，并应有一定的保护措施。

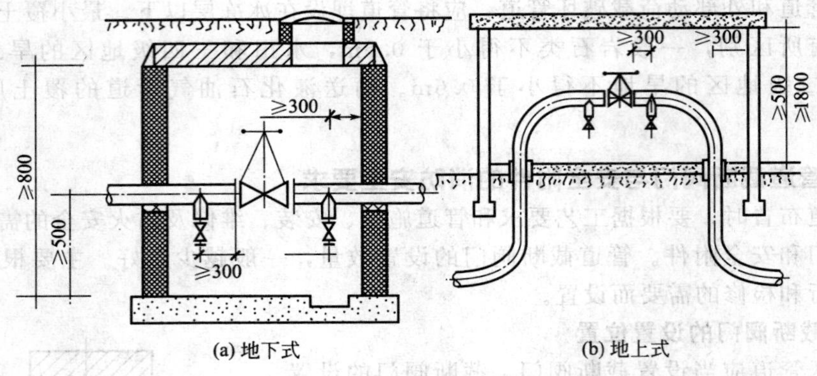

图 5-46 阀室的建造形式

（六）竣工验收

管道安装完毕即应进行竣工验收。通常在竣工验收时应进行压力试验、气密性试验、吹洗和泄漏量试验，并清除管道内的杂物，以检查管道及其接口的强度和严密度等。

1. 强度试验

为了检查管道的耐压强度，一般应采用水压试验的方法试验其强度。试验压力根据地区级别的不同，分别不得小于管道设计压力的，即一级地区 1.1 倍，二级地区 1.25 倍，三级地区 1.4 倍，四级地区和输气站内工艺管道 1.5 倍，液化石油气管道 1.6 倍。试压时应先缓慢地升到设计压力，检查无渗漏后再继续升压到试验压力，保压时间应不小于 30min。然后详细地检查焊缝、法兰及阀门的填料，无渗漏时为合格。采用水压试验时，应在高处设置放气阀，以排除管道内的气体。试验结束后，应将管道内的水排尽。水压试验有困难时，可用气体试验代替，试验压力和方法与水压试验相同。

2. 气密性试验

为了检查管道的严密程度，进行气密性试验。气密性试验应使用空气或惰性气体，试验压力为设计压力的 1.05 倍。试验方法是，将压力分阶段缓慢上升，当压力达到 0.2MPa 以及为试验压力的 0.3 和 0.6 倍时，应进行外观检查，无异常情况时，方可继续升压到试验压力，然后用肥皂液或其他方法检查。在消除泄漏现象后，保压 1h，如压力不降则认为气密性试验合格。

3. 吹洗

为了消除管道内的杂物，应在管道交付使用之前进行吹洗。液化石油气管道，一般采用空气吹洗。如果管道上设有清管球等收发球装置，也可采用清管球清扫。用空气吹洗时，管道内空气流速不得小于 20m/s，吹洗时应先将管件、孔板、过滤器和调节阀等部件拆下，临时用短管代替。用贴有白纸或白布的薄板放在吹洗出口处，检查吹洗结果，当吹出的气体中没有铁锈、杂物等固体时，则认为吹洗合格。

4. 泄漏量试验

在全系统吹洗合格后，应采用压缩空气或惰性气体进行泄漏量试验。试验压力应等于设计压力，试验时间为 24h。测压测温的仪表应设置在能代表全系统实际压力和温度的位置上，当系统每小时平均泄漏率不超过 0.5%时为合格。

泄漏率可按下式进行计算。

$$A=(100/t)-[1-(P_2/P_1)\times(T_1/T_2)]$$

式中 A——每小时平均泄漏率，%；

P_1——实验开始时的管道内气体的绝对压力，MPa；

T_1——试验开始时气体的绝对温度，K；

P_2——试验终了时，管道内气体的绝对压力，MPa；

T_2——试验终了时气体的绝对温度，K；

t——试验持续时间，h。

5. 充氮置换处理

新建成或检修后的管道系统，在首次通入燃气之前，应作充氮置换处理。

（七）运行安全管理

要保证燃气管道的运输安全，还必须要加强对管道运行的安全管理。管道运行的安全管理通常主要有几点。

1. 控制流速减少静电的产生

由于燃气在低温状态下是易燃易爆的低黏度度液体，流速过大时就有可能产生静电，所以对流速要有一定的限制。一般允许流速为 0.8～2.5m/s，最大不准超过 3m/s。

管道内燃气液态的流速，可通过下式求得。

$$W=\frac{Q}{2827d^2}$$

式中 W——液化石气的流速，m/s；

Q——流量，m^3/h；

d——管道内径，m。

例：求 ϕ108mm×4mm 管道中的流速，已知流量为 28.27m^3/h，

解：ϕ108mm×4mm 管道的内径 $d=0.1$m。

$$W=(Q/2827d^2)=\frac{28.27}{2827\times0.1^2}=1$$

根据一些燃气输送管道采用的实际流速，其流速应控制在 0.8～1.4m/s 之间，这是根据基本建设投资和常年运行费用等经技术经济比较确定的经济流速。管道内最大流速小于 3m/s 为安全流速，以确保液态燃气在管道内流动过程中所产生的静电有足够的时间导出，防止静电电荷集聚和电位增高。

2. 加强巡视检查和监护

巡视检查要定期进行，以及时发现和消除管道、闭门、补偿器等处的漏气点。在检查和消除漏气时，严禁采用明火。如巡逻人员无法消除较严重的漏气时，应立即向有关上级报告，以便急修班组及时到达现场，确切判断事故情况，抢救抢修。巡视人员应定期测定，并及时发现杂散电流对埋地钢管的腐蚀情况，检查电保护法装置的工作情况，以保证管道的防腐措施确实有效。还要及时发现和处理有碍管道正常运行的施工及其他违章作业。如 2001 年 11 月 9 日，石家庄市在开挖天然气管道时，将地下液化石油气管道挖破，造成了大量泄漏并连续发生 3 次爆炸。所以一定要注意开挖管道的施工安全，加强对燃气输送管道的管理，确保燃气管道运输的安全。

3. 采取必要的加臭处理措施

为了便于发现漏气，保证城市管网的输送和使用安全，应当在无味的天然气中注入臭味

剂。臭味剂应当具备以下条件。

(1) 具有强烈的刺鼻气味，臭味剂及其燃烧产物对人体无害，不对管道及其设备产生腐蚀。

(2) 应为沸点不高但易挥发的液体，蒸气不溶于水和凝析液，并不易被土壤吸附。

(3) 廉价而不稀缺。

目前应用最多的是臭味剂乙硫醇，其加入量为 1000m^3 气体中加入 16～20g。由于此臭味剂为硫化物，仍有一定的刺激性和腐蚀性，所以，添加量一定要适当，具有一定的臭味即可，千万不要随意多加。

4. 设置必要的监控、通信设施

燃气管道运输工程管线长，涉及地域广；加之燃气易燃易爆，任何一段出现故障都急需关阀、泄压、降温、通风等紧急处理，否则可能会带来更严重后果。所以必须设置必要的监控和通信系统。

(1) 燃气管道运输工程的控制调度中心主要包括中心控制主机、调度终端设备和网络计算机等。调度管理系统的主要功能是，按预定的扫描周期对每一个被控站进行连续的顺序扫描，以监视系统中各站的运行状态；与各被控站进行顺序通信，掌握各被控站的主要运行工艺参数与状态；进行适时的参数状态结果显示；运行参数、状态的异常报告；系统压力的分布及变化；流量分配情况等。实现对压力、温度的监视控制，超温超压保护，紧急切断、放空，限流限压控制等。

(2) 通信系统主要包括话音通信、数据通信、电传、传真等内容。为使通信系统与控制中心的主计算机系统及被控制站的远程终端装置连接起来，实现全线的监视控制与数据采集任务，实现管道运输安全的自动化管理，通信中心、控制中心及压气站宜设电话总机，其他站场宜设与控制中心、相邻单位及相关单位联络的专用电话。压气站内生产区、辅助生产区可设联络电话。流动作业人员可采用便携式电话机。对输气管道事故抢修、管道巡回检查和维修的作业点，应当配移动通信设备。

二、石油管道运输防火

石油的管道运输，是将石油经油泵加压，通过输油管道做长距离的流体输送，输送压力最高可达 6.0～7.0MPa。为了提高输送效率，在始发站和终点站间设有若干中间泵站或加温站。管路运输油品的管道，根据所输送油品的种类，分为原油管道、汽油管道、煤油管道、柴油管道等。

(一) 长距离管道输油系统的组成

长距离输油管线（图 5-47），由下列部分组成。

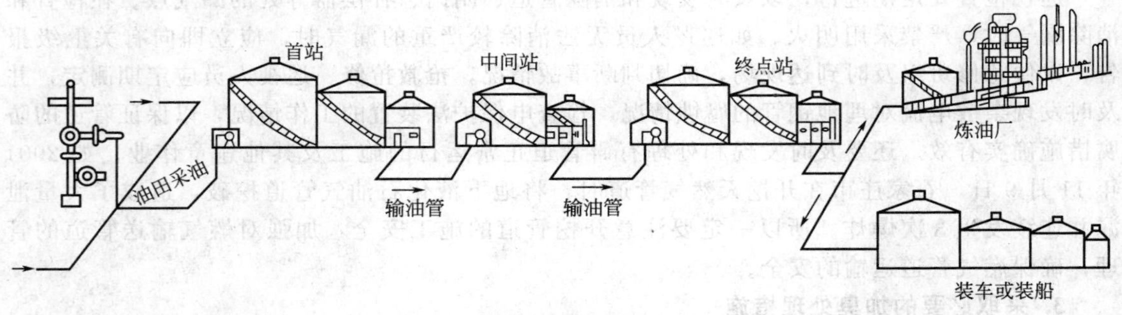

图 5-47　长距离管道输油的组成

1. 首站

首站即油品长距离管路运输的起点站。首站内一般有油品储罐、油泵站、装卸和加热设备等，并且常设有高压油泵站、原油加温的加热炉等大型设备，工艺流程如图 5-48 所示。首站的防火设施与一般大型油库的防火设施相同。

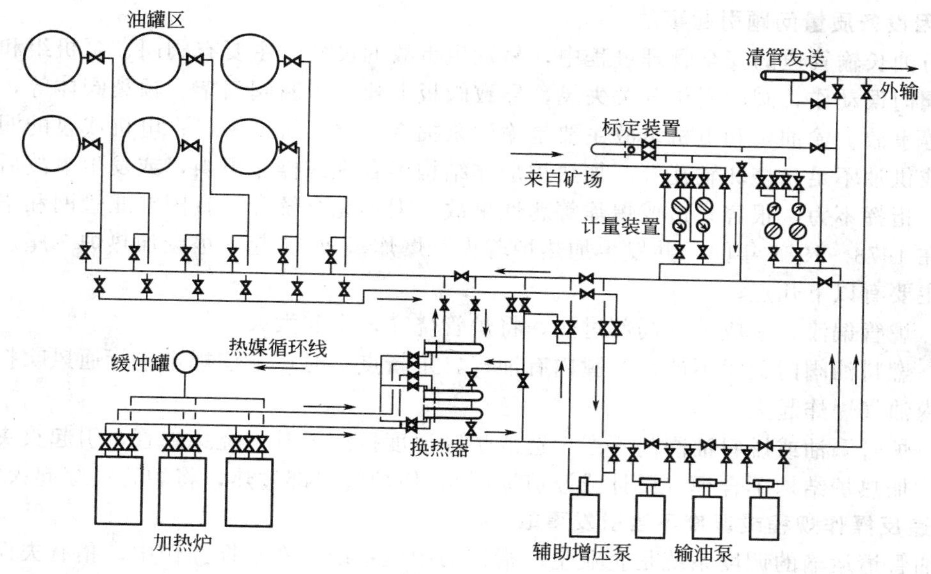

图 5-48　油品长距离管路运输的首站工艺流程示意图

2. 中间站

中间站是长距离管路运输石油的中途加压站。由于重质油品在输送过程中的热损耗，中间站还需对油品进行加热，故中间站也是加热站。中间站设有油品调节的储罐、加压的油泵和对重质油品加温的加热炉等设备。中间站的设置与地形、油品性质、管线类型以及油泵的能力有关。中间站的距离，按输油管道的水力及热损失计算决定，一般在 50～120km 之间。

3. 终点站

终点站是长距离输油管线的末站，接受长距离输油管线送来的油品，并将油品转输给用户或其他单位。终点站内有较大的储油罐区，以调节长距离输油管线的来油和供应用户出油。管道运输的终点站，往往又是炼油厂、石油化工厂原料来源的首站。

终点站内除设有大型的储罐区外，一般还设有油泵站，配油阀门室、加热炉、脱水和污水处理等设施。有些终点站还设有输转油品的铁路、公路、装卸站台和石油码头等。

（二）长距离石油管道运输常见火灾等事故的原因

由于输油管道绝大部分管段为埋地敷设，如果发生腐蚀、裂缝等事故，不易被发现；站间线路只有一条，没有备用，一处中断，就要全线停输；对于加热输送的管道，如果停输时间较长，还有可能造成重大凝管事故；站间管路多在野外，处理事故时，施工条件差，工作量大，机械化水平要求高。遇有穿越或跨越河流的管段事故时，还会严重地污染环境。首末站油品储存量大，一旦出现火灾还会造成很大的经济损失。因此，分析长距离输油管道的事故原因，了解长距离输油管道的危险特点，从而找出事故的隐患所在是非常重要的。

1. 管道腐蚀穿孔等因素易引起强度破坏事故

管道腐蚀穿孔等因素易引起强度破坏事故的主要原因是管道防腐绝缘层损伤及绝缘质量差的部位是造成管道电化学腐蚀的薄弱环节。其特点是，土壤中含水、含盐、含碱量越高，对管道的腐蚀也越强，地下杂散电流对管道腐蚀的威胁也很大。

东北管网抚顺输油泵站至大官屯阀室附近一段管道，由于受杂散电流的影响，管地电位高达几十伏，投产仅 6 个月就开始腐蚀穿孔，输油不到 3 年，共发生 14 次腐蚀穿孔事故。穿孔点大多是在钢丝绳勒伤绝缘层或绝缘层内夹有土块的部位。

2. 因设备质量问题引起事故

在石油长输管道的安全管理过程中，易发生事故的设备，主要有阀门、泵机组和加热炉等。如阀门误动作，阀门限位开关失灵，导致阀板卡死、顶断阀门架、顶裂阀体等，都会造成跑油等事故。输油泵和电机事故主要是输油泵抽空，烧坏机械密封；电机或泵的润滑油压力过低或供油不足，烧坏轴瓦等。加热炉炉体结构不合理或操作不当，或发生事故后情况判断失误、指挥不力，很容易造成爆炸等恶性事故。据不完全统计，我国东北管网和华东管网系统，在 1973～1987 年间，共发生加热炉着火、爆炸事故 16 起，报废加热炉 7 座。分析其原因，主要有以下几点。

(1) 炉管偏流，造成炉管局部过热，将炉管烧穿，引起大火。

(2) 燃料油阀门关闭不严，炉膛内有油气，重新点炉时，未按规定进行通风吹扫，造成加热炉内油气爆炸起火。

(3) 炉管漏油或燃料油阀门不严，造成炉膛温度持续上升，烧穿炉管，引起火灾。

(4) 加热炉结构不合理（设计或改造原因），使炉管局部过热，将炉管烧穿起火等。

3. 违反操作规程或调度不当引发事故

石油管道运输的调度系统是企业生产指挥的中枢系统，在指挥操作中，稍有失误就有可能造成管道憋压、低压法兰刺破垫子跑油、高压管道强度破坏、大罐抽空或冒罐跑油等事故。如中国石化总公司东黄输油管道与当地地下管线布局不合理，导致管线严重腐蚀，石油泄漏并流入暗区。在暗区的密闭空间里泄漏的原油蒸气与空气混合形成爆炸性混合气体，在救援处置中违规操作引发爆炸，造成 62 人死亡，136 人受伤。

因此，地下输油管道的布设，必须与当地的地下管线严格分离，不得互相穿越；管线的穿过地域，必须远离居住区和公共建筑物，并保持规定的安全距离。对全线各站、各岗位必须做到有令则行，有禁则止，决不能允许自行其是（特殊的紧急情况除外）。各岗位每一项操作规程都是多年实践经验教训的总结。操作人员必须严格执行，不允许有任何的主观臆断。

4. 自然灾害

地震、洪水、地层滑坡、泥石流等灾害都可能破坏管道，造成泄漏、污染事故。如 1976 年唐山地震造成秦京管道滦河大桥、香河 2 处管道断裂跑油。秦皇岛泵站 8 号罐（30000m^3 拱顶砖罐）雷击起火，全线 14 台加热炉因地震损坏 8 台，造成管道停输 1 个半月，损失严重。

（三）石油管道运输的消防安全措施

管道运输石油，从首站到终点站，有大量的建、构筑物，且分散面积较大，难于管理，一旦发生事故，影响油品前后输送，涉及面广，经济损失大，政治影响也大；故必须认真落实消防安全措施。

1. 输油管道投产试运行的安全措施

长输管道施工完成后，要经过设备、流程试运转，全线投产启动过程才能投入正常生产运行。管道工程的设计、施工是否符合要求，是否与管道生产运行的实际要求相符，其中存在的缺陷与不合理的地方在投产过程中应充分暴露，为长期安全运行排除隐患打下基础。另

外，长距离输油管道的投产还与油品供需能力、电力（热力）供应、电讯系统等各方面的工作密切相关。因此，长输管道投产、启动之前，要充分做好各项准备工作，通盘计划，周密考虑，能应付各种突发事故，确保投产一次成功。

（1）工作准备　长输管道的试运投产应在全线管道安装、检查合格，所有设备安装调试完毕，通信、测试系统安全可靠，联络畅通，电力等能源供应和油品产销有保证的基础上进行。投产试运前，重点要做好组织准备、技术装备、物质准备和抢修准备四方面的工作。

① 组织准备　就是要全线建立坚强、统一的指挥机构，确保各项工作能逐级落实，一抓到底。要配备好各岗位的工作人员。岗位人员必须经过培训，考试合格，才能正式上岗。

② 技术准备　就是在技术上制定投产方案。包括各项投产准备工作的具体计划和要求，投产程序安排、事故设想及抢修措施和投产过程有关参数的计算（预热时间、温度、水量。投油时的温度、压力计算等）；编制下发各种操作规程、规章制度，如输油调度条例、各岗位操作规程等；绘制工艺流程图、巡回检查路线图、各种记录、报表等有关工作。

③ 物质准备　就是要切实保证油品供销工作。特别是加热输送的原油管道，首站必须准备一定数量的油品，油田产量必须大于管道允许的最小输量。末站要有可靠的原油中转或外运措施，确保管道投产后能够连续运行。各岗位要备齐备足投产必须使用的工具、用具、备用物品和备用零部件；准备足够的用于加热炉的燃料油和车用汽油及投产用车辆；安排好投产人员的食宿、医疗卫生保障条件；准备好投产用水源及排放场地、措施等。

④ 抢修准备　就是作好一旦出现故障、事故抢修的准备工作。同时，抢修队伍就位，配备必要的抢修装备和抢修技术手段，以应付可能出现的故障和事故。

（2）泵站和加热站的试运投产　输油泵站和加热站站内的试运工作，主要包括站内各系统管道的清扫，整体试压、各类设备的单机试运，系统试流程，供电试负荷，电讯试通话，自控和保护系统试动作灵活和安全可靠程度及全站联合试运等。

① 站内管道试压　输油泵站内的高、低压管道系统整体试压前，应使用水或压缩空气将管内杂物清扫干净。不具备清扫条件时，对直径529mm以上直径的管道，应在具备安全的条件下进入清扫和检查。站内高、低压管道系统，均要进行强度和严密性试压；并应将管段试压和站内整体试压分开，避免因阀门不严影响管道试压的稳定性。

② 各类设备的单体试运

a. 输油泵机组试运。电机和主泵按要求进行解体检查合格后，泵机组经72h连续试运，其流量、轴功率、各部分温升、振动、串动等性能都不超过允许偏差值。

b. 加热炉和锅炉的烘炉及试烧。根据加热炉设计中给出的升、降温曲线和具体要求，按顺序进行；保证炉体各部分缓慢升温，热应力连续均匀变化。加热炉燃烧系统、油温控制系统的调节、保护措施动作灵活，安全可靠。

c. 油罐试水。包括按规定进行油罐装水后的严密性和强度试压，沉降试验，油罐各部件齐全、完整、合格。计量罐进行标定并制备计量表等。

d. 灭火系统齐全可靠。

③ 输油泵站内的联合试运　在管道试压和各类单机试运完成后，还需进行输油泵站站内联合试运。联合试运前，应先进行原油工艺系统、冷却水系统、供电系统、通信系统、压缩空气系统、自动控制和自动保护系统等各分系统的试运。各分系统试运完成后，才能进行全站联合试运。按正常的输油要求进行站内循环、倒换等各种流程，观察站内各种工艺流程和设备运行是否正常，是否符合生产要求，同时对泵站操作人员进行生产演练和预想事故演练，从而为全线联合试运创造条件。

（3）石油运输管道全线联合试运　石油运输管道的全线联合试运是各输油泵站整个管段

的试运。一般应在站内联合试运完成后进行。全线联合试运一般包括输油干管的清扫和站间管道整体试压两部分。热油管道投油前，往往还要对管道进行输热水预热。

① 输油干管的清扫　输油管道在站间试压和预热前，必须将管内杂物清扫干净，以免损坏站内设备和影响油品的输送。输油干管多采用输水通球扫线和排出管内空气的方法。

输水通球扫线前，通常需做好如下准备。

a. 全线应设两个以上水源，最好一个设在首站附近，另一个设在末站附近，并应设有备用水源。这样可以两端向中间通清管球扫线，一旦一个水源因故不能使用时，其他水源仍可继续通球扫线。扫线过程可以使用输油泵进行输水通球。

b. 站间通球扫线时，为防止泥砂、杂物进入站内损坏阀门和设备，应在进站前切口排污。排污口周围要有排水措施，防止冲坏周围农田和民用设施。清扫完后再重新接口。

c. 与干管相连的较大直径的三通、挡球条要焊接牢固，位置适中，防止清管球串入三通或停在三通处。

d. 扫线使用的清管球一般为厚壁中空的橡胶球体，胶球外径一般比管内径大1%～3%。使用时，清管球要充满水，使球成为弹性的实体，在管内具有一定的顶挤能力。在输水通清管球的过程中，要注意观察发球泵站的压力和压力变化，记录管道的输水量，用以判断清管球在管内的运行情况和运行位置。

清扫管道时，清管球在管内卡球是投产过程中较易发生的问题。卡球往往发生在施工过程中管道受外力破坏变形较大的位置，或被管内遗留的长木杆、钢筋等在半径较小的弯头处把球顶住。另外，在气候寒冷地区还会发生管内存水冰封将球堵住的事故。这些都是应当注意的。

② 站间试压　站间管道试压用常温水作介质，不能用热水，避免因热水降温收缩引起管道压力下降。站间管道试压采用在一个或两个站间管段静止憋压的方法。试压分强度性试压和严密性试压两个阶段。严密性试压取管道允许的最大工作压力；强度性试压取管道工作压力的1.25倍。试压压力的控制，均以泵站出站压力为准，但要求管道最低点的压力不得超过管道出厂的试验压力。对于地形起伏大的管道，站间试压前必须进行分段试压合格，确保处于高点位置管段的承压能力符合设计要求。

对于热油管道，还应结合热水预热，按各站最大工作压力，进行24h的热水憋压输送。

③ 管道预热　对于加热输送高黏度、高凝固点原油的管道，投油前需采用热水预热方式来提高管道周围的环境温度，以使其满足管道输油的温度条件。

a. 热水预热前需做的准备工作　首、末站准备足够容量的油罐，用来储存或接收热水。储罐的总容量，一般应相当于1.5～2个站间管段的总水量。输油管道的固定、管沟的回填工作全部完成，并符合要求。避免预热时管道产生过大热变形事故。充分做好排水准备，避免高温水损坏农田和污染环境。

b. 热水预热的方式　热水预热方式，短距离管道可采用单向预热，长距离管道可采用正、反输交替输热水预热。目前使用沥青防腐的管道，热水出站温度最高不超过70℃，热水排量根据供水和加热炉的允许热负荷确定。在可能的情况下，应尽量增大管道的供热负荷，缩短预热时间。

c. 管道预热过程中应注意的问题　管道预热过程中应注意防止加热炉炉管偏流和汽化。当管道输量较小，加热炉炉管进、出口阀门开度不一样，炉的进、出口管道或炉管内流动不畅时，很容易出现加热炉炉管偏流，进而导致液体汽化的事故；管内空气进入炉管，也易造成汽阻偏流和汽化。为此要严密注意加热炉的运行情况。如果发现加热炉出口温度迅速上升，应立即适当加大通过该炉的流量，降低炉膛温度。对于中间站，在水头进入加热炉之

前，应先导通热力越站流程，待水头越过本站后，再进行加热，严防管内空气进入加热炉。

热水预热时，管道受热膨胀产生热变形，有时会拱出地面，有时甚至会造成管道、设备的强度破坏。为了防止管道的热变形过大，除了保证管顶覆土厚度和覆土密实度，增加管顶土壤正压力和摩擦力外，应严格控制加热站出站温度。特别要防止加热炉偏流和汽化造成的加热炉出炉温度过高。另外，对于小曲率半径的弯头，应采用固定墩和局部增加壁厚的措施，以防止管道弯头处变形过大造成强度破坏。

当采用正、反输交替预热时，每次正输或反输，总输水量应不少于最长站间管道存水的1.5倍左右，避免管内存有冷水段。

④ 热油管道的投油　随着热水输送量的增加，热水携带的热量会使土壤建立起一定的温度场。根据投产实践经验，在预热过程中，当前面两三个站间管段的总传热系数降至3.6W/(m^2·K)、正输水头到达下游加热站的最低温度高于原油凝固点时，说明管道已具备了投油的条件。投油时，一般要求投油排量大于预热时输水排量的1倍左右；排量越大，在出站温度相同的情况下，管内油温越高，越有利于安全投油；而且，排量越大，管道产生的混油量也越小。油品到达各站后，要严密观察“油头”温度的变化，一旦发现油温接近或低于原油凝固点，应通知上游泵站迅速采取升温、升压措施。除因极特殊情况外，在投油过程中的土壤温度达到稳定之前，管道不允许停输。

2. 长距离管道输油的防火行政管理

根据长距离输油管道系统点多、线长、分散、连续和单一的输送特点，长距离输油管道的日常工作必须加强管理。各输油企业必须建立健全各级安全管理机构，建立健全各生产岗位和生产管理机构的安全操作规程和安全责任制，并确保贯彻执行。各输油工艺岗位的操作人员和各级工作人员必须熟悉自己负责范围内的工作职责和安全责任，严格按操作规程办事，保证输油管道安全、平稳运行。为此，在长距离输油管道的安全生产管理过程中，必须注意以下几点。

(1) 首站、中间站、终点站是管道运输的重点部位，应根据不同情况采取严格的防火措施，设置完善的灭火装置。对于进入生产区的人员必须经消防安全教育后方可进入生产区。各项消防安全制度、安全规程必须有落实、有检查。输油管路应远离战时敌机轰炸的目标，首站、中间站、终点站等的建筑物，宜便于伪装隐蔽。泵站站内生产区的检修、施工用火，生活用火，输油管道、油罐维修用火，均应按照有关规定填写用火申请票，上报主管单位按权限审批，做好各项准备工作（清理现场、准备消防器材等）后，方可动火。

(2) 各输油生产单位都要建立健全群众性义务消防组织。以便出现火灾等事故时，做到快速、有秩序地组织灭火或处理事故工作。各岗位消防器材、消防设施必须备用完好，使用方便。消防水池必须装满待用，消防水泵要有专人负责，定期试运，保证备用完好。各生产区的消防道路必须畅通无阻，严禁堆放杂物，形成障碍。

(3) 各岗位、各生产调度系统的工作人员必须经过专门培训，获得该岗位合格证书，方可上岗；岗位合格证书只对本岗位有效，不允许其他岗位人员代班、替班，防止偶然发生事故。获得合格证书的操作人员对本岗位设备应能进行正确的操作和日常维护，能根据设备的运行状态，分析、判断设备的运行情况，具有应急处理设备事故的能力。

3. 输油管道生产运行调度的安全管理措施

(1) 管道各输油调度系统和泵站各岗位，要经常坚持开展岗位练兵，根据本部门、本岗位的特点，讨论、设想各种可能发生的事故及预防和紧急处理的措施，有计划地进行模拟演练，促使各级人员思想经常保持高度的防火警惕性，不断提高预防和处理事故的能力。

(2) 输油调度是长输管道的生产指挥系统。根据长输管道的特点，调度系统要统一指挥，各负其责。绝对禁止各站自行其是，以免造成管道憋压、凝管等事故。获得合格证书的调度人员应熟悉本部门管辖范围内泵站的工艺流程和管道正常的运行情况；能根据管道的输量、油品性质和环境条件，确定管道的输油温度和开泵方案；能根据管道运行参数的变化，判断管道运行是否正常，并能够及时采取措施，消除管道运输的事故隐患。输油调度还应负责制定油罐液位、储油温度、管道允许的最小输量、管道允许停输的时间、泵机组允许最高电流、加热炉最小通过流量等管道和设备的临界操作条件。

(3) 采用旁接油罐流程的输油管道，正常运行时生产调度应控制各站输送能力的相对平衡，防止旁接油罐液位频繁波动，减少油品蒸发损耗，减少岗位工人的操作强度和事故隐患。采用密闭输送的管道，同样应控制各运行泵站输送能力的相对平衡，防止因管道压力波动过大而引起调节装置经常动作。

(4) 长输管道工艺流程的操作与切换，必须实行集中调度、统一指挥。有令则行，不允许拖延时间或不执行的情况发生。例如1982年秦京管道凝管事故的原因之一就是宝坻泵站改压力越站后，石楼站未按要求提高出站压力，使石楼至迁安段管道输量突然下降，在不稳定状态下运行24h，使管道进入初凝过程。另外，除非特殊紧急情况（如有苗头或已发生火灾、爆管等重大事故）外，任何人未经《输油生产调度工作条例》授予权限的调度人员同意，不得擅自改变操作流程。

(5) 输油生产过程中，如果遇到通信突然中断情况时，任何站不允许启、停泵或切换流程。各、站除积极与上级调度和上、下游泵站加强联系外，应严密监视本站罐位、进、出站压力和进站油温，尽可能做到本站排量与管道来油量相平衡，防止管道发生事故。

(6) 管道“结蜡”的预防措施

① 管道“结蜡”的原因。输送含蜡原油的热油管道，由于油流与管壁间温差的作用，原油中的石蜡会在管道内壁不断凝结，形成一层石蜡沉积层，通常称为管道“结蜡”。石蜡沉积层实际上是由石蜡、胶质、凝油、砂和其他机械杂质组成的混合物。管壁结蜡使管道的流通面积减小，摩阻增大，管道的输送能力降低；同时也增大了油流至管内壁的热阻，使总传热系数下降，管道的散热量减少。日常操作中，管壁结蜡表现为在输量、输油温度不变的条件下，泵站出站压力不断上升。

② 影响管壁结蜡的因素。根据实验结果和我国大直径长输管道的运行经验都表明，影响管壁结蜡过程的因素主要有以下几点。

a. 油温和油壁的温差。试验证明，在接近析蜡温度的高温，或接近凝固点的低温下输送时，管路中的结蜡均较轻微，但在二者中间却有一个结蜡严重的温度区域，这个区域被称为结蜡高峰区。而且管内油温越高，结蜡量越少；油壁温差越大，结蜡越严重。长输管道的运行实践也表明，当输油温度高于40℃时，管内就很少结蜡。而冬季环境温度最低，油壁温差大，管壁结蜡也最严重。

b. 流速。管道流速越高、输量越大，油流对石蜡层的剪切冲刷作用就越强，管内壁结蜡也就越轻。实践表明，当流速大于1.5m/s时，管内就较少结蜡。流速对结蜡层剪切冲刷的强弱，还与温度、原油物性、热处理条件和结蜡层强度有关。

c. 结蜡与运行时间。运行实践表明，当输量比较稳定且处于某一范围时，刚清管后的管道结蜡厚度增长较快；以后逐渐减慢，直至厚度接近稳定。在运行过程中，表现为摩阻不再继续增大。

③ 蜡油管道清管应注意的问题。目前，解决石蜡沉积问题最有效的方法是进行机械清管。使用最多的清管工具有橡胶清管球和机械清管器两种。热含蜡油管道清管过程除了严格遵守操作规程外，还应注意以下三点。

a. 行程开关要调到最大安全开度。凡清管器通过的闸阀，操作前必须将行程开关调到最大安全开度，防止“卡球”和清管器的钢丝刷擦坏闸板密封面；同时，也要防止开度过大，将闸板连接螺栓剪断，使闸板坠落。

b. 首次通清管器的管道，应检查管内变形情况和管内有无严重障碍物。可使用小直径的薄壁铝筒或小直径的清管球进行试投。试投过程不仅可以检查管道变形情况，而且可以分层清除管内壁的沉积物，防止管壁沉积物过多，造成清管“蜡堵”事故。试投过程中，每次发放的清管球，必须到达下站，从管道取出后，方可发送第二个较大直径的清管球。

c. 清管过程中，应严密监视管道输量，不可太低。因为清管器在管内行进过程中，大量的低温高含蜡的沉积物被清除下来，混合在流动的油流中。管道流量越小，油流降温越剧烈。当油温较低时，有可能使油流呈现非牛顿流体特性。清管器在管内行进的距离越长，呈现非牛顿流体特性段的长度也会越长，压降增大，流量减小，管道就有发生“蜡堵”（凝管）事故的危险。

（7）一条热油管道，在设计条件已定的情况下，管道的最小输量要受到油品进、出站极限温度的限制，即最高出站温度和最低进站温度。如果管道输量低于管道允许的最小输量，就无法保证管道的生产安全。热油管道采用正、反输交替输送时，交替过程中，由于油流温降剧烈，管道的临界流量应大于单向输送时允许的最小输量。而且管道采用正、反输交替输送时，管道流程切换频繁，故应加强管理。各岗位操作人员应严格执行有关的操作规程，根据调度指令进行操作。各级调度人员除了正确下达流程切换指令外，还应密切注意全线的运行参数，定时分析参数的变化规律，发现事故苗头，及时处理，防止事故蔓延、扩大。热油管道采用正、反输交替运行时，应注意以下两点。

① 由正输改为反输流程前，反输首站应储备足够数量的原油，保证切换流程后，管内流量不致低于临界流量。另外，流程切换后，一般情况下管道最少总输量应不少于最长加热站间管段容积的 1.5 倍，以保证管内油温不致太低。

② 采用旁接油罐流程进行正、反输时，正、反输交替过程中，调度人员应注意各站输量要均衡，不得低于允许的临界流量。防止因某一站间输量过低，造成凝管事故；对于中间泵站，上、下游管道输量是否均衡，会在旁接油罐液位的变化上反映出来。如果旁接油罐液位持续上升，说明上游管道输量大，下游管道输量低。此时，应采取措施设法调整本站的输送能力，提高下游管道的输量，而不应降低上游泵站的输送能力。相反，如果旁接油罐液位持续下降，说明上游管道输量低，下游管道输量大。此时，如果管道输量接近临界流量，应设法提高上游泵站的输送能力，阻止旁接油罐的液位下降。在正、反输交替过程中，流量调节的基本原则是，在规定的输油温度条件下，只要管道输量（各站间输量）不低于允许的临界流量，管道就不会发生凝管事故。

（8）输油泵站的主要设备（如输油泵机组、加热炉等）是保证管道输油安全的关键。对主要设备的改造必须经过有关专家的论证，获得科学依据，再经有关部门批准后方可进行。新流程、新工艺的现场试验也应有科学的论证和有关部门的批准，任何人未经论证和批准，不得随意对现有设备和流程进行改造，避免发生不应发生的事故。

4. 输油管道的安全保护措施

长距离输油管道应当切实作好安全保护工作。根据地形地貌和设备情况，主要作好以下几个方面的保护工作。

（1）自然地貌的保护　为了确保管道安全，管道两侧应规定一定宽度的防护带。在防护带内不准建立任何生活设施，不准挖土、堆物、种植深根植物。对于主干管道的防护带，在干管两侧的宽度不应少于 10m；河流穿越上、下游的防护带各为 100m。征地时，干管两侧应考虑 1m 宽的巡线道路，以保证巡线检查和抢修。要加强巡线检查工作，做到及时检查，及时加固薄弱环节。一般每 10km 左右设巡线员 1 名。站领导一般每月进行 1 次查线。各公司的具体管理部门（如管道科），每半年应用检漏仪和管道监测车对防腐层质量和泄漏情况进行 1 次检查；同时对防腐层质量和弯头热应力变形情况，可用挖坑的方法进行检查。

对于管道沿线经过的居民点，穿越公路、铁路、河流的位置和管道的转折处，应设立明显的标志，以引起社会的重视与保护，避免因情况不明造成意外事故（如挖沟、施工等破坏管道）。同时，一旦管道发生事故，在社会的帮助下，也可以及时发现，及时处理。

（2）穿、跨越管段的保护　长输管道的穿、跨越部分是线路部分的薄弱环节，应加强保护。热油管道的河流跨越管段，管外壁一般都设有防腐保温层。保温层外侧的防护层若受到破坏，保温材料很容易进水受潮。这不仅会降低保温效果，而且还会腐蚀管道。为了防止保温层和防腐层受到破坏，应禁止行人沿管道行走；同时河流穿越部分的管道应采用加强级绝缘，增加管道的防腐能力。

对于河流穿越部分，还应特别注意管道的埋没和河床冲刷情况。如果河水流速高，河床冲刷严重，应在管道外侧使用套管内灌混凝土的方法或用石笼加重，增加管道的稳定性，防止管道在水流作用下而悬空。对于热油管道悬在水中，会加速油流散热，降低管壁温度，使管内壁结蜡增加、造成局部“卡脖子”问题，而且悬在水中的管道也有碍水运交通。特别是在洪水季节，还可能发生冲断管道，造成泄漏、污染的大事故。所以应特别加强此类管段的维护管理。输油管线应埋入地下一定的深度，防止地面交通工具，农田耕作对管线的损坏。为减少损耗，一般宜埋入冰冻线以下，并采取保护措施。

长距离输油管路跨越河流时，应视河道、水文、地质和航运情况，可在水底敷设或顺桥头平铺，或单独架设栈桥。如在水底敷设时，须加套管或敷设复线，并在岸两端设置阀门，以便控制。输油管道跨越人行通道、公路、铁路和电气化铁路时，其净空高度分别不得小于 2.2m、5.0m、6.0m 和 11.0m。当输油管道与埋地通信电缆、其他管道或金属构筑物交叉时，其垂直净距不应小于 0.3m，并应在交叉点处输油管道两侧各 10m 范围内采取加强防腐的措施。

输油管道不得通过城市、城市水源区、工厂、飞机场、火车站、海（河）港码头、军事设施、国家重点文物保护单位和国家自然保护区。当受条件限制时，应报国家有关部门批准，并采取措施。埋地输油管道与城镇居民点或独立的人群密集的房屋的距离不应小于 15m；与飞机场、海（河）港码头、大中型水库和水工建构筑物、工厂的距离，不应小于 20m；当与一、二级公路平行敷设时，其距离不应小于 10m；当与铁路平行敷设时，输油管道应敷设在距离铁路用地范围边线 3m 以外。

（3）输油管道的防雷、防静电保护　输油管道的防雷、防静电保护，重点是在输油泵站和输油管道的连接处。通常各输油泵站（棚），在平均雷暴日大于 40 天/年的地区，应当装设避雷带防直击雷，避雷带的引下线不应小于两根，并应沿建筑物四周均匀对称布置，其间距不应大于 18m。当进出泵站（棚）的金属管道及电缆金属外皮或架空金属槽向泵站内引入时，应在其进出、处的外侧作接地一处。此接地装置应与保护及防感应雷的接地装置合用。对于甲、乙类油品泵站（棚），除应满足以上要求外，避雷带（网）的网格不应大于 10m×10m 或 12m×8m。

在爆炸危险区域内的输油管道的法兰连接处，当有不少于 5 根螺栓连接时，在非腐蚀环境下可不跨接；平行敷设于地上或管沟的金属管道，其管道净距或管道交叉点净距小于 100mm 时，其管道或交叉点应用金属线跨接，管道跨接点的间距不应大于 30m。

输油管道、金属栈桥和卸油台等的始末端和分支处，应每隔 50m 接地 1 次，输油管道

的直线段应每隔200～300m设置一接地点。对车间内管道系统的静电接地点不应少于两处。

装卸甲、乙类油品的鹤管、装卸油栈桥的防雷，露天装卸油作业的，可不装设避雷针（带）。在棚内进行装卸油作业的，应装设避雷针（带）保护。避雷针（带）的保护范围可按保护爆炸危险1区设计，爆炸危险2区可不保护。进入装卸油作业区的输油、输气管道在进入点应接地，接地电阻不应大于20Ω。

（4）阴极保护　埋设于地下的金属管道，如不采取合理的防腐措施，或措施不当、管理不善，都有可能引起管道腐蚀穿孔，造成泄漏事故，甚至使管道报废。为防止管线被流散电流所腐蚀，地下埋设的石油长输管道应采用阴极保护措施。

阴极保护是长输管道防腐蚀的一个重要措施。它是借助外加电源对管道施加电流，使管道成为阴极，从而得到保护的一种方法。它可以有效地延长管道的使用寿命，但如果使用不当，也会使管道遭受到严重的腐蚀。例如，东北管网林源至太阳升泵站有一段长约32km的管道，因防腐绝缘层质量较差，阴极保护措施不完善，投产1年半后管道就发现大面积腐蚀坑点，造成穿孔漏油5次。

阴极保护效果的好坏，主要取决于防腐绝缘层质量、土壤腐蚀特性和阴极保护参数三个因素。

① 防腐绝缘层质量　管外壁的防腐绝缘层是管道实现阴极保护的关键。防腐绝缘层与金属必须有良好的黏结性，电绝缘性能要好，防水、耐热，化学稳定性要高，要有较高的机械强度和韧性，在可能经受的温度范围内既不流淌也不脆裂。常用的外防腐层有石油沥青缠玻璃网布、煤焦油沥青缠玻璃网布、塑料胶黏带和环氧粉末涂层等。

外防腐层一般分为普通、加强和特强绝缘层三种。对于土壤电阻率较低，腐蚀性较强的地区，防腐层应采用加强级；对于穿越河流、铁路、居民区等不易检修，万一穿孔后果严重的地段，应采用特强绝缘。

外防腐层的质量不仅取决于防腐层的结构，而且与施工过程正确与否密切相关。采用阴极保护的管道，如果绝缘层在某些部位有缺陷，保护电流会加速有缺陷部位的腐蚀，很快造成腐蚀穿孔。因此，在管道的防腐、运输、布管、焊接、防腐补口、下沟、回填等施工过程中，必须严格按要求施工，确保防腐层质量，为长输管道的安全管理把好基础关。

② 土壤腐蚀特性　土壤的腐蚀特性与土壤中含水、含可溶性盐的量、土壤的颗粒大小和孔隙率有关。土壤的电阻率能够比较综合地反映土壤的腐蚀性。土壤电阻率的大小表示了电流通过土壤的难易程度。电阻率越低，电流愈易通过，则金属管道愈易受到腐蚀。一般情况下，土壤温度增加，电阻率就下降；土壤中水溶性盐量增加，电阻率也降低，因而在土壤电阻率较低的地段，管道最易受腐蚀。所以，对于该地区的管段，应采用加强级的防腐绝缘层。

③ 阴极保护参数　衡量阴极保护的基本参数，有最小保护电位、最大保护电位和最小保护电流密度三种。

金属管道通电后能够达到完全保护的最低电位为最小保护电位。一般，钢管在土壤中的最小保护电位应比管道的管地自然电位（在通电保护前，管道本身的对地电位）低0.2～0.3V。当金属管道通入直流电，其电位提高到一定数值后，由于土壤中氢离子在管表面（腐蚀电池的阴极）还原，会在管子表面析出氢气。氢气的产生会降低防腐层和管表面的黏结力，使绝缘层老化，甚至会使管道产生氢脆现象。因而需要控制最高的保护电位。对于采用石油沥青防腐层的管道，当管地电位低于－1.2V时，就有可能析出氢气。因而一般把最大保护电位控制在－1.2～1.5V之间。对于防腐层较好的管道，可取－1.2V。

最小保护电流密度是管道金属受到保护所需要的最小电流密度。它取决于防腐层电阻和土壤电阻率。防腐层电阻越大，土壤电阻率越大，需要的最小保护电流密度越低。管道需要的最小保护电流决定了保护电源所需的最小功率。

另外，电车、电气化铁路和以接地为回路的输电系统产生的杂散电流对附近的金属管道也会产生电化学腐蚀。

在长输管道的日常管理中，为使管道得到有效的保护，除了要确保阴极保护电源设备的正常运转外，还必须设置阴极保护测试桩，定期检测整流器输出的保护电压和保护电流、汇流点的电位，分析其变化原因，并及时进行调整。由于里程桩按要求应沿管道从起点至终点每隔 1000m 设置一个，所以阴极保护测试桩可同里程桩结合设置。要由沿线测试桩定期检测管地电位的分布情况、阳极接地电阻值和绝缘法兰的绝缘性能等，做好测试记录，及时了解保护效果的变化，并采取相应的改正措施。为了防止和克服杂散电流的腐蚀，对于受杂散电流影响区内的管道，应采用排流保护措施。

(5) 管道系统及设备的自动控制与保护　输油管路应每隔 5～10km 设置阀门站，但不应大于 30km。输油管道的两端均应设置截断阀；当发生事故时需防止管内原油倒流的部位应安装止回阀，以便在发生事故时，关阀处理。截断阀应当设置在交通便利、检修方便的位置，并应设保护设施。截断阀可采用手动控制，所选用的阀门应能使清管器或管内检测仪通过。

① 自动控制与保护的作用　输油设备及管道系统的定期预防性检修和自动保护系统是保证管道系统安全、平稳输油的关键。各输油设备的定期检修（如加热炉炉管、炉膛清扫、炉管壁厚检测、输油泵机组定期检修），输油管道壁厚检测等，不仅可以保证设备工作性能完好、可靠，而且还可以消除突发的事故隐患。因此各类输油设备的定期检修必须制度化，标准化。在现代输油企业中，输油设备的自动控制和自动保护系统是必不可少的。如加热炉突然灭火的监视与自动保护，加热炉点炉前的自动吹扫系统，加热炉出口油温过高的自动控制与保护，电机、输油泵轴承过热、振动和电机过载的自动保护等。地形起伏地区与靠近多河流地区的管道，在适当位置应设置自动截断阀，一旦管道发生开裂大事故，可以及时截断管道，减少泄漏损失及对环境的污染。

② 采用自动控制与保护的注意事项　采用“泵到泵”密闭流程的管道，应注意水击压力波对管道及设备的危害。对高压管道系统，水击增压波有可能使管道超压，造成管道强度破坏。水击减压波有可能破坏下游泵站离心泵的吸入特性，造成负压进泵，烧坏机械密封等。另外，水击减压波还有可能使管道正常运行时动压头较低的部位管内液体汽化，产生液柱分离。采用变壁厚敷设的管道，水击增压波还有可能造成变壁厚位置管道的超压等。

③ 密闭输油管道的控制与保护方式的分类　密闭输油管道的控制与保护方式大致可分为两类。一类是由中心控制室、数据采集、监测、管道和设备保护以及站控室组成的控制保护系统。就水击控制而言，这种控制系统对泵站进、出站压力不仅可以独立实施站内控制，而且具有依靠现代通信技术实施的“中心控制系统”。铁—大线、东—黄线引进的 SCADA 系统就属这一类。站内控制系统（PLC）不仅能独立工作，而且可以执行中心控制室的指令，保证了泵站的运行安全。当管道发生严重水击时，该系统还可对管道实施超前保护。例如某中间站意外失电时，该系统可以向事故站的上、下游泵站发出指令，上、下游泵站的 PLC 接到信号后，按程序要求各自停机，实现水击波拦截。水击波拦截不仅可用来保护上、下游泵站的出、进站压力，也可用于变壁厚位置和管道其他位置的压力保护。

另一类是只有站内数据的检测、控制和泄压保护的站内控制系统。使用这种控制方法，各站独立控制和调节本站参数，相当于 SCADA 系统的 PLC。

④ 密闭输送管道站内的控制和保护措施及不同组合方式泵机组的设置要求　密闭输送

管道站内的控制和保护措施与泵机组采用的组合方式有关。采用串联泵机组的泵站，对进、出站压力控制设有出站阀门调节、顺序停机、泄压保护和全站泵机组动力跳闸4种逻辑控制程序，或者上述措施的某种组合。对于中间泵站意外停电事故工况，一般上、下游泵站采用停机措施，可以防止泵站进、出站压力超出规定范围。对于中间泵站意外停机工况，上、下游泵站采用出站阀门调节，一般可以保证泵站进、出站压力维持在规定范围内。如果站内管道超压（出站调节阀控制失灵突然关闭，同时顺序停机逻辑执行有故障），站内安全阀泄压；站内安全阀泄压后，故障不能排除，当泄压罐液位达到上限时，控制系统自动切断泵机组的全部动力，确保管道不超压，设备不受到破坏。

对于并联泵机组，水击压力控制与保护的对象也是出站高压系统和进站低压系统，只是控制过程不同。除了使用出站调节阀外，用高压泄压阀防止出站压力超高限，用回流调节阀防止进站压力超低限。如果泵入口承压能力有限制，还应设低压泄压阀防止进站压力超高限。为了防止出站调节阀控制失灵突然关闭的事故，中间泵站还应设置安全泄压、报警或动力跳闸保护系统。

5. 输油管道维修和抢修的安全措施

石油管道运输事故，主要有管道穿孔、破裂、蜡堵、凝管和伴随上述事故可能出现的跑油及火灾等。由于长输管道具有高压、易燃、易爆、站多线长、连续运行的特点，因此，一旦出现事故，必须立即组织进行抢修处理。

各级输油企业应配备相应规模的抢修队伍及相应的抢修机具，经常模拟可能出现的事故进行演练。当管道发生事故后，在组织抢修人员，准备抢修机具、消防器材的同时，应立即报告上级调度。抢修过程中，输油生产应自始至终在调度统一指挥下进行。

如果管道事故属穿孔、破裂跑油，应选择适当位置开挖储油池，谨防泄漏原油污染农田、水利、环境和导致火灾。

对于长输管道的事故处理，可根据事故的具体情况，采取不同的措施和方法。

（1）管道穿孔　管道穿孔事故一般有腐蚀穿孔、砂眼孔、缝隙孔和裂缝孔等。事故特点是漏油量小，初起阶段对输油运行影响较小，不易发现。对这类事故，处理过程比较简单。常用的处理措施有以下几种。

① 管道降压后，先用木楔把孔堵死，然后带油外焊加强板，或在漏点处贴压内衬耐油胶垫的钢板，用卡具在管道上卡紧，然后进行补焊。

② 当漏油量较大，漏油处有一定压力显示时，一般需采用胶囊式封堵器等专用的抢修器材。胶囊式封堵器由胶囊和钢罩组成。胶囊放在钢罩内，钢罩用链条采用丝杠顶丝的方法固定在钢管上，通过露在钢罩外的气芯充气使胶囊增压进行封堵，然后把钢罩焊在管道上。

（2）管道破裂　管道破裂主要是管道强度、韧性、焊缝不良或受到严重破坏时出现的。管道破裂的特点，一般是漏油量较大。根据管道的破裂情况可采用不同的抢修方法。

① 对小裂缝，可用带引流口的引流封堵器。封堵时，将管道的漏油从封堵器的引流口引出，以便进行管道封堵补焊。管道补焊好后，将引流口用丝堵封闭。

② 对管道不规则的裂缝，可用由内衬耐油橡胶垫和薄钢板构成的“多项丝”封堵器进行封堵。封堵时用卡具把封堵器固定卡紧在管道上，然后根据凸凹情况，分别拧紧各部顶丝，使胶垫、钢板紧贴漏油处，封住漏油，再进行抢修补焊。

③ 对需要更换管段、阀门等裂缝比较大的管道事故，可使用DN型管道封堵器进行封堵，截断油流，进行作业。DN型管道封堵器分为停输型和不停输型两种。停输型管道封堵器的操作步骤如下。

先在需要更换的管段两侧各焊接1个法兰短节，然后在法兰短节上安装封堵专用阀门——夹板阀，再分别在夹板阀上安装带压开孔机、开孔连接箱和刀具。使用开孔机带压开孔后，将刀具和切下的管壁提到开孔连接箱内，切断夹板阀，取出刀具和切下的管壁，再通过这两个孔分别送入一组能在管道中展开的挡板和一个可以充气的气囊，充气后封住管道，达到管道封堵的目的。

不停输封堵技术只是在上述过程之前，先在两个法兰短节之外再焊接两个法兰短节，按照同样的程序开孔后，先在外侧两个短节之间连接旁通管道，导通油流后，再由内侧两个短节进行封堵。

(3) 凝管事故　高凝固点的原油在管道输送过程中，有时因输油流速大幅度低于正常运行参数，油品性质突然变化（如改变热处理或化学处理输送工艺的交替过程），正、反输交替过程，停输时间过长等原因，都可能造成凝管事故。凝管事故是管道最严重的恶性事故。在不同的阶段，可采取不同的措施进行处理。

① 管道出现凝管苗头，处于初凝阶段时，可采取升温加压的方法顶挤。启动所有可以启动的泵站和加热站，在管道条件允许的最高压力和最高温度下，用升温加压的热油（或其他低黏、低凝液体，如水）顶挤和置换凝结冷油。当在最高允许顶挤压力下管道流量仍继续下降，应在管道下游若干位置顺序开孔泄流，提高管内油温，排除凝管事故。

② 当管道开孔泄流后，管内输量仍继续下降，管道将进入凝结阶段。对这种情况，可采用在沿线干管上开孔和分段顶挤的方法，排出管内凝油。分段顶挤时，可在开孔处接加压泵（有时用水泥车）或风压机。顶挤流体可用低凝固点的轻柴油、水或空气等油品或介质。

第六章

危险品销售与购买防火

危险品销售是将危险品从生产企业手中，通过收购、运输、储存阶段将危险品销售（批发或零售）给消费者的过程，是产品从生产领域向消费领域流通的最后一个环节。根据物态和是否包装件盛装，危险品销售有整装销售和散装销售两种。一般对容量量较小的瓶装、袋装、箱装和桶装的销售称为整装销售；对于量特别大的气体、液体和粉体危险品，通过管道或槽、罐车（船）运输而直接销售的，称为散装销售。销售的手段和方式不同，其火灾危险性和防火安全措施也不同。因此，本章根据危险品不同的销售方式分别叙述之。

第一节　危险品整装销售防火

危险品整装销售，主要是指对一些瓶装、袋装、箱装和桶装危险品的采购、调拨和销售的活动。根据《中华人民共和国消防法》第二十三的规定，销售易燃易爆危险品，必须执行有关消防安全技术标准和管理规定，切实加强消防安全管理。

一、危险品试剂的销售与存放保管防火

危险品试剂的存放的特点是，存放品种多而量少，取用频繁，因而火险因素较多。对于科研、学校、医院等单位供化学试验或医疗用的危险品试剂和药剂，应设专门的储藏室储存。储藏室和储藏柜应以储存性质相同的物品为主，对性能相互抵触或灭火方法不同的危险品，除爆炸品、压缩和液化气体、易燃固体中的自反应物质、自燃物品、有机过氧化物、感染性物质和放射性物质以及各类中的一级危险品（Ⅰ类包装物质）外，如果一件物品的最大量限制在表5-6的范围内，包装坚固、封口严密时，可允许同室或同柜分格存放。但储藏室的面积一般不得超过20m²；储藏柜应根据具体情况建造，每只柜的总储量不应超过200kg。一般对单个危险品存放数量不大于1kg时，可按以下要求储存。

（一）存放柜（箱）的制作及放置位置

储存柜可用砖和水泥砌成，并装门或盖。也可利用旧保险箱和铁道部门装运爆炸品的防爆箱改制成。

储存室或储存柜的位置一般应选择在单层建筑或多层建筑的端部，且邻室和楼上均应是无人员和重要设备的房间，禁止设在其他危险品库房内，或与其他危险品仓库贴邻。

（二）存放要求

（1）存放数量超过500g时，应单独存放在专用储存室内。无单独存放条件的，应尽量压缩存放量。

（2）存放数量在500g以下，且已溶于水的爆炸品试剂，可以不单独设立储存室而存放于储存柜中。其储存柜可以与其他试剂同室存放，但应与其他试剂橱、柜有1m以上的距离，不可紧贴在一起。

（3）储存数量在100g以下，且已溶于水的爆炸品试剂，允许存放在一般铁柜内。

（4）各种危险品试剂，要按分类存放的原则要求，不得混存。敏感程度不同的危险品试剂，也应分格存放。

（三）日常保管

1. 限量

大城市的单位要少购少储，随用随买，尽量压缩储存量。偏远地区的单位，购买不易时，也不要一次购买超过1年的使用量，最多不宜超过1kg。

2. 控温

储存温度一般不要超过30℃，高温地区也不应超过35℃。

3. 养护

危险品试剂在存放期间要注意养护管理，品名规格的标签不可脱落，如使用日久而脱落或文字模糊不清时，应另写明显标记帖上，以免日后搞不清物品的性质。同时，储藏室、储藏柜附近应备有一定数量的灭火器材，以备应急灭火之用。

二、烟花爆竹销售防火

（一）烟花爆竹销售的条件

从事烟花爆竹批发的企业和零售经营者的经营布点，应当经安全生产监督管理部门审批。禁止在城市市区布设烟花爆竹批发场所；城市市区的烟花爆竹零售网点，应当按照严格控制的原则合理布设。

1. 烟花爆竹批发企业应当具备的条件

（1）具有企业法人条件。

（2）经销场所与周边建筑、设施保持必要的安全距离。

（3）有符合国家标准的经销场所和储存仓库。

（4）有经消防安全培训合格的保管员和仓库守护员。

（5）依法进行了安全评价。

（6）有事故应急救援预案、应急救援组织和人员，并配备必要的应急救援器材和设备。

（7）符合法律、法规规定的其他条件。

2. 烟花爆竹零售经销者应当具备的条件

（1）主要负责人经过消防安全培训合格。

（2）实行专店或者专柜销售，设专人负责消防安全管理。

（3）经销场所配备必要的消防器材，张贴醒目的安全警示标志。

（4）符合法律、法规规定的其他条件。

（二）烟花爆竹经营（批发）和（零售）许可证的办理程序

1. “烟花爆竹经营（批发）许可证”的办理程序

申请从事烟花爆竹批发的企业，应当向所在地省、自治区、直辖市人民政府安全生产监督管理部门或者其委托的设区的市人民政府安全生产监督管理部门提出申请，并提供能够证明符合国家有关规定条件的有关材料。受理申请的安全生产监督管理部门应当自受理申请之日起30日内对提交的有关材料和经营场所进行审查，对符合条件的，核发“烟花爆竹经营（批发）许可证”；对不符合条件的，应当说明理由。

“烟花爆竹经营许可证”，应当载明经营负责人、经营场所地址、经营期限、烟花爆竹种类和限制存放量。

烟花爆竹的批发企业，持烟花爆竹经营许可证到工商行政管理部门办理登记手续后，方可从事烟花爆竹经营活动。

2. “烟花爆竹经营（零售）许可证”的办理程序

申请从事烟花爆竹零售的经营者，应当向所在地县级人民政府安全生产监督管理部门提出申请，并提供能够证明符合国家有关规定条件的有关材料。受理申请的安全生产监督管理部门应当自受理申请之日起20日内对提交的有关材料和经营场所进行审查，对符合条件的，核发“烟花爆竹经营（零售）许可证”；对不符合条件的，应当说明理由。

“烟花爆竹（零售）许可证”，应当载明经营负责人、经营场所地址、经营期限、烟花爆竹种类和限制存放量。

烟花爆竹的零售经营者，持烟花爆竹零售经营许可证到工商行政管理部门办理登记手续后，方可从事烟花爆竹的零售经营活动。

（三）烟花爆竹销售活动的消防安全要求

1. 烟花爆竹的销售经营批发业务由各级供销社土产日杂公司负责

根据有关规定，烟花爆竹的销售经营批发业务统一由各级供销社的土产日杂公司负责。从外省（市）购入烟花爆竹由省供销社所属的土产日杂公司负责统一组织定货，并负责到省（自治区、直辖市）安全生产监督管理（局）统一办理“烟花爆竹购买许可证”和“烟花爆竹运输许可证”；省内地产烟花爆竹的经营批发业务，统一由县（市、区）及以上供销社生产日杂公司经营，并必须到经国家安全生产监督管理部门批准的生产厂家进货。零售网点由市、县级土产日杂公司选定。

2. 烟花爆竹经营批发由当地安全生产监督管理机关批准

（1）各级烟花爆竹经营批发单位，必须设有经当地安全生产监督管理机关批准的烟花爆竹储存仓库，并领取“烟花爆竹储存许可证”；没有独立专用仓库的单位，将限制或取消其进货。

（2）省内经省安全生产监督管理部门批准的烟花爆竹生产企业，在本县（市、区）内具有经营权，经当地安全生产监督管理机关批准后，可以在本县（市、区）设立烟花爆竹零售点，直接销售本厂生产的产品；销往省内外县（市、区）时，只准销给县（市、区）供销社土产日杂公司。

（3）严禁设立烟花爆竹销售市场。

3. 不得向非法企业采购和批发烟花爆竹

（1）从事烟花爆竹批发的企业和零售经营者，不得采购和销售非法生产、经营的烟花爆竹。从事烟花爆竹批发的企业，应当向合法的生产烟花爆竹的企业采购烟花爆竹，向合法从事烟花爆竹零售的经营者供应烟花爆竹。

（2）从事烟花爆竹零售的经营者，应当向合法从事烟花爆竹批发的企业采购烟花爆竹。

（3）生产、销售黑火药、烟火药、引火线的企业，不得向未取得烟花爆竹安全生产许可的任何单位或者个人销售黑火药、烟火药和引火线。

4. 不得向从事烟花爆竹零售的经营者供应应由专业燃放人员燃放的烟花爆竹

从事烟花爆竹批发的企业，不得向从事烟花爆竹零售的经营者供应按照国家标准规定应由专业燃放人员燃放的烟花爆竹；从事烟花爆竹零售的经营者，也不得销售按照国家标准规定应由专业燃放人员燃放的烟花爆竹。

（四） 烟花爆竹的选购

烟花爆竹的选购是否正确也是非常重要的。如2000年和2006年春节期间，某市的发生

5起导致5人死亡的恶性事故都是因购买非法伪劣烟花爆竹燃放所致。所以，要做到安全燃放，就必须要购得质量合格、品质上乘的烟花爆竹。

1. 要选择合法的销售商店

为确保公民能够买到质量合格、上乘的烟花爆竹，在选购烟花爆竹的时候，就要到公安、质检等部门认定产品合格的商店购买。一要看其是否持有《烟花爆竹销售许可证》；二要看其《烟花爆竹销售许可证》是否在有效期内；三要看其销售的烟花爆竹是否是营业执照上允许经销的品种。对那些不合格的或私自生产的，没有经过有关部门鉴定批准的劣质烟花爆竹，千万不要购买。

2. 要学会辨别质量好坏

合格烟花爆竹，外观、包装都较整洁、美观，而伪劣违禁烟花爆竹一般都是无生产厂家、无燃放说明、无合格证的"三无"产品，外观也比较粗糙。另外，合法渠道销售的烟花爆竹商品都是经保险公司投保的，消费者在燃放过程中万一因质量问题而引起伤害事故时，可到保险公司索赔。

3. 要查询数码防伪标志

数码防伪标志系质量技术中心采用最新防伪技术研制而成的，使用简单明了，不易被仿冒。在合法渠道销售的烟花爆竹，每个都标示有数码防伪标志。如上海有2003年（揭开式）和2004年（刮开式）两种。

数码防伪标志，按烟花爆竹的品种有三种，分别用三种不同的颜色代表，可售烟花（蓝色）、可售高升（绿色）及可售鞭炮（咖啡色）。出厂时根据烟花爆竹的品种分别一一对应贴有数码防伪标志。

数码防伪标志采用计算机编码，随机合成，共由15位数字组成，不会重复。

公民在购买烟花爆竹时，应先揭开或刮开防伪标志的表层，然后拨打本地的防伪免费电话（如上海，市内固定电话8008206631或拨打64316633），根据语音提示，输入防伪标志表层内的15位数码，立即可知自己所购烟花爆竹的真伪。

公民一旦发现购买了非法伪劣的烟花爆竹，可及时拨打当地举报电话（如上海，62322110，经公安机关或安全生产监督机关查实后，将会给予举报人一定奖励。

三、危险品购买携带消防安全

为了保证公共秩序的安全，根据《中华人民共和国消防法》第十七条第二款关于"禁止非法携带易燃易爆危险物品进入公共场所或者乘坐公共交通工具"的规定和《中华人民共和国铁路法》第48条关于"禁止携带危险品进站上车或者以非危险品品名托运危险品"的规定，任何公民不得携带非法携带易燃易爆危险物品进入公共场所或者乘坐公共交通工具。

（一）禁止携带危险品的范围

根据原铁道部发布施行的《铁路旅客运输危险品检查处理办法（试行）》的规定，公民出行不得携带以下危险品。

（1）炸药、雷管、导火索、鞭炮、烟花、拉炮、摔炮等爆炸品。

（2）丁烷、丙烷、氢气、乙炔气、液化石油气等易燃压缩和液化气体。

（3）汽油、煤油、酒精、松节油、油漆等易燃液体。

（4）硫磺、赤磷、火柴等易燃固体。

（5）黄磷、烷基铝等自燃物品。

（6）金属钾、金属钠、金属钙等遇水易燃品。

（7）氰化物、砒霜、敌敌畏等毒害品。

（8）硝酸、硫酸、盐酸、双氧水、苛性钠等腐蚀性物品。

（9）放射性物品。

（二）公民出行允许携带危险品的限量

为方便旅客的安全和旅行生活，出行时旅客不得超量携带日用危险品。必须携带时不得超过表 6-1 的限定量。

表 6-1　日用危险品的携带限定量

序号	危险品名称	携带显著数量
1	液化气体打火机	5 个
2	安全火柴	20 小盒
3	指甲油、去光剂、染发剂	20/ml
4	酒精、冷烫精	100/ml
5	摩丝、发胶、卫生杀虫剂、空气清新剂	600/ml

如果旅客违章携带了这些物品，在发站禁止进站上车；当在车上发现公民违反规定携带危险品乘车时，旅客运输秩序维护人员应当将危险物品交前方停车站处理，必要时移交公安部门处理；对有必要就地销毁的危险品应就地销毁，使之不能为害。

（三）相关法律责任

1. 运输安全检查部门和人员的法律责任

运输安全检查由运输部门公安人员和政府部门授权的运输职工实施。运输职工在实施检查时必须在胸前佩戴国家运输管理机关统一印制的“运输安全检查证”。客运交通工具上的乘务人员值乘检查危险品时，必须佩戴本次客运交通工具的乘务标志。

2. 运输安全检查的允许方式

运输安全检查的方式，主要有人工检查和仪器检查两种。危险品的旅客安全检查，可以在旅客进入车站站舍，售票、行李包裹托运、寄存场所，站舍外划定的候车区和加入检票进站的行列、检票口内的通道和站台，以及乘坐旅客的运输工具上进行。

3. 旅客的法定义务和权利

旅客有义务协助运输部门做好危险品的安全检查工作，有义务接受安全检查。但检查人员无在胸前佩戴国家运输管理机关统一印制的“运输安全检查证”和本次客运交通工具乘务标志的，旅客有权拒绝检查。

4. 运输安全检查部门和人员的义务和权利

检查应注意保证不损坏旅客物品，损坏的应当赔偿损失。对检查出的危险品应予没收的，检查人员应当向旅客出具没收危险品决定书。

旅客无正当理由拒不接受运输安全检查的，检查人员有权拒绝其进站上车或托运行包。旅客在运输工具内无正当理由不接受运输安全检查的，运输部门公安人员可以强制检查。

第二节　燃气零售（汽车加气站）防火

燃气零售是零售天然气（CNG）、液化石油气（LPG）等燃气的经营活动。就是通过各加气站将燃气零售给用户，而要阐述燃气零售的防火问题，实际上就是阐述汽车加气站防火，故这里以汽车加气站来叙述燃气零售防火的有关问题。

汽车加气站是指液化石油气（LPG）、液化天然气（LNG）、压缩天然气（CNG）和由液化天然气转化为压缩天然气（L-CNG）加气站的简称。其中液化石油气（LPG）加气站是指为燃气汽车储气瓶充装车用液化石油气（LPG）的专门场所；压缩天然气加气站或由液化天然气转化为压缩天然气（L-CNG）加气站是指为燃气储气瓶充装车用压缩天然气的专门场所。加气站按其功能又分为母站和子站。母站是指用储气罐或储气井或供气管道为车载储气瓶充装压缩天然气的加气站；子站是指用车载储气瓶运进压缩天然气，为汽车进行加气作业的加气站。

由于汽车加气站属火灾危险性设施，又主要建在人员稠密地区，火灾危险性和火灾危害性都很大。所以，必须采取各种有效措施，保证安全可靠。

一、加气站储存设施的允许储存量和分级

（一）加气站储存设施的允许最大储存量

1. 液化石油气（LPG）加气站储存设施的允许最大储存量

由于液化石油气（LPG）罐为压力储罐，危险程度比汽油罐要高，所以，应当严格控制其储罐的容积，并使之小于加油站油品储罐的容积。为了能一次卸净10t液化石油气，液化石油气加气站的储罐容积最好不小于30m³（包括罐底残留量和0.1～0.15倍储罐容积的气相空间）。故一级液化石油气（LPG）加气站储罐容积的上限应为60m³；三级液化石油气加气站储罐容积的上限应为30m³；对一级站和三级站储罐容积的折中之后，二级液化石油气加气站储罐容积范围应为31～45m³。同时，为了降低加气站的风险度，液化石油气单罐的容量不应大于30m³。

2. 压缩天然气（CNG）加气站储存设施的允许最大储存量

由于压缩天然气（CNG）储气设施主要起缓冲作用，故储气设施容量较大。一般认为，加气时间比较集中的压缩天然气（CNG）加气站，储气量宜为日加气量的1/2，加气时间不很集中的压缩天然气（CNG）加气站，储气量宜为日加气量的1/3。根据加气数量和加气的时间等因素，压缩天然气（CNG）加气站，母站储气设施的总容积不应大于120m³，压缩天然气（CNG）常规加气站储气设施的总容积不应大于30m³。压缩天然气（CNG）加气站内设有固定储气设施的，固定储气设施的总容积不应大于18m³，站内停放的车载储气瓶组拖车不应多于1辆；压缩天然气（CNG）加气站子站内无固定储气设施时，站内停放的车载储气瓶组拖车不应多于2辆。

3. 加气与加油合建站储存设施的允许最大储存量

加气与加油合建站的最大允许储存量，汽油或是柴油油罐单罐容积应当符合加油站的最大限量；液化石油气（LPG）储罐单罐容积不应大于30m³；压缩天然气（LNG）储罐单罐容积不应大于60m³。

（二）加气站的等级划分

为了加强加气站的安全管理，加气站应当根据加气站设施的允许最大储存量和规模进行合理的分级，以便根据不同级别采取相应的安全措施。

1. 液化石油气（LPG）加气站的等级划分

液化石油气（LPG）加气站的等级划分应符合表6-2的规定。

2. 天然气（CNG）加气站点的等级划分

液化天然气（LNG）、压缩天然气（CNG）和由液化天然气转化为压缩天然气（L-CNG）加气合建站的等级划分，应当符合表6-3的要求。

表 6-2　液化石油气（LPG）加气站的等级划分

级别	液化石油气(LPG)罐容积/m^3	
	总容积	单罐容积
一级	$45<V\leqslant 60$	$V\leqslant 30$
二级	$30<V\leqslant 45$	$V\leqslant 30$
三级	$V\leqslant 30$	$V\leqslant 30$

注：V 为液化石油气罐总容积。

表 6-3　液化天然气（LNG）、压缩天然气（CNG）和由液化天然气转化为压缩天然气（L-CNG）加气合建站的等级划分

级别	LNG 加气站		L-CNG 加气站及 LNG 和 L-CNG 加气合建站		
	LNG 储罐总容积/m^3	LNG 单罐容积/m^3	LNG 储罐总容积/m^3	LNG 单罐容积/m^3	CNG 储气设施总容积/m^3
一级	$120<V\leqslant 180$	$V\leqslant 60$	$120<V\leqslant 180$	$V\leqslant 60$	$V\leqslant 12$
一级*	—	—	$60<V\leqslant 120$	$V\leqslant 60$	$V\leqslant 24$
二级	$60<V\leqslant 120$	$V\leqslant 60$	$60<V\leqslant 120$	$V\leqslant 60$	$V\leqslant 9$
二级*	—	—	$V\leqslant 60$	$V\leqslant 60$	$V\leqslant 18$
三级	$V\leqslant 60$	$V\leqslant 60$	$V\leqslant 60$	$V\leqslant 60$	$V\leqslant 9$
三级*	—	—	$V\leqslant 30$	$V\leqslant 30$	$V\leqslant 18$

注：带“*”的加气站系专指压缩天然气（CNG）常规加气站以液化天然气（LNG）储罐座补充气源的建站形式。

3. 液化石油气（LPG）加气与加油合建站的等级划分

液化石油气（LPG）加气与加油合建站的等级划分应当符合表 6-4 的要求。

表 6-4　液化石油气（LPG）加气与加油合建站的等级划分

LPG 加气站与加油合建站的等级	LPG 储罐总容积/m^3	LPG 储罐总容积与油品储罐总容积合计/m^3
一级	$V\leqslant 45$	$120<V\leqslant 180$
二级	$V\leqslant 30$	$60<V\leqslant 120$
三级	$V\leqslant 20$	$V\leqslant 60$

注：柴油罐总容积可折半计入油罐总容积。

4. 压缩天然气（CNG）加气与加油站合建站的等级划分

压缩天然气（CNG）加气与加油合建站的等级划分应当符合表 6-5 的要求。

表 6-5　压缩天然气（CNG）加气与加油合建站的等级划分

<table>
<tr><th>等级</th><th>常规 CNG 加气站储气设施总容积合计/m^3</th><th>油品储罐总容积/m^3</th><th>加气子站储气设施容积/m^3</th></tr>
<tr><td>一级</td><td rowspan="2">$V\leqslant 24$</td><td>$90<V\leqslant 120$</td><td rowspan="2">固定储气设施总容积≤12/m^3，可停放 1 辆车载储气瓶组拖车</td></tr>
<tr><td>二级</td><td>$V\leqslant 90$</td></tr>
<tr><td>三级</td><td>$V\leqslant 12$</td><td>$V\leqslant 60$</td><td>可停放 1 辆车载储气瓶组拖车</td></tr>
</table>

注：柴油罐总容积可折半计入油罐总容积。

5. 液化天然气（LNG）转化为压缩天然气（CNG）加气与加油合建站的等级划分

液化天然气（LNG）转化为压缩天然气（CNG）加气与加油合建站的等级划分应当符

合表 6-6 的要求。

表 6-6　液化天然气（LNG）转化为压缩天然气（CNG）加气与加油合建站的等级划分

合建站等级	LNG 储罐总容积/m^3	LNG 储罐总容积与油品储罐总容积合计/m^3	CNG 储气设施总容积/m^3
一级	$V \leqslant 120$	$150 < V \leqslant 210$	$V \leqslant 12$
二级	$V \leqslant 90$	$90 < V \leqslant 150$	$V \leqslant 9$
三级	$V \leqslant 60$	$V \leqslant 90$	$V \leqslant 8$

注：柴油罐总容积可折半计入油罐总容积。

二、汽车加气站的站址选择

由于一级站储罐容积大，加气量大，对周围建、构筑物及人群的安全和环保方面的有害影响较大，且因站前车流量大，易造成交通堵塞等问题，故加气站网点的布局和选址定点，都应符合当地的城镇规划、环境保护和防火安全总要求，并方便加气和不影响交通，所以，在城市建成区内不应建一级加气站和一级加油加气合建站。

（一）确定加气站储罐与站外建构筑物安全距离的依据

为了保证安全，加气站在选址时，应当根据其对四周单位或场所的影响留足安全距离。在确定安全距离时，应当充分考虑以下依据。

1. 与重要公共建筑安全距离的确定依据

重要公共建筑物、人员密集，加气站发生火灾可能对其产生较大影响和损失，因此，不分级别，安全距离均应不小于 100m。这样，基本上可以使重要公共建筑物处在加气站事故影响区之外；压缩天然气加气（CNG）站和加油加气合建站的压缩天然气（CNG）工艺设备与站外重要公共建筑物的主要出入口（包括铁路、地铁和二级以上公路的隧道出入口），不应小于 50m。

2. 与室外变、配电站安全距离的确定依据

室外变、配电站是指电力系统电压为 35～500kV，且每台变压器容量在 10MV·A 以上的室外变、配电站，以及工业企业的变压器总油量大于 5t 的室外降压变电站。其他规格的室外变、配电站或变压器，应按丙类生产厂房确定安全间距。

3. 与地下储罐安全距离的确定依据

由于民用建筑按照其使用性质、重要程度、人员密集程度分有三个保护类别，所以应分别确定其安全距离。由于地下储罐相对地上罐的火灾影响要小，故地下储罐的安全距离可按地上储罐的 50%确定。

4. 与明火或散发火花地点安全距离的确定依据

明火或散发火花地点是指室内外有外露火焰或赤热表面的固定地点；或有飞火的烟囱或室外砂轮、电焊、气焊（割）、非防爆的电气开关等固定地点。由于明火或散发火花地点的火灾危险性，故不应小于国家现行《建筑设计防火规范》规定的 30m。

加油加气站内设置的经营性餐饮、汽车服务等设施内设置明火设备时，应当视为“明火地点”或“散发火花地点”。

5. 与道路的确定依据

道路是指机动车道路。油罐、加油机和油罐通气管管口与郊区公路的安全距离应当按城市道路确定；高速公路、一级和二级公路应当按城市快速路、主干路确定；三级和四级公路应当按城市次干路和支路确定。

6. 与架空电力线和架空通信线路安全距离的确定

架空电力线路不应跨越加油加气站的加油加气作业区；架空通信线路不应跨越加气站的加气作业区。

7. 与站外建（构）筑物安全距离的确定依据

（1）液化石油气、液化天然气等液化燃气储罐、卸车点、加气机和放散管管口，与站外一、二、三类保护物地下室的出入口或门窗的距离，应按常规安全距离增加 50%；与站外建筑面积不超过 $200m^2$ 的独立民用建筑物的安全间距，不应低于三类保护物安全间距的 80%，并不应小于 11m。

（2）容量小于或等于 $10m^3$ 的地上液化石油气、液化天然气等液化燃气储罐整体装配式的加气站，其储罐与站外建（构）筑物的安全距离，不应低于常规三级站地上储罐安全间距的 80%。

（3）液化石油气、液化天然气等液化燃气储罐及站内工艺设备与站外面向加气站一侧的墙为无门窗洞口实体墙的一、二级耐火等级的民用建筑建筑的安全距离，不应低于常规安全间距的 70%。

（二）加气站储罐与站外建构筑物的安全间距

1. 液化石油气加气站储罐与站外建构筑物的安全间距

液化石油气加气站根据储罐的设置形式、加气站的等级以及站外建（构）筑物的类别，液化石油气加气站储罐与站外建构筑物的安全距离不应小于表 6-7 的要求。

表 6-7　液化石油气（LPG）罐与站外建（构）筑物的安全间距　m

<table>
<tr><th colspan="2" rowspan="2">站外建(构)筑物</th><th colspan="3">LPG 加气站地上储气罐</th><th colspan="3">LPG 加气站埋地储气罐</th></tr>
<tr><th>一级站</th><th>二级站</th><th>三级站</th><th>一级站</th><th>二级站</th><th>三级站</th></tr>
<tr><td colspan="2">重要公共建筑物</td><td colspan="6">100</td></tr>
<tr><td colspan="2">明火或散发火花地点</td><td rowspan="2">45</td><td rowspan="2">38</td><td rowspan="2">33</td><td rowspan="2">30</td><td rowspan="2">25</td><td rowspan="2">18</td></tr>
<tr><td rowspan="3">民用建筑物保护类别</td><td>一类保护物</td></tr>
<tr><td>二类保护物</td><td>35</td><td>28</td><td>22</td><td>20</td><td>16</td><td>14</td></tr>
<tr><td>三类保护物</td><td>25</td><td>22</td><td>18</td><td>15</td><td>13</td><td>11</td></tr>
<tr><td colspan="2">甲、乙类生产厂房、库房和甲、乙类液体储罐</td><td>45</td><td>45</td><td>40</td><td>25</td><td>22</td><td>18</td></tr>
<tr><td colspan="2">丙、丁类厂房、库房和丙类液体储罐以及容积不大于 $50m^3$ 的埋地甲、乙类液体储罐</td><td>32</td><td>32</td><td>28</td><td>18</td><td>16</td><td>15</td></tr>
<tr><td colspan="2">室外变、配电站</td><td>45</td><td>45</td><td>40</td><td>25</td><td>22</td><td>18</td></tr>
<tr><td colspan="2">铁路</td><td>45</td><td>45</td><td>45</td><td>22</td><td>22</td><td>22</td></tr>
<tr><td rowspan="2">城市道路</td><td>快速路、主干路</td><td>15</td><td>13</td><td>11</td><td>10</td><td>8</td><td>8</td></tr>
<tr><td>次干路、支路</td><td>12</td><td>11</td><td>10</td><td>8</td><td>6</td><td>6</td></tr>
<tr><td colspan="2">架空通信线和通信发射塔</td><td colspan="4">1.5 倍杆(塔)高</td><td colspan="2">1 倍杆高</td></tr>
<tr><td rowspan="2">架空电力线路</td><td>无绝缘层</td><td rowspan="2">1.5 倍杆(塔)高</td><td rowspan="2" colspan="3">1 倍杆(塔)高</td><td rowspan="2" colspan="2">0.75 倍杆(塔)高</td></tr>
<tr><td>有绝缘层</td></tr>
</table>

2. 液化石油气（LPG）卸车点、加气机、放散管管口与站外建（构）筑物的安全间距

液化石油气（LPG）加气站的液化石油气卸车点、加气机、放散管管口与站外建、构筑物的安全距离，不应小于表 6-8 的要求。

3. 压缩天然气（CNG）加气站工艺设施与站外建（构）筑物的安全间距

压缩天然气加气（CNG）站和加油加气合建站的压缩天然气（CNG）工艺设施与站外

建、构筑物的安全距离，不应小于表 6-9 的要求。

表 6-8　液化石油气（LPG）卸车点、加气机、放散管管口与站外建（构）筑物的安全间距　　单位：m

站外建(构)筑物		站内 LPG 设备		
		LPG 卸车点	放散管管口	加气机
重要公共建筑物		100		
明火或散发火花地点		25	18	18
民用建筑物保护类别	一类保护物			
	二类保护物	16	14	14
	三类保护物	13	11	11
甲、乙类生产厂房、库房和甲、乙类液体储罐		22	20	20
丙、丁类厂房、库房和丙类液体储罐以及容积不大于 $50m^3$ 的埋地甲、乙类液体储罐		16	14	14
室外变配电站		22	20	20
铁路		22	22	22
城市道路	快速路、主干路	8	8	6
	次干路、支路	6	6	5
架空通信线和通信发射塔		0.75 倍杆(塔)高		
架空电力线路	无绝缘层	1 倍杆(塔)高		
	有绝缘层	0.75 倍杆(塔)高		

表 6-9　压缩天然气（CNG）工艺设施与站外建（构）筑物的安全间距　　单位：m

站外建(构)筑物		站内 CNG 设备		
		储气瓶组、脱硫脱水装置	放散管管口	储气井组、加气机压缩机
重要公共建筑物		50	30	30
明火或散发火花地点		30	25	20
民用建筑物保护类别	一类保护物			
	二类保护物	20	20	14
	三类保护物	18	15	12
甲、乙类厂房、库房及液体储罐		25	25	18
丙、丁类厂房、库房和丙类液体储罐以及容积不大于 $50m^3$ 的埋地甲、乙类液体储罐		18	18	13
室外变配电站		25	25	18
铁路		30	30	22
城市道路	快速路、主干路	12	10	6
	次干路、支路	10	8	5
架空通信线和通信发射塔		1 倍杆(塔)高		
架空电力线路	无绝缘层	1.5 倍杆(塔)高		1 倍杆(塔)高
	有绝缘层	1 倍杆(塔)高		

注：储气瓶拖车固定停车位与站外建（构）筑物的防火间距，应按本表储气瓶的安全距离确定。

4. 液化天然气（LNG）加气站工艺设施与站外建（构）筑物的安全间距

液化天然气（LNG）加气站工艺设备与站外建、构筑物的安全距离，不应小于表 6-10 的要求。

表 6-10　液化天然气（LNG）加气站工艺设施与站外建（构）筑物的安全间距 单位：m

<table>
<tr><th colspan="2" rowspan="3">站外建(构)筑物</th><th colspan="5">站内 LNG 工艺设备</th></tr>
<tr><th colspan="3">地上 LNG 储罐</th><th rowspan="2">放散管管口、加气机</th><th rowspan="2">LNG 卸车点</th></tr>
<tr><th>一级站</th><th>二级站</th><th>三级站</th></tr>
<tr><td colspan="2">重要公共建筑物</td><td>80</td><td>80</td><td>80</td><td>50</td><td>50</td></tr>
<tr><td colspan="2">明火或散发火花地点</td><td rowspan="2">35</td><td rowspan="2">30</td><td rowspan="2">25</td><td rowspan="2">25</td><td rowspan="2">25</td></tr>
<tr><td rowspan="3">民用建筑物保护类别</td><td>一类保护物</td></tr>
<tr><td>二类保护物</td><td>25</td><td>20</td><td>16</td><td>16</td><td>16</td></tr>
<tr><td>三类保护物</td><td>18</td><td>16</td><td>14</td><td>14</td><td>14</td></tr>
<tr><td colspan="2">甲、乙类厂房、库房及液体储罐</td><td>35</td><td>30</td><td>25</td><td>25</td><td>25</td></tr>
<tr><td colspan="2">丙、丁类厂房、库房和丙类液体储罐以及容积不大于 50m³ 的埋地甲、乙类液体储罐</td><td>25</td><td>22</td><td>20</td><td>20</td><td>20</td></tr>
<tr><td colspan="2">室外变配电站</td><td>40</td><td>35</td><td>30</td><td>30</td><td>30</td></tr>
<tr><td colspan="2">铁路</td><td>80</td><td>60</td><td>50</td><td>50</td><td>50</td></tr>
<tr><td rowspan="2">城市道路</td><td>快速路、主干路</td><td>12</td><td>10</td><td>8</td><td>8</td><td>8</td></tr>
<tr><td>次干路、支路</td><td>10</td><td>8</td><td>8</td><td>6</td><td>6</td></tr>
<tr><td colspan="2">架空通信线和通信发射塔</td><td>1 倍杆(塔)高</td><td colspan="4">0.75 倍杆(塔)高</td></tr>
<tr><td rowspan="2">架空电力线路</td><td>无绝缘层</td><td rowspan="2">1.5 倍杆(塔)高</td><td colspan="2">1.5 倍杆(塔)高</td><td colspan="2">1 倍杆(塔)高</td></tr>
<tr><td>有绝缘层</td><td colspan="2">1 倍杆(塔)高</td><td colspan="2">0.75 倍杆(塔)高</td></tr>
</table>

注：埋地、地下和半地下液化天然气储罐与站外建(构)筑物的安全距离，分别不得低于地上液化天然气储罐的 50%、70% 和 80%，且最小不得小于 6m。

三、汽车加气站的总平面布置防火

（一）站内各设的布置要求

1. 围墙与出入口的布置要求

（1）为了隔绝一般火种及禁止无关人员进入，加气站宜设置高度不小于 2.2m 的不燃实体围墙隔开，以保障站内安全。但当加气站的工艺设施与站外建、构筑物之间的距离大于表 6-7～表 6-10 中规定安全距离的 1.5 倍，且大于 25m 时，其危险性相对降低，安全性相对提高，相邻一侧可不再需要进行防火分隔，只需设置非实体围墙即能够禁止无关人员进入，以节省资金。

（2）为了进、出站内的车辆视野开阔、行车安全和方便操作人员对加气车辆进行管理，并满足城市景观美化的要求，在加气站面向进口和出口的一侧，应当建非实体围墙。

（3）为保证在发生事故时汽车槽车能迅速驶离，车辆的入口和出口应分开设置。在运营管理中，应注意避免加气车辆堵塞汽车槽车驶离车道，以防止事故时阻碍汽车槽车迅速驶离。

2. 站区内停车场和道路的布置要求

（1）根据加气业务操作方便和安全管理方面的要求，站区内的一般单车道宽度不应小于 3.5m，双车道宽度不应小于 6.0m。

（2）为了有利于事故时撤离，站内道路转弯半径应按主流车型确定，不宜小于 9.0m；道路坡度不应大于 8%，且宜坡向站外。在汽车槽车（含子站车）卸车停车位处，宜按平坡设计，以尽量避免溜车。

（3）由于站内停车场和道路路面采用沥青路面容易受到泄漏油品的侵蚀，使沥青层受到破坏；且发生火灾事故时，沥青会发生熔融甚至起火燃烧，影响车辆辙离和灭火救援的正常进行，故站内停车场和道路的路面，不应采用沥青路面。

3. 加气岛的布置要求

（1）加气岛及其加气场地系机动车辆加气的固定场所。为避免操作人员和加气设备长期处于雨淋和日晒状态，加气岛及加气场地宜设罩棚。为了减少火灾荷载，罩棚应采用不燃材料制作，其边缘与加气机的平面距离不宜小于 2m。为保证各种加气车辆顺利通过，罩棚的有效高度不应小于 4.5m。

（2）加气岛为安装加气机的平台，又称安全岛。为使汽车加气时，加气机和罩棚柱免受汽车碰撞和确保操作人员的人身安全，加气岛应高出停车场的地坪 0.15～0.2m，加气岛的宽度不应小于 1.2m，罩棚支柱距岛的端部不应小于 0.6m。

4. 液化石油气储罐和罐区的布置要求

（1）为方便管理和火灾时的扑救需要，防止火灾蔓延，地上储罐应集中单排布置；罐与罐之间的净距，地上罐不应小于相邻较大罐的直径；储罐组四周应设置高度为 1m 的防护堤，防护堤内堤基脚线至管壁的近距不应小于 2m；埋地液化石油气储罐之间的距离不应小于 2m。

（2）在加油加气合建站内，重点应防止液化石油气积聚在汽油、柴油储罐及其操作井内。为此，液化石油气储罐与汽油、柴油储罐的距离要较油罐与油罐之间、气罐与气罐之间的距离应适当增加，且地上液化石油气储罐与汽油、柴油罐不应合建；埋地液化石油气储罐与汽油、柴油罐之间，埋地液化石油气储罐距汽油、柴油罐的通气管管口，均应留有安全距离。

（3）为防止液化石油气储罐发生泄漏事故时液体外溢堤外，储罐四周应当建造高度为 1.0m 的不燃防护墙，即防火堤。

（4）地下储罐间应采用防渗混凝土墙分隔，以防止事故时气体串漏；当需要设罐池时，为了储罐开罐检查时安装 X 射线照相设备的需要，罐与罐池内壁之间的净距不应小于 1.0m。

（5）由于柴油较其他气体、液体的安全性较高。故加油加气站在合建时，柴油罐宜布置在液化石油气罐或压缩天然气储气瓶组与汽油罐之间。

（二）站内各设施间的安全距离

根据加气站内各设施的特点和爆炸危险区域的划分范围，加气站各设施在布置时应当符合下列要求。

1. 锅炉、热水炉的布置

（1）由于燃煤独立锅炉房、燃油（气）热水炉间与站房、消防泵房和消防水池取水口及其他建（构）筑物均属非爆炸危险场所，故它们之间的防火间距可以适当减少，但不应小于 6m；消防泵房和消防水池取水口与燃煤独立锅炉房之间、燃煤独立锅炉房、燃油（气）热水炉间与变配电间之间，均应保持一定的安全距离。

（2）由于采用燃气（油）热水炉供暖炉子燃料来源容易解决，环保性好，其烟囱发生火花飞溅的概率极低，安全性能可靠。故燃气（油）热水炉间与其他设施的间距，可小于锅炉房与其他设施的间距。

2. 液化石油气储存设施的布置

（1）由于采用了紧急切断阀和拉断阀等安全装置，且在卸车、加气过程中皆有操作人员在场，一旦发生事故能够及时进行处理，故液化石油气储罐与卸车点、加气机的防火间距可适当减少；与站房、消防泵房及消防水池取水口的距离应当满足消防扑救的需要。

（2）地上液化石油气储罐整体装配式加气站，由于其采用整体装配，系统简单，事故危险性小，所以要求其相关的防火间距可按三级站的地上储罐减少20%。

（3）为减少站内行驶车辆对卸车点（车载卸车泵）的干扰，液化石油气卸车点（车载卸车泵）与站内道路之间的安全距离不应小于2m。

3. 压缩天然气储存设施的布置

（1）撬装式天然气加气装置是将地面上防火防爆的压缩天然气储罐、加气机和自动灭火装置等设备整体装配于一个撬体的地面加气装置，具有投资省、占地小、使用方便等特点，它与站内其他设施的安全距离和站内相应设备的安全距离相同。

（2）根据我国使用的天然气质量，分析站内各部位可能会发生的事故及其对周围的影响程度，压缩天然气站内储气设施与站内其他设施之间的安全距离应适当加大。

（3）根据我国加气站的建设和运行经验，压缩天然气车辆燃料系统、室外压缩、储存及销售设备，距火源、建筑物或电力线、铁路铁轨；储气瓶库距装有易燃液体的地上储罐等，均应保持规定的安全距离。

4. 加气站内各种设施的安全距离

综上所述，加气站内各种设施间的安全距离不应小于表6-11和表6-12的要求。

四、液化石油气加气工艺及设施的消防安全要求

（一）液化石油气加气站储罐的要求

1. 储罐和管路的设计压力

加气站内液化石油气储罐的设计，应符合《钢制压力容器》（GB 150）、《钢制卧式容器》（JB 4731）和《固定式压力容器安全技术监察规程》（TSG R0004—2009）的有关规定，其设计压力不应小于1.77MPa，管路系统的设计压力不应低于2.5MPa。

2. 储罐附属设施的设置要求

（1）储罐出液管端口的接管位置，应按充装泵的要求确定。进液管道和液相回流管道宜接入储罐内的气相空间。因为这样一旦管道发生泄漏事故，其直接泄漏出去的是气体，其质量比直接泄漏出液体要小得多，危害性也小得多。

（2）液化石油气储罐必须设置全启封闭式弹簧安全阀。同时，为了便于安全阀的检修和调试，安全阀与储罐之间的管道上还应装设切断阀；切断阀在正常操作时应处于铅封开启状态。为防止液化石油气放散时对操作人员的伤害，地上储罐放散管管口应高出储罐操作平台2m及以上，且应高出地面5m及以上；地下储罐的放散管管口应高出地面5m及以上。放散管管口应垂直向上，且在放散管管口应设置防雨罩。底部应设排污管。放散管的公称直径不应小于40mm，以便于检修储罐时将罐内液化石油气气体放散干净。同时，为了减少储罐开口，该放散管与安全阀接管宜共用一个开孔。

（3）由于液化石油气中可能含有水分，在冬季气温较低时，排污管内就可能会有水分析出，故在储罐的底部应当设置排污阀，以便排污；在储罐外的排污管上应装设两道切断阀，阀间宜设排污箱；在寒冷和严寒地区，从储罐底部引出的排污管的根部管道应加装伴热或保温装置，以防止排污管阀门及其法兰垫片被冻裂。为了确保安全，对储罐内未设置控制阀门的出液管道和排污管道，应在储罐的第一道法兰处配备堵漏装置。

表 6-11　液化石油气（LPG）和天然气（CNG）加气站站内设施之间的安全距离

单位：m

设施名称	液化石油气罐						CNG储气设施	CNG集中放散管管口	LPG卸车点	LPG泵房压缩机间	天然气压缩机间	天然气调压器间	天然气脱硫和脱水设备	液化石油气加气机	CNG加气机加气柱和卸气柱	站房	消防泵房和消防水池取水口	自用燃煤锅炉房和燃煤厨房	自用有燃气（油）设备的房间	站区围墙
	地上罐			埋地罐																
	一级站	二级站	三级站	一级站	二级站	三级站														
液化石油气罐 地上罐 一级站	D			×	×	×	×	×	12/10	12/10	×	×	×	12/10	×	12/10	40/30	45	18/14	6
液化石油气罐 地上罐 二级站		D		×	×	×	×	×	10/8	10/8	×	×	×	10/8	×	10/8	30/20	38	16/12	5
液化石油气罐 地上罐 三级站			D	×	×	×	×	×	8/6	8/6	×	×	×	8/6	×	8	30/20	33	16/12	5
液化石油气罐 埋地罐 一级站				2			×	×	5	5	×	×	×	8	×	8	20	30	10	4
液化石油气罐 埋地罐 二级站					2		×	×	3	3	×	×	×	6	×	6	15	25	8	3
液化石油气罐 埋地罐 三级站						2	×	×	3	3	×	×	×	4	×	6	12	18	8	3
压缩天然气储气设施	×	×	×	×	×	×	1.5(1)	—	×	—	—	—	—	×	—	5		25	14	3
压缩天然气集中放散管管口	×	×	×	×	×	×	—	—	×	—	—	—	—	×	—	5		15	14	3
液化石油气卸车点	12/10	10/8	8/6	5	3	3	×	×	—	—	—	—	—	5	×	6	8	25	12	3
LPG 烃泵房、压缩机间	12/10	10/8	8/6	6	5	4	×	×		—	—	—	—	4	×	6	8	25	12	2
CNG 压缩机间	×	×	×	×	×	×	—	×		—	—	—	—	4	—	5	8	25	12	2
CNG 调压器间	×	×	×	×	×	×	—	×		—	—	—	—	6	—	5	8	25	12	2
CNG 脱硫和脱水设备	×	×	×	×	×	×	—	×		—	—	—	—	5	—	5	15	25	12	—
LPG 加气机	12/10	10/8	8/6	6	5	4				—	—	—	—	×	—	5.5	6	18	12	—
CNG 加气机加气柱和卸气柱	×	×	×	×	×	×	—	—	×	×	—	—	—	×	×	5	6	18	12	—
加气站站房	12/10	10/8	8	8	6	6	5	5	5	6	6	5	5	5	5.5	5	—	—	—	—
消防泵房和消防水池取水口	40/30	30/20	30/20	20	15	12			8	8	8	8	15	6	6	—	—	12	—	—
自用燃煤锅炉房和燃煤厨房	45	38	33	30	25	18	25	15	25	25	25	25	25	18	18	—	12	—	—	—
自用有燃气(油)设备的房间	18/14	16/12	16/12	10	8	8	14	14	12	12	12	12	12	12	12	—	—	—	—	—
站区围墙	6	5	5	4	3	3	3	3	3	2	2	2	—	—	—	—	—	—	—	—

注：1. 表中数据，分子为液化石油气储罐无固定喷淋装置的距离，分母为液化石油气储罐设有固定喷淋装置的距离；D 为液化石油气地上储罐相邻较大罐的直径。

2. 括号内的数值为储气井与储气井、柴油加油机与采用有燃煤或燃气（油）设备房间的距离。

3. 液化石油气储罐放散管管口与液化石油气储罐的距离不限，与站内其他设施的安全距离可按相应级别的液化石油气埋地储罐确定。

4. 液化石油气泵和压缩机、压缩天然气压缩机、调压器和天然气脱硫和脱水设备露天布置，或布置在开敞的建筑物内时，防火间距起算点应为设备的外缘；液化石油气泵和压缩机、压缩天然气压缩机、调压器和天然气脱硫和脱水设备布置在非开敞的室内时，其防火间距起算点应为该类设备的门窗洞口。

5. 容量小于或等于 $10m^3$ 的地上液化石油气储罐的整体装配式的加气站，其储罐与站内其他设施的安全距离，不应低于本表中三级站的地上储罐防火间距的 80%。

6. 压缩天然气加气站的撬装设备与站内其他设施的安全距离，应按本表相应设备的安全距离确定。

7. 站房、有燃煤或燃气（油）设备房间的起算点，应为门窗洞口；站房内设置有变配电间时，起算点应为变配电间的门窗洞口。

8. 表中“—”表示无防火间距要求；“×”表示该类设施不应合建。

表 6-12 天然气加气与加油合建站站内设施之间的安全距离 单位：m

设施名称			汽油罐柴油罐	油罐通气管管口	CNG 储罐			CNG 储气设施	CNG 放散管管口		油品卸车点	LNG 卸车点	CNG 压缩机间	CNG 调压器间	CNG 脱硫和脱水装置	加油机	CNG 加气机	LNG 加气机	LNG 潜液泵池	LNG 柱塞泵	LNG 高压气化器	站房	消防泵房和消防水池取水口	有燃气(油)设备的房间	站区围墙
					一级站	二级站	三级站		CNG 系统	LNG 系统															
汽油罐柴油罐			*	*	15	12	10	*	*	6	*	6	*	*	*	*	*	4	6	6	5	*	*	*	*
油罐通气管管口			*	*	12	10	8	8	*	6	*	8	*	*	*	*	*	8	8	8	5	*	*	*	*
天然气储气罐	埋地罐	一级站	15	12	2			6	5	—	12	5	6	6	6	8	8	8	—	2	6	10	20	15	6
		二级站	12	10		2		6	5	—	10	3	4	4	4	8	6	4	—	2	4	8	15	12	5
		三级站	10	8			2	4	4	—	8	2	4	4	4	6	4	2	—	2	3	6	15	12	4
CNG 储气设施			*	8	6	4	4	*	*	3	*	6	*	*	*	*	*	6	6	6	3	*	*	*	*
天然气放散管管口	CNG 系统		*	*	5	4	4	*	—	—	*	4	*	*	*	*	*	6	4	4	—	*	*	*	*
	LNG 系统		6	6	—	—	—	3	—	—		6	3	—	3	4	6	8	—	—	—	—	8	12	3
油品卸车点			*	*	12	10	8	*	*	6	*	6	*	*	*	*	*	6	6	6	5	*	*	*	*
LNG 卸车点			6	8	5	3	2	6	4	3	6		3	3	6	6	6	—	—	2	4	6	15	12	2
天然气压缩机(间)			*	*	6	4	4	*	*	—	*	3		*	*	*	*	6	6	6	6	*	*	*	*
天然气调压器(间)			*	*	6	4	4	*	*	3	*	3	*		*	*	*	6	6	6	6	*	*	*	*
天然气脱硫和脱水装置			*	*	6	4	4	*	*	4	*	6	*	*		*	*	6	6	6	6	*	*	*	*
加油机			*	*	8	8	6	*	*	6	*	6	*	*	*	*	*	2	6	6	6	*	*	*	*
LNG 加气机			4	8	8	4	2	6	6	—	6	—	6	6	6	2	2	—	4	6	5	6	15	8	—
LNG 潜液泵池			6	8	—	—	—	6	4	—	6	—	6	6	6	6	6	4	—	2	5	6	15	8	2
LNG 柱塞泵			6	8	2	2	2	6	4	—	6	2	6	6	6	6	6	6	2	—	2	6	15	8	2
LNG 高压气化器			5	5	6	4	3	3	—	—	5	4	6	6	6	6	5	5	5	2	—	8	15	8	2
站房			*	*	10	8	6	*	*	8	*	6	*	*	*	*	*	6	6	6	8	*	*	*	*
消防泵房和消防水池取水口			*	*	20	15	15	*	*	12	*	15	*	*	*	*	*	15	15	15	15	*	*	*	*
有燃气(油)设备的房间			*	*	15	12	12	*	*	12	*	12	*	*	*	*	*	8	8	8	8	*	*	*	*
站区围墙			*	*	6	5	4	*	*	3	*	2	*	*	*	*	*	—	2	2	2	*	*	*	*

注：1. 站房、有燃气（油）设备等明火设备房间的起算点，应为门窗洞口。

2. 表中“—”表示无防火间距要求，“*”表示应符合表 6-11 的要求。

3. 柱塞泵，是由电动机提供泵的动力，经鼓形齿联轴器带动减速机转动。由减速机减速带动曲轴旋转。通过曲柄连杆机构，将旋转运动转变为十字头和柱塞为往复运动。当柱塞向后死点移动时，泵容积腔逐步增大，泵腔内压力降低，当泵腔压力低于进口压力时，吸入阀在进口端压力作用下开启，液体被吸入；当柱塞向前死点移动时，泵腔内压力增大，此时吸入阀关闭，排出阀打开，液体被挤出液缸，达到了吸入和排出的目的。

4. 液化天然气潜液泵是指潜设在液化天然气液体内的离心泵。

（4）为当管道发生意外事故时能够自动关闭管道，防止液化石油气大量泄漏，在进液管、液相回流管和气相回流管上应设止回阀，出液管和卸车用的气相平衡管上应设过流阀。同时，为防止在加气瞬间的过流造成关闭，过流阀的关阀流量宜为最大工作流量的1.6～1.8倍。为了防止阀体被外部活动撞坏，止回阀和过流阀应当设在储罐内，以增强储罐首级关闭阀的安全可靠性。

3. 液化石油气储罐测量仪表的设置要求

液化石油气储罐是一种密闭性容器，准确测量其温度、压力，尤其是液位，对储罐安全非常重要，故液化石油气储罐测量仪表的设置应严格遵守下列要求。

（1）考虑到一次仪表的可靠性，同时也为了便于就地观察罐内情况，储罐必须设置就地指示的液位计、压力表和温度计；为了能及时发现液位达到极限，防止超装事故发生，并能及时对超压情况采取处理措施，还应在储罐上设置液位的上、下限报警装置和压力上限报警装置。

（2）对液化石油气储罐安全来说，最重要的参数是液位和压力，故在一、二级站内的储罐液位和压力的测量上应设置远传二次仪表，以对这两个参数的准确测量。为了便于对储罐进行监测，二次仪表一般应设在站房的控制室内。因为站房内经常有人，可便于及时发现情况。

4. 液化石油气储罐埋地罐池的建造要求

（1）由于液化石油气的密度比空气大，其储罐设在室内或地下室内时，泄漏出来的气体易于积聚在室内形成爆炸性气体。所以，液化石油气储罐严禁设在室内或地下室内；在加油加气合建站和城市建成区内的加气站，液化石油气储罐应埋地设置，且不宜布置在车行道下。因为这样受外界影响（主要是温度方面的影响）比较小，罐内压力相对比较稳定，一旦某个埋地储罐或其他设施发生火灾，基本上不会对另外的埋地储罐构成严重威胁，故比地上设置要安全，所以液化石油气加气站的液化石油气储罐应当埋地敷设。对地上液化石油气储罐整体装配式的加气站，不能在城市建成区内设置。

（2）建于水源保护地的液化石油气埋地储罐应当设置罐池，且罐池应当采取防渗措施。池内应用中性细沙或沙包填实，不留有任何空间，以防止泄漏气体与空气形成爆炸性混合物。此外，罐顶的覆盖层厚度（含盖板）不应小于0.5m，周边的填充厚度不应小于0.9m。

（3）由于液化石油气储罐基础在使用过程中一旦发生较大幅度的沉降，有可能拉裂储罐与管道的连接件，造成泄漏事故。所以，埋地液化石油气储罐应采用钢筋混凝土基础，并应采取限制基础沉降的措施。为了便于清污，卧罐应坡向排污端，坡度应为0.3%～0.5%，并应在池底一侧设排水沟，池底面坡度宜为0.3%。当储罐受地下水或雨水作用有上浮的可能时，应采取防止储罐上浮的措施。抽水井内的电气设备应符合防爆要求。

（4）由于液化石油气储罐是压力储罐，一旦发生腐蚀穿孔事故，后果十分严重。为了延长埋地液化石油气储罐的使用寿命，罐外表面的防腐设计应符合《石油化工设备和管道涂料防腐蚀技术规范》（SH 3022—2011）的有关规定，并应采用最高级别防腐绝缘保护层和阴极保护措施。在液化石油气罐引出管的阀门后，应安装绝缘法兰，以防止外部电流侵入。

（二）液化石油气加气设施的设置要求

1. 液化石油气泵及压缩机的设置要求

（1）液化石油气卸车，通常宜选择卸车泵；但为了加快卸车速度，当储罐总容积大于$30m^3$时，可选用压缩机卸车；储罐总容积小于等于$45m^3$时，可由液化石油气槽车上的卸车泵卸车。为减少卸车时间，卸车泵的流量不宜小于300L/min。

（2）由于槽车上泵的动力由站内供电比由槽车上的柴油机带动安全，且能减少噪声和油气污染。所以槽车上的卸车泵宜由站内供电。但对于储气量比较小的二、三级加气站，可不设卸车泵，以节省投资、减少用地。

（3）为防止泵和压缩机因日晒而升温和升压，设置在地面上的泵和压缩机，应设置防晒罩棚或泵房（压缩机间）。以有利于泵和压缩机的安全运行。

（4）为了避免因泵的振动造成管件等损坏，在泵的进、出口宜安装长度不小于0.3m的挠性管或采取其他防震措施。为避免泵产生气蚀，从储罐引至泵进口的液相管道，应坡向泵的进口，且不得有窝存气体的地方。

（5）为确保输出的液化石油气压力稳定，并保护泵在出口阀门未打开时的运行安全，在泵的出口管路上应安装回流阀、止回阀和压力表。

（6）潜液泵宜设超温自动停泵保护装置，在电机运行温度至45℃时，应能自动切断电源。但为了防止潜液泵电机一旦超温运行造成损坏和事故，还应在潜液泵的筒体下部设置切断阀和过流阀，且切断阀应能在罐顶操作。为了便于潜液泵拆卸、更换和维修，在潜液泵的筒体下部应设置切断阀。

（7）为了能在储罐外系统发生大量泄漏时自动关闭管路，故在储罐的出液管上应当安装过流阀。

（8）为了保证压缩机的运行安全，降低运行温度，在压缩机的进口和储罐的气相之间应设置旁通阀；进口管道应设过滤器；出口管道应设止回阀和安全阀。

（9）为了防止杂质进入储罐影响充装泵的运行，在液化石油气储罐或卸车泵的进口管道上应设过滤器。过滤器滤网的流通面积不应小于管道截面积的5倍，且能阻止粒度大于0.2mm的固体杂质通过。

（10）为了防止槽车卸车时意外启动或溜车而拉断管道，及一旦站内发生火灾事故时槽车能迅速驶离。连接槽车的液相管道和气相管道上应设拉断阀。拉断阀的分离拉力宜为400～600N。全关阀与接头的距离不应大于0.2m。

2. 液化石油气加气机的要求

（1）液化石油气加气机不得设在室内，以防止遗漏液化石油气聚集。加气系统的管道和设备的设计压力不应小于2.5MPa。为了便于控制加气操作和减少静电危险，加气枪的流量不应大于60L/min。加气机的计量精度不应低于1.0级，以保证计量的精度。为了防止因加气车辆意外失控而撞毁加气机，造成大量液化石油气泄漏，加气机附近应设防撞柱（栏）。

（2）为了防止加气汽车在加气时因意外启动而拉断加气软管或拉倒加气机造成液化石油气外泄事故发生。加气软管上应设拉断阀。拉断阀是一种在一定外力作用下可被拉断成两节，且拉断后具有自动密封功能的阀门，其分离拉力宜为400～600N。

（3）加气枪上的加气嘴与汽车受气口应当配套。为使加气操作简便、安全，在加气嘴上应当配置自动密封阀，其卸开连接后的液体泄漏量不应大于5mL。

（4）为保证事故时的紧急切断，加气机的液相管道上宜设事故切断阀或过流阀。为了保证质量，事故切断阀和过流阀应当具有当加气机被撞时能自行关闭的功能。过流阀的关闭流量宜为最大工作流量的1.6～1.8倍。事故切断阀或过流阀与充装泵连接的管道必须牢固，当加气机被撞时，该管道系统不得因此而受到损坏。

（三）液化石油气管道的设置要求

1. 液化石油气管道及其组成件的要求

（1）为保证管道系统的安全，液化石油气管道应采用10号、20号等优质碳素钢，或具有同等性能材料的无缝钢管，其技术性能应符合《输送流体用无缝钢管》(GB 8163) 的规定。管道上的阀门及其他金属配件等管件的材质，应与管道相同。

(2) 为保证管道系统的强度，液化石油气管道、管件以及液化石油气管道上的阀门和其他配件的设计压力，不应小于 2.5MPa。由于一般耐油胶管不能耐液化石油气腐蚀，所以，管道系统上的胶管应采用耐液化石油气腐蚀的钢丝缠绕的高压胶管，压力等级不应小于6.4MPa。

(3) 液化石油气管道的管子与管子、管子与管件应当采用焊接方式连接，以保证防泄漏性能。液化石油气管道与储罐、容器、设备及阀门的连接宜采用法兰连接，以便于安装和拆卸检修。

(4) 液化石油气管道宜埋地敷设，以减少占地，避免人为损坏和受环境温度的影响；但当必须管沟敷设时，为了防止管沟内积聚可燃气体，管沟应采用中性沙子填实。为了防止管道受冻土变形影响而损坏或被行车压坏，埋地管道应埋设在土壤冰冻线以下，且覆土厚度(管顶至路面) 不得小于 0.8m；穿越车行道处应加设套管。

(5) 由于液化石油气是一种非常易燃的介质，一旦泄漏可能引起严重后果。为安全起见，埋地敷设的液化石油气管道应当采用最高等级的防腐绝缘保护层；防腐设计应符合国家现行标准《钢质管道外腐蚀控制工程设计规范》(GB/T 21447) 的有关规定。

(6) 为了减少静电的危害，液态液化石油气在管道中的流速应当严格控制，泵前不宜大于 1.2m/s，泵后不应大于 3m/s，气态液化石油气在管道中的流速不宜大于 12m/s。

2. 紧急切断系统的要求

(1) 为保证在紧急事故状态下迅速切断物流，避免大量外泄，阻止事态扩大，加气站液化石油气储罐的出液管道和连接槽车的液相管道上，应设置紧急切断阀。该紧急切断阀应能在事故状态下迅速关闭液化石油气管道上的重要阀门和切断液化石油气泵、压缩机的电源。经人工或由紧急切断系统切断电源的液化石油气泵和压缩机，应采用人工复位供电，以确保重新启动的安全。

(2) 为了避免控制系统误动作，紧急切断阀以及液化石油气泵和压缩机的电源，应为能由手动启动的遥控切断系统来操纵关闭；紧急切断阀宜为气动阀。

(3) 为了保证在加气站发生意外事故时工作人员能够迅速启动紧急切断系统，应当在工作人员经常出现的距卸车点 5m 以内，加气机附近工作人员容易接近的位置，控制室或值班室内等地点，设置能手动启动的紧急切断系统，即在此 3 处安装启动按钮或装置；且紧急切断系统应只能手动复位。

五、压缩天然气加气工艺及设施的消防安全要求

(一) 天然气的质量和压送的安全要求

1. 天然气的质量要求

(1) 天然气质量的好坏对于天然气的输转、销售和使用安全具有重要意义，不仅应符合现行国家标准《天然气》(GB 17820) 中规定的Ⅱ类气质标准和压缩机运行要求的有关规定，且增压后进入储气装置及出站的压缩天然气的质量，还必须符合《车用压缩天然气》(GB 18047) 的规定。

(2) 由于天然气加气站多以输气干线内的天然气为气源，其水露点及硫化氢含量均达不到要求，所以，还需要进行脱硫、脱水等加工过程。为了保护压缩机组，有利于装置运行和维护，进站天然气在脱硫处理时，脱硫装置应设在压缩机前的室外。脱硫系统应设置备用脱硫塔，脱硫设备宜采用固体脱硫剂。脱硫塔前后的管道上，应设置硫化氢含量检测取样口或

硫化氢含量在线监测分析仪。

(3) 当进站天然气含水量不符合现行国家标准《车用压缩天然气》的有关规定时，应在站内进行脱水处理。脱水可在天然气增压前、增压中或增压后进行。脱水系统宜设置备用脱水塔；脱水设备宜采用固体吸附剂，在脱水设备的出口管道上应设置露点检测仪。保证进入压缩机的天然气不应含游离水、含尘量和微尘直径等质量指标，应符合所选用的压缩机的有关要求。

(4) 天然气进站管道上应设置调压装置，以适应压缩机工况变化的需要，满足压缩机的吸入压力，平稳供气，并防止超压，保证运行安全。同时，为了保证拆卸压力表时排放管内余压和操作安全，压力容器与压力表连接短管应当设置泄压孔（一般为 ϕ1.4mm）；天然气流量计量系统不确定的，不应低于 1.5 级；体积流量计量的基准状态为，压力 101.325kPa，温度 20℃。

(5) 加气站内的设备及管道，凡经增压、输送、储存需显示压力的地方，均应设压力检测点，并应设供压力表拆卸时高压气体泄压的安全泄气孔。压力表量程范围应为 2 倍工作压力，压力表的准确度不应低于 1.5 级。

2. 天然气增压的安全要求

(1) 压缩机的排气压力不应大于 25MPa（表压）。为保证压缩机工作平稳，压缩机组进口前应在进气总管上或每台机组的进口位置处设置分离缓冲罐；且分离缓冲罐内应有凝液捕集分离结构。机组出口应在排气除油过滤器之后设排气缓冲罐，且天然气在缓冲罐内的停留时间不宜小于 10s。为防止缓冲罐超压发生爆炸，分离缓冲罐及容积大于 0.3m^3 的排气缓冲罐，应当设置压力指示仪表和液位计，并应有超压安全泄放装置。

(2) 由于压缩机进、出口管道会出现振动，若引起压缩机房共振，会对压缩机房产生破坏作用。所以，可以采取控制管道流速（如压缩机总管天然气流速，进气总管前不应大于 20m/s，出气总管后天然气流速不大于 5m/s）等减少管道振动的措施予以避免。

(3) 为了使通道有足够的宽度，方便安装及维修操作和通风，压缩机房主要通道的宽度不宜小于 2m。为提高机组的安全可靠性，压缩机组的运行管理宜采用计算机集中控制。

(4) 为保证压缩机的运行安全，压缩机出口与第一个截断阀之间应设安全阀。安全阀的泄放能力不应小于压缩机的安全泄放量。压缩机进、出口应设高、低压报警和高压越限停机装置。压缩机组的冷却系统应设温度报警及停车装置。压缩机组的润滑油系统应设低压报警及停机装置。

(5) 由压缩机的工作原理可知，压缩机卸载排气主要是为了满足压缩机空载的第二次启动，所卸载的气体主要是工作的活塞顶部及高压汇管系统的高压气体。由于卸载的这些天然气量大，压力高，且又在室内，故具有很大的火灾危险。因此，卸载排气不得对外放散，应将泄放的天然气回收再用，以利经济和安全。当采用缓冲罐回收卸载时，缓冲罐应当设安全泄放装置。为使回收气体不超压，回收天然气可输至压缩机进口缓冲罐；同时，由于压缩机排出的冷凝液中还含有凝析油等污物，亦有一定危险，故应集中处理，达到排放标准后才能排放。

(二) 压缩天然气储存设施的要求

1. 天然气储气井的要求

(1) 加气站内压缩天然气的储气设施宜选用储气瓶或储气井。储气井是指压缩天然气加气站内用于储存压缩天然气的立井，具有占地面积小、运行费用低、安全可靠、操作维护简便和事故影响范围小等优点，设计温度能够承受当地环境温度的影响。所以，提倡使用储气井储气。储气井（含其他储气设施）的工作压力应为25MPa，并应有积液收集处理措施。

(2) 储气井的工程设计和建造，应符合国家法规和《高压气地下储气井》(SY/T 6535)及其他有关标准的规定。储气井不宜建在地质滑坡带及溶洞等地质构造上，储气井本体的设计疲劳次数不应小于2.5×10^4次，井口的设置应便于操作。

2. 天然气储气瓶的要求

(1) 为了减少事故风险度，加气站宜选用同一种规格型号的大容积储气瓶，并应符合现行国家标准《站用压缩天然气钢瓶》(GB 19158—2003) 的有关规定。每组储气瓶的总容积不宜大于4m³，且瓶数不宜多于60个。

(2) 根据安装、检修、保养、操作等工作的需要，小容积储气瓶应固定在独立支架上，且宜卧式存放。卧式瓶组限宽为1个储气瓶的长度，限高1.6m，限长5.5m。同组储气瓶之间净距不应小于0.03m，储气瓶组间距不应小于1.5m。储气瓶应采用卧式排列，以便于布置管道及阀件，方便操作和保养，易于外排瓶内的沉积液等。

3. 钢筋混凝土实体墙隔墙的建造要求

储气瓶（组）的管道接口端不宜朝向办公区、加气岛和邻近的站外建筑物。不可避免时，储气瓶（组）的管道接口端与办公区、加气岛和邻近的站外建筑物之间应设厚度不小于200mm的钢筋混凝土实体墙隔墙，并符合以下要求。

(1) 储气瓶（组）的管道接口端与办公区、加气岛和邻近的站外建筑物之间隔墙的高度，应高于储气瓶（组）1m及以上。其宽度，固定储气瓶（组）应为储气瓶（组）宽度两端各加2m及以上；车载储气瓶（组）应为储气瓶（组）宽度两端各加1m及以上。

(2) 储气瓶（组）的管道接口端与办公区、加气岛和邻近的站外建筑物之间设置的隔墙，可作为站区围墙的一部分，但必须是厚度不小于200mm的钢筋混凝土实体墙。

（三）压缩天然气加气设施的要求

1. 压缩天然气加气机的设置要求

(1) 为防止加气操作中所泄气体聚集，加气机不得设在室内。加气机的数量应根据加气汽车数量，按每辆汽车加气时间4～6min计算确定。我国汽车用压缩天然气钢瓶的运行压力为16～20MPa。因此，加气机额定工作压力应与之相对应为20MPa。

(2) 为了确保运行安全，应当对加气速度加以控制。根据加气机额定工作压力为20MPa的实际，加气机加气流量不应大于0.25m³/min（工作状态）。

(3) 加气机应设安全限压装置。加气机的计量准确度不应低于1.0级。加气量计量应以m³为计量单位，最小分度值应为0.1m³。加气量计量应进行压力、温度校正，并换算成基准状态（压力101.325kPa，温度20℃）下的数值。在寒冷地区应选用适合当地环境温度条件的加气机。

(4) 加卸气设施应满足工作温度的要求。

2. 压缩天然气加气机安全设施的设置要求

(1) 加气机加气软管上应设拉断阀。拉断阀在外力作用下分开后，两端应能自行密封。当加气软管内的天然气工作压力为20MPa时，拉断阀的分离拉力范围宜为400～600N；加气卸气柱安全拉断阀的分离拉力宜为600～900N，软管的长度不应大于6m。

(2) 加气软管及软管接头应选用具有抗腐蚀性能的材料。这是因为汽车用天然气虽经过加工处理，但仍会含有微量H_2S等易腐蚀的成分，普通软管易被这些成分腐蚀。

(3) 为了防止进站加气汽车控制失误撞上储气设施造成事故，在储气瓶组或储气井与站内汽车通道相邻一侧、加气机（柱）和卸气柱的车辆通过侧，均应设高度不小于0.5m的安

全防撞栏或采取其他防撞措施。

（4）天然气加气机和加气柱的进气管道上，宜设置防撞事故自动切断阀。

（四）压缩天然气加气站工艺设施的安全保护

1. 压缩机运行的安全防护

（1）压缩机出口与第一个截断阀之间，应设安全阀。安全阀的泄放能力不应小于安全阀的泄放量。

（2）压缩机进出口，应设高低压报警和高压越限停机装置；压缩机的冷却系统，应设温度报警及停车装置；压缩机的润滑油系统，应设低压报警及停车装置。

（3）天然气加气站内的设备及管道，凡经增压、输送、储存、缓冲或有较大压力损失需显示压力的位置，均应设压力检测点，并应设供压力表拆卸时高压气体泄压的安全泄气孔。压力表量程范围宜为工作压力的1.5～2倍。

2. 安全阀的排放要求

为能迅速排放天然气管道和储气瓶组中需泄放的天然气，防止加气站火灾事故的发生，加气站内缓冲罐、压缩机出口和储气瓶组，均应设置安全阀。

（1）由于一次泄放量大于500m^3（基准状态）的高压气体（如储气瓶组事故时紧急排放的气体、火灾或紧急检修设备时排放系统的气体），很难予以回收，只能通过放散管迅速排放。但为了安全，一次泄放量大于2m^3（基准状态），泄放次数平均每小时2～3次以上的操作排放，应设置专用回收罐；由于天然气的相对密度小于空气，能很快扩散，故对拆修仪表或加气作业时泄放的一次泄放量小于2m^3（基准状态）的气体，可直接排入大气。

（2）安全阀的设置除了应当符合现行行业标准《固定式压力容器安全技术监察规程》（TSGR 0004）的有关规定外，还应符合以下要求。

① 当$P_w \leqslant 1.8$MPa时，$P_0 = P_w + 0.18$。

② 当$1.8\text{MPa} < P_w \leqslant 4.0$MPa时，$P_0 = 1.1P_w$。

③ 当$4.0\text{MPa} < P_w \leqslant 8.0$MPa时，$P_0 = P_w + 0.4$。

④ 当$8.0\text{MPa} < P_w \leqslant 25.0$MPa时，$P_0 = 1.05P_w$。

其中，P_w为设备最高工作压力，MPa；P_0为安全阀的额定压力，MPa。

3. 泄压保护装置的设置要求

加气站内的天然气管道和储气瓶组应设置泄压保护装置。泄压保护装置应采取防塞和防冻措施，并时刻保持畅通。不同压力级别系统的放散管宜分别设置。为了保证人员和设备的安全，放散管应垂直向上；放散管管口应高出设备平台2m及以上，且应高出所在地面5m及以上。

4. 压缩天然气加气子站工艺设施的安全保护

（1）压缩天然气加气子站可采用压缩机增压或液压设备增压的加气工艺。液压设备增压工艺的压缩天然气加气子站，其液压设备不得使用甲类或乙类可燃液体，液体的操作温度应低于液体闪点至少5℃。

（2）压缩天然气加气子站的液压设施，应采用防爆电气设备。由于压缩天然气加气子站的液压设施相对于母站规模较小，故与站内其他设施的间距可以不限。

（3）压缩天然气加气子站的储气设施、压缩机、加气机和加气柱的设置，以及储气瓶（组）管道接口端与办公区、加气岛和邻近站外建筑物的朝向，均应符合压缩天然气加气母站的有关要求。

（五）压缩天然气管道及其组成件的安全要求

1. 压缩天然气管道组件的安全要求

管道组成件是指用于连接或装配成管道的元件。如管道（子）、管件、阀门、法兰、垫片、紧固件、接头、耐压软管、过滤器和阻火器等都属于管道组成件。这些组成件虽然看起来很小，好像不太重要，但其实非常重要。很多重大、特大火灾事故都是用于这些元件安装使用不当所造成的。因此，必须要正视管道组件的消防安全。

（1）输送天然气的管道，应当选用无缝钢管。除应根据增压前后的压力情况选用符合要求的管材外，对严寒地区的室外架空管道选材还应充分考虑环境温度的影响。对于设计压力低于4MPa的天然气管道，应符合《输送流体用无缝钢管》(GB 8163）的有关规定；设计压力等于或高于4MPa的天然气管道，应符合《流体输送用不锈钢无缝钢管》(GB/T 14976—2012）或《高压锅炉用无缝钢管》(GB 5310）的有关规定。

（2）加气站内的所有设备、阀门、管道、管件的设计压力，应比最大工作压力高10%，且在任何情况下不应低于安全阀的额定压力。站内高压天然气管道与设备、阀门的连接，可采用法兰、卡套、锥管螺纹连接。

（3）由于加气站用天然气中还可能含有微量 H_2S、CO_2，有时还会残存少量凝析油等腐蚀性介质。故要求加气站内与压缩天然气接触的所有设备、管道、管件、阀门、法兰、垫片等的材质应与天然气介质相适应，都应具备抗腐蚀和耐老化的能力。

（4）由于管道埋地敷设受外界干扰小，较安全，故天然气管道宜埋地敷设。埋地敷设时，其管顶距地面不应小于0.5m，冰冻地区宜敷设在冰冻线以下。室内管道宜采用管沟敷设，但管沟应用干沙填充，并设活门及通风孔。以防止泄漏的天然气聚集形成爆炸危险空间。

（5）埋地管道防腐设计应符合国家现行标准《钢质管道外腐蚀控制规范》(GB/T 21447—2008）的有关规定，并应采用最高级别防腐绝缘保护层。

2. 紧急切断系统的要求

（1）在远离作业区的天然气进站管道上应安装紧急手动截断阀，以防在一旦发生火灾或其他事故自控系统失灵时，操作人员仍可以靠近并关闭截断阀，及时切断气源，防止事故扩大。

（2）为保证储气设施的安全运行及事故时能及时切断气源，储气瓶组（储气井）进气总管上应设安全阀及紧急放散管、压力表和超压报警器。每个储气瓶（井）出口应设截止阀。

（3）高压系统的管道应当按主要工艺段设置储气瓶组截断阀、主截断阀、紧急截断阀和加气截断阀。

（4）为了当个别地方渗漏或堵塞不通时，可分段关闭进行检查、保养、维修，各储气瓶组应单独设置截断阀，储气瓶组总输出管应设置主截断阀，以保证储气区的维修和操作安全。

（5）为了截断加气区与储气区、压缩机之间的通道，便于维修和发生事故时紧急切断，加气区与储气区、压缩机之间的通道上，应当设置紧急截断阀。为了便于加气机的加气操作，还应设置加气截断阀。储气瓶组（储气井）与加气枪之间设置储气瓶组（储气井）截断阀、主截断阀、紧急截断阀和加气截断阀如图6-1所示。

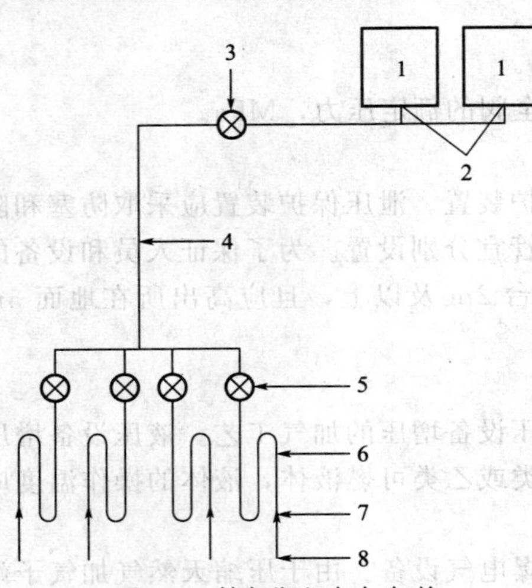

图6-1 储气瓶组与加气枪间阀门设置示意图

1—储气瓶组（储气井）；2—储气瓶组（储气井）截断阀；3—主截断阀；4—输气管道；5—紧急截断阀；6—供气软管；7—加气截断阀；8—加气枪

六、液化天然气加气工艺及设施的消防安全要求

（一）液化天然气储罐

1. 液化天然气储罐的设计要求

（1）液化天然气储罐的设计应当符合《压力容器》(GB 150)、《固定式真空绝热深冷压力容器》(GB 18442—2011) 和《固定式压力容器安全技术监察规程》(TSGR 0004) 的有关规定。罐体内筒的设计温度不应高于－196℃。

（2）液化天然气储罐的设计压力，应当符合下面的计算结果：

① 当 $P_w < 0.9\text{MPa}$ 时，$P_d \geqslant P_w + 0.18\text{MPa}$。

② 当 $P_w \geqslant 0.9\text{MPa}$ 时，$P_d \geqslant 1.2P_w$。

其中，P_w为设计压力，MPa；P_d为设备最大工作压力，MPa。

（3）液化天然气储罐的内罐与外罐质之间应设绝热层。绝热层应当与液化天然气和压缩天然气的性质相适应，应为不燃材料。如遇外罐的外部着火时，其绝热层的绝热性不应有明显降低。

（4）设置在城市中心区内的天然气加气站及加油加气合建站的液化天然气储罐，应当采用埋地敷设、地下敷设或半地下敷设的方式。

2. 地上液化天然气储罐的设置要求

（1）地上液化天然气储罐布置时，应当成组布置，储罐之间的净距，不应小于相邻较大罐直径的 1/2，且不应小于 2m。

（2）液化天然气储罐组应当设防护堤。防护堤应采用不燃实体材料建造，堤高至少应高出堤内地面 0.8m，堤外地面 0.4m。防护堤不得渗漏，并能承受所容纳液体的静压力及温度变化的影响。堤内的雨水排放口应当有封堵措施。

（3）防护堤内的有效容量不应小于其中一个最大液化天然气储罐的容量，堤内地面至少应低于堤外周边地面 0.1m，防护堤内堤基脚线至堤内储罐外壁的净距不应小于 2m。防护堤内不得设置其他可燃液体储罐、压缩天然气储气瓶组或储气井。但非明火气化器和压缩天然气泵可设在防护堤内。

3. 地下或半地下液化天然气储罐的设置要求

（1）地下或半地下液化天然气储罐，应当卧式安装在罐池中，并采取抗浮措施；储罐基础的耐火极限不应低于 3h。储罐的外壁距罐池的距离不应小于 1m，同池内储罐的间距不应小于 1.5m。

（2）地下或半地下液化天然气储罐的罐池，应为不燃实体防护结构，应能承受所容纳液体的静压力及温度变化的影响，并不得渗漏。罐池深度大于 2m 时，罐池壁顶至少应高出罐池外地面 1m，半地下储罐池壁顶至少应高出 0.2m。罐池上方可设置开敞式的罩棚。

4. 液化天然气储罐阀门的设置要求

（1）为确保安全，液化天然气储罐应当设置全启式安全阀，且不应少于两个（其中一个为备用）；安全阀的安装应当符合现行行业标准《固定式压力容器安全技术监察规程》(TSG R0004—2009) 的有关规定。

（2）为了便于安全阀的检修和更换，安全阀与储罐之间应设切断阀。切断阀在正常操作时应当处于铅封开启状态。与液化天然气储罐连接的液化天然气管道，应设置可远程操作的紧急切断阀；在与储罐气相空间相连的管道上，应设置可远程操作的放散控制阀。

（3）液化天然气储罐液相管道根部阀门与储罐的连接应当采用焊接，阀体的材质应当与管子的材质相适应。

5. 液化天然气储罐仪表的设置要求

为了运行安全，及时掌握储罐的液位和压力，液化天然气储罐应当按照以下要求设置液位计和压力表。

(1) 液化天然气储罐应当设置液位计和高液位报警器。高液位报警器应当与进液管道的紧急切断阀连锁。

(2) 液化天然气储罐的最高液位上部应当设置压力表。在内罐与外罐之间，应设置检测环形空间绝对压力的仪器或检测接口。

(3) 液化天然气储罐的液位计和压力表，应当能够就地指示，并应将检测信号传送至控制室集中显示。

(二) 液化天然气泵和气化器的设置要求

1. 液化天然气泵的设置要求

液化天然气加气系统使用的泵，主要有潜液泵和柱塞泵两种。

(1) 潜液泵应当符合液化天然气储罐油气的设计温度和设计压力，汽车系统使用的潜液泵宜安装在泵池内。液化天然气储罐底部（外壁）与潜液泵罐顶部（外部）的高差，应当满足潜液泵的性能要求。潜液泵罐的回气管宜与液化天然气储罐的气相管道接通。

(2) 在液化天然气和压缩天然气加气系统，当采用柱塞泵输送液化天然气时，柱塞泵的设置应当满足泵吸入压头的要求，在泵的进出口管道上应设置防震装置，并采取防噪声措施。

(3) 无论是潜液泵还是柱塞泵，在泵的出口宜设置止回阀；在泵出口管道上，应当设置全启封闭式安全阀及温度和压力检测仪表。温度和压力检测仪表应能就地指示，并应将检测信号传送至控制室集中显示。

2. 液化天然气气化器的设置要求

液化天然气气化器的选用应当符合当地冬季气温条件下的使用要求，设计压力不应小于最大工作压力的1.2倍。高压气化器出口应当设置温度计，出口的气体温度不应低于5℃。

(三) 液化天然气卸车与加气要求

1. 液化天然气卸车

(1) 液化天然气卸车用的软管，应当采用奥氏体不锈钢波纹软管，其公称压力不得小于装卸系统工作压力的2倍，最小爆破压力不应小于公称压力的4倍。

(2) 连接槽车的液相软管上，应当设置紧急切断阀和止回阀；气相管道上宜设置切断阀。

2. 液化天然气加气

(1) 液化天然气加气系统的充装压力不应大于汽车车载瓶的最大工作压力，加气机的计量误差不应大于1.5%。加气软管应设安全拉断阀，其脱离拉力宜为400～600N。

(2) 加气软管应当具有一定的强度，其公称压力不得小于装卸系统工作压力的2倍，最小爆破压力不应小于公称压力的4倍，长度不应大于6m。

(3) 加气岛上宜配置氮气或压缩空气管吹扫接头，其最小爆破压力不应小于公称压力的4倍。

(4) 加气机附近应设置高度不小于0.5m的防撞护栏或防撞柱。

(四) 液化天然气管道系统

1. 管道的技术要求

(1) 输送液化天然气的管道，设计压力不应小于最大工作压力的1.2倍，且不应小于所连接设备（或容器）的设计压力与静压头之和；设计温度不应高于−196℃。

（2）管道和管材应采用低温不锈钢。其中，管道应符合《流体输送用不锈钢无缝钢管》（GB/T 14976）的有关规定；管材应符合现行国家标准《钢材对焊无缝管件》(GB/T 12459）的有关规定。

2. 管道阀门的设置要求

液化天然气系统的阀门，应符合《低温阀门技术条件》(GB/T 24925—2010）的有关要求，紧急切断阀的选用应符合《低温介质紧急切断阀》(GB/T 24018）的有关要求。远程控制的阀门应具有手动操作的功能。

（1）低温管道所采用的绝热保冷材料应为防潮性能良好的不燃材料，低温管道的绝热过程，应当符合《工业设备及管道绝热过程设计规范》(GB 50246）的有关要求。

（2）液化天然气管道的两个切断阀之间，应当设置安全阀或其他泄压装置。泄压排放的气体应当接入放散管，不得随意排放。

3. 放散管的要求

（1）加气站内应当设置集中放散管。液化天然气储罐的放散管应当接入集中放散管，其他设备和管道的放散管宜接入集中放散管。

（2）放散管管口应当高出液化天然气储罐及以管口为中心半径 12m 范围内的建（构）筑物 2m 以上，且距地面不应小于 5m；放散管管口不宜设置雨罩等影响放散气流垂直向上的装置。放散管底部应有排污措施。

（3）低温天然气系统的放散气，应经加热器加热后才能放散。放散天然气体的最低温度不宜低于－107℃。

七、加气站爆炸危险区域范围的划分

加气站站内爆炸危险区域的等级定义，应符合《爆炸和火灾危险环境电力装置设计规范》(GB 50058）的规定。根据其原理，加气站液化石油气和液化天然气设施的爆炸危险区域内地坪以下的坑或沟应划为 1 区；其他部位的爆炸危险区域，应当按以下要求划分。

（一）液化石油气加气站爆炸危险区域范围的划分

1. 液化石油气加气机爆炸危险区域的划分（见图 6-2）

（1）加气机壳体内部空间划为 1 区。

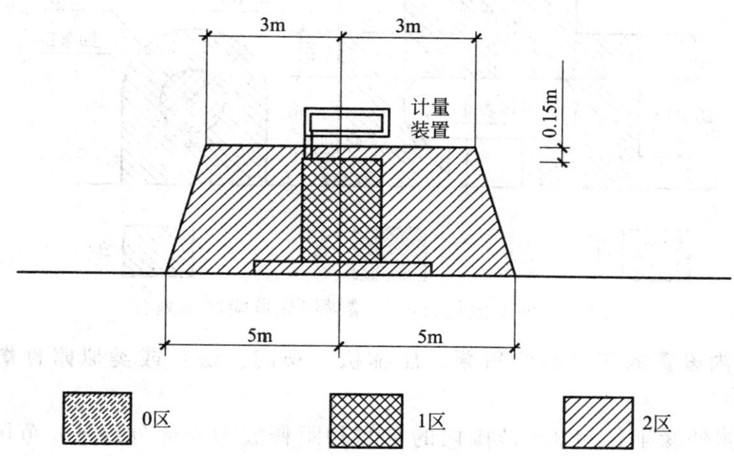

图 6-2　液化石油气加气机的爆炸危险区域的划分

（2）以加气机中心线为中心，以半径为 5m 的地面区域为底面，和以加气机顶部以上

0.15m 半径为 3m 的平面为顶面的圆台形空间划为 2 区。

2. 埋地液化石油气储罐爆炸危险区域的划分（图 6-3）

（1）人孔（阀）井内部空间和以卸车口为中心，半径为 1m 的球形空间划为 1 区。

（2）距人孔（阀）井外边缘 3m 以内，自地面算起 2m 高的圆柱形空间、以放散管管口为中心，半径为 3m 的球形并延至地面的空间和以卸车口为中心，半径为 3m 的球形并延至地面的空间划为 2 区。

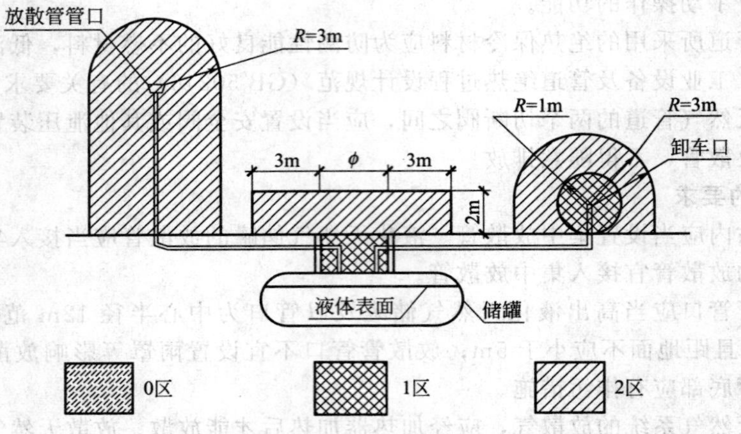

图 6-3　埋地液化石油气储罐爆炸危险区域的划分

3. 地上液化石油气储罐爆炸危险区域的划分（见图 6-4）

（1）以卸车口为中心，半径为 1m 的球形空间划为 1 区。

（2）以放散管管口为中心，半径为 3m 的球形空间、距储罐外壁 3m 范围内并延至地面的空间、防火堤内与防火堤等高的空间和以卸车口为中心，半径为 3m 的球形并延至地面的空间划为 2 区。

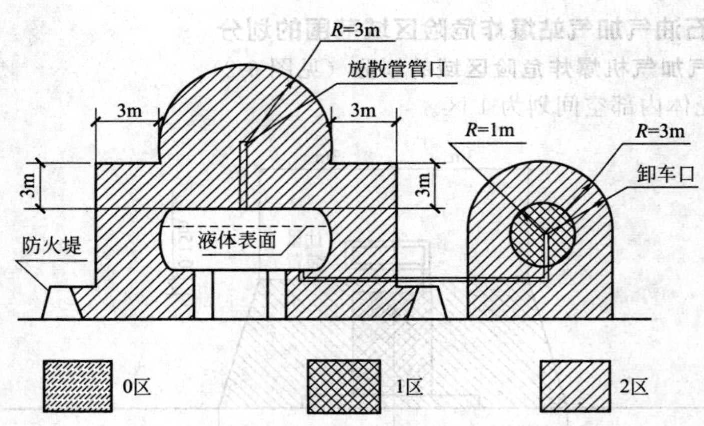

图 6-4　地上液化石油气储罐爆炸危险区域划分

4. 露天或棚内设置的液化石油气泵、压缩机、阀门、法兰或类似附件爆炸危险区域的划分（见图 6-5）

距释放源壳体外缘半径为 3m 范围内的空间和距释放源壳体外缘 6m 范围内，自地面算起 0.6m 高的空间划为 2 区。

5. 液化石油气压缩机、泵、法兰、阀门或类似附件的房间爆炸危险区域的划分（图 6-6）

（1）压缩机、泵、法兰、阀门或类似附件的房间内部空间划为 1 区。

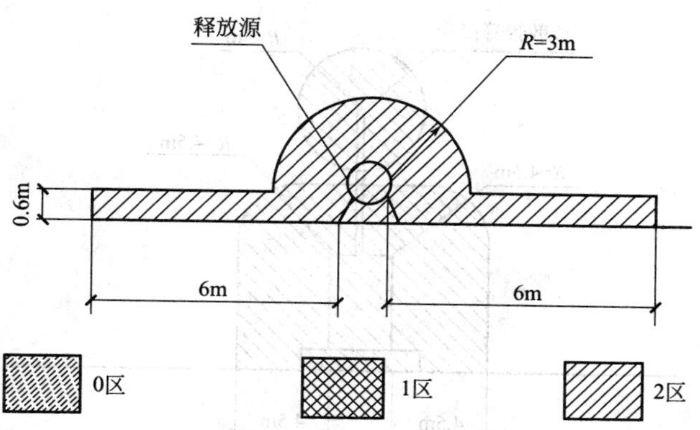

图 6-5　露天或棚内设置的液化石油气泵、压缩机、阀门法兰或类似附件爆炸危险区域的划分

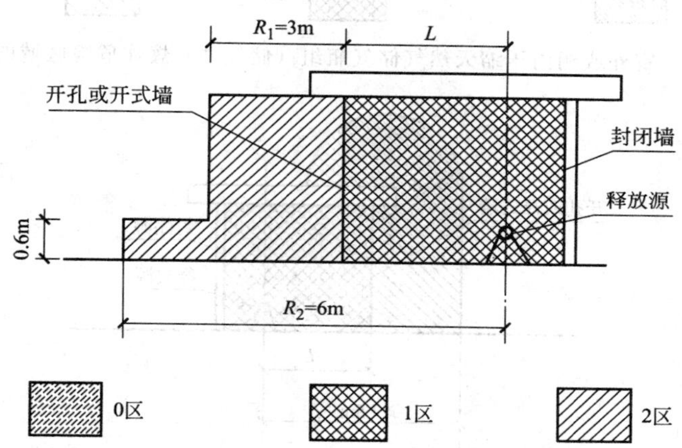

图 6-6　液化石油气压缩机、泵、法兰、阀门或类似附件房间爆炸危险区域的划分

(2) 房间有孔、洞或开式墙外，距孔、洞或墙体开口边缘 3m 范围内与房间等高的空间；在 1 区范围之外，距释放源距离为 R_2，自地面算起 0.6m 高的圆柱形空间应划为 2 区。

注意，当 1 区边缘距释放源的距离 L 大于 3m 时，R_2 取值为 L 外加 3m，当 1 区边缘距释放源的距离 L 小于等于 3m 时，R_2 取值为 6m。

（二）天然气加气机爆炸危险区域的划分

1. 室外或棚内压缩天然气储气瓶组（储气井）爆炸危险区域的划分（见图 6-7）

以放散管管口为中心，半径为 3m 的球形空间和距储气瓶组壳体（储气井）4.5m 以内并延至地面的空间划为 2 区。

2. 房间内设置的天然气压缩机、阀门、法兰或类似附件爆炸危险区域的划分（见图 6-8）

(1) 压缩机、阀门、法兰或类似附件的房间的内部空间，应划为 1 区。

(2) 房间有孔、洞或开式墙外，距孔、洞或墙体开口边缘为 R 的范围并延至地面的空间，应划为 2 区。

注意，在 1 区边缘距释放源的距离 L 大于等于 4.5m 时，R 取值为 3m，当 1 区边缘距释放源的距离 L 小于 4.5m 时，R 取值为 $(7.5-L)$m。

3. 露天设置的天然气压缩机、阀门、法兰或类似附件爆炸危险区域的划分（见图 6-9）

距压缩机、阀门、法兰或类似附件壳体 7.5m 以内并延至地面的空间划为 2 区。

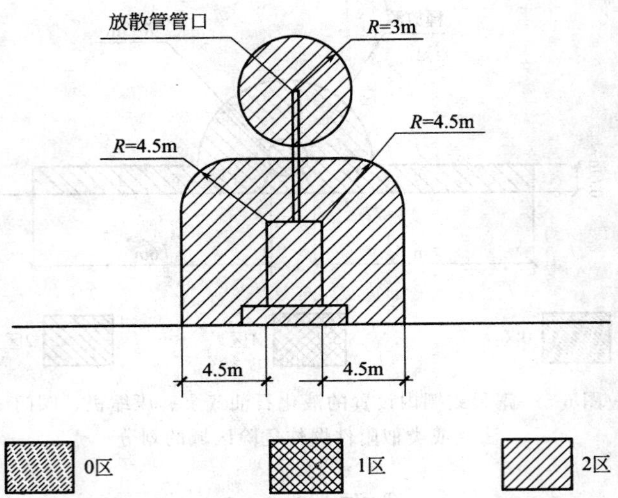

图 6-7　室外或棚内压缩天然气储气瓶组（储气井）爆炸危险区域的划分

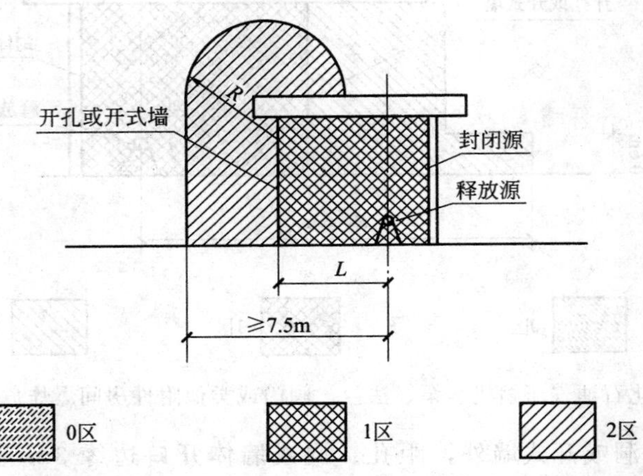

图 6-8　房间内天然气压缩机、阀门、法兰或类似附件爆炸危险区域的划分

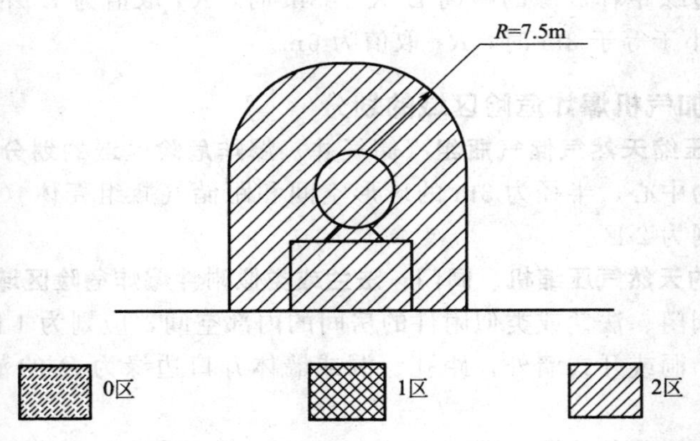

图 6-9　露天（棚）设置的天然气压缩机组、阀门、法兰或类似附件爆炸危险区域的划分

4. 房间内设置的压缩天然气储气瓶组爆炸危险区域的划分（图 6-10）

（1）房间内部空间划为 1 区。

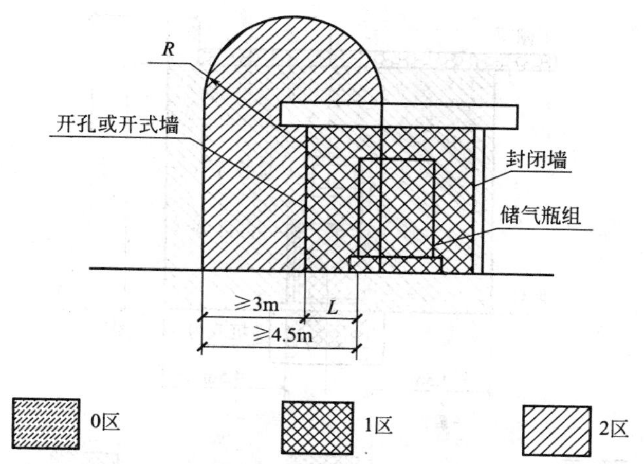

图 6-10　房间内设置的压缩天然气储气瓶组爆炸危险区域的划分

(2) 有孔、洞或开式墙外，以孔、洞边缘为中心，半径 R 以内并延至地面的空间划为 2 区。

注意，当 1 区边缘距释放源的距离 L 大于等于 1.5m 时，R 取值为 3m，当 1 区边缘距释放源的距离 L 小于 1.5m 时，R 取值为 $(4.5-L)$m。

5. 压缩天然气和液化天然气加气机爆炸危险区域的划分

(1) 压缩天然气和液化天然气加气机的壳体内部空间应划为 1 区。

(2) 压缩天然气和液化天然气加气机的外壁四周，半径 4.5m，自地面高度为 5.5m 范围内的空间应划为 2 区（图 6-11）。

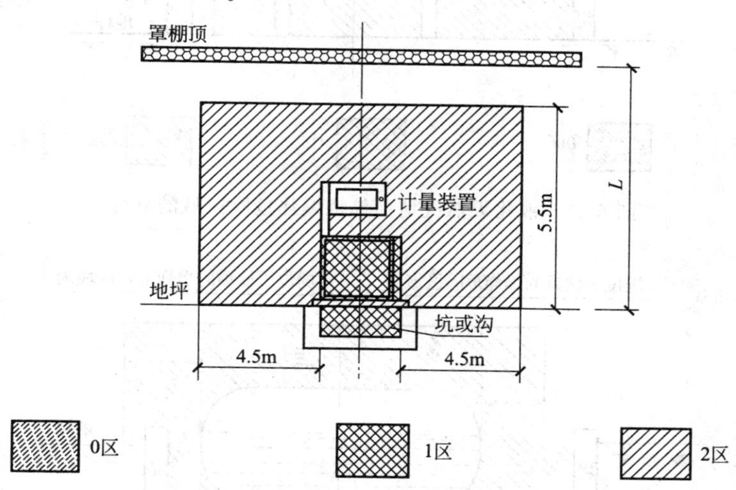

图 6-11　压缩天然气和液化天然气加气机爆炸危险区域的划分（一）

(3) 当罩棚底部至地面距离 L 小于 5.5m 时，罩棚上部空间应划为非防爆区（图 6-12）。

6. 液化天然气储罐爆炸危险区域的划分（图 6-13～图 6-15）

距液化天然气储罐外壁和顶部 3m 的范围内；以及储罐区的防护堤至储罐外壁，高度为堤顶高度的范围内，均应划为 2 区。

7. 露天设置的液化天然气泵、空温式液化天然气气化器和阀门及法兰爆炸危险区域的划分（图 6-16）

露天设置的液化天然气泵，距设备或装置的外壁 4.5m，高出顶部 7.5m，地坪以上的

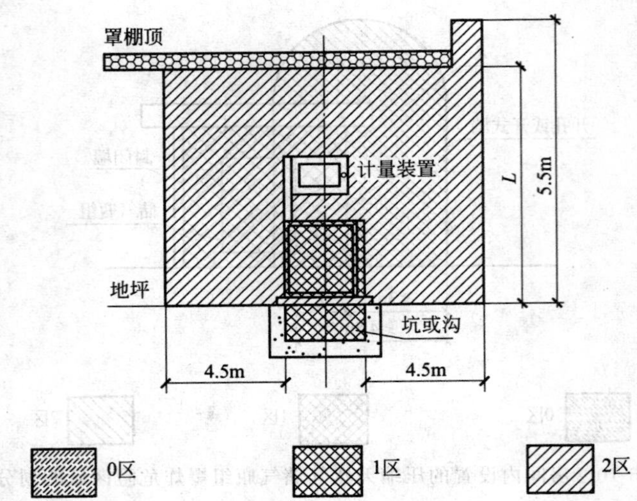

图 6-12　压缩天然气和液化天然气加气机爆炸危险区域的划分（二）

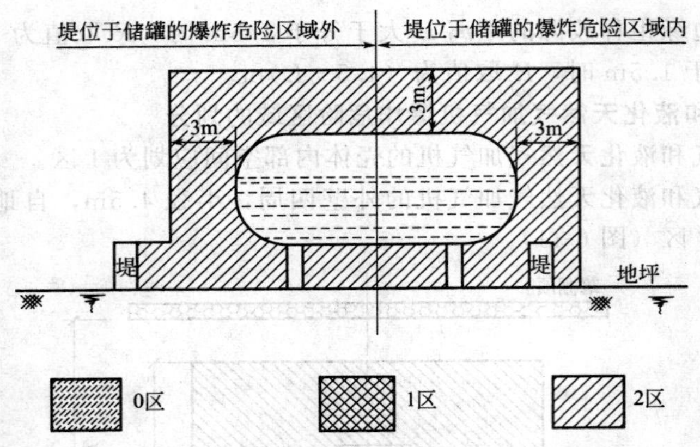

图 6-13　液化天然气地上储罐爆炸危险区域的划分

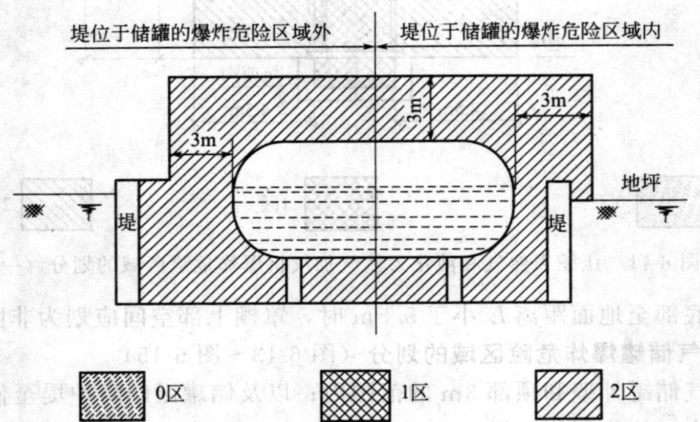

图 6-14　液化天然气半地下储罐爆炸危险区域的划分

范围内；或泵设于防护堤内时，设备或装置的外壁至防护堤，高度为堤顶高度的范围内，其爆炸危险区域均应划为 2 区。

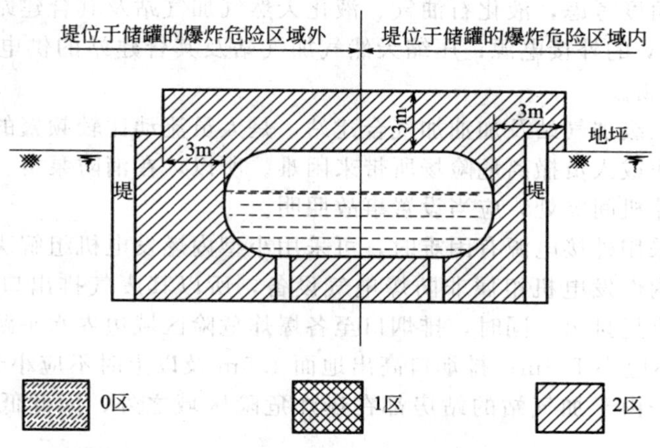

图 6-15　液化天然气地下储罐爆炸危险区域的划分

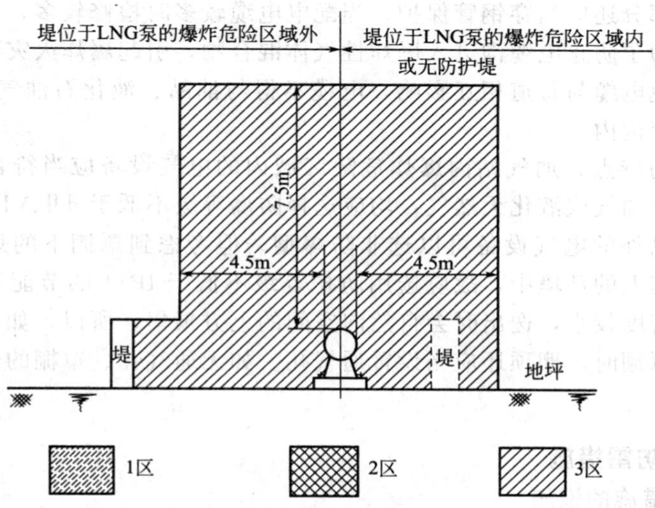

图 6-16　露天液化天然气泵空温式液化天然气气化器和阀门及法兰爆炸危险区域的划分

8. 露天水浴式液化天然气气化器和液化天然气卸气柱爆炸危险区域的划分

(1) 水浴式气化器的外壁和顶部 3m 范围内；或当水浴式气化器设于防护堤内时，设备外壁至防护堤，高度为堤顶高度的范围内，均应划为 2 区。

(2) 液化天然气卸气柱，以密闭式注送口为中心，半径为 1.5m 的空间内，应划为 1 区；以密闭式注送口为中心，半径为 4.5m 的空间内，以及至地坪以上范围内，应划为 2 区。

八、加气站电气、防雷、防静电及检测与报警的消防安全要求

(一) 供配电的防火安全要求

(1) 加气站的供电负荷，主要是指加气机、压缩机、机泵等用电。由于这些设备突然停电，一般不会造成人员伤亡或重大经济损失。所以，根据电力负荷分类标准，应当为三级负荷。但是，随着自动温度及液位检测、可燃气体检测报警系统、电脑控制的加气机等信息系统自动化水平的提高，如遇突然停电，该系统便不能正常工作，就会给加气站的运营和安全带来危害，所以，信息系统的供电应设置应急供电电源。

（2）从经济的角度考虑，液化石油气、液化天然气加气站及其合建站的供电电源，宜采用电压为380V/220V的外接电源；压缩天然气加气站及其合建站的供电电源宜采用电压为6kV/10kV的外接电源。

（3）由于一、二级加气站及加油加气合建站，是人员流动比较频繁的地方，如遇突然停电，就会给经营操作或人员撤离危险场所带来困难。所以，在消防泵房、营业室、罩棚、液化石油气泵房、压缩机间等处，应当设置事故照明。

（4）加气站若采用外接电源有困难时，可采用小型内燃发电机组解决加油加气站的供电问题。但是，由于内燃发电机组属非防爆电气设备，所以其废气排出口应当安装排气阻火器，以防止或减少火星排出。同时，排烟口至各爆炸危险区域边界水平距离：排烟口高出地面4.5m以下时，不应小于5m；排烟口高出地面4.5m及以上时不应小于3m，以避免火星引燃爆炸性混合物。由于加气站的站房都在爆炸危险区域之外，因此低压配电间可设在站房内。

（5）为了保障供电电缆的安全和防止汽车轧坏电缆，加气站的供电电缆应采用直埋敷设，且穿越行车道的部分还应当穿钢管保护。当配电电缆较多时检修较多，为了便于检修可采用电缆沟敷设。但为了防止电缆沟进入爆炸性气体混合物，引起爆炸火灾事故，电缆沟必须充沙填实。为了避免电缆与管道相互影响，电缆不得与油品、液化石油气和天然气管道、热力管道敷设在同一管沟内。

（6）根据加气站的特点，加气站内爆炸危险区域内的电气设备应当符合防爆等级的要求，即天然气、液化石油气或液化天然气，均应选择防爆等级不低于dⅡAT_3型的防爆电气设备。爆炸危险区域以外的电气设备可以选非防爆型。但考虑到罩棚下的灯经常处在多尘土、雨水有可能溅淋其上的环境中，故应选用防护等级不低于IP44的节能型照明灯具。由于压缩天然气的相对密度较小，逸出时会自然向空间的上方聚集，所以，如果压缩天然气加气站的顶棚系密闭的罩棚时，棚顶还应当设置通气孔。如无通气孔、罩棚的灯具还应当符合防爆等级的要求。

（二）加气站的防雷措施

1. 应当设置防雷措施的设施

（1）在钢储罐的防雷措施中，储罐的接地如何是非常重要的，处理得好，可以降低雷击点电位、反击电位和跨步电压，否则，就可能带来危险。所以，钢制液化石油气、压缩天然气、液化天然气储罐和压缩天然气瓶（组），必须进行防雷接地，且为了提高其可靠性，接地点不应少于两处。但如果加气站的面积不大，各类设备、设施的接地可以共用一个接地装置，且接地电阻应按最小的要求设置。为能将雷电流顺利泄入大地，降低反击电位和跨步电压，在单独设置接地装置时，各接地装置之间要保持大于3m的距离，否则不能分开设置。当不能分开设置时，只能合并设置在一起，其接地电阻要按最小的要求值设置。

（2）由于埋地钢制储罐埋在土里，受到土层的屏蔽保护，当雷击储罐顶部的土层时，土层可将雷电流疏散导走，起到保护作用，故埋地钢制储罐不需再装设避雷针（线）防雷。但其高出地面的量油孔、通气管、放散管及阻火器等附件，有可能遭受直击雷或感应雷的侵害，故应相互做良好的电气连接并应与储罐的接地共用一个接地装置，以给雷电提供一个泄入大地的良好通路，防止雷电反击火花造成雷害事故。

（3）地上或管沟敷设的液化石油气、液化天然气和压缩天然气管道，均应设置防静电和防感应雷的共用接地装置。

（4）加气站的站房（罩棚）的防雷，应采用避雷带（网）保护。但当罩棚采用金属屋面

时，若其顶面单层金属板厚度大于0.5mm、搭接长度大于100mm，且下面无易燃的吊顶材料时，可不采用避雷带（网）保护。

（5）为了对电缆实施良好的保护，加气站的信息系统（通信、液位、计算机系统等）应当采用铠装电缆或导线穿钢管配线；为了产生电磁封锁效应，尽量减少雷电波的侵入，减少或消除雷电事故，供电系统的配线电缆金属外皮或金属保护管两端，均应接地。

2. 防雷接地极的选择

钢制储罐的防雷和防静电接地极，由于使用钢质材料会造成保护电流大量流失，而锌或镁锌复合材料在土壤中的开路电位为−1.1V（相对饱和硫酸铜电极），这一电位与储罐阴极保护所要求的电位基本相等。所以，接地电极采用锌棒或镁锌复合棒。

3. 不同防雷接地的最小电阻值和接地线的横截面积的要求

为能将雷电流顺利泄入大地，对防雷接地极的接地电阻应当符合以下要求。

（1）储罐、设施各自单独设置接地装置时，各自钢制储罐、储气瓶（组）、配线电缆金属外皮两端和保护钢管两端的接地装置的接地电阻，均不大于10Ω。

（2）电气系统的工作和保护接地电阻不应大于4Ω。

（3）地上或管沟敷设的液化石油气管道及液化天然气和压缩天然气管道的始、末两端和分支处的接地装置，其接地电阻均不大于30Ω。

（4）储罐接地线的铜芯连线横截面不应小于$16mm^2$。

4. 应当设置电气保护措施或过电压（电涌）保护器的设施

（1）在加气站的380/220V供配电系统，应当采用TN-S系统。即在总配电盘（箱）开始引出的配电线路和分支线路，PE线与N线必须分开设置，使各用电设备形成等电位连接，PE线正常时不走电流，以保证防爆的需要和人身及设备的安全。

（2）当外供电源为380V时，可采用TN-C-S供电系统。为了防止雷电电磁脉冲过电压损坏信息系统的电子器件，在供配电系统的电源端，应安装与设备耐压水平相适应的过电压（电涌）保护器。

（3）为箝制雷电电磁脉冲产生的过电压，使其过电压限制在设备所能耐受的数值内，避免雷电损坏用电设备，在供配电系统的电源端，亦应当安装过电压（电涌）保护器。

（三）静电的防护

1. 应当设置防静电措施的设施

（1）在管沟敷设的液化石油气、液化天然气和压缩天然气管道的始端、末端和分支处及加气设施，应设防静电和防感应雷的联合接地装置，以顺利通过接地装置泄入大地，避免管道上聚集大量的静电荷而发生静电事故。

（2）加气站的槽、罐车卸车场地，应设槽、罐车卸车时用的防静电接地装置，并宜设置能检测跨接线及监视接地装置状态的静电接地仪。以及时检测接地线和接地装置是否完好、接地装置接地电阻值是否符合规范要求、跨接线是否连接牢固、静电消除通路是否已经形成等功能，切实防止槽、罐车卸车时发生静电放电事故。

（3）在爆炸危险区域内的液化石油气、液化天然气和压缩天然气管道上的法兰和胶管两端等连接处，应设置金属线跨接，以防止法兰及胶管两端连接处由于连接不良（接触电阻大于0.03Ω）而发生静电或雷电火花，继而发生火灾事故。但由于不少于5根螺栓连接的法兰，在非腐蚀环境下，法兰连接处的连接良好，故当法兰的连接螺栓不少于5根时，在非腐蚀环境下可不设置跨接线。

（4）采用导静电的热塑性塑料管道时，导电内衬应当接地；采用不导电的热塑性塑料管道时，不埋地部分的热熔连接件，应当保证长期的可靠接地。亦可采用专用的密封帽将连接管件的电熔插孔密封，但管道或接头的其他导电部件应设置接地。

(5) 卸气罐车的软管和油气回收软管与两端快速接头，应当有可靠的电气连接。

2. 防静电接地的允许最小电阻值和接地线的横截面积的要求

(1) 防静电和防感应雷的联合接地装置的接地电阻不应大于 30Ω。

(2) 防静电接地装置单独设置时，其防静电接地装置的接地电阻不应大于 100Ω。

(四) 充电设施、火灾检测与报警系统

1. 充电设施

(1) 户外安装的充电设备，其基础应高于所在地坪 200mm；直流充电机、直流充电桩和交流充电桩的防护等级，应为 IP54。

(2) 直流充电机、直流充电桩和交流充电桩，与站内通道（或充电车位）相邻一侧，应当设置车挡或防撞（柱）栏。防撞（柱）栏的高度，不应小于 0.5m。

2. 火灾检测系统

(1) 为了能及时检测到可燃气体非正常超量泄漏，以便工作人员尽快进行泄漏处理，防止或消除爆炸事故隐患，加气站、加油加气合建站应设置可燃气体检测报警系统。

(2) 因为加气站内的液化石油气储罐区、压缩天然气储气瓶间（棚）、液化石油气或液化天然气泵和压缩机房（棚）等场所是可燃气体储存、灌输作业的重点区域，最有可能泄漏并聚集可燃气体，所以这些场所应设置可燃气体检测器。

(3) 参照行业标准《石油化工企业可燃气体和有毒气体检测报警设计规范》(SH3063) 的有关规定，可燃气体检测器报警（高限）设定值应小于或等于可燃气体爆炸下限浓度 (V%) 值的 25%。

3. 火灾报警系统

(1) 液化石油气或液化天然气储罐，应当设置液位上限、下限报警装置和压力上限报警装置。液化天然气泵应设超温、超压自动停泵保护装置。

(2) 因为值班室或控制室内经常有人员在进行营业，所以，报警器宜集中设置在控制室或值班室内，以使操作人员能够及时得到报警；且报警系统应当配有不间断电源。

(3) 可燃气体检测器和报警器的选用和安装，应当按《石油化工企业可燃气体和有毒气体检测报警设计规范》(GB 50493—2009) 的规定严格执行。

4. 紧急切断系统

(1) 加气站应当设置能够在事故状态下迅速切断加油加气设备电源和关闭重要阀门的紧急切断系统。该系统应当具有失效保护功能，且只能手动复位。

(2) 液化石油气和液化天然气泵、液化天然气和压缩天然气压缩机的电源和加气机上的紧急切断阀，应当能够由手动执行远程控制紧急切断系统的启动或关闭操作。

(3) 紧急切断系统应当至少在距加气站卸车点 5m 以内、加油加气现场工作人员容易接近的位置、控制室或值班室内设置启动开关。

九、加气站采暖通风、建筑物、绿化的防火要求

(一) 采暖通风

1. 加气站的采暖

(1) 加气站内的各类房间，应根据站场的环境、运行工艺等特点和运行管理需要进行采暖设计。应首先利用城市、小区或邻近单位的热源；当无条件需要在加气站内设置独立的锅炉房时，宜选用小型燃气（油）热水锅炉，也可采用具有防爆性能的电热水器采暖。当仅向

建筑面积不大于 200m² 的站房供暖时，小型热水锅炉、热水器宜设在站房内。

(2) 加气站内各类房间的采暖室内计算温度应符合表 6-13 的要求。

表 6-13　各类房间的采暖室内计算温度

房间名称	采暖室内计算温度/℃
营业室、仪表控制室、办公室、值班休息室	18
浴室、更衣室	25
卫生间	12
压缩机间、调压器间、液化天然气泵房、发电间	12
消防水泵房、消防器材间	5

(3) 设置在站房内的热水锅炉间，应设耐火极限不低于 3h 的隔墙与其他房间隔开。锅炉间的门窗不宜直接朝向加气机、卸气点及放散管管口；锅炉宜选用额定供热量不大于 140kW 的小型锅炉；当采用燃煤锅炉时，宜选用具有除尘功能的自然通风型锅炉；锅炉烟囱出口应高出屋顶 2m 及以上，且应采取防止火星外逸的有效措施。当采用燃气热水器采暖时，热水器应设有排烟系统和熄火保护等安全装置。

2. 加气站的通风

加气站内爆炸危险区域内的房间应采取通风措施，以防止可燃气体聚集发生中毒和爆炸事故。

(1) 采用强制通风时，通风设备的通风能力在工艺设备工作期间应按每小时换气 12 次计算；在工艺设备非工作期间应按每小时换气 5 次计算。通风设备应当具有符合液化石油气和天然气的防爆性能等级。采用自然通风时，通风口总面积不应小于 300cm²/m²（地面），通风口不应少于两个。

(2) 通风口的设置，除满足面积和数量外，还需要考虑通风口的位置，应在靠近可燃气体积聚的部位设置。对于可能泄漏液化石油气的建筑物，以下排风为主；对于可能泄漏天然气的建筑物，以上排风为主。排风口布置时，应尽可能均匀，不留死角，以便于可燃气体的迅速扩散。

(3) 为了有利于美观和安全，加气站室内外采暖管道宜直埋敷设；当采用管沟敷设时，管沟应充沙填实，进出建筑物处应采取隔断措施。以避免可燃气体积聚和串入室内，消除着火和爆炸危险。

(二) 加气站内的建（构）筑物，及其绿化的防火要求

1. 罩棚

(1) 为了降低火灾危险性，降低次生灾害，加气站罩棚的四周（或三面）应当开敞，以利可燃气体扩散、人员撤离和消防安全。如为房间式建筑物，加气站内的站房及其他附属建筑物的耐火等级不应低于 2 级；加气场地宜采用不燃材料建造罩棚。当顶棚为钢结构时，其耐火极限不应低于 0.25h。

(2) 罩棚的进口无限高措施时，罩棚的净空高度不应小于 4.5m；进口有限高措施时，罩棚的净空高度不应小于限高的高度。罩棚遮盖加气机的平面投影距离不宜小于 2m。

(3) 罩棚设计的荷载，应当包括活荷载、雪荷载和风荷载，其设计标准值，应符合《建筑结构荷载规范》(GB 50009—2012) 的有关规定。罩棚的防震设计，应按现行国家标准《建筑抗震设计规范》(GB 50011—2010) 的有关规定。

(4) 设置于压缩天然气和液化天然气设备上方的罩棚，应当采用能够避免天然气聚集的

结构形式。

2. 加气岛

加气岛的设计，应高出停车位的地坪 0.15～0.2m；加气岛两端的宽度不应小于 1.2m；加气岛与罩棚立柱边缘的距离，不应小于 0.6m。

3. 工艺设备房间

（1）布置有液化石油气、液化天然气和压缩天然气设备的房间，其门窗应向外开启，并应按《建筑设计防火规范》(GB 50016）的有关规定采取防爆泄压措施。其地坪应当采用不发生火花地面。

（2）为了有利于可燃气体的扩散、防爆泄压和人员逃生，压缩天然气储气瓶（组）间的墙体，宜采用半开敞式钢筋混凝土结构或钢结构，屋面应采用不燃材料建造的轻质屋顶。储气瓶（组）管道接口端朝向的墙，应为厚度不小于 200mm 的钢筋混凝土实体墙。

（3）为了防止遗漏可燃气体的聚集和便于扩散和通风，加气站内的工艺设备，不宜布置在封闭的房间或箱体内，当因工艺要求需要布置在封闭的房间或箱体内（不包括按规范要求埋地设置的储罐）时，房间或箱体内应当设置可燃气体检测报警器和强制通风设备。强制通风设备应当符合通风能力和通风次数的要求。

（4）为了保证值班人员的安全，当压缩机间与值班室或仪表间相邻布置时，其门窗应当位于爆炸危险区域之外，其与压缩机间的中间隔墙应为无门窗洞口的防火墙。

4. 站房

加气站的站房一般由办公室、值班室、营业室、控制室变配电间、卫生间和便利店等组成。为了这些场所人员的安全，应当符合以下要求。

（1）当站房的一部分位于加气作业区内时，其面积不宜超过 $300m^2$，且该站房内不得有明火设备。辅助服务区内的面积不应超过三类保护物的标准，并符合《建筑设计防火规范》(GB 50016）的有关要求。

（2）站房可与设置在辅助服务区内的餐厅、汽车服务、锅炉房、厨房、员工宿舍、司机休息室等设施合建，但站房与这些场所之间应当设置无门窗洞口，且耐火极限不低于 3h 的实体防火墙进行分隔。

（3）站房可设在加气站站外民用建筑物内或与站外民用建筑合建，但站房与民用建筑之间不得有连接通道，并应单独开设通向加气站的出入口。站外民用建筑不得有直接通向加气站的出入口。

（4）当加气站的锅炉房、厨房等有明火设备的房间与加气站工艺设备之间的距离符合表 6-11 和表 6-12 的要求，但小于等于 25m 时，其朝向加气站作业区的外墙，应为无门窗洞口，且耐火极限不低于 3h 的实体防火墙。

（5）由于地下建筑易聚集可燃气体，所以，加气站内不得建地下室和半地下室。位于爆炸危险区域内的操作井和排水井，亦应采取防火花和防渗漏的安全措施。

5. 加气站绿化的安全要求

（1）为了保证值班人员的安全和改善操作环境、减少噪声影响，当压缩机房与值班室、仪表间相邻时，应设具有隔声性能的隔墙，隔墙上应设隔声观察窗。站房可由办公室、值班室、营业室、控制室和小商品（限于食品、饮料、润滑油、汽车配件等）便利店等组成，但不得建经营性的住宿、餐饮和娱乐等设施。

（2）因油性植物易引起火灾，故加气站内可种植草坪、设置花坛，但不得种植油性植物。为了防止液化石油气气体积聚在树木和其他植物中引发火灾，液化石油气加气站内不应种植树木和易造成可燃气体积聚的其他植物。

十、加气站消防设施及给排水要求

1. 加气站消防给水设计的基本要求

(1) 设置有液化石油气设施的和设置有地上液化天然气储罐的一、二级液化天然气加气站，都应当设置消防给水系统。

(2) 压缩天然气加气站或加油和压缩天然气加气合建站和三级液化天然气加气站可以不设置消防给水系统。这是因为，压缩天然气的火灾特点是爆炸后只在泄漏点着火，只要关闭相关气阀，就能很快熄灭火灾。

(3) 加气站或加油加气合建站的消防给水，应利用城市或企业已建的给水系统。当已有的给水系统不能满足消防给水的要求时，应自建消防给水系统，以节省投资。

(4) 生产、生活给水管道宜与消防给水管道合并设置，且当生产、生活用水达到最大小时用水量时仍应保证消防用水量。消防用水量应按固定式冷却水量和移动水量之和计算。

(5) 消防水泵应设两台，以备在其中一台不能使用时至少还可以有一半的消防供水能力，以减少投资。当计算消防水量超过 35L/s 时应设两个动力源。两个动力源可以是双回路电源，也可以是一个电源，一个内燃机，也可以两个都是内燃机。

(6) 加气站固定式消防喷淋冷却水的喷头出口处给水压力不应小于 0.2MPa，移动式消防水枪出口处给水压力不应小于 0.25MPa；以保证水枪的充实水柱长度。因为喷头出水压力太低，喷头喷水效果不好。

(7) 由于多功能水枪即开花亦可直流，在实际使用中比较方便，既可以远射，也可以喷雾使用，故应采用多功能水枪。

2. 液化天然气加气站的消防给水设计

设置有地上液化天然气储罐的各类加气站的消火栓用水量，一级站不应小于 20L/s；二级站不应小于 15L/s；连续灭火给水时间不应小于 2h。

采用埋地、地下和半地下设置液化天然气储罐的各级液化天然气加气站，以及符合以下条件的设置有地上液化天然气储罐的一、二级液化天然气加气站，均可不设消防给水系统。

(1) 液化天然气加气站当位于市政消火栓保护半径 150m 以内，且能满足一级站供水量不小于 20L/s，或二级站供水量不小于 15L/s 时。

(2) 液化天然气储罐之间的净距不小于 4m，且在储罐之间设置有耐火极限不低于 3h 的钢筋混凝土防火隔墙，防火隔墙顶部高于储罐顶部，长度至两侧防护堤的厚度不小于 200mm 时。

(3) 液化天然气加气站位于城市建成区以外，且为严重缺水地区；液化天然气的储罐、放散管、储气瓶（组）及卸车点与站外建（构）筑物的安全间距，不小于表 6-10 规定的安全间距的 2 倍；液化天然气储罐之间的净距不小于 4m；灭火器材配置的数量在标准规定的基础上又增加了 1 倍时。

3. 液化石油气加气站消防给水的设计要求

(1) 采用地上储罐的液化石油气加气站，消火栓消防用水量不应小于 20L/s；总容积超过 $50m^3$ 或单罐容积超过 $20m^3$ 的储罐，还应设置固定式消防冷却水系统，其给水强度不应小于 $0.15L/m^2 \cdot s$，着火罐的给水范围按其全部表面积计算，距着火罐直径与长度之和 0.75 倍范围内的相邻储罐的给水范围，按其表面积的一半计算。

(2) 液化石油气加气站的储罐埋地设置时，罐本身并不需要冷却水，消防用水主要用于加气站火灾时对地面上的液化石油气泵、加气设备、管道、阀门等进行冷却。所以，采用埋地储罐的液化石油气加气站时的消火栓用水量：一级站不应小于 15L/s；二级、三级站不应小于 10L/s。

(3) 液化石油气加气站储罐的连续给水时间：地上设置的不应小于3h；埋地敷设的不应小于1h。

(4) 液化石油气加气加油合建站的液化石油气储罐距市政消火栓的距离，当利用城市消防给水管道时，宜为30～50m；三级站不应大于80m，且市政消火栓给水压力大于0.2MPa时，站内可不设室外消火栓。这是因为，消火栓的保护半径不超过150m；在市政消火栓保护半径150m以内，如消防用水量不超过15L/s时，可不设室外消火栓。

4. 灭火器的配置

小型灭火器材是控制初期火灾和扑灭小型火灾的最有效器材，因此，加气站及其合建站应当根据《建筑物灭火器材配置规范》(GB J140) 的规定，选用适宜的型号及数量的小型灭火器。要求如下。

(1) 每2台加气机应配置不少于2具4kg手提式干粉灭火器；加气机不足2台时，应按2台配置。

(2) 无论地上还是地下、半地下液化石油气储罐、液化天然气储罐和压缩天然气储罐以及天然气储气设施，都应配置35kg推车式干粉灭火器2台。当两种介质储罐之间的距离超过15m时，应分别设置。

(3) 地下储罐应配置35kg推车式干粉灭火器1个。当两种介质储罐之间的距离超过15m时，应分别设置。

(4) 液化石油气泵和液化天然气泵、压缩机操作间（棚），应按建筑面积每50m^{2}配置4kg的手提式干粉灭火器不少于2具。

5. 排水的防火要求

(1) 水封设施是隔绝油气串通的有效做法。在加气或加油加气合建站，为了防止可能的地面污油和受油品污染的雨水通过排水沟排出站时在站内外沟中积聚，使油气互相串通，引发火灾。站内地面雨水可散流排出站外，当雨水有明沟排到站外时，应在排出围墙之前的围墙内设置水封装置。

(2) 为了防止可能混入室外污水管道中的油气和室内污水管道相通，或和站外污水管道中的气相直接相通，引发火灾。液化石油气加气站或加油合建站的排出建筑物或围墙的污水，在建筑物墙外或围墙内应分别设水封井。水封井的水封高度不应小于0.25m；并应设沉泥段，沉泥段高度亦不应小于0.25m。

(3) 清洗液化石油气储罐的污水中可能含有一些液化石油气凝液，且挥发性很强，故严禁直接排入下水道，应采用活动式回收桶集中收集处理，以确保安全。

第三节　石油零售（汽车加油站）防火

石油零售是零售汽油、煤油、轻柴油等燃油的经营活动。就是通过各加油站将油品售给用户，而要阐述石油零售的防火问题，实际上就是阐述汽车加油站防火，故这里我们以加油站来叙述石油零售防火的有关问题。

加油站是为汽车油箱充装汽油、柴油等车用燃油，并可提供其他便利性服务的场所。包括为社会上车辆加油的汽车加油站和各企事业单位自己建设的汽车加油站等。其特点是，具有储油设施，使用加油机加注油品等。随着经济建设的发展，汽车数量大幅度增加，加油站的建设也越来越多。但由于不具有合乎要求的储油设备及安全用油知识，经常发生着火、爆炸事故，城市火灾概率上升。如江苏省一个体加油站未经审核，将油罐安装在地下室内，加

油时因加油机电线损坏短路打火引发火灾，火焰从未完全封闭的加油机下的供油管沟进入安装油罐的地下室内，又引发地下室内油蒸气的爆炸，造成数人死亡，三层小楼垮塌。所以，加油站的消防安全不可小视。

一、加油站储存设施的允许储量和分级

（一）加油站的分级

加油站的油罐容量不同，一般来说其业务量也不同。所以，它的危险性和对周围建筑物影响的程度也有区别。因此加油站根据油罐容量的大小分为以下三级。

(1) 一级加油站　指油罐容量为150～210m³的加油站。有些企业事业单位自用的加油站，虽然日平均用油量并不多，但采购来一批油品就要有容器。因此，需要很大的油罐容量。另外还有一些远离石油库的远郊区或山区的加油站，因为距石油库较远，道路状况欠佳，运输条件不好，受自然灾害影响较大，往往若干天不能来油。这样的加油站也希望油罐容量大一些。所以规定一级加油站油罐容量为150～210m³。

(2) 二级加油站　指油罐容量大于90m³，但不大于150m³的加油站。根据调查分析，城市内一般的汽车加油站设120m³容量的油罐已够使用。因为城市汽车加油站的年售油量平均为5000t，多则10000t，这样每天平均售量为14～28m³。如果将150m³的油罐全装满，平均可以销售3～5天。因为每个城市的石油公司都有石油库，每天都可以给加油站送油，道路状况比较好，不会因洪水将路冲断而不能供油。特别是大城市，石油库不止一个，供油更为方便，所以将二级加油站油罐容量定为150m³。

(3) 三级加油站　是从二级加油站派生出来的。因为在城市的建成区内，建筑物密度大，如果按二级加油站的规模和防火间距要求，在这样的地区很难找到一块地皮建加油站。所以，只有减少油罐总容积，降低加油站的风险值，才能达到缩小安全距离，满足建站条件的要求。因此，将三级加油站的油罐总容积规定为等于或小于90m³。这样，既放宽了建站条件，又能满足运营基本要求。

（二）储存设施的允许最大储存量

1. 加油站储存设施的允许最大储存量

(1) 单罐的容积限制。由于油罐容积越大，其危险度也越大，故需应当对各级加油站的单罐最大容积做出限制。根据规范规定，单罐容积的上限，一级、二级加油站不得大于50m³，三级加油站不得大于30m³。

(2) 柴油与汽油的折算。由于柴油的闪点较高，其危险性远不如汽油，故柴油罐容积可折半计入油罐总容积。

(3) 由于一级加油站储罐容量大，加油数量多，对周围的影响、威胁也较大，所以，在人口稠密的城市区内不得建一级加油站。

各级加油站的分级见表6-14。

表6-14　各级加油站的分级

级别	油罐容量	
	总容量/m³	单罐容量/m³
一级	$150<V\leqslant210$	$V\leqslant50$
二级	$90<V\leqslant150$	$V\leqslant50$
三级	$V\leqslant90$	汽油罐 $V\leqslant30$，柴油罐 $V\leqslant50$

注：本表油罐总容量系指汽油储量，柴油罐容积可折半计入油罐总容积。

2. 加油加气合建站油品的允许最大储存量

(1) 当油罐总容积大于 $90m^3$ 时，无论汽油或是柴油，油罐单罐容积不应大于 $50m^3$。

(2) 当油罐总容积小于等于 $90m^3$ 时，汽油罐单罐容积不应大于 $30m^3$；柴油罐单罐容积不应大于 $50m^3$。

二、加油站的站址选择及总平面布置防火

(一) 加油站的站址选择

1. 加油站站址选择的原则

(1) 应当符合城镇建设规划、环境保护和防火安全要求　城市市区的汽车加油站，应靠近城市交通干道或设在出入方便的次要干道上。

(2) 要选择交通便利、方便汽车加油的地方　在进行城市加油站网点布局和选址定点时，应当处理好方便加油和不影响交通的关系。既要尽可能靠近道路，特别是城市的主要干道和城镇的出入口，以方便汽车加油，又要尽量避免干扰交通运输，降低道路的通行能力。

(3) 不得影响道路通行能力　从石油销售部门的角度看，加油站建在交叉路口，能方便汽车加油，增加销售量。但应当看到，道路交叉口特别是十字路口，最容易堵塞车辆，成为限制道路通行能力的"瓶颈"。在道路交叉路口建加油站容易增加新的交叉点，势必减少路口的通行能力。所以，应强调道路的通行能力不能受到影响。

2. 加油站的油罐、加油机和通气管管口与周围建筑物、构筑物的安全距离

由于地下直埋油罐较地上罐安全，若发生火灾，油品也只是在油罐与站房之间燃烧，对距油罐 2～3m 外的房子影响不大。所以，确定油罐、加油机与站外建、构筑物的安全距离时，应充分考虑节约用地和以下相关因素。

(1) 加油站与重要公共建筑物的距离　由于重要公共建筑物性质最为重要，故加油站与之的安全距离应远于其他建筑物。根据有关规定，加油站的埋地油罐和加油机，与重要公共建筑物的安全距离，不论加油站级别的大小，均应不小于 50m，这样基本可以使重要公共建筑物处在加油站事故的影响范围之外。

(2) 加油站与民用建筑物的安全距离　根据民用建筑物的三个保护类别，加油站与各类民用建筑物的安全距离，考虑到一类保护物的重要程度高，建筑面积大，人员较多，虽然建筑物材料多数为一、二级耐火等级，但仍然有必要保持较大的安全距离，所以确定三个级别的加油站与一类保护物的安全距离分别不应小于 25m、20m 和 16m；与二类保护物、三类保护物的安全距离依其重要程度的降低，分别递减为 20m、16m、12m 和 16m、12m、10m。站外甲、乙类生产厂房、物品库房及储罐的火灾危险性较大，加油站与这类设施应有较大的安全距离，故按三个级别分别不应小于 25m、22m 和 18m。

(3) 油罐与明火地点的安全距离　根据现行国家标准《建筑设计防火规范》(GB 50016) 的规定，安全油罐罐容和规模，一级站不应小于 30m，二级和三级站分别为为 25m 和 18m。

(4) 油罐与室外变配电站的距离　考虑到加油站的油品储罐埋地敷设等有利因素，因此，一、二、三级站的埋地卧式油罐与室外变配电站的安全距离分别为 25m、22m 和 18m。另外，对于站外小于或等于 1000kV·A 的箱式变压器、杆装变压器，由于其电压等级较低，安全距离可按室外变配电站的安全距离减少 20%。

(5) 油罐与站外铁路、道路的安全距离　由于国家铁路线的重要性和行驶速度、运输量等都远大于工业企业铁路线，因此其安全距离也应大一些，故不论加油站的等级，统一规定为 22m。考虑道路上可能有明火，为避免与加油站之间的相互影响，与道路的安全距离按加油站和道路的等级，规定快速路、主干路的一级站为 10m，二级、三级站为 8m；次干路、

表 6-15　汽油设备与站外建（构）筑物的安全间距

m

站外建(构)筑物		站内柴油设备											
		埋地油罐									加油机通气管管口		
		一级站			二级站			三级站					
		无油气回收系统	有油气回收系统	有卸油和加油油气回收系统	无油气回收系统	有油气回收系统	有卸油和加油油气回收系统	无油气回收系统	有油气回收系统	有卸油和加油油气回收系统	无油气回收系统	有油气回收系统	有卸油和加油油气回收系统
重要公共建筑物		50	40	35	50	40	35	50	40	35	50	40	35
明火或散发火花地点		30	24	21	25	20	17.5	18	14.5	12.5	18	14.5	12.5
民用建筑物保护类别	一类保护物	25	20	17.5	20	16	14	16	13	11	16	13	11
	二类保护物	20	16	14	16	13	11	12	9.5	8.5	12	9.5	8.5
	三类保护物	16	13	11	12	9.5	8.5	10	8	7	10	8	7
甲、乙类生产厂房、物品库房和甲、乙类液体储罐		25	20	17.5	22	17.5	15.5	18	14.5	12.5	18	14.5	12.5
丙、丁、戊类物品库房、生产厂房和丙类液体储罐以及容积不大于 50m³ 的埋地甲、乙类液体储罐		18	14.5	12.5	16	13	11	15	12	10.5	15	12	10.5
室外变配电站		25	20	17.5	22	18	15.5	18	14.5	12.5	18	14.5	18
铁路		22	17.5	15.5	22	17.5	15.5	22	17.5	15.5	22	17.5	22
城市道路	快速路、主干路	10	8	7	8	6.5	5.5	8	6.5	5.5	6	5	6
	次干路、支路	8	6.5	5.5	6	5	5	6	5	5	5	5	5
架空通信线和发射塔		1 倍杆(塔)高且不应小于 5m			5			5			5		
架空电力线路	无绝缘层	1.5 倍杆(塔)高且不应小于 6.5m			1 倍杆(塔)高且不应小于 6.5m			6.5			6.5		
	有绝缘层	倍杆(塔)高且不应小于 5m			0.75 倍杆(塔)高且不应小于 5m			5			5		

注：1. 室外变配电站，是指电力系统电压为 35～500kV，且每台变压器容量在 10MV·A 以上的室外变配电站，以及工业企业的变压器总油量大于 5t 的室外降压变电站。其他规格的室外变配电站或变压器，应当按丙类生产厂房确定。

2. 表中的道路，系指机动车道路。油罐、加油机和油罐及其通气管管口与郊区公路的安全距离应按城市道路确定；高速公路、Ⅰ级和Ⅱ级公路按城市快速路、主干路确定；Ⅲ级和Ⅳ级公路按照城市次干路、支路确定。

3. 与重要公共建筑物的主要出入口（包括铁路、地铁和二级以上公路的隧道出入口），应不应小于 50m。

4. 一、二级耐火等级民用建筑物面向加油站一侧的墙为无门窗洞口的实体墙时，汽油罐、加油机及其通气管管口与该民用建筑物的距离不应低于本表规定的 70%，并不得小于 6m。

支路的一级站为 8m，二级、三级站为 6m。

（6）架空电力线、架空通信线　考虑加油站发生火灾时的火焰可能对库外通信线路正常通话的威胁，因此参照有关部门规定，国家一、二级架空通信线、架空电力线与一级加油站油罐的安全距离应当分别为杆高的 1.5 倍；与二级、三级加油站油罐的安全距离应当视危险程度的降低而依次减少；一般架空通信线若受加油站火灾影响、危害程度较小，为便于建站，只要不跨越加油站即可。

（7）设有卸油油气回收系统的加油站　由于汽车油罐车卸油时，油气被控制在密闭系统内，不向外界排放，对环境卫生和防火安全都很有利，故其安全距离可减少 20%；同时设有卸油和加油油气回收系统的加油站，不但汽车油罐车卸油时，不向外界排放油气，给汽车加油时也很少向外界排放油气（据国外资料介绍，油气回收率能达到 90%以上），安全性更好，故其安全距离可减少 30%。

综上所述，汽车加油站汽油设备与站外建（构）筑物的安全间距不应小于表 6-15 的要求，汽车加油站柴设备与站外建（构）筑物的安全间距不应小于表 6-16 的要求。

表 6-16　柴油设备与站外建（构）筑物的安全距离　　m

站外建(构)筑物		站内柴油设备			
		埋地油罐			加油机通气管管口
		一级站	二级站	三级站	
重要公共建筑物		25	25	25	25
明火或散发火花地点		12.5	12.5	10	10
民用建筑物保护类别	一类保护物	6	6	6	6
	二类保护物	6	6	6	6
	三类保护物	6	6	6	6
甲、乙类生产厂房、物品库房和液体储罐		12.5	11	9	9
丙、丁、戊类生产厂房、物品库房和丙类液体储罐以及容积不大于 50m³ 的埋地甲、乙类液体储罐		9	9	9	9
室外变配电站		15	15	15	15
铁路		15	15	15	15
城市道路	快速路、主干路	3	3	3	3
	次干路、支路	3	3	3	3
架空通信线和通信发射塔		0.75 倍杆(塔)高，且不应小于 5m	5	5	5
架空电力线路	无绝缘层	0.75 倍杆(塔)高，且不应小于 6.5m		6.5	6.5
	有绝缘层	0.5 倍杆(塔)高，且不应小于 5m		5	5

注：1. 室外变配电站，是指电力系统电压为 35～500kV，且每台变压器容量在 10MV·A 以上的室外变配电站，以及工业企业的变压器总油量大于 5t 的室外降压变电站。其他规格的室外变配电站或变压器，应当按丙类生产厂房确定。

2. 表中的道路，系指机动车道路。油罐、加油机和油罐及其通气管管口与郊区公路的安全距离应按城市道路确定；高速公路、Ⅰ级和Ⅱ级公路按城市快速路、主干路确定；Ⅲ级和Ⅳ级公路按照城市次干路、支路确定。

（二）汽车加油站总平面布置防火

加油站在进行总平面布置时，应充分考虑地形、风向、外部环境和各种设施的功能及相

互间的影响等情况，综合分析，合理布局。

1. 各设施间的安全距离

根据加油站内各设施的特点和爆炸危险区域的范围，各设施间的安全距离应符合下列要求。

（1）由于加油站埋地卧式油罐是采用直接覆土或罐池充沙（细土）方式埋设在地下，且罐内最高液面低于罐外4m范围内地面的最低标高0.2m的卧式油品储罐。此种油罐的安全性好，油罐着火概率小。只要严格采用密闭卸油方式卸油，油罐发生火灾的可能性很小。同时由于油罐埋地敷设，即使油罐着火，也不会发生油品流淌到地面形成流淌火灾，火灾规模会很有限。所以，加油站采用卧式直接埋地敷设的油罐与站内建、构筑物的距离可以适当小些，其罐的间距不应小于0.5m；罐及其通气孔距围墙的间距，不应小于3m。

（2）站房是用于加油站管理和经营的建筑物，属于非爆炸危险场所。为了把站房设在爆炸危险区域之外，同时二者之间又可停一辆汽车加油，所以站房与加油机之间的距离可为5m。还由于因为加油机与埋地油罐属同一类火灾等级设施，故其距离不限。

（3）由于燃煤锅炉房属于明火或散发火花地点，所以站内独立燃煤锅炉房与埋地汽油罐及其通气管的距离不应小于18.5m。同时，与油罐相比，加油机、密闭卸油点的火灾危险性相对较小，其爆炸危险区域也较小，因此，加油机、密闭卸油点与站内锅炉房距离不应小于15m。另外，由于锅炉房与站房、变配电间均属非爆炸危险场所，故二者的距离可为6m；站内独立燃煤锅炉房、燃气（油）热水炉间与变配电间的距离不应小于5m。

（4）采用燃气（油）热水炉供暖，环保性好，其安全性能可靠。故燃气（油）热水炉间与埋地油罐及其通气管、密闭泄油点、加油机等设施的间距，可以小于独立燃煤锅炉房与其他设施的间距，并不应小于8m；与其他建筑物、构筑物的安全距离不应小于5m。

综上所述，汽车加油站内的各主要建筑物、构筑物之间的安全距离，不应小于表6-17的规定。

表6-17　汽车加油站内的各主要建筑物、构筑物之间的安全距离　　m

设施名称	汽油罐	柴油罐	汽油通气管口	柴油通气管口	油品卸车点	加油机	站房	消防泵房和消防水池取水口	自用燃煤锅炉房和燃煤厨房	自用燃气(油)设备的房间	站区围墙
汽油罐	0.5	0.5	—	—	—	—	4	10	18.5	8	3
柴油罐	0.5	0.5	—	—	—	—	3	7	13	6	2
汽油通气管口	—	—	—	—	3	—	4	18.5	8	5	3
柴油通气管口	—	—	—	—	2	—	3.5	10	18.5	8	2
油品卸车点	—	—	3	2	—	—	5	10	15	8	—
加油机	—	—	—	—	—	—	5	6	15(10)	8(6)	—
站房	4	3	4	3.5	4	4	5	6	18	12	—
消防泵房和消防水池取水口	10	7	10	7	5	5	—	—	—	—	—
自用燃煤锅炉房和燃煤厨房	18.5	13	18.5	13	15	15(10)	—	12	—	—	—
自用燃气(油)设备的房间	8	6	8	6	8	8(6)	—	—	—	—	—
站区围墙	3	2	3	2	—	—	—	—	—	—	—

注：1. 表中数据，分子为液化石油气储罐无固定喷淋装置的距离，分母为液化石油气储罐设有固定喷淋装置的距离。

2. 括号内的数值柴油加油机与采用有燃煤或燃气（油）设备房间的距离。

3. 站房、有燃煤或燃气（油）设备房间的起算点应为门窗洞口；站房内设置有变配电间时，起算点应为变配电间的门窗洞口。

4. 表中"—"表示无防火间距要求，"×"表示该类设施不应合建。

2. 站区内停车场和道路的布置

(1) 车辆入口与出口　为了保证在发生火灾时汽车油罐车能迅速撤离，避免加油车辆堵塞油罐车驶离车道，防止事故时阻碍汽车罐车迅速驶离，加油站的车辆入口与出口应当分开设置。

(2) 围墙　当加油站的工艺设施与站外建、构筑物之间的安全间距小于或等于 25m 以及小于或等于表 6-17 中的安全距离的 1.5 倍时，相邻一侧应设置高度不小于 2.2m 的不燃实体围墙，以隔绝一般火种及禁止无关人员进入；如果加油站的工艺设施与站外建、构筑物之间的距离大于表 6-17 中的安全距离的 1.5 倍，且大于 25m 时，可不建不燃实体围墙，但还应在相邻一侧设置非实体围墙，以禁止无关人员进入。为了进、出站内的车辆视野开阔和行车安全，也为了方便操作人员对加油、加气车辆进行管理，满足城市景观美化的要求，在面向进、出口的一侧，可建非实体围墙。

(3) 站内道路与坡度　根据加油业务操作和安全管理方便的要求，加油站站内道路转弯半径应按主流车型确定，一般单车道或单车停车位的宽度不应小于 4m，双车道或双车停车位的宽度不应小于 6m。站内道路的转弯半径，应按行驶车型确定，且不应小于 9m。坡度不应大于 8%，且宜坡向站外；为了避免溜车，汽车油罐车卸车停车位应按平坡设计。

(4) 沥青路面　由于采用沥青路面，容易受到泄漏油品的侵蚀，沥青层易于破坏，同时，发生火灾事故时沥青将发生熔融而影响车辆辙离和火灾扑救，所以站内停车场和道路路面不应采用沥青路面。

3. 构筑物的布置

(1) 加油岛　加油岛为安装加油机的平台，又称安全岛，是机动车辆加油的固定场所。为使汽车顺利加油，加油机和罩棚柱不受汽车碰撞和确保操作人员人身安全，加油岛应高出停车场的地坪 0.15～0.2m；加油岛的宽度不应小于 1.2m；岛端部距加油岛上的罩棚支柱，不应小于 0.6m。

(2) 罩棚　为避免操作人员和加油设备长期处于雨淋和日晒状态，加油岛及汽车加油场地宜设罩棚。罩棚应采用不燃材料制作。为了能够顺利通过各种加油车辆，除少数超大型集装箱车辆外，结合我国实际情况和国家现行有关标准规范要求，其有效高度不应小于 4.5m。罩棚边缘与加油机或加气机的平面距离不宜小于 2m。

三、油罐及其附件安装防火

(一) 油罐的结构要求

目前，加油站的油罐主要有单层钢制油罐、双层钢制油罐和内钢外玻璃纤维增强塑料双层油罐三种。油罐的结构应当符合以下要求。

1. 油罐的形式

由于卧式油罐直径小，采用蝶形或椭圆形封头，有较大的刚度，能承受一定的内部和外部压力，易于做到直接埋地，且能在工厂制作，批量生产，易于运输；而立式油罐直径大，承受的外部压力很小，一般不能直接埋地，且不易运输，还需要在现场制作，施工较慢。所以加油站的汽油和柴油储罐应采用卧式油罐。钢制油罐罐体的结构设计，应当符合《钢制常压储罐第一部分：储存对水有污染液体的埋地卧式圆筒形单层和双层储罐》(AQ3020) 的有关规定。

2. 罐体的强度和厚度

(1) 为了保证油罐的储存安全，钢制油罐应当具有一定的强度，内压不得低于 0.08MPa。

(2) 为了保证油罐的强度，油罐必须具有一定的厚度。其中，单层油罐、双层油罐的内层罐罐体和封头的厚度，不应小于 5mm；双层玻璃纤维增强塑料油罐的内、外层厚度，以及内钢外玻璃纤维增强塑料双层油罐的外层壁厚，不应小于 4mm。

根据现行行业标准的有关规定，不同直径钢制油罐的罐体和封头钢板的公称厚度，不应小于表 6-18 的要求。

表 6-18　不同直径钢制油罐罐体和封头钢板的公称厚度

油罐公称直径/mm	单层油罐、双层油罐内层罐罐体和封头公称厚度/mm		双层钢制油罐外层罐罐体和封头公称厚度/mm	
	罐体	封头	罐体	封头
800～1600	5	6	4	5
1601～2500	6	7	5	6
1501～3000	7	8	5	6

(二) 油罐的安装要求

1. 加油站油罐应当直接埋地设置

(1) 为避免油罐设在建筑物内或地下洞室内易聚集易燃油蒸气，减少占地面积和火灾危害，加油站的油罐应当直接埋地安装。严禁设在建筑物内或地下洞室内。这是多起事故后总结的宝贵经验。

(2) 如果加油站建在郊区，当其四周距建筑物、构筑物较远，且当地地下水位很高，或者是地下为坚硬的岩石不好开挖，将油罐埋入地下有困难或投资很大时，也可将油罐安装在地面上或做成半地下式。但必须按要求建造防火堤，与其他建筑物的距离应符合规范规定的有关要求。

2. 油罐必须固定在基座上

由于当油罐埋在最高地下水位以下时，在空罐情况下，有漂浮的危险；若油罐漂浮，就可能将与其连接的管子拉断，造成跑油甚至导致火灾事故。所以，油罐必须固定在基座上。

3. 设在行车道或加油场地下面的油罐，上面必须设钢筋混凝土板保护层

有些加油站为了节省土地，缩小占地面积，减少投资，将油罐埋设在行车道或加油场地下面。对这种方式设置的油罐上可行的，但应当在油罐上面采取设钢筋混凝土板保护层的措施。

4. 埋地钢油罐的周围要回填干净中性的砂子和细土

因为若回填石块、冻土块等硬物会将油罐防腐层弄破，影响防腐效果，同时也要防止回填含酸碱的废渣，加剧对油罐罐体的腐蚀。

5. 钢罐外表面应做防腐层

因为如果不做防腐层，埋地钢罐少则几年，多则十几年，罐就会腐蚀穿孔，漏损油品。但只要将罐外表面的锈污清除干净，施工质量好，做了防腐层的油罐可使用 30 多年。为了延长油罐使用寿命，保证安全，防腐等级不应低于加强级。所谓加强级防腐，按《埋地钢质管道石油沥青防腐涂层技术标准》的规定，加强防腐涂层的结构为沥青底漆→沥青→玻璃布→沥青→玻璃布→沥青→玻璃布→沥青→聚氯乙烯工业膜。每层厚度约等于 1.5mm，涂层总厚度大于等于 5.5mm。

6. 油罐顶部覆土厚度不小于 0.5m

为了保证覆土油罐的安全，避免采用石块、冻土块等硬物回填，造成油罐防腐层被破伤，影响防腐效果；同时也要防止回填含酸碱的废渣，加剧对油罐的腐蚀。特别是有栽植一

般花卉和草坪的要求时，如果深度太小，不但不能满足栽植要求，而且花草的根部容易破坏罐外防腐层，降低油罐使用寿命。所以，油罐的周围应回填不小于0.3m的干净砂子或细土。

7. 地下油罐应采用复合式双壁罐或其他采取防渗漏扩散的保护措施

为了能够及时发现渗漏，避免油罐火灾事故，各种单层油罐应当设置防渗漏罐池。双层油罐，无论是双层钢制油罐，还是内钢外玻璃纤维增强塑料双层油罐，或玻璃纤维增强塑料的非金属防渗衬里的双层油罐，其内壁与外壁之间，都应当留有满足渗漏检测要求的间隙，并在其间设置渗漏检测立管。

（三）油罐附件的设置要求

为保证油罐的运行安全，应当设置必需的安全附件。

1. 防渗罐池

（1）各种单层油罐应当设置防渗罐池。防渗罐池应当采用钢筋混凝土浇筑，池壁顶应当高于池内壁顶标高，池底宜低于罐底设计标高的200mm，墙面与池壁之间的间距不应小于500mm，内表面应当衬玻璃钢或其他材料的防渗层。

（2）防渗罐池的池内空间，应当采用防止中性沙回填，上部应采用防止雨水、地表水和外部泄漏油品深入池内的措施。

（3）防渗罐池应根据油罐的数量设置隔池，且一个隔池的油罐数量不应多于两座。为及时发现油品的渗漏，防渗罐池的各个隔池内，都应当设置检测立管。

2. 渗漏检测立管

双层油罐的渗漏检测立管宜采用直径为80mm的钢管，壁厚不宜小于4mm，并能满足人工检测和在线监测的要求，保证油罐内外壁任何部位出现渗漏均能被发现。检测立管应当设置在油罐顶部的纵向中心线上，底部管口应与油罐的内外壁间隙相连通，顶部管口应装设防尘盖。防渗漏检测应当采用在线检测系统，当采用液体传感器检测时，其传感器的检测精度不应大于3.5mm。

防渗罐池隔池内的检测立管，应符合以下要求。

（1）宜采用耐油、耐腐蚀的管材制作，直径宜为100mm，壁厚不应小于4mm。

（2）检测立管的下端，应置于防渗隔池的最低处，上部管口应当高出罐区设计地面200mm（油罐设置在车道下的除外）。

（3）检测立管与池内罐顶标高以下范围内应为过滤管段。过滤管段应能允许池内任何层面的渗漏液体（油或水）进入检测管，并应能阻止泥沙侵入。

（4）检测立管周围应当回填粒径为10～30mm的砾石。

（5）检测立管管口应当设置防止雨水、油污和杂物侵入的保护盖和标志。

3. 防渗漏双层管道

采取防渗漏措施的加油站，其埋地输油管道应当采用双层管道。双层管道的设计应当符合以下要求。

（1）双层管道的内层管，应当符合汽车加油站工艺管道的质量和技术要求，内层管与外层管之间的缝隙应当贯通，管道系统的最低点应当设检漏点。双层管道坡向检漏点的坡度，不应小于5%，并应保证内层管和外层管任何部位出现渗漏，均能够在检漏点被发现。双层管道系统的渗漏检测宜采用在线检测系统。

（2）采用双层非金属管道时，外层管应当满足耐油、耐腐蚀耐老化和系统试验压力的要求；采用双层钢制管道时，外层管的壁厚不应小于5mm。

4. 检修人孔

检修人孔是设备检修时供人员进出的孔口。为了满足油罐的检修要求，油罐的检修人孔应当为钢制人孔。埋地油罐的人孔应当设置操作井。为了不损伤装油部分的罐身，便于平时的检修与管理，避免现场安装开孔可能出现焊接不良和接管受力大，发生断裂而造成的跑油渗油等事故。油罐的出油接合管应设在人孔盖上，以使该接合管上的底阀或潜油泵拆卸检修方便。

由于油罐的出油接合管、量油孔、液位计、潜油泵等附件需要经常操作和维护，需设人孔操作井。而人孔操作井盖板易于活动，产生声响，还有产生火花的可能性。为了防止加油不慎可能出现的溢油进入井内，引发火灾事故和便于油罐人孔井内附件的管理与维修。当油罐设在行车道下面时，人孔操作井应当采用专用的密闭井盖和井座，并宜设在行车道以外，或将人孔操作井设在加油岛之上，以躲开行驶的车辆。

装有潜油泵的油罐人孔操作井、卸油口井和加油机底槽等可能发生油品渗漏的部位，亦应采取相应的防渗措施。

5. 高液位报警装置和高液位检测系统

为了防止卸油时油罐满溢事故，加油站油罐应当设置高液位报警装置。该装置在卸油达到油罐容量的90%时，应能触动高液位报警装置自动停止油料继续进罐。

设有油气回收系统的加油站油罐，应当设置带有高液位报警功能的液位检测系统。单层油罐的检测系统，还应具备渗漏检测功能，且检测分辨率不宜大于0.8L/h。

6. 进油管和底阀入油口

由于直埋地下卧式油罐的进油管都是从上部进入，为避免油品喷淋产生静电及放电火花，其进油管的端部要伸入罐内距罐底0.2m处。

采用自吸式加油机时，油罐内的油品要靠加油机自身吸出油品加油。为使每次加油停止时，不致油品倒流到油罐内和管道进气，避免下次加油时再抽真空加油，影响加油精度。油罐底阀入油口距罐底的距离不能太高也不能太低。因为太高会有大量的油品不能被抽出，降低了油罐的使用容积；太低又容易将罐底的积水和污物吸入加油机而加给汽车油箱。所以底阀入油口距罐底宜为0.15～0.20m。

7. 量油帽及其接合管

为避免人工量油时发生由静电引发的着火事故，量油帽的接合管应伸至罐内距罐底0.2m处，以使接合管的底部端口平时能够被罐内余油浸末形成液封，让罐内空间与量油接合管内空间不能贯通；同时，为了防盗和安全管理，使平时或卸油时罐内空间的油气不会由于量油孔关闭不严或打开而从量油孔释放，油罐量油孔应当设置带锁的量油帽。

四、加油设施设置的防火要求

加油设施主要包括加油机、加油岛、撬装式加油装置和自助加油站等直接从事加油作业的设施。由于其是直接与油品操作，对加油站来讲火灾危险性最大，故必须严格落实防火措施。

（一）加油机

1. 加油机的设置形式

由于加油机容易在室内形成爆炸混合气体，加之目前国内外生产的加油机其顶部的显示器和程控件均为非防爆产品，如果将加油机设在室内，则易引发爆炸和火灾事故。故加油机不得设在室内。

2. 加油枪应当满足的技术条件

(1) 加油枪应当采用自封式加油枪，以防止汽车油箱冒油，防止外溢，避免浪费及着火事故。

(2) 由于目前加油枪的口径一般都是 19mm，当流量为 60L/min 时，管中流速已达 3.54m/s，接近限制流速，而且流速越快，在油箱内产生油沫子也越多，往往油箱还未加满，油沫子就溢出油箱；同时，流量越大，加油机的爆炸危险场所的范围也会相应扩大。所以，自封式汽油加油枪的流量不得大于 50L/min。

(3) 为了便于识别，防止操作中多油品的加油枪拿错，当采用一机多油品的加油机时，加油机上的放枪位，应有各油品的文字标示，加油枪应有颜色标志。

3. 加油管的技术要求

(1) 应当装设潜油泵一泵供多机（枪）的加油工艺。该工艺与采用自吸式加油机相比，油罐正压出油、加油噪音低、工艺简单，一般不受罐位低和管道长等条件的限制。所以，油罐应装设此种加油工艺。

(2) 用自吸式加油机时，每台加油机应单独设置进油管和罐内底阀，以保证加油工况。这是因为几台加油机共用一根接自油罐的进油管（即油罐的出油管），会造成互相影响，流量不均。当一台加油机停泵时，还有抽入空气的可能，影响计量的准确度，甚至出现断流现象。

(3) 加油机的线路与油管必须进行隔离，以防因外力拽断油管引发加油机爆炸；或加油机内漏油，线路密封不严而出现火花导致加油机着火或爆炸。如洛阳一加油站，曾因加油机漏油时间长，油气聚集发生爆炸。

4. 加油机的防护措施

(1) 在加油软管上应设安全拉断阀。在以正压（潜油泵）供油的加油机的底部供油管道上，应当设置剪切阀，且剪切阀应能够自动关闭。以备在加油机被撞或起火时能够紧急切断油路，防止火灾蔓延。如郑州一加油站，一轿车在加完油后在加油枪还没从油箱里拔出来的情况下即启动了轿车，加油机随即被拉倒并起火。但因设有安全拉断阀，未造成蔓延，火在消防队来到之前即已被员工用两个灭火器扑灭，未造成人员伤亡。

(2) 位于加油岛端部的加油机附近，应当设置防撞柱（栏），其高度不应小于 0.5m，以防被失控的汽车撞毁加油机而引发着火或爆炸事故。如 2012 年 11 月 1 日晚上 10 点左右，浙江省诸永高速公路诸暨方向的神仙居服务区，一辆半挂货车当好停在服务区入口处的斜坡位置，司机在后排卧铺上睡觉，因手刹松动，车辆失控一路冲入服务区加油站，先碰撞一辆正在加油的中型箱式货车，再将一台加油机撞飞，最后车辆冲破栏杆，一头栽入护坡下方的沟里；一名加油员在事故中受重伤。幸好当时没有撞出火星，否则引燃洒出来的油污就可能引发爆炸（图 6-17）。

（二）撬装式加油装置

1. 撬装式加油装置的要求

撬装式加油装置是指将地面防火防爆的储油罐、加油机和自动灭火装置等设备整体装配于一个撬体的地面加油装置。

(1) 撬装式加油装置的汽油设备，应当采用卸油和加油油气回收系统。

(2) 撬装式加油装置的四周，应当设置不燃实体材料建造的防护围堰，且不得渗漏。防护围堰内的有效容积不应小于有关总容量的 50%。

2. 撬装式加油油罐的要求

(1) 汽油设备是指为机动车加注汽油而设置的汽油罐（含其通气管）、汽油加油机等固

图 6-17　拖挂车撞到加油机

定设备，为保证加油安全，其加油装置应当采用双层钢制油罐。

（2）双层钢制油罐内应当安装防爆装置，当该防爆装置采用阻隔防爆装置时，其选用和安装应符合现行行业标准《阻隔防爆撬装式汽车加油（气）装置技术要求》(AQ3002）的有关规定。

（3）双层钢制油罐应采用检测仪器或其他设施对内罐与外罐之间的空间进行渗漏检测，并应保证油罐内外壁任何部位出现渗漏时均能被发现。

（4）撬装式加油装置的汽油罐，应当设置防晒罩棚或采取其他隔热措施。

（三）自助加油站

自助加油站是具备安全防护设施的、可由顾客自行完成加注燃油作业的加油站（区），是随着汽车保有量的迅猛增长和加油设备自动化水平的不断提高，石油石化销售企业及部分社会加油站相继推出的一种全新的汽车加油站。其特点是便捷、高效、加油方式时尚。但必须符合有关消防安全要求。

1. 自助加油站的标示要求

（1）为了在无人引导的情况下指引消费者进站，并把车辆准确地停靠在加油位上进行加油操作，自助加油站（区）应当明确标示加油车辆引导线，并应在加油车辆入口处和加油岛（安装加油机的平台）处设置醒目的“自助”标志。

（2）在加油岛和加油机附近的明显位置，应当标示油品的类别、标号和安全警示。以引导消费者选择适合自己的加油位，并提醒消费者注意消防安全。

（3）在同一加油车位上，不应同时设置汽油、柴油两种加油功能。以方便消费者根据油品标示选择合适的加油车位，避免或减少加错油的现象。

2. 自助加油机的要求

为保证加油安全，自助加油机除应符合汽车加油站加油机的有关安全要求外，还应当符合以下要求。

（1）应当设置静电释放装置和紧急停机开关。

（2）应当标示通俗易懂，语言表达准确的自助加油操作说明。

（3）要具备音频提示系统，并能够在提起加油枪后自动提示油品品种和标号，并进行操作指导。

（4）加油枪应当具有当跌落时即自动停止加油作业的功能。

（5）由于汽油闪点低，挥发性强，经营汽油的自助加油站，应当设置加油油气回收系统，以保证自助加油的安全和有利于大气环境保护。

3. 营业室监控系统的要求

（1）为保证安全和风险管理，自助加油站应当设置能够覆盖加油区、卸油区、人孔井、收银区和便利店等区域的视频监视系统，且视频设备不能因车辆遮挡而影响监控。

（2）在营业室内应当设置监控系统，以通过该系统关注和控制每台加油机的作业情况，便于与顾客对话沟通，提供服务和指导；在发生紧急情况时可以启动紧急开关停止所有加油机的运行，并通过站内广播引导顾客立即离开危险区域。

（3）自助加油站的营业监控系统应当具备一些功能，如营业员可通过监控系统确认每台自助加油机使用情况的功能；每台自助加油机的加油和停止状态可分别控制的功能；发生紧急情况，可启动紧急切断开关停止所有加油机运行的功能；可与顾客进行单独对话，指导其操作；对整个加油场地进行广播的功能等监控功能。

五、加油工艺管道设置的防火要求

（一）卸油系统的设置要求

1. 油罐车卸油必须采用密闭卸油方式

密闭卸油对应的是敞口卸油。敞口卸油是将卸油胶管插入量油孔内直接卸油的方式。这种卸油方式，油气从卸油口排出，有些油气中还夹带有油珠油雾；甚至有的加油站还将油品先卸入敞口的油槽内，经过计量再流入油罐。这些操作危害非常大，不仅加重了对空气的污染，而且极易导致火灾事故。如广州、天津和北京等市的多起加油站火灾，都是由于敞口式卸油（即将卸油胶管插入量油孔内）所致。所以，为了减少油气向大气排放，减少火灾危险因素，加油站必须采用密闭装卸油的方式，严禁采用敞口卸油方式。

2. 卸油油气回收系统的要求

加油站卸油油气回收系统，就是将汽油油罐车卸油时产生的油气回收至油罐车内，不向大气中排放，避免敞口卸油时出现油气沿地面扩散的火灾危险（如图 6-18）。

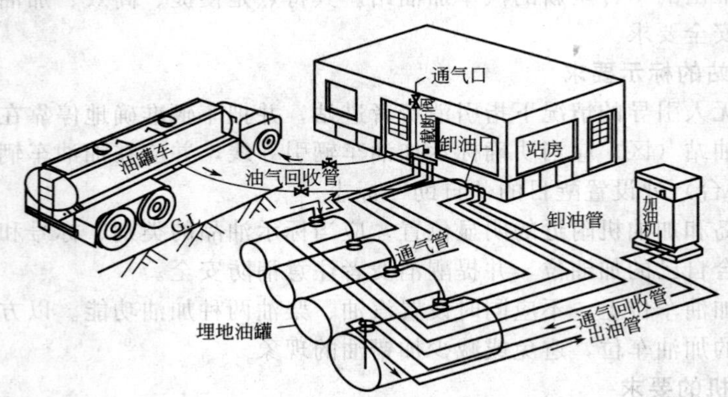

图 6-18　密闭式卸油油气回收系统

加油站采用卸油油气回收系统时，应当符合以下要求。

（1）油罐必须设置专用进油管道，并采用快速接头连接进行卸油。为了防止卸油卸错罐发生混油事故，每个油罐应各自设置卸油管道和卸油接口，且各卸油接口及油气回收接口应有明显的标志。

（2）汽油罐车向站内油罐卸油，应采用平衡式密闭油气回收系统。所谓平衡式密闭油气

回收系统是指系统在密闭的状态下，油罐车在向地下油罐卸油的同时，使地下油罐排出的油气直接通过卸油油气回收管道回收到油罐车内的系统。此种系统不需外加任何动力。

（3）各汽油罐可共用一根卸油油气回收主管，以简化工艺，节省投资，避免卸油时接错接口。为了减少气路管道阻力，节省卸油时间，并使之与油罐车的油气回收接头及连通软管的直径相匹配，油气回收主管的公称直径不宜小于 80mm。

（4）卸油油气回收管道的接口，宜采用自闭式快速接头。此种接头平时和卸油结束（软管接头脱离）后能够自动处于关闭状态，避免了普通接头设阀门可能出现的忘关阀门所带来的问题。但如果采用非自闭式快速接头时，应当在靠近快速接头的连接管道上装设阀门，以便于紧急关闭，防止罐内气体外泄，避免污染环境和防止发生火灾。

3. 加油油气回收系统的要求

加油油气回收系统是将给汽油车辆加油时产生的油气回收至埋地汽油罐的密闭油气回收系统（如图 6-19）。

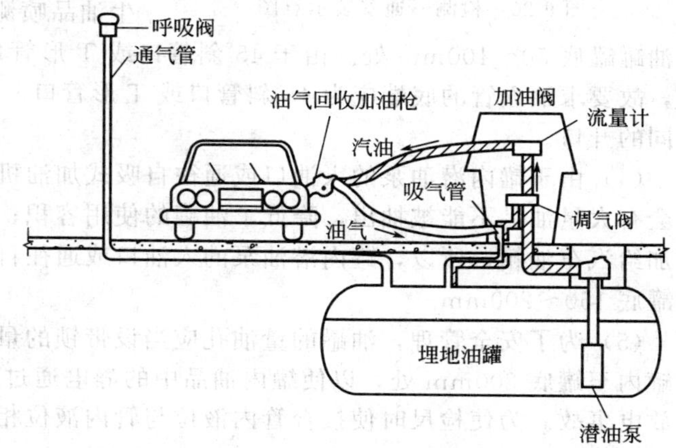

图 6-19　辅助吸入法加油油气回收系统

卸油油气回收与密闭卸油相比，主要的不同之处是在工艺上，油罐车与地下油罐之间加设了一条油气回收连通管道和地下油罐的通气管，管口需安装机械呼吸阀，故系统应具备以下条件。

（1）应当采用真空辅助式油气回收系统。该系统是指在加油油气回收系统的主管上增设油气回收泵，或在每台加油机内分别增设油气回收泵而组成的系统。在主管上增设油气回收泵的，称为集中式加油油气回收系统；在每台加油机内分别增设油气回收泵而组成的（一般一泵对一枪），通常称为分散式加油油气回收系统。为了克服油气自加油枪至油罐的阻力，并使油枪回气口形成负压，使加油时油箱口呼出的油气能够抽回到油罐内，加油油气回收系统应当设置油气回收泵。

（2）在汽油加油机与油罐之间，应设油气回收管道；当有多台汽油加油机时，可共用 1 根油气回收主管，以简化工艺，节省管材；为了减少气路管道阻力，油气回收主管的公称直径不应小于 50mm。

（3）加油油气回收系统应当采取防止油气反向流至加油枪的措施。该措施通常为在油气回收泵的出口管上安装一个专用的气体单向阀，用于防止罐内空间压力过高时保护回收泵，或不使加油枪在油箱口处增加排放。油气加油机应当具备回收油气的功能，其气液比宜设定为 1.0～1.2，以满足《加油站大气污染物排放标准》（GB 20952—2007）的要求。

（4）由于系统不严密会使油气外泄，同时，加油过程中产生的油气在通过埋地油气回收管道至油罐时，会在管道内形成冷凝液，而冷凝液在管道中聚集又会使返回到油罐的气体受阻（即液阻）。这样，轻者影响回收效果，重者会导致系统失去作用。所以，为方便检测整体油气回收系统的密闭性和加油机至油罐油气回收管道内的气流通阻力是否符合规定限值，应当在加油机底部与油气回收立管的连接处，安装一个用于检测液阻和系统密闭性的丝接三通，在旁通短管上设公称直径不小于 25mm 的球阀及丝堵。其安装示意图如图 6-20 所示。

4. 油罐接合管的设置要求

（1）为满足金属人孔盖接合和导出静电的要求，接合管应为金属材质。

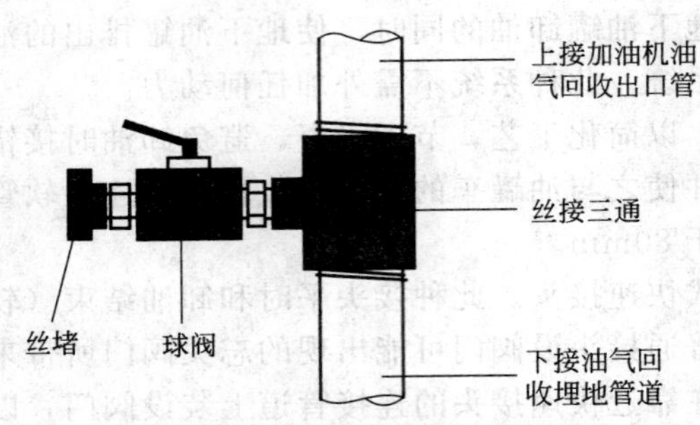

图 6-20　检测三通安装示意图

(2) 为不损伤装油部分的罐身，便于平时的检修与管理，避免现场安装开孔可能出现的焊接不良和接管受力过大而发生断裂造成的跑油渗油等事故，接合管应设在油罐的顶部。为使接合管上的底阀或潜油泵的检修拆卸方便，进油接合管、出油接合管或潜油泵安装口，均应设在人孔盖上。

(3) 为防止油罐车向油罐卸油时在罐内产生油品喷溅而引发静电着火事故，进油管应伸至油罐罐底 50～100mm 处。由于 45°斜管口或 T 形管口的防止静电性能优于其他形式的管口，故要求油立管的底端应为 45°斜管口或 T 形管口。进油管管壁上不得有与油罐气相空间相同的开口。

(4) 由于罐内潜油泵的入油口或通往自吸式加油机管道的罐内底阀的入油口，距罐底太高会有大量油品不能被抽出，降低了油罐的使用容积；太低，会使罐底污物抽出进入加油机而加给汽车油箱，所以，罐内潜油泵的入油口或通往自吸式加油机管道的罐内底阀，应当高于罐底 150～200mm。

(5) 为了安全管理，油罐的量油孔应当设带锁的量油帽。量油孔下部的接合管宜向下伸至罐内至罐底 200mm 处，以使罐内油品中的静电通过接合管导走，避免人工量油时发生静电放电事故。为使检尺时使接合管内液位与管内液位相一致，在罐内最高液位以上的接合管上开对称孔。

(6) 油罐人孔是制造和检修的出入口，所以，油罐人孔井内的管道及设备，应保证油罐人孔盖的可拆装性。

(7) 人孔盖上的接合管与引出井外管道的连接，宜采用金属软管过度连接（包括潜油泵出油管）。以减少管道与人孔盖之间的连接力，便于管道与人孔盖之间的连接和检修时拆装人孔盖，并保证人孔盖的密闭性。

5. 油罐通气管的设置要求

(1) 汽油罐与柴油罐的通气管，应分开设置　为防止这两种不同种类的油品罐互相连通，避免一旦出现冒罐时，油品经通气管流到另一个罐造成混油事故，使得油品不能应用。所以，汽油罐与柴油罐的通气管，应分开设置。对于同类油品（如汽油 90#、93#、97#）储罐的通气管，可以互相连通，共用一根通气立管，以使同类油品储罐气路系统的工艺变得简单，省工、省料，便于改造。即使出现冒罐混油问题，也不至于油品不能应用。但在设计时，应考虑便于以后各罐在洗罐和检修时气路管道的拆装与封堵问题。

(2) 通气管管口还应安装阻火器　这是为了防止外部的火源通过通气管引入罐内造成事故。同时，为了便于油气扩散，避免积聚于地面，通气管的管口应高出地面，并不小于 4m。为使油气不积聚于屋顶，对沿建筑物的墙（柱）向上敷设的通气管管口，应高出建筑物的屋面 1.5m 及以上，以使通气管管口处于爆炸危险区域 1 区的半径之外。

(3) 通气管管口与围墙应当具有安全距离　由于卸油采用油气回收，通气管管口的油气泄漏量较小，相应的爆炸危险区域划分的 2 区半径为 2m，比不采用油气回收卸油减少了 1m。但因围墙以外的火源不好管理，难以控制，为避免其爆炸区域的范围扩延到围墙之外，故通气管管口与围墙的安全距离，汽油不应小于 3m，柴油不应小于 2m。

(4) 通气管的直径应根据汽车油罐车卸油管道的直径确定　目前很多加油站的油罐通气管采用直径不小于 50mm 的管子，因管细阻力太大，导致卸油时间较长。很多加油站为了

加快卸油速度，就在卸油时直接打开量油孔排气，大大增加了火灾危险和环境污染。为了卸油安全，对于未实现油气回收卸油的加油站，油罐通气管的直径不应小于80mm。

(5) 通气管管口与建筑物门窗或其他孔洞的安全距离不得小于3.5m　以防止排出的油气进入建筑物内引起火灾。如天津市某加油站的一个油罐通气管口距站房内厕所的窗子较近，油气从厕所的窗子串入厕所，一位女同志去厕所吸烟时划火柴，引爆了厕所内聚集的油气与空气的混合气，将该女同志烧伤。

(6) 通气管管口应当设呼吸阀和阻火器　为了保证油气回收系统的密闭性，使卸油、加油和平时产生的附加油气不排放或少排放，达到回收效率的要求。特别是卸油时，油罐车在向油罐卸油过程中，两者的液面不断变化，气体的吸入与呼出，造成的挠动蒸发，以及随着油罐车油液面的下降，蒸发面积的扩大（指罐壁），外部气温高对罐壁和空间影响造成的蒸发等，还会产生一定的附加蒸发；如果通气管口不设呼吸阀或呼吸阀的控制压力偏小，则会使这部分附加增加的油气从通气管口排入大气，难以达到回收效率的要求。因此，汽油通气管管口应安装机械呼吸阀。同时防火止外部火源的侵入，在呼气管管口的机械呼吸阀处还应当安装阻火器。

(7) 通气管管口设呼吸阀工作的正压值宜为2～3kPa，负压值宜为1.5～2kPa　根据某单位在夏季对卸油采用油气回收的加油站进行的测试，在通气管口完全关闭的情况下，卸油过程中气路系统的稳定压力约为2500Pa，可以做到油气完全不泄漏，效果非常明显，所以规定，呼吸阀工作的正压值宜为2～3kPa。另外，油罐在出油的同时，如果呼吸阀的负压值限定的太小，则油罐出现的负压也就太小，不利于汽车油箱排出的油气通过加油机和回收管道回收到油罐中；如果负压值限定太低，又会增加埋地油罐的负荷，且对采用自吸式加油机在油罐低液位时的吸油也很不利，所以，考虑到油罐的承压能力，规定呼吸阀工作的负压值宜为1.5～2kPa。

6. 油罐车与油罐连接管道的设置要求

(1) 卸油采用油气加回收时，油罐车与油罐必须设置供油气回收连接软管用的油气连接口，否则，无法使地下油罐排出的油气回到油罐车的油罐中。为使卸油后拆除油气连通软管之前关闭系统，使油罐车与油罐内的油气不泄漏，油罐车的油气回收管道接口上还应当装设手动阀门（宜用球阀）。

(2) 为了方便管道连接，密闭卸油管道的各操作接口处应设快速接头和闷盖，这样可对快速接头的口部起保护和密闭作用。为了使卸油后拆除油气回收连通软管前能够关闭系统，使地下油罐内的油气不泄漏。站内油气回收管道接口（指由地下油罐直接接出的油气管道端部快速接头）前应当装设手动阀门。

(3) 为了便于操作和油气扩散，加油站内的卸油管道接口、油气回收管道接口设应当设在地面以上，以策安全。

(4) 汽油油罐车的卸油采用密闭油气回收系统时，由于油罐处于密闭状态，卸油过程中不便人工直接观测油罐中的实际液位，为及时反映罐内的液位高度和防止罐内液位超过安全高度，地下油罐应设带有高液位报警功能的液位计。

7. 工艺管道的选择要求

(1) 工艺管道应采用焊缝少且严密可靠的无缝钢管，在有严重腐蚀土壤的地段，可采用耐油、导静电和抗腐蚀能力强的复合管材。露出地面的管道（含油罐通气管道），应当采用符合《输送流体用无缝钢管》(GB/T 8163) 的无缝钢管；其公称壁厚不应小于4mm，埋地敷设时应当采用焊接。

(2) 其他管道应当采用输送流体用无缝钢管或适于油品的热塑性塑料管道。所采用的热塑性塑料管道应当有质量证明文件，其主体结构应为无孔隙聚乙烯材料，壁厚不应小于4mm，埋地部分应采用配套的专用连接管件电熔连接。

(3) 非烃类车用燃料不得采用不导静电的热塑性塑料管道（非烃类车用燃料不包括车用乙醇汽油），因为非金属管道不适宜输送非烃类车用燃料。不导静电热塑性塑料管道导静电衬层的体电阻率应不小于$10^8\Omega\cdot m$，表面电阻率应不小于$10^{10}\Omega$。不导静电的热塑性塑料管道，其主体结构层的介电击穿强度应大于100kV。

(4) 柴油尾气处理液加注设备的管道，应采用奥氏体不锈钢管道或能够满足输送柴油尾气处理液的其他管道。柴油尾气处理液是指尿素溶液（Adblue）。由于尿素溶液对碳钢具有一定的腐蚀性，不适用于碳素钢管输送，故柴油尾气处理液加注设备的管道，应采用奥氏体不锈钢等能够满足输送柴油尾气处理液的其他管道。

(5) 油罐车卸油用的卸油连通软管和油气回收连通软管，应采用导静电耐油软管，其电阻率应不小于$10^8\Omega\cdot m$，表面电阻率应不小于$10^{10}\Omega$，或采用内衬金属丝（网）的橡胶软管。

8. 工艺管道的敷设要求

(1) 加油站内的工艺管道，除必须露出地面的以外，均应埋地敷设。当必须采用管沟敷设时，管沟必须采用中性沙子或细土填实。这是由于加油站内多是道路或加油场地，工艺管道不便地上敷设，若采用管沟敷设，工程量大，投资多，特别是管沟容易积聚油气，形成爆炸危险混合物，遇明火即会发生爆炸事故。如陕西省户县某一企业加油站，加油间内着火，火焰顺管沟引到油罐室，将罐室内的油罐口引燃；山西省太原市某加油站在修加油机时产生火花，通过管沟传到地下罐室，引起罐室爆炸。所以，加油站的所有工艺管道均应埋地敷设，或管沟用砂或细土填实的方式敷设。

(2) 埋地管线应采用焊接连接。由于管线的连接采用焊接比用法兰连接可节省材料和工程量（管线若全部用法兰连接，法兰和螺栓的质量一般要占管线质量的8.5%），且焊接连接施工方便，管子不会渗漏，一劳永逸；而采用法兰连接工作量大（一对法兰连接的焊缝长度是焊接连接焊缝长度的2～4倍），且法兰连接处容易渗漏，其垫片需要定期更换，多一对法兰就多一处渗漏的隐患。特别是管道埋入地下时，法兰连接和丝扣连接都不能采用。所以，管道的连接，除必须的外，应当尽量减少法兰连接。

(3) 卸油管道、卸油和加油油气回收管道和油罐通气管横管，应当坡向埋地油罐。因为油罐的进油管卸油后，管内油品自流入罐有利于安全。而通气管横管，以及油气回收管因其容易产生冷结油，会影响管道气体流通。所以，卸油管道、卸油和加油油气回收管道和油罐通气管横管，应当坡向埋地油罐。其中，卸油管道的坡度，不应小于2‰；卸油和加油油气回收管道和油罐通气管横管的坡度，不应小于1%，否则油品放不干净，以使管道处于畅通状况。对于供加油机的油罐出油管道，在有条件时，也最好坡向油罐，以具备放空条件，便于今后检修。若受地形限制，加油油气回收管道坡向埋地油罐的坡度无法满足此要求时，可在管道靠近油罐的位置设置集液器，且管道坡向集液器的坡度1%。

(4) 连通软管的公称直径不应小于80mm。为了预防在卸油过程中软管聚集静电荷，使操作中不发生静电起火问题。卸油用的连通软管要选用耐油和导静电软管。连通软管的直径太小，阻力会加大，并影响卸油速度，故连通软管的公称直径不应小于80mm。

(5) 埋地管线应采用不低于加强级的防腐保护层。埋地管线和埋地油罐一样，如果不做防腐保护，很快（少则几年，多则十几年）就会被腐蚀穿孔漏油。如果防腐层做得好，可以使用20～30年。所以，埋地管线应采用不低于加强级的防腐保护层。沥青加强防腐层的结构与油罐的防腐相同。

(6) 埋地工艺管道的埋设深度，不得小于0.4m。敷设在混凝土场地或道路下面的管道，管顶低于混凝土层下的表面，不得小于0.2m。管道周围应回填不小于100mm厚的中性沙子或细土。

(7) 为了便于检修，防止由于管道渗漏带来事故隐患。工艺管道不得穿过或跨越站房等与其无直接关系的建（构）筑物。当油品管道与管沟、电缆沟和排水沟相交时，应采取相应的防渗漏措施。

(8) 不导静电的热塑性塑料管道必须埋地敷设，且管道内油品的流速不应大于2.8m/s；对管道在人孔井内、加油机底槽和卸油口等处未完全埋地的部分，还应当在满足管道连接要求的前提下，采用最短的安装长度和最少的接头。因为对不导电非金属复合塑料管道来说，只有埋地敷设才能做到不聚集静电负荷。

六、加油站防雷、防静电及采暖与通风的防火要求

（一）加油站的防雷设计

1. 应当设置防雷接地的范围

(1) 钢油罐必须进行防雷接地，且接地点不应少于两处。

(2) 埋地油罐的罐体、量油孔、阻火器等金属附件，应进行良好地电气连接并接地。

(3) 呼吸阀或通气管装有阻火器的地上钢油罐，可不装设避雷针（线）。

(4) 储存丙类油品的地上钢罐，可只进行防雷接地。

(5) 当装卸油站房及罩棚需要防止直击雷时，应采用避雷带保护。

(6) 加油站内油气放散管在接入全站共用接地装置后，可不单独做防雷接地。

2. 应当设置电气保护措施或过电压（电涌）保护器的设施

(1) 在加油站的380V/220V供配电系统，应当采用TN-S系统，即在总配电盘（箱）开始引出的配电线路和分支线路，PE线与N线必须分开设置，使各用电设备形成等电位连接，PE线正常时不走电流，以保证防爆的需要和人身及设备的安全。

(2) 当外供电源为380V时，可采用TN-C-S供电系统。为了防止雷电电磁脉冲过电压损坏信息系统的电子器件，在供配电系统的电源端，应安装与设备耐压水平相适应的过电压（电涌）保护器。

(3) 为箝制雷电电磁脉冲产生的过电压，使其过电压限制在设备所能耐受的数值内，避免雷电损坏用电设备，在供配电系统的电源端，亦应当安装过电压（电涌）保护器。

3. 防雷接地的允许电阻值

(1) 地上油品管道的防雷接地电阻值，不得大于30Ω。

(2) 油罐、配线电缆金属外皮两端和保护钢管两端防雷接地装置的允许电阻值，不得大于10Ω。

(3) 设备的电气连接并接地的允许电阻值，不宜大于10Ω。

(4) 电气系统的工作保护电阻值，不应大于4Ω。

(5) 油罐、管道与电气系统的防雷防静电接地装置合用时，应当取其最低值4Ω。

（二）防静电措施

加油站滴洒在地面的油品，轻油会很快在空气中挥发散逸，残留油品按操作规程用拖布擦干净，不会有含油污水排出，故一般不会因电火花引起爆炸、着火事故，因此，储存甲、乙、丙A类油品的油罐只对防静电接地提出要求。

1. 应当设置防静电接地的范围

(1) 储存甲、乙、丙A类油品的钢罐，应作防静电接地装置；且钢油罐的防雷接地装

置，可兼作防静电接地装置用。这是因为，防雷接地装置的电阻值比防静电接地装置的电阻值小。当油罐做了防雷接地时，静电荷可以沿防雷接地装置泄入大地。

（2）与油罐油品直接接触的玻璃纤维增强塑料等非金属层，应当满足消除油品静电荷的要求；当表面电阻率无法满足要求时，应当在罐内安装能够消除油品静电荷的物体。消除油品静电荷的物体，可浸入油品中的钢板，亦可为进油立管、出油管等金属物。

（3）地上或管沟敷设的输油管线的始端、末端，应设防静电或防感应雷的接地装置。以将油品在输送过程中产生的静电泄入大地，避免管线上聚集大量静电荷而发生静电放电事故。防感应雷接地，主要是让地上或管沟敷设的输油管线上感应雷的高电位能够通过接地装置泄入大地，降低管线上的高电位，避免雷害事故的发生。

（4）加油站的汽车油罐车卸油场地，应设用于汽车油罐车卸油时的防静电接地装置和人体静电消除装置。

2. 防静电接地的允许电阻值

（1）任何单独的防静电接地装置的接地电阻值，不应大于100Ω。

（2）兼作防雷的电接地装置，其接地电阻值不应大于30Ω。

（3）为消除油品静电荷，与油罐油品直接接触的玻璃纤维增强塑料等非金属层的表面电阻率应小于 $10^9\,\Omega$。

（4）消除油品静电荷的金属物体，其表面积不应小于下式的计算值。

$$A=0.04V_t$$

式中，A 为浸入油品中的金属物表面积之和，m^3；V_t 为储罐容积，m^3。

（三）采暖与通风的防火要求

1. 采暖的防火要求

从消防安全的角度讲，加油站采暖的要求应当以不影响人员的停留及消防器材的使用为前提。所以，当消防器材有防冻要求时，消防器材间应保持5℃，当无防冻要求时可不做规定。零售油品间包括小量散装和桶装润滑油以及汽车零配件的销售，经常有人停留，室温按16～18℃设计较为合适。

加油站的供暖，应首先利用城市、小区或邻近单位的热源。当无上述条件，需要在加油站内设置独立锅炉房时，宜选用小型热水锅炉。当仅向建筑面积不大于150m^2 的站房供暖时，小型热水锅炉宜设在站房内。

2. 在站房内设置热水锅炉间的防火要求

当在加油站站房内设置燃油或燃气的热水锅炉间时，锅炉间应设耐火极限不低于3h的隔墙与其他房间隔开；锅炉间的门窗不得朝向加油机、卸油口、油罐人孔及呼吸管口，且门窗距其路径不应小12m；距密闭卸油点的距离不应小于8m，锅炉烟囱出口应高出屋顶2m，与无罩棚加油机、卸油口、油罐人孔及呼吸管口的距离，不小于12m，且应采取防止火星外逸的有效措施。柴油加油机及卸油口、柴油罐人孔及通气管口，距锅炉间门窗的路径或烟囱出口的距离可减少25%。当站房内设置小型热水锅炉供暖时，宜采用自然循环采暖系统。锅炉安装部位的地坪，可低于室内地坪0.3～0.75m。

3. 加油站通风的防火要求

（1）特殊有油气散发和积聚的可能场所应当辅以机械排风　加油站的各类建筑物内在正常情况下有害物的散发一般不会超过卫生容许浓度，加之建筑物本身又都具备自然通风的条件，故应以自然通风为主。但对特殊有油气散发和积聚可能的场所，应当辅以机械排风。

（2）室内外采暖管沟应充砂填实　管沟易于积聚油气，潜在着火、爆炸的危险性大，发

生事故的概率增加。为杜绝这一重大危险源，室内外采暖管沟应充砂填实，并在进出建筑物处进行隔断。

4. 汽车加油站内生产性建筑物、构筑物的耐火等级要求

由于一般汽车加油站本身的火灾扑救能力都较差，库（站）内的建筑物、构筑物也较少，不宜规定多种耐火等级，造成施工备料麻烦。故要求汽车加油站内生产性建筑物、构筑物的耐火等级不得低于二级。

七、加油站站内爆炸危险区域的划分与电气防火要求

（一）加油站站内爆炸危险区域的划分

加油站站内爆炸危险区域的等级定义应符合《爆炸和火灾危险环境电力装置设计规范》（GB 50058）的规定。根据其原理，加油站内汽油的爆炸危险区域内地坪以下的坑或沟应划为1区。

1. 埋地卧式汽油储罐爆炸危险区域的划分

埋地卧式汽油储罐爆炸危险区域划分应符合下列要求（图6-21）。

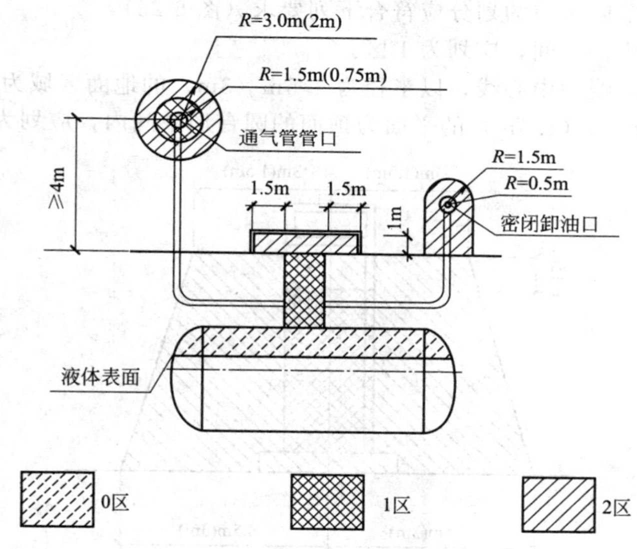

图6-21　埋地卧式汽油储罐爆炸危险区域的划分

采用卸油油气回收系统的汽油罐通气管管口爆炸危险区域用括号内数字

（1）罐内部油品表面以上的空间划为0区。

（2）人孔（阀）井内部空间、以通气管管口为中心，半径为1.5m（0.75m）的球形空间和以密闭卸油口为中心，半径为0.5m的球形空间内，应划为1区。

（3）距人孔（阀）井外边缘1.5m以内，自地面算起1m高的圆柱形空间、以通气管管口为中心，半径为3m（2m）的球形空间和以密闭卸油口为中心，半径为1.5m的球形并延至地面的空间，应划为2区。

2. 汽油的地面油罐、油罐车和密闭卸油口爆炸危险区域的划分

汽油的地面油罐、油罐车和密闭卸油口爆炸危险区域的划分应符合下列要求（图6-22）。

（1）地面油罐和油罐车内部的油品表面以上空间内，应划分为0区。

（2）以通气口为中心，半径为1.5m的球形空间和以密闭卸油口为中心，半径为0.5m的球形空间内，应划为1区。

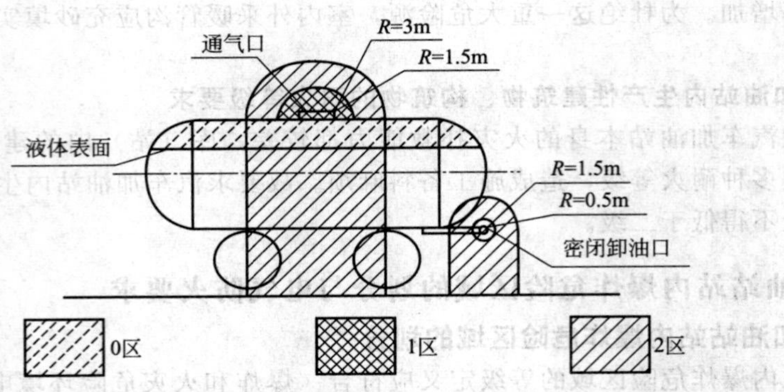

图 6-22　汽油的地面油罐、油罐车和密闭卸油口爆炸危险区域的划分

（3）以通气口为中心，半径为 3m 的球形并延至地面的空间和以密闭卸油口为中心，半径为 1.5m 的球形并延至地面的空间内，应划为 2 区。

3. 汽油加油机爆炸危险区域的划分

汽油加油机爆炸危险区域的划分应符合下列要求（图 6-23）。

（1）加油机壳体内部空间，应划为 1 区。

（2）以加油机中心线为中心线，以半径为 4.5m（3m）的地面区域为底面和以加油机顶部以上 0.15m 半径为 3m（1.5m）的平面为顶面的圆台形空间内，应划为 2 区。

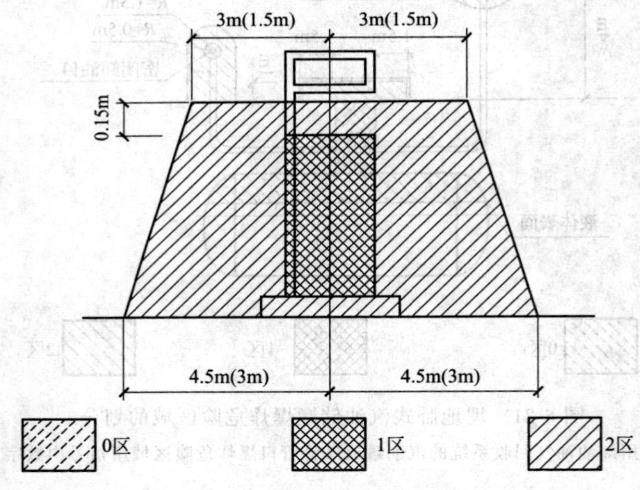

图 6-23　汽油加油机爆炸危险区域划分

注：采用加油油气回收系统的加油机爆炸危险区域用括号内数字

（二）加油站内防爆电气设备的选型

加油站内防爆电气设备的选型，必须按照爆炸危险区域等级选择相应型号。汽油、煤油及其柴油，均应选择防爆等级不低于 dⅡAT_3 型的防爆电气设备。

但在加油站的罩棚内，经测量，罩棚顶部油气浓度一般达不到爆炸极限，因此可选防护型灯具。这是根据实地测试的数据确定的。

（三）电气装置防火要求

1. 供电设施的要求

（1）加油站用电的负荷等级应为三级，其供电电源，宜采用 380V/220V 外接电源；在

缺电、少电地区，可设置小型内燃发电机组供电。

（2）当使用小型内燃发电机组供电时，其内燃机的排烟管口，应安装排气阻火器。排烟管口到各油气释放源的水平距离，排烟口高度低于4.5m时应为15m，排烟口高于4.5m时应为7.5m。

2. 配电设施的要求

（1）低压配电盘可设在站房内。配电盘所在房间的门、窗与加油机、油罐通气管口、密闭卸油口等的距离，不应小于5m。

（2）加油站内的电力线路，应采用电缆并直埋敷设。穿越行车道部分，电缆应穿钢管保护。当电缆较多时，可采用电缆沟敷设。但电缆不得与油品、热力管线敷设在同一管沟内，且电缆沟内必须充砂。

八、加油操作的消防安全要求

加油站点多面广，虽然单次作业量较小，但作业频繁，管理或工作中稍有疏忽，就会出现各种事故隐患，甚至发生事故。加油站的主要事故就其性质来说，主要有人为责任事故、设备事故和自然灾害事故等。但从近年来加油站发生的事故来看，主要是漏油、跑油和冒油事故，其次是混油事故，再次是着火、爆炸事故。因此，严格执行加油站的安全操作规程，始终是加油站预防事故发生的一项主要任务。

（一）卸油和加油作业的安全操作

加油站的主要工种是加油和卸油等，这是加油站消防安全的工作重点。

1. 卸油作业

卸油作业是加油操作的一个非常重要的作业环节，必须要求员工严格遵守操作规程，注意作业安全。

在卸油前，应先核对来油单（核对油品名称数量）和查铅封，然后触摸人体静电消除装置，接上静电接地线，准确计量油罐空容量，再接好快速接头（使罐车上胶管与油罐连接），在静置约15～20min后便可打开阀门卸油。卸油中司机和卸油员均应在现场，并注意巡查。卸油完毕，卸油员应登上罐车确认油品是否卸净，然后关闭阀门，松开快速接头，卸下静电接地线，检查签单送行。

有的加油站在接收来油时，注意查铅封，放油检查来油是否含水，做好卸油安全警界标志。这些都是执行操作规程的补充措施。

2. 加油作业

加油员必须熟练掌握加油机的正确操作方法，严格按操作规程进行加油作业，遵守安全管理制度。加油前，加油员必须确认发动机已熄火后，方可将油箱盖板打开然后加油；加油过程中，员工要集中注意力，认真加油，及时正确处理油箱漏油、冒油等情况。

（二）漏油、冒油事故的预防和应急处理

1. 漏油事故的预防和应急处理

（1）防油箱溢油　现在已普遍使用的电脑加油机，一次作业加油总量可以预置，在加油接近总量时会自动控制减慢流量，并配有自封性能的加油枪，当加油枪口接触油液面时会自动封枪停泵。这些设备都能效地避免加油作业中油箱溢油事故的发生。但也经常会由于加油枪自封部件的损坏或司机估计不准而发生的溢油事故，所以，要特别注意精心操作。

在一些远离城市的边远加油站，仍有使用机械式计量加油机，同时配普通加油枪的加油的。此种作业方式，一般为一人一枪，极易发生油箱溢油事故。另外，一些摩托车，助动、

助残车等，油箱容量小，附近又安装有电气线路和发动机，也十分危险，故应特别注意防止油箱溢油和电气打火。

(2) 防加油机漏油或胶管破损　加油枪漏油是指加油枪口封闭部件渗漏及胶管连接处密封渗漏。另外，胶管在长期作业中，也可能由于某一局部过多频繁曲折、摩擦、损坏而产生渗漏。使用胶管时不能用力拉，同时要防止胶管被车辆碾压，加油完毕应迅速将胶管收起。

(3) 防油箱破损　这是因为司机对油箱已破损的状况并不了解，一边加油一边漏油，漏出的油量往往较大。此时应停止加油（漏油数量较多时一边还应用铁桶接住），并将车推开，远离加油机后，再检查油箱（不得在站内修理），并及时清除地面的漏油。

(4) 防加油时大量的油蒸气积聚　因为正常加油时油箱口会有大量油蒸气冒出，特别是在有车身挡住的局部范围内油蒸汽浓度会更大些，所以，加油时应特别注意禁止任何火源。

2. 设备渗漏事故的预防及应急处理

(1) 加油机渗漏的应急处理　加油机较易渗漏的部位是进油口下法兰口与吸入管口法兰连接处；油泵、油气分离器排出口等。加油机一旦发现渗漏，应立即停止加油，放空回油，关闭阀门，切断电源后进行检查处置。

(2) 管道或油罐漏油的应急处理　油罐防腐处理不妥，就有可能发生腐蚀渗漏。油罐基础处理不善，由于地下水的浮力也可能损坏一些管道的接口而发生漏油。地下渗漏起初很难察觉，只有在大量渗漏时才可能从地面或下水道中发现，只要平时严格计量，并经常有目的地察看罐区内草木的生长状况，集水井或下水道有否异常等各种迹象进行判断都可以及早发现，一旦发生渗漏可采用堵漏胶或堵漏栓应急处理。

现在新建的各种单层油罐按规范要求都设置了防渗罐池，并设置了检测立管；双层钢制油罐或是内钢外玻璃纤维增强塑料双层油罐，或玻璃纤维增强塑料的非金属防渗衬里的双层油罐，这些罐的内壁与外壁之间，也都留有满足渗漏检测要求的间隙，且也在其间设置了渗漏检测立管，并能满足人工检测和在线监测的要求。所以一定要注意充分发挥这些设施的作用，一旦有渗漏及时发现，及时处置，防止隐患成灾。

3. 冒油事故的预防及应急处理

冒油事故是加油站的常见事故，约有73%属于责任事故，20%是由于设备事故造成的，且一旦发生冒油事故，不易控制，损失较大。所以，加油站特别应加强对职工的安全教育和设备的维护管理。一定要强调卸油前，要准确计量空罐容量；卸油其间，接卸工与司机都应在场监护，不得离场；已跑、冒的油品时，必须采取正确的方法回收油品，如用棉纱、毛巾或拖把等进行必要的回收，严禁使用铁制、塑料等易产生火花的器皿。回收后的残留油面，应用沙土覆盖，待充分吸收残油后再将沙土清除干净，这是用血的教训得出的经验，一定要汲取。如山东某加油站的火灾事故，就是因为在接卸90#汽油前，没有计量内罐内容量，且在卸油时没有现场行监视，致使卸油过程中发生冒油（经测算溢出1t左右）。当发现冒油并关闭油罐车阀门后，加油站站长与员工使用塑料盆、铁盆、铁桶等器具回收溢油时，因所用器具碰撞产生火花或系塑料盆产生静电放电，引起油气爆燃，酿成一起4死1伤的重大爆炸事故。

（三）操作中静电、防雷和电气事故的预防

1. 操作静电事故的预防

静电的积聚放电是加油站引起火灾事故的原因之一。加油站产生静电的原因大致有，输油管线中产生静电；过滤器产生静电；装油产生静电；汽车油罐车运输中产生的静电及人体静电等。单从加油站的操作方面讲，防静电应符合以下要求。

(1) 卸油前要接地　输油管线与储油罐都安装有静电接地装置，卸油前必须接上静电接地装置，否则即为违章作业。调研中发现，个别加油站在打开卸油阀门后才匆匆接上静电接地夹，而且有的没有接到金属导体部位，而是接到了绝缘部位；更有个别加油站甚至将接地线接到油罐车盖口，这都是很危险的。需要提醒的是，加油站接地装置每年至少在雷雨季节前检测1次其有效性，并做好记录，静电接地电阻值不得超标（油罐、站房和罩棚的接地电阻值不得超过10Ω，输油管线的电阻值不得超过30Ω，单独设置的卸油防静电接地电阻值不得超过100Ω）。

(2) 加油枪胶管上的静电导线要经常检查　缠绕在加油枪胶管上的静电接地导线，由于经常移动，有可能会发生断裂，从而造成事故。如某加油站在为一铁桶灌注汽油时发生爆燃，经查就是加油枪上的静电接地导线断裂造成的。故操作人员要经常检查该导线的完整性，至少在上下班要做好常规检查。

(3) 不能向塑料桶直接灌注汽油　因为塑料桶是绝缘的，当向其内灌注油品时油品流动产生的静电荷无法导出，而使静聚集，当静电积聚至一定能量并放电时，就会引爆闪点很低的油品（如汽油），从而导致火灾的发生。不少加油站曾经在向塑料桶直接灌注汽油时发生起火事故，一定要深刻汲取这些教训。正确的做法是，先将油品注入铁桶内，再将铁桶提到安全区域，通过漏斗将油品流入塑料桶内。

(4) 作业人员要穿防静电工作服　化纤面料制作的服装在穿脱时会产生很高的静电压，也会产生电火花，具有相当的危险性。所以，加油站的员工工作服必须是防静电的面料或全棉面料，不允许穿化纤服装上岗操作，更不允许在加油作业现场穿、脱、拍打化纤服装，以免发生静电放电事故。

2. 操作中雷电事故的预防

加油站的防雷，除了在建设时充分考虑防雷措施外，在平时的正常操作中，也应特别注意防雷问题。一是，在雷雨天时不要进行装油、卸油和加油操作；二是，正在进行装油、卸油和加油操作时，如遇雷雨天，应立即停止操作，以防正在进行的操作遇雷电引发火灾事故。

3. 操作中电气事故的预防

(1) 要预防电气（器）火灾　加油站内电气设备的整体防爆性能要完好，否则一旦出现电气火花，很容易引发火灾的发生。因此在平时检查电气线路时，应注意电线是否已老化；配、接线有否松动、脱落；电气设施有否破损，电气作业是否违反操作规程等。

(2) 站内禁止使用手机与传呼机　手机与传呼机不能带入油库作业或者进入油库后必须关机，这一点已成为大家的共识，然而在调研中仍发现有的加油站员工或顾客在加油时有打手机现象。国外曾经发生过在加油时打手机而发生爆炸的事故，故应引起高度重视，并严格执行这一规定，加油站内禁止使用手机与传呼机。

九、加油站的消防安全管理

（一）严格对各种火源的管理

为避免加油站发生火灾事故，应重点加强火种管理。常见的火种主要包括明火、静电火花和电气火花等。

1. 严禁将火柴、香烟、打火机等火种带入站内

严禁烟火在油库已人所共知，加油站也理应如此。但有的加油站在这方面做得相对要差一些，也有血的教训，如贵州省某县石油公司加油站，当天下午70＃汽油加油机的吸油管止回阀发生故障，加油工张某请来农机站修理工进行修理，修理完毕后，修理工离开，张某与另一到站玩耍的闲杂人员周某滞留罐室。因张某打火机掉落地上，周某拣起打火机后，随手打火，正遇检修中溢出的汽油气体引起爆炸，使2人炸成重伤，后经救治无效先后死亡。

2. 禁止使用非防爆电器设备

根据在加油机附近的爆炸危险区域范围和危险等级划分，在加油机附近一定范围内是禁用非防爆电器的。但从调研的情况来看，不少加油站的加油营业室或值班室内有用电炉、电饭锅、电茶壶、热得快、电风扇和空调等非防爆电器的违章现象，应引起管理部门足够的重视。此外，空罐长时间不用后在进行清洗或修理时，不严格执行用火管理制度，且采用非防爆灯具进行作业也是造成事故的一个重要原因。如某联营加油站在进行清罐时，由于在清罐人员违反规定使用非防爆的碘钨灯在罐口照明（碘钨灯表面温度很高），使油气达到引燃温度，发生爆燃，造成1死3伤的重大事故。

3. 车辆进站后必须熄火后才能加油

由于行驶中的车辆排出的尾气中很有可能存在未燃尽的油气所携带的火星，特别在启动时，其尾气中的火星可能会更多，如正处于加油机的爆炸危险区域附近，且具备条件，更易发生意外。所以，任何车辆进站后必须熄火后才能加油；有条件的加油站可以在站内适当部位（靠近道路）设置拖拉机、摩托车等的专用加油点等有效措施。

4. 必须严格遵守安全操作规程

加油站的加油操作人员，必须严格遵守安全操作规程，全神贯注，机敏操作，及时加油，及时拔枪，防止出现意外。如2013年2月3日上午9时左右，淮安市清浦区延安路一加油站一台正在工作的加油机被一辆小轿车拉倒在地。油枪还一直插在小车的油箱里，油枪的另一头则还连接着加油机。加油机严重变形，管道口断裂成一个长长大口子，幸亏工作人员迅速采取紧急措施，切断油路用黄沙隔绝漏油，否则后果不堪设想。

再如，某一加油站，当车主加完油正要驶离加油站时，往后一看，一加油管还连接在车上，结果加油机被车子拖倒，三、四名加油站工作人员赶紧跑过来查看，还未走到加油机跟前检查，倒在地上的加油机即在员工面前爆炸，加油机立刻变成了一个大火球，好在消防队立刻赶到了现场，所幸未造成人员伤亡。

5. 严禁违章动火维修

加油站动用明火，必须要有齐全的手续，严格执行规章制度。尤其对有地下罐室的加油站，原则上尽快改造去掉罐室。如仍在使用罐室的应强制通风，进罐室作业时应检查油气浓度与防护措施，严禁在罐室进行动火作业。如某石油公司一库、站合一的加油站，油库主任带领两名社会上的修理工对装过90#汽油的卧式罐扶梯进行烧焊。在焊接过程发生爆炸，油库主任和雇来的焊工被当场炸死，重伤1人，直接经济损失16万元。

6. 加油站内不得建经营性的住宿、餐饮和娱乐等设施

由于住宿、餐饮和娱乐等设施无法有效控制这些场所人员的用火用电行为，且加油站一旦发生事故往往会对这些人员造成伤害，所以，加油加气站内不得建经营性的住宿、餐饮和娱乐等设施；也严禁在加油站附近玩火、燃放鞭炮或其他可能产生明火源的活动。

（二）消防设施的配置

1. 消防用水的配置

(1) 直埋地下卧式油罐　由于直埋地下卧式油罐着火时，一般仅在人孔处燃烧，燃烧面积很小，辐射热不大，消防人员可以用灭火毯或灭火器具靠近着火点灭火；从全国加油站的调查说明看，直埋地下卧式油罐或地上卧式油罐发生火灾事故是很少的，且扑救比较迅速。

如果采用密闭卸油、自封加油枪等措施可以基本消灭火灾事故。因此没有必要用水冷却或保护。

(2) 地上卧式油罐　因为地上卧式油罐的火灾情况与直埋地下卧式油罐相同，只是扑救时需爬上梯子。因此，需给予适当的保护用水。根据大量的调查分析，加油站的卧式油罐，设一座 $50m^3$ 消防水池或1h能供 $50m^3$ 水量的水源即可扑灭火灾；如加油站宜选在200m半径范围内或有自然水源的地方时，为了节省投资，有一台手抬机动泵供水即可，可不设备用泵；如系缺水地区，在设消防冷却水有困难时，经消防部门同意，亦可不设消防冷却水。

2. 灭火器材的配置

通过北京左家庄加油站、天津哈尔滨道加油站、甘肃西北油漆厂卸油区等火灾的观察，卧式油罐体积小，白天受到大气气温的影响较大，罐内的油蒸气浓度，平时总是处于燃烧上限的，遇火源时只能在罐口接触到空气的地方燃烧，邻近油罐一般不会被引燃。通过表6-19和表6-20也说明黑龙江桦南县地下罐室卧式油罐油品温度均超出油气燃烧浓度范围的上限温度，我国其他地区的油温会更高，油罐油品温度更会超出油气爆炸上限温度，故不会引爆。所以，加油岛、汽车的油罐着火时，只要在设备、设施附近备足了小型应急灭火器材，是可以满足灭火需要的。根据灭火器的灭火效能和加油设备的火灾级别，加油站应急用灭火器材的数量应按以下要求配置。

(1) 每2台加油机应配置不少于2具4kg手提式干粉灭火器，或1具4kg手提式干粉灭火器和1具6L手提式泡沫灭火器。加油机不足2台时，仍应按2具配置。

(2) 埋地或地下卧式油罐应设置1台不小于35kg推车式干粉灭火器。当两种介质储罐之间的距离超过15m时，应当分别配置。

(3) 一、二级加油站应配置灭火毯5块、砂子 $2m^3$；三级加油站应配置灭火毯2块、砂子 $2m^3$。加油加气合建站应按同级别的加油站配置灭火毯和沙子。

(4) 其余建筑的灭火器配置，应符合现行国家标准《建筑灭火器配置设计规范》(GB 50140—2005) 的有关规定。

表6-19　车用汽油的燃烧浓度范围及爆炸范围温度

名　　称	燃烧浓度/%	燃烧浓度范围温度/℃
下限	1.4	−17.8
上限	7.6	−12.2

表6-20　黑龙江桦南县地下罐室的卧罐内温度及大气温度记录

记录时间	罐内平均最低温度/℃	大气平均最低温度/℃
1987年1月上旬	−5.15	−23.0
1987年1月中旬	−6.52	−21.2
1987年1月下旬	−5.71	−15.5

(三) 行政防火管理措施

1. 加强学习，提高本站职工的自身素质和责任感

加油站要定期组织员工学习加油业务知识、本单位管理制度和消防安全知识，加强消防安全意识培养，增强责任感，努力提高员工的消防安全检查能力、初期火灾扑救能力、组织疏散逃生能力和消防宣传教育能力。

2. 增强用户和附近人员的安全意识

加油站是外来车辆、人员来往频繁的营业场所，经营品种不平衡，变化多，有的在市

区，有的远离城区，附近人员的素质参差不齐，消防意识比石油库有关人员的安全意识差，其发生火灾事故的可能性要比石油库大得多。加上消防力量薄弱，一旦发生火灾事故，其影响也很大。所以，加油站除了要做好对用户的防火安全宣传外，还应加强对加油站附近人员的消防安全宣传，以提高人们的安全意识，共同保障加油站的消防安全。

3. 建立健全消防安全组织

加油站的消防安全组织通常以加油站站长为第一责任人，设立消防安全领导小组，要从实际出发，定期、不定期开展活动。要有兼职现场安全检查员，负责督促检查加油现场安全管理；要成立群众性的义务消防组织，并经常进行安全教育，并做到懂火灾危险性，懂预防措施，懂扑救方法；会报警，会使用消防器材，会扑救初期火灾；并加强消防技术训练，每半年组织一次训练，做到防消结合。

4. 要建立工作记录，逐人落实消防安全责任

加油站在抓好安全管理工作时，还要设立即安全活动记录、安全会议记录、安全教育记录、安全检查记录和加油站日志“五本台账”，这些记录既是加油站安全工作的记载，也是该站或公司的安全管理状况的反映。要与石油库一样，建立岗位生产安全责任制，虽然工种（或岗位）较少，人手也相对较少，但是无论是站长还是计量员、加油工、开票员、维修工，均应明确其安全职责。真正做到“全员、全方位”落实。

5. 做好消防安全检查

加油站消防安全检查的内容主要包括安全责任制落实情况、作业现场安全管理情况、设备技术状况、灭火作战预案以及隐患整改情况等。对安全检查中发现的问题和隐患，应当立即解决，不能立即整改的应限期整改；加油站无力解决的，应书面向上级报告，同时采取有效的防范措施。

6. 加强设备档案的管理

技术档案资料是保证安全管理的基础。加油站施工结束后，应当对加油站设计、施工及竣工图纸和验收资料；改造项目图纸、隐蔽工程图纸；发电机、电气设备、消防器材产品说明书和加油机的计量鉴定证书等设备的技术完整资料存档。

（四）加油站常见火灾的扑救

1. 加油站的火灾特点

（1）具有一般油品的火灾特点　由于加油站内主要经营汽油、煤油、柴油等轻质油品和常用润滑油品。故加油站一旦起火，它同样具有一般油品的火灾特性，即突发性、高热辐射性、着火与爆炸交替发生性等。这些特点是由于燃烧过程中油气浓度不断变化，影响着火和爆炸不断相互转化，使火情也相应不断扩大的缘故，这就增加了扑救的困难。

（2）人员进出频繁，发生火灾的概率较大　加油站由于外来人员进出频繁，加上这些人员大多对石油产品火灾的认识不足，安全意识不会像进油库那样重视，发生火灾的可能性会比油库大，且一旦起火，又不知所措。所以，一方面要有灭火作战方案；另一方面要求内部职工人人学会使用灭火器，切实掌握初期火灾的扑救方法，使火灾的危害程度控制在最小范围内。一般加油站起火，若扑救得当，完全可以用小型灭火器材自救。否则，事态扩大，往往难以补救。

2. 加油站灭火作战方案的确定

在确定灭火作战方案前，必须熟悉灭火器材的型号及摆放位置，按规定图例画出灭火作战方案，该方案图必须上墙。平时要以灭火作战方案为依据，但要不断完善各种方案，经常进行消防实战演练，以便适应异常情况下的自救需要。

3. 加油站初期火灾的扑救方法

（1）车辆卸油、加油时火灾的扑救　车辆在卸油、加油或维修作业时，若违反操作规程，且满足燃烧条件时，很容易发生火灾，为避免范围扩大，必须把火灾消灭在初期阶段。如果是车辆的油箱口着火，可脱下衣服将油箱口堵严，或用石棉毯将油箱口盖住，火即可被窒熄。如果是摩托车发动机着火时，立即停止加油，先设法将油箱盖盖上，然后用灭火器扑灭。

（2）油罐汽车火灾的扑救　若油罐汽车在卸油时不慎起火，应首先停止卸油，迅速驶离现场，再进行扑救。如果在油罐车罐口着火，可首先用石棉毯将罐口盖上，或使用其他覆盖物（如湿棉衣、湿麻袋等）堵严罐口将油火扑灭。当火势较猛时，应使用随车携带的灭火器对准罐口将火扑灭。

（3）电气火灾的扑救　加油站发生电气火灾时，应首先切断电源，然后用 CO_2 灭火器或干粉灭火器将火扑灭，严禁使用泡沫灭火器或水，包括湿被等进行灭火。务必注意，切断电源是第一位的，电器本身的火，只要电源一断，火既会自然熄灭；当无法切断电源时，灭火者应身着耐火并绝缘的鞋靴、服装（防止触电），用二氧化碳灭火器或干粉灭火器直接向电气着火源喷射灭火剂灭火，并应尽快设法切断电源，然后全面灭火。

（4）站（店）内大面积起火的扑救　许多加油站离城区较远，故一旦发生火灾，要有以自救为主的灭火预案，尽可能把火灾控制在初期阶段。但一旦因油蒸气着火或爆炸，火灾面积较大，很难扑救时，应按以下程序扑救。

① 迅速向当地公安消防部门报警（报警电话 119），并报告本石油公司。

② 立即停止加油、卸油操作，关闭闸阀，包裹住油罐通气管、操作井口、加油机等，切断电源，清理疏通站（店）内、外消防道路。

③ 指挥加油车辆迅速驶离。

④ 由加油站领导组织在场人员利用现有灭火器材扑灭油火，同时转移地面上的油桶等小型储油容器，最大限度减少火灾损失。

⑤ 消防车一到，立即配合公安消防队按预定方案投入灭火。

（5）邻近单位或邻居发生火灾时的防卫　当邻近单位或附近公路上发生火灾时，应停止营业，立即报警，并报告公司。加油站负责人应迅速动员在场人员保持冷静，根据火灾特点与风向等不同情况，按预定方案进行防卫。当经判断分析有可能危及本加油站安全时，还应包裹住油罐通气管、操作井口、加油机等，切断电源；同时清点、集中灭火器材，将它们布置摆放在重点方向、部位上，站内人员也相对集中做好临战准备；尽可能支援邻近单位或邻居灭火。

第四节　居民燃气供应防火

燃气的用户供应，是接收并将接收的燃气采用不同的方式供应给用户，是燃气物流的终端。燃气用户供应的最常见方法，目前主要有钢瓶供气和管输供气两种。后者又分为强制气化供气、混气供气、人工煤气或天然气供气等，不论哪一种，火灾危险性都很大，都是消防安全的重点。

一、钢瓶供气防火

（一）钢瓶供气的形式及其防火要求

钢瓶供气又分为单瓶供应、双瓶供应和瓶组供应三种。其中最普遍的是单瓶供应。

1. 单瓶供气

单瓶供应设备是由钢瓶、调压器、燃具和连接管所组成（图 6-24），主要适用于居民生活用气。一般钢瓶置于厨房内，使用时打开钢瓶角阀，液化石油气借本身压力（一般在 0.07～0.8MPa 之间），经过调压器，压力降至 2.5～2.0kPa，进入燃具燃烧。

为保证安全用气，防止因气瓶内液化石油气饱和蒸气压升高超过调压器进口最高允许工作压力（调压器最高允许工作压力小于 1.0MPa）而引起火灾，要求设置气瓶的厨房或房间的室温不应超过 45℃。

钢瓶供应设备不准安装在卧室内，没有通风设备的走廊、地下室和半地下室也不准安设供气设备。钢瓶放置地点要考虑到便于换瓶和检查。气瓶与燃具之间的净距，不应小于 0.5m。为防止钢瓶过热和瓶内压力过高，钢瓶与燃具、采暖炉、散热器等至少应间隔 1m 以上的间距，但如安装隔热板时，防火间距可减少至 0.5m。钢瓶与燃具之间应用耐油耐压软管连接，软管长度一般不应大于 2m，以 1.0～1.5m 为宜。为防止被破损，软管不得通过门、窗和墙。单瓶供应系统的气瓶设置在室外时，为了安全，应设置在专门的小室内。

2. 双瓶供气

双瓶供应系统（图 6-25）包括钢瓶、调压器、金属管道和燃具。双瓶供应是其中一个钢瓶工作而另一个为备用瓶，当工作瓶内液化石油气用完后，备用瓶开始工作，空瓶则用实瓶替换。如果两个钢瓶中间装有自动切换调压器时，其中一个钢瓶中的气用完后可自动接通另一钢瓶。

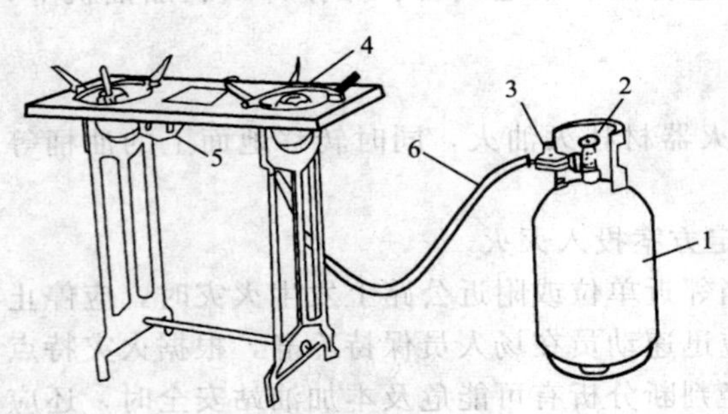

图 6-24 液化石油气单瓶供应的形式

1—液化石油气钢瓶；2—钢瓶角阀；3—减压阀；4—燃具；5—燃具开关；6—耐油橡胶软管

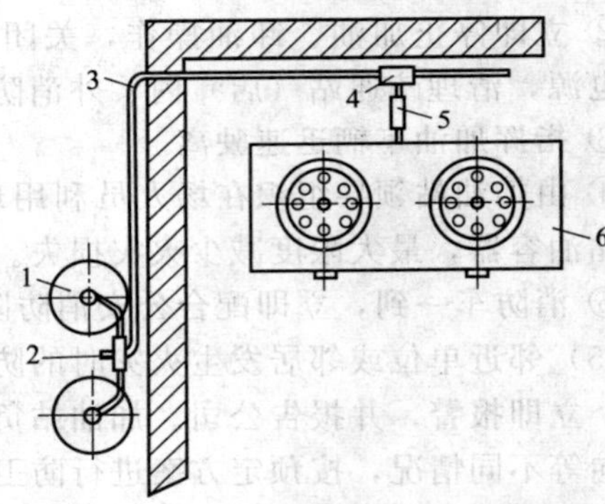

图 6-25 液化石油气双瓶供应示意图

1—钢瓶；2—调压器；3—钢管；4—三通；5—橡胶软管；6—燃具

双瓶供气时，钢瓶宜于室外，并应放在薄钢板制成的箱内，箱门上应有通风的百叶窗，以防止泄漏的液化石油气聚集。钢瓶箱应放在建筑物的背阴面，以避免钢瓶在阳光下照射。如果不用金属箱，也可用金属罩把钢瓶顶部遮盖起来。箱的基础（或瓶的底座）应为不燃材料建造，基础高出地面应不小于 10cm。钢瓶箱不宜设在建筑物的正面和运输频繁的通道里。金属箱距一楼的门、窗应不小于 0.5m，距地下室和半地下室的门、窗（包括检查井、化粪池和地窖）应不小于 3m。钢管不准穿过门、窗，其敷设高度应不小于 2.5m。室外管应有不小于 50cm 的水平管段，以补偿温度变形。

3. 瓶组供气

瓶组供气是配置 2 个以上 15kg，或 2 个及以上的 50kg 的气瓶，采用自然或强制气化方式将液态液化石油气转换为气态液化石油气后，向用户供气的燃气供气设施。对于公共福利事业、建筑群及小型工业用户等用气量较大的用户，通常采用自然气化方式供气。瓶组供气的瓶组间，应当符合有关防火要求。

（1）当瓶组气化站配置气瓶的总容积小于 $1m^3$ 时，瓶组间可设置在与建筑物（住宅、重要公共建筑和高层民用建筑除外）外墙毗连的单层专用房间内；但其建筑物的耐火等级不应低于二级，通风应良好，并应设有直通室外的门；与其他房间相邻的隔墙，应为无门、窗洞口的防火墙。室内应配置燃气浓度检测报警器；室温不应高于 45℃，且不应低于 0℃。当瓶组气化间独立设置，且面向相邻建筑的外墙为无门、窗洞口的防火墙时，其防火间距可不作要求。

（2）当瓶组气化站配置气瓶的总容积超过 $1m^3$ 时，应将其设置在高度不低于 2.2m 的独立瓶组房间内。瓶组气化站的气瓶不得设置在地下室或半地下室内，在地上设置时，与明火、散发火花地点和建（构）筑物的防火间距不应小于表 6-21 的要求。

表 6-21　瓶组间与明火、散发火花地点和建（构）筑物的防火间距　m

瓶组间的总容积/m^3		≤2	>2 且≤4
明火、散发火花地点		25	30
民用建筑		8	10
重要公共建筑、一类高层民用建筑		15	20
道路（路边）	主要道路	10	
	次要道路	5	

注：1. 气瓶总容积应按配置气瓶个数与单瓶几何容积的乘积计算。
2. 当瓶组间的气瓶总容积大于 $4m^3$ 时，宜采用储罐储存，其防火间距应按气化站和混气站储罐的有关规定执行。
3. 瓶组供气的瓶组间、气化间与值班室的防火间距可以不限。

（3）瓶组气化站的气化间宜与瓶组间可以合建一幢建筑，但两者间的隔墙不得开门窗洞口，且隔墙耐火极限不应低于 3h。与建、构筑物的防火间距应符合表 6-21 的要求。

（4）当空温式气化器设置在露天时，其与瓶组间的防火间距不限，但与明火、散发火花地点和其他建（构）筑物的防火间距应按表 6-21 气瓶总容积小于或等于 $2m^3$ 一档的规定执行。

（5）瓶组气化站的四周宜设置非实体围墙，其底部实体部分高度不应低于 0.6m。围墙应采用实体不燃材料。

（6）气化装置的总供气能力应根据高峰小时用气量确定，气化装置不应少于 2 台，且应有 1 台备用。当用金属管连接气瓶和燃具时，管道应用管卡固定，以保证一定的强度和系统的严密性，防止漏气。

（二）液化石油气瓶装供应站防火

1. 瓶装液化石油气供应站的分级

液化石油气瓶装供气的场所是经营和储存液化石油气气瓶的场所，按其气瓶总容积 V 分为三级，并应符合表 6-22 的要求。

表 6-22　瓶装液化石油气供应站的分级

名　称	气瓶总容积/m^3
Ⅰ级站	$6<V\leqslant20$
Ⅱ级站	$1<V\leqslant6$
Ⅲ级站	$V\leqslant1$

注：气瓶总容积按实瓶个数和单瓶几何容积的乘积计算。

2. 瓶装液化石油气供应站的分区与围墙的建造要求

Ⅰ、Ⅱ级液化石油气瓶装供应站的瓶库宜采用敞开或半敞开式建筑。瓶库内的气瓶应分区存放，即分为实瓶区和空瓶区。

Ⅰ级瓶装供应站出入口一侧的围墙可设置高度不低于 2m 的不燃非实体围墙，其底部实体部分高度不应低于 0.6m，其余各侧应设置高度不低于 2m 的不燃实体围墙。

Ⅱ级瓶装液化石油气供应站的四周宜设置非实体围墙，其底部实体部分高度不应低于 0.6m。围墙应采用不燃烧材料。

3. 瓶装液化石油气供应站与站外建、构筑物的防火间距

Ⅰ、Ⅱ级瓶装供应站的瓶库与站外建、构筑物的防火间距不应小于表 6-23 的规定。

表 6-23　Ⅰ、Ⅱ级瓶装供应站的瓶库与站外建、构筑物的防火间距　m

名称		Ⅰ级站		Ⅱ级站	
		气瓶总容积/m^3			
		＞10 且≤20	＞6 且≤10	＞3 且≤6	＞1 且≤3
明火、散发火花地点		35	30	25	20
重要公共建筑、一类高层民用建筑		25	20	15	12
民用建筑		15	10	8	6
道路（路边）	主要道路	10		8	
	次要道路	5		5	

注：气瓶总容积按实瓶个数与单瓶几何容积的乘积计算。

4. 瓶装液化石油气供应站用房的建造要求

Ⅰ级瓶装液化石油气供应站的瓶库与修理间或生活、办公用房的防火间距不应小于 10m。管理室可与瓶库的空瓶区侧毗连，但应采用无门、窗洞口的防火墙隔开。

Ⅱ级瓶装液化石油气供应站由瓶库和营业室组成。两者宜合建成一幢建筑，其间应采用无门、窗侗口的防火墙隔开。

Ⅲ级瓶装液化石油气供应站可将瓶库设置在与建筑物（住宅、重要公共建筑和高层民用建筑除外）外墙毗连的单层专用房间。房间的设置应符合气瓶总容积小于 $1m^3$ 的专用房间的要求；室内地面的面层应是撞击时不发生火花的面层，相邻房间应是非明火、散发火花地点，照明灯具和开关应采用防爆型，配置燃气浓度检测报警器，至少应配置 8kg 干粉灭火器 2 具，非营业时间瓶库内存有液化石油气气瓶时应有人值班，与道路的防火间距应符表 6-23 中Ⅱ级瓶装供应站的规定。

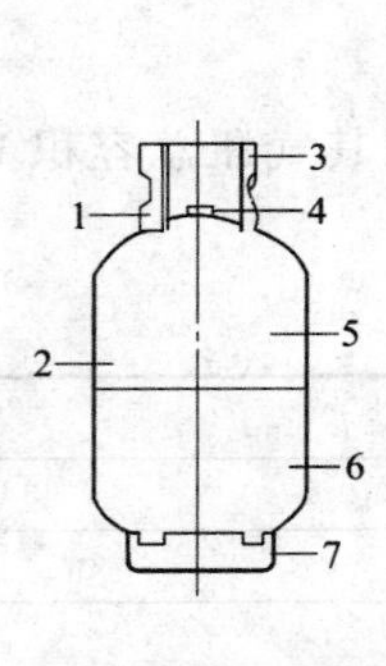

(a) YSP-15钢瓶构造　(b) YSP-50型钢瓶构造

图 6-26　液化石油气钢瓶

1—耳片；2—瓶体；3—护罩；4—瓶嘴；5—上封头；6—下封头；7—底座

（三）液化石油气钢瓶与钢瓶用阀门的防火要求

1. 钢瓶的构造和规格

液化石油气钢瓶是供用户使用的盛装液化石油气的专用压力容器。供民用、公用事业及小工业用户使用的钢瓶，其充装量有 10kg、15kg 和 50kg 三种。

液化石油气钢瓶由底座、瓶体、瓶嘴、耳片和护罩（或瓶帽）所组成（图 6-26）。充装量 15kg 以下的钢瓶瓶体，是由两个钢板冷冲压成型的封头拼焊而成，瓶体仅有一道环形焊缝；充装量在 50kg 以上的钢瓶瓶体，是由两个封头和一个圆筒

拼焊而成，瓶体上有两道环形焊缝和一道纵向焊缝。

为了便于立放和码垛，液化石油气钢瓶瓶体底部焊有圆形底座，瓶体上部正中钻有圆孔，其上焊接瓶嘴。瓶嘴内孔为锥形螺纹，用以连接钢瓶阀门。钢瓶阀门与瓶嘴连接配套出厂。在瓶嘴周围焊有三个耳片，用螺栓将护罩与耳片连接在一起，用以保护瓶阀，并便于手提搬动。50kg 的钢瓶不用护罩，而是采用瓶帽防护。液化石油气钢瓶规格及其技术特性列于表 6-24。

表 6-24　液化石油气钢瓶规格及其技术特性

参数		型号		
		YSP-10	YSP-15	YSP-50
简体内径/mm		314	314	400
几何容积/L		23.5	35.5	118
钢瓶高度/mm		534	680	1215
底座外径/mm		240	240	400
护罩外径/mm		190	190	—
设计压力/MPa		16	16	16
允许充装量/kg		10	15	50
壁厚/mm	16MnR	2.5	2.5	3.5
	16MnR20	3.0	3.0	4.0
质量/kg	16Mn	10.85	14.07	47.60
	16Mn20	12.52	16.12	52.50

液化石油气钢瓶出厂前须进行水压试验及气密性实验。钢瓶水压试验的试验压力为 2.4MPa，试验时应缓慢地升至试验压力，持续 1min 检查无渗漏，压力不下降即为合格。在进行水压试验时，周围气温和试验用水的温度不得低于 5℃，并不应对同一钢瓶连续进行多次超过设计压力的实验。钢瓶装上气阀后，应当做气密性实验，其实验压力为 1.6MPa 持续 1min 不漏气为合格。

2. 钢瓶用阀门及防火要求

钢瓶用阀门是为了充装、排放和关闭液化石油气使用。阀门的形式基本上可分为角阀和直阀两种。目前钢瓶上主要使用角阀。

(1) 为了保证安全使用，对阀体应进行压力为 3.8MPa 的水压试验，3min 无渗漏和无其他异常现象为合格。这项检查按顺序批量抽查 1%，但不应少于 3 个。装配好的角阀逐个以 2.5MPa 压力的空气进行气密性试验，持续 1min，任意部位无漏气、无异常现象为合格。

(2) 角阀上应设安全阀，当钢瓶内压力超过额定压力时即能自动开启，以防止钢瓶内压力继续上升超过允许压力时而爆裂。安全阀与角阀的开闭无关，它始终承受着容器的内压。当内压超过允许压力时，安全阀开始放散。安全阀是用弹簧压住密封垫以封住安全阀口，弹簧的压力可用螺旋盖来调节。

(3) 当旋转手轮关闭阀门时，若关闭得太紧，容易使左旋的压盖螺母松动上移以致脱落，阀杆和活门会窜出阀体，液化石油气将从阀口猛烈冲出。为防止压盖脱落；通常在压盖上做标记，并用树脂粘住压盖。

(四) 钢瓶的检修防火

1. 检修内容

为保证液化石油气钢瓶的使用安全，根据受压容器制造要求，钢瓶在每次灌装之前都应

该进行外观检查，将有缺陷、漆皮严重脱落、附件损坏以及根据检修日期需要定期检查和试验的钢瓶，送到检修车间去详细地检查和修理。钢瓶除平时进行一般检查之外，还需要定期进行全面检查。检查的主要内容是：检查钢瓶的重量、容积和阀门；修理和更换钢瓶底座，配齐护罩。

2. 检修场所选择

对属于螺纹连接部位的维修或角阀的修理，可在使用现场进行；检修场所必须严禁烟火，所用工具不得因撞击而发出火花。更换角阀时，还应把钢瓶内的余气抽净。

钢瓶的水压试验、气密性试验和焊接部位的修理，不得在使用现场进行，要在专门工作场所进行。在焊接作业前应将瓶内余气抽净，进行蒸洗、置换，气体分析合格后，才可进行。使用过的钢瓶禁止用空气置换。

3. 报废处理

对检查过的钢瓶，腐蚀损伤测量值超过液化石油气钢瓶损伤深度极限值；气密性试验气瓶阀门螺纹连接处有泄漏，加强密封后仍继续泄漏者；以及钢瓶的其他部位有泄漏时等，都应做报废处理，以防止使用或储运过程中发生事故。

二、管输供气防火

管输供气系统，是将燃气集中在供应站用管道输送给用户。这种供应方式，减少了钢瓶的运送，减轻了用户的劳动强度，同时也便于集中管理，增加了用气的安全性和可靠性。如大型多层民用住宅、住宅群以及城市某个居民小区的供应等，多适用于这种供气方法。

管输供气系统根据气源的不同、有液化石油气强制气化气供气、液化石油气混合气供气、城市人工煤气供气、天然气（液化或压缩）供气等方式。由于液化石油气气源的紧缺，液化石油气强制气化气供气方式逐步减少，故这里主要把液化石油气混合气供气、城市人工煤气供气、天然气供气等供气方式的安全问题进行阐述。

（一）液化石油气混合气供气管道供气防火

液化石油气混合气供气是指将液化石油气与空气（或其他热值低的燃气）按比例混合成为混合气供应用户使用的方法。这是因为，液化石油气的主要成分之一的丁烷在接近0℃时就会在管道中冷凝，故冬天不能使用，而液化石油气与空气（或低热值燃气）混合后，其露点降低可以保证全年供气；另外用液化石油气作补充气源时，需要考虑燃气的互换性。如果新建的城市管网以后要与天然气干管相接，则在建设初期可用液化石油气-空气混合气作为基本气源。这样，在改用天然气时，燃气分配管网及附属设备都可以不用改换而续续使用。液化石油气混合气供气应当满足以下消防安全要求。

1. 含量必须高于其爆炸极限上限的2倍

由于液化石油气混合气供气是液化石油气与空气或其他可燃气体混合配制成的混合气，其与空气混合的体积百分比一旦达到爆炸浓度范围，随时都可能发生爆炸。所以混合气中液化石油气的体积百分比含量必须高于其爆炸极限上限的2倍。

2. 应设置能自动报警并自动切断气源的安全装置

在混气系统中，应当设置当参与混合的任何一种气体突然中断，成分含量接近于爆炸极限的2倍时能自动报警并自动切断气源的安全装置，以绝对保证安全。

3. 在混气设备的出口应当设置止回阀

由于丙烷、丁烷的爆炸上限约为10%，因此，混合气中液化石油气的比例，应当控制在至少20%以上，热值控制在4000kcal/m^{3}左右。为了防止混气倒流，在混气设备的出口还应当设置止回阀。

4. 输送管道温度应高于所输送燃气的露点5℃以上

由于在气态液化石油气管道供应系统中，如果发生气体冷凝，将导致供气中断或使冷凝液窜入燃烧设备而发生火灾事故。为此，设计时必须确保在任何情况下管壁的最低温度都应高于管内气体露点温度5℃以上。

5. 严禁采用灰口铸铁阀门

为了防止阀体破裂引起液化石油气泄漏而造成着火和爆炸事故。根据各地运行经验，在液化石油气储罐、容器、设备和管道上应当设置最高工作压力大于等于1.6MPa的阀门。由于铸铁材料脆性大，组织疏松，故严禁采用灰口铸铁阀门，在寒冷地区应采用钢制阀门。

6. 管道距地、距空都应留有一定的高度

为了便于管道施工、安装、检修和运行管理，也为了节省投资，站区的室外管道应采用单排低支架敷设，其管底与地面净距取0.3m左右。根据消防车的高度，跨越道路管道的支架，其管底与地面净距不应小于4.5m。

（二）压缩天然气和煤气输气管道布设防火

输送压缩天然气和煤气的燃气管道，就好像人体的动脉血管一样重要，其管材和安装质量的好坏对供气安全有着重要的影响。

1. 城镇燃气管道的设计压力（P）分级和城镇燃气管道埋设地区等级的划分

（1）城镇燃气管道的设计压力（P）分级　据西气东输长输管道压力工况，压缩机出口压力为10.0MPa，压缩机进口压力为8.0MPa，这样从输气干线引支线到城市门站，在门站前能达到6.0MPa左右，为城镇提供了压力较高的气源。但从消防安全的角度考虑，虽然提高输配管道压力对节约管材、减少能量损失有好处，但增加了火灾危险。为了既适应输配燃气的要求，又能从安全上得到保障，城镇燃气管道的设计压力不应大于4.0MPa（表压）（不包括液化天然气），根据压力的大小，城镇燃气管道的设计压力分为7级，见表6-25。

表6-25　城镇燃气管道设计压力（表压）分级

级别	名　称		压力/MPa
1	高压燃气管道	A	$2.5<P\leqslant4.0$
2		B	$1.6<P\leqslant2.5$
3	次高压燃气管道	A	$0.8<P\leqslant1.6$
4		B	$0.4<P\leqslant0.8$
5	中压燃气管道	A	$0.2<P\leqslant0.4$
6		B	$0.01\leqslant P\leqslant0.2$
7	低压燃气管道		$P<0.01$

燃气输配系统各种压力级别的燃气管道之间，应通过调压装置相连；当有可能超过最大允许工作压力时，应设置防止管道超压的安全保护设备。

（2）城镇燃气管道埋设地区的等级划分　考虑到城市人员密集，交通频繁，地下设施多等特殊环境，以及我国的实际情况，一旦发生事故时，使恶性事故减少或将损失控制在较小的范围内，国家规定了适当控制燃气管道与周围建筑物的距离。城镇燃气管道通过的地区，应按沿线建筑物的密集程度划分，并依据管道地区等级做出相应的管道设计。

燃气管道地区等级的划分方法是，沿管道中心线两侧各200m范围内，任意划分为1.6km长，并能包括最多供人居住的独立建筑物数量的地段，作为地区分级单元。在多单元住宅建筑物内，每个独立住宅单元按一个供人居住的独立建筑物计算。根据地区分级单元内建筑物的密集程度划分为四个地区等级。地下燃气管道所通过地的密集度级别见表 6-26。

表 6-26 地下燃气管道所通过地的密集度级别

地区级别	独立住宅单元供人居住的独立建筑物数量
一级	有 12 个或 12 个以下供人居住的独立建筑物
二级	有 12 个以上，80 个以下供人居住的独立建筑物
三级	介于二级和四级之间的中间地区。有 80 个或 80 个以上供人居住的独立建筑物，但不够四级地区条件的地区、工业区或距人员聚集的室外场所 90m 内铺设管线的区域
四级	4 层或 4 层以上建筑物（不计地下室层数）普遍且占多数、交通频繁、地下设施多的城市中心城区（或镇的中心区域等）

注：二、三、四级地区的长度应按下列要求调整。一是四级地区垂直于管道的边界线距最近地上 4 层或 4 层以上建筑物不应小于 200m；二是二、三级地区垂直于管道的边界线距该级地区最近建筑物不应小于 200m；三是确定城镇燃气管道地区等级，宜按城市规划为该地区的今后发展留有余地。

2. 压力不大于 1.6MPa 室外燃气管道的布设要求

（1）燃气管道管材的选择　中压和低压燃气管道宜采用聚乙烯管、机械接口球墨铸铁管、钢管或钢骨架聚乙烯塑料复合管，但必须符合《燃气用埋地聚乙烯管材》（GB 15558.1—2003）的有关规定；次高压钢质燃气管道直线管段的最小公称壁厚度，不应小于表 6-27 的规定。

表 6-27 钢质燃气管道最小公称壁厚

钢管公称直径/mm	公称壁厚/mm	钢管公称直径/mm	公称壁厚/mm
100～150	4	600～700	7.1
200～300	4.8	750～900	7.9
350～450	5.2	950～1000	8.7
500～550	6.4	1050	9.5

（2）地下燃气管道与建筑物、构筑物或相邻管道之间的水平和垂直净距　地下燃气管道不得从建筑物和大型构筑物（不包括架空的建筑物和大型构筑物）的下面穿越。与建筑物、构筑物或相邻管道之间的水平和垂直净距，不应小于表 6-28 和表 6-29 的规定。

3. 压力大于 1.6MPa 室外燃气管道的布设要求

压力大于 1.6MPa 室外燃气管道是指压力大于 1.6MPa（表压）但不大于 4.0MPa（表压）的城镇燃气（不包括液态燃气）的室外管道，属于高压输气管道。

（1）高压燃气管道采用的钢管和管道附件材料的选择　燃气管道所用钢管、管道附件材料的选择，应根据管道的设计压力、温度、介质特性、使用地区等使用条件和材料的焊接性能等因素，经技术经济比较后确定。所选用的钢管材和管道附件均应符合国家现行有关标准规定。管道附件不得采用螺旋焊缝钢管制作，严禁采用铸铁制作。燃气管道的强度，应根据管段所处地区等级和运行条件，按可能同时出现的永久荷载和可变荷载的组合进行设计。当管道位于地震设防烈度 7 度及 7 度以上地区时，应考虑管道所承受的地震荷载。

（2）高压燃气管道的布置要求　高压燃气管道不宜进入四级地区；当受条件限制需要进入或通过四级地区时，高压 A 地下燃气管道与建筑物外墙面之间的水平净距不应小于 30m（当管壁厚度 $\delta \geqslant 9.5$mm 或对燃气管道采取有效的保护措施时，不应小于 15m）；高压 B 地下燃气管道与建筑物外墙面之间的水平净距不应小于 16m（当管壁厚度 $\delta \geqslant 9.5$mm 或对燃气管道采取有效的保护措施时，不应小于 10m）；管道分段阀门应采用遥控或自动控制。

高压燃气管道不应通过军事设施、易燃易爆危险品仓库、国家重点文物保护单位的安全保护区、飞机场、火车站、海（河）港码头。当受条件限制管道必须通过时，必须采取安全

防护措施。高压燃气管道宜采用埋地方式敷设。当个别地段需要采用架空敷设时，必须采取安全防护措施。

表 6-28　地下燃气管道与建筑物、构筑物或相邻管道之间的水平净距　m

项　目		地下燃气管道压力/MPa				
		低压＜0.01	中压		次高压	
			B≤0.2	A≤0.4	B≤0.8	A≤1.6
建筑物	基础	0.7	1.0	1.5		
	外墙面(出地面处)	—	—	—	5	13.5
给水管		0.5	0.5	0.5	1	1.5
污水、雨水排水管		1	1.2	1.2	1.5	2.0
电力电缆(含电车电缆)	直埋	0.5	0.5	0.5	1	1.5
	在导管内	1.0	1	1	1.0	1.5
通信电缆	直埋	0.5	0.5	0.5	1	1.5
	在导管内	1	1	1.0	1	1.5
其他燃气管道	DN≤300m	0.4	0.4	0.4	0.4	0.4
	DN＞300mm	0.5	0.5	0.5	0.5	0.5
热力管	直埋	1.0	1	1	1.5	2
	在管沟内(至外壁)	1	1.5	1.5	2.0	4.0
电杆(塔)的基础	≤35kV	1	1	1	1	1
	＞35kV	2.0	2.0	2	5	5
通信照明电杆(至电杆中心)		1	1	1	1.0	1
铁路路堤坡脚		5	5	5	5	5
有轨电车钢轨		2	2	2	2	2.0
街树(至树中心)		0.75	0.75	0.75	1.2	1.2

表 6-29　地下燃气管道与构筑物或相邻管道之间垂直净距　m

项　目		地下燃气管道(当有套管时,以套管计)
给水管、排水管或其他燃气管道		0.15
热力管、热力管的管沟底(或沟顶)		0.15
电缆	直　埋	0.5
	在导管内	0.15
铁路	(轨底)	1.2
有轨电车(轨底)		1

注：1. 当次高压燃气管道压力与表中数不相同时，可采用直线方程内插法确定水平净距。

2. 如受地形限制不能满足表 6-28 和表 6-29 的要求时，经与有关部门协商，采取有效的安全防护措施后，净距可适当缩小。但低压管道不应影响建（构）筑物和相邻管道基础的稳固性，中压管道距建筑物基础不应小于 0.5m 且距建筑物外墙面不应小于 1m，次高压燃气管道距建筑物外墙面不应小于 3.0m。其中当对次高压 A 燃气管道采取有效的安全防护措施或当管道壁厚不小于 9.5mm 时。管道距建筑物外墙面不应小于 6.5m；当管壁厚度不小于 11.9mm 时，管道距建筑物外墙面不应小于 3.0m。

3. 表 6-28 和表 6-29 规定除地下燃气管道与热力管的净距不适于聚乙烯燃气管道和钢骨架聚乙烯塑料复合管外，其他规定均适用于聚乙烯燃气管道和钢骨架聚乙烯塑料复合管道。聚乙烯燃气管道与热力管道的净距应按《聚乙烯燃气管道工程技术规程》（CJJ 63）执行。

4. 地下燃气管道与电杆（塔）基础之间的水平净距，还应满足地下燃气管道与交流电力线接地体的净距规定。

(3) 燃气管道阀门的设置要求　在高压燃气干管上，应设置分段阀门；分段阀门的最大间距，以四级地区为主的管段不应大于 8km，以三级地区为主的管段不应大于 13km，以二级地区为主的管段不应大于 24km，以一级地区为主的管段不应大于 32km。

在高压燃气支管的起点处，应设置阀门。燃气管道阀门的选用应符合现行国家有关标准，并应选择适用于燃气介质的阀门。在防火区内关键部位使用的阀门，应具有耐火性能。需要通过清管器或电子检管器的阀门，应选用全通径阀门。高压燃气管道及管件设计应考虑日后清管或电子检管的需要，并宜预留安装电子检管器收发装置的位置。

(4) 埋地管线警示标志的要求　市区外地下高压燃气管道沿线应设置里程桩、转角桩、交叉和警示牌等永久性标志；市区内地下高压燃气管道应设立管位警示标志。在距管顶不小于 500mm 处应埋设警示带。

(三) 门站和储配站防火

门站是具有将管道长途运输的燃气进行卸气、加热、调压、储存、计量、加臭，并送入城镇燃气输配管道功能的站场；储配站是具有将槽车或槽船运输的燃气进行卸气、加热、调压、储存、计量、加臭，并送入城镇燃气输配管道功能的站场。因两者在设计和消防安全要求上有许多共同的相似之处，故共同叙述之。

1. 门站和储配站的总平面布置

(1) 总平面应分区布置，即分为生产区（包括储罐区、调压计量区、加压区等）和辅助区。站内建筑物的耐火等级不应低于二级。储配站生产区应设置环形消防车通道，消防车通道宽度不应小于 3.5m。

(2) 站内露天工艺装置区边缘距明火或散发火花地点不应小于 20m。距办公、生活建筑不应小于 18m，距围墙不应小于 10m。与站内生产建筑的间距应当按工艺要求确定。当燃气无臭味或臭味不足时，门站或储配站内还应设置加臭装置。加臭剂是一种具有强烈气味的有机化合物或混合物，当以很低的浓度加入燃气中，使燃气有一种特殊的、令人不愉快的警示性臭味，以便泄漏的燃气在达到其爆炸下限 20%或达到对人体允许的有害浓度时，即被察觉，它对燃气泄漏的发现和及早报警处置非常重要，所以不可小视。

2. 低压储气罐工艺设计的要求

低压储气罐是指工作压力（表压）在 10kPa 以下，依靠容积变化储存燃气的储气罐。分为湿式储气罐和干式储气罐两种。

(1) 低压储气罐宜分别设置燃气进、出气管，各管应设置关闭性能良好的切断装置，并宜设置水封阀，水封阀的有效高度应取设计工作压力（以 mm 水柱为单位）乘 0.1 加 500mm。燃气进、出气管的设计应能适应气罐地基沉降引起的变形。

(2) 低压储气罐应设储气量指示器。储气量指示器应具有显示储量及可调节的高低限位声、光报警装置；储气罐高度超越当地有关的规定时应设高度障碍标志。

(3) 湿式储气罐的水封高度应经过计算后确定；寒冷地区湿式储气罐的水封应设有防冻措施。

(4) 干式储气罐密封系统，必须能够可靠地连续运行；干式储气罐应设置紧急放散装置；干式储气罐应配有检修通道。稀油密封干式储气罐外部应设置检修电梯。

3. 高压储气罐工艺设计的要求

高压储气罐是指工作压力（表压）大于 0.4MPa，依靠压力变化储存燃气的储气罐，又称为固定容积储气罐。

(1) 高压储气罐宜分别设置燃气进、出气管，不需要起混气作用的高压储气罐，其进、

出气管也可合为一条；燃气进、出气管的设计宜进行柔性计算。

（2）高压储气罐应设置压力检测装置；应分别设置安全阀、放散管和排污管；宜设置检修排空装置，减少接管开孔数量。

（3）当高压储气罐罐区设置检修用集中放散装置时，集中放散装置宜设置在站内全年最小频率风向的上风侧。集中放散装置的放散管与站外建、构筑物的防火间距不应小于表6-30的规定。

表 6-30　集中放散装置的放散管与站外建、构筑物的防火间距

项　目	防火间距	项　目		防火间距
明火、散发火花地点	30m	公路、道路(路边)	高速，Ⅰ、Ⅱ级，城市快速	15m
民用建筑	25m		其他	10m
甲、乙类液体储罐，易燃材料堆场	25m	架空电力线(中心线)	＞380V	2.0 倍杆高
室外变、配电站	30m		≤380V	1.5 倍杆高
甲、乙类物品库房，甲、乙类生产厂房	25m	架空通信线(中心线)	国家Ⅰ、Ⅱ级	1.5 倍杆高
其他厂房	20m		其他	1.5 倍杆高
铁路(中心线)	40m			

集中放散装置的放散管与站内建、构筑物的防火间距不应小于表 6-31 的规定；放散管管口高度应高出距其 25m 内的建构筑物 2m 以上，且不得小于 10m。

表 6-31　集中放散装置的放散管与站内建、构筑物的防火间距

项　目	防火间距/m	项　目	防火间距/m
明火、散发火花地点	30	控制室、配电室、汽车库、机修间和其他辅助建筑	25
办公、生活建筑	25	燃气锅炉房	25
可燃气体储气罐	20	消防泵房、消防水池取水口	20
室外变、配电站	30	站内道路(路边)	2
调压室、压缩机室、计量室及工艺装置区	20	围墙	2

4. 燃气加压设备工艺设计的要求

压缩机室的工艺设计应当符合以下要求。

（1）储配站燃气加压设备应结合输配系统总体设计采用的工艺流程、设计负荷、排气压力及调度要求确定；所选用的设备应便于操作维护，并符合节能高效、安全可靠、低振和低噪声的要求；装机总台数不宜过多。每 1～5 台压缩机宜另设 1 台备用。

（2）压缩机宜按独立机组配置进、出气管及阀门、旁通、冷却器、放散、供油和供水等各项辅助设施。压缩机的进、出气管道宜采用地下直埋或管沟敷设，并宜采取减振降噪措施；管道设计应设有能满足投产、置换、正常生产、维修和安全保护所必需的附属设备。

（3）压缩机及其附属设备布置时，压缩机宜采取单排布置，压缩机之间及压缩机与墙壁之间的净距不宜小于 1.5m；重要通道的宽度不宜小于 2m；机组的联轴器及皮带传动装置应采取安全防护措施；高出地面 2m 以上的检修部位应设置移动或可拆卸式的维修平台或扶梯；维修平台及地坑周围应设防护栏杆。

（4）压缩机室宜根据设备情况设置检修用起吊设备。当压缩机采用燃气为动力时，其设计应符合《输气管道工程设计规范》（GB 50251）和《石油天然气工程设计防火规范》（GB 50183）的有关规定；压缩机组前必须设有紧急停车按钮。

(5) 压缩机的控制室宜设在主厂房一侧的中部或主厂房的一端。控制室与压缩机室之间应设有能观察各台设备运转的隔声耐火玻璃窗。

(6) 压缩机室和调压计量室等具有爆炸危险的生产用房，应符合《建筑设计防火规范》(GB 50016)“甲类生产厂房”设计的规定。

5. 门站和储配站内消防设施的设计要求

门站和储配站内的消防设施设计，应符合《建筑设计防火规范》(GB 50016) 的规定。并符合下列要求。

(1) 储配站在同一时间内的火灾次数应按一次考虑。储罐区的消防用水量应当根据储罐的几何容积之和计算确定。当设置消防水池时，消防水池的容量应按火灾延续时间 3h 计算确定。当火灾情况下能保证连续向消防水池补水时，其容量可减去火灾延续时间内的补水量。

(2) 储配站内消防给水管网应采用环形管网。其给水干管不应少于 2 条，以备当其中 1 条发生故障时，其余的进水管应能满足消防用水总量的供给要求。站内室外消火栓宜选用地上式消火栓。

(3) 门站的工艺装置区可不设消防给水系统。门站和储配站内灭火器的配置应符合《建筑灭火器配置设计规范》(GB 50140) 的有关规定。储配站内储罐区应配置 8kg 手提式干粉灭火器，并按储罐台数每台 2 个配置；每组相对独立的调压计量等工艺装置区应配置干粉灭火器，数量不少于 2 个。根据场所危险程度，还应配置部分 35kg 手推式干粉灭火器。

6. 门站和储配站电气防火的设计要求

(1) 门站和储配站供电系统的设计，应符合《供配电系统设计规范》(GB 50052) 的“二级负荷”的规定。站内爆炸危险场所的电力装置设计，爆炸危险区域等级和范围的划分，应符合《爆炸和火灾危险环境电力装置设计规范》(GB 50058) 的要求。在站内爆炸危险厂房和装置区内，应装设燃气浓度检测报警装置。

(2) 储气罐和压缩机室、调压计量室等具有爆炸危险的生产用房，应设有防雷接地设施。其设计应符合《建筑物防雷设计规范》(GB 50057) 的“第二类防雷建筑物”的要求。

(3) 门站和储配站的所有用气管道和设备，都应当设计静电接地。接地极的设置和静电接地电阻等，都应当符合静电接地标准。

(四) 调压站防火

调压站是包括调压装置及调压室在内的，将调压装置放置于专用的调压建筑物或构筑物中，承担用气压力调节的建筑物或构筑物。

1. 调压站(或调压箱或调压柜) 的工艺设计要求

(1) 连接未成环状低压管网的区域调压站和供连续生产使用的用户调压装置，宜设置备用调压器。调压器的燃气进、出口管道之间应设旁通管(用户悬挂式调压箱可不设)。

(2) 高压、次高压和中压燃气调压站的室外进、出口管道上，均应设置阀门。

(3) 调压站室外进、出口管道上阀门距调压站的距离：当为地上单独建筑时，不宜小于 10m；当为毗连建筑物时，不宜小于 5m；当为调压柜时，不宜小于 5m；当为露天调压装置时，不宜小于 10m；当通向调压站的支管阀门距调压站小于 100m 时，室外支管阀门与调压站进口阀门可合为一个。

(4) 在调压器燃气入口处应安装过滤器。

(5) 在燃气调压器的入口或出口处，当调压器本身没有安全保护装置时，应设防止燃气出口压力过高的安全保护装置。

(6) 调压器的安全保护装置宜选用人工复位型；放散或切断安全保护装置，必须设定启动压力值，并具有足够的能力启动。启动压力应根据工艺要求确定，当工艺无特殊要求时，且在调压器出口为低压时，启动压力应使与低压管道直接相连的燃气用具处于安全工作压力以内；在调压器出口压力小于 0.08MPa 时，启动压力不应超过出口工作压力上限的 50%；在调压器出口压力等于或大于 0.08MPa，但不大于 0.4MPa 时，启动压力不应超过出口工作压力上限 0.04MPa；在当调压器出口压力大于 0.4MPa 时，启动压力不应超过出口工作压力上限的 10%。

(7) 调压站放散管管口应高出其屋檐 1.0m 以上。调压柜的安全放散管管口距地面的高度，不应小于 4m；设置在建筑物墙上的调压箱的安全放散管管口，应高出该建筑物屋檐 1.0m；地下调压站和地下调压箱的安全放散管管口，也应按地上调压柜安全放散管管口的规定设置。

注意，清洗管道吹扫用的放散管、指挥器的放散管和安全水封放散管，属于同一工作压力范围时，允许将它们连接在同一放散管上。

(8) 调压站内调压器及过滤器前后，均应设置指示式压力表；调压器后应设置自动记录式压力仪表。

2. 调压站建筑物设计的防火要求

(1) 建筑物耐火等级不应低于二级；调压室与毗连房间之间应用实体隔墙隔开，其隔墙厚度不应小于 24cm，且应两面抹灰；隔墙内不得设置烟道和通风设备。

(2) 调压室的其他墙壁也不得设有烟道；隔墙有管道通过时，应采用填料密封或将墙洞用混凝土等材料填实。

(3) 调压室及其他有漏气危险的房间，应采取自然通风措施，换气次数每小时不应小于 2 次；城镇无人值守的燃气调压室电气防爆等级应符合《爆炸和火灾危险环境电力装置设计规范》(GB 50058)“1 区”设计的规定。

(4) 调压室内的地面应采用撞击时不会产生火花的材料；调压室应有泄压措施，泄压面积应当符合防爆要求；调压室的门、窗应向外开启，窗应设防护栏和防护网；重要调压站宜设保护围墙。

(5) 设于空旷地带的调压站或采用高架遥测天线的调压站，应单独设置避雷装置。其接地电阻值应小于 10Ω。

(6) 地下调压站的建筑物，室内净高不应低于 2m，宜采用混凝土整体浇筑的耐火结构；在调压室顶盖上，必须设置两个呈对角位置的人孔，孔盖应能防止地表水浸入；在一侧人孔下的地坪应设置集水坑；调压室顶盖应采用混凝土整体浇筑。

3. 调压站（含调压柜）与其他建筑物（构）筑物的水平净距

调压站（含调压柜）与其他建筑物（构）筑物的水平净距应符合表 6-32 的要求。

4. 燃气调压站采暖的要求

燃气调压站的采暖，应根据气象条件、燃气性质、控制测量仪表结构和人员工作的需要等因素确定。当需要采暖时，严禁在调压室内用明火采暖。当采用集中供热或在调压站内设置燃气、电气采暖系统时，其设计应符合下列要求。

(1) 燃气采暖锅炉可设在与调压器室毗连的房间内；调压器室的门、窗与锅炉室的门、窗不应设置在建筑的同一侧。

(2) 采暖系统宜采用热水循环式；采暖锅炉烟囱排烟温度严禁大于 300℃；烟囱出口与燃气安全放散管出口的水平距离，应大于 5m。

(3) 燃气采暖锅炉应有熄火保护装置或设专人值班管理。

表 6-32　调压站（含调压柜）与其他建筑物、构筑物水平净距　　m

设置形式	调压装置入口燃气压力级制	建筑物外墙面	重要公共建筑、一类高层民用建筑	铁路（中心线）	城镇道路	公共电力变配电柜
地上单独建筑	高压(A)	18	30	25	5	6
	高压(B)	13	25	20	4	6
	次高压(A)	9	18	15	3	4
	次高压(B)	6	12	10	3	4
	中压(A)	6	12	10	2	4
	中压(B)	6	12	10	2	4
调压柜	次高压(A)	7	14	12	2	4
	次高压(B)	4	8	8	2	4
	中压(A)	4	8	8	1	4
	中压(B)	4	8	8	1	4
地下单独建筑	中压(A)	3	6	6		3
	中压(B)	3	6	6		3
地下调压箱	中压(A)	3	6	6		3
	中压(B)	3	6	6		3

注：1. 当调压装置露天设置时，是指距离装置的边缘。

2. 当建筑物（含重要公共建筑）的某外墙为无门、窗洞口的实体墙，且建筑物耐火等级不低于二级时，燃气进口压力级别为中压 A 或中压 B 的调压柜一侧或两侧（非平行），可贴靠上述外墙设置。

3. 当达不到表 6-32 净距要求时，在采取了有效措施后，可适当缩小净距。

(4) 采用防爆式电气采暖装置时，可对调压器室或单体设备用电加热采暖。电采暖设备的外壳温度不得大于 115℃，且电采暖设备应与调压设备绝缘。

5. 调压站防静电的要求

当调压站内、外燃气管道为绝缘连接时，调压器及其附属设备必须接地，接地电阻应小于 100Ω。

(五) 调压装置防火

调压装置是包括调压器及其附属设备在内的将较高燃气压力降至所需的较低压力调压单元的总称。在城镇燃气输配系统中，不同压力级别管道之间连接的调压站、调压箱（或柜）和其他调压装置的设计，都应当符合消防安全要求。

1. 基本要求

(1) 为了防止逸漏燃气的聚集，在自然条件和周围环境许可时，调压装置宜露天设置，但应设置围墙、护栏或车挡等。

(2) 调压装置的燃气进口压力，调压装置单独设置在地上调压箱（悬挂式）内时，居民和商业用户，不应大于 0.4MPa；工业用户（包括锅炉房），不应大于 0.8MPa。调压装置单独设置在地上的调压柜（落地式）内时，居民、商业用户和工业用户（包括锅炉房），不宜大于 1.6MPa。

(3) 调压装置设置在地上单独的建筑物内时，建筑物的耐火等级不应低于二级，并应符合地上调压站建筑的其他防火要求。

(4) 当受到地上条件限制，且调压装置进口压力不大于 0.4MPa 时，调压装置可设置在

地下单独的建筑物内或地下单独的箱体内，并应分别符合本地下调压站建筑的防火要求。

(5) 液化石油气和相对密度大于0.75的燃气调压装置，不得设于地下室、半地下室内和地下单独的箱体内。

2. 单独用户调压装置的设置要求

单独用户是指主要有一个锅炉房、一个食堂或一个车间等一个专用用气点的用气单位。单独用户的专用调压装置除符合以上基本要求外，尚应符合下列要求。

(1) 当商业用户调压装置进口压力不大于0.4MPa，或工业用户（包括锅炉）调压装置进口压力不大于0.8MPa时，调压装置可设置在用气建筑物专用单层毗连建筑物内。但该建筑物与相邻建筑应用无门窗和洞口的防火墙隔开，与其他建筑物（构）筑物的水平净距，应符合表6-32的要求；建筑物耐火等级不应低于二级，并应具有轻型结构屋顶爆炸泄压口及向外开启的门窗；地面应采用撞击时不会产生火花的材料；室内通风换气次数每小时不应少于两次；室内电气、照明装置应符合《爆炸和火灾危险环境电力装置设计规范》（GB 50058）的"1区"设计的规定。

(2) 当调压装置进口压力不大于0.2MPa时，调压装置可设置在公共建筑的顶层房间内，但房间应靠建筑外墙。不应布置在人员密集房间的上面或贴邻，其建筑物的耐火等级、防火间距、通风和电器的设置，都应符合防火规范要求。房间内应设有连续通风装置，并能保证通风换气次数每小时不少于3次。房间内应设置燃气浓度检测监控仪表及声、光报警装置，且该装置应与通风设施和紧急切断阀连锁，并将信号引入该建筑物监控室。调压装置应设有超压自动切断保护装置。室外进口管道应设有阀门，并能在地面操作。调压装置和燃气管道应采用钢管焊接和法兰连接。

(3) 当调压装置进口压力不大于0.4MPa，且调压器进出口管径不大于DN100时，调压装置可设置在用气建筑物的平屋顶上，但应在屋顶承重结构受力允许的条件下，且该建筑的耐火等级不应低于二级；建筑物应有通向屋顶的楼梯；调压箱、柜（或露天调压装置）与建筑物烟囱的水平净距，不应小于5m。

(4) 当调压装置进口压力不大于0.4MPa时，调压装置可设置在生产车间、锅炉房和其他工业生产用气房间内；或当调压装置进口压力不大于0.8MPa时，调压装置可设置在独立、单层建筑的生产车间或锅炉房内，但调压器进出口管径不应大于DN80；调压装置宜设不燃烧体护栏；调压装置除在室内设进口阀门外，还应在室外引入管上设置阀门。但当调压器进出口管径大于DN80时，应将调压装置设置在用气建筑物的专用单层房间内。

（六）调压箱和调压柜防火

调压箱是将调压装置悬挂于专用箱体内，设于用气建筑物附近，承担用气压力调节的箱体；调压柜是将调压装置落地放置于专用箱体内，设于用气建筑物附近，承担用气压力调节的箱体。

1. 地上调压箱的设置要求

(1) 调压箱上应有自然通风孔。

(2) 调压箱可安装在用气建筑物的外墙壁上，或悬挂于专用的支架上；箱底距地坪的高度宜为1.0～1.2m。当调压箱安装在用气建筑物的外墙上时，调压器进出口管径不宜大于*DN*50。

(3) 调压箱至建筑物的门、窗或其他通向室内的孔槽的水平净距，当调压器进口燃气压力不大于0.4MPa时，不应小于1.5m；当调压器进口燃气压力大于0.4MPa时，不应小于3.0m。

(4) 安装调压箱的墙体应为永久性的实体墙，其建筑物耐火等级不应低于二级。调压箱不应安装在建筑物的窗下和阳台下的墙上，也不应安装在室内通风机进风口墙上。

2. 地下调压箱的设置要求

(1) 地下调压箱不宜设置在城镇道路下，距其他建筑（构）筑物的水平净距，应符合表6-32的要求。

(2) 地下调压箱上应有自然通风口。通风口的位置，应根据气体的相对密度确定。

(3) 地下调压箱的安装位置，应能满足调压器安全装置的安装要求，并应方便检修。

(4) 地下调压箱应有防腐保护。

3. 调压柜（落地式）的设置要求

(1) 调压柜应单独设置在牢固的基础上，柜底距地坪高度宜为0.30m；距其他建筑物、构筑物的水平净距应符合表6-32的要求。

(2) 体积大于1.5m的调压柜，应有爆炸泄压口。爆炸泄压口不应小于上盖或最大柜壁面积的50%（以较大者为准）；爆炸泄压口宜设在上盖上；通风口面积可包括在计算爆炸泄压口面积内。

(3) 调压柜上应有自然通风口，当燃气相对密度大于0.75时，应按柜底面积的1%在柜体上、下各设通风口；调压柜四周应设护栏。当燃气相对密度不大于0.75时，可按柜底面积的4%在柜体的上部设通风口；调压柜四周宜设护栏。

(七) 调压器防火

1. 调压器环境温度的要求

调压器设置场所的环境温度，应当根据燃气的干湿情况确定。当输送干燃气时，无采暖的调压器室的环境温度，应能保证调压器活动部件的正常工作；当输送湿燃气时，无防冻措施的调压器室的环境温度，应大于0℃；当输送液化石油气时，其环境温度应大于液化石油气的露点。

2. 调压器的选择要求

调压器应能满足进口燃气的最高和最低压力的要求，其压力差，应根据调压器前燃气管道的最低设计压力与调压器后燃气管道的设计压力之差值确定；调压器的计算流量，应按该调压器所承担的管网小时最大输送量的1.2倍确定。

3. 地上调压站内调压器的布置要求

调压器的水平安装高度应便于维护检修；平行布置2台以上调压器时，相邻调压器外缘净距、调压器与墙面之间的净距和室内主要通道的宽度，均宜大于0.8m。

(八) 钢质燃气管道和储罐的防腐要求

1. 地下燃气管道外防腐绝缘涂层的要求

(1) 钢质燃气管道和储罐必须进行外防腐措施。地下燃气管道的防腐设计，必须考虑土壤电阻率。高、中压输气干管，宜沿燃气管道途经地段选点测定其土壤电阻率；并应根据土壤的腐蚀性、管道的重要程度及所经地段的地质、环境条件确定其防腐等级。

(2) 地下燃气管道的外防腐涂层措施，根据工程的具体情况，可选用符合国家现行有关标准的石油沥青、聚乙烯防腐胶带、环氧煤沥青、聚乙烯防腐层、氯磺化聚乙烯、环氧粉末喷涂等。

2. 地下燃气管道外防腐的阴极保护

地下燃气管道的外防腐涂层一般采用绝缘层防腐，但防腐层难免由于不同的原因而造成局部损坏，对于防腐层已被损坏了的管道，防止电化学腐蚀则显得更为重要。根据国际和国

内的实践，采用涂层保护埋地敷设的钢质燃气干管，宜同时采用阴极保护。

（1）在市区外埋地敷设的燃气干管，当采用阴极保护时，宜采用强制电流方式，并应符合《埋地钢质管道强制电流阴极保护设计规范》（SY/T 0036）的有关规定。

（2）市区内埋地敷设的燃气干管，当采用阴极保护时，宜采用牺牲阳极法，并应符合《埋地钢质管道牺牲阳极阴极保护设计规范》（SY/T 0019）的有关规定。

3. 地下燃气管道与交流电力线接地体的净距

为防止电化学腐蚀，地下燃气管道与交流电力线接地体应当保持规定的安全间距，其净距，不应小于表 6-33 的要求。

表 6-33　地下燃气管道与交流电力线接地体的净距

电压等级/kV	10	35	110	220
铁塔或电杆接地体/m	1	3	5	10
电站或变电所接地体/m	5	10	15	30

（九）监控及数据采集防火

为了实现城市燃气输配系统的自动化运行，提高管理水平，城市燃气输配系统，宜设置监控及数据采集系统；并应采用电子计算机系统为基础的装备和技术。

1. 监控及数据采集系统主站和远端站的设置要求

（1）监控及数据采集系统应采用分级结构，设立主站和远端站。主站应设在燃气企业调度服务部门，并宜与城市公用数据库连接；远端站宜设置在区域调压站、专用调压站、管网压力监测点、储配站、门站和气源厂等。

（2）根据监控及数据采集系统拓扑结构设计的需求，在等级系统中可在主站与远端站之间设置通信或其他功能的分级站。

（3）主站系统设计应具有良好的人机对话功能，宜满足及时调整参数或处理紧急情况的需要。

（4）远端站数据采集等工作信息的类型和数量，应按实际需要予以合理确定；监控及数据采集系统的主站机房，应设置可靠性较高的不间断电源设备及其备用设备；远端站的防爆和防护，应符合所在地点防爆和防护的相关要求。

2. 监控及数据的采集要求

（1）监控及数据采集系统的信息传输介质及方式，应根据当地通信系统条件、系统规模和特点及地理环境，经全面的技术经济比较后确定；信息传输宜采用城市公共数据通信网络。

（2）监控及数据采集系统的硬件和软件，应有较高的可靠性，并应设置系统自身诊断功能，关键设备应采用冗余技术。

（3）监控及数据采集系统，宜配备实时瞬态模拟软件；软件应满足系统进行调度优化、泄漏检测定位、工况预测、存量分析、负荷预测及调度员培训等功能。

（4）监控及数据采集系统远端站，应具有数据采集和通信功能；并对需要进行控制或调节对象点；应有对选定的参数或操作进行控制或调节的功能。

第七章

危险品的使用与废弃销毁防火

危险品的使用是危险品流通的最后一个阶段。危险品在使用中，由于都是动态的，且受气温、湿度、使用场所和人员的影响较大，往往在使用中出现亡人事故。例如，2009 年 1 月 31 日福建省某市拉丁酒吧，因酒吧内顾客在饭桌上燃放烟花引燃顶棚处的吸音棉聚氨酯泡沫塑料引发特大火灾，造成 15 人死亡，22 人受伤，直接财产损失 10 万余元。2009 年 2 月 9 日，北京市朝阳区东三环中央电视台新址园区在建的附属文化中心大楼工地，因违规燃放大规格烟花引发特大火灾，造成 7 名消防人员受伤，1 人牺牲和 1.6 亿多元的经济损失。所以，应加强对危险品使用的消防安全管理。

第一节　家用易燃易爆危险品使用防火

家用易燃易爆危险品是包括香水、摩丝、灭蚊剂、指甲油、冷烫液、丁烷打火机等日用危险品和家用燃气等具有爆炸性和易燃性的危险品。由于这些危险品大都是由易燃的化学品制成的，都具有易燃易爆危险品的属性，火灾危险性和危害性都很大，故是危险品使用火灾事故的一个重要源头。所以，必须注意使用中的消防安全。

一、日用危险品使用防火

（一）日用危险品的性状

1. 花露水

花露水是一种香水，是夏日居家、旅行的必备用品，它具有提神舒气、去痱制痒、解毒消炎之功效。花露水是由酒精、色素、香精和水配制而成，酒精含量高达 70%以上，是一种极易燃烧的日用危险品，在使用中稍有不慎就易导致火灾事故的发生。如 1998 年 6 月 26 日，河南省淮阳县城北关村一 4 岁女孩在家中玩耍时，不慎将一花露水瓶碰倒在地，其父在打扫玻璃碎片时使用打火机照明，引起花露水着火，致使其全部家产被大火吞没，其父也因穿的是化纤材质衣服，烧伤后引起病毒性大面积感染，下身被迫高位截肢。

2. 摩丝

摩丝又名定发水，主要由树脂、酒精、丙烷和丁烷等配置而成是一种易燃日用危险品。摩丝是人们常用的美发用品，特别是青年朋友使用率最高，但殊不知摩丝是一种非常易燃的日用危险品，在使用时稍有疏忽就有可能导致火灾，甚至危及生命安全。如一位新娘为使自己的美容倩姿惊羡四座亲朋，天还没亮，她便急急忙忙走进了新娘“包装”专营店开始全方位美化。由于起床太早，美发师为提神防睡，在打摩丝时抽烟。当他摁下打火机的刹那间，新娘的头上突然起火燃烧。美发师见状慌了手脚，急不择物地操起桌子上的暖水瓶就往新娘的头上浇。虽然新娘头上的火被浇灭了，可这一浇一烫，却使新娘在发出一声撕心裂肺的惨叫后，当场昏死过去，喜事变成了悲剧。

3. 气体打火机

气体打火机给人们（尤其是抽烟的同志）的生活带来了很大的方便，但由于气体打火机内充装的是易燃且加压、液化的丁烷气体，故火灾危险性很大。例如，河南省鹿邑县一3岁小男孩，在玩弄丁烷打火机时被炸掉了双手；又如，一辆“桑塔纳2000”轿车内放置的丁烷打火机受热后发生爆裂，泄漏出的丁烷气体与车内的空气混合后形成了爆炸性混合气体，当司机午饭后使用遥控器打开车门时，混合气体遇遥控时打出的电火花发生爆炸而起火，整个汽车连炸带烧成了一堆废铁。

4. 灭蚊剂

灭蚊剂是由极易挥发的易燃液体、气体和杀虫剂配置而成的，极易燃烧，其蒸气与空气可形成爆炸性混合物，使用中稍有不慎就会导致着火或爆炸的发生。例如，一名居民嫌家里的蚊香灭蚊效果差，又用“灭蚊灵”进行灭蚊。在喷雾时，不慎将灭蚊剂喷洒到了燃着的蚊香上而发生燃烧，火苗迅速将该居民的连衣裙引燃。该居民吓得不知所措，穿着带火的连衣裙在室内到处乱跑，结果又将室内的窗帘、蚊帐、衣服架等引燃造成火灾。该居民身上的烧伤面积达65%，花去医疗费就达8万余元；又如，河南省周口店市某居民，因把夏季没有用完的灭蚊剂瓶放置在暖气片上，暖气管网送热后灭蚊剂瓶发生爆裂，爆裂泄漏出来的易燃物恰遇正在燃烧的炉灶明火而引发火灾，室内所有家具、家电都被大火吞没，直接经济损失就达六万余元。

（二）日用危险品采购与使用防火

为防止日用危险品在使用中发生着火和爆炸事故，在使用时应当注意以下要求。

1. 采购与放置的防火要求

（1）采购购时要认真检查产品是否合格，慎防假冒伪劣产品。

（2）对打火机、摩丝、灭蚊剂、空气清新剂等具有压缩性的日用危险品，要放置在阴凉通风的干燥处和小孩看不见、拿不到的地方，不可靠近热源和火源，防止太阳暴晒。

（3）家庭中用不着的日用危险品最好不要放置在居室内，可存放在储藏室内，以防止因管理不慎而引发火灾。

2. 使用的防火要求

（1）使用前要认真阅读使用说明和注意事项，并将其危险特性和应注意的事项告之所有家庭成员。

（2）对打火机、摩丝、灭蚊剂、空气清新剂等具有压缩性的日用危险品，在使用时要注意避免摔砸、碰撞、挤压，以防止容器破损出现泄漏，引起爆炸伤人。更不要使用热水、火源或其他方式对日用危险品进行加热使用。

（3）在使用花露水（香水）、灭蚊剂、染发水、摩丝（定发水）等易燃液体、蒸气型的日用危险品时，要远离火源、电源。如需要电吹风时，要在使用后的3～5min后进行，以防止其中的可燃性液体、蒸气遇火源而起火或爆燃。

二、燃气使用防火

燃气的使用阶段是最容易出现事故的阶段。很多居民住户、商业和工业企业用户，由于设计不合理，或不懂正确的使用方法，在使用中出现了着火或爆炸事故，造成了人员伤亡和财产损失。例如，2004年9月，张家口市桥西区美居花园小区12号楼一对新婚夫妇，在做完饭后只关闭了灶具上的开关，却未关闭燃气钢管上的截门，因软管长时间漏气并在厨房内弥漫，户主嗅到漏气的臭味后随即去厨房开门通风，瞬间发生爆炸，户主烧伤住院，厨房物品大部烧毁，现场勘察后认为系开窗通风时的碰击火花或恰遇厨房内电冰箱启动的电火花而引起爆炸。燃气的防火安全是不容忽视的。

（一）用户燃气的压力允许范围与质量要求

1. 用户室内燃气管道的最高压力

用户室内燃气管道的最高压力不应大于表 7-1 的规定。

表 7-1　用户室内燃气管道的最高压力

燃气用户		最高压力(表压)/MPa
工业用户	独立、单层建筑	0.8
	其他	0.4
商业用户		0.4
居民用户(中压进户)		0.2
居民用户(低压进户)		<0.01

注：1. 液化石油气管道的最高压力，不应大于 0.14MPa。
2. 管道井内燃气管道的最高压力，不应大于 0.2MPa。
3. 室内燃气管道压力大于 0.8MPa 的特殊用户的设计，应符合有关专业规范的要求。

2. 燃烧器的额定压力及其允许的压力波动范围

（1）燃气供应压力应根据用气设备燃烧器的额定压力及其允许的压力波动范围确定。用户室内燃气管道的最高压力应<0.01MPa（表压）。燃具燃烧器的额定压力（表压）根据不同的燃气确定，人工煤气、矿井气天然气为 1.0kPa，油田伴生气及天然气和液化石油气混合气为 2.0kPa，液化石油气为 2.8kPa 或 5.0kPa。

（2）当进户燃气管道用户燃具前的燃气压力超过燃具最大允许工作压力时，在用户燃气表或燃具前，应加燃气调压器调压；但不得直接在供气管道上安装加压设备，应当在加压设备前设浮动式缓冲罐；在缓冲罐前设管网低压保护装置和储量下限位与加压设备连锁的自动切断阀；缓冲罐的容量应保证加压时不影响地区管网的压力工况，加压设备应设旁通阀和出口止回阀。

3. 燃气用户输入管道的质量要求

（1）燃气引入管的最小公称直径，输送人工煤气和矿井气的不应小于 25mm，输送天然气的不应小于 20mm，输送气态液化石油气的不应小于 15mm。

（2）敷设在地下室、半地下室、设备层和地上密闭房间以及竖井、住宅汽车库（不使用燃气，并能设置钢套管的除外）的燃气管道，其管材、管件及阀门、阀件的公称压力，应按提高一个压力等级进行设计。

（3）管道宜采用钢号为 10# 或 20# 的无缝钢管，或具有同等及同等以上性能的其他金属管材；除阀门、仪表等部位和采用加厚管的低压管道外，均应焊接和法兰连接。

（4）应尽量减少焊缝连接的数量。钢管道的固定焊口，应进行 100%射线照相检验；活动焊口应进行 10%射线照相检验。其质量不得低于《现场设备、工业管道焊接工程施工规范》（GB 50236—2011）中的Ⅲ级；其他金属管材的焊接质量应符合相关标准的规定。

（5）燃气水平干管和高层建筑立管，应考虑工作环境温度下的极限变形；当自然补偿不能满足要求时，应设置补偿器。补偿器宜采用Ⅱ形或波纹管形，不得采用填料型。补偿量计算温差时，其温差值按：有空气调节的建筑物内取 20℃；无空气调节的建筑物内取 40 ℃；沿外墙和屋面敷设时可取 70℃。

（二）室内燃气管道选用与安装要求

在燃气的使用中，室内燃气管道的选用与安装是否正确，对使用安全非常重要。如果选用

或安装得不合理，极有可能造成重大事故。如苏州燃气集团横山储罐场生活区综合办公楼一楼的职工食堂厨房，2013 年 6 月 11 日上午 7 时 26 分左右，因燃气管道泄漏引发爆炸，导致约 $400m^2$ 的三层办公楼坍塌，造成现场 17 人被埋。截至 14 点 15 分，已有 15 人被救出并送往医院救治，其中 6 人因伤势严重经抢救无效死亡，另有 3 人伤势严重。所以。室内燃气管道应当严格按照规范要求选用和安装。宜选用钢管，也可选用铜管、不锈钢管、铝塑复合管和连接用软管。因管道的材质不同，其强度、电导率和阻力也不同，故应分别符合以下要求。

1. 室内燃气管道选用钢管时的要求

(1) 低压燃气管道应选用热镀锌钢管（热浸镀锌），其质量应符合《低压流体输送用焊接钢管》(GB/T 3091) 的规定。

(2) 中压和次高压燃气管道宜选用无缝钢管，其质量应符合《输送流体用无缝钢管》(GB/T 8163) 的规定；燃气管道的压力小于或等于 0.4MPa 时，可选用符合规定的焊接钢管。

(3) 钢管的壁厚，当选用符合 (GB/T 3091—2008) 标准的焊接钢管时，低压宜采用普通管，中压应采用加厚管；当选用无缝钢管时，其壁厚不得小于 3mm，用于引入管时不得小于 3.5mm；在避雷保护范围以外的屋面上设置的燃气管道和高层建筑沿外墙架设的燃气管道，采用焊接钢管或无缝钢管时其管道壁厚均不得小于 4mm。

(4) 钢管螺纹连接时，室内低压燃气管道（地下室、半地下室等部位除外）、室外压力小于或等于 0.2MPa 的燃气管道，可采用螺纹连接；管道公称直径大于 100mm 时不宜选用螺纹连接。

(5) 选择管件，管道公称压力≤0.01MPa 时，可选用可锻铸铁螺纹管件；管道公称压力≤0.2MPa 时，应选用钢或铜合金螺纹管件。

(6) 管道公称压力≤0.2MPa 时，应采用《55°密封螺纹 第 2 部分：圆锥内螺纹与圆锥外螺纹》(GB/T 7306.2) 规定的螺纹（锥/锥）连接。

(7) 密封填料，宜采用聚四氟乙烯生料带、尼龙密封绳等性能良好的填料。

(8) 钢管焊接或法兰连接，可用于中低压燃气管道（阀门、仪表处除外），并应符合有关标准的规定。

2. 室内燃气管道选用铜管时的要求

(1) 铜管的质量应符合《无缝铜水管和铜气管》(GB/T 18033) 的规定。

(2) 铜管道应采用硬钎焊连接，宜采用不低于 1.8％的银（铜一磷基）焊料（低银铜磷钎料）。铜管接头和焊接工艺可按《铜管接头》(GB/T 11618) 的规定执行。铜管道不得采用对焊、螺纹或软钎焊（熔点小于 500℃）连接。

(3) 埋入建筑物地板和墙中的铜管，应是覆塑铜管或带有专用涂层的铜管，其质量应符合有关标准的规定。

(4) 根据《天然气》(GB 17820—2012) 附录 A 中的技术数据，湿燃气中 H_2S 的含量，$\leqslant 6mg/m^3$ 时对金属材料无腐蚀，$\leqslant 20mg/m^3$ 时对钢材无明显腐蚀的情况。湿燃气中 H_2S 含量 $\leqslant 7mg/m^3$ 时，中低压燃气管道可采用《无缝铜水管和铜气管》(GB/T 18033) 中表 3-1 规定的 A 型管或 B 型管；燃气中硫化氢含量大于 $7mg/m^3$ 而小于 $20mg/m^3$ 时，中压燃气管道应选用带耐腐蚀内衬的铜管。无耐腐蚀内衬的铜管只允许在室内的低压燃气管道中采用；铜管类型可按以上的规定要求。

(5) 铜管敷设必须有防外部损坏的保护措施。

3. 室内燃气管道选用不锈钢管时的要求

(1) 薄壁不锈钢管，其壁厚不得小于 0.6mm (*DN*15 及以上)，质量应符合《流体输送用不锈钢焊接钢管》(GB/T 12771) 的规定。

(2) 薄壁不锈钢管的连接方式，应采用承插氩弧焊式管件连接或卡套式管件机械连接，并宜优先选用承插氩弧焊式管件连接。承插氩弧焊式管件和卡套式管件应符合有关标准的规定。

(3) 不锈钢波纹钢管，其壁厚不得小于 0.2mm，其质量应符合《燃气用不锈钢波纹软管》(CJ/T 197) 的规定；其连接方式，应采用卡套式管件机械连接，卡套式管件应符合有关标准的规定。

(4) 薄壁不锈钢管和不锈钢波纹管都必须有防外部损坏的保护措施。

4. 室内燃气管道选用铝塑复合管时的要求

(1) 铝塑复合管的质量应符合《铝塑复合压力管 第 1 部分：铝管搭接焊式铝塑管》(GB/T 18997.1) 或《铝塑复合压力管 第 2 部分：铝管对接焊式铝塑管》(GB/T 18997.2) 的规定。

(2) 铝塑复合管应采用卡套式管件或承插式管件机械连接，承插式管件应符合《承插式管接头》(CJ/T 110) 的规定，卡套式管件应符合《铝塑复合管用卡套式铜制管接头》(CJ/T 111) 和《铝塑复合管用卡压式管件》(CJ/T 190) 的规定。

(3) 铝塑复合管安装时，必须对铝塑复合管材进行防机械损伤。同时，由于铝塑复合管存在不耐火和塑料老化问题，所以应当具有防紫外线 (UV) 伤害及防热保护的措施。

(4) 安装铝塑复合管的环境温度，不应高于 60℃；工作压力，应小于 10kPa，并只限在户内的计量装置 (燃气表) 后安装。

5. 室内燃气管道采用软管时的要求

(1) 燃气用具的连接部位、实验室用具或移动式用具等处，可采用软管连接。

(2) 中压燃气管道上应采用符合《波纹金属软管通用技术条件》(GB/T 14525)、《在 2.5MPa 及以下压力下输送液态或气态液化石油气 (LPG) 和天然气的橡胶软管及软管组合件规范》(GB/T 10546) 或同等性能以上的软管。

(3) 低压燃气管道上应采用符合《家用煤气软管》(HG 2486) 或《燃气用不锈钢波纹软管》(CJ/T 197) 规定的软管。

(4) 软管最高允许工作压力不应小于管道设计压力的 4 倍。

(5) 软管与家用燃具连接时，其长度不应超过 2m，并不得有接口。

(6) 软管与移动式的工业燃具连接时，其长度不应超过 30m，接口不应超过 2 个。

(7) 软管与管道、燃具的连接处应采用压紧螺帽 (锁母) 或管卡 (喉箍) 固定。在软管的上游与硬管的连接处应设阀门。

(8) 橡胶软管不得穿墙、顶棚、地面、窗和门。

(三) 燃气主管道的敷设要求

1. 燃气引入管敷设位置的要求

(1) 由于人工煤气引入管段内，往往容易被萘、焦油和管道内的腐蚀铁锈堵塞，检修时需要带气在引燃管阀门处进行人工疏通管道的作业；此外，阀门本身也需要进行检测和维修保养，因此，凡是检修人员不便进入的卧室、卫生间、易燃或易爆品的仓库、有腐蚀性介质的房间、发电间、配电间、变电室、不使用燃气的空调机房、通风机房、计算机房、电缆沟、暖气沟、烟道和进风道、垃圾道等地方，都不得敷设燃气引入管。

(2) 住宅燃气引入管宜设在厨房、外走廊、与厨房相连的阳台内 (寒冷地区输送湿燃气时阳台应封闭) 等便于检修的非居住房间内。当确有困难时，可从楼梯间引入 (高层建筑除

外），但应采用金属管道且引入管阀门宜设在室外。

（3）商业和工业企业的燃气引入管宜设在使用燃气的房间或燃气表间内。

（4）燃气引入管宜沿外墙地面上穿墙引入。室外露明管段的上端弯曲处应加不小于DN15清扫用三通和丝堵，并做防腐处理。寒冷地区输送湿燃气时应保温。

（5）引入管可埋地穿过建筑物外墙或基础引入室内。当引入管穿过墙或基础进入建筑物后应在短距离内穿出室内地面，不得在室内地面下水平敷设。

（6）燃气引入管穿墙与其他管道的平行净距应满足安装和维修的需要，当与地下管沟或下水道距离较近时，应采取有效的防护措施。

（7）燃气引入管穿过建筑物基础、墙或管沟时，均应设置在套管中，并应考虑沉降的影响，必要时应采取补偿措施，以防止管道损坏。

（8）套管与基础、墙或管沟等之间的间隙应填实，其厚度应为被穿过结构的整个厚度，以防止当房屋沉降时压坏燃气管道和管道大修时便于抽换管道。套管与燃气引入管之间的间隙应采用柔性防腐、防水材料密封，以防止燃气管道漏气时的燃气延管沟扩散和蔓延而发生爆炸事故。

（9）建筑物设计沉降量大于50mm时，应当加大引入管穿墙处的预留洞尺寸；引入管穿墙前水平或垂直弯曲要在2次以上；引入管穿墙前，应当设置金属柔性管或波纹补偿器。

（10）燃气引入管的最小公称直径，输送人工煤气和矿井气不应小于25mm，输送天然气不应小于20mm，输送气态液化石油气不应小于15mm。

（11）燃气引入管阀门宜设在建筑物内，对国家重要机关、宾馆、大会堂、大型火车站等重要用户，还应在室外另设阀门。以防止万一用气房间发生事故时，能够在室外比较安全地带迅速切断燃气，保护用户安全。

（12）输送湿燃气的引入管，埋设深度应在土壤冰冻线以下，并宜有不小于0.01坡向室外管道的坡度。

2. 燃气水平干管和立管的敷设要求

（1）为了便于安装和检修，燃气水平干管和立管，均宜明设不宜暗设。当建筑设计有特殊美观要求时，可敷设在能安全操作、通风良好（通风换气次数大于2次/h，装在百叶盖板的管槽内）和检修方便的吊顶内；但管道应符合在地下室、半地下室、设备层和地上密闭房间以及竖井、住宅汽车库（不使用燃气，并能设置钢套管的除外）敷设燃气管道的要求。

（2）当吊顶内设有可能产生明火的电气设备或空调回风管时，燃气干管宜设在与吊顶底相平的独立密封的∩形管槽内，管槽底宜采用可卸式活动百叶或带孔板。

（3）燃气水平干管和立管不得穿过易燃易爆危险品仓库、配电间、变电室、电缆沟、烟道、进风道和电梯井等；不宜穿过建筑物的沉降缝。

（4）燃气立管不得敷设在卧室或卫生间内，当穿过通风不良的吊顶时应设在套管内；当敷设于公用竖井内时，应当符合有关专门要求。

（5）燃气水平干管和高层建筑立管敷设的温差补偿量，有空气调节的建筑物内取20℃；无空气调节的建筑物内取40℃；沿外墙和屋面敷设时可取70℃。

3. 燃气立管在管道竖井内敷设时的要求

（1）燃气立管可与空气、惰性气体、上下水、热力管道等设在一个公用竖井内，但不得与电线、电气设备或氧气管、进风管、回风管、排气管、排烟管、垃圾道等共用一个竖井。

（2）竖井内的燃气管道应符合在地下室、半地下室、设备层和地上密闭房间以及竖井、住宅汽车库（不使用燃气，并能设置钢套管的除外）敷设燃气管道的要求，并尽量不设或少设阀门等附件。竖井内燃气管道的最高压力不得大于0.2MPa；燃气管道应涂黄色防腐识别漆。

(3) 竖井应每隔2～3层做相当于楼板耐火极限的不燃体进行防火分隔，且应设法保证平时竖井内自然通风和火灾时防止产生“烟囱”作用的措施。

(4) 每隔4～5层设一燃气浓度检测报警器，上、下两个报警器的高度差不应大于20m。

(5) 管道竖井的墙体应为耐火极限不低于1.0h的不燃体，井壁上的检查门应采用丙级防火门。

(6) 高层建筑的燃气立管，应有承受自重和热伸缩推力的固定支架和活动支架。

(7) 燃气水平干管和高层建筑立管应考虑工作环境温度下的极限变形，当自然补偿不能满足要求时，应设置补偿器；补偿器宜采用Ⅱ形或波纹管形，不得采用填料型。

(四) 地下室、半地下室、设备层和地上密闭房间（包括地上无窗或窗仅用作采光的密闭房间等）**燃气管道的敷设要求**

1. 房间的安全条件

(1) 净高不宜小于2.2m。

(2) 应有良好的通风设施。房间换气次数不得小于3次/h；并应有独立的事故机械通风设施，其换气次数不应小于6次/h。

(3) 应有固定的防爆照明设备。

(4) 应采用非燃烧体实体墙与电话间、变配电室、修理间、储藏室、卧室、休息室隔开。

(5) 应按规定要求设置燃气监控设施。

2. 敷设液化石油气管道的条件

由于在地下室、半地下室、设备层和地上密闭房间（包括地上无窗或窗仅用作采光的密闭房间等）一般通风条件比较差，比空气密度大的液化石油气一旦泄漏后容易聚集而形成爆炸性混合物，故液化石油气管道和烹调用液化石油气燃烧设备不应设置在地下室、半地下室内。但当确需设置时，应进行专题技术论证，针并对具体情况最低满足以下条件。

(1) 只限地下一层靠外墙部位使用的厨房烹调设备采用，且装机热负荷不应大于0.75MW（58.6kg/h液化石油气）。

(2) 应使用低压管道液化石油气，且引入管上应设紧急自动切断阀，停电时，应处于关闭状态。

(3) 应有防止液化石油气向厨房相邻房间泄漏的措施。

(4) 应设置独立的机械排风系统。通风换气次数，正常工作时不应小于6次/h，事故通风时不应小于12次/h。

(5) 厨房及液化石油气管道经过的场所，应当设置燃气浓度检测报警器，并由管理室集中监视。

(6) 厨房靠外墙处应设有外窗，并经过竖井直通室外；外窗应为轻质泄压型。

(7) 电气设备应为符合液化石油气防爆等级要求的防爆型电器。

(8) 液化石油气管道的敷设应当符合有关燃气管道的敷设要求。

3. 在地下室、半地下室、设备层和地上密闭房间以及竖井、住宅汽车库（不使用燃气，并能设置钢套管的除外）**敷设燃气管道的要求**

(1) 燃气管道应符合在地下室、半地下室、设备层和地上密闭房间以及竖井、住宅汽车库（不使用燃气，并能设置钢套管的除外）敷设燃气管道的要求。

(2) 当燃气管道与其他管道平行敷设时，应敷设在其他管道的外侧。

(3) 地下室内燃气管道末端应设放散管，并应引出地上。放散管的出口位置应保证吹扫放散时的安全和卫生要求。

(4) 管材、管件及阀门、阀件的公称压力应按提高一个压力等级进行设计。其含义是在原公称压力的基础上提高到，低压0.1MPa、中压B0.4MPa、中压A0.6MPa。

(5) 管道宜采用钢号为10#或20#的无缝钢管，或具有同等及同等以上性能的其他金属管材。

(6) 除阀门、仪表等部位和采用加厚管的低压管道外，均应焊接和法兰连接，并应尽量减少焊缝数量。钢管道的固定焊口，应进行100%射线照相检验；活动焊口应进行10%射线照相检验。其质量不得低于《现场设备、工业管道焊接工程施工及验收规范》(GB 50236—2011) 中的Ⅲ级；其他金属管材的焊接质量应符合相关标准的规定。

(五) 燃气支管的敷设要求

1. 燃气支管明敷的基本要求

(1) 燃气支管不宜穿过起居室（厅）。敷设在起居室（厅）、走道内的燃气管道不宜有接头。

(2) 当穿过卫生间、阁楼或壁柜时，燃气管道应采用焊接连接（金属软管不得有接头），并应设在钢套管内。

(3) 沿墙、柱、楼板和加热设备构件上明设的燃气管道应采用管支架、管卡或吊卡固定。管支架、管卡、吊卡等固定件的安装不应妨碍管道的自由膨胀和收缩。

(4) 室内燃气管道穿过承重墙、地板或楼板时必须加钢套管，套管内管道不得有接头，套管与承重墙、地板或楼板之间的间隙应填实，套管与燃气管道之间的间隙应采用柔性防腐、防水材料密封。

2. 燃气支管住宅内暗埋的要求

为了便于检漏、检修，并保证使用安全，室内燃气管通常都应当明敷。当特殊情况必须暗设时，必须满足以下条件。

(1) 暗埋部分不宜有接头，且不应有胀接、压接、卡压和卡套等机械连接方式的接头。暗埋部分宜有涂层或覆塑等防腐蚀措施。

(2) 暗埋的管道应与其他金属管道或部件绝缘，暗埋的柔性管道宜采用钢盖板保护。

(3) 暗埋管道必须在气密性试验合格后覆盖；覆盖层厚度不应小于10mm。覆盖层面上应有明显标志并标明管道位置，或采取其他安全保护措施。

(4) 对隐蔽在橱柜、吊顶和管沟等部位的暗封燃气管道，应设在不受外力冲击和暖气烘烤的部位；暗封部位应可拆卸，检修方便，并应通风良好。

3. 商业和工业企业燃气支管室内暗设的要求

(1) 可暗埋在楼层地板内，亦可暗封在管沟内；管沟应设活动盖板，并填充干砂。

(2) 燃气管道不得暗封在可以渗入腐蚀性介质的管沟中；当暗封燃气管道的管沟与其他管沟相交时，管沟之间应密封，燃气管道应设套管。

(3) 工业和实验室的室内燃气管道可暗埋在混凝土地面中，其燃气管道的引入和引出处应设钢套管。钢套管应伸出地面5～10cm。钢套管两端应采用柔性的防水材料密封；管道应有防腐绝缘层。

4. 民用建筑燃气支管室内暗设的要求

(1) 民用建筑室内燃气水平干管，不得暗埋在地下土层或地面混凝土层内。

(2) 民用建筑燃气管道不应敷设在潮湿或有腐蚀性介质的房间内。当确需敷设时，必须采取防腐蚀措施。输送湿燃气的燃气管道敷设在气温低于0℃的房间或输送气相液化石油气管道处的环境温度低于其露点温度时，其管道应采取保温措施。

5. 室内燃气管道与电气设备、相邻管道之间的净距

室内燃气管道与电气设备、相邻管道之间的净距不应小于表7-2的要求。

表7-2　室内燃气管道与电气设备、相邻管道之间的净距

管道和设备		与燃气管道的净距/cm	
		平行敷设	交叉敷设
电气设备	明装的绝缘电线或电缆	25	10
	明装或管内绝缘电线	5	1
	电压小于1000V的裸露电线	100	100
	配电盘、箱或电表	30	不允许
	电源插座及开关	15	不允许
相邻管道		保证管道安装和维修的间距	2

注：1. 当明装电线加绝缘套管且套管的两端各伸出燃气管道10cm时，套管与燃气管道的交叉净距可降至1cm。

2. 当布置确有困难，在采取有效措施后，可适当减小净距。

3. 明装或管内绝缘电线应当从所做的槽或管子的边缘算起。

（六）室内燃气管道阀门和放散管的设置要求

1. 室内燃气管道的阀门和坡度的设置要求

（1）室内燃气敷设的管道，应当在燃气引入管、调压器前和燃气表前、燃气用具前、测压计前和放散管起点等部位置截断阀门。其中，室内燃气管道阀门宜采用球阀。

（2）输送干燃气的室内燃气管道可不设置坡度；输送湿燃气（包括气相液化石油气）的管道，其敷设坡度不宜小于3‰。燃气表前、后的湿燃气水平支管，应分别坡向立管和燃具。

2. 放散管的设置要求

工业企业用气车间、锅炉房以及大中型用气设备的燃气管道上，应设放散管。放散管管口应高出屋脊（或平屋顶）1m以上或设置在地面上安全处，并应采取防止雨雪进入管道和放散物进入房间的措施。当建筑物位于防雷区之外时，放散管的引线应接地，接地电阻应小于10Ω。

（七）燃气计量设施安装的防火要求

1. 用户燃气表的选择要求

（1）燃气用户应单独设置燃气表。燃气表的型号，应根据燃气的工作压力、温度、流量和允许的压力降（阻力损失）等条件选择。

（2）燃气表的环境温度应当根据燃气的性质确定。当使用人工煤气和天然气时，应高于0℃；当使用液化石油气时，应高于其露点5℃以上。

2. 用户燃气表允许安装的位置

（1）宜安装在不燃或难燃结构的室内通风良好和便于查表、检修的地方。住宅内燃气表可安装在厨房内，当有条件时也可设置在户门外。

（2）严禁安装在卧室、卫生间及更衣室内；有电源、电气开关及其他电气设备的管道井内，或有可能滞留泄漏燃气的隐蔽场所；环境温度高于45℃的地方；经常潮湿的地方；堆放易燃易爆、易腐蚀或有放射性物质等危险的地方；有变、配电等电器设备的地方；有明显

振动影响的地方；高层建筑中的避难层及安全疏散楼梯间内。

(3) 商业和工业企业的燃气表宜集中布置在单独房间内，当设有专用调压室时可与调压器同室布置。

3. 用户燃气表安装的安全要求

(1) 在住宅内的高位安装燃气表时，表底距地面不宜小于1.4m；当燃气表装在燃气灶具上方时，燃气表与燃气灶的水平净距不得小于30cm；低位安装时，表底距地面不得小于10cm。

(2) 当输送燃气过程中可能产生尘粒时，宜在燃气表前设置过滤器。

(3) 当使用加氧的富氧燃烧器或使用鼓风机向燃烧器供给空气时，应在燃气表后设置止回阀或泄压装置。

(4) 居民生活的各类用气设备应采用低压燃气，用气设备前（灶前）的燃气压力应在$0.75 \sim 1.5P_n$的范围内（P_n为燃具的额定压力）。

(八) 居民生活用气使用防火

1. 家用燃气灶设置的防火要求

(1) 居民生活用燃具的安装，应符合《家用燃气燃烧器具安装及验收规程》(CJJ 12—2013) 的规定。

(2) 居民生活用燃具在选用时，应符合《燃气燃烧器具安全技术条件》(GB 16914—2012) 的规定。

(3) 燃气灶应安装在有自然通风和自然采光的厨房内。利用卧室的套间（厅）或利用与卧室连接的走廊作厨房时，厨房应设门并与卧室隔开。居民生活用气设备严禁设置在卧室内。

(4) 因为，一般新住宅的高度净高多为2.4～2.8m。考虑到燃烧产生的废气层略高于人头的特点，为减少燃烧废气对人体的危害，故要求安装燃气灶的房间，净高不应低于2.2m。当低于2.2m时，应当限制室内燃气灶灶眼的数量，并应具有室内较好通风的条件。

(5) 为防止燃气灶或烤箱（$t=280℃$）的高温烤燃木制家具，燃气灶与墙面的净距不得小于10cm。当墙面为可燃或难燃材料时，应加防火隔热板。燃气灶的灶面边缘和烤箱的侧壁距木质家具的净距不得小于20cm，当达不到时，应加防火隔热板。同时，放置燃气灶的灶台应采用不燃烧材料，当采用难燃材料时应加防火隔热板。

(6) 为及时发现和处置漏气，厨房为地上暗厨房（无直通室外的门和窗）时，应选用带有自动熄火保护装置的燃气灶，并应设置燃气浓度检测报警器、自动切断阀和机械通风设施。燃气浓度检测报警器应与自动切断阀和机械通风设施连锁。住宅厨房内宜设置排气装置和燃气浓度检测报警器。

2. 家用燃气热水器设置的防火要求

(1) 燃气热水器应安装在具有机械换气等措施的通风良好的非居住房间或过道内。设置在阳台内时，应当具有防冻和防风雨的措施。

(2) 为防止因倒烟和缺氧而产生事故，有外墙的卫生间内，除可安装密闭式热水器外，不得安装其他类型非密闭式热水器。因为密闭式热水器燃烧需要的空气来自室外，燃烧后产生的烟气排至室外，在使用过程中能够满足卫生条件。

(3) 装有半密闭式热水器的房间，房间门或墙的下部应设有效截面积不小于$0.02m^2$的格栅，或在门与地面之间留有不小于30mm的间隙，以增加房间的通风，保证燃烧所需要的空气的供给。

(4) 房间净高宜大于 2.4m，以满足安装 8L/min 以上大型快速热水器的确高度；可燃或难燃烧的墙壁和地板上安装热水器时，应采取有效的防火隔热措施；热水器的给排气筒宜采用金属管道连接。

3. 单户住宅采暖和制冷系统采用燃气时的防火要求

由于单户住宅分散采暖系统使用的时间长、通风换气条件差，所以，应当满足以下条件。

(1) 应有熄火保护装置和排烟设施。

(2) 应设置在通风良好的走廊、阳台或其他非居住房间内。

(3) 设置在可燃或难燃烧的地板和墙壁上时，应采取有效的防火隔热措施。

（九）商业用气防火

商业用气设备宜采用低压燃气设备，并应安装在通风良好的专用房间内；不得安装在易燃易爆危险品的堆存处，亦不应设置在兼作卧室的警卫室、值班室、人防工程等处。

1. 商业用气设备设置在地下室、半地下室（液化石油气除外）**或地上密闭房间内时的要求**

(1) 燃气引入管应设手动快速切断阀和紧急自动切断阀；紧急自动切断阀停电时必须处于关闭状态（常开型）。

(2) 用气设备应有熄火保护装置。

(3) 用气房间应设置燃气浓度检测报警器。并由管理室集中监视和控制；宜设烟气一氧化碳浓度检测报警器。

(4) 应设置独立的机械送排风系统；通风量应满足，正常工作时换气次数不应小于 6 次/h，事故通风时换气次数不应小于 12 次/h；不工作时换气次数不应小于 3 次/h。当燃烧所需的空气由室内吸取时，应满足燃烧所需的空气量；应满足排除房间热力设备散失的多余热量所需的空气量的要求。

2. 商业用户用气设备布置的防火要求

(1) 用气设备之间及用气设备与对面墙之间的净距，应满足操作和检修的要求。

(2) 用气设备与可燃或难燃的墙壁、地板和家具之间应采取有效的防火隔热措施。

(3) 当需要将燃气应用设备设置在靠近车辆的通道处时，应设置护栏或车挡。

3. 屋顶上设置燃气设备时的防火要求

(1) 燃气设备应能适用当地气候条件。

(2) 设备连接件、螺栓、螺母等应耐腐蚀。

(3) 屋顶应能承受设备的荷载，操作面应有 1.8m 宽的操作距离和 1.1m 高的护栏。

(4) 应满足防雷和静电接地的要求。

4. 商业用户用气设备安装的防火要求

(1) 由于大锅灶燃具热负荷较大，一般都设有炉膛和烟道。为保证安全，大锅灶和中餐炒菜灶应有排烟设施，大锅灶的炉膛或烟道处应设爆破门。

(2) 大型用气设备的泄爆装置，应符合工业企业生产用气设备的要求。

5. 商业用户中燃气锅炉和燃气直燃型吸收式冷（温）水机组设置的防火要求

(1) 宜设置在独立的专用房间内。

(2) 设置在建筑物内时，燃气锅炉房宜布置在建筑物的首层，不应布置在地下二层及二层以下；燃气常压锅炉和燃气直燃机可设置在地下二层。

(3) 燃气锅炉房和燃气直燃机不应设置在人员密集场所的上一层、下一层或贴邻的房间

内及主要疏散口的两旁；不应与锅炉和燃气直燃机无关的甲、乙类及使用可燃液体的丙类危险建筑贴邻。

(4) 燃气相对密度（空气等于 1）大于或等于 0.75 的燃气锅炉和燃气直燃机，不得设置在建筑物地下室和半地下室。

(5) 宜设置专用调压站或调压装置；燃气经调压后供应机组使用。

6. 商业用户中燃气锅炉和燃气直燃型吸收式冷（温）水机组防火技术措施

(1) 燃烧器应是具有多种安全保护自动控制功能的机电一体化的燃具。

(2) 应有可靠的排烟设施和通风设施；应设置火灾自动报警系统和自动灭火系统。

(3) 设置在地下室、半地下室或地上密闭房间时，应符合用气设备地下半地下安装时的要求。

（十）工业企业生产用气防火

1. 工业企业生产用气设备的燃气用量的确定原则

(1) 燃气加热设备，应根据设备铭牌标定的用气量或标定热负荷，采用经当地燃气热值折算的用气量。

(2) 定型燃气加热设备应根据热平衡计算确定；非定型燃气设备的燃气用量，应由设计单位收集资料，通过分析确定计算依据，然后通过详细热平衡计算确定；当或参照同类型用气设备的用气量确定。

(3) 用其他燃料的加热设备需要改用燃气时，可根据原燃料实际消耗量计算确定。

2. 城镇供气管道压力不能满足用气设备要求，需要安装加压设备时的防火要求

(1) 在城镇低压和中压供气管道上严禁直接安装加压设备。

(2) 城镇低压和中压供气管道上间接安装加压设备时，加压设备前必须设低压储气罐；其容积应保证加压时不影响地区管网的压力工况；储气罐容积应按生产量较大者确定；储气罐的起升压力应小于城镇供气管道的最低压力，储气罐进出口管道上应设切断阀。加压设备应设旁通阀和出口止回阀；由城镇低压管道供气时，储罐进口处的管道上应设止回阀；储气罐应设上、下限位的报警装置和储量下限位与加压设备停机和自动切断阀连锁。

(3) 城镇供气管道压力为中压时，应有进口压力过低保护装置。

3. 工业企业生产用气设备的安全措施

(1) 每台用气设备应有观察孔或火焰监测装置，并宜设置自动点火装置和熄火保护装置。

(2) 用气设备上应有热工检测仪表；加热工艺需要和条件允许时，应设置燃烧过程的自动调节装置。

4. 工业企业生产用气设备燃烧装置安全设施的要求

(1) 工业企业生产用气设备的燃烧器，应根据加热工艺要求、用气设备类型、燃气供给压力及附属设施的条件等因素，经技术经济比较后选择确定。

(2) 燃气管道上应安装低压和超压报警以及紧急自动切断阀。

(3) 燃气管道和封闭式炉膛，均应设置泄爆装置，泄爆装置的泄压口应设在安全处。

(4) 风机和空气管道应设静电接地装置。接地电阻不应大于 100Ω。

(5) 用气设备的燃气总阀门与燃烧器阀门之间，应设置放散管。

(6) 燃气燃烧需要带压空气和氧气时，应有防止空气和氧气回到燃气管路和回火的安全措施，并且，气管路上应设背压式调压器；空气和氧气管路上应设泄压阀；燃气、空气或氧气的混气管路与燃烧器之间应设阻火器；混气管路的最高压力不应大干 0.07MPa；用氧气时，其安装应符合有关标准的规定。

5. 工业企业使用燃气设施阀门设置的防火要求

(1) 工业企业生产用燃气设备，应安装在通风良好的专用房间内。当特殊情况需要设置在地下室、半地下室或通风不良的场所时，应符合地下、半地下或密闭房间设置燃气的条件。

(2) 为了防止当燃气或空气压力降低（如突然停电）时，燃气和空气穿混而发生回火事故，各用气车间的进口和燃气设备前的燃气管道上均应单独设置阀门，阀门安装高度不宜超过 1.7m；燃气管道阀门与用气设备阀门之间应设放散管。

(3) 每个燃烧器的燃气接管上和每个机械鼓风燃烧器的风管上，必须单独设置有启闭标记的燃气阀门；大型或并联装置鼓风机的出口和散管、取样管、测压管前，必须设置阀门。

（十一）燃烧烟气排出防火

1. 燃气燃烧烟气排出设施的基本要求

燃气燃烧所产生的烟气必须排出室外。设有直排式燃具的室内容积热负荷指标超过 207W/m^3 时，必须设置有效的排气装置将烟气排至室外。有直通洞口（哑口）的毗邻房间的容积，也可一并作为室内容积计算。

2. 燃气排气装置的防火要求

(1) 灶具和热水器（或采暖炉）应分别采用竖向烟道进行排气。

(2) 住宅采用自然换气时，排气装置应按《家用燃气燃烧器具安装及验收规程》（CJJ 12—2013）中的规定选择。

(3) 住宅采用机械换气时，排气装置应按《家用燃气燃烧器具安装及验收规程》（CJJ 12—2013）中的规定选择。

(4) 浴室用燃气热水器的给排气口应直接通向室外。其排气系统与浴室必须有防止烟气泄漏的措施。

(5) 商业用户厨房中的燃具上方应设排气扇或排气罩。

3. 燃气用气设备的排烟设施的防火要求

(1) 不得与使用固体燃料的设备共用一套排烟设施。

(2) 台用气设备宜采用单独烟道；当多台设备合用一个总烟道时，应保证排烟时互不影响。

(3) 容易积聚烟气的地方，应设置泄爆装置。

(4) 设有防止倒风的装置。

(5) 从设备顶部排烟或设置排烟罩排烟时，其上部应有不小于 0.3m 的垂直烟道方可接水平烟道。

(6) 有防倒风排烟罩的用气设备不得设置烟道闸板；无防倒风排烟罩的用气设备，在至总烟道的每个支管上应设置闸板，闸板上应有直径大于 15mm 的孔。

(7) 安装在低于 0℃房间的金属烟道应做保温。

4. 水平烟道的设置要求

(1) 水平烟道不得通过卧室。

(2) 水平烟道长度，居民用气设备不宜超过 5m，弯头不宜超过 4 个（强制排烟式除外）；商业用户用气设备不宜超过 6m；工业企业生产用气设备应根据现场情况和烟囱抽力确定。

(3) 水平烟道应有大于或等于 0.01 坡向用气设备的坡度。

(4) 多台设备合用一个水平烟道时，应顺烟气流动方向设置导向装置。

(5) 用气设备的烟道距难燃或不燃顶棚或墙的净距不应小于5cm；距燃烧材料的顶棚或墙的净距不应小于25cm。当有防火保护时，其距离可适当减小。

5. 烟囱的设置要求

(1) 住宅建筑的各层烟气排出可合用一个烟囱，但应有防止串烟的措施；多台燃具共用烟囱的烟气进口处，在燃具停用时的静压值应小于或等于零。

(2) 当用气设备的烟囱伸出室外时，当烟囱离屋脊小于1.5m时（水平距离），应高出屋脊0.6m；当烟囱离屋脊1.5～3.0m时（水平距离），烟囱可与屋脊等高；当烟囱离屋脊的距离大于3.0m时（水平距离），烟囱应在屋脊水平线下10°的直线上；在任何情况下，烟囱应高出屋面0.6m；当烟囱的位置临近高层建筑时，烟囱应高出沿高层建筑物45°的阴影线。

(3) 烟囱出口的排烟温度应高于烟气露点15℃以上。

(4) 烟囱出口应有防止雨雪进入和防倒风的装置。

6. 用气设备排烟设施烟道抽力（余压）的要求

(1) 负荷30kW以下的用气设备，烟道的抽力（余压）不应小于3Pa。

(2) 负荷30kW以上的用气设备，烟道的抽力（余压）不应小于10Pa。

(3) 工业企业生产用气工业炉窑的烟道抽力，不应小于烟气系统总阻力的1.2倍。

7. 排气装置出口位置的要求

(1) 建筑物内半密闭自然排气式燃具的竖向烟囱出口应符合烟囱设置的基本要求。

(2) 建筑物壁装的密闭式燃具的给排气口距上部窗口和下部地面的距离不得小于0.3m。

(3) 建筑物壁装的半密闭强制排气式燃具的排气口，距门窗洞口和地面的距离，排气口在窗的下部和门的侧部时，距相邻卧室的窗和门的距离不得小于1.2m，距地面的距离不得小于0.3m；排气口在相邻卧室的窗的上部时，距窗的距离不得小于0.3m；排气口在机械（强制）进风口的上部，且水平距离小于3.0m时，距机械进风口的垂直距离不得小于0.9m。

8. 排气系统的最大排气能力

高海拔地区安装的排气系统的最大排气能力，应按在海平面使用时的额定热负荷确定，高海拔地区安装的排气系统的最小排气能力，应按实际热负荷（海拔的减小额定值）确定。

（十二）燃具使用防火

1. 基本要求

居民生活使用的各类燃气设备应采用5kPa以下的低压燃气。用气设备严禁安装在卧室内；居民住宅厨房内宜设置排气扇和可燃气体报警器，装有直接排气式热水器时应设排气扇。

新建居民住宅内厨房的允许容积热负荷指标，可取2.1MJ/m³·h；对旧建筑物内的厨房或其他房间，其允许的容积热负荷指标可采用表7-3所列数据；当不能满足要求时，应设置排气扇或其他有效的排烟装置。

表7-3 房间允许的容积热负荷指标

厨房换气次数/(次/h)	1	2	3	4	5
容积热负荷指标/(MJ/m³·h)	1.7	2.1	2.5	2.9	3.3

2. 液化石油气瓶安装的安全要求

液化石油气钢瓶不准安装在卧室、没有通风设备的走廊、地下室和半地下室。钢瓶放置

地点要考虑到便于换瓶和检查。为防止钢瓶过热和瓶内压力过高，钢瓶与燃具、采暖炉、散热器等至少应间隔1m，如安装隔热板时，防火间距可减少至0.5m。钢瓶与燃具之间用耐油耐压软管连接，软管长度一般为1.0～1.5m，不应大于2m。软管不得通过门、窗和墙体。单瓶供应系统的气瓶设置在室外时，为了安全，应设置在专门的小室内。

3. 燃气灶具的安装与使用要求

(1) 燃气灶应选购符合《家用燃气灶具》(GB 16410—2007) 国家质量标准的灶具，并具有熄火后能够在60s内自动断气的保护功能和漏气自动报警功能。

(2) 燃气灶应安装在通风良好净高不低于2.2m的厨房内，若利用卧室的套间或单独使用的走廊作厨房时，应设门并与卧室隔开；燃气灶与可燃或难燃的墙壁之间应采取有效的防火隔热措施。燃气灶与燃气管道连接的软管应选择耐油橡胶管，长度不应大于2m，并不应有接口，连接处应采用压紧螺帽（锁母）或管卡固定，且软管不得穿过墙体和门窗。燃气灶的灶面边缘和烤箱的侧壁与木质家具的净距不应小于0.2m；燃气灶与对面墙壁之间应有不小于1m的通道。

(3) 燃气灶在使用时，灶间不要离人，避免锅、水壶被烧干而着火或溢锅将灶火浇灭跑气发生爆炸。燃气用毕时，液化石油气钢瓶要关闭角阀；煤气或天然气应关闭燃气钢管上的截门。不应只关闭灶具的开关，以防止软管漏气而引发爆炸。

4. 燃气灶具故障的处理

燃气灶在使用过程中，应避免摩擦、碰撞和拖移。钢瓶、灶具和煤气管道等各部位要经常检查，发现阀门堵塞、失灵、橡胶管老化破损或连接不牢、气源管道漏气等情况时，应及时修复。抽油烟机罩应及时清洗，防止油腻积累过多被火焰引燃。

当发现燃气泄漏或闻到异味时，应当迅速关闭阀门，切断气源，打开窗户通风散气，以驱散泄漏的燃气，防止形成爆炸性混合物；在窗外部没有火源的情况下，立即打开窗户通风换气。千万不可开、关电灯、排风扇或触动其他电气开关，以防产生电火花。不能使用明火，禁绝一切火源，必须照明时只能使用防爆手电筒。应避免摩擦、撞击，以防产生火星，并及时报告燃气专业人员修复。为了能够及早发现漏气，可以安装家用燃气报警器。

燃气灶具、阀门、管道及橡胶管的连接处如有微漏，应当用肥皂水试漏。查找明漏气源，可用小毛刷蘸肥皂水涂抹胶管、接口、燃气表等处，检查是否漏气。如果家里人不能查明漏气原因，应当请专业人员检查，不要自己随便拆卸灶具。如果煤气泄漏得非常厉害，应当向有关部门和公安消防机构报告，并通知邻居采取防范措施。千万不可用明火试漏，否则后果不堪设想。如某市安顺路一幢多层新楼房的底层住户徐某，发现煤气管道漏气变四处寻找泄漏点，当她发觉卫生间煤气味较浓，仿佛是从浴缸下水道冒出来时，便想用火柴试查，火柴一划着便发生了爆炸。爆炸造成楼体结构严重破坏，底层至二层的楼梯、3户人家的楼板被炸塌，底层住户逃生不及被压在倒塌物下边，致7人死亡，3人重伤，73户计229人受灾。同样的悲剧，又于1995年6月17日在某市的金汇花园公寓重演，导致5人死亡，7人受伤，所以，是绝对不可用明火试漏的。

在故障排除后，应当打开门、窗通风一定的时间，在嗅不到气味并达到正常情况后，才可以用火、用电，以确保安全。

对液化石油气钢瓶的角阀压盖松动或漏气等情况，应及时请专业人员修理，不得私自拆修；不得私自灌装液化石油气瓶，或将钢瓶内的残液倒入下水道或室外马路上。因液化石油气相对密度比空气大，若泄漏易在低洼处沉积，故排除故障时，除了应当禁绝一切火源、电源和打开门窗通风外，还可用笤帚扫地面，以驱散所泄漏的气体。

5. 燃气热水器的安全使用

燃气热水器应安装在通风良好的房间或过道内，对直接排气式热水器严禁安装在浴室内；烟道排气式热水器可安装在有效排烟的浴室内。浴室体积应大于7.5m^3；平衡式热水器可安装在浴室内。

对装有直接排气式热水器或烟道式热水器的房间，房间门或墙的下部应设有效截面积不小于0.02m^2 的格栅，或在门与地面之间留有不小于30mm的间隙，以利通风换气；房间净高应大于2.4m。

在可燃或难燃的墙壁上安装热水器时，应采取有效的防火隔热措施；热水器与对面墙之间应有不小于1m的通道。

6. 燃气采暖器的安全使用

燃气采暖装置应有熄火保护装置和排烟设施；容积式热水采暖炉应设置在通风良好的走廊或其他非居住房间内，与对面墙之间应有不小于1m的通道；当采暖装置设置在可燃或难燃的地板上时，之间应采取有效的防火隔热措施。

（十三）燃气使用的监控设施，防雷、防静电及用电设备的防火要求

1. 应设置燃气浓度检测报警器的场所

（1）建筑物内专用的封闭式燃气调压、计量间。

（2）地下室、半地下室和地上密闭的用气房间。

（3）燃气管道竖井。

（4）地下室、半地下室引入管穿墙处。

（5）有燃气管道的管道层。

2. 燃气浓度检测报警器的设置要求

（1）当检测比空气轻的燃气时，检测报警器与燃具或阀门的水平距离不得大于8m，安装高度应距顶棚0.3m以内，且不得设在燃具上方。

（2）当检测比空气重的燃气时，检测报警器与燃具或阀门的水平距离不得大于4m，安装高度应距地面0.3m以内。

（3）燃气浓度检测报警器的报警浓度应按《家用燃气报警器及传感器》(CJ 347—2010)的规定确定。

（4）燃气浓度检测报警器宜与排风扇等排气设备连锁。

（5）燃气浓度检测报警器宜集中管理监视。

（6）报警器系统应有备用电源。

3. 宜设置燃气紧急自动切断阀的使用场所

（1）地下室、半地下室和地上密闭的用气房间。

（2）一类高层民用建筑。

（3）燃气用量大、人员密集、流动人口多的商业建筑。

（4）重要的公共建筑。

（5）有燃气管道的管道层。

4. 燃气紧急自动切断阀的设置要求

（1）紧急自动切断阀应设在用气场所的燃气入口管、干管或总管上。

（2）紧急自动切断阀宜设在室外。

（3）紧急自动切断阀前应设手动切断阀。

（4）紧急自动切断阀宜采用自动关闭、现场人工开启型，当浓度达到设定值时，报警后

关闭。

5. 燃气管道及设备防雷、防静电设计的要求

(1) 进出建筑物的燃气管道的进出口处，室外的屋面管、立管、放散管、引入管和燃气设备等处均应有防雷、防静电接地设施。

(2) 防雷接地设施的设计应符合《建筑物防雷设计规范》(GB 50057—2010) 的规定。

(3) 防静电接地设施的设计应符合《化工企业静电接地设计规程》HGJ 28 的规定。

6. 燃气应用设备电气系统的安全要求

(1) 燃气应用设备和建筑物电线、包括地线之间的电气连接应符合有关国家电气规范的规定。

(2) 电点火、燃烧器控制器和电气通风装置的设计，在电源中断情况下或电源重新恢复时，不应使燃气应用设备出现不安全工作状况。

(3) 自动操作的主燃气控制阀、自动点火器、室温恒温器、极限控制器或其他电气装置(这些都是和燃气应用设备一起使用的) 使用的电路应符合随设备供给的接线图的规定。

(4) 使用电气控制器的所有燃气应用设备，应当让控制器连接到永久带电的电路上，不得使用照明开关控制的电路。

三、烟花爆竹燃放安全

在春节期间燃放烟花爆竹是我国传统习惯，特别是除夕之夜、正月十五等，烟花爆竹响彻云天，此起彼伏，整夜不停，以示辞旧迎新。虽然燃放烟花爆竹增添了节日的欢乐气氛，但每年被烟花爆竹炸伤者为数很多。伤者大多数是小孩，轻者手与脸面被灼伤，重者手指被炸断或眼球被炸破，因燃放烟花爆竹不慎，引起的火灾事故也屡屡发生。为了确保安全，燃放烟花爆竹时要遵守如下要求。

(一) 要购买质量合格的烟花爆竹

烟花爆竹的选购是否正确也是非常重要的。如某市春节期间发生的 5 起导致 5 人死亡的恶性事故，都是因购买非法伪劣烟花爆竹燃放所致。所以，要做到安全燃放，就必须要购得质量合格、上乘的烟花爆竹。不要贪图便宜购买劣质的烟花爆竹，防止因质量问题而引起火灾和人身伤亡事故。

1. 要选择合法的销售商店购买

为确保能够买到质量合格、上乘的烟花爆竹，在选购烟花爆竹的时候，就要到公安、质检等部门认定产品合格的商店购买。一要看其是否持有“烟花爆竹销售许可证”；二要看其“烟花爆竹销售许可证”是否在有效期内；三要看其销售的烟花爆竹是否是营业执照上允许经销的品种。对那些不合格的或私自生产的，没有经过有关部门鉴定批准的劣质烟花爆竹，千万不要购买。

2. 要学会辨别质量好坏

合法烟花爆竹，外观、包装都较整洁、美观，而伪劣违禁烟花爆竹一般都是无生产厂、无燃放说明、无合格证的“三无”产品，外观也比较粗糙。另外，合法渠道销售的烟花爆竹商品都是经保险公司投保的，消费者在燃放过程中万一因质量问题引起伤害事故，可到保险公司索赔。

3. 要查询数码防伪标贴

数码防伪标贴系质量技术中心采用最新防伪技术研制而成的，使用简单明了，不易被仿冒。在合法渠道销售的烟花爆竹，每个都贴有数码防伪标贴。如上海有 2003 年（揭开式）和 2004 年（刮开式）两种。在购买烟花爆竹时，应先揭开或刮开防伪标贴的表层，然后拨

打本地的防伪免费电话，根据语音提示，输入防伪标贴表层内的15位数码，立即可知自己所购烟花爆竹的真伪。

4. 不得携带烟花爆竹进入公共场所或者乘坐公共交通工具

由于烟花爆竹属于爆炸危险物品，而公共场所和公共交通工具内经常聚集有大量的人员，一旦发生爆炸事故往往造成大量的人员伤亡和巨大的经济损失，所以，根据《消防法》第十七条第二款的规定，禁止非法携带烟花爆竹进入公共场所或者乘坐公共交通工具”。在任何情况下都不得在公共场所和公共交通工具内燃放。

5. 买回后要放置在安全地点

购买回的烟花爆竹要放置在远离火源、明火或电源的地方，妥善保管，防止遇火引起着火或爆炸。

（二）要远离易燃易爆场所，只能在规定的时间和地域内燃放

1. 燃放地点和天气的限定

烟花爆竹的燃放，要严格遵守当地人民政府的规定，只能在规定的时间和地域内燃放。禁止在以下场所燃放。

(1) 文物保护单位；车站、码头、飞机场等交通枢纽以及铁路线路安全保护区内。

(2) 易燃易爆危险品生产、储存单位内；输变电设施安全保护区内。

(3) 医疗机构、幼儿园、中小学校、敬老院；山林、草原等重点防火区200m内。

(4) 城镇大街的人行道和自行车道上。

(5) 县级以上地方人民政府规定的禁止燃放烟花爆竹的其他地点等公共场所。

(6) 不宜在自家的楼顶、阳台及室内燃放；在刮五级以上大风时不要燃放。

2. 燃放地点安全距离的限定

烟花爆竹的施飞方向不得正对人员和建筑物，施飞距离内不得有露天仓库或物资堆栈。燃放大型烟花爆竹时，燃放场地与生产区及仓库的距离不应小于表7-4的规定。

表7-4　烟花爆竹燃放场地的安全距离　　m

燃放烟花的名称	大火箭类	地面烟花	礼花弹(ϕ>10cm)	高空烟花	小型试验
与生产区及仓库的距离	500	100	1000	200	>50

（三）遵守禁止燃放的烟花爆竹和禁止燃放方式的规定

1. 禁止燃放的烟花爆竹

麻雷、震天雷、闪光雷、钻天猴、月旅行等国家禁止生产的，容易伤人和容易引起火灾的烟花爆竹都不得燃放。

2. 禁止使用的燃放方式

烟花爆竹的燃放方式应当按照燃放说明进行，不得以危害公共安全和人身、财产安全的方式燃放。

(1) 不得向他人、车辆、建筑物以及容易引起着火、爆炸的物品和区域投掷燃放烟花爆竹的物品，或投掷、燃放烟花爆竹；影响社会治安秩序、危及人身安全、容易造成财产损失的燃放方式都不得采用。

(2) 升空类烟花爆竹不能横放、斜放；不准从楼顶、阳台等高处往下放或投掷，不准利用燃放烟花爆竹的机会威吓或取笑他人；不准打炮仗或借机滋扰闹事等。同时也要教育孩子在燃放时千万不要互相投掷、嬉闹或装在玻璃瓶中燃放，以防伤人。

(3) 除各别手持安全喷火烟花外，其他品种的烟花爆竹一律禁止手持燃放。

（四）掌握正确的燃放方法

1. 必须头朝上垂直放置

在地面上放置燃放时，必须头朝上垂直放置；燃放属于旋转的升空类的烟花时，其偏斜角不能大于45°；燃放火箭类、发射类烟花时偏斜角度不能大于20°。

2. 要保持安全距离，敏捷、准确操作

燃放烟花爆竹时，脸不要贴得太近。操作要敏捷、准确，点燃引线后，人身要迅速离开，并保持一定距离，避免发生意外。同时，要注意手、眼及面部的防护。燃放要一种一种进行，不得同时点燃好几种。燃放点不要太近，相互之间要有一定的安全间隔；观看者应该远离燃放地点，避免不必要的伤害。

3. 烟花爆竹在短时间内不响时，不要急于上前查看

烟花爆竹点燃后，要有耐心，静静等引线烧完，不要在关键时刻忍不住去看个究竟。发现烟花爆竹不响时，不要急于上前查看，最好等待一段时间再去查看，但头部及面部应当避开正上方，以免发生意外被炸伤。不要去捡刚刚落地还未炸响的爆竹，以防碰上“迟捻”而被炸伤。

4. 小孩要在大人的监护指导下燃放

小孩不得单独燃放，要在大人的监护指导下进行；同时，大人要教育孩子，在燃放时千万不要互相投掷、嬉闹或装在玻璃瓶中燃放，以防伤人。

5. 燃放完毕，要检查现场是否逸留有火灾隐患

在燃放完毕时，要检查现场是否逸留下火种等火灾隐患等；对未燃尽的炮皮等，要用水浇灭或沙土覆盖压灭，在确认没有隐患后才能放心离开。

（五）违反规定燃放，造成人身伤害及财产损失应承担的法律责任

对违反规定燃放或造成人身伤害、财产损失的单位和个人应当受到治安管理处罚，直到追究刑事责任。未成年人的监护人应当对未成年人进行安全燃放烟花爆竹的教育。

第二节　焰火晚会燃放防火

焰火晚会是指为节日、庆典等活动举办的，以燃放礼花弹、组合烟花、架子烟花等为主的晚会。对于在白天举办的焰火庆典活动也应当符合烟火晚会的有关安全要求。

一、焰火晚会的规模等级与应当具备的资格条件

（一）焰火晚会规模等级的划分

根据焰火晚会举办的地点、环境、活动性质、规模以及所燃放的烟花爆竹种类、数量与规格，《焰火晚会烟花爆竹燃放安全规程》（GA 183—2005）标准将烟火晚会分为三级。

A级　指为国家级或国际大型活动所举办的焰火晚会；以及所燃放的礼花弹最大直径为305mm（12英寸），或所燃放的礼花弹直径大于等于102mm（4英寸），燃放数量大于等于2000发的烟火晚会。

B级　指为省级大型活动所举办的焰火晚会；以及所燃放的礼花弹最大直径大于等于178mm（7英寸），或所燃放的礼花弹直径大于等于102mm（4英寸），燃放数量大于等于1000发至小于2000发的烟火晚会。

C级　指为市级大型活动所举办的焰火晚会；或所燃放的礼花弹直径大于等于102mm（4英寸），燃放数量小于1000发的烟火晚会。

（二）承担焰火晚会燃放工程应当具备的资格条件

烟花爆竹的燃放工作是一项技术性非常强，危险性又非常大的作业，必须具备了一定的资格和条件之后才能从事这项工作。

1. 承担A级焰火晚会燃放工程设计与作业的单位必须具备如下条件

（1）具备企业法人条件。

（2）具有B级以上焰火晚会燃放工程设计与作业的实践经验。

（3）具有高级技术职称的工程技术、工艺美术等相关专业技术人员不得少于3人，具有中级技术职称的工程技术、工艺美术等相关专业技术人员不得少于15人，参加过3次以上燃放作业的人员不得少于15人。

（4）具有电脑程控燃放设备和器材。

（5）有完善的管理制度和安全操作规程。

2. 承担B级焰火晚会燃放工程设计与作业单位应当具备如下条件

（1）具备企业法人条件。

（2）具有C级以上焰火晚会燃放工程设计与作业的实践经验。

（3）具有高级技术职称的工程技术、工艺美术等相关专业技术人员不得少于1人，具有中级技术职称的工程技术、工艺美术等相关专业技术人员不得少于3人，具有初级技术职称的工程技术、工艺美术等相关专业技术人员不得少于5人，参加过3次以上燃放作业的人员不得少于10人。

（4）具有电脑程控燃放设备和器材。

（5）有完善的管理制度和安全操作规程。

3. 承担C级焰火晚会燃放工程设计与作业单位必须具备如下条件

（1）具备企业法人条件。

（2）参与过一般焰火晚会燃放工程的设计与作业，具有一定的焰火晚会燃放作业的实践经验。

（3）具有中级技术职称的工程技术、工艺美术等相关专业技术人员不得少于2人，具有初级技术职称的工程技术、工艺美术等相关专业技术人员不得少于4人，从事过燃放作业的人员不得少于8人。

（4）有安全、可靠的燃放器材。

（5）有完善的管理制度和安全操作规程。

从事焰火晚会燃放工程作业的承担资格，由燃放企业所在地省级人民政府公安机关组织专家进行评定，燃放作业人员应当经所在地省级人民政府公安机关考核合格。任何个人不得承担焰火晚会燃放工程。

二、焰火晚会燃放方案的设计与安全评估

（一）燃放方案的设计

为了保证烟花爆竹燃放的安全，在燃放之前应当设计可靠的作业方案，以保证燃放作业能够顺利进行。燃放作业方案分为技术设计方案和组织实施方案两种。技术设计方案应由作业单位负责制定，组织实施方案应由主办单位负责制定。

1. 燃放技术方案的设计内容

（1）焰火晚会规模概况，燃放时间、地点以及与晚会活动主题相应的编组燃放文字说明。

（2）所燃放烟花爆竹的种类、数量、发射最大高度及爆炸覆盖面积等有关参数。

（3）燃放器材的基本情况及点火方式。

（4）安全距离与安全警戒范围。

技术设计方案文件在设计人员签字后，必须经过设计审核人员审核、签字和单位主管领导批准才能实施。

2. 燃放组织实施技术方案的设计内容

（1）现场组织机构的设置，包括根据焰火晚会活动规模所设置的燃放技术、安全警戒、交通管制、消防、救护、事故应急处理等职能组的组成。

（2）现场人员分工、岗位、职责。

（3）烟花爆竹及有关器材的运输和储存、保管安全措施。

（4）燃放时的安全保卫措施。

（5）事故应急处理措施。

组织实施设计方案文件在设计人员签字后，必须经过设计审核人员审核、签字和单位主管领导批准才能实施。

（二）燃放的安全评估

为了保证烟花爆竹燃放的安全，对技术设计方案和组织实施设计方案及燃放工作中的安全技术问题，应当进行科学的评估，以发现可能存在的问题和隐患，确保燃放的万无一失。

1. 评估的主要内容

（1）承担单位的资格。

（2）燃放现场周围环境和气象环境条件的安全性。

（3）所燃放的烟花爆竹及燃放器材的安全性、可靠性。

（4）安全距离与安全警戒范围确定的科学性和可靠性。

（5）安全警戒、交通管制及消防救援与事故应急处理等安全保卫措施的周密性、科学性。

2. 安全评估的要求

（1）根据安全评估报告，需要对技术设计方案与组织实施方案进行调整和修改的，作业单位和主办单位应当积极进行调整和修改。

（2）未经安全评估或经评估后需要对技术设计方案与组织实施方案进行调整和修改而未调整修改的，任何单位和个人不得批准实施燃放设计方案。

三、焰火晚会燃放的消防安全管理

（一）燃放安全管理技术

1. 烟花爆竹及燃放所需器材的管理

（1）焰火晚会所燃放的烟花爆竹必须购自合法烟花爆竹生产厂家或经营企业，严禁使用无烟花爆竹生产许可证厂家的产品。产品应有省级以上质量检测机构颁发的质量合格证。

（2）运输燃放所需的烟花爆竹应当按规定申请领取《烟花爆竹运输证》，并派专职押运员押运。在城区内运输的，要按照当地县、市公安局指定的运输时间、路线进行运输。

（3）在燃放现场，允许利用结构坚固、无火源、无人居住的房屋、工棚、车辆等作为燃放所需烟花爆竹的临时储存保管点。

2. 燃放试验的安全要求

（1）燃放试验要在规定场所进行。场地应符合表7-5的要求。

表 7-5　燃放试验与生产区及仓库的最小距离　m

大火箭类	地面烟花	$\phi>10$cm 礼花弹	高空烟花	小型试验
500	100	1000	200	>50

(2) 燃放试验时应注意风向和风速，对引燃线被点燃后中途熄灭或没有点燃主体内的烟火药的熄引和瞎火及未烧完的试验物应慎重处理。燃放试验后的场地，残留物应进行清扫和妥善处理。

(3) 在燃放现场，储存保管燃放所需烟花爆竹必须设专人看管；按当地县（市）公安局规定的期限、品种和数量储存；收发烟花爆竹应及时登记，做到账物相符；严禁同室保管与烟花爆竹无关的物品。

3. 安装作业的要求

(1) 在进行安装作业前，应对燃放现场进行清理，清除易引起火灾的杂物。根据当天风向和现场地形，合理安排炮位和燃放点，并留出足够宽度的通道和燃放人员的安全停留位置。

(2) 在安装作业地段，应当设置明显的工作范围标志，并安排警戒人员。在邻近交通要道和人行通道的方位或地段，应当设置防护屏障。进入安装作业现场的工作人员，应当佩戴胸标或臂标。在安装作业的时间内，严禁与安装作业无关的人员进入现场。

(3) 装填作业前，现场技术人员应对发射装置逐个进行检查验收。检查内容主要包括炮筒的稳定性、垂直度，架子的稳定性、抗风能力，组合炮筒的筒间距是否合理等。

(4) 装填作业应由专人负责，严格按照设计编组要求，将烟花爆竹准确装填进设计发射装置中。装填时应将礼花弹提升两次，检查有无卡筒或弹筒间隙过大的现象。燃放礼花弹必须一弹一筒，严禁在当场作业中重复使用发射筒。装填作业现场严禁烟火。装填作业后，现场技术人员应当按照技术设计方案进行检查、复核。

4. 燃放作业的要求

(1) 烟花爆竹在燃放之前，现场指挥长应检查燃放前的各项工作是否就绪，在确认符合要求后方准下达燃放指令。燃放实施人员应当着防护服，戴安全帽。实施燃放作业时，严禁任何无关人员进入燃放现场。

(2) 实施燃放作业时，如果现场发生风向突然改变，可能危及观赏人员；风力超过 6 级或可能危及安全区内建筑物、电力通信设施和公众安全；突然下雨、起雾，妨碍燃放正常进行；发生炸筒、盲炮 3 次以上或造成人员伤亡等意外情况时，应当立即停止燃放，待妥善处理后方可继续进行。

(3) 燃放作业结束后，应当进行现场检查，指定专人看守燃放现场，无关人员不得接近。发现盲炮或其他未引燃的烟花爆竹时，不得进行第二次点火，必须收集交专人看守，由作业单位现场技术负责处理。发现有残余的未爆炸的礼花弹或其他部件时，应立即安排专人寻找和处理。经现场指挥长检查确认安全后，燃放作业人员方可离开现场。

（二）焰火晚会的组织与安全警戒

1. 组织指挥系统的建立

组织实施焰火晚会，应设指挥部。指挥部设指挥长，由主办单位负责人担任，统一指挥领导燃放技术、安全警戒、交通管制、消防、救护、应急处理等各职能组开展工作。

2. 燃放现场消防器材的配备

为了当在燃放过程中一旦发生火灾事故能够及时有效扑救，做到有备无患，主办单位应当根据现场可能发生火灾的危险性，在烟火晚会的燃放现场，备有足够数量的消防车及消防器材。特殊情况，可适当增加消防车的配备数量。

3. 安全警戒

为了防止烟花爆竹燃放伤及人员和维持烟火晚会的现场秩序，焰火晚会必须要有一定的警戒。警戒范围和时间、交通管制的地段和时间、消防设备的设置地点和位置，由指挥部根据技术设计方案与环境特点确定。所有进入燃放现场的通道和入口区都必须配备人员警戒。警戒人员应持有警戒旗、警笛或便携式扩音器、对讲机。执行警戒任务的人员，应当按时上岗，不准在岗位上做与警戒无关的事情。在未发出解除警戒命令之前，不准离开警戒岗位。指挥长在收到确认安全的报告后，方可下达解除警戒命令。

第三节　废弃危险品销毁防火

废弃危险品是指因质量不合格，或因失效、变态而废弃的危险品。废弃危险品虽然是因质量不合格，或因失效、变态而废弃，但其火灾及其他危险性并不会因此而消除，如若处理不好，很容易带来事故，甚至导致重大社会危害。如内蒙古自治区包头市一废品收购站，站主花 1700 多元购买了包头地毯厂的 4 个废弃的氯气罐，在违章用切割机切割时发生氯气泄漏，造成 27 人中毒（其中居民 4 人，消防官兵 21 人，公安民警 2 人），附近 1000m 范围内的居民进行大疏散。因此，废弃的危险品是不得随便买卖的，应当禁止随便弃置、堆放和排入地面、地下及任何水系。要用正确的方法及时进行销毁处理，以防止管理不善而引发火灾、中毒等灾害事故的发生。

一、废弃危险品销毁的方法

废弃危险品的销毁应当根据所销毁物品的特性，选择安全、经济、易操作、无污染的销毁方法。根据有关单位的实践，以下几种方法可供选择。

（一）爆炸法

所谓爆炸法，是指将可一次完全爆炸的作废爆炸品用起爆器材引爆销毁的方法。此种方法主要在爆炸品销毁时使用，一次的最大销毁量不应超过 2kg。销毁的方法是，先挖好坑深 1m 的炸毁坑，然后将所要销毁的废弃爆炸品在炸坑里整齐摆放成金字塔形，用带起爆雷管的炸药包放在塔的顶部引爆进行销毁。当使用发爆器引爆时，手柄或钥匙必须由放炮员随身携带；用动力电引爆时，必须设有双重保险开关，待场地人员全部撤离后方准连接母线；使用导火索引爆时，应将导火索铺在炸药堆的下风方向并伸直，用土压好（严禁用石块、石头盖复）；用延期电雷管或火雷管起爆时，火药堆之间要保持一定的距离，并记清炮数，如有丢炮必须停留一定时间，方准检查处理。

操作时要做好警戒，点火人员和警戒人员取得联系后才可点火引爆。试验销毁完毕，对残药、残管亦应进行销毁处理。销毁雷管时要将雷管的脚线剪下并放入包装盒内埋入土中。不准销毁无任何包装的雷管。

（二）燃烧销毁法

燃烧销毁法，就是对在一定条件下可以完全燃烧且燃烧产物没有毒害性、放射性的废弃危险品将其点燃，让其烧尽毁弃的方法。凡是符合以上条件的危险品才可采用此法销毁。

在采用烧毁法销毁时，废火药、猛炸药的一次销毁量不得大于 200kg，在销毁前必须对所要销毁的火药、炸药进行检查，防止将雷管、起爆药等混入。销毁废起爆药、击发药等，

在销毁前宜用废机油浸泡12～24h，严禁成箱销毁；如有大的块状销毁物，要用木锤轻轻敲碎，然后再行烧毁，防止爆炸。在销毁时，将废药顺风铺成厚约2cm，宽20～30cm（指炸药）或1～1.5m（指火药、烟火药）的长条，允许并列铺设多条，但间距不应小于20m。在药条的下风方向铺设1～2m的引火物，点燃时先点燃引火物，不准直接点燃被销毁的火炸药。点燃引火物后，操作人员应迅速避入安全区，以防被销毁物烧伤或者炸伤。在烧毁过程中，不准再行填加燃料，烧毁完毕后要待被销毁物燃尽熄灭后才能走近燃烧点。

（三）水溶解法

水溶解法是对可溶解于水且溶解后能失去爆炸性、易燃性、氧化性、腐蚀性和毒害性等本身危险性的报废物品用水溶解的销毁方法。如硝酸铵、过氧化钠等有水解性的危险品均可使用此方法销毁。但应注意，用水溶解法销毁的报废品，其不溶物应捞出后另行处理。

（四）化学分解法

化学分解法是通过化学方法将能为化学药品分解，消除其爆炸性、燃烧性等原危险性的报废品进行销毁的方法。如雷汞可用硫代硫酸钠或硫化钠化学分解销毁，叠氮化铅可用稀硝酸分解销毁等。用化学分解法销毁后的残渣应检查证明其是否失去原爆炸性、燃烧性或者其他危险性。

二、废弃危险品销毁应具备的消防安全条件和要求

（一）废弃危险品销毁应具备的消防安全条件

由于废弃的危险品稳定性差、危险性大，故销毁处理时必须要有可靠的安全措施，并须经当地公安和环保部门同意才可进行销毁，其基本条件如下。

① 销毁场地的四周和防护设施，均应符合安全要求。

② 销毁方法选择正确，适合所要销毁物品的特性，安全、易操作、不会污染环境。

③ 销毁方案无误，防范措施周密、落实。

④ 销毁人员经过安全培训合格，有法定许可的证件。

（二）废弃危险品销毁的基本要求

危险品的销毁，要严格遵守国家有关安全管理的规定，严格遵守安全操作规程，防止着火、爆炸或其他事故的发生。

1. 正确选择销毁场地

销毁场地的安全要求因销毁方法的不同而有别。当采用爆炸法或者燃烧法销毁时，销毁场地应选择在远离居住区、生产区、人员聚集场所和交通要道的地方，最好选择在有天然屏障或较隐蔽的地区。销毁场地边缘与场外建筑物的距离不应小于200m，与公路、铁路等交通要道的距离不应小于150m。当四周没有自然屏障时，应设有高度不小于3m的土堤防护。

销毁爆炸品时，销毁场地最好是无石块、砖瓦的泥土或沙地。专业性的销毁场地，四周应砌筑围墙，围墙距作业场地边沿不应小于50m；临时性销毁场地四周应设警戒或者铁丝网。销毁场地内应设人身掩体和点火引爆掩体。掩体的位置应在常年主导风向的上风方向，掩体之间的距离不应小于30m，掩体的出入口应背向销毁场地，且距作业场地边沿的距离不应小于50m。

2. 严格培训作业人员

执行销毁操作的作业人员，要经严格的操作技术和安全培训，并经考试合格才能执行销毁的操作任务。执行销毁操作的作业人员应当具备以下条件。

(1) 身体健壮，智能健全。

(2) 具有一定的专业知识。

(3) 工作认真负责，责任心强。

(4) 经安全培训合格。

3. 严格消防安全管理

危险品的销毁或实验，是一项非常危险的工作，操作时稍有不慎即可发生着火或爆炸。如俄罗斯与哈萨克斯坦边境附近的奥伦堡一处俄军方测试场地，逾 4000t 装在板条箱中包装的军火弹药（包括航空炸弹和火箭弹），刚刚从一列火车上卸下正准备安置时即发生大爆炸，引发类似日本广岛遭美国原子弹袭击时的蘑菇云。大爆炸震碎了奥伦堡许多居民住宅窗户，现场浓烟滚滚。起火后爆炸前，在当地工作的 300 多人及时撤离，附近 10000 多名居民也被疏散，未造成居民伤亡。原因可能是武器处理不当或是有人在测试场地中吸烟。所以，销毁实验必须有更加苛刻的安全管理。

根据《消防法》的有关规定，公安消防机构应当加强对易燃易爆危险品的监督管理。销毁易燃易爆危险品的单位应当严格遵守有关消防安全的规定，认真落实具体的消防安全措施，当大量销毁时应当认真研究，作出具体方案（包括一旦引发火灾时的应急灭火预案）向公安消防机构申报，经审查并经现场检查合格方可进行，必要时，公安消防机构应当派出消防队现场执勤保护，确保销毁安全。

4. 严守操作规程

废弃危险品是因为失去或降低了某些使用功能、安全性或过期可能存在某些事故隐患而需要废弃的危险品，但其着火爆炸毒害腐蚀放射等不可能因此而消失，所以其危险性会依然存在。因此，在销毁危险品时还必须严格按照生产、装卸搬运和点放的操作规程进行操作，万万不可轻视和掉以轻心，否则极容易造成事故。2008 年 3 月 26 日，新疆吐鲁番市公安局在组织集中销毁废旧烟花爆竹及生产烟花爆竹用的黑火药等原料时，在销毁地点卸车时因碰撞或摩擦引起黑火药爆炸，继而引起已经卸放到沟壑里的烟花爆竹也起火爆炸。事故共造成 24 人死亡，5 人失踪，9 辆车毁坏，1 辆车受损。

三、废弃危险品销毁场地的消防安全措施

（一）爆炸品殉爆试验场

1. 爆炸品殉爆试验场距其他建筑物的最小允许安全距离

爆炸品殉爆试验场是工厂经常做产品殉爆试验的地方，为防止在销毁作业中发生意外爆炸事故对周围的影响，销毁场边缘与周围建筑物、公路、铁路等应保持一定的距离；并尽可能布置在厂区后面丘陵洼谷中等偏僻地带，并宜设置铁刺网围墙。当采用炸毁法或烧毁法时，销毁场边缘距居民点、村庄等建筑物的距离，不应小于 200m，距公路、铁路等不应小于 150m，距本厂生产厂房不应小于 100m。殉爆试验场准备间距试验场作业地点边缘不应小于 35m。

根据以往的事故教训，销毁场应当设围墙，以防无关人员进入造成意外事故。围墙距作业地点边缘不宜小于 50m。当受条件限制时，可以将爆炸品殉爆试验场与销毁场设置在同一场地内进行轮换作业，但必须应符合销毁场的外部距离规定。为了安全，作业地点之间应设置防护屏障，防护屏障的高度不应低于 3m。重要的一点是，这两个作业地点不能同时使用。

2. 烟花爆竹燃放试验场距其他建筑物的最小允许安全距离

烟花爆竹燃放试验场距其他建筑物的最小允许距离不应小于表 7-6 的距离。

表 7-6　燃放试验销毁场的外部距离

m

项　　目	燃放试验场类别				
	小试验	地面烟花	升空烟花	大火箭类或直径<10cm 礼花弹	直径>10cm 礼花弹
危险品生产区及危险品仓库、易燃易爆液体库	50	100	200	500	1000
居民住宅	30	50	100	300	500

注：烟花爆竹的销毁采用烧毁法时，一次烧毁销毁场距场外建筑物的外部距离不应超过 20kg，危险品 65m。

（二）废弃危险品销毁场地的消防安全要求

1. 销毁场地位置的选择要求

废弃危险品销毁场是工厂不定期销毁危险品的地方，为了不影响工厂安全，销毁场应布置在厂区以外有利于安全的偏僻地带。最好是在有自然屏障遮挡的地点进行，当无自然屏障可利用时，应在炸毁点周围设置防护屏障。

2. 一次销毁量的限制要求

当采用爆炸销毁法时，引爆一次最大药量（系指每次一炮的最大药量）不应超过 2kg，并应在销毁坑中进行；当场地周围没有自然屏障时，炸毁地点周围宜设高度不低于 3m 的防护屏障。采用烧毁法时，一次最大销毁量不应超过 200kg；殉爆试验时，一次最大殉爆药量不应大于 1kg。

3. 掩体的设置要求

根据生产实践，销毁场一般无人值班，故销毁场不应设待销毁的危险品储存存库。但由于供销毁时使用的点火件或起爆件放在露天不利于安全，所以可以设置为销毁时使用的点火件或起爆件掩体。为了保证销毁人员的安全，应当设置人身掩体，且掩体应采用钢筋混凝土等具有一定防护强度的结构。掩体的位置应布置在销毁作业场常年主导风向的上风方向，出入口应背向销毁作业的地点，与作业地点边缘距离不应小于 50m；掩体之间距离不应小于 30m。

4. 销毁塔的设置要求

为了节省土地，节约资金，便于保卫管理及使用方便，还可以采用封闭式爆炸塔（罐）来销毁处理火工品及其药剂。销毁塔可布置在厂区有利于安全的边缘地带，与危险品生产厂房的最小安全距离，应符合《建筑设计防火规范》（GB 50016）的有关规定。其中与爆炸品生产厂房的最小允许距离，应按爆炸品生产厂房最大存药量计算确定，且不应小于《民用爆破器材工厂设计安全规范》（GB 50089）的要求；距其他建筑物的最小允许安全距离应按表 7-7 的要求确定。

表 7-7　试验塔（罐）距其他建筑物的最小允许安全距离

爆炸药量/kg	<0.5	1～2
最小允许距离/m	20	25

此外，根据销毁塔所在的环境，还应符合《工业企业噪声控制设计规范》（GB 50087—2013）、《环境质量标准》（GB 3096—2008）和《工业企业厂界环境噪声排放标准》（GB 12348—2008）的规定。

第八章

危险品火灾及泄漏事故的紧急处置

由于危险品存在着易燃性、氧化性、毒害性、腐蚀性和放射性等危险特性，所以，一旦发生火灾，不仅会顷刻之间烧掉大量物资财富，甚至还会危及人们的生命安全，造成大量人员伤亡。为了最大限度地减少火灾造成的人员伤亡和财产损失，危险品单位的每个人都应掌握扑救危险品火灾的基本常识及泄漏事故的紧急处置方法，以便迅速将其处置在初期阶段。

第一节　危险品火灾事故的紧急处置

一、危险品火灾扑救的基本方法

扑救火灾的基本方法，就是根据起火物质燃烧的状态和方式，破坏燃烧必须具备的基本条件而采取的一些措施。具体讲有以下四种。

（一）冷却灭火法

冷却灭火法就是将灭火剂直接喷洒在可燃物上，使可燃物的温度降低到自燃点以下，从而使燃烧停止。用水扑救火灾，其主要作用就是冷却灭火。一般物质起火，都可以用水来冷却灭火。

火场上，除用冷却法直接灭火外，还经常使用水冷却尚未燃烧的可燃物质，防止其达到自燃点而着火；还可用水冷却建筑构件、生产装置或容器等，以防止其受热变形或爆炸。

（二）隔离灭火法

隔离灭火法是将燃烧物与附近可燃物隔离或者疏散开，让已经燃烧的物质自行燃烧完而熄灭。这种方法适用于扑救各种固体、液体、气体火灾。尤其是扑救森林火灾使用该方法较多。

采取隔离灭火的具体措施很多。例如，将火源附近的易燃易爆物质转移到安全地点；关闭设备或管道上的阀门，阻止可燃气体、液体流入燃烧区；排除生产装置、容器内的可燃气体、液体；阻拦、疏散可燃液体或扩散的可燃气体；拆除与火源相毗连的易燃建筑结构，造成阻止火势蔓延的空间地带等。

（三）窒熄灭火法

窒熄灭火法，即采取适当的措施，阻止空气进入燃烧区，或用惰性气体稀释空气中的氧含量（浓度），使燃烧物质缺乏或断绝氧气而熄灭。这种方法，适用于扑救封闭式的空间、生产设备装置及容器内的火灾。

火场上运用窒熄法扑救火灾时，可采用石棉被、湿麻袋、湿棉被、沙土、泡沫等不燃或难燃材料覆盖燃烧物或封闭孔洞；用水蒸气、惰性气体（如二氧化碳、氮气等）充入燃烧区

域；利用建筑物上原有的门窗以及生产储运设备上的部件来封闭燃烧区，阻止空气进入。此外，在无法采取其他扑救方法而条件又允许的情况下，可采用水淹没（灌注）的方法进行扑救。但在采取窒熄法灭火时，必须注意，燃烧部位较小，容易堵塞封闭，在燃烧区域内没有氧气或其他氧化剂时，适于采取这种方法；在采取用水淹没或灌注方法灭火时，必须考虑到火场物质被水浸没后是否产生不良后果；采取窒熄方法灭火以后，必须确认火已熄灭时，方可打开孔洞进行检查。严防过早地打开封闭的空间或生产装置而使空气进入，造成复燃或爆炸；采用惰性气体灭火时，一定要将大量的惰性气体充入燃烧区，迅速降低空气中氧的含量，以达窒熄灭火的目的。

（四）抑制灭火法

抑制灭火法是将化学灭火剂喷入燃烧区参与燃烧反应，中止链反应而使燃烧反应停止。采用这种方法可使用的灭火剂有干粉和卤代烷灭火剂。灭火时，将足够数量的灭火剂准确地喷射到燃烧区内，使灭火剂阻断燃烧反应，同时还要采取必要的冷却降温措施，以防复燃。

在火场上采取哪种灭火方法，应根据燃烧物质的性质、燃烧特点和火场的具体情况，以及灭火器材装备的性能进行选择。

二、不同类危险品火灾的应急处置方法

（一）爆炸品火灾的应急处置方法

爆炸品着火可用水、空气泡沫（高倍数泡沫较好）、二氧化碳、干粉等灭火剂施救，但最好的灭火剂是水。因为水能够渗透到炸药内部在炸药的结晶表面形成一层可塑性的柔软薄膜，将结晶包围起来使其钝感。由于炸药本身既有可燃物，又含有氧化剂，着火后不需要空气中氧的作用就可持续燃烧，而且在一定的条件下会由着火转为爆炸，所以炸药着火不可用窒熄法灭火，首要的就是用大量的水进行冷却，禁止用砂土覆盖，也不可用蒸汽和酸碱泡沫灭火剂灭火；当在房间内或在车厢、船舱内着火时，要迅速将门窗、厢门、舱盖打开，向内射水冷却，万万不可关闭门窗、厢门、舱盖窒熄灭火；要注意利用掩体，在火场上，墙体、低洼处、树枝等均可作为掩体利用。

由于有的爆炸品不仅本身有毒，而且燃烧产物也有毒，所以灭火时应注意防毒；当有毒爆炸品着火时，应戴隔绝式氧气或空气呼吸器，以防中毒。

（二）易燃有毒气体气瓶漏气与火灾的应急处置方法

1. 漏气应急处置方法

(1) 关阀断气，做好防护　发现钢瓶漏气时，应首先要了解所泄漏的是什么气体，并根据气体的性质做好相应的人身防护工作，及时设法拧紧气嘴。操作人员应佩戴隔绝式防毒面具。如果钢瓶受热，应站在上风头向气瓶喷洒或泼洒冷水，使之降低温度，然后将阀门旋紧。

(2) 用石灰水中和　如气瓶阀门失控无法关闭，则最好将气瓶浸入石灰水中。因为石灰水不仅可以冷却降温、降压，还可以溶解大量有毒气体。如氰化氢、氟化氢、二氧化硫、氯气等都是酸性物质，能与碱性的石灰水起中和作用。

$$2HCN + Ca(OH)_2 = Ca(CN)_2 + 2H_2O$$

$$2HF + Ca(OH)_2 = CaF_2 + 2H_2O$$

$$SO_2 + Ca(OH)_2 = CaSO_3 + H_2O$$

$$2Cl_2 + 2Ca(OH)_2 = Ca(ClO)_2 + CaCl_2 + 2H_2O$$

但值得注意的是，氨气瓶漏气时，不可浸入石灰水中，因为熟石灰水是碱性物质，氨亦

属碱性，熟石灰水虽也有冷却作用，但不能充分溶解氨气。故最好的方法就是将氨气瓶浸入清水中，这样即可减少损失，也可保障人身安全。

(3) 用烧碱中和　由于氯气大多存在于氯碱工厂，并通过食盐水电解而制得。而该工艺的另一个重要产品就是氢氧化钠（俗称烧碱），氢氧化钠对氯气有很好的中和作用，反应式如下。

$$Cl_2+2NaOH = NaClO+NaCl+H_2O$$

所以，在氯碱工厂发生氯气泄漏时，最好的措施就是用氢氧化钠水溶液进行中和。方法有两种，当大型氯气储罐或氯气管道泄漏时，可将适量的氢氧化钠溶液加入水罐消防车中，通过消防车的雾状水流喷洒在泄漏的云状氯气上将氯气吸收；若是氯气瓶泄漏，可将泄漏的氯气瓶置于水池中，再将适量的氢氧化钠溶液加入水池中，并搅拌均匀，以利氯气的充分吸收。

(4) 清水吸收　如果现场没有石灰水，也可将气瓶浸入清水中，使之与水反应，以避免作业环境受到污染。因为，在常温常压下，1 个体积的水可溶解 2 个体积的氯气、40 个体积的二氧化硫、2.6 个体积的硫化氢和 700 个体积的氨气。氯气溶解在水中生成盐酸和次氯酸（氯水），二氧化硫溶解在水中生成次硫酸，氨气溶解在水中生成氨水，氯化氢溶解在水中生成盐酸，硫化氢溶解在水中生成氢硫酸等。它们的反应式如下。

$$Cl_2+H_2O = HCl+HClO$$

$$SO_2+H_2O = H_2SO_3$$

$$NH_3+H_2O = NH_3 \cdot H_2O$$

$$HCl+H_2O = HCl \cdot H_2O$$

$$H_2S+H_2O = H_2S \cdot H_2O$$

2. 着火应急处置方法

当漏出的气体着火时，如有可能，应将毗邻的气瓶移至安全距离以外，并设法阻止逸漏；若逸漏着火的气瓶是在地面上，而又有利于气体的安全消散时，可用正常的方法将火扑灭，否则，应向气瓶大量喷水冷却，防止瓶内压力升高，导致爆裂的发生。必须注意的是，若漏出的气体已着火，不得在能够有效停止气体逸漏之前将火扑灭，否则泄漏出的可燃气体就会聚集，与空气形成爆炸性或毒性和窒息性混合气体，此时遇火源会导致爆炸，从而造成更大的灾害。因此，在停止逸漏之前，首先应对容器进行有效冷却，在条件成熟，能够设法有效停止逸漏时才能将火扑灭。

当其他物质着火威胁气瓶的安全时，应用大量水喷洒气瓶，使其保持冷却，如有可能，应将气瓶从火场或危险区移走。乙炔气瓶着火时应当采取以下应急措施。

(1) 乙炔瓶在建筑物内着火时，不要慌乱，除留少数人扑救外，大部分人员要尽快撤离现场，以减小一旦爆炸时的伤亡。

(2) 乙炔瓶阀与减压器连接处着火时，初始应尽快用宽松手套或棉布淋湿捂住火苗使其熄灭，同时迅即将瓶阀关闭。气瓶在使用过程中，瓶阀扳手不要取下，以备在紧急情况下迅速关闭瓶阀。关瓶阀时注意不得站在气瓶易熔塞的正面，以防易熔塞熔化气体喷出将人体烧伤。注意灭火时不能将气瓶搬倒。

(3) 如着火点已扩展到易熔塞之后，可迅速用干粉灭火器将火扑灭。施救人员要尽量靠近气瓶，以保证灭火器足够的喷发力将火扑灭。如一瓶乙炔气多处着火，或相邻乙炔瓶多个同时着火，应用多个干粉灭火器同时扑火，使各处火点同时熄灭，而后用大量喷淋水冷却，同时将可关闭的瓶阀关闭并搬至室外通风安全处，继续冷却，由专人看护，严禁明火接近。灭火时严禁用四氯化碳灭火器。

(4) 当火焰燃烧猛烈，一时难以扑灭时，应将附近无法搬走的未着火气瓶用大量水冷

却，以防受热爆炸（能搬走的均应搬走）。对着火的气瓶若能搬运，应速用绳索拽出去；若无绳索，可将气瓶搬倒，由一二个人脚踏滚动，防止中途燃着其他物品。对搬、滚出去的着火气瓶用如前所述方法将火扑灭，同时关闭瓶阀，并用大量淋水冷却。当着火气瓶处于建筑物的二层以上，不可将气瓶抛出，（以防受冲击爆炸）时；着火气瓶所处的建筑物非常开阔，且无可燃物时；乙炔气瓶被固定于现场，而解除这一固定又非常危险时；着火气瓶搬出去需要较长距离，特别是要通过长廊、门口或易燃物堆垛、贵重物品等场所时。可不先搬运着火气瓶，但必须不断用水冷却瓶体。

在大量淋水冷却的情况下，着火气瓶经过10～20min的燃烧渐渐变空，喷出的火焰渐渐变短、颜色渐发光亮，且呈黄色，这表明已是乙炔瓶内的溶解液丙酮蒸气在易熔塞附近燃烧，这时，是扑灭火焰的最好时机，应速用干粉灭火器扑灭。火焰扑灭后瓶体不可停止冷却喷淋，以免因受热使瓶压上升带来爆炸危险。若着火的气瓶处于通风不良的环境，可在淋水冷却的条件下让其自行燃尽，不可将火焰扑灭，以防乙炔火焰在扑灭后，大量乙炔气喷出使人员窒息和发生爆炸。如在水上运输时，可投于河海水中。

（三）易燃液体火灾的应急处置方法

易燃液体一旦着火，发展迅速而猛烈，有时甚至发生爆炸且不易扑救。所以平时要做好充分的灭火准备，根据不同液体的特性、易燃程度和灭火方法，配备足够、相应的消防器材，并加强对职工的消防知识教育。

灭火方法主要根据易燃液体相对密度的大小、能否溶于水和灭火剂来确定。一般来说，对于石油、汽油、煤油、柴油、苯、乙醚、石油醚等比水轻且又不溶于水或微溶于水的烃基化合物的液体火灾，可用泡沫、干粉等灭火剂扑救；当火势初燃，面积不大或可燃物又不多时，也可用二氧化碳扑救。对重质油品，有蒸气源的还可选择蒸气扑救。

对于能溶于水或部分溶于水的甲醇、乙醇等醇类，乙酸乙酯、乙酸戊酯等酯类，丙酮、丁酮等酮类的易燃液体着火时，可用雾状水或抗溶性泡沫、干粉等灭火剂进行施救。对于二硫化碳等不溶于水，且相对密度大于水的易燃液体着火时可用水扑救，因为水能覆盖在这些易燃液体的表面上使之与空气隔绝，但水层必须要有一定的厚度。

易燃液体大多具有麻醉性和毒害性，灭火时应站在上风头和利用现场的掩体，穿戴必要的防护用具，采用正确的灭火方法和战术。救火中如有头晕、恶心、发冷等症状，应立即离开现场，安静休息，严重者速送往医院诊治。

（四）易燃固体火灾的应急处置方法

易燃固体着火，绝大多数可以用水扑救，尤其是湿的爆炸品和通过摩擦可能起火或促成起火的固体以及丙类易燃固体等均可用水扑救，对就近可取的泡沫灭火器，二氧化碳、干粉等灭火器也可用来应急。

对脂族偶氮化合物、芳香族硫代酰肼化合物、亚硝基类化合物和重氮盐类化合物等自反应物质（如偶氮二异丁腈、苯磺酰肼等）着火时，不可用窒熄法灭火，最好用大量的水冷却灭火，因为此类物质燃烧时，不需要外部空气中氧的参与。

镁粉、铝粉、钛粉、锆粉等金属元素的粉末类火灾，不可用水施救，也不可用二氧化碳等施救。因为这类物质着火时，可产生相当高的温度，高温可使水分子或二氧化碳分子分解，从而引起爆炸或使燃烧更加猛烈。如金属镁燃烧时可产生2500℃的高温，将燃烧着的镁条放在二氧化碳气体中时，燃烧的高温就会把CO_2分解成O_2和C，镁便和二氧化碳中的氧生成氧化镁和无定形的碳。所以，金属元素类物质着火不可用水和二氧化碳扑救。

由于三硫化四磷、五硫化二磷等硫的磷化物遇水或潮湿空气，可分解产生易燃有毒的硫化氢气体，所以也不可用水施救；还由于赤磷、黄磷、磷化钙等金属的磷化物等，本身或燃烧产物也大多是剧毒的，本身毒性很强，其燃烧产物五氧化二磷等都具有一定的毒害性，所以，应特别注意防毒。

丙类易燃固体发生火灾，通常可使用清水灭火器或 ABC 干粉灭火器扑救；棉、麻、稻草、麦秸、秫秸、芦苇、药材和化学纤维等丙类易燃固体的露天堆垛，物质密度小、质地疏松，氧气供应充足，火势发展迅速，燃烧猛烈，蔓延途径多，火势会从堆垛的外层通过缝隙燃烧到内部，在大风或火场热气流的作用下，燃烧碎片或燃烧纤维团会被抛向空中飘落到其他堆垛或可燃物上造成大面积火灾，且持续时间长。所以，扑救丙类易燃固体的露天堆垛发生火灾，要始终贯彻先控制后消灭原则，在扑救的同时，要及时用水枪保护临近堆垛，组织力量在下风方向打开隔离带，或用淋湿苫布遮盖，全力堵截火势的蔓延。要组织人员密切监视下风方向的飞火飘落情况，设置机动力量及时扑灭由飞火造成新的火点。由于这些物质的纤维结构中有氧存在，当堆垛外部的明火消灭后，往往在其内部还有阴燃存在，故在扑灭明火后，要组织人员、机械进行翻垛灭火，逐垛检查，边翻垛、边浇水、边疏散，彻底检查明火并扑灭阴燃火源，防止复燃。

（五）自燃物品火灾的应急处置方法

对于烷基镁、烷基铝、烷基铝氢化物、烷基铝卤化物以及硼、锌、锑、锂的烷基化物和铝导线焊接药包等有遇水易燃危险的自燃物品，不可用二氧化碳、水或含水的任何物质施救（如化学泡沫、空气泡沫、氟蛋白泡沫等）。

黄磷、651 除氧催化剂等可用水施救，且最好浸于水中；潮湿的棉花、油纸、油绸、油布、赛璐珞碎屑等有积热自燃危险的物品着火时一般都可以用水扑救。

对于本身或产物有毒的自燃物品，扑火时一定注意防毒。

（六）遇水易燃物品火灾的应急处置方法

1. 不可使用的灭火剂

由遇水易燃物品的性质可知，此类物品着火以下几种灭火剂不可使用。

（1）水和含水的灭火剂（如化学泡沫、空气泡沫、氟蛋白泡沫等） 因为水和各种泡沫灭火剂均可与遇水易燃物品反应产生易燃气体，所以不可用其扑救。

（2）二氧化碳 因为遇水易燃物品都是碱金属、碱土金属以及这些金属的化合物，它们不仅遇水易燃，而且在燃烧时可产生相当高的温度，在高温下这些物质大部分可与二氧化碳反应，故不能用其扑救遇水易燃品火灾；

（3）氮气 因为氮气能与金属锂直接化合生成氮化锂，与金属钙在 500℃时可生成氮化钙。所以，氮气等灭火剂不能施救遇水易燃物品火灾。

2. 可以选用的灭火剂

从目前的科学技术水平看，扑救遇水易燃物品火灾，可选用以下几种灭火剂。

（1）偏硼酸三甲酯（7150） 偏硼酸三甲酯（7150）是一种无色透明的可以固化的液体灭火剂，化学名称为三甲氧基硼氧六环，化学分子式为 $(CH_3O)_3B_3O_3$，由硼酸三甲酯与硼酐按一定比例加热回流反应而制得。

$$\underset{\text{硼酸三甲酯}}{(CH_3O)_3B}+\underset{\text{硼酐}}{B_2O_3}\xrightarrow{\text{加热、回流}}\underset{\text{三甲氧基硼氧六环}}{(CH_3O)_3B_3O_3}$$

7150 灭火剂可燃，闪点 15.5℃，热稳定性差，当以雾状喷洒到燃烧的轻金属表面时，即会发生以下两个反应。

分解反应： $(CH_3O)_3B_3O_3\xrightarrow{60℃\text{以上}}(CH_3O)_3B+B_2O_3$

燃烧反应：　　$2(CH_3O)_3B_3O_3+9O_2 \longrightarrow B_2O_3+9H_2O+6CO_2$

当把其喷洒到着火物质表面时，这两个反应能很快够耗尽燃烧着的金属表面的氧而生成硼酐。硼酐可在燃烧高温的烘烤下会迅速熔化成玻璃状液体。该液体流散在燃烧金属的表面及其缝隙中并把着火金属的表面包裹起来形成一层硼酐隔膜，使金属与大气的空气隔绝，从而使火窒熄。

该灭火剂充灌在储压式灭火器中，主要用于扑救镁、铝、镁铝合金、海绵钛等轻金属火灾。

（2）原位膨胀石墨灭火剂　原位膨胀石墨灭火剂是一种灰黑色鳞片状粉末，稍有金属光泽，是石墨层间化合物，由石墨与络合剂硫酸及水在辅助试剂存在下反应，并加入润湿剂，再解吸和吸附除去对环境有害的分解产物，再加入无害的反应物而制得。主要成分是原位膨胀石墨，具有不污染环境、易于储存、喷洒方便和易于清除灭火后金属表面上附着的固体物和回收未烧毁的剩余金属等优点。主要用于扑救金属钠等碱金属和镁等轻金属火灾。

原位膨胀石墨灭火剂，可盛装于薄塑料袋中投于着火金属表面灭火，亦可盛于灭火器中在低压下喷射灭火，还可以放在热金属的可能泄漏处用于预防金属着火。此灭火剂在空气中放置一年，质量波动小于0.5%，不影响使用。

原位膨胀石墨灭火剂的灭火机理是，将其喷洒在着火的金属表面上时，灭火剂中的反应物，在火焰的高温作用下迅速呈气体逸出使石墨迅速膨胀，且由于化合物的松装密度低，能够在燃烧的金属表面形成海绵状泡沫，与金属接触部分则被燃烧的金属润湿，生成金属碳化物或部分生成石墨层间化合物（如灭金属钠火灾，可生成化合物 $C_{64}Na$ 和 NaC_2），瞬间造成与空气隔绝的耐火膜，从而达到灭火的效果。但由于金属铯能与石墨反应生成铯碳化物，故不可用于扑救金属铯火灾。

（3）食盐、碱面、铁粉　由于金属钾、钠大都是由电解氯化钾、氯化钠（食盐）等盐而制得，生产现场都有大量的食盐等原料，所以对金属钾、钠生产现场的火灾，可随即用现场干燥的食盐、碱面扑救，效果又快又好又经济；如果现场有石墨、铁粉等效果也很好。但应注意，金属锂着火时若用碳酸钠干粉或食盐扑救，其燃烧的高温能使碳酸钠和氯化钠分解，放出比锂更危险的钠。所以，金属锂着火，不可用碳酸钠干粉和食盐扑救。

（4）干砂、黄土、干粉、石粉　用干砂、黄土、干粉、石粉等不含水的粉状不燃物质覆盖遇水易燃物品火灾，可以隔绝空气，使其熄灭，且价格低廉，效果也好，所以现场可以多准备一些。但应注意，金属锂着火时，如用含有 SiO_2 的干砂扑救，其燃烧产物 Li_2O 能与 SiO_2 起反应。

3. 注意的问题

遇水易燃物品本身或燃烧产物大多数是有毒害性和腐蚀性的。如金属的磷化物类，遇水产生的易燃气体磷化氢气体有似大蒜的气味，是剧毒气体，当空气中含有0.01mg/L时，吸入即中毒；金属钠与水反应除放出氢气外，还生成腐蚀性很强的氢氧化钠。所以，在扑救遇水易燃物品火灾时，应特别注意防毒、防腐蚀，必要时应佩戴一定的防护用品，确保人身安全。

（七）氧化剂和有机过氧化物泄漏和火灾的应急处置方法

1. 溢漏应急处置方法

氧化剂和有机过氧化物在运输过程中，如有溢漏，应小心地收集起来，或使用惰性材料作为吸收剂将其吸收起来，然后在尽可能远的地方以大量的水冲洗残留物。严禁使用锯末、废棉纱等可燃材料作为吸收材料，以免发生氧化反应而着火。

对收集起来的溢漏物，切不可重新装入原包装或装入完好的包件内，以免杂质混入而引起危险。或应针对其特性用安全可行的办法处理或考虑埋入地下。

2. 着火应急处置方法

(1) 氧化剂着火或被卷入火中时，会因受热放出氧而加剧火势，即使在惰性气体中，火仍然会自行延烧。无论将货舱、容器、仓房封死，或者用蒸汽、二氧化碳及其他惰性气体灭火都是无效的。如果用少量的水灭火，还会引起物品中过氧化物的剧烈反应。因此，应使用大量的水或用水淹浸的方法灭火，这是控制氧化剂火灾的最为有效的方法。

(2) 有机过氧化物着火或被卷入火中时，可能导致爆炸。所以，应迅速将这些包件从火场移开。人员应尽可能远离火场，并在有防护的位置用大量的水来灭火。任何曾卷入火中或暴露于高温下的有机过氧化物包件，都会随时发生剧烈分解；即使火已扑灭，在包件尚未完全冷却时，也不应接近这些包件，应用大量水冷却。如有可能，应在专业人员的技术指导下，对这些包件进行处理。如果没有这种可能，在水上运输时，若情况紧急应考虑将其投弃水中。

（八）毒性物品火灾的应急处置方法

因为绝大部分有机毒性物品都是可燃物，且燃烧时能产生大量的有毒或性极毒的气体，所以，除了应当切实做好毒性物品着火时的防毒措施外，还应针对不同毒性物品的特点采取以下应急灭火措施。

1. 一般液体毒性物品火灾的应急处置方法

一般液体毒性物品着火时，可根据液体的性质（有无水溶性和相对密度的大小）选用抗溶性泡沫或机械泡沫及化学泡沫灭火。如系固体毒性物品着火，可用水或雾状水扑救，或用砂土、干粉、石粉等施救。

2. 无机毒性物品中的氰、磷、砷或硒的化合物火灾的应急处置方法

这些毒性物品遇酸或水后能产生性极毒的易燃气体氰化氢、磷化氢、砷化氢、硒化氢等，因此着火时，不可使用酸、碱灭火剂和二氧化碳，也不宜用水施救，可用干粉、石粉、砂土等；

3. 氰化物火灾的应急处置方法

这些毒性物品用大量水灭火时，要有防止灭火人员接触含有氰化物水的措施。特别是皮肤的破伤处不得接触，并要防止有毒的水流入河道，污染环境；灭火时一定要戴好各种防毒防护用具。

（九）放射性物品火灾的应急处置方法

1. 要迅速扑灭初期火

当放射性物品着火时，可用雾状水扑救；灭火人员应穿戴防护服（手套、靴子、连体工作服、安全帽）、自给式呼吸器。对于小火，可使用硅藻土等惰性材料吸收；对于大火，应当在尽可能远的地方用尽可能多的水带，并站在上风头向包件喷射雾状水。将临近的容器要保持冷却到火灾扑灭之后。这样有助于防止辐射和屏蔽材料（如铅）的熔化，但注意不使消防用水流失过大，以免造成大面积污染。

2. 迅速划出安全区域，隔离危险源

当发生着火、爆炸或其他事故可能危及仓库、车间以及销售地点放射性物品的安全时，应迅速将放射性物品转移到远离危险源和人员的安全地点存放，并适当划出安全区。并应在事故地点悬挂警告牌，设置警戒等，并对放射性物品应用适当的材料进行屏蔽，对粉末状物品，应迅速将其盖好，防止影响范围再扩大。如有可能，应及时转移可能进入火中的容器，以防止受到威胁。为防止火灾扑灭后物质可能再着火，应以安全的方式将残余物清除。

3. 立即通知当地公安部门和卫生、科学技术管理部门协助处理

当放射性物品的内容器受到破坏，使放射性物质可能扩散到外面，或放射剂量较大的放

射性物品的外容器受到严重破坏时，必须立即通知当地公安部门和卫生、科学技术管理部门协助处理，放射性物品沾染人体时，应迅速用肥皂水洗刷至少 3 次；灭火结束时要很好地淋浴冲洗，使用过的防护用品要在防疫部门的监督下进行清洗。

（十）腐蚀品火灾的应急处置方法

腐蚀品着火，一般可用雾状水或干砂、泡沫、干粉等扑救，不宜用高压水，以防酸液四溅，伤害扑救人员。硫酸、卤化物、强碱等，遇水发热、分解或遇水产生酸性烟雾的腐蚀品，不能用水施救，可用干砂、泡沫、干粉扑救。

灭火人员要注意防腐蚀、防毒气，戴防毒口罩、防护眼镜或隔绝式防护面具，穿橡胶雨衣和长筒胶鞋，戴防腐手套等。灭火时人员应站在上风头，发现中毒者，应立即送往医院抢救，并说明中毒物品的品名，以便医生救治。

第二节 易燃、毒性气体泄漏的紧急处置方法

在运输、储存和使用过程中，由于个别储罐质量低劣，焊接开缝；人员思想麻痹，不按安全规程进行装卸和充装，随意倾倒残液；阀门损坏或受机械损坏等，往往造成气体泄漏事故。加之这些气体本身具有易燃性、毒害性，所以一旦泄漏，往往难以及时堵漏而引起爆炸和大面积起火，造成大量人员伤亡和财产损失，甚至殃及四邻带来更大的灾害。

如 1998 年 3 月 5 日，西安市煤气公司液化石油气储灌区的一座 $400m^3$ 球罐因底部阀门损坏发生泄漏，又由于堵漏未能奏效而发生爆炸，使 2 个 $400m^3$ 球罐炸裂，4 个 $100m^3$ 卧罐起火燃烧并严重受损，8 辆液化石油气槽车烧毁，邻近一座棉花仓库也被殃及烧毁。爆炸造成 12 人死亡（其中消防官兵 7 人）、300 人受伤（其中消防官兵 11 人），直接财产损失达 477.8 万元，间接损失无法估量。

又如温州电化厂一氯气瓶，因瓶内存有原来错灌的 113.3kg 氯化石蜡，在充装时发生了爆炸，并引爆、击穿了液氯计量储槽和邻近的 4 只液氯钢瓶。这起爆炸事故造成 59 人死亡，770 人中毒或负伤住院治疗，1955 人门诊治疗；其中有邻近一所小学的 400 名师生中毒，波及范围达 7.35km，下风向 9km 处还可嗅到强烈的刺激气味，氯气扩散区内的农作物、树木全部变焦枯萎，在爆炸中心处 20cm 厚的混凝土地面上炸出了一个直径 6.5m、深 1.82m 的漏斗状深坑，使距爆点 28m 处的办公楼和厂房的玻璃、门窗全部震碎。

通过总结各地堵漏的成功经验，分析并归纳出了以下七种方法，可供各地同行参考。

一、关阀断气法

关阀断气法是当气体储存容器或输送管道有泄漏时，迅速找到泄漏处气源的最近控制阀门，关闭阀门，断绝气源，从而防止泄漏的方法。这是在阀门未损坏的条件下一种最便捷、最迅速、最有效的方法。在具体操作时，应首先了解所漏出的是什么气体，并根据气体的性质做好相应的人身防护，站在上风方向向储气容器撒冷水冷却、吸收，使之降低温度，然后将阀门旋紧。如果在阀门关闭后泄漏处仍滞留有雾化的气体时，应用喷雾水将其驱散，防止雾化的燃气与空气混合达到爆炸浓度范围，遇火源而发生爆炸；有毒气体使人员中毒。

二、化学中和法和水溶解法

化学中和法就是根据所泄漏气体的性质，用能与其发生中和反应的物质发生反应，从而消除泄漏气体的危险性的方法。水溶解法就是根据所泄漏气体的水溶性，将其在水中溶解，从而

消除泄漏气体的危险性的方法。此两种方法在具体操作时，操作人员应佩戴隔绝式防毒面具。通常对酸性气体泄漏时，可将气瓶浸入石灰水池中使之中和，以避免作业环境受到污染。因为石灰水不仅可以冷却降温、降压，还可以中和、溶解大量有毒气体，如氰化氢、氟化氢、二氧化硫、氯气等都是酸性气体，它们都能与碱性的石灰水起中和作用。如果现场没有石灰水，也可将气瓶浸入清水中。因为大部分气体都有一定的水溶性。如 2000 年 2 月 12 日，江西上饶县自来水公司一个 500kg 的液氯钢瓶因阀杆断裂造成大量泄漏。该县公安消防队到场后即佩戴隔绝式空气呼吸器迅速将漏气钢瓶推入离钢瓶 8m 远的游泳池中随后向水池中倒入了 400kg 石灰，使泄漏的氯气有效中和，同时用大量的雾状水对氯雾区域水解、稀释、洗消，有效减小了氯气的危害。处置此事故中只造成 8 人不同程度中毒，未有人员死亡。

氨气瓶漏气时，最好将气瓶浸入清水池中。这样即可减少损失，也可保障人身安全。但氨气泄漏绝不可浸入石灰水中，因为熟石灰水是碱性物质，氨亦属碱性。石灰水虽有冷却作用，但不能使氨气充分溶解于石灰水中。

三、夹具堵漏法

夹具堵漏法就是利用专门的夹具进行堵漏的一种方法。主要适用于输送气体的管道及有关的法兰、阀门、弯头、三通等部位或者小型设备的泄漏。它按夹具的构造及作用原理，主要有注胶堵漏、顶压堵漏、卡箍堵漏、压盖堵漏、捆扎堵漏和引流黏结堵漏等方法。

(1) 注胶堵漏法　用机械方法将密封剂料注入夹具与泄漏部位形成的空腔内，让密封剂料在短时间内固化，形成新的密封圈，使夹具与密封剂、泄漏部位构成一体，从而达到止漏的目的。

(2) 顶压堵漏法　在泄漏部位把顶压工具固定好后，在顶压螺杆前端装上密封材料，旋转顶压螺杆，迫使密封材料压紧于泄漏处而停止泄漏的一种方法。

(3) 卡箍堵漏法　在泄漏部位垫好橡胶、聚四氟乙烯垫或者 O 形密封圈和填料，或者密封胶和多层涂胶布垫等密封件，利用卡箍卡死泄漏处的一种堵漏方法。

(4) 压盖堵漏法　用一只 T 形螺栓将压盖、密封垫或密封胶夹紧在泄漏处的本体上而堵漏的一种方法。

(5) 捆扎堵漏法　将密封垫或密封胶置于管道或设备的泄漏点上，利用捆扎工具将钢带紧紧地把其压死，从而将泄漏止住的方法。

(6) 引流黏结堵漏法　首先根据泄漏孔或缝的大小及位置制作一块引流板，再在泄漏处及引流板上涂黏合剂并黏于泄漏处，使引流孔正对泄漏孔，让泄漏气体通过引流板螺孔或引流管引出，引流板四周再涂上环氧胶泥，固化后再拧上螺钉即可止漏；或用引流管引出，拧紧引流管端上的阀门止漏。

四、点燃烧尽法

点燃烧尽法是针对可燃气体的。就是当关断阀门断气无效，且在容器、管道的上部或者旁侧泄漏时，在泄漏处的气体还未达到爆炸浓度之前，迅速将泄漏气体点燃，以防止所漏气体达到爆炸浓度范围遇火源而发生爆炸的方法。此方法如果运用得好，不失为一种安全有效的方法。如 2001 年 11 月 9 日，在石家庄炼油厂至液化石油气储罐总站的液化石油气管道被一挖掘机挖破造成大量液化石油气泄漏，石家庄市特勤大队接警后与液化石油气储罐站合作，首先停止液烃输送，并将泄漏点相邻的两个阀门关死，请专家在两阀门之间泄漏点的另一端的管道段的适当位置，用风冷机钻钻一孔口，将滞存在两阀门之间管道内的液化石油气卸出，同时将卸出的液化石油气用管道引至安全地点点燃，至燃尽时，将残存在泄漏口附近管沟内的液化石油

气用防爆电风扇吹扫干净，经可燃气体测爆仪测试无爆炸危险时止。整个泄漏处置过程，未造成一人伤亡。此次处置泄漏的成功，进一步证明了采用点燃烧尽法是可行的。

另外，在处置气瓶泄漏时，若漏出的气体已着火，如有可能，应将毗邻的气瓶移至安全距离以外，并设法阻止逸漏。务必注意的是，不得在泄漏气体能够有效封堵之前将火扑灭，否则泄漏的可燃气体就会形成爆炸性混合气体或使具有毒性的气体聚集，因此，在停止逸漏之前应首先对容器进行冷却，在能够设法有效堵漏时才能将火扑灭。否则，应大量喷水冷却，以防止气瓶内压力因受热而升高。当其他物质着火威胁气体储器的安全时，应用大量开花水流喷洒气体储器，使其保持冷却，如有可能，应将气体储器从火场或危险区移走；对已受热的乙炔瓶，即使在冷却之后，也有可能发生爆炸，故应冷却至环境温度时的允许压力且不再升高时止；如在水上运输时，可投于水中。

当需要采用点燃烧尽法时，指挥员在处置时要非常果断，应在很短的时间内迅速做出决定，切记不可久拖。拖得时间越长，所造成的危害也就越大，如若超出了一定的时间，当现场气体扩散已达到爆炸浓度范围时就不能再进行点燃。泄漏气体被点燃后，应再做堵漏和灭火的准备工作。在没有找到有效的止漏办法的情况下，不得将已燃的火扑灭，如果无法有效制止漏气，那就只能让其燃尽为止。但应及时对火焰能辐射到的容器、管道的受热面进行有效冷却，以防止管道受热而引发爆裂，造成更大的灾害。

五、木楔封堵法

木楔封堵法就是当泄漏是盛装燃气容器的阀门自根部断开时，迅速用木楔在泄漏口用橡皮锤砸紧封堵。此种方法是十分危险的，但阀门从根部断裂时，也只有此种方法有效。如1998年的4月16日2时30分，河南省新乡钢厂的一辆满载12t液化石油气的红岩牌槽车被另一辆满载10t液化石油气的斯特太尔槽车牵引着在石家庄市南二环路由西向东穿行南二环铁路地道桥时，由于红岩牌槽车超高，加之道路坎坷不平，车身颠簸，槽车顶部的气相阀门及安全阀从根部被撞断，顿时，大量气化的液化石油气外喷，形成了一条几米高的气柱，浓浓的液化石油气迅速向四周弥漫，情况十分危急。此时，地道桥上方正好停放有一节装有60tTNT炸药的车厢和120t其他军用爆炸品的车厢；地道桥东北为居民住宅楼群，地道桥西150m是列车机务段储油量为100m^{3}的加油站，一旦发生爆炸后果不堪设想。当地消防队接警后迅速赶赴现场，指挥员沉着冷静，周密部署，立即通知铁路部门，停止一切过往车辆通行，马上将TNT炸药及其他爆炸品车厢牵引至安全地点；对泄漏液化石油气的槽车进行检查，设法将未泄漏槽车与泄漏槽车分开，并采取安全防护措施；侦察泄漏点，并根据泄漏点的情况果断、迅速采取木塞封堵法将泄漏口堵死，一场危及石家庄全市安全的大爆炸得到了避免。

以上案例充分说明，当盛装气体的容器阀的门从根部断开泄漏时，在没有其他更有效办法的危急情况下，用木楔封堵法是有效而可行的。但也说明我国的压力容器安全监察不利。根据有关规定，充装液化燃气容器的液相和气相管的出口应当安装过流阀保护。如该阀在阀门的根部断裂、容器内的液化石油气快速向外泄漏时，会因流速过快而自动关闭，而我国很多的液化石油气容器没有安装过流阀保护，这些都是教训。

六、封冻堵漏法

封冻堵漏法就是当泄漏液化燃气的容器管阀处于裂缝泄漏时，在泄漏压力较小的情况下，用棉、麻布等吸水性强的材料将裂缝包裹起来并向布上洒水（不宜用强水流），利用液化燃气的蒸发潜热特性（液化石油气的沸点是－42℃）将水湿后的麻布与裂缝冷冻起来，从而将漏气止住而后进行处理的方法。如 1997 年 5 月 19 日，一辆液化石油气槽车行至石家庄市正定县县城内时发现液相阀门漏气，司机立即向当地公安消防机构报警，正定县公安消防大队接警后迅速赶赴现场，指挥员采取果断措施，使用封冻堵漏法进行了有效处理，避免了一场大爆炸的发生。

七、注水升浮法

注水升浮法主要是针对液化气体而言的。就是当液化气体储器处于下部泄漏时，借用已有或临时安装的输水管向容器内注水，利用水与液化气体的密度差（在 15℃时丙烷的密度为 0.507kg/L；正丁烷的密度为 0.583kg/L，均比水轻得多），使容器内的液化气体升浮到破裂口之上，水就会自然沉降于容器的底部，此时破裂口就只能泄漏出水，这样就暂时阻止了液化气体的泄漏，也就留出了彻底堵漏（如更换阀门等）的时间。注水升浮的流程如图 8-1所示。

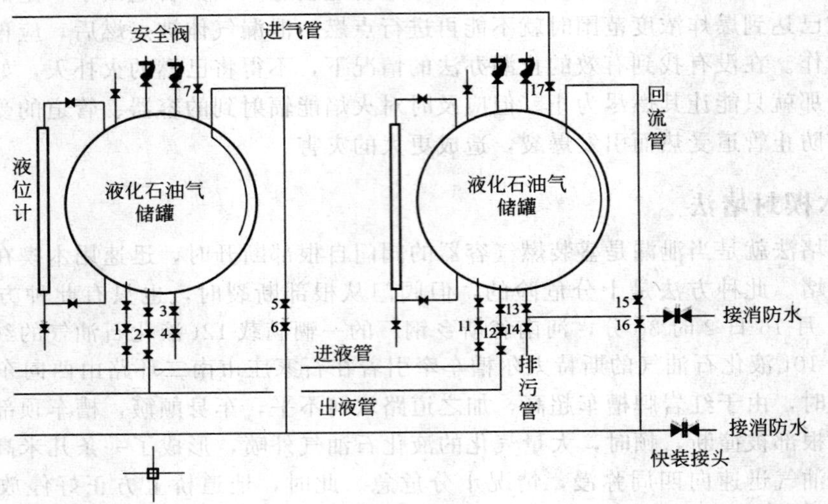

图 8-1 注水升浮流程示意图

在使用此方法时，为防止注水过多、压力过大，使液化气体从容器的顶部安全阀处逸出，宜采取边倒液边注水的方法。如果不能从容器的顶部倒液且容器内满液时，可先从容器的下部倒液至 5%～10%时再注水，以免耽误的时间太长，使漏出的气体达到爆炸浓度范围；亦可先在下部漏气暂止时再倒液，这样交替进行，以及早止住漏气、安全倒液为目的。如北京市云岗液化石油气储罐站曾用此方法成功将一个 $1000m^3$ 液化石油气储罐排污阀冻裂的泄漏堵住，避免了一场液化石油气大爆炸。

第三节 危险品事故紧急救援的组织指挥

一、公安机关消防机构的紧急处置措施

《消防法》第三十七条明确规定“公安消防队、专职消防队按照国家规定承担重大灾害事故和其他以抢救人员生命为主的应急救援工作”。所以，重大灾害事故的抢险救援是公安消防部队的一项神圣而光荣的职责，一旦出现危险品事故，除应迅速果断地选择以上方法采取紧急措施外，还应按照以下要求进行处置。

（一）置警戒区，有效控制各种引燃源

1. 划定警戒区

出现易燃易爆有毒气体泄漏时，公安机关消防机构应根据泄漏气体的密度和泄漏的数量、时间、地形、气象等情况划定警戒区域。对泄漏气体的密度大，量多、处于地形较低的地方和泄漏源的下风向时，半径应扩大，应当以所漏气体半径区域边沿的小于其爆炸下限的25％～50％（用测爆仪测试）为准，特别要注意对沟渠等低洼处的检测。

2. 实施警戒

在警戒区周围，应设置明显的标志，迅速调集交警、巡警、防爆队到场，封锁所有通道，派专门人员把守主要路口，责令居民辖区派出所逐家逐户通知居民不得开、关电灯和使用任何明火等。在警戒区域内禁止一切引燃源（包括各种火源和可能产生火种的各种活动），禁止所有内燃机车辆、电瓶车和与堵漏无关的人员进入，关闭在场人员的呼机、手机等，使各种火源得到有效的控制。

（二）注意自身的保护

消防人员在抢险现场必须有一定的防护，确保自身的安全。消防员应当配备手套、靴子、连体工作服、安全帽等专用防护服和喷雾水枪，在处置易燃、剧毒或腐蚀性液化气体泄漏或火灾时，消防堵漏人员均应佩戴空气或氧气等隔绝式呼吸器；要把袖口、裤口扎紧，不要穿化纤衣服；要从上风方向接近危险区，并尽量减少人员的进入；堵漏人员在操作时不要处在槽体或瓶体的正前方或正后方，尽量注意利用掩体。处置完毕，对现场要进行有效洗消，消防战斗人员要进行充分的洗浴。

（三）严格落实防毒的安全措施

在火场上经常遇到的有毒气体，是一氧化碳、二氧化硫，以及氯化氢、氰化物等燃烧产物。在一些特殊场所还会散发出乙炔气、液化石油气、煤气、氨气、氯气等。有时还会遇到一些异常气味，难以搞清气体的种类。火场的燃烧产物和一些气体对人体有很大危害，有的气体还有着火、爆炸危险，为保障火场人员的安全，必须采取安全措施。

在房间外发觉有毒气时，首先，要查清毒气的种类和扩散的范围，并尽快通知有可能遭受毒害的单位和住户，让其尽快撤离或将门、窗关闭。在房间内发觉有毒气或异常气味时，应尽快打开门、窗，进行自然通风。

其次，在查清毒气种类和范围的同时，应尽快找出毒气的泄漏地点，并想尽办法进行堵塞，止住泄漏。对已经出现的各种有毒气体，可用喷雾水进行驱赶；驱赶时应尽量站在上风方向，借助风的作用增强驱赶效果，并要有效地防止人员中毒。

再次，在有毒气体或异常气味的环境中进行各项作业时，必须使用各种隔绝式空气呼吸保护器具或用湿毛巾、口罩等简便器材进行防护，如出现头昏、恶心、呼吸困难等症状时，应及时进行救护。

（四）充分利用雾状水、泡沫驱散、覆盖外泄的气体

消防队到场后，应注意将消防车停在警戒区域之外的上风向。切不可认为消防车是专用车辆而忽视了消防车也是可以喷火的内燃机车，而盲目将消防车开进可燃气体泄漏现场。实施驱散时，要用喷雾水由上向下喷撒、搅动泄漏的气雾，以加快气体流动，使其尽快扩散，同时水雾也可吸收一部分泄漏气体；也可用大量的喷雾水驱赶雾化的气体，改变其流动方向，向安全地带扩散；当泄漏的是液化气体且聚集一处时，可用高倍或中倍数泡沫覆盖，以阻止或降低燃气的蒸发和扩散。

（五）保证统一指挥和指挥信息畅通、决策无误

泄漏较大时，应当成立指挥部统一指挥协调。指挥员应能及时得到前方止漏的准确信息，注意监视风向和风力，能视实际情况准确判断，迅速做出继续战斗或撤离的决定。警戒应当在泄漏事故确实得到安全可靠的处置后，经检查确认无危险时才能解除。

（六）彻底处理外泄气体，不留任何事故后患

善后处理一定要彻底，不得留有任何事故后患，这是漏气被堵住后必须认真处置的重要工作。如系液化燃气槽车泄漏时，可将槽车拖往附近的液化燃气储罐厂，将槽车内所剩的液化燃气倒罐，余下的残液可选择排放在郊区对人身安全无影响的空旷地带烧掉。排空的槽车拖走后，还应用喷雾水将外泄聚集的气体驱散干净，并经测试无爆炸危险后整个堵漏才可认为结束；如系有毒气体，对余下的残液残气绝对不许任意排放，应进行中和等消毒处理。

（七）做好医疗急救，防止伤害扩大

有毒气体一旦泄漏，往往会引起大量人员中毒，所以在现场必须有一定的医疗急救措施才能最大限度地减少伤亡损失。气体的毒性不同，泄漏后的医疗急救的措施也是不同的。大多数气体泄漏的基本处置措施有以下几种。

1. 皮肤中毒时的处置

皮肤中毒时，应当立即脱去衣鞋，用大量清水冲洗至少 10min；当有化学灼伤时，应用肥皂水清洗患处；若灼伤的水泡已破，应用凡士林纱布覆盖伤面；若疼痛难忍，可口服扑热息痛或肌肉注射吗啡。当毒及眼睛时，应立即用大量水冲洗至少 10min；外敷 1%的氯霉素眼膏；剧疼时口服扑热息痛或肌肉注射吗啡。

2. 有毒气体被吸入肺部时的处置

当有毒气体被吸入肺部时，应立即将伤员撤离现场，并保暖吸氧；稍重者要吸痰，插通气导管，不要给食物和兴奋剂；必要时采用人工呼吸或心脏按压术。营救者须戴隔绝式呼吸器。如出现肺水肿，应持续吸氧，肌肉注射利尿剂。必要时，可施以人工呼吸、心脏按压术、吸痰；如出现肺炎时，应卧床、查痰、大量饮水，必要时吸氧、口服扑热息痛药物等。

3. 出现身体功能衰竭时的处置

当出现肾功能衰竭时要多饮水；若出现水肿，应按心力衰竭治疗；当出现肝功能衰竭时，要卧床、保温，禁食高蛋白和饮酒，吃高碳水化合物食物；出现呕吐时，应肌肉注射灭吐灵；无论哪种症状，严重时一定要要迅速送医院急救。

二、政府其他有关部门紧急救援的职责要求

发生危险品事故，有关地方人民政府应当立即组织安全生产监督管理、环境保护、公安、卫生、交通运输等有关部门，按照本地区危险品事故应急预案组织实施救援，不得拖延、推诿。

有关地方人民政府及其有关部门应当按照规定，立即组织营救和救治受害人员，疏散、撤离或者采取其他措施保护危害区域内的其他人员；迅速控制危害源，测定危险品的性质、事故的危害区域及危害程度；针对事故对人体、动植物、土壤、水源、大气造成的现实危害和可能产生的危害，迅速采取封闭、隔离、洗消等措施；对危险品事故造成的环境污染和生态破坏状况进行监测、评估，并采取相应的环境污染治理和生态修复措施；危险品事故造成环境污染的，由设区的市级以上人民政府环境保护主管部门统一发布有关信息。减少事故损失，防止事故蔓延、扩大。

三、危险品单位紧急救援的基本要求

（一）制订预案，积极演练

危险品单位应当结合本单位的实际制订本单位危险品事故应急预案，危险品事故的紧急处置预案，应当侧重于事故初期的处置。处置的方法、程序应当具有可操作性，切不可网上下载、互相转抄、流于形式，并将其危险品事故应急预案报所在地设区的市级人民政府安全生产监督管理部门备案。还应当配备应急救援人员和必要的应急救援器材、设备，并定期组织应急救援演练。

（二）发生事故立即报告，积极处置

发生危险品事故，事故单位主要负责人应当立即按照本单位危险品应急预案组织救援，并向当地安全生产监督管理部门和环境保护、公安、卫生主管部门报告；道路运输、水路运输过程中发生危险品事故的，驾驶人员、船员或者押运人员还应及时当向事故发生地交通运输主管部门报告。有关危险品单位还应当为危险品事故应急救援提供技术指导和必要的协助。

四、危险品存储仓库第一、二灭火力量灭火应急基准预案

该预案只作为危险品储存单位第一灭火力量（火灾时就在现场的人员形成的灭火力量）和第二灭火力量（指接到火灾报警后按照灭火应急预案赶到现场的单位的专职消防队及其他安保人员组成的灭火力量）扑救初期火灾的一个基本预案，具体到不同的危险品单位，应根据所储存危险品的性质和本单位的实际情况制定更加详实的预案，不能够照搬。

为贯彻落实预防为主，防消结合的消防工作方针，提高危险品存储单位初期火灾扑救能力，做到未雨绸缪，有备无患，根据《消防法》《机关团体企业事业单位消防安全管理规定》和《仓库防火管理规则》的有关规定，制订本预案。

（一）灭火应急组织机构

1. 灭火应急组织机构的组成

灭火应急组织机构包括通信联络组、灭火行动组、疏散引导组、安全防护救护组、现场警戒组、后勤保障组等。各职能小组一般由消防安全管理人、消防控制室操作人员、保安人员等专兼职消防队员组成。

2. 灭火应急处置组织机构的主要任务

危险品存储仓库应当根据本单位情况组织建立灭火应急组织机构，负责在公安消防队到达火灾现场之前，组织指挥本单位力量开展灭火和应急救援工作。其主要职责如下。

（1）灭火应急处置组织机构平时指导本单位的灭火和应急疏散的宣传教育、培训、演练。

（2）战时指挥协调各职能小组和专兼职消防队开展工作，迅速果断将火灾扑灭在初始阶段。

（3）协调配合到达火场的公安消防队开展各项灭火救援行动。

（4）配合协助公安消防机构做好火灾事故调查等善后工作及其他有关工作。

3. 灭火应急组织机构的职责

灭火应急组织机构各组职责如下。

（1）通信联络组：负责与消防安全责任人和当地公安机关消防机构之间的通信和联络。

（2）灭火行动组：发生火灾立即利用消防器材、设施就地进行火灾扑救。

（3）物资抢救疏散组：负责引导人员的逃生和危险品包件等物资的抢救和疏散。

(4) 安全防护救护组：协助抢救、护送受伤人员。

(5) 现场警戒组：负责现场警戒，阻止与场所无关人员进入现场；保护火灾现场，协助公安机关消防机构开展火灾调查。

(6) 后勤保障组：负责火灾扑救现场灭火剂、灭火器，消防车和柴油发电机的燃油及各种灭火器材的保障；扑火救灾人员的饮食、饮水等后勤保障工作。

(二) 灭火应急预案的主要内容

灭火应急预案是应对紧急情况的必要准备，也是熟悉情况、组织演练的基础，故应包括以下内容。

(1) 消防控制室报警和接警处置程序。

(2) 应急人员疏散和物质抢救程序。

(3) 初期火灾扑救程序。

(4) 通信联络程序。

(5) 安全防护及救护程序和措施。

(三) 灭火应急程序

1. 灭火应急基本程序

(1) 仓库所有人员，发现疑似火灾或火灾，都应当立即报告并紧急处置。

(2) 仓库消防安全指挥中心接到报警后，应当回答“明白”，并立即将火灾报警联动控制开关转入自动状态（处于自动状态的除外）。疑似火灾，立即查明情况，报告单位值班领导，按领导要求立即处置。

(3) 火灾时，立即启动单位内部灭火应急预案，发出火灾警报和广播系统，告知全库人员何库房、何部位发生火灾，应迅速向何部位集结，并应同时报告单位负责人。火灾应急广播一直播放至全员基本都到达火场时止。同时，立即拨打“119”火警电话，向公安消防队报警。

(4) 单位各有关人员听到火灾报警信号后，迅速放下手头的工作，立即携灭火工具赶往火灾发生地点，按照火灾应急预案的分工展开灭火。

① 灭火组　迅速使用相适用地灭火器灭火。如可用水灭火，立即打开消火栓灭火。有专职消防队的，消防车到达火场后，消防指挥员应根据火场风向选择上风或侧方向的消火栓或消防水池旁边作为停车位；1 号和 2 号战斗员迅速甩开水带展开灭火，并根据火场距离、火势大小和着火危险品的性质，选择连接的水带数量、水枪数量和开花或直流水流，根据风向确定进攻位置；3 号战斗员抢救遇险人员和侦察最前方火情；4 号战斗员和司机迅速连接供消防车的水源，保证消防车供水连续不断。

② 抢救组　迅速隔离和抢救可能被火烧及的危险品包件，抢救被火烧伤的人员。叉车或其他搬运车辆驾驶员，迅速驾驶车辆到达火灾现场，如果火势不大，应迅速夹起着火棉包将其移至下风向较安全的地点，其他人员迅速使用灭火器和水桶，或打开消火栓用开花水流跟进扑灭危险品包件火源；如若火势较大，应迅速隔离和抢救可能被火烧及的危险品包件至上风向的安全地点。

③ 警戒组　迅速拉来起警戒线，阻止无关人员进入火场，警戒可疑人员的现场破坏。

(5) 公安消防队来到火灾现场后，单位灭火组应当从火场主位置退下，协助公安消防队进行灭火，及时为公安消防队提供引导，包括到达起火部位的最佳路径，进入起火库房的安全、有效途径，消防控制室、室外消火栓、水泵接合器的位置等信息。

(6) 火灾扑灭后，发生火灾的单位和相关人员，要按照公安机关消防机构划定的火灾现

场范围做好保护工作。火灾现场的保护范围应包括燃烧的全部场所以及与火灾有关的一切地点。

(7) 参与现场保护的人员，要服从统一指挥、遵守纪律，有组织地做好现场保护工作；要严防扑灭后的火场死灰复燃，做到及时处置。

(8) 火场保护人员，要关注可疑人员，及时上报有价值的信息，密切注意库房建筑物的损毁情况，确保自身安全等。未经公安机关消防机构允许，任何人不得擅自进入和清理火灾现场；不得擅自移动任何物品。

(9) 失火单位及人员，应配合火灾事故调查，如实提供火灾事故情况，查找有关人员，协助火灾调查。同时，应做好火灾伤亡人员及亲属的安抚、善后事宜。

(10) 火灾调查结束后，失火单位应当按照“四不放过”原则，总结火灾事故教训，改进消防安全管理工作。

2. 消防控制室灭火应急程序

有消防控制室的棉库应当按以下程序操作。

(1) 接到火灾警报后，立即以最快方式确认。

(2) 火灾确认后，立即将火灾报警联动控制开关转入自动状态（处于自动状态的除外），同时拨打“119”火警电话向公安消防队报警。

(3) 立即启动单位内部灭火应急预案，并应同时报告单位负责人。

3. 仓库保管员例行检查灭火应急程序

仓库保管员例行检查，一般应两名保管员同时进行。在例行检查时发现有危险品燃烧气味等遇疑似火灾情况时，应立即报告单位值班领导，采取寻找气味源，翻垛查找火源等紧急措施处置；如遇火灾，应当以最快方式按以下程序操作。

(1) 立即按下所在位置最近的火灾报警按钮或迅速用随身携带的对讲机向仓库消防安全指挥中心（消防控制室）报告，某库房发生火灾，并告知火势大小，然后迅速提起最近的水桶或灭火器跑向着火的棉包进行扑救。

(2) 如果第一行动使用灭火器或水桶灭火未能奏效，迅速跑向消火栓箱，视距离，甩开消防水带一盘或接第二盘，并迅速接开花水枪射水灭火。

(3) 如是两名保管员同时例行检查，保管员A，立即按下所在位置最近的火灾报警按钮或迅速用随身携带的对讲机向仓库消防安全指挥中心（消防控制室）报告；保管员B，迅速提灭火器跑向着火的棉包进行扑救。

(4) 如果第一行动使用灭火器或水桶灭火未能奏效，保管员A迅速跑向消火栓箱，甩开消防水带，并迅速接开花水枪做好射水准备；保管员B，迅速捋直消防水带，打开消火栓阀门，并跑向灭火阵地保管员A，协助灭火。

(5) 消防指挥中心（消防控制室）据报警启动灭火预案。

(6) 单位专职消防队或其他灭火战斗人员赶赴火场后，保管员立即按照到场现场消防指挥员的指挥进行灭火。

4. 装卸操作时灭火应急程序

叉车作业人员必须是经国家认可的专门机构培训合格，并持有上岗证的专业操作人员。叉车作业人员在使用设施、设备作业之前，必须对叉车性能进行认真检查，尤其要检查排气管连接部位是否有漏气，禁止带故障作业。

叉车作业人员在进行装卸操作之前，应当做好必要的应急灭火准备：适用的灭火器2具以上；适用水扑救的，盛满水的50L水桶2桶以上，水基型灭火器2具以上。装卸操作人员除叉车驾驶员外，还应当配置安全监护人1名，负责装卸现场的消防安全监护工作。

叉车驾驶员和安全监护人发现火灾时，应按以下程序操作。

(1) 现场消防安全监护人，立即招呼叉车驾驶员停止操作，责成其他进货或提货的车辆迅速驶离现场，并迅速提适用的灭火器灭火。

(2) 叉车驾驶员立即夹起着火的危险品包件驶往远离着火库房下风向的空闲安全地点，现场监护人立即向消防安全指挥中心报警，同时迅速跟进扑救着火的危险品包件。

(3) 在火已着大，着火危险品包件难以夹出时，现场的所有叉车驾驶员，立即进行隔离灭火，夹起未失火的危险品包件向着火点上风向的安全地点疏散；现场消防安全监护人立即向消防安全指挥中心报警，同时迅速提适用的灭火器灭火。

(4) 当使用灭火器材灭火无效时，如可以使用水灭火，现场消防安全监护员迅速打开消火栓箱，甩开消防水带，接开花水枪灭火，叉车驾驶员立即将叉车驶开着火地点，迅速协助安全监护员灭火。

(5) 消防指挥中心据报警启动灭火预案，单位专职消防队或其他灭火战斗人员赶赴火场后，叉车驾驶员和装卸现场安全监护员立即按照到场的现场指挥员的指挥进行灭火。

5. 安保人员巡查时的灭火应急程序

安保人员巡查通常应两人同时进行。安保人员应严格执行巡查制度，在巡查时发现有危险品燃烧气味等疑似火灾情况时，应当立即查明情况，并报告单位值班领导处置。当发现火灾时，应按以下程序进行。

(1) 安保人员A立即按下所在位置最近的火灾报警按钮（无火灾报警按钮时除外），迅速提适用的灭火器灭火。

(2) 安保人员B立即用随身携带的对讲机向消防安全指挥中心报告，某库房发生火灾，并告知火势大小。着火危险品包件可以用水扑救时，迅速跑向消火栓箱，视距离，甩开消防水带一盘或接第二盘，并根据火场距离、火势大小和着火危险品的性质，选择连接的水带数量、水枪数量和开花或直流水流，根据风向确定进攻位置，并做好射水准备。

(3) 安保人员A，迅速捋直消防水带，打开消火栓阀门，并跑向灭火阵地协助安保人员B灭火。

(4) 消防指挥中心据报警启动灭火应急预案，单位专职消防队或其他灭火战斗人员赶赴火场后，两安保人员立即按照到场的现场指挥员的指挥进行灭火。

6. 危险品堆垛火灾的疏散与抢救程序

(1) 在扑救的同时，要及时用开花水枪保护临近堆垛，组织力量在下风方向打开隔离带，或用淋湿苫布遮盖，全力堵截火势的蔓延。

(2) 要组织人员密切监视下风方向的飞火飘落情况，设置机动力量及时扑灭由飞火造成新的火点。

(3) 对于棉麻、麦秸等易燃秸秆在扑灭明火后，要组织人员和机械进行翻垛，使用开花水流灭火，逐垛检查，逐垛灭火，边翻垛、边浇水、边疏散，彻底检查明火并扑灭阴燃火源，防止复燃。

(4) 为了最大限度地减少火灾损失，防止火势蔓延和扩大，对于即将要受到火灾威胁的重要物资，要将参加疏散的职工或群众编成组，指定负责人，使整个疏散工作有秩序地进行。

(5) 要尽量利用单位的叉车等装卸机械进行抢救。对于抢救疏散出来的危险品包件应堆放在上风向的安全地点，不得堵塞通道，并派人看护。

(四) 灭火应急疏散预案的演练

预案演练可由本单位局部（区域）单独实施，也可本单位整体实施，亦可以与当地公安

消防队联合演练。局部（区域）灭火和应急预案演练一般应重点演练第一灭火力量的形成；单位整体演练是指单位整体灭火应急预案的演练。要注意第一灭火力量与第二灭火力量形成过程的衔接及工作配合；与公安消防队联合演练时，还应注意与第三灭火力量的衔接与配合。

1. 演练的目的

灭火和应急疏散预案演练的目的如下。

(1) 检验各级消防安全责任人、各职能组和有关人员对灭火应急预案内容、职责、工作程序的熟悉程度。

(2) 检验单位有关人员初期火灾扑救、消防设施使用和物资抢救等情况。

(3) 检验在紧急情况下，单位的组织、指挥、通信、救护等方面的能力。

(4) 检验灭火应急预案的实用性和可操作性。

2. 灭火应急预案演练的步骤与要求

灭火应急预案的演练，应按照预案由单位有关负责人组织实施。宜选择人员集中、火灾危险性较大和重点部位作为演练的目标，根据实际情况，确定火灾模拟形式。在确保安全的情况下，演练务求真实。

灭火应急预案演练通常包括前期准备、预案演练和后期处理三个步骤。灭火应急预案演练流程如图 8-2 所示。

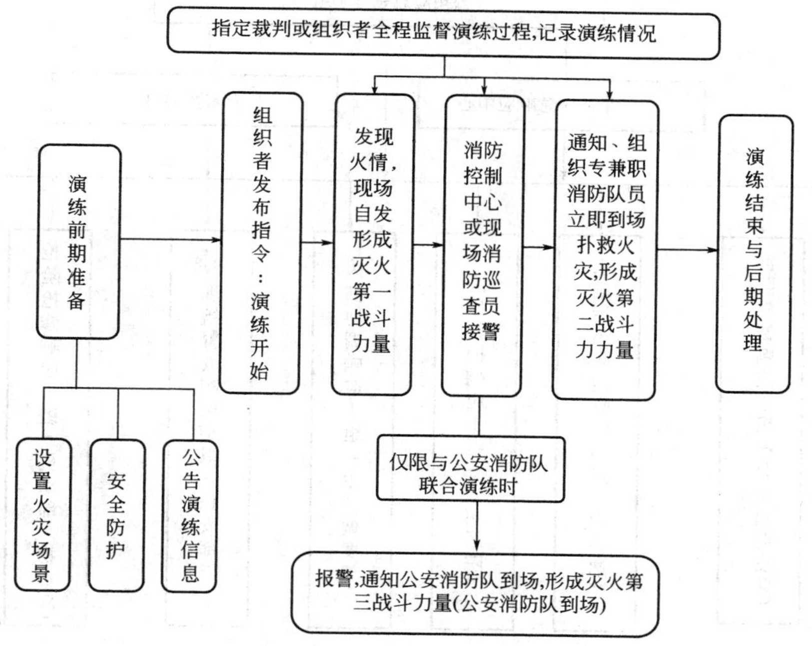

图 8-2　灭火应急预案演练流程

(1) 前期准备　根据灭火应急预案的要求编制演练方案。组织者应依据本单位的工作性质及火灾特点设置火灾场景（假想事故）；演练前，应通知单位内的所有员工，全员参与并做好配合工作；应在仓库入口等显著位置设置“正在消防演练”等标志牌，或通过广播向群众公告演练信息，以防群众误会，引发恐慌；对模拟火灾的演练，应落实火源及烟气的控制措施，防止造成人员伤害。在进行局部（区域）或部分内容的预案演练时，还应提前通知参与演练的人员范围、演练内容等。

（2）预案演练　演练现场指挥者（组织者）在确认准备工作就绪后，指令演练开始。针对假想事故，相关人员按照预案要求实施演练，并做好演练记录。具体程序按照以上各程序。

（3）后期处理　演练结束后，应及时清理现场，消除危险源，将使用过的消防设施器材恢复到正常状态；组织者应进行讲评，指出演练中存在的问题及下一步改进要求；总结演练经验，对照实际情况，完善修订预案。

灭火预案演练是深化职工消防安全教育的最好形式，是处置火灾的真实锻炼机会，消防安全管理人员要针对不同季节火灾特点，不同仓储、堆垛火灾危险性，适时组织，总结演练经验，对照实际情况，不断完善修订预案。

附录　某石化公司泄漏和火灾事故应急预案

1. 应急组织机构和职责

1.1　应急组织机构

公司成立应急指挥系统，包括应急领导小组、事故应急响应中心、现场处置组、专家咨询组等，组织协调、指挥公司级环境消防应急响应工作（图 8-3）。

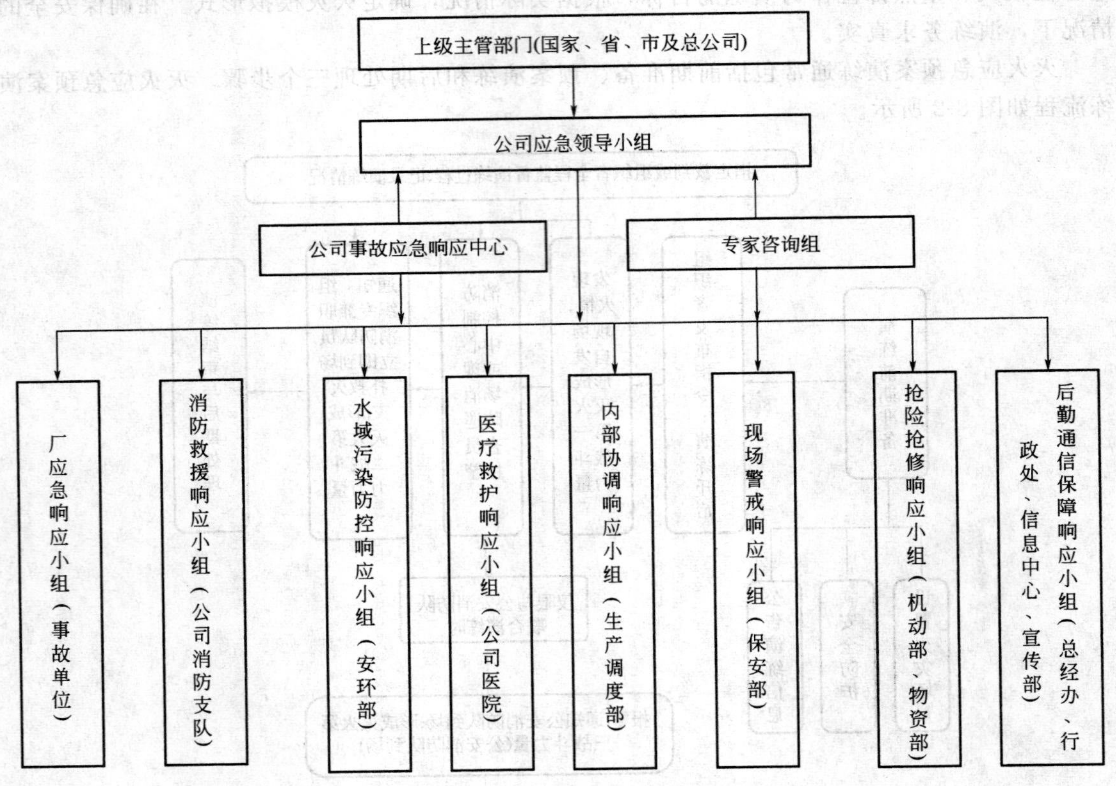

图 8-3　某石化公司应急指挥部组织机构图

1.1.1　应急领导小组

总 指 挥：公司总经理。

副总指挥：公司党委书记、副书记，公司副总经理等公司领导若干。

成　　员：公司总调度，安环、消防、保安，生产、设备、技术，办公室、后勤、工会、青年团、妇联、医院等公司个部门的主要负责人若干。

职责：落实消防工作的方针、政策；组建火灾、环境事故应急救援队伍，配置与调用救援设施、器材；建立和完善火灾、环境事故应急预防预警机制，组织制定公司级火灾、环境事故应急预案，审批厂级火灾、

环境事故应急预案；迅速了解和掌握发生的危险品事故情况，分析紧急状态和确定相应预警级别；分轻重缓急，果断启动消防、环境应急预案，确定火灾扑救、抢险方案，部署、指挥各工作组开展火灾扑救、救灾抢险工作，发布和解除应急抢险命令、信号；向总公司及地方政府汇报抢险救援情况，必要时向有关单位发出救援请求；组织抢险后事故现场的调查和处理以及总结应急抢险的经验教训。

1.1.2　事故应急响应中心

公司事故应急响应中心设于公司生产调度部。

主　任：公司生产调度部主要负责人。

副主任：公司生产调度部副职负责人。

职责：了解掌握公司重大危险源、环境污染源，化学危险品的种类、理化性质、规模、分布情况、毒理学资料、现场应急监测方法、环境执行标准及应急处理处置方法（包括泄漏应急处理、防护、急救措施等），建立火灾事故、环境安全预警系统和环境消防应急资料库，开发研制环境、消防应急管理系统；综合协调公司内各有关应急单位的行动，上情下达、下情上报等信息传达工作，下达公司应急指挥部给各部门（单位）的指令。

1.1.3　现场处置组

公司应急指挥部下设九个应急响应小组，并明确分工。应急响应各组长为联系人，负责接受指令，指挥本组行动。

（1）事故厂应急响应小组

组长：事故厂厂长。

职责：接到报警后负责协调联系停止收料作业；启动厂、车间应急预案；立即向公司安环部、公司消防队、生产调度部、厂海事处汇报；现场交通车辆（省、市、公司有关部门和厂车辆、消防车及其他车辆）的引导和指挥。

（2）火灾救援响应小组

组长：安保部门主要负责人或本公司专职消防队主要负责人。

职责：掌握火灾重点目标，按事前制定的灭火预案，迅速开赴现场灭火；根据火灾现场情况及自身灭火能力，及时向地方消防部门报警和向邻近单位请求增援；做好防毒及消防灭火等器材的供应；组织消防救护、抢救中毒伤员；事故状态下的事故现场抢险及厂区内泄漏物料回收工作。

（3）安全环境健康响应小组

组长：安环部主要负责人。

职责：负责与总公司、地方政府环保部门的信息联络和指令传达；联系公司监测人员就位，调动污染源监测设施，快速测定受污染范围，确定污染物质；负责污染事故处理指挥系统的综合协调；负责向指挥部提供处理污染事故方案；现场安全防范、采取安全措施、协助设定警戒线、人员疏散和现场保护等工作；负责记录环境应急过程记录，修订厂、车间级环境应急预案；开展环境应急的公众宣传和教育，制订环境应急人员培训计划和环境应急演练计划；负责环境应急器材和装备的日常管理。

布置环境局部污染的围堵设备及采取回收措施；保证各类运输工具，如汽车、船舶、铁路机车车辆、各种吊车及特殊车辆的完好，听候公司应急演练指挥部的调遣，确保抢险救灾用车。

（4）医疗救护响应小组

组长：公司医疗卫生部门主要负责人。

职责：立即进入化学危险品事故现场开展现场急救、伤员护送和治疗工作；与公司医院或（和）当地政府医疗行政主管部门联系，落实参加医疗救护工作人员；检测化学危险品事故后饮用水源、食品，发生问题应当立即采取有效措施防止和控制。

（5）内部协调响应小组

组长：一般由调度部门负责人担任。

职责：制订事故状态或紧急情况下的生产工艺和公用工程应急处理方案，做好各厂火炬的调配运行，负责水、电、风、汽的供应与切断工作，预防事件的蔓延；负责调度应急救援过程中产生的各类废水走向；组织污染事件后恢复生产的准备工作。

（6）现场警戒响应小组

组长：一般由保安部门负责人担任。

职责：对危险化学品事故现场周围进行警戒，控制无关人员进入现场；做好非安全区域内人员的疏散及远离工作，配合医疗救护部门抢救运送伤员；对非安全区域内的道路进行交通管制，确保抢险救灾车辆顺利通行；负责向当地政府公安部门报告。

(7) 抢险抢修响应小组

组长：一般由生产设备部门负责人担任。

职责：组织设备、电气和仪表的检查、抢险、抢修和投用等工作；落实事故状态下的带压开孔、封堵和带压堵漏工作及用于开孔、堵漏的应急物资储备。

(8) 后勤通信保障响应小组

组长：一般由办公室或和后勤保障部门负责人担任。

职责：保证公司指挥部的正、副总指挥及时参加会议；进行事故应急物资的采购、储备和供应；调运各类物资、抢险工具、急救医疗药械、通信器材，接受公司外单位救灾物资支援；优先保证应急指挥部、安环、生产运行调度、公安、消防和医疗救护等部门的通信联络畅通；准备好防爆对讲机，以备物料泄漏等情况下使用；公司生活区内居民的疏散安置、受灾居民的抢救和生活必需品的供应；协调医院和职防所做好污染事件发生时的医疗和救护工作；负责污染事件宣传报导工作。

1.1.4 专家咨询组

咨询组应包括生产、消防、防化、环境监测、环境评估等各方面专家。

职责：指导火灾及环境应急预案的编制；掌握公司重大危险源、环境污染源的产生、种类及分布情况；了解国内外有关火灾应急处理技术信息，提出相应的对策和意见；对火灾应急行动进行评估，编制火灾应急工作总结报告。

2. 应急管理规定

2.1 外排口责任片区划分

2.1.1 生产厂：负责本片区清净下水排口管理。

2.1.2 水处理厂：负责储运、污水处理片区公司排口、清净下水排口管理及污水管线、生活污水管线管理。

2.1.3 营销部：负责危险品库、物料堆场的管理。

2.1.4 水路运输公司：负责雨水和污水流经河道的局部围堵设备及回收措施。

2.1.5 各单位内部严格实施清污分流制度，根据本单位特性分别制定原料、产品罐区、围堰加固应急措施、装置区应急措施；并准备相应的环境应急器材和装备，确定储存点、数量，落实管理责任单位。必要时由安环部协调，可以动用公司防汛物资，一旦有液体物料进入公司清净下水外排口，由片区负责单位堵截和回收。技术运行部负责回收物料的储存。

2.2 应急反应

事故发生后，由事故单位在事故现场成立指挥部，参加抢险的人员须在接到电话后最短时间内（根据上班时间和下班时间以及居住地与公司距离的不同，限定达到事故地点的时间）赶赴事故现场，在总指挥未到达前，由现场职务最高的领导（职务相同时按生产调度部、安环部的顺序）担任总指挥，组织进行抢险救灾、抢修及恢复生产等工作，各单位到事故现场后先到指挥部签名报到，按指挥部的要求做好各自的工作。

2.3 应急联动机制

2.3.1 现场扑救、防护由消防队负责及对外联系。

2.3.2 安全防护、环境保护由安环部负责及对外联系。

2.3.3 现场抢险救助、医疗救护由医院负责及对外联系。

2.3.4 交通管制、现场警戒、人员疏散由保安部负责及对外联系。

2.3.5 抢险、施工组织、损失评估由机动部负责及对外联系。

2.3.6 现场、媒体宣传工作由宣传部负责及对外联系。

3. 应急处理程序

3.1 分级响应

3.1.1　污染物泄漏到一定量，公司总体环境应急预案自动进入运行状态。

3.1.2　事故单位

(1) 巡线操作工发现一般问题，要及时通知当班班长进行协调处理。当班班长发现严重或特别严重事故（如泄漏、着火等），要问清泄漏管线物料名称、地点及泄漏情况，立即向所在厂调度指挥中心和公司消防队汇报并做好电话记录，简要说明事故时间、地点、泄漏物料名称及泄漏情况，并启动车间级环境、火灾应急预案。

(2) 厂调度指挥中心接到事故报告后，根据事故的严重性和紧急程度，向公司事故应急响应中心汇报并启动厂环境应急预案。及时通知下风向生产装置采取有效措施，防止事件进一步恶化，通知下风人员，按污染情况及时疏散人口，防止人身事件发生；及时掌握事故动态，把最新情况向相关部门和负责人传递。

(3) 尽快掌握事故现场信息，包括事故的具体地点、装置名称、设备设施名称和位号，泄漏介质名称和性质，事故危险程度、设施损坏和人员伤亡情况，事故经过，事故原因，事故损失等。并尽快形成书面材料，及时向安环部报告。

3.1.3　公司事故应急响应中心

(1) 在接到污染事件信息后，根据污染物泄漏量初步判定事件的级别，立即报告公司总经理、主管副总经理，启动相应级别应急预案。

(2) 如果公司事故应急响应中心接到外单位人员报险，应马上通知可能的管辖单位，并立即启动公司总体环境应急预案。

(3) 联系公司应急指挥部人员就位。

(4) 协调公司内部物料平衡。发生排向大气污染事件时，安排切断污染物料泄漏点，调整火炬运行方式。

(5) 通知水厂密切关注上游来水水质变化情况，异常来水切至事故池；水厂密切关注取水口原水水质。

(6) 通知公司医院救护车现场待命。

3.1.4　公司应急指挥部

(1) 根据事态发展情况，重新判定事故级别，并通知公司事故应急响应中心运行相应级别环境、火灾应急预案。

(2) 公司应急处理指挥部向海事处值班室汇报，请求援助。

3.1.5　安全环境健康部

(1) 接到事故信息后，应立即联系监测站提供风向风速仪监测数据，启动公司环境监测应急预案。

(2) 汇报附近居民管委会，请求对下风向居民进行紧急疏散；联系运输公司启动泄漏应急预案；泄漏事故与当地政府环保部门举报中心联系，汇报有关泄漏事故状况，并请求援助。

(3) 派出专业人员赶赴事故现场收集事故有关信息，并及时掌握事故动态，尽快形成事故书面材料，及时向公司应急指挥部报告。

3.2　预警级别及发布

3.2.1　指挥部根据事故等级情况，在事故现场挂旗警示。

3.2.2　指挥部在事故现场挂风向标警示。

3.2.3　由指挥部对外发布信息。

3.3　抢险

3.3.1　事故单位启动厂、车间环境、火灾应急预案。在车间领导没有赶到现场前，中控班长为事故处理的总指挥。指挥车间岗位人员携带空气呼吸器、过滤式防毒面具赶往事故现场紧急处理。车间领导到场后移交指挥权给车间领导，并且汇报组织自救情况。公司领导到场后，指挥权逐级移交。

3.3.2　当物料大量泄漏并排向清净下水系统时，事故单位组织切断厂界内污染物料泄漏源头，安环部组织泄漏点片区责任单位及时截堵并回收污染物料。

3.3.3　当物料大量泄漏并排向污水系统时，事故单位安排切断厂界内污染物料泄漏源头，及时通报水厂将高浓度污水切入事故调节池临时储存，逐步进入污水处理系统，达标后正常排放。有一级污水处理设施的事故单位还应及时回收泄漏的物料并加强对污水处理系统的监控。

3.3.4　消防队启动消防应急预案。发生火灾事故时，同时向当地政府消防部门联系，汇报有关火灾事故状况，并请求援助。

3.3.5　安环部启动公司环境应急预案和公司环境监测预案。根据污染物特性，选择硫化氢、氨、苯系物、非甲烷总烃、醋酸、乙二醇、石油类、二氧化硫、一氧化碳等项目启动监督分析工作。监测数据及时上报应急指挥部，根据监测数据调整防治污染措施。

3.3.6　保安部负责事故现场及可能受害区域的保卫警戒。

3.3.7　公司医院启动应急救护预案。

3.3.8　运输公司启动泄漏应急预案。

3.3.9　行政处启动生活水污染应急预案。

3.3.10　机动部负责组织抢修队伍，落实设备、配件供应工作。

3.3.11　总经理办公室接受公司外单位救灾物资支援的请求；协调信息中心、客运公司做好通信和车辆使用准备工作。

3.3.12　注意事项

(1) 各救援队伍尽可能在靠近现场指挥部的地方设点，有利保持与指挥部联系。到达现场后，各救援队伍，有关单位领导必须及时向指挥部报到，以接受任务，了解现场情况，以便统一实施应急救援。

(2) 进入现场的救援队伍要遵守指挥部的要求，按照各自的职责和任务开展工作。

(3) 各救援队伍到达现场应选在上风向的非事故威胁区域进行抢险，确保不发生次生事故。

(4) 事故单位现场生产班长或作业部管理人员接事故报告后必须立即指挥人员设置断路标志，或派人断绝一切车辆进入泄漏区，并组织泄漏区其他人员紧急疏散，抢险救灾人员到达现场后，交由现场指挥部控制，履行现场管理责任。

(5) 所有车辆不得进入烃类气体扩散区（包括消防、气防、救护以及指挥车辆）。消防车应停在扩散区外的上风向或高坡安全地带。随着泄漏时间推移，气体扩散面积扩大，当气体扩散浓度达爆炸范围前，车辆应及时撤离警戒区。进入扩散区的人员必须佩戴符合安全的呼吸器。

(6) 除必要操作人员、抢险救灾人员外，其他无关人员必须立即撤离警戒区。

(7) 在事故现场警戒区内严禁使用各种非防爆的对讲机、移动电话等通信工具，抢险所用工具必须使用不产生火花的；在液态烃或油气扩散域及下风向200～500m范围内（根据现场检测数据决定）严禁一切火种，停止一切生产活动或闲散人员流动。

3.4　扩大应急

3.4.1　当泄漏事故不断扩大时，现场指挥要及时向上级汇报情况，请求增援。

3.4.2　调整现场力量，边处理事故设施边保护相邻设施，防止事故恶化。

3.4.3　一定要注意人身安全，佩戴好空气呼吸器等防护器材。

3.4.4　在处理泄漏事故现场时，非防爆设备、工具严禁使用，无关人员不得进入泄漏区。根据事故的扩展情况，扩大警戒区域，停止周围任何施工及动火，撤离、疏散无关人员，封锁事故现场。

3.4.5　派出人员引导增援队伍进入事故现场。

3.4.6　地方政府和环保、消防部门设立的应急组织机构为公司应急组织机构的外部依托。地方政府和环保、消防部门应急指挥部一旦成立，指挥权逐级移交。

3.5　新闻报道

3.5.1　新闻发布由宣传部组织。宣传部根据安环部或消防安全部门的事故书面材料，拟写新闻通稿，新闻通稿经主管领导审定后，印刷成稿，由宣传部转发媒体有关人员。

3.5.2　总经理办公室接到事故报告后，如需召开新闻发布会，负责选定新闻发布地点，并在新闻发布地点张贴“新闻发布地点”指示牌。宣传部负责召集媒体有关人员到指定地点。

3.5.3　新闻发言人由公司领导指定人员或按惯例为宣传部部长，新闻发言人一经确定应负起对媒体发布信息的责任。

3.6　应急结束

3.6.1　在应急中未能及时、彻底清除的污染物，灾情受控后由事故单位继续组织相关的队伍进行清理。事故单位将废弃吸油棉、废活性炭收集至指定地点，安环部按危险废物相关的管理和处置规定联系固废处理单位安全处理。

3.6.2　在对泄漏源进行有效封堵、泄漏物料进行有效回收、受污染水域得到有效控制，经专业确认，危险源消除，由应急指挥部指挥宣布事故抢险结束后，参加抢险人员方可离开现场，本次应急救缓结束。

3.6.3　安环部牵头，按职责组成恢复正常秩序工作组（以下简称“工作组”），开展恢复正常秩序和后期处置的相关工作。对存在二次污染隐患的污染物在应急工作结束后由工作组继续组织实行动态监测，包括人群、地表水、地下水、土壤的跟踪监测，必要时采取修复补救工作，以确保污染物达到安全浓度。

3.7　善后处理

3.7.1　人员安置

(1) 对在事故中受灾人群（如事故烧坏房屋或者受到有毒有害物质影响暂时不宜居住的人员）由工作组结合实际情况作出受灾人群的居住饮食等安排，落实救灾物资发放，做好探望和慰问工作。

(2) 对于事故中受到伤害的人员及时送就近或者对口的医院进行治疗，确保人身安全，并由工作组安排专人进行跟踪监护和慰问。

3.7.2　事故损失核实和补偿工作

在前期现场调查取证的基础上，事故调查组要进一步核实事故中人员受到伤害或生态、财产受破坏的具体情况，同当事人或相关方进行协商经济补偿或灾后重建的具体工作。具体原则如下。

① 对于事故中人员受伤害的人员补偿要依据医院证明或相关资料，由工作组指定有关部门，根据国家相关条例进行补偿申报，并与当事人进行协商补偿费用。

② 事故造成环境污染、农作物受害、土壤污染、地下水污染等生态环境受破坏的，要依据有资质的部门出具的证明或资料，双方自行协商补偿费用；

③ 索赔中涉及建筑物、设施等损坏的，由工作组通知机械动力部派出专业人员进行核实损坏程度和修复的单价，结论交安环部，由工作组或安环部根据②项要求组织赔偿。

④ 经过现场取证、测量事故波及范围，双方进行协商，最后由工作组向分管经理进行汇报，并确定赔偿金额，由财务部执行。

第九章

危险品消防安全管理

为预防和减少危险品火灾事故，保障人民群众的生命财产安全，各生产、经销、储存、运输、使用危险品和处置废弃危险品的单位（以下统称危险品单位），除应认真落实前述各章的安全措施外，还应严格遵守《消防法》《安全生产法》，以及国务院颁发的《危险化学品安全管理条例》（以下简称《危险品安全管理条例》）和国家有关其他危险品安全管理的法律法规，切实做好各项消防安全管理工作。

第一节　危险品安全管理的职责范围

我国对危险品的安全管理实行的是多头管理。其中爆炸危险品归公安机关的治安部门管理，易燃易爆危险品归公安机关的消防部门管理，放射性危险品归核能部门管理，有关涉及生产安全方面的危险品都由安全生产监督管理部门管理，而且还涉及运输、邮政、环保、卫生和质量监督检验等部门，所以对危险品安全管理的范围、权限和执法程序也不同。

一、危险品安全管理的职责范围和权限

（一）政府危险品安全管理部门的职责范围

对危险品的生产、储存、使用、经销、运输实施安全监督管理的有关部门（以下统称负有危险品安全监督管理职责的部门），应按规定履行职责。

1. 安全生产监督管理部门

（1）负责危险品安全监督综合管理工作，组织确定、公布、调整危险品目录，对新建、改建、扩建生产、储存危险品（包括使用长输管道输送危险品，下同）的建设项目进行安全条件审查，核发危险品安全生产许可证、危险品安全使用许可证和危险品经营许可证，并负责危险品登记工作。

（2）国务院安全生产监督管理部门会同国务院工业和信息化、公安、环境保护、卫生、质量监督检验检疫、交通运输（道路、水路、铁路、民用航空）、农业主管部门，根据化学品危险特性的鉴别和分类标准适时调整、确定、公布、危险品目录。

2. 公安机关

（1）负责危险品的公共安全管理。

（2）核发剧毒危险品购买许可证、剧毒危险品道路运输通行证。

（3）负责危险品运输车辆的道路交通安全管理。

（4）负责易燃易爆危险品的消防安全管理（依据《消防法》）。

3. 质量监督检验检疫部门

（1）负责核发危险品及其包装物、容器（不包括储存危险品的固定式大型储罐，下同）生产企业的工业产品生产许可证，并依法对其产品质量实施监督。

(2) 负责对进、出口危险品及其包装实施检验。

4. 环境保护主管部门

(1) 负责废弃危险品处置的监督管理。

(2) 组织危险品的环境危害性鉴定和环境风险程度评估。

(3) 确定实施重点环境管理的危险品。

(4) 负责危险品环境管理登记和新化学物质环境管理登记。

(5) 依照职责分工，调查相关危险品环境污染事故和生态破坏事件。

(6) 负责危险品事故现场的应急环境监测。

5. 交通运输主管部门

(1) 负责危险品道路运输、水路运输的行政许可，以及运输工具的安全管理。

(2) 对危险品水路运输安全实施监督。

(3) 负责危险品道路运输企业、水路运输企业驾驶人员、船员、装卸管理人员、押运人员、申报人员、集装箱装箱现场检查员的资格认定。

(4) 铁路主管部门负责危险品铁路运输的安全管理，负责危险品铁路运输承运人、托运人的资质审批及其运输工具的安全管理。

(5) 民用航空主管部门负责危险品航空运输以及航空运输企业及其运输工具的安全管理。

6. 卫生主管部门

(1) 负责危险品毒性鉴定的管理。

(2) 负责组织、协调危险品事故受伤人员的医疗卫生救援工作。

7. 工商行政管理部门

(1) 依据有关部门的许可证件，核发危险品生产、储存、经销、运输企业营业执照。

(2) 查处危险品经营企业违法采购、销售危险品的行为。

8. 邮政管理部门

负责依法查处寄递危险品的行为。

(二) 政府有关部门对危险品安全监督检查时的权限

1. 监督管理权力

负有危险品安全监督管理职责的部门应当依法进行监督检查，并有权采取下列措施。

(1) 进入危险品作业场所实施现场检查，向有关单位和人员了解情况，查阅、复制有关文件、资料。

(2) 发现危险品事故隐患，责令立即消除或者限期消除。

(3) 对不符合法律、行政法规、规章规定或者国家标准、行业标准要求的危险品设施、设备、装置、器材、运输工具，责令立即停止使用。

(4) 经本部门主要负责人批准，查封违法生产、储存、使用、经销危险品的场所，扣押违法生产、储存、使用、经销、运输的危险品，以及用于违法生产、使用、运输危险品的原材料、设备、运输工具。

(5) 发现影响危险品安全的违法行为，当场予以纠正或者责令限期改正。

2. 监督管理要求

(1) 负有危险品安全监督管理职责的部门，应当依法进行监督检查，监督检查人员不得少于 2 人，并应出示执法证件。

(2) 有关单位和个人对危险品安全监督管理部门依法进行的监督检查应当予以配合，不得拒绝和阻碍。

（3）县级以上人民政府应当建立危险品安全监督管理工作协调机制，支持、督促负有危险品安全监督管理职责的部门依法履行职责，协调、解决危险品安全监督管理工作中的重大问题。

（4）负有危险品安全监督管理职责的政府有关部门，应当相互配合、密切协作，依法加强对危险品的安全监督管理。

（三）政府有关部门对危险品安全监督管理的责任

任何单位和个人对违反危险品安全管理规定的行为，有权向负有危险品安全监督管理职责的部门举报。

负有危险品安全监督管理职责的部门接到举报，应当及时依法处理；对不属于本部门职责的，应当及时移送有关部门处理。

负有危险品安全监督管理职责的政府有关部门，应当鼓励危险品生产企业和使用危险品从事生产的企业采用有利于提高安全保障水平的先进技术、工艺、设备以及自动控制系统，鼓励对危险品实行专门储存、统一配送、集中销售。

二、危险品单位的安全责任

危险品单位应当具备法律、行政法规规定和国家标准、行业标准要求的安全条件，建立、健全安全管理规章制度和岗位安全责任制度，对从业人员进行安全教育、法制教育和岗位技术培训。从业人员应当接受教育和培训，考核合格后上岗作业；对有资格要求的岗位，应当配备依法取得相应资格的人员。

危险品单位的主要负责人，对本单位的危险品安全管理工作全面负责。任何单位和个人不得生产、经销、使用国家禁止生产、经销、使用的危险品。国家对危险品的使用有限制性规定的，任何单位和个人不得违反限制性规定使用危险品。

第二节　危险品安全管理的行政措施

一、危险品生产和储存的安全管理

由于危险品在生产领域和使用当中都是处于动态的，且大都是散状存在于生产工艺设备、装置、管线或容器之中，与储存相比，一个部位集中的量不会很大，但跑、冒、滴、漏的机会很多，加之生产、使用当中的危险因素也很多，因而危险性很大；危险品在储存过程中，量大而集中，是重要的危险源，一旦发生事故，后果不堪设想，故对危险品生产、使用和储存的安全管理是非常重要的。

（一）危险品生产储存的行政许可

1. 危险品生产、储存企业应当具备的条件

国家对危险品的生产、储存，实行统筹规划、合理布局的政策。国务院工业和信息化主管部门以及国务院其他有关部门，应当依据各自职责，负责危险品生产、储存的行业规划和布局。地方人民政府组织编制城乡规划，应当根据本地区的实际情况，按照确保安全的原则，规划适当区域专门用于危险品的生产和储存。生产、储存危险品时应当满足下列条件。

（1）生产工艺、设备或者储存方式、设施符合国家标准。

（2）企业的周边防护距离符合国家标准或者国家有关规定。

（3）管理人员和技术人员符合生产或者储存的需要。

（4）安全管理制度健全。

（5）符合国家法律、法规规定和国家标准要求的其他条件。

2. 危险品生产和储存安全条件的审查

（1）新建、改建、扩建生产、储存危险品的建设项目（以下简称建设项目），应当由安全生产监督管理部门进行安全条件审查。

（2）新建、改建、扩建储存、装卸危险品的港口和车站的建设项目，由港口、车站行政管理部门按照国务院交通运输主管部门的规定进行安全条件审查。

（3）建设单位应当对建设项目进行安全条件论证，委托具备国家规定资质条件的机构对建设项目进行安全评价，并将安全条件论证和安全评价的情况报告报建设项目所在地设区的市级以上人民政府安全生产监督管理部门；属于港口建设的，报交通运输主管部门。

（4）生产安全条件的审查部门，应当自收到报告之日起45日内作出审查决定，并书面通知建设单位。

3. 危险品生产和储存许可证件的办理和颁发要求

（1）危险品生产企业进行生产前，应当依照《安全生产许可证条例》的规定，取得危险品安全生产许可证。

（2）生产列入国家实行生产许可证制度的工业产品目录的危险品的企业，应当依照《工业产品生产许可证管理条例》的规定，取得工业产品生产许可证。

（3）负责颁发危险品安全生产许可证、工业产品生产许可证的部门，应当将其颁发许可证的情况及时向同级工业和信息化主管部门、环境保护主管部门和公安机关通报。

（二）危险品生产、储存企业的消防安全要求

由于危险品在生产、储存、使用过程中受到振动、摩擦、挤压、摔碰、雨淋以及高温、高压等外在因素的影响最大，因而带来的事故隐患也最多，且一旦发生事故所带来的危害也最大。因此，生产、储存、使用危险品的单位必须严格各项管理要求。

1. 危险品管道铺设的消防安全要求

（1）生产、储存危险品的单位，应当对其铺设的危险品管道设置明显标志，并对危险品管道定期检查、检测。

（2）进行可能危及危险品管道安全的施工作业，施工单位应当在开工的7日前书面通知管道所属单位，并与管道所属单位共同制定应急预案，采取相应的安全防护措施。

（3）管道所属单位应当指派专门人员到现场进行管道安全保护指导。

2. 危险品产品信息的告知要求

（1）危险品生产企业应当提供与其生产的危险品相符的化学品安全技术说明书，并在危险品包装（包括外包装件）上粘贴或者拴挂与包装内危险品相符的化学品安全标签。化学品安全技术说明书和化学品安全标签所载明的内容应当符合国家标准的要求。

（2）危险品生产企业发现其生产的危险品有新的危险特性时，应当立即公告，并及时修订其化学品安全技术说明书和化学品安全标签。

（3）生产实施重点环境管理的危险品企业，应当按照国务院环境保护主管部门的规定，将该危险品向环境中释放的相关信息向环境保护主管部门报告。环境保护主管部门可以根据情况采取相应的环境风险控制措施。

3. 剧毒危险品和易制爆危险品生产单位的要求

（1）生产、储存剧毒危险品或者公安部规定的可用于制造爆炸物品的危险品（以下简称

易制爆危险品）的单位，应当如实记录其生产、储存的剧毒危险品、易制爆危险品的数量、流向，并采取必要的安全防范措施，防止剧毒危险品、易制爆危险品丢失或者被盗。

(2) 发现剧毒危险品、易制爆危险品丢失或者被盗的，应当立即向当地公安机关报告。

(3) 生产、储存剧毒危险品和易制爆危险品的单位，应当设置治安保卫机构，配备专职治安保卫人员。

4. 危险品包装要求

(1) 危险品的包装应当符合国家法律、行政法规、规章的规定，以及国家标准、行业标准的要求。

(2) 危险品包装物、容器的材质以及危险品包装的形式、规格、方法和单件质量（重量），应当与所包装的危险品的性质和用途相适应。

(3) 生产列入国家实行生产许可证制度的工业产品目录的危险品包装物、容器的企业，应当依照《工业产品生产许可证管理条例》的规定，取得工业产品生产许可证；其生产的危险品包装物、容器经国务院质量监督检验检疫部门认定的检验机构检验合格，方可出厂销售。

(4) 运输危险品的船舶及其配载的容器，应当按照国家船舶检验规范进行生产，并经海事管理机构认定的船舶检验机构检验合格，方可投入使用。

(5) 对重复使用的危险品包装物、容器，使用单位在重复使用前应当进行检查；发现存在事故隐患的，应当维修或者更换。使用单位应当对检查情况作出记录，记录的保存期限不得少于 2 年。

5. 危险品作业场所安全设施的要求

(1) 生产、储存危险品的单位，应当根据其生产、储存的危险品的种类和危险特性，在作业场所设置相应的监测、监控、通风、防晒、调温、防火、灭火、防爆、泄压、防毒、中和、防潮、防雷、防静电、防腐、防泄漏以及防护围堤或者隔离操作等安全设施和设备，并按照国家标准、行业标准或者国家有关规定对安全设施和设备进行经常性维护、保养，保证安全设施、设备的正常使用。

(2) 生产、储存危险品的单位，应当在其作业场所和安全设施、设备上设置明显的安全警示标志。

(3) 生产、储存危险品的单位，应当在其作业场所设置通信、报警装置，并保证处于适用状态。

6. 安全评价的要求

(1) 生产、储存危险品的企业，应当委托具备国家规定的资质条件的机构，对本企业的安全生产条件每 3 年进行 1 次安全评价，提出安全评价报告。安全评价报告的内容应当包括对生产安全条件存在的问题及整改的方案。

(2) 生产、储存危险品的企业，应当将安全评价报告以及整改方案的落实情况报所在地县级人民政府安全生产监督管理部门备案。在港区内储存危险品的企业，应当将安全评价报告以及整改方案的落实情况报港口行政管理部门备案。

（三）危险品储存的安全管理

由于储存危险品的仓库通常都是重大危险源，一旦发生事故往往造成重大损失和危害，所以对危险品储存仓库应当有更加严格的要求。

(1) 危险品应当储存在专用仓库、专用场地或者专用储存室（以下统称专用仓库）内，

并由专人负责管理；剧毒危险品以及储存数量构成重大危险源的其他危险品，应当在专用仓库内单独存放，并实行双人收发、双人保管制度。危险品的储存方式、方法以及储存数量应当符合国家标准或者国家有关规定。

（2）储存危险品的单位，应当建立危险品出入库核查、登记制度。对剧毒危险品以及储存数量构成重大危险源的其他危险品，储存单位应当将其储存数量、储存地点以及管理人员的情况，报所在地县级人民政府安全生产监督管理部门（在港区内储存的，报港口行政管理部门）和公安机关备案。

（3）危险品专用仓库应当符合国家标准、行业标准的要求，并设置明显的标志。储存剧毒危险品、易制爆危险品的专用仓库，应当按照国家有关规定设置相应的技术防范设施。

（4）储存危险品的单位应当对其危险品专用仓库的安全设施、设备定期进行检测、检验。

二、危险品重大危险源的安全管理

（一）重大危险源的临界量

1. 重大危险源的定义

重大危险源是指长期或临时地生产、加工、搬运、使用或储存危险品，且该危险品的数量等于或超过临界量的单元（包括场所和设施）。其中，危险品临界量，是指对于某种或某类危险品国家规定的不得超过的数量；单元是指一个（套）生产装置、设施或场所，或同属一个工厂的且边缘距离小于500m的几个（套）生产装置、设施或场所。

2. 常见危险品的临界量

常见危险品的临界量按表9-1确定。

表9-1　常见危险品重大危险源的临界量

序号	危险物质名称	临界量/t
1	氨(液化的,含氨＞50%)	50
2	苯,甲苯	50
3	苯酚	10
4	苯乙烯	50
5	丙酮	50
6	丙酮合氰化氢(丙酮氰醇)	10
7	丙烯腈(抑制了的)	20
8	丙烯醛(抑制了的)	50
9	丙烯亚胺(抑制了的)(甲基氮丙环)	20
10	二氟化氧	1
11	二硫化碳	20
12	二氯化硫	1
13	二氧化硫	20
14	二异氰酰甲苯	20
15	氟	10
16	氟化氢(无水)	20
17	谷硫磷	0.1

续表

序号	危险物质名称	临界量/t
18	光气	1
19	过氧化钾	20
20	过乙酸(浓度>60%)	10
21	环氧丙烷	40
22	环氧氯丙烷	10
23	环氧溴丙烷	10
24	环氧乙烷	20
25	甲苯	50
26	甲苯-2,4-二异氰酸酯	50
27	甲醇	100
28	甲基异氰酰	0.2
29	甲醛	50
30	甲烷	20
31	可吸入粉尘的镍化合物(一氧化镍、二氧化镍、硫化镍、二硫化三镍、三氧化二镍等)	0.1
32	联苯胺和(或)其盐类	0.1
33	联氟螨	0.1
34	磷化氢	0.5
35	硫化氢(液化的)	20
36	六氟化硒	0.5
37	氯化氢(无水)	100
38	氯甲基甲醚	0.1
39	氯气	10
40	氯酸钾	20
41	氯酸钠	20
42	氯乙烯	20
43	煤气(CO,CO与H_2、CH_4的混合物等)	10
44	汽油(闪点大于-18℃且小于23℃)	500
45	氢	20
46	氢氟酸	40
47	氢化锑	0.5
48	氰化氢	10
49	三甲苯	100
50	三硝基苯甲醚	10
51	三氧化(二)砷	0.1
52	三氧化二砷,三价砷酸和盐类	0.1
53	三氧化硫	30
54	砷化三氢	0.5

续表

序号	危险物质名称	临界量/t
55	四氧化二氮(液化的)	20
56	天然气	50
57	烷基铅	10
58	五硫化(二)磷	10
59	五氧化二砷,五价砷酸和盐类	0.5
60	戊硼烷	1
61	烯丙胺	50
62	硝化丙三醇	1
63	硝化纤维素	20
64	硝酸铵(含可燃物≤0.2%)	200
65	硝酸铵肥料(含可燃物≤0.4%)	500
66	硝酸乙酯	50
67	溴	20
68	溴甲烷	20
69	烟火制品(烟花爆竹等)	20
70	氧	200
71	液化石油气	50
72	一甲胺	20
73	一氯化硫	1
74	乙撑亚胺	10
75	乙炔	20
76	异氰酸甲酯	0.5
77	重铬酸钾	20

3. 可以按危险品危险性类别确定的临界量

由于危险品的品种很多，很难更加准确无误地一一列出，所以对于表 9-1 没有列出临界量的危险品，可以根据该危险品的主要危险特性确定其归属的类别，给出一个基本的量，再根据表 9-2 规定的不同类别危险品的临界量相对照来确定。

表 9-2 只按危险品类别限量的临界量

危险品类别	说明	临界量/t
爆炸品	1.1A 类爆炸品:有整体爆炸危险的起爆药	10
	1.1 类爆炸品:除 1.1A 类爆炸品以外的,有整体爆炸危险的其他 1.1 类爆炸品	50
	其他爆炸品:除 1.1 类爆炸品的其他爆炸品	100
压缩和液化气体	易燃气体:主危险性或副危险性为 2.1 类的压缩和液化气体	50
	氧化性气体:副危险性为 5 类的压缩和液化气体	100
	毒性气体:主危险性或副危险性为 6 类的压缩和液化气体	20

续表

危险品类别	说明	临界量/t
易燃液体	一级易燃液体：初沸点≤35℃或储器温度保持在其沸点以上的易燃液体	50
	二级易燃液体：闪点<23℃的液体	200
	三级易燃液体：闪点≥23℃且≤60℃的液体	500
易燃固体自燃物质遇水易燃物质	一级易燃固体：危险性类别为4.1，且危险货物品名编号后三位小于500号的易燃物质	50
	二级易燃固体：危险性类别为4.1，且危险货物品名编号后三位大于500号的易燃物质	200
	一级自燃固体：(自燃物品)危险性类别为4.2，且危险货物品名编号后三位小于500号的自燃固体(自燃物品)	50
	二级自燃固体：(自燃物品)危险性类别为4.2，且危险货物品名编号后三位大于500号的自燃固体(自燃物品)	200
	遇水易燃物品：危险性类别为4.3易燃物质	50
氧化性物品和有机过氧化物	一级氧化性物品：危险性类别为5.1，且危险货物品名编号后三位小于500号的氧化性物品	20
	二级氧化性物品：危险性类别为5.1，且危险货物品名编号后三位小于500号的氧化性物品	100
	有机过氧化物：危险性类别为5.2的氧化性物品	20
毒性固体和液体	剧毒固体和液体	10
	有毒固体和液体	50
	有害物质	200

(二) 应当按表9-1和表9-2重大危险源限量储存危险品的范围

1. 应当按表9-1和表9-2限量储存危险品的生产活动

(1) 危险品的生产、使用、储存和经销等的企业或组织。

(2) 矿山、采石场中矿物的化学与热力学性质的加工工艺活动和与这些工艺活动相关的，属于表9-1中危险品的储存活动。

(3) 厂内危险品的运输。

2. 不适用按表9-1和表9-2限量储存危险品的生产活动

对于核设施和加工放射性物质的工厂，但这些设施和工厂中处理非放射性物质的部门除外；军事设施；矿山、采石场中矿物的开采、勘探、提取、加工；厂外危险品的运输和地下储罐。

(三) 重大危险源的辨识

1. 重大危险源的直接辨识

单元内存在的危险品的数量等于或超过表9-1和表9-2规定的临界量的危险源即可直接确定为重大危险源；当单一品种，则该危险品的数量只为单元内危险品的总量，若该总量等于或超过相应的临界量，则可定义为重大危险源。

2. 单元内存在的危险品为多品种时的计算方法

当单元内存在的危险品为多品种时，按下式计算，若计算结果大于等于1则定为重大危险源。

$$\frac{q_1}{Q_1}+\frac{q_2}{Q_2}+\cdots+\frac{q_n}{Q_n}\geqslant 1 \tag{9-1}$$

式中　q_1，q_2，…，q_n——每种危险品实际存在或者以后将要存在的量，且数量超过各危险品相对应临界量的2%，t；

Q_1，Q_2，…，Q_n——与表 9-1 和标准表 9-2 中各危险品相对应的临界量，t。

3. 重大危险源最大限量计算举例

【例 1】 单一品种危险物质最大量的计算。

例如，某生产经营单位使用液化石油气气体用于生产中的加热，单元里有储罐和用于生产加热的管道。该单位液化气最大量的计算方法如下。

（1）对于生产性质的设备、管道来说，液化气的最大量。生产场所中存在 6 套存放液化气的管道系统，每套系统的最大容量为 0.15t，因此管道系统存有液化石油气气体的总量为 6×0.15＝0.9t。

（2）对于储存性质的储罐来说，液化气的最大量。该生产经营单位共有 1 个储罐，每个储罐的最大容积为 60t，因此储罐的最大总容积量为 1×60＝60t。

（3）液化气的最大总量。液化气的最大总量为 60＋0.9＝60.9t

（4）结论。根据重大危险源辨识标准的规定，液化气的临界量是 50t，按照辨识标准的计算法则 AQR＝60.9/50＝1.22＞1，所以该生产经营单位存在重大危险源。

【例 2】 危险物质混合物最大量的计算。

某生产经营单位在储罐、容器中存有不同浓度的甲醛溶液，甲醛最大量的计算方法如下。

（1）生产场所甲醛的最大量。在生产经营单位的生产场所中，生产设备存有 10％的甲醛溶液 9.5t，管道系统存有 10％的甲醛溶液 0.5t。那么生产场所存有的 10％甲醛溶液为 9.5＋0.5＝10t，因此生产场所存有甲醛的总量为 0.1×10＝1t。

（2）储存区甲醛的最大量。在生产经营单位的储存区内，储存设备存有 12％的甲醛溶液 25t，因此储存区存有甲醛的总量为 0.12×25＝3t。

（3）甲醛的最大总量。甲醛的最大总量为 1＋3＝4t。

（4）结论。根据重大危险源辨识标准的规定，甲醛的临界量是 50t，按照辨识标准的计算法则 AQR＝4/50＝0.08＜1，所以该生产经营单位不是重大危险源。

【例 3】 多品种危险物质辨识指标（AQR）的计算一。

（1）某生产经营单位存有硫化氢 10t、氯气 2t、光气 0.5t。硫化氢、氯气、光气相对应的临界量分别为 20t、10t、0.8t。根据重大危险源辨识标准的规定，辨识指标的计算见表 9-3。

表 9-3　辨识指标的计算一

危险物质	最大数量/t	相对应的临界量/t	辨识指标 AQR(最大数量/临界量)
硫化氢	10	20	0.5
氯气	2	10	0.2
光气	0.5	0.8	0.5
合计	—	—	1.2

（2）结论。根据以上计算结果，辨识指标 AQR＞1.0，所以该生产经营单位存在重大危险源。

【例 4】 多品种危险物质辨识指标（AQR）的计算二。

某生产经营单位使用 51％的氨水溶液来配置 5％的氨水溶液，该单位又使用液化石油气用于生产加热。

（1）生产场所氨的最大量。在该生产经营单位的生产场所中，生产设备存有 51％的氨水溶液 20t，管道系统存有 51％的氨水溶液 0.4t。因此，生产设备存有的氨水溶液的总量为

20.4t，存有氨的最大量为20.4×0.51=10.4t。

（2）储存区氨的最大量。在该生产经营单位的储存区内，储罐存有51%的氨水溶液24t，容器存有无水液氨10t。因此，储存区存有氨的最大量为10+（0.51×24）=22.2t。

该单位虽然还存有5%的氨水溶液20t，其他容器也存有5%的氨水溶液30t，但由于这些氨水的浓度低于重大危险源辨识标准中规定的50%，所以这些物质不纳入辨识标准的计算中。

（3）氨的最大总量。该生产经营单位存有氨的总量为10.4+22.2=32.6t。

（4）液化石油气的最大量。该生产经营单位储罐存有液化石油气的总量为20t。

根据重大危险源辨识标准的规定，辨识指标的计算见表9-4。

表9-4　辨识指标的计算二

危险品	最大数量/t	相对应的临界量/t	辨识指标 AQR(最大数量/临界量)
氨	32.6	50	0.66
液化石油气	20	50	0.40
合计	52.6	—	1.06

（5）结论。根据以上计算结果，辨识指标 $AQR>1.0$，所以该生产经营单位存在重大危险源。

【例5】 储存区多品种危险物质辨识指标（AQR）的计算。

（1）某生产经营单位使用的一个包装储存区，存有以下几种危险品。辨识指标的计算见表9-5。

表9-5　辨识指标的计算三

危险品	最大数量/t	相对应的临界量/t	辨识指标 AQR(最大数量/临界量)
氨	2.0	50	0.04
乙炔	4.0	20	0.2
一级易燃液体	50.0	200	0.25
液化石油气	40.0	50	0.8
合计	96	—	1.29

（2）结论。根据以上计算结果，辨识指标 $AQR>1$，所以该生产经营单位的储存区是重大危险源。

4. 重大危险源单元内危险品的辨识依据

如果单元内储存着多种的危险品，那么在辨识过程中生产经营单位应当首先考虑危险性最大的那种物质是否超出上述的定义范围，以基本的辨识出单元内的危险品。通常单元内危险品的辨识需要考虑以下三个方面。

（1）单元内从每次存放某种危险品的时间计时起2日内。

（2）单元内每年存放某种危险品的次数超过10次。

（3）单元内的危险品是否在非正常作业条件下产生。

5. 危险品最大量的确定

当生产经营单位对单元内的危险品辨识清楚以后，那么该单元内危险品的量也就基本确定了下来。由于不同的环境条件对同样的危险品来讲有不同的影响，所以，不同场所的危险品应当按以下方法来确定。

（1）对于存放危险品储罐和其他容器的储存区重大危险源来说，危险品的量应当是储罐或者其他容器的最大容积量。注意这个最大容积量不同于最大实际使用量，这一点生产经营单位必须在申报表格中进行详细说明。

（2）对于存放危险品储罐和其他容器的生产场所重大危险源来说，危险品的量应当是目前储罐或者其他容器的实际存在最大量。

（3）对于危险品的包装存储区来说，危险品的量应当是目前实际存在的物质最大量。这些数据应当从每天、每季度或者自身规定的时间段内的登记情况来获取。注意这个量不同于储存区的最大容积量，这一点生产经营单位必须在申报表格中进行详细的说明。

（4）对于管道来说，危险品的量应当是发生重大事故后，生产区域外管道所能泄漏出的物质最大量。

（5）如果单元内存在危险品的数量低于相对应物质临界量的 2%，并且该物质放到单元内任何位置都不可能成为重大事故发生的诱导因素，那么就其本身而言，单元内应该不会发生重大事故，这时该危险品的数量不计入辨识指标的计算中。但生产经营单位应当提供相应的文件说明，指出该物质的具体位置，证明其不会引发重大的事故。

6. 危险品相对应的临界量的确定

表 9-1 中列举了许多种危险品的临界量，表 9-2 列举了许多不同危险类别危险品的临界量。但当有些危险品还不能够直接从表 9-1 和标准表 9-2 中确定危险品相对应的临界量时，可以通过几种方法确定。

（1）危险品属于表 9-1，同时也属于表 9-2 的一种物质类别，那么该物质应当使用表 9-1 中所对应的临界量。

（2）危险品不属于表 9-1，但可以从表 9-2 中选取一种适合于该物质的危险性类别，那么该物质应当使用表 9-2 中所对应的危险性类别的临界量。

（3）表 9-2 有一种以上的描述适用于某种危险品，那么应当使用最低临界量的那种物质危险性类别。

（4）当需要确定的危险品的临界量比较困难时，生产经营单位可以参照国家标准《危险货物品名表》（GB 12268）、《危险货物分类和品名编号》（GB 6944）、《危险货物运输包装类别划分方法》（GB 15098）和《水路危险货物运输规则》等法规标准对危险品进行分类后确定。

7. 危险品混合物临界量的确定

如果危险品只是混合物中的一部分，那么，确定该物质相对应的临界量应当直接参照表 9-1 和表 9-2 确定。如果危险品找不到相对应的临界量，那么该物质就不能包括在计算过程中。生产经营单位应当综合考虑混合物的特性，以决定该物质是否应当考虑列入何类危险品的范围内。

由于表 9-1 中的大部分危险品都没有规定百分比浓度，所以这些物质的混合物都应按照例 2 的情况来处理。

（四）重大危险源的安全管理措施

1. 重大危险源必须保持安全距离的重要场所

危险品生产装置或者储存数量构成重大危险源的危险品储存设施（运输工具、加油站、加气站除外）与下列场所、设施、区域的安全距离，应当符合国家有关规定。

（1）居住区以及商业中心、公园等人员密集场所。

（2）学校、医院、影剧院、体育场（馆）等公共设施。

(3) 饮用水源、水厂以及水源保护区。

(4) 车站、码头(依法经许可从事危险品装卸作业的除外)、机场以及通信干线、通信枢纽、铁路线路、道路交通干线、水路交通干线、地铁风亭以及地铁站出入口。

(5) 基本农田保护区、基本草原、畜禽遗传资源保护区、畜禽规模化养殖场(养殖小区)、渔业水域以及种子、种畜禽、水产苗种生产基地。

(6) 河流、湖泊、风景名胜区、自然保护区。

(7) 军事禁区、军事管理区。

(8) 法律、行政法规规定的其他场所、设施、区域。

2. 重大危险源的消防安全管理要求

(1) 储存数量构成重大危险源的危险品储存设施的选址,应当避开地震活动断层和容易发生洪灾、地质灾害的区域。

(2) 新建的危险品生产装置或者储存数量构成重大危险源的危险品储存设施,不符合国家有关规定的,所在地设区的市级人民政府安全生产监督管理部门,应当会同政府其他有关部门监督其所属单位在规定期限内进行整改;需要转产、停产、搬迁、关闭的,由本级人民政府决定并组织实施。

三、危险品使用的安全管理

(一) 危险品使用行政许可的基本要求

1. 使用危险品企业应当具备的条件

申请危险品使用安全许可证的化工企业,除应当符合国家法律、行政法规的规定和国家标准、行业标准的要求,建立、健全使用危险品的安全管理规章制度和安全操作规程外,还应当具备下列条件,以保证危险品的使用安全。

(1) 有与所使用的危险品相适应的专业技术人员。

(2) 有安全管理机构和专职安全管理人员。

(3) 有符合国家规定的危险品事故应急预案和必要的应急救援器材、设备。

(4) 依法进行了安全评价。

2. 申请危险品使用许可证的程序和要求

(1) 申请危险品使用安全许可证的化工企业,应当向所在地设区的市级人民政府安全生产监督管理部门提出申请,并按上述应当具备的条件提交其证明材料。

(2) 使用实施重点环境管理的危险品从事生产的企业、生产和储存危险品的单位,及使用危险品的单位,也应当申办危险品使用许可证。

3. 政府有关部门实施危险品使用行政许可的要求

(1) 设区的市级人民政府安全生产监督管理部门应当依法进行审查,自收到证明材料之日起 45 日内作出批准或者不予批准的决定。予以批准的,颁发危险品安全使用许可证;不予批准的,书面通知申请人并说明理由。

(2) 颁发危险品使用安全许可证的安全生产监督管理部门,应当将其颁发危险品安全使用许可证的情况及时向同级环境保护主管部门和公安机关通报。

(二) 使用危险品从事生产并且使用量达到的规模数量标准

使用危险品从事生产并且使用量达到规定数量的化工企业(属于危险品生产企业的除外,下同),应当依照规定取得危险品安全使用许可证。该危险品使用量的数量标准,由国务院安全生产监督管理部门会同国务院公安部门、农业主管部门确定并公布。企业需要取得安全使用许可的危险品的使用量,由企业使用危险品的最低年设计使用量和实际使用量的较

大值确定。

根据国家安全生产监督管理总局、公安部、农业部 2013 年第 9 号公告公布的确定纳入使用许可的《危险化学品使用量的数量标准（2013 年版）》见表 9-6。

表 9-6　确定纳入使用许可的《化学危险品使用量的数量标准》（2013 年版）

序号	化学危险品名称	别名	最低年设计使用量(吨/年)	CAS 号
1	氯	液氯、氯气	180	7782-50-5
2	氨	液氨、氨气	360	7664-41-7
3	液化石油气		1800	68476-85-7
4	硫化氢		180	7783-06-4
5	甲烷、天然气		1800	74-82-8(甲烷)
6	原油		180000	
7	汽油(含甲醇、乙醇汽油)	石脑油	7300	8006-61-9(汽油)
8	氢	氢气	180	1333-74-0
9	苯(含粗苯)		1800	71-43-2
10	碳酰氯	光气	11	75-44-5
11	二氧化硫		730	7446-09-5
12	一氧化碳		360	630-08-0
13	甲醇	木醇、木精	18000	67-56-1
14	丙烯腈	氰基乙烯、乙烯基氰	1800	107-13-1
15	环氧乙烷	氧化乙烯	360	75-21-8
16	乙炔	电石气	40	74-86-2
17	氟化氢	氢氟酸	40	7664-39-3
18	氯乙烯		1800	75-01-4
19	甲苯	甲基苯、苯基甲烷	18000	108-88-3
20	氰化氢、氢氰酸		40	74-90-8
21	乙烯		1800	74-85-1
22	三氯化磷		7300	7719-12-2
23	硝基苯		1800	98-95-3
24	苯乙烯		18000	100-42-5
25	环氧丙烷		360	75-56-9
26	一氯甲烷		1800	74-87-3
27	1,3-丁二烯		180	106-99-0
28	硫酸二甲酯		1800	77-78-1
29	氰化钠		1800	143-33-9
30	1-丙烯、丙烯		360	115-07-1
31	苯胺		1800	62-53-3
32	甲醚		1800	115-10-6
33	丙烯醛、2-丙烯醛		730	107-02-8
34	氯苯		180000	108-90-7

续表

序号	化学危险品名称	别名	最低年设计使用量(吨/年)	CAS号
35	乙酸乙烯酯		36000	108-05-4
36	二甲胺		360	124-40-3
37	苯酚	石炭酸	2700	108-95-2
38	四氯化钛		2700	7550-45-0
39	甲苯二异氰酸酯	TDI	3600	584-84-9
40	过氧乙酸	过乙酸、过醋酸	360	79-21-0
41	六氯环戊二烯		1800	77-47-4
42	二硫化碳		1800	75-15-0
43	乙烷		360	74-84-0
44	环氧氯丙烷	3-氯-1,2-环氧丙烷	730	106-89-8
45	丙酮氰醇	2-甲基-2-羟基丙腈	730	75-86-5
46	磷化氢	膦	40	7803-51-2
47	氯甲基甲醚		1800	107-30-2
48	三氟化硼		180	7637-07-2
49	烯丙胺	3-氨基丙烯	730	107-11-9
50	异氰酸甲酯	甲基异氰酸酯	30	624-83-9
51	甲基叔丁基醚		36000	1634-04-4
52	乙酸乙酯		18000	141-78-6
53	丙烯酸		180000	79-10-7
54	硝酸铵		180	6484-52-2
55	三氧化硫	硫酸酐	2700	7446-11-9
56	三氯甲烷	氯仿	1800	67-66-3
57	甲基肼		1800	60-34-4
58	一甲胺		180	74-89-5
59	乙醛		360	75-07-0
60	氯甲酸三氯甲酯	双光气	22	503-38-8
61	二(三氯甲基)碳酸酯	三光气	33	32315-10-9
62	2,2′-偶氮-二-(2,4-二甲基戊腈)	偶氮二异庚腈	18000	4419-11-8
63	2,2′-偶氮二异丁腈		18000	78-67-1
64	氯酸钠		3600	7775-9-9
65	氯酸钾		3600	3811-4-9
66	过氧化甲乙酮		360	1338-23-4
67	过氧化(二)苯甲酰		1800	94-36-0
68	硝化纤维素		360	9004-70-0
69	硝酸胍		7200	506-93-4
70	高氯酸铵	过氯酸铵	7200	7790-98-9
71	过氧化苯甲酸叔丁酯	过氧化叔丁基苯甲酸酯	1800	614-45-9

续表

序号	化学危险品名称	别名	最低年设计使用量(吨/年)	CAS号
72	N,N'-二亚硝基五亚甲基四胺	发泡剂 H	18000	101-25-7
73	硝基胍		1800	556-88-7
74	硝化甘油		36	55-63-0
75	乙醚	二乙(基)醚	360	60-29-7

注："CAS号"是指美国化学文摘社对化学品的唯一登记号。

四、危险品经销的安全管理

危险品经销是指从事危险品采购、调拨和销售的活动。危险品在经销过程中受外界因素的影响最多，因而事故隐患也最多。所以应加强危险品经销的安全管理。

（一）危险品经销的行政许可

1. 危险品经销许可的范围

(1) 国家对危险品经销（包括经销仓储，下同）实行许可制度。未经许可，任何单位和个人不得经销危险品。

(2) 依法设立的危险品生产企业在其厂区范围内销售本企业生产的危险品，不需要取得危险品经销许可。

(3) 依照《港口法》的规定取得港口经营许可证的港口经营人，在港区内从事危险品仓储经营，不需要再取得危险品经销许可。

2. 从事危险品经销的企业应当具备的条件

(1) 有符合国家标准、行业标准的经营场所，储存危险品的，还应当有符合国家标准、行业标准的储存设施。

(2) 从业人员经过专业技术培训并经考核合格。

(3) 有健全的安全管理规章制度。

(4) 有专职安全管理人员。

(5) 有符合国家规定的危险品事故应急预案和必要的应急救援器材、设备。

(6) 法律、法规规定的其他条件。

3. 申办危险品经销行政许可的程序

(1) 从事剧毒危险品、易制爆危险品经销的企业，应当向所在地设区的市级人民政府安全生产监督管理部门提出申请，从事其他危险品经销的企业，应当向所在地县级人民政府安全生产监督管理部门提出申请（有储存设施的，应当向所在地设区的市级人民政府安全生产监督管理部门提出申请）。

(2) 申请人应当提交其符合经销危险品规定条件的证明材料。

(3) 设区的市级人民政府安全生产监督管理部门或者县级人民政府安全生产监督管理部门应当依法进行审查，并对申请人的经营场所、储存设施进行现场核查，自收到证明材料之日起 30 日内作出批准或者不予批准的决定。予以批准的，颁发危险品经营许可证；不予批准的，书面通知申请人并说明理由。

(4) 设区的市级人民政府安全生产监督管理部门和县级人民政府安全生产监督管理部门，应当将其颁发危险品经销许可证的情况及时向同级环境保护主管部门和公安机关的相关机构通报。

(5) 申请人持危险品经销许可证向工商行政管理部门办理登记手续后，方可从事危险品经营活动。法律、行政法规或者国务院规定经营危险品还需要经其他有关部门许可的，申请人向工商行政管理部门办理登记手续时还应当持相应的许可证件。

(6) 依法取得危险品安全生产许可证、危险品安全使用许可证、危险品经营许可证的企业，凭相应的许可证件购买剧毒危险品、易制爆危险品。民用爆炸物品生产企业凭民用爆炸物品生产许可证购买易制爆危险品。

4. 危险品购买许可证的申办范围

(1) 未办危险品安全生产许可证、经销许可证的单位购买剧毒危险品时，应当向所在地县级人民政府公安机关申请取得剧毒危险品购买许可证；购买易制爆危险品的，应当持本单位出具的合法用途说明。

(2) 个人不得购买剧毒危险品（属于剧毒危险品的农药除外）和易制爆危险品。

5. 申办剧毒危险品购买许可证应当提交的材料

申请取得剧毒危险品购买许可证，申请人应当向所在地县级人民政府公安机关提交下列材料。

(1) 营业执照或者法人证书（登记证书）的复印件。

(2) 拟购买的剧毒危险品品种、数量的说明。

(3) 购买剧毒危险品用途的说明。

(4) 经办人的身份证明。

6. 申办剧毒危险品购买许可证的程序

县级人民政府公安机关应当自收到规定的申报材料之日起 3 日内，作出批准或者不予批准的决定。予以批准的，颁发剧毒危险品购买许可证。不予批准的，书面通知申请人并说明理由。

剧毒危险品购买许可证管理办法由国务院公安部门制定。

(二) 危险品经销企业的安全管理要求

1. 危险品经销企业的基本要求

(1) 危险品经销企业储存危险品的，应当遵守国家有关危险品储存的规定。经销危险品的商店内只能存放民用小包装的危险品。

(2) 危险品经销企业不得向未经许可从事危险品生产、经营活动的企业采购危险品，不得经营没有化学品安全技术说明书或者化学品安全标签的危险品。

2. 经销剧毒危险品和易制爆危险品的要求

(1) 经销剧毒危险品、易制爆危险品，应当查验规定的相关许可证件或者证明文件，不得向不具有相关许可证件或者证明文件的单位销售剧毒危险品、易制爆危险品。对持剧毒危险品购买许可证购买剧毒危险品的，应当按照许可证载明的品种、数量销售。

(2) 禁止向个人销售剧毒危险品（属于剧毒危险品的农药除外）和易制爆危险品。

(3) 销售剧毒危险品、易制爆危险品时，应当如实记录购买单位的名称、地址、经办人的姓名、身份证号码以及所购买的剧毒危险品、易制爆危险品的品种、数量、用途。

(4) 销售记录以及经办人的身份证明复印件、相关许可证件复印件或者证明文件的保存期限不得少于 1 年。

(5) 剧毒危险品和易制爆危险品的销售企业、购买单位应当在销售、购买后 5 日内，将所销售、购买的剧毒危险品、易制爆危险品的品种、数量以及流向信息报所在地县级人民政府公安机关备案，并输入计算机系统。

(6) 使用剧毒危险品、易制爆危险品的单位，不得出借、转让其购买的剧毒危险品和易制爆危险品；因转产、停产、搬迁、关闭等确需转让的，应当向具有规定的相关许可证件或者证明文件的单位转让，并在转让后将有关情况及时向所在地县级人民政府公安机关报告。

五、危险品运输的安全管理

国家对危险品的运输实行资质认定制度；未经资质认定，不得运输危险品。为此，运输危险品应当符合下列要求。

（一）危险品运输管理的基本要求

从事危险品运输的，应当分别依照有关道路运输、水路运输和铁路运输有关的法律、行政法规的规定，分别取得危险货物运输的许可，并向工商行政管理部门办理登记手续。危险品运输企业应当配备专职安全管理人员。

危险品运输企业的驾驶人员、船员、装卸管理人员、押运人员、申报人员、集装箱装箱现场检查员等，应当经交通运输主管部门考核合格，取得从业资格（具体办法由国务院交通运输主管部门制定）。

危险品的装卸作业，应当遵守安全作业标准、规程和制度，并在装卸管理人员的现场指挥或者监控下进行。运输危险品的集装箱装箱作业，应当在集装箱装箱现场检查员的指挥或者监控下进行，并符合积载、隔离的规范和要求；装箱作业完毕后，集装箱装箱现场检查员应当签署装箱证明书。

运输危险品，应当根据危险品的危险特性采取相应的安全防护措施，并配备必要的防护用品和应急救援器材。

用于运输危险品的槽罐以及其他容器应当封口严密，能够防止危险品在运输过程中因温度、湿度或者压力的变化发生渗漏、洒漏；槽罐以及其他容器的溢流和泄压装置应当设置准确、起闭灵活。

运输危险品的驾驶人员、船员、装卸管理人员、押运人员、申报人员、集装箱装箱现场检查员，应当了解所运输的危险品的危险特性及其包装物、容器的使用要求和出现危险情况时的应急处置方法。

（二）危险品道路运输的管理要求

危险品道路运输时由于受驾驶技术、道路状况、车辆状况、天气情况的影响很大，因而所带来的危险因素也很多，且一旦发生事故扑救难度较大，往往带来重大经济损失和人员伤亡，所以，应当严格管理要求。

1. 危险品道路运输的基本管理要求

(1) 通过道路运输危险品的，托运人应当委托依法取得危险货物道路运输许可的企业承运。危险品运输车辆应当符合国家标准要求的安全技术条件，并按照国家有关规定定期进行安全技术检验。危险品运输车辆应当悬挂或者喷涂符合国家标准要求的警示标志。

(2) 通过道路运输危险品的，应当配备押运人员，并保证所运输的危险品处于押运人员的监控之下，并按照运输车辆的核定载质量装载危险品，不得超载。

(3) 道路运输危险品途中因住宿或者发生影响正常运输的情况需要较长时间停车的，驾驶人员、押运人员应当采取相应的安全防范措施；运输剧毒危险品或者易制爆危险品的，还应当向当地公安机关报告。

(4) 未经公安机关批准，运输危险品的车辆不得进入危险品运输车辆限制通行的区域。危险品运输车辆限制通行的区域由县级人民政府公安机关划定，并设置明显的标志。

2. 办理剧毒危险品道路运输许可证应当提交的材料

通过道路运输剧毒危险品的，托运人应当向运输始发地或者目的地县级人民政府公安机关申请剧毒危险品道路运输通行证。申请剧毒危险品道路运输通行证的，托运人应当向县级人民政府公安机关提交下列材料。

（1）拟运输的剧毒危险品品种、数量的说明。

（2）运输始发地、目的地、运输时间和运输路线的说明。

（3）承运人取得危险货物道路运输许可、运输车辆取得营运许可，以及驾驶人员、押运人员取得上岗资格的证明文件。

（4）购买剧毒危险品的相关许可证件，或者海关出具的进出口证明文件。

3. 办理剧毒危险品道路运输许可证的程序和要求

（1）县级人民政府公安机关应当自收到前款规定的材料之日起 7 日内，作出批准或者不予批准的决定。予以批准的，颁发剧毒危险品道路运输通行证；不予批准的，书面通知申请人并说明理由。剧毒危险品道路运输通行证管理办法由国务院公安部门制定。

（2）剧毒危险品、易制爆危险品在道路运输途中丢失、被盗、被抢或者出现流散、泄漏等情况的，驾驶人员、押运人员应当立即采取相应的警示措施和安全措施，并向当地公安机关报告。公安机关接到报告后，应当根据实际情况立即向安全生产监督管理部门、环境保护主管部门、卫生主管部门通报。有关部门应当采取必要的应急处置措施。

（三）危险品水路运输的管理要求

1. 危险品水路运输的基本要求

（1）通过水路运输危险品的，应当遵守法律、行政法规以及国务院交通运输主管部门关于危险货物水路运输安全的规定。

（2）海事管理机构应当根据危险品的种类和危险特性，确定船舶运输危险品的相关安全运输条件。拟交付船舶运输的危险品的相关安全运输条件不明确的，应当经国家海事管理机构认定的机构进行评估，明确相关安全运输条件并经海事管理机构确认后，方可交付船舶运输。

2. 危险品内河运输的要求

（1）根据危险品的危险特性、危险品对人体和水环境的危害程度以及消除危害后果的难易程度等因素，国家禁止通过内河封闭水域运输剧毒危险品，以及国家禁止通过内河运输的其他危险品。禁止通过内河运输的剧毒危险品以及其他危险品的范围，由国务院交通运输主管部门会同国务院环境保护主管部门、工业和信息化主管部门、安全生产监督管理部门确定并公布。

（2）国务院交通运输主管部门应当根据危险品的危险特性，对通过内河运输危险品（以下简称通过内河运输危险品）实行分类管理，对各类危险品的运输方式、包装规范和安全防护措施等分别作出规定并监督实施。

（3）通过内河运输危险品，应当由依法取得危险货物水路运输许可的水路运输企业承运，其他单位和个人不得承运。托运人应当委托依法取得危险货物水路运输许可的水路运输企业承运，不得委托其他单位和个人承运。

（4）通过内河运输危险品，应当使用依法取得危险货物适装证书的运输船舶。水路运输企业应当针对所运输危险品的危险特性，制订运输船舶危险品事故应急救援预案，并为运输船舶配备充足、有效的应急救援器材和设备。

通过内河运输危险品的船舶，其所有人或者经营人应当取得船舶污染损害责任保险证书

或者财务担保证明。船舶污染损害责任保险证书或者财务担保证明的副本应当随船携带。

(5) 通过内河运输危险品，危险品包装物的材质、形式、强度以及包装方法应当符合水路运输危险品包装规范的要求。国务院交通运输主管部门对单船运输的危险品数量有限制性规定的，承运人应当按照规定安排运输数量。

(6) 用于危险品运输作业的内河码头和泊位，应当符合国家有关安全规范，与饮用水取水口保持国家规定的距离。有关管理单位应当制定码头、泊位危险品事故应急预案，并为码头和泊位配备充足、有效的应急救援器材和设备。

用于危险品运输作业的内河码头和泊位，经交通运输主管部门按照国家有关规定验收合格后方可投入使用。

(7) 船舶载运危险品进出内河港口，应当将危险品的名称、危险特性、包装以及进出港时间等事项，事先报告海事管理机构。海事管理机构接到报告后，应当在国务院交通运输主管部门规定的时间内作出是否同意的决定，通知报告人，同时通报港口行政管理部门。定船舶、定航线、定货种的船舶可以定期报告。

(8) 在内河港口内进行危险品的装卸、过驳作业，应当将危险品的名称、危险特性、包装和作业的时间、地点等事项报告港口行政管理部门。港口行政管理部门接到报告后，应当在国务院交通运输主管部门规定的时间内作出是否同意的决定，通知报告人，同时通报海事管理机构。

载运危险品的船舶在内河航行，通过过船建筑物的，应当提前向交通运输主管部门申报，并接受交通运输主管部门的管理。

(9) 载运危险品的船舶在内河航行、装卸或者停泊，应当悬挂专用的警示标志，按照规定显示专用信号。

载运危险品的船舶在内河航行，按照国务院交通运输主管部门的规定需要引航的，应当申请引航。

(10) 载运危险品的船舶在内河航行，应当遵守法律、行政法规和国家其他有关饮用水水源保护的规定。内河航道发展规划应当与依法经批准的饮用水水源保护区划定方案相协调。

(四) 铁路和航空运输危险品的安全管理要求

通过铁路、航空运输危险品的，应当依照有关铁路、航空运输的有关法律、行政法规和规章实施安全管理。

(五) 托运、交寄危险品的要求

托运危险品的，托运人应当向承运人说明所托运的危险品的种类、数量、危险特性以及发生危险情况的应急处置措施，并按照国家有关规定对所托运的危险品妥善包装，在外包装上设置相应的标志。

运输危险品需要添加抑制剂或者稳定剂的，托运人应当添加，并将有关情况告知承运人。托运人不得在托运的普通货物中夹带危险品，不得将危险品匿报或者谎报为普通货物托运。

把危险品当做普通物品进行邮寄是十分危险的。2013 年 11 月 27 日，湖北荆门一家化工企业经圆通速递当地加盟网点——沙洋运通物流有限公司收寄点向山东某制药厂寄递一件物品，称该物品无毒无害，收件人员按照公司制度对该物品进行验视。由于在卸载中造成了化学品泄漏，有 8 人因此出现不同程度的中毒症状，其中东营大王镇一居民因吸入氟乙酸甲酯而中毒死亡。因此，任何单位和个人不得交寄危险品或者在邮件、快件内夹带危险品，不得将危险品匿报或者谎报为普通物品交寄。邮政企业、快递企业不得收寄危险品。对涉嫌交寄危险品或者在邮件、快件内夹带危险品的，交通运输主管部门、邮政管理部门可以依法开拆查验。

六、危险品登记与废弃处置管理

（一）危险品登记管理

国家实行危险品登记制度，以为危险品安全管理以及危险品事故预防和应急救援提供技术、信息支持。

1. 危险品登记的内容

危险品登记的具体办法由国务院安全生产监督管理部门制定。危险品生产企业、进口企业，应当向国务院安全生产监督管理部门负责危险品登记的机构（以下简称危险品登记机构）办理危险品登记。危险品登记包括下列内容。

（1）分类和标签信息。

（2）物理、化学性质。

（3）主要用途。

（4）危险特性。

（5）储存、使用、运输的安全要求。

（6）出现危险情况的应急处置措施。

2. 危险品登记的要求

（1）对同一企业生产、进口的同一品种的危险品，不进行重复登记。危险品生产企业、进口企业发现其生产、进口的危险品有新的危险特性的，应当及时向危险品登记机构办理登记内容变更手续。

（2）危险品登记机构应当定期向工业和信息化、环境保护、公安、卫生、交通运输、铁路、质量监督检验检疫等部门提供危险品登记的有关信息和资料。

（3）县级以上地方人民政府安全生产监督管理部门，应当会同工业和信息化、环境保护、公安、卫生、交通运输、铁路、质量监督检验检疫等部门，根据本地区实际情况，制定危险品事故应急预案，报本级人民政府批准。

3. 其他危险品的管理要求

（1）危险品容器属于特种设备的，其安全管理应当依照有关特种设备安全的法规执行。

（2）危险品的进出口管理，依照有关对外贸易的法律、行政法规、规章的规定执行；进口的危险品的储存、使用、经营、运输的安全管理，依照本条例的规定执行。

（3）危险品环境管理登记和新化学物质环境管理登记，依照有关环境保护的法律、行政法规、规章的规定执行。危险品环境管理登记，按照国家有关规定收取费用。

（4）公众发现、捡拾的无主危险品，由公安机关接收。公安机关接收或者有关部门依法没收的危险品，需要进行无害化处理的，交由环境保护主管部门组织其认定的专业单位进行处理，或者交由有关危险品生产企业进行处理。处理所需费用由国家财政负担。

（5）危险品危险特性尚未确定的，由国务院安全生产监督管理部门、国务院环境保护主管部门、国务院卫生主管部门分别负责组织对该化学品的物理危险性、环境危害性、毒理特性进行鉴定。根据鉴定结果，需要调整危险品目录的，依照规定调整目录。

（二）废弃危险品的处置

生产、储存危险品的单位转产、停产、停业或者解散的，应当采取有效措施，及时、妥善处置其危险品生产装置、储存设施以及库存的危险品，不得丢弃危险品。

废弃危险品的处置方案，应当报所在地县级人民政府安全生产监督管理部门、工业和信息化主管部门、环境保护主管部门和公安机关备案。安全生产监督管理部门应当会同环境保护主管部门和公安机关对处置情况进行监督检查，发现未依照规定处置的，应当责令其立即处置。

第三节　危险品安全管理的法律责任

危险品安全管理的法律责任，是指违反危险品安全管理的人（包括法人）由于违反危险品管理法规所应承担的具有强制性的在法律上的责任。违反危险品管理法规是承担危险品管理法律责任的前提，承担危险品管理的法律责任是违反危险品管理法规的必然结果。公民、法人或者其他组织违法了危险品管理法规，就应当承担相应的法律责任。违反危险品管理法规应当承担的法律责任通常有刑事责任和行政责任两种，刑事责任是指违反危险品管理法规且触犯刑法而应承担的责任；行政责任是指违反危险品管理法规且触犯国家行政法规而应承担的责任。其特点是，在危险品管理法规上有明确、具体的规定；由国家强制力保证执行；由国家法律授权的机关依法追究，其他组织和个人无权行使此项权力。危险品管理法规的法律责任同违反危险品管理法规的行为是紧密相联的，只有实施了某种违反危险品管理法规行为的人（含法人），才承担相应的法律责任。如若只违反了某项企业的安全制度，而非危险品管理法律规定的行为，则不承担危险品管理的法律责任。由此可见，是否违反危险品管理法规是否承担危险品管理法律责任的关键。为保证危险品管理法规能够真正得到贯彻实施，对违反了危险品管理法规规定的法定义务的公民、法人或者其他组织，就应当追究其所应承担的法律责任。

一、触犯《刑法》应当承担的刑事法律责任

（一）违反危险品安全管理法规的刑事行为

1. 违反危险品安全管理规定的肇事行为（危险物品肇事罪）

这种行为是指违反爆炸性、易燃性、放射性、毒害性、腐蚀性物品的管理规定，在生产、储存、运输、使用中发生重大事故，造成严重后果的行为。这种行为侵犯的客体是国家对危险品的管理制度。从客观方面讲，这种行为既包括未经有关主管部门批准擅自生产、储存、运输、使用危险品发生重大事故，后果严重的行为，也包括虽经有关主管部门批准，但在生产、储存、运输、使用过程中违反安全操作规程，以致发生重大事故，造成严重后果的行为。从主观方面讲，这种行为是过失，即指行为人应当预见自己的行为可能发生危害结果，由于疏忽大意而没有预见，或者虽然已经预见，但由于行为人轻信能够避免而未能避免造成了重大事故。这是指行为人对危害后果的主观心理态度而言。至于对行为本身，行为人对违反国家规定生产、储存、运输、使用危险品，却往往是出于故意。由于危险品具有高度的危险性，国家对其生产、储存、运输、使用都有严格的规定，如若违反这些规定，极易在生产、经销、储存、运输、使用中发生事故，并会造成严重后果，故对这种行为应当予以惩治。

2. 非法携带危险品进入公共场所或者交通工具的行为

这种行为是指非法携带爆炸性、易燃性、放射性、毒害性、腐蚀性物品进入公共场所或者交通工具，危及公共安全，情节严重的行为。这种行为侵犯的客体是公共安全。爆炸性、易燃性、放射性、毒害性、腐蚀性危险品一旦发生事故，破坏力强、危害大。

国家的有关法律法规对以上危险品都制定了严格的规定。公共场所和交通工具都是人员聚集的地方，如果违反法律规定携带以上危险品进入公共场所和交通工具势必危及公共安全，一旦发生危险，将造成人员伤亡，或公私财产的重大损失。所以，对这种行为应当予以惩治。

3. 生产、销售不符合安全标准的易燃易爆产品的行为

这种行为是指生产、销售不符合国家标准、行业标准的易燃易爆产品，造成严重后果的行为。这种行为侵犯的客体是易燃易爆产品生产、销售的管理秩序。从客观上讲，这种行为表现为生产、销售不符合安全标准的产品的行为。从主观上讲，这种行为是故意，即行为人明知是不符合安全标准的产品而故意生产、销售。如果易燃易爆产品不符合安全标准，极有可能发生着火、爆炸事故，危及公民的人身安全和财产安全。为此，国家对如炸药、烟花爆竹、易燃气体、易燃液体、易燃固体、自燃物品、遇湿易燃物品、氧化剂和有机过氧化物等危险性更大的产品都制定了严格的安全保障标准，对这些产品的安全性能做了严格的规定。但在实践中，由于生产、销售不符合安全标准的危险品而造成人身伤亡和财产损失的事件仍经常发生，故对这种行为应当予以惩治。

4. 违反消防安全管理规定肇事的行为（消防责任事故罪）

违反消防安全管理规定肇事，是指违反消防安全管理法规，经公安消防机构通知采取措施而拒绝执行，造成严重后果的行为。这种行为侵犯的客体是国家的消防安全管理制度。这种行为，在客观方面表现为行为人违反国家消防法规，但并非所有违反消防管理法规的行为都构成本罪，还必须是经公安消防机构通知采取措施而拒绝执行才构成本罪；从主观方面讲，行为人对其行为可能产生的后果是过失，但违反消防法规，公安消防机构发现的火灾隐患通知采取措施而拒绝执行，或者消极怠工、推诿、拖延等，则往往是处于故意。

《消防法》第四条规定，“国务院公安部门对全国的消防工作实施监督管理。县级以上地方各级人民政府公安机关对本行政区域内的消防工作实施监督管理，并由本级人民政府公安机关消防机构负责实施。军事设施的消防工作，由其主管单位监督管理，公安机关消防机构协助；矿井地下部分、核电厂、海上石油天然气设施的消防工作，由其主管单位监督管理”。同时，第五十四条还规定，“公安机关消防机构在消防监督检查中发现火灾隐患的，应当通知有关单位或者个人立即采取措施消除隐患；不及时消除隐患可能严重威胁公共安全的，公安机关消防机构应当依照规定对危险部位或者场所采取临时查封措施。”对于公安消防机构发现的火灾隐患，通知采取措施而拒绝执行，或者消极怠工、推诿拖延，就极有可能对公共消防安全构成重大威胁，给国家和公民的财产带来严重损失，以致造成严重的后果。因此，对这种行为必须予以制裁。

（二）违犯危险品安全管理应当承担的刑事责任

1. 犯危险物品肇事罪应当承担的刑事责任

根据《刑法》第一百三十六条的规定，对违反爆炸性、易燃性、放射性、毒害性、腐蚀性物品的管理规定，在生产、储存、运输、使用中发生重大事故，造成严重后果的，处3年以下有期徒刑或者拘役；后果特别严重的，处3年以上7年以下有期徒刑。

2. 犯消防责任事故罪应当承担的刑事责任

根据《刑法》一百三十九条的规定，对违反消防管理法规，经消防监督机构通知采取改正措施而拒绝执行，造成严重后果的，对直接责任人员，处3年以下有期徒刑或者拘役；后果特别严重的，处3年以上7年以下有期徒刑。

3. 犯非法携带易燃易爆危险品进入公共场所肇事罪应承担的刑事责任

根据《刑法》第一百三十条的规定，对非法携带易燃易爆危险品进入公共场所或者交通工具，危及公共安全，情节严重的，处3年以下有期徒刑、拘役或者管制。

4. 犯生产、销售易燃易爆产品不符合安全标准肇事罪应承担的刑事责任

根据《刑法》第一百四十六条的规定，对生产不符合保障人身、财产安全的国家标准、行业标准的易燃易爆产品的行为，造成严重后果的，处5年以下有期徒刑，并处销售金额50%以上，2倍以下的罚金；后果特别严重的处5年以上有期徒刑，并处销售金额50%以上2倍以下罚金。

二、违反《消防法》应当承担的行政法律责任

（一）违反易燃易爆危险品安全管理规定的行政行为

违反易燃易爆危险品安全管理的行政行为，是指生产、储存、运输、使用、销售易燃易爆危险品违反消防安全管理规定，尚未造成严重后果的行为。这种行为属于违反公共消防安全管理的行为。它与违反危险品安全管理规定肇事罪的主要区别在于其情节和结果不同。在主观上这种行为可以是由故意或过失构成。

1. 生产、储存、运输、销售或者使用、销毁易燃易爆危险品违反国家有关消防安全规定的行为

《消防法》第二十二条明确规定，生产、储存、装卸易燃易爆危险品的工厂、仓库和专用车站、码头的设置，应当符合消防技术标准。易燃易爆气体和液体的充装站、供应站、调压站，应当设置在符合消防安全要求的位置，并符合防火防爆要求。已经设置的生产、储存、装卸易燃易爆危险品的工厂、仓库和专用车站、码头，易燃易爆气体和液体的充装站、供应站、调压站，不再符合以上规定的，地方人民政府应当组织、协调有关部门、单位限期解决，消除事故隐患。如果行为人违反这些规定生产、储存、运输、销售或者使用、销毁易燃易爆危险品，那么就有可能造成重大人员伤亡和重大财产损失，对社会的公共安全构成危害，所以，对有这种行为的人应当承担法律责任。

2. 违反消防安全技术规定进入生产、储存易燃易爆危险品的场所和非法携带易燃易爆危险品进入公共场所或者乘坐公共交通工具的行为

《消防法》第二十三条第二款规定，“进入生产、储存易燃易爆危险品的场所，必须执行消防安全规定。禁止非法携带易燃易爆危险品进入公共场所或者乘坐公共交通工具”。

生产、储存易燃易爆危险品的场所是严禁烟火的场所。进入该场所，必须禁止吸烟和使用明火，禁止使用非防爆的器具和具有引起燃烧激发能源的行为，如果行为人违反这些消防安全规定进入生产、储存易燃易爆危险物品场所；或者非法携带易燃易爆危险品进入公共场所或者乘坐公共交通工具等，就有可能造成着火或爆炸事故，甚至带来更大的经济损失或重大人员伤亡。所以，犯有这种行为的人应承担法律责任。

3. 燃气用具的安装、使用和线路管路的设计、敷设，不符合国家有关消防安全技术规定的行为

《消防法》第二十七条规定，燃气用具的产品标准，应当符合消防安全的要求；燃气用具的安装、使用及其线路、管路的设计、敷设、维护保养、检测，必须符合消防技术标准和管理规定。

燃气是易燃易爆气体，属于第二类危险品。如果燃气用具的质量不符合国家标准或者行业标准，燃气用具的安装、使用和线路管路的设计、敷设，不符合国家有关消防安全技术规定，就有可能使消费者在使用中发生事故，故对燃气用具的质量不符合国家标准或者行业标

准，燃气用具的安装、使用和线路管路的设计、敷设等不符合国家有关消防安全技术规定的行为，都应当承担法律责任。

（二）违反易燃易爆危险品安全管理应当承担的消防行政法律责任

1. 对违法生产、储存、运输、销售或者使用、销毁易燃易爆危险品行为和非法携带易燃易爆危险品进入公共场所或者乘坐公共交通工具行为的处罚

根据《消防法》第六十二条的规定，违反有关消防技术标准和管理规定生产、储存、运输、销售、使用、销毁易燃易爆危险品的；或者非法携带易燃易爆危险品进入公共场所或者乘坐公共交通工具的，依照《治安管理处罚法》处罚。依照《治安管理处罚法》第三十条的规定，违反国家规定，制造、买卖、储存、运输、邮寄、携带、处置易燃易爆危险品的，处10日以上15日以下拘留；情节轻微的，处5日以上10日以下拘留处罚。

2. 违反消防安全技术标准和规定进入生产、储存易燃易爆危险品场所行为的处罚

违反消防安全规定进入生产、储存易燃易爆危险品场所的行为，主要包括违法进行明火作业或者违反禁令，吸烟、使用非防爆的工具等。因为易燃易爆危险品场所经常存在易燃易爆的危险品，随时可能有易燃液体或气体的泄漏以及散发易燃蒸气的聚集，如在此时遇到了违反消防安全规定的吸烟、使用明火或使用非防爆的工具等产生燃烧激发能源的危险行为，即可引起着火或爆炸。因此，根据《消防法》第六十三条的规定，违反消防安全规定进入生产、储存易燃易爆危险品场所的；违反规定进行明火作业或者吸烟、使用明火的，处警告或者500元以下罚款；情节严重的，处5日以下拘留。

3. 燃气用具的安装、使用和线路管路的设计、敷设，不符合国家有关消防安全技术规定行为的处罚

根据《消防法》第四十五条的规定，燃气用具的安装、使用和线路管路的设计、敷设，不符合国家有关消防安全技术规定的，应当责令限期改正；逾期不改正的，责令停止使用。

以上对违反危险品安全管理行为的刑事和行政处罚措施，都是为了教育单位和个人而采取的，各生产、使用、运输、储存、销售、销毁危险品的单位和个人，都必须严格执行国家对危险品安全管理的各项法律和规章，认真落实各项安全措施，自觉接受国家有关部门的监督管理，切实保证危险品生产、使用、运输、储存、销售、销毁的安全，保证人民生命和国家及公民财产的安全。

三、违反《治安管理处罚法》应承担的行政法律责任

1. 违反规定燃放烟花爆竹行为的处罚

根据《中华人民共和国治安管理处罚法》第24条的有关规定，在大型群众性活动场内燃放烟花爆竹或者其他物品，扰乱大型群众性活动秩序的，处警告或者200元以下罚款；情节严重的，处5日以上10日以下拘留，可以并处500元以下罚款。

2. 违反规定制造、买卖、储存、运输、邮寄、携带、使用、提供、处置爆炸性危险物质的处罚

根据《治安管理处罚法》第三十条的规定，违反国家规定，制造、买卖、储存、运输、邮寄、携带、使用、提供、处置爆炸性危险物质的，处10日以上15日以下拘留；情节较轻的，处5日以上10日以下拘留，可以并处500元以下罚款。

3. 爆炸品被盗、被抢或者丢失故意隐瞒不报行为的处罚

根据《治安管理处罚法》第三十一条的规定，爆炸性危险物质被盗、被抢或者丢失，未

按规定报告的，处 5 日以下拘留；故意隐瞒不报的，处 5 日以上 10 日以下拘留。

四、违反《危险化学品安全管理条例》应当承担的行政法律责任

(一) 生产、经销、使用违反安全管理应当承担的法律责任

1. 生产、经销、使用国家禁止生产、经销、使用的危险品应当承担的法律责任

(1) 生产、经销、使用国家禁止生产、经销、使用的危险品的，以及违反国家限制性规定使用危险品的，由安全生产监督管理部门责令停止生产、经销和使用活动，处 20 万元以上 50 万元以下的罚款，有违法所得的，没收违法所得；构成犯罪的，依法追究刑事责任。

(2) 安全生产监督管理部门责令其对所生产、经销和使用的危险品进行无害化处理。

2. 新建、改建、扩建生产和储存危险品的建设项目违法应当承担的法律责任

未经安全条件审查，新建、改建、扩建生产、储存危险品建设项目的，由安全生产监督管理部门责令停止建设，限期改正；逾期不改正的，处 50 万元以上 100 万元以下的罚款；构成犯罪的，依法追究刑事责任。未经安全条件审查，新建、改建、扩建进行储存、装卸危险品港口建设项目的，由港口行政管理部门依照该规定予以处罚。

3. 未依法取得危险品安全生产许可证、危险品经销许可证应当承担的法律责任

(1) 未依法取得危险品安全生产许可证从事危险品生产，或者未依法取得工业产品生产许可证从事危险品及其包装物、容器生产的，分别依照《安全生产许可证条例》《工业产品生产许可证管理条例》的规定处罚。

(2) 化工企业未取得危险品安全使用许可证，使用危险品从事生产的，由安全生产监督管理部门责令限期改正，处 10 万元以上 20 万元以下的罚款；逾期不改正的，责令停产整顿。

(3) 未取得危险品经销许可证从事危险品经销活动的，由安全生产监督管理部门责令停止经销活动，没收违法经销的危险品以及违法所得，并处 10 万元以上 20 万元以下的罚款；构成犯罪的，依法追究刑事责任。

4. 危险品标志、标签、登记和安全措施违法应当承担的法律责任

危险品标志、标签、登记和安全措施违法有下列情形之一的，由安全生产监督管理部门责令改正，可以处 5 万元以下的罚款；拒不改正的，处 5 万元以上 10 万元以下的罚款；情节严重的，责令停产停业整顿。

(1) 生产、储存危险品的单位未对其铺设的危险品管道设置明显的标志，或者未对危险品管道定期检查、检测的。

(2) 进行可能危及危险品管道安全的施工作业，施工单位未按照规定书面通知管道所属单位，或者未与管道所属单位共同制定应急预案、采取相应的安全防护措施，或者管道所属单位未指派专门人员到现场进行管道安全保护指导的。

(3) 危险品生产企业未提供化学品安全技术说明书，或者未在包装（包括外包装件）上粘贴、拴挂化学品安全标签的。

(4) 危险品生产企业提供的化学品安全技术说明书与其生产的危险品不相符，或者在包装（包括外包装件）粘贴、拴挂的化学品安全标签与包装内危险品不相符，或者化学品安全技术说明书、化学品安全标签所载明的内容不符合国家标准要求的。

(5) 危险品生产企业发现其生产的危险品有新的危险特性不立即公告，或者不及时修订其化学品安全技术说明书和化学品安全标签的。

(6) 危险品经营企业经营没有化学品安全技术说明书和化学品安全标签的危险品的。

(7) 危险品包装物、容器的材质以及包装的形式、规格、方法和单件质量（重量）与所

包装的危险品的性质和用途不相适应的。

(8) 生产、储存危险品的单位未在作业场所和安全设施、设备上设置明显的安全警示标志，或者未在作业场所设置通信、报警装置的。

(9) 危险品专用仓库未设专人负责管理，或者对储存的剧毒危险品以及储存数量构成重大危险源的其他危险品未实行双人收发、双人保管制度的。

(10) 储存危险品的单位未建立危险品出入库核查、登记制度的。

(11) 危险品专用仓库未设置明显标志的。

(12) 危险品生产企业、进口企业不办理危险品登记，或者发现其生产、进口的危险品有新的危险特性不办理危险品登记内容变更手续的。

从事危险品仓储经营的港口，经营人有以上情形的，由港口行政管理部门依照以上规定予以处罚；储存剧毒危险品、易制爆危险品的专用仓库，未按照国家有关规定设置相应的技术防范设施的，由公安机关依照以上规定予以处罚。

生产、储存剧毒危险品、易制爆危险品的单位未设置治安保卫机构、配备专职治安保卫人员的，依照《企业事业单位内部治安保卫条例》的规定处罚。

5. 危险品包装物、容器生产违法应当承担的法律责任

(1) 危险品包装物、容器生产企业销售未经检验或者经检验不合格的危险品包装物、容器的，由质量监督检验检疫部门责令改正，处10万元以上20万元以下的罚款，有违法所得的，没收违法所得；拒不改正的，责令停产停业整顿；构成犯罪的，依法追究刑事责任。

(2) 将未经检验合格的运输危险品的船舶及其配载的容器投入使用的，由海事管理机构依照前款规定予以处罚。

6. 危险品储存、搬运违法应当承担的法律责任

生产、储存、使用危险品的单位有下列情形之一的，由安全生产监督管理部门责令改正，处5万元以上10万元以下的罚款；拒不改正的，责令停产停业整顿，直至由原发证机关吊销其相关许可证件，并由工商行政管理部门责令其办理经营范围、变更登记或者吊销其营业执照；有关责任人员构成犯罪的，依法追究刑事责任。从事危险品仓储经营的港口，经营人有以下规定情形的，由港口行政管理部门依照此规定予以处罚。

(1) 对重复使用的危险品包装物、容器，在重复使用前不进行检查的。

(2) 未根据其生产、储存的危险品的种类和危险特性，在作业场所设置相关安全设施、设备，或者未按照国家标准、行业标准或者国家有关规定对安全设施、设备进行经常性维护、保养的。

(3) 未按国家规定对其安全生产条件定期进行安全评价的。

(4) 未将危险品储存在专用仓库内，或者未将剧毒危险品以及储存数量构成重大危险源的其他危险品在专用仓库内单独存放的。

(5) 危险品的储存方式、方法或者储存数量不符合国家标准或者国家有关规定的。

(6) 危险品专用仓库不符合国家标准、行业标准的要求的。

(7) 未对危险品专用仓库的安全设施、设备定期进行检测、检验的。

7. 违法生产、储存、使用剧毒危险品、易制爆危险品应当承担的法律责任

有下列情形之一的，由公安机关责令改正，可以处1万元以下罚款；拒不改正的，处1万元以上5万元以下罚款。

(1) 生产、储存、使用剧毒危险品、易制爆危险品的单位，不如实记录生产、储存、使用的剧毒危险品、易制爆危险品的数量、流向的。

(2) 生产、储存、使用剧毒危险品、易制爆危险品的单位，发现剧毒危险品、易制爆危

险品丢失或者被盗，不立即向公安机关报告的。

(3) 储存剧毒危险品的单位未将剧毒危险品的储存数量、储存地点以及管理人员的情况报所在地县级人民政府公安机关备案的。

(4) 危险品生产企业、经销企业不如实记录剧毒危险品、易制爆危险品购买单位的名称、地址、经办人的姓名、身份证号码以及所购买的剧毒危险品、易制爆危险品的品种、数量、用途，或者保存销售记录和相关材料的时间少于1年的。

(5) 剧毒危险品、易制爆危险品的销售企业、购买单位未在规定的时限内将所销售、购买的剧毒危险品、易制爆危险品的品种、数量以及流向信息报所在地县级人民政府公安机关备案的。

(6) 使用剧毒危险品、易制爆危险品的单位依照相关规定转让其购买的剧毒危险品、易制爆危险品，未将有关情况向所在地县级人民政府公安机关报告的。

生产、储存危险品的企业或者使用危险品从事生产的企业，未按照《危险化学品安全管理条例》规定将安全评价报告以及整改方案的落实情况报安全生产监督管理部门或者港口行政管理部门备案，或者储存危险品的单位未将其剧毒危险品以及储存数量构成重大危险源的其他危险品的储存数量、储存地点以及管理人员的情况报安全生产监督管理部门或者港口行政管理部门备案的，分别由安全生产监督管理部门或者港口行政管理部门依照相关规定予以处罚。

生产实施重点环境管理的危险品企业或者使用实施重点环境管理的危险品从事生产的企业，未按照规定将相关信息向环境保护主管部门报告的，由环境保护主管部门依照《危险化学品安全管理条例》规定予以处罚。

8. 生产、储存、使用危险品的单位转产、停产、停业或者解散违法应当承担的法律责任

(1) 生产、储存、使用危险品的单位转产、停产、停业或者解散，未采取有效措施及时、妥善处置其危险品生产装置、储存设施以及库存的危险品，或者丢弃危险品的，由安全生产监督管理部门责令改正，处5万元以上10万元以下的罚款；构成犯罪的，依法追究刑事责任。

(2) 生产、储存、使用危险品的单位转产、停产、停业或者解散，未依照国家规定将其危险品生产装置、储存设施以及库存危险品的处置方案报有关部门备案的，分别由有关部门责令改正，可以处1万元以下的罚款；拒不改正的，处1万元以上5万元以下的罚款。

(二) 违法采购、销售、购买危险品应当承担的法律责任

1. 采购危险品违法应当承担的法律责任

危险品经营企业向未经许可违法从事危险品生产、经营活动的企业采购危险品的，由工商行政管理部门责令改正，处10万元以上20万元以下的罚款；拒不改正的，责令停业整顿直至由原发证机关吊销其危险品经营许可证，并由工商行政管理部门责令其办理经营范围变更登记或者吊销其营业执照。

2. 销售危险品违法应当承担的法律责任

危险品生产企业、经营企业有下列情形之一的，由安全生产监督管理部门责令改正，没收违法所得，并处10万元以上20万元以下的罚款；拒不改正的，责令停产停业整顿直至吊销其危险品安全生产许可证、危险品经营许可证，并由工商行政管理部门责令其办理经营范围变更登记或者吊销其营业执照。

(1) 向不具有国家规定的相关许可证件或者证明文件的单位销售剧毒危险品、易制爆危

险品的。

（2）不按照剧毒危险品购买许可证载明的品种、数量销售剧毒危险品的。

（3）向个人销售剧毒危险品（属于剧毒危险品的农药除外）、易制爆危险品的。

3. 购买危险品违法应当承担的法律责任

（1）不具有国家相关许可证件或者证明文件规定条件的单位，购买剧毒危险品、易制爆危险品，或者个人购买剧毒危险品（属于剧毒危险品的农药除外）、易制爆危险品的，由公安机关没收所购买的剧毒危险品、易制爆危险品，可以并处5000元以下的罚款。

（2）使用剧毒危险品、易制爆危险品的单位，出借或者向不具有国家相关许可证件的单位转让其购买的剧毒危险品、易制爆危险品，或者向个人转让其购买的剧毒危险品（属于剧毒危险品的农药除外）、易制爆危险品的，由公安机关责令改正，处10万元以上20万元以下的罚款；拒不改正的，责令停产停业整顿。

（三）危险品运输违法应当承担的法律责任

1. 危险品道路运输、水路运输违法应当承担的法律责任

未依法取得危险货物道路运输许可、危险货物水路运输许可，从事危险品道路运输、水路运输的，分别依照有关道路运输、水路运输的法律、行政法规的规定处罚。

有下列情形之一的，由交通运输主管部门责令改正，处5万元以上10万元以下的罚款；拒不改正的，责令停产停业整顿；构成犯罪的，依法追究刑事责任。

（1）危险品道路运输企业、水路运输企业的驾驶人员、船员、装卸管理人员、押运人员、申报人员、集装箱装箱现场检查员未取得从业资格上岗作业的。

（2）运输危险品，未根据危险品的危险特性采取相应的安全防护措施，或者未配备必要的防护用品和应急救援器材的。

（3）使用未依法取得危险货物适装证书的船舶，通过内河运输危险品的。

（4）通过内河运输危险品的承运人违反国务院交通运输主管部门对单船运输的危险品数量的限制性规定运输危险品的。

（5）用于危险品运输作业的内河码头、泊位不符合国家有关安全规范，或者未与饮用水取水口保持国家规定的安全距离，或者未经交通运输主管部门验收合格投入使用的。

（6）托运人不向承运人说明所托运的危险品的种类、数量、危险特性以及发生危险情况的应急处置措施，或者未按照国家有关规定对所托运的危险品妥善包装并在外包装上设置相应标志的。

（7）运输危险品需要添加抑制剂或者稳定剂，托运人未添加或者未将有关情况告知承运人的。

2. 道路运输危险品行驶违法应当承担的法律责任

有下列情形之一的，由公安机关责令改正，处5万元以上10万元以下的罚款；构成违反治安管理行为的，依法给予治安管理处罚；构成犯罪的，依法追究刑事责任。

（1）超过运输车辆的核定载质量装载危险品的。

（2）使用安全技术条件不符合国家标准要求的车辆运输危险品的。

（3）运输危险品的车辆未经公安机关批准进入危险品运输车辆限制通行的区域的。

（4）未取得剧毒危险品道路运输通行证，通过道路运输剧毒危险品的。

3. 危险品运输车辆违法应当承担的法律责任

有下列情形之一的，由公安机关责令改正，处1万元以上5万元以下的罚款；构成违反治安管理行为的，依法给予治安管理处罚。

（1）危险品运输车辆未悬挂或者喷涂警示标志，或者悬挂或者喷涂的警示标志不符合国家标准要求的。

（2）通过道路运输危险品，不配备押运人员的。

（3）运输剧毒危险品或者易制爆危险品途中需要较长时间停车，驾驶人员、押运人员不向当地公安机关报告的。

（4）剧毒危险品、易制爆危险品在道路运输途中丢失、被盗、被抢或者发生流散、泄漏等情况，驾驶人员、押运人员不采取必要的警示措施和安全措施，或者不向当地公安机关报告的。

4. 危险品道路运输企业违法应当承担的法律责任

对发生交通事故负有全部责任或者主要责任的危险品道路运输企业，由公安机关责令消除事故隐患，未消除事故隐患的危险品运输车辆，禁止上道路行驶。

有下列情形之一的，由交通运输主管部门责令改正，可以处 1 万元以下的罚款；拒不改正的，处 1 万元以上 5 万元以下的罚款。

（1）危险品道路运输企业、水路运输企业未配备专职安全管理人员的。

（2）用于危险品运输作业的内河码头、泊位的管理单位未制定码头、泊位危险品事故应急救援预案，或者未为码头、泊位配备充足、有效的应急救援器材和设备的。

5. 内河运输危险品违法应当承担的法律责任

内河运输危险品违法有下列情形之一的，依照《内河交通安全管理条例》的规定处罚。

（1）通过内河运输危险品的水路运输企业未制订运输船舶危险品事故应急救援预案，或者未为运输船舶配备充足、有效的应急救援器材和设备的。

（2）通过内河运输危险品的船舶的所有人或者经营人未取得船舶污染损害责任保险证书或者财务担保证明的。

（3）船舶载运危险品进出内河港口，未将有关事项事先报告海事管理机构并经其同意的。

（4）载运危险品的船舶在内河航行、装卸或者停泊，未悬挂专用的警示标志，或者未按照规定显示专用信号，或者未按照规定申请引航的。

未向港口行政管理部门报告并经其同意，在港口内进行危险品的装卸、过驳作业的，依照《港口法》的规定处罚。

（四）托运、邮递危险品违法应当承担的法律责任

1. 托运危险品违法应当承担到法律责任

有下列情形之一的，由交通运输主管部门责令改正，处 10 万元以上 20 万元以下的罚款，有违法所得的，没收违法所得；拒不改正的，责令停产停业整顿；构成犯罪的，依法追究刑事责任。

（1）委托未依法取得危险货物道路运输许可、危险货物水路运输许可的企业承运危险品的。

（2）通过内河封闭水域运输剧毒危险品以及国家规定禁止通过内河运输的其他危险品的。

（3）通过内河运输国家规定禁止通过内河运输的剧毒危险品以及其他危险品的。

（4）在托运的普通货物中夹带危险品，或者将危险品谎报或者匿报为普通货物托运的。

2. 邮递危险品违法应当承担到法律责任

（1）在邮件、快件内夹带危险品，或者将危险品谎报为普通物品交寄的，依法给予治安

管理处罚；构成犯罪的，依法追究刑事责任。

（2）邮政企业、快递企业收寄危险品的，依照《邮政法》的规定处罚。

（五）其他危险品违法行为应当承担的法律责任

1. 伪造、变造或者出租、出借、转让危险品安全管理有关许可证件应当承担的法律责任

（1）伪造、变造或者出租、出借、转让危险品安全生产许可证、工业产品生产许可证，或者使用伪造、变造的危险品安全生产许可证、工业产品生产许可证的，分别依照《安全生产许可证条例》《工业产品生产许可证管理条例》的规定处罚。

（2）伪造、变造或者出租、出借、转让《危险化学品安全管理条例》规定的其他许可证，或者使用伪造、变造的《危险化学品安全管理条例》规定的其他许可证的，分别由相关许可证的颁发管理机关处10万元以上20万元以下的罚款，有违法所得的，没收违法所得；构成违反治安管理行为的，依法给予治安管理处罚；构成犯罪的，依法追究刑事责任。

2. 危险品事故处置违法应当承担的法律责任

（1）危险品单位发生危险品事故，其主要负责人不立即组织救援或者不立即向有关部门报告的，依照《生产安全事故报告和调查处理条例》的规定处罚。

（2）危险品单位发生危险品事故，造成他人人身伤害或者财产损失的，依法承担赔偿责任。

（3）发生危险品事故，有关地方人民政府及其有关部门不立即组织实施救援，或者不采取必要的应急处置措施减少事故损失，防止事故蔓延、扩大的，对直接负责的主管人员和其他直接责任人员依法给予处分；构成犯罪的，依法追究刑事责任。

3. 负有危险品安全监督管理职责的部门的工作人员违法应当承担的法律责任

负有危险品安全监督管理职责的部门的工作人员，在危险品安全监督管理工作中滥用职权、玩忽职守、徇私舞弊，构成犯罪的，依法追究刑事责任；尚不构成犯罪的，依法给予处分。

五、违反《烟花爆竹安全管理条例》应承担的行政法律责任

1. 未经许可生产、销售烟花爆竹制品应当承担的法律责任

根据《烟花爆竹安全管理条例》第三十六条的规定，对未经许可生产、销售烟花爆竹制品，或者向未取得烟花爆竹安全生产许可的单位或者个人销售黑火药、烟火药、引火线的，由安全生产监督管理部门责令停止非法生产、销售活动，处2万元以上10万元以下的罚款，并没收非法生产、销售的物品及违法所得。

对未经许可经由道路运输烟花爆竹的，由公安部门责令停止非法运输活动，处1万元以上5万元以下的罚款，并没收非法运输的物品及违法所得。

非法生产、销售、运输烟花爆竹，构成违反治安管理行为的，依法给予治安管理处罚；构成犯罪的，依法追究刑事责任。

2. 违法生产烟花爆竹制品应当承担的法律责任

根据《烟花爆竹安全管理条例》第三十七条的规定，生产烟花爆竹的企业有下列行为之一的，由安全生产监督管理部门责令限期改正，处1万元以上5万元以下的罚款；逾期不改正的，责令停产停业整顿，情节严重的，吊销安全生产许可证。

（1）未按照安全生产许可证核定的产品种类进行生产的。

（2）生产工序或者生产作业不符合有关国家标准、行业标准的。

（3）雇用未经设区的市人民政府安全生产监督管理部门考核合格的人员从事危险工序作

业的。

(4) 生产烟花爆竹使用的原料不符合国家标准规定的，或者使用的原料超过国家标准规定的用量限制的。

(5) 使用国家标准规定禁止使用或者禁忌配伍的物质生产烟花爆竹的。

(6) 未按照国家标准的规定在烟花爆竹产品上标注燃放说明，或者未在烟花爆竹的包装物上印制易燃易爆危险物品警示标志的。

3. 违法销售烟花爆竹应当承担的法律责任

根据《烟花爆竹安全管理条例》第三十八条的规定，从事烟花爆竹批发的企业向从事烟花爆竹零售的销售者供应非法生产、销售的烟花爆竹，或者供应按照国家标准规定应由专业燃放人员燃放的烟花爆竹的，由安全生产监督管理部门责令停止违法行为，处 2 万元以上 10 万元以下的罚款，并没收非法销售的物品及违法所得；情节严重的，吊销烟花爆竹销售许可证。

从事烟花爆竹零售的销售者销售非法生产、销售的烟花爆竹，或者销售按照国家标准规定应由专业燃放人员燃放的烟花爆竹的，由安全生产监督管理部门责令停止违法行为，处 1000 元以上 5000 元以下的罚款，并没收非法销售的物品及违法所得；情节严重的，吊销烟花爆竹销售许可证。

4. 丢失黑火药、烟火药、引火线不及时报告应当承担的法律责任

根据《烟花爆竹安全管理条例》第三十九条的规定，生产、销售、使用黑火药、烟火药、引火线的企业，丢失黑火药、烟火药、引火线未及时向当地安全生产监督管理部门和公安部门报告的，由公安部门对企业主要负责人处 5000 元以上 2 万元以下的罚款，对丢失的物品予以追缴。

5. 烟花爆竹道路运输违法应当承担的法律责任

根据《烟花爆竹安全管理条例》第四十条的规定，经由道路运输烟花爆竹，有下列行为之一的，由公安部门责令改正，处 200 元以上 2000 元以下的罚款。

(1) 违反运输许可事项的。

(2) 未随车携带《烟花爆竹道路运输许可证》的。

(3) 运输车辆没有悬挂或者未安装符合国家标准的易燃易爆危险物品警示标志的。

(4) 烟花爆竹的装载不符合国家有关标准和规范的。

(5) 装载烟花爆竹的车厢载人的。

(6) 超过危险物品运输车辆规定时速行驶的。

(7) 运输车辆途中经停没有专人看守的。

(8) 运达目的地后，未按规定时间将《烟花爆竹道路运输许可证》交回发证机关核销的。

6. 违法携带烟花爆竹搭乘公共交通工具或者邮寄烟花爆竹应当承担的法律责任

根据《烟花爆竹安全管理条例》第四十一条的规定，对携带烟花爆竹搭乘公共交通工具，或者邮寄烟花爆竹以及在托运的行李、包裹、邮件中夹带烟花爆竹的，由公安部门没收非法携带、邮寄、夹带的烟花爆竹，可以并处 200 元以上 1000 元以下的罚款。

7. 违法燃放烟花爆竹应当承担的法律责任

(1) 根据《烟花爆竹安全管理条例》第四十二条的规定，对未经许可举办焰火晚会以及其他大型焰火燃放活动，或者焰火晚会以及其他大型焰火燃放活动燃放作业单位和作业人员违反焰火燃放安全规程、燃放作业方案进行燃放作业的，由公安部门责令停止燃放，对责任单位处 1 万元以上 5 万元以下的罚款。

（2）在禁止燃放烟花爆竹的时间、地点燃放烟花爆竹，或者以危害公共安全和人身、财产安全的方式燃放烟花爆竹的，由公安部门责令停止燃放，处100元以上500元以下的罚款；构成违反治安管理行为的，依法给予治安管理处罚。

8. 政府有关部门违法行政应当承担的法律责任

根据《烟花爆竹安全管理条例》第四十三条的规定，对没收的非法烟花爆竹以及生产、销售企业弃置的废旧烟花爆竹，应当就地封存，并由公安部门组织销毁、处置。

根据《烟花爆竹安全管理条例》第四十四条的规定，安全生产监督管理部门、公安部门、质量监督检验部门、工商行政管理部门的工作人员，在烟花爆竹安全监管工作中滥用职权、玩忽职守、徇私舞弊，构成犯罪的，依法追究刑事责任；尚不构成犯罪的，依法给予行政处分。

六、违反《民用爆炸物品安全管理条例》应承担的行政法律责任

对于非法制造、买卖、运输、储存民用爆炸物品，构成犯罪的行为，应当依法追究刑事责任；尚不构成犯罪，有违反治安管理行为的，也应当依法给予治安管理处罚。对于违法在生产、储存、运输、使用民用爆炸物品中发生重大事故，造成严重后果或者后果特别严重，构成犯罪的，也应当依法追究刑事责任。具体讲，有关单位和个人或国家有关行政机关，应当承担以下法律责任。

1. 未经许可非法生产、销售和购买民用爆炸物品应当承担的行政法律责任

违反《民用爆炸物品安全管理条例》规定，不经许可生产、销售民用爆炸物品的，由国防科技工业主管部门责令停止非法生产、销售活动，处10万元以上50万元以下的罚款，并没收非法生产、销售的民用爆炸物品及其违法所得。

违反《民用爆炸物品安全管理条例》规定，未经许可购买、运输民用爆炸物品或者从事爆破作业的，由公安机关责令停止非法购买、运输、爆破作业活动，处5万元以上20万元以下的罚款，并没收非法购买、运输以及从事爆破作业使用的民用爆炸物品及其违法所得（国防科技工业主管部门、公安机关对没收的非法民用爆炸物品，应当组织销毁）。

2. 违法生产、销售民用爆炸物品应当承担的法律责任

违反《民用爆炸物品安全管理条例》规定，生产、销售民用爆炸物品的企业有下列行为之一的，由国防科技工业主管部门责令限期改正，处10万元以上50万元以下的罚款；逾期不改正的，责令停产停业整顿；情节严重的，吊销“民用爆炸物品生产许可证”或者“民用爆炸物品销售许可证”。

（1）超出生产许可的品种、产量进行生产、销售的。

（2）违反安全技术规程生产作业的。

（3）民用爆炸物品的质量不符合相关标准的。

（4）民用爆炸物品的包装不符合法律、行政法规的规定以及相关标准的。

（5）超出购买许可的品种、数量，销售民用爆炸物品的。

（6）向没有《民用爆炸物品生产许可证》《民用爆炸物品销售许可证》《民用爆炸物品购买许可证》的单位销售民用爆炸物品的。

（7）民用爆炸物品生产企业销售本企业生产的民用爆炸物品未按照规定向国防科技工业主管部门备案的。

（8）未经审批进出口民用爆炸物品的。

3. 违法经销民用爆炸物品应当承担的法律责任

违反《民用爆炸物品安全管理条例》规定，有下列情形之一的，由公安机关责令限期改

正，处5万元以上20万元以下的罚款；逾期不改正的，责令停产停业整顿。

(1) 未按照规定对民用爆炸物品做出警示标志、登记标志或者未对雷管编码打号的。

(2) 超出购买许可的品种、数量，购买民用爆炸物品的。

(3) 使用现金或者实物进行民用爆炸物品交易的。

(4) 未按照规定保存购买单位的许可证、银行账户转账凭证、经办人的身份证明复印件的。

(5) 销售、购买、进出口民用爆炸物品，未按照规定向公安机关备案的。

(6) 未按照规定建立民用爆炸物品登记制度，未如实将本单位生产、销售、购买、运输、储存、使用民用爆炸物品的品种、数量和流向信息输入计算机系统的。

(7) 未按照规定将《民用爆炸物品运输许可证》交回发证机关核销的。

4. 违法道路运输民用爆炸物品应当承担的法律责任

违反《民用爆炸物品安全管理条例》规定，经由道路运输民用爆炸物品，有下列情形之一的，由公安机关责令改正，处5万元以上20万元以下的罚款。

(1) 违反运输许可事项的。

(2) 未携带《民用爆炸物品运输许可证》的。

(3) 违反有关标准和规范混装民用爆炸物品的。

(4) 运输车辆未按照规定悬挂或者安装符合国家标准的易燃易爆危险物品警示标志的。

(5) 未按照规定的路线行驶，途中经停没有专人看守或者在许可以外的地点经停的。

(6) 装载民用爆炸物品的车厢载人的。

(7) 出现危险情况未立即采取必要的应急处置措施、报告当地公安机关的。

5. 违法从事爆破作业应当承担的法律责任

违反《民用爆炸物品安全管理条例》规定，从事爆破作业的单位有下列情形之一的，由公安机关责令停止违法行为或者限期改正，处10万元以上50万元以下的罚款；逾期不改正的，责令停产停业整顿；情节严重的，吊销《爆破作业单位许可证》。

(1) 爆破作业单位未按照其资质等级从事爆破作业的。

(2) 营业性爆破作业单位跨省、自治区、直辖市行政区域实施爆破作业，未按照规定事先向爆破作业所在地的县级人民政府公安机关报告的。

(3) 爆破作业单位未按照规定建立民用爆炸物品领取登记制度、保存领取登记记录的。

(4) 违反国家有关标准和规范实施爆破作业的。

(5) 爆破作业人员违反国家有关标准和规范的规定实施爆破作业的，由公安机关责令限期改正，情节严重的，吊销《爆破作业人员许可证》。

6. 违法储存民用爆炸物品应当承担的法律责任

违反《民用爆炸物品安全管理条例》规定，有下列情形之一的，由国防科技工业主管部门、公安机关按照职责责令限期改正，可以并处5万元以上20万元以下的罚款；逾期不改正的，责令停产停业整顿；情节严重的，吊销许可证。

(1) 未按照规定在专用仓库设置技术防范设施的。

(2) 未按照规定建立出入库检查、登记制度或者收存和发放民用爆炸物品，致使账物不符的。

(3) 超量储存、在非专用仓库储存或者违反储存标准和规范储存民用爆炸物品的。

(4) 有本条例规定的其他违反民用爆炸物品储存管理规定行为的。

7. 违法使用民用爆炸物品应当承担的法律责任

违反《民用爆炸物品安全管理条例》规定，民用爆炸物品从业单位有下列情形之一的，由公安机关处 2 万元以上 10 万元以下的罚款；情节严重的，吊销其许可证；有违反治安管理行为的，依法给予治安管理处罚。

（1）违反安全管理制度，致使民用爆炸物品丢失、被盗、被抢的。

（2）民用爆炸物品丢失、被盗、被抢，未按照规定向当地公安机关报告或者故意隐瞒不报的。

（3）转让、出借、转借、抵押、赠送民用爆炸物品的。

8. 违法携带民用爆炸物品应当承担的法律责任

违反《民用爆炸物品安全管理条例》规定，携带民用爆炸物品搭乘公共交通工具或者进入公共场所，邮寄或者在托运的货物、行李、包裹、邮件中夹带民用爆炸物品，构成犯罪的，依法追究刑事责任；尚不构成犯罪的，由公安机关依法给予治安管理处罚，没收非法的民用爆炸物品，处 1000 元以上 1 万元以下的罚款。

9. 民用爆炸物品单位不按规定履行安全管理责任应当承担的法律责任

民用爆炸物品从业单位的主要负责人，未履行《民用爆炸物品安全管理条例》规定的安全管理责任，导致发生重大伤亡事故或者造成其他严重后果，构成犯罪的，依法追究刑事责任；尚不构成犯罪的，对主要负责人给予撤职处分，对个人经营的投资人处 2 万元以上 20 万元以下的罚款。

10. 国家有关管理部门滥用职权、玩忽职守或者徇私舞弊应当承担的法律责任

国防科技工业主管部门、公安机关、工商行政管理部门的工作人员，在民用爆炸物品安全监督管理工作中滥用职权、玩忽职守或者徇私舞弊，构成犯罪的，依法追究刑事责任；尚不构成犯罪的，依法给予行政处分。

附　录

附录1　化学危险品灭火剂表

化学危险品种类、名称			灭火剂						灭火注意事项
			水	砂土	泡沫	二氧化碳	干粉	卤代烷	
爆炸品			○	×					
氧化剂	无机物	过氧化钾、过氧化钠、过氧化钙、过氧化钾、过氧化钡	×	○	×				
		其他无机氧化剂	○	○					先用砂土后用水，但要防止泛流
	有机氧化剂	固体的	○	○					盖砂土后可用水
		液体的		○		○		○	
压缩气体和液化气体		可燃	○			○	○	○	
		其他	○						
自燃物品	烷基铝、铝铁熔剂		×	○	×		×	×	
	其他自燃物品		○	○					
遇水燃烧物品	钾、钠、钙、锶、铷、铯、钠汞齐、镁铝粉		×	○	×	×	×	×	
	碳化钙、保险粉、硼氢类		×	○	×	○			
	其他遇水燃烧物品		×	○	×				
易燃液体	二硫化碳		○						溶于水的，要用抗溶性泡沫
	醇、酮、醚、醛		×	○	○				
	其他易燃液体				○	○×	○	○	
易燃固体	闪光粉、镁粉、铝粉、银粉、铝镍合金氢化催化剂		×	○	×	×	×	×	
	钛粉、钍粉、锰粉、钴粉、铪粉、氨基化锂、氨基化钠		×	○	×	○			
	硝化棉、硝化纤维素		○	×					
	其他易燃固体		○						
毒害品	锑粉、铍粉、铊化合物、磷化铝、磷化锌、氰化物		×	○	×				盖砂土后可用水
	砷化物、有机磷农药		○	○	×				先用砂土后用水
	其他毒害品		○	○					先用砂土后用水
腐蚀物品	酸性腐蚀物品		×	○		○			盖砂土后可用水
	碱性及其他腐蚀物品		○	○					

注：“×”表示不能使用的；“○”表示效果较好的；空白表示可用，但效果较差。

附录2 相互接触能发生燃爆的物质一览表

物质分类与名称		危险的对象物	条件	现象	备注
氧	氧气	丙酮 苯基二氯胺 黏性油、松节油 乙醚 氢、甲烷、乙炔、硫粉	空气中 空气中，30℃ 空气中，30℃ 空气中 点火，摩擦	爆炸	生成不安定的过氧化物
	液态氧	活性炭 木炭粉 乙醚	常温	爆炸	
液态空气	液态空气	氢、甲烷、乙炔、硫、磷、活性炭 金属粉、松节油、有机物 二硫化碳、乙醇、乙醚 石油、润滑油 萘、樟脑	接触	着火、爆炸	冲击、摩擦、流动、急剧气化时特别敏感
无机过氧化物	过氧化氢	联氨、甘油、乙醇、金属粉 有机酸、酮类、醛类 谷物粉尘、棉、羊毛、油、树脂、海绵	常温接触 冲击、加热 常温接触	爆炸 爆炸 燃烧	生成过氧化物
	过氧化钠 过氧化钾	水 铝粉 醋酐 氢氧化钠、氢氧化钾	常温 微量水分 接触 振动	着火 自燃 自燃 自燃	在有机物存在下
	过氧化钡 过氧化钙 过氧化镁 过氧化锶	有机物、金属粉、还原剂(胺类、苯胺类、乙醇、有机酸、油脂、磷、木炭、锑等)	摩擦或少量水分	着火	
	过氧化汞 过氧化铅 过氧化银	硫、干燥的硫化氢 硫或升华硫 草酸、酒石酸、柠檬酸	接触 摩擦 摩擦	着火	
有机过氧化物	过氧化苯甲酰 过氧化甲乙酮 环氧乙烷 无水醛酸 过氧化物	环烷酸钴 有机物(油、树脂) 稀土金属 铁锈 金属粉	常温接触或撞击	爆炸	
氯酸盐	氯酸盐	铵盐 浓硫酸、浓盐酸 硫化锑 铝粉、镁粉、铁粉	混合 混合 混合(在密闭空间内) 点火、撞击、摩擦	爆炸 爆炸 爆炸 着火	生产的氯酸铵有爆炸危险 产生二氧化氯 白色火焰、闪光剂
	氯酸锶 氯酸钡 氯酸钾、氯酸钠	铝粉、镁粉＋硬脂酸盐 硬脂酸盐 硫、二硫化碳、红磷	点火、撞击、摩擦 点火、撞击、摩擦 摩擦、撞击、加热	着火 着火 爆炸	红色火焰、闪光剂 绿色火焰、闪光剂
	氯酸钾	砂糖＋硫酸 联氨 硫化锑	接触 接触 撞击	着火 爆炸 爆炸	

续表

物质分类与名称		危险的对象物	条件	现象	备注
过氯酸盐	过氯酸钾	木炭、纸、乙醚	常温湿气中、日光	着火	
		联氨、羟胺	接触	爆炸	
		有机物、金属粉、可燃物	摩擦、撞击	着火或爆炸	
	无水过氯酸钾	硫、乙醇、木炭，锌、铁等金属粉	接触	着火或爆炸	
次氯酸盐	漂白粉	硫酸铵、硫	混合	着火或爆炸	
		乙炔	接触	着火	
		木炭(用同量木炭在密闭容器内)	加温	爆炸	
亚氯酸盐	亚氯酸钠	草酸、其他有机酸、保险粉、油脂、强酸、有机物	混合	着火	
高锰酸盐	高锰酸钾 高锰酸钠	硫、锡	加热 177℃	爆炸	
		甘油	接触	着火、爆炸	分解产生氢气爆炸
		乙醇＋浓硫酸	接触	闪光着火	生成乙烯
		苦味酸＋浓硫酸	接触	着火	生成高锰酸铵(120℃着火)
		铁粉	撞击	着火	
		硝酸铵＋有机物	加热、摩擦	爆炸	产生高锰酸铵
		浓硫酸	接触	爆炸	
铬酸及铬酸盐	铬酐(三氧化铬)	醋酸、吡啶、苯胺、乙醇、丙酮、信那水、润滑脂	接触	着火	
	铬酸铅	电石	摩擦	着火	
		冰醋酸	接触	着火	
	重铬酸盐	可燃物	加热	着火	
		联氨、羟胺	接触	着火、爆炸	
	重铬酸钾	消石灰	混合	爆炸	
亚硝酸和硝酸	亚硝酸	氰	常温	爆炸	
		乙醇、胺类	撞击、加热	爆炸	
	硝酸	乙醇、可燃物	常温、接触	着火	生成硝酸酯
	浓硝酸	乙炔、有机物、浓氨水、胺类、碳水化合物、有机酸	常温、接触	着火或爆炸	
亚硝酸盐和硝酸	亚硝酸钾 亚硝酸钠	卤化氨、氨盐、硫氰酸、盐氰化钾、可燃物	加热	着火或爆炸	
	亚硝酸盐	氯化铵	加热	着火或爆炸	
	硝酸铵	可燃物	加热	着火	
		锌粉	常温、水分	着火	
		硫酸铵	大冲击能量	爆炸	
	熔融硝铵	金属粉(锌、铝、铜等)	接触	爆炸	
	硝酸钾	醋酸钠(或草酸盐)、亚磷酸钠	加热	爆炸	
	硝酸钠	硫代硫酸钠	溶解时	爆炸	
硫酸	硫酸	硝酸胍	接触	爆燃	
	浓硫酸	松节油、有机物、金属粉	混合撞击	着火或爆炸	
	发烟硫酸	雷酸盐、氯酸盐、高锰酸盐	混合撞击	着火或爆炸	
		磷化氢、硫化氢	接触	着火	

续表

物质分类与名称		危险的对象物	条 件	现 象	备 注
氰化物	氰	亚硝酸	撞击	爆炸	
	氰化物	硝酸盐、氯酸盐、亚硝酸盐	加热	爆炸	
	氢氰酸	碱	加热 180℃	爆炸	
	氰化钾	四氧化铬	加热	爆炸	
叠氮化物	叠氮酸盐	水分	自爆性	爆炸	生成叠氮化物
	氮化钡	四氯化碳、三氯甲烷、三氯乙烯、其他卤代烷	摩擦、撞击	爆炸	
	叠氮化钠	亚硝酸气＋氨	自爆性	爆炸	
		二硫化碳	自爆性	爆炸	
		重金属盐	摩擦撞击	爆炸	
氨基化物	氨基化钙	水	混合	爆炸	
	氨基化钾	真空	加热	爆炸	
重氮化合物	芳胺	亚硝酸	干燥时加温	爆炸	生成重氮化合物
卤素及其化合物	氯气、溴	氢、甲烷、乙烯、硫、锑、砷、磷、钠、钾、金属粉、松节油	混合后在日光作用下	着火、爆炸	
	氯气	氨、氨盐、氯化铵	接触	着火、爆炸	生成氯化氮
		松脂、乙醚等浸涂的纤维	接触	着火	
	溴	可燃物	接触	着火	
	碘	可燃物	接触加温	着火	
		浓氨	接触加温	着火	生成碘化氨
	氯化氮	磷、脂肪油、橡胶、松节油等不饱和有机化合物	接触	爆炸	
		氯＋铵盐	接触	爆炸	生成盐酸及氯化氮
		氯＋氯化铵＋金属盐	接触	爆炸	加温 30℃ 生成氯化氮
	三氯乙烯	醇＋氢氧化钠	加热	着火	
	二氯乙烯	醇＋氢氧化钠		着火	生成一氯乙炔（自燃物质）
	氟	氢、二氧化硅	接触	爆炸	
	三碘甲烷、三溴甲烷	银粉、锌粉、铁粉	加热	着火	
	溴化钾	醋酸铅	摩擦	爆炸	
	溴酸盐、碘酸盐	硫二醇酸铵、过硫酸铵	加热、撞击、接触	着火	分别生成溴酸铵、碘酸铵
	碘　酸	钠	接触	爆炸	

续表

物质分类与名称		危险的对象物	条件	现象	备注
磷及其化合物	红磷	碘	接触	爆炸	
		二硫化碳＋氨	常温	着火	
		硝酸铅、亚硝酸盐、氯酸盐	混合、撞击、加热	爆炸	
	磷化铜	氰化钾	混合	爆炸	
	磷化铜或次磷酸盐	氯酸盐	混合	爆炸	
	五氯化磷、三氯化磷、磷酰氯	水分	混合	爆炸	
金属氧化物	氧化钡、氧化汞、氧化镁、氧化锌	升华硫、镁、铝粉	加热	着火、爆炸	
	氧化汞	氰化汞	摩擦	爆炸	
	四氧化铅	硅	加热、撞击	爆炸	
	二氧化铅	硅、硫	加热、撞击	爆炸	
	氧化铁	镁	加热、撞击	爆炸	
	氧化汞	磷	加热、撞击	爆炸	
金属	镁粉	水、酸、卤素、氧化剂	常温接触	着火	
	银盐、汞盐	草酸	摩擦、撞击	爆炸	
	银盐、铜盐、汞盐	乙炔	撞击	爆炸	生成乙炔盐
	碱金属、碱土金属	重金属盐(氧化银、氯化银、氧化汞等)	接触	爆炸	
	镁或铝	氯酸、硝酸盐、硫酸盐、磷酸盐、碳酸盐	加热	着火、爆炸	
	钠、钾、铯、锂、铵、钙	四氯化碳、氯仿、其他氯代烃、水、酸、碱	摩擦、撞击、反应热	着火、爆炸	
	熔融铝	铁	接触	爆炸	
	镁、锌、钙、钛	水或蒸汽	加热	着火	
	熔融钾	乙炔、碘、氧化亚汞	接触	爆炸	

附录3 几种毒物中毒时的急救和治疗方法

毒物名称	毒物的侵入途径与中毒主要症状	急救法和治疗法
氯	通过呼吸道和皮肤黏膜使人中毒； 刺激眼结膜、流泪、羞明； 鼻咽黏膜发炎、咳嗽、打喷嚏，呼吸道损害、窒息、冷汗，脉搏虚弱，甚至肺水肿，心力逐渐衰竭而死亡	1. 立即离开有氯气的场所； 2. 静脉注射5%葡萄糖 40～100mL； 3. 重患者保温，吸氧，注射强心剂，但禁用吗啡； 4. 并发肺炎时，应用抗菌素药剂
一氧化碳及煤气	由呼吸道经肺脏吸收而进入血液，使血色素丧失运输氧的能力； 头痛、眩晕、有时恶心、呕吐、疲乏无力，严重时甚至意识不清，肢体瘫痪，陷入昏迷状态，停止呼吸而死亡； 全身皮肤常呈鲜洋红色，时间长或发绀	1. 将患者移至新鲜空气处，保暖不使其受寒，禁用兴奋剂； 2. 呼吸衰竭者，应立即进行人工呼吸，并给予含5%～7% CO_2 的氧气； 3. 输入5%葡萄糖盐水 1500～2000mL； 4. 发生呼吸循环衰竭者，同时注射盐酸山梗菜碱、尼可刹米、樟脑等强心剂； 5. 急性重度中毒者，迅速放血 200～300mL，必要时输入等量新鲜血液

续表

毒物名称	毒物的侵入途径与中毒主要症状	急救法和治疗法
硫化氢	由呼吸道侵入，引起中枢神经系统中毒； 头晕、头痛、恶心、呕吐、倦怠、虚弱、结膜炎，有时会发生支气管炎、肺炎、肺水肿，严重者出冷汗、肠绞痛、腹泻、小便困难、呼吸短促、心悸，并可使意识突然丧失、昏迷、窒息而死亡	1. 立即离开中毒区； 2. 呼吸治疗并注射呼吸兴奋剂如尼可刹米、盐酸山梗菜碱等； 3. 重者，注射 0.1%阿扑吗啡 1mL 催吐； 4. 并发支气管炎及肺炎者，应对症治疗，同时用抗菌素药剂
二氧化硫及三氧化硫	经呼吸道侵入； 强烈刺激黏膜：结膜炎、流泪、流涕、咽干、咽痛等； 气管、支气管炎症； 重者喉哑、压迫感及胸痛、吞咽困难、急性支气管炎、发绀、肺浮肿甚至死亡	1. 应立即呼吸新鲜空气，如发现肺浮肿应输入氧气； 2. 服碳酸氢钠或乳酸钠治疗酸中毒； 3. 眼受刺激，应充分用 2%苏打水洗眼
氮的氧化物（主要成分为 NO、NO_2 及硝酸蒸气）	通过呼吸道对深部呼吸器官起损害作用； 使眼结膜、口腔、咽喉黏膜肿胀充血，引起呼吸道的刺激症状和炎症，可能发生各种程度的支气管炎、肺炎、肺水肿，严重者可致肺坏疽； 还会出现口唇手指发绀、全身衰弱、眩晕等症状； 能损害神经系统，吸入高浓度的氮氧化物时可迅速出现窒息痉挛现象而死亡	1. 迅速离开中毒地点，并保持绝对安静； 2. 呼吸新鲜空气，必要时供氧； 3. 立即静脉注射 50%葡萄糖 20～60mL； 4. 发绀并有静脉充血时，为防止发生肺水肿，可放血 200～300mL，禁用吗啡； 5. 续发肺部感染时，用抗菌药剂； 6. 对症处理，如止咳剂、镇静剂
氨	可由呼吸道、消化道及皮肤黏膜侵入人体； 严重刺激眼睛、口、喉、肺，咳嗽，声音嘶哑，声带水肿、呼吸困难，胸痛，严重可致虚脱，心力衰竭或窒息而死亡； 皮肤接触氨水时，可引起化学灼伤，红肿、起疱、糜烂	1. 如系吸入中毒者，应立即离开中毒场所，如皮肤接触，应立即用水或稀醋酸充分洗涤；误食者，可谨慎洗胃； 2. 内服稀醋酸、酸果汁、柠檬汁或 2%稀盐酸； 3. 喉水肿呼吸十分困难时，宜作气管切开
乙炔	由呼吸道入侵，症状同一氧化碳	同一氧化碳
苯及其同系物	通过呼吸道及皮肤渗透侵入人体，急性中毒或沉醉状，惊悸，面色苍白，续以面红、耳鸣、头晕、头痛、呕吐，视力紊乱，步态蹒跚，甚至肌肉抽搐，或肢体痉挛，很快昏迷而死	1. 急性中毒者，应立即施行人工呼吸，同时输入氧气，并注射盐酸山梗菜碱与尼可刹米（忌用肾上腺素），给以热饮料； 2. 全身性中毒者，静脉注射 10%硫代硫酸钠； 3. 皮肤损害者，用清水多次洗涤，涂敷白色洗剂或炉甘石洗剂
氢氰酸（或氰化物）	经呼吸道侵入，也可从皮肤渗入； 轻者有黏膜刺激症状，唇舌麻木、头痛、眩晕、下肢无力，胸部压迫感、恶心、呕吐、心悸、血压上升、气喘、瞳孔散失； 重者呼吸不规则，意识逐渐昏迷，强直性痉挛，角弓反张，大小便失禁，全身反射消失，皮肤黏膜出现鲜红彩，血压下降，可迅速发生呼吸障碍而死亡	1. 移出毒区，予以人工呼吸； 2. 如呼吸困难，令吸入氧气，注射尼可刹米、盐酸山梗菜碱等； 3. 首先给予高铁血色素形成剂，注入亚硝酸异戊酯 0.5mL，或静脉注射 1%美兰（即亚甲蓝）的 25%葡萄糖溶液 30～50mL，或注射新配制的 1%～2%亚硝酸钠溶液 5～10mL，并同时静脉注射 50%硫代硫酸钠 25～50mL； 4. 为有助于毒物排出，每隔 2～3h 静脉注射 50%葡萄糖 20～40mL； 5. 皮肤黏膜受刺激时，用 2%小苏打溶液或清水冲洗； 6. 内服毒物时，除上述急救方法外，还需用 2%小苏打溶液或 1∶5000 高锰酸钾溶液洗胃，同时用 1%阿朴吗啡 0.5mL 催吐
磷及磷化物	磷的粉尘、蒸气和烟雾能通过呼吸道吸入，液体磷化物由消化道或皮肤吸收侵入； 急性中毒：主要引起胃肠与肝脏损害，误服后口腔有灼烧感，恶心、呕吐、吐出物呈黑色，便秘，呼吸中有蒜臭，一两日后可出现黄疸、肝肿大，有压痛，也可发生呕血、便血、血尿、鼻出血等出血症状；重者神经系统中毒，嗜睡、昏迷、心率不齐，呼吸衰竭，可致死亡； 磷化物蒸气能刺激眼黏膜，并使皮肤产生各种程度的化学性灼伤	1. 误服磷中毒者，迅速用 0.1%硫酸铜溶液催吐并洗胃，也可同时用 1∶200 高锰酸钾溶液洗胃； 禁用油类泻剂，可用缓泻剂，如硫酸镁； 2. 静脉输入 5%葡萄糖盐水 1000～2000mL； 3. 肝脏受损时，大量注射 50%葡萄糖与维生素 B、C、K 等，也可同时注射少量胰岛素（4～8 单位）保护肝脏； 4. 有呼吸与心跳障碍时，用安纳加、尼可刹米、盐酸山梗菜碱等兴奋剂； 5. 眼黏膜损害，用 2%小苏打溶液洗眼多次； 6. 磷中毒应严格禁忌脂肪、油腻饮食

续表

毒物名称	毒物的侵入途径与中毒主要症状	急救法和治疗法
氯乙烯类：三氯乙烯，二氯乙烯	通过呼吸道侵入，有强烈麻醉作用，尤以三氯乙烯对人的毒性大； 易引起神经麻痹，表现为面部感觉麻木，角膜溃疡，视神经受损，出现视力下降，有时引起上下肢麻木、无力、疼痛等多种神经炎症状； 呼吸系统受害：嗅觉减低，咳嗽，胸痛等； 消化系统受害：恶心、呕吐、剧烈腹痛等	1. 立即移出毒区，吸入氧气或含 5% CO_2 的氧气； 2. 静脉注射 10%葡萄糖酸钙 10～20mL，或静脉注射 50%葡萄糖 30～60mL； 3. 内服蛋氨酸，每日 4～8g，连服 3 天以后，每日 2～4g，乳酸钙或葡萄糖酸钙每日 4～8g； 4. 对症服止痛剂、止吐剂、止咳剂、镇静剂等； 5. 出现神经麻痹感觉障碍者注射维生素 B，每日 80mg；维生素 B_{12}，每日 100～200mg； 6. 有运动障碍者，注射新斯的明 0.5mg，每日 1 次，或 1%地巴唑 1mL，每日 1 次

附录4 危险货物包装标志

附表 1 标记

序号	标记名称	标记图形	序号	标记名称	标记图形
1	危险环境物质和物品标记	（符号：黑色，底色：白色）	2	方向标记	（符号：黑色或正红色，底色：白色）
2	方向标记	（符号：黑色或正红色，底色：白色）	3	高温运输标记	（符号：正红色，底色：白色）

附表 2　标签

序号	标签名称	标签图形	对应的危险货物类项号
1	爆炸性物质或物品	(符号:黑色,底色:橙红色)	1.1 1.2 1.3
		1.4 * 1 (符号:黑色,底色:橙红色)	1.4
		1.5 * 1 (符号:黑色,底色:橙红色)	1.5
		1.6 * 1 (符号:黑色,底色:橙红色) **项号的位置——如果爆炸性是次要危险性,留空白。 *配装组字母的位置——如果爆炸性是次要危险性,留空白。	1.6

续表

序号	标签名称	标 签 图 形	对应的危险货物类项号
2	易燃气体	（符号：黑色，底色：正红色）  （符号：白色，底色：正红色）	2.1
	非易燃无毒气体	（符号：黑色，底色：绿色）  （符号：白色，底色：绿色）	2.2

续表

序号	标签名称	标签图形	对应的危险货物类项号
2	毒性气体	 (符号:黑色,底色:白色)	2.3
3	易燃液体	(符号:黑色,底色:正红色)  (符号:白色,底色:正红色)	3
4	易燃固体	 (符号:黑色,底色:白色红条)	4.1

续表

序号	标签名称	标 签 图 形	对应的危险货物类项号
4	易于自燃的物质	 （符号：黑色，底色：上白下红）	4.2
	遇水放出易燃气体的物质	（符号：黑色，底色：蓝色）  （符号：白色，底色：蓝色）	4.3
5	氧化性物质	 （符号：黑色，底色：柠檬黄色）	5.1

续表

序号	标签名称	标 签 图 形	对应的危险货物类项号
5	有机过氧化物	（符号：黑色，底色：红色和柠檬黄色） （符号：白色，底色：红色和柠檬黄色）	5.2
6	毒性物质	（符号：黑色，底色：白色）	6.1
	感染性物质	（符号：黑色，底色：白色）	6.2

续表

序号	标签名称	标签图形	对应的危险货物类项号
7	一级放射性物质	RADIOACTIVE I CONTENTS .... ACTIVITY .... 7 （符号：黑色，底色：白色，附一条红竖条） 黑色文字，在标签下半部分写上： “放射性” “内装物________” “放射性强度________” 在“放射性”字样之后应有一条红竖条	7A
	二级放射性物质	RADIOACTIVE II CONTENTS .... ACTIVITY .... TRANSPORT INDEX 7 （符号：黑色，底色：上黄下白，附两条红竖条） 黑色文字，在标签下半部分写上： “放射性” “内装物________” “放射性强度________” 在一个黑边框格内写上：“运输指数” 在“放射性”字样之后应有两条红竖条	7B

续表

序号	标签名称	标签图形	对应的危险货物类项号
7	三级放射性物质	RADIOACTIVE III CONTENTS .... ACTIVITY .... TRANSPORT INDEX 7 （符号：黑色，底色：上黄下白，附三条红竖条） 黑色文字，在标签下半部分写上："放射性" "内装物________" "放射性强度________" 在一个黑边框格内写上："运输指数" 在"放射性"字样之后应有三条红竖条	7C
	裂变性物质	FISSILE CRITICALITY SAFETY INDEX 7 （符号：黑色，底色：白色） 黑色文字 在标签上半部分写上："易裂变" 在标签下半部分的一个黑边 框格内写上："临界安全指数"	7E
8	腐蚀性物质	8 （符号：黑色，底色：上白下黑）	8

续表

序号	标签名称	标签图形	对应的危险货物类项号
9	杂项危险物质和物品	9 （符号：黑色，底色：白色）	9

附录5　常用危险品包装表

包装号	包装组合型式		包装组合代号	适用货类	包装件限制质量	备注
	外包装	内包装				
1 甲 乙 丙 丁	小开口钢桶： 钢板厚1.50mm 钢板厚1.25mm 钢板厚1.00mm 钢板厚>0.50～0.75mm		$1A_1$	液体货物	每桶净质量不超过： 250kg 200kg 100kg 200kg（一次性使用）	灌装腐蚀性物品钢桶内壁应涂镀防腐层
2 甲 乙 丙 丁 戊	中开口钢桶： 钢板厚1.25mm 钢板厚1.00mm 钢板厚0.75mm 钢板厚0.50mm 钢桶或镀锡薄钢板桶（罐）	塑料袋或多层牛皮纸袋	$1A_25H_4$、$1A_25M_1$、$1A_25M_2$ $1A_2$、$1N_2$、$3N_2$	固体、粉状及晶体状货物 稠黏状、胶状货物	每桶净质量不超过： 250kg 150kg 100kg 50kg或20kg 50kg或20kg	
3 甲 乙 丙 丁	全开口钢桶： 钢板厚1.25mm 钢板厚1.00mm 钢板厚0.75mm 钢板厚0.50mm	塑料袋或多层牛皮纸袋	$1A_35H_4$、$1A_35M_1$、$1A_35M_3$、$1A_3$	固体、粉状及晶体状货物	每桶净质量不超过： 250kg 150kg 100kg 50kg	
4 甲 乙	钢塑复合桶： 钢板厚1.25mm 钢板厚1.00mm		$6HA_1$	腐蚀性液体货物	每桶净质量不超过： 200kg 50kg或100kg	
5	小开口铝桶： 铝板厚>2mm		$1B_1$	液体货物	每桶净质量不超过200kg	
6	纤维板桶 胶合板桶 硬纸板桶	塑料袋或多层牛皮纸袋	$1F5H_4$、$1F5M_1$ $1D5H_1$、$1D5M_1$ $1G5H_4$、$1G5M_1$	固体、粉状及晶体状货物	每桶净质量不超过30kg	

续表

包装号	包装组合型式		包装组合代号	适用货类	包装件限制质量	备注
	外包装	内包装				
7	小开口塑料桶		$1H_1$	腐蚀性液体货物	每桶净质量不超过35kg	
8	全开口塑料桶	塑料袋或多层牛皮纸袋	$1H_35H_4$、$1H_35M_1$	固体、粉状及晶体状货物	每桶净质量不超过50kg	
9	满板木箱	塑料袋 多层牛皮纸袋	$4C_15H_4$ $4C_15M_1$	固体、粉状及晶体状货物	每桶净质量不超过50kg	
10	满板木箱	1. 中层金属桶内装： 螺纹口玻璃瓶 塑料瓶 塑料袋 2. 中层金属罐内装： 螺纹口玻璃瓶 塑料瓶 塑料袋 3. 中层塑料桶内装： 螺纹口玻璃瓶 塑料瓶 塑料袋 4. 中层塑料罐内装： 螺纹口玻璃瓶 塑料瓶 塑料袋	 $4C_11N_39P_1$ $4C_11N_39H$ $4C_11N_35H_4$ $4C_13N_39P_1$ $4C_13N_39H$ $4C_13N_35H_4$ $4C_11H_39P_1$ $4C_11H_39H$ $4C_11H_35H_4$ $4C_13H_39P_1$ $4C_13H_39H$ $4C_13H_35H_4$	强氧化剂过氧化物氯化钠，氯化钾货物	每箱净质量不超过20kg；箱内每瓶净质量不超过1kg，每袋净质量不超过2kg	
11	满板木箱	螺纹口或磨砂口玻璃瓶	$4C_19P_1$	液体强酸货物	每箱净质量不超过20kg；箱内：每瓶净质量不超过0.5～5kg	
12	满板木箱	1. 螺纹口玻璃瓶 2. 金属盖压口玻璃瓶 3. 塑料瓶 4. 金属桶(罐)	$4C_19P_1$ $4C_19P_1$ $4C_19PH$ $4C_11N$、$4C_13N$	液体、固体粉状及晶体货物	每箱净质量不超过20kg；箱内：每瓶、桶(罐)净质量不超过1kg	
13	满板木箱	安瓿瓶外加瓦楞纸套或塑料气泡垫，再装入纸盒	$4C_1G9P_3$ $4C_1H9P_3$	气体、液体货物	每箱净质量不超过10kg；箱内每瓶净质量不超过0.25kg	
14	满板木箱或半花格木箱	耐酸坛或陶瓷瓶	$4C_19P_2$ $4C_39P_2$	液体强酸货物	1. 坛装每箱净质量不超过50kg； 2. 瓶装每箱净质量不超过30kg	
15	满板木箱或半花格木箱	玻璃瓶或塑料瓶	$4C_11H_2$ $4C_19P_1$ $4C_31H_1$ $4C_39P_1$	液体酸性货物	1. 瓶装每箱净质量不超过30kg；每瓶不超过25kg； 2. 桶装每箱净质量不超过40kg；每桶不超过20kg	
16	花格木箱	薄钢板桶或镀锡薄钢板桶(罐)	$4C_41A_2$ $4C_41N$ $4C_43N$	稠黏状、胶状货物如：油漆	1. 每箱净质量不超过50kg； 2. 每桶(罐)净质量不超过20kg	

续表

包装号	包装组合型式		包装组合代号	适用货类	包装件限制质量	备注
	外包装	内包装				
17	花格木箱	金属桶（罐）或塑料桶，桶内衬塑料袋	$4C_4 1N5H_4$ $4C_4 3N5H_4$ $4C_4 1H_2 5H_4$	固体、粉状及晶体状货物	每箱净质量不超过20kg	
18	满底板花格木箱	螺纹口玻璃瓶、塑料瓶或镀锡薄钢板桶（罐）	$4C_2 9P_1$ $4C_2 9H$ $4C_2 1N$ $4C_2 3N$	稠黏状、胶状及粉状货物	每箱净质量不超过20kg；箱内每瓶、桶（罐）净质量不超过1kg	
19	纤维板箱 锯末板箱 刨花板箱	螺纹口玻璃瓶、塑料瓶或镀锡薄钢板桶（罐）	$4F9P_1$ 4F9H 4F1N 4F3N	固体、粉状及晶体状货物，稠黏状、胶状货物	每箱净质量不超过20kg；箱内每瓶净质量不超过1kg 每桶（罐）净质量不超过4kg	
20	钙塑板箱	螺纹口玻璃瓶 塑料瓶 复合塑料瓶 金属桶（罐）、镀锡薄钢板桶或金属软管再装入纸盒	$4G_3 9P_1$ $4G_3 9H$ $4G_3 3N$ $4G_3 5N_4 M$	液体农药，稠黏状、胶状货物	每箱净质量不超过20kg；箱内每桶（罐）、瓶、管不超过1kg	
21	钙塑板箱	双层塑料袋或多层牛皮纸袋	$4G_3 5H_4$ $4G_3 5M_1$	固体、粉状农药	每箱净质量不超过20kg；箱内每袋净质量不超过5kg	
22	瓦楞纸箱	金属桶（罐） 镀锡薄钢板桶 金属软管	$4G_1 1N$ $4G_1 3N$ $4G_1 5N$	稠黏状、胶状货物	每箱净质量不超过20kg；箱内每桶（罐）、管不超过1kg	
23	瓦楞纸箱	塑料瓶 复合塑料瓶 双层塑料袋 多层牛皮纸袋	$4G_1 9H$ $4G_1 6H9$ $4G_1 5H_4$ $4G_1 5M_1$	粉状农药	每箱净质量不超过20kg；箱内每瓶不超过1kg，每袋不超过5kg	
24	以柳、藤、竹等材料编制的笼、篓、筐	螺纹口玻璃瓶 塑料瓶 镀锡薄钢板桶（罐）	$8K9P_1$ 8K9H 8K3N、8K1N	低毒液体或粉状农药，稠黏状、胶状货物，油纸制品和油麻丝	每笼、篓、筐净质量不超过20kg；油漆类每桶（罐）净质量不超过5kg；每瓶不超过1kg	
25	塑料编织袋	塑料袋	$5H_1 5H_4$	粉状、块状货物	每袋净质量不超过50kg	
26	复合塑料编织袋		$6HL_5$	块状、粉状及晶体状货物	每袋净质量25～50kg	
27	麻袋	塑料袋	$5L_1 5H_4$	固体货物	每袋净质量不超过100kg	

注：包装组合代号的补充说明如下。

$1A_1$—小开口钢桶
$1A_2$—中开口钢桶
$1A_3$—全开口钢桶
$1N_1$—小开口金属桶
$3N_3$—全开口金属罐
$1B_1$—小开口铝桶
$3B_2$—中开口铝罐
$1H_1$—小开口塑料桶
$1H_3$—全开口塑料桶
$3H_1$—小开口塑料罐
$3H_3$—全开口塑料罐
$4C_1$—满板木箱
$4C_2$—满底板花格木箱
$4C_3$—半花格型木箱
$4C_4$—花格型木箱
$4G_1$—瓦楞纸箱
$4G_2$—硬纸板箱
$4G_3$—钙塑板箱
$5L_1$—普通型编织袋
$6HL_5$—复合塑料编织袋
$5H_1$—普通型塑料编织袋
$5H_2$—防撒漏型塑料编织袋
$5H_3$—防水型塑料编织袋
$5H_4$—塑料袋
$5M_1$—普通型纸袋
$5M_3$—防水型纸袋
$9P_1$—玻璃瓶
$9P_2$—陶瓷坛
$9P_3$—安瓿瓶

参考文献

[1] 危险货物国际海运规则，第33套修正案．国际海安会2006年5月18日第81次会议正式通过，2008年1月1日执行．

[2] 中华人民共和国消防法．1998年4月29日第九届人大常委会第二次会议通过，2008年10月28日第十一届人大常委会第五次会议修订．

[3] 中华人民共和国刑法．全国人民代表大会常务委员会修订，于2011年2月25日中华人民共和国刑法修正案（八）修正．

[4] 中华人民共和国安全生产法．2002年6月29日第九届全国人民代表大会常务委员会第二十八次会议通过，2009年中华人民共和国第十一届全国人民代表大会常务委员会第十次会议《全国人民代表大会常务委员会关于修改部分法律的决定》修正．

[5] 中华人民共和国治安管理处罚法．中华人民共和国第十届全国人民代表大会常务委员会第十七次会议于2005年8月28日通过．

[6] 民用爆炸物品安全管理条例．2006年4月26日国务院第134次常务会议通过．

[7] 烟花爆竹安全管理条例．2006年1月11日国务院第121次常务会议通过．

[8] 放射性物品运输安全管理条例．2009年9月7日国务院第80次常务会议通过．

[9] 危险化学品安全管理条例．2002年1月26日中华人民共和国国务院令第344号公布，2011年2月16日国务院第144次常务会议修订通过．

[10] GB 6944—2012．危险货物分类和品名编号．

[11] GB 12268—2012．危险货物品名表．

[12] GB 12463—1990．危险货物包装通用技术条件．

[13] GB 190—2009．危险货物包装标志．

[14] GB 2702—1990．爆炸品保险箱．

[15] GB 7144—1999．气瓶颜色标记．

[16] GB 19594—2004．烟花爆竹 礼花弹．

[17] GB 19593—2004．烟花爆竹 组合烟花．

[18] GB 10631—2013．烟花爆竹 安全与质量．

[19] GA183—2005．焰火晚会烟花爆竹燃放安全规程．

[20] GB 19595—2004．烟花爆竹 引火线．

[21] GB11652—2012．烟花爆竹劳动安全技术规程．

[22] GB 50016—2014．建筑设计防火规范．

[23] GB 50089—2005．民用爆破器材工厂设计安全规范．

[24] GB 50161—2009．烟花爆竹工厂设计安全规范．

[25] GB 11652—2012．烟花爆竹劳动安全技术规程．

[26] GB 50028—2006．城镇燃气设计规范．

[27] GB 50160—2008．石油化工企业设计防火规范》．

[28] GB 50251—2003（2006版）．输气管道工程设计规范．

[29] GB 60253—2003（2006版）．输油管道工程设计规范．

[30] GB 50074—2011. 石油库设计规范.
[31] GB 50156—2012. 汽车加油加气站设计与施工规范.
[32] 公安部消防局. 中国消防手册. 上海：上海科学技术出版社，2007.
[33] 中国石油天然气总公司. 石油安全工程. 北京：石油工业出版社，1991.
[34] 竺柏康. 石化销售企业安全管理. 北京：中国石化出版社，2002.
[35] 徐晓楠. 灭火剂与应用. 北京：化学工业出版社，2006.